全国计算机技术与软件专业技术资格(水平)考试指定用书

软件设计师教程

第5版

褚华　霍秋艳　主编

清华大学出版社
北京

内容简介

本书作为中级职称的全国计算机技术与软件专业技术资格（水平）考试（简称“软考”）指定教材，具有比较权威的指导意义。本书根据《软件设计师考试大纲》（2018 年审定通过）的重点内容，组织了 12 章的内容，考生在学习教材内容的同时，还须对照考试大纲，认真学习和复习大纲的知识点。

本书是在《软件设计师考试大纲》的指导下，对《软件设计师教程》（第 4 版）进行了认真修编，部分章节是重写后形成的。在本书中，强化了软件工程部分的知识，增加了 Web 应用系统分析与设计知识。

本书适合参加本级别考试的考生和大学在校生作为教材。

图书在版编目（CIP）数据

软件设计师教程/褚华，霍秋艳主编. —5 版. —北京：清华大学出版社，2018（2025.3 重印）
（全国计算机技术与软件专业技术资格（水平）考试指定用书）
ISBN 978-7-302-49122-4

Ⅰ. ①软… Ⅱ. ①褚… ②霍… Ⅲ. ①软件设计-资格考试-自学参考资料 Ⅳ. ①TP311.5

中国版本图书馆 CIP 数据核字（2017）第 313210 号

责任编辑： 杨如林　柴文强
封面设计： 常雪影
责任校对： 徐俊伟
责任印制： 宋　林

出版发行： 清华大学出版社
网　　址：https://www.tup.com.cn, https://www.wqxuetang.com
地　　址：北京清华大学学研大厦 A 座　　邮　　编：100084
社 总 机：010-83470000　　邮　　购：010-62786544
投稿与读者服务：010-62776969，c-service@tup.tsinghua.edu.cn
质量反馈：010-62772015，zhiliang@tup.tsinghua.edu.cn
印 装 者： 河北鹏润印刷有限公司
经　　销： 全国新华书店
开　　本： 185mm×230mm　　印　张：42.75　　防伪页：1　　字　数：930 千字
版　　次： 2004 年 7 月第 1 版　　2018 年 2 月第 5 版　　印　次：2025 年 3 月第 24 次印刷
定　　价： 119.00 元

产品编号：075520-01

前　言

全国计算机技术与软件专业技术资格（水平）考试实施至今已经历了二十余年，在社会上产生了很大的影响，对我国软件产业的形成和发展做出了重要的贡献。为了适应我国计算机信息技术发展的需求，人力资源和社会保障部、工业和信息化部决定将考试的级别拓展到计算机信息技术行业的各个方面，以满足社会上对各种计算机信息技术人才的需要。

编者受全国计算机专业技术资格考试办公室委托，对《软件设计师教程（第 4 版）》进行改写，以适应新的考试大纲要求。在考试大纲中，要求考生掌握的知识面很广，每个章节的内容都能构成相关领域的一门甚至多门课程，因此编写的难度很高。考虑到参加考试的人员已有一定的基础，所以本书中只对考试大纲中所涉及的知识领域的要点加以阐述，但限于篇幅所限，不能详细地展开，请读者谅解。

全书共分 12 章，各章节内容安排如下：

第 1 章主要介绍计算机系统基础知识、计算机体系结构以及安全性、可靠性和系统性能评测基础。

第 2 章主要介绍程序设计语言的基本概念与基本成分，阐述了汇编程序、编译程序与解释程序的基本原理。

第 3 章主要介绍数据结构的基础知识，包括线性结构、数组、广义表、树和图，以及查找和排序的基本算法。

第 4 章主要介绍操作系统基本概念与分类及特点、进程管理、存储管理、设备管理、文件管理、作业管理等。

第 5 章主要介绍软件工程中软件过程与过程模型、需求分析与需求工程、系统设计、系统测试、系统运行与维护、软件项目管理、软件质量、软件度量、软件工具与软件开发环境基础知识。

第 6 章主要介绍系统分析与设计、结构化分析与设计、Web 应用系统分析与设计、用户界面设计基础知识。

第 7 章主要介绍面向对象的基本概念和面向对象开发技术，包括面向对象的分析与设计方法，UML 以及设计模式的概念和应用。

第 8 章主要介绍算法设计与分析的基本概念，包括分治法、动态规划法、贪心法、回溯法、分支界限法、概率算法、近似算法、数据挖掘算法及智能优化算法。

第 9 章主要介绍数据库的基本概念、数据模型、关系代数、SQL 语言、规范化理论和事务处理等控制功能。

第 10 章主要介绍网络与信息安全基础知识，包括网络体系结构、网络互连设备、网络构件、网络协议、网络应用、信息安全和网络安全方面的基础知识。

第 11 章主要介绍标准化与知识产权基础知识。

第 12 章主要介绍结构化分析与设计、数据库分析与设计、面向对象分析与设计、算法分析与设计以及面向过程、面向对象的程序设计与实现。

本书第 1 章由张淑平、马志欣编写，第 2 章由张淑平编写，第 3 章由张淑平、陈静玉、宋胜利编写，第 4 章由王亚平编写，第 5 章、第 6 章、第 7 章由霍秋艳、褚华编写，第 8 章由覃桂敏、褚华编写，第 9 章由王亚平编写，第 10 章由严体华编写，第 11 章由刘强编写，第 12 章由王亚平、褚华、霍秋艳、覃桂敏、张淑平编写，最后由霍秋艳、褚华统稿。

在本书的编写过程中，参考了许多相关的书籍和资料，编者在此对这些参考文献的作者表示感谢。同时感谢清华大学出版社在本书出版过程中所给予的支持和帮助。

因水平有限，书中难免存在欠妥之处，望读者指正，以利改进和提高。

编　者

2018 年 1 月

目　录

第 1 章　计算机系统知识 ······ 1
1.1　计算机系统基础知识 ······ 1
1.1.1　计算机系统硬件基本组成 ······ 1
1.1.2　中央处理单元 ······ 1
1.1.3　数据表示 ······ 4
1.1.4　校验码 ······ 10
1.2　计算机体系结构 ······ 12
1.2.1　计算机体系结构的发展 ······ 12
1.2.2　存储系统 ······ 20
1.2.3　输入/输出技术 ······ 31
1.2.4　总线结构 ······ 35
1.3　安全性、可靠性与系统性能评测基础知识 ······ 38
1.3.1　计算机安全概述 ······ 38
1.3.2　加密技术和认证技术 ······ 40
1.3.3　计算机可靠性 ······ 48
1.3.4　计算机系统的性能评价 ······ 51
第 2 章　程序设计语言基础知识 ······ 56
2.1　程序设计语言概述 ······ 56
2.1.1　程序设计语言的基本概念 ······ 56
2.1.2　程序设计语言的基本成分 ······ 61
2.2　语言处理程序基础 ······ 67
2.2.1　汇编程序基本原理 ······ 67
2.2.2　编译程序基本原理 ······ 69
2.2.3　解释程序基本原理 ······ 96
第 3 章　数据结构 ······ 99
3.1　线性结构 ······ 99
3.1.1　线性表 ······ 99
3.1.2　栈和队列 ······ 104
3.1.3　串 ······ 108
3.2　数组、矩阵和广义表 ······ 113
3.2.1　数组 ······ 113
3.2.2　矩阵 ······ 115
3.2.3　广义表 ······ 116
3.3　树 ······ 118
3.3.1　树与二叉树的定义 ······ 118
3.3.2　二叉树的性质与存储结构 ······ 119
3.3.3　二叉树的遍历 ······ 122
3.3.4　线索二叉树 ······ 125
3.3.5　最优二叉树 ······ 126
3.3.6　树和森林 ······ 130
3.4　图 ······ 133
3.4.1　图的定义与存储 ······ 134
3.4.2　图的遍历 ······ 138
3.4.3　生成树及最小生成树 ······ 140
3.4.4　拓扑排序和关键路径 ······ 143
3.4.5　最短路径 ······ 146
3.5　查找 ······ 149
3.5.1　查找的基本概念 ······ 149
3.5.2　静态查找表的查找方法 ······ 150
3.5.3　动态查找表 ······ 154
3.5.4　哈希表 ······ 161
3.6　排序 ······ 165
3.6.1　排序的基本概念 ······ 165
3.6.2　简单排序 ······ 165
3.6.3　希尔排序 ······ 168
3.6.4　快速排序 ······ 169
3.6.5　堆排序 ······ 170
3.6.6　归并排序 ······ 173
3.6.7　基数排序 ······ 174

3.6.8 内部排序方法小结 ······ 175
3.6.9 外部排序 ······ 176
第 4 章 操作系统知识 ······ 180
4.1 操作系统概述 ······ 180
4.1.1 操作系统的基本概念 ······ 180
4.1.2 操作系统分类及特点 ······ 181
4.1.3 操作系统的发展 ······ 185
4.2 进程管理 ······ 185
4.2.1 基本概念 ······ 185
4.2.2 进程的控制 ······ 189
4.2.3 进程间的通信 ······ 189
4.2.4 管程 ······ 193
4.2.5 进程调度 ······ 195
4.2.6 死锁 ······ 198
4.2.7 线程 ······ 202
4.3 存储管理 ······ 202
4.3.1 基本概念 ······ 203
4.3.2 存储管理方案 ······ 204
4.3.3 分页存储管理 ······ 205
4.3.4 分段存储管理 ······ 208
4.3.5 段页式存储管理 ······ 209
4.3.6 虚拟存储管理 ······ 211
4.4 设备管理 ······ 216
4.4.1 设备管理概述 ······ 216
4.4.2 I/O 软件 ······ 217
4.4.3 设备管理采用的相关技术 ······ 218
4.4.4 磁盘调度 ······ 221
4.5 文件管理 ······ 224
4.5.1 文件与文件系统 ······ 224
4.5.2 文件的结构和组织 ······ 225
4.5.3 文件目录 ······ 227
4.5.4 存取方法和存储空间的管理 ······ 229
4.5.5 文件的使用 ······ 231
4.5.6 文件的共享和保护 ······ 231
4.5.7 系统的安全与可靠性 ······ 233
4.6 作业管理 ······ 234
4.6.1 作业与作业控制 ······ 235
4.6.2 作业调度 ······ 236
4.6.3 用户界面 ······ 238
第 5 章 软件工程基础知识 ······ 239
5.1 软件工程概述 ······ 239
5.1.1 计算机软件 ······ 240
5.1.2 软件工程基本原理 ······ 241
5.1.3 软件生存周期 ······ 243
5.1.4 软件过程 ······ 245
5.2 软件过程模型 ······ 247
5.2.1 瀑布模型（Waterfall Model） ······ 248
5.2.2 增量模型（Incremental Model） ······ 249
5.2.3 演化模型（Evolutionary Model） ······ 250
5.2.4 喷泉模型（Water Fountain Model） ······ 252
5.2.5 基于构件的开发模型（Component-based Development Model） ······ 252
5.2.6 形式化方法模型（Formal Methods Model） ······ 253
5.2.7 统一过程（UP）模型 ······ 253
5.2.8 敏捷方法（Agile Development） ······ 254
5.3 需求分析 ······ 256
5.3.1 软件需求 ······ 256
5.3.2 需求分析原则 ······ 257
5.3.3 需求工程 ······ 257
5.4 系统设计 ······ 260
5.4.1 概要设计 ······ 261
5.4.2 详细设计 ······ 262
5.5 系统测试 ······ 262
5.5.1 系统测试与调试 ······ 262
5.5.2 传统软件的测试策略 ······ 264
5.5.3 测试面向对象软件 ······ 271

5.5.4 测试 Web 应用 …… 272
5.5.5 测试方法 …… 273
5.5.6 调试 …… 276
5.6 运行和维护知识 …… 278
5.6.1 系统转换 …… 278
5.6.2 系统维护概述 …… 279
5.6.3 系统评价 …… 283
5.7 软件项目管理 …… 284
5.7.1 软件项目管理涉及的范围 …… 284
5.7.2 软件项目估算 …… 287
5.7.3 进度管理 …… 289
5.7.4 软件项目的组织 …… 292
5.7.5 软件配置管理 …… 294
5.7.6 风险管理 …… 296
5.8 软件质量 …… 300
5.8.1 软件质量特性 …… 300
5.8.2 软件质量保证 …… 302
5.8.3 软件评审 …… 304
5.8.4 软件容错技术 …… 306
5.9 软件度量 …… 307
5.9.1 软件度量分类 …… 307
5.9.2 软件复杂性度量 …… 309
5.10 软件工具与软件开发环境 …… 311
5.10.1 软件工具 …… 311
5.10.2 软件开发环境 …… 313
第 6 章 结构化开发方法 …… 315
6.1 系统分析与设计概述 …… 315
6.1.1 系统分析概述 …… 315
6.1.2 系统设计的基本原理 …… 317
6.1.3 系统总体结构设计 …… 319
6.1.4 系统文档 …… 323
6.2 结构化分析方法 …… 325
6.2.1 结构化分析方法概述 …… 325
6.2.2 数据流图 …… 325
6.2.3 数据字典（DD） …… 335
6.3 结构化设计方法 …… 337
6.3.1 结构化设计的步骤 …… 337
6.3.2 数据流图到软件体系结构的映射 …… 338
6.4 WebApp 分析与设计 …… 340
6.4.1 WebApp 的特性 …… 341
6.4.2 WebApp 需求模型 …… 341
6.4.3 WebApp 设计 …… 344
6.5 用户界面设计 …… 346
6.5.1 用户界面设计的黄金原则 …… 346
6.5.2 用户界面的分析与设计 …… 348
6.5.3 用户界面设计问题 …… 349
第 7 章 面向对象技术 …… 351
7.1 面向对象基础 …… 351
7.1.1 面向对象的基本概念 …… 351
7.1.2 面向对象分析 …… 354
7.1.3 面向对象设计 …… 355
7.1.4 面向对象程序设计 …… 357
7.1.5 面向对象测试 …… 362
7.2 UML …… 363
7.2.1 事物 …… 364
7.2.2 关系 …… 365
7.2.3 UML 中的图 …… 366
7.3 设计模式 …… 378
7.3.1 设计模式的要素 …… 378
7.3.2 创建型设计模式 …… 379
7.3.3 结构型设计模式 …… 384
7.3.4 行为设计模式 …… 394
7.3.5 应用举例 …… 407
第 8 章 算法设计与分析 …… 416
8.1 算法设计与分析的基本概念 …… 416
8.1.1 算法 …… 416
8.1.2 算法设计 …… 416
8.1.3 算法分析 …… 417
8.1.4 算法的表示 …… 417
8.2 算法分析基础 …… 417
8.2.1 时间复杂度 …… 417

8.2.2 渐进符号 …… 418
8.2.3 递归式 …… 419
8.3 分治法 …… 422
8.3.1 递归的概念 …… 422
8.3.2 分治法的基本思想 …… 423
8.3.3 分治法的典型实例 …… 423
8.4 动态规划法 …… 427
8.4.1 动态规划法的基本思想 …… 427
8.4.2 动态规划法的典型实例 …… 428
8.5 贪心法 …… 433
8.5.1 贪心法的基本思想 …… 433
8.5.2 贪心法的典型实例 …… 434
8.6 回溯法 …… 437
8.6.1 回溯法的算法框架 …… 437
8.6.2 回溯法的典型实例 …… 440
8.7 分支限界法 …… 445
8.8 概率算法 …… 446
8.9 近似算法 …… 448
8.10 数据挖掘算法 …… 448
8.11 智能优化算法 …… 450
第9章 数据库技术基础 …… 455
9.1 基本概念 …… 455
9.1.1 数据库与数据库系统 …… 455
9.1.2 数据库管理系统的功能 …… 456
9.1.3 数据库管理系统的特征及分类 …… 457
9.1.4 数据库系统的体系结构 …… 458
9.1.5 数据库的三级模式结构 …… 461
9.1.6 大数据 …… 463
9.2 数据模型 …… 466
9.2.1 基本概念 …… 466
9.2.2 数据模型的三要素 …… 466
9.2.3 E-R模型 …… 466
9.2.4 数据模型 …… 472
9.2.5 关系模型 …… 473
9.3 关系代数 …… 474
9.3.1 关系数据库的基本概念 …… 474
9.3.2 5种基本的关系代数运算 …… 478
9.3.3 扩展的关系代数运算 …… 481
9.4 关系数据库SQL语言简介 …… 489
9.4.1 SQL数据库体系结构 …… 490
9.4.2 SQL的基本组成 …… 490
9.4.3 SQL数据定义 …… 491
9.4.4 SQL数据查询 …… 496
9.4.5 SQL数据更新 …… 504
9.4.6 SQL访问控制 …… 505
9.4.7 嵌入式SQL …… 507
9.5 关系数据库的规范化 …… 508
9.5.1 函数依赖 …… 508
9.5.2 规范化 …… 509
9.5.3 模式分解及分解应具有的特性 …… 511
9.6 数据库的控制功能 …… 512
9.6.1 事务管理 …… 512
9.6.2 数据库的备份与恢复 …… 513
9.6.3 并发控制 …… 514
第10章 网络与信息安全基础知识 …… 517
10.1 网络概述 …… 517
10.1.1 计算机网络的概念 …… 517
10.1.2 计算机网络的分类 …… 520
10.1.3 网络的拓扑结构 …… 521
10.1.4 ISO/OSI网络体系结构 …… 523
10.2 网络互连硬件 …… 526
10.2.1 网络的设备 …… 526
10.2.2 网络的传输介质 …… 529
10.2.3 组建网络 …… 531
10.3 网络的协议与标准 …… 534
10.3.1 网络的标准 …… 534
10.3.2 局域网协议 …… 536
10.3.3 广域网协议 …… 541
10.3.4 TCP/IP协议族 …… 544
10.4 Internet及应用 …… 549
10.4.1 Internet概述 …… 550
10.4.2 Internet地址 …… 550

10.4.3 Internet 服务 …… 558
10.5 信息安全基础知识 …… 564
10.6 网络安全概述 …… 568

第 11 章 标准化和软件知识产权基础知识 …… 573
11.1 标准化基础知识 …… 573
11.1.1 基本概念 …… 573
11.1.2 信息技术标准化 …… 579
11.1.3 标准化组织 …… 581
11.1.4 ISO 9000 标准简介 …… 584
11.1.5 ISO/IEC 15504 过程评估标准简介 …… 587
11.2 知识产权基础知识 …… 588
11.2.1 基本概念 …… 589
11.2.2 计算机软件著作权 …… 592
11.2.3 计算机软件的商业秘密权 …… 603
11.2.4 专利权概述 …… 605
11.2.5 企业知识产权的保护 …… 610

第 12 章 软件系统分析与设计 …… 612
12.1 结构化分析与设计 …… 612
12.1.1 需求说明 …… 614
12.1.2 结构化分析 …… 614
12.1.3 总体设计 …… 616
12.1.4 详细设计 …… 617
12.2 数据库分析与设计 …… 618
12.2.1 数据库设计的策略与步骤 …… 618
12.2.2 需求分析 …… 619
12.2.3 概念结构设计 …… 621
12.2.4 逻辑结构设计 …… 623
12.2.5 数据库的物理设计 …… 625
12.2.6 数据库的实施与维护 …… 628
12.2.7 案例分析 …… 631
12.3 面向对象分析与设计 …… 635
12.3.1 面向对象分析与设计的步骤 …… 636
12.3.2 需求说明 …… 637
12.3.3 建模用例 …… 637
12.3.4 建模活动 …… 638
12.3.5 设计类图 …… 640
12.3.6 建模对象状态 …… 642
12.3.7 建模交互 …… 643
12.4 算法分析与设计 …… 645
12.4.1 C 程序设计语言与实现 …… 646
12.4.2 算法设计与实现 …… 659
12.5 面向对象的程序设计与实现 …… 672
12.5.1 设计与实现方法 …… 672
12.5.2 设计模式的应用 …… 672

第 1 章　计算机系统知识

1.1　计算机系统基础知识

1.1.1　计算机系统硬件基本组成

计算机系统是由硬件和软件组成的，它们协同工作来运行程序。计算机的基本硬件系统由运算器、控制器、存储器、输入设备和输出设备 5 大部件组成。运算器、控制器等部件被集成在一起统称为中央处理单元（Central Processing Unit，CPU）。CPU 是硬件系统的核心，用于数据的加工处理，能完成各种算术、逻辑运算及控制功能。存储器是计算机系统中的记忆设备，分为内部存储器和外部存储器。前者速度高、容量小，一般用于临时存放程序、数据及中间结果。而后者容量大、速度慢，可以长期保存程序和数据。输入设备和输出设备合称为外部设备（简称外设），输入设备用于输入原始数据及各种命令，而输出设备则用于输出计算机运行的结果。

1.1.2　中央处理单元

中央处理单元（CPU）是计算机系统的核心部件，它负责获取程序指令、对指令进行译码并加以执行。

1．CPU 的功能

（1）程序控制。CPU 通过执行指令来控制程序的执行顺序，这是 CPU 的重要功能。

（2）操作控制。一条指令功能的实现需要若干操作信号配合来完成，CPU 产生每条指令的操作信号并将操作信号送往对应的部件，控制相应的部件按指令的功能要求进行操作。

（3）时间控制。CPU 对各种操作进行时间上的控制，即指令执行过程中操作信号的出现时间、持续时间及出现的时间顺序都需要进行严格控制。

（4）数据处理。CPU 通过对数据进行算术运算及逻辑运算等方式进行加工处理，数据加工处理的结果被人们所利用。所以，对数据的加工处理也是 CPU 最根本的任务。

此外，CPU 还需要对系统内部和外部的中断（异常）做出响应，进行相应的处理。

2．CPU 的组成

CPU 主要由运算器、控制器、寄存器组和内部总线等部件组成，如图 1-1 所示。

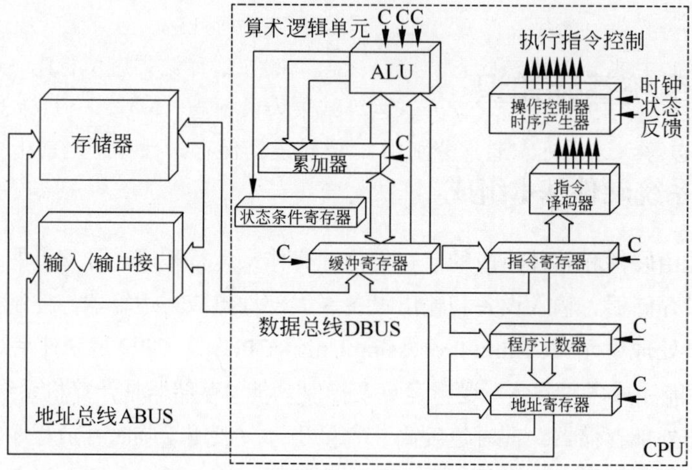

图 1-1　CPU 基本组成结构示意图

1）运算器

运算器由算术逻辑单元（Arithmetic and Logic Unit，ALU）、累加寄存器、数据缓冲寄存器和状态条件寄存器等组成，它是数据加工处理部件，用于完成计算机的各种算术和逻辑运算。相对控制器而言，运算器接受控制器的命令而进行动作，即运算器所进行的全部操作都是由控制器发出的控制信号来指挥的，所以它是执行部件。运算器有如下两个主要功能。

（1）执行所有的算术运算，例如加、减、乘、除等基本运算及附加运算。

（2）执行所有的逻辑运算并进行逻辑测试，例如与、或、非、零值测试或两个值的比较等。

下面简要介绍运算器中各组成部件的功能。

（1）算术逻辑单元（ALU）。ALU 是运算器的重要组成部件，负责处理数据，实现对数据的算术运算和逻辑运算。

（2）累加寄存器（AC）。AC 通常简称为累加器，它是一个通用寄存器，其功能是当运算器的算术逻辑单元执行算术或逻辑运算时，为 ALU 提供一个工作区。例如，在执行一个减法运算前，先将被减数取出暂存在 AC 中，再从内存储器中取出减数，然后同 AC 的内容相减，将所得的结果送回 AC 中。运算的结果是放在累加器中的，运算器中至少要有一个累加寄存器。

（3）数据缓冲寄存器（DR）。在对内存储器进行读/写操作时，用 DR 暂时存放由内存储器读/写的一条指令或一个数据字，将不同时间段内读/写的数据隔离开来。DR 的主要作用为：作为 CPU 和内存、外部设备之间数据传送的中转站；作为 CPU 和内存、外围设备之间在操作速度上的缓冲；在单累加器结构的运算器中，数据缓冲寄存器还可兼作为操作数寄存器。

（4）状态条件寄存器（PSW）。PSW 保存由算术指令和逻辑指令运行或测试的结果建立的各种条件码内容，主要分为状态标志和控制标志，例如运算结果进位标志（C）、运算结果溢出标志（V）、运算结果为 0 标志（Z）、运算结果为负标志（N）、中断标志（I）、方向标志（D）和单步标志等。这些标志通常分别由 1 位触发器保存，保存了当前指令执行完成之后的状态。通常，一个算术操作产生一个运算结果，而一个逻辑操作产生一个判决。

2）控制器

运算器只能完成运算，而控制器用于控制整个 CPU 的工作，它决定了计算机运行过程的自动化。它不仅要保证程序的正确执行，而且要能够处理异常事件。控制器一般包括指令控制逻辑、时序控制逻辑、总线控制逻辑和中断控制逻辑等几个部分。

指令控制逻辑要完成取指令、分析指令和执行指令的操作，其过程分为取指令、指令译码、按指令操作码执行、形成下一条指令地址等步骤。

（1）指令寄存器（IR）。当 CPU 执行一条指令时，先把它从内存储器取到缓冲寄存器中，再送入 IR 暂存，指令译码器根据 IR 的内容产生各种微操作指令，控制其他的组成部件工作，完成所需的功能。

（2）程序计数器（PC）。PC 具有寄存信息和计数两种功能，又称为指令计数器。程序的执行分两种情况，一是顺序执行，二是转移执行。在程序开始执行前，将程序的起始地址送入 PC，该地址在程序加载到内存时确定，因此 PC 的内容即是程序第一条指令的地址。执行指令时，CPU 自动修改 PC 的内容，以便使其保持的总是将要执行的下一条指令的地址。由于大多数指令都是按顺序来执行的，所以修改的过程通常只是简单地对 PC 加 1。当遇到转移指令时，后继指令的地址根据当前指令的地址加上一个向前或向后转移的位移量得到，或者根据转移指令给出的直接转移的地址得到。

（3）地址寄存器（AR）。AR 保存当前 CPU 所访问的内存单元的地址。由于内存和 CPU 存在着操作速度上的差异，所以需要使用 AR 保持地址信息，直到内存的读/写操作完成为止。

（4）指令译码器（ID）。指令包含操作码和地址码两部分，为了能执行任何给定的指令，必须对操作码进行分析，以便识别所完成的操作。指令译码器就是对指令中的操作码字段进行分析解释，识别该指令规定的操作，向操作控制器发出具体的控制信号，控制各部件工作，完成所需的功能。

时序控制逻辑要为每条指令按时间顺序提供应有的控制信号。总线逻辑是为多个功能部件服务的信息通路的控制电路。中断控制逻辑用于控制各种中断请求，并根据优先级的高低对中断请求进行排队，逐个交给 CPU 处理。

3）寄存器组

寄存器组可分为专用寄存器和通用寄存器。运算器和控制器中的寄存器是专用寄存器，其作用是固定的。通用寄存器用途广泛并可由程序员规定其用途，其数目因处理器不同有所差异。

3. 多核 CPU

核心又称为内核，是 CPU 最重要的组成部分。CPU 中心那块隆起的芯片就是核心，是由单晶硅以一定的生产工艺制造出来的，CPU 所有的计算、接收/存储命令、处理数据都由核心执行。各种 CPU 核心都具有固定的逻辑结构，一级缓存、二级缓存、执行单元、指令级单元和总线接口等逻辑单元都会有合理的布局。

多核即在一个单芯片上面集成两个甚至更多个处理器内核，其中，每个内核都有自己的逻辑单元、控制单元、中断处理器、运算单元，一级 Cache、二级 Cache 共享或独有，其部件的完整性和单核处理器内核相比完全一致。

CPU 的主要厂商 AMD 和 Intel 的双核技术在物理结构上有所不同。AMD 将两个内核做在一个 Die（晶元）上，通过直连架构连接起来，集成度更高。Intel 则是将放在不同核心上的两个内核封装在一起，因此将 Intel 的方案称为“双芯”，将 AMD 的方案称为“双核”。从用户端的角度来看，AMD 的方案能够使双核 CPU 的管脚、功耗等指标跟单核 CPU 保持一致，从单核升级到双核，不需要更换电源、芯片组、散热系统和主板，只需要刷新 BIOS 软件即可。

多核 CPU 系统最大的优点（也是开发的最主要目的）是可满足用户同时进行多任务处理的要求。

单核多线程 CPU 是交替地转换执行多个任务，只不过交替转换的时间很短，用户一般感觉不出来。如果同时执行的任务太多，就会感觉到“慢”或者“卡”。而多核在理论上则是在任何时间内每个核执行各自的任务，不存在交替问题。因此，单核多线程和多核（一般每核也是多线程的）虽然都可以执行多任务，但多核的速度更快。

虽然采用了 Intel 超线程技术的单核可以视为是双核，4 核可以视为是 8 核。然而，视为是 8 核一般比不上实际是 8 核的 CPU 性能。

要发挥 CPU 的多核性能，就需要操作系统能够及时、合理地给各个核分配任务和资源（如缓存、总线、内存等），也需要应用软件在运行时可以把并行的线程同时交付给多个核心分别处理。

1.1.3 数据表示

各种数值在计算机中表示的形式称为机器数，其特点是采用二进制计数制，数的符号用 0

和 1 表示，小数点则隐含，表示不占位置。机器数对应的实际数值称为数的真值。

机器数有无符号数和带符号数之分。无符号数表示正数，在机器数中没有符号位。对于无符号数，若约定小数点的位置在机器数的最低位之后，则是纯整数；若约定小数点的位置在机器数的最高位之前，则是纯小数。对于带符号数，机器数的最高位是表示正、负的符号位，其余位则表示数值。

为了便于运算，带符号的机器数可采用原码、反码和补码等不同的编码方法，机器数的这些编码方法称为码制。

1）原码、反码、补码和移码

（1）原码表示法。数值 X 的原码记为 $[X]_{原}$，如果机器字长为 n（即采用 n 个二进制位表示数据），则原码的定义如下：

若 X 是纯整数，则 $[X]_{原}=\begin{cases} X & 0 \leqslant X \leqslant 2^{n-1}-1 \\ 2^{n-1}+|X| & -(2^{n-1}-1) \leqslant X \leqslant 0 \end{cases}$

若 X 是纯小数，则 $[X]_{原}=\begin{cases} X & 0 \leqslant X < 1 \\ 2^{0}+|X| & -1 < X \leqslant 0 \end{cases}$

【例 1.1】 若机器字长 n 等于 8，分别给出+1，–1，+127，–127，+45，–45，+0.5，–0.5 的原码表示。

$[+1]_{原}$=0 0000001　　$[-1]_{原}$=1 0000001

$[+127]_{原}$=0 1111111　　$[-127]_{原}$=1 1111111

$[+45]_{原}$=0 0101101　　$[-45]_{原}$=1 0101101

$[+0.5]_{原}$=0 ◊1000000　　$[-0.5]_{原}$=1 ◊1000000（其中，◊ 是小数点的位置）

在原码表示法中，最高位是符号位，0 表示正号，1 表示负号，其余的 n–1 位表示数值的绝对值。数值 0 的原码表示有两种形式：$[+0]_{原}$=0 0000000，$[-0]_{原}$=1 0000000。

（2）反码表示法。数值 X 的反码记作 $[X]_{反}$，如果机器字长为 n，则反码的定义如下：

若 X 是纯整数，则 $[X]_{反}=\begin{cases} X & 0 \leqslant X \leqslant 2^{n-1}-1 \\ 2^{n}-1+X & -(2^{n-1}-1) \leqslant X \leqslant 0 \end{cases}$

若 X 是纯小数，则 $[X]_{反}=\begin{cases} X & 0 \leqslant X < 1 \\ 2-2^{-(n-1)}+X & -1 < X \leqslant 0 \end{cases}$

【例 1.2】 若机器字长 n 等于 8，分别给出+1，–1，+127，–127，+45，–45，+0.5，–0.5 的反码表示。

$[+1]_{反}$=0 0000001　　$[-1]_{反}$=1 1111110

$[+127]_{反}$=0 1111111　　$[-127]_{反}$=1 0000000

$[+45]_{反}$=0 0101101　　$[-45]_{反}$=1 1010010

$[+0.5]_{反}$=0 ◊1000000　　$[-0.5]_{反}$=1◊ 0111111（其中，◊ 是小数点的位置）

在反码表示中，最高位是符号位，0 表示正号，1 表示负号，正数的反码与原码相同，负数的反码则是其绝对值按位求反。数值 0 的反码表示有两种形式：$[+0]_{反}$=0 0000000，$[-0]_{反}$=1 1111111。

（3）补码表示法。数值 X 的补码记作$[X]_{补}$，如果机器字长为 n，则补码的定义如下：

若 X 是纯整数，则$[X]_{补}=\begin{cases} X & 0 \leqslant X \leqslant 2^{n-1}-1 \\ 2^n + X & -2^{n-1} \leqslant X \leqslant 0 \end{cases}$

若 X 是纯小数，则$[X]_{补}=\begin{cases} X & 0 \leqslant X < 1 \\ 2+X & -1 \leqslant X < 0 \end{cases}$

【例 1.3】 若机器字长 n 等于 8，分别给出+1，–1，+127，–127，+45，–45，+0.5，–0.5 的补码表示。

$[+1]_{补}$=0 0000001　　$[-1]_{补}$=1 1111111

$[+127]_{补}$=0 1111111　　$[-127]_{补}$=1 0000001

$[+45]_{补}$=0 0101101　　$[-45]_{补}$=1 1010011

$[+0.5]_{补}$=0 ◊1000000　　$[-0.5]_{补}$=1◊ 1000000（其中，◊ 是小数点的位置）

在补码表示中，最高位为符号位，0 表示正号，1 表示负号，正数的补码与其原码和反码相同，负数的补码则等于其反码的末位加 1。在补码表示中，0 有唯一的编码：$[+0]_{补}$=0 0000000，$[-0]_{补}$=00000000。

（4）移码表示法。移码表示法是在数 X 上增加一个偏移量来定义的，常用于表示浮点数中的阶码。如果机器字长为 n，规定偏移量为 2^{n-1}，则移码的定义如下：

若 X 是纯整数，则$[X]_{移}=2^{n-1}+X$ $(-2^{n-1} \leqslant X < 2^{n-1})$；若 X 是纯小数，则$[X]_{补}$=1+X $(-1 \leqslant X < 1)$。

【例 1.4】 若机器字长 n 等于 8，分别给出+1，–1，+127，–127，+45，–45，+0，–0 的移码表示。

$[+1]_{移}$=1 0000001　　$[-1]_{移}$=0 1111111

$[+127]_{移}$=1 1111111　　$[-127]_{移}$=0 0000001

$[+45]_{移}$=1 0101101　　$[-45]_{移}$=0 1010011

$[+0]_{移}$=1 0000000　　$[-0]_{移}$=10000000

实际上，在偏移 2^{n-1} 的情况下，只要将补码的符号位取反便可获得相应的移码表示。

2）定点数和浮点数

（1）定点数。所谓定点数，就是小数点的位置固定不变的数。小数点的位置通常有两种约定方式：定点整数（纯整数，小数点在最低有效数值位之后）和定点小数（纯小数，小数点在最高有效数值位之前）。

设机器字长为 n，各种码制下带符号数的范围如表 1-1 所示。

表 1-1　机器字长为 n 时各种码制表示的带符号数的范围

码　制	定点整数	定点小数
原码	$-(2^{n-1}-1)\sim+(2^{n-1}-1)$	$-(1-2^{-(n-1)})\sim+(1-2^{-(n-1)})$
反码	$-(2^{n-1}-1)\sim+(2^{n-1}-1)$	$-(1-2^{-(n-1)})\sim+(1-2^{-(n-1)})$
补码	$-2^{n-1}\sim+(2^{n-1}-1)$	$-1\sim+(1-2^{-(n-1)})$
移码	$-2^{n-1}\sim+(2^{n-1}-1)$	$-1\sim+(1-2^{-(n-1)})$

（2）浮点数。当机器字长为 n 时，定点数的补码和移码可表示 2^n 个数，而其原码和反码只能表示 2^n-1 个数（0 的表示占用了两个编码），因此，定点数所能表示的数值范围比较小，在运算中很容易因结果超出范围而溢出。浮点数是小数点位置不固定的数，它能表示更大范围的数。

在十进制中，一个数可以写成多种表示形式。例如，83.125 可写成 $10^3\times 0.083125$ 或 $10^4\times 0.0083125$ 等。同样，一个二进制数也可以写成多种表示形式。例如，二进制数 1011.10101 可以写成 $2^4\times 0.101110101$、$2^5\times 0.0101110101$ 或 $2^6\times 0.00101110101$ 等。由此可知，一个二进制数 N 可以表示为更一般的形式 $N=2^E\times F$，其中 E 称为阶码，F 称为尾数。用阶码和尾数表示的数称为浮点数，这种表示数的方法称为浮点表示法。

在浮点表示法中，阶码为带符号的纯整数，尾数为带符号的纯小数。浮点数的表示格式如下：

阶符	阶码	数符	尾数

很明显，一个数的浮点表示不是唯一的。当小数点的位置改变时，阶码也随着相应改变，因此可以用多个浮点形式表示同一个数。

浮点数所能表示的数值范围主要由阶码决定，所表示数值的精度则由尾数决定。为了充分利用尾数来表示更多的有效数字，通常采用规格化浮点数。规格化就是将尾数的绝对值限定在区间[0.5, 1]。当尾数用补码表示时，需要注意如下问题。

① 若尾数 $M\geqslant 0$，则其规格化的尾数形式为 $M=0.1\times\times\times\cdots\times$，其中，×可为 0，也可为 1，即将尾数限定在区间[0.5, 1]。

② 若尾数 $M<0$，则其规格化的尾数形式为 $M=1.0\times\times\times\cdots\times$，其中，×可为 0，也可为 1，即将尾数 M 的范围限定在区间[–1, –0.5]。

如果浮点数的阶码（包括 1 位阶符）用 R 位的移码表示，尾数（包括 1 位数符）用 M 位的补码表示，则这种浮点数所能表示的数值范围如下。

最大的正数：$+(1-2^{-M+1})\times 2^{(2^{R-1}-1)}$，最小的负数：$-1\times 2^{(2^{R-1}-1)}$

（3）工业标准 IEEE 754。IEEE 754 是由 IEEE 制定的有关浮点数的工业标准，被广泛采用。该标准的表示形式如下：

$$(-1)^S 2^E \left(b_0 b_1 b_2 b_3 \cdots b_{p-1}\right)$$

其中，$(-1)^S$ 为该浮点数的数符，当 S 为 0 时表示正数，S 为 1 时表示负数；E 为指数（阶码），用移码表示；$\left(b_0 b_1 b_2 b_3 \cdots b_{p-1}\right)$ 为尾数，其长度为 P 位，用原码表示。

目前，计算机中主要使用 3 种形式的 IEEE 754 浮点数，如表 1-2 所示。

表 1-2　3 种形式的 IEEE 754 浮点数格式

参　　数	单精度浮点数	双精度浮点数	扩充精度浮点数
浮点数字长	32	64	80
尾数长度 P	23	52	64
符号位 S	1	1	1
指数长度 E	8	11	15
最大指数	+127	+1023	+16 383
最小指数	–126	–1022	–16 382
指数偏移量	+127	+1023	+16 383
可表示的实数范围	$10^{-38}\sim10^{38}$	$10^{-308}\sim10^{308}$	$10^{-4932}\sim10^{4932}$

根据 IEEE 754 标准，被编码的值分为 3 种不同的情况：规格化的值、非规格化的值和特殊值，规格化的值为最普遍的情形。

① 规格化的值。

当阶码部分的二进制值不全为 0 也不全为 1 时，所表示的是规格化的值。例如，在单精度浮点格式下，阶码为 10110011 时，偏移量为+127（01111111），则其表示的真值为 10110011−01111111=00110100，转换为十进制后为 52。

对于尾数部分，由于约定小数点左边隐含有一位，通常这位数就是 1，因此单精度浮点数尾数的有效位数为24位，即尾数为1.××…×。也就是说，不溢出的情况下尾数M的值在1≤M<2之中，这是一种获得一个额外精度位的表示技巧。

例如，单精度浮点数格式下，$b_0 b_1 \cdots b_{22} = 0100\,1001\,1000\,1000\,1001\,011$ 时，其对应的尾数真值为 $1+2^{-2}+2^{-5}+2^{-8}+2^{-9}+2^{-13}+2^{-17}+2^{-20}+2^{-22}+2^{-23}$ 即尾数的真值为 1.28724038600921630859375（在程序中以十进制方式输出时，由于精度的原因不能完全给出此值）。

【例 1.5】 利用 IEEE 754 标准将数 176.0625 表示为单精度浮点数。

解：首先将该十进制转换成二进制数。

$(176.0625)_{10} = (10110000.0001)_2$

其次对二进制数进行规格化处理：10110000.0001＝1◊01100000001×2^7。这就保证了使 b_0 为 1，而且小数点应当在◊位置上。将 b_0 去掉并扩展为单精度浮点数所规定的 23 位尾数 01100000001000000000000。

然后求阶码，上述表示中的指数为 7，而单精度浮点数规定指数的偏移量为 127（注意，不是前面移码描述中所提到的 128），即在指数 7 上加 127。那么，E=7+127=134，则指数的移码表示为 10000110。

最后，可得到$(176.0625)_{10}$的单精度浮点数表示形式：

0 10000110 01100000001000000000000

② 非规格化的值。

当阶码部分的二进制值全为 0 时，所表示的数是非规格化的。在这种情况下，指数的真值为 1−偏移量（对于单精度浮点数为−126，对于双精度浮点数为−1022），尾数的值就是二进制形式对应的小数，不包含隐含的 1。

非规格化数有两个用途：一是用来表示数值 0，二是表示那些非常接近于 0 的数。因为在规格化表示方式下，必须使尾数大于等于 1，因此不能表示出 0。实际上，+0.0 的浮点表示是符号、阶码和尾数的二进制表示都全为 0。需要注意的是，符号位为 1 而阶码和尾数部分全为 0 时表示−0.0。也就是说，+0.0 和−0.0 在浮点表示时有所不同。

③ 特殊值。

当阶码部分的二进制值全为 1 时，表示特殊的值。当尾数部分全部为 0 时表示无穷大，当符号位为 0 时表示+∞，当符号位为 1 时表示−∞。当浮点运算溢出时，用无穷来表示。当尾数部分不全为 0 时，称为“NaN”，即“不是一个数”。当运算结果不是实数或者无穷，就表示为 NaN。

（4）浮点数的运算。设有浮点数 $X = M \times 2^i$，$Y = N \times 2^j$，求 $X \pm Y$ 的运算过程要经过对阶、求尾数和（差）、结果规格化并判溢出、舍入处理和溢出判别等步骤。

① 对阶。使两个数的阶码相同。令 $K=|i-j|$，把阶码小的数的尾数右移 K 位，使其阶码加上 K。

② 求尾数和（差）。

③ 结果规格化并判溢出。若运算结果所得的尾数不是规格化的数，则需要进行规格化处理。当尾数溢出时，需要调整阶码。

④ 舍入处理。在对结果右规时，尾数的最低位将因移出而丢掉。另外，在对阶过程中也会将尾数右移使最低位丢掉。这就需要进行舍入处理，以求得最小的运算误差。

⑤ 溢出判别。以阶码为准，若阶码溢出，则运算结果溢出；若阶码下溢（小于最小值），

则结果为0；否则结果正确，无溢出。

浮点数相乘，其积的阶码等于两乘数的阶码相加，积的尾数等于两乘数的尾数相乘。浮点数相除，其商的阶码等于被除数的阶码减去除数的阶码，商的尾数等于被除数的尾数除以除数的尾数。乘除运算的结果都需要进行规格化处理并判断阶码是否溢出。

1.1.4 校验码

计算机系统运行时，为了确保数据在传送过程中正确无误，一是提高硬件电路的可靠性，二是提高代码的校验能力，包括查错和纠错。通常使用校验码的方法来检测传送的数据是否出错。其基本思想是把数据可能出现的编码分为两类：合法编码和错误编码。合法编码用于传送数据，错误编码是不允许在数据中出现的编码。合理地设计错误编码以及编码规则，使得数据在传送中出现某种错误时会变成错误编码，这样就可以检测出接收到的数据是否有错。

所谓码距，是指一个编码系统中任意两个合法编码之间至少有多少个二进制位不同。例如，4位8421码的码距为1，在传输过程中，该代码的一位或多位发生错误，都将变成另外一个合法的编码，因此这种代码无检错能力。下面简要介绍常用的3种校验码：奇偶校验码、海明码和循环冗余校验码。

1．奇偶校验码

奇偶校验（Parity Codes）是一种简单有效的校验方法。这种方法通过在编码中增加一位校验位来使编码中1的个数为奇数（奇校验）或者为偶数（偶校验），从而使码距变为2。对于奇校验，它可以检测代码中奇数位出错的编码，但不能发现偶数位出错的情况，即当合法编码中的奇数位发生了错误时，即编码中的1变成0或0变成1，则该编码中1的个数的奇偶性就发生了变化，从而可以发现错误。

常用的奇偶校验码有3种：水平奇偶校验码、垂直奇偶校验码和水平垂直校验码。

2．海明码

海明码（Hamming Code）是由贝尔实验室的Richard Hamming设计的，是一种利用奇偶性来检错和纠错的校验方法。海明码的构成方法是在数据位之间的特定位置上插入 k 个校验位，通过扩大码距来实现检错和纠错。

设数据位是 n 位，校验位是 k 位，则 n 和 k 必须满足以下关系：

$$2^k - 1 \geqslant n + k$$

海明码的编码规则如下。

设 k 个校验位为 $P_k,P_{k-1},\cdots,P_1$，n 个数据位为 $D_{n-1},D_{n-2},\cdots,D_1,D_0$，对应的海明码为 $H_{n+k},H_{n+k-1},\cdots,H_1$，那么：

（1）P_i 在海明码的第 2^{i-1} 位置，即 $H_j=P_i$，且 $j=2^{i-1}$，数据位则依序从低到高占据海明码中剩下的位置。

（2）海明码中的任何一位都是由若干个校验位来校验的。其对应关系如下：被校验的海明位的下标等于所有参与校验该位的校验位的下标之和，而校验位由自身校验。

对于 8 位的数据位，进行海明校验需要 4 个校验位（$2^3-1=7, 2^4-1=15>8+4$）。令数据位为 $D_7,D_6,D_5,D_4,D_3,D_2,D_1,D_0$，校验位为 P_4,P_3,P_2,P_1，形成的海明码为 $H_{12}, H_{11},\cdots,H_3,H_2,H_1$，则编码过程如下。

（1）确定 D 与 P 在海明码中的位置，如下所示：

H_{12}	H_{11}	H_{10}	H_9	H_8	H_7	H_6	H_5	H_4	H_3	H_2	H_1
D_7	D_6	D_5	D_4	P_4	D_3	D_2	D_1	P_3	D_0	P_2	P_1

（2）确定校验关系，如表 1-3 所示。

表 1-3 海明码的校验关系表

海 明 码	海明码的下标	校 验 位 组	说明（偶校验）
$H_1 (P_1)$	1	P_1	
$H_2 (P_2)$	2	P_2	P_1 校验：P_1、D_0、D_1、D_3、D_4、D_6
$H_3 (D_0)$	3 = 1+2	P_1 , P_2	即 $P_1= D_0 \oplus D_1 \oplus D_3 \oplus D_4 \oplus D_6$
$H_4 (P_3)$	4	P_3	
$H_5 (D_1)$	5 = 1+4	P_1 , P_3	P_2 校验：P_2、D_0、D_2、D_3、D_5、D_6
$H_6 (D_2)$	6 = 2+4	P_2 , P_3	即 $P_2= D_0 \oplus D_2 \oplus D_3 \oplus D_5 \oplus D_6$
$H_7 (D_3)$	7 = 1+2+4	P_1 , P_2 , P_3	
$H_8 (P_4)$	8	P_4	P_3 校验：P_3、D_1、D_2、D_3、D_7
$H_9 (D_4)$	9 = 1+8	P_1 , P_4	即 $P_3= D_1 \oplus D_2 \oplus D_3 \oplus D_7$
$H_{10} (D_5)$	10 = 2+8	P_2 , P_4	P_4 校验：P_4、D_4、D_5、D_6、D_7
$H_{11} (D_6)$	11 = 1+2+8	P_1 , P_2 , P_4	即 $P_4= D_4 \oplus D_5 \oplus D_6 \oplus D_7$
$H_{12} (D_7)$	12 = 4+8	P_3 , P_4	

若采用奇校验，则将各校验位的偶校验值取反即可。

（3）检测错误。对使用海明编码的数据进行差错检测很简单，只需做以下计算：

$G_1 = P_1 \oplus D_0 \oplus D_1 \oplus D_3 \oplus D_4 \oplus D_6$

$G_2 = P_2 \oplus D_0 \oplus D_2 \oplus D_3 \oplus D_5 \oplus D_6$

$G_3 = P_3 \oplus D_1 \oplus D_2 \oplus D_3 \oplus D_7$

$G_4 = P_4 \oplus D_4 \oplus D_5 \oplus D_6 \oplus D_7$

若采用偶校验，则 $G_4G_3G_2G_1$ 全为 0 时表示接收到的数据无错误（奇校验应全为 1）。当

$G_4G_3G_2G_1$ 不全为 0 时说明发生了差错，而且 $G_4G_3G_2G_1$ 的十进制值指出了发生错误的位置，例如 $G_4G_3G_2G_1$=1010，说明 $H_{10}(D_5)$出错了，将其取反即可纠正错误。

【例 1.6】 设数据为 01101001，试采用 4 个校验位求其偶校验方式的海明码。

解：$D_7D_6D_5D_4D_3D_2D_1D_0$=01101001，根据公式

$P_1 = D_0 \oplus D_1 \oplus D_3 \oplus D_4 \oplus D_6 = 1 \oplus 0 \oplus 1 \oplus 0 \oplus 1 = 1$

$P_2 = D_0 \oplus D_2 \oplus D_3 \oplus D_5 \oplus D_6 = 1 \oplus 0 \oplus 1 \oplus 1 \oplus 1 = 0$

$P_3 = D_1 \oplus D_2 \oplus D_3 \oplus D_7 = 0 \oplus 0 \oplus 1 \oplus 0 = 1$

$P_4 = D_4 \oplus D_5 \oplus D_6 \oplus D_7 = 0 \oplus 1 \oplus 1 \oplus 0 = 0$

求得的海明码为：

H_{12}	H_{11}	H_{10}	H_9	H_8	H_7	H_6	H_5	H_4	H_3	H_2	H_1
D_7	D_6	D_5	D_4	P_4	D_3	D_2	D_1	P_3	D_0	P_2	P_1
0	1	1	0	0	1	0	0	1	1	0	1

3．循环冗余校验码

循环冗余校验码（Cyclic Redundancy Check，CRC）广泛应用于数据通信领域和磁介质存储系统中。它利用生成多项式为 k 个数据位产生 r 个校验位来进行编码，其编码长度为 $k+r$。CRC 的代码格式为：

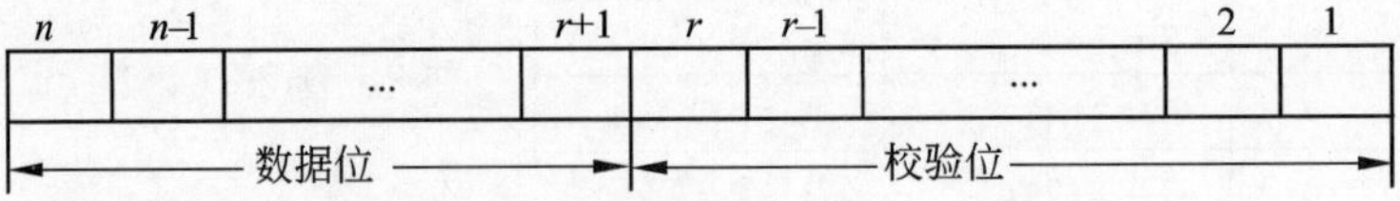

由此可知，循环冗余校验码是由两部分组成的，左边为信息码（数据），右边为校验码。若信息码占 k 位，则校验码就占 $n–k$ 位。其中，n 为 CRC 码的字长，所以又称为（n，k）码。校验码是由信息码产生的，校验码位数越多，该代码的校验能力就越强。在求 CRC 编码时，采用的是模 2 运算。模 2 加减运算的规则是按位运算，不发生借位和进位。

1.2 计算机体系结构

1.2.1 计算机体系结构的发展

1．计算机系统结构概述

1964 年，阿姆达尔（G.M.Amdahl）在介绍 IBM360 系统时指出：计算机体系结构是站在

程序员的角度所看到的计算机属性，即程序员要能编写出可在机器上正确运行的程序所必须了解的概念性结构和功能特性。

1982 年，梅尔斯（G.J.Myers）在其所著的《计算机体系结构的进展》（Advances in Computer Architecture）一书中定义了组成计算机系统的若干层次，每一层都提供一定的功能支持它上面的一层，并把不同层之间的界面定义为某种类型的体系结构。Myers 的定义发展了Amdahl 的概念性结构思想，明确了传统体系结构就是指硬件与软件之间的界面，即指令集体系结构。

1984 年，拜尔（J.L.Baer）在一篇题为"计算机体系结构（Computer Architecture）"的文章中给出了一个含义更加广泛的定义：体系结构由结构、组织、实现、性能 4 个基本方面组成。其中，结构指计算机系统各种硬件的互连，组织指各种部件的动态联系与管理，实现指各模块设计的组装完成，性能指计算机系统的行为表现。这个定义发展了Amdahl 的功能特性思想。显然，这里的计算机系统组织又成为体系结构的一个子集。

计算机体系结构、计算机组织和计算机实现三者的关系如下。

（1）计算机体系结构（Computer Architecture）是指计算机的概念性结构和功能属性。

（2）计算机组织（Computer Organization）是指计算机体系结构的逻辑实现，包括机器内的数据流和控制流的组成以及逻辑设计等（常称为计算机组成原理）。

（3）计算机实现（Computer Implementation）是指计算机组织的物理实现。

2．计算机体系结构分类

（1）从宏观上按处理机的数量进行分类，分为单处理系统、并行处理与多处理系统和分布式处理系统。

- 单处理系统（Uni-processing System）。利用一个处理单元与其他外部设备结合起来，实现存储、计算、通信、输入与输出等功能的系统。
- 并行处理与多处理系统（Parallel Processing and Multiprocessing System）。为了充分发挥问题求解过程中处理的并行性，将两个以上的处理机互连起来，彼此进行通信协调，以便共同求解一个大问题的计算机系统。
- 分布式处理系统（Distributed Processing System）。指物理上远距离而松耦合的多计算机系统。其中，物理上的远距离意味着通信时间与处理时间相比已不可忽略，在通信线路上的数据传输速率要比在处理机内部总线上传输慢得多，这也正是松耦合的含义。

（2）从微观上按并行程度分类，有 Flynn 分类法、冯泽云分类法、Handler 分类法和 Kuck 分类法。

- Flynn 分类法。1966 年，M.J.Flynn 提出按指令流和数据流的多少进行分类。指令流为机器执行的指令序列，数据流是由指令调用的数据序列。Flynn 把计算机系统的结构分为单指令流、单数据流（Single Instruction stream Single Data stream，SISD），单指令流、多数据流（Single Instruction stream Multiple Data stream，SIMD），多指令流、单数据流（Multiple Instruction stream Single Data stream，MISD）和多指令流、多数据流（Multiple Instruction stream Multiple Data stream，MIMD）4类。

- 冯泽云分类法。1972年，美籍华人冯泽云（Tse-yun Feng）提出按并行度对各种计算机系统进行结构分类。所谓最大并行度Pm是指计算机系统在单位时间内能够处理的最大二进制位数。冯泽云把计算机系统分成字串行位串行（WSBS）计算机、字并行位串行（WPBS）计算机、字串行位并行（WSBP）计算机和字并行位并行（WPBP）计算机4类。
- Handler分类法。1977年，德国的汉德勒（Wolfgang Handler）提出一个基于硬件并行程度计算并行度的方法，把计算机的硬件结构分为3个层次：处理机级、每个处理机中的算逻单元级、每个算逻单元中的逻辑门电路级。分别计算这三级中可以并行或流水处理的程序，即可算出某系统的并行度。
- Kuck分类法。1978年，美国的库克（David J.Kuck）提出与Flynn分类法类似的方法，用指令流和执行流（Execution Stream）及其多重性来描述计算机系统控制结构的特征。Kuck把系统结构分为单指令流单执行流（SISE）、单指令流多执行流（SIME）、多指令流单执行流（MISE）和多指令流多执行流（MIME）4类。

3．指令系统

一个处理器支持的指令和指令的字节级编码称为其指令集体系结构（Instruction Set Architecture，ISA），不同的处理器族支持不同的指令集体系结构，因此，一个程序被编译在一种机器上运行，往往不能在另一种机器上运行。

1）指令集体系结构的分类

从体系结构的观点对指令集进行分类，可以根据下述5个方面。

（1）操作数在CPU中的存储方式，即操作数从主存中取出后保存在什么地方。

（2）显式操作数的数量，即在典型的指令中有多少个显式命名的操作数。

（3）操作数的位置，即任一个ALU指令的操作数能否放在主存中，如何定位。

（4）指令的操作，即在指令集中提供哪些操作。

（5）操作数的类型与大小。

按暂存机制分类，根据在CPU内部存储操作数的区别，可以把指令集体系分为3类：堆栈（Stack）、累加器（Accumulator）和寄存器组（a set of Registers）。

通用寄存器（General-Purpose Register Machines，GPR）的关键性优点是编译程序能有效地使用寄存器，无论是计算表达式的值，还是从全局的角度使用寄存器来保存变量的值。在求解表达式时，寄存器比堆栈或者累加器能提供更加灵活的次序。更重要的是，寄存器能用来保存变量。当变量分配给寄存器时，访存流量（Memory Traffic）就会减少，程序运行就会加速，而且代码密度也会得到改善。用户可以用指令集的两个主要特征来区分 GPR 体系结构。第一个是 ALU 指令有两个或 3 个操作数。在三操作数格式中，指令包括两个源操作数和一个目的操作数；在二操作数格式中，有一个操作数既是源操作数又是目的操作数。第二个是 ALU 指令中有几个操作数是存储器地址，对于典型的 ALU 指令，这个数可能在 1～3 之间。

2）CISC 和 RISC

CISC 和 RISC 是指令集发展的两种途径。

（1）CISC（Complex Instruction Set Computer，复杂指令集计算机）的基本思想是进一步增强原有指令的功能，用更为复杂的新指令取代原先由软件子程序完成的功能，实现软件功能的硬化，导致机器的指令系统越来越庞大、复杂。事实上，目前使用的绝大多数计算机都属于 CISC 类型。

CISC 的主要弊端如下。

① 指令集过分庞杂。

② 微程序技术是 CISC 的重要支柱，每条复杂指令都要通过执行一段解释性微程序才能完成，这就需要多个 CPU 周期，从而降低了机器的处理速度。

③ 由于指令系统过分庞大，使高级语言编译程序选择目标指令的范围很大，并使编译程序本身冗长、复杂，从而难以优化编译使之生成真正高效的目标代码。

④ CISC 强调完善的中断控制，势必导致动作繁多、设计复杂、研制周期长。

⑤ CISC 给芯片设计带来很多困难，使芯片种类增多，出错几率增大，成本提高而成品率降低。

（2）RISC（Reduced Instruction Set Computer，精简指令集计算机）的基本思想是通过减少指令总数和简化指令功能降低硬件设计的复杂度，使指令能单周期执行，并通过优化编译提高指令的执行速度，采用硬布线控制逻辑优化编译程序。RISC 在 20 世纪 70 年代末开始兴起，导致机器的指令系统进一步精炼而简单。

RISC 的关键技术如下。

① 重叠寄存器窗口技术。在伯克利的 RISC 项目中首先采用了重叠寄存器窗口（Overlapping Register Windows）技术。其基本思想是在处理机中设置一个数量比较大的寄存器堆，并把它划分成很多个窗口。每个过程使用其中相邻的 3 个窗口和一个公共的窗口，而在这些窗口中有一个窗口是与前一个过程共用，还有一个窗口是与下一个过程共用的。与前一过程共用的窗口可以用来存放前一过程传送给本过程的参数，同时也存放本过程传送给前一过程的计算结果。同样，与下一过程共用窗口可以用来存放本过程传送给下一过程的参数和存放下一过程传送给本过程的计算结果。

② 优化编译技术。RISC 使用了大量的寄存器，如何合理地分配寄存器、提高寄存器的使用效率及减少访存次数等，都应通过编译技术的优化来实现。

③ 超流水及超标量技术。为了进一步提高流水线速度而采用的技术。

④ 硬布线逻辑与微程序相结合在微程序技术中。

（3）优化。

为了提高目标程序的实现效率，人们对大量的机器语言目标代码及其执行情况进行了统计。对程序中出现的各种指令以及指令串进行统计得到的百分比称为静态使用频度。在程序执行过程中，对出现的各种指令以及指令串进行统计得到的百分比称为动态使用频度。按静态使用频度来改进目标代码可减少目标程序所占的存储空间，按动态使用频度来改进目标代码可减少目标程序运行的执行时间。大量统计表明，动态和静态使用频度两者非常接近，最常用的指令是存、取、条件转移等。对它们加以优化，既可以减少程序所需的存储空间，又可以提高程序的执行速度。

面向高级程序语言的优化思路是尽可能缩小高级语言与机器语言之间的语义差距，以利于支持高级语言编译系统，缩短编译程序的长度和编译所需的时间。

面向操作系统的优化思路是进一步缩小操作系统与体系结构之间的语义差距，以利于减少操作系统运行所需的辅助时间，节省操作系统软件所占用的存储空间。操作系统的实现依赖于体系结构对它的支持。许多传统机器指令，例如算术逻辑指令、字符编辑指令、移位指令和控制转移指令等，都可用于操作系统的实现。此外，还有相当一部分指令是专门为实现操作系统的各种功能而设计的。

3）指令的流水处理

（1）指令控制方式。指令控制方式有顺序方式、重叠方式和流水方式 3 种。

① 顺序方式。顺序方式是指各条机器指令之间顺序串行地执行，执行完一条指令后才取下一条指令，而且每条机器指令内部的各个微操作也是顺序串行地执行。这种方式的优点是控制简单。缺点是速度慢，机器各部件的利用率低。

② 重叠方式。重叠方式是指在解释第 K 条指令的操作完成之前就可以开始解释第 $K+1$ 条指令，如图 1-2 所示。通常采用的是一次重叠，即在任何时候，指令分析部件和指令执行部件都只有相邻两条指令在重叠解释。这种方式的优点是速度有所提高，控制也不太复杂。缺点是会出现冲突、转移和相关等问题，在设计时必须想办法解决。

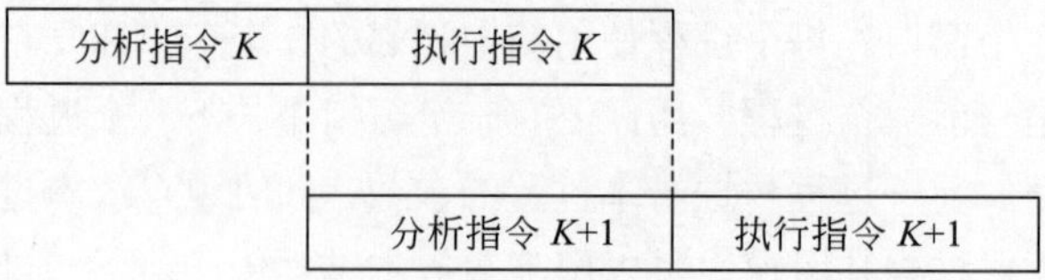

图 1-2　一次重叠处理

③ 流水方式。流水方式是模仿工业生产过程的流水线（如汽车装配线）而提出的一种指令控制方式。流水（Pipelining）技术是把并行性或并发性嵌入到计算机系统里的一种形式，它把重复的顺序处理过程分解为若干子过程，每个子过程能在专用的独立模块上有效地并发工作，如图 1-3 所示。

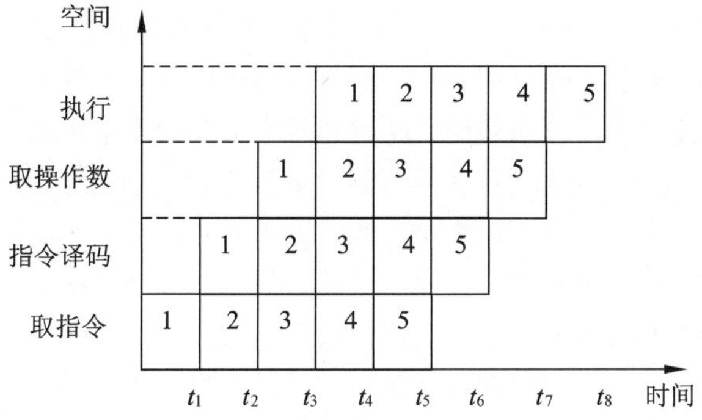

图 1-3 流水处理的时空图

在概念上，“流水”可以看成是“重叠”的延伸。差别仅在于“一次重叠”是把一条指令解释分解为两个子过程，而“流水”则是分解为更多的子过程。

（2）流水线的种类。

① 从流水的级别上，可分为部件级、处理机级以及系统级的流水。

② 从流水的功能上，可分为单功能流水线和多功能流水线。

③ 从流水的连接上，可分为静态流水线和动态流水线。

④ 从流水是否有反馈回路，可分为线性流水线和非线性流水线。

⑤ 从流水的流动顺序上，可分为同步流水线和异步流水线。

⑥ 从流水线的数据表示上，可分为标量流水线和向量流水线。

（3）流水的相关处理。

由于流水时机器同时解释多条指令，这些指令可能有对同一主存单元或同一寄存器的“先写后读”的要求，这时就出现了相关。这种相关包括指令相关、访存操作数相关以及通用寄存器组相关等，它只影响相关的两条或几条指令，而且最多影响流水线的某些段推后工作，并不会改动指令缓冲器中预取到的指令内容，影响是局部的，所以称为局部性相关。解决局部性相关有两种方法：推后法和通路法。推后法是推后对相关单元的读，直至写入完成。通路法设置相关专用通路，使得不必先把运算结果写入相关存储单元，再从这里读出后才能使用，而是经过相关专用通路直接使用运算结果，以加快速度。

转移指令（尤其是条件转移指令）与它后面的指令之间存在关联，使之不能同时解释。执行转移指令时，可能会改动指令缓冲器中预取到的指令内容，从而会造成流水线吞吐率和效率下降，比局部性相关的影响要严重得多，所以称为全局性相关。

解决全局性相关有 3 种方法：猜测转移分支、加快和提前形成条件码、加快短循环程序的处理。

条件转移指令有两个分支，一个分支是按原来的顺序继续执行下去，称为转移不成功分支；另一个分支是按转移后的新指令序列执行，称为转移成功分支。许多流水机器都猜选转移不成功分支，若猜对的几率很大，流水线的吞吐率和效率就会比不采用猜测法时高得多。

尽早获得条件码以便对流水线简化条件转移的处理。例如，一个乘法运算所需的时间较长，但在运算之前就能知道其结果为正或为负，或者是否为 0，因此，加快单条指令内部条件码的形成，或者在一段程序内提前形成条件码，对转移问题的顺利解决是很有好处的。

由于程序中广泛采用循环结构，因此流水线大多采用特殊措施以加快循环程序的处理。例如，使整个循环程序都放入指令缓冲存储器中，对提高流水效率和吞吐率均有明显效果。中断和转移一样，也会引起流水线断流。好在中断出现的概率要比条件转移出现的概率低得多，因此只要处理好断点现场保护及中断后的恢复，尽量缩短断流时间即可。

RISC 中采用的流水技术有 3 种：超流水线、超标量以及超长指令字。

① 超流水线（Super Pipe Line）技术。它通过细化流水、增加级数和提高主频，使得在每个机器周期内能完成一个甚至两个浮点操作。其实质是以时间换取空间。超流水机器的特征是在所有的功能单元都采用流水，并有更高的时钟频率和更深的流水深度。由于它只限于指令级的并行，所以超流水机器的 CPI（Clock Cycles Per Instruction，每个指令需要的机器周期数）值稍高。

② 超标量（Super Scalar）技术。它通过内装多条流水线来同时执行多个处理，其时钟频率虽然与一般流水接近，却有更小的 CPI。其实质是以空间换取时间。

③ 超长指令字（Very Long Instruction Word，VLIW）技术。VLIW 和超标量都是 20 世纪 80 年代出现的概念，其共同点是要同时执行多条指令，其不同在于超标量依靠硬件来实现并行处理的调度，VLIW 则充分发挥软件的作用，而使硬件简化，性能提高。VLIW 有更小的 CPI 值，但需要有足够高的时钟频率。

（4）吞吐率和流水建立时间。

吞吐率是指单位时间内流水线处理机流出的结果数。对指令而言，就是单位时间内执行的指令数。如果流水线的子过程所用时间不一样，则吞吐率 p 应为最长子过程的倒数，即

$$p = 1/\max\{\Delta t_1, \Delta t_2, \cdots, \Delta t_m\}$$

流水线开始工作，需经过一定时间才能达到最大吞吐率，这就是建立时间。若 m 个子过程

所用时间一样，均为 Δt_0，则建立时间 $T_0 = m\Delta t_0$。

4．阵列处理机、并行处理机和多处理机

并行性包括同时性和并发性。其中，同时性是指两个或两个以上的事件在同一时刻发生，并发性是指两个或两个以上的事件在同一时间间隔内连续发生。

从计算机信息处理的步骤和阶段的角度看，并行处理可分为如下几类。

（1）存储器操作并行。

（2）处理器操作步骤并行（流水线处理机）。

（3）处理器操作并行（阵列处理机）。

（4）指令、任务、作业并行（多处理机、分布处理系统、计算机网络）。

1）阵列处理机

阵列处理机将重复设置的多个处理单元（PU）按一定方式连成阵列，在单个控制部件（CU）控制下，对分配给自己的数据进行处理，并行地完成一条指令所规定的操作。这是一种单指令流多数据流计算机，通过资源重复实现并行性。

2）并行处理机

SIMD 和 MIMD 是典型的并行计算机，SIMD 有共享存储器和分布存储器两种形式。

在具有共享存储器的 SIMD 结构（如图 1-4 所示）中，将若干个存储器构成统一的并行处理机存储器，通过互联网络 ICN 为整个并行系统的所有处理单元共享。其中，PE 为处理单元，CU 为控制部件，M 为共享存储器，ICN 为互联网络。

分布式存储器的 SIMD 结构如图 1-5 所示，其中，PE 为处理单元，CU 为控制部件，PEM 为局部存储器，ICN 为互联网络。含有多个同样结构的处理单元，通过寻径网络 ICN 以一定的方式互相连接。

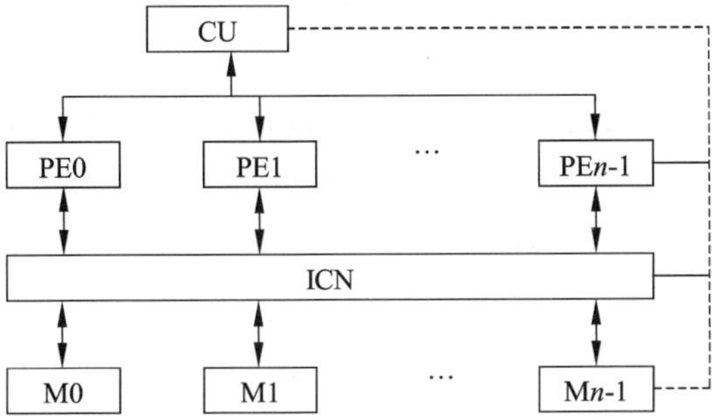

图 1-4　具有共享存储器的 SIMD 结构

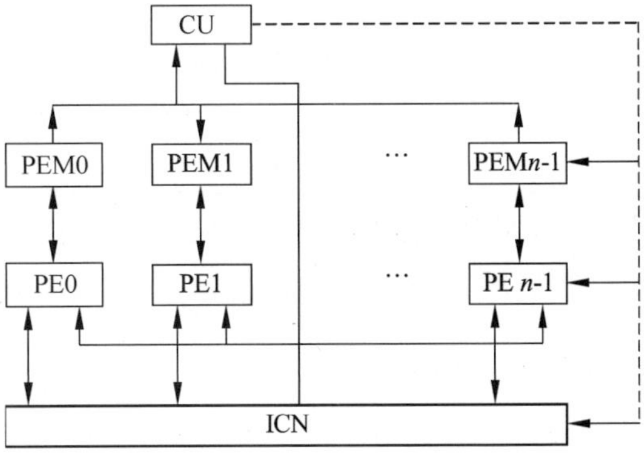

图 1-5　具有分布存储器的 SIMD 结构

分布存储器的并行处理机结构中有两类存储器，一类存储器附属于主处理机，主处理机实现整个并行处理机的管理，在其附属的存储器内常驻操作系统。另一类是分布在各个处理单元上的存储器（即 PEM），这类存储器用来保存程序和数据。在阵列控制部件的统一指挥下，实现并行操作。程序和数据通过主机装入控制存储器。通过控制部件的是单指令流，所以指令的执行顺序还是和单处理机一样，基本上是串行处理。指令送到控制部件进行译码。划分后的数据集合通过向量数据总线分布到所有 PE 的本地存储器 PEM。PE 通过数据寻径网络互连。数据寻径网络执行 PE 间的通信。控制部件通过执行程序来控制寻径网络。PE 的同步由控制部件的硬件实现。

3）多处理机

多处理机系统是由多台处理机组成的系统，每台处理机有属于自己的控制部件，可以执行独立的程序，共享一个主存储器和所有的外部设备。它是多指令流多数据流计算机。在多处理机系统中，机间的互连技术决定了多处理机的性能。多处理机之间的互连要满足高频带、低成本、连接方式的多样性以及在不规则通信情况下连接的无冲突性。

4）其他计算机

集群一般是指连接在一起的两个或多个计算机（结点）。集群计算机是一种并行或分布式处理系统，由很多连接在一起的独立计算机组成，像一个单集成的计算机资源一样协同工作，主要用来解决大型计算问题。计算机结点可以是一个单处理器或多处理器的系统，拥有内存、I/O 设备和操作系统。连接在一起的计算机集群对用户和应用程序来说像一个单一的系统，这样的系统可以提供一种价格合理的且可获得所需性能和快速而可靠的服务的解决方案。

1.2.2 存储系统

1．存储器的层次结构

计算机系统中可能包括各种存储器，如 CPU 内部的通用寄存器组、CPU 内的 Cache（高速缓存）、CPU 外部的 Cache、主板上的主存储器、主板外的联机（在线）磁盘存储器以及脱机（离线）的磁带存储器和光盘存储器等。不同特点的存储器通过适当的硬件、软件有机地组合在一起形成计算机的存储体系结构，如图 1-6 所示。其中，Cache 和主存之间的交互功能全部由硬件实现，而主存与辅存之间的交互功能可由硬件和软件结合起来实现。

2．存储器的分类

1）按存储器所处的位置分类

按存储器所处的位置可分为内存和外存。

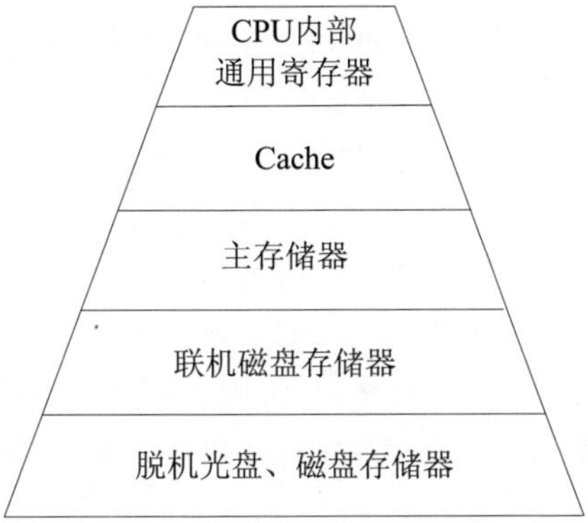

图 1-6 存储系统的层次结构

（1）内存。也称为主存，设在主机内或主机板上，用来存放机器当前运行所需要的程序和数据，以便向 CPU 提供信息。相对于外存，其特点是容量小、速度快。

（2）外存。也称为辅存，如磁盘、磁带和光盘等，用来存放当前不参加运行的大量信息，而在需要时调入内存。

2）按存储器的构成材料分类

按构成存储器的材料可分为磁存储器、半导体存储器和光存储器。

（1）磁存储器。磁存储器是用磁性介质做成的，如磁芯、磁泡、磁膜、磁鼓、磁带及磁盘等。

（2）半导体存储器。根据所用元件又可分为双极型和 MOS 型；根据数据是否需要刷新又可分为静态（Static Memory）和动态（Dynamic Memory）两类。

（3）光存储器。利用光学方法读/写数据的存储器，如光盘（Optical Disk）。

3）按存储器的工作方式分类

按存储器的工作方式可分为读/写存储器和只读存储器。

（1）读/写存储器（Random Access Memory，RAM）。它指既能读取数据也能存入数据的存储器。

（2）只读存储器。工作过程中仅能读取的存储器，根据数据的写入方式，这种存储器又可细分为 ROM、PROM、EPROM 和 EEPROM 等类型。

① 固定只读存储器（Read Only Memory，ROM）。这种存储器是在厂家生产时就写好数据的，其内容只能读出，不能改变。一般用于存放系统程序 BIOS 和用于微程序控制。

② 可编程的只读存储器（Programmable Read Only Memory，PROM）。其中的内容可以由用户一次性地写入，写入后不能再修改。

③ 可擦除可编程的只读存储器（Erasable Programmable Read Only Memory，EPROM）。其中的内容既可以读出，也可以由用户写入，写入后还可以修改。改写的方法是写入之前先用紫外线照射 15～20 分钟以擦去所有信息，然后再用特殊的电子设备写入信息。

④ 电擦除可编程的只读存储器（Electrically Erasable Programmable Read Only Memory，EEPROM）。与 EPROM 相似，EEPROM 中的内容既可以读出，也可以进行改写。只不过这种存储器是用电擦除的方法进行数据的改写。

⑤ 闪速存储器（Flash Memory）。简称闪存，闪存的特性介于 EPROM 和 EEPROM 之间，类似于 EEPROM，也可使用电信号进行信息的擦除操作。整块闪存可以在数秒内删除，速度远快于 EPROM。

4）按访问方式分类

按访问方式可分为按地址访问的存储器和按内容访问的存储器。

5）按寻址方式分类

按寻址方式可分为随机存储器、顺序存储器和直接存储器。

（1）随机存储器（Random Access Memory，RAM）。这种存储器可对任何存储单元存入或读取数据，访问任何一个存储单元所需的时间是相同的。

（2）顺序存储器（Sequentially Addressed Memory，SAM）。访问数据所需要的时间与数据所在的存储位置相关，磁带是典型的顺序存储器。

（3）直接存储器（Direct Addressed Memory，DAM）。介于随机存取和顺序存取之间的一种寻址方式。磁盘是一种直接存取存储器，它对磁道的寻址是随机的，而在一个磁道内则是顺序寻址。

3. 相联存储器

相联存储器是一种按内容访问的存储器。其工作原理就是把数据或数据的某一部分作为关键字，按顺序写入信息，读出时并行地将该关键字与存储器中的每一单元进行比较，找出存储器中所有与关键字相同的数据字，特别适合于信息的检索和更新。

相联存储器的结构如图 1-7 所示，其中，输入检索寄存器用来存放要检索的内容（关键字），屏蔽寄存器用来屏蔽那些不参与检索的字段，比较器将检索的关键字与存储体的每一单元进行比较。为了提高速度，比较器的数量应很大。对于位比较器，应每位对应一个，应有 $2^m \times N$ 个，对于字比较器应有 2^m 个。匹配寄存器用来记录比较的结果，它应有 2^m 个二进制位，用来记录 2^m 个比较器的结果，1 为相等（匹配），0 为不相等（不匹配）。

相联存储器可用在高速缓冲存储器中，在虚拟存储器中用来作为段表、页表或快表存储器，用在数据库和知识库中。

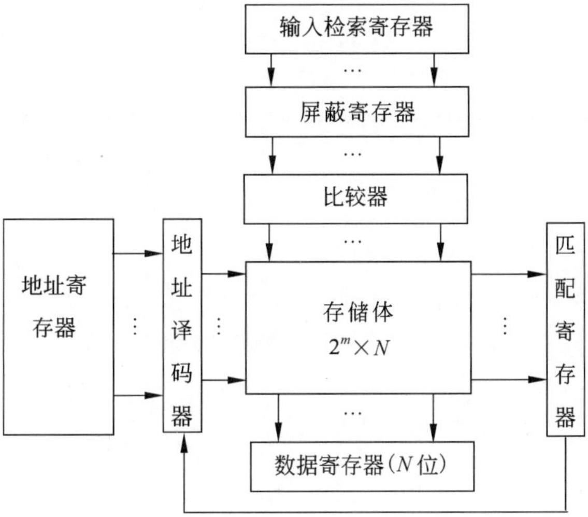

图 1-7　相联存储器的结构框图

4．高速缓存

高速缓存用来存放当前最活跃的程序和数据，其特点是：位于 CPU 与主存之间；容量一般在几千字节到几兆字节之间；速度一般比主存快 5～10 倍，由快速半导体存储器构成；其内容是主存局部域的副本，对程序员来说是透明的。

1）高速缓存的组成

高速缓存（Cache）、主存（Main Memory）与 CPU 的关系如图 1-8 所示。

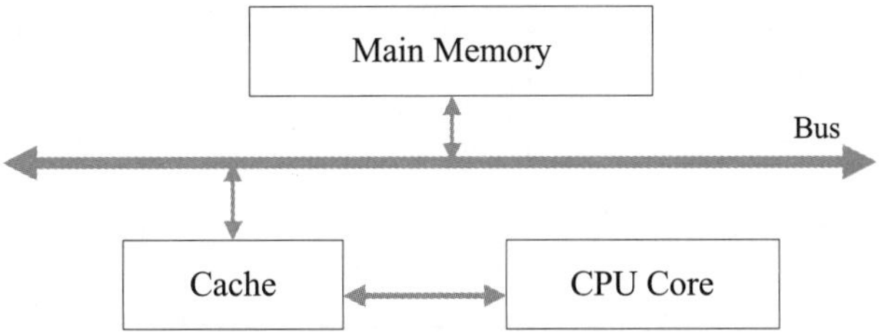

图 1-8　高速缓存、主存和 CPU 的关系示意图

Cache 存储器部分用来存放主存的部分拷贝（副本）信息。控制部分的功能是判断 CPU 要访问的信息是否在 Cache 存储器中，若在即为命中，若不在则没有命中。命中时直接对 Cache 存储器寻址；未命中时，要按照替换原则决定主存的一块信息放到 Cache 存储器的哪一块里。

现代 CPU 中 Cache 分为了多个层级，如图 1-9 所示。

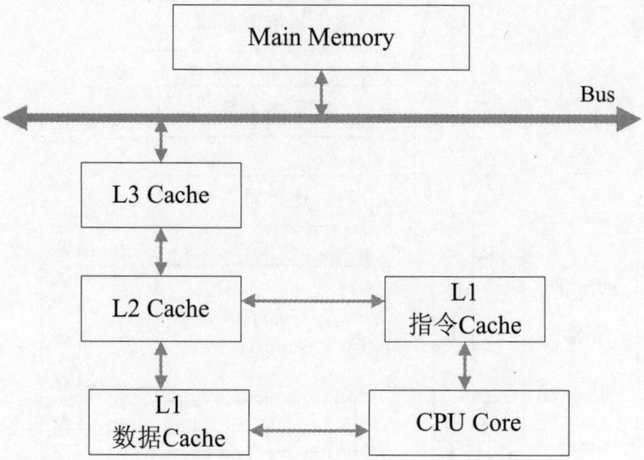

图1-9　三级Cache示意图

2）高速缓存中的地址映像方法

在CPU工作时，送出的是主存单元的地址，而应从Cache存储器中读/写信息。这就需要将主存地址转换成Cache存储器的地址，这种地址的转换称为地址映像。Cache的地址映像有如下3种方法。

（1）直接映像。直接映像是指主存的块与Cache块的对应关系是固定的，如图1-10所示。

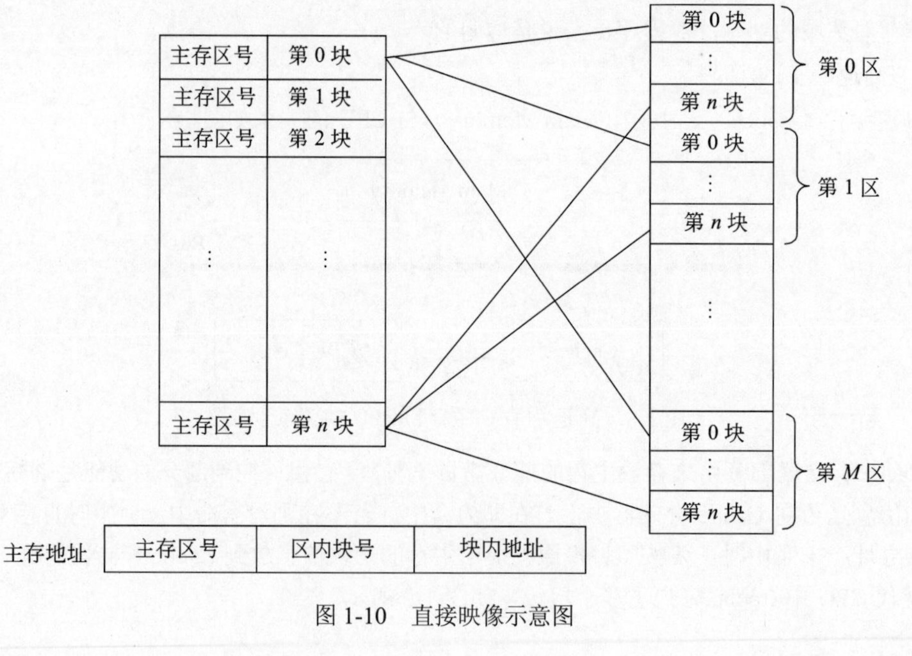

图1-10　直接映像示意图

在这种映像方式下，由于主存中的块只能存放在 Cache 存储器的相同块号中，因此，只要主存地址中的主存区号与 Cache 中记录的主存区号相同，则表明访问 Cache 命中。一旦命中，由主存地址中的区内块号立即可得到要访问的 Cache 存储器中的块，而块内地址就是主存地址中给出的低位地址。

直接映像方式的优点是地址变换很简单，缺点是灵活性差。例如，不同区号中块号相同的块无法同时调入 Cache 存储器，即使 Cache 存储器中有空着的块也不能利用。

（2）全相联映像。全相联映像如图 1-11 所示。同样，主存与 Cache 存储器均分成大小相同的块。这种映像方式允许主存的任一块可以调入 Cache 存储器的任何一个块的空间中。

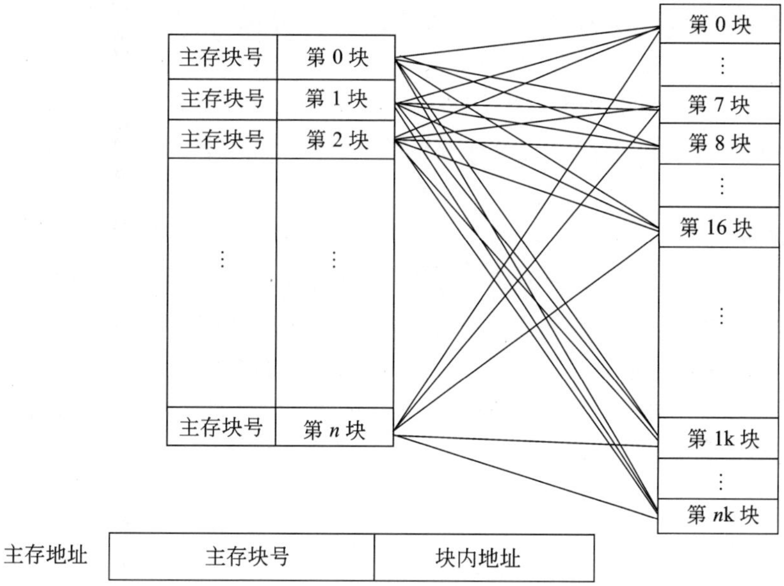

图 1-11　全相联映像示意图

例如，主存为 64MB，Cache 为 32KB，块的大小为 4KB（块内地址需要 12 位），因此主存分为 16384 块，块号从 0～16383，表示块号需要 14 位，Cache 分为 8 块，块号为 0～7，表示块号需 3 位。存放主存块号的相联存储器需要有 Cache 块个数相同数目的单元（该例中为 8），相联存储器中每个单元记录所存储的主存块的块号，该例中相联存储器每个单元应为 14 位，共 8 个单元。

在地址变换时，利用主存地址高位表示的主存块号与 Cache 中相联存储器所有单元中记录的主存块号进行比较，若相同即为命中。这时相联存储器单元的编号就对应要访问 Cache 的块号，从而在相应的 Cache 块中根据块内地址（上例中块内地址是 12 位，Cache 与主存的块内地址是相同的）访问到相应的存储单元。

全相联映像的主要优点是主存的块调入 Cache 的位置不受限制，十分灵活。其主要缺点是无法从主存块号中直接获得 Cache 的块号，变换比较复杂，速度比较慢。

（3）组相联映像。这种方式是前面两种方式的折中。具体方法是将 Cache 中的块再分成组。例如，假定 Cache 有 16 块，再将每两块分为 1 组，则 Cache 就分为 8 组。主存同样分区，每区 16 块，再将每两块分为 1 组，则每区就分为 8 组。

组相联映像就是规定组采用直接映像方式而块采用全相联映像方式。也就是说，主存任何区的 0 组只能存到 Cache 的 0 组中，1 组只能存到 Cache 的 1 组中，依此类推。组内的块则采用全相联映像方式，即一组内的块可以任意存放。也就是说，主存一组中的任一块可以存入 Cache 相应组的任一块中。

在这种方式下，通过直接映像方式来决定组号，在一组内再用全相联映像方式来决定 Cache 中的块号。由主存地址高位决定的主存区号与 Cache 中区号比较可决定是否命中。主存后面的地址即为组号。

3）替换算法

替换算法的目标就是使 Cache 获得尽可能高的命中率。常用算法有如下几种。

（1）随机替换算法。就是用随机数发生器产生一个要替换的块号，将该块替换出去。

（2）先进先出算法。就是将最先进入 Cache 的信息块替换出去。

（3）近期最少使用算法。这种方法是将近期最少使用的 Cache 中的信息块替换出去。

（4）优化替换算法。这种方法必须先执行一次程序，统计 Cache 的替换情况。有了这样的先验信息，在第二次执行该程序时便可以用最有效的方式来替换。

4）Cache 的性能分析

Cache 的性能是计算机系统性能的重要方面。命中率是 Cache 的一个重要指标，但不是最主要的指标。Cache 设计的目标是在成本允许的条件下达到较高的命中率，使存储系统具有最短的平均访问时间。设 H_c 为 Cache 的命中率，t_c 为 Cache 的存取时间，t_m 为主存的访问时间，则 Cache 存储器的等效加权平均访问时间 t_a 为：

$$t_a = H_c t_c + (1-H_c)t_m = t_c + (1-H_c)(t_m - t_c)$$

这里假设 Cache 访问和主存访问是同时启动的，其中，t_c 为 Cache 命中时的访问时间，$(t_m - t_c)$ 为失效访问时间。如果在 Cache 不命中时才启动主存，则

$$t_a = t_c + (1-H_c)t_m$$

在指令流水线中，Cache 访问作为流水线中的一个操作阶段，Cache 失效将影响指令的流水。因此，降低 Cache 的失效率是提高 Cache 性能的一项重要措施。当 Cache 容量比较小时，

容量因素在 Cache 失效中占有比较大的比例。降低 Cache 失效率的方法主要有选择恰当的块容量、提高 Cache 的容量和提高 Cache 的相联度等。

Cache 的命中率与 Cache 容量的关系如图 1-12 所示。Cache 容量越大，则命中率越高，随着 Cache 容量的增加，其失效率接近 0%（命中率逐渐接近 100%）。但是，增加 Cache 容量意味着增加 Cache 的成本和增加 Cache 的命中时间。

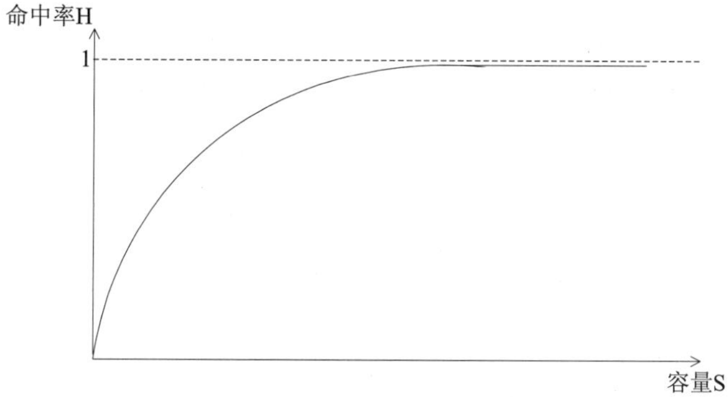

图 1-12　Cache 容量与命中率的关系

5）多级 Cache

在多级 Cache 的计算机中，Cache 分为一级（L1 Cache）、二级（L2 Cache）、三级（L3 Cache）等，CPU 访存时首先查找 L1 Cache，如果不命中，则访问 L2 Cache，直到所有级别的 Cache 都不命中，才访问主存。通常要求 L1 Cache 的速度足够快，以赶上 CPU 的主频。如果 Cache 为两级，则 L1 Cache 的容量一般都比较小，为几千字节到几十千字节；L2 Cache 则具有较高的容量，一般为几百字节到几兆字节，以使高速缓存具有足够高的命中率。

5．虚拟存储器

在概念上，可以将主存存储器看作一个由若干个字节构成的存储空间，每个字节（称为一个存储单元）有一个地址编号，主存单元的该地址称为物理地址（Physical Address）。当需要访问主存中的数据时，由 CPU 给出要访问数据所在的存储单元地址，然后由主存的读写控制部件定位对应的存储单元，对其进行读（或写）操作来完成访问操作。

现代系统提供了一种对主存的抽象，称为虚拟存储（Virtual Memory），使用虚拟地址（Virtual Address，由 CPU 生成）的概念来访问主存，使用专门的 MMU（Memory Management Unit）将虚拟地址转换为物理地址后访问主存。设主存容量为 4GB，则其简化后的访问操作和内存模型如图 1-13 所示。

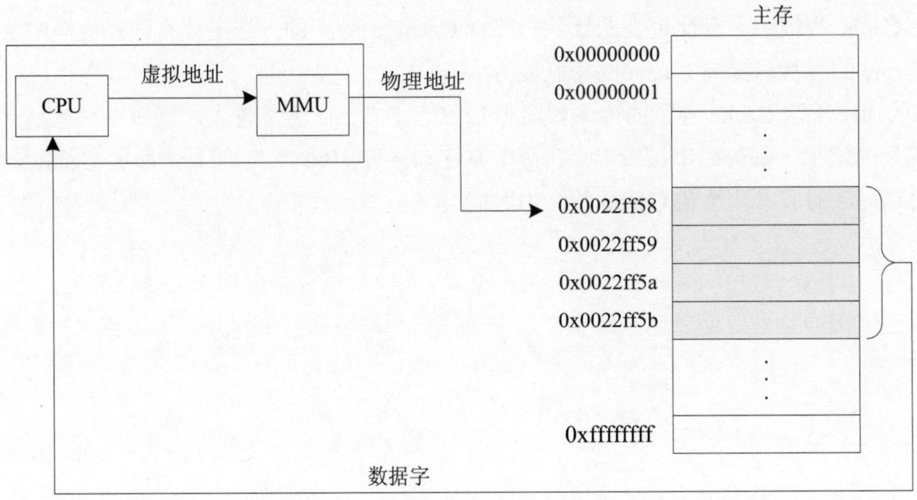

图 1-13　内存模型及使用虚拟地址访存示意图

虚拟存储器实际上是一种逻辑存储器，实质是对物理存储设备进行逻辑化的处理，并将统一的逻辑视图呈现给用户。因此，用户在使用时，操作的是虚拟设备，无需关心底层的物理环境，从而可以充分利用基于异构平台的存储空间，达到最优化的使用效率。

6．外存储器

外存储器用来存放暂时不用的程序和数据，并且以文件的形式存储。CPU 不能直接访问外存中的程序和数据，只有将其以文件为单位调入主存才可访问。外存储器主要由磁表面存储器（如磁盘、磁带）、光盘存储器及固态硬盘（采用 Flash 芯片或 DRAM 作为存储介质的存储器）构成。

1）磁表面存储器

在磁表面存储器中，磁盘的存取速度较快，且具有较大的存储容量，是目前广泛使用的外存储器。磁盘存储器由盘片、驱动器、控制器和接口组成。盘片用来存储信息。驱动器用于驱动磁头沿盘面径向运动以寻找目标磁道位置，驱动盘片以额定速率稳定旋转，并且控制数据的写入和读出。控制器接收主机发来的命令，将它转换成磁盘驱动器的控制命令，并实现主机和驱动器之间数据格式的转换及数据传送，以控制驱动器的读/写操作。一个控制器可以控制一台或多台驱动器。接口是主机和磁盘存储器之间的连接逻辑。

硬盘是最常见的外存储器。一个硬盘驱动器内可装有多个盘片，组成盘片组，每个盘片都配有一个独立的磁头。所有记录面上相同序号的磁道构成一个圆柱面，其编号与磁道编号相同。

将文件存储在硬盘上时尽可能放在同一圆柱面上，或者放在相邻柱面上，这样可以缩短寻道时间。

为了正确地存储信息，将盘片划成许多同心圆，称为磁道，从外到里编号，最外一圈为 0 道，往内道号依次增加。沿径向的单位距离的磁道数称为道密度，单位为 tpi（每英寸磁道数）。将一个磁道沿圆周等分为若干段，每段称为一个扇段或扇区，每个扇区内可存放一个固定长度的数据块，如 512B。磁道上单位距离可记录的位数称为位密度，单位为 bpi（每英寸位数）。因为每条磁道上的扇区数相同，而每个扇区的大小又一样，所以每条磁道都记录同样多的信息。又因为里圈磁道圆周比外圈磁道的圆周小，所以里圈磁道的位密度要比外圈磁道的位密度高。最内圈的位密度称为最大位密度。

硬盘的寻址信息由硬盘驱动号、圆柱面号、磁头号（记录面号）、数据块号（或扇区号）以及交换量组成。

磁盘容量有两种指标：一种是非格式化容量，它是指一个磁盘所能存储的总位数；另一种是格式化容量，它是指各扇区中数据区容量的总和。计算公式分别如下：

非格式化容量=面数×（磁道数/面）×内圆周长×最大位密度

格式化容量=面数×（磁道数/面）×（扇区数/道）×（字节数/扇区）

按盘片是否固定、磁头是否移动等指标，硬盘可分为移动磁头固定盘片的磁盘存储器、固定磁头的磁盘存储器、移动磁头可换盘片的磁盘存储器和温彻斯特磁盘存储器（简称温盘）。

2）光盘存储器

光盘存储器是一种采用聚焦激光束在盘式介质上非接触地记录高密度信息的新型存储装置。

根据性能和用途，光盘存储器可分为只读型光盘（CD-ROM）、只写一次型光盘（WORM）和可擦除型光盘。只读型光盘是由生产厂家预先用激光在盘片上蚀刻不能再改写的各种信息，目前这类光盘的使用很普遍。只写一次型光盘是指由用户一次写入、可多次读出但不能擦除的光盘，写入方法是利用聚焦激光束的热能，使光盘表面发生永久性变化而实现的。可擦除型光盘是读/写型光盘，它是利用激光照射引起介质的可逆性物理变化来记录信息。

光盘存储器由光学、电学和机械部件等组成。其特点是记录密度高、存储容量大、采用非接触式读/写信息（光头距离光盘通常为 2mm）、信息可长期保存（其寿命达 10 年以上）、采用多通道记录时数据传送率可超过 200Mb/s、制造成本低、对机械结构的精度要求不高、存取时间较长。

3）固态硬盘

固态硬盘的存储介质分为两种，一种是采用闪存（FLASH 芯片）作为存储介质，另外一种是采用 DRAM 作为存储介质。

基于闪存的固态硬盘是固态硬盘的主要类别，其主体是一块 PCB 板，板上最基本的配件就是控制芯片、缓存芯片和用于存储数据的闪存芯片。主控芯片是固态硬盘的大脑，其作用有两个：一是合理调配数据在各个闪存芯片上的负荷，二则是承担数据中转的作用，连接闪存芯片和外部 SATA 接口。不同主控芯片的能力相差非常大，在数据处理能力、算法，对闪存芯片的读取写入控制上会有非常大的不同，直接会导致固态硬盘产品在性能上差距很大。

固态硬盘的接口规范和定义、功能及使用方法上与普通硬盘基本相同，外形和尺寸也基本与普通的 2.5 英寸硬盘一致。

固态硬盘具有传统机械硬盘不具备的读写快速、质量轻、能耗低以及体积小等特点，但其价格仍较为昂贵，容量较低，一旦硬件损坏，数据较难恢复。

7. 磁盘阵列技术

磁盘阵列是由多台磁盘存储器组成的一个快速、大容量、高可靠的外存子系统。现在常见的磁盘阵列称为廉价冗余磁盘阵列（Redundant Array of Independent Disk，RAID）。目前，常见的 RAID 如表 1-4 所示。

表 1-4 廉价冗余磁盘阵列

RAID 级别	说明
RAID-0	RAID-0 是一种不具备容错能力的磁盘阵列。由 N 个磁盘存储器组成的 0 级阵列，其平均故障间隔时间（MTBF）是单个磁盘存储器的 N 分之一，但数据传输率是单个磁盘存储器的 N 倍
RAID-1	RAID-1 是采用镜像容错改善可靠性的一种磁盘阵列
RAID-2	RAID-2 是采用海明码进行错误检测的一种磁盘阵列
RAID-3	RAID-3 减少了用于检验的磁盘存储器的个数，从而提高了磁盘阵列的有效容量。一般只有一个检验盘
RAID-4	RAID-4 是一种可独立地对组内各磁盘进行读/写的磁盘阵列，该阵列也只用一个检验盘
RAID-5	RAID-5 是对 RAID-4 的一种改进，它不设置专门的检验盘。同一个磁盘上既记录数据，也记录检验信息，这就解决了前面多个磁盘机争用一个检验盘的问题
RAID-6	RAID-6 磁盘阵列采用两级数据冗余和新的数据编码以解决数据恢复问题，使在两个磁盘出现故障时仍然能够正常工作。在进行写操作时，RAID-6 分别进行两个独立的校验运算，形成两个独立的冗余数据，写入两个不同的磁盘

除此之外，上述各种类型的 RAID 还可以组合起来，构成复合型的 RAID，此处不再赘述。

8. 存储域网络

在大型服务器系统的背后都有一个网络，把一个或多个服务器与多个存储设备连接起来，每个存储设备可以是 RAID、磁带备份系统、磁带库和 CD-ROM 库等，构成了存储域网络（Storage Area Network，SAN）。这样的网络不仅解决了服务器对存储容量的要求，还可以使多个服务器之间共享文件系统和辅助存储空间，避免数据和程序代码的重复存储，提高辅助存储器的利用率。另外，SAN 还实现了分布式存储系统的集中管理，降低了大容量存储系统的管理成本，提高了管理效率。存储域网络是连接服务器与存储设备的网络，它能够将多个分布在不同地点的 RAID 组织成一个逻辑存储设备，供多个服务器共享访问，如图 1-14 所示。

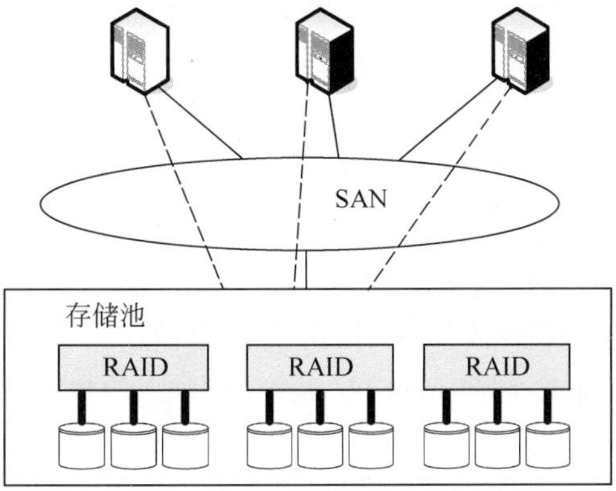

图 1-14 SAN 的结构

1.2.3 输入/输出技术

1. 微型计算机中最常用的内存与接口的编址方法

计算机系统中存在多种内存与接口地址的编址方法，常见的是下面两种：内存与接口地址独立编址和内存与接口地址统一编址。

1）内存与接口地址独立编址方法

在内存与接口地址独立编址方法下，内存地址和接口地址是完全独立的两个地址空间，它们是完全独立的并且是相互隔离的。访问数据时所使用的指令也完全不同，用于接口的指令只用于接口的读/写，其余的指令全都是用于内存的。因此，在编程序或读程序时很易使用和辨认。

这种编址方法的缺点是用于接口的指令太少、功能太弱。

2）内存与接口地址统一编址方法

在这种编址方法中，内存地址和接口地址统一在一个公共的地址空间里，即内存单元和接口共用地址空间。在这些地址空间里划分出一部分地址分配给接口使用，其余地址归内存单元使用。分配给内存的地址区间只能用于内存单元，接口绝不允许使用。同样，分配给接口的地址区间内存单元也绝不能使用。

这种编址方法的优点是原则上用于内存的指令全都可以用于接口，这就大大地增强了对接口的操作功能，而且在指令上也不再区分内存或接口指令。

该编址方法的缺点就在于整个地址空间被分成两部分，其中一部分分配给接口使用，剩余的为内存所用，这经常会导致内存地址不连续。由于用于内存的指令和用于接口的指令是完全一样的，维护程序时就需要根据参数定义表仔细加以辨认。

2．直接程序控制

直接程序控制是指外设数据的输入/输出过程是在 CPU 执行程序的控制下完成的。这种方式分为无条件传送和程序查询方式两种情况。

1）无条件传送

在此情况下，外设总是准备好的，它可以无条件地随时接收 CPU 发来的输出数据，也能够无条件地随时向 CPU 提供需要输入的数据。

2）程序查询方式

在这种方式下，利用查询方式进行输入/输出，就是通过 CPU 执行程序来查询外设的状态，判断外设是否准备好接收数据或准备好了向 CPU 输入的数据。根据这种状态，CPU 有针对性地为外设的输入/输出服务。

通常，一个计算机系统中可以存在着多种不同的外设，如果这些外设是用查询方式工作，则 CPU 应对这些外设逐一进行查询，发现哪个外设准备就绪就对该外设服务。这种工作方式有如下两大缺点。

（1）降低了CPU 的效率。在这种工作方式下，CPU 不做别的事，只是不停地对外设的状态进行查询。在实际的工程应用中，对于那些慢速的外设，在不影响外设工作的情况下，CPU 应可以执行其他任务。

（2）对外部的突发事件无法做出实时响应。

3．中断方式

由程序控制 I/O 的方法，其主要缺点在于 CPU 必须等待 I/O 系统完成数据的传输任务，在此期间 CPU 需定期地查询 I/O 系统的状态，以确认传输是否完成。因此，整个系统的性能严重下降。

利用中断方式完成数据的输入/输出过程为：当 I/O 系统与外设交换数据时，CPU 无须等待也不必去查询 I/O 的状态，而可以抽身出来处理其他任务。当 I/O 系统准备好以后，则发出中断请求信号通知 CPU，CPU 接到中断请求信号后，保存正在执行程序的现场，转入 I/O 中断服务程序的执行，完成与 I/O 系统的数据交换，然后再返回被打断的程序继续执行。与程序控制方式相比，中断方式因为 CPU 无须等待而提高了效率。

1）中断处理方法

在系统中具有多个中断源的情况下，常用的处理方法有多中断信号线法（Multiple Interrupt Lines）、中断软件查询法（Software Poll）、菊花链法（Daisy Chain）、总线仲裁法和中断向量表法。

（1）多中断信号线法。每个中断源都有属于自己的一根中断请求信号线向 CPU 提出中断请求。

（2）中断软件查询法。当 CPU 检测到一个中断请求信号以后，即转入到中断服务程序去轮询每个中断源以确定是谁发出了中断请求信号。对各个设备的响应优先级由软件设定。

（3）菊花链法。软件查询的缺陷在于花费的时间太多。菊花链法实际上是一种硬件查询法。所有的 I/O 模块共享一根共同的中断请求线，而中断确认信号则以链式在各模块间相连。当 CPU 检测到中断请求信号时，则发出中断确认信号。中断确认信号依次在 I/O 模块间传递，直到发出请求的模块，该模块则把它的 ID 送往数据线由 CPU 读取。

（4）总线仲裁法。一个 I/O 设备在发出中断请求之前，必须先获得总线控制权，所以可由总线仲裁机制来裁定谁可以发出中断请求信号。当 CPU 发出中断响应信号后，该设备即把自己的 ID 发往数据线。

（5）中断向量表法。中断向量表用来保存各个中断源的中断服务程序的入口地址。当外设发出中断请求信号（INTR）以后，由中断控制器（INTC）确定其中断号，并根据中断号查找中断向量表来取得其中断服务程序的入口地址，同时 INTC 把中断请求信号提交给 CPU，如图 1-15 所示。中断源的优先级由 INTC 来控制。

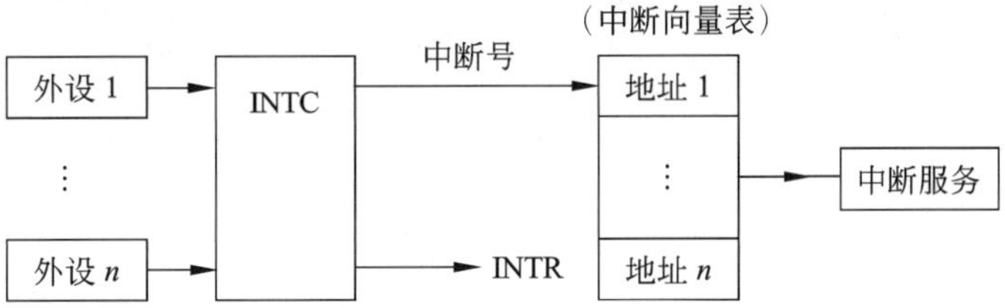

图 1-15　中断向量表法

2）中断优先级控制

在具有多个中断源的计算机系统中，各中断源对服务的要求紧迫程度可能不同。在这样的计算机系统中，就需要按中断源的轻重缓急来安排对它们的服务。

在中断优先级控制系统中，给最紧迫的中断源分配高的优先级，而给那些要求相对不紧迫（例如几百微秒到几毫秒）的中断源分配低一些的优先级。在进行优先级控制时解决以下两种情况。

（1）当不同优先级的多个中断源同时提出中断请求时，CPU 应优先响应优先级最高的中断源。

（2）当 CPU 正在对某一个中断源服务时，又有比它优先级更高的中断源提出中断请求，CPU 应能暂时中断正在执行的中断服务程序而转去对优先级更高的中断源服务，服务结束后再回到原先被中断的优先级较低的中断服务程序继续执行，这种情况称为中断嵌套，即一个中断服务程序中嵌套着另一个中断服务程序。

4. 直接存储器存取方式

在计算机与外设交换数据的过程中，无论是无条件传送、利用查询方式传送还是利用中断方式传送，都需要由 CPU 通过执行程序来实现，这就限制了数据的传送速度。

直接内存存取（Direct Memory Access，DMA）是指数据在内存与 I/O 设备间的直接成块传送，即在内存与 I/O 设备间传送一个数据块的过程中，不需要 CPU 的任何干涉，只需要 CPU 在过程开始启动（即向设备发出“传送一块数据”的命令）与过程结束（CPU 通过轮询或中断得知过程是否结束和下次操作是否准备就绪）时的处理，实际操作由 DMA 硬件直接执行完成，CPU 在此传送过程中可做别的事情。

DMA 传送的一般过程如图 1-16 所示。

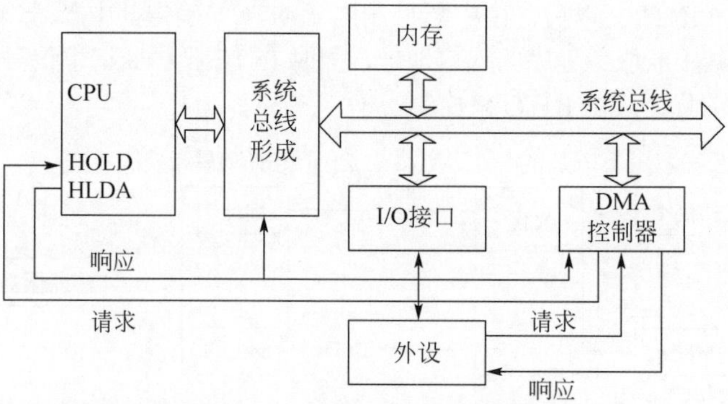

图 1-16 DMA 过程示意图

（1）外设向 DMA 控制器（DMAC）提出 DMA 传送的请求。

（2）DMA 控制器向 CPU 提出请求，其请求信号通常加到 CPU 的保持请求输入端 HOLD 上。

（3）CPU 在完成当前的总线周期后立即对此请求作出响应，CPU 的响应包括两个方面的内容：一方面，CPU 将有效的保持响应信号 HLDA 输出加到 DMAC 上，告诉 DMAC 它的请求已得到响应；另一方面，CPU 将其输出的总线信号置为高阻，这就意味着 CPU 放弃了对总线的控制权。

（4）此时，DMAC 获得了对系统总线的控制权，开始实施对系统总线的控制。同时向提出请求的外设送出 DMAC 的响应信号，告诉外设其请求已得到响应，现在准备开始进行数据的传送。

（5）DMAC 送出地址信号和控制信号，实现数据的高速传送。

（6）当 DMAC 将规定的字节数传送完时，它就将 HOLD 信号变为无效并加到 CPU 上，撤销对 CPU 的请求。CPU 检测到无效的 HOLD 就知道 DMAC 已传送结束，CPU 就送出无效的 HLDA 响应信号，同时重新获得系统总线的控制权，接着 DMA 前的总线周期继续执行下面的总线周期。

在此再强调说明，在 DMA 传送过程中无须 CPU 的干预，整个系统总线完全交给了 DMAC，由它控制系统总线完成数据传送。在 DMA 传送数据时要占用系统总线，根据占用总线方法的不同，DMA可以分为中央处理器停止法、总线周期分时法和总线周期挪用法等。无论采用哪种方法，在 DMA 传送数据期间，CPU 不能使用总线。

5．输入/输出处理机（IOP）

DMA 方式的出现减轻了 CPU 对 I/O 操作的控制，使得 CPU 的效率显著提高，而通道的出现则进一步提高了 CPU 的效率。

通道是一个具有特殊功能的处理器，又称为输入输出处理器（Input/Output Processor，IOP），它分担了 CPU 的一部分功能，可以实现对外围设备的统一管理，完成外围设备与主存之间的数据传送。

通道方式大大提高了 CPU 的工作效率，然而这种效率的提高是以增加更多的硬件为代价的。

外围处理机（Peripheral Processor Unit，PPU）方式是通道方式的进一步发展。PPU 是专用处理机，它根据主机的 I/O 命令，完成对外设数据的输入输出。在一些系统中，设置了多台 PPU，分别承担 I/O 控制、通信、维护诊断等任务。从某种意义上说，这种系统已变成分布式的多机系统。

1.2.4　总线结构

所谓总线（Bus），是指计算机设备和设备之间传输信息的公共数据通道。总线是连接计算机硬件系统内多种设备的通信线路，它的一个重要特征是由总线上的所有设备共享，因此可以将计算机系统内的多种设备连接到总线上。

1．总线的分类

微机中的总线分为数据总线、地址总线和控制总线 3 类。不同型号的 CPU 芯片，其数据总线、地址总线和控制总线的条数可能不同。

数据总线（Data Bus，DB）用来传送数据信息，是双向的。CPU 既可通过 DB 从内存或输入设备读入数据，也可通过 DB 将内部数据送至内存或输出设备。DB 的宽度决定了 CPU

和计算机其他设备之间每次交换数据的位数。

地址总线（Address Bus，AB）用于传送 CPU 发出的地址信息，是单向的。传送地址信息的目的是指明与 CPU 交换信息的内存单元或 I/O 设备。存储器是按地址访问的，所以每个存储单元都有一个固定地址，要访问 1MB 存储器中的任一单元，需要给出 2^20 个地址，即需要 20 位地址（2^20=1M）。因此，地址总线的宽度决定了 CPU 的最大寻址能力。

控制总线（Control Bus，CB）用来传送控制信号、时序信号和状态信息等。其中有的信号是 CPU 向内存或外部设备发出的信息，有的是内存或外部设备向 CPU 发出的信息。显然，CB 中的每一条线的信息传送方向是单方向且确定的，但 CB 作为一个整体则是双向的。所以，在各种结构框图中，凡涉及到控制总线 CB，均是以双向线表示。

总线的性能直接影响到整机系统的性能，而且任何系统的研制和外围模块的开发都必须依从所采用的总线规范。总线技术随着微机结构的改进而不断发展与完善。

2．常见总线

（1）ISA 总线。ISA 是工业标准总线，只能支持 16 位的 I/O 设备，数据传输率大约是 16Mb/s，也称为 AT 标准。

（2）EISA 总线。EISA 是在 ISA 总线的基础上发展起来的 32 位总线。该总线定义 32 位地址线、32 位数据线以及其他控制信号线、电源线、地线等共 196 个接点。总线传输速率达 33Mb/s。

（3）PCI 总线。PCI 总线是目前微型机上广泛采用的内总线，采用并行传输方式。PCI 总线有适于 32 位机的 124 个信号的标准和适于 64 位机的 188 个信号的标准。PCI 总线的传输速率至少为 133Mb/s，64 位 PCI 总线的传输速率为 266Mb/s。PCI 总线的工作与 CPU 的工作是相互独立的，也就是说，PCI 总线时钟与处理器时钟是独立的、非同步的。PCI 总线上的设备是即插即用的。接在 PCI 总线上的设备均可以提出总线请求，通过 PCI 管理器中的仲裁机构允许该设备成为主控设备，主控设备与从属设备间可以进行点对点的数据传输。PCI 总线能够对所传输的地址和数据信号进行奇偶校验检测。

（4）PCI Express 总线。PCI Express 简称为 PCI-E，采用点对点串行连接，每个设备都有自己的专用连接，不需要向整个总线请求带宽，而且可以把数据传输率提高到一个很高的频率。相对于传统 PCI 总线在单一时间周期内只能实现单向传输，PCI Express 的双单工连接能提供更高的传输速率和质量。

PCI Express 的接口根据总线位宽不同而有所差异，包括 X1、X4、X8 以及 X16（X2 模式将用于内部接口而非插槽模式），其中 X1 的传输速度为 250Mb/s，而 X16 就是等于 16 倍于 X1 的速度，即是 4Gb/s。较短的 PCI Express 卡可以插入较长的 PCI Express 插槽中使用。PCI Express 接口能够支持热拔插。同时，PCI Express 总线支持双向传输模式，还可以运行全双工模式，它的双单工连接能提供更高的传输速率和质量，它们之间的差异与半双工和全双工类似。因此连接的每个装置都可以使用最大带宽。

（5）前端总线。微机系统中，前端总线（Front Side Bus，FSB）是将 CPU 连接到北桥芯片的总线。选购主板和 CPU 时，要注意两者的搭配问题，一般来说，如果 CPU 不超频，那么前端总线是由 CPU 决定的，如果主板不支持 CPU 所需要的前端总线，系统就无法工作。也就是说，需要主板和 CPU 都支持某个前端总线，系统才能工作。通常情况下，一个 CPU 默认的前端总线是唯一的。北桥芯片负责联系内存、显卡等数据吞吐量最大的部件，并与南桥芯片连接。CPU 通过前端总线（FSB）连接到北桥芯片，进而通过北桥芯片与内存、显卡交换数据。FSB 是 CPU 和外界交换数据的最主要通道，因此 FSB 的数据传输能力对计算机整体性能作用很大，如果没足够快的 FSB，再强的 CPU 也不能明显提高计算机整体速度。

（6）RS-232C。RS-232C 是一条串行外总线，其主要特点是所需传输线比较少，最少只需三条线（一条发、一条收、一条地线）即可实现全双工通信。传送距离远，用电平传送为 15m，电流环传送可达千米。有多种可供选择的传送速率。采用非归零码负逻辑工作，电平≤–3V 为逻辑 1，而电平≥+3V 为逻辑 0，具有较好的抗干扰性。

（7）SCSI 总线。小型计算机系统接口（SCSI）是一条并行外总线，广泛用于连接软硬磁盘、光盘、扫描仪等。该接口总线早期是 8 位的，后来发展到 16 位。传输速率由 SCSI–1 的 5Mb/s 到 16 位的 Ultra2 SCSI 的 80Mb/s。今天的传输速率已高达 320Mb/s。该总线上最多可接 63 种外设，传输距离可达 20m（差分传送）。

（8）SATA。SATA 是 Serial ATA 的缩写，即串行 ATA。它主要用作主板和大量存储设备（如硬盘及光盘驱动器）之间的数据传输之用。SATA 总线使用嵌入式时钟信号，具备了更强的纠错能力，与以往相比其最大的区别在于能对传输指令（不仅仅是数据）进行检查，如果发现错误会自动校正，这在很大程度上提高了数据传输的可靠性。串行接口还具有结构简单、支持热插拔的优点。

（9）USB。通用串行总线（USB）当前风头正劲，近几年得到十分广泛的应用。USB 由 4 条信号线组成，其中两条用于传送数据，另外两条传送+5V 容量为 500mA 的电源。可以经过集线器（Hub）进行树状连接，最多可达 5 层。该总线上可接 127 个设备。USB 1.0 有两种传送速率：低速为 1.5Mb/s，高速为 12Mb/s。USB 2.0 的传送速率为 480Mb/s。USB 总线最大的优点还在于它支持即插即用，并支持热插拔。

（10）IEEE-1394。IEEE-1394 是高速串行外总线，近几年得到广泛应用。IEEE-1394 也支持外设热插拔，可为外设提供电源，省去了外设自带的电源，能连接多个不同设备，支持同步和异步数据传输。IEEE-1394 由 6 条信号线组成，其中两条用于传送数据，两条传送控制信号，另外两条传送8～40V容量为1500mA的电源，IEEE-1394总线理论上可接63个设备。IEEE-1394的传送速率从400Mb/s、800Mb/s、1600Mb/s直到3.2Gb/s。

（11）IEEE-488总线。IEEE-488是并行总线接口标准。微计算机、数字电压表、数码显示器等设备及其他仪器仪表均可用IEEE-488总线连接装配，它按照位并行、字节串行双向异步方式传输信号，连接方式为总线方式，仪器设备不需中介单元直接并联于总线上。总线上最多可连接15台设备。最大传输距离为20m，信号传输速度一般为500Kb/s，最大传输速度为1Mb/s。

1.3 安全性、可靠性与系统性能评测基础知识

1.3.1 计算机安全概述

计算机安全是一个涵盖非常广的课题，既包括硬件、软件和技术，又包括安全规划、安全管理和安全监督。计算机安全可包括安全管理、通信与网络安全、密码学、安全体系及模型、容错与容灾、涉及安全的应用程序及系统开发、法律、犯罪及道德规范等领域。

其中安全管理是非常重要的，作为信息系统的管理部门应根据管理原则和该系统处理数据的保密性，制定相应的管理制度或规范。例如，根据工作的重要程度确定系统的安全等级，根据确定的安全等级确定安全管理的范围，制定相应的机房管理制度、操作规程、系统维护措施以及应急措施等。

1．计算机的安全等级

计算机系统中的三类安全性是指技术安全性、管理安全性和政策法律安全性。但是，一个安全产品的购买者如何知道产品的设计是否符合规范，是否能解决计算机网络的安全问题，不同的组织机构各自制定了一套安全评估准则。一些重要的安全评估准则如下。

（1）美国国防部和国家标准局推出的《可信计算机系统评估准则》（TCSEC）。

（2）加拿大的《可信计算机产品评估准则》（CTCPEC）。

（3）美国制定的《联邦（最低安全要求）评估准则》（FC）。

（4）欧洲英、法、德、荷四国国防部门信息安全机构联合制定的《信息技术安全评估准则》（ITSEC），该准则事实上已成为欧盟各国使用的共同评估标准。

（5）美国制定的《信息技术安全通用评估准则》（简称CC标准），国际标准组织（ISO）于1996年批准CC标准以ISO/IEC 15408—1999名称正式列入国际标准系列。

其中，美国国防部和国家标准局的《可信计算机系统评测标准》TCSEC/TDI将系统划分为

4 组 7 个等级，如表 1-5 所示。

表 1-5　安全性的级别

组	安全级别	定　　义
1	A1	可验证安全设计。提供 B3 级保护，同时给出系统的形式化隐秘通道分析、非形式化代码一致性验证
2	B3	安全域。该级的 TCB 必须满足访问监控器的要求，提供系统恢复过程
	B2	结构化安全保护。建立形式化的安全策略模型，并对系统内的所有主体和客体实施自主访问和强制访问控制
	B1	标记安全保护。对系统的数据加以标记，并对标记的主体和客体实施强制存取控制
3	C2	受控访问控制。实际上是安全产品的最低档次，提供受控的存取保护，存取控制以用户为单位
	C1	只提供了非常初级的自主安全保护，能实现对用户和数据的分离，进行自主存取控制，数据的保护以用户组为单位
4	D	最低级别，保护措施很小，没有安全功能

2．安全威胁

随着信息交换的激增，安全威胁所造成的危害越来越被受到重视，因此对信息保密的需求也从军事、政治和外交等领域迅速扩展到民用和商用领域。所谓安全威胁，是指某个人、物、事件对某一资源的机密性、完整性、可用性或合法性所造成的危害。某种攻击就是威胁的具体实现。安全威胁分为两类：故意（如黑客渗透）和偶然（如信息发往错误的地址）。

典型的安全威胁举例如表 1-6 所示。

表 1-6　典型的安全威胁

威　　胁	说　　明
授权侵犯	为某一特权使用一个系统的人却将该系统用作其他未授权的目的
拒绝服务	对信息或其他资源的合法访问被无条件地拒绝，或推迟与时间密切相关的操作
窃听	信息从被监视的通信过程中泄漏出去
信息泄露	信息被泄漏或暴露给某个未授权的实体
截获/修改	某一通信数据项在传输过程中被改变、删除或替代
假冒	一个实体（人或系统）假装成另一个实体
否认	参与某次通信交换的一方否认曾发生过此次交换
非法使用	资源被某个未授权的人或者未授权的方式使用
人员疏忽	一个授权的人为了金钱或利益，或由于粗心将信息泄露给未授权的人
完整性破坏	通过对数据进行未授权的创建、修改或破坏，使数据的一致性受到损坏

续表

威　胁	说　明
媒体清理	信息被从废弃的或打印过的媒体中获得
物理入侵	一个入侵者通过绕过物理控制而获得对系统的访问
资源耗尽	某一资源（如访问端口）被故意超负荷地使用，导致其他用户的服务被中断

3．影响数据安全的因素

影响数据安全的因素有内部和外部两类。

（1）内部因素。可采用多种技术对数据加密；制定数据安全规划；建立安全存储体系，包括容量、容错数据保护和数据备份等；建立事故应急计划和容灾措施；重视安全管理，制定数据安全管理规范。

（2）外部因素。可将数据分成不同的密级，规定外部使用人员的权限；设置身份认证、密码、设置口令、设置指纹和声纹笔迹等多种认证；设置防火墙，为计算机建立一道屏障，防止外部入侵破坏数据；建立入侵检测、审计和追踪，对计算机进行防卫。同时，也包括计算机物理环境的保障、防辐射、防水和防火等外部防灾措施。

1.3.2　加密技术和认证技术

1．加密技术

加密技术是最常用的安全保密手段，数据加密技术的关键在于加密/解密算法和密钥管理。数据加密的基本过程就是对原来为明文的文件或数据按某种加密算法进行处理，使其成为不可读的一段代码，通常称为“密文”。“密文”只能在输入相应的密钥之后才能显示出原来的内容，通过这样的途径使数据不被窃取。

数据加密和数据解密是一对逆过程。数据加密是用加密算法 E 和加密密钥 K_1 将明文 P 变换成密文 C，记为

$$C = E_{K_1}(P)$$

数据解密是数据加密的逆过程，解密算法 D 和解密密钥 K_2 将密文 C 变换成明文 P，记为

$$P = D_{K_2}(C)$$

在安全保密中，可通过适当的密钥加密技术和管理机制来保证网络信息的通信安全。密钥加密技术的密码体制分为对称密钥体制和非对称密钥体制两种。相应地，对数据加密的技术分为两类，即对称加密（私人密钥加密）和非对称加密（公开密钥加密）。

1）对称加密技术

对称加密采用了对称密码编码技术，其特点是文件加密和解密使用相同的密钥，这种方法在密码学中称为对称加密算法。

常用的对称加密算法有如下几种。

（1）数据加密标准（Digital Encryption Standard，DES）算法。DES 主要采用替换和移位的方法加密。它用 56 位密钥对 64 位二进制数据块进行加密，每次加密可对 64 位的输入数据进行 16 轮编码，经一系列替换和移位后，输入的 64 位原始数据转换成完全不同的 64 位输出数据。DES 算法运算速度快，密钥生产容易，适合于在当前大多数计算机上用软件方法实现，同时也适合于在专用芯片上实现。

（2）三重 DES（3DES，或称 TDEA）。在 DES 的基础上采用三重 DES，即用两个 56 位的密钥 K_1 和 K_2，发送方用 K_1 加密，K_2 解密，再使用 K_1 加密。接收方则使用 K_1 解密，K_2 加密，再使用 K_1 解密，其效果相当于将密钥长度加倍。

（3）RC-5（Rivest Cipher 5）。RC-5 是由 Ron Rivest（公钥算法的创始人之一）在 1994 年开发出来的。RC-5 是在 RCF2040 中定义的，RSA 数据安全公司的很多产品都使用了 RC-5。

（4）国际数据加密算法（International Data Encryption Ad1eman，IDEA）。IDEA 是在 DES 算法的基础上发展起来的，类似于三重 DES。IDEA 的密钥为 128 位，这么长的密钥在今后若干年内应该是安全的。类似于 DES，IDEA 算法也是一种数据块加密算法，它设计了一系列加密轮次，每轮加密都使用从完整的加密密钥中生成的一个子密钥。IDEA 加密标准由 PGP（Pretty Good Privacy）系统使用。

（5）高级加密标准（Advanced Encryption Standard，AES）算法。AES 算法基于排列和置换运算。排列是对数据重新进行安排，置换是将一个数据单元替换为另一个。AES 使用几种不同的方法来执行排列和置换运算。

AES 是一个迭代的、对称密钥分组的密码，它可以使用 128、192 和 256 位密钥，并且用 128 位（16 字节）分组加密和解密数据。

2）非对称加密技术

与对称加密算法不同，非对称加密算法需要两个密钥：公开密钥（Publickey）和私有密钥（Privatekey）。公开密钥与私有密钥是一对，如果用公开密钥对数据进行加密，只有用对应的私有密钥才能解密；如果用私有密钥对数据进行加密，那么只有用对应的公开密钥才能解密。因为加密和解密使用的是两个不同的密钥，所以这种算法称为非对称加密算法。

非对称加密有两个不同的体制，如图 1-17 所示。

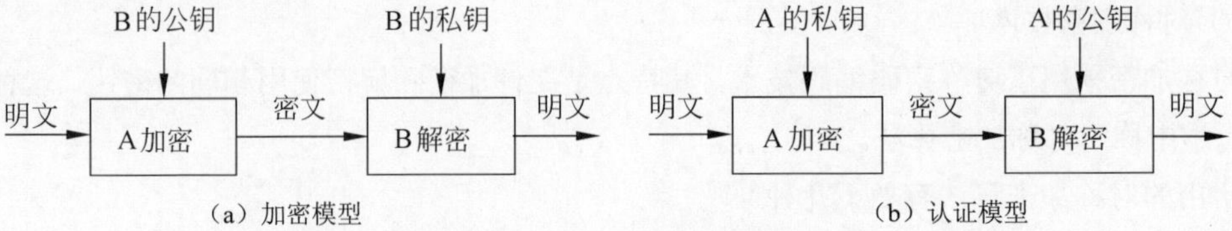

图 1-17　非对称加密体制模型

非对称加密算法实现机密信息交换的基本过程是：甲方生成一对密钥并将其中的一把作为公用密钥向其他方公开；得到该公用密钥的乙方使用该密钥对机密信息进行加密后再发送给甲方；甲方再用自己保存的另一把专用密钥对加密后的信息进行解密。甲方只能用其专用密钥解密由其公用密钥加密后的任何信息。

非对称加密算法的保密性比较好，它消除了最终用户交换密钥的需要，但加密和解密花费的时间长、速度慢，不适合于对文件加密，而只适用于对少量数据进行加密。

RSA（Rivest，Shamir and Adleman）算法是一种公钥加密算法，它按照下面的要求选择公钥和密钥。

（1）选择两个大素数 p 和 q（大于 10^{100}）。

（2）令 $n=p\times q$ 和 $z=(p-1)\times(q-1)$。

（3）选择 d 与 z 互质。

（4）选择 e，使 $e\times d=1(\text{mod z})$。

明文 P 被分成 k 位的块，k 是满足 $2^k<n$ 的最大整数，于是有 $0\leqslant P<n$。加密时计算

$$C=P^e(\text{mod } n)$$

这样公钥为（e,n）。解密时计算

$$P=C^d(\text{mod } n)$$

即私钥为（d, n）。

例如，设 $p=2$，$q=11$，$n=33$，$z=20$，$d=7$，$e=3$，$C=P^3(\text{mod } 33)$，$P=C^7(\text{mod } 33)$，则有

$C=2^3(\text{mod } 33)=8(\text{mod } 33)=8$

$P=8^7(\text{mod } 33)=2097152(\text{mod } 33)=2$

RSA 算法的安全性是基于大素数分解的困难性。攻击者可以分解已知的 n，得到 p 和 q，然后可得到 z，最后用 Euclid 算法，由 e 和 z 得到 d。但是要分解 200 位的数，需要 40 亿年；分解 500 位的数，则需要 10^{25} 年。

3）密钥管理

密钥是有生命周期的，它包括密钥和证书的有效时间，以及已撤销密钥和证书的维护时间等。密钥既然要求保密，这就涉及密钥的管理问题，管理不好，密钥同样可能被无意识地泄露，

并不是有了密钥就可以高枕无忧，任何保密也只是相对的，是有时效的。密钥管理主要是指密钥对的安全管理，包括密钥产生、密钥备份和恢复、密钥更新等。

（1）密钥产生。密钥对的产生是证书申请过程中重要的一步，其中产生的私钥由用户保留，公钥和其他信息则交给 CA 中心进行签名，从而产生证书。根据证书类型和应用的不同，密钥对的产生也有不同的形式和方法。对于普通证书和测试证书，一般由浏览器或固定的终端应用来产生，这样产生的密钥强度较小，不适合应用于比较重要的安全网络交易。而对于比较重要的证书，如商家证书和服务器证书等，密钥对一般由专用应用程序或 CA 中心直接产生，这样产生的密钥强度大，适合于重要的应用场合。

另外，根据密钥的应用不同，也可能会有不同的产生方式。例如，签名密钥可能在客户端或 RA（注册管理机构）中心产生，而加密密钥则需要在 CA 中心直接产生。

（2）密钥备份和恢复。在一个 PKI（Public Key Infrastructure，公开密钥体系）系统中，维护密钥对的备份至关重要，如果没有这种措施，当密钥丢失后，将意味着加密数据的完全丢失，对于一些重要数据，这将是灾难性的。所以，密钥的备份和恢复也是 PKI 密钥管理中重要的一环。换句话说，即使密钥丢失，使用 PKI 的企业和组织必须仍能够得到确认，受密钥加密保护的重要信息也必须能够恢复。当然，不能让一个独立的个人完全控制最重要的主密钥，否则将引起严重后果。

企业级的 PKI 产品至少应该支持用于加密的安全密钥的存储、备份和恢复。密钥一般用口令进行保护，而口令丢失则是管理员最常见的安全疏漏之一。所以，PKI 产品应该能够备份密钥，即使口令丢失，它也能够让用户在一定条件下恢复该密钥，并设置新的口令。

（3）密钥更新。如果用户可以一次又一次地使用同样的密钥与别人交换信息，那么密钥也同其他任何密码一样存在着一定的安全性，虽然说用户的私钥是不对外公开的，但是也很难保证私钥长期的保密性，很难保证长期以来不被泄露。如果某人偶然地知道了用户的密钥，那么用户曾经和另一个人交换的每一条消息都不再是保密的了。另外，使用一个特定密钥加密的信息越多，提供给窃听者的材料也就越多，从某种意义上来讲也就越不安全了。

对每一个由 CA 颁发的证书都会有有效期，密钥对生命周期的长短由签发证书的 CA 中心来确定，各 CA 系统的证书的有效期限有所不同，一般为 2～3 年。当用户的私钥被泄漏或证书的有效期快到时，用户应该更新私钥。这时用户可以废除证书，产生新的密钥对，申请新的证书。

（4）多密钥的管理。假设在某机构中有 100 个人，如果他们任意两人之间可以进行秘密对话，那么总共需要多少密钥呢？每个人需要知道多少密钥呢？如果任何两个人之间要不同的密钥，则总共需要 4950 个密钥，而且每个人应记住 99 个密钥。如果机构的人数是 1000、10000

或更多，这种办法显然就过于愚蠢了，管理密钥将是一件非常困难的事情。为此需要研究并开发用于创建和分发密钥的加密安全的方法。

Kerberos 提供了一种解决这个问题的较好的方案，它是由 MIT 发明的，使保密密钥的管理和分发变得十分容易，但这种方法本身还存在一定的缺点。为了能在因特网上提供一个实用的解决方案，Kerberos 建立了一个安全的、可信任的密钥分发中心（Key Distribution Center，KDC），每个用户只要知道一个和 KDC 进行会话的密钥就可以了，而不需要知道成百上千个不同的密钥。

2．认证技术

认证技术主要解决网络通信过程中通信双方的身份认可。认证的过程涉及加密和密钥交换。通常，加密可使用对称加密、不对称加密及两种加密方法的混合方法。认证方一般有账户名/口令认证、使用摘要算法认证和基于 PKI 的认证。

一个有效的 PKI 系统必须是安全的和透明的，用户在获得加密和数字签名服务时不需要详细地了解 PKI 的内部运作机制。在一个典型、完整和有效的 PKI 系统中，除了具有证书的创建和发布，特别是证书的撤销功能外，一个可用的 PKI 产品还必须提供相应的密钥管理服务，包括密钥的备份、恢复和更新等。没有一个好的密钥管理系统，将极大地影响一个 PKI 系统的规模、可伸缩性和在协同网络中的运行成本。在一个企业中，PKI 系统必须有能力为一个用户管理多对密钥和证书；能够提供安全策略编辑和管理工具，如密钥周期和密钥用途等。

PKI 是一种遵循既定标准的密钥管理平台，能够为所有网络应用提供加密和数字签名等密码服务及所必需的密钥和证书管理体系。简单来说，PKI 就是利用公钥理论和技术建立的提供安全服务的基础设施。PKI 技术是信息安全技术的核心，也是电子商务的关键和基础技术。PKI 的基础技术包括加密、数字签名、数据完整性机制、数字信封和双重数字签名等。完整的 PKI 系统必须具有权威认证机构（CA）、数字证书库、密钥备份及恢复系统、证书作废系统、应用接口（Application Programming Interface，API）等基本构成部分。

（1）认证机构。即数字证书的申请及签发机关，CA 必须具备权威性的特征。

（2）数字证书库。用于存储已签发的数字证书及公钥，用户可由此获得所需的其他用户的证书及公钥。

（3）密钥备份及恢复系统。如果用户丢失了用于解密数据的密钥，则数据将无法被解密，这将造成合法数据丢失。为了避免这种情况，PKI 提供了备份与恢复密钥的机制。但须注意，密钥的备份与恢复必须由可信的机构来完成。并且，密钥备份与恢复只能针对解密密钥，签名私钥为确保其唯一性而不能够作备份。

（4）证书作废系统。证书作废处理系统是 PKI 的一个必备组件。与日常生活中的各种身份证件一样，证书在有效期以内也可能需要作废，原因可能是密钥介质丢失或用户身份变更等。为实现这一点，PKI 必须提供作废证书的一系列机制。

（5）应用接口。PKI 的价值在于使用户能够方便地使用加密、数字签名等安全服务，因此一个完整的 PKI 必须提供良好的应用接口系统，使得各种各样的应用能够以安全、一致、可信的方式与 PKI 交互，确保安全网络环境的完整性和易用性。

PKI 采用证书进行公钥管理，通过第三方的可信任机构（认证中心，即 CA）把用户的公钥和用户的其他标识信息捆绑在一起，其中包括用户名和电子邮件地址等信息，以在 Internet 上验证用户的身份。PKI 把公钥密码和对称密码结合起来，在 Internet 上实现密钥的自动管理，保证网上数据的安全传输。

因此，从大的方面来说，所有提供公钥加密和数字签名服务的系统都可归结为 PKI 系统的一部分，PKI 的主要目的是通过自动管理密钥和证书为用户建立起一个安全的网络运行环境，使用户可以在多种应用环境下方便地使用加密和数字签名技术，从而保证网上数据的机密性、完整性和有效性。数据的机密性是指数据在传输过程中不能被非授权者偷看；数据的完整性是指数据在传输过程中不能被非法篡改；数据的有效性是指数据不能被否认。

PKI 发展的一个重要方面就是标准化问题，它也是建立互操作性的基础。目前，PKI 标准化主要有两个方面：一是 RSA 公司的公钥加密标准（Public Key Cryptography Standards，PKCS），它定义了许多基本 PKI 部件，包括数字签名和证书请求格式等；二是由 Internet 工程任务组（Internet Engineering Task Force，IETF）和 PKI 工作组（Public Key Infrastructure Working Group，PKIX）所定义的一组具有互操作性的公钥基础设施协议。在今后很长的一段时间内，PKCS 和 PKIX 将会并存，大部分的 PKI 产品为保持兼容性，也将会对这两种标准进行支持。

1）Hash 函数与信息摘要（Message Digest）

Hash（哈希）函数提供了这样一种计算过程：输入一个长度不固定的字符串，返回一串固定长度的字符串，又称 Hash 值。单向 Hash 函数用于产生信息摘要。Hash 函数主要可以解决以下两个问题：在某一特定的时间内，无法查找经 Hash 操作后生成特定 Hash 值的原报文；也无法查找两个经 Hash 操作后生成相同 Hash 值的不同报文。这样，在数字签名中就可以解决验证签名和用户身份验证、不可抵赖性的问题。

信息摘要简要地描述了一份较长的信息或文件，它可以被看作一份长文件的“数字指纹”。信息摘要用于创建数字签名，对于特定的文件而言，信息摘要是唯一的。信息摘要可以被公开，它不会透露相应文件的任何内容。MD5（MD 表示信息摘要）是由 Ron Rivest 设计的专门用于加密处理的并被广泛使用的 Hash 函数。MD5 以 512 位分组来处理输入的信息，且每一分组又被划分为 16 个 32 位子分组，经过了一系列的处理后，算法的输出由四个 32 位分组组成，将这四个 32 位分组级联后将生成一个 128 位散列值。

MD5 算法具有以下特点：

（1）压缩性：任意长度的数据，算出的 MD5 值长度都是固定的。

（2）容易计算：从原数据计算出 MD5 值很容易。

（3）抗修改性：对原数据进行任何改动，即使只修改 1 个字节，所得到的 MD5 值都有很大区别。

（4）强抗碰撞：已知原数据和其 MD5 值，想找到一个具有相同 MD5 值的数据（即伪造数据）是非常困难的。

2）数字签名

数字签名主要经过以下几个过程。

（1）信息发送者使用一个单向散列函数（Hash 函数）对信息生成信息摘要。

（2）信息发送者使用自己的私钥签名信息摘要。

（3）信息发送者把信息本身和已签名的信息摘要一起发送出去。

（4）信息接收者通过使用与信息发送者使用的同一个单向散列函数（Hash 函数）对接收的信息本身生成新的信息摘要，再使用信息发送者的公钥对信息摘要进行验证，以确认信息发送者的身份和信息是否被修改过。

数字加密主要经过以下几个过程。

（1）当信息发送者需要发送信息时，首先生成一个对称密钥，用该对称密钥加密要发送的报文。

（2）信息发送者用信息接收者的公钥加密上述对称密钥。

（3）信息发送者将第（1）步和第（2）步的结果结合在一起传给信息接收者，称为数字信封。

（4）信息接收者使用自己的私钥解密被加密的对称密钥，再用此对称密钥解密被发送方加密的密文，得到真正的原文。

数字签名和数字加密的过程虽然都使用公开密钥体系，但实现的过程正好相反，使用的密钥对也不同。数字签名使用的是发送方的密钥对，发送方用自己的私有密钥进行加密，接收方用发送方的公开密钥进行解密，这是一个一对多的关系，任何拥有发送方公开密钥的人都可以验证数字签名的正确性。数字加密则使用的是接收方的密钥对，这是多对一的关系，任何知道接收方公开密钥的人都可以向接收方发送加密信息，只有唯一拥有接收方私有密钥的人才能对信息解密。另外，数字签名只采用了非对称密钥加密算法，它能保证发送信息的完整性、身份认证和不可否认性；而数字加密采用了对称密钥加密算法和非对称密钥加密算法相结合的方法，它能保证发送信息的保密性。

3）SSL 协议

SSL（Secure Sockets Layer，安全套接层）协议最初是由 Netscape Communication 公司设计开发的，主要用于提高应用程序之间数据的安全系数。SSL 协议的整个概念可以被总结为：一个保证任何安装了安全套接字的客户和服务器间事务安全的协议，它涉及所有 TC/IP 应用程序。SSL 协议主要提供如下三方面的服务。

（1）用户和服务器的合法性认证。认证用户和服务器的合法性，使得它们能够确信数据将被发送到正确的客户端和服务器上。客户端和服务器都有各自的识别号，这些识别号由公开密钥进行编号，为了验证用户是否合法，安全套接层协议要求在握手交换数据时进行数字认证，以此来确保用户的合法性。

（2）加密数据以隐藏被传送的数据。安全套接层协议所采用的加密技术既有对称密钥技术，也有公开密钥技术。在客户端与服务器进行数据交换之前，交换 SSL 初始握手信息，在 SSL 握手信息中采用了各种加密技术对其加密，以保证其机密性和数据的完整性，并且用数字证书进行鉴别，这样就可以防止非法用户进行破译。

（3）保护数据的完整性。安全套接层协议采用 Hash 函数和机密共享的方法来提供信息的完整性服务，建立客户端与服务器之间的安全通道，使所有经过安全套接层协议处理的业务在传输过程中能全部完整、准确无误地到达目的地。

安全套接层协议是一个保证计算机通信安全的协议，对通信对话过程进行安全保护，其实现过程主要经过如下几个阶段。

（1）接通阶段。客户端通过网络向服务器打招呼，服务器回应。

（2）密码交换阶段。客户端与服务器之间交换双方认可的密码，一般选用 RSA 密码算法，也有的选用 Diffie-Hellmanf 和 Fortezza-KEA 密码算法。

（3）会谈密码阶段。客户端与服务器间产生彼此交谈的会谈密码。

（4）检验阶段。客户端检验服务器取得的密码。

（5）客户认证阶段。服务器验证客户端的可信度。

（6）结束阶段。客户端与服务器之间相互交换结束的信息。

当上述动作完成之后，两者间的资料传送就会加密，另外一方收到资料后，再将编码资料还原。即使盗窃者在网络上取得编码后的资料，如果没有原先编制的密码算法，也不能获得可读的有用资料。

发送时，信息用对称密钥加密，对称密钥用非对称算法加密，再把两个包绑在一起传送过去。接收的过程与发送正好相反，先打开有对称密钥的加密包，再用对称密钥解密。

在电子商务交易过程中，由于有银行参与，按照 SSL 协议，客户的购买信息首先发往商家，商家再将信息转发银行，银行验证客户信息的合法性后，通知商家付款成功，商家再通知客户购买成功，并将商品寄送客户。

4）数字时间戳技术

数字时间戳是数字签名技术的一种变种应用。在电子商务交易文件中，时间是十分重要的信息。在书面合同中，文件签署的日期和签名一样均是十分重要的防止文件被伪造和篡改的关键性内容。数字时间戳服务（Digital Time Stamp Service，DTS）是网上电子商务安全服务项目之一，能提供电子文件的日期和时间信息的安全保护。

时间戳是一个经加密后形成的凭证文档，包括如下 3 个部分。

（1）需加时间戳的文件的摘要（Digest）。

（2）DTS 收到文件的日期和时间。

（3）DTS 的数字签名。

一般来说，时间戳产生的过程为：用户首先将需要加时间戳的文件用 Hash 编码加密形成摘要，然后将该摘要发送到 DTS，DTS 在加入了收到文件摘要的日期和时间信息后再对该文件加密（数字签名），然后送回用户。

书面签署文件的时间是由签署人自己写上的，而数字时间戳则是由认证单位 DTS 来加入的，以 DTS 收到文件的时间为依据。

1.3.3 计算机可靠性

1．计算机可靠性概述

计算机系统的硬件故障通常是由元器件的失效引起的。对元器件进行寿命试验并根据实际资料统计得知，元器件的可靠性可分成 3 个阶段，在开始阶段，元器件的工作处于不稳定期，失效率较高；在第二阶段，元器件进入正常工作期，失效率最低，基本保持常数；在第三阶段，元器件开始老化，失效率又重新提高，这就是所谓的“浴盆曲线”。因此，应保证在计算机中使用的元器件处于第二阶段。在第一阶段应对元器件进行老化筛选，而到了第三个阶段，则淘汰该计算机。

计算机系统的可靠性是指从它开始运行（$t=0$）到某时刻 t 这段时间内能正常运行的概率，用 $R(t)$ 表示。所谓失效率，是指单位时间内失效的元件数与元件总数的比例，用 λ 表示，当 λ 为常数时，可靠性与失效率的关系为

$$R(t)=\mathrm{e}^{-\lambda t}$$

典型的失效率与时间的关系曲线如图 1-18 所示。

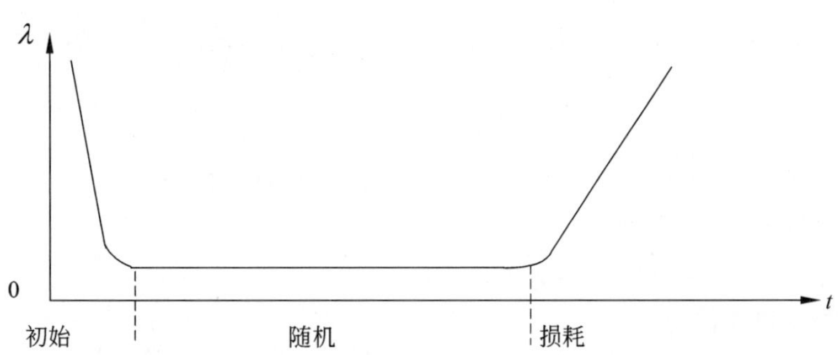

图 1-18　失效率特性

两次故障之间系统能正常工作的时间的平均值称为平均无故障时间（MTBF），即

$$MTBF=1/\lambda$$

通常用平均修复时间（MTRF）来表示计算机的可维修性，即计算机的维修效率，指从故障发生到机器修复平均所需要的时间。计算机的可用性是指计算机的使用效率，它以系统在执行任务的任意时刻能正常工作的概率 A 来表示，即

$$A=\frac{MTBF}{MTBF+MTRF}$$

计算机的 RAS 是指用可靠性 R、可用性 A 和可维修性 S 这 3 个指标衡量一个计算机系统。但在实际应用中，引起计算机故障的原因除了元器件以外还有组装工艺、逻辑设计等因素。因此，不同厂家生产的兼容机即使采用相同的元器件，其可靠性及 MTBF 也可能相差很大。

2．计算机可靠性模型

计算机系统是一个复杂的系统，而且影响其可靠性的因素非常复杂，很难直接对其进行可靠性分析。但通过建立适当的数学模型，把大系统分割成若干子系统，可以简化其分析过程。常见的系统可靠性数学模型有以下 3 种。

（1）串联系统。假设一个系统由 N 个子系统组成，当且仅当所有的子系统都能正常工作时系统才能正常工作，这种系统称为串联系统，如图 1-19 所示。

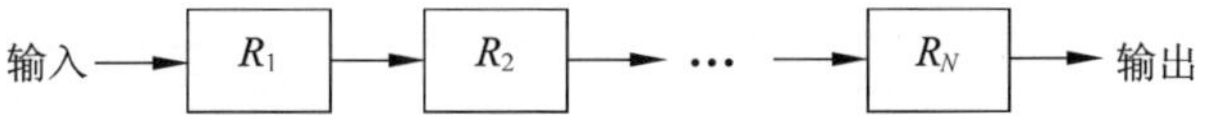

图 1-19　串联系统的可靠性模型

设系统中各个子系统的可靠性分别用 $R_1,R_2,\cdots,R_N$ 来表示，则系统的可靠性 R 可由下式求得。

$$R=R_1R_2\cdots R_N$$

如果系统的各个子系统的失效率分别用 $\lambda_1,\lambda_2,\cdots,\lambda_N$ 来表示，则系统的失效率 λ 可由下式求得。

$$\lambda=\lambda_1+\lambda_2+\cdots+\lambda_N$$

【例 1.7】 设计算机系统由 CPU、存储器、I/O 三部分组成，其可靠性分别为 0.95、0.90 和 0.85，求计算机系统的可靠性。

解：$R = R_1 \cdot R_2 \cdot R_3 = 0.95\times0.90\times0.85 = 0.73$

计算机系统的可靠性为 0.73。

（2）并联系统。假如一个系统由 N 个子系统组成，只要有一个子系统正常工作，系统就能正常工作，这样的系统称为并联系统，如图 1-20 所示。设每个子系统的可靠性分别以 $R_1,R_2,\cdots,R_N$ 表示，整个系统的可靠性可由下式求得。

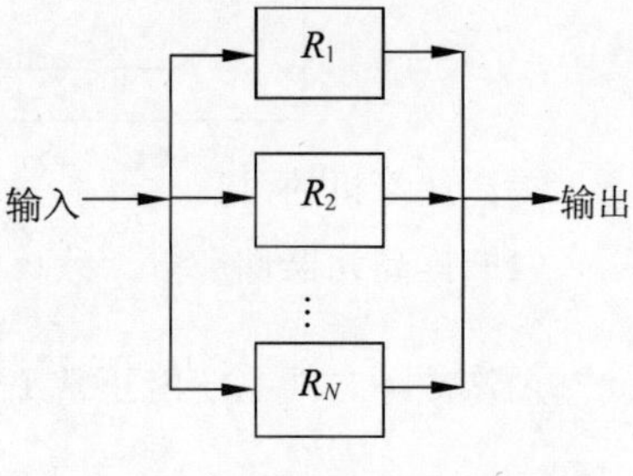

图 1-20 并联系统的可靠性模型

$$R=1-(1-R_1)(1-R_2)\cdots(1-R_N)$$

假如所有子系统的失效率均为 λ，则系统的失效率 μ 为

$$\mu=\frac{1}{\frac{1}{\lambda}\sum_{j=1}^{N}\frac{1}{j}}$$

在并联系统中只有一个子系统是真正需要的，其余 $N-1$ 个子系统称为冗余子系统，随着冗余子系统数量的增加，系统的平均无故障时间也增加了。

【例 1.8】 设一个系统由 3 个相同的子系统构成，其可靠性为 0.9，平均无故障时间为 10 000 小时，求系统的可靠性和平均无故障时间。

解：$R_1=R_2=R_3=0.9$　　$\lambda_1=\lambda_2=\lambda_3=1/10\,000=1\times10^{-4}$（小时）

系统可靠性 $R=1-(1-R_1)^3=0.999$

系统平均无故障时间为

$$\text{MTBF}=\frac{1}{\mu}=\frac{1}{\lambda}\sum_{j=1}^{3}\frac{1}{j}=\frac{1}{\lambda}\times(1+\frac{1}{2}+\frac{1}{3})=18\,333\text{（小时）}$$

（3）N 模冗余系统。N 模冗余系统由 N 个（$N=2n+1$）相同的子系统和一个表决器组成，表决器把 N 个子系统中占多数相同结果的输出作为系统的输出，如图 1-21 所示。

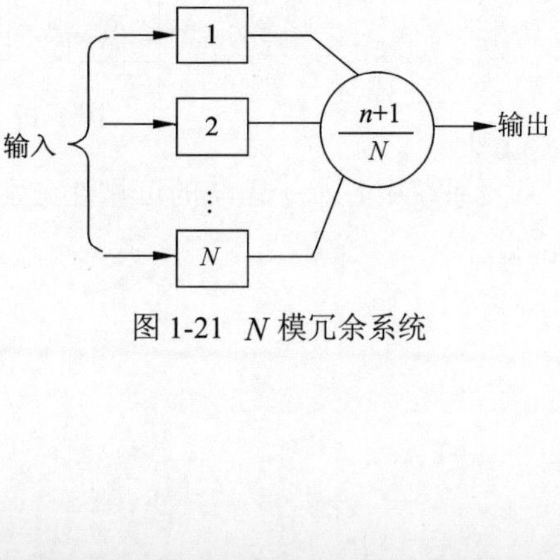

图 1-21 N 模冗余系统

在 N 个子系统中，只要有 $n+1$ 个或 $n+1$ 个以上的子系统能正常工作，系统就能正常工作，输出

正确的结果。假设表决器是完全可靠的，每个子系统的可靠性为 R_0，则 N 模冗余系统的可靠性为

$$R=\sum_{i=n+1}^{N}\begin{pmatrix} j \\ N \end{pmatrix}\times R_0^i\left(1-R_0\right)^{N-i}$$

其中，$\begin{pmatrix} j \\ N \end{pmatrix}$ 表示从 N 个元素中取 i 个元素的组合数。

提高计算机的可靠性一般采取如下两项措施。

（1）提高元器件质量，改进加工工艺与工艺结构，完善电路设计。

（2）发展容错技术，使得在计算机硬件有故障的情况下，计算机仍能继续运行，得出正确的结果。

1.3.4　计算机系统的性能评价

无论是生产计算机的厂商还是使用计算机的用户，都需要有某种方法来衡量计算机的性能，作为设计、生产、购买和使用的依据。但是，由于计算机系统是一个极复杂的系统，其体系结构、组成和实现都有若干种策略，而且其应用领域也千差万别，所以很难找到统一的规则或标准去评测所有的计算机。

1．性能评测的常用方法

（1）时钟频率。计算机的时钟频率在一定程度上反映了机器速度，一般来讲，主频越高，速度越快。但是，相同频率、不同体系结构的机器，其速度可能会相差很多，因此还需要用其他方法来测定机器性能。

（2）指令执行速度。在计算机发展初期，曾用加法指令的运算速度来衡量计算机的速度，速度是计算机的主要性能指标之一。因为加法指令的运算速度大体上可反映出乘法、除法等其他算术运算的速度，而且逻辑运算、转移指令等简单指令的执行时间往往被设计成与加法指令相同，因此加法指令的运算速度有一定的代表性。当时表征机器运算速度的单位是 KIPS（每秒千条指令），后来随着机器运算速度的提高，计量单位发展到 MIPS（每秒百万条指令）。

另一种描述计算机指令执行速度的指标是每秒钟执行浮点数的百万次操作的数量 MFLOPS。

（3）等效指令速度法。随着计算机指令系统的发展，指令的种类大大增加，用单种指令的 MIPS 值来表征机器的运算速度的局限性日益暴露，因此出现了吉普森（Gibson）混合法或等效指令速度法等改进的办法。

等效指令速度法统计各类指令在程序中所占的比例，并进行折算。设某类指令 i 在程序中所占的比例为 w_i，执行时间为 t_i，则等效指令的执行时间为

$$T = \sum_{i=1}^{n}(w_i \times t_i)$$

其中，n 为指令的种类数。

（4）数据处理速率（Processing Data Rate，PDR）法。因为在不同程序中，各类指令的使用频率是不同的，所以固定比例方法存在着很大的局限性，而且数据长度与指令功能的强弱对解题的速度影响极大。同时，这种方法也不能反映现代计算机中高速缓冲存储器、流水线和交叉存储等结构的影响。具有这种结构的计算机的性能不仅与指令的执行频率有关，而且与指令的执行顺序与地址分布有关。

PDR 法采用计算 PDR 值的方法来衡量机器性能，PDR 值越大，机器性能越好。PDR 与每条指令和每个操作数的平均位数以及每条指令的平均运算速度有关，其计算方法如下：

$$\text{PDR}=L/R$$

其中，$L = 0.85G + 0.15H + 0.4J + 0.15K$ ，$R = 0.85M + 0.09N + 0.06P$ 。

式中：G ——每条定点指令的位数；

M ——平均定点加法时间；

H ——每条浮点指令的位数；

N ——平均浮点加法时间；

J ——定点操作数的位数；

P ——平均浮点乘法时间；

K ——浮点操作数的位数。

此外，还做了如下规定：G>20 位，H>30 位；从主存取一条指令的时间等于取一个字的时间；指令与操作数存放在主存，无变址或间址操作；允许有并行或先行取指令功能，此时选择平均取指令时间。PDR 值主要对 CPU 和主存储器的速度进行度量，但不适合衡量机器的整体速度，因为它没有涉及 Cache、多功能部件等技术对性能的影响。

（5）核心程序法。上述性能评价方法主要是针对 CPU（有时包括主存），它没有考虑诸如 I/O 结构、操作系统、编译程序的效率等系统性能的影响，因此难以准确评价计算机的实际工作能力。

核心程序法是研究较多的一种方法，它把应用程序中用得最频繁的那部分核心程序作为评价计算机性能的标准程序，在不同的机器上运行，测得其执行时间，作为各类机器性能评价的依据。机器软/硬件结构的特点能在核心程序中得到反映，但是核心程序各部分之间的联系较小。

由于程序短，所以访问存储器的局部性特征很明显，以至于 Cache 的命中率比一般程序高。

2．基准测试程序

基准程序法（Benchmark）是目前被用户一致承认的测试性能的较好方法，有多种多样的基准程序，例如主要测试整数性能的基准程序、测试浮点性能的基准程序等。

（1）整数测试程序。Dhrystone 是一个综合性的基准测试程序，它是为了测试编译器及 CPU 处理整数指令和控制功能的有效性，人为地选择一些“典型指令”综合起来形成的测试程序。

Dhrystone 程序测试的结果由每秒多少个 Dhrystones 来表示机器的性能，这个数值越大，性能越好。VAX11/780 的测试结果为每秒 1757Dhrystones。为便于比较，人们假设 1VAX MIPS ＝每秒 1757Dhrystones，将被测机器的结果除以 1757，就得到被测机器相对 VAX11/780 的 MIPS 值。有些厂家在宣布机器性能时就用 Dhrystone MIPS 值作为机器的 MIPS 值。

不过不同的厂家在测试 MIPS 值时，使用的基准程序一般是不一样的，因此不同厂家机器的 MIPS 值有时虽然是相同的，但其性能却可能差别很大，那是因为各厂家在设计计算机时针对不同的应用领域，如科学和工程应用、商业管理应用、图形处理应用等，而采用了不同的体系结构和实现方法。同一厂家的机器，采用相同的体系结构，用相同的基准程序测试，得到的 MIPS 值越大，一般说明机器速度越快。

（2）浮点测试程序。在科学计算和工程应用领域内，浮点计算工作量占很大比例，因此机器的浮点性能对系统的应用有很大的影响。有些机器只标出单个浮点操作性能，如浮点加法、浮点乘法时间，而大部分工作站则标出用 Linpack 和 Whetstone 基准程序测得的浮点性能。Linpack 主要测试向量性能和高速缓存性能。Whetstone 是一个综合性测试程序，除测试浮点操作外，还测试整数计算和功能调用等性能。

① 理论峰值浮点速度。巨型机和小巨型机在说明书中经常给出“理论峰值速度”的 MFLOPS 值，它不是机器实际执行程序时的速度，而是机器在理论上最大能完成的浮点处理速度。它不仅与处理机时钟周期有关，而且还与一个处理机里能并行执行操作的流水线功能部件数目和处理机的数目有关。多个 CPU 机器的峰值速度是单个 CPU 的峰值速度与 CPU 个数的乘积。

② Linpack 基准测试程序。Linpack 基准程序是一个用 FORTRAN 语言写成的子程序软件包，称为基本线性代数子程序包，此程序完成的主要操作是浮点加法和浮点乘法操作。在测量计算机系统的 Linpack 性能时，让机器运行 Linpack 程序，测量运行时间，将结果用 MFLOPS

表示。

当解 n 阶线性代数方程组时，n 越大，向量化程度越高。其关系如表 1-7 所示。

表 1-7 矩阵的向量化程度

矩阵规模	100×100	300×300	1000×1000
向量化百分比	80%	95%	98%

向量化百分比指含向量成分的计算量占整个程序计算量的百分比。在同一台机器中，向量化程度越高，机器的运算速度越快，因为不管 n 的大小，求解方程时花在非向量操作上的时间差不多是相等的。

③ Whetstone 基准测试程序。Whetstone 是用 FORTRAN 语言编写的综合性测试程序，主要由执行浮点运算、整数算术运算、功能调用、数组变址、条件转移和超越函数的程序组成。Whetstone 的测试结果用 Kwips 表示，1Kwips 表示机器每秒钟能执行 1000 条 Whetstone 指令。

（3）SPEC 基准程序（SPEC Benchmark）。SPEC（System Performance Evaluation Cooperation）是由几十家世界知名的计算机厂商所支持的非盈利的合作组织，旨在开发共同认可的标准基准程序，目前已更名为 Standard Performance Evaluation Cooperation。

SPEC 最初于 1989 年建立了重点面向处理器性能的基准程序集（现在称为 SPEC89），主要版本有 SPEC CPU89、SPEC CPU92、SPEC CPU95、SPEC CPU2000、SPEC CPU2006 等，SPEC CPU2006 包括 12 个整数基准程序集（CINT2006）和 17 个浮点基准程序集（CFP2006）。CINT2006 包括 C 编译程序、量子计算机仿真、下象棋程序等，CFP2006 包括有限元模型结构化网格法、分子动力学质点法、流体动力学稀疏线性代数法等。

为了简化测试结果，SPEC 决定使用单一的数字来归纳 12 种整数基准程序。具体方法是将被测计算机的执行时间标准化，即将被测计算机的执行时间除以一个参考处理器的执行时间，结果称为 SPECratio。SPECratio 值越大，表示性能越快（因为 SPECratio 是执行时间的倒数）。CINT2006 或 CFP2006 的综合测试结果是取 SPECratio 的几何平均值。

SPEC 原来主要测试 CPU 性能，现在则强调开发能反映真实应用的基准测试程序集，并已推广至测试高性能计算机系统、网络服务器上商业应用服务器等。

（4）TPC 基准程序。TPC（Transaction Processing Council，事务处理委员会）基准程序是由 TPC 开发的评价计算机事务处理性能的测试程序，用于评测计算机在事务处理、数据库处理、企业管理与决策支持系统等方面的性能。其中，TPC-C 是在线事务处理（On-line Transaction

Processing，OLTP）的基准程序，TPC-D 是决策支持的基准程序。TPC-E 作为大型企业信息服务的基准程序。与 TPC-C 一样，TPC-E 的测试结果也主要有两个指标：性能指标（tpsE，transactions per second E）和性价比（美元/tpsE）。其中，前者是指系统在执行多种交易时，每秒钟可以处理多少交易，其指标值越大越好；后者则是指系统价格与前一指标的比值，数值越小越好。

TPC 基准测试程序在商业界范围内建立了用于衡量机器性能以及性能价格比的标准。但是，任何一种测试程序都有一定的适用范围，TPC 也不例外。

第2章　程序设计语言基础知识

程序设计语言是为了书写计算机程序而人为设计的符号语言，用于对计算过程进行描述、组织和推导。程序设计语言的广泛使用始于 1957 年出现的 FORTRAN，程序设计语言的发展是一个不断演化的过程，其根本的推动力是更高的抽象机制以及对程序设计思想的更好支持。

2.1　程序设计语言概述

本节主要介绍程序设计语言的基本概念、基本成分和一些有代表性的程序设计语言。

2.1.1　程序设计语言的基本概念

1．低级语言和高级语言

计算机硬件只能识别由 0、1 组成的机器指令序列，即机器指令程序，因此机器指令是最基本的计算机语言。由于机器指令是特定的计算机系统所固有的、面向机器的语言，所以用机器语言进行程序设计时效率很低，程序的可读性很差，也难以修改和维护。因此，人们就用容易记忆的符号代替 0、1 序列来表示机器指令，例如，用 ADD 表示加法、用 SUB 表示减法等。用符号表示的指令称为汇编指令，汇编指令的集合被称为汇编语言。汇编语言与机器语言十分接近，其书写格式在很大程度上取决于特定计算机的机器指令，因此它仍然是一种面向机器的语言，人们称机器语言和汇编语言为低级语言。在此基础上，人们开发了功能更强、抽象级别更高的语言以支持程序设计，于是就产生了面向各类应用的程序设计语言，称为高级语言。常见的有 Java、C、C++、PHP、Python、Delphi、PASCAL 等。这类语言与人们使用的自然语言比较接近，提高了程序设计的效率。

2．编译程序和解释程序

计算机只能理解由 0、1 序列构成的机器语言，因此高级程序设计语言需要翻译，担负这一任务的程序称为“语言处理程序”。语言之间的翻译形式有多种，基本方式为汇编、解释和编译。

用某种高级语言或汇编语言编写的程序称为源程序，源程序不能直接在计算机上执行。如果源程序是用汇编语言编写的，则需要一个汇编程序将其翻译成目标程序后才能执行。如果源程序是用某种高级语言编写的，则需要对应的解释程序或编译程序对其进行翻译，然后在机器上运行。

解释程序也称为解释器，它或者直接解释执行源程序，或者将源程序翻译成某种中间代码后再加以执行；而编译程序（编译器）则是将源程序翻译成目标语言程序，然后在计算机上运行目标程序。这两种语言处理程序的根本区别是：在编译方式下，机器上运行的是与源程序等价的目标程序，源程序和编译程序都不再参与目标程序的执行过程；而在解释方式下，解释程序和源程序（或其某种等价表示）要参与到程序的运行过程中，运行程序的控制权在解释程序。简单来说，在解释方式下，翻译源程序时不生成独立的目标程序，而编译器则将源程序翻译成独立保存的目标程序。

3．程序设计语言的定义

一般地，程序设计语言的定义都涉及语法、语义和语用等方面。

语法是指由程序设计语言的基本符号组成程序中的各个语法成分（包括程序）的一组规则，其中由基本字符构成的符号（单词）书写规则称为词法规则，由符号构成语法成分的规则称为语法规则。程序设计语言的语法可用形式语言进行描述。

语义是程序设计语言中按语法规则构成的各个语法成分的含义，可分为静态语义和动态语义。静态语义指编译时可以确定的语法成分的含义，而运行时刻才能确定的含义是动态语义。一个程序的执行效果说明了该程序的语义，它取决于构成程序的各个组成部分的语义。

语用表示了构成语言的各个记号和使用者的关系，涉及符号的来源、使用和影响。

语言的实现则有个语境问题。语境是指理解和实现程序设计语言的环境，包括编译环境和运行环境。

4．程序设计语言的分类

程序设计语言有交流算法和计算机实现的双重目的，现在的程序设计语言种类繁多，它们在应用上各有不同的侧重面。若一种程序设计语言不依赖于机器硬件，则称为高级语言；若程序设计语言能够应用于范围广泛的问题求解过程中，则称为通用的程序设计语言。

1）程序设计语言发展概述

各种程序语言都在不断地发展之中，许多新的语言也相继出现，各种开发工具在组件化和可视化方面进展迅速。

Fortran（Formula Translation）是第一个被广泛用来进行科学和工程计算的高级语言。一个 Fortran 程序由一个主程序和若干个子程序组成。主程序及每一个子程序都是独立的程序单位，称为一个程序模块。该语言自诞生以来广泛地应用于数值计算领域，积累了大量高效而可靠的源程序。Fortran 语言的最大特性是接近数学公式的自然描述，具有很高的执行效率，目前广泛地应用于并行计算和高性能计算领域。

ALGOL（ALGOrithmic Language）诞生于晶体管计算机流行的年代，Algol 60 是程序设计语言发展史上的一个里程碑，主导了 20 世纪 60 年代程序语言的发展，并为后来软件自动化及软件可靠性的发展奠定了基础。ALGOL60 有严格的公式化说明，即采用巴科斯范式 BNF 来描述语言的语法。Algol 60 引进了许多新的概念，如局部性概念、动态、递归等。

PASCAL 是一种过程式、结构化程序设计语言，由瑞士苏黎世联邦工业大学的沃斯（N.Wirth）教授设计，于 1970 年发表。该语言是从 ALGOL60 衍生的，但功能更强且容易使用。PASCAL 语言曾经在高校计算机软件教学中一直处于主导地位，其集成开发工具 Turbo Pascal 曾经非常流行。1985 年发布了 Object Pascal。

C 语言是 20 世纪 70 年代初发展起来的一种通用程序设计语言，UNIX 操作系统及其上的许多软件都是用 C 编写的。它兼顾了高级语言和汇编语言的特点，提供了一个丰富的运算符集合以及比较紧凑的语句格式。由于 C 提供了高效的执行语句并且允许程序员直接访问操作系统和底层硬件，因此在系统级应用和实时处理应用开发中成为主要语言。

C++是在 C 语言的基础上于 20 世纪 80 年代发展起来的，与 C 兼容，但是比 C 多了封装和抽象，增加的类机制使 C++成为一种面向对象的程序设计语言。

C#（C Sharp）是由 Microsoft 公司所开发的一种面向对象的、运行于.NET Framework 的高级程序设计语言，相对于 C++，这个语言在许多方面进行了限制和增强。

Objective-C 是根据 C 语言所衍生出来的语言，继承了 C 语言的特性，是扩充 C 的面向对象编程语言，其与流行的编程语言风格差异较大。由于 GCC（GNU Compiler Collection，GNU 编译器套装）含 Objective-C 的编译器，因此可以在gcc运作的系统中编写和编译。该语言主要由 Apple 公司维护，是 MAC 系统下的主要开发语言。与C#类似，Objective-C 仅支持单一父类继承，不支持多重继承。

Java 产生于 20 世纪 90 年代，其初始用途是开发网络浏览器的小应用程序，但是作为一种通用的程序设计语言，Java 得到非常广泛的应用。Java 保留了 C++的基本语法、类和继承等概念，删掉了 C++中一些不好的特征，因此与 C++相比，Java 更简单，其语法和语义更合理。

Ruby 是松本行弘（Yukihiro Matsumoto，常称为 Matz）大约在 1993 年设计的一种解释性、面向对象、动态类型的脚本语言。在 Ruby 语言中，任何东西都是对象，包括其他语言中的基本数据类型，比如整数；每个过程或函数都是方法；变量没有类型；任何东西都有值（不管是数学或者逻辑表达式还是一个语句，都会有值）等等。

PHP（Hypertext Preprocessor）是一种在服务器端执行的、嵌入 HTML 文档的脚本语言，其语言风格类似于 C 语言，由网站编程人员广泛运用。PHP 可以快速地执行动态网页，其语法混合了 C、Java、Perl 以及 PHP 自创的语法。由于在服务器端执行，PHP 能充分利用服务器的性能。另外，PHP 支持几乎所有流行的数据库以及操作系统。

Python是一种面向对象的解释型程序设计语言，可以用于编写独立程序、快速脚本和复杂应用的原型。Python 也是一种脚本语言，它支持对操作系统的底层访问，也可以将 Python 源程序翻译成字节码在 Python 虚拟机上运行。虽然 Python 的内核很小，但它提供了丰富的基本构建块，还可以用 C、C++和 Java 等进行扩展，因此可以用它开发任何类型的程序。

JavaScript 是一种脚本语言，被广泛用于 Web 应用开发，常用来为网页添加各式各样的动态功能，为用户提供更流畅美观的浏览效果。通常，将 JavaScript 脚本嵌入在 HTML 中来实现自身的功能。

Delphi 是一种可视化开发工具，在 Windows 环境下使用，其在 Linux 上的对应产品是 Kylix，其主要特性为基于窗体和面向对象的方法、高速的编译器、强大的数据库支持、与 Windows 编程紧密结合以及成熟的组件技术。它采用面向对象的编程语言 Object Pascal 和基于构件的开发结构框架。

Visual Basic.NET 是基于微软.NET Framework 的面向对象的编程语言。用.NET 语言（包括 VB.NET）开发的程序源代码不是编译成能够直接在操作系统上执行的二进制本地代码，而是被编译成为中间代码 MSIL（Microsoft Intermediate Language），然后通过.NET Framework的通用语言运行时（CLR）来执行。程序执行时，.NET Framework 将中间代码翻译成为二进制机器码后，使它得以运行。因此，如果计算机上没有安装.NET Framework，这些程序将不能够被执行。

各种程序设计语言都在不断地发展之中，也出现了许多新的语言，开发工具在组件化和可视化方面进展迅速。

2）程序设计语言分类

程序语言的分类没有统一的标准，这里根据设计程序的方法将程序语言大致分为命令式和结构化程序设计语言、面向对象的程序设计语言、函数式程序设计语言和逻辑型程序设计语言等范型。

（1）命令式和结构化程序设计语言。命令式语言是基于动作的语言，在这种语言中，计算被看成是动作的序列。命令式语言族开始于 Fortran，PASCAL 和 C 语言都可以体现命令式程序设计的关键思想。

通常所称的结构化程序设计语言属于命令式语言类，其结构特性主要反映在以下几个方面：一是用自顶向下逐步精化的方法编程，二是按模块组织的方法编程，三是程序只包含顺序、判定（分支）及循环构造，而且每种构造只允许单入口和单出口。结构化程序的结构简单清晰、模块化强，描述方式接近人们习惯的推理式思维方式，因此可读性强，在软件重用性、软件维护等方面都有所进步，在大型软件开发中曾发挥过重要的作用。目前仍有许多应用程序的开发采用结构化程序设计技术和方法。C、PASCAL 等都是典型的结构化程序设计语言。

（2）面向对象的程序设计语言。程序设计语言的演化从最开始的机器语言到汇编语言到各种结构化高级语言，最后到支持面向对象技术的面向对象语言，反映的就是一条抽象机制不断提高的演化道路。

面向对象的程序设计在很大程度上应归功于从模拟领域发展起来的 Simula，其提出了对象和类的概念。C++、Java 和 Smalltalk 是面向对象程序设计语言的代表，它们都必须支持新的程序设计技术，如数据隐藏、数据抽象、用户定义类型、继承和多态等。

（3）函数式程序设计语言。函数式语言是一类以 λ-演算为基础的语言，其基本概念来自于 LISP，这是一个在 1958 年为了人工智能应用而设计的语言。函数是一种对应规则（映射），它使定义域的每个元素和值域中唯一的元素相对应。

函数定义 1：Square[x]:=x*x

函数定义 2：Plustwo[x]:=Plusone[Plusone[x]]

函数定义 3：fact[n]:=if n=0 then 1 else n*fact[n−1]

在函数定义 2 中，使用了函数复合，即将一个函数调用嵌套在另一个函数定义中。在函数定义 3 中，函数被递归定义。由此可见，函数可以看成是一种程序，其输入就是定义中左边括号中的量。它也可以将输入组合起来产生一个规则，在组合过程中可以使用其他函数或该函数本身。这种用函数和表达式建立程序的方法就是函数式程序设计。函数式程序设计语言的优点之一就是对表达式中出现的任何函数都可以用其他函数来代替，只要这些函数调用产生相同的值。

函数式语言的代表 LISP 在许多方面与其他语言不同，其中最为显著的是，其程序和数据的形式是等价的，这样数据结构就可以作为程序执行，程序也可以作为数据修改。在 LISP 中，大量地使用递归。常见的函数式语言有 Haskell、Scala、Scheme、APL 等。

（4）逻辑型程序设计语言。逻辑型语言是一类以形式逻辑为基础的语言，其代表是建立在关系理论和一阶谓词理论基础上的 PROLOG。PROLOG 代表 Programming in Logic。PROLOG 程序是一系列事实、数据对象或事实间的具体关系和规则的集合。通过查询操作把事实和规则输入数据库。用户通过输入查询来执行程序。在 PROLOG 中，关键操作是模式匹配，通过匹配一组变量与一个预先定义的模式并将该组变量赋给该模式来完成操作。以值集合 S 和 T 上的二元关系 R 为例，R 实现后，可以询问：

① 已知 a 和 b，确定 $R(a,b)$是否成立。

② 已知 a，求所有使 $R(a,y)$成立的 y。

③ 已知 b，求所有使 $R(x,b)$成立的 x。

④ 求所有使 $R(x,y)$ 成立的 x 和 y。

逻辑型程序设计具有与传统的命令式程序设计完全不同的风格。PROLOG 数据库中的事实和规则是形式为"$P:-P_1,P_2,\cdots,P_n$"的 Hore 子句，其中 $n\geqslant 0$，P_i（$1\leqslant i\leqslant n$）为形如 $R_i(\cdots)$的断言，R_i 是关系名。该子句表示规则：若 $P_1,P_2,\cdots,P_n$ 均为真（成立），则 P 为真。当 $n=0$ 时，Hore 子句变成 P.，这样的子句称为事实。

一旦有了事实与规则，就可以提出询问。测试用户询问 A 是否成立时，采用归结方法。

① 如果程序中包含事实 P，且 P 和 A 匹配，则 A 成立。

② 如果程序中包含 Hore 子句"$P:-P_1,P_2,\cdots,P_n$"，且 P 和 A 匹配，则 PROLOG 转而测试 P_1、P_2、…、P_n。只有当 P_1、P_2、…、P_n 都成立时才能断言 P 成立。当求解某个 P_i 失败时，则返回到前面的某个成功点并尝试另一种选择，也就是进行回溯。

③ 只有当所有的可能情况都已穷尽时才能推导出 P 失败。

PROLOG 有很强的推理功能，适用于编写自动定理证明、专家系统和自然语言理解等问题的程序。

2.1.2　程序设计语言的基本成分

程序设计语言的基本成分包括数据、运算、控制和传输等。

1．程序设计语言的数据成分

程序设计语言的数据成分指一种程序设计语言的数据类型。数据对象总是对应着应用系统中某些有意义的东西，数据表示则指明了程序中值的组织形式。数据类型用于代表数据对象，还用于在基础机器中完成对值的布局，同时还可用于检查表达式中对运算的应用是否正确。

数据是程序操作的对象，具有存储类别、类型、名称、作用域和生存期等属性，在使用时要为它分配内存空间。数据名称由用户通过标识符命名，标识符是由字母、数字和下划线"_"组成的标记；类型说明数据占用内存的大小和存放形式；存储类别说明数据在内存中的位置和生存期；作用域则说明可以使用数据的代码范围；生存期说明数据占用内存的时间特点。从不同角度可将数据进行不同的划分。

1）常量和变量

按照程序运行时数据的值能否改变，将数据分为常量和变量。程序中的数据对象可以具有左值和（或）右值，左值指存储单元（或地址、容器），右值是值（或内容）。变量具有左值和右值，在程序运行过程中其右值可以改变；常量只有右值，在程序运行过程中其右值不能改变。

2）全局量和局部量

数据按在程序代码中的作用范围（作用域）可分为全局量和局部量。一般情况下，全局变量的作用域为整个文件或程序，系统为全局变量分配的存储空间在程序运行的过程中是不改变的，局部变量的作用域为定义它的函数或语句块，为局部变量分配的存储单元是动态改变的。

3）数据类型

按照数据组织形式的不同可将数据分为基本类型、用户定义类型、构造类型及其他类型。C（C++）的数据类型如下。

（1）基本类型：整型（int）、字符型（char）、实型（float、double）和布尔类型（bool）。

（2）特殊类型：空类型（void）。

（3）用户定义类型：枚举类型（enum）。

（4）构造类型：数组、结构、联合。

（5）指针类型：type *。

（6）抽象数据类型：类类型。

其中，布尔类型和类类型由 C++语言提供。

2．程序设计语言的运算成分

程序设计语言的运算成分指明允许使用的运算符号及运算规则。大多数高级程序设计语言的基本运算可以分成算术运算、关系运算和逻辑运算等，有些语言（如 C、C++）还提供位运算。运算符号的使用与数据类型密切相关。为了明确运算结果，运算符号要规定优先级和结合性，必要时还要使用圆括号。

3．程序设计语言的控制成分

控制成分指明语言允许表述的控制结构，程序员使用控制成分来构造程序中的控制逻辑。理论上已经证明，可计算问题的程序都可以用顺序、选择和循环这 3 种控制结构来描述。

1）顺序结构

顺序结构用来表示一个计算操作序列。计算过程从所描述的第一个操作开始，按顺序依次执行后续的操作，直到序列的最后一个操作，如图 2-1 所示。在顺序结构内也可以包含其他控制结构。

2）选择结构

选择结构提供了在两种或多种分支中选择其中一个的逻辑。基本的选择结构是指定一个条件 P，然后根据条件的成立与否决定控制流计算 A 还是计算 B，从两个分支中选择一个执行，如图 2-2（a）所示。选择结构中的计算 A 或计算 B 还可以包含顺序、选择和重复结构。程序设计语言中还通常提供简化了的选择结构，也就是没有计算 B 的分支结构，如图 2-2（b）所示。

3）循环结构

循环结构描述了重复计算的过程，通常由三部分组成：初始化、循环体和循环条件，其中初始化部分有时在控制的逻辑结构中不进行显式的表示。循环结构主要有两种形式：while 型循环结构和 do-while 型循环结构。while 型结构的逻辑含义是先判断条件 P，若成立，则执行循环体 A，然后再去判断循环条件，否则控制流就退出重复结构，如图 2-3（a）所示。do-while 型结构的逻辑含义是先执行循环体 A，再判断条件 P，若成立则继续执行 A，然后再判断条件 P，否则控制流就退出循环结构，如图 2-3（b）所示。

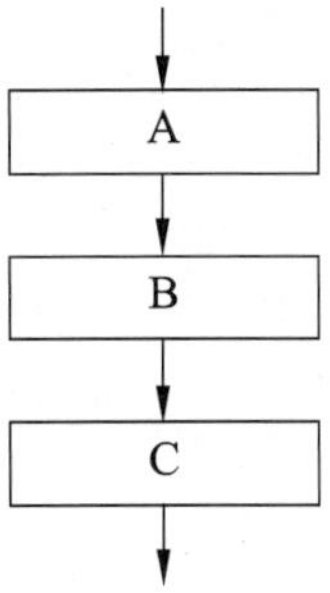

图 2-1　顺序结构示意图

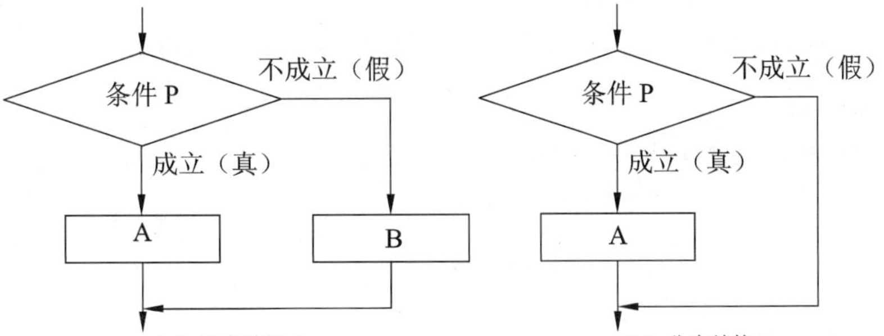

（a）分支结构 1　（b）分支结构 2

图 2-2　选择结构示意图

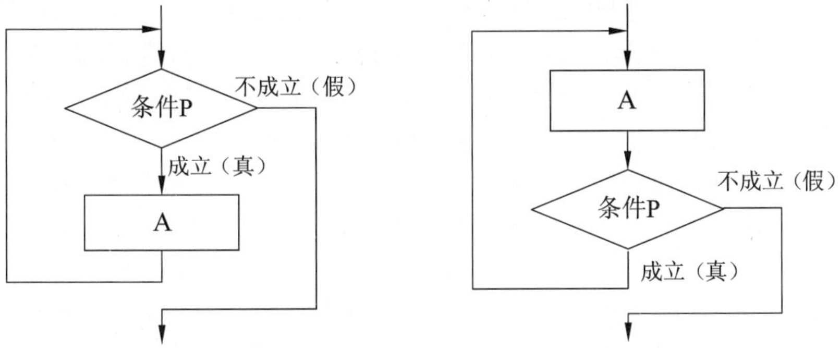

（a）while 型循环结构　（b）do-while 型循环结构

图 2-3　循环结构示意图

4）C（C++）语言提供的控制语句

（1）复合语句。复合语句用于描述顺序控制结构。复合语句是一系列用“{”和“}”括起来的声明和语句，其主要作用是将多条语句组成一个可执行单元。在语法上能出现语句的地方都可以使用复合语句。复合语句是一个整体，要么全部执行，要么一条语句也不执行。

（2）if 语句和 switch 语句。

① if 语句实现的是双分支的选择结构，其一般形式为：

```
if (表达式) 语句 1;else 语句 2;
```

其中，语句 1 和语句 2 可以是任何合法的 C（C++）语句，当语句 2 为空语句时，可以简化为：

```
if (表达式) 语句 1;
```

在使用 if 语句时，需要注意 if 和 else 的匹配关系。C（C++）语言规定，else 总是与离它最近的尚没有 else 的 if 相匹配。

② switch 语句描述了多分支的选择结构，其一般形式为：

```
switch (表达式) {
    case 常量表达式 1: 语句 1;
    case 常量表达式 2: 语句 2;
    ...
    case 常量表达式 n: 语句 n;
    default: 语句 n+1;
}
```

在执行 switch 语句时，首先计算表达式的值，然后用所得的值与列举的常量表达式值依次比较，若任一常量表达式都不能与所得的值相匹配，则执行 default的“语句序列 n+1”，然后结束 switch 语句。若表达式的值与常量表达式 i(i=1,2,⋯,n)的值相同，则执行“语句序列 i”，当 case i 的语句序列 i 中无 break 语句时，执行随后的语句序列 i+1，语句序列 i+2，……直到执行完语句序列 n+1 后退出 switch 语句；或者遇到 break 时跳出 switch 语句。如果要使程序在执行“语句序列 i”后结束整个 switch 语句，则语句序列 i 中应包含控制流能够到达的 break 语句。

表达式可以是任何类型的，常用的是字符型或整型表达式。多个常量表达式可以共用一个语句组。语句组可以包括任何可执行语句，且无须用“{”和“}”括起来。

（3）循环语句。C（C++）语言提供了 3 种形式的循环语句用于描述循环计算的控制结构。

① while 语句。while 语句描述了先判断条件再执行循环体的控制结构，其一般形式为：

```
while (条件表达式)   循环体语句;
```

其中，循环体语句是内嵌的语句，当循环体语句多于一条时，应使用“{”和“}”括起来。在执行 while 语句时，先计算条件表达式的值，当值为非 0 时，执行循环体语句，然后重新计算条件表达式的值再进行判断，否则就结束 while 语句的执行过程。

② do-while 语句。do-while 语句描述了先执行循环体再判断条件的控制结构，其一般形式为：

```
do
    循环体语句;
while (条件表达式);
```

do-while 循环语句是先执行循环体语句，然后再计算条件表达式的值，若值为非 0，则再一次执行循环体语句和计算条件表达式并进行判断，直到条件表达式的值为 0 时结束 do-while 语句的执行过程。

③ for 语句。for 语句的基本形式为：

```
for(表达式 1;表达式 2;表达式 3)   循环体语句;
```

可用 while 语句等价地表示为：

```
表达式 1;
while(表达式 2){
    循环体语句;
    表达式 3;
}
```

for 语句的使用是很灵活的，其内部的 3 个表达式都可以省略，但用于分隔 3 个表达式的分号“;”不能省略。

C 语言中还提供了实现控制流跳转的 goto、break 和 continue 语句，由于 goto 会破坏程序的逻辑结构，因此不提倡使用。

4．程序设计语言的传输成分

程序设计语言的传输成分指明语言允许的数据传输方式，如赋值处理、数据的输入和输出等。

5．函数

C 程序由一个或多个函数组成，每个函数都有一个名字，其中有且仅有一个名字为 main 的函数作为程序运行时的起点。函数是程序模块的主要成分，它是一段具有独立功能的程序。函数的使用涉及 3 个概念：函数定义、函数声明和函数调用。

1）函数定义

函数的定义包括两部分：函数首部和函数体。函数的定义描述了函数做什么和怎么做。函数定义的一般形式为：

```
返回值的类型   函数名(形式参数表)    //函数首部
{
    函数体;
}
```

函数首部说明了函数返回值的数据类型、函数的名字和函数运行时所需的参数及类型。函数所实现的功能在函数体部分进行描述。

C（C++）程序中所有函数的定义都是独立的。在一个函数的定义中不允许定义另外一个函数，也就是不允许函数的嵌套定义。

2）函数声明

函数应该先声明后引用。如果程序中对一个函数的调用在该函数的定义之前进行，则应该在调用前对被调用函数进行声明。函数原型用于声明函数。函数声明的一般形式为：

```
返回值类型 函数名(参数类型表);
```

使用函数原型的目的在于告诉编译器传递给函数的参数个数、类型以及函数返回值的类型，参数表中仅需要依次列出函数定义时参数的类型，从而使编译器能够检查源程序中对函数的调用形式是否正确。

3）函数调用

当在一个函数（称为调用函数）中需要使用另一个函数（称为被调用函数）实现的功能时，便以名字进行调用，称为函数调用。在使用一个函数时，只要知道如何调用就可以了，并不需要关心被调用函数的内部实现。因此，调用函数需要知道被调用函数的名字、返回值和需要向被调函数传递的参数（个数、类型、顺序）等信息。

函数调用的一般形式为：

```
函数名(实参表);
```

在C程序的执行过程中，通过函数调用实现了函数定义时描述的功能。在函数体中若调用自己，则称为递归调用。

C和C++通过传值方式将数据传递给形参。调用函数和被调用函数之间交换信息的方法主要有两种：一种是由被调用函数把返回值返回给主调函数，另一种是通过参数带回信息。函数调用时实参与形参间交换信息的方法有值调用和引用调用两种。

（1）值调用（Call by Value）。若实现函数调用时将实参的值传递给相应的形参，则称为是传值调用。在这种方式下形参不能向实参传递信息。

在C语言中，要实现被调用函数对实参的修改，必须用指针作为参数。即调用时需要先对实参进行取地址运算，然后将实参的地址传递给指针形参。其本质上仍属于值调用。这种方式实现了间接内存访问。

（2）引用调用（Call by Reference）。引用是C++中引入的概念，当形式参数为引用类型时，形参名实际上是实参的别名，函数中对形参的访问和修改实际上就是针对相应实参所做的访问和改变。例如：

```
void swap(int &x, int &y)     {     /*交换 x 和 y*/
     int temp;
```

```
    temp=x;    x=y;    y=temp;
}
```

函数调用：swap(a,b);

在实现 swap(a,b)调用时，x、y 就是 a、b 的别名，因此，函数调用完成后，交换了 a 和 b 的值。

2.2　语言处理程序基础

语言处理程序是一类系统软件的总称，其主要作用是将高级语言或汇编语言编写的程序翻译成某种机器语言程序，使程序可在计算机上运行。语言处理程序主要分为汇编程序、编译程序和解释程序 3 种基本类型。

2.2.1　汇编程序基本原理

1. 汇编语言

汇编语言是为特定的计算机设计的面向机器的符号化的程序设计语言。用汇编语言编写的程序称为汇编语言源程序。因为计算机不能直接识别和运行符号语言程序，所以要用专门的翻译程序——汇编程序进行翻译。用汇编语言编写程序要遵循所用语言的规范和约定。

汇编语言源程序由若干条语句组成，其中可以有三类语句：指令语句、伪指令语句和宏指令语句。

（1）指令语句。指令语句又称为机器指令语句，将其汇编后能产生相应的机器代码，这些代码能被 CPU 直接识别并执行相应的操作。基本的指令有 ADD、SUB 和 AND 等，书写指令语句时必须遵循指令的格式要求。

指令语句可分为传送指令、算术运算指令、逻辑运算指令、移位指令、转移指令和处理机控制指令等类型。

（2）伪指令语句。伪指令语句指示汇编程序在汇编源程序时完成某些工作，例如为变量分配存储单元地址，给某个符号赋一个值等。伪指令语句与指令语句的区别是：伪指令语句经汇编后不产生机器代码，而指令语句经汇编后要产生相应的机器代码。另外，伪指令语句所指示的操作是在源程序被汇编时完成的，而指令语句的操作必须在程序运行时完成。

（3）宏指令语句。在汇编语言中，还允许用户将多次重复使用的程序段定义为宏。宏的定义必须按照相应的规定进行，每个宏都有相应的宏名。在程序的任意位置，若需要使用这段程序，只要在相应的位置使用宏名，即相当于使用了这段程序。因此，宏指令语句就是宏的引用。

2．汇编程序

汇编程序的功能是将用汇编语言编写的源程序翻译成机器指令程序。汇编程序的基本工作包括将每一条可执行汇编语句转换成对应的机器指令；处理源程序中出现的伪指令。由于汇编指令中形成操作数地址的部分可能出现后面才会定义的符号，所以汇编程序一般需要两次扫描源程序才能完成翻译过程。

第一次扫描的主要工作是定义符号的值并创建一个符号表 ST，ST 记录了汇编时所遇到的符号的值。另外，有一个固定的机器指令表 MOT1，其中记录了每条机器指令的记忆码和指令的长度。在汇编程序翻译源程序的过程中，为了计算各汇编语句标号的地址，需要设立一个位置计数器或单元地址计数器 LC（Location Counter），其初值一般为 0。在扫描源程序时，每处理完一条机器指令或与存储分配有关的伪指令（如定义常数语句、定义储存语句），LC 的值就增加相应的长度。这样，在汇编过程中，LC 的内容就是下一条被汇编的指令的偏移地址。若正在汇编的语句是有标号的，则该标号的值就取 LC 的当前值。

此外，在第一次扫描中，还需要对与定义符号值有关的伪指令进行处理。为了叙述方便，不妨设立伪指令表 POT1。POT1 表的每一个元素只有两个域：伪指令助记符和相应的子程序入口。下面的步骤（1）～（5）描述了汇编程序第一次扫描源程序的过程。

```
（1）单元计数器 LC 置初值 0。
（2）打开源程序文件。
（3）从源程序中读入第一条语句。
（4）while (若当前语句不是 END 语句)  {
     if(当前语句有标号)则将标号和单元计数器 LC 的当前值填入符号表 ST;
     if(当前语句是可执行的汇编指令语句)则查找 MOT1 表获得当前指令的长度 K,并令 LC=LC+K;
     if(当前指令是伪指令)则查找 POT1 表并调用相应的子程序;
     if(当前指令的操作码是非法记忆码)则调用出错处理子程序。
     从源程序中读入下一条语句;
     }
（5）关闭源程序文件。
```

第二次扫描的任务是产生目标程序。除了使用前一次扫描所生成的符号表 ST 外，还要使用机器指令表 MOT2，该表中的元素有机器指令助记符、机器指令的二进制操作码（Binary-code）、格式（Type）和长度（Length）。此外，还要设立一个伪指令表 POT2，供第二次扫描时使用。POT2 的每一元素仍有两个域：伪指令记忆码和相应的子程序入口。与第一次扫描的不同之处是：在第二次扫描中，伪指令有着完全不同的处理。

在第二次扫描中，可执行汇编语句应被翻译成对应的二进制代码机器指令。这一过程涉及两个方面的工作：一是把机器指令助记符转换成二进制机器指令操作码，这可通过查找 MOT2 表来实现；二是求出操作数区各操作数的值（用二进制表示）。在此基础上，就可以装配出用二进制代码表示的机器指令。

2.2.2　编译程序基本原理

1．编译过程概述

编译程序的功能是把某高级语言书写的源程序翻译成与之等价的目标程序（汇编语言或机器语言）。编译程序的工作过程可以分为 6 个阶段，如图 2-4 所示，在实际的编译器中可能会将其中的某些阶段结合在一起进行处理。

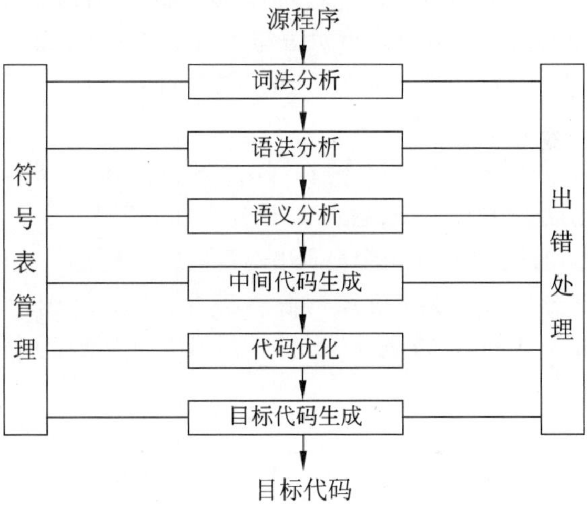

图 2-4　编译器的工作阶段示意图

下面简要介绍各阶段实现的主要功能。

1）词法分析

源程序可以简单地被看成是一个多行的字符串。词法分析阶段是编译过程的第一个阶段，这个阶段的任务是对源程序从前到后（从左到右）逐个字符地扫描，从中识别出一个个“单词”符号。“单词”符号是程序设计语言的基本语法单位，如关键字（或称保留字）、标识符、常数、运算符和分隔符（如标点符号、左右括号）等。词法分析程序输出的“单词”常以二元组的方式输出，即单词种别和单词自身的值。

词法分析过程依据的是语言的词法规则，即描述“单词”结构的规则。例如，对于某 PASCAL 源程序中的一条声明语句和赋值语句：

```
VAR X,Y,Z:real;
X:=Y+Z*60;
```

词法分析阶段将构成这条语句的字符串分割成如下的单词序列。

（1）保留字	VAR	（2）标识符	X
（3）逗号	,	（4）标识符	Y
（5）逗号	,	（6）标识符	Z

（7）冒号	:	（8）标准标识符	real
（9）分号	;	（10）标识符	X
（11）赋值号	:=	（12）标识符	Y
（13）加号	+	（14）标识符	Z
（15）乘号	*	（16）整常数	60
（17）分号	;		

对于标识符 X、Y、Z，其单词种别都是 id（用户标识符），字符串“X”“Y”和“Z”都是单词的值；而对于单词 60，整常数是该单词的种别，60 是该单词的值。下面用 id1、id2 和 id3 分别代表 X、Y 和 Z，强调标识符的内部标识由于组成该标识符的字符串不同而有所区别。经过词法分析后，声明语句“VAR X,Y,Z:real;”表示为“VAR id1,id2,id3:real;”，赋值语句“X:=Y+Z*60;”表示为“id1:=id2+id3*60;”。

2）语法分析

语法分析的任务是在词法分析的基础上，根据语言的语法规则将单词符号序列分解成各类语法单位，如“表达式”“语句”和“程序”等。语法规则就是各类语法单位的构成规则。通过语法分析确定整个输入串是否构成一个语法上正确的程序。如果源程序中没有语法错误，语法分析后就能正确地构造出其语法树；否则指出语法错误，并给出相应的诊断信息。对 id1:=id2+id3*60 进行语法分析后形成的语法树如图 2-5 所示。

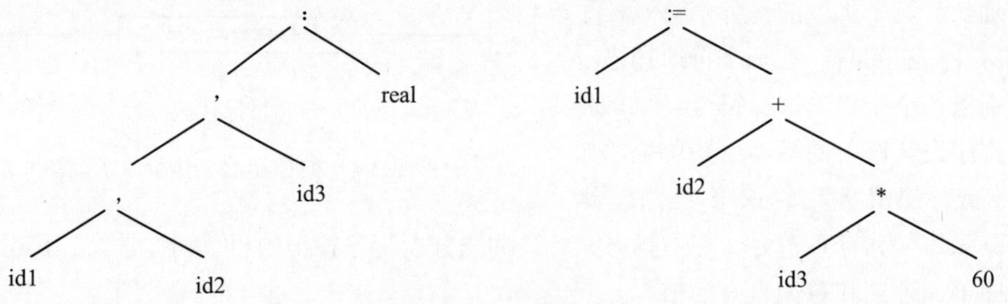

图 2-5 语法树示意图

词法分析和语法分析在本质上都是对源程序的结构进行分析。

3）语义分析

语义分析阶段分析各语法结构的含义，检查源程序是否包含静态语义错误，并收集类型信息供后面的代码生成阶段使用。只有语法和语义都正确的源程序才能翻译成正确的目标代码。

语义分析的一个主要工作是进行类型分析和检查。程序设计语言中的一个数据类型一般包含两个方面的内容：类型的载体及其上的运算。例如，整除取余运算符只能对整型数据进行运算，若其运算对象中有浮点数就认为是类型不匹配的错误。

在确认源程序的语法和语义之后，即可对其进行翻译并给出源程序的内部表示。对于声明语句，需要记录所遇到的符号的信息，所以应进行符号表的填查工作。在图 2-6 所示的符号表中，每一行存放一个符号的信息。第一行存放标识符 X 的信息，其类型为 real，为它分配的逻辑地址是 0；第二行存放 Y 的信息，其类型是 real，为它分配的逻辑地址是 4。在这种语言中，为一个 real 型数据分配的存储空间是 4 个存储单元。对于可执行语句，则检查结构合理的表达式是否有意义。对 id1:=id2+id3*60 进行语义分析后的语法树如图 2-6 所示，其中增加了一个语义处理结点 inttoreal，该运算用于将一个整型数转换为浮点数。

符号表部分内容

X	real	0
Y	real	4
Z	real	8

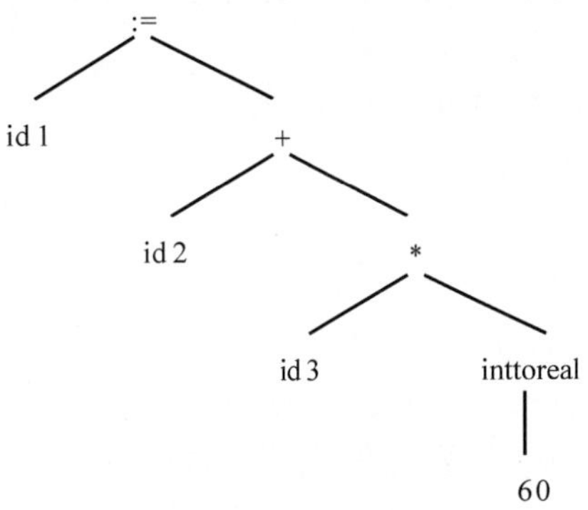

图 2-6　语义分析后的符号表和语法树示意图

4）中间代码生成

中间代码生成阶段的工作是根据语义分析的输出生成中间代码。“中间代码”是一种简单且含义明确的记号系统，可以有若干种形式，它们的共同特征是与具体的机器无关。最常用的一种中间代码是与汇编语言的指令非常相似的三地址码，其实现方式常采用四元式。四元式的形式为：

(运算符,运算对象 1,运算对象 2,运算结果)

例如，对于语句 X:=Y+Z*60，可生成以下四元式序列：

① (inttoreal,60, -,t1)

② (*,　　id3,t1,t2)

③ (+,　　id2,t2,t3)

④ (:=,　　t3, -,id1)

其中，t1、t2、t3 是编译程序生成的临时变量，用于存放临时的运算结果。

语义分析和中间代码生成所依据的是语言的语义规则。

5）代码优化

由于编译器将源程序翻译成中间代码的工作是机械的、按固定模式进行的，因此，生成的中间代码往往在时间上和空间上有较大的浪费。当需要生成高效的目标代码时，必须进行优化。优化过程可以在中间代码生成阶段进行，也可以在目标代码生成阶段进行。由于中间代码不依赖于具体机器，此时所做的优化一般建立在对程序的控制流和数据流分析的基础之上，与具体的机器无关。优化所依据的原则是程序的等价变换规则。例如，在生成X:=Y+Z*60 的四元式后，60 是编译时已知的常数，把它转换为 60.0 的工作可以在编译时完成，没有必要生成一个四元式，同时 t3 仅仅用来将其值传递给 id1，也可以将其简化掉，因此上述的中间代码可优化成下面的等价代码：

① (*,id3,60.0,t1)

② (+,id2,t1, id1)

这只是优化工作中的一个简单示例，实际的优化工作还要涉及公共子表达式的提取、循环优化等更多的内容和技术。

6）目标代码生成

目标代码生成是编译器工作的最后一个阶段。这一阶段的任务是把中间代码变换成特定机器上的绝对指令代码、可重定位的指令代码或汇编指令代码，这个阶段的工作与具体的机器密切相关。例如，使用两个寄存器 R1 和 R2，可对上述的四元式生成下面的目标代码：

```
① MOVF    id3,     R2
② MULF    #60.0,   R2
③ MOVF    id2,     R1
④ ADDF    R2,      R1
⑤ MOVF    R1,      id1
```

这里用#表明 60.0 为常数。

7）符号表管理

符号表的作用是记录源程序中各个符号的必要信息，以辅助语义的正确性检查和代码生成，在编译过程中需要对符号表进行快速有效地查找、插入、修改和删除等操作。符号表的建立可以始于词法分析阶段，也可以放到语法分析和语义分析阶段，但符号表的使用有时会延续到目标代码的运行阶段。

8）出错处理

用户编写的源程序不可避免地会有一些错误，这些错误大致可分为静态错误和动态错误。动态错误也称动态语义错误，它们发生在程序运行时，例如变量取零时做除数、引用数组元素下标错误等。静态错误是指编译阶段发现的程序错误，可分为语法错误和静态语义错误，如单词拼写错误、标点符号错误、表达式中缺少操作数、括号不匹配等有关语言结构上的错误称为语法错误，而语义分析时发现的运算符与运算对象类型不合法等错误属于静态语义错误。

在编译时发现程序中的错误后，编译程序应采用适当的策略修复它们，使得分析过程能够继续下去，以便在一次编译过程中尽可能多地找出程序中的错误。

对于编译过程的各个阶段，在逻辑上可以把它们划分为前端和后端两部分。前端包括从词法分析到中间代码生成各阶段的工作，后端包括中间代码优化和目标代码的生成、优化等阶段。这样，以中间代码为分水岭，把编译器分成了与机器有关的部分和与机器无关的部分。如此一来，对于同一种程序设计语言的编译器，开发出一个前端之后，就可以针对不同的机器开发相应的后端，前、后端有机结合后就形成了该语言的一个编译器。当语言有改动时，只会涉及前端部分的维护。

对于不同的程序设计语言，分别设计出相应的前端，然后将各个语言的前端与同一个后端相结合，就可以得到各个语言在某种机器上的编译器。

2．文法和语言的形式描述

1）字母表、字符串、字符串集合及运算

- 字母表 Σ 和字符：字母表是字符的非空有穷集合，字符是字母表 Σ 中的元素。例如 Σ={a,b}，a 或 b 是字符。
- 字符串：Σ 中的字符组成的有穷序列。例如 a、ab、aaa 都是 Σ 上的字符串。
- 字符串的长度：指字符串中的字符个数。如|aba|=3。
- 空串 ε：由零个字符组成的序列，|ε|=0。
- 连接：字符串 S 和 T 的连接是指将串 T 接续在串 S 之后，表示为 S·T，连接符号“•”可省略。显然，对于字母表 Σ 上的任意字符串 S，S•ε=ε•S=S。
- $\sum^*$：指包括空串 ε 在内的 Σ 上所有字符串的集合。例如，设 $\Sigma=\{a,b\}$，$\sum^*=\{\varepsilon,a,b,aa,bb,ab,ba,aaa,\cdots\}$。
- 字符串的方幂：把字符串 α 自身连接 n 次得到的串，称为字符串 α 的 n 次方幂，记为 α^n。$\alpha^0=\varepsilon,\alpha^n=\alpha\alpha^{n-1}=\alpha^{n-1}\alpha$（$n$>0）。
- 字符串集合的运算：设 A、B 代表字母表 Σ 上的两个字符串集合。
  - ◇ 或（合并）：$A\cup B=\{\alpha\mid\alpha\in A\text{或}\alpha\in B\}$。
  - ◇ 积（连接）：$AB=\{\alpha\beta\mid\alpha\in A\text{且}\beta\in B\}$。
  - ◇ 幂：$A^n=A\bullet A^{n-1}=A^{n-1}\bullet A(n>0)$，并规定 $A^0=\{\varepsilon\}$。
  - ◇ 正则闭包+：$A^+=A^1\cup A^2\cup A^3\cup\cdots\cup A^n\cup\cdots$。
  - ◇ 闭包*：$A^*=A^0\cup A^+$。显然，$\Sigma^*=\Sigma^0\cup\Sigma^1\cup\Sigma^2\cup\cdots\cup\Sigma^n\cup\cdots$。

2）文法和语言的形式描述

语言 L 是有限字母表 Σ 上的有限长度字符串的集合，这个集合中的每个字符串都是按照一定的规则生成的。下面从产生语言的角度出发，给出文法和语言的定义。所谓产生语言，是指制定出有限个规则，借助它们就能产生此语言的全部句子。

（1）文法的定义。描述语言语法结构的规则称为文法。文法 G 是一个四元组，可表示为 $G=(V_N, V_T, P, S)$，其中 V_T 是一个非空有限集，其每个元素称为一个终结符；V_N 是一个非空有限集，其每个元素称为非终结符。$V_N \cap V_T = \Phi$，即 V_N 和 V_T 不含公共元素。令 $V = V_N \cup V_T$，称 V 为文法 G 的词汇表，V 中的符号称为文法符号，包括终结符和非终结符。P 是产生式的有限集合，每个产生式是形如"$\alpha \rightarrow \beta$"的规则，其中，α 称为产生式的左部，$\alpha \in V^+$ 且 α 中至少含有一个非终结符；β 称为产生式的右部，且 $\beta \in V^*$。若干个产生式 $\alpha \rightarrow \beta_1, \alpha \rightarrow \beta_2, \cdots, \alpha \rightarrow \beta_n$ 的左部相同时，可简写为 $\alpha \rightarrow \beta_1 | \beta_2 | \cdots | \beta_n$，称 $\beta_i (1 \leqslant i \leqslant n)$ 为 α 的一个候选式。$S \in V_N$，称为开始符号，它至少要在一条产生式中作为左部出现。

（2）文法的分类。乔姆斯基（Chomsky）把文法分成 4 种类型，即 0 型、1 型、2 型和 3 型。这 4 类文法之间的差别在于对产生式要施加不同的限制。若文法 $G=(V_N, V_T, P, S)$ 的每个产生式 $\alpha \rightarrow \beta$，均有 $\alpha \in (V_N \cup V_T)^+$，$\alpha$ 至少含有一个非终结符，且 $\beta \in (V_N \cup V_T)^*$，则称 G 为 0 型文法。对 0 型文法的每条产生式分别施加以下限制，则可得以下文法。

- 1 型文法：G 的任何产生式 $\alpha \rightarrow \beta$（$S \rightarrow \varepsilon$ 除外）均满足 $|\alpha| \leqslant |\beta|$（$|x|$ 表示 x 中文法符号的个数）。
- 2 型文法：G 的任何产生式形如 $A \rightarrow \beta$，其中 $A \in V_N$，$\beta \in (V_N \cup V_T)^*$。
- 3 型文法：G 的任何产生式形如 $A \rightarrow a$ 或 $A \rightarrow aB$（或者 $A \rightarrow Ba$），其中 A，$B \in V_N$，$a \in V_T$。

0 型文法也称为短语文法，其功能相当于图灵机，任何 0 型语言都是递归可枚举的；反之，递归可枚举集也必定是一个 0 型语言。1 型文法也称为上下文有关文法，这种文法意味着对非终结符的替换必须考虑上下文，并且一般不允许替换成 ε 串。例如，若 $\alpha A B \rightarrow \alpha \gamma \beta$ 是 1 型文法的产生式，α 和 β 不全为空，则非终结符 A 只有在左边是 α，右边是 β 的上下文中才能替换成 γ。2 型文法就是上下文无关文法，非终结符的替换无须考虑上下文。3 型文法等价于正规式，因此也被称为正规文法或线性文法。

（3）句子和语言。设有文法 $G=(V_N, V_T, P, S)$

- 推导与直接推导：推导就是从文法的开始符号 S 出发，反复使用产生式，将产生式左部的非终结符替换为右部的文法符号序列（展开产生式用 ⇒ 表示），直到产生一个终结符的序列时为止。若有产生式 $\alpha \rightarrow \beta \in P, \gamma, \delta \in V^*$，则 $\gamma\alpha\delta \Rightarrow \gamma\beta\delta$ 称为文法 G 中的一个直接推导，并称 $\gamma\alpha\delta$ 可直接推导出 $\gamma\beta\delta$。显然，对于 P 中的每一个产生式 $\alpha \rightarrow \beta$

都有 $\alpha \Rightarrow \beta$ 。若在文法中存在一个直接推导序列，即 $\alpha_0 \Rightarrow \alpha_1 \Rightarrow \alpha_2 \Rightarrow \cdots \Rightarrow \alpha_n (n>0)$ ，则称 α_0 可推导出 α_n ，α_n 是 α_0 的一个推导，并记为 $\alpha_0 \underset{G}{\overset{+}{\Rightarrow}} \alpha_n$ 。用记号 $\alpha_0 \underset{G}{\overset{*}{\Rightarrow}} \alpha_n$ 表示 $\alpha_0 = \alpha_n$ 或者 $\alpha_0 \underset{G}{\overset{+}{\Rightarrow}} \alpha_n$ 。

- 直接归约和归约（推导的逆过程）：若文法 G 中有一个直接推导 $\alpha \Rightarrow \beta$ ，则称 β 可直接归约成 α ，或 α 是 β 的一个直接归约。若文法 G 中有一个推导 $\gamma \underset{G}{\overset{*}{\Rightarrow}} \delta$ ，则称 δ 可归约成 γ ，或 γ 是 δ 的一个归约。
- 句型和句子：若文法 G 的开始符号为 S，那么，从开始符号 S 能推导出的符号串称为文法的一个句型，即 α 是文法 G 的一个句型，当且仅当存在推导 $S \underset{G}{\overset{*}{\Rightarrow}} \alpha, \alpha \in V^*$ 。若 X 是文法 G 的一个句型，且 $X \in V_T^*$ ，则称 X 是文法 G 的一个句子，即仅含终结符的句型是一个句子。
- 语言：从文法 G 的开始符号出发，能推导出的句子的全体称为文法 G 产生的语言，记为 L(G)。

（4）文法的等价。若文法 G_1 与文法 G_2 产生的语言相同，即 $L(G_1) = L(G_2)$ ，则称这两个文法是等价的。

3. 词法分析

语言中具有独立含义的最小语法单位是符号（单词），如标识符、无符号常数与界限符等。词法分析的任务是把构成源程序的字符串转换成单词符号序列。词法规则可用 3 型文法（正规文法）或正规表达式描述，它产生的集合是语言基本字符集Σ（字母表）上的字符串的一个子集，称为正规集。

1）正规表达式和正规集

对于字母表Σ，其上的正规式及其表示的正规集可以递归定义如下。

（1）ε 是一个正规式，它表示集合 $L(\varepsilon)= \{\varepsilon\}$。

（2）若 a 是Σ上的字符，则 a 是一个正规式，它所表示的正规集为 $\{a\}$。

（3）若正规式 r 和 s 分别表示正规集 $L(r)$和 $L(s)$，则：

① $r|s$ 是正规式，表示集合 $L(r) \cup L(s)$。

② $r \cdot s$ 是正规式，表示集合 $L(r)L(s)$。

③ r^*是正规式，表示集合$(L(r))^*$。

④ (r)是正规式，表示集合 $L(r)$。

仅通过有限次地使用上述 3 个步骤定义的表达式才是Σ上的正规式，其中，运算符“|”“・”和“*”分别称为“或”“连接”和“闭包”。在正规式的书写中，连接运算符“・”可省略。运算符的优先级从高到低顺序排列为“*”“・”“|”。

设$\Sigma=\{a,b\}$，表 2-1 列出了Σ上的一些正规式和相应的正规集。

表 2-1 正规式与正规集示例

正 规 式	正 规 集
Ab	字符串 ab 构成的集合
$a\|b$	字符串 a、b 构成的集合
a^*	由 0 个或多个 a 构成的字符串集合
$(a\|b)^*$	所有字符 a 和 b 构成的串的集合
$a(a\|b)^*$	以 a 为首字符的 a、b 字符串的集合
$(a\|b)^* abb$	以 abb 结尾的 a、b 字符串的集合

若两个正规式表示的正规集相同，则认为两者等价。两个等价的正规式 U 和 V 记为 $U=V$。例如，$b(ab)^* =(ba)^* b$，$(a|b)^*=(a^*b^*)^*$。设 U、V 和W均为正规式，正规式的代数性质如表 2-2 所示。

表 2-2 正规式的代数性质

$U\|V=V\|U$	$(UV)W= U(VW)$
$(U\|V)\|W= U\|(V\|W)$	$\varepsilon U=U\varepsilon=U$
$U(V\|W) = UV\|UW$	$V^* = (V^+\|\varepsilon)$
$(U\|V)W= UW\|VW$	$V^{**} = V^*$

2）有限自动机

有限自动机是一种识别装置的抽象概念，它能准确地识别正规集。有限自动机分为两类：确定的有限自动机和不确定的有限自动机。

（1）确定的有限自动机（Deterministic Finite Automata，DFA）。一个确定的有限自动机是个五元组（S,Σ,f,s_0,Z），其中：

- S 是一个有限集，其每个元素称为一个状态。
- Σ 是一个有穷字母表，其每个元素称为一个输入字符。
- f 是 $S\times\Sigma\rightarrow S$ 上的单值部分映像。$f(A,a)=Q$ 表示当前状态为 A、输入为 a 时，将转换到下一状态 Q，称 Q 为 A 的一个后继状态。
- $s_0\in S$，是唯一的一个开始状态。

- Z 是非空的终止状态集合，$Z \subseteq S$。

一个 DFA 可以用两种直观的方式表示：状态转换图和状态转换矩阵。状态转换图简称为转换图，是一个有向图。DFA 中的每个状态对应转换图中的一个结点，DFA 中的每个转换函数对应图中的一条有向弧，若转换函数为 $f(A,a)=Q$，则该有向弧从结点 A 出发，进入结点 Q，字符 a 是弧上的标记。

【例 2.1】 已知有 DFA $M1$=（$\{s_0, s_1, s_2, s_3\}$，$\{a,b\}$，f，s_0，$\{s_3\}$），其中 f 为：

$f(s_0,a)=s_1, f(s_0,b)=s_2, f(s_1,a)= s_3, f(s_1,b)=s_2, f(s_2,a)= s_1, f(s_2,b)= s_3, f(s_3,a)= s_3$

与 DFA $M1$ 对应的状态图如图 2-7（a）所示，其中，双圈表示的结点是终态结点。状态转换矩阵可以用一个二维数组 M 表示，矩阵元素 $M[A,a]$的行下标表示状态，列下标表示输入字符，$M[A,a]$的值是当前状态为 A、输入为 a 时应转换到的下一状态。与 DFA $M1$ 对应的状态转换矩阵如图 2-7（b）所示。在转换矩阵中，一般以第一行的行下标所对应的状态作为初态，而终态则需要特别指明。

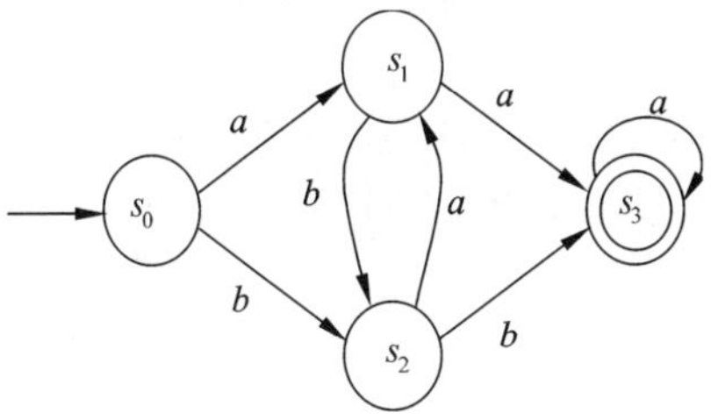

（a）状态转换图

	a	b
s_0	s_1	s_2
s_1	s_3	s_2
s_2	s_1	s_3
s_3	s_3	—

（b）状态转换矩阵

图 2-7　DFA 的状态转换图和转换矩阵

对于 Σ 中的任何字符串 ω，若存在一条从初态结点到某一终止状态结点的路径，且这条路径上所有弧的标记符连接成的字符串等于 ω，则称 ω 可由 DFA M 识别（接受或读出）。若一个 DFA M 的初态结点同时又是终态结点，则空字 ε 可由该 DFA 识别（或接受）。DFA M 所能识别的语言 $L(M)=\{\ \omega |\ \omega$是从 M 的初态到终态的路径上的弧上标记所形成的串$\}$。

Σ 上的一个字符串集合 V 是正规的，当且仅当存在 Σ 上的一个 DFA M，且 $V=L(M)$。

（2）不确定的有限自动机（Nondeterministic Finite Automata，NFA）。一个不确定的有限自动机也是一个五元组，它与确定的有限自动机的区别如下。

① f 是 $S\times\Sigma\rightarrow 2^S$ 上的映像。对于 S 中的一个给定状态及输入符号，返回一个状态的集合。即当前状态的后继状态不一定是唯一的。

② 有向弧上的标记可以是 ε。

【例 2.2】 已知有 NFA $M2=(\{s_0, s_1, s_2, s_3\},\{a,b\},f,s_0,\{s_3\})$，其中 f 为：

$f(s_0,a)=s_0$， $f(s_0,a)=s_1$， $f(s_0,b)=s_0$， $f(s_1,b)=s_2$， $f(s_2,b)=s_3$

与 NFA $M2$ 对应的状态转换图和状态转换矩阵如图 2-8 所示。

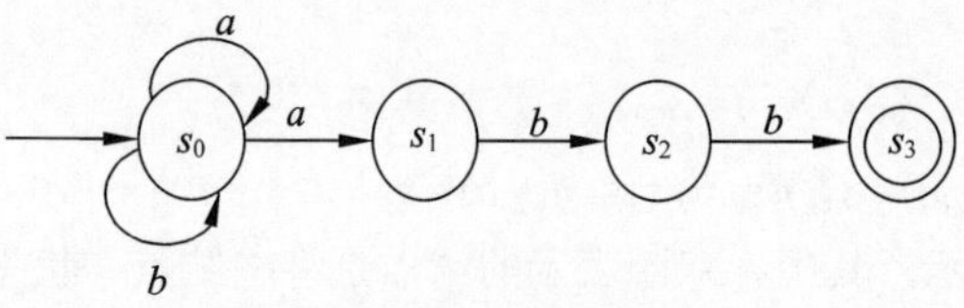

（a）状态转换图

	a	b
s_0	$\{s_0, s_1\}$	$\{s_0\}$
s_1	—	$\{s_2\}$
s_2	—	$\{s_3\}$
s_3	—	—

（b）状态转换矩阵

图 2-8 NFA 的状态转换图和转换矩阵

显然，DFA 是 NFA 的特例。实际上，对于每个 NFA M，都存在一个 DFA N，且 $L(M)=L(N)$。对于任何两个有限自动机 $M1$ 和 $M2$，如果 $L(M1)=L(M2)$，则称 $M1$ 和 $M2$ 是等价的。

3）NFA 到 DFA 的转换

任何一个 NFA 都可以转换为 DFA，下面先定义转换过程中需要的计算。

（1）若 I 是 NFA M 的状态集合的一个子集，定义 ε_CLOSURE(I)如下。

- 状态集 I 的 ε_ CLOSURE(I)是一个状态集。
- 状态集 I 的所有状态属于 ε_ CLOSURE(I)。
- 若 s∈I，那么从 s 出发经过任意条 ε 弧到达的状态 s'都属于 ε_ CLOSURE(I)。

状态集 ε_ CLOSURE(I)称为 I 的 ε_闭包。

由以上的定义可知，I 的 ε_闭包就是从状态集 I 的状态出发，经 ε 所能到达的状态的全体。

假定 I 是 NFA M 的状态集的一个子集，a 是 Σ 中的一个字符，定义：

$$I_a=\varepsilon\_\mathrm{CLOSURE}(J)$$

其中，J 是那些可从 I 中的某一状态结点出发经过一条 a 弧而到达的状态结点的全体。

在定义了 ε_CLOSURE 后，就可以用子集法将一个 NFA 转换为一个 DFA。

（2）NFA 转换为 DFA。设 NFA $M=(S, \Sigma, f, s_0, Z)$，与之等价的 DFA $N=(S', \Sigma, f', q_0, Z')$，用子集法将非确定的有限自动机确定化的算法步骤如下。

① 求出 DFA N 的初态 q_0，即令 $q_0=\varepsilon\_\mathrm{CLOSURE}(\{s_0\})$，此时 S'仅含初态 q_0，且没有标记。

② 对于 S'中尚未标记的状态 $q_i=\{s_{i1}, s_{i2}, \cdots, s_{im}\}, s_{ij}\in S(j=1,\cdots,m)$ 进行以下处理。

- 标记 q_i，以说明该状态已经计算过。
- 对于每个 $a\in\sum$，令 $T=f(\{s_{i1}, s_{i2}, \cdots, s_{im}\}, a)$， $q_j=\varepsilon\_\mathrm{CLOSURE}(T)$。
- 若 q_j 不在 S'中，则将 q_j 作为一个未加标记的新状态添加到 S'，同时把状态转换函数

$f'(q_i, a)=q_j$ 添加到 DFA M 中。

③ 重复进行步骤②，直到 S'中不再有未标记的状态时为止。

④ 令 $Z'=\{q \mid q \in S' 且 q \cap Z \neq \phi\}$ 。

【例 2.3】 已知一个识别正规式 ab^*a 的非确定有限自动机，其状态转换图如图 2-9 所示，用子集法将其转换为 DFA N。

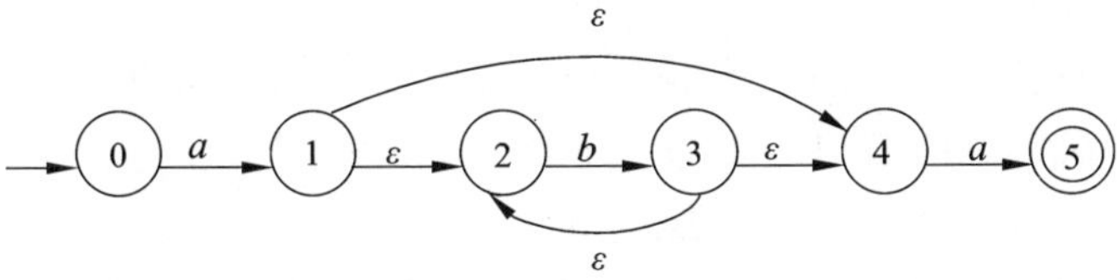

图 2-9　ab^*a 的 NFA 状态转换图

根据 ε_CLOSURE 的定义，可以求出 ε_CLOSURE({0})={0}，将 {0} 记为 DFA 的初态 q_0。然后根据题中所给的状态转换图以及算法步骤②求解 DFA N 的各个状态的过程如下。

ε_CLOSURE(q_0,a)={1,2,4}，将{1,2,4}记为 q_1；ε_CLOSURE(q_0,b)={}，标记 q_0。

ε_CLOSURE(q_1,a)={5}，将{5}记为 q_2（终态）。

ε_CLOSURE(q_1,b)={2,3,4}，将{2,3,4}记为 q_3，标记 q_1。

ε_CLOSURE(q_2,a)={}，ε_CLOSURE(q_2,b)={}，标记 q_2。

ε_CLOSURE(q_3,a)={5}，即 q_2。

ε_CLOSURE(q_3,b)={2,3,4}，即 q_3，标记 q_3。

当 S'中不再有未标记的状态时，算法即可终止，所得的 DFA N 如图 2-10 所示。

4）DFA 的最小化

从 NFA 转换得到的 DFA 不一定是最简化的，可以通过等价变换将 DFA 进行最小化处理。

对于有限自动机中的任何两个状态 t 和 s，若从其中一个状态出发接受输入字符串 ω，而从另一状态出发不接受 ω，或者从 t 和 s 出发到达不同的接受状态，则称 ω 对状态 s 和 t 是可区分的。若状态 s 和 t 不可区分，则称其为可以合并的等价状态。

对图 2-10 所示的自动机进行化简所得的 DFA 如图 2-11 所示。

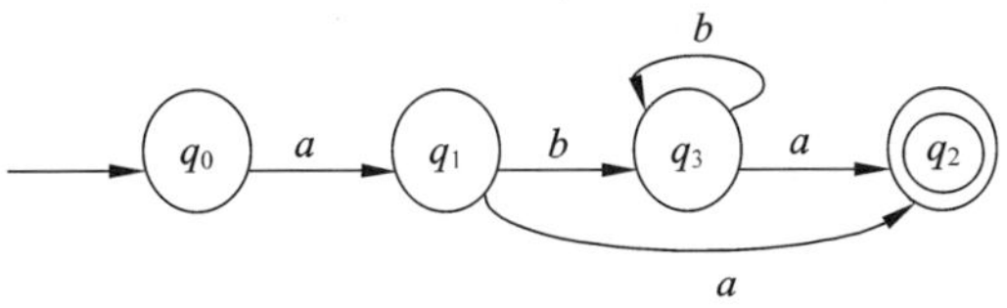

图 2-10　识别 ab^*a 的 DFA 示意图

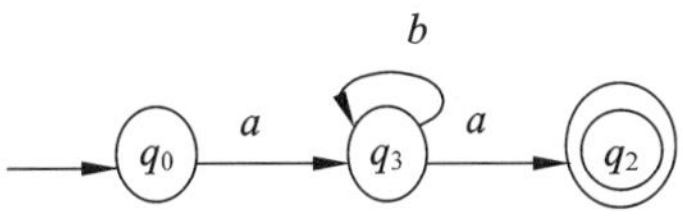

图 2-11　识别 ab^*a 的最小化 DFA 示意图

4．正规式与有限自动机之间的转换

1）有限自动机转换为正规式

对于 Σ 上的 NFA M，可以构造一个 Σ 上的正规式 R，使得 $L(R)=L(M)$。

拓广状态转换图的概念，令每条弧可用一个正规式作标记，为 Σ 上的 NFA M 构造相应的正规式 R，分为如下两步。

（1）在 M 的状态转换图中加两个结点，一个 x 结点，一个 y 结点。从 x 结点到 NFA M 的初始状态结点引一条弧并用 ε 标记，从 NFA M 的所有终态结点到 y 结点引一条弧并用 ε 标记。形成一个与 M 等价的 M'，M'只有一个初态 x 和一个终态 y。

（2）按下面的方法逐步消去 M'中除 x 和 y 的所有结点。在消除结点的过程中，用正规式来标记弧，最后结点 x 和 y 之间弧上的标记就是所求的正规式。消除结点的规则如图 2-12 所示。

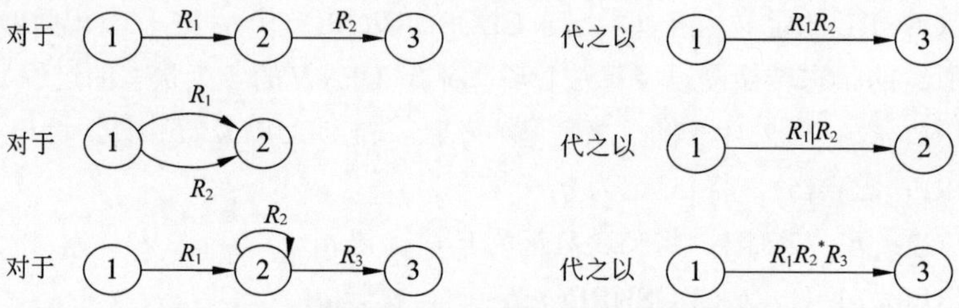

图 2-12　有限自动机到正规式的转换规则示意图

2）正规式转换为有限自动机

同样，对于 Σ 上的每个正规式 R，可以构造一个 Σ 上的 NFA M，使得 $L(M)=L(R)$。

（1）对于正规式 R，可用图 2-13 所示的拓广状态图表示。

（2）通过对正规式 R 进行分裂并加入新的结点，逐步把图转变成每条弧上的标记是Σ上的一个字符或 ε，转换规则如图 2-14 所示。

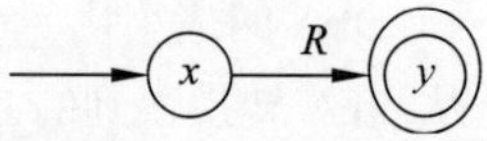

图 2-13　拓广状态图

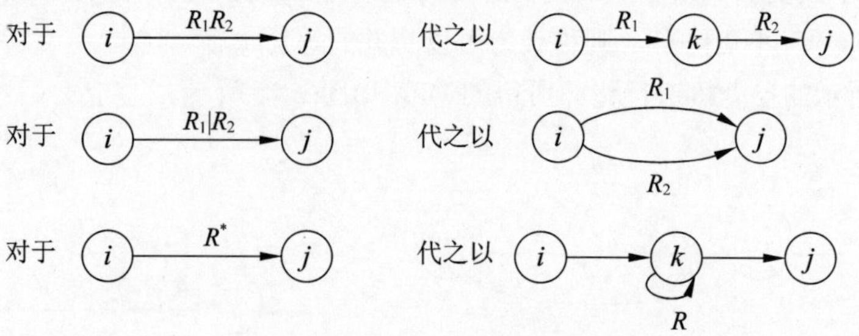

图 2-14　正规式到有限自动机的转换规则示意图

最后所得的图即为一个 NFA M，x 为初态结点，y 为终态结点。显然，$L(M)=L(R)$。

5．词法分析器的构造

有了正规式和有限自动机的理论基础后，就可以构造出编译程序的词法分析模块。构造词法分析器的一般步骤如下。

（1）用正规式描述语言中的单词构成规则。

（2）为每个正规式构造一个 NFA，它识别正规式所表示的正规集。

（3）将构造出的 NFA 转换成等价的 DFA。

（4）对 DFA 进行最小化处理，使其最简。

（5）从 DFA 构造词法分析器。

6．语法分析

语法分析的任务是根据语言的语法规则分析单词串是否构成短语和句子，即表达式、语句和程序等基本语言结构，同时检查和处理程序中的语法错误。程序设计语言的绝大多数语法规则可以采用上下文无关文法进行描述。语法分析方法有多种，根据产生语法树的方向，可分为自底向上和自顶向下两类。

1）上下文无关文法

上下文无关文法属于乔姆斯基定义的 2 型文法，被广泛地用于表示各种程序设计语言的语法规则。对于上下文无关文法，$G[S]=(V_N, V_T, P, S)$，其产生式的形式都是 $A\rightarrow\beta$，其中 $A\in V_N$，$\beta\in(V_N\cup V_T)^*$。

若不加特别说明，下面用大写英文字母 A、B、C 等表示非终结符，小写英文字母 a、b、c 等表示终结符号，u、v、w 等表示终结符号串，小写希腊字母 α、β、γ、δ 等表示终结符和非终结符混合的文法符号串。由于一个上下文无关文法的核心部分是其产生式集合，所以文法可以简写为其产生式集合的描述形式。

（1）规范推导（最右推导）。如果在推导的任何一步 $\alpha\Rightarrow\beta$（其中 α、β 是句型），都是对 α 中的最右（最左）非终结符进行替换，则称这种推导为最右（最左）推导。最右推导常称为规范推导。

（2）短语、直接短语和句柄。设 $\alpha\delta\beta$ 是文法 G 的一个句型，即 $S\overset{*}{\Rightarrow}\alpha\delta\beta$，且满足 $S\overset{*}{\Rightarrow}\alpha A\beta$ 和 $A\overset{+}{\Rightarrow}\delta$，则称 δ 是句型 $\alpha\delta\beta$ 相对于非终结符 A 的短语。特别地，如果有 $A\Rightarrow\delta$，则称 δ 是句型 $\alpha\delta\beta$ 相对于产生式 $A\rightarrow\delta$ 的直接短语。一个句型的最左直接短语称为该句型的句柄。

【例 2.4】 对于简单算术表达式，可以用下面的文法 $G[E]$进行描述。

$G[E]=(\{E,T,F\},\{+,*,(,),id\}, P, E)$

$P=\{E\rightarrow T|E+T, T\rightarrow F|T*F, F\rightarrow (E)|id\}$

可以证明，$id+id*id$ 是该文法的句子。下面用最右推导的方式从文法的开始符号出发推导出该句子。为了表示推导过程中相同符号的不同出现，给符号加一个下标。

$$E\Rightarrow E_1+T_1\Rightarrow E_1+T_2*F_1\Rightarrow E_1+T_2*id_3\Rightarrow E_1+F_2*id_3\Rightarrow E_1+id_2*id_3$$
$$\Rightarrow T_3+id_2*id_3\Rightarrow F_3+id_2*id_3\Rightarrow id_1+id_2*id_3$$

该推导过程可以用树型结构进行描述，如图 2-15 所示。

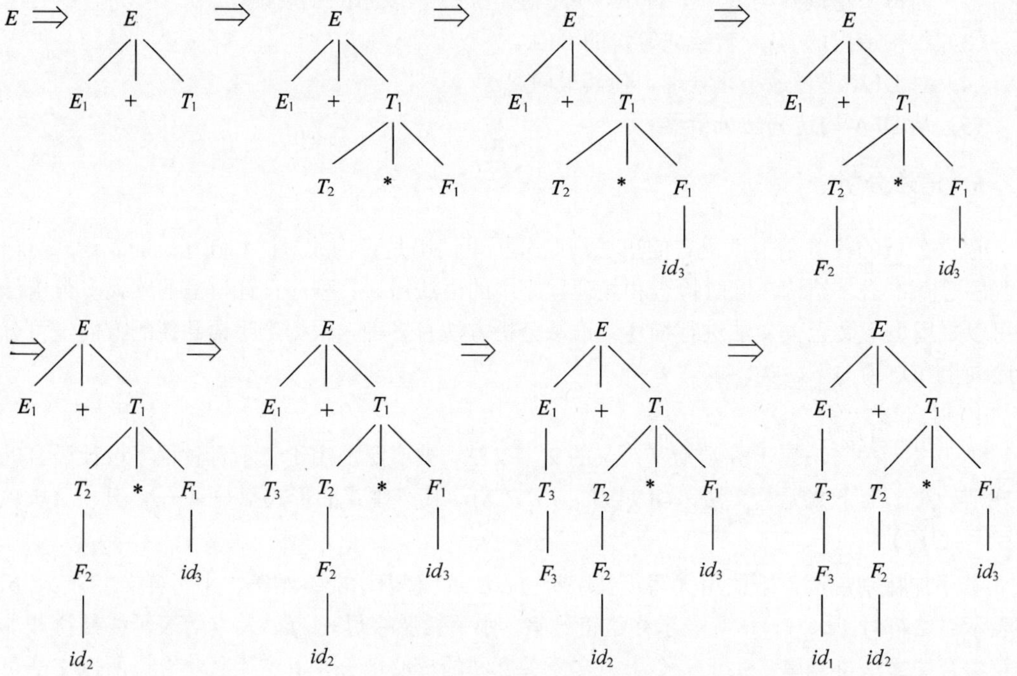

图 2-15　推导过程示意图

由于 $E\overset{*}{\Rightarrow}E_1+T_2*id_3$，且 $T_2\overset{+}{\Rightarrow}id_2$，所以 id_2 是句型 $E_1+id_2*id_3$ 的相对于非终结符 T 的短语。

由于 $E\overset{*}{\Rightarrow}F_3+id_2*id_3$，且 $F_3\Rightarrow id_1$，所以 id_1 是句型 $id_1*id_2+id_3$ 相对于非终结符 F 的短语，也是相对于产生式 $F\rightarrow id$ 的直接短语。

由于 $E\overset{*}{\Rightarrow}E_1+T_1$，且 $T_1\overset{+}{\Rightarrow}id_2*id_3$，所以 id_2*id_3 是句型 $E_1+id_2*id_3$ 的相对于非终结符 T 的短语。

由于 $E\overset{+}{\Rightarrow}id_1*id_2+id_3$，所以 $id_1*id_2+id_3$ 是句型 $id_1*id_2+id_3$ 的相对于非终结符 E 的短语。

实际上，id_1，id_2，id_3，id_1*id_2 和 $id_1*id_2+id_3$ 都是句型 $id_1*id_2+id_3$ 的短语，而且 id_1，id_2，id_3 均是直接短语，其中 id_1 是最左直接短语，即句柄。

2）自顶向下语法分析方法

自顶向下（或自上而下）分析法的基本思想是：对于给定的输入串 ω，从文法的开始符号 S 出发进行最左推导，直到得到一个合法的句子或者发现一个非法结构。在推导的过程中试图用一切可能的方法，自上而下、从左到右地为输入串 ω 建立语法树。整个分析过程是一个试探的过程，是反复使用不同产生式谋求与输入序列匹配的过程。若输入串是给定文法的句子，则必能成功，反之必然出错。

当文法中存在下述产生式时，在自顶向下分析过程中会出现下面的问题。

（1）若文法中存在形如 $A\rightarrow \alpha\beta \mid \alpha\delta$ 的产生式，即 A 产生式中有多于一个候选项的前缀相同（称为公共左因子，简称左因子），则可能导致分析过程中的回溯处理。

（2）若文法中存在形如 $A\rightarrow A\alpha$ 的产生式，由于采取了最左推导，可能会造成分析过程陷入死循环的情况，产生式的这种形式被称为左递归。

因此，需要对文法进行改造，消除其中的左递归，以避免分析陷入死循环；提取左因子，以避免回溯。

（1）消除文法的左递归。

① 消除直接左递归。一般而言，假定非终结符号 A 的产生式为 $A\rightarrow A\alpha \mid \beta$，其中，$\alpha$ 不等于 ε，β 不以 A 开头，那么就对 A 的产生式进行如下的改造：

$$A\rightarrow \beta A'$$
$$A'\rightarrow \alpha A' \mid \varepsilon$$

由于 $A\overset{*}{\Rightarrow} A\alpha^* \Rightarrow \beta\alpha^*$，可知改造前后关于 A 的产生式是等价的。将上述结果推广到更一般的情况：先将非终结符 A 的产生式整理为如下形式。

$$A\rightarrow A\alpha_1 \mid A\alpha_2 \mid \cdots \mid A\alpha_m \mid \beta_1 \mid \beta_2 \mid \cdots \mid \beta_n$$

其中，$\alpha_i(1\leqslant i\leqslant m)$ 都不等于 ε，$\beta_j(1\leqslant j\leqslant n)$ 都不以 A 开头，然后用“$A\rightarrow \beta_1 A' \mid \beta_2 A' \mid \cdots \mid \beta_n A'$ 和 $A'\rightarrow \alpha_1 A' \mid \alpha_2 A' \mid \cdots \mid \alpha_m A' \mid \varepsilon$”代替 A 产生式。

② 消除文法中的一切左递归。消除文法中所有左递归的方法是：对产生式的右部进行代换，将所有的非直接左递归产生式改造为直接的左递归产生式，然后消除文法中的直接左递归产生式。

【例 2.5】 对于文法 $G[E]=(\{E, T, F\}, \{+, *, (,), id\}, P, E)$

$P=\{E\rightarrow T|E+T, T\rightarrow F|T*F, F\rightarrow (E)|id\}$，消除左递归后的文法为：

$G'[E]=(\{E, E', T, T', F, \}, \{+, *, (,), id\}, P', E)$

$P' = \{E \to TE', E' \to +TE'|\varepsilon, T \to FT', T' \to *FT'|\varepsilon, F \to (E)|id\}$

（2）提取公共左因子。假定关于 A 的产生式为 $A \to \alpha\beta_1 | \alpha\beta_2 | \cdots | \alpha\beta_n$，那么称 α 为 A 的候选式的公共左因子（简称左因子）。如果 A 的产生式有左因子，在推导过程中会出现无法确定用 A 产生式的哪个候选式替换 A 的情况，这时可以重写 A 产生式来推迟这种决定，直到看见足够的输入，能正确做出选择时为止，因此可将 A 的产生式改为 $A \to \alpha A'$ 和 $A' \to \beta_1 | \beta_2 | \cdots | \beta_n$。

经反复提取，就能使每个非终结符（包括新引进的）的任意两个候选式不含有公共前缀。

（3）LL(1)文法。一个文法 G 是LL(1)的，当且仅当 G 的任何两个产生式 $A \to \alpha | \beta$ 满足下面的条件。

① 对于任何终结符 a，α和β 不能同时推导出以 a 开始的文法符号序列。

② α和β 最多有一个可以推导出 ε。

③ 若 $\beta \overset{*}{\Rightarrow} \varepsilon$，则 α 不能推导出以FOLLOW(A)中的终结符开始的任何文法符号序列。

下面说明FIRST(α)和FOLLOW(A)的含义。文法符号序列 α 的FIRST集合，就是从 α 出发可以推导出的所有以终结符号开头的序列中的开头终结符号构成的集合。而一个非终结符 A 的FOLLOW集合，就是从文法开始符号可以推导出的所有含 A 句型中紧跟在 A 之后的终结符号构成的集合。

① 文法符号序列 α 的FIRST集合定义如下：

$\text{FIRST}(\alpha) = \{a \mid \alpha \overset{*}{\Rightarrow} a\cdots, 且 a \in V_T\}$，若 $\alpha \overset{*}{\Rightarrow} \varepsilon$, 约定 $\varepsilon \in \text{FIRST}(\alpha)$。

在求解一个文法符号的FIRST集合时，初始时将每一个文法符号 $X(X \in V_N \cup V_T)$的FIRST(X)置空，然后应用以下规则。

- 若 $X \in V_T$，则将 X 加入FIRST(X)。
- 若 $X \in V_N$，则考查其产生式。
- 若有 $X \to \varepsilon$，则将 ε 加入FIRST(X)。
- 若有 $X \to a\cdots$，且 $a \in V_T$，则将 a 加入FIRST(X)。
- 若有 $X \to Y_1Y_2 \cdots Y_k$, 且 $Y_1 \in V_N$，则将FIRST(Y_1)中除 ε 之外的所有元素加入FIRST(X)；若 $Y_1 Y_2 \cdots Y_{i-1} \overset{*}{\Rightarrow} \varepsilon$，则将FIRST($Y_i$)中除 ε 之外的所有元素加入FIRST(X)；特别地，若 $\varepsilon \in$ FIRST(Y_j)，j=1,2,⋯,k，则将 ε 加入FIRST(X)。
- 反复执行以上两步，直到每个文法符号的FIRST集合不再扩大为止。

② 非终结符 A 的FOLLOW集合定义如下：

$\text{FOLLOW}(A) = \{a \mid S \overset{*}{\Rightarrow} \cdots Aa\cdots, 且 a \in V_T\}$，若 A 是某个句型的最右符号，则约定#属于FOLLOW(A)。

在求解一个文法中非终结符 A 的 FOLLOW 集合时，先将 FOLLOW(A)置空，然后应用以下规则。

- 若 A 是文法的开始符号，则将#加入 FOLLOW(A)，#是输入结束标记。
- 若有产生式 $A \to \alpha B \beta$，则将 FIRST(β) 中除 ε 之外的所有元素加入 FOLLOW(B)中。
- 若有产生式 $A \to \alpha B$，或 $A \to \alpha B \beta$ 且 $\varepsilon \in$ FIRST(β)，则将 FOLLOW(A)中的全体元素加入 FOLLOW(B)中。

【例 2.6】 对文法 $G[E]=(\{E, E', T, T', F, \}, \{+, *, (,), id\}, P, E)$

$P = \{E \to TE', E' \to +TE'|\varepsilon, T \to FT', T' \to *FT'|\varepsilon, F \to (E)|id\}$

对于终结符号 a，显然 FIRST(a)={a}，所以下面只列出文法中非终结符号的 FIRST 和 FOLLOW 集合的计算结果。

FIRST(E) = FIRST(T) = FIRST(F) = { (, id }　FIRST(T') = { *,ε}　FIRST(E')= { +,ε}

FOLLOW(E) = FOLLOW(E') = { #,) }　FOLLOW(T) = FOLLOW(T') = { #,), +}

FOLLOW(F) = { #,),+,* }

（4）递归下降分析法。递归下降分析法要求文法是 LL(1)文法，它直接以子程序调用的方式模拟产生语言的过程，其基本思想是：为每一个非终结符构造一个子程序，每个子程序的过程体按该产生式候选项分情况展开，遇到终结符即进行匹配，而遇到非终结符则调用相应的子程序。该分析法从调用文法开始符号的子程序开始，直到所有非终结符都展开为终结符并得到匹配为止。若分析过程可以达到这一步，则表明分析成功，否则表明输入串中有语法错误。递归下降分析法的优点是简单且易于构造，缺点是程序与文法直接相关，对文法的任何改变都需要在程序中进行相应的修改。

（5）预测分析法。预测分析法是另一种自顶向下的分析方法，其基本模型如图 2-16 所示。

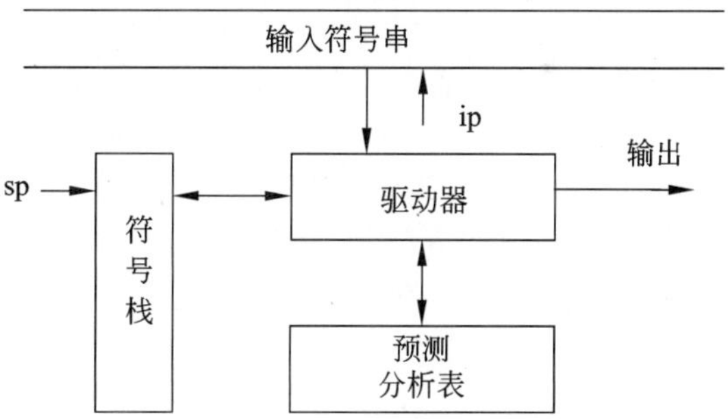

图 2-16　预测分析模型示意图

一个 LL(1)文法的预测分析表可以用一个二维数组 M 表示，其元素 $M[A,a]$($A \in V_N$，$a \in V_T \cup \#$)存放关于 A 的产生式，表明当遇到输入符号为 a 且用 A 进行推导时所应采用的产生式；若 $M[A,a]$为 error，则表明推导时遇到了不该出现的符号，应进行出错处理。构造一个文法的预测分析表的过程如下。

① 对文法的每个产生式 $A \to \alpha$，执行②和③。

② 对 FIRST(α)的每个终结符 a，加入 $A \to \alpha$ 到 $M[A,a]$。

③ 若 $\varepsilon \in$ FIRST(α)，则对 FOLLOW(A)的每个终结符 b（包括#），加入 $A \to \alpha$ 到 $M[A,b]$中。

④ M 中其他没有定义的条目置为 error。

预测分析法的工作过程是：初始时，将“#”和文法的开始符号压入栈中；在分析过程中，根据输入串中的当前输入符号 a 和当前的栈顶符号 X 进行处理。

若 $X = a =$ '#'，则分析成功；若 $X =$ '#'且 $a \neq$ '#'，则出错。

若 $X \in V_T$ 且 $X = a$，则 X 退栈，并读入下一个符号 a；若 $X \in V_T$ 且 $X \neq a$，则出错。

若 $X \in V_N$ 且 $M[X,a]$='$A \to \alpha$'，则 X 退栈，α 中的符号从右到左依次进栈（ε 无须进栈）；若 $M[X,a]$='error'，则调用出错程序进行处理。

根据文法 $G[E]=\{E \to TE', E' \to +TE'|\varepsilon, T \to FT', T' \to *FT'|\varepsilon, F \to (E)|id\}$ 构造的预测分析表为：

	id	+	*	(	)	#
E	$E \to TE'$			$E \to TE'$		
E'		$E' \to +TE'$			$E' \to \varepsilon$	$E' \to \varepsilon$
T	$T \to FT'$			$T \to FT'$		
T'		$T' \to \varepsilon$	$T' \to *FT'$		$T' \to \varepsilon$	$T' \to \varepsilon$
F	$F \to$ id			$F \to (E)$		

3）自底向上语法分析方法

自底向上分析方法也称移进-归约分析法，工作模型如图 2-17 所示。其基本思想是对输入序列 ω 自左向右进行扫描，并将输入符号逐个移进一个栈中，边移进边分析，一旦栈顶符号串形成某个句型的可归约串，就用某个产生式的左部非终结符来替代，这称为一步归约。重复这一过程，直至栈中只剩下文法的开始符号且输入串也被扫描完时为止，确认输入串 ω 是文法的句子，表明分析成功；否则，进行出错处理。

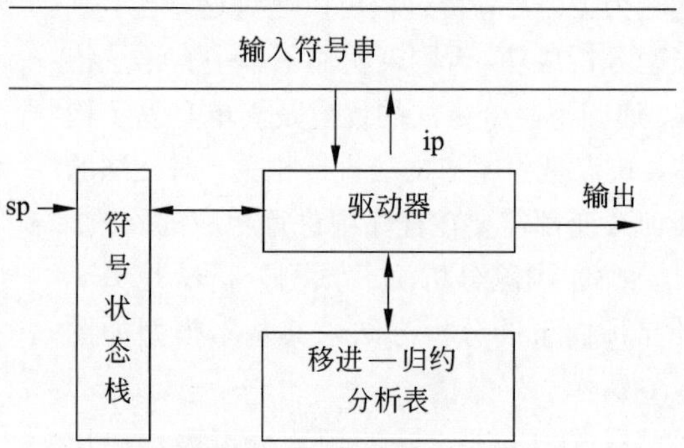

图 2-17 移进-归约分析模型

移进-归约分析法的数学模型是下推自动机。若模型中采用算符优先分析表，用“最左素短语”来刻画“可归约串”，则相应的分析器称为算符优先分析器；若采用 LR 分析表，用“句柄”来刻画“可归约串”，则相应的分析器称为 LR 分析器。

LR分析法是一种规范归约分析法。规范归约是规范推导（最右推导）的逆过程，下面举例说明规范归约的过程。

【例 2.7】 设文法 G[S]={ S→aAcBe,A→b,A→Ab,B→d}，下面对输入串#abbcde#（#为开始和结束标志符号）进行分析。先设一个符号栈，并把句子左括号“#”放入栈底，其分析过程如下。

步骤	符号栈	输入符号串	动作
（1）	#	abbcde#	移进
（2）	#a	bbcde#	移进
（3）	#ab	bcde#	归约（A→b）
（4）	#aA	bcde#	移进
（5）	#aAb	cde#	归约（A→Ab）
（6）	#aA	cde#	移进
（7）	#aAc	de#	移进
（8）	#aAcd	e#	归约（B→d）
（9）	#aAcB	e#	移进
（10）	#aAcBe	#	归约（S→aAcBe）
（11）	#S	#	接受

说明：在第（3）步中栈顶符号串 b 是句型 abbcde 的句柄，用产生式 A→b 进行归约；第（5）步中 Ab 是句型 aAbcde 的句柄，用相应产生式 A→Ab 进行归约；第（8）步和第（10）步是同样的道理。上述分析过程也可看成是自底向上构造语法树的过程。

LR 分析法根据当前分析栈中的符号串（通常以状态表示）和向右顺序查看输入串的 k 个（$k \geqslant 0$）符号，就可唯一确定分析器的动作是移进还是归约，以及用哪条产生式进行归约，因而也就能唯一地确定句柄。当 $k=1$ 时，已能满足当前绝大多数语言的分析要求。常用的 LR 分析器有 LR(0)、SLR(1)、LALR(1)和 LR(1)。

一个 LR 分析器由如下 3 个部分组成。

（1）驱动器。驱动器或称驱动程序。对于所有的 LR 分析器，驱动程序都是相同的。

（2）分析表。不同的文法具有不同的分析表。当同一文法采用不同的 LR 分析器时，分析表也不同。分析表又可分为动作表（ACTION）和状态转换表（GOTO）两个部分，它们都可用二维数组表示。

（3）分析栈。分析栈包括文法符号栈和相应的状态栈。

分析器的动作由栈顶状态和当前输入符号决定（LR(0)分析器不需向前查看输入符号），LR 分析器的模型如图 2-18 所示。

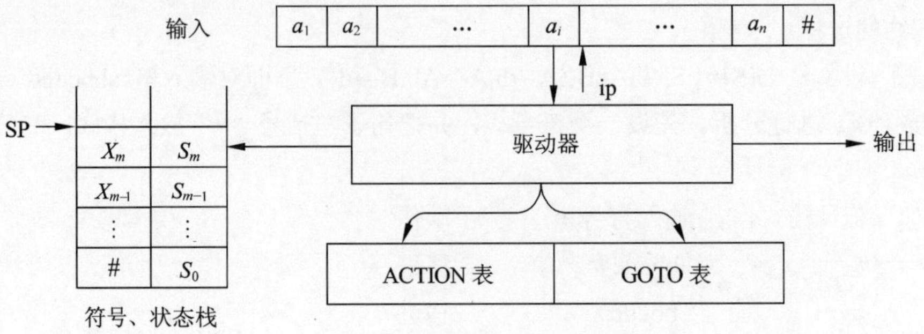

图 2-18　LR 分析器模型示意图

其中，SP 为栈顶指针，S_i 为状态，X_i 为文法符号。ACTION[S_i, a]= S_j 规定了栈顶状态为 S_i 且遇到输入符号 a 时应执行的动作。状态转换表 GOTO[S_i, X]=S_j 表示当状态栈顶为 S_i 且文法符号栈顶为 X 时应转向状态 S_j。

LR 分析器的工作过程以格局的变化来反映。格局的形式为：（栈，剩余输入，动作）。分析是从某个初始格局开始的，经过一系列的格局变化，最终达到接受格局，表明分析成功；或者达到出错格局，表明发现一个语法错误。因此，开始格局的剩余输入应该是全部的输入序列，而接受格局中的剩余输入应该为空，任何其他格局或者出错格局中的剩余输入应该是全部输入序列的一个后缀。

在 LR 分析过程中，改变格局的动作有以下 4 种。

（1）移进（Shift）。当 ACTION[S_i, a]= S_j 时，把 a 移进文法符号栈并转向状态 S_j。

（2）归约（Reduce）。当在文法符号栈顶形成句柄 β 时，把 β 归约为相应产生式 $A\to\beta$ 的非终结符 A。若 β 的长度为 r（即$|\beta|=r$），则弹出文法符号栈顶的 r 个符号，然后将 A 压入文法符号栈中。

（3）接受（Accept）。当文法符号栈中只剩下文法的开始符号 S，并且输入符号串已经结束时（当前输入符是“#”），分析成功。

（4）报错（Error）。当输入串中出现不该有的文法符号时报错。

LR 分析器的核心部分是分析表的构造，这里不再详述。

7. 语法制导翻译和中间代码生成

程序设计语言的语义分为静态语义和动态语义。描述程序语义的形式化方法主要有属性文法、公理语义、操作语义和指称语义等，其中，属性文法是对上下文无关文法的扩充。目前应用最广的静态语义分析方法是语法制导翻译，其基本思想是将语言结构的语义以属性的形式赋予代表此结构的文法符号，而属性的计算以语义规则的形式赋予文法的产生式。在语法分析的推导或归约的步骤中，通过执行语义规则实现对属性的计算，以达到对语义的处理。

1）中间代码

从原理上讲，对源程序进行语义分析之后就可以直接生成目标代码，但由于源程序与目标代码的结构往往差别很大，特别是考虑到具体机器指令系统的特点，要使翻译一次到位很困难，而且用语法制导方式机械生成的目标代码往往是烦琐和低效的，因此有必要设计一种中间代码，将源程序首先翻译成中间代码表示形式，以利于进行与机器无关的优化处理。由于中间代码实际上也起着编译器前端和后端分水岭的作用，所以使用中间代码也有助于提高编译程序的可移植性。常用的中间代码有后缀式、三元式、四元式和树等形式。

（1）后缀式（逆波兰式）。逆波兰式是波兰逻辑学家卢卡西维奇发明的一种表示表达式的方法。这种表示方式把运算符写在运算对象的后面，例如，把 a+b 写成 ab+，所以也称为后缀式。这种表示法的优点是根据运算对象和运算符的出现次序进行计算，不需要使用括号，也便于用栈实现求值。对于表达式 x:=(a+b)*(c+d)，其后缀式为 xab+cd+*:=。

（2）树形表示。例如，表达式 x:=(a+b)*(c+d)的树形表示为：

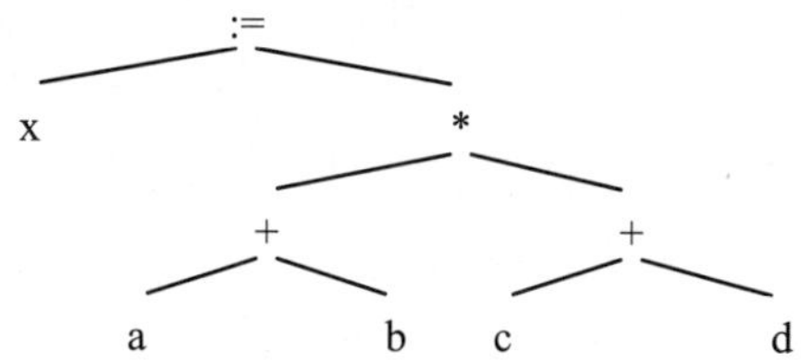

（3）三元式表示。三元式是由运算符 OP、第一运算对象 ARG1 和第二运算对象 ARG2 组成的。例如，表达式 x:=(a+b)*(c+d)的三元式表示为：

①(+,a,b)　②(+,c,d)　③(*,①,②)　④(:=,③,x)

（4）四元式表示。四元式是一种普遍采用的中间代码形式，其组成成分为运算符 OP、第一运算对象 ARG1、第二运算对象 ARG2 和运算结果 RESULT。其中，运算对象和运算结果有时指用户自定义的变量，有时指编译程序引入的临时变量，RESULT 总是一个新引进的临时变量，用来存放运算结果。例如，表达式 x:=(a+b)*(c+d)的四元式表示为：

①(+,a,b,t1)　②(+,c,d,t2)　③(*,t1,t2,t3)　④(:=,t3,_,x)

2）常见语法结构的翻译

常见的语法结构主要有算术表达式、布尔表达式、赋值语句和控制语句（if、while）等。不同结构需要不同的处理方法，但翻译程序的构造原理是相似的。

对于各种语法结构的语法制导翻译，一般是在相应的语法规则中加入适当的语义处理，下面先说明一些翻译过程中要使用的语义变量和语义过程。

- Entry(id)：在符号表中查找标识符 id 以获取它在表中的位置（入口）。
- S.code：语句 S 被翻译后形成的代码序列。
- E.place：与非终结符 E 相联系的语义变量，表示存放 E 值的变量名在符号表的入口或整数码（若此变量是临时变量）。
- E.tc：当表达式 E 的值为真时控制流转向的语句标号（四元式的地址编号）。
- E.fc：当表达式 E 的值为假时控制流转向的语句标号（四元式的地址编号）。
- GEN(OP,ARG1,ARG2,RESULT)：产生一个四元式（OP,ARG1,ARG2,RESULT）并填进四元式表中。
- NXQ：表示下一个将要形成但尚未形成的四元式地址（编号）。NXQ 的初值为 1，每执行一次 GEN()，NXQ 就自动增加 1。
- Merg(P1,P2)：把以 P1 和 P2 为链首的两条链合并为一条链，并返回合并后的链首指针。
- Backpatch(p,t)：把 p 所链接的每条四元式的第 4 项都以 t 作为值进行填充。
- Newtemp：生成一个新的临时存储单元。

拉链与回填的基本思想是当某些四元式中存在尚不确定的转向地址时，将所有转向同一地址的四元式链接成一个链表，一旦转向地址被确定，则沿此链向所有的四元式回填该地址。

下面简单说明程序设计语言中常见语言结构的语法制导翻译方法。

（1）赋值语句及简单算术表达式的翻译。下面的产生式描述了由简单变量，算术加、乘、取负运算和圆括号构成的简单算术表达式，以及将一个算术表达式赋值给一个简单变量的赋值语句的语法规则。

$A \to id:=E$

$E \to E + E \mid E * E \mid -E \mid (E) \mid id$

为该文法编写的语义规则如下：

$A \to id:=E$	{GEN(:=, E.place, _, Entry(id))}
$E \to E^{(1)} + E^{(2)}$	{E.place:=Newtemp; GEN(+, $E^{(1)}$.place, $E^{(2)}$.place, E.place)}
$E \to E^{(1)} * E^{(2)}$	{E.place:=Newtemp; GEN(*, $E^{(1)}$.place, $E^{(2)}$.place, E.place)}
$E \to -E^{(1)}$	{E.place:=Newtemp; GEN(@, $E^{(1)}$.place, _, E.place)}
$E \to (E^{(1)})$	{E.place:= $E^{(1)}$.place}
$E \to id$	{E.place:=Entry(id)}

（2）布尔表达式的翻译。布尔表达式常用于表示选择和循环控制结构中的条件，其计算过程可采用直接计算和短路计算两种形式。直接计算是指布尔表达式中的每个因子都进行运算，而短路计算是指只要表达式的值能够确定下来，就停止计算。下面介绍布尔表达式作为控制条

件时的翻译方法（采用短路计算方式）。

布尔表达式的形式定义（文法）为：

E→E and E|E or E|not E | (E) | id | id relop id

其中，relop 代表关系运算符（<、>、≤、≥、=、≠），运算符的优先级和结合律遵照通常的习惯。$E \rightarrow E^{(1)}$ and $E^{(2)}$，$E \rightarrow E^{(1)}$ or $E^{(2)}$的代码结构如图 2-19（a）和图 2-19（b）所示。

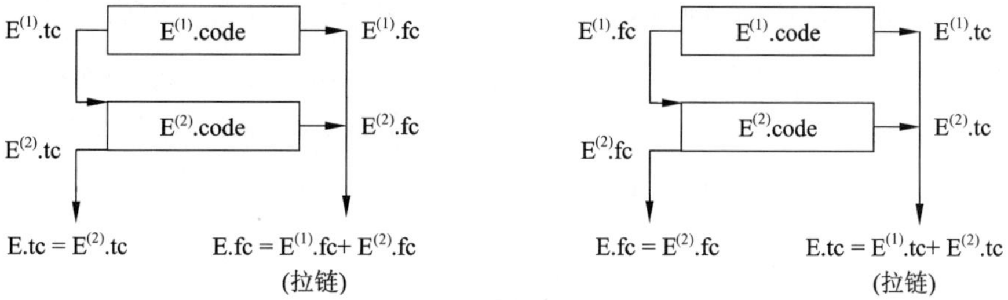

（a）$E \rightarrow E^{(1)}$ and $E^{(2)}$的代码结构　　（b）$E \rightarrow E^{(1)}$ or $E^{(2)}$的代码结构

图 2-19　and 与 or 的代码结构示意图

改写文法并编写语义子程序如下。

对于 $E \rightarrow E^{(1)}$and $E^{(2)}$，为记住 $E^{(2)}$的第一条四元式的地址，需改写为：

$E^{\wedge} \rightarrow E^{(1)}$and { Backpatch($E^{(1)}$.tc, NXQ)；$E^{\wedge}$.fc := $E^{(1)}$.fc}　　//回填真出口，传假出口

$E \rightarrow E^{\wedge}E^{(2)}$　{ E.tc := $E^{(2)}$.tc；E.fc := Merg($E^{\wedge}$.fc,　$E^{(2)}$.fc) }　　//传真出口，合并假出口

对于 $E \rightarrow E^{(1)}$or $E^{(2)}$，为记住 $E^{(2)}$的第一条四元式的地址，需改写为：

$E^{\vee} \rightarrow E^{(1)}$or　{ Backpatch($E^{(1)}$.fc, NXQ)；$E^{\vee}$.tc := $E^{(1)}$.tc}　　//回填假出口，传真出口

$E \rightarrow E^{\vee}E^{(2)}$　{ E.tc := Merg($E^{\vee}$.tc,　$E^{(2)}$.tc)；E.fc := $E^{(2)}$.fc}　　//合并真出口，传假出口

$E \rightarrow$not $E^{(1)}$ { E.tc := $E^{(1)}$.fc；　E.fc := $E^{(1)}$.tc }　　//交换真、假出口

$E \rightarrow (E^{(1)})$　{ E.tc := $E^{(1)}$.tc；　E.fc := $E^{(1)}$.fc }　　//传真、假出口

E→id　{ E.tc := NXQ；　E.fc := NXQ+1; GEN(jnz, Entry(id), -, 0); GEN(j, -, -, 0);}

$E \rightarrow id^{(1)}$ relop $id^{(2)}$　{ E.tc := NXQ；　E.fc := NXQ+1;
　　GEN(jrelop, Entry($id^{(1)}$), Entry($id^{(2)}$), 0);　GEN(j, -, -, 0)
　}

（3）常见语句的翻译。下面简单说明 if 语句和 while 语句的翻译方法，其形式定义为：

$S \rightarrow$A|if E then $S^{(1)}$ ｜if E then $S^{(1)}$ else $S^{(2)}$ ｜while E do $S^{(1)}$

用语义变量 S.chain 记录语句结束后的转向地址。回填工作将在处理 S 的外层环境的某个

时刻完成。if 语句的代码结构如图 2-20 所示，while 循环语句的代码结构如图 2-21 所示。

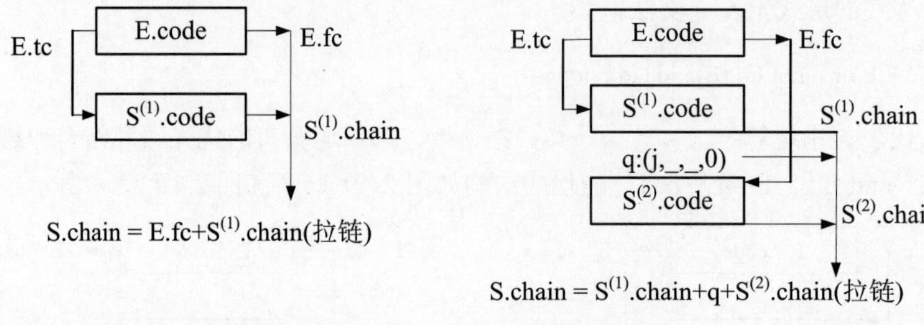

（a）if E then $S^{(1)}$的代码结构　　（b）if E then $S^{(1)}$ else $S^{(2)}$的代码结构

图 2-20　if 语句的代码结构

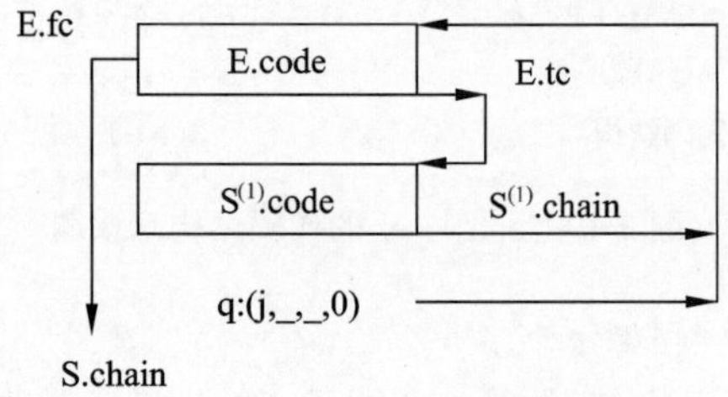

图 2-21　while E do $S^{(1)}$的代码结构

C→if E then　{Backpatch(E.tc, NXQ)；C.chain := E.fc}　//填真出口，传假出口

S→CS$^{(1)}$　{S.chain := Merg(C.chain, S$^{(1)}$.chain)}　//拉链

T^{p}→CS$^{(2)}$ else {q:= NXQ；GEN(j, -, -, 0)；T^{p}.chain:= Merg(S$^{(2)}$.chain,q)；　//拉链
　Backpatch(C.chain, NXQ)；　//填假出口
}

S→T^{p}S$^{(1)}$　{ S.chain:= Merg(T^{p}.chain, S$^{(1)}$.chain)；}　//拉链

W→while　{ W.quad:= NXQ；}　//记录 while 语句的首地址

W^{d}→W E do　{ Backpatch(E.tc, NXQ)；W^{d}.chain := E.fc;　//填真出口，传假出口
　W^{d}.quad:= W.quad　//传首地址
}

S→W^{d}S$^{(1)}$　{ Backpatch(S$^{(1)}$.chain, W^{d}.quad)；　//S$^{(1)}$执行完后转向 E
　GEN(j, -, -, W^{d}.quad)；　S.chain:= W^{d}.chain　//S 的出口
}

S→A　{S.chain:=0 }　//赋值语句不含其他非常规出口（无出口链）

【例 2.8】 设 NXQ 的初值为 1，每产生一条四元式，NXQ 的值就增 1，将语句 if a<b then while a<b do a:=a+b 翻译成四元式的主要步骤如下。

步　骤	产　生　式	语义处理及结果	四　元　式
（1）	E→a<b	E.tc:=(1)　E.fc=(2) 产生两条四元式	1:　(j<,a,b,0) 2:　(j,-,-,0)
（2）	C→if E then	用 NXQ 值(=3)回填 E.tc 所记录的四元式(1)，C.chain:=(2)	1:　(j<,a,b,3)
（3）	W→while	W.quad:= 3	
（4）	E→a<b	E.tc:=(3)　E.fc=(4) 产生两条四元式	3:　(j<,a,b,0) 4:　(j,-,-,0)
（5）	W^d→W　E do	用 NXQ 值(=5)回填 E.tc 所记录的四元式(3)， W^d.chain := (4) W^d.quad:= 3	3:　(j<,a,b,5)
（6）	E→a+b	生成临时存储单元 t1，产生一条四元式	5:　(+, a, b, t1)
（7）	A→id:=E	产生一条四元式	6:　(:=,t1,-,a)
（8）	S→A	S.chain:=(0)	
（9）	S→$W^dS^{(1)}$	用 W^d.quad 值(=3)回填 $S^{(1)}$. chain 所记录的四元式(0)，产生一条四元式 S.chain:=(4)	7:　(j,-,-,3)
（10）	S→$CS^{(2)}$	合并 C.chain 和 $S^{(1)}$.chain 两条链，并将合并后的链赋值给 S.chain:=(4,2)	

最后产生的四元式序列如下所示，其中 2、4 两条四元式有待于回填。

1:　(j<,a,b,3)

2:　(j,-,-,0)

3:　(j<,a,b,5)

4:　(j,-,-,0)

5:　(+,a,b,t1)

6:　(:=,t1,-,a)

7:　(j,-,-,3)

8:

3）动态存储分配和过程调用的翻译

过程（函数）说明和过程（函数）调用是程序中一种常见的语言结构，绝大多数语言都含有这方面的内容。过程说明和调用语句的翻译有赖于形参与实参的结合方式以及数据空间的分配方式。

由于各种语言的不同特点，在目标程序运行时，对存储空间的分配和组织有不同的要求，在编译阶段应产生相应的目标来满足不同的要求。需要分配存储空间的对象有基本数据类型（如整型、实型和布尔型等）、结构化数据类型（如数组和记录等）和连接数据（如返回地址、参数等）。分配的依据是名字的作用域和生存期的定义规则。分配的策略有静态存储分配和动态存储分配两大类。

如果在编译时就能确定目标程序运行时所需的全部数据空间的大小，则在编译时就安排好目标程序运行时的全部数据空间，并确定每个数据对象的存储位置（逻辑地址），这种分配策略称为静态存储分配。FORTRAN 语言的早期版本可以完全采用静态存储分配策略。

如果一个程序设计语言允许递归过程和可变数据结构，那么就需采用动态存储分配技术。动态存储分配策略的实现有栈分配方式和堆分配方式两种。在栈式动态存储分配中，将程序的数据空间设计为一个栈，每当调用一个过程时，它所需的数据空间就分配在栈顶；每当过程执行结束时，就释放这部分空间。若空间的使用未必服从“先申请后释放”的原则，那么栈式的动态存储分配方式就不适用了，这种情况下通常使用堆分配技术。下面仅就一个简单的栈式分配为例，说明过程调用和过程说明的翻译。

考虑一种简单的程序设计语言结构：没有分程序结构，过程定义不嵌套，但允许过程递归调用。

称过程（函数）的一次运行为一个活动。活动是一个动态的概念，除了设计为永不停机的过程（如操作系统等），或者是因为设计错误而出现死循环的情况外，任何过程的活动均有有限的生存期。每个活动在运行时的环境称为它的活动记录。一般情况下，一个活动记录的内容如图 2-22（a）所示，活动记录内容的一种安排方式如图 2-22（b）所示。其中，SP 指向当前活动记录在控制栈中的起始位置，TOP 指向栈顶位置。

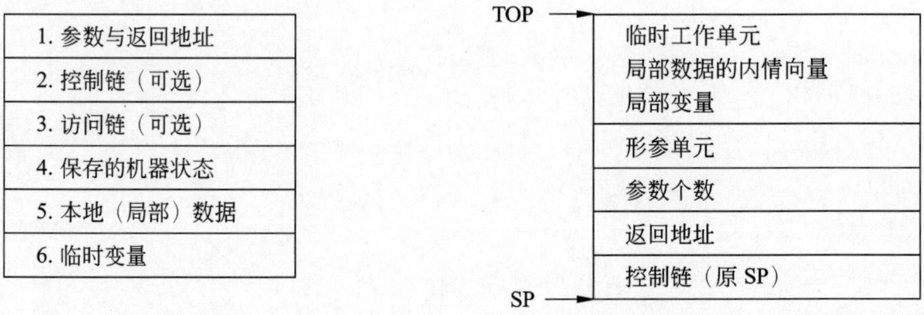

（a）活动记录的内容　　　　（b）活动记录的一种安排方式

图 2-22　过程的活动记录

设 SP 总是指向现行过程活动记录的起点，TOP 始终指向栈顶单元，则过程调用语句 call P（T1,T2,⋯,Tn）的四元式序列是：

```
para    T1
para    T2
⋮
para    Tn
call     P,n
```

（1）在运行时，para 和 call 应产生传递参数和进行调用的代码。

```
(i+3)[TOP]:=Ti（传递参数值）   或(i+3)[ TOP]:=addr(Ti)（传递参数地址）
1[TOP]:=SP（保护现行 SP）
3[TOP]:=n（传递参数个数）
JSR   P（转子程序指令，即控制转向过程 P 的第一条指令）
```

（2）转入过程 P 后，就进入过程说明的代码。

```
SP:=TOP+1（定义新的 SP）
1[SP]:=返回地址（保留返回地址）
TOP:=TOP+L（定义新的 TOP，L 是过程 P 的活动记录所需要的单元数，编译时可确定）
```

（3）产生过程说明中数组说明的代码，调整 TOP 的代码。

（4）产生过程体内执行语句的代码（用 SP 变址方式访问数据对象）。

（5）退出过程语句时，return(E)的代码序列如下。

```
R:=E.place      （把 E 的值放到特定的寄存器 R 中，调用段将从中获得被调用过程的结果值）
TOP:=SP-1       （恢复 TOP）
SP:=[SP]        （恢复 SP）
PC:=2[TOP]      （取返回地址）
JMP   PC
```

8．中间代码优化和目标代码生成

优化就是对程序进行等价变换，使得从变换后的程序能生成更有效的目标代码。所谓等价，是指不改变程序的运行结果；所谓有效，是指目标代码的运行时间较短，占用的存储空间较少。优化可在编译的各个阶段进行。最主要的优化是在目标代码生成以前对中间代码进行的，这类优化不依赖于具体的计算机。

目标代码的生成由代码生成器实现。代码生成器以经过语义分析或优化后的中间代码为输入，以特定的机器语言或汇编代码为输出。代码生成所需考虑的主要问题如下所述。

（1）中间代码形式。中间代码有多种形式，其中树与后缀表示形式适用于解释器，而编译器多采用与机器指令格式较接近的四元式形式。

（2）目标代码形式。目标代码可以分为两大类：汇编语言形式和机器指令形式。机器指令形式的目标代码又可以根据需求的不同分为绝对机器指令代码和可再定位机器代码。绝对机器代码的优点是可以立即执行，一般应用于一类称为 load-and-go 形式的编译模式，即编译后立即执行，不形成保存在外存上的目标代码文件。可再定位机器代码的优点是目标代码可以被任意链接并装入内存的任意位置，它是编译器采用较多的代码形式。汇编语言作为一种中间输出形式，便于进行分析和测试。

（3）寄存器的分配。由于访问寄存器的速度远远快于访问内存单元的速度，所以人们总是希望尽可能多地使用寄存器存储数据，而寄存器的个数是有限的，因此，如何分配及使用寄存器是目标代码生成时需要着重考虑的。

（4）计算次序的选择。代码执行的效率会随计算次序的不同有较大的差别。在生成正确目标代码的前提下适当地安排计算次序并优化代码序列，也是生成目标代码时要考虑的重要因素之一。

2.2.3 解释程序基本原理

解释程序是另一种语言处理程序，在词法、语法和语义分析方面与编译程序的工作原理基本相同，但是在运行用户程序时，它直接执行源程序或源程序的中间表示形式。因此，解释程序不产生源程序的目标程序，这是它和编译程序的主要区别。图 2-23 显示了解释程序实现高级语言的 3 种方式。

源程序被直接解释执行的处理方式如图 2-23 中的标记 A 所示。这种解释程序对源程序进行逐个字符的检查，然后执行程序语句规定的动作。例如，如果扫描到符号序列：

```
GOTO   L
```

解释程序就开始搜索源程序中标号 L 的定义位置（即 L 后面紧跟冒号“:”的语句位置）。这类解释程序通过反复扫描源程序来实现程序的运行，运行效率很低。

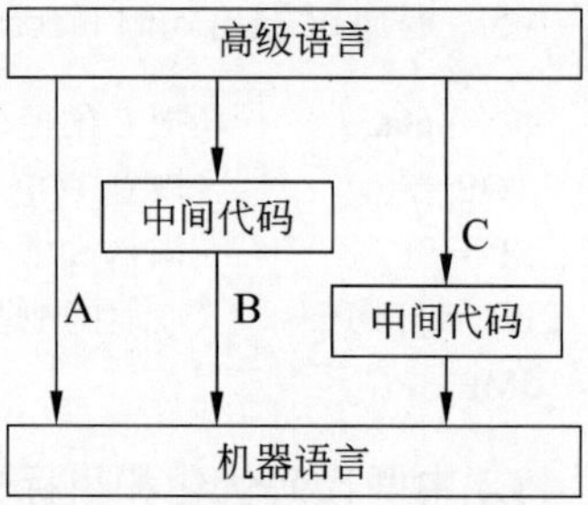

图 2-23 解释器类型示意图

解释程序也可以先将源程序翻译成某种中间代码形式，然后对中间代码进行解释来实现用户程序的运行，这种翻译方式如图 2-23 中的标记 B 和 C 所示。通常，在中间代码和高级语言的语句间存在一一对应的关系。APL 和 SNOBOL4 的很多实现就采用这种方法。解释方式 B 和 C 的不同之处在于中间代码的级别，在方式 C 下，解释程序采用的中间代码更接近于机器语言。在这种实现方案中，高级语言和低级中间代码间存在着 1-n 的对应关系。PASCAL-P 解释系统是这类解释程序的一个实例，它在词法分析、语法分析和语义基础上，先将源程序翻译成 P-代码，再由一个非常简单的解释程序来解释执行这种 P-代码。这类系统具有比较好的可移植性。

1．解释程序的基本结构

解释程序通常可以分成两部分：第一部分是分析部分，包括通常的词法分析、语法分析和语义分析程序，经语义分析后把源程序翻译成中间代码，中间代码常采用逆波兰表示形式。第二部分是解释部分，用来对第一部分产生的中间代码进行解释执行。下面简要介绍第二部分的工作原理。

设用数组 MEM 模拟计算机的内存，源程序的中间代码和解释部分的各个子程序都存放在数组 MEM 中。全局变量 PC 是一个程序计数器，它记录了当前正在执行的中间代码的位置。这种解释部分的常见结构可以由下面两部分组成。

（1）PC:=PC+1。

（2）执行位于 opcode-table[MEM[PC]]的子程序（解释子程序执行后返回到前面）。

下面用一个简单的例子来说明其工作原理。设两个实型变量 *A* 和 *B* 进行相加的中间代码是：

```
start:  Ipush
            A
        Ipush
           B
        Iaddreal
```

其中，中间代码 Ipush 和 Iaddreal 实际上都是 opcode-table 表的索引值（即位移），而该表的单元中存放的值就是对应的解释子程序的起始地址，*A* 和 *B* 都是 MEM 中的索引值。解释部分开始执行时，PC 的值为 start-1。

```
opcode-table [Ipush]=push
opcode-table[Iaddreal]=addreal
```

解释部分可表示如下：

```
interpreter-loop:    PC:=PC+1;
                     goto opcode-table[MEM[PC]];
            push:    PC:=PC+1;
                     stackreal(MEM[MEM[PC]]);
                     goto   interpreter-loop;
         addreal:   stackreal(popreal()+popreal());
                     goto   interpreter-loop;
...（其余各解释子程序，此处省略）
```

其中，stackreal()表示把相应值压入栈中，而 popreal()表示取得栈顶元素值并弹出栈顶元素。上面的代码基于栈实现了将两个数值相加并将结果存入栈中的处理。

2．高级语言编译与解释方式的比较

对于高级语言的编译和解释工作方式，可以从以下几个方面进行比较。

（1）效率。编译比解释方式可能取得更高的效率。

一般情况下，在解释方式下运行程序时，解释程序可能需要反复扫描源程序。例如，每一次引用变量都要进行类型检查，甚至需要重新进行存储分配，从而降低了程序的运行速度。在空间上，以解释方式运行程序需要更多的内存，因为系统不但需要为用户程序分配运行空间，而且要为解释程序及其支撑系统分配空间。

在编译方式下，编译程序除了对源程序进行语法和语义分析外，还要生成源程序的目标代码并进行优化，所以这个过程比解释方式需要更多的时间。虽然与仔细写出的机器程序相比，由编译程序创建的目标程序运行的时间一般更长，需要占用的存储空间更多，但源程序只需要被编译程序翻译一次就可以多次运行。因此，总体来讲，编译方式比解释方式可能取得更高的效率。

（2）灵活性。由于解释程序需要反复检查源程序，这也使得解释方式能够比编译方式更灵活。当解释器直接运行源程序时，“在运行中”修改程序就成为可能，例如增加语句或者修改错误等。另外，当解释器直接在源程序上工作时，它可以对错误进行更精确地定位。

（3）可移植性。解释器一般也是用某种程序设计语言编写的，因此只要对解释器进行重新编译，就可以使解释器运行在不同的环境中。

由于编译和解释的方法各有特点，因此现有的一些编译系统既提供编译的方式，也提供解释的方式，甚至将两种方式进行结合。例如，在 Java 虚拟机上发展的一种 compiling-just-in-time 新技术，就是在代码第一次运行时进行编译，其后运行时就不再进行编译了。

第3章 数据结构

数据结构是程序设计的重要基础，它所讨论的内容和技术对从事软件项目的开发有重要作用。学习数据结构要达到的目标是学会从问题出发，分析和研究计算机加工的数据的特性，以便为应用所涉及的数据选择适当的逻辑结构、存储结构及其相应的操作方法，为提高利用计算机解决问题的效率服务。

数据结构是指数据元素的集合及元素间的相互关系和构造方法。元素之间的相互关系是数据的逻辑结构，数据元素及元素之间关系的存储称为存储结构（或物理结构）。数据结构按照逻辑关系的不同分为线性结构和非线性结构两大类，其中，非线性结构又可分为树结构和图结构。

算法与数据结构密切相关，数据结构是算法设计的基础，设计合理的数据结构可使算法简单而高效。

3.1 线性结构

线性结构是一种基本的数据结构，主要用于对客观世界中具有单一前驱和后继的数据关系进行描述。线性结构的特点是数据元素之间呈现一种线性关系，即元素“一个接一个排列”。

3.1.1 线性表

线性表是最简单、最基本也是最常用的一种线性结构。常采用顺序存储和链式存储，主要的基本操作是插入、删除和查找等。

1．线性表的定义

一个线性表是$n(n \geqslant 0)$个元素的有限序列，通常表示为（$a_1, a_2, \cdots, a_n$）。非空线性表的特点如下。

（1）存在唯一的一个称作“第一个”的元素。

（2）存在唯一的一个称作“最后一个”的元素。

（3）除第一个元素外，序列中的每个元素均只有一个直接前驱。

（4）除最后一个元素外，序列中的每个元素均只有一个直接后继。

2．线性表的存储结构

线性表的存储结构分为顺序存储和链式存储。

1）线性表的顺序存储

线性表的顺序存储是指用一组地址连续的存储单元依次存储线性表中的数据元素，从而使得逻辑上相邻的两个元素在物理位置上也相邻，如图 3-1 所示。在这种存储方式下，元素间的逻辑关系无须占用额外的空间来存储。

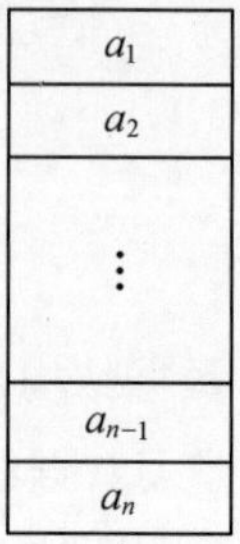

图 3-1　线性表的顺序存储

一般地，以 $LOC(a_1)$表示线性表中第一个元素的存储位置，在顺序存储结构中，第 i 个元素 a_i 的存储位置为

$$LOC(a_i)=LOC(a_1)+(i-1)\times L$$

其中，L 是表中每个数据元素所占空间的字节数。根据该计算关系，可随机存取表中的任一个元素。

线性表采用顺序存储结构的优点是可以随机存取表中的元素，缺点是插入和删除操作需要移动元素。在插入前要移动元素以挪出空的存储单元，然后再插入元素；删除时同样需要移动元素，以填充被删除的元素空出来的存储单元。

在表长为 n 的线性表中插入新元素时，共有 $n+1$ 个插入位置，在位置 1（元素 a_1 所在位置）插入新元素，表中原有的 n 个元素都需要移动，在位置 $n+1$（元素 a_n 所在位置之后）插入新元素时不需要移动任何元素，因此，等概率下（即新元素在 $n+1$ 个位置插入的概率相同时）插入一个新元素需要移动的元素个数期望值 E_{insert} 为

$$E_{\text{insert}}=\sum_{i=1}^{n+1}P_i\times(n-i+1)=\frac{1}{n+1}\sum_{i=1}^{n+1}(n-i+1)=\frac{n}{2}$$

其中，P_i 表示在表中的位置 i 插入新元素的概率。

在表长为 n 的线性表中删除元素时，共有 n 个可删除的元素，删除元素 a_1 时需要移动 $n-1$ 个元素，删除元素 a_n 时不需要移动元素，因此，在等概率下删除元素时需要移动的元素个数期望值 E_{delete} 为

$$E_{\text{delete}}=\sum_{i=1}^{n}q_i\times(n-i)=\frac{1}{n}\sum_{i=1}^{n}(n-i)=\frac{n-1}{2}$$

其中，q_i 表示删除第 i 个元素（即 a_i）的概率。

2）线性表的链式存储

线性表的链式存储是用通过指针链接起来的结点来存储数据元素，基本的结点结构如下所示：

数据域	指针域

其中，数据域用于存储数据元素的值，指针域则存储当前元素的直接前驱或直接后继的位置信息，指针域中的信息称为指针（或链）。

存储各数据元素的结点的地址并不要求是连续的，因此存储数据元素的同时必须存储元素之间的逻辑关系。另外，结点空间只有在需要的时候才申请，无须事先分配。

结点之间通过指针域构成一个链表，若结点中只有一个指针域，则称为线性链表（或单链表），如图 3-2 所示。

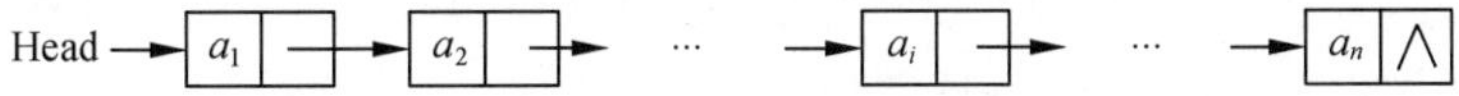

图 3-2　线性表的单链表存储

设线性表中的元素是整型，则单链表结点类型的定义为：

```
typedef struct node{
        int data;                   /*结点的数据域，此处假设为整型*/
        struct node *next;          /*结点的指针域*/
}NODE,*LinkList;
```

在链式存储结构中，只需要一个指针（称为头指针，如图 3-2 中的 head）指向第一个结点，就可以顺序地访问到表中的任意一个元素。

在链式存储结构下进行插入和删除，其实质都是对相关指针的修改。在单链表中，若在 p 所指结点后插入新元素结点（s 所指结点，已经生成），如图 3-3（a）所示，其基本步骤如下。

（1）s->next = p->next;

（2）p->next = s;

即先将 p 所指结点的后继结点指针赋给 s 所指结点的指针域，然后将 p 所指结点的指针域修改为指向 s 所指结点。

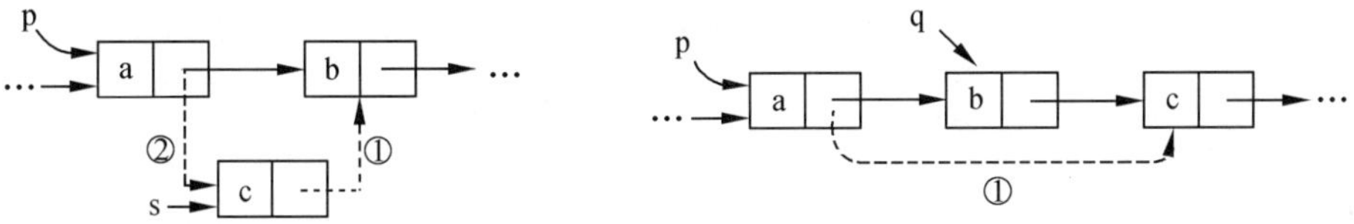

（a）在单链表中插入结点　　（b）在单链表中删除结点

图 3-3　在单链表中插入、删除结点时的指针变化示意图

同理，在单链表中删除 p 所指结点的后继结点时（如图 3-3（b）所示），步骤如下。

（1）q = p->next;

（2）p->next = p->next->next;

（3）free(q);

即先令临时指针 q 指向待删除的结点，然后修改 p 所指结点的指针域为指向 p 所指结点的后继的后继结点，从而将元素 b 所在的结点从链表中删除，最后释放 q 所指结点的空间。

在实际应用中，为了简化对链表状态的判定和处理，特别引入一个不存储数据元素的结点，称为头结点，将其作为链表的第一个结点并令头指针指向该结点。

下面给出单链表上查找、插入和删除运算的实现过程。

【函数】单链表的查找运算。

```
LinkList Find_List(LinkList L, int k) /*L 为带头结点单链表的头指针*/
/*在表中查找第 k 个元素，若找到，返回该元素结点的指针；否则，返回空指针 NULL*/
  {  LinkList p;   int i;
     i = 1; p = L->next;            /*初始时，令 p 指向第一个元素结点，i 为计数器*/
     while (p && i < k) {           /*顺指针链向后查找，直到 p 指向第 k 个元素结点或 p 为空指针*/
         p = p->next;   i++;
     }
     if (p && i == k) return p;     /*存在第 k 个元素且指针 p 指向该元素结点*/
     return NULL;                   /*第 k 个元素不存在，返回空指针*/
  } /*Find_List*/
```

【函数】单链表的插入运算。

```
int Insert_List (LinkList L, int k, int newElem) /*L 为带头结点单链表的头指针*/
  /*将元素 newElem 插入表中的第 k 个元素之前，若成功则返回 0，否则返回-1*/
  /*该插入操作等同于将元素 newElem 插入在第 k-1 个元素之后*/
{      LinkList p,s;                          /*p、s 为临时指针*/
       if (k == 1) p = L;                     /*元素 newElem 要插入到第 1 个元素之前*/
       else   p = Find_List(L,k-1);           /*查找表中的第 k-1 个元素并令 p 指向该元素结点*/
       if (!p) return -1;                     /*表中不存在第 k-1 个元素，不满足运算要求*/
       s = (NODE *)malloc(sizeof(NODE));      /*创建新元素的结点空间*/
```

```
    if (!s) return –1;
    s->data = newElem;
    s->next = p->next;    p->next = s;        /*将元素 newElem 插入第 k–1 个元素之后*/
    return 0;
} /* Insert_List */
```

【函数】单链表的删除运算。

```
int Delete_List (LinkList L, int k) /*L 为带头结点单链表的头指针*/
  /*删除表中的第 k 个元素结点，若成功则返回 0，否则返回–1*/
  /*删除第 k 个元素相当于令第 k–1 个元素结点的指针域指向第 k+1 个元素所在结点*/
{   LinkList p,q;                         /*p、q 为临时指针*/
    if (k == 1) p = L;                    /*删除的是第一个元素结点*/
    else   p = Find_List(L,k-1);          /*查找表中的第 k–1 个元素并令 p 指向该元素结点*/
    if (!p||!p->next) return –1;          /*表中不存在第 k 个元素*/
    q = p->next;                          /*令 q 指向第 k 个元素结点*/
    p->next = q->next;    free(q);        /*删除结点*/
    return 0;
} /* Delete_List */
```

当线性表采用链表作为存储结构时，不能对数据元素进行随机访问，但是具有插入和删除操作不需要移动元素的优点。

根据结点中指针域的设置方式，还有其他几种链表结构。

- 双向链表。每个结点包含两个指针，分别指出当前元素的直接前驱和直接后继。其特点是可以从表中任意的结点出发，从两个方向上遍历链表。
- 循环链表。在单向链表（或双向链表）的基础上令表尾结点的指针指向链表的第一个结点，构成循环链表。其特点是可以从表中任意结点开始遍历整个链表。
- 静态链表。借助数组来描述线性表的链式存储结构，用数组元素的下标表示元素所在结点的指针。

若双向链表中结点的 front 和 next 指针域分别指示当前结点的直接前驱和直接后继，则在双向链表中插入结点*s 时指针的变化情况如图 3-4（a）所示，其操作过程可表示为：

（1）s -> front = p -> front;

（2）p -> front -> next = s;　//或者表示为 s -> front -> next = s;

（3）s -> next = p;

（4）p -> front = s;

在双向链表中删除结点时指针的变化情况如图 3-4（b）所示，其操作过程可表示为：

（1）p -> front -> next = p -> next;

（2）p -> next -> front = p -> front; free(p);

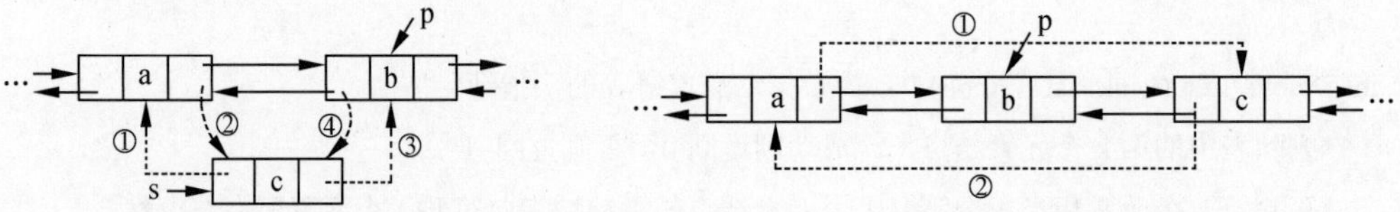

（a）在双向链表中插入结点　　（b）在双向链表中删除结点

图 3-4　在双向链表插入和删除结点时的指针变化示意图

3.1.2　栈和队列

栈和队列是程序中常用的两种数据结构，它们的逻辑结构和线性表相同。其特点在于运算有所限制：栈按“后进先出”的规则进行操作，队列按“先进先出”的规则进行操作，故称为运算受限的线性表。

1．栈

1）栈的定义及基本运算

（1）栈的定义。

栈是只能通过访问它的一端来实现数据存储和检索的一种线性数据结构。换句话说，栈的修改是按先进后出的原则进行的。因此，栈又称为后进先出（Last In First Out，LIFO）的线性表。在栈中进行插入和删除操作的一端称为栈顶（Top），相应地，另一端称为栈底（Bottom）。不含数据元素的栈称为空栈。

（2）栈的基本运算。

① 初始化栈 InitStack(S)：创建一个空栈 S。

② 判栈空 isEmpty(S)：当栈 S 为空时返回“真”，否则返回“假”。

③ 入栈 Push(S,x)：将元素 x 加入栈顶，并更新栈顶指针。

④ 出栈 Pop(S)：将栈顶元素从栈中删除，并更新栈顶指针。若需要得到栈顶元素的值，可将 Pop(S)定义为一个返回栈顶元素值的函数。

⑤ 读栈顶元素 Top(S)：返回栈顶元素的值，但不修改栈顶指针。

在应用中常使用上述 5 种基本运算实现基于栈结构的问题求解。

2）栈的存储结构

（1）顺序存储。栈的顺序存储是指用一组地址连续的存储单元依次存储自栈顶到栈底的数据元素，同时附设指针 top 指示栈顶元素的位置。采用顺序存储结构的栈也称为顺序栈。在这种存储方式下，需要预先定义（或申请）栈的存储空间，也就是说，栈空间的容量是有限的。因此，在顺序栈中，当一个元素入栈时，需要判断是否栈满（栈空间中没有空闲单元），若栈满，则元素不能入栈。

（2）栈的链式存储。用链表作为存储结构的栈也称为链栈。由于栈中元素的插入和删除仅在栈顶一端进行，因此不必另外设置头指针，链表的头指针就是栈顶指针。链栈的表示如图 3-5 所示。

（3）栈的应用。栈的典型应用包括表达式求值、括号匹配等，在计算机语言的实现以及将递归过程转变为非递归过程的处理中，栈有重要的作用。

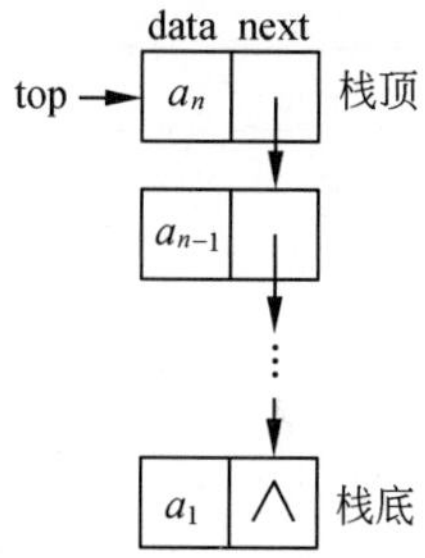

图 3-5 链栈示意图

2. 队列

1）队列的定义及基本运算

（1）队列的定义。队列是一种先进先出（First In First Out，FIFO）的线性表，它只允许在表的一端插入元素，而在表的另一端删除元素。在队列中，允许插入元素的一端称为队尾（Rear），允许删除元素的一端称为队头（Front）。

（2）队列的基本运算。

① 初始化队列 InitQueue(Q)：创建一个空的队列 Q。

② 判队空 isEmpty(Q)：当队列为空时返回“真”，否则返回“假”。

③ 入队 EnQueue(Q,x)：将元素 x 加入到队列 Q 的队尾，并更新队尾指针。

④ 出队 DelQueue(Q)：将队头元素从队列 Q 中删除，并更新队头指针。

⑤ 读队头元素 FrontQue(Q)：返回队头元素的值，但不更新队头指针。

2）队列的存储结构

（1）队列的顺序存储。队列的顺序存储结构又称为顺序队列，它也是利用一组地址连续的存储单元存放队列中的元素。由于队列中元素的插入和删除限定在表的两端进行，因此设置队头指针和队尾指针，分别指出当前的队头和队尾。

下面设顺序队列 Q 的容量为 6，其队头指针为 front，队尾指针为 rear，头、尾指针和队列中元素之间的关系如图 3-6 所示。

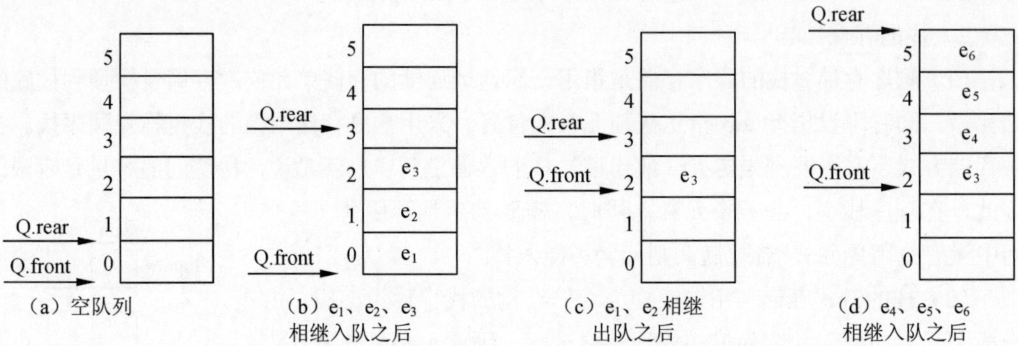

图 3-6　队列的头、尾指针与队列中元素之间的关系

在顺序队列中，为了降低运算的复杂度，元素入队时只修改队尾指针，元素出队时只修改队头指针。由于顺序队列的存储空间容量是提前设定的，所以队尾指针会有一个上限值，当队尾指针达到该上限时，就不能只通过修改队尾指针来实现新元素的入队操作了。若将顺序队列假想成一个环状结构（通过整除取余运算实现），则可维持入队、出队操作运算的简单性，如图 3-7 所示，称之为循环队列。

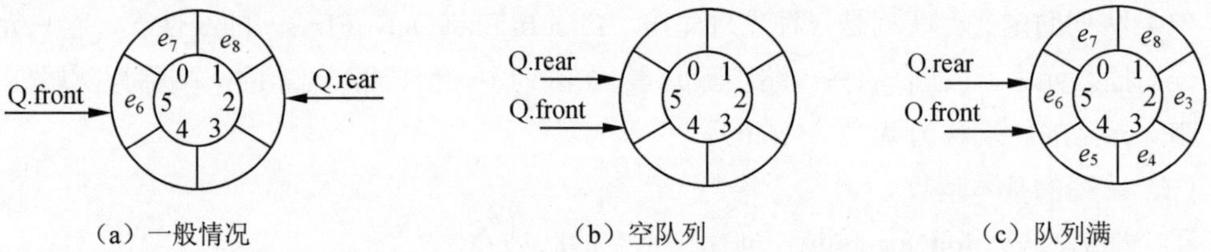

图 3-7　循环队列的头、尾指针示意图

设循环队列 Q 的容量为 MAXSIZE，初始时队列为空，且 Q.rear 和 Q.front 都等于 0，如图 3-8（a）所示。

元素入队时，修改队尾指针 Q.rear = (Q.rear+1)% MAXSIZE，如图 3-8（b）所示。

元素出队时，修改队头指针 Q.front = (Q.front+1)% MAXSIZE，如图 3-8（c）所示。

根据队列操作的定义，当出队操作导致队列变为空时，则有 Q.rear==Q.front，如图 3-8（d）所示；若入队操作导致队列满，则 Q.rear==Q.front，如图 3-8（e）所示。

在队列空和队列满的情况下，循环队列的队头、队尾指针指向的位置是相同的，此时仅仅根据 Q.rear 和 Q.front 之间的关系无法断定队列的状态。为了区别队空和队满的情况，可采用以下两种处理方式：其一是设置一个标志，以区别头、尾指针的值相同时队列是空还是满；其二是牺牲一个存储单元，约定以“队列的尾指针所指位置的下一个位置是队头指针时”表示队列满，如图 3-8（f）所示，而头、尾指针的值相同时表示队列为空。

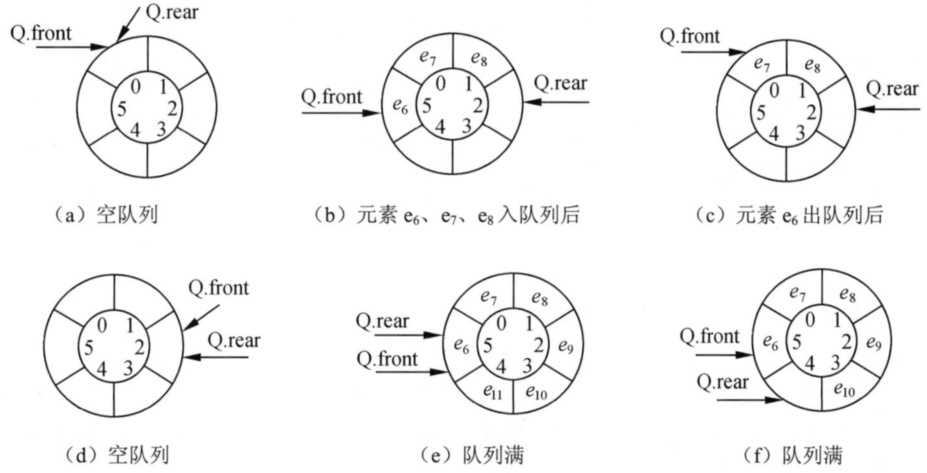

（a）空队列　（b）元素 e_6、e_7、e_8 入队列后　（c）元素 e_6 出队列后

（d）空队列　（e）队列满　（f）队列满

图 3-8　循环队列的头、尾指针示意图

设队列中的元素类型为整型，则循环队列的类型定义如下。

```
#define   MAXQSIZE   100
typedef   struct   {
    int   *base;              /*循环队列的存储空间，假设队列中存放的是整型数*/
    int   front;              /*指示队头，称为队头指针*/
    int   rear;               /*指示队尾，称为队尾指针*/
}SqQueue;
```

【函数】创建一个空的循环队列。

```
int InitQueue(SqQueue *Q)
/*创建容量为 MAXQSIZE 的空队列，若成功返回 0，否则返回–1*/
{    Q -> base = (int *)malloc(MAXQSIZE*sizeof(int));
     if (!Q->base) return –1;
     Q->front = 0; Q->rear = 0; return 0;
}/*InitQueue*/
```

【函数】元素入循环队列。

```
int EnQueue(SqQueue *Q, int e) /*元素 e 入队，若成功返回 0，否则返回–1*/
{     if ( (Q->rear+1)% MAXQSIZE == Q->front) return –1;
      Q->base[Q->rear] = e;
      Q->rear = (Q->rear + 1)% MAXQSIZE;
      return 0;
}/*EnQueue*/
```

【函数】元素出循环队列。

```
int DelQueue(SqQueue *Q, int *e)
/*若队列不空，则删除队头元素，由参数 e 带回其值并返回 0，否则返回–1*/
{     if ( Q->rear == Q->front) return –1;
      *e = Q->base[Q->front];
      Q->front = (Q->front + 1)% MAXQSIZE ;
      return 0;
}/*DelQueue*/
```

（2）队列的链式存储。队列的链式存储也称为链队列。这里为了便于操作，给链队列添加一个头结点，并令头指针指向头结点。因此，队列为空的判定条件是头指针和尾指针的值相同，且均指向头结点。队列的一种链式存储如图 3-9 所示。

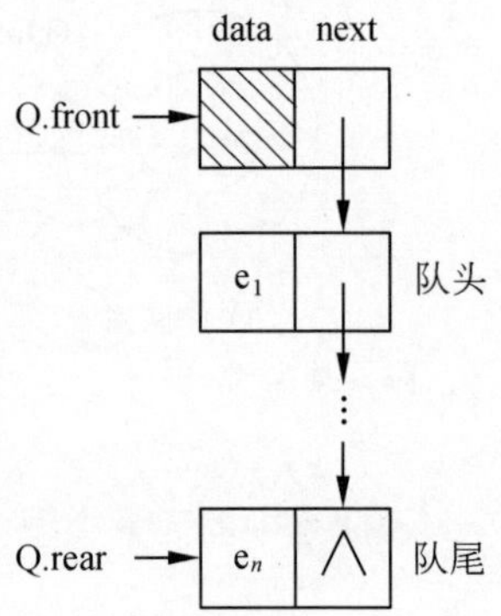

图 3-9　链队列示意图

3）队列的应用

队列结构常用于处理需要排队的场合，例如操作系统中处理打印任务的打印队列、离散事件的计算机模拟等。

3.1.3　串

串（字符串）是一种特殊的线性表，其数据元素为字符。计算机中非数值问题处理的对象经常是字符串数据，例如，在汇编和高级语言的编译程序中，源程序和目标程序都是字符串；在事务处理程序中，姓名、地址等一般也是作为字符串处理的。串具有自身的特性，运算时常常把一个串作为一个整体来处理。这里介绍串的定义、基本运算、存储结构及串的模式匹配算法。

1．串的定义及基本运算

1）串的定义

串是仅由字符构成的有限序列，是一种线性表。一般记为 $S='a_1a_2\cdots a_n'$，其中，S 是串名，单引号括起来的字符序列是串值。

2）串的几个基本概念

- 空串：长度为零的串称为空串，空串不包含任何字符。
- 空格串：由一个或多个空格组成的串。虽然空格是一个空白字符，但它也是一个字符，在计算串长度时要将其计算在内。
- 子串：由串中任意长度的连续字符构成的序列称为子串。含有子串的串称为主串。子串在主串中的位置是指子串首次出现时，该子串的第一个字符在主串中的位置。空串是任意串的子串。
- 串相等：指两个串长度相等且对应序号的字符也相同。
- 串比较：两个串比较大小时以字符的 ASCII 码值（或其他字符编码集合）作为依据。实质上，比较操作从两个串的第一个字符开始进行，字符的码值大者所在的串为大；若其中一个串先结束，则以串长较大者为大。

3）串的基本操作

（1）赋值操作 StrAssign(s,t)：将串 s 的值赋给串 t。

（2）连接操作 Concat(s,t)：将串 t 接续在串 s 的尾部，形成一个新串。

（3）求串长 StrLength(s)：返回串 s 的长度。

（4）串比较 StrCompare(s,t)：比较两个串的大小。返回值–1、0 和 1 分别表示 s<t、s=t 和 s>t 三种情况。

（5）求子串 SubString(s,start,len)：返回串 s 中从 start 开始的、长度为 len 的字符序列。

以上 5 种最基本的串操作构成了串的最小操作子集，利用它们可以实现串的其他运算。

2．串的存储结构

串可以进行顺序存储或链式存储。

（1）串的顺序存储结构。串的顺序存储结构是指用一组地址连续的存储单元来存储串值的字符序列。由于串中的元素为字符，所以可通过程序语言提供的字符数组定义串的存储空间，也可以根据串长的需要动态申请字符串的空间。

（2）串的链式存储。当用链表存储串中的字符时，每个结点中可以存储一个字符，也可以存储多个字符，此时要考虑存储密度问题。在链式存储结构中，结点大小的选择会直接影响对串的处理效率。

3．串的模式匹配

子串的定位操作通常称为串的模式匹配，它是各种串处理系统中最重要的运算之一。子串也称为模式串。

1）朴素的模式匹配算法

该算法也称为布鲁特—福斯算法，其基本思想是从主串的第一个字符起与模式串的第一个字符比较，若相等，则继续逐一对字符进行后续的比较，否则从主串第二个字符起与模式串的第一个字符重新比较，直到模式串中每个字符依次和主串中一个连续的字符序列相等时为止，此时称为匹配成功。如果不能在主串中找到与模式串相同的子串，则匹配失败。

【函数】以字符数组存储字符串，实现朴素的模式匹配算法。

```
int Index(char S[], char T[], int pos)
/*查找并返回模式串 T 在主串 S 中从 pos 开始的位置（下标），若 T 不是 S 的子串，则返回–1*/
/*模式串 T 和主串 S 第一个字符的下标为 0*/
{   int    i, j, slen, tlen;
    i = pos;   j = 0;                          /*i、j 分别用于指出主串字符和模式串字符的位置*/
    slen = strlen(S); tlen = strlen(T);        /*计算主串和模式串的长度*/
    while (i < slen && j < tlen){
        if (S[i] == T[j]) {i++;   j++;}
        else {
            i = i – j + 1;                     /*主串字符的位置指针回退*/
            j = 0;
        }
    } /*while*/
    if (j >= tlen)   return i - tlen;
    return –1;
}/* Index */
```

假设主串和模式串的长度分别为 n 和 m，位置序号从 0 开始计算，下面分析朴素模式匹配算法的时间复杂度。设从主串的第 i 个位置开始与模式串匹配成功，且在前 i 趟匹配中（位置 0～$i-1$），每趟不成功的匹配都是模式串的第一个字符与主串中相应的字符不相同，则在前 i 趟匹配中，字符的比较共进行了 i 次，而第 $i+1$ 趟（从位置 i 开始）成功匹配的字符比较次数为 m，所以总的字符比较次数为 $i+m(0\leqslant i\leqslant n-m)$。若在主串的 $n-m$ 个起始位置上匹配成功的概率相同，则在最好情况下，匹配成功时字符间的平均比较次数为

$$\sum_{i=0}^{n-m} p_i(i+m) = \frac{1}{n-m+1}\sum_{i=0}^{n-m}(i+m) = \frac{1}{2}(n+m)$$

因此，在最好情况下匹配算法的时间复杂度为 $O(n+m)$。

而在最坏情况下，每一趟不成功的匹配都是模式串的最后一个字符与主串中相应的字符不相等，则主串中新一趟匹配过程的起始位置为 $i-m+2$。设从主串的第 i 个字符开始匹配时成功，

则在前 i 趟不成功的匹配中，每趟都比较了 m 次，总共比较了 $i\times m$ 次，第 i+1 趟的成功匹配也比较了 m 次。因此，最坏情况下的平均比较次数为

$$\sum_{i=0}^{n-m} p_i((i+1)\times m) = \frac{m}{n-m+1}\sum_{i=0}^{n-m}(i+1) = \frac{1}{2}m(n-m+2)$$

通常情况下，由于 $n>>m$，所以该算法在最坏情况下的时间复杂度为 $O(n\times m)$。

2）改进的模式匹配算法

改进的模式匹配算法又称为 KMP 算法，其改进之处在于：每当匹配过程中出现相比较的字符不相等时，不需要回退主串的字符位置指针，而是利用已经得到的“部分匹配”结果将模式串向右“滑动”尽可能远的距离，再继续进行比较。

设模式串为"$p_0\cdots p_{m-1}$"，KMP 匹配算法的思想是：当模式串中的字符 p_j 与主串中相应的字符 S_i 不相等时，因其前 j 个字符("$p_0\cdots p_{j-1}$")已经获得了成功的匹配，所以若模式串中的"$p_0\cdots p_{k-1}$"与"$p_{j-k}\cdots p_{j-1}$"相同，这时可令 p_k 与 S_i 进行比较，从而使 i 无须回退。

在 KMP 算法中，依据模式串的 next 函数值实现子串的滑动。若令 next[j]=k，则 next[j]表示当模式串中的 p_j 与主串中相应字符不相等时，令模式串的 $p_{\text{next}[j]}$ 与主串的相应字符进行比较。

next 函数的定义如下：

$$\text{next}[j] = \begin{cases} -1 & \text{当} j=0 \text{时} \\ \max & \{k \mid 0<k<j \text{且}"p_0\cdots p_{k-1}"="p_{j-k}\cdots p_{j-1}"\} \\ 0 & \text{其他情况} \end{cases}$$

【函数】求模式串的 next 函数。

```
void Get_next(char *p, int next[])                /*求模式串 p 的 next 函数值并存入数组 next*/
{    int i, j, slen;
     slen = strlen(p); i = 0;
     next[0] = -1; j = -1;
     while(i < slen) {
         if (j == -1 || p[i] == p[j]) {++i; ++j; next[i] = j;}
         else j = next[j];
     }/*while*/
  }/*Get_next*/
```

【函数】KMP 模式匹配算法，设模式串第一个字符的下标为 0。

```
int Index_KMP(char *s, char *p, int pos, int next[])
  /*利用模式串 p 的 next 函数，求 p 在主串 s 中从第 pos 个字符开始的位置*/
  /*若匹配成功，返回模式串在主串中的位置（下标），否则返回-1*/
  {    int i, j, slen, plen;
```

```
    i = pos-1;
    j = -1;
    slen = strlen(s); plen = strlen(p);
    while (i < slen && j < plen ) {
        if (j == -1 || s[i] == p[j]) {++i;++j;}
        else j = next[j];
    }/*while*/
    if (j>=plen) return i - plen;
   else return -1;
}/*Index_KMP*/
```

例如，设主串为“abacbcabababbcbc”，模式串为“abababb”，且模式串的 next 函数值如下表所示，则 KMP 算法的匹配过程如图 3-10 所示。其中，i 是主串字符的下标，j 是模式串字符的下标。

j	0	1	2	3	4	5	6
模式串	a	b	a	b	a	b	b
next[j]	−1	0	0	1	2	3	4

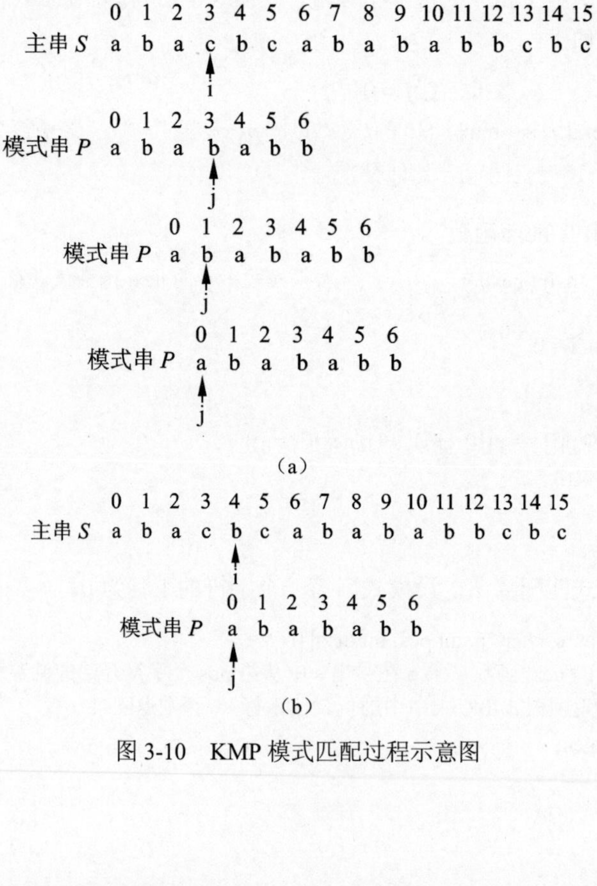

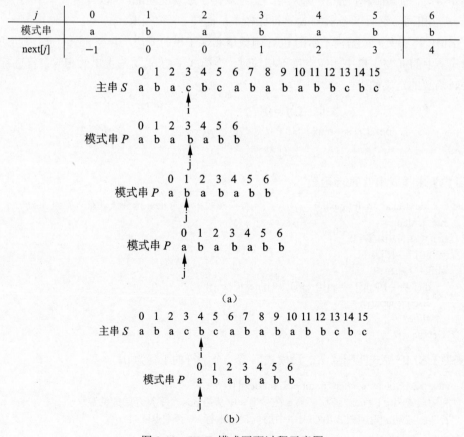

图 3-10　KMP 模式匹配过程示意图

第一趟匹配从 S[0]与 P[0]开始。由于 S[0]==P[0]、S[1]==P[1]、S[2]==P[2]，所以接下来比较 S[3]与 P[3]，由于 S[3]与 P[3]不相等，所以第一趟结束，要进行第二趟匹配，令 j=next[3]（即 j=1）。第二趟从 S[3]与 P[1]开始比较，仍不相等，因此第二趟结束，要进行第三趟匹配，所以令 j=next[1]（即 j=0）。第三趟从 S[3]与 P[0]开始比较，如图 3-10（a）所示。由于 S[3]与 P[0]不相等，所以令 j=next[0]（即 j= −1），此时满足条件"j == −1"，显然不能令 S[3]与 P[−1]进行比较，说明主串中从 i=3 开始的子串不可能与模式串相同，因此需要将 i 的值递增后再继续进行匹配过程，即令 i++、j++，然后下一趟从 S[4]与 P[0]开始比较，如图 3-10（b）所示，继续匹配过程。直到某一趟匹配成功，或者由于在主串中找不到模式串而以失败结束。

3.2　数组、矩阵和广义表

数组与广义表可看作是线性表的推广，其特点是数据元素仍然是一个表。这里讨论多维数组的逻辑结构和存储结构，特殊矩阵和矩阵的压缩存储，广义表的逻辑结构、存储结构和基本运算。

3.2.1　数组

1．数组的定义及基本运算

1）数组的定义

数组是定长线性表在维数上的扩展，即线性表中的元素又是一个线性表。n 维数组是一种"同构"的数据结构，其每个数据元素类型相同、结构一致。

设有 n 维数组 $A[b_1,b_2,\cdots,b_n]$，其每一维的下界都为 1，b_i 是第 i 维的上界。从数据结构的逻辑关系角度来看，A 中的每个元素 $A[j_1,j_2,\cdots,j_n]$（$1\leqslant j_i\leqslant b_i$）都被 n 个关系所约束。在每个关系中，除第一个和最后一个元素外，其余元素都只有一个直接后继和一个直接前驱。因此就单个关系而言，它仍是线性的。

以二维数组 $\boldsymbol{A}[m, n]$为例，可以把它看成是一个定长的线性表，它的每个元素也是一个定长线性表。

$$\boldsymbol{A}_{m\times n}=\begin{bmatrix} a_{11} & a_{12} & a_{13} & \cdots & a_{1n} \\ a_{21} & a_{22} & a_{23} & \cdots & a_{2n} \\ \vdots & \vdots & \vdots & \ddots & \vdots \\ a_{m1} & a_{m2} & a_{m3} & \cdots & a_{mn} \end{bmatrix}$$

A 可看成一个行向量形式的线性表：

$$A_{m,n}=\left[\left[a_{11}a_{12}\cdots a_{1n}\right],\left[a_{21}a_{22}\cdots a_{2n}\right],\cdots,\left[a_{m1}a_{m2}\cdots a_{mn}\right]\right]$$

或列向量形式的线性表：

$$A_{m,n}=\left[\left[a_{11}a_{21}\cdots a_{m1}\right],\left[a_{12}a_{22}\cdots a_{m2}\right],\cdots,\left[a_{1n}a_{2n}\cdots a_{mn}\right]\right]$$

数组结构的特点如下。

（1）数据元素数目固定，一旦定义了一个数组结构，就不再有元素个数的增减变化。

（2）数据元素具有相同的类型。

（3）数据元素的下标关系具有上下界的约束且下标有序。

2）数组的两个基本运算

（1）给定一组下标，存取相应的数据元素。

（2）给定一组下标，修改相应的数据元素中某个数据项的值。

所有的高级程序设计语言都提供了数组类型。实际上，在程序语言中把数组看成是具有共同名字的同一类型的多个变量的集合。

2．数组的顺序存储

数组一般不做插入和删除运算，一旦定义了数组，则结构中的数据元素个数和元素之间的关系就不再发生变动，因此数组适合于采用顺序存储结构。

二维数组的存储结构可分为以行为主序和以列为主序的两种方法，如图 3-11 所示。

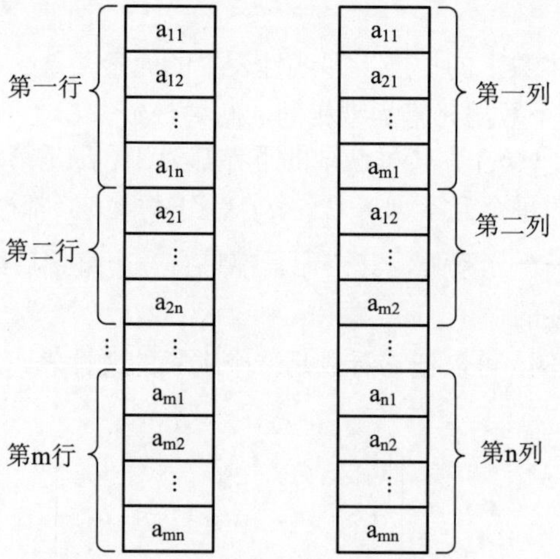

图 3-11　二维数组的两种存储方式

设每个数据元素占用 L 个单元，m、n 为数组的行数和列数，$Loc(a_{11})$表示元素 a_{11} 的地址，

那么以行为主序优先存储的地址计算公式为

$$\mathrm{Loc}(a_{ij}) = \mathrm{Loc}(a_{11}) + ((i-1)\times n + (j-1))\times L$$

同理，以列为主序优先存储的地址计算公式为

$$\mathrm{Loc}(a_{ij}) = \mathrm{Loc}(a_{11}) + ((j-1)\times m + (i-1))\times L$$

推广至多维数组，在按下标顺序存储时，先排最右的下标，从右向左直到最左下标，而逆下标顺序则正好相反。

3.2.2　矩阵

矩阵是很多科学与工程计算领域研究的数学对象。在数据结构中，主要讨论如何在节省存储空间的情况下使矩阵的各种运算能高效地进行。

在一些矩阵中，存在很多值相同的元素或者是 0 元素。为了节省存储空间，可以对这类矩阵进行压缩存储，即为多个值相同的元素只分配一个存储单元，对 0 不分配存储单元。假如值相同的元素或 0 元素在矩阵中的分布有一定的规律，则称此类矩阵为特殊矩阵，否则称其为稀疏矩阵。

1．特殊矩阵

若矩阵中元素（或非 0 元素）的分布有一定的规律，则称之为特殊矩阵。常见的特殊矩阵有对称矩阵、三角矩阵和对角矩阵等。对于特殊矩阵，由于其非 0 元素的分布有一定的规律，所以可将其压缩存储在一维数组中，并建立起每个非 0 元素在矩阵中的位置与其在一维数组中的位置之间的对应关系。

若矩阵 $\boldsymbol{A}_{n\times n}$ 中的元素特点为 $a_{ij}=a_{ji}(1\leqslant i, j\leqslant n)$，则称之为 n 阶对称矩阵。

若对称矩阵中的每一对元素仅占用一个存储单元，那么可将 n^2 个元素压缩存储到能存放 $n(n+1)/2$ 个元素的存储空间中。不失一般性，以行为主序存储下三角（包括对角线）中的元素。假设以一维数组 $B[n(n+1)/2]$作为 n 阶对称矩阵 $\boldsymbol{A}$ 中元素的存储空间，则 $B[k](1\leqslant k<n(n+1)/2)$与矩阵元素 a_{ij} (a_{ji})之间存在着一一对应的关系，如下所示。

$$k=\begin{cases}\dfrac{i(i-1)}{2}+j & \text{当}\, i\geqslant j\\[2ex] \dfrac{j(j-1)}{2}+i & \text{当}\, i<j\end{cases}$$

对角矩阵是指矩阵中的非 0 元素都集中在以主对角线为中心的带状区域中，即除了主对角线上和直接在对角线上、下方若干条对角线上的元素外，其余的矩阵元素都为 0。一个 n 阶的

三对角矩阵如图 3-12 所示。

若以行为主序将 n 阶三对角矩阵 $\boldsymbol{A}_{n\times n}$ 的非 0 元素 a_{ij} 存储在一维数组 $B[k](1\leqslant k\leqslant 3\times n-2)$中，则元素位置之间的对应关系为

$$k=3\times(i-1)-1+j-i+1+1=2i+j-2 \qquad (1\leqslant i,\ j\leqslant n)$$

其他特殊矩阵可做类似的推算，这里不再一一说明。

2．稀疏矩阵

在一个矩阵中，若非 0 元素的个数远远少于 0 元素的个数，且非 0 元素的分布没有规律，则称之为稀疏矩阵。对于稀疏矩阵，存储非 0 元素时必须同时存储其位置（即行号和列号），所以三元组（i, j, a_{ij}）可唯一确定矩阵 $\boldsymbol{A}$ 中的一个元素。由此，一个稀疏矩阵可由表示非 0 元素的三元组及其行、列数唯一确定。图 3-13 所示的是一个 6 行 7 列的稀疏矩阵，其三元组表为（(1,2,12), (1,3,9), (3,1,–3), (3,6,14), (4,3,24), (5,2,18), (6,1,15), (6,4,–7)）。

$$\boldsymbol{A}_{n\times n}=\begin{bmatrix} a_{1,1} & a_{1,2} & & & & & \\ a_{2,1} & a_{2,2} & a_{2,3} & & & 0 & \\ & a_{3,2} & a_{3,3} & a_{3,4} & & & \\ & & & \vdots & \vdots & \vdots & \\ & & & a_{i,i-1} & a_{i,i} & a_{i,i+1} & \\ & & & & \vdots & \vdots & \vdots \\ & & & & & a_{n,n-1} & a_{n,n} \end{bmatrix}$$

图 3-12　三对角矩阵示意图

$$\boldsymbol{M}_{6\times 7}=\begin{bmatrix} 0 & 12 & 9 & 0 & 0 & 0 & 0 \\ 0 & 0 & 0 & 0 & 0 & 0 & 0 \\ -3 & 0 & 0 & 0 & 0 & 14 & 0 \\ 0 & 0 & 24 & 0 & 0 & 0 & 0 \\ 0 & 18 & 0 & 0 & 0 & 0 & 0 \\ 15 & 0 & 0 & -7 & 0 & 0 & 0 \end{bmatrix}$$

图 3-13　稀疏矩阵示意图

稀疏矩阵的三元组表的顺序存储结构称为三元组顺序表，常用的三元组表的链式存储结构是十字链表。

3.2.3　广义表

广义表是线性表的推广，是由 0 个或多个单元素或子表组成的有限序列。

广义表与线性表的区别在于：线性表的元素都是结构上不可分的单元素，而广义表的元素既可以是单元素，也可以是有结构的表。

广义表一般记为

$$\mathrm{LS}=(\alpha_1,\alpha_2,\cdots,\alpha_n)$$

其中，$\alpha_i\ (1\leqslant i\leqslant n)$既可以是单个元素，又可以是广义表，分别称为原子和子表。

广义表的长度是指广义表中元素的个数。广义表的深度是指广义表展开后所含的括号的最大层数。

1．广义表的基本操作

与线性表类似，广义表也有查找、插入和删除等操作。由于广义表的结构较复杂，其各种运算的实现也不如线性表简单，这里只讨论两个重要的运算。

（1）取表头 head(LS)。非空广义表 LS 的第一个元素称为表头，它可以是一个单元素，也可以是一个子表。

（2）取表尾 tail(LS)。在非空广义表中，除表头元素之外，由其余元素所构成的表称为表尾。非空广义表的表尾必定是一个表。

2．广义表的特点

（1）广义表可以是多层次的结构，因为广义表的元素可以是子表，而子表的元素还可以是子表。

（2）广义表中的元素可以是已经定义的广义表的名字，所以一个广义表可被其他广义表所共享。

（3）广义表可以是一个递归的表，即广义表中的元素也可以是本广义表的名字。

3．广义表的存储结构

由于广义表中的元素本身又可以具有结构，它是一种带有层次的非线性结构，因此难以用顺序存储结构表示，通常采用链式存储结构。由上面的讨论可知，若广义表不空，则可分解为表头和表尾两部分。反之，一对确定的表头和表尾可唯一确定一个广义表。针对原子和子表可分别设计不同的结点结构，如图 3-14 所示。对于广义表 LS=(a,(b,c,d))，其链式存储结构如图 3-15 所示。

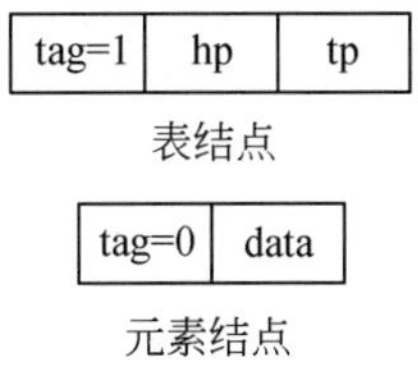

图 3-14　广义表的链表结点结构

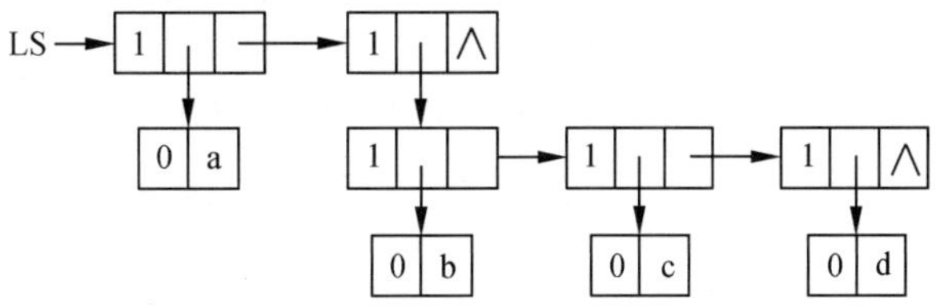

图 3-15　广义表(a,(b,c,d))的存储结构示意图

3.3 树

树结构是一种非常重要的非线性结构，该结构中的一个数据元素可以有两个或两个以上的直接后继元素，树可以用来描述客观世界中广泛存在的层次结构关系。

3.3.1 树与二叉树的定义

1. 树的定义

树是 $n(n \geqslant 0)$个结点的有限集合，当 $n=0$ 时称为空树。在任一非空树$(n>0)$中，有且仅有一个称为根的结点；其余结点可分为 $m(m \geqslant 0)$个互不相交的有限子集 $T_1,T_2,\cdots,T_m$，其中，每个 T_i 又都是一棵树，并且称为根结点的子树。

树的定义是递归的，它表明了树本身的固有特性，也就是一棵树由若干棵子树构成，而子树又由更小的子树构成。

该定义只给出了树的组成特点，若从数据结构的逻辑关系角度来看，树中元素之间有严格的层次关系。对于树中的某个结点，它最多只和上一层的一个结点（即其双亲结点）有直接的关系，而与其下一层的多个结点（即其孩子结点）有直接关系，如图 3-16 所示。通常，凡是分等级的分类方案都可以用具有严格层次关系的树结构来描述。

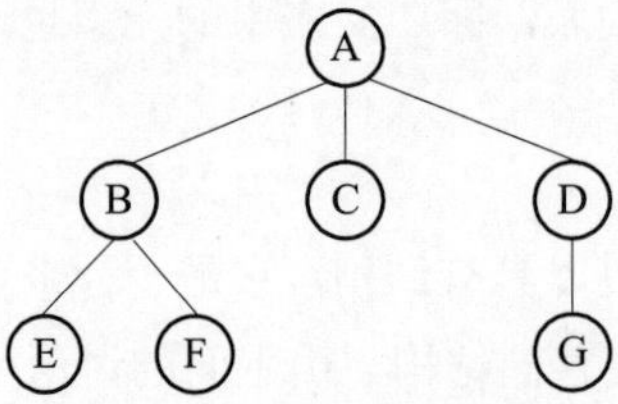

图 3-16　树结构示意图

2. 树的基本概念

（1）双亲、孩子和兄弟。结点的子树的根称为该结点的孩子；相应地，该结点称为其子结点的双亲。具有相同双亲的结点互为兄弟。

（2）结点的度。一个结点的子树的个数记为该结点的度。例如，图 3-16 中，A 的度为 3，B 的度为 2，C 的度为 0，D 的度为 1。

（3）叶子结点。叶子结点也称为终端结点，指度为 0 的结点。例如，图 3-16 中，E、F、C、G 都是叶子结点。

（4）内部结点。度不为 0 的结点，也称为分支结点或非终端结点。除根结点以外，分支结点也称为内部结点。例如，图 3-16 中，B、D 都是内部结点。

（5）结点的层次。根为第一层，根的孩子为第二层，依此类推，若某结点在第 i 层，则其孩子结点在第 i+1 层。例如，图 3-16 中，A 在第 1 层，B、C、D 在第 2 层，E、F 和 G 在第 3 层。

（6）树的高度。一棵树的最大层数记为树的高度（或深度）。例如，图 3-16 所示树的高度为 3。

（7）有序（无序）树。若将树中结点的各子树看成是从左到右具有次序的，即不能交换，则称该树为有序树，否则称为无序树。

3．二叉树的定义

二叉树是 $n(n\geqslant 0)$个结点的有限集合，它或者是空树（n=0），或者是由一个根结点及两棵不相交的且分别称为左、右子树的二叉树所组成。可见，二叉树同样具有递归性质。

需要特别注意的是，尽管树和二叉树的概念之间有许多联系，但它们是两个不同的概念。树和二叉树之间最主要的区别是：二叉树中结点的子树要区分左子树和右子树，即使在结点只有一棵子树的情况下，也要明确指出该子树是左子树还是右子树。另外，二叉树结点最大度为 2，而树中不限制结点的度数，如图 3-17 所示。

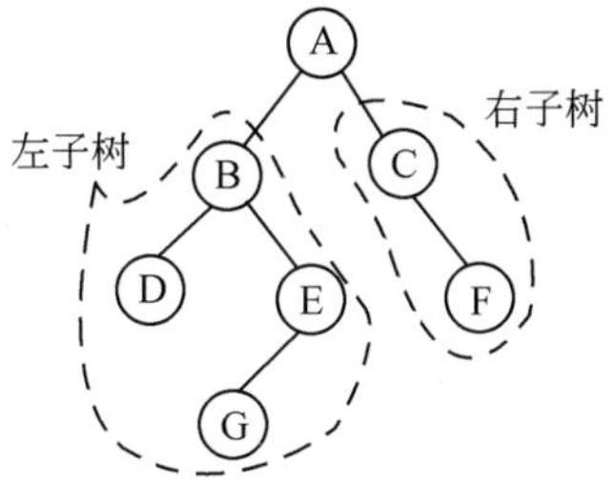

（a）二叉树

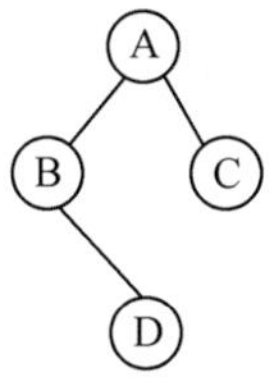

（b）二叉树中结点 B 的左子树为空

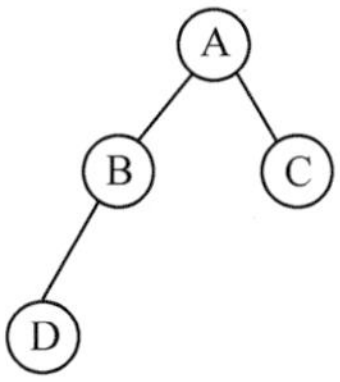

（c）二叉树中结点 B 的右子树为空

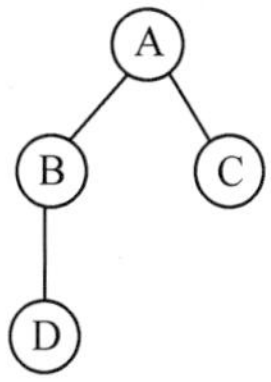

（d）普通树中结点 B 有一棵子树

图 3-17　二叉树与普通树

3.3.2　二叉树的性质与存储结构

1．二叉树的性质

（1）二叉树第 i 层（$i\geqslant 1$）上最多有 2^{i-1} 个结点。

此性质只要对层数 i 进行数学归纳证明即可。

（2）高度为 k 的二叉树最多有 2^k-1 个结点（$k\geqslant 1$）。

由性质 1，每一层的结点数都取最大值 $\sum_{i=1}^{k} 2^{i-1} = 2^k - 1$ 即可。

（3）对于任何一棵二叉树，若其终端结点数为 n_0，度为 2 的结点数为 n_2，则 $n_0=n_2+1$。

（4）具有 n 个结点的完全二叉树的深度为 $\lfloor \log_2 n \rfloor + 1$。

若深度为 k 的二叉树有 2^k-1 个结点，则称其为满二叉树。可以对满二叉树中的结点进行连续编号：约定编号从根结点起，自上而下、自左至右依次进行。深度为 k、有 n 个结点的二叉树，当且仅当其每一个结点都与深度为 k 的满二叉树中编号从 1 至 n 的结点一一对应时，称之为完全二叉树。满二叉树如图 3-18（a）所示，高度为 3 的一个完全二叉树如图 3-18（b）所示。

在一个高度为 h 的完全二叉树中，除了第 h 层（即最后一层），其余各层都是满的。在第 h 层上的结点必须从左到右依次放置，不能留空。图 3-18（c）所示的二叉树不是完全二叉树，因为 6 号结点的左边有空结点。

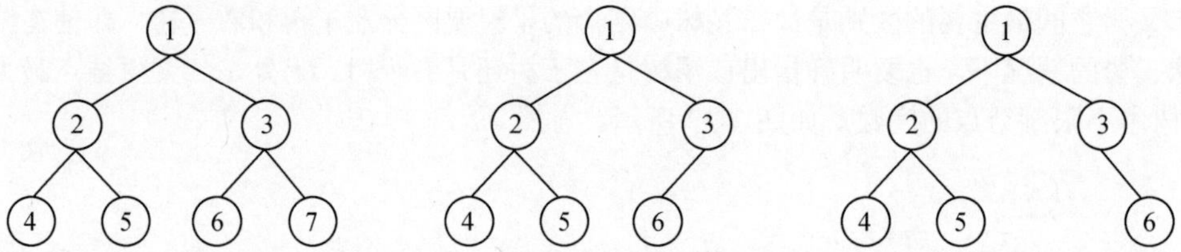

（a）满二叉树　　（b）完全二叉树　　（c）非完全二叉树

图 3-18　满二叉树和完全二叉树示意图

2．二叉树的存储结构

1）二叉树的顺序存储结构

顺序存储是用一组地址连续的存储单元存储二叉树中的结点，必须把结点排成一个适当的线性序列，并且结点在这个序列中的相互位置能反映出结点之间的逻辑关系。

用一组地址连续的存储单元存储二叉树中的结点，必须把结点排成一个适当的线性序列，并且结点在这个序列中的相互位置能反映出结点之间的逻辑关系。对于深度为 k 的完全二叉树，除第 k 层外，其余各层中含有最大的结点数，即每一层的结点数恰为其上一层结点数的两倍，由此从一个结点的编号可推知其双亲、左孩子和右孩子的编号。

假设有编号为 i 的结点，则有：

- 若 i=1，则该结点为根结点，无双亲；若 i>1，则该结点的双亲结点为 $\lfloor i/2 \rfloor$。
- 若 $2i \leqslant n$，则该结点的左孩子编号为 $2i$，否则无左孩子。

- 若 $2i+1 \leqslant n$，则该结点的右孩子编号为 $2i+1$，否则无右孩子。

完全二叉树的顺序存储结构如图 3-19（a）所示。

显然，完全二叉树采用顺序存储结构既简单又节省空间，对于一般的二叉树，则不宜采用顺序存储结构。因为一般的二叉树也必须按照完全二叉树的形式存储，也就是要添上一些实际并不存在的“虚结点”，这将造成空间的浪费，如图 3-19（b）所示。

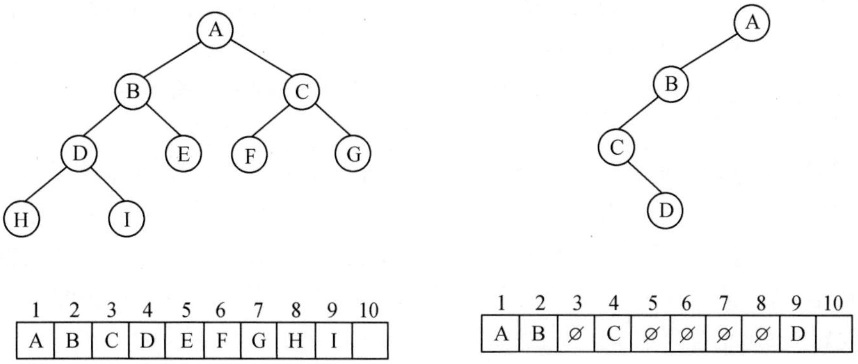

（a）完全二叉树　　（b）一般二叉树

图 3-19　二叉树的顺序存储结构

在最坏情况下，一个深度为 k 且只有 k 个结点的二叉树（单支树）需要 2^k-1 个存储单元。

2）二叉树的链式存储结构

由于二叉树的结点中包含有数据元素、左子树的根、右子树的根及双亲等信息，因此可以用三叉链表或二叉链表（即一个结点含有 3 个指针或两个指针）来存储二叉树，链表的头指针指向二叉树的根结点，如图 3-20 所示。

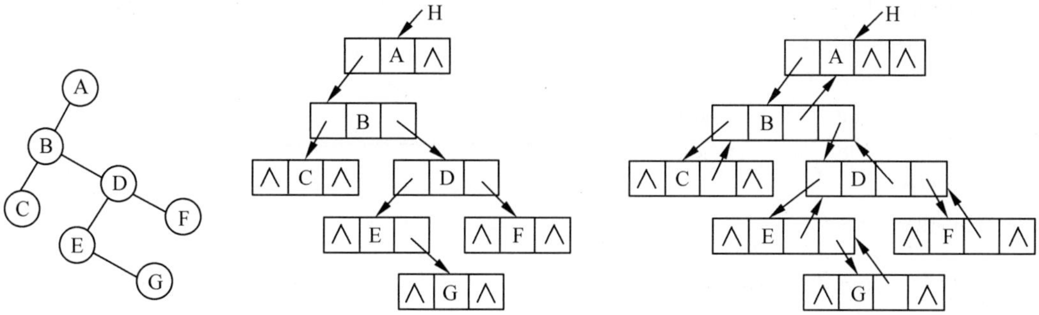

（a）二叉树　　（b）二叉链表　　（c）三叉链表

图 3-20　二叉树的链表存储结构

设结点中的数据元素为整型，则二叉链表的结点类型定义如下：

```
typedef struct BiTnode{
    int     data;
    struct BiTnode *lchild,*rchild;
}BiTnode,*BiTree;
```

在不同的存储结构中，实现二叉树的运算方法也不同，具体应采用什么存储结构，除考虑二叉树的形态外还应考虑需要进行的运算特点。

3.3.3 二叉树的遍历

遍历是按某种策略访问树中的每个结点，且仅访问一次的过程。由于二叉树所具有的递归性质，一棵非空的二叉树是由根结点、左子树和右子树三部分构成的，因此若能依次遍历这三部分，也就遍历了整棵二叉树。按照先遍历左子树后遍历右子树的约定，根据访问根结点位置的不同，可得到二叉树的先序、中序和后序 3 种遍历方法。此外，对二叉树还可进行层序遍历。

【函数】二叉树的先序遍历。

```
void PreOrder(BiTree root){
    if (root != NULL) {
        printf("%d", root->data);          /*访问根结点*/
        PreOrder(root->lchild);            /*先序遍历根结点的左子树*/
        PreOrder(root->rchild);            /*先序遍历根结点的右子树*/
    }/*if*/
}/*PreOrder*/
```

【函数】二叉树的中序遍历。

```
void InOrder(BiTree root){
    if (root != NULL) {
        InOrder(root->lchild);             /*中序遍历根结点的左子树*/
        printf("%d", root->data);          /*访问根结点*/
        InOrder(root->rchild);             /*中序遍历根结点的右子树*/
    }/*if*/
}/*InOrder*/
```

【函数】二叉树的后序遍历。

```
void PostOrder(BiTree root){
    if (root != NULL) {
```

```
        PostOrder (root->lchild);           /*后序遍历根结点的左子树*/
        PostOrder(root->rchild);            /*后序遍历根结点的右子树*/
        printf("%d", root->data);           /*访问根结点*/
    }/*if*/
}/*PostOrder*/
```

从根结点出发，3 种方法的遍历路线如图 3-21 所示。该路线从根结点出发，逆时针沿着二叉树的外缘移动，对每个结点均途经三次。若第一次经过结点时进行访问，则是先序遍历；若第二次（或第三次）经过结点时访问结点，则是中序遍历（或后序遍历）。因此，只要将遍历路线上所有在第一次、第二次和第三次经过的结点信息分别输出，即可分别得到该二叉树的先序、中序和后序遍历序列。所以，若去掉 3 种遍历算法中的打印输出语句，则 3 种遍历方法相同。这说明 3 种遍历过程的路线相同。

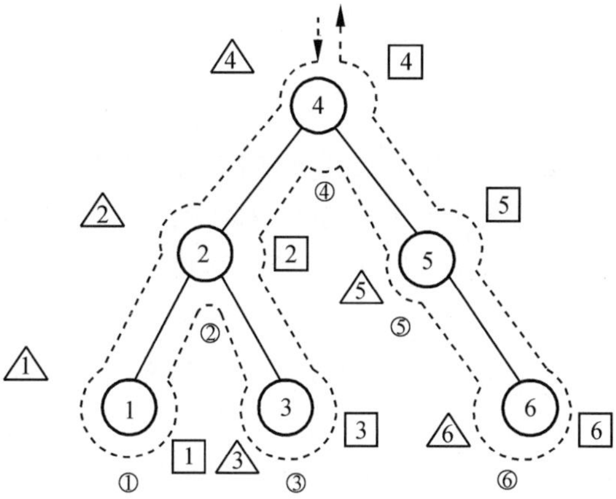

图 3-21　3 种遍历过程执行示意图

遍历二叉树的基本操作就是访问结点，不论按照哪种次序遍历，对于含有 n 个结点的二叉树，遍历算法的时间复杂度都为 $O(n)$。因为在遍历的过程中，每进行一次递归调用，都是将函数的"活动记录"压入栈中，因此，栈的最大长度恰为树的高度。所以，在最坏情况下，二叉树是有 n 个结点且高度为 n 的单枝树，遍历算法的空间复杂度也为 $O(n)$。

借助于一个栈，可将二叉树的递归遍历算法转换为非递归算法。下面给出中序遍历的非递归算法。

【函数】二叉树的中序非递归遍历算法。

```
int InOrderTraverse(BiTree root)          /*二叉树的非递归中序遍历算法*/
```

```
{   BiTree p;
    InitStack(St);                                  /*创建一个空栈*/
    p = root;                                       /* p 指向树根结点*/
    while (p != NULL || !isEmpty(St)) {
        if (p != NULL)                              /*不是空树*/
        {
            Push(St, p);                            /*根结点指针入栈*/
            p = p->lchild;                          /*进入根的左子树*/
        }
        else {
            q = Top(St);    Pop(St);                /*栈顶元素出栈*/
            printf("%d", q->data);                  /*访问根结点*/
            p = q->rchild;                          /*进入根的右子树*/
        }/*if*/
    }/*while*/
}/*InOrderTraverse*/
```

遍历二叉树的过程实质上是按一定的规则将树中的结点排成一个线性序列的过程，因此遍历操作得到的是树中结点的一个线性序列。在每一种序列中，有且仅有一个起始点和一个终结点，其余结点有且仅有唯一的直接前驱和直接后继。显然，关于结点的前驱和后继的讨论是针对某一个遍历序列而言的。

对二叉树还可以进行层序遍历。设二叉树的根结点所在的层数为 1，层序遍历就是从树的根结点出发，首先访问第一层的树根结点，然后从左到右依次访问第二层上的结点，其次是第三层上的结点，依此类推，自上而下、自左至右逐层访问树中各结点的过程就是层序遍历。

【算法】二叉树的层序遍历算法。

```
void LevelOrder(BiTree root)            /*二叉树的层序遍历算法*/
{   BiTree p;
    InitQueue(Q);                       /*创建一个空队列*/
    EnQueue(Q, root)                    /*将根指针加入队列*/
    while (!isEmpty(Q)) {               /*队列不空*/
        DeQueue(Q, p);                  /*队头元素出队，并使 p 取队头元素的值*/
        printf("%d", p->data);          /*访问结点*/
        if (p->lchild)  EnQueue(p->lchild);
        if (p->rchild)  EnQueue(p->rchild);
    }/*while*/
}/*LevelOrder*/
```

3.3.4　线索二叉树

1. 线索二叉树的定义

二叉树的遍历实质上是对一个非线性结构进行线性化的过程，它使得每个结点（除第一个和最后一个）在这些线性序列中有且仅有一个直接前驱和直接后继。但在二叉链表存储结构中，只能找到一个结点的左、右孩子，不能直接得到结点在任一遍历序列中的前驱和后继，这些信息只有在遍历的动态过程中才能得到，因此，引入线索二叉树来保存这些动态过程得到的信息。

2. 建立线索二叉树

为了保存结点在任一序列中的前驱和后继信息，可以考虑在每个结点中增加两个指针域来存放遍历时得到的前驱和后继信息，这样就可以为以后的访问带来方便。但增加指针信息会降低存储空间的利用率，因此可考虑采用其他方法。

若 n 个结点的二叉树采用二叉链表做存储结构，则链表中必然有 $n+1$ 个空指针域，可以利用这些空指针域来存放结点的前驱和后继信息。为此，需要在结点中增加标志 ltag 和 rtag，以区分孩子指针的指向，如下所示。

ltag	lchild	data	rchild	rtag

其中：

$$\text{ltag}=\begin{cases}0 & \text{lchild 域指示结点的左孩子}\\ 1 & \text{lchild 域指示结点的直接前驱}\end{cases}$$

$$\text{rtag}=\begin{cases}0 & \text{rchild 域指示结点的右孩子}\\ 1 & \text{rchild 域指示结点的直接后继}\end{cases}$$

若二叉树的二叉链表采用以上所示的结点结构，则相应的链表称为线索链表，其中指向结点前驱、后继的指针称为线索。加上线索的二叉树称为线索二叉树。对二叉树以某种次序遍历使其成为线索二叉树的过程称为线索化。中序线索二叉树及其存储结构如图 3-22 所示。

那么如何进行线索化呢？按某种次序将二叉树线索化，实质上是在遍历过程中用线索取代空指针。因此，若设指针 p 指向正在访问的结点，则遍历时设立一个指针 pre，使其始终指向刚刚访问过的结点（即 p 所示结点的前驱结点），这样就记下了遍历过程中结点被访问的先后关系。

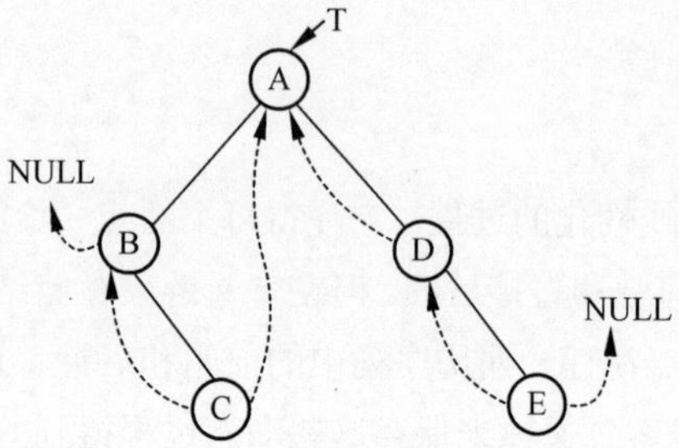

（a）中序线索二叉树

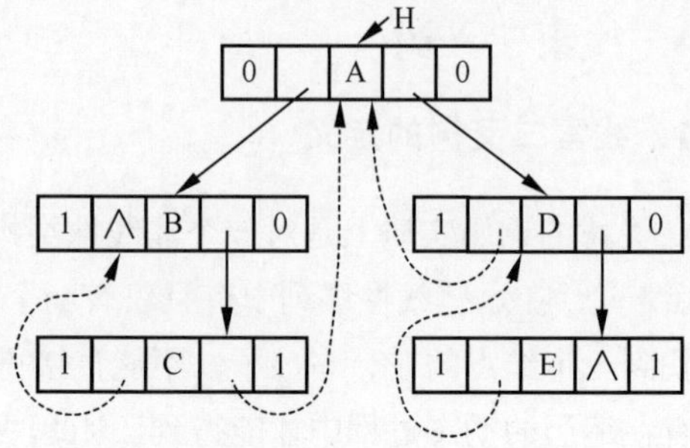

（b）中序线索链表

图 3-22　线索二叉树及其存储结构示意图

在遍历的过程中，设指针 p 指向正在访问的结点。

（1）若 p 所指向的结点有空指针域，则将相应的标志域置为 1。

（2）若 pre!=NULL 且 pre 所指结点的 rtag 等于 1，则令 pre->rchild=p。

（3）若 p 所指向结点的 ltag 等于 1，则令 p->lchild=pre。

（4）使 pre 指向刚刚访问过的结点，即令 pre=p。

需要说明的是，用这种方法得到的线索二叉树，其线索并不完整。也就是说，部分结点的前驱或后继信息还需要通过进一步的运算来得到。

3．访问线索二叉树

如何在线索二叉树中查找结点的前驱和后继呢？

以中序线索二叉树为例，令 p 指向树中的某个结点，查找 p 所指结点的后继结点的方法如下所述。

（1）若 p->rtag==1，则 p->rchild 即指向其后继结点。

（2）若 p->rtag==0，则 p 所指结点的中序后继必然是其右子树中进行中序遍历得到的第一个结点。也就是说，从 p 所指结点的右子树的根结点出发，沿左孩子指针链向下查找，直到找到一个没有左孩子的结点时为止，这个结点就是 p 所指结点的直接后继结点，也称其为 p 的右子树中“最左下”的结点。

3.3.5　最优二叉树

1．最优二叉树

最优二叉树又称为哈夫曼树，它是一类带权路径长度最短的树。路径是从树中一个结点到另一个结点之间的通路，路径上的分支数目称为路径长度。

树的路径长度是从树根到每一个叶子之间的路径长度之和。结点的带权路径长度为从该结点到树根之间的路径长度与该结点权值的乘积。

树的带权路径长度为树中所有叶子结点的带权路径长度之和，记为

$$\mathrm{WPL}=\sum_{k=1}^{n} w_k l_k$$

其中，n 为带权叶子结点数目，w_k 为叶子结点的权值，l_k 为叶子结点到根的路径长度。

哈夫曼树是指权值为 $w_1,w_2,\cdots,w_n$ 的 n 个叶子结点的二叉树中带权路径长度最小的二叉树。

例如，图 3-23 所示的具有 4 个叶子结点的二叉树，其中以图 3-23（b）所示的二叉树带权路径长度最小。

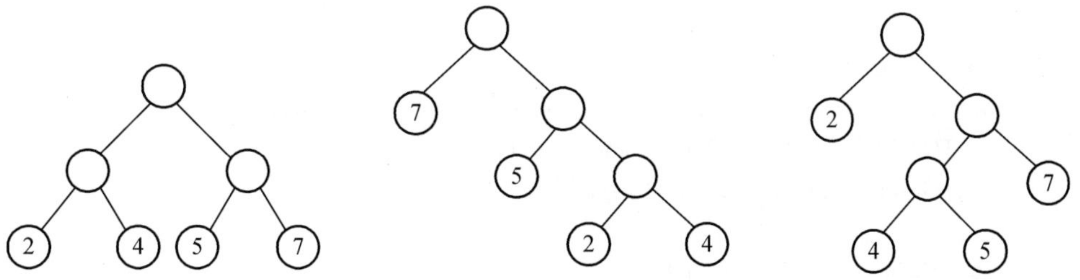

（a）$WPL=2\times(2+4+5+7)=36$　（b）$WPL=3\times6+10+7=35$　（c）$WPL=9\times3+14+2=43$

图 3-23　不同带权路径长度的二叉树

那么如何构造最优二叉树呢？构造最优二叉树的哈夫曼算法如下。

（1）根据给定的 n 个权值 $\{w_1,w_2,\cdots,w_n\}$，构成 n 棵二叉树的集合 $F=\{T_1,T_2,\cdots,T_n\}$，其中，每棵树 T_i 中只有一个带权为 w_i 的根结点，其左、右子树均空。

（2）在 F 中选取两棵权值最小的树作为左、右子树构造一棵新的二叉树，置新构造二叉树的根结点的权值为其左、右子树根结点的权值之和。

（3）从 F 中删除这两棵树，同时将新得到的二叉树加入到 F 中。

重复（2）、（3）步，直到 F 中只含一棵树时为止，这棵树便是最优二叉树（哈夫曼树）。

由此算法可知，以选中的两棵子树构成新的二叉树，哪个作为左子树，哪个作为右子树，并没有明确。所以，具有 n 个叶子结点的权值为 $w_1,w_2,\cdots,w_n$ 的最优二叉树不唯一，但其 WPL 值是唯一确定的。

当给定了 n 个权值后，构造出的最优二叉树中的结点数目 m 就确定了，即 $m=2\times n-1$，所以可用一维的结构数组来存储最优二叉树，下面举例说明。

```
#define MAXLEAFNUM    50       /*最优二叉树中的最多叶子数目*/
typedef struct node{
    char ch;                   /*结点表示的字符，对于非叶子结点，此域不用*/
    int weight;                /*结点的权值*/
    int parent;                /*结点的父结点的下标，为0时表示无父结点*/
    int lchild,rchild;         /*结点的左、右孩子结点的下标，为0时表示无孩子结点*/
}HuffmanTree[2*MAXLEAFNUM];
typedef char* HuffmanCode[MAXLEAFNUM+1];
```

【函数】创建最优二叉树。

```
void   createHTree(HuffmanTree HT, char *c, int *w, int n)
/*数组c[0..n-1]和w[0..n–1]存放了n个字符及其概率，构造哈夫曼树HT*/
{     int i,s1,s2;
      if (n <= 1) return;
      for(i=1; i<=n; i++) {   /*根据n个权值构造n棵只有根结点的二叉树*/
            HT[i].ch = c[i–1];    HT[i].weight = w[i–1];
            HT[i].parent=HT[i].lchild=HT[i].rchild=0;
       }
       for(; i<2*n; ++i)    {   /*初始化*/
            HT[i].parent=0; HT[i].lchild=0; HT[i].rchild=0;
       }
       for(i = n+1; i<2*n; i++) {
            /*从HT[1..i-1]中选择parent为0且weight最小的两棵树，其序号为s1和s2*/
            select(HT, i-1, s1, s2);
            HT[s1].parent = i;              HT[s2].parent = i;
            HT[i].lchild = s1;              HT[i].rchild = s2;
            HT[i].weight = HT[s1].weight + HT[s2].weight;
        }/*for*/
}/* createHTree */
```

2．哈夫曼编码

若对每个字符编制相同长度的二进制码，则称为等长编码。例如，英文字符集中的26个字符可采用5位二进制位串表示，按等长编码格式构造一个字符编码表。发送方按照编码表对信息原文进行编码后送出电文，接收方对接收到的二进制代码按每5位一组进行分割，通过查字符的编码表即可得到对应字符，实现译码。

等长编码方案的实现方法比较简单，但对通信中的原文进行编码后，所得电文的码串过长，不利于提高通信效率，因此希望缩短码串的总长度。如果对每个字符设计长度不等的编码，且让电文中出现次数较多的字符采用尽可能短的编码，那么传送的电文码串总长度则可减少。

如果要设计长度不等的编码，必须满足下面的条件：任一字符的编码都不是另一个字符的编码的前缀，这种编码也称为前缀码。对给定的字符集 $D=\{d_1,d_2,\cdots,d_n\}$ 及字符的使用频率 $W=\{w_1,w_2,\cdots,w_n\}$，构造其最优前缀码的方法为：以 $d_1,d_2,\cdots,d_n$ 作为叶子结点，$w_1,w_2,\cdots,w_n$ 作为叶子结点的权值，构造出一棵最优二叉树，然后将树中每个结点的左分支标上 0，右分支标上 1，则每个叶子结点代表的字符的编码就是从根到叶子的路径上的 0、1 组成的串。

例如，设有字符集 $\{a,b,c,d,e\}$ 及对应的权值集合 $\{0.30,0.25,0.15,0.22,0.08\}$，按照构造最优二叉树的哈夫曼方法：先取字符 c 和 e 所对应的结点构造一棵二叉树（根结点的权值为 c 和 e 的权值之和），然后与 d 对应的结点分别作为左、右子树构造二叉树，之后选 a 和 b 所对应的结点作为左、右子树构造二叉树，最后得到的最优二叉树（哈夫曼树）如图 3-24 所示。其中，字符 a 的编码为 00，字符 b、c、d、e 的编码分别为 01、100、11、101。

译码时就从树根开始，若编码序列中当前编码为 0，则进入当前结点的左子树；为 1 则进入右子树，到达叶子时一个字符就翻译出来了，然后再从树根开始重复上述过程，直到编码序列结束。例如，若编码序列 101110000100 对应的字符编码采用图 3-24 所示的树进行构造，则可翻译出字符序列"edaac"。

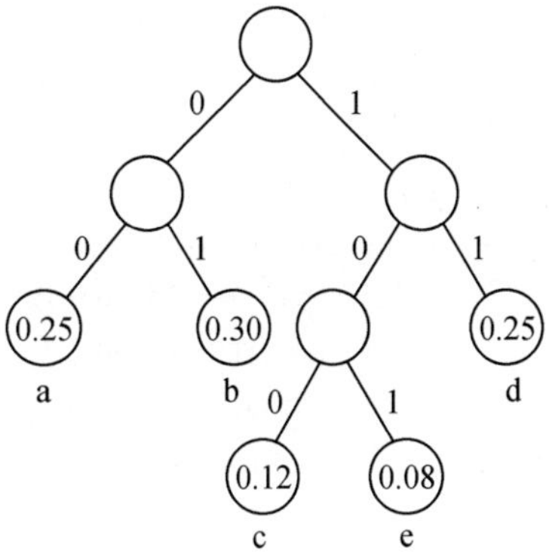

图 3-24 前缀编码示例

【函数】根据给定的哈夫曼树，从每个叶子结点出发追溯到树根，逆向找出最优二叉树中叶子结点的编码。

```
void   HuffmanCoding(HuffmanTree HT,HuffmanCode HC,int n)
/*n 个叶子结点在哈夫曼树 HT 中的下标为 1～n，第 i(1≤i≤n)个叶子的编码存放 HC[i]中*/
{      char *cd;   int i, start, c, f;
       if (n <= 1) return;
       cd = (char *)malloc(n*sizeof(char));          cd[n–1] = '\0';
       for(i = 1; i <= n; i++)    {
           start = n–1;
           for(c = i,f = HT[i].parent;f != 0;c = f,f = HT[f].parent)
              if (HT[f].lchild == c)    cd[--start] = '0';
```

```
            else    cd[--start] = '1';
          HC[i] = (char *)malloc((n-start)*sizeof(char));
          strcpy(HC[i],&cd[start]);
      }/*for*/
    free(cd);
}/*HuffmanCoding*/
```

利用哈夫曼树译码的过程为：从根结点出发，按二进制位串中的 0 和 1 确定是进入左分支还是右分支，当到达叶子结点时译出一个字符。若位串未结束，则回到根结点继续上述译码过程，直到位串结束。

【函数】用最优二叉树进行译码。

```
void Decoding(HuffmanTree HT, int n, char *buff)
/*利用具有 n 个叶子结点的最优二叉树（存储在数组 HT 中）进行译码，叶子的下标为 1～n*/
/*buff 指向二进制位串编码序列*/
{   int p = 2*n–1;
    while (*buff) {
      if ((*buff) == '0')   p = HT[p].lchild;              /*进入左分支*/
      else p = HT[p].rchild;                               /*进入右分支*/
      if (HT[p].lchild==0 && HT[p].rchild==0){             /*到达一个叶子结点*/
            printf("%c", HT[p].ch);
            p = 2*n-1;                                     /*回到树根*/

      }/*if*/
      buff++;
    }/*while*/
}/*Decoding*/
```

3.3.6 树和森林

1. 树的存储结构

常用的树的存储有双亲表示法、孩子表示法和孩子兄弟表示法。

（1）树的双亲表示法。该表示法用一组地址连续的单元存储树的结点，并在每个结点中附设一个指示器，指出其双亲结点在该存储结构中的位置（即结点所在数组元素的下标）。显然，这种表示法对于求指定结点的双亲和祖先都十分方便，但对于求指定结点的孩子及后代则需要遍历整个数组，树的双亲表示法如图 3-25 所示。

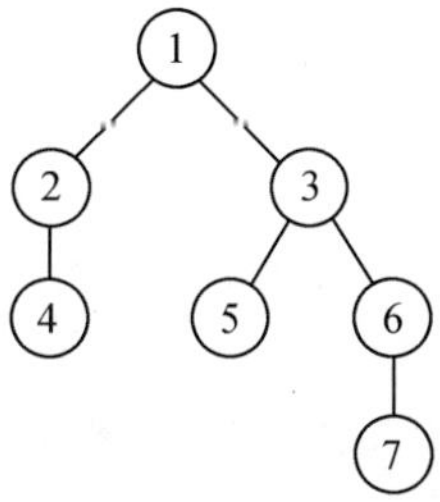

（a）树

结点序列	数据	双亲
0	1	−1
1	2	0
2	3	0
3	4	1
4	5	2
5	6	2
6	7	5

（b）树的双亲表示

图 3-25　树的双亲表示法示意图

（2）树的孩子表示法。该表示法在存储结构中用指针指示出结点的每个孩子，为树中每个结点的孩子建立一个链表，即令每个结点的所有孩子结点构成一个用单链表表示的线性表，则 n 个结点的树具有 n 个单链表。将这 n 个单链表的头指针又排成一个线性表，如图 3-26（a）所示。显然，树的孩子表示法便于查找每个结点的子孙，若要找出指定结点的双亲则可能需要遍历所有的链表。

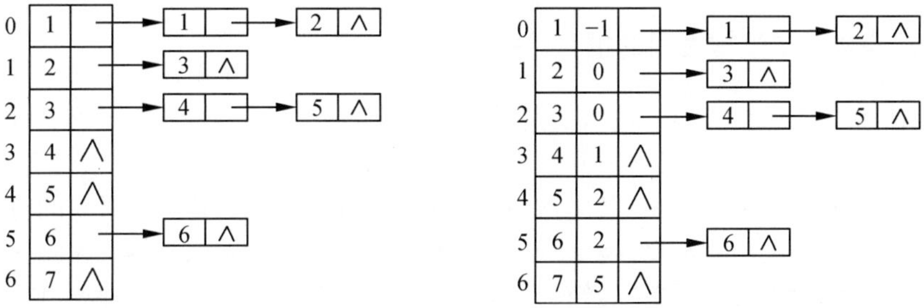

（a）树的孩子表示　　（b）树的双亲孩子表示

图 3-26　图 3-25（a）中树的孩子表示法

用户也可以将双亲表示法和孩子表示法结合起来，形成树的双亲孩子表示结构，如图 3-26（b）所示。

（3）孩子兄弟表示法，孩子兄弟表示法又称为二叉链表表示法，它在链表的结点中设置两个指针域分别指向该结点的第一个孩子和下一个兄弟，如图 3-27 所示。

树的孩子兄弟表示法为实现树、森林与二叉树之间的转换提供了可能，充分利用二叉树的有关算法来实现树及森林的操作，对难以把握规律的树和森林有着重要的现实意义。

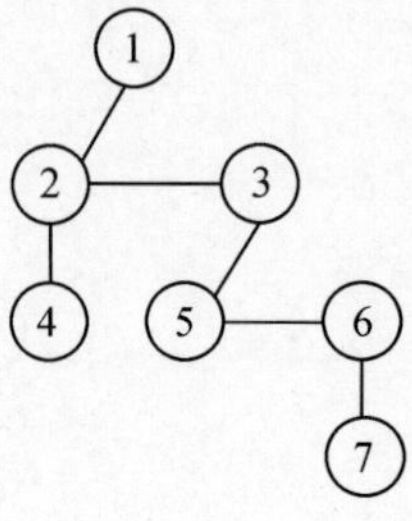

图 3-27　图 3-25（a）中树的孩子兄弟表示法

2．树和森林的遍历

1）树的遍历

由于树中的每个结点可以有多个子树，因此遍历树的方法有两种，即先根遍历和后根遍历。

（1）树的先根遍历。树的先根遍历是先访问树的根结点，然后依次先根遍历根的各棵子树。对树的先根遍历等同于对转换所得的二叉树进行先序遍历。

（2）树的后根遍历。树的后根遍历是先依次后根遍历树根的各棵子树，然后访问树根结点。树的后根遍历等同于对转换所得的二叉树进行中序遍历。

2）森林的遍历

按照森林和树的相互递归定义，可以得出森林的两种遍历方法。

（1）先序遍历森林。若森林非空，首先访问森林中第一棵树的根结点，然后先序遍历第一棵树根结点的子树森林，最后先序遍历除第一棵树之外剩余的树所构成的森林。

（2）中序遍历森林。若森林非空，首先中序遍历森林中第一棵树的子树森林，然后访问第一棵树的根结点，最后中序遍历除第一棵树之外剩余的树所构成的森林。

3．树、森林和二叉树之间的相互转换

树、森林和二叉树之间可以互相进行转换，即任何一个森林或一棵树可以对应表示为一棵二叉树，而任何一棵二叉树也能对应到一个森林或一棵树上。

（1）树、森林转换为二叉树。利用树的孩子兄弟表示法可导出树与二叉树的对应关系，在树的孩子兄弟表示法中，从物理结构上看与二叉树的二叉链表表示法相同，因此就可以用这种同一存储结构的不同解释将一棵树转换为一棵二叉树，如图 3-28 所示。一棵树可转换成唯一的一棵二叉树。

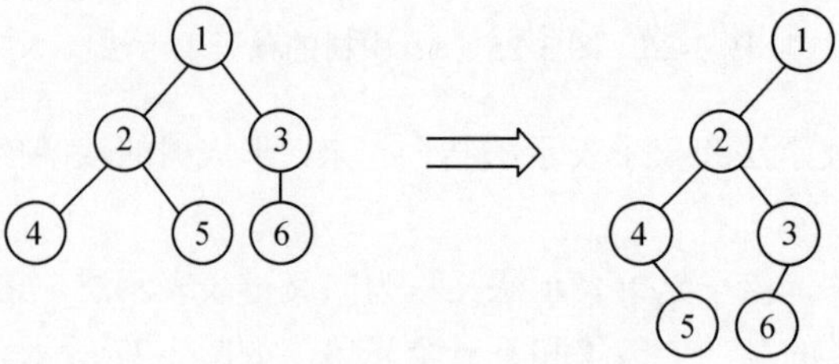

图 3-28　树转换为二叉树

由于树根没有兄弟，所以树转换为二叉树后，二叉树的根一定没有右子树。这样，将一个森林转换为一棵二叉树的方法是：先将森林中的每一棵树转换为二叉树，再将第一棵树的根作为转换后的二叉树的根，第一棵树的左子树作为转换后二叉树根的左子树，第二棵树作为转换后二叉树的右子树，第三棵树作为转换后二叉树根的右子树的右子树，依此类推，森林就可以转换为一棵二叉树，如图 3-29 所示。

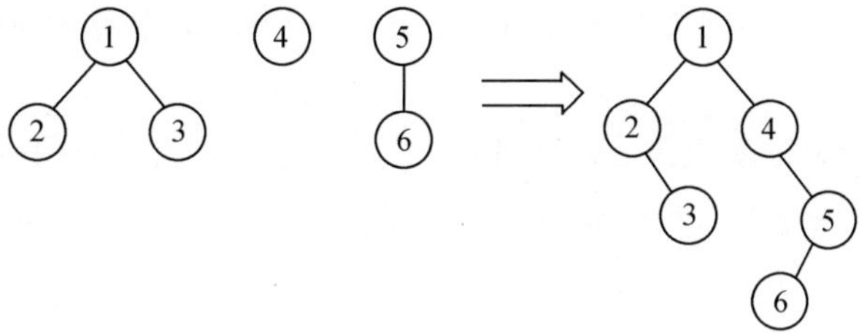

图 3-29　森林转换为二叉树

（2）二叉树转换为树和森林。一棵二叉树可转换为唯一的树或森林，如图 3-30 所示。

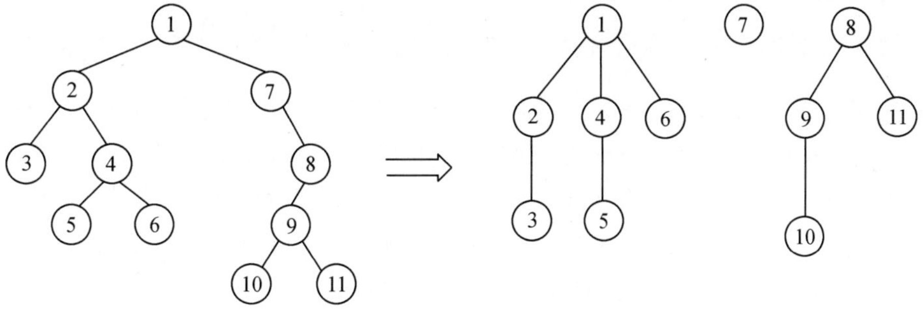

图 3-30　二叉树转换为树（或森林）

3.4　图

图是比树结构更复杂的一种数据结构。在线性结构中，除首结点没有前驱、末尾结点没有后继外，一个结点只有唯一的一个直接前驱和唯一的一个直接后继。在树结构中，除根结点没有前驱结点外，其余的每个结点只有唯一的一个前驱（双亲）结点和多个后继（子树）结点。而在图中，任意两个结点之间都可能有直接的关系，所以图中一个结点的前驱结点和后继结点的数目是没有限制的。

3.4.1 图的定义与存储

1. 图的定义

图 G 是由集合 V 和 E 构成的二元组，记作 $G=(V,E)$，其中，V 是图中顶点的非空有限集合，E 是图中边的有限集合。从数据结构的逻辑关系角度来看，图中任一顶点都有可能与其他顶点有关系，而图中所有顶点都有可能与某一顶点有关系。在图中，数据元素用顶点表示，数据元素之间的关系用边表示。

（1）有向图。若图中每条边都是有方向的，那么顶点之间的关系用$<v_i,v_j>$表示，它说明从 v_i 到 v_j 有一条有向边（也称为弧）。v_i 是有向边的起点，称为弧尾；v_j 是有向边的终点，称为弧头。所有边都有方向的图称为有向图。

（2）无向图。若图中的每条边都是无方向的，顶点 v_i 和 v_j 之间的边用（v_i，v_j）表示。因此，在有向图中$<v_i,v_j>$与$<v_j,v_i>$分别表示两条边，而在无向图中（v_i，v_j）与（v_j，v_i）表示的是同一条边。

（3）完全图。若一个无向图具有 n 个顶点，而每一个顶点与其他 $n-1$ 个顶点之间都有边，则称之为无向完全图。显然，含有 n 个顶点的无向完全图共有 $\frac{n(n-1)}{2}$ 条边。类似地，有 n 个顶点的有向完全图中弧的数目为 $n(n-1)$，即任意两个不同顶点之间都有方向相反的两条弧存在。

（4）度、出度和入度。顶点 v 的度是指关联于该顶点的边的数目，记作 $D(v)$。若 G 为有向图，顶点的度表示该顶点的入度和出度之和。顶点的入度是以该顶点为终点的有向边的数目，而顶点的出度指以该顶点为起点的有向边的数目，分别记为 $ID(v)$和 $OD(v)$。无论是有向图还是无向图，顶点数 n、边数 e 与各顶点的度之间有以下关系

$$e=\frac{1}{2}\sum_{i=1}^{n}D(v_i)$$

（5）路径。在无向图 G 中，从顶点 v_p 到顶点 v_q 的路径是指存在一个顶点序列 v_p，v_{i1}，v_{i2}，…，v_{in}，v_q，使得（v_p，v_{i1}），（v_{i1}，v_{i2}），…，（v_{in}，v_q）均属于 $E(G)$。若 G 是有向图，其路径也是有方向的，它由 $E(G)$中的有向边$<v_p,v_{i1}>,<v_{i1},v_{i2}>,\cdots,<v_{in},v_q>$组成。路径长度是路径上边或弧的数目。第一个顶点和最后一个顶点相同的路径称为回路或环。若一条路径上除了 v_p 和 v_q 可以相同外，其余顶点均不相同，则称其为简单路径。

（6）子图。若有两个图 $G=(V,E)$ 和 $G'=(V',E')$，如果 $V'\subseteq V$ 且 $E'\subseteq E$，则称 G' 为 G 的子图。

（7）连通图与连通分量。在无向图 G 中，若从顶点 v_i 到顶点 v_j 有路径，则称顶点 v_i 和顶

点 v_j 是连通的。如果无向图 G 中任意两个顶点都是连通的，则称其为连通图。无向图 G 的极大连通子图称为 G 的连通分量。

（8）强连通图与强连通分量。在有向图 G 中，如果对于每一对顶点 v_i，$v_j \in V$ 且 $v_i \neq v_j$，从顶点 v_i 到顶点 v_j 和从顶点 v_j 到顶点 v_i 都存在路径，则称图 G 为强连通图。有向图中的极大连通子图称为有向图的强连通分量。

（9）网。边（或弧）带权值的图称为网。

（10）有向树。如果一个有向图恰有一个顶点的入度为 0，其余顶点的入度均为 1，则是一棵有向树。

从图的逻辑结构的定义来看，图中的顶点之间不存在全序关系（即无法将图中的顶点排列成一个线性序列），任何一个顶点都可被看成第一个顶点；另一方面，任一顶点的邻接点之间也不存在次序关系。为了便于运算，给图中的每个顶点赋予一个序号值。

2．图的存储结构

图的基本存储结构有邻接矩阵表示法和邻接链表表示法两种。

1）邻接矩阵表示法

图的邻接矩阵表示法是指用一个矩阵来表示图中顶点之间的关系。对于具有 n 个顶点的图 $G=(V,E)$，其邻接矩阵是一个 n 阶方阵，且满足：

$$\boldsymbol{A}[i][j]=\begin{cases}1 & 若(v_i,v_j)或<v_i,v_j>是\ E\ 中的边\\ 0 & 若(v_i,v_j)或<v_i,v_j>不是\ E\ 中的边\end{cases}$$

由邻接矩阵的定义可知，无向图的邻接矩阵是对称的，有向图的邻接矩阵则不一定对称。借助于邻接矩阵容易判定任意两个顶点之间是否有边（或弧）相连，并且容易求得各个顶点的度。对于无向图，顶点 v_i 的度是邻接矩阵第 i 行（或列）中值不为 0 的元素个数；对于有向图，第 i 行（或列）中值不为 0 的元素个数是顶点 v_i 的出度 $\mathrm{OD}(v_i)$，第 j 列的非 0 元素个数是顶点 v_j 的入度 $\mathrm{ID}(v_j)$。

网（赋权图）的邻接矩阵可定义为：

$$\boldsymbol{A}[i][j]=\begin{cases}W_{ij} & 若(v_i,v_j)或<v_i,v_j>属于E\\ \infty & 若(v_i,v_j)或<v_i,v_j>不属于E\end{cases}$$

其中，W_{ij} 是边（弧）上的权值。

图 3-31 所示的有向图和无向图的邻接矩阵分别为 $\boldsymbol{A}$ 和 $\boldsymbol{B}$。

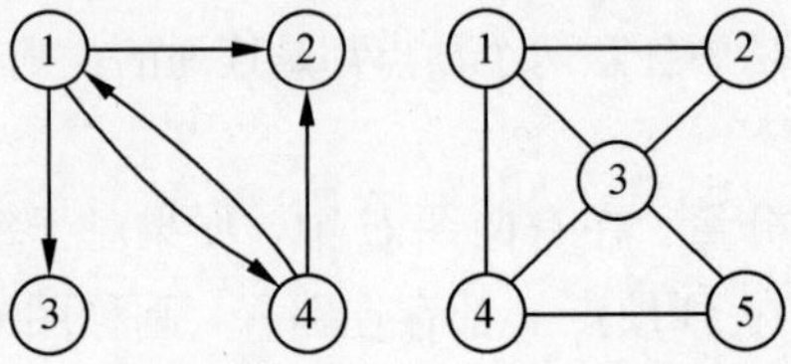

$$A=\begin{bmatrix}0&1&1&1\\0&0&0&0\\0&0&0&0\\1&1&0&0\end{bmatrix}\qquad B=\begin{bmatrix}0&1&1&1&0\\1&0&1&0&0\\1&1&0&1&1\\1&0&1&0&1\\0&0&1&1&0\end{bmatrix}$$

图 3-31　有向图和无向图及其邻接矩阵

图 3-32 所示的是一个网及其邻接矩阵 ***C***。

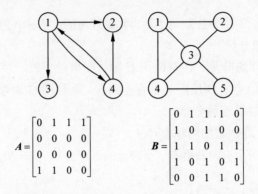

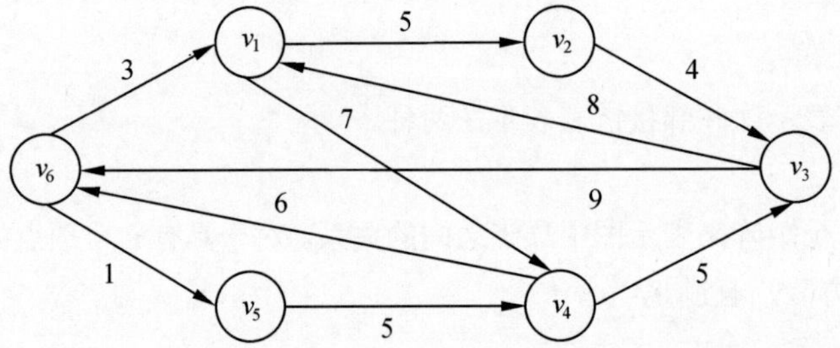

$$C=\begin{bmatrix}\infty&5&\infty&7&\infty&\infty\\\infty&\infty&4&\infty&\infty&\infty\\8&\infty&\infty&\infty&\infty&9\\\infty&\infty&5&\infty&\infty&6\\\infty&\infty&\infty&5&\infty&\infty\\3&\infty&\infty&\infty&1&\infty\end{bmatrix}$$

图 3-32　一个网及其邻接矩阵表示

若用邻接矩阵表示图，则对应的数据类型可定义为：

```
#define MaxN    30                          /*图中顶点数目的最大值*/
typedef int AdjMatrix[MaxN][MaxN];
```

或

```
typedef double AdjMatrix[MaxN][MaxN];       /*邻接矩阵*/
typedef struct {
      int Vnum;                             /*图中的顶点数目*/
      AdjMatrix Arcs;
}Graph;
```

2）邻接链表表示法

邻接链表表示法指的是为图的每个顶点建立一个单链表，第 i 个单链表中的结点表示依附于顶点 v_i 的边（对于有向图是以 v_i 为尾的弧）。邻接链表中的结点有表结点（或边结点）和表头结点两种类型，如下所示。

表结点

adjvex	nextarc	Info

表头结点

data	firstarc

其含义如下。

- adjvex：指示与顶点 v_i 邻接的顶点的序号。
- nextarc：指示下一条边或弧的结点。
- info：存储与边或弧有关的信息，如权值等。
- data：存储顶点 v_i 的名或其他有关信息。
- firstarc：指示链表中的第一个结点（邻接顶点）。

这些表头结点通常以顺序的形式存储，以便随机访问任一顶点的邻接链表。若图用邻接链表来表示，则对应的数据类型可定义如下：

```
#define MaxN    50                  /*图中顶点数目的最大值*/
typedef struct ArcNode{             /*邻接链表的表结点*/
    int adjvex;                     /*邻接顶点的顶点序号*/
    double weight;                  /*边（弧）上的权值*/
    struct ArcNode *nextarc;        /*指向下一个邻接顶点的指针*/
}EdgeNode;
typedef struct VNode{               /*邻接链表的头结点*/
    char    data;                   /*顶点表示的数据，以一个字符表示*/
    struct ArcNode *firstarc;       /*指向第一条依附于该顶点的边或弧的指针*/
}AdjList[MaxN];
typedef struct {
        int Vnum;                   /*图中顶点的数目*/
        AdjList     Vertices;
}Graph;
```

显然，对于有 n 个顶点、e 条边的无向图来说，其邻接链表需用 n 个头结点和 $2e$ 个表结点。

对于无向图的邻接链表，顶点 v_i 的度恰为第 i 个邻接链表中表结点的数目，而在有向图中，为求顶点的入度，必须扫描逐个邻接表，这是因为第 i 个邻接链表中表结点的数目只是顶点 v_i 的出度。为此，可以建立一个有向图的逆邻接链表。有向图的邻接表和逆邻接表如图 3-33 所示。

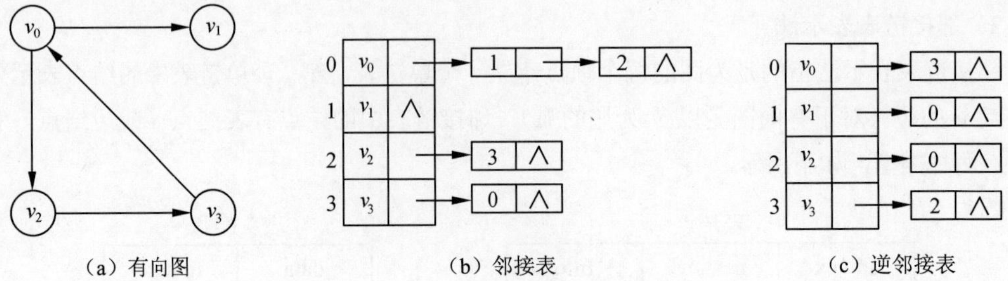

图 3-33 一个有向图及其邻接表和逆邻接表表示

3.4.2 图的遍历

图的遍历是指从某个顶点出发，沿着某条搜索路径对图中的所有顶点进行访问且只访问一次的过程。图的遍历算法是求解图的连通性问题、拓扑排序及求关键路径等算法的基础。

图的遍历要比树的遍历复杂得多。因为图的任一个结点都可能与其余顶点相邻接，所以在访问了某个顶点之后，可能沿着某路径又回到该结点上，为了避免对顶点进行重复访问，在图的遍历过程中必须记下每个已访问过的顶点。深度优先搜索和广度优先搜索是两种遍历图的基本方法。

1．深度优先搜索（Depth First Search，DFS）

此种方法类似于树的先根遍历，在第一次经过一个顶点时就进行访问操作。从图 G 中任一结点 v 出发按深度优先搜索法进行遍历的步骤如下。

（1）设置搜索指针 p，使 p 指向顶点 v。

（2）访问 p 所指顶点，并使 p 指向与其相邻接的且尚未被访问过的顶点。

（3）若 p 所指顶点存在，则重复步骤（2），否则执行步骤（4）。

（4）沿着刚才访问的次序和方向回溯到一个尚有邻接顶点且未被访问过的顶点，并使 p 指向这个未被访问的顶点，然后重复步骤（2），直到所有的顶点均被访问为止。

该算法的特点是尽可能先对纵深方向搜索，因此可以得到其递归遍历算法。

【函数】以邻接链表表示图的深度优先搜索算法。

```
int visited[MaxN] = {0};           /*调用遍历算法前设置所有的顶点都没有被访问过*/
void Dfs(Graph G, int i) {
    EdgeNode *t; int j;
    printf("%d", i);               /*访问序号为 i 的顶点*/
    visited[i] = 1;                /*序号为 i 的顶点已被访问过*/
```

```
    t = G.Vertices[i].firstarc;      /*取顶点 i 的第一个邻接顶点*/
    while(t != NULL) {               /*检查所有与顶点 i 相邻接的顶点*/
        j = t->adjvex;               /*顶点 j 为顶点 i 的一个邻接顶点*/
        if (visited[j] == 0)         /*若顶点 j 未被访问则从顶点 j 出发进行深度优先搜索*/
            Dfs(G,j);
        t = t->nextarc;              /*取顶点 i 的下一个邻接顶点*/
    }/*while*/
}/*Dfs*/
```

从函数 Dfs()之外调用 Dfs 可以访问到所有与起始顶点有路径相通的其他顶点。若图是不连通的，则下一次应从另一个未被访问过的顶点出发，再次调用 Dfs 进行遍历，直到将图中所有的顶点都访问到为止。深度优先的搜索过程如图 3-34 所示。

深度优先遍历图的过程实质上是对某个顶点查找其邻接点的过程，其耗费的时间取决于所采用的存储结构。当图用邻接矩阵表示时，查找所有顶点的邻接点所需时间为 $O(n^2)$。若以邻接表作为图的存储结构，则需要 $O(e)$的时间复杂度查找所有顶点的邻接点。因此，当以邻接表作为存储结构时，深度优先搜索遍历图的时间复杂度为 $O(n+e)$。

2．广度优先搜索（Breadth First Search，BFS）

图的广度优先搜索方法为：从图中的某个顶点 v 出发，在访问了 v 之后依次访问 v 的各个未被访问过的邻接点，然后分别从这些邻接点出发依次访问它们的邻接点，并使“先被访问的顶点的邻接点”先于“后被访问的顶点的邻接点”被访问，直到图中所有已被访问的顶点的邻接点都被访问到。若此时还有未被访问的顶点，则另选图中的一个未被访问的顶点作为起点，重复上述过程，直到图中所有的顶点都被访问到为止。对图 3-35 所示的图进行广度优先搜索，得到的序列为“1，2，3，4，5，6”。

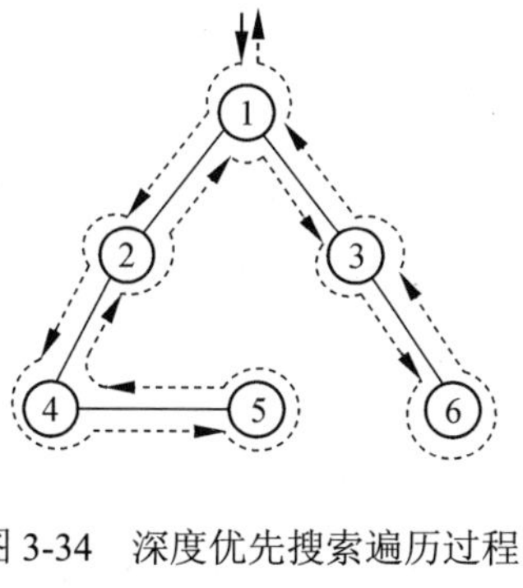

图 3-34　深度优先搜索遍历过程

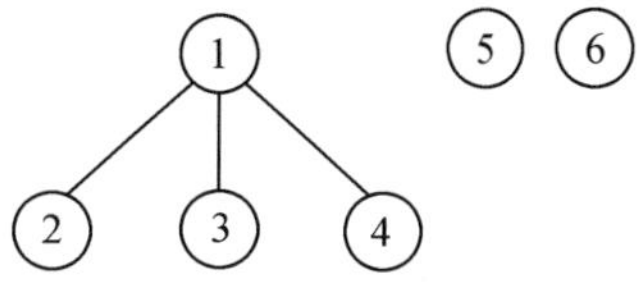

图 3-35　一个不连通的无向图

广度优先遍历图的特点是尽可能先进行横向搜索，即最先访问的顶点的邻接点也先被访问。为此，引入队列来保存已访问过的顶点序列，即每当一个顶点被访问后，就将其放入队列中，当队头顶点出队时，就访问其未被访问的邻接点并令这些邻接顶点入队。

【算法】以邻接链表表示图的广度优先搜索算法。

```
void Bfs(Graph G)
{     /*广度优先遍历图 G*/
    EdgeNode *t; int i,j,k;
    int visited[MaxN] = {0};                /*调用遍历算法前设置所有的顶点都没有被访问过*/
    InitQueue(Q);                           /*创建一个空队列*/
    for(i=0; i<G.Vnum; i++)  {
      if (!visited[i]) {                    /*顶点 i 未被访问过*/
         EnQueue(Q,i);
         printf("%d ",i); visited[i]=1;     /*访问顶点 i 并设置已访问标志*/
         while(!isEmpty(Q)){                /*若队列不空，则继续取顶点进行广度优先搜索*/
            DeQuque(Q,k);
            t = G.Vertices[k].firstarc;
            for(; t; t = t->nextarc){       /*检查所有与顶点 k 相邻接的顶点*/
               j = t->adjvex;               /*顶点 j 是顶点 k 的一个邻接顶点*/
               if (visited[j] == 0) {       /*若顶点 j 未被访问过，将 j 加入队列*/
                    EnQueue(Q, j);
                    printf("%d ", j);       /*访问序号为 j 的顶点并设置已访问标志*/
                    visited[j] = 1;
               } /*if*/
            }/*for*/
         }/*while*/
      }/*if*/
}/*for i*/
}/*Bfs*/
```

在广度优先遍历算法中，每个顶点最多进一次队列。

遍历图的过程实质上是通过边或弧找邻接点的过程，因此广度优先搜索遍历图和深度优先搜索遍历图的运算时间复杂度相同，其不同之处仅仅在于对顶点访问的次序不同。

3.4.3 生成树及最小生成树

1. 生成树的概念

对于有 n 个顶点的连通图，至少有 $n-1$ 条边，而生成树中恰好有 $n-1$ 条边，所以连通图的生成树是该图的极小连通子图。若在图的生成树中任意加一条边，则必然形成回路。图 3-36（a）所示的无向图的一个生成树如图 3-36（b）所示，图 3-36（c）不是生成树，因为存在回路。

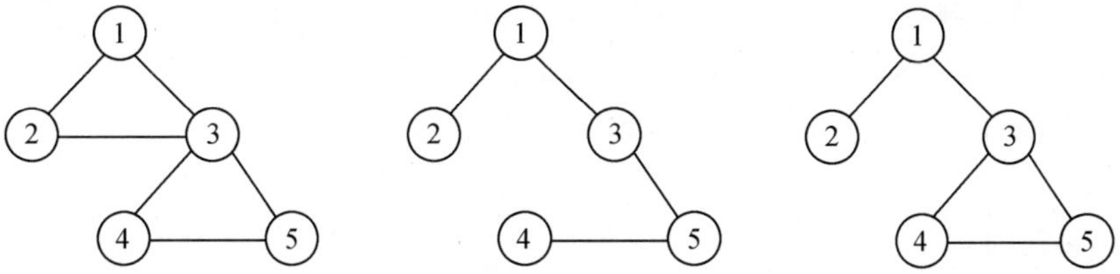

（a）图　（b）生成树　（c）非生成树

图 3-36　一个无向图的生成树和非生成树

图的生成树不是唯一的。从不同的顶点出发，选择不同的存储方式，用不同的求解方法，可以得到不同的生成树。对于非连通图而言，每个连通分量中的顶点集和遍历时走过的边集一起构成若干棵生成树，把它们称为非连通图的生成树森林。按深度和广度优先搜索进行遍历将得到不同的生成树，分别称为深度优先生成树和广度优先生成树。例如，图 3-37 所示的是图 3-36（a）的一棵深度优先生成树和一棵广度优先生成树。

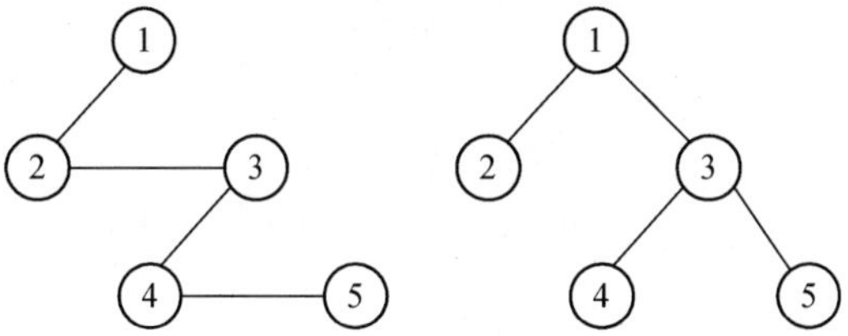

（a）DFS 生成树　（b）BFS 生成树

图 3-37　图的搜索生成树

2．最小生成树

对于连通网来说，边是带权值的，生成树的各边也带权值，因此把生成树各边的权值总和称为生成树的权，把权值最小的生成树称为最小生成树。求解最小生成树有许多实际的应用。

常用的最小生成树求解算法有普里姆（Prim）算法和克鲁斯卡尔（Kruskal）算法。

（1）普里姆（Prim）算法。

假设 $N=(V,E)$是连通网，TE 是 N 上最小生成树中边的集合。算法从顶点集合 $U=\{u_0\}(u_0\in V)$、边的集合 $TE=\{\}$开始，重复执行下述操作：在所有 $u\in U$，$v\in V-U$ 的边$(u,v)\in E$ 中找一条代价最小的边(u_0, v_0)，把这条边并入集合 TE，同时将 v_0 并入集合 U，直到 $U=V$ 时为止。此时 TE 中必有 $n-1$ 条边，$T=(V,\{TE\})$为 N 的最小生成树。

由此可知，普里姆算法构造最小生成树的过程是以一个顶点集合 $U=\{u_0\}$作为初态，不断寻找与 U 中顶点相邻且代价最小的边的另一个顶点，扩充 U 集合直到 $U=V$ 时为止。

用普里姆算法构造最小生成树的过程如图 3-38 所示。

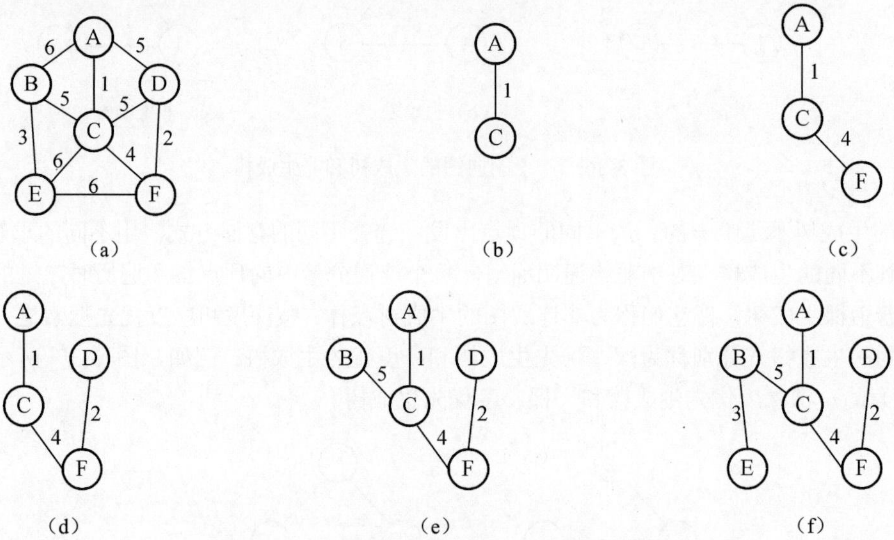

图 3-38 普里姆算法构造最小生成树的过程

普里姆算法的时间复杂度为$O(n^2)$，与图中的边数无关，因此该算法适合于求边稠密的网的最小生成树。

（2）克鲁斯卡尔（Kruskal）算法。

克鲁斯卡尔求最小生成树的算法思想为：假设连通网 $N=(V,E)$，令最小生成树的初始状态为只有 n 个顶点而无边的非连通图 $T=(V,\{\})$，图中每个顶点自成一个连通分量。在 E 中选择代价最小的边，若该边依附的顶点落在 T 中不同的连通分量上，则将此边加入到 T 中，否则舍去此边而选择下一条代价最小的边。依此类推，直到 T 中所有顶点都在同一连通分量上为止。

用克鲁斯卡尔算法构造图 3-38（a）所示网的最小生成树的过程如图 3-39 所示。

克鲁斯卡尔算法的时间复杂度为 $O(e\log e)$，与图中的顶点数无关，因此该算法适合于求边稀疏的网的最小生成树。

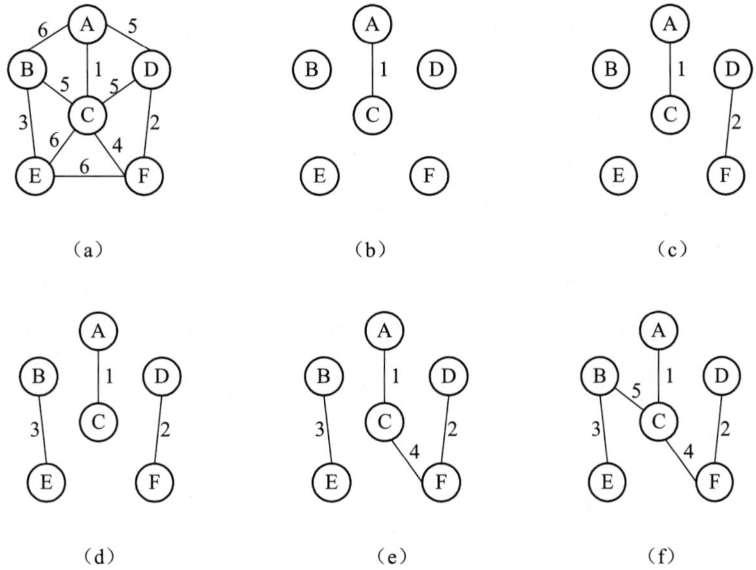

图 3-39　克鲁斯卡尔算法构造最小生成树的过程

3.4.4　拓扑排序和关键路径

1．AOV 网

在工程领域，一个大的工程项目通常被划分为许多较小的子工程（称为活动）。显然，当这些子工程都完成时，整个工程也就完成了。在有向图中，若以顶点表示活动，用有向边表示活动之间的优先关系，则称这样的有向图为以顶点表示活动的网（Activity On Vertex network，AOV 网）。在 AOV 网中，若从顶点 v_i 到顶点 v_j 有一条有向路径，则顶点 v_i 是 v_j 的前驱，顶点 v_j 是 v_i 的后继。若 $<v_i,v_j>$ 是网中的一条弧，则顶点 v_i 是 v_j 的直接前驱，顶点 v_j 是 v_i 的直接后继。AOV 网中的弧表示了活动之间的优先关系，也可以说是一种活动进行时的制约关系。

在 AOV 网中不应出现有向环，若存在，则意味着某项活动必须以自身任务的完成为先决条件，显然这是荒谬的。因此，若要检测一个工程是否可行，首先应检查对应的 AOV 网是否存在回路。不存在回路的有向图称为有向无环图，或 DAG（Directed Acycline Graph）图。检测的方法是对有向图构造其顶点的拓扑有序序列。若图中所有的顶点都在它的拓扑有序序列中，则该 AOV 网中必定不存在环。

2．拓扑排序及其算法

拓扑排序是将 AOV 网中的所有顶点排成一个线性序列的过程，并且该序列满足：若在 AOV

网中从顶点 v_i 到 v_j 有一条路径，则在该线性序列中，顶点 v_i 必然在顶点 v_j 之前。

一般情况下，假设 AOV 图代表一个工程计划，则 AOV 网的一个拓扑排序就是一个工程顺利完成的可行方案。对 AOV 网进行拓扑排序的方法如下。

（1）在 AOV 网中选择一个入度为 0（没有前驱）的顶点且输出它。

（2）从网中删除该顶点及与该顶点有关的所有弧。

（3）重复上述两步，直到网中不存在入度为 0 的顶点为止。

执行的结果会有两种情况：一种是所有顶点已输出，此时整个拓扑排序完成，说明网中不存在回路；另一种是尚有未输出的顶点，剩余的顶点均有前驱顶点，表明网中存在回路，拓扑排序无法进行下去。对于图 3-40（a）所示的有向无环图进行拓扑排序，得到的拓扑序列为 6,1,4,3,2,5。

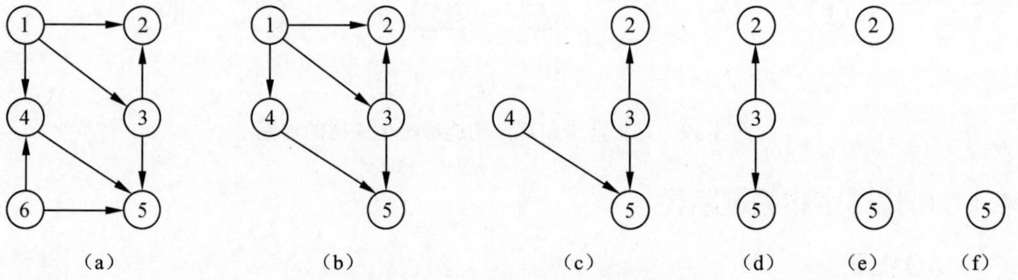

图 3-40 拓扑排序过程

当有向图中无环时，也可以利用深度优先遍历进行逆拓扑排序。由于图中无环，从图中某点出发进行深度优先遍历时，最先退出 Dfs 函数的顶点即是出度为 0 的顶点，它是拓扑有序序列中最后的一个顶点。由此，按退出 Dfs 函数的先后顺序记录下来的顶点序列即为逆向的拓扑有序序列。拓扑排序算法的时间复杂度为 $O(n+e)$。

3. AOE 网

若在带权有向图 G 中以顶点表示事件，以有向边表示活动，以边上的权值表示该活动持续的时间，则这种带权有向图称为用边表示活动的网（Activity On Edge network，AOE 网）。通常在 AOE 网中列出了完成预定工程计划所需进行的活动、每项活动的计划完成时间、活动开始或结束的事件以及这些事件和活动间的关系，从而可以分析该项工程是否实际可行并估计工程完成的最短时间，以及影响工程进度的关键活动；进一步可以进行人力、物力的调度和分配，以达到缩短工期的目的。

在用 AOE 网表示一项工程计划时，顶点所表示的事件实际上就是某些活动已经完成、某些活动可以动工的标志。具体来说，顶点所表示的事件是指该顶点所有进入边所表示的活动均已完成、从它出发的边所表示的活动均可以开始的一种事件。

一般情况下，每项工程都有一个开始事件和一个结束事件，所以在 AOE 网中至少有一个入度为 0 的开始顶点，称为源点。另外，应有一个出度为 0 的结束顶点，称为汇点。AOE 网中不应存在有向回路，否则整个工程无法完成。

与 AOV 网不同，AOE 网所关心的问题如下。

（1）完成该工程至少需要多少时间？

（2）哪些活动是影响整个工程进度的关键？

由于 AOE 网中的某些活动能够并行地进行，因此完成整个工程所需的时间是从开始顶点到结束顶点的最长路径的长度。这里的路径长度是指该路径上的权值之和。

4．关键路径和关键活动

在从源点到汇点的路径中，长度最长的路径称为关键路径。关键路径上的所有活动均是关键活动。如果任何一项关键活动没有按期完成，就会影响整个工程的进度，而缩短关键活动的工期通常可以缩短整个工程的工期。假设在 n 个顶点的 AOE 网中，顶点 v_0 表示源点、顶点 v_{n-1} 表示汇点，则引入顶点事件的最早、最晚发生时间，活动的最早、最晚开始时间等概念。

（1）顶点事件的最早发生时间 ve(j)。ve(j)是指从源点 v_0 到 v_j 的最长路径长度（时间）。这个时间决定了所有从 v_j 发出的弧所表示的活动能够开工的最早时间。

ve(j)计算方法为

$$\begin{cases} \mathrm{ve}(0)=0 \\ \mathrm{ve}(j)=\max\{\mathrm{ve}(i)+\mathrm{dut}(<i,j>)\} \qquad <i,j>\in T, 1\leqslant j\leqslant n-1 \end{cases}$$

其中，T 是所有到达顶点 j 的弧的集合，dut(<i, j>)是弧<i, j>上的权值，n 是网中的顶点数，如图 3-41（a）所示。

显然，上式是一个从源点开始的递推公式。显然，必须在 v_j 的所有前驱顶点事件的最早发生时间全部得出后才能计算 ve(j)。这样必须对 AOE 网进行拓扑排序，然后按拓扑有序序列逐个求出各顶点事件的最早发生时间。

（2）顶点事件的最晚发生时间 vl(i)。vl(i)是指在不推迟整个工期的前提下，事件 v_i 的最晚发生时间。对于一个工程来说，计划用几天时间完成是可以从 AOE 网求得的，其数值就是汇点 v_{n-1} 的最早发生时间 ve(n–1)，而这个时间也就是 vl(n–1)。其他顶点事件的 vl 应从汇点开始，逐步向源点方向递推才能求得，所以 vl(i)的计算公式为

$$\begin{cases} \mathrm{vl}(n-1) = \mathrm{ve}(n-1) \\ \mathrm{vl}(i) = \min\{\mathrm{vl}(j) - \mathrm{dut}(<i,j>)\} \qquad <i,j> \in S, 1 \leqslant i \leqslant n-2 \end{cases}$$

其中，S 是所有从顶点 i 发出的弧的集合，如图 3-41（b）所示。

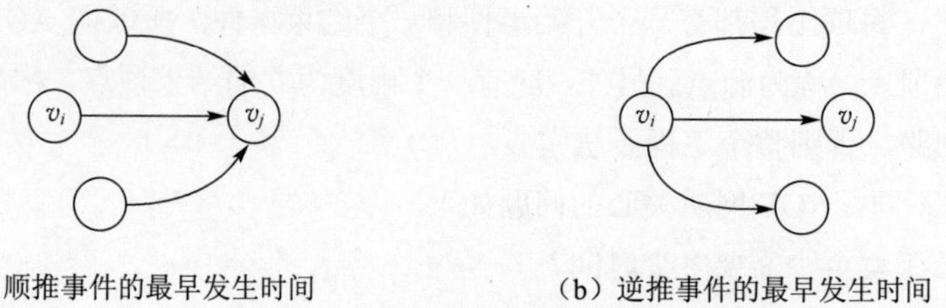

图 3-41 推导事件的最早、最晚发生时间示意图

显然，必须在顶点 v_i 的所有后继顶点事件的最晚发生时间全部得出后才能计算 vl(i)。这样必须对 AOE 网逆拓扑排序，由逆拓扑序列递推计算各顶点的 vl 值。

（3）活动 a_k 的最早开始时间 $e(k)$。$e(k)$是指弧$<i, j>$所表示的活动 a_k 最早可开工时间。

$$e(k) = \mathrm{ve}(i)$$

这说明活动 a_k 的最早开始时间等于事件 v_i 的最早发生时间。

（4）活动 a_k 的最晚开始时间 $l(k)$。$l(k)$是指在不推迟整个工期的前提下，该活动的最晚开始时间。若活动 a_k 由弧$<i, j>$表示，则

$$l(k) = \mathrm{vl}(j) - \mathrm{dut}(<i,j>)$$

对于活动 a_k 来说，若 $e(k)=l(k)$，则表示活动 a_k 是关键活动，它说明该活动最早可开工时间与整个工程计划允许该活动最晚的开工时间一致，施工期一点也不能拖延。若活动 a_k 不能按期完成，则工程将延期；若活动 a_k 提前完成，则可能使整个工程提前完工。

由关键活动组成的路径是关键路径。依照上述计算关键活动的方法，即可形成 AOE 网的关键路径。

3.4.5 最短路径

1．单源点最短路径

所谓单源点最短路径，是指给定带权有向图 G 和源点 v_0，求从 v_0 到 G 中其余各顶点的最短路径。迪杰斯特拉（Dijkstra）提出了按路径长度递增的次序产生最短路径的算法，其思想是：把网中所有的顶点分成两个集合 S 和 T，S 集合的初态只包含顶点 v_0，T 集合的初态为网中除

v_0之外的所有顶点。凡以 v_0 为源点，已经确定了最短路径的终点并入 S 集合中，顶点集合 T 则是尚未确定最短路径的顶点的集合。按各顶点与 v_0 间最短路径长度递增的次序，逐个把 T 集合中的顶点加入到 S 集合中去，使得从 v_0 到 S 集合中各顶点的路径长度始终不大于从 v_0 到 T 集合中各顶点的路径长度。

对于图 3-42 所示的有向网，用迪杰斯特拉算法求解顶点 v_0 到达其余顶点的最短路径的过程如表 3-1 所示。

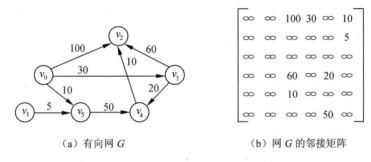

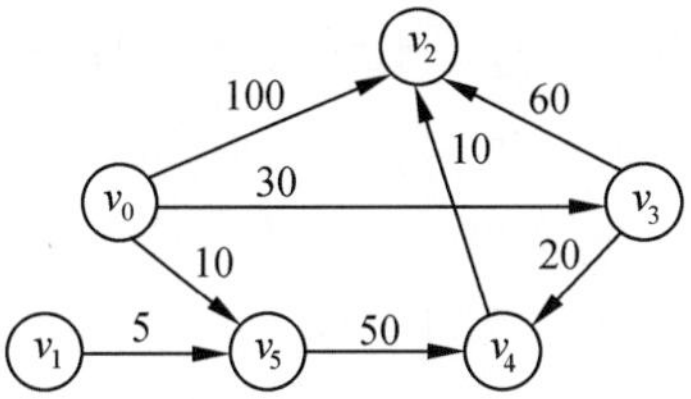

（a）有向网 G

$$\begin{bmatrix} \infty & \infty & 100 & 30 & \infty & 10 \\ \infty & \infty & \infty & \infty & \infty & 5 \\ \infty & \infty & \infty & \infty & \infty & \infty \\ \infty & \infty & 60 & \infty & 20 & \infty \\ \infty & \infty & 10 & \infty & \infty & \infty \\ \infty & \infty & \infty & \infty & 50 & \infty \end{bmatrix}$$

（b）网 G 的邻接矩阵

图 3-42　有向网 G 及其邻接矩阵

表 3-1　迪杰斯特拉算法求解图 3-42 中顶点 v_0 到 v_1、v_2、v_3、v_4、v_5 最短路径的过程

终点	1	2	3	4	5
v_1	∞	∞	∞	∞	∞
v_2	100 (v_0, v_2)	100 (v_0, v_2)	90 (v_0, v_3, v_2)	60 (v_0, v_3, v_4, v_2)	
v_3	30 (v_0, v_3)	30 (v_0, v_3)			
v_4	∞	60 (v_0, v_5, v_4)	50 (v_0, v_3, v_4)		
v_5	10 (v_0, v_5)				
说明	在从 v_0 到 v_1、v_2、v_3、v_4、v_5 的路径中，(v_0, v_5)最短，则将顶点 v_5 加入 S 集合，并且更新 v_0 到 v_4 的路径	在从 v_0 到 v_1、v_2、v_3、v_4 的路径中，(v_0, v_3)最短，则将顶点 v_3 加入 S 集合，并且更新 v_0 到 v_2、v_0 到 v_4 的路径	在从 v_0 到 v_1、v_2、v_4 的路径中，(v_0, v_3, v_4)最短，则将顶点 v_4 加入 S 集合，并且更新 v_0 到 v_2 的路径	在从 v_0 到 v_1、v_2 的路径中，(v_0, v_3, v_4, v_2)最短，则将顶点 v_2 加入 S 集合	v_0 到 v_1 无路径
集合 S	{v_0, v_5}	{v_0, v_5, v_3}	{v_0, v_5, v_3, v_4}	{v_0, v_5, v_3, v_4, v_2}	

为了能方便地求出从 v_0 到 T 集合中各顶点最短路径的递增次序，算法实现时引入一个辅助向量 dist。它的分量 dist[i]表示当前求出的从 v_0 到终点 v_i 的最短路径长度。这个路径长度并不一定是最后的最短路径长度。它的初始状态为：若从 v_0 到 v_i 有弧，则 dist[i]为弧上的权值；否则，置 dist[i]为∞。显然，长度为 $\text{dist}[u]=\min\{\text{dist}[i] \mid \text{v}_i \in V(G)\}$ 的路径就是从 v_0 出发的长度最短的一条最短路径。此路径为(v_0, u)，这时顶点 u 应从集合 T 中删除，将其并入集合 S。

设图采用邻接矩阵 arcs 存储，那么每次选出一个顶点 u 并使之并入集合 S 后，就根据情况修改 T 集合中各顶点的路径长度 dist。对于 T 集合中的某一个顶点 i 来说，其更短路径可能为(v_0, …, v_u, v_i)。也就是说，若 $\text{dist}[u]+\text{arcs}[u][i]<\text{dist}[i]$，则修改 dist[$i$]，使 $\text{dist}[i]=\text{dist}[u]+\text{arcs}[u][i]$。

对 T 集合中各顶点的 dist 进行修改后，再从中挑选出一个路径长度最小的顶点，从 T 集合中删除之并将其并入 S 集合。依此类推，就能求出源点到其余各顶点的最短路径长度。

2．每对顶点间的最短路径

若每次以一个顶点为源点，重复执行迪杰斯特拉算法 n 次，便可求得网中每一对顶点之间的最短路径。下面介绍弗洛伊德（Floyd）提出的求最短路径的算法，该算法在形式上要更简单一些。

弗洛伊德算法思想是：假设图采用邻接矩阵的方式存储，需要求从顶点 v_i 到 v_j 的最短路径。arcs[i][j]表示弧（v_i, v_j）的权值，若此弧不存在，则权值为区别于有效权值的一个数。如果存在 v_i 到 v_j 的弧，则从 v_i 到 v_j 存在一条长度为 arcs[i][j]的路径，该路径不一定是最短路径，尚需进行 n 次试探。首先考虑路径（v_i, v_0, v_j）是否存在（即判别路径（v_i, v_0）和（v_0, v_j）是否存在），若存在，则比较（v_i, v_j）与（v_i, v_0, v_j）的路径长度，取较短者为从 v_i 到 v_j 且中间顶点的序号不大于 0 的最短路径。假如在路径上再增加一个顶点 v_1，也就是说，如果（v_i, …, v_1）和（v_1, …, v_j）分别是当前找到的中间顶点的序号不大于 0 的 v_i 到 v_1 以及 v_1 到 v_j 的最短路径，那么（v_i,… v_1, …, v_j）就有可能是从 v_i 到 v_j 且中间顶点的序号不大于 1 的最短路径。将它与已经得到的从 v_i 到 v_j 的中间顶点的序号不大于 0 的最短路径相比较，从中选出中间顶点的序号不大于 1 的最短路径之后，再增加一个顶点 v_2 继续进行试探，依此类推。一般情况下，若（v_i, …, v_k）和（v_k, …, v_j）分别是从 v_i 到 v_k 和 v_k 到 v_j 的中间顶点的序号不大于 k–1 的最短路径，则将（v_i, …, v_k, …, v_j）与已经得到的从 v_i 到 v_j 的中间顶点的序号不大于 k–1 的最短路径相比较，长度较短者便是从 v_i 到 v_j 的中间顶点的序号不大于 k 的最短路径。这样，经过 n 次试探后，最后求得的必是从 v_i 到 v_j 的最短路径。按此方法，可以同时求得各对顶点间的最短路径。

3.5　查找

3.5.1　查找的基本概念

1．基本概念

查找是一种常用的基本运算。查找表是指由同一类型的数据元素（或记录）构成的集合。由于“集合”中的数据元素之间存在着完全松散的关系，因此，查找表是一种非常灵活的数据结构。

对查找表经常要进行的两种操作如下。

（1）查询某个特定的数据元素是否在查找表中。

（2）检索某个特定的数据元素的各种属性。

通常将只进行这两种操作的查找表称为静态查找表。

对查找表经常要进行的另外两种操作如下。

（1）在查找表中插入一个数据元素。

（2）从查找表中删除一个数据元素。

若需要在查找表中插入不存在的数据元素，或者从查找表中删除已存在的某个数据元素，则称此类查找表为动态查找表。

关键字是数据元素（或记录）的某个数据项的值，用它来识别（标识）这个数据元素。主关键字是指能唯一标识一个数据元素的关键字。次关键字是指能标识多个数据元素的关键字。

根据给定的某个值，在查找表中确定是否存在一个其关键字等于给定值的记录或数据元素。若表中存在这样的一个记录，则称查找成功，此时给出整个记录的信息，或者指出记录在查找表中的位置；若表中不存在关键字等于给定值的记录，则称查找不成功，此时的查找结果用一个“空”记录或“空”指针表示。

2．平均查找长度

对于查找算法来说，其基本操作是“将记录的关键字与给定值进行比较”。因此，通常以“其关键字和给定值进行过比较的记录个数的期望值”作为衡量查找算法好坏的依据。

为确定记录在查找表中的位置，需和给定关键字值进行比较的次数的期望值称为查找算法在查找成功时的平均查找长度。

对于含有 n 个记录的表，查找成功时的平均查找长度定义为

$$\text{ASL}=\sum_{i=1}^{n}P_iC_i$$

其中，P_i 为对表中第 i 个记录进行查找的概率，且 $\sum_{i=1}^{n}P_i=1$，一般情况下，均认为查找每个记录的概率是相等的，即 $P_i=1/n$；C_i 为找到表中其关键字与给定值相等的记录时（为第 i 个记录），和给定值已进行过比较的关键字个数，显然，C_i 随查找方法的不同而不同。

3.5.2 静态查找表的查找方法

1．顺序查找

顺序查找的基本思想是：从表的一端开始，逐个将记录的关键字和给定值比较，若找到一个记录的关键字与给定值相等，则查找成功；若整个表中的记录均比较过，仍未找到关键字等于给定值的记录，则查找失败。

顺序查找的方法对于顺序存储方式和链式存储方式的查找表都适用。

从顺序查找的过程可知，C_i 取决于所查记录在表中的位置。若需查找的记录正好是表中的第一个记录，仅需比较一次；若查找成功时找到的是表中的最后一个记录，则需比较 n 次。从表尾开始查找时正好相反。一般情况下，$C_i=n-i+1$，因此在等概率情况下，顺序查找成功的平均查找长度为

$$\text{ASL}_{\text{ss}}=\sum_{i=1}^{n}P_iC_i=\frac{1}{n}\sum_{i=1}^{n}(n-i+1)=\frac{n+1}{2}$$

也就是说，成功查找的平均比较次数约为表长的一半。若所查记录不在表中，则必须进行 n 次（不设监视哨，设置监视哨时为 n+1 次）比较才能确定失败。监视哨是指查找表用一维数组存储时，将待查找的记录放置在查找表的第一个记录之前或最后一个记录之后，从而在查找过程中不需要对数组元素的下标进行合法性检查。

与其他查找方法相比，顺序查找方法在 n 值较大时，其平均查找长度较大，查找效率较低。但这种方法也有优点，那就是算法简单且适应面广，对查找表的结构没有要求，无论记录是否按关键字有序排列均可应用。

2．折半查找

设查找表的元素存储在一维数组 r[1,…,n]中，在表中的元素已经按关键字递增方式排序的情况下，进行折半查找的方法是：首先将待查元素的关键字（Key）值与表 r 中间位置上（下标为 mid）记录的关键字进行比较，若相等，则查找成功；若 key>r[mid].key，则说明待查记录

只可能在后半个子表 r[mid+1,…, n]中，下一步应在后半个子表中进行查找；若 key<r[mid].key，说明待查记录只可能在前半个子表 r[1,…, mid–1]中，下一步应在 r 的前半个子表中进行查找，这样逐步缩小范围，直到查找成功或子表为空时失败为止。

【函数】设有一个整型数组中的元素是按非递减的方式排列的，在其中进行折半查找的算法为：

```
int Bsearch(int r[], int low, int high, int key)
/*元素存储在数组 r[low..high]，用折半查找的方法在数组 r 中找值为 key 的元素*/
/*若找到返回该元素的下标，否则返回–1*/
{   int mid;
    while(low <= high) {
        mid = (low+high)/2 ;
        if (key == r[mid]) return mid;
        else if (key<r[mid]) high = mid-1;
        else low = mid+1;
    }/*while*/
    return -1;
}/*Bsearch*/
```

【函数】设有一个整型数组中的元素是按非递减的方式排列的，在其中进行折半查找的递归算法如下：

```
int Bsearch_rec(int r[],int low,int high,int key)
/*元素存储在数组 r[low..high]，用折半查找的方法在数组 r 中找值为 key 的元素*/
/*若找到返回该元素的下标，否则返回–1*/
{    int mid;
    if (low <= high) {
        mid = (low+high)/2 ;
        if (key == r[mid])
                return mid;
        else if (key<r[mid])
                return Bsearch_rec(r,low,mid-1,key);
        else
                return Bsearch_rec(r,mid+1,high,key);
    }/*if*/
    return -1;
}/*Bsearch_rec*/
```

折半查找的性能分析如下。

折半查找的过程可以用一棵二叉树描述，方法是以当前查找区间的中间位置序号作为根，左半个子表和右半个子表中的记录序号分别作为根的左子树和右子树上的结点，这样构造的二叉树称为折半查找判定树。例如，具有 11 个结点的折半查找判定树如图 3-43 所示。

从折半查找判定树可以看出，查找成功时，折半查找的过程恰好走了一条从根结点到被查找结点的路径，与关键字进行比较的次数即为被查找结点在树中的层数。因此，折半查找在查找成功时进行比较的关键字个数最多不超过树的深度，而具有 n 个结点的判定树的深度为 $\lfloor \log_2 n \rfloor + 1$，所以折半查找在查找成功时和给定值进行比较的关键字个数最多为 $\lfloor \log_2 n \rfloor + 1$。

给判定树中所有结点的空指针域加一个指向方形结点的指针，称这些方形结点为判定树的外部结点（与之相对，称那些圆形结点为内部结点），如图 3-44 所示。那么折半查找不成功的过程就是走了一条从根结点到外部结点的路径。与给定值进行比较的关键字个数等于该路径上内部结点个数，因此折半查找在查找不成功时和给定值进行比较的关键字个数最多也不会超过 $\lfloor \log_2 n \rfloor + 1$。

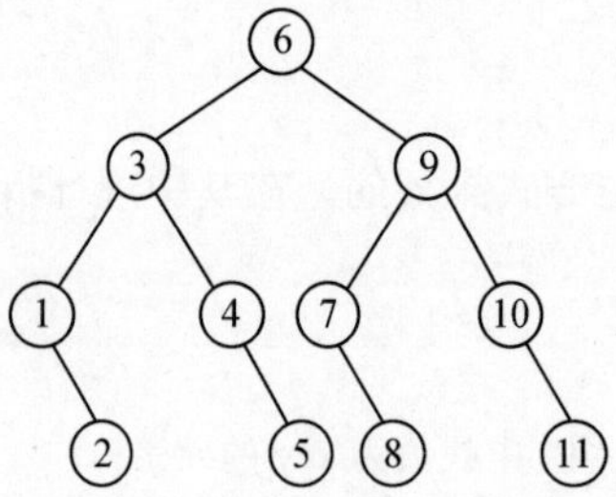

图 3-43　具有 11 个结点的折半查找判定树

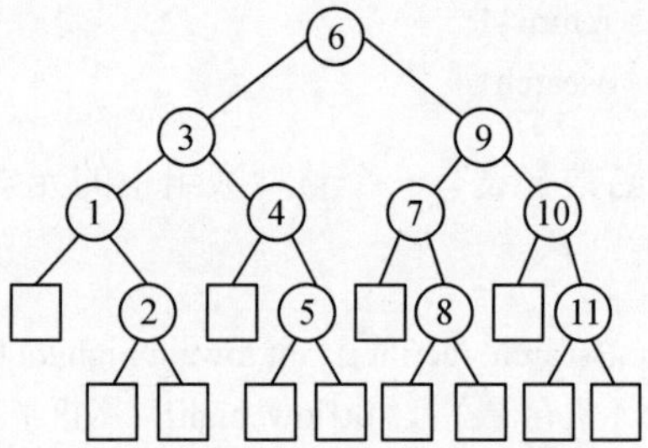

图 3-44　加上外部结点的判定树

那么折半查找的平均查找长度是多少呢？为了方便起见，不妨设结点总数为 $n=2^h-1$，则判定树是深度为 $h=\log_2(n+1)$ 的满二叉树。在等概率情况下，折半查找的平均查找长度为

$$\text{ASL}_{\text{bs}} = \sum_{j=1}^{n} P_i C_i = \frac{1}{n}\sum_{j=1}^{n} j \times 2^{j-1} = \frac{n+1}{n}\log_2(n+1) - 1$$

当 n 值较大时，$\text{ASL}_{\text{bs}} \approx \log_2(n+1) - 1$。

折半查找比顺序查找的效率要高，但它要求查找表进行顺序存储并且按关键字有序排列。因此，当需要对表进行插入或删除操作时，需要移动大量的元素。所以折半查找适用于表不易变动，且又经常进行查找的情况。

3. 分块查找

分块查找又称索引顺序查找，是对顺序查找方法的一种改进，其效率介于顺序查找与折半查找之间。

在分块查找过程中，首先将表分成若干块，每一块的关键字不一定有序，但块之间是有序的，即后一块中所有记录的关键字均大于前一个块中最大的关键字。此外，还建立了一个“索引表”，索引表按关键字有序，如图 3-45 所示。

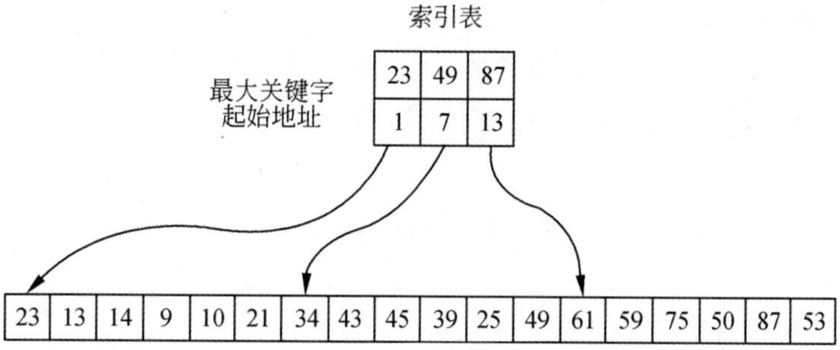

图 3-45　表及其索引表

因此，分块查找过程分为两步：第一步在索引表中确定待查记录所在的块；第二步在块内顺序查找。

由于分块查找实际上是两次查找的过程，因此其平均查找长度应该是两次查找的平均查找长度（索引查找与块内查找）之和，即

$$\mathrm{ASL_{bs}} = L_\mathrm{b} + L_\mathrm{w}$$

其中，L_b 为查找索引表的平均查找长度，L_w 为块内查找时的平均查找长度。

分块查找时，可将长度为 n 的表均匀地分成 b 块，每块含有 s 个记录，即有 $b=\left\lceil \frac{n}{s} \right\rceil$。在等概率查找的情况下，块内查找的概率为 $\frac{1}{s}$，每块的查找概率为 $\frac{1}{b}$，若用顺序查找确定元素所在的块，则分块查找的平均查找长度为

$$\mathrm{ASL_{bs}} = L_\mathrm{b} + L_\mathrm{w} = \frac{1}{b}\sum_{j=1}^{b} j + \frac{1}{s}\sum_{i=1}^{s} i = \frac{b+1}{2} + \frac{s+1}{2} = \frac{1}{2}\left(\frac{n}{s}+s\right)+1$$

可见，其平均查找长度不仅与表长 n 有关，而且与每一块的记录数 s 有关。可以证明，当 s 取 $\sqrt{n}$ 时，$\mathrm{ASL_{bs}}$ 取最小值 $\sqrt{n}+1$，此时的查找效率较顺序查找要好得多，但远不及折半查找。

考虑到索引表是一个有序表，因此可以用折半查找确定元素所在的块。

3.5.3 动态查找表

动态查找表的特点是表结构本身是在查找过程中动态生成的，即对于给定值 key，若表中存在关键字等于 key 的记录，则查找成功返回；否则插入关键字为 key 的记录。

1．二叉排序树

1）二叉排序树的定义

二叉排序树又称二叉查找树，它或者是一棵空树，或者是具有以下性质的二叉树。

（1）若它的左子树非空，则左子树上所有结点的值均小于根结点的值。

（2）若它的右子树非空，则右子树上所有结点的值均大于根结点的值。

（3）左、右子树本身是二叉排序树。

图 3-46 为一棵二叉排序树。

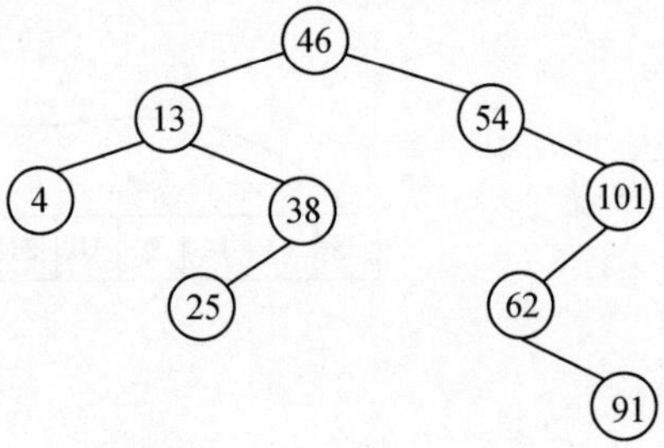

图 3-46　二叉排序树示意图

2）二叉排序树的查找过程

因为二叉排序树的左子树上所有结点的关键字均小于根结点的关键字，右子树上所有结点的关键字均大于根结点的关键字，所以在二叉排序树上进行查找的过程为：二叉排序树非空时，将给定值与根结点的关键字值相比较，若相等，则查找成功；若不相等，则当根结点的关键字值大于给定值时，下一步到根的左子树中进行查找，否则到根的右子树中进行查找。若查找成功，则查找过程是走了一条从树根到所找到结点的路径；否则，查找过程终止于一棵空的子树。

设二叉排序树采用二叉链表存储，结点的类型定义如下：

```
typedef struct Tnode{
        int data;                          /*结点的关键字值*/
        struct Tnode *lchild,*rchild;      /*指向左、右子树的指针*/
}BSTnode, *BSTree;
```

【函数】二叉排序树的查找算法。

```
BSTree SearchBST(BSTree root, int key, BSTree *father)
/*在 root 指向根的二叉排序树中查找键值为 key 的结点*/
/*若找到，返回该结点的指针；否则返回空指针 NULL*/
{   BSTree   p = root; *father = NULL;
```

```
    while (p && p->data!=key) {
        *father = p;
        if ( key < p->data )    p = p->lchild;
        else    p = p->rchild;
    }/*while*/
    return p;
}/*SearchBST*/
```

3）在二叉排序树中插入结点的操作

二叉排序树是通过依次输入数据元素并把它们插入到二叉树的适当位置构造起来的，具体的过程是：每读入一个元素，建立一个新结点。若二叉排序树非空，则将新结点的值与根结点的值相比较，如果小于根结点的值，则插入到左子树中，否则插入到右子树中；若二叉排序树为空，则新结点作为二叉排序树的根结点。设关键字序列为{46，25，54，13，29，91}，则整个二叉排序树的构造过程如图 3-47 所示。

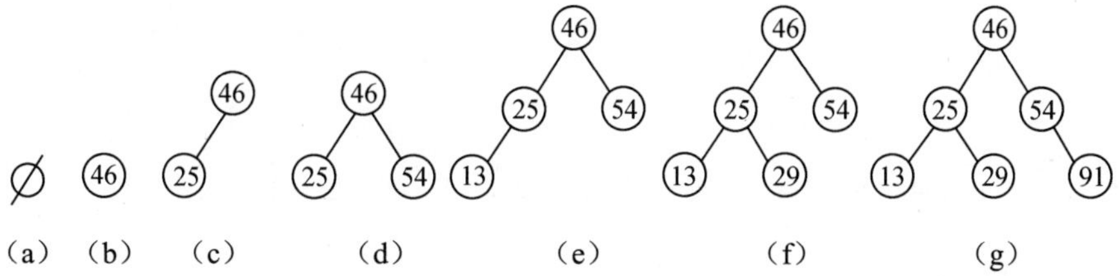

图 3-47 二叉排序树的构造过程

【函数】二叉排序树的插入算法。

```
int InsertBST(BSTree *root, int newkey)
/*在*root 指向根的二叉排序树中插入一个键值为 newkey 的结点，插入成功则返回 0，否则返回–1*/
{   BSTree s,p,f;
    s = (BSTree)malloc(sizeof(BSTnode));
    if (!s) return –1;
    s->data = newkey; s->lchild = NULL; s->rchild = NULL;
    p = SearchBST(*root,newkey,&f);          /*寻找插入位置*/
    if (p) return –1;                        /*键值为 newkey 的结点已在树中，不再插入*/
    if (!f)    *root = s;                    /*若为空树，键值为 newkey 的结点为树根*/
    else if (newkey < f->data) f->lchild = s;  /*作为父结点的左孩子插入*/
        else f->rchild = s;                  /*作为父结点的右孩子插入*/
    return 0;
}/*InsertBST*/
```

从上面的插入过程还可以看到，每次插入的新结点都是二叉排序树上新的叶子结点，因此插入结点时不必移动其他结点，仅需改动某个结点的孩子指针。这就相当于在一个有序序列上插入一个记录而不需要移动其他记录。这表明在二叉排序树进行查找具有类似于折半查找的特性，二叉排序树可采用链表存储结构，因此是动态查找表的一种适宜表示。

另外，由于一棵二叉排序树的形态完全由输入序列决定，所以在输入序列已经有序的情况下，所构造的二叉排序树是一棵单枝树。例如，对于关键字序列（12，18，23，45，60），建立的二叉排序树如图 3-48 所示，这种情况下的查找效率与顺序查找的效率相同。

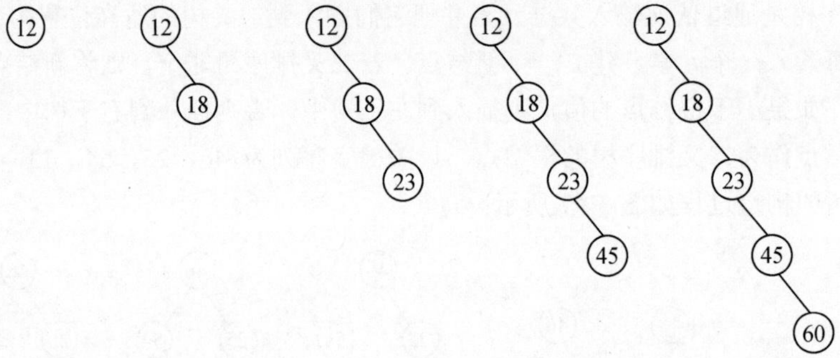

图 3-48　由关键字序列（12，18，23，45，60）创建的二叉排序树

4）在二叉排序树中删除结点的操作

在二叉排序树中删除一个结点，不能把以该结点为根的子树都删除，只能删除这个结点并仍旧保持二叉排序树的特性。也就是说，在二叉排序树上删除一个结点相当于在有序序列中删除一个元素。

假设要在二叉排序树种删除结点*p（p 指向被删除结点），*f 为其双亲结点，则该操作可分为 3 种情况：结点*p 为叶子结点；结点*p 只有左子树或者只有右子树；结点*p 的左子树、右子树均存在。

（1）若结点*p 为叶子结点且*p 不是根结点，即 p->lchild 及 p->rchild 均为空，则由于删去叶子结点后不破坏整棵树的结构，因此只需修改*p 的双亲结点*f 的相应指针即可。

f->lchild（或 f->rchild）= NULL;

（2）若结点*p 只有左子树或者只有右子树且*p 不是根结点，此时只要将*p 的左子树或右子树接成其双亲结点*f 的左子树（或右子树），即令

f->lchild（或 f->rchild）= p->lchild;

或

f->lchild（或 f->rchild）= p->rchild;

（3）若*p 结点的左、右子树均不空，则删除*p 结点时应将其左子树、右子树连接到适当的位置，并保持二叉排序树的特性。可采用以下两种方法进行处理：一是令*p 的左子树为*f 的左子树（若*p 不是根结点且*p 是*f 的左子树，否则为右子树），而将*p 的右子树下接到中序遍历时*p 的直接前驱结点*s（*s 结点是*p 的左子树中最右下方的结点）的右孩子指针上；二是用*p 的中序直接前驱（或后继）结点*s 代替*p 结点，然后删除*s 结点，如图 3-49 所示。

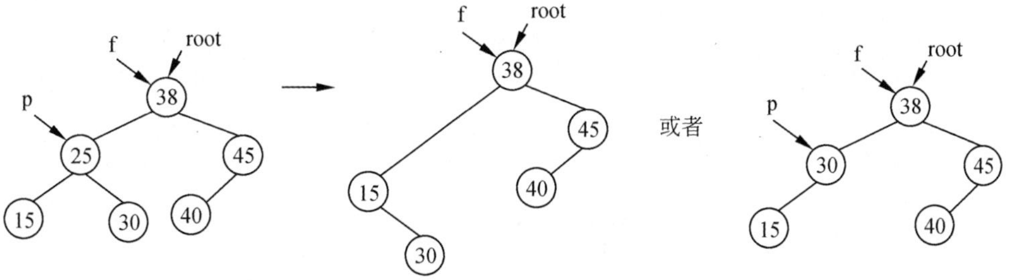

图 3-49 删除二叉排序树中具有两个子树的结点示意图

从二叉排序树的定义可知，中序遍历二叉排序树可得到一个关键字有序的序列。这也说明，一个无序序列可以通过构造一棵二叉排序树而得到一个有序序列，构造二叉排序树的过程就是对无序序列进行排序的过程。

2．平衡二叉树

平衡二叉树又称为 AVL 树，它或者是一棵空树，或者是具有下列性质的二叉树。它的左子树和右子树都是平衡二叉树，且左子树和右子树的高度之差的绝对值不超过 1。若将二叉树结点的平衡因子（Balance Factor，BF）定义为该结点左子树的高度减去其右子树的高度，则平衡二叉树上所有结点的平衡因子只可能是–1、0 和 1。只要树上有一个结点的平衡因子的绝对值大于 1，则该二叉树就是不平衡的。

分析二叉排序树的查找过程可知，只有在树的形态比较均匀的情况下，查找效率才能达到最佳。因此，希望在构造二叉排序树的过程中，保持其为一棵平衡二叉树。

使二叉排序树保持平衡的基本思想是：每当在二叉排序树中插入一个结点时，首先检查是否因插入破坏了平衡。若是，则找出其中的最小不平衡二叉树，在保持二叉排序树特性的情况下，调整最小不平衡子树中结点之间的关系，以达到新的平衡。所谓最小不平衡子树，是指离插入结点最近且以平衡因子的绝对值大于 1 的结点作为根的子树。

1）平衡二叉树上的插入操作

一般情况下，假设由于在二叉排序树上插入结点而失去平衡的最小子树根结点的指针为 a，也就是说，a 所指结点是离插入结点最近且平衡因子的绝对值超过 1 的祖先结点，那么，失去平衡后进行调整的规律可归纳为以下 4 种情况。

（1）LL 型单向右旋平衡处理。如图 3-50 所示，由于在*a（即结点 A）的左子树的左子树上插入新结点，使*a 的平衡因子由 1 增至 2，导致以*a 为根的子树失去平衡，因此需进行一次向右的顺时针旋转操作。

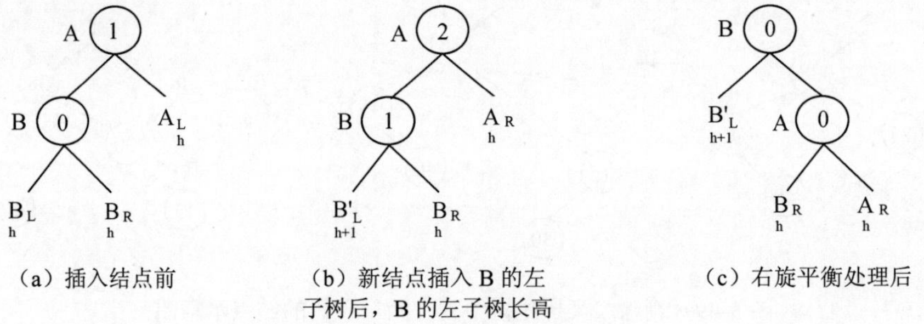

图 3-50 单向右旋平衡处理示意图

（2）RR 型单向左旋平衡处理。如图 3-51 所示，由于在*a（即结点 A）的右子树的右子树上插入新结点，使*a 的平衡因子由–1 变为–2，导致以*a 为根的子树失去平衡，因此需进行一次向左的逆时针旋转操作。

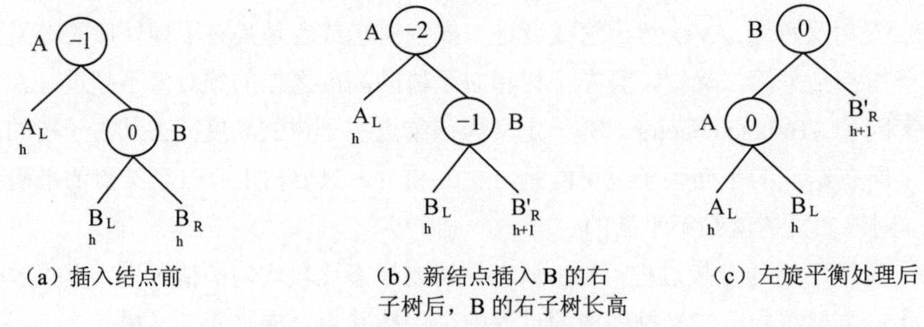

图 3-51 单向左旋平衡处理示意图

（3）LR 型先左后右双向旋转平衡处理。如图 3-52 所示，由于在*a（即结点 A）的左子树的右子树上插入新结点，使*a 的平衡因子由 1 增至 2，导致以*a 为根结点的子树失去平衡，因此需进行两次旋转（先左旋后右旋）操作。

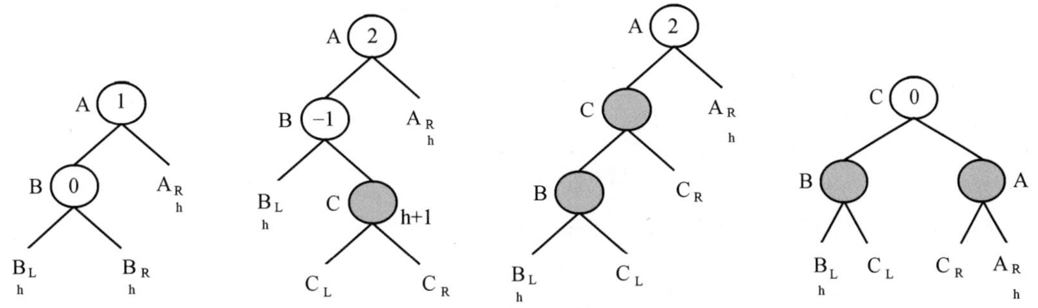

（a）插入结点前　（b）新结点插入 B 的右子树后，B 的右子树长高　（c）左旋平衡处理后　（d）右旋平衡处理后

图 3-52　先左后右双向平衡处理示意图

（4）RL 型先右后左双向旋转平衡处理。如图 3-53 所示，由于在*a（即结点 A）的右子树的左子树上插入新结点，使*a 的平衡因子由–1 变为–2，导致以*a 为根结点的子树失去平衡，因此需进行两次旋转（先右旋后左旋）操作。

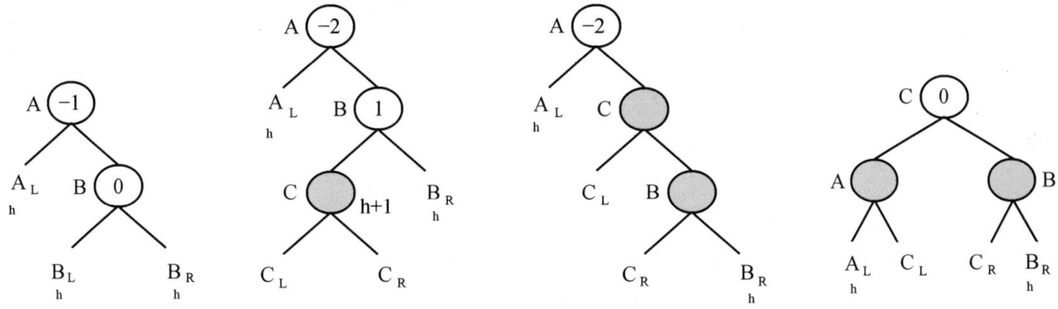

（a）插入结点前　（b）新结点插入 B 的左子树后，B 的左子树长高　（c）右旋平衡处理后　（d）左旋平衡处理后

图 3-53　先右后左双向平衡处理示意图

2）平衡二叉树上的删除操作

在平衡二叉树上进行删除操作比插入操作更复杂。若待删结点的两个子树都不为空，就用该结点左子树上的中序遍历的最后一个结点（或其右子树上的第一个结点）替换该结点，将情况转化为待删除的结点只有一个子树后再进行处理。当一个结点被删除后，从被删结点到树根的路径上所有结点的平衡因子都需要更新。对于每一个位于该路径上的平衡因子为±2 的结点

来说，都要进行平衡处理。

3．B_树

一棵 m 阶的 B_树，或为空树，或为满足下列特性的 m 叉树。

（1）树中每个结点最多有 m 棵子树。

（2）若根结点不是叶子结点，则最少有两棵子树。

（3）除根之外的所有非终端结点最少有 $\left\lceil \frac{m}{2} \right\rceil$ 棵子树。

（4）所有的非终端结点中包含下列数据信息

$$(n,A_0,K_1,A_1,K_2,A_2,\cdots,K_n,A_n)$$

其中，$K_i(i=1,2,\cdots,n)$为关键字，且 $K_i<K_{i+1}(i=1,2,\cdots,n-1)$；$A_i(i=0,1,\cdots,n)$为指向子树根结点的指针，且指针 A_{i-1} 所指子树中所有结点的关键字均小于 $K_i(i=1,2,\cdots,n)$，A_n 所指子树中所有结点的关键字均大于 K_n，n 为结点中关键字的个数且满足$\left(\left\lceil \frac{m}{2} \right\rceil -1 \leqslant n \leqslant m-1\right)$。

（5）所有的叶子结点都出现在同一层次上，并且不带信息（可以看作是外部结点或查找失败的结点，实际上这些结点不存在，指向这些结点的指针为空）。

一棵 4 阶的 B_树如图 3-54 所示。

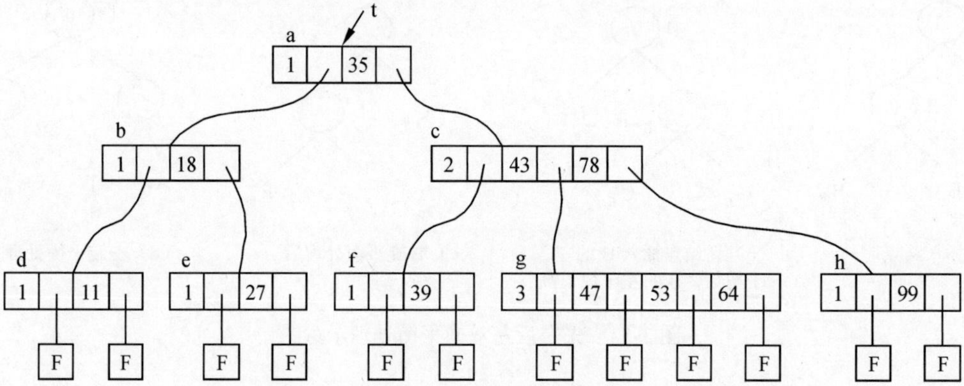

图 3-54　4 阶 B_树示意图

由 B_树的定义可知，在 B_树上进行查找的过程是：首先在根结点所包含的关键字中查找给定的关键字，若找到则成功返回；否则确定待查找的关键字所在的子树并继续进行查找，直到查找成功或查找失败（指针为空）时为止。

B_树上的插入和删除运算较为复杂，因为要保证运算后结点中关键字的个数大于等于$\left\lceil \frac{m}{2} \right\rceil -1$，因此涉及结点的“分裂”及“合并”问题。

在 B_树中插入一个关键字时，不是在树中增加一个叶子结点，而是首先在低层的某个非终端结点中添加一个关键字，若该结点中关键字的个数不超过 m–1，则完成插入；否则，要进行结点的“分裂”处理。所谓“分裂”，就是把结点中处于中间位置上的关键字取出来插入到其父结点中，并以该关键字为分界线，把原结点分成两个结点。“分裂”过程可能会一直持续到树根。

同样，在 B_树中删除一个结点时，首先找到关键字所在的结点，若该结点在含有信息的最后一层，且其中关键字的数目不少于$\left\lceil \frac{m}{2} \right\rceil -1$，则完成删除；否则需进行结点的“合并”运算。若待删除的关键字所在的结点不在含有信息的最后一层，则将该关键字用其在 B_树中的后继替代，然后删除其后继元素，即将需要处理的情况统一转化为在含有信息的最后一层再进行删除运算。

3.5.4　哈希表

1．哈希表的定义

在前面讨论的几种查找方法中，由于记录在存储结构中的相对位置是随机的，所以查找时都要通过一系列与关键字的比较才能确定被查记录在表中的位置。也就是说，这类查找都是以关键字的比较为基础的，而哈希表则通过计算一个以记录的关键字为自变量的函数（称为哈希函数）来得到该记录的存储地址，所以在哈希表中进行查找操作时，需用同一哈希函数计算得到待查记录的存储地址，然后到相应的存储单元去获得有关信息再判定查找是否成功。

根据设定的哈希函数 H(key)和处理冲突的方法，将一组关键字映射到一个有限的连续的地址集（区间）上，并以关键字在地址集中的“像”作为记录在表中的存储位置，这种表称为哈希表，这一映射过程称为哈希造表或散列，所得的存储位置称为哈希地址或散列地址。

对于某个哈希函数 H 和两个关键字 K_1 和 K_2，如果 $K_1 \neq K_2$，而 $H(K_1)=H(K_2)$，则称为冲突。具有相同哈希函数值的关键字对该哈希函数来说称为同义词。

一般情况下，冲突只能尽可能减少而不能完全避免，因为哈希函数是从关键字集合到地址集合的映像。通常，关键字集合比较大，它的元素包含所有可能的关键字，而地址集合的元素仅为哈希表中的地址值。假设关键字集合为某种高级语言的所有标识符，如果一个标识符对应一个存储地址，那就不会发生冲突了，但这是不可能也没有必要的，因为存储空间难以满足，而且任何一个源程序都不会使用这么多标识符。因此在一般情况下，哈希函数是一个压缩映像，冲突是不可避免的。

对于哈希表，主要考虑两个问题：一是如何构造哈希函数，二是如何解决冲突。

2．哈希函数的构造方法

常用的哈希函数构造方法有直接定址法、数字分析法、平方取中法、折叠法、随机数法和除留余数法等。

对于哈希函数的构造，应解决好两个主要问题。

（1）哈希函数应是一个压缩映像函数，它应具有较大的压缩性，以节省存储空间。

（2）哈希函数应具有较好的散列性，虽然冲突是不可避免的，但应尽量减少。

要减少冲突，就要设法使哈希函数尽可能均匀地把关键字映射到存储区的各个存储单元，这样就可以提高查找效率。在构造哈希函数时，一般都要对关键字进行计算，且尽可能使关键字的所有组成部分都能起作用。

3．处理冲突的方法

解决冲突就是为出现冲突的关键字找到另一个“空”的哈希地址。在处理冲突的过程中，可能得到一个地址序列 $H_i(i=1,2,\cdots,k)$。常见的处理冲突的方法有以下几种。

（1）开放定址法。

$$H_i=(H(\text{key})+d_i)\ \%\ m \quad i=1,2,\cdots,k(k\leqslant m-1)$$

其中，$H(\text{key})$为哈希函数；m 为哈希表表长；d_i 为增量序列。

常见的增量序列有以下3种。

① $d_i=1,2,3,\cdots,m-1$，称为线性探测再散列。

② $d_i=1^2,-1^2,2^2,-2^2,3^2,\cdots,\pm k^2\ (k\leqslant \dfrac{m}{2})$，称为二次探测再散列。

③ d_i =伪随机数序列，称为随机探测再散列。

最简单的产生探测序列的方法是进行线性探测，也就是发生冲突时，顺序地到存储区的下一个单元进行探测。

例如，某记录的关键字为 key，哈希函数值 $H(\text{key})=j$。若在哈希地址 j 发生了冲突（即此位置已存放了其他记录），则对哈希地址 $j+1$ 进行探测，若仍然有冲突，再对地址 $j+2$ 进行探测，依此类推，直到找到一个“空”的单元并将元素存入哈希表。

例如，设关键码序列为“47，34，13，12，52，38，33，27，3”，哈希表表长为11，哈希函数为 Hash(key)=key mod 11，则

Hash(47) = 47 MOD 11 = 3，Hash(34) = 34 MOD 11 = 1，

Hash(13) = 13 MOD 11 = 2，Hash(12) = 12 MOD 11 = 1，

Hash(52) = 52 MOD 11 = 8，Hash(38) = 38 MOD 11 = 5，

Hash(33) = 33 MOD 11 = 0，Hash(27) = 27 MOD 11 =5，

Hash(3) = 3 MOD 11 = 3。

使用线性探测法解决冲突构造的哈希表如下：

哈希地址	0	1	2	3	4	5	6	7	8	9	10
关键字	33	34	13	47	12	38	27	3	52		

由哈希函数得到关键字 47、34、13、52、38、33 的哈希地址没有冲突，元素直接存入。

对于元素 12，其哈希地址为 1，但是该地址中已经存入元素 34，因此由 H_1=(Hash(12)+1) mod 11=2，再试探哈希地址 2，但该地址已被元素 13 占用，发生冲突；再计算 H_2=(Hash(12)+2) mod 11=3，发生冲突（地址 3 被元素 47 占用）；再计算 H_3=(Hash(12)+3) mod 11=4，空闲，因此将元素 12 存入哈希地址为 4 的单元。元素 27 和 3 也是通过解决冲突后存入的。

线性探测法可能使第 i 个哈希地址的同义词存入第 i+1 个哈希地址，这样本应存入第 i+1 个哈希地址的元素变成了第 i+2 个哈希地址元素的同义词，……，因此，可能出现很多元素在相邻的哈希地址上“聚集”起来的现象，大大降低了查找效率。

那么在查找时就有 3 种可能：第一种情况是在某一位置上查到了关键字等于 key 的记录，查找成功；第二种情况是按探测序列查不到关键字为 key 的记录且又遇到了空单元，这时表明元素不在表中，表示查找失败；第三种情况是查遍全表，未查到指定关键字且符号表存储区已满，需进行溢出处理。

线性探测法思路清楚，算法简单，但也存在以下缺点。

① 溢出处理需另编程序。一般可另外设立一个溢出表，专门用来存放上述哈希表中放不下的记录。实现溢出表最简单的结构是顺序表，查找方法可用顺序查找。

② 线性探测法很容易产生聚集现象。所谓聚集现象，就是存入哈希表的记录在表中连成一片。当哈希函数不能把关键字很均匀地散列到哈希表中时，尤其容易产生聚集现象，这种情况下会增加探测的次数，从而降低了查找效率。

用户可以采取多种方法减少聚集现象的产生，二次探测再散列和随机探测再散列是两种有效的方法。

（2）链地址法。链地址法（或拉链法）是一种经常使用且很有效的方法。它在查找表的每一个记录中增加一个链域，链域中存放下一个具有相同哈希函数值的记录的存储地址。利用链域，就把若干个发生冲突的记录链接在一个链表内。当链域的值为 NULL 时，表示已没有后继

记录了。因此，对于发生冲突时的查找和插入操作就跟线性表一样了。

例如，哈希表表长为 11、哈希函数为 Hash(key)=key mod 11，对于关键码序列“47，34，13，12，52，38，33，27，3”，使用链地址法构造的哈希表如图 3-55 所示。

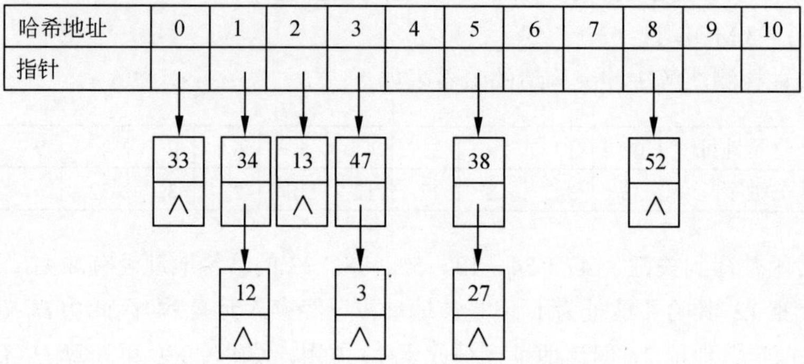

图 3-55　用链地址法解决冲突构造哈希表

在图 3-55 所示的哈希表中进行成功查找的平均查找长度 ASL 为

$$ASL = (6\times1+3\times2)/9 \approx 1.34$$

（3）再哈希法。

$$H_i=RH_i(\text{key}) \quad (i=1,2,\cdots,k)$$

RH_i 均是不同的哈希函数，即在同义词发生地址冲突时计算另一个哈希函数地址，直到冲突不再发生。这种方法不易产生聚集现象，但增加了计算时间。

（4）建立一个公共溢出区。无论由哈希函数得到的哈希地址是什么，一旦发生冲突，都填入到公共溢出区中。

4．哈希表的查找

在哈希表中进行查找操作时，用与存入元素时相同的哈希函数和冲突处理方法计算得到待查记录的存储地址，然后到相应的存储单元获得有关信息再判定查找是否成功。因此，哈希查找的特点如下。

（1）虽然哈希表在关键字与记录的存储位置之间建立了直接映像，但由于“冲突”的产生，使得哈希表的查找过程仍然是一个给定值和关键字进行比较的过程。因此，仍需要以平均查找长度衡量哈希表的查找效率。

（2）在查找过程中需要和给定值进行比较的关键字的个数取决于下列 3 个因素：哈希函数、

处理冲突的方法和哈希表的装填因子。

一般情况下，冲突处理方法相同的哈希表，其平均查找长度依赖于哈希表的装填因子。哈希表的装填因子定义为

$$\alpha = \frac{\text{表中装入的记录数}}{\text{哈希表的长度}}$$

α 标志着哈希表的装满程度。直观地看，α 越小，发生冲突的可能性就越小；反之，α 越大，表中已填入的记录越多，再填记录时，发生冲突的可能性就越大，则查找时，给定值需与之进行比较的关键字的个数也就越多。

3.6　排序

3.6.1　排序的基本概念

假设含 n 个记录的文件内容为$\{R_1,R_2,\cdots,R_n\}$，相应的关键字为$\{k_1,k_2,\cdots,k_n\}$。经过排序确定一种排列$\{R_{j1},R_{j2},\cdots,R_{jn}\}$，使得它们的关键字满足以下递增（或递减）关系：$k_{j1}\leqslant k_{j2}\leqslant\cdots\leqslant k_{jn}$（或$k_{j1}\geqslant k_{j2}\geqslant\cdots\geqslant k_{jn}$）。

若在待排序的一个序列中，R_i 和 R_j 的关键字相同，即 $k_i=k_j$，且在排序前 R_i 领先于 R_{j}，那么在排序后，如果 R_i 和 R_j 的相对次序保持不变，R_i 仍领先于 R_j，则称此类排序方法为稳定的。若在排序后的序列中有可能出现 R_j 领先于 R_i 的情形，则称此类排序为不稳定的。

（1）内部排序。内部排序指待排序记录全部存放在内存中进行排序的过程。

（2）外部排序。外部排序指待排序记录的数量很大，以至于内存不能容纳全部记录，在排序过程中尚需对外存进行访问的排序过程。

在排序过程中需要进行下列两种基本操作：比较两个关键字的大小；将记录从一个位置移动到另一个位置。前一种操作对大多数排序方法来说都是必要的，后一种操作可以通过改变记录的存储方式来避免。

3.6.2　简单排序

1．直接插入排序

直接插入排序是一种简单的排序方法，具体做法是：在插入第 i 个记录时，R_1、R_2、…、R_{i-1} 已经排好序，这时将 R_i 的关键字 k_i 依次与关键字 k_{i-1}、k_{i-2} 等进行比较，从而找到应该插入的位置并将 R_i 插入，插入位置及其后的记录依次向后移动。

【算法】直接插入排序算法。

```
void Insertsort(int data[], int n )
/*将数组 data[0]～data[n-1]中的 n 个整数按非递减有序的方式进行排列*/
{   int i, j;
    int tmp;
    for(i = 1; i < n; i++){
        if (data[i] < data[i-1]) {
            tmp = data[i];   data[i] = data[i-1];
            for(j = i-1; j>=0&&data[j] > tmp; j--)   data[j+1] = data[j];
            data[j+1] = tmp;
        }/*if*/
    }/*for*/
}/*Insertsort*/
```

直接插入排序法在最好情况下（待排序列已按关键码有序），每趟排序只需作 1 次比较且不需要移动元素，因此 n 个元素排序时的总比较次数为 $n-1$ 次，总移动次数为 0 次。在最坏情况下（元素已经逆序排列），进行第 i 趟排序时，待插入的记录需要同前面的 i 个记录都进行 1 次比较，因此，总比较次数为 $\sum_{i=1}^{n-1} i = \frac{n(n-1)}{2}$。排序过程中，第 i 趟排序时移动记录的次数为 $i+1$（包括移进、移出 tmp），总移动次数为 $\sum_{i=2}^{n}(i+1) = \frac{(n+3)(n-2)}{2}$。

直接插入排序是一种稳定的排序方法，其时间复杂度为 $O(n^2)$。在排序过程中仅需要一个元素的辅助空间，空间复杂度为 $O(1)$。

2．冒泡排序

n 个记录进行冒泡排序的方法是：首先将第一个记录的关键字和第二个记录的关键字进行比较，若为逆序，则交换这两个记录的值，然后比较第二个记录和第三个记录的关键字，依此类推，直到第 $n-1$ 个记录和第 n 个记录的关键字比较过为止。上述过程称为第一趟冒泡排序，其结果是关键字最大的记录被交换到第 n 个记录的位置上。然后进行第二趟冒泡排序，对前 $n-1$ 个记录进行同样的操作，其结果是关键字次大的记录被交换到第 $n-1$ 个记录的位置上。最多进行 $n-1$ 趟，所有记录有序排列。若在某趟冒泡排序过程没有进行相邻位置的元素交换处理，则可结束排序过程。

冒泡排序法在最好情况下（待排序列已按关键码有序），只需做 1 趟排序，元素的比较次

数为 $n-1$ 且不需要交换元素，因此总比较次数为 $n-1$ 次，总交换次数为 0 次。在最坏情况下（元素已经逆序排列），进行第 j 趟排序时，最大的 $j-1$ 个元素已经排好序，其余的 $n-(j-1)$个元素需要进行 $n-j$ 次比较和 $n-j$ 次交换，因此总比较次数为 $\sum_{j=1}^{n-1}(n-j)=\frac{n(n-1)}{2}$，总交换次数为 $\sum_{j=1}^{n-1}(n-j)=\frac{n(n-1)}{2}$。

冒泡排序是一种稳定的排序方法，其时间复杂度为 $O(n^2)$。在排序过程中仅需要一个元素的辅助空间用于元素的交换，空间复杂度为 $O(1)$。

3．简单选择排序

n 个记录进行简单选择排序的基本方法是：通过 $n-i$ $(1\leqslant i\leqslant n)$在次关键字之间的比较，从 $n-i+1$ 个记录中选出关键字最小的记录，并和第 i 个记录进行交换，当 i 等于 n 时所有记录有序排列。

【算法】简单选择排序算法。

```
void SelectSort(int data[], int n )
/*将数组 data 中的 n 个整数按非递减有序的方式进行排列*/
{   int i, j, k, tmp;
    for(i = 0; i < n-1; i++){
        k = i;
        for(j = i+1; j < n; j++)          /*找出最小关键字的下标*/
            if (data[j] < data[k])    k = j;
        if (k != i) {
            tmp = data[i];    data[i] = data[k];    data[k] = tmp;
        }/*if*/
    }/*for*/
}/*SelectSort*/
```

简单选择排序法在最好情况下（待排序列已按关键码有序），不需要移动元素，因此 n 个元素排序时的总移动次数为 0 次。在最坏情况下（元素已经逆序排列），前 $\frac{n}{2}$ 趟中，每趟排序移动记录的次数都为 3 次（两个数组元素交换值），其后不再移动元素，共进行 $n-1$ 趟排序，总移动次数为 $3(n-1)/2$。无论在哪种情况下，元素的总比较次数为 $\sum_{i=1}^{n-1}(n-i)=\frac{n(n-1)}{2}$。

简单选择排序是一种不稳定的排序方法，其时间复杂度为 $O(n^2)$。在排序过程中仅需要一个元素的辅助空间用于数组元素值的交换，空间复杂度为 $O(1)$。

3.6.3 希尔排序

希尔排序又称为“缩小增量排序”，它是对直接插入排序方法的改进。

希尔排序的基本思想是：先将整个待排记录序列分割成若干子序列，然后分别进行直接插入排序，待整个序列中的记录基本有序时，再对全体记录进行一次直接插入排序。具体做法是：先取一个小于 n 的整数 d_1 作为第一个增量，把文件的全部记录分成 d_1 个组，即将所有距离为 d_1 倍数序号的记录放在同一个组中，在各组内进行直接插入排序；然后取第二个增量 $d_2(d_2<d_1)$，重复上述分组和排序工作，依此类推，直到所取的增量 $d_i=1(d_i<d_{i-1}<\cdots<d_2<d_1)$，即所有记录放在同一组进行直接插入排序为止。

当增量序列为“5，3，1”时，希尔插入排序过程如下。

[初始关键字]：	48	37	64	96	75	12	26	$\overline{48}$	54	03
	48					12				
		37					26			
			64					$\overline{48}$		
				96					54	
					75					03
第一趟排序结果：	12	26	$\overline{48}$	54	03	48	37	64	96	75
	12			54			37			75
		26			03			64		
			$\overline{48}$			48			96	
第二趟排序结果：	12	03	$\overline{48}$	37	26	48	54	64	96	75
第三趟排序结果：	03	12	26	37	$\overline{48}$	48	54	64	75	96

【函数】用希尔排序方法对整型数组进行非递减排序。

```
void ShellSort(int data[], int n)
{ int *delta, k, i, t, dk, j;
  k = n;
  /*从 k=n 开始，重复 k=k/2 运算，直到 k 等于 1，所得 k 值的序列作为增量序列存入 delta*/
  delta = (int *)malloc(sizeof(int)*(n/2));
  i = 0;
  do{
      k = k/2;      delta[i++] = k;
  }while(k > 1);
```

```
    i = 0;
    while ((dk = delta[i])>0)     {
      for(k = delta[i]; k < n; ++k)
          if (data[k] < data[k-dk]) {            /*将元素 data[k]插入到有序增量子表中*/
              t = data[k];                       /*备份待插入的元素，空出一个元素位置*/
              for(j = k-dk; j >= 0 && t < data[j]; j -= dk)
                  data[j+dk] = data[j];          /*寻找插入位置的同时元素后移*/
              data[j+dk] = t;                    /*找到插入位置，插入元素*/
          }/*if*/
      ++i;                                       /*取下一个增量值*/
    }/*while*/
}/* ShellSort */
```

希尔排序是一种不稳定的排序方法，据统计分析其时间复杂度约为 $O(n^{1.3})$，在排序过程中仅需要一个元素的辅助空间用于数组元素值的交换，空间复杂度为 $O(1)$。

3.6.4　快速排序

快速排序的基本思想是：通过一趟排序将待排的记录划分为独立的两部分，称为前半区和后半区，其中，前半区中记录的关键字均不大于后半区记录的关键字，然后再分别对这两部分记录继续进行快速排序，从而使整个序列有序。

一趟快速排序的过程称为一次划分，具体做法是：附设两个位置指示变量 i 和 j，它们的初值分别指向序列的第一个记录和最后一个记录。设枢轴记录（通常是第一个记录）的关键字为 pivot，则首先从 j 所指位置起向前搜索，找到第一个关键字小于 pivot 的记录时将该记录向前移到 i 指示的位置，然后从 i 所指位置起向后搜索，找到第一个关键字大于 pivot 的记录时将该记录向后移到 j 所指位置，重复该过程直至 i 与 j 相等为止。

【函数】快速排序过程中的划分。

```
int partition(int data[], int low, int high)
 /*用 data[low]作为枢轴元素 pivot 进行划分*/
 /*使得 data[low..i-1]均不大于 pivot，data[i+1..high]均不小于 pivot*/
{           int i, j;   int pivot;
            pivot = data[low];   i = low;   j = high;
            while(i < j) {                          /*从数组的两端交替地向中间扫描*/
                  while(i < j && data[j] >= pivot) j--;
                  data[i] = data[j];                /*比枢轴元素小者往前移*/
                  while (i < j && data[i] <= pivot) i++;
```

```
            data[j] = data[i];              /*比枢轴元素大者向后移*/
        }
        data[i] = pivot;
        return i;
}
```

【函数】用快速排序方法对整型数组进行非递减排序。

```
void quickSort(int data[], int low, int high)
 /*用快速排序方法对数组元素 data[low..high]作非递减排序*/
{
    if (low < high) {
        int loc = partition(data, low, high);        /*进行划分*/
        quicksort(data,low,loc-1);                   /*对前半区进行快速排序*/
        quicksort(data,loc+1,high);                  /*对后半区进行快速排序*/
    }
}/* quickSort */
```

快速排序算法的时间复杂度为 $O(n\log_2 n)$，在所有算法复杂度为此数量级的排序方法中，快速排序被认为是平均性能最好的一种。但是，若初始记录序列按关键字有序或基本有序时，即每次划分都是将序列划分为某一半序列的长度为 0 的情况，此时快速排序的性能退化为时间复杂度是 $O(n^2)$。快速排序是不稳定的排序方法。

3.6.5 堆排序

对于 n 个元素的关键字序列$\{K_1,K_2,\cdots,K_n\}$，当且仅当满足下列关系时称其为堆，其中 $2i$ 和 $2i+1$ 应不大于 n。

$$\begin{cases}K_i \leqslant K_{2i}\\K_i \leqslant K_{2i+1}\end{cases} \quad 或 \quad \begin{cases}K_i \geqslant K_{2i}\\K_i \geqslant K_{2i+1}\end{cases}$$

若将此序列对应的一维数组（即以一维数组作为序列的存储结构）看成是一个完全二叉树，则堆的含义表明，完全二叉树中所有非终端结点的值均不小于（或不大于）其左、右孩子结点的值。因此，在一个堆中，堆顶元素（即完全二叉树的根结点）必为序列中的最大元素（或最小元素），并且堆中的任一棵子树也都是堆。若堆顶为最小元素，则称为小根堆；若堆顶为最大元素，则称为大根堆。

堆排序的基本思想是：对一组待排序记录的关键字，首先按堆的定义排成一个序列（即建立初始堆），从而可以输出堆顶的最大关键字（对于大根堆而言），然后将剩余的关键字再调整成新堆，便得到次大的关键字，如此反复，直到全部关键字排成有序序列为止。

初始堆的建立方法是：将待排序的关键字分放到一棵完全二叉树的各个结点中（此时完全二叉树并不一定具备堆的特性），显然，所有 $i > \left\lfloor \frac{n}{2} \right\rfloor$ 的结点 K_i 都没有子结点，以这样的 K_i 为根的子树已经是堆，因此初始建堆可从完全二叉树的第 i $\left(i = \left\lfloor \frac{n}{2} \right\rfloor\right)$ 个结点 K_i 开始，通过调整，逐步使以 $K_{\left\lfloor \frac{n}{2} \right\rfloor}$、$K_{\left\lfloor \frac{n}{2} \right\rfloor - 1}$、$K_{\left\lfloor \frac{n}{2} \right\rfloor - 2}$、…、$K_2$、$K_1$ 为根的子树满足堆的定义。

在对 K_i 为根的子树建堆的过程中，可能需要交换 K_i 与 K_{2i}（或 K_{2i+1}）的值，如此一来，以 K_{2i}（或 K_{2i+1}）为根的子树可能不再满足堆的定义，则应继续以 K_{2i}（或 K_{2i+1}）为根进行调整，如此层层地递推下去，可能会一直延伸到叶子结点时为止。这种方法就像过筛子一样，把最大（或最小）的关键字一层一层地筛选出来，最后输出堆顶的最大（或最小）元素。

【函数】将一个整型数组中的元素调整成大根堆。

```
void HeapAdjust(int data[], int s, int m)
/*在 data[s..m]所构成的一个元素序列中，除了 data[s]外，其余元素均满足大顶堆的定义*/
/*调整元素 data[s]的位置，使 data[s..m]成为一个大顶堆*/
{ int tmp, j;
  tmp = data[s];                              /*备份元素 data[s]，为其找到适当位置后再插入*/
  for(j = 2*s+1; j <= m; j = j*2+1) {         /*沿值较大的孩子结点向下筛选*/
      if (j < m && data[j] < data[j+1]) ++j;  /*j 是值较大的元素的下标*/
      if (tmp >= data[j]) break;
      data[s] = data[j];   s = j;             /*用 s 记录待插入元素的位置（下标）*/
   }/*for*/
   data[s] = tmp;                             /*将备份元素插入由 s 所指出的插入位置*/
}/*HeapAdjust*/
```

调整成新堆：假设输出堆顶元素之后，以堆中最后一个元素替代，那么根结点的左、右子树均为堆，此时只需自上至下进行调整即可。

【函数】用堆排序方法对整型数组进行非递减排序。

```
void HeapSort(int data[], int n)          /*数组 data[0..n-1]中的 n 个元素进行堆排序*/
{  int i;
   int tmp;
   for(i = n/2-1; i >= 0; --i)            /*将 data[0..n-1]调整为大根堆*/
       HeapAdjust(data, i, n-1);
```

```
    for(i = n-1; i > 0; --i)
    {    tmp = data[0];   data[0] = data[i];
         data[i] = tmp;                         /*堆顶元素 data[0]与序列末的元素 data[i]交换*/
         HeapAdjust(data,0,i-1);                /*待排元素的个数减 1，将 data[0..i-1]重新调整为大根堆*/
    }/*for*/
}/* HeapSort */
```

为序列（55,60,40,10,80,65,15,5,75）建立初始大根堆的过程如图 3-56 所示，调整为新堆的过程如图 3-57 所示。

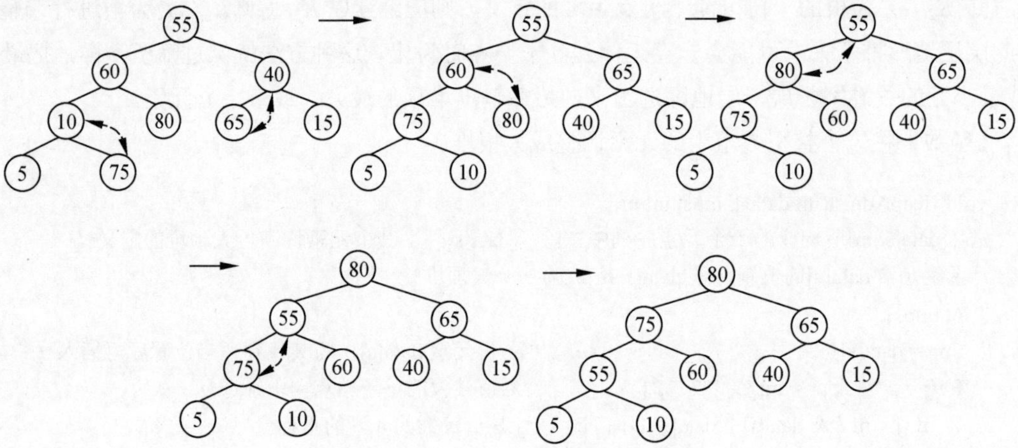

图 3-56 初始大根堆建立过程示意图

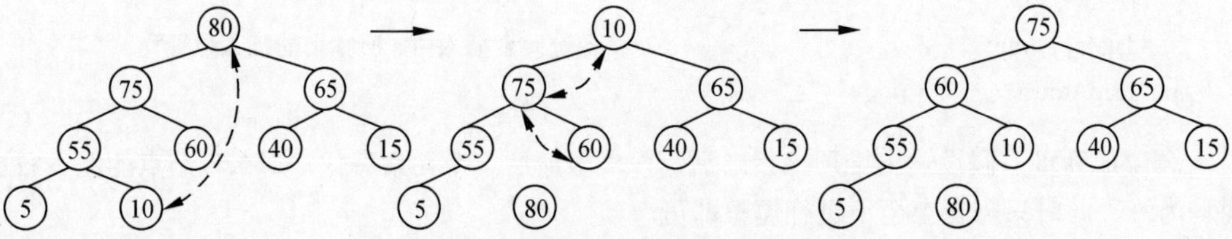

图 3-57 调整为新堆的过程示意图

对于记录数较少的文件来说，堆排序的优越性并不明显，但对于大量的记录来说，堆排序是很有效的。堆排序的整个算法时间是由建立初始堆和不断调整堆这两部分时间构成的。可以证明，堆排序算法的时间复杂度为 $O(n\log n)$ 。此外，堆排序只需要一个记录大小的辅助空间。堆排序是一种不稳定的排序方法。

3.6.6　归并排序

所谓“归并”，是将两个或两个以上的有序文件合并成为一个新的有序文件。归并排序的一种实现方法是把一个有 n 个记录的无序文件看成是由 n 个长度为 1 的有序子文件组成的文件，然后进行两两归并，得到 $\left\lceil \frac{n}{2} \right\rceil$ 个长度为 2 或 1 的有序文件，再两两归并，如此重复，直到最后形成包含 n 个记录的有序文件为止。这种反复将两个有序文件归并成一个有序文件的排序方法称为两路归并排序。

两路归并排序的核心操作是将一维数组中前后相邻的两个有序序列归并为一个有序序列。

【算法】 将分别有序的 data[s..m]和 data[m+1..n]归并为有序的 data[s..n]。

```
void Merge(int data[], int s, int m, int n)
{   int i, start = s, k = 0;
    int *temp;
    temp = (int *)malloc((n-s+1)*sizeof(int));            /*辅助空间*/
    for(i = m+1; s <= m && i <= n; ++k)                   /*将 data[s..m]与 data[m+1..n]归并后存入 temp*/
      if (data[s] < data[i]) temp[k] = data[s++];
      else temp[k] = data[i++];
    for(; s <= m; ++k)                                    /*将剩余的 data[s..m]复制到 temp*/
      temp[k] = data[s++];
    for(; i <= n; ++k)                                    /*将剩余的 data[i..n]复制到 temp*/
      temp[k] = data[i++];
    for(i=0; i<k; i++)
      data[start++] = temp[i];
    free(temp);
}/*Merge*/
```

一趟归并排序的操作是：调用 $\lceil n/2h \rceil$ 次 Merge 算法，将数组 data1[0..n-1]中前后相邻且长度为 h 的有序段进行两两归并，得到前后相邻、长度为 $2h$ 的有序段，并存放在 data2[0..n-1]中，整个归并排序需进行 $\lceil \log_2 n \rceil$ 趟。归并排序需要辅助空间 n 个（与待排记录数量相等），时间复杂度为 $O(n\log n)$ 。

【算法】 递归形式的两路归并。

```
void MSort(int data[], int s, int t)                      /*对 data[s..t]进行归并排序*/
{   int m;
    if (s < t) {
        m = (s+t)/2;                                      /*将 data[s..t]均分为 data[s..m]和 data[m+1..t]*/
```

```
        MSort(data, s, m);                /*递归地对 data[s..m]进行归并排序*/
        MSort(data, m+1, t);              /*递归地对 data[m+1..t]进行归并排序*/
        Merge(data, s, m, t);             /*将 data[s..m]和 data[m+1..t]归并为 data[s..t]*/
    }
} /*MSort*/
```

【算法】对一维数组 data[0..n-1]中的元素进行两路归并排序。

```
void MergeSort(int data[], int n)
{
    MSort(data, 0, n-1);
}/*MergeSort*/
```

3.6.7 基数排序

基数排序的思想是按组成关键字的各个数位的值进行排序，它是分配排序的一种。在该排序方法中把一个关键字 K_i 看成一个 d 元组，即

$$K_i^1, K_i^2, \cdots, K_i^d$$

其中，$0 \leqslant K_i^j < r$，i=1～n，j=1～d。这里的 r 称为基数。若关键字是十进制的，则 r=10；若关键字是八进制的，则 r=8。d 是关键字的位数，d 值取所有待排序的关键字位数的最大值，其他不足 d 位的关键字在前面补零。

在“$K_i^1, K_i^2, \cdots, K_i^d$”中，$K_i^1$ 称为最高有效位，K_i^2 称为次高有效位，K_i^d 称为最低有效位。基数排序可以从最高有效位开始，也可以从最低有效位开始。

基数排序的基本思想是：设立 r 个队列，队列的编号分别为 0、1、2、…、r–1。首先按最低有效位的值把 n 个关键字分配到这 r 个队列中；然后按照队列编号从小到大将各队列中的关键字依次收集起来；接着再按次低有效位的值把刚收集起来的关键字分配到 r 个队列中。重复上述分配和收集过程，直到按照最高有效位分配和收集。这样就得到了一个从小到大有序的关键字序列。为了减少记录移动的次数，队列可以采用链式存储分配。每个链队列设两个指针，分别指向队头和队尾。

基数排序是一种稳定的排序方法。对于 n 个记录，执行一次分配和收集的时间为 $O(n+r)$。如果关键字有 d 位，则要执行 d 遍。所以总的运算时间为 $O(d(n+r))$。可见，对于不同的基数 r，所用的时间是不同的。当 r 或 d 较小时，这种排序方法较为节省时间。另外，基数排序适用于链式分配的记录的排序，其要求的附加存储量是 r 个队列的头、尾指针，所以附加存储量为 $2r$ 个存储单元。由于待排序记录是以链表方式存储的，相对于顺序分配而言，还增加了 n 个指针域的空间。

3.6.8 内部排序方法小结

综合比较所讨论的各种排序方法，大致结果如表 3-2 所示。

表 3-2 各种排序方法的性能比较

排 序 方 法	时间复杂度	辅 助 空 间	稳 定 性
直接插入	$O(n^2)$	$O(1)$	稳定
简单选择	$O(n^2)$	$O(1)$	不稳定
冒泡排序	$O(n^2)$	$O(1)$	稳定
希尔排序	$O(n^{1.3})$	$O(1)$	不稳定
快速排序	$O(n\log n)$	$O(\log n)$	不稳定
堆排序	$O(n\log n)$	$O(1)$	不稳定
归并排序	$O(n\log n)$	$O(n)$	稳定
基数排序	$O(d(n+rd))$	$O(rd)$	稳定

迄今为止，已有的排序方法远远不止上述几种，人们之所以热衷于研究各种排序方法，不仅是由于排序在计算机运算中所处的重要位置，还因为不同的方法各有优缺点，可根据需要应用到不同的场合。在选取排序方法时需要考虑的因素有待排序的记录个数 n、记录本身的大小、关键字的分布情况、对排序稳定性的要求、语言工具的条件和辅助空间的大小。

依据这些因素，可以得到以下几点结论。

（1）若待排序的记录数目 n 较小，可采用直接插入排序和简单选择排序。由于直接插入排序所需的记录移动操作较简单选择排序多，因而当记录本身信息量较大时，用简单选择排序方法较好。

（2）若待排序记录按关键字基本有序，宜采用直接插入排序或冒泡排序。

（3）当 n 很大且关键字的位数较少时，采用链式基数排序较好。

（4）若 n 较大，则应采用时间复杂度为 $O(n\log n)$的排序方法，例如快速排序、堆排序或归并排序。快速排序目前被认为是内部排序方法中最好的方法，当待排序的关键字为随机分布时，快速排序的平均运行时间最短；但堆排序只需一个辅助存储空间，并且不会出现在快速排序中可能出现的最坏情况。这两种排序方法都是不稳定的排序方法。若要求排序稳定，可选择归并排序。通常将归并排序和直接插入排序结合起来使用。先利用直接插入排序求得较长的有序子序列，然后再两两归并。因为直接插入排序是稳定的，所以改进的归并排序也是稳定的。

前面讨论的内部排序算法（除基数排序外）都是在一维数组上实现的。当记录本身信息量较大时，为避免耗费大量的时间移动记录，可以采用链表作为存储结构，在这种情况下，希尔排序、快速排序和堆排序就不适用了。

3.6.9 外部排序

外部排序就是对大型文件的排序，待排序的记录存放在外存。在排序的过程中，内存只存储文件的一部分记录，整个排序过程需要进行多次内外存间的数据交换。

常用的外部排序方法是归并排序，一般分为两个阶段：在第一阶段，把文件中的记录分段读入内存，利用某种内部排序方法对记录段进行排序并输出到外存的另一个文件中，在新文件中形成许多有序的记录段，称为归并段；在第二阶段，对第一阶段形成的归并段用某种归并方法进行一趟趟地归并，使文件的有序段逐渐加长，直到将整个文件归并为一个有序段时为止。下面简单介绍常用的多路平衡归并方法。

k 路平衡归并是指文件经外部排序的第一个阶段后，已经形成了由若干个初始归并段构成的文件。在这个基础上，反复将每次确定的 k 个归并段归并为一个有序段，将一个文件上的记录归并到另一个文件上。重复这个过程，直到文件中的所有记录都归并为一个有序段。

设已经得到 8 个初始归并段，如图 3-58 所示，其中，b_i 表示第 i 个归并段。

b_0	b_1	b_2	b_3	b_4	b_5	b_6	b_7
4	6	28	9	2	26	3	17
17	14	31	21	10	27	22	25
46	55	49	47	52	38	59	33

图 3-58 初始归并段

在树形选择排序中，首先对 n 个记录的关键字进行两两比较，然后在 $\left\lceil \frac{n}{2} \right\rceil$ 个较小者之间再进行两两比较，如此重复，直到选出最小关键字的记录为止，该过程可用一棵有 n 个叶子结点的完全二叉树表示，如图 3-59（a）所示。其中，每个非终端结点中的关键字等于其左、右孩子结点中较小的关键字，则树根结点中的关键字即为所有叶子中的最小关键字。在输出最小关键字之后，更新最小关键字所在的叶子结点数据，然后从该叶子结点出发，与其左（兄弟）结点的关键字进行比较，修改从叶子结点到根的路径上各结点的关键字，则根结点的关键字即为次小关键字，如图 3-59（b）所示。重复该过程，即可完成对所有记录的排序。

在 3-59 所示的树中，每个非终端结点记录了其左、右孩子中的“优胜者”，所以称其为“胜者树”。反之，若在双亲结点中记录比较后的失败者，而让胜者去参加更上一层的比较，便可得到一棵“败者树”。这样一来，当优胜者到达父结点时，立刻就知道原先在此比较的失败者并与失败者进行比较，再次记录新的失败者并让优胜者去进行更上一层的比较。在败者树中，每个结点只需和其父结点进行比较，而在胜者树中，向上调整时结点需和兄弟结点比较，那么就需得到兄弟结点的位置信息，因此败者树更易于编程。

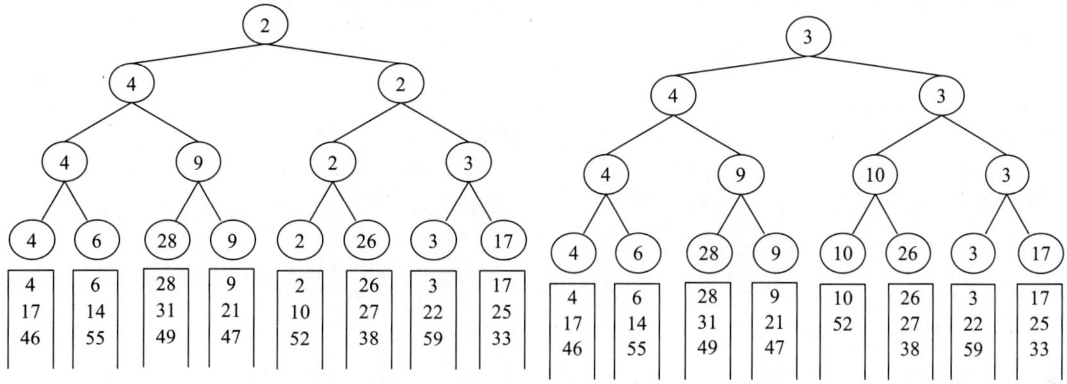

（a）树形选择排序找出最小关键字　　（b）树形选择排序找出次小关键字

图 3-59　树形选择排序

图 3-60 所示的是一棵实现 8 路归并的败者树。

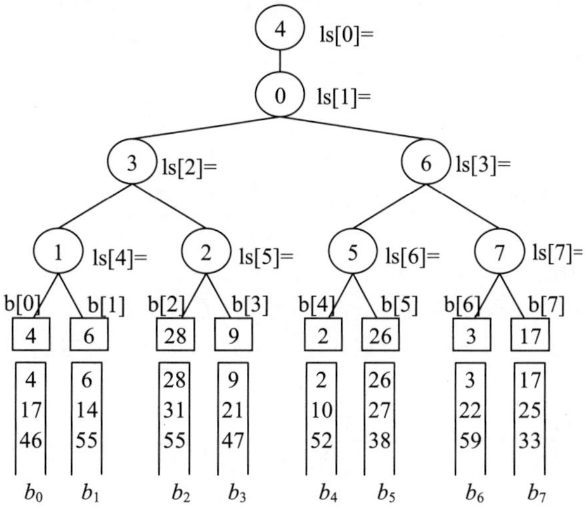

图 3-60　利用败者树找出 8 路归并段的最小关键字

为了简便起见，设每个记录为一个整数，败者树用数组 ls[]表示，ls[*i*]的值为败者所在归并段的段号，令 ls[1]是树根结点，ls [0]是 ls[1]（根）的父结点，ls[0]中存储每次选出的优胜者所在归并段的段号，输出时则取 ls[0]指示的归并段的当前记录。例如，在 3-60 所示的败者树中，叶子结点的数据来自各个归并段；败者树的根结点 ls[1]的父结点 ls[0]中存储了优胜者（最小记录）所在的归并段。图 3-61 所示的是输出一个记录后，重新调整后的败者树。

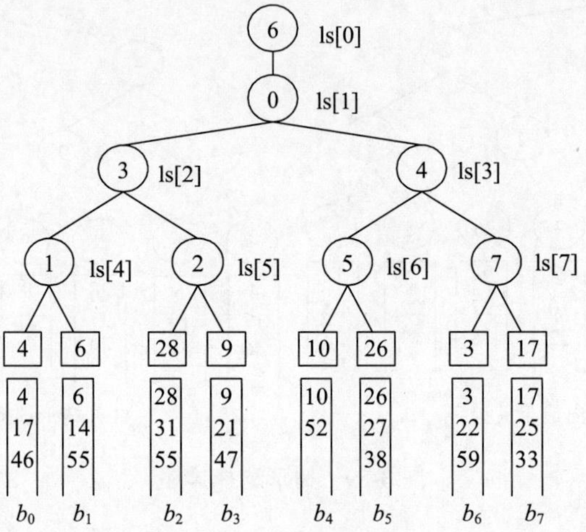

图 3-61　利用败者树找出 8 路归并段的次小关键字

【算法】利用败者树实现 *K* 路平衡归并。

```
#define   K   8
#define   MINKEY     -1                    /*比所有关键字都小的一个值*/
#define   MAXKEY     10000                 /*比所有关键字都大的一个值*/
int b[K+1];
void   K_merge(int ls[K])
 /*ls[0]～ls[K-1]是败者树的内部结点。b[0]～b[K-1]分别存储 K 个初始归并段的当前记录*/
/*函数 Get_nextRec(i)从第 i 个归并段读取并返回当前记录，若归并段已空，返回 MAXKEY */
{   int i, q;
    for(i = 0; i < K; i++)
        b[i] = Get_nextRec(i);             /*分别读取 K 个归并段的第一个关键字*/
    b[K] = MINKEY;
    for(i = 0; i < K; ++i)   ls[i] = K;    /*创建败者树，设置 ls 中败者的初值*/
    for(i = K-1; i >= 0; --i)              /*依次从 b[K-1]、b[K-2]、…、b[0]出发调整败者树*/
        Adjust(ls, i);
    while (b[ls[0]] != MAXKEY){            /*ls[0]记录本趟最小关键字所在的段号*/
        q = ls[0];                         /*q 是当前最小关键字所在的归并段*/
```

```
        printf("%d", b[q]);                /*输出最小关键字*/
        b[q] = Get_nextRec(q);
        Adjust(ls, q);                     /*调整败者树，选择新的最小关键字*/
    }/*while*/
}/*K_merge*/
```

【函数】败者树的调整：从叶子结点到根结点进行调整。

```
void Adjust(int ls[K], int s)      /*败者树存储在 ls[1]~ls[K-1]中，s 为记录所在的归并段号*/
{   int t, temp;
    t = (s+K)/2;                   /*t 为 b[s]的父结点在败者树中的下标，K 是归并段数*/
    while (t > 0) {                /*若没有到达树根，则继续*/
      if (b[s] > b[ls[t]]) {       /*与父结点指示的数据进行比较*/
          temp = s; s = ls[t];     /*s 指示胜者，胜者将去参加更上一层的比较*/
          ls[t] = temp;            /*ls[t]记录败者所在的段号*/
      }/*if*/
      t = t/2;                     /*向树根回退一层*/
    }/*while*/
    ls[0] = s;                     /*ls[0]记录本趟最小关键字所在的段号*/
}/*Adjust*/
```

第 4 章　操作系统知识

4.1　操作系统概述

计算机软件通常分为系统软件和应用软件两大类。系统软件是计算机系统的一部分，用来支持应用软件的运行。应用软件是指计算机用户利用计算机的软件、硬件资源为某一专门的应用目的而开发的软件。例如，科学计算、工程设计、数据处理、事务处理和过程控制等方面的程序，以及文字处理软件、表格处理软件、辅助设计软件（CAD）和实时处理软件等。常用的系统软件有操作系统、语言处理程序、链接程序、诊断程序和数据库管理系统等。操作系统是计算机系统中必不可少的核心系统软件，其他软件是建立在操作系统的基础上，并在操作系统的统一管理和支持下运行的，是用户与计算机之间的接口。

4.1.1　操作系统的基本概念

1．操作系统定义及作用

传统计算机系统资源分为硬件资源和软件资源。硬件资源包括中央处理机、存储器和输入/输出设备等物理设备；软件资源是以文件形式保存在存储器上的程序和数据等信息。现代计算机系统资源管理范围已经扩展到感知、能源、通信资源和服务资源。本教材主要介绍传统计算机系统资源管理。

操作系统定义：能有效地组织和管理系统中的各种软/硬件资源，合理地组织计算机系统工作流程，控制程序的执行，并且向用户提供一个良好的工作环境和友好的接口。

操作系统有两个重要的作用：第一，通过资源管理提高计算机系统的效率；第二，改善人机界面向用户提供友好的工作环境。

操作系统是计算机系统的资源管理者，它含有对系统软/硬件资源实施管理的一组程序。其首要作用就是通过 CPU 管理、存储管理、设备管理和文件管理对各种资源进行合理的分配，改善资源的共享和利用程度，最大限度地发挥计算机系统的工作效率，提高计算机系统在单位时间内处理工作的能力（称为系统的“吞吐量（throughput）”）。

大家知道，没有安装操作系统的计算机，用户将要面对的是 0、1 代码和一些难懂的机器指令，通过按钮或按键来操作计算机，这样既笨拙又费时。一旦安装操作系统后，用户面对的不再是笨拙的裸机，而是操作便利、服务周到的操作系统，从而明显地改善了用户界面，提高了用户的工作效率。

2．操作系统特征与功能

操作系统的 4 个特征是并发性、共享性、虚拟性和不确定性。从传统的计算机资源管理的观点来看，操作系统的功能可分为处理机管理、文件管理、存储管理、设备管理和作业管理 5 大部分。操作系统的 5 大部分通过相互配合、协调工作来实现对计算机系统中资源的管理，控制任务的运行。

（1）进程管理。实质上是对处理机的执行“时间”进行管理，采用多道程序等技术将 CPU 的时间合理地分配给每个任务，主要包括进程控制、进程同步、进程通信和进程调度。

（2）文件管理。主要包括文件存储空间管理、目录管理、文件的读/写管理和存取控制。

（3）存储管理。存储管理是对主存储器“空间”进行管理，主要包括存储分配与回收、存储保护、地址映射（变换）和主存扩充。

（4）设备管理。实质是对硬件设备的管理，包括对输入/输出设备的分配、启动、完成和回收。

（5）作业管理。包括任务、界面管理、人机交互、图形界面、语音控制和虚拟现实等。

操作系统提供系统命令一级的接口，供用户用于组织和控制自己的作业运行，如命令行、菜单式或 GUI“联机”、命令脚本“脱机”。操作系统还提供编程一级接口，供用户程序和系统程序调用操作系统功能，如系统调用和高级语言库函数。

4.1.2　操作系统分类及特点

通常，操作系统可分为批处理操作系统、分时操作系统、实时操作系统、网络操作系统、分布式操作系统、微型计算机操作系统和嵌入式操作系统等类型。

1．批处理操作系统

批处理操作系统分为单道批处理和多道批处理。

单道批处理操作系统是一种早期的操作系统，该系统可以提交多个作业，“单道”的含义是指一次只有一个作业装入内存执行。作业由用户程序、数据和作业说明书（作业控制语言）3 个部分组成。当一个作业运行结束后，随即自动调入同批的下一个作业，从而节省了作业之间的人工干预时间，提高了资源的利用率。

多道批处理操作系统允许多个作业装入内存执行，在任意一个时刻，作业都处于开始点和终止点之间。每当运行中的一个作业由于输入/输出操作需要调用外部设备时，就把 CPU 交给另一个等待运行的作业，从而将主机与外部设备的工作由串行改变为并行，进一步避免了因主机等待外设完成任务而浪费宝贵的CPU时间。多道批处理系统主要有3个特点：多道、宏观上并行运行、微观上串行运行。

2．分时操作系统

在分时操作系统中，一个计算机系统与多个终端设备连接。分时操作系统是将 CPU 的工作时间划分为许多很短的时间片，轮流为各个终端的用户服务。例如，一个带20个终端的分时系统，若每个用户每次分配一个 50ms 的时间片，则每隔 1s 即可为所有的用户服务一遍。因此，尽管各个终端上的作业是断续地运行的，但由于操作系统每次对用户程序都能做出及时的响应，因此用户感觉整个系统均归其一人占用。

分时系统主要有4个特点：多路性、独立性、交互性和及时性。

3．实时操作系统

实时是指计算机对于外来信息能够以足够快的速度进行处理，并在被控对象允许的时间范围内做出快速反应。实时系统对交互能力要求不高，但要求可靠性有保障。为了提高系统的响应时间，对随机发生的外部事件应及时做出响应并对其进行处理。

实时系统分为实时控制系统和实时信息处理系统。实时控制系统主要用于生产过程的自动控制，例如数据自动采集、武器控制、火炮自动控制、飞机自动驾驶和导弹的制导系统等。实时信息处理系统主要用于实时信息处理，例如飞机订票系统、情报检索系统等。实时系统与分时系统除了应用的环境不同，主要有以下三点区别。

（1）系统的设计目标不同。分时系统是设计成一个多用户的通用系统，交互能力强；而实时系统大多是专用系统。

（2）交互性的强弱不同。分时系统是多用户的通用系统，交互能力强；而实时系统是专用系统，仅允许操作并访问有限的专用程序，不能随便修改，且交互能力差。

（3）响应时间的敏感程度不同。分时系统是以用户能接收的等待时间为系统的设计依据，而实时系统是以被测物体所能接受的延迟为系统设计依据。因此，实时系统对响应时间的敏感程度更强。

4．网络操作系统

网络操作系统是使联网计算机能方便而有效地共享网络资源，为网络用户提供各种服务的软件和有关协议的集合。因此，网络操作系统的功能主要包括高效、可靠的网络通信；对网络中共享资源（在 LAN 中有硬盘、打印机等）的有效管理；提供电子邮件、文件传输、共享硬盘和打印机等服务；网络安全管理；提供互操作能力。

计算机网络系统除了硬件外，还需要有系统软件，二者结合构成计算机网络的基础平台。操作系统是最重要的系统软件。网络操作系统是网络用户和计算机网络之间的一个接口，它除了应具备通常操作系统应具备的基本功能外，还应有联网功能，支持网络体系结构和各种网络通信协议，提供网络互联功能，支持有效、可靠安全的数据传送。

一个典型的网络操作系统的特征包括硬件独立性、多用户支持等。其中，硬件独立性是指网络操作系统可以运行在不同的网络硬件上，可以通过网桥或路由器与别的网络连接；多用户支持，应能同时支持多个用户对网络的访问，应对信息资源提供完全的安全和保护功能；支持网络实用程序及其管理功能，如系统备份、安全管理、容错和性能控制；多种客户端支持，如 Windows NT 网络操作系统包括 OS/2、Windows 98 和 UNIX 等多种客户端，极大地方便了网络用户；提供目录服务，以单一逻辑的方式让用户访问位于世界范围内的所有网络服务和资源的技术；支持多种增值服务，如文件服务、打印服务、通信服务和数据库服务等。

网络操作系统可分为如下三类。

（1）集中模式。集中式网络操作系统是由分时操作系统加上网络功能演变而来的，系统的基本单元由一台主机和若干台与主机相连的终端构成，将多台主机连接起来形成了网络，信息的处理和控制是集中的。UNIX 就是这类系统的典型例子。

（2）客户端/服务器模式。这是流行的网络工作模式，该种模式网络可分为服务器和客户端。服务器是网络的控制中心，其任务是向客户端提供一种或多种服务，服务器可有多种类型，如提供文件/打印服务的文件服务器等。客户端是用于本地处理和访问服务器的站点，在客户端中包含了本地处理软件和访问服务器上服务程序的软件接口。

（3）对等模式（Peer-to-Peer）模式。在采用这种模式的操作系统网络中，各个站点是对等的。它既可作为客户端去访问其他站点，又可作为服务器向其他站点提供服务，在网络中既无服务处理中心，也无控制中心，或者说，网络的服务和控制功能分布在各个站点上。可见，该模式具有分布处理及分布控制的特征。

现代操作系统已把网络功能包含到操作系统的内核中，作为操作系统核心功能的一个组成部分。Microsoft 公司的 Windows NT、AT & T 公司的 UNIX System V、Sun 公司的 SunOS、HP 公司的 HP/OX、IBM 公司的 AIX 和 Linux 等都已把 TCP/IP 网络功能包含在内核中。

网络操作系统是整个网络的灵魂，它决定了网络的功能，并由此决定了不同网络的应用领域及方向。目前，网络操作系统主要有三大阵营：UNIX、Windows NT 和 NetWare。各种网络操作系统具有不同的特点，随着网络技术的发展，新的网络操作系统还会不断出现，用户可根据自己的需要进行选择，而不要仅局限于其技术水平的高低。

5. 分布式操作系统

分布式计算机系统是由多个分散的计算机经连接而成的计算机系统，系统中的计算机无主、次之分，任意两台计算机可以通过通信交换信息。通常，为分布式计算机系统配置的操作系统称为分布式操作系统。

分布式操作系统能直接对系统中的各类资源进行动态分配和调度、任务划分、信息传输协调工作，并为用户提供一个统一的界面、标准的接口，用户通过这一界面实现所需要的操作和使用系统资源，使系统中若干台计算机相互协作完成共同的任务，有效地控制和协调诸任务的并行执行，并向系统提供统一、有效的接口的软件集合。

分布式操作系统是网络操作系统的更高级形式，它保持网络系统所拥有的全部功能，同时又有透明性、可靠性和高性能等特性。

6. 微型计算机操作系统

微型计算机操作系统简称微机操作系统，常用的有 Windows、Mac OS、Linux。Windows 操作系统是 Microsoft 公司开发的图形用户界面、多任务、多线程操作系统。Mac OS 操作系统是美国苹果计算机公司为它的 Macintosh 计算机设计的操作系统的一代操作系统，该机型于 1984 年推出，率先采用了一些我们至今仍为人称道的技术，如 GUI 图形用户界面、多媒体应用、鼠标等。Linux 是一套免费使用并可自由传播的类 UNIX 操作系统，由世界各地成千上万的程序员设计和实现，其目的是建立不受任何商品化软件版权制约的、全世界都能自由使用的 UNIX 兼容产品。

7. 嵌入式操作系统

嵌入式操作系统运行在嵌入式智能芯片环境中，对整个智能芯片以及它所操作、控制的各种部件装置等资源进行统一协调、处理、指挥和控制。其主要特点如下：

（1）微型化。从性能和成本角度考虑，希望占用的资源和系统代码量少，如内存少、字长短、运行速度有限、能源少（用微小型电池）。

（2）可定制。从减少成本和缩短研发周期考虑，要求嵌入式操作系统能运行在不同的微处理器平台上，能针对硬件变化进行结构与功能上的配置，以满足不同应用需要。

（3）实时性。嵌入式操作系统主要应用于过程控制、数据采集、传输通信、多媒体信息及关键要害领域需要迅速响应的场合，所以对实时性要求较高。

（4）可靠性。系统构件、模块和体系结构必须达到应有的可靠性，对关键要害应用还要提供容错和防故障措施。

（5）易移植性。为了提高系统的易移植性，通常采用硬件抽象层（Hardware Abstraction Level，HAL）和板级支撑包（Board Support Package，BSP）的底层设计技术。

嵌入式实时操作系统有很多，常见的有 VxWorks、μClinux、PalmOS、WindowsCE、μC/OS-II 和 eCos 等。

4.1.3　操作系统的发展

操作系统是在人们不断地改善计算机系统性能和提高资源利用率的过程中逐步地形成和发展起来的。推动操作系统发展的主要动力是"需求推动发展"。回顾计算机的发展历史，用户就会发现操作系统的重大改进与计算机硬件的更新换代相吻合。因此，计算机各代的划分主要是以硬件和操作系统软件技术的创新为标志。每当对操作系统做出新的关键性需求分析时，这些新的需求有些必须得到计算机系统的硬件支持。任何事物都是在不断解决问题的过程中向前发展的，作为新一代计算机系统除了要继承上一代的全部优点外，更重要的是克服上一代存在的问题和不足，与此同时，新的设计理论和技术又会产生许多新的有待解决的问题。

促使操作系统发展的因素主要有 3 个方面：第一，硬件的不断升级与新的硬件产品出现，需要操作系统提供更多、更复杂的支持；第二，新的服务需求，操作系统为了满足系统管理者和用户需求，需要不断扩大服务范围；第三，修补操作系统自身的错误，操作系统在运行的过程中其自身的错误也会不断地被发现，因此需要不断地修补操作系统自身的错误（即所谓的"补丁"）。需要说明的是，在修补的过程中也可能会产生新的错误。

4.2　进程管理

进程管理也称处理机管理。在多道程序批处理系统和分时系统中有多个并发执行的程序，为了描述系统中程序执行时动态变化的过程引入了进程。进程是资源分配和独立运行的基本单位。进程管理重点需要研究诸进程之间的并发特性，以及进程之间相互合作与资源竞争产生的问题。

4.2.1　基本概念

1. 程序与进程

1）程序顺序执行的特征

前驱图是一个有向无循环图，由结点和有向边组成，结点代表各程序段的操作，而结点间的有向边表示两个程序段操作之间存在的前驱关系（→）。程序段 Pi 和 Pj 的前驱关系表示成 Pi→Pj，其中，Pi 是 Pj 的前驱，Pj 是 Pi 的后继，其含义是 Pi 执行结束后 Pj 才能执行。例如，

图 4-1 为 3 个程序段，其中输入是计算的前驱（计算是输入的后继），输入结束才能进行计算；计算是输出的前驱，计算结束才能进行输出。

程序顺序执行时的主要特征包括顺序性、封闭性和可再现性。

2）程序并发执行的特征

若在计算机系统中采用多道程序设计技术，则主存中的多道程序可处于并发执行状态。对于上述有 3 个程序段的作业类，虽然每个作业有前驱关系的各程序段不能在 CPU 和输入/输出各部件并行执行，但是同一个作业内没有前驱关系的程序段或不同作业的程序段可以分别在 CPU 和各输入/输出部件上并行执行。例如，某系统中有一个 CPU、一台输入设备和一台输出设备，每个作业具有 3 个程序段输入 I_i，计算 C_i 和输出 $P_i(i=1,2,3)$。图 4-2 为 3 个作业的各程序段并发执行的前驱图。

从图 4-2 中可以看出，I_2 与 C_1 并行执行；I_3、C_2 与 P_1 并行执行；C_3 与 P_2 并行执行。其中，I_2、I_3 受到 I_1 的间接制约，C_2、C_3 受到 C_1 的间接制约，P_2、P_3 受到 P_1 的间接制约，而 C_1、P_1 受到 I_1 的直接制约，等等。

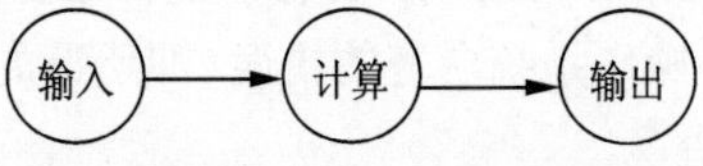

图 4-1　3 个结点的前驱图

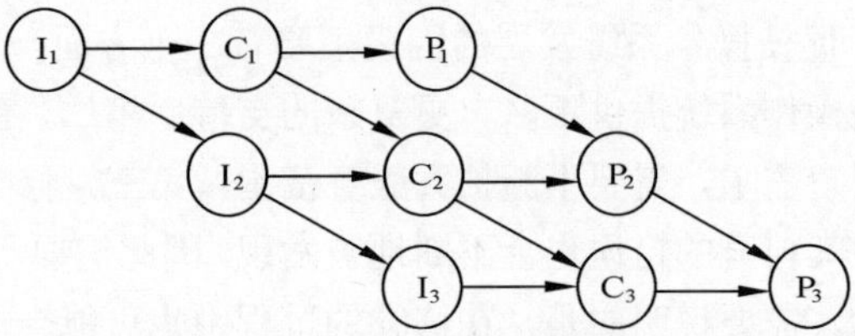

图 4-2　程序并发执行的前驱图

程序并发执行时的特征如下。

（1）失去了程序的封闭性。

（2）程序和机器的执行程序的活动不再一一对应。

（3）并发程序间的相互制约性。

例如，两个并发执行的程序段完成交通流量的统计，其中，“观察者” P_1 识别通过的车辆数，“报告者” P_2 定时将观察者的计数值清 0。程序实现如下。

P_1	P_2
L1:　if 有车通过　then	L2: PRINT COUNT;
COUNT:=COUNT+1;	COUNT:=0;
GOTO L1;	GOTO L2;

对于上例，由于程序可并发执行，所以可能有以下 3 种执行序列。

① COUNT:=COUNT+1；PRINT COUNT；COUNT:=0

② PRINT COUNT；COUNT:=0；COUNT:=COUNT+1

③ PRINT COUNT；COUNT:=COUNT+1；COUNT:=0

假定 COUNT 的某个循环的初值为 n，那么这 3 种执行序列得到的 COUNT 结果不同，如表 4-1 所示。

表 4-1　程序并发执行的结果

执行序列	①	②	③
COUNT 打印的值	$n+1$	n	n
COUNT 执行后的值	0	1	0

这种不正确结果的发生是因为两个程序 P_1 和 P_2 共享变量 COUNT 引起的，即程序并发执行破坏了程序的封闭性和可再现性，使得程序和执行程序的活动不再一一对应。为了解决这一问题，需要研究进程间的同步与互斥问题。

2．进程的组成

进程是程序的一次执行，该程序可以和其他程序并发执行。进程通常是由程序、数据和进程控制块（Process Control Block，PCB）组成的。

（1）PCB。PCB 是进程存在的唯一标志，其主要内容如表 4-2 所示。

表 4-2　PCB 的内容

信　息	含　义
进程标识符	标明系统中的各个进程
状态	说明进程当前的状态
位置信息	指明程序及数据在主存或外存的物理位置
控制信息	参数、信号量、消息等
队列指针	链接同一状态的进程
优先级	进程调度的依据
现场保护区	将处理机的现场保护到该区域，以便再次调度时能继续正确运行
其他	因不同的系统而异

（2）程序。程序部分描述了进程需要完成的功能。假如一个程序能被多个进程同时共享执行，那么这一部分就应该以可再入（纯）码的形式编制，它是程序执行时不可修改的部分。

（3）数据。数据部分包括程序执行时所需的数据及工作区。该部分只能为一个进程所专用，是进程的可修改部分。

3．进程的状态及其状态间的切换

1）三态模型

在多道程序系统中，进程在处理器上交替运行，状态也不断地发生变化，因此进程一般有

3 种基本状态：运行、就绪和阻塞。图 4-3 显示了进程基本状态及其转换，也称三态模型。

（1）运行。当一个进程在处理机上运行时，则称该进程处于运行状态。显然，对于单处理机系统，处于运行状态的进程只有一个。

（2）就绪。一个进程获得了除处理机外的一切所需资源，一旦得到处理机即可运行，则称此进程处于就绪状态。

（3）阻塞。阻塞也称等待或睡眠状态，一个进程正在等待某一事件发生（例如请求 I/O 等待 I/O 完成等）而暂时停止运行，这时即使把处理机分配给进程也无法运行，故称该进程处于阻塞状态。

2）五态模型

事实上，对于一个实际的系统，进程的状态及其转换更复杂。例如，引入新建态和终止态构成了进程的五态模型，如图 4-4 所示。

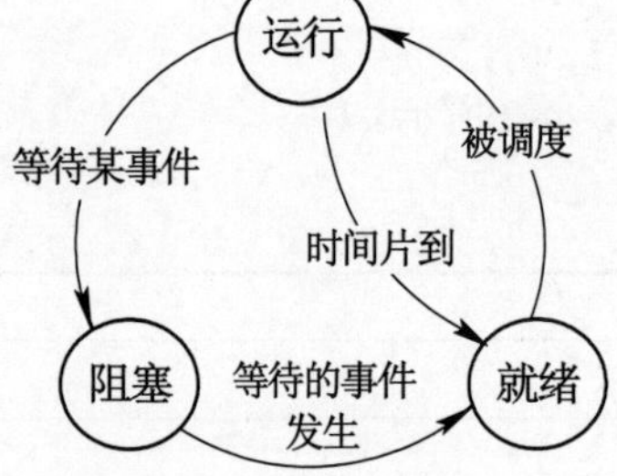

图 4-3 进程的三态模型

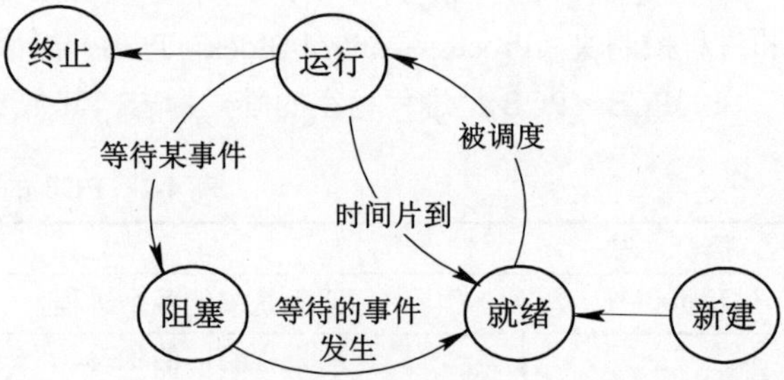

图 4-4 进程的五态模型

其中，新建态对应于进程刚刚被创建时没有被提交的状态，并等待系统完成创建进程的所有必要信息。因为创建进程时分为两个阶段，第一个阶段为一个新进程创建必要的管理信息，第二个阶段让该进程进入就绪状态。由于有了新建态操作系统，往往可以根据系统的性能和主存容量的限制推迟新建态进程的提交。

类似地，进程的终止也可分为两个阶段，第一个阶段等待操作系统进行善后处理，第二个阶段释放主存。

3）具有挂起状态的进程状态及其转换

由于进程的不断创建，系统资源特别是主存资源已不能满足进程运行的要求。这时，就必须将某些进程挂起，放到磁盘对换区，暂时不参加调度，以平衡系统负载。或者是系统出现故障，或者是用户调试程序，也可能需要将进程挂起检查问题。图 4-5 是具有挂起状态的进程状态及其转换。

（1）活跃就绪。活跃就绪是指进程在主存并且可被调度的状态。

（2）静止就绪。静止就绪是指就绪进程被对换到辅存时的状态，它是不能被直接调度的状态，只有当主存中没有活跃就绪态进程，或者是挂起态进程具有更高的优先级时，系统将把挂起就绪态进程调回主存并转换为活跃就绪。

（3）活跃阻塞。活跃阻塞是指进程在主存，一旦等待的事件产生便进入活跃就绪状态。

（4）静止阻塞。静止阻塞是指阻塞进程对换到辅存时的状态，一旦等待的事件产生便进入静止就绪状态。

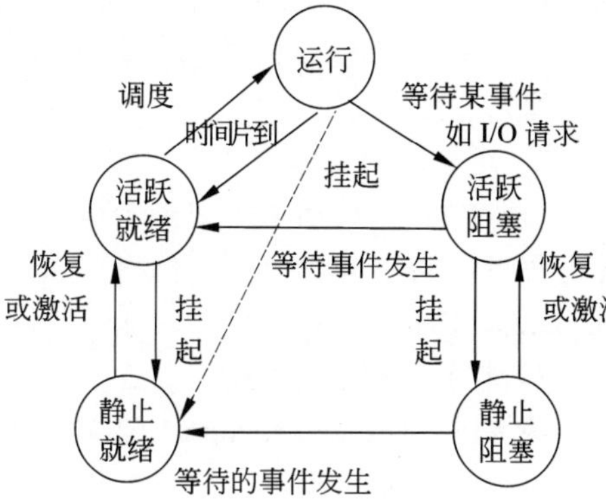

图 4-5　细分进程状态及其转换

4.2.2　进程的控制

进程控制就是对系统中的所有进程从创建到消亡的全过程实施有效的控制。为此，操作系统设置了一套控制机构，该机构的主要功能包括创建一个新进程，撤销一个已经运行完的进程，改变进程的状态，实现进程间的通信。进程控制是由操作系统内核（Kernel）中的原语实现的。内核是计算机系统硬件的首次延伸，是基于硬件的第一层软件扩充，它为系统对进程进行控制和管理提供了良好的环境。

原语（Primitive）是指由若干条机器指令组成的，用于完成特定功能的程序段。原语的特点是在执行时不能被分割，即原子操作要么都做，要么都不做。内核中所包含的原语主要有进程控制原语、进程通信原语、资源管理原语以及其他方面的原语。属于进程控制方面的原语有进程创建原语、进程撤销原语、进程挂起原语、进程激活原语、进程阻塞原语以及进程唤醒原语等。不同的操作系统内核所包含的功能不同，但大多数操作系统的内核都包含支撑功能和资源管理的功能。

4.2.3　进程间的通信

在多道程序环境的系统中存在多个可以并发执行的进程，故进程间必然存在资源共享和相互合作的问题。进程通信是指各个进程交换信息的过程。

1. 同步与互斥

同步是合作进程间的直接制约问题，互斥是申请临界资源进程间的间接制约问题。

1）进程间的同步

在计算机系统中，多个进程可以并发执行，每个进程都以各自独立的、不可预知的速度向前推进，但是需要在某些确定点上协调相互合作进程间的工作。例如，进程 A 向缓冲区送数据，进程 B 从缓冲区取数据加工，当进程 B 要取数据加工时，必须是进程 A 完成了向缓冲区送数据的操作，否则进程 B 必须停下来等待进程 A 的操作结束。

可见，所谓进程间的同步是指在系统中一些需要相互合作，协同工作的进程，这样的相互联系称为进程的同步。

2）进程间的互斥

进程的互斥是指系统中多个进程因争用临界资源而互斥执行。在多道程序系统环境中，各进程可以共享各类资源，但有些资源一次只能供一个进程使用，称为临界资源（Critical Resource，CR），如打印机、共享变量和表格等。

3）临界区管理的原则

临界区（Critical Section，CS）是进程中对临界资源实施操作的那段程序。对互斥临界区管理的 4 条原则如下。

（1）有空即进。当无进程处于临界区时，允许进程进入临界区，并且只能在临界区运行有限的时间。

（2）无空则等。当有一个进程在临界区时，其他欲进入临界区的进程必须等待，以保证进程互斥地访问临界资源。

（3）有限等待。对于要求访问临界资源的进程，应保证进程能在有限的时间进入临界区，以免陷入“饥饿”状态。

（4）让权等待。当进程不能进入自己的临界区时，应立即释放处理机，以免进程陷入忙等状态。

2．信号量机制

荷兰学者 Dijkstra 于 1965 年提出的信号量机制是一种有效的进程同步与互斥工具。目前，信号量机制有了很大的发展，主要有整型信号量、记录型信号量和信号量集机制。

1）整型信号量与 PV 操作

信号量是一个整型变量，根据控制对象的不同被赋予不同的值。信号量分为如下两类：

（1）公用信号量。实现进程间的互斥，初值为 1 或资源的数目。

（2）私用信号量。实现进程间的同步，初值为 0 或某个正整数。

信号量 S 的物理意义：$S \geqslant 0$ 表示某资源的可用数，若 $S<0$，则其绝对值表示阻塞队列中等待该资源的进程数。

对于系统中的每个进程，其工作的正确与否不仅取决于它自身的正确性，而且与它在执行中能否与其他相关进程正确地实施同步互斥有关。PV 操作是实现进程同步与互斥的常用方法。P 操作和 V 操作是低级通信原语，在执行期间不可分割。其中，P 操作表示申请一个资源，V 操作表示释放一个资源。

P 操作的定义：$S:=S-1$，若 $S \geqslant 0$，则执行 P 操作的进程继续执行；若 $S<0$，则置该进程为

阻塞状态（因为无可用资源），并将其插入阻塞队列。

P 操作可用如下过程表示，其中，Semaphore 表示所定义的变量是信号量。

```
Procedure P(Var S:Semaphore);
  Begin
    S:=S–1;
    If S<0 then W(S)          {执行 P 操作的进程插入等待队列}
  End;
```

V 操作定义：S: =S+1，若 $S>0$，则执行 V 操作的进程继续执行；若 $S\leqslant 0$，则从阻塞状态唤醒一个进程，并将其插入就绪队列，然后执行 V 操作的进程继续。

V 操作可用如下过程表示。

```
Procedure V(Var S:Semaphore);
  Begin
    S:=S+1;
    If S≤0 then R(S)          {从阻塞队列中唤醒一个进程}
  End;
```

2）利用 PV 操作实现进程的互斥

令信号量 mutex 的初值为 1，当进入临界区时执行 P 操作，退出临界区时执行 V 操作。这样，利用 PV 操作实现进程互斥的代码段如下：

```
P(mutex)
  临界区
V(mutex)
```

【例 4.1】 将交通流量统计程序改写如下，可实现 P_1 和 P_2 间的互斥。

```
                P1                                   P2
  L1: if 有车通过 then                   L2: begin
        begin                                  P(mutex)
          P(mutex)                             PRINT COUNT;
          COUNT:=COUNT+1;                      COUNT:=0;
          V(mutex)                             V(mutex)
        end                                  end
        GOTO L1;                             GOTO L2;
```

3）利用 PV 操作实现进程的同步

进程的同步是由于进程间合作引起的相互制约的问题，要实现进程的同步可用一个信号量与消息联系起来，当信号量的值为 0 时表示希望的消息未产生，当信号量的值为非 0 时表示希望的消息已经存在。假定用信号量 S 表示某条消息，进程可以通过调用 P 操作测试消息是否到达，调用 V 操作通知消息已准备好。最典型的同步问题是单缓冲区的生产者和消费者的同步问题。

【例 4.2】 生产者进程 P_1 不断地生产产品送入缓冲区，消费者进程 P_2 不断地从缓冲区中取产品消费。请给出实现进程同步的模型图。

解：为了实现 P_1 与 P_2 进程间的同步问题，需要设置两个信号量 S_1 和 S_2，但信号量初值不同可有如下两种实现方案。

方案 1：信号量 S_1 的初值为 1，表示缓冲区空，可以将产品送入缓冲区；信号量 S_2 的初值为 0，表示缓冲区有产品。其同步过程如图 4-6 所示。

方案 2：信号量 S_1 的初值为 0，信号量 S_2 的初值为 0，此时同步过程如图 4-7 所示。

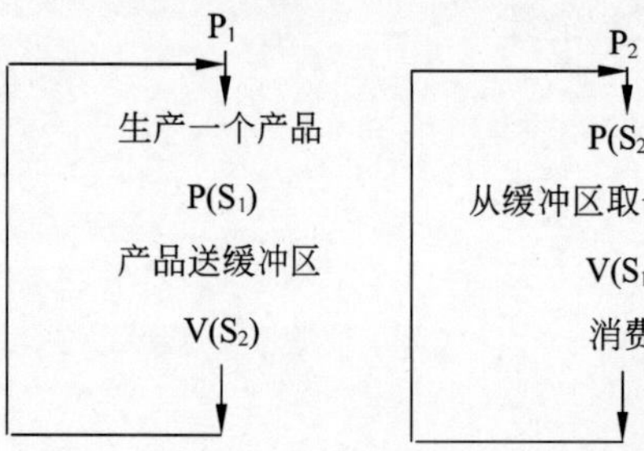

图 4-6 单缓冲区的同步举例方法 1

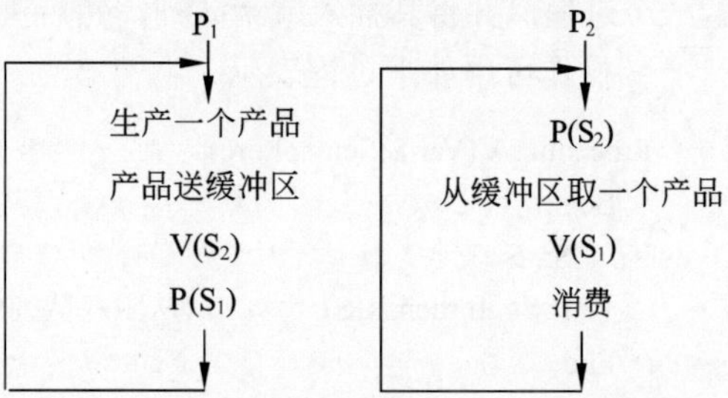

图 4-7 单缓冲区的同步举例方法 2

【例 4.3】 一个生产者和一个消费者，缓冲区中可存放 n 件产品，生产者不断地生产产品，消费者不断地消费产品，如何用 PV 操作实现生产者和消费者的同步。可以通过设置 3 个信号量 S、S_1 和 S_2，其中，S 是一个互斥信号量，初值为 1，因为缓冲区是一个互斥资源，所以需要进行互斥控制；S_1 表示是否可以将产品放入缓冲区，初值为 n；S_2 表示缓冲区是否存有产品，初值为 0。其同步过程如图 4-8 所示。

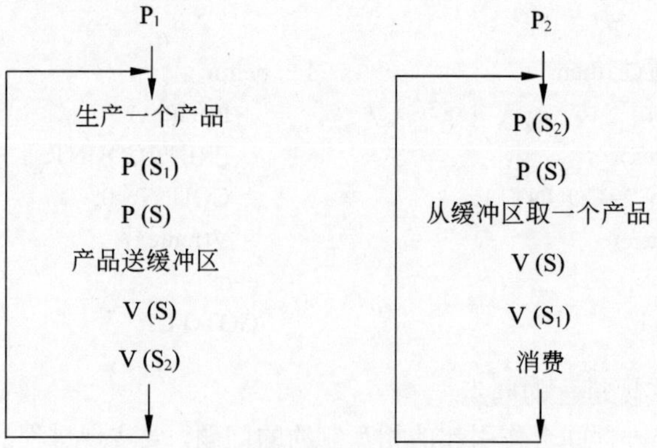

图 4-8 *n* 个缓冲区的同步举例

3．高级通信原语

进程间通信是指进程之间的信息交换，少则一个信息，多则成千上万个信息。根据交换信息量的多少和效率的高低，进程通信的方式分为低级方式和高级方式。PV 操作属于低级通信方式，若用 PV 操作实现进程间通信，则存在如下问题。

（1）编程难度大，通信对用户不透明，即要用户利用低级通信工具实现进程间的同步与互斥。而且，PV 操作使用不当容易引起死锁。

（2）效率低，生产者每次只能向缓冲区放一个消息，消费者只能从缓冲区取一个消息。

为了提高信号通信的效率，传递大量数据，降低程序编制的复杂度，系统引入了高级通信方式。高级通信方式主要分为共享存储模式、消息传递模式和管道通信。

（1）共享存储模式。相互通信的进程共享某些数据结构（或存储区）实现进程之间的通信。

（2）消息传递模式。进程间的数据交换以消息为单位，程序员直接利用系统提供的一组通信命令（原语）来实现通信，如 Send(A)、Receive(A)。

（3）管道通信。所谓管道，是指用于连接一个读进程和一个写进程，以实现它们之间通信的共享文件（pipe 文件）。向管道（共享文件）提供输入的发送进程（即写进程），以字符流的形式将大量的数据送入管道；而接收进程可从管道接收大量的数据。由于它们通信时采用管道，所以称为管道通信。

4.2.4 管程

1．管程的引入

若用信号量和 P、V 操作来解决进程的同步与互斥问题，需要在程序中的适当位置安排 P、V 操作，否则会造成死锁错误。为了解决分散编程带来的困难，1974 年和 1975 年汉森（Brinsh Hansen）和霍尔（Hoare）提出了另一种同步机制——管程（Monitor）。其基本思路是采用资源集中管理的方法，将系统中的资源用某种数据结构抽象地表示出来。由于临界区是访问共享资源的代码段，建立一个管程管理进程提出的访问请求。

采用这种方式对共享资源的管理就可以借助数据结构及在其上实施操作的若干过程来进行，对共享资源的申请和释放可以通过过程在数据结构上的操作来实现。

管程由一些共享数据、一组能为并发进程所执行的作用在共享数据上的操作的集合、初始代码以及存取权组成。管程提供了一种可以允许多进程安全、有效地共享抽象数据类型的机制，管程实现同步机制由“条件结构（Condition Construct）”所提供。为实现进程互斥同步，必须定义一些条件变量，例如 var notempty、notfull: condition，这些条件变量只能被 wait 和 signal 操作所访问。notfull.wait 操作意味着调用该操作的进程将被挂起，使另一个进程执行；而

notfull.signal 操作仅仅是启动一个被挂起的进程，如无挂起进程，则 notfull.signal 操作相当于空操作，不改变 notfull 状态，这不同于 V 操作。

2．管程的结构

每一个管程都要有一个名字以供标识，用语言来写一个管程的形式如下：

```
Type <管程名>=monitor
    <管程变量说明>;
    define < (能被其他模块引用的) 过程名列表>;
    procedure   <过程名> (<形式参数表>)
      begin
        <过程体>;
      end;
      …
    procedure   <过程名> (<形式参数表>)
      begin
        <过程体>;
      end;
begin
    <管程的局部数据初始化语句>;
end.
```

3．利用管程解决生产者—消费者问题

【例 4.4】 建立一个管程 Producer-Consumer，它包括两个过程 put（item）和 get（item），分别执行将生产的消息放入缓冲池和从缓冲池取出消息的操作，设置变量 count 表示缓冲池已存消息的数目。管程描述如下：

```
Type Producer-Consumer=monitor
      var   buffer : array [ 0 , … ,n-1] of item ; {定义缓冲区}
      in , out , count : integer ;            {in out 为存取指针, count 为缓冲区产品个数}
      notfull ,notempty :condition ;           {条件变量}
   procedure   entry   put (item)
     begin
      if   count >= n   then   notfull.wait ;       {缓冲区已满}
        buffer ( in ) : = nextp ;
        in := (in+1) mod n ;
        count = count + 1 ;
      if notempty.queue   then notempty.signal ; {唤醒等待者}
```

```
    end
  procedure entry   get ( item)
    begin
      if count <= 0 then    notempty.wait ;       {缓冲区已空}
        nextc := buffer ( out ) ;
        out := (out+1) mod n ;
        count := count - 1 ;                      {减少一个产品}
      if   notfull.queue then notfull.signal;     {唤醒等待者}
    end
  begin   in := out := 0 ;   count := 0;   end    {初始化}
```

利用管程解决生产者－消费者问题，其中生产者和消费者程序如下：

```
cobegin
     producer : begin
                    repeat
                    produce an   item   in nextp ;
                    Producer-Consumer.put ( item) ;
                    until false;
                end
     consumer : begin
                    repeat
                    Producer-Consumer.get (item) ;
                    consume the item in nextc ;
                    until false ;
                end;
coend
```

4.2.5　进程调度

进程调度方式是指当有更高优先级的进程到来时如何分配 CPU。调度方式分为可剥夺和不可剥夺两种。可剥夺式是指当有更高优先级的进程到来时，强行将正在运行进程的 CPU 分配给高优先级的进程；不可剥夺式是指当有更高优先级的进程到来时，必须等待正在运行进程自动释放占用的 CPU，然后将 CPU 分配给高优先级的进程。

1. 三级调度

在某些操作系统中，一个作业从提交到完成需要经历高、中、低三级调度。

（1）高级调度。高级调度又称“长调度”“作业调度”或“接纳调度”，它决定处于输入池中的哪个后备作业可以调入主系统做好运行的准备，成为一个或一组就绪进程。在系统中一个作业只需经过一次高级调度。

（2）中级调度。中级调度又称“中程调度”或“对换调度”，它决定处于交换区中的哪个就绪进程可以调入内存，以便直接参与对CPU的竞争。在内存资源紧张时，为了将进程调入内存，必须将内存中处于阻塞状态的进程调出至交换区，以便为调入进程腾出空间。这相当于使处于内存的进程和处于盘交换区的进程交换了位置。

（3）低级调度。低级调度又称“短程调度”或“进程调度”，它决定处于内存中的哪个就绪进程可以占用 CPU。低级调度是操作系统中最活跃、最重要的调度程序，对系统的影响很大。

2. 调度算法

常用的进程调度算法有先来先服务、时间片轮转、优先级调度和多级反馈调度算法。

（1）先来先服务（FCFS）。FCFS按照作业提交或进程成为就绪状态的先后次序分配CPU，即进程调度总是将就绪队列队首的进程投入运行。FCFS的特点是比较有利于长作业，而不利于短作业；有利于CPU繁忙的作业，而不利于I/O繁忙的作业。FCFS算法主要用于宏观调度。

（2）时间片轮转。时间片轮转算法主要用于微观调度，其设计目标是提高资源利用率。通过时间片轮转提高进程并发性和响应时间特性，从而提高资源利用率。时间片的长度可以从几毫秒到几百毫秒，选择的方法一般有如下两种。

① 固定时间片。分配给每个进程相等的时间片，使所有进程都公平执行，它是一种实现简单且有效的方法。

② 可变时间片。根据进程不同的要求对时间片的大小实时修改，可以更好地提高效率。

（3）优先级调度。优先级调度算法是让每一个进程都拥有一个优先数，数值大的表示优先级高，系统在调度时总选择优先数大的占用 CPU。优先级调度分为静态优先级和动态优先级两种。

① 静态优先级。进程的优先级在创建时确定，直到进程终止都不会改变。通常根据以下因素确定优先级：进程类型（如系统进程优先级较高）、对资源的需求（如对CPU和内存需求较少的进程优先级较高）、用户要求（如紧迫程度和付费多少）。

② 动态优先级。在创建进程时赋予一个优先级，在进程运行过程中还可以改变，以便获得更好的调度性能。例如，在就绪队列中，随着等待时间增长，优先级将提高。这样，对于优先级较低的进程在等待足够的时间后，其优先级提高到可被调度执行。进程每执行一个时间片，

就降低其优先级，从而当一个进程持续执行时，其优先级会降低到让出 CPU。

（4）多级反馈调度。多级反馈队列调度算法如图 4-9 所示，该算法是时间片轮转算法和优先级算法的综合与发展。其优点有三个方面：第一，照顾了短进程以提高系统吞吐量、缩短了平均周转时间；第二，照顾 I/O 型进程以获得较好的 I/O 设备利用率和缩短响应时间；第三，不必估计进程的执行时间，动态调节优先级。

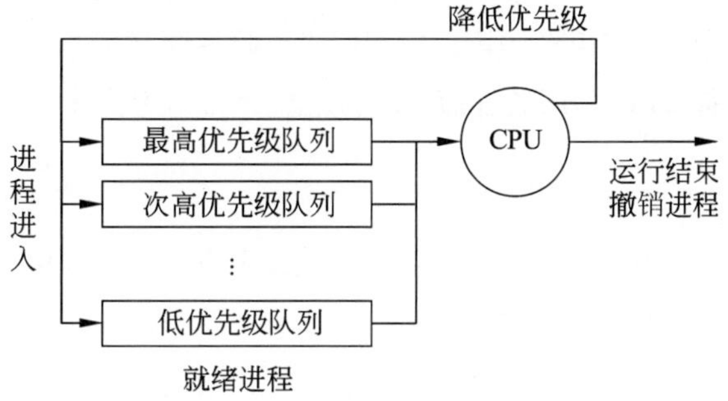

图 4-9　多级反馈队列调度算法

多级反馈队列调度算法实现思路如下。

① 设置多个就绪队列。队列 1，队列 2，…，队列 n 分别赋予不同的优先级，队列 1 的优先级≥队列 2 的优先级≥…≥队列 n 的优先级。每个队列执行时间片的长度也不同，规定优先级越低时间片越长，如逐级加倍。

② 新进程进入内存后，先投入队列 1 的末尾，按 FCFS 算法调度；若某进程在队列 1 的一个时间片内未能执行完，则降低投入到队列 2 的末尾，同样按 FCFS 算法调度；如此下去，当进程降低到最后的队列时，则按“时间片轮转”算法调度直到完成。

③ 仅当较高优先级的队列为空才调度较低优先级队列中的进程执行。如果进程执行时有新进程进入较高优先级的队列，则抢先执行新进程，并把被抢先的进程投入原队列的末尾。

3. 进程优先级确定

优先级确定需要考虑如下情况。

（1）对于 I/O 型进程，让其进入最高优先级队列，以及时响应需要 I/O 交互的进程。通常执行一个小的时间片，在该时间片内要求可处理完一次 I/O 请求的数据，然后转入到阻塞队列。

（2）对于计算型进程，每次都执行完时间片后进入更低级队列。最终采用最大时间片来执行，以减少调度次数。

（3）对于 I/O 次数不多，主要是 CPU 处理的进程，在 I/O 完成后，返回优先 I/O 请求时离开的队列，以免每次都回到最高优先级队列后再逐次下降。

（4）为适应一个进程在不同时间段的运行特点，I/O 完成时，提高优先级；时间片用完时，降低优先级。

4.2.6 死锁

在计算机系统中有许多互斥资源（如磁带机、打印机和绘图仪等）或软件资源（如进程表、临界区等），若两个进程同时使用打印机，或同时进入临界区必然会出现问题。所谓死锁，是指两个以上的进程互相都要求对方已经占有的资源导致无法继续运行下去的现象。

1．死锁举例

【例 4.5】 进程推进顺序不当引起的死锁。设系统中有一台读卡机 A，一台打印机 B，它们被进程 P_1 和 P_2 共享，两个进程并发执行，它们按下列顺序请求和释放资源。

P_1

```
...
   Request(A);        <a>
   Request(B);        <b>
   Release(B);
   Release(A);
```

P_2

```
...
   Request(B);        <a>
   Request(A);        <b>
   Release(A);
   Release(B);
```

假如按 P_1<a> P_2<a> P_1<b> P_2<b>的次序执行，则系统会发生死锁。因为进程 P_1<a>时，由于读卡机未被占用，所以请求可以得到满足；进程 P_2<a>时，由于打印机未被占用，所以请求也可以得到满足。接着进程 P_1<b>时，由于打印机被占用，所以请求得不到满足，P_1 等待；进程 P_2<b>时，由于读卡机被占用，所以请求得不到满足，P_2 也等待，导致互相在请求对方已占有的资源，系统发生死锁。

【例 4.6】 同类资源分配不当引起死锁。若系统中有 m 个资源被 n 个进程共享，当每个进程都要求 k 个资源，而 $m<nk$ 时，即资源数小于进程所要求的总数时，可能会引起死锁。例如，$m=5$，$n=3$，$k=3$，若系统采用的分配策略是轮流地为每个进程分配，则第一轮系统先为每个进程分配一台，还剩下两台；第二轮系统再为两个进程各分配一台，此时，系统中已无可供分配的资源，使得各个进程都处于等待状态导致系统发生死锁。

【例 4.7】 PV 操作使用不当引起的死锁。对于图 4-10，当信号量 $S_1=S_2=0$ 时将发生死锁。

从图 4-10 可知，P_2 进程从缓冲区取产品前，先执行 $P(S_2)$，由于 $S_2=-1$，故 P_2 等待；P_1 进程将产品送到缓冲区后，执行 $P(S_1)$，由于 $S_1=-1$，故 P_1 等待。这样，P_1、P_2 进程都无法继续运行下去，导致系统死锁。

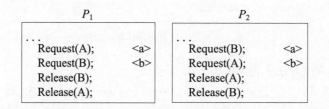

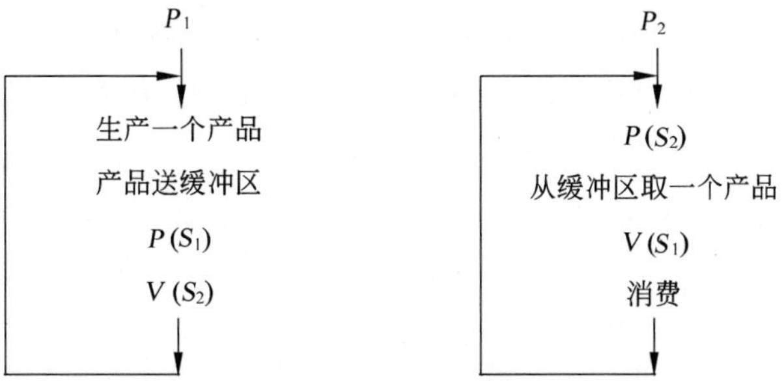

图 4-10　PV 操作引起的死锁

2．死锁产生的原因及 4 个必要条件

从上述例题分析可以看出，产生死锁的原因为竞争资源及进程推进顺序非法。当系统中有多个进程所共享的资源不足以同时满足它们的需求时，将引起它们对资源的竞争导致死锁。进程推进顺序非法，指进程在运行的过程中请求和释放资源的顺序不当，导致进程死锁。产生死锁的 4 个必要条件是互斥条件、请求保持条件、不可剥夺条件和环路条件。

当发生死锁时，在进程资源有向图中必构成环路，其中每个进程占有了下一个进程申请的一个或多个资源，如图 4-11 所示。

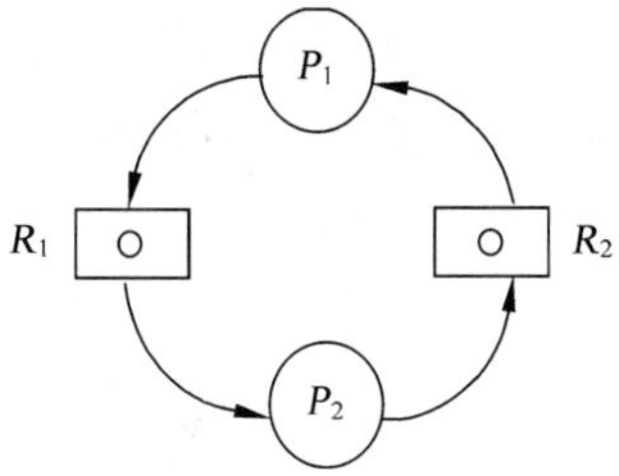

图 4-11　进程资源有向图

进程资源有向图由方框、圆圈和有向边三部分组成。其中方框表示资源，圆圈表示进程。请求资源：○→□，箭头由进程指向资源；分配资源：○←□，箭头由资源指向进程。

3．死锁的处理

死锁的处理策略主要有 4 种：鸵鸟策略（即不理睬策略）、预防策略、避免策略和检测与解除死锁。

1）死锁预防

死锁预防是采用某种策略限制并发进程对资源的请求，破坏死锁产生的 4 个必要条件之一，使系统在任何时刻都不满足死锁的必要条件。预防死锁的两种策略如下。

（1）预先静态分配法。破坏了“不可剥夺条件”，预先分配所需资源，保证不等待资源。该方法的问题是降低了对资源的利用率，降低进程的并发程度；有时可能无法预先知道所需资源。

（2）资源有序分配法。破坏了“环路条件”，把资源分类按顺序排列，保证不形成环路。该方法存在的问题是限制进程对资源的请求；由于资源的排序占用系统开销。

2）死锁避免

死锁预防是设法破坏产生死锁的 4 个必要条件之一，严格防止死锁的产生。死锁避免则不那么严格地限制产生死锁的必要条件。最著名的死锁避免算法是 Dijkstra 提出的银行家算法，死锁避免算法需要很大的系统开销。

银行家算法对于进程发出的每一个系统可以满足的资源请求命令加以检测，如果发现分配资源后系统进入不安全状态，则不予分配；若分配资源后系统仍处于安全状态，则实施分配。与死锁预防策略相比，它提高了资源的利用率，但检测分配资源后系统是否安全增加了系统开销。

所谓安全状态，是指系统能按某种顺序如 $<P_1,P_2,\cdots,P_n>$ 来为每个进程分配其所需资源，直到最大需求，使每个进程都可顺序完成。通常称 $<P_1,P_2,\cdots,P_n>$ 序列为安全序列。若系统不存在这样一个安全序列，则称系统处于不安全状态。

【例 4.8】 假设系统中有三类互斥资源 R_1、R_2 和 R_3，可用资源数分别为 8、7 和 4。在 T_0 时刻系统中有 P_1、P_2、P_3、P_4 和 P_5 这 5 个进程，这些进程对资源的最大需求量和已分配资源数如图 4-12 所示。

资源 / 进程	最大需求量			已分配资源数		
	R_1	R_2	R_3	R_1	R_2	R_3
P_1	6	4	2	1	1	1
P_2	2	2	2	2	1	1
P_3	8	1	1	2	1	0
P_4	2	2	1	1	2	1
P_5	3	4	2	1	1	1

图 4-12 进程已分配资源数

若有如下 4 个执行序列，那么进程按什么序列执行，系统状态是安全的。

① $P_1 \to P_2 \to P_4 \to P_5 \to P_3$　　② $P_2 \to P_1 \to P_4 \to P_5 \to P_3$

③ $P_4 \to P_2 \to P_1 \to P_5 \to P_3$　　④ $P_4 \to P_2 \to P_5 \to P_1 \to P_3$

解：初始时系统的可用资源数分别为 8、7 和 4，在 T_0 时刻已分配资源数分别为 7、6 和 4，因此系统剩余的可用资源数分别为 1、1 和 0。

由于 R_3 资源为 0，系统不能再分配 R_3 资源了，所以不能一开始就运行需要分配 R_3 资源的进程 P_1 和 P_2，故①和②显然是不安全的。

分析序列③的 $P_4 \to P_2 \to P_1 \to P_5 \to P_3$ 是否安全。进程 P_4 可以设置能完成标志 True，如图 4-13 所示。

资源/进程	可用			需求			已分			可用+已分			能否完成标志
	R_1	R_2	R_3	R_1	R_2	R_3	R_1	R_2	R_3	R_1	R_2	R_3	
P_4	1	1	0	1	0	0	1	2	1	2	3	1	True
P_2	2	3	1	0	1	1	2	1	1	4	4	2	True
P_1	4	4	2	5	3	1	1	1	1				

图 4-13　进程按序列③的 $P_4 \to P_2 \to P_1 \to P_5 \to P_3$ 执行

因为系统的可用资源数为（1，1，0），而进程 P_4 只需要一台 R_1 资源。进程 P_2 可以设置能完成标志 True，因为进程 P_4 运行完毕将释放所有资源，此时系统的可用资源数应为（2，3，1），而进程 P_2 只需要（0，1，1），进程 P_2 运行完毕将释放所有资源，此时系统的可用资源数应为（4，4，2）。进程 P_1 不能设置能完成标志 True，因为进程 P_1 需要 R_1 资源为 5，系统能提供的 R_1 资源为 4，所以序列③无法进行下去，因此，$P_4 \to P_2 \to P_1 \to P_5 \to P_3$ 为不安全序列。

序列④的 $P_4 \to P_2 \to P_5 \to P_1 \to P_3$ 是安全的，因为所有的进程都能设置完成标志 True，如图 4-14 所示。

资源/进程	可用			需求			已分			可用+已分			能否完成标志
	R_1	R_2	R_3	R_1	R_2	R_3	R_1	R_2	R_3	R_1	R_2	R_3	
P_4	1	1	0	1	0	0	1	2	1	2	3	1	True
P_2	2	3	1	0	1	1	2	1	1	4	4	2	True
P_5	4	4	2	2	3	1	1	1	1	5	5	3	True
P_1	5	5	3	5	3	1	1	1	1	6	6	4	True
P_3	6	6	4	6	0	1	2	1	0	8	7	4	True

图 4-14　进程按序列④的 $P_4 \to P_2 \to P_5 \to P_1 \to P_3$ 执行

3）死锁检测

解决死锁的另一条途径是使用死锁检测方法，这种方法对资源的分配不加限制，即允许死锁产生。但系统定时地运行一个死锁检测程序，判断系统是否发生死锁，若检测到有死锁，则设法加以解除。

4）死锁解除

死锁解除通常采用如下方法。

（1）资源剥夺法。从一些进程那里强行剥夺足够数量的资源分配给死锁进程。

（2）撤销进程法。根据某种策略逐个地撤销死锁进程，直到解除死锁为止。

4.2.7 线程

传统的进程有两个基本属性：可拥有资源的独立单位；可独立调度和分配的基本单位。引入线程的原因是进程在创建、撤销和切换中，系统必须为之付出较大的时空开销，故在系统中设置的进程数目不宜过多，进程切换的频率不宜太高，这就限制了并发程度的提高。引入线程后，将传统进程的两个基本属性分开，线程作为调度和分配的基本单位，进程作为独立分配资源的单位。用户可以通过创建线程来完成任务，以减少程序并发执行时付出的时空开销。

例如，在文件服务进程中可设置多个服务线程，当一个线程受阻时，第二个线程可以继续运行，当第二个线程受阻时，第三个线程可以继续运行……从而显著地提高了文件系统的服务质量及系统的吞吐量。

这样，对于拥有资源的基本单位，不用频繁地切换，进一步提高了系统中各程序的并发程度。需要说明的是，线程是进程中的一个实体，是被系统独立分配和调度的基本单位。线程基本上不拥有资源，只拥有一点运行中必不可少的资源（如程序计数器、一组寄存器和栈），它可与同属一个进程的其他线程共享进程所拥有的全部资源。

线程也具有就绪、运行和阻塞 3 种基本状态。由于线程具有许多传统进程所具有的特性，故称为“轻型进程（Light-Weight Process）”；传统进程称为“重型进程（Heavy-Weight Process）”。线程可创建另一个线程，同一个进程中的多个线程可并发执行。

线程分为用户级线程（User-Level Threads）和内核支持线程（Kernel-Supported Threads）两类。用户级线程不依赖于内核，该类线程的创建、撤销和切换都不利用系统调用来实现；内核支持线程依赖于内核，即无论是在用户进程中的线程，还是在系统中的线程，它们的创建、撤销和切换都利用系统调用来实现。某些系统同时实现了两种类型的线程。

与线程不同的是，不论是系统进程还是用户进程，在进行切换时，都要依赖于内核中的进程调度。因此，不论是什么进程都是与内核有关的，是在内核支持下进行切换的。尽管线程和进程表面上看起来相似，但它们在本质上是不同的。

4.3 存储管理

存储器管理的对象是主存存储器简称主存或内存。存储器是计算机系统中的关键性资源，是存放各种信息的主要场所。尽管近年来内存越来越便宜、容量越来越大，但系统软件、应用软件在功能及其所需存储空间等方面都在急剧膨胀，如何对存储器实施有效的管理，不仅直接影响到存储器的利用率，而且还对系统性能有很大的影响。存储器管理的主要功能包括主存空间的分配和回收、提高主存的利用率、扩充主存、对主存信息实现有效保护。

4.3.1　基本概念

1．存储器的结构

存储组织的功能是在存储技术和 CPU 寻址技术许可的范围内组织合理的存储结构，使得各层次的存储器都处于均衡的繁忙状态。常用的存储器的结构有“寄存器-主存-外存”结构和“寄存器-缓存-主存-存储组织的功能外存”结构（如图 4-15 所示）。

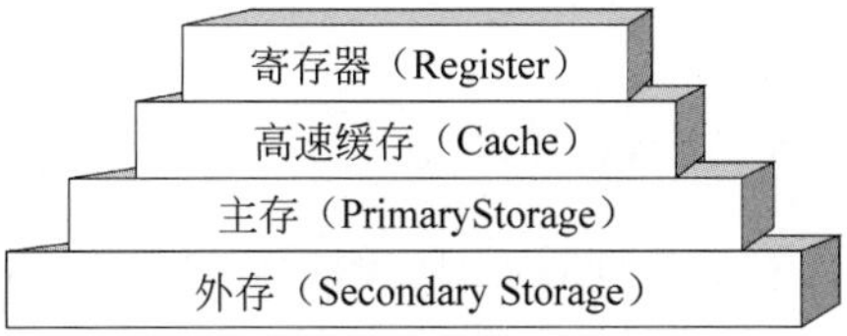

图 4-15　存储器的层次结构

（1）虚拟地址。对于程序员来说，数据的存放地址是由符号决定的，故称符号名地址，或者称为名地址，而把源程序的地址空间称为符号名地址空间或者名空间。它是从 0 号单元开始编址，并顺序分配所有的符号名所对应的地址单元，所以它不是主存中的真实地址，故称为相对地址、程序地址、逻辑地址或虚拟地址。

（2）地址空间。把程序中由符号名组成的空间称为名空间。源程序经过汇编或编译后再经过链接编辑程序加工形成程序的装配模块，即转换为相对地址编址的模块，它是以 0 为基址顺序进行编址的。相对地址也称为逻辑地址或虚地址，把程序中由相对地址组成的空间称为逻辑地址空间。相对地址空间通过地址再定位机构转换到绝对地址空间，绝对地址空间也称为物理地址空间。

（3）存储空间。简单来说，逻辑地址空间（简称地址空间）是逻辑地址的集合，物理地址空间（简称存储空间）是物理地址的集合。

2．地址重定位

地址重定位是指将逻辑地址变换成主存物理地址的过程。在可执行文件装入时，需要解决可执行文件中地址（指令和数据）与主存地址的对应关系，由操作系统中的装入程序Loader 和地址重定位机构来完成。地址重定位分为静态地址重定位和动态地址重定位。

（1）静态重定位。静态重定位是指在程序装入主存时已经完成了逻辑地址到物理地址的变换，在程序的执行期间将不会再发生变化。静态地址重定位的优点是无须硬件地址变换机构的支持，它只要求程序本身是可重定位的，只对那些要修改的地址部分具有某种标识，由专门设计的程序来完成。在早期的操作系统中大多采用这种方法。静态重定位的缺点是必须给作业分配一个连续的存储区域，在作业的执行期间不能扩充存储空间，也不能在主存中移动，多个作业也难以共享主存中的同一程序副本和数据。

（2）动态重定位。动态重定位是指在程序运行期间完成逻辑地址到物理地址的变换。其实现机制要依赖硬件地址变换机构，如基地址寄存器（BR）。动态地址重定位的优点是程序在执行期间可以换入和换出主存，以解决主存空间不足的问题；可以在主存中移动，把主存中的碎片集中起来，以充分利用空间；不必给程序分配连续的主存空间，可以较好地利用较小的主存块；可以实现共享。

4.3.2 存储管理方案

存储管理的主要目的是解决多个用户使用主存的问题，其存储管理方案主要包括分区存储管理、分页存储管理、分段存储管理、段页式存储管理以及虚拟存储管理。本小节介绍分区存储管理方案，其他存储管理方案将在后续章节中介绍。

1．分区存储管理

分区存储管理是早期的存储管理方案，其基本思想是把主存的用户区划分成若干个区域，每个区域分配给一个用户作业使用，并限定它们只能在自己的区域中运行，这种主存分配方案就是分区存储管理方式。按划分方式不同分区可分为固定分区、可变分区和可重定位分区。

（1）固定分区。固定分区是一种静态分区方式，在系统生成时已将主存划分为若干个分区，每个分区的大小可不等。操作系统通过主存分配情况表管理主存。这种方法的突出问题是已分配区中存在未用空间，原因是程序或作业的大小不可能刚好等于分区的大小，故造成了空间的浪费。通常将已分配分区内的未用空间称为零头或内碎片。

（2）可变分区。可变分区是一种动态分区方式，存储空间的划分是在作业装入时进行的，故分区的个数是可变的，分区的大小刚好等于作业的大小。可变分区分配需要两种管理表格，其中已分配表记录已分配分区的情况，未分配表记录未分配分区的情况。

对于可变分区的请求和释放分区主要有如下4种算法。

① 最佳适应算法。假设系统中有 n 个空白区（自由区），每当用户申请一个空间时，将从这 n 个空白区中找到一个最接近用户需求的分区。这种算法能保留较大的空白区，缺点是空闲区不可能刚好等于用户要求的区，所以必然要将一个分区一分为二，但是随着系统不断地释放空间，可能会使产生的小分区小到无法再继续分配，将这样的无用小分区称为外碎片。

② 最差适应算法。系统总是将用户作业装入最大的空白分区。这种算法将一个最大的分区一分为二，所以剩下的空白区通常也大，不容易产生外碎片。

③ 首次适应算法。每当用户作业申请一个空间时，系统总是从主存的低地址开始选择一个能装入作业的空白区。当用户释放空间时，该算法更易实现相邻的空白区合并。

④ 循环首次适应算法。与首次适应算法的不同之处是，每次分配都是从刚分配的空白区开始寻找一个能满足用户要求的空白区。

引入可变分区后虽然主存的分配更灵活，也提高了主存的利用率，但是由于系统在不断地分配和回收中，必定会出现一些不连续的小的空闲区，尽管这些小的空闲区的总和超过某一个作业要求的空间，但是由于不连续而无法分配，产生了未分配区的无用空间，通常称之为外碎片。解决碎片的方法是拼接（或称紧凑），即向一个方向（例如向低地址端）移动已分配的作业，使那些零散的小空闲区在另一个方向连成一片。

（3）可重定位分区。可重定位分区是解决碎片问题的简单且行之有效的方法。基本思想是移动所有已分配好的分区，使之成为连续区域。如同队列有一个队员出列，指挥员要求大家“靠拢”一样。分区“靠拢”的时机是当用户请求空间得不到满足时或某个作业执行完毕时。由于靠拢是要代价的，所以通常是在用户请求空间得不到满足时进行。需要注意的是，当进行分区“靠拢”时会导致地址发生变化，所以有地址重定位问题。

2．分区保护

分区保护的目的是防止未经核准的用户访问分区，常用如下两种方式。

（1）采用上界/下界寄存器保护。上界寄存器中存放的是作业的装入地址，下界寄存器中装入的是作业的结束地址，形成的物理地址必须满足如下条件：

$$上界寄存器 \leqslant 物理地址 \leqslant 下界寄存器$$

（2）采用基址/限长寄存器保护。基址寄存器中存放的是作业的装入地址，限长寄存器中装入的是作业的长度，形成的物理地址必须满足如下条件：

$$基址寄存器 \leqslant 物理地址 < 基址寄存器 + 限长寄存器$$

4.3.3　分页存储管理

尽管分区管理方案是解决多道程序共享主存的可行方案，但是该方案的主要问题是用户程序必须装入连续的地址空间中，若无满足用户要求的连续空间，需要进行分区靠拢操作，这是以耗费系统时间为代价的。为此，引入了分页存储管理方案。

1．纯分页存储管理

1）分页原理

将一个进程的地址空间划分成若干个大小相等的区域，称为页。相应地，将主存空间划分成与页相同大小的若干个物理块，称为块或页框。在为进程分配主存时，将进程中若干页分别装入多个不相邻接的块中。

2）地址结构

分页系统的地址结构如图 4-16 所示，它由两部分组成：前一部分为页号 *P*；后一部分为偏移量 *W*，即页内地址。图中的地址长度为 32 位，其中，0～11 位为页内地址（每页的大小为 4kb），12～31 位为页号，所以允许地址空间的大小最多为 1Mb 个页。

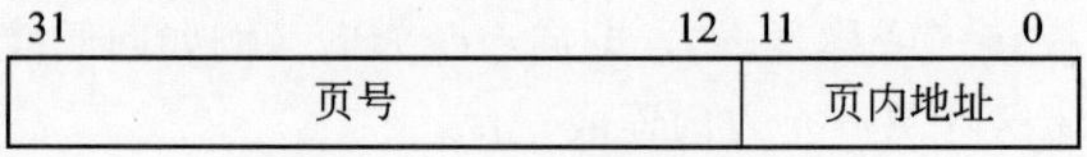

图 4-16 分页地址结构

3）页表

当进程的多个页面离散地分配到主存的多个物理块时，系统应能保证在主存中找到进程要访问的页面所对应的物理块。为此，系统为每个进程建立了一张页面映射表，简称页表（如图 4-17 所示）。每个页在页表中占一个表项，记录该页在主存中对应的物理块号。

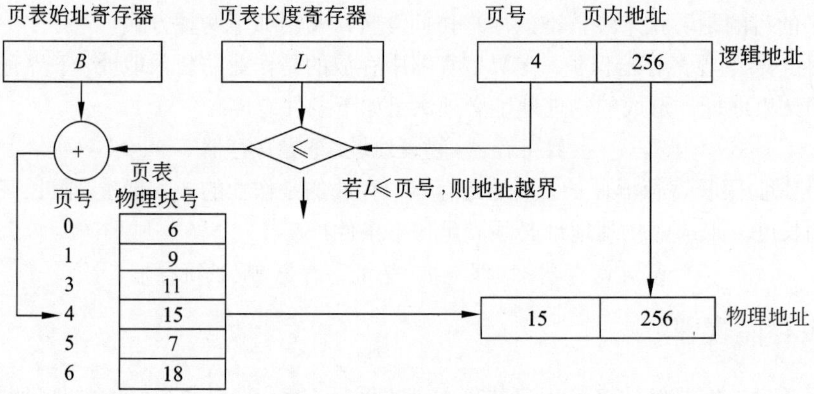

图 4-17 页式存储管理的地址映射

例如，进程在执行时，系统通过查找页表就可以找到每页所对应的物理块号。图中逻辑页号为 4，查找页表可得该页的物理块号为 15，与页内地址 256 拼接得到物理地址。可见，页表的作用是实现从页号到物理块号的地址映射。

地址变换机构的基本任务是利用页表把用户程序中的逻辑地址变换成主存中的物理地址，实际上就是将用户程序中的页号变换成主存中的物理块号。为了实现地址变换功能，在系统中设置页表寄存器，用来存放页表的始址和页表的长度。在进程未执行时，每个进程对应的页表的始址和长度存放在进程的 PCB 中，当该进程被调度时，则将它们装入页表寄存器。在进行地址变换时，系统将页号与页表长度进行比较，如果页号大于等于页表寄存器中的页表长度 L（页号从 0 开始），则访问越界，产生越界中断。若未出现越界，则根据页表寄存器中的页表始址和页号计算出该页在页表项中的位置，得到该页的物理块号，将此物理块号装入物理地址寄存器中。与此同时，将有效地址（逻辑地址）寄存器中页内地址直接装入物理地址寄存器的块内地址字段中，这样便完成了从逻辑地址到物理地址的变换。

2．快表

从地址映射的过程可以发现，页式存储管理至少需要两次访问主存。例如，第一次是访问页表，得到的是数据的物理地址；第二次是存取数据；若该数据是间接地址，还需要再进行地址变换，再存取数据，显然访问主存的次数大于 2。为了提高访问主存的速度，可以在地址映射机构中增加一组高速寄存器，用来保存页表。这种方法需要大量的硬件开销，在经济上是不可行的。另一种方法是在地址映射机构中增加一个小容量的联想存储器，联想存储器由一组高速存储器组成，称之为快表，用来保存当前访问频率高的少数活动页的页号及相关信息。

联想存储器存放的只是当前进程最活跃的少数几页的物理块号，这样用户程序要访问数据时，系统根据数据的逻辑页号在联想存储器中找出对应的物理块号，然后与页内地址拼接形成物理地址；若找不到，则地址映射仍通过主存的页表进行，得到物理地址后，需将物理块号填入联想存储器的空闲单元中，若无空闲单元，则根据淘汰算法淘汰某一页，再填入新得到的页号。事实上，查找联想存储器和查找主存页表是并行进行的，一旦在联想存储器中找到相符的逻辑页号，就停止查找主存页表。

3．两级页表机制

大家知道，80386 的逻辑地址有 2^{32} 个，若页面大小为 4kb（2^{12}B），则页表项达 1Mb 个，每个页表项占用 4B，故每个进程的页表占用 4Mb 主存空间，并且还要求是连续的，显然这是不现实的。为了减少页表所占用的连续的主存空间，在 80386 中采用了两级页表机制。基本方法是将页表进行分页，每个页面的大小与主存物理块的大小相同，并为它们进行编号，可以离散地将各个页面分别存放在不同的物理块中。为此需要建立一张页表，称为外层页表（页表目录），即第一级是页目录表，其中的每个表目是存放某个页表的物理地址；第二级是页表，其中的每个表目所存放的是页的物理块号。

两级页表的逻辑地址结构和两级页表的地址变换机构如图 4-18 所示。

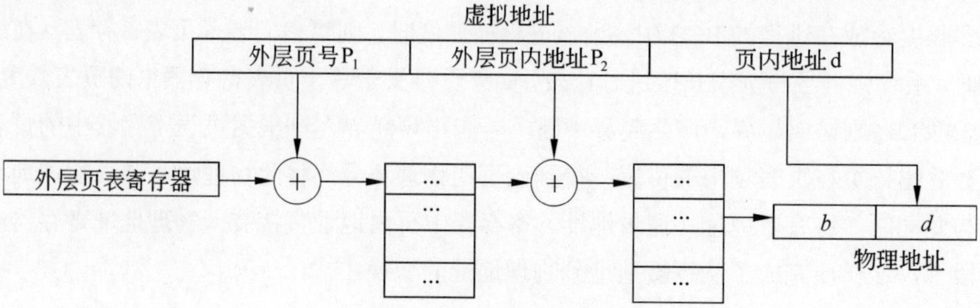

图 4-18 两级页表的地址变换机构

4.3.4 分段存储管理

在分段存储管理方式中，作业的地址空间被划分为若干个段，每个段是一组完整的逻辑信息，例如有主程序段、子程序段、数据段及堆栈段等，每个段都有自己的名字，都是从 0 开始编址的一段连续的地址空间，各段的长度是不等的。分段系统的地址结构如图 4-19 所示，逻辑地址由段号（名）和段内地址两部分组成。在该地址结构中，允许一个作业最多有 64 kb 个段，每个段的最大长度为 64 kb。

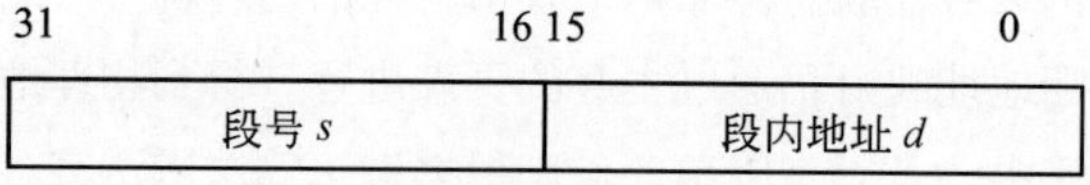

图 4-19 分段的地址结构

在分段式存储管理系统中，为每个段分配一个连续的分区，而进程中的各个段可以离散地分配到主存的不同分区中。在系统中为每个进程建立一张段映射表，简称为“段表”。每个段在表中占有一个表项，在其中记录了该段在主存中的起始地址（又称为“基址”）和段的长度，如图 4-20 所示。进程在执行时，通过查段表来找到每个段所对应的主存区。可见，段表实现了从逻辑段到物理主存区的映射。

为了实现从逻辑地址到物理地址的变换功能，系统中设置了段表寄存器，用于存放段表始址和段表长度。在进行地址变换时，系统将逻辑地址中的段号 S 与段表长度 L 进行比较。若 $S \geqslant L$，表示段号太大，访问越界，于是产生越界中断信号；若未越界，则根据段表的始址和该段的段号，计算出该段对应段表项的位置，从中读出该段在主存中的起始地址，然后再检查段内地址 d 是否超过该段的段长 SL。若超过，即 $d \geqslant SL$，同样发出越界中断信号；若未越界，则将该段的基址 S' 与段内地址 d 相加，得到要访问的主存物理地址。

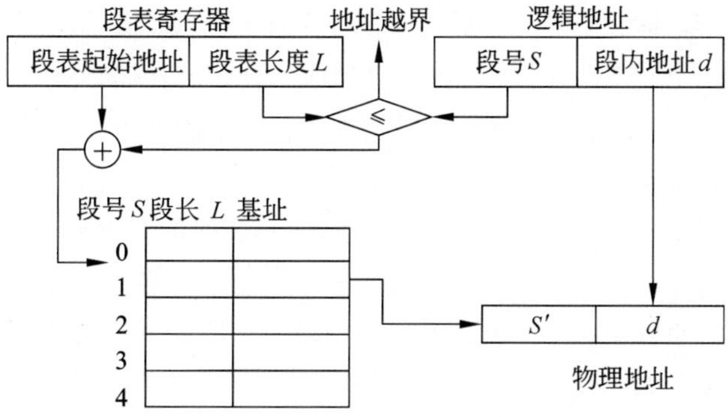

图 4-20　段式存储管理的地址变换机构

【例 4.9】 系统采用段式存储管理方案，假设某作业的段表如下：

段号	基地址	段长
0	219	600
1	2300	200
2	90	100
3	1327	580
4	1952	96

（1）逻辑地址（0，168）、（1，58）、（2，98）、（3，300）和（4，100）能否转换为对应的物理地址？为什么？

（2）将问题（1）的逻辑地址分别转换成对应的物理地址。

解：

（1）逻辑地址（0，168）、（1，58）、（2，98）和（3，300）可以转换成对应的物理地址，而逻辑地址（4，100）不能转换为对应的物理地址，因为地址越界。

（2）逻辑地址（0，168）对应的物理地址是 219+168=387；

逻辑地址（1，58）对应的物理地址是 2300+58=2358；

逻辑地址（2，98）对应的物理地址是 90+98=188；

逻辑地址（3，300）对应的物理地址是 1327+300=1627。

4.3.5　段页式存储管理

分页和分段存储管理方式各有其优缺点。因为分页的过程是由操作系统完成的，对用户是透明的，所以用户不必关心分页的过程，其缺点是不易实现共享；段是信息的逻辑单位，其优点是易于实现段的共享，即允许若干个进程共享一个或多个段，而且对段的保护也十分简单。如果对两种存储管理方式“各取所长”，则可以形成一种新的存储管理方式的系统“段页式系统”。这种新系统既具有分页系统能有效地提高主存利用率的优点，又具有分段系统能很好地满足用户需要的长处，显然是一种比较有效的存储管理方式。

段页式系统的基本原理是先将整个主存划分成大小相等的存储块（页框），将用户程序按程序的逻辑关系分为若干个段，并为每个段赋予一个段名，再将每个段划分成若干页，以页框为单位离散分配。在段页式系统中，其地址结构由段号、段内页号和页内地址三部分组成。作业地址空间的结构如图 4-21 所示。

段号 s	段内页号 p	页内地址 w

图 4-21　段页式管理的地址结构

在段页式系统中，为了实现从逻辑地址到物理地址的变换，系统中必须同时配置段表和页表。由于将段中的页进行离散地分配，段表中的内容不再是段的主存始址和段长，而是页表始址和页表长度。在段页式系统中有一个段表寄存器，用于存放段表起始地址和段表长度 TL，其地址变换结构如图 4-22 所示。

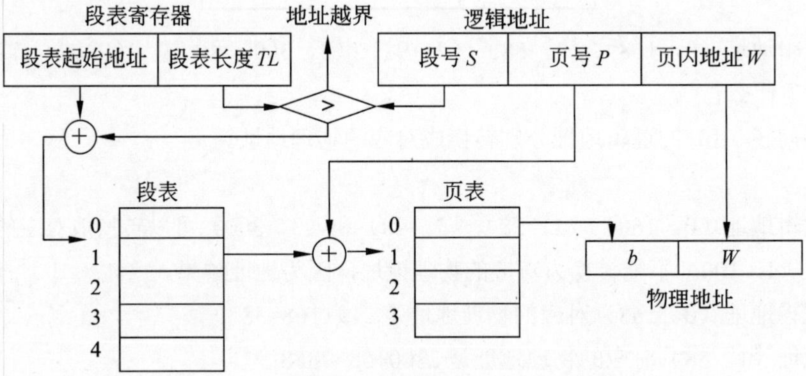

图 4-22　段页式存储管理的地址变换结构

在段页式系统中逻辑地址到物理地址的变换过程如下：

（1）根据段号 S 查段表，得到页表的起始地址；

（2）根据页号 P 查页表，得到物理块号 b；

（3）将物理块号 b 拼页内地址 W 得到物理地址。

4.3.6　虚拟存储管理

在前面介绍的存储管理方案中，必须为每个作业分配足够的空间，以便装入全部信息。当主存空间不能满足作业要求时，作业无法装入主存执行。

如果一个作业只部分装入主存便可开始启动运行，其余部分暂时留在磁盘上，在需要时再装入主存，这样可以有效地利用主存空间。从用户角度看，该系统所具有的主存容量将比实际主存容量大得多，人们把这样的存储器称为虚拟存储器。虚拟存储器是为了扩大主存容量而采用的一种设计方法，其容量是由计算机的地址结构决定的。

1．程序局部性原理

早在 1968 年 P.Denning 就指出，程序在执行时将呈现出局部性规律，即在一段时间内，程序的执行仅局限于某个部分。相应地，它所访问的存储空间也局限于某个区域内。程序的局限性表现在时间局限性和空间局限性两个方面。

（1）时间局限性是指如果程序中的某条指令一旦执行，则不久的将来该指令可能再次被执行；如果某个存储单元被访问，则不久以后该存储单元可能再次被访问。产生时间局限性的典型原因是在程序中存在着大量的循环操作。

（2）空间局限性是指一旦程序访问了某个存储单元，则在不久的将来，其附近的存储单元也最有可能被访问。即程序在一段时间内所访问的地址可能集中在一定的范围内，其典型原因为程序是顺序执行的。

2．虚拟存储器的实现

虚拟存储器是具有请求调入功能和置换功能，能仅把作业的一部分装入主存便可运行作业的存储器系统，是能从逻辑上对主存容量进行扩充的一种虚拟的存储器系统。其逻辑容量由主存和外存容量之和以及 CPU 可寻址的范围来决定，其运行速度接近于主存速度，成本也下降。可见，虚拟存储技术是一种性能非常优越的存储器管理技术，故被广泛地应用于大、中、小型机器和微型机中。虚拟存储器的实现主要有如下 3 种方式。

（1）请求分页系统。该系统是在分页系统的基础上增加了请求调页功能和页面置换功能所形成的页式虚拟存储系统。它允许只装入若干页的用户程序和数据（而非全部程序）就可以启动运行，以后再通过调页功能和页面置换功能陆续把将要使用的页面调入主存，同时把暂不运行的页面置换到外存上，置换时以页面为单位。

（2）请求分段系统。该系统是在分段系统的基础上增加了请求调段和分段置换功能所形成的段式虚拟存储系统。它允许只装入若干段的用户程序和数据就可以启动运行，以后再通过调段功能和置换功能将不运行的段调出，同时调入将要运行的段，注意：置换时以段为单位。

（3）请求段页式系统。该系统是在段页式系统的基础上增加了请求调页和页面置换功能所形成的段页式虚拟存储系统。

3．请求分页管理的实现

请求分页是在纯分页系统的基础上增加了请求调页功能、页面置换功能所形成的页式虚拟存储系统，它是目前常用的一种虚拟存储器的方式。

请求分页的页表机制是在纯分页的页表机制上形成的，由于只将应用程序的一部分调入主存，还有一部分仍在磁盘上，故需在页表中再增加若干项（如状态位、访问字段和辅存地址等）供程序（数据）在换进、换出时参考。

请求分页系统中的地址变换机构是在分页系统的地址变换结构的基础上增加了某些功能，如产生和处理缺页中断、从主存中换出一页实现虚拟存储。

在请求分页系统中，每当所要访问的页面不在主存时便要产生一个缺页中断，请求OS将所缺的页调入主存，这是由缺页中断机构完成的。缺页中断与一般中断的主要区别如下。

（1）缺页中断在指令执行期间产生和处理中断信号，而一般中断在一条指令执行完，下一条指令开始执行前检查和处理中断信号。

（2）发生缺页中断时，返回到被中断指令的开始重新执行该指令，而一般中断返回到下一条指令执行。

（3）一条指令在执行期间可能会产生多次缺页中断。

【例4.10】 在某计算机中，假设某程序的COPY指令跨两个页面，且源地址A和目标地址B所涉及的区域也跨两个页面，如下图所示。

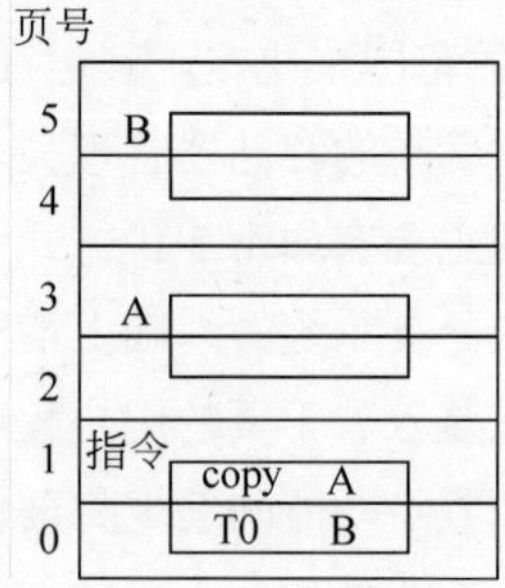

若地址为A和B的操作数均不在内存，计算机执行COPY指令时，系统将产生__(1)__缺

页中断；若系统产生 3 次缺页中断，那么该程序有＿（2）＿个页面在内存。

（1）A．2　　B．3　　C．4　　D．5

（2）A．2　　B．3　　C．4　　D．5

例题分析

从例题的图中可以看到，程序的 COPY 指令跨两个页面，且源地址 A 和目标地址 B 所涉及的区域也跨两个页面页内地址，这时，如果 2、3、4 和 5 号页面不在内存，系统执行“COPY A TO B”指令时，取地址为 A 的操作数。由于该操作数不在内存且跨两个页面 2、3，需要将 2、3 页面装入内存，所以产生两次缺页中断。同理，取地址为 B 的操作数，由于该操作数不在内存且跨两个页面 4 和 5，需要将 4 和 5 页面装入内存，所以产生两次缺页中断，共产生 4 次缺页中断。故例题空（1）的正确答案为 C。

同理，如果 1、2、3 号页面不在内存，系统执行“COPY A TO B”指令时，由于程序的 COPY 指令跨两个页面，当取出指令分析是多字节的，那么系统将产生一次缺页中断取指令的后半部分；当取地址为 A 的操作数，由于该操作数不在内存，且跨两个页面 2 和 3，需要将 2 和 3 页面装入内存，所以产生两次缺页中断，共产生 3 次缺页中断。故例题空（2）的正确答案为 B。

4．页面置换算法

请求分页是在纯分页系统的基础上增加了请求调页功能、页面置换功能所形成的页式虚拟存储系统，它是目前常用的一种虚拟存储器的方式。在进程运行过程中，如果发生缺页，此时主存中又无空闲块时，为了保证进程能正常运行，必须从主存中调出一页程序或数据送磁盘的对换区。但究竟将哪个页面调出，需要根据一定的页面置换算法来确定。置换算法的好坏将直接影响系统的性能，不适当的算法可能会导致系统发生“抖动”（Thrashing）。即刚被换出的页很快又被访问，需重新调入，导致系统频繁地更换页面，以至于一个进程在运行中把大部分时间花费在完成页面置换的工作上，这种现象称为系统发生了“抖动”（也称颠簸）。请求分页系统的核心问题是选择合适的页面置换算法，常用的页面置换算法如下所述。

1）最佳（Optimal）置换算法

这是一种理想化的算法，即选择哪些是永不使用的，或者是在最长时间内不再被访问的页面置换出去。这种方法性能最好，但实际上难于实现。并且要确定哪一个页面是未来最长时间内不再被访问的是很难的，所以该算法通常用来评价其他算法。

【例 4.11】 假定系统为进程 P1 分配了 3 个物理块，该进程访问页面的顺序为“0，7，6，5，7，4，7，3，5，4，7，4，5，6，5，7，6，0，7，6”，利用最佳置换算法的结果如图 4-23 所示，图中×表示产生缺页中断。求缺页中断次数、页面置换次数和缺页率。

访问页面	0	7	6	5	7	4	7	3	5	4	7	4	5	6	5	7	6	0	7	6
物	0	0	0	5	5	5	5	5	5	5	5	5	5	5	5	5	5	0	0	0
理		7	7	7	7	7	7	3	3	3	7	7	7	7	7	7	7	7	7	7
块			6	6	6	4	4	4	4	4	4	4	4	6	6	6	6	6	6	6
缺页	×	×	×	×		×		×			×			×				×		

图 4-23　最佳置换算法

例题分析：根据题意系统为 P1 分配了 3 个物理块，故 P1 开始运行申请的 0、7、6 三个页面将产生缺页中断，但不需要置换页面（因为刚开始分配的内存物理块“空闲”）；当进程访问页面 5 时产生缺页中断，由于页面 0 将在第 18 次才被访问，根据最佳置换算法 0、7、6 三页中 0 页将最久不被访问的页面，所以被淘汰；接着访问页面 7，发现已在主存中，不会产生缺页中断，依此类推。

从上分析可知，采用最佳置换算法产生了 9 次缺页中断，发生了 6 次页面置换（前 3 次无需页面置换），缺页率 f=缺页次数/访问次数=9/20=45%。

2）先进先出（FIFO）置换算法

该算法总是淘汰最先进入主存的页面，即选择在主存中驻留时间最久的页面予以淘汰。该算法实现简单，只需把一个进程调入主存的页面，按先后次序链接成一个队列，并设置一个指针即可。它是一种最直观、性能最差的算法，有 Belady 异常现象。所谓 Belady 现象，是指如果对一个进程未分配它所要求的全部页面，有时就会出现分配的页面数增多但缺页率反而提高的异常现象。例如，对于页面访问序列“1，2，3，4，1，2，5，1，2，3，4，5”，当分配的物理块从 3 块增加到 4 块时，有缺页次数增加、缺页率提高的异常现象。

【例 4.12】 假定系统中某进程访问页面的顺序为“0，7，6，5，7，4，7，3，5，4，7，4，5，6，5，7，6，0，7，6”，利用 FIFO 算法对上例进行页面置换的结果如图 4-24 所示。

访问页面	0	7	6	5	7	4	7	3	5	4	7	4	5	6	5	7	6	0	7	6
物	0	0	6	5	7	4	4	3	5	3	7	4	5	6	6	7	7	0	0	0
理		7	0	6	5	7	7	4	3	5	3	7	4	5	5	6	6	7	7	7
块			7	0	6	5	5	7	4	4	5	3	7	4	4	5	5	6	6	6
缺页	×	×	×	×	×	×		×	×		×	×	×	×		×		×		

图 4-24　先进先出置换算法

分析略。从图中可见，发生了 14 次缺页中断，页面置换 11 次，缺页率 f=14/20=70%。

3）最近最少未使用（Least Recently Used，LRU）置换算法

该算法是选择最近最少未使用的页面予以淘汰，系统在每个页面设置一个访问字段，用于记录这个页面自上次被访问以来所经历的时间 T，当要淘汰一个页面时，选择 T 最大的页面，

但在实现时需要硬件的支持（寄存器或栈）。

【例 4.13】 假定系统中某进程访问页面的顺序为“0，7，6，5，7，4，7，3，5，4，7，4，5，6，5，7，6，0，7，6”，利用 LRU 算法对上例进行页面置换的结果如图 4-25 所示。

访问页面	0	7	6	5	7	4	7	3	5	4	7	4	5	6	5	7	6	0	7	6
物	0	0	6	5	7	4	7	3	5	4	7	4	5	6	5	7	6	0	7	6
理		7	0	6	5	7	4	7	3	5	4	7	4	5	6	5	7	7	0	7
块			7	0	6	5	5	4	7	3	5	5	7	4	4	6	5	6	6	0
缺页	×	×	×	×	×	×		×	×	×	×			×		×		×		

图 4-25　最近最少未使用置换算法

分析略。从图中可见，发生了 13 次缺页中断，页面置换 10 次，缺页率 f=13/20=65%。

4）最近未用（Not Used Recently，NUR）置换算法

NUR 算法将最近一段时间未引用过的页面换出，这是一种 LRU 的近似算法。该算法为每个页面设置一位访问位，将主存中的所有页面都通过链接指针链成一个循环队列。当某页被访问时，其访问位置 1。在选择一页淘汰时，检查其访问位，如果是 0，则选择该页换出；若为 1，则重新置为 0，暂不换出该页，在循环队列中检查下一个页面，直到访问位为 0 的页面为止。由于该算法只有一位访问位，只能用它表示该页是否已经使用过，而置换时是将未使用过的页面换出去，所以把该算法称为最近未用算法。

5. 工作集

事实上，程序在运行中所产生的缺页情况会影响程序的运行速度及系统性能，而缺页率的高低又与每个进程所占用的物理块数目有关。那么，究竟应该为每个进程分配多少个物理块才能把缺页率保持在一个合理的水平上？否则会因为进程频繁地从辅存请求页面而出现“颠簸”（也称抖动）现象。为了解决这一问题，引入了工作集理论。

工作集的理论是 1968 年由 Denning 提出的，他认为，虽然程序只需有少量的几页在主存就可以运行，但为了使程序能够有效地运行，较少地产生缺页，必须使程序的工作集驻留在主存中。把某进程在时间 t 的工作集记为 $w(t, \Delta)$，变量 Δ 称为工作集“窗口尺寸（Windows Size）”。正确地选择工作集窗口（Δ）的大小，对存储器的有效利用和系统吞吐量的提高都将产生重大的影响。可见工作集就是指在某段时间间隔（Δ）里进程实际要访问的页面的集合。

程序在运行时对页面的访问是不均匀的，即往往在某段时间内的访问仅局限于较少的若干个页面，如果能够预知程序在某段时间间隔内要访问哪些页面，并能将它们提前调入主存，将会大大地降低缺页率，从而减少置换工作，提高 CPU 的利用率。当每个工作集都已达到最小

值时，虚存管理程序跟踪进程的缺页数量，根据主存中自由页面的数量可以适当增加其工作集的大小。

4.4 设备管理

设备管理是操作系统中最繁杂而且与硬件紧密相关的部分。设备管理不仅要管理实际 I/O 操作的设备（如键盘、鼠标、打印机等），还要管理诸如设备控制器、DMA 控制器、中断控制器和 I/O 处理机（通道）等支持设备。设备管理包括各种设备分配、缓冲区管理和实际物理 I/O 设备操作，通过管理达到提高设备利用率和方便用户的目的。

4.4.1 设备管理概述

设备是计算机系统与外界交互的工具，具体负责计算机与外部的输入/输出工作，所以常称为外部设备（简称外设）。在计算机系统中，将负责管理设备和输入/输出的机构称为 I/O 系统。因此，I/O 系统由设备、控制器、通道（具有通道的计算机系统）、总线和 I/O 软件组成。

1．设备的分类

现代计算机系统都配有各种各样的设备，如打印机、显示器、绘图仪、扫描仪、键盘和鼠标等。设备可以有各种不同的分类方式。

（1）按数据组织分类。分为块设备（Block Device）和字符设备（Character Device）。块设备是指以数据块为单位来组织和传送数据信息的设备，如磁盘。字符设备是指以单个字符为单位来传送数据信息的设备，如交互式终端、打印机等。

（2）按照设备的功能分类。分为输入设备、输出设备、存储设备、网络联网设备、供电设备等等。输入设备是将数据、图像、声音送入计算机的设备；输出设备是将加工好的数据显示、印制、再生出来的设备；存储设备是指能进行数据或信息保存的设备；网络联网设备是指网络互连设备以及直接连接上网的设备；供电设备是指向计算机提供电力能源、电池后备的部件与设备，如开关电源、联机 UPS 等。

（3）从资源分配角度分类。分为独占设备、共享设备和虚拟设备。独占设备是指在一段时间内只允许一个用户（进程）访问的设备，大多数低速的 I/O 设备（如用户终端、打印机等）属于这类设备。共享设备是指在一段时间内允许多个进程同时访问的设备。显然，共享设备必须是可寻址的和可随机访问的设备。典型的共享设备是磁盘。虚拟设备是指通过虚拟技术将一台独占设备变换为若干台供多个用户（进程）共享的逻辑设备。一般可以利用假脱机技术（Spooling 技术）实现虚拟设备。

（4）按数据传输率分类。分为低速设备、中速设备和高速设备。低速设备是指传输速率为每秒钟几个字节到数百个字节的设备，典型的设备有键盘、鼠标、语音的输入等。中速设备是指传输速率在每秒钟数千个字节到数十千个字节的设备，典型的设备有行式打印机、激光打印机等。高速设备是指传输速率在每秒数百千个字节到数兆字节的设备，典型的设备有磁带机、磁盘机和光盘机等。

2．设备管理的目标与任务

设备管理的目标主要是如何提高设备的利用率，为用户提供方便、统一的界面。提高设备的利用率，就是提高 CPU 与 I/O 设备之间的并行操作程度。在设备管理中，主要利用的技术有中断技术、DMA 技术、通道技术和缓冲技术。

设备管理的任务是保证在多道程序环境下，当多个进程竞争使用设备时，按一定的策略分配和管理各种设备，控制设备的各种操作，完成 I/O 设备与主存之间的数据交换。

设备管理的主要功能是动态地掌握并记录设备的状态、设备分配和释放、缓冲区管理、实现物理 I/O 设备的操作、提供设备使用的用户接口及设备的访问和控制。

4.4.2　I/O 软件

设备管理软件的设计水平决定了设备管理的效率。从事 I/O 设备管理软件的结构，其基本思想是分层构造，也就是说把设备管理软件组织成为一系列的层次。其中，低层与硬件相关，它把硬件与较高层次的软件隔离开来，而最高层的软件则向应用提供一个友好的、清晰且统一的接口。

设计 I/O 软件的主要目标是设备独立性和统一命名。I/O 软件独立于设备，就可以提高设备管理软件的设计效率。当输入/输出设备更新时，没有必要重新编写全部设备驱动程序。用户在实际应用中也可以看到，在常用操作系统中，只要安装了相对应的设备驱动程序，就可以很方便地安装好新的输入/输出设备，甚至不必重新编译就能将设备管理程序移到他处执行。

I/O 设备管理软件一般分为 4 层：中断处理程序、设备驱动程序、与设备无关的系统软件和用户级软件。至于一些具体分层时细节上的处理，是依赖于系统的，没有严格的划分，只要有利于设备独立这一目标，就可以为了提高效率设计不同的层次结构。

I/O 软件的所有层次及每一层的主要功能如图 4-26 所示。

图中的箭头给出了 I/O 部分的控制流。这里举一个读硬盘文件的例子，当用户程序试图读一个硬盘文件时，需要通过操作系统实现这一操作。与设备无关软件检查高速缓存中有无要读的数据块，若没有，则调用设备驱动程序，向 I/O 硬件发出一个请求。然后，用户进程阻塞并等待磁盘操作的完成。当磁盘操作完成时，硬件产生一个中断，转入中断处理程序。中断处理程序检查中断的原因，认识到这时磁盘读取操作已经完成，于是唤醒用户进程取回从磁盘读取的信息，从而结束此次 I/O 请求。用户进程在得到了所需的硬盘文件内容之后，继续运行。

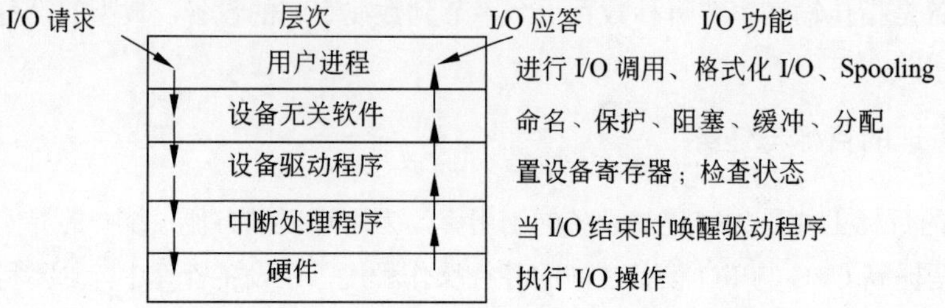

图 4-26 I/O 系统的层次结构与每层的主要功能

4.4.3 设备管理采用的相关技术

1．通道技术

引入通道的目的是使数据的传输独立于 CPU，使 CPU 从烦琐的 I/O 工作中解脱出来。设置通道后，CPU 只需向通道发出 I/O 命令，通道收到命令后，从主存中取出本次 I/O 要执行的通道程序并执行，仅当通道完成了 I/O 任务后才向 CPU 发出中断信号。

根据信息交换方式的不同，将通道分为字节多路通道、数组选择通道和数组多路通道三类。由于通道价格昂贵，导致计算机系统中的通道数是有限的，这往往会成为输入/输出的“瓶颈”问题。在一个单通路的 I/O 系统中，主存和设备之间只有一条通路。一旦某通道被设备占用，即使另一通道空闲，连接该通道的其他设备也只有等待。解决“瓶颈”问题的最有效方法是增加设备到主机之间的通路，使得主存和设备之间有两条以上的通路。

2．DMA 技术

直接主存存取（Direct Memory Access，DMA）是指数据在主存与 I/O 设备间直接成块传送，即在主存与 I/O 设备间传送一个数据块的过程中不需要 CPU 的任何干涉，只需要 CPU 在过程开始启动（即向设备发出“传送一块数据”的命令）与过程结束（CPU 通过轮询或中断得知过程是否结束和下次操作是否准备就绪）时的处理，实际操作由 DMA 硬件直接执行完成，CPU 在此传送过程中可做别的事情。例如，在非 DMA 时，打印 2048 字节至少需要执行 2048 次输出指令，加上 2048 次中断处理的代价。而在 DMA 情况下，若一次 DMA 可传送 512 个字节，则只需要执行 4 次输出指令和处理 4 次打印机中断。若一次 DMA 可传送字节数大于等于

2048 个字节，则只需要执行一次输出指令和处理一次打印机中断。

3．缓冲技术

缓冲技术可提高外设利用率，尽可能使外设处于忙状态。缓冲技术可以采用硬件缓冲和软件缓冲。硬件缓冲是利用专门的硬件寄存器作为缓冲，软件缓冲是通过操作系统来管理的。引入缓冲的主要原因有以下几个方面。

（1）缓和 CPU 与 I/O 设备间速度不匹配的矛盾。

（2）减少对 CPU 的中断频率，放宽对中断响应时间的限制。

（3）提高 CPU 和 I/O 设备之间的并行性。

在所有的 I/O 设备与处理机（主存）之间都使用了缓冲区来交换数据，所以操作系统必须组织和管理好这些缓冲区。缓冲可分为单缓冲、双缓冲、多缓冲和环形缓冲。

4．Spooling 技术

Spooling 是 Simultaneous Peripheral Operations On Line（外围设备联机操作）的简称。所谓 Spooling 技术，实际上是用一类物理设备模拟另一类物理设备的技术，是使独占使用的设备变成多台虚拟设备的一种技术，也是一种速度匹配技术。

Spooling 系统是由“预输入程序”“缓输出程序”和“井管理程序”以及输入和输出井组成的。其中，输入井和输出井是为了存放从输入设备输入的信息以及作业执行的结果，系统在辅助存储器上开辟的存储区域。Spooling 系统的组成和结构如图 4-27 所示。

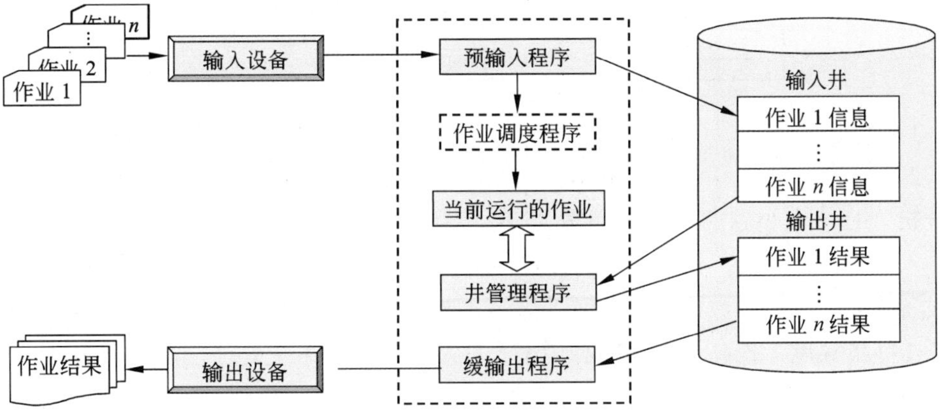

图 4-27　Spooling 系统的组成和结构

Spooling 系统的工作过程是操作系统初启后激活 Spooling 预输入程序使它处于捕获输入请

求的状态，一旦有输入请求消息，Spooling 输入程序立即得到执行，把装在输入设备上的作业输入到硬盘的输入井中并填写好作业表，以便在作业执行中要求输入信息时可以随时找到它们的存放位置。当作业需要输出数据时，可以先将数据送到输出井，当输出设备空闲时，由 Spooling 输出程序把硬盘上输出井的数据送到慢速的输出设备上。

Spooling 系统中拥有一张作业表用来登记进入系统的所有作业的作业名、状态和预输入表位置等信息。每个用户作业拥有一张预输入表来登记该作业的各个文件的情况，包括设备类、信息长度及存放位置等。输入井中的作业有如下 4 种状态。

（1）提交状态。作业的信息正从输入设备上预输入。

（2）后备状态。作业预输入结束但未被选中执行。

（3）执行状态。作业已被选中运行，在运行过程中，它可从输入井中读取数据信息，也可向输出井写信息。

（4）完成状态。作业已经撤离，该作业的执行结果等待缓输出。

【例 4.14】某计算机系统输入/输出采用双缓冲工作方式，其工作过程如下图所示，假设磁盘块与缓冲区大小相同，每个盘块读入缓冲区的时间 T 为 10μs，缓冲区送用户区的时间 M 为 6μs，系统对每个磁盘块数据的处理时间 C 为 2μs。若用户需要将大小为 10 个磁盘块的 Doc1 文件逐块从磁盘读入缓冲区，并送用户区进行处理，那么采用双缓冲需要花费的时间为___（1）___μs，比使用单缓冲节约了___（2）___μs 时间。

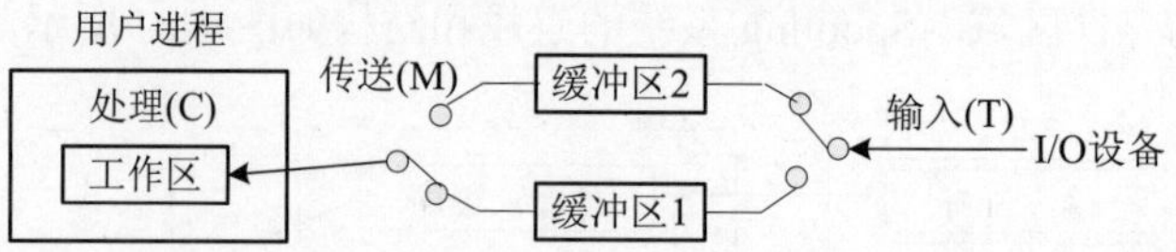

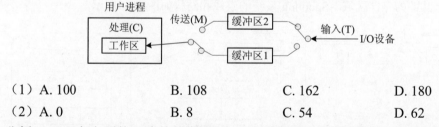

（1）A. 100　　B. 108　　C. 162　　D. 180

（2）A. 0　　B. 8　　C. 54　　D. 62

分析（1）：本小题的正确的答案为 B。双缓冲的工作特点是可以实现对缓冲区中数据的输入 T 和提取 M，与 CPU 的计算 C，三者并行工作。双缓冲的工作基本工作过程是在设备输入时，先将数据输入到缓冲区 1，装满后便转向缓冲区 2。所以双缓冲进一步加快了 I/O 的速度，提高了设备的利用率。在双缓冲时，系统处理一块数据的时间可以粗略地认为是 Max(C,T)。如果 C<T，可使块设备连续输入；如果 C>T，则可使系统不必等待设备输入。本题每一块数据的处理时间为 10，采用双缓冲需要花费的时间为 10×10+6+2=108。

分析（2）：本小题的正确的答案为 C。采用单缓冲的工作过程如图 4-28 所示。

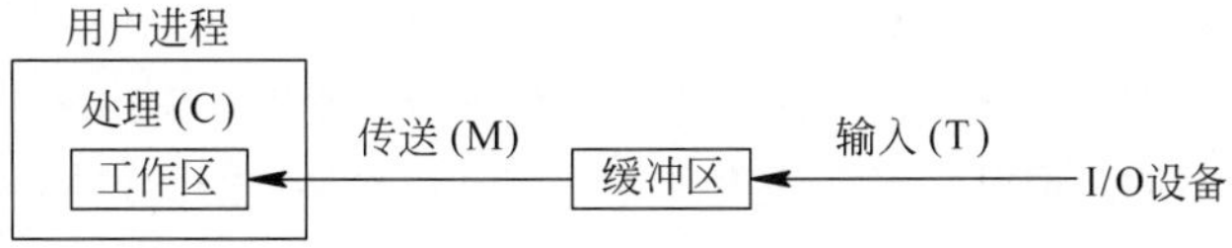

图 4-28　单缓冲工作过程图

当第一块数据送入用户工作区后，缓冲区是空闲的可以传送第二块数据。这样第一块数据的处理 C1 与第二块数据的输入 T2 是可以并行的，依次类推，如图 4-29 所示。

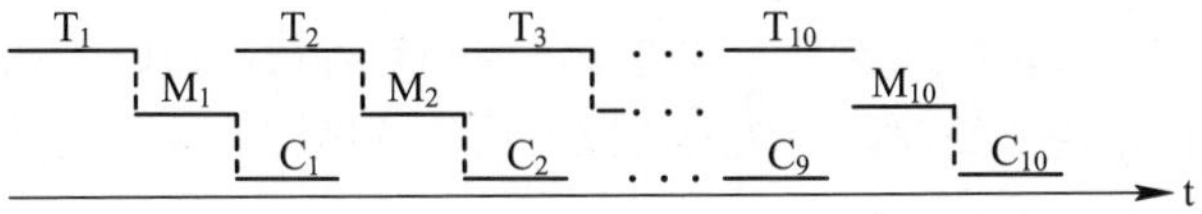

图 4-29　单缓冲并行工作示意图

系统对每一块数据的处理时间为：Max(C,T)+M。因为，当 T>C 时，处理时间为 M+T；当 T<C 时，处理时间为 M+C。本题每一块数据的处理时间为 10+6=16，Doc1 文件的处理时间为 16×10+2=162μs，比使用单缓冲节约了 162−108=54μs 时间。

4.4.4　磁盘调度

磁盘是可被多个进程共享的设备。当有多个进程请求访问磁盘时，为了保证信息的安全，系统在每一时刻只允许一个进程启动磁盘进行 I/O 操作，其余的进程只能等待。因此，操作系统应采用一种适当的调度算法，使各进程对磁盘的平均访问（主要是寻道）时间最小。磁盘调度分为移臂调度和旋转调度两类，并且是先进行移臂调度，然后进行旋转调度。由于访问磁盘最耗时的是寻道时间，因此，磁盘调度的目标是使磁盘的平均寻道时间最少。

1. 磁盘驱动调度

常用的磁盘调度算法如下。

（1）先来先服务（First-Come First-Served，FCFS）。这是最简单的磁盘调度算法，它根据进程请求访问磁盘的先后次序进行调度。此算法的优点是公平、简单，且每个进程的请求都能依次得到处理，不会出现某进程的请求长期得不到满足的情况。但此算法由于未对寻道进行优化，致使平均寻道时间可能较长。

（2）最短寻道时间优先（Shortest Seek Time First，SSTF）。该算法选择这样的进程，其要求访问的磁道与当前磁头所在的磁道距离最近，使得每次的寻道时间最短。但这种调度算法不能保证平均寻道时间最短。

（3）扫描算法（SCAN）。扫描算法不仅考虑到要访问的磁道与当前磁道的距离，更优先考虑的是磁头的当前移动方向。例如，当磁头正在由里向外移动时，SCAN 算法所选择的下一个访问对象应是其要访问的磁道既在当前磁道之外，又是距离最近的。这样由里向外地访问，直到再无更外的磁道需要访问时才将磁臂换向，由外向里移动。这时，同样也是每次选择在当前磁道之内，且距离最近的进程来调度。这样，磁头逐步地向里移动，直到再无更里面的磁道需要访问。显然，这种方式避免了饥饿现象的出现。在这种算法中，磁头移动的规律颇似电梯的运行，故又常称为电梯调度算法。

（4）单向扫描调度算法（CSCAN）。SCAN 存在这样的问题：当磁头刚从里向外移动过某一磁道时，恰有一进程请求访问此磁道，这时该进程必须等待，待磁头从里向外，再从外向里扫描完所有要访问的磁道后才处理该进程的请求，致使该进程的请求被严重地推迟。为了减少这种延迟，算法规定磁头只做单向移动。

2．旋转调度算法

当移动臂定位后，有多个进程等待访问该柱面时，应当如何决定这些进程的访问顺序？这就是旋转调度要考虑的问题。显然，系统应该选择延迟时间最短的进程对磁盘的扇区进行访问。当有若干等待进程请求访问磁盘上的信息时，旋转调度应考虑如下情况。

（1）进程请求访问的是同一磁道上不同编号的扇区。

（2）进程请求访问的是不同磁道上不同编号的扇区。

（3）进程请求访问的是不同磁道上具有相同编号的扇区。

对于（1）和（2），旋转调度总是让首先到达读/写磁头位置下的扇区先进行传送操作；对于（3），旋转调度可以任选一个读/写磁头位置下的扇区进行传送操作。

【例 4.15】 数据存储在磁盘上的排列方式会影响 I/O 服务的总时间。假设每个磁道划分成 10 个物理块，每块存放 1 个逻辑记录。逻辑记录 R_1，R_2，…，R_{10} 存放在同一个磁道上，记录的安排顺序如下表所示。

物理块	1	2	3	4	5	6	7	8	9	10
逻辑记录	R_1	R_2	R_3	R_4	R_5	R_6	R_7	R_8	R_9	R_{10}

假定磁盘的旋转速度为每周 20ms，磁头当前处在 R_1 的开始处。若系统顺序处理这些记录，使用单缓冲区，每个记录处理时间为 4ms，则处理这 10 个记录的最长时间为___（1）___；对信息存储进行优化分布后，处理 10 个记录的最少时间为___（2）___。

（1）A. 180ms　　B. 200ms　　C. 204ms　　D. 220ms

（2）A. 40ms　　B. 60ms　　C. 100ms　　D. 160ms

空（1）分析：系统读记录的时间为 20/10＝2ms，对于第一种情况，系统读出并处理记录 R_1 之后，磁头已转到记录 R_4 的开始处，所以为了读出记录 R_2，磁盘必须再转一圈，需要 2ms（读记录）加 20ms（转一圈）的时间。这样，处理 10 个记录的总时间应为处理前 9 个记录（即 R_1、R_2、…、R_9）的总时间再加上读 R_{10} 和处理时间，即 9×22ms+ 6ms=204ms。

空（2）分析：对于第二种情况，若对信息进行分布优化的结果如下表所示。

物理块	1	2	3	4	5	6	7	8	9	10
逻辑记录	R_1	R_8	R_5	R_2	R_9	R_6	R_3	R_{10}	R_7	R_4

可以看出，当读出记录 R_1 并处理结束后，磁头刚好转至 R_2 记录的开始处，立即就可以读出并处理，因此处理 10 个记录的总时间为 10×（2ms（读记录）+4ms（处理记录））＝10×6ms=60ms。

【例 4.16】 当进程请求读磁盘时，操作系统__（1）__。假设磁盘的每个磁道有 10 个扇区，移动臂位于 18 号柱面上，且进程的请求序列如表 4-3 所示。

表 4-3 进程的请求序列

请求序列	柱面号	磁头号	扇区号
①	15	8	9
②	20	6	3
③	20	9	6
④	40	10	5
⑤	15	8	4
⑥	6	3	10
⑦	8	7	9
⑧	15	10	4

那么，按照最短寻道时间优先的响应序列为__（2）__。

（1）A. 只需要进行旋转调度，无须进行移臂调度

B. 旋转、移臂调度同时进行

C. 先进行移臂调度，再进行旋转调度

D. 先进行旋转调度，再进行移臂调度

（2）A. ②③⑤①⑧⑦⑥④　　B. ②③⑤⑧①⑦⑥④

C. ⑤⑧①⑦⑥②④③　　D. ⑥⑦⑧①⑤②③④

分析：空（1）的正确答案为 C；空（2）的正确答案为 A。

当进程请求读磁盘时，操作系统先进行移臂调度，再进行旋转调度。由于移动臂位于18号柱面上，按照最短寻道时间优先的响应柱面序列为20→15→8→6→40。按照旋转调度的原则：进程在 20 号柱面上的响应序列为②→③，因为进程访问的是不同磁道上的不同编号的扇区，旋转调度总是让首先到达读/写磁头位置下的扇区先进行传送操作。进程在 15 号柱面上的响应序列为⑤→①→⑧或⑧→①→⑤。对于⑤和⑧可以任选一个进行读/写，因为进程访问的是不同磁道上具有相同编号的扇区，旋转调度可以任选一个读/写磁头位置下的扇区进行传送操作。④在 40 号柱面上。⑥在 6 号柱面上。⑦在 8 号柱面上。

4.5 文件管理

如果没有文件系统用户要访问外存储器上的信息是很麻烦的，不仅要考虑信息在外存储器上的存放位置，而且要记住信息在外存储器的分布情况，构造 I/O 程序。稍不注意，就会破坏已存放的信息。特别是多道程序技术出现后，多个用户之间根本无法预料各个不同程序间的信息在外存储器上是如何分配的。鉴于这些原因，引入文件系统专门负责管理外存储器上的信息，而这些信息是以文件的形式存放的，使用户可以“按名”高效、快速和方便地存取信息。

4.5.1 文件与文件系统

1. 文件

文件（File）是具有符号名的、在逻辑上具有完整意义的一组相关信息项的集合。例如，一个源程序、一个目标程序、编译程序、一批待加工的数据和各种文档等都可以各自组成一个文件。

信息项是构成文件内容的基本单位，可以是一个字符，也可以是一个记录，记录可以等长，也可以不等长。一个文件包括文件体和文件说明。文件体是文件真实的内容。文件说明是操作系统为了管理文件所用到的信息，包括文件名、文件内部标识、文件的类型、文件存储地址、文件的长度、访问权限、建立时间和访问时间等。

文件是一种抽象机制，它隐藏了硬件和实现细节，提供了将信息保存在磁盘上而且便于以后读取的手段，使用户不必了解信息存储的方法、位置以及存储设备实际操作方式便可存取信息。因此，文件管理中的一个非常关键的问题在于文件的命名。文件名是在进程创建文件时确定的，以后这个文件将独立于进程存在直到它被显式删除。当其他进程要使用文件时必须显式指出该文件名，操作系统根据文件名对其进行控制和管理。不同的操作系统，文件的命名规则有所不同，即文件名字的格式和长度因系统而异。

2. 文件系统

由于计算机系统处理的信息量越来越大，所以不可能将所有的信息保存到主存中。特别是在多用户系统中，既要保证各用户文件存放的位置不冲突，又要防止任一用户对外存储器（简称外存）空间占而不用；既要保证各用户文件在未经许可的情况下不被窃取和破坏，又要允许在特定的条件下多个用户共享某些文件。因此，需要设立一个公共的信息管理机制来负责统一管理外存和外存上的文件。

所谓文件管理系统，就是操作系统中实现文件统一管理的一组软件和相关数据的集合，专门负责管理和存取文件信息的软件机构，简称文件系统。文件系统的功能包括按名存取，即用户可以“按名存取”，而不是“按地址存取”；统一的用户接口，在不同设备上提供同样的接口，方便用户操作和编程；并发访问和控制，在多道程序系统中支持对文件的并发访问和控制；安全性控制，在多用户系统中的不同用户对同一文件可有不同的访问权限；优化性能，采用相关技术提高系统对文件的存储效率、检索和读/写性能；差错恢复，能够验证文件的正确性，并具有一定的差错恢复能力。

3. 文件的类型

（1）按文件性质和用途可将文件分为系统文件、库文件和用户文件。

（2）按信息保存期限分类可将文件分为临时文件、档案文件和永久文件。

（3）按文件的保护方式分类可将文件分为只读文件、读/写文件、可执行文件和不保护文件。

（4）UNIX 系统将文件分为普通文件、目录文件和设备文件（特殊文件）。

目前常用的文件系统类型有 FAT、Vfat、NTFS、Ext2 和 HPFS 等。

文件分类的目的是对不同文件进行管理，提高系统效率，提高用户界面友好性。当然，根据文件的存取方法和物理结构的不同还可以将文件分为不同的类型，这将在文件的逻辑结构和文件的物理结构中介绍。

4.5.2　文件的结构和组织

文件的结构是指文件的组织形式。从用户角度看到的文件组织形式称为文件的逻辑结构，文件系统的用户只要知道所需文件的文件名就可以存取文件中的信息，而无须知道这些文件究竟存放在什么地方。从实现的角度看，文件在文件存储器上的存放方式称为文件的物理结构。

1．文件的逻辑结构

文件的逻辑结构可分为两大类：一是有结构的记录式文件，它是由一个以上的记录构成的文件，故又称为记录式文件；二是无结构的流式文件，它是由一串顺序字符流构成的文件。

1）有结构的记录式文件

在记录式文件中，所有的记录通常都是描述一个实体集的，有着相同或不同数目的数据项，记录的长度可分为定长和不定长两类。

（1）定长记录。指文件中所有记录的长度相同。所有记录中的各个数据项都处在记录中相同的位置，具有相同的顺序及相同的长度，文件的长度用记录数目表示。定长记录的特点是处理方便，开销小，它是目前较常用的一种记录格式，被广泛用于数据处理中。

（2）变长记录。指文件中各记录的长度不相同。这是因为：一个记录中所包含的数据项数目可能不同，如书的著作者、论文中的关键词；数据项本身的长度不定，如病历记录中的病因、病史，科技情报记录中的摘要等。但是，不论是哪一种结构，在处理前每个记录的长度是可知的。

2）无结构的流式文件

文件体为字节流，不划分记录。无结构的流式文件通常采用顺序访问方式，并且每次读/写访问可以指定任意数据长度，其长度以字节为单位。对于流式文件访问，是利用读/写指针指出下一个要访问的字符。可以把流式文件看作是记录式文件的一个特例。在 UNIX 系统中，所有的文件都被看作是流式文件，即使是有结构的文件，也被视为流式文件，系统不对文件进行格式处理。

2．文件的物理结构

文件的物理结构是指文件的内部组织形式，即文件在物理存储设备上的存放方法。由于文件的物理结构决定了文件在存储设备上的存放位置，所以文件的逻辑块号到物理块号的转换也是由文件的物理结构决定的。根据用户和系统管理上的需要，可采用多种方法来组织文件，下面介绍几种常见的文件物理结构。

（1）连续结构。连续结构也称顺序结构，它将逻辑上连续的文件信息（如记录）依次存放在连续编号的物理块上。只要知道文件的起始物理块号和文件的长度，就可以很方便地进行文件的存取。

对文件诸记录进行批量存取时，连续结构在所有逻辑文件中的存取效率是最高的。但在交互应用的场合，如果用户（程序）要求随机地查找或修改单个记录，此时系统需要逐个地查找各个记录，这样采用连续结构所表现出来的性能就可能很差，尤其是当文件较大时情况更为严重。连续结构的另一个缺点是不便于记录的增加或删除操作。为了解决这个问题，可以为采用连续结构的文件配置一个运行记录文件（Log File）或称为事务文件（Transactor File），规定每隔一定时间，例如 4 小时，将运行记录文件与原来的主文件进行合并，产生一个新文件。这样，不必每次对记录进行增加或删除操作，物理移动磁盘信息，使其成为连续结构。

（2）链接结构。链接结构也称串联结构，它是将逻辑上连续的文件信息（如记录）存放在不连续的物理块上，每个物理块设有一个指针指向下一个物理块。因此，只要知道文件的第一个物理块号，就可以按链指针查找整个文件。

（3）索引结构。在采用索引结构时，将逻辑上连续的文件信息（如记录）存放在不连续的物理块中，系统为每个文件建立一张索引表。索引表记录了文件信息所在的逻辑块号对应的物理块号，并将索引表的起始地址放在与文件对应的文件目录项中。

（4）多个物理块的索引表。索引表是在文件创建时由系统自动建立的，并与文件一起存放在同一文件卷上。根据一个文件大小的不同，其索引表占用物理块的个数不等，一般占一个或几个物理块。多个物理块的索引表可以有两种组织方式：链接文件和多重索引方式。

在 UNIX 文件系统中采用的是三级索引结构，在文件系统中 inode 是基本的构件，它表示文件系统树型结构的结点。UNIX 文件索引表项分 4 种寻址方式：直接寻址、一级间接寻址、二级间接寻址和三级间接寻址。

4.5.3 文件目录

为了实现“按名存取”，系统必须为每个文件设置用于描述和控制文件的数据结构，它至少要包括文件名和存放文件的物理地址，这个数据结构称为文件控制块（FCB），文件控制块的有序集合称为文件目录。换句话说，文件目录是由文件控制块组成的，专门用于文件的检索。文件控制块也称为文件的说明或文件目录项（简称目录项）。

1. 文件控制块

文件控制块中包含以下三类信息：基本信息类、存取控制信息类和使用信息类。

（1）基本信息类。例如文件名、文件的物理地址、文件长度和文件块数等。

（2）存取控制信息类。文件的存取权限，像 UNIX 用户分成文件主、同组用户和一般用户三类，这三类用户的读/写执行 RWX 权限。

（3）使用信息类。文件建立日期、最后一次修改日期、最后一次访问的日期、当前使用的信息（如打开文件的进程数、在文件上的等待队列）等。

2．目录结构

文件目录结构的组织方式直接影响到文件的存取速度，关系到文件的共享性和安全性，因此组织好文件的目录是设计文件系统的重要环节。常见的目录结构有 3 种：一级目录结构、二级目录结构和多级目录结构。

（1）一级目录结构。一级目录的整个目录组织是一个线性结构，在整个系统中只需建立一张目录表，系统为每个文件分配一个目录项。一级目录结构简单，缺点是查找速度慢，不允许重名和不便于实现文件共享等，因此它主要用在单用户环境中。

（2）二级目录结构。为了克服一级目录结构存在的缺点引入了二级目录结构，二级目录结构是由主文件目录（Master File Directory，MFD）和用户目录（User File Directory，UFD）组成的。在主文件目录中，每个用户文件目录都占有一个目录项，其目录项中包括用户名和指向该用户目录文件的指针。用户目录是由用户所有文件的目录项组成的。

二级目录结构基本上克服了单级目录的缺点，其优点是提高了检索目录的速度，较好地解决了重名问题。采用二级目录结构也存在一些问题。该结构虽然能有效地将多个用户隔离开（这种隔离在各个用户之间完全无关时是一个优点），但当多个用户之间要相互合作去共同完成一个大任务，且一个用户又需要去访问其他用户的文件时，这种隔离便成为一个缺点，因为这种隔离使诸用户之间不便于共享文件。

（3）多级目录结构。为了解决以上问题，在多道程序设计系统中常采用多级目录结构，这种目录结构像一棵倒置的有根树，所以也称为树型目录结构。从树根向下，每一个结点是一个目录，叶结点是文件。MS-DOS 和 UNIX 等操作系统均采用多级目录结构。

在采用多级目录结构的文件系统中，用户要访问一个文件，必须指出文件所在的路径名，路径名是从根目录开始到该文件的通路上所有各级目录名拼起来得到的。在各目录名之间、目录名与文件名之间需要用分隔符隔开。例如，在 MS-DOS 中分隔符为“\”，在 UNIX 中分隔符为“/”。绝对路径名（Absolute Path Name）是指从根目录“/”开始的完整文件名，即它是由从根目录开始的所有目录名以及文件名构成的。

【例 4.17】若某文件系统的目录结构如下图所示，假设用户要访问文件 f1.java，且当前工作目录为 Program，则该文件的全文件名为<u>（1）</u>，其相对路径为<u>（2）</u>。

（1）A. f1.java　　B. \Document\Java-prog\f1.java

C. D:\Program\Java-prog\f1.java　　D. \Program\Java-prog\f1.java

（2）A. Java-prog\　　B. \Java-prog\

C. Program\Java-prog　　D. \Program\Java-prog\

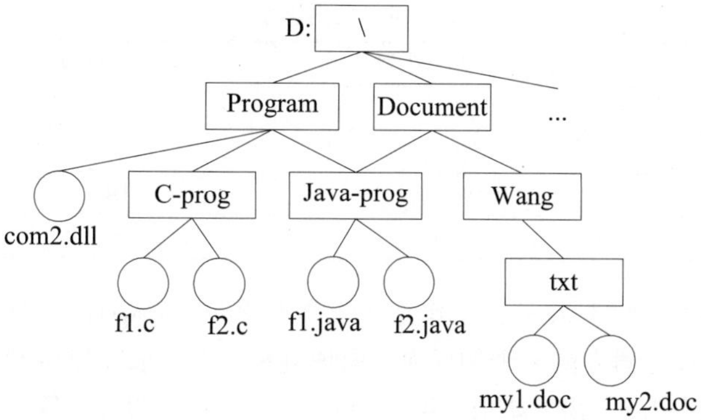

分析：空（1）正确的选项为 C。因为，文件的全文件名应包括盘符及从根目录开始的路径名，所以从题图可以看出文件 f1.java 的全文件名为 D:\Program\Java-prog\f1.java。空（2）正确的选项为 A。因为，文件的相对路径是从当前工作目录下的路径名，所以从题图可以看出文件 f1.java 的相对路径名为 Java-prog\。

4.5.4　存取方法和存储空间的管理

1．文件的存取方法

文件的存取方法是指读/写文件存储器上的一个物理块的方法。通常有顺序存取和随机存取两种方法。顺序存取方法是指对文件中的信息按顺序依次进行读/写；随机存取方法是指对文件中的信息可以按任意的次序随机地读/写。

2．文件存储空间的管理

要将文件保存到外部存储器（简称外存或辅存）上首先必须知道存储空间的使用情况，即哪些物理块是被“占用”，哪些是“空闲”。特别是对大容量的磁盘存储空间被多用户共享时，用户执行程序经常要在磁盘上存储文件和删除文件，因此，文件系统必须对磁盘空间进行管理。外存空闲空间管理的数据结构通常称为磁盘分配表（Disk Allocation Table）。常用的空闲空间的管理方法有空闲区表、位示图、空闲块链和成组链接法 4 种。

（1）空闲区表。将外存空间上的一个连续的未分配区域称为“空闲区”。操作系统为磁盘外存上的所有空闲区建立一张空闲表，每个表项对应一个空闲区，空闲表中包含序号、空闲区的第一块号、空闲块的块数和状态等信息，如表 4-4 所示。它适用于连续文件结构。

表 4-4 空闲区表

序 号	第一个空闲块号	空 闲 块 数	状 态
1	18	5	可用
2	29	8	可用
3	105	19	可用
4	—	—	未用

（2）位示图。这种方法是在外存上建立一张位示图（Bitmap），记录文件存储器的使用情况。每一位对应文件存储器上的一个物理块，取值 0 和 1 分别表示空闲和占用。例如，某文件存储器上位示图的大小为 n，物理块依次编号为 0，1，2，…。假如计算机系统中字长为 32 位，那么在位示图中的第 0 个字（逻辑编号）对应文件存储器上的 0，1，2，…，31 号物理块；第 1 个字对应文件存储器上的 32，33，34，…，63 号物理块，依此类推，如图 4-30 所示。

第 0 字	1	0	1	0	0	1	…	0	1
第 1 字	0	1	1	1	0	0	…	1	1
第 2 字	0	1	1	1	1	0	…	1	0
第 3 字	1	1	1	1	0	0	…	0	1
⋮	⋮								
第 n-1 字	0	1	0	1	0	1	…	1	1

图 4-30 位示图例

这种方法的主要特点是位示图的大小由磁盘空间的大小（物理块总数）决定，位示图的描述能力强，适合各种物理结构。

（3）空闲块链。每个空闲物理块中有指向下一个空闲物理块的指针，所有空闲物理块构成一个链表，链表的头指针放在文件存储器的特定位置上（如管理块中），不需要磁盘分配表，节省空间。每次申请空闲物理块只需根据链表的头指针取出第一个空闲物理块，根据第一个空闲物理块的指针可找到第二个空闲物理块，依此类推。

（4）成组链接法。UNIX 系统采用该方法。例如，在实现时系统将空闲块分成若干组，每 100 个空闲块为一组，每组的第一个空闲块登记了下一组空闲块的物理盘块号和空闲块总数。假如某个组的第一个空闲块号等于 0，意味着该组是最后一组，无下一组空闲块。

【例 4.18】某文件管理系统在磁盘上建立了位示图，记录磁盘的使用情况。若系统的字长为 32 位，磁盘上的物理块依次编号为：0、1、2、…，那么 4096 号物理块的使用情况在位示图中的第__(1)__个字中描述；若磁盘的容量为 200GB，物理块的大小为 1MB，那么位示图的大小为__（2）__个字。

（1）A. 129　　B. 257　　C. 513　　D. 1025

（2）A. 600　　B. 1200　　C. 3200　　D. 6400

分析：空（1）的正确答案是 A。根据题意：系统的字长为 32 位，可记录 32 个物理块的使用情况，这样 0～31 号物理块的使用情况在位示图中的第 1 个字中描述，32～63 号物理块的使用情况在位示图中的第 2 个字中描述，……，4064～4095 号物理块的使用情况在位示图中的第 128 个字中描述，4096～4127 号物理块的使用情况在位示图中的第 129 个字中描述。空（2）的正确答案是 D。由于磁盘的容量为 200GB，物理块的大小为 1MB，而磁盘有 200×1024=204800 个物理块，故位示图的大小为 204800/32=6400 个字。

4.5.5　文件的使用

文件系统将用户的逻辑文件按一定的组织方式转换成物理文件存放到文件存储器上，也就是说，文件系统为每个文件与该文件在磁盘上的存放位置建立了对应关系。当用户使用文件时，文件系统通过用户给出的文件名查出对应文件的存放位置，读出文件的内容。在多用户环境下，为了文件安全和保护起见，操作系统为每个文件建立和维护关于文件主、访问权限等方面的信息。为此，操作系统在操作级（命令级）和编程级（系统调用和函数）向用户提供文件的服务。

操作系统在操作级向用户提供的命令有目录管理类命令、文件操作类命令（如复制、删除和修改）和文件管理类命令（如设置文件权限）等。

4.5.6　文件的共享和保护

1. 文件的共享

文件共享是指不同用户进程使用同一文件，它不仅是不同用户完成同一任务所必需的功能，还可以节省大量的主存空间，减少由于文件复制而增加的访问外存的次数。文件共享有多种形式，采用文件名和文件说明分离的目录结构有利于实现文件共享。

常见的文件链接有硬链接和符号链接两种。

1）硬链接

文件的硬链接是指两个文件目录表目指向同一个索引结点的链接，该链接也称基于索引结点的链接。换句话说，硬链接是指不同文件名与同一个文件实体的链接。文件硬链接不利于文件主删除它拥有的文件，因为文件主要删除它拥有的共享文件，必须首先删除（关闭）所有的硬链接，否则就会造成共享该文件的用户的目录表目指针悬空。

例如，UNIX 系统中的 ln 命令，可以将多个文件名与一个文件体建立链接，其格式为：

in 文件名 新文件名　　或　　in 文件名 目录名

ls 命令放在/bin 子目录下，可在/usr/bin 子目录下设置一个 DOS 兼容的命令 dir，执行该命令相当于执行 ls 命令。使用命令 ln 可以给一个已存在文件增加一个新文件名，即文件链接数增加 1，此种链接是不能跨越文件系统的。为了共享文件，只是在两个不同子目录下取了不同的文件名 ls 和 dir，但它们具有相同的索引结点。UNIX 这种文件的结构称为树形带勾链的目录结构。在文件的索引结点中，di_nlink 变量表示链接到该索引结点上的链接数；在用命令 ls -l 长列表显示时，文件的第 2 项数据项表示链接数。

2）符号链接

符号链接建立新的文件或目录，并与原来文件或目录的路径名进行映射，当访问一个符号链接时，系统通过该映射找到原文件的路径，并对其进行访问。

例如，UNIX 系统中的 ln -s 命令建立符号链接。此时，系统为共享的用户创建一个 link 类型的新文件，将这新文件登录在该用户共享目录项中，这个 link 型文件包含链接文件的路径名。该类文件在用 ls 命令长列表显示时，文件链接数为 1。

采用符号链接可以跨越文件系统，甚至可以通过计算机网络连接到世界上任何地方的机器中的文件，此时只需提供该文件所在的地址以及在该机器中的文件路径。

符号链接的缺点是其他用户读取符号链接的共享文件比读取硬链接的共享文件需要增加读盘操作的次数。因为其他用户去读符号链接的共享文件时，系统中根据给定的文件路径名逐个分量地去查找目录，通过多次读盘操作才能找到该文件的索引结点，而用硬链接的共享文件的目录文件表目中已包括了共享文件的索引结点号。

2．文件的保护

文件系统对文件的保护常采用存取控制方式进行。所谓存取控制，就是不同的用户对文件的访问规定不同的权限，以防止文件被未经文件主同意的用户访问。

（1）存取控制矩阵。理论上，存取控制方法可用存取控制矩阵，它是一个二维矩阵，一维列出计算机的全部用户，另一维列出系统中的全部文件，矩阵中的每个元素 A_{ij} 表示第 i 个用户对第 j 个文件的存取权限。通常，存取权限有可读 R、可写 W、可执行 X 以及它们的组合，如表 4-5 所示。

表 4-5 存取控制矩阵

用户＼文件	ALPHA	BETA	REPORT	SQRT	…
张军	RWX	—	R-X	—	…
王伟	—	RWX	R-X	R-X	…
赵凌	—	—	—	RWX	…
李晓钢	R-X	—	RWX	R-X	…
…	…	…	…	…	…

存取控制矩阵在概念上是简单、清楚的，但在实现上却有困难。当一个系统用户数和文件数很大时，二维矩阵要占很大的存储空间，验证过程也将耗费许多系统时间。

（2）存取控制表。存取控制矩阵由于太大往往无法实现。一个改进的办法是按用户对文件的访问权力的差别对用户进行分类，由于某一文件往往只与少数几个用户有关，所以这种分类方法可使存取控制表大大简化。UNIX 系统就是使用了这种存取控制表方法。它把用户分成三类：文件主、同组用户和其他用户，每类用户的存取权限为可读、可写、可执行以及它们的组合。在用 ls 长列表显示时，每组存取权限用 3 个字母 R、W、X 表示，如果读、写和执行中哪一样存取都不允许，则用“-”字符表示。用 ls -l 长列表显示 ls 文件如下：

```
-r-xr-xr-t 1 bin    bin    43296    May 13    1997    /opt/K/SCO/Unix/5.0.4Eb/bin/ls
```

显示前 2～10 共 9 个字符表示文件的存取权限，每 3 个字符为一组，分别表示文件主、同组用户和其他用户的存取权限。由于存取控制表对每个文件按用户分类，所以该存取控制表可存放在每个文件的文件控制块中，对 UNIX 只需 9 位二进制来表示三类用户对文件的存取权限，该权限存在文件索引结点的 di_mode 中。

（3）用户权限表。改进存取控制矩阵的另一种方法是以用户或用户组为单位将用户可存取的文件集中起来存入表中，这称为用户权限表。表中的每个表目表示该用户对应文件的存取权限，这相当于存取控制矩阵一行的简化。

（4）密码。在创建文件时，由用户提供一个密码，在文件存入磁盘时用该密码对文件内容加密。在进行读取操作时，要对文件进行解密，只有知道密码的用户才能读取文件。

4.5.7　系统的安全与可靠性

1. 系统的安全

系统的安全涉及两类不同的问题，一类涉及技术、管理、法律、道德和政治等问题，另一类涉及操作系统的安全机制。随着计算机应用范围扩大，在所有稍具规模的系统中都从多个级别上来保证系统的安全性。一般从 4 个级别上对文件进行安全性管理：系统级、用户级、目录级和文件级。

系统级安全管理的主要任务是不允许未经授权的用户进入系统，从而也防止了他人非法使用系统中各类资源（包括文件）。系统级管理的主要措施有注册与登录。

用户级安全管理是通过对所有用户分类和对指定用户分配访问权，不同的用户对不同文件设置不同的存取权限来实现。例如，在 UNIX 系统中将用户分为文件主、组用户和其他用户。有的系统将用户分为超级用户、系统操作员和一般用户。

目录级安全管理是为了保护系统中各种目录而设计的，它与用户权限无关。为了保证目录的安全，规定只有系统核心才具有写目录的权利。

文件级安全管理是通过系统管理员或文件主对文件属性的设置来控制用户对文件的访问。通常可设置以下几种属性：只执行、隐含、只读、读/写、共享、系统。用户对文件的访问，将由用户访问权、目录访问权限及文件属性三者的权限所确定，或者说是有效权限和文件属性的交集。例如对于只读文件，尽管用户的有效权限是读/写，但都不能对只读文件进行修改、更名和删除。对于一个非共享文件，将禁止在同一时间内由多个用户对它们进行访问。

通过上述 4 级文件保护措施，可有效地对文件进行保护。

2．文件系统的可靠性

文件系统的可靠性是指系统抵抗和预防各种物理性破坏和人为性破坏的能力。比起计算机的损坏，文件系统破坏往往后果更加严重。例如，将开水撒在键盘上引起的故障，尽管伤脑筋但毕竟可以修复；但如果文件系统被破坏了，在很多情况下是无法恢复的。特别是对于那些程序文件、客户档案、市场计划或其他数据文件丢失的客户来说，这不亚于一场大的灾难。尽管文件系统无法防止设备和存储介质的物理损坏，但至少应能保护信息。

（1）转储和恢复。在文件系统中无论是硬件或软件都会发生损坏和错误，例如自然界的闪电、电压的突变、火灾和水灾等均可能引起软/硬件的破坏。为了使文件系统万无一失，应当采用相应的措施，最简单和常用的措施是通过转储操作形成文件或文件系统的多个副本。这样，一旦系统出现故障，利用转储的数据使得系统恢复成为可能。常用的转储方法有静态转储和动态转储、海量转储和增量转储。

（2）日志文件。在计算机系统的工作过程中，操作系统把用户对文件的插入、删除和修改操作写入日志文件。一旦发生故障，操作系统恢复子系统利用日志文件来进行系统故障恢复，并可协助后备副本进行介质故障恢复。

（3）文件系统的一致性。影响文件系统可靠性的因素之一是文件系统的一致性问题。很多文件系统是先读取磁盘块到主存，在主存进行修改，修改完毕再写回磁盘。但如果读取某磁盘块，修改后再将信息写回磁盘前系统崩溃，则文件系统就可能会出现不一致性状态。如果这些未被写回的磁盘块是索引结点块、目录块或空闲块，那么后果是不堪设想的。通常，解决方案是采用文件系统的一致性检查，一致性检查包括块的一致性检查和文件的一致性检查。

4.6 作业管理

作业是系统为完成一个用户的计算任务（或一次事务处理）所做的工作总和。例如，对用户编写的源程序，需要经过编译、连接、装入以及执行等步骤得到结果，这其中的每一个步骤称为作业步。在操作系统中用来控制作业进入、执行和撤销的一组程序称为作业管理程序。操作系统可以进一步为每个作业创建作业步进程，完成用户的工作。

4.6.1　作业与作业控制

1．作业控制

通常，可以采用脱机和联机两种控制方式控制用户作业的运行。在脱机控制方式中，作业运行的过程是无须人工干预的，因此，用户必须将自己想让计算机干什么的意图用作业控制语言（JCL）编写成作业说明书，连同作业一起提交给计算机系统。在联机控制方式中，操作系统向用户提供了一组联机命令，用户可以通过终端输入命令将自己想让计算机干什么的意图告诉计算机，以控制作业的运行过程，因此整个作业的运行过程需要人工干预。

作业由程序、数据和作业说明书 3 个部分组成。作业说明书包括作业基本情况、作业控制、作业资源要求的描述，它体现用户的控制意图。其中，作业基本情况包括用户名、作业名、编程语言和最大处理时间等；作业控制描述包括作业控制方式、作业步的操作顺序、作业执行出错处理；作业资源要求描述包括处理时间、优先级、主存空间、外设类型和数量等。

2．作业状态及转换

作业状态分为 4 种：提交、后备、执行和完成。

（1）提交。作业提交给计算机中心，通过输入设备送入计算机系统的过程状态称为提交状态。

（2）后备。通过 Spooling 系统将作业输入到计算机系统的后备存储器（磁盘）中，随时等待作业调度程序调度时的状态。

（3）执行。一旦作业被作业调度程序选中，为其分配了必要的资源，并为其建立相应的进程后，该作业便进入了执行状态。

（4）完成。当作业正常结束或异常终止时，作业进入完成状态。此时，由作业调度程序对该作业进行善后处理。如撤销作业的作业控制块，收回作业所占的系统资源，将作业的执行结果形成输出文件放到输出井中，由 Spooling 系统控制输出。

作业的状态及转换如图 4-31 所示。

3．作业控制块和作业后备队列

所谓作业控制块（JCB），是记录与该作业有关的各种信息的登记表。JCB 是作业存在的唯一标志，包括用户名、作业名和状态标志等信息。

由于在输入井中有较多的后备作业，为了便于作业调度程序调度，通常将作业控制块排成一个或多个队列，而这些队列称为作业后备队列。也就是说，作业后备队列是由若干个 JCB 组成的。

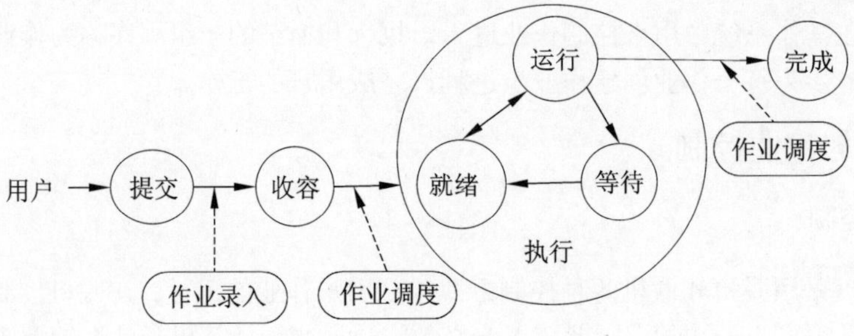

图 4-31　作业的状态及其转换

4.6.2　作业调度

选择调度算法需要考虑如下因素：与系统的整个设计目标一致，均衡地使用系统资源，以及平衡系统和用户的要求。对于用户来说，作业能“立即执行”往往难以做到，但是应保证进入系统的作业在规定的截止时间内完成，而且系统应设法缩短作业的平均周转时间。

1．作业调度算法

常用的作业调度算法如下。

（1）先来先服务。按作业到达的先后进行调度，即启动等待时间最长的作业。

（2）短作业优先。以要求运行时间的长短进行调度，即启动要求运行时间最短的作业。

（3）响应比高优先。响应比高的作业优先启动。

定义响应比如下：

$$R_p=\frac{\text{作业响应时间}}{\text{作业执行时间}}$$

其中，作业响应时间为作业进入系统后的等候时间与作业的执行时间之和，即 $R_p=1+\frac{\text{作业等待时间}}{\text{作业执行时间}}$。

对于响应比高者优先算法，在每次调度前都要计算所有被选作业（在作业后备队列中）的响应比，然后选择响应比最高的作业执行。该算法比较复杂，系统开销大。

（4）优先级调度算法。可由用户指定作业优先级，优先级高的作业先启动。也可由系统根据作业要求的紧迫程度，或者照顾“I/O 繁忙”的作业，以便充分发挥外设的效率等。

（5）均衡调度算法。这种算法的基本思想是根据系统的运行情况和作业本身的特性对作业进行分类。作业调度程序轮流地从这些不同类别的作业中挑选作业执行。这种算法力求均衡地使用系统的各种资源，即注意发挥系统效率，又使用户满意。

【例 4.19】 作业 J1、J2、J3 的提交时间和所需运行时间如下表所示。若采用响应比高者优先调度算法，则作业调度次序为＿（1）＿。

作业号	提交时间	运行时间（分钟）
J1	6:00	30
J2	6:20	20
J3	6:25	6

（1）A. J1→J2→J3　　B. J1→J3→J2　　C. J2→J1→J3　　D. J2→J3→J1

分析： 空（1）的正确答案是 B。根据题意有 3 个作业 J1、J2、J3，它们到达输入井的时间分别为 6:00、6:20、6:25，它们需要执行的时间分别为 30 分钟、20 分钟、6 分钟。若采用响应比高者优先算法对它们进行调度，那么，系统在 6:00 时，因为系统输入井中只有作业 J1，因此 J1 先运行。6:30 当作业 J1 运行完毕时，先计算作业 J2 和 J3 的响应比，然后令响应比高者运行。

响应比=作业周转时间/作业运行时间

=1+作业等待时间/作业运行时间

作业 J2 的响应比=1+10 /20=1.5

作业 J3 的响应比=1+5/6=1.83

按照响应比高者优先算法，优先调度 J3。

综上分析可知，作业被选中执行的次序应是 J1→J3→J2。

2．作业调度算法性能的衡量指标

在一个以批量处理为主的系统中，通常用平均周转时间或平均带权周转时间来衡量调度性能的优劣。假设作业 $J_i(i=1,2,\cdots,n)$ 的提交时间为 t_{si}，执行时间为 t_{ri}，作业完成时间为 t_{oi}，则作业 J_i 的周转时间 T_i 和带权周转时间 W_i 分别定义为：

$$T_i = t_{oi} - t_{si} \quad (i=1,2,\cdots,n), \quad W_i = T_i / t_{ri} \quad (i=1,2,\cdots,n)$$

n 个作业的平均周转时间 T 和平均带权周转时间 W 分别定义为：

$$T = \frac{1}{n}\sum_{i=1}^{n} T_i, \quad W = \frac{1}{n}\sum_{i=1}^{n} W_i$$

从用户的角度来说，总是希望自己的作业在提交后能立即执行，这意味着当等待时间为 0 时作业的周转时间最短，即 $T_i = t_{ri}$。但是，作业的执行时间 t_{ri} 并不能直观地衡量出系统的性能，而带权周转时间 W_i 却能直观地反映系统的调度性能。从整个系统的角度来说，不可能满足每个用户的这种要求，而只能是系统的平均周转时间或平均带权周转时间最小。

4.6.3 用户界面

用户界面（User Interface）是计算机中实现用户与计算机通信的软/硬件部分的总称。用户界面也称用户接口，或人机界面。

用户界面的硬件部分包括用户向计算机输入数据或命令的输入装置，以及由计算机输出供用户观察或处理的输出装置。用户界面的软件部分包括用户与计算机相互通信的协议、约定、操纵命令及其处理软件。目前，常用的输入/输出装置有键盘、鼠标、显示器和打印机等。常用的人机通信方法有命令语言、选项、表格填充及直接操纵等。从计算机用户界面的发展过程来看，用户界面可分为如下阶段。

（1）控制面板式用户界面。这是计算机发展早期，用户通过控制台开关、板键或穿孔纸带向计算机送入命令或数据，而计算机通过指示灯及打印机输出运行情况或结果。这种界面的特点是人去适应现在看来十分笨拙的计算机。

（2）字符用户界面。字符用户界面是基于字符型的，用户通过键盘或其他输入设备输入字符，由显示器或打印机输出字符。字符用户界面的优点是功能强、灵活性好、屏幕开销少；缺点是操作步骤烦琐，学会操作也较费时。

（3）图形用户界面。随着文字、图形、声音和图像等多媒体技术的出现，各种图形用户界面应运而生，用户既可使用传统的字符，也可使用图形、图像和声音同计算机进行交互，操作将更加自然、更加方便。现代界面的关键技术是超文本。超文本的“超”体现在它不仅包括文本，还包括图像、音频和视频等多媒体信息，即将文本的概念扩充到超文本，超文本的最大特点是具有指向性。

（4）新一代用户界面。虚拟现实技术将用户界面的发展推向一个新阶段：人将作为参与者，以自然的方式与计算机生成的虚拟环境进行通信。以用户为中心、自然、高效、高带宽、非精确、无地点限制等是新一代用户界面的特征。多媒体、多通道及智能化是新一代用户界面的技术支持。语音、自然语言、手势、头部跟踪、表情和视线跟踪等新的、更加自然的交互技术将为用户提供更方便的输入技术。计算机将通过多种感知通道来理解用户的意图，实现用户的要求。计算机不仅以二维屏幕向用户输出，而且以真实感（立体视觉、听觉、嗅觉和触觉等）的计算机仿真环境向用户提供真实的体验。

第 5 章　软件工程基础知识

本章介绍软件工程的相关基础知识，主要内容包括软件过程与过程模型、需求分析、软件设计、软件测试、软件运行与维护、软件项目管理、软件质量、软件度量、软件工具与软件开发环境等相关知识。

5.1　软件工程概述

早期的软件主要指程序，程序的开发采用个体工作方式，开发工作主要依赖于开发人员的个人技能和程序设计技巧。当时的软件通常缺少与程序有关的文档，软件开发的实际成本和进度往往与预计的相差甚远，软件的质量得不到保证，开发出来的软件常常不能使用户满意。随着计算机应用需求的不断增长，软件的规模也越来越大，然而软件开发的生产率远远跟不上计算机应用的迅速增长。此外，由于软件开发时缺少好的方法指导和工具辅助，同时又缺少相关文档，使得大量已有的软件难以维护。上述这些问题严重地阻碍了软件的发展，20 世纪 60 年代中期，人们把上述软件开发和维护过程中所遇到的各种问题称为“软件危机”。

1968 年，在德国召开的 NATO（North Atlantic Treaty Organization，北大西洋公约组织）会议上首次提出了“软件工程”这个名词，希望用工程化的原则和方法来克服软件危机。在此以后，人们开展了软件开发模型、开发方法、工具与环境的研究，提出了瀑布模型、演化模型、螺旋模型和喷泉模型等开发模型，出现了面向数据流方法、面向数据结构的方法、面向对象方法等开发方法，以及一批 CASE（Computer Aided Software Engineering，计算机辅助的软件工程）工具和环境。现在，软件工程已经成为计算机软件的一个重要分支和研究方向。

软件工程是指应用计算机科学、数学及管理科学等原理（如图 5-1 所示），以工程化的原则和方法来解决软件问题的工程，其目的是提高软件生产率、提高软件质量、降低软件成本。软件工程涉及软件开发、维护、管理等多方面的原理、方法、工具与环境，限于篇幅，本章不能对软件工程做全面的介绍。根据软件设计考试大纲的要求，本章着重介绍软件开发过程中的原理，其他内容只做简单的介绍。

- 软件工程学
  - 软件开发技术
    - 软件开发方法学
    - 软件工具
    - 软件工程环境
  - 软件工程管理
    - 软件工程管理学
    - 软件经济学

图 5-1　软件工程学的范畴

5.1.1 计算机软件

计算机软件是指计算机系统中的程序及其文档。程序是计算任务的处理对象和处理规则的描述。任何以计算机为处理工具的任务都是计算任务。处理对象是数据（如数字、文字、图形、图像、声音等，它们只是表示，而无含义）或信息（数据及有关的含义）。处理规则一般指处理的动作和步骤。文档是为了便于了解程序所需的阐述性资料。

按照软件的应用领域，可以将计算机软件分为十大类。

1. 系统软件

系统软件是一整套服务于其他程序的程序。某些系统软件处理复杂但是确定的信息结构。另一些系统应用程序（如操作系统构件、驱动程序、网络软件、远程通信处理器）主要处理的是不确定的数据。无论何种情况，系统软件多具有以下特点：和计算机硬件大量交互；多用户大量使用；需要调度、资源共享和复杂进程管理的同步操作；复杂的数据结构以及多种外部接口。

2. 应用软件

应用软件是解决特定业务需要的独立应用程序。这类应用软件处理商务或技术数据，以协助业务操作和管理或技术决策。除了传统数据处理的应用程序，应用软件也被用于业务功能的实时控制（例如销售点的交易处理、实时制造过程控制等）。

3. 工程/科学软件

这类软件通常带有“数值计算”算法的特征。工程/科学软件涵盖了广泛的应用领域，从天文学到火山学，从自动应力分析到航天飞机轨道动力学，从分子生物学到自动制造业。不过，当今科学工程领域的应用软件已经不仅仅局限于传统的数值算法，计算机辅助设计、系统仿真和其他的交互性应用程序已经呈现出实时性甚至具有系统软件的特性。

4. 嵌入式软件

嵌入式软件存在于某个产品或系统中，可实现和控制面向最终使用者和系统本身的特性和功能。嵌入式软件可以执行有限但难于实现的功能（例如，微波炉的按键控制）或者提供重要的功能和控制能力（例如，汽车中的燃油控制、仪表板显示、刹车系统等汽车电子功能）。

5. 产品线软件

产品为多个不同用户的使用提供特定功能。产品线软件关注有限的特定专业市场（例如库存控制产品）或大众消费品市场（例如，文字处理、多媒体、娱乐、数据库管理等）。

6. Web 应用

Web 应用（WebApp）是一类以网络为中心的软件，其概念涵盖了宽泛的应用程序产品。最简单可以是一组超文本链接文件，仅仅用文本和有限的图形表达信息。然而，随着 Web 2.0 的出现，网络应用正在发展为复杂的计算环境，不仅为最终用户提供独立的特性、计算功能和内容信息，还与企业数据库和商务应用程序相结合。绝大多数 WebApp 具备网络密集性、并发性、无法预知的负载量、性能、可用性和数据驱动属性。

7. 人工智能软件

人工智能软件利用非数值算法解决计算和直接分析无法解决的复杂问题。这个领域的应用包括机器人、专家系统、模式识别、人工神经网络、定理证明和博弈等。

8. 开放计算

无线网络的快速发展将促成真正的普适计算、分布式计算的实现。软件工程师所面临的挑战是如何开发系统和应用软件，以使移动设备、个人电脑和企业应用可以通过大量的网络设施进行通信。

9. 网络资源

现在，万维网已经快速发展为一个计算引擎和内容提供平台。软件工程师面临的新任务是构建一个简单而智能的应用程序，为全世界的最终用户市场提供服务。

10. 开源软件

开源软件就是开放系统应用程序的代码，使得很多人能够为软件开发做贡献，这种方式正在逐步成为一种趋势。软件工程师面临的挑战是开发可以自我描述的代码，更重要的是开发某种技术，以便于用户和开发人员都能够了解已经发生的改动，并且知道这些改动如何在软件中体现出来。

5.1.2　软件工程基本原理

美国著名的软件工程专家 B.W.Boehm 于 1983 年提出了软件工程的 7 条基本原理。Boehm 认为这 7 条原理是确保软件产品质量和开发效率的原理的最小集合。

1. 用分阶段的生命周期计划严格管理

有统计表明，50%以上的失败项目是由于计划不周造成的。在软件开发与维护的漫长生命周期中，需要完成许多各种各样的工作。这条基本原理意味着应该把软件生命周期划分成若干个阶段，并相应地制订切实可行的计划，然后严格按照计划对软件的开发与维护工作进行管理。Boehm 认为，在软件的整个生存周期中应该制订并严格执行六类计划：项目概要计划、里程碑计划、项目控制计划、产品控制计划、验证计划和运行维护计划。

2. 坚持进行阶段评审

据统计结果显示，大部分错误是在编码之前造成的。根据 Boehm 等人的统计，设计错误占软件错误的 63%，编码错误仅占 37%，而且错误发现与改正得越晚，所需付出的代价越高。因此，在每个阶段都应进行严格的评审，以便尽早发现在软件开发过程中所犯的错误。

3. 实现严格的产品控制

在软件开发过程中不应随意改变需求，因为改变一项需求需要付出较高的代价。但是，在软件开发过程中改变需求又是难免的，由于外部环境的变化，相应地改变用户需求是一种客观需要，这就要采用科学的产品控制技术来顺应这种要求。在改变需求时，为了保持软件各个配置成分的一致性，必须实行严格的产品控制，其中主要是实行基准配置管理。基准配置又称为基线配置，它是经过阶段评审后的软件配置成分（各个阶段产生的文档或程序代码）。基准配置管理也称为变动控制，一切有关修改软件的建议，特别是涉及基准配置的修改建议，都必须按照严格的规程进行评审，在获得批准以后才能实施修改。

4. 采用现代程序设计技术

从 20 世纪 60 年代和 70 年代的结构化软件开发技术到面向对象技术，从第一代、第二代语言到第四代语言，人们已经充分认识到：方法大于力气。采用先进的技术既可以提高软件开发的效率，又可以降低软件维护的成本。

5. 结果应能清楚地审查

软件是一种看不见、摸不着的逻辑产品。软件开发小组的工作进展情况可见性差，难以评价和管理。为了更好地进行管理，应根据软件开发的总目标及完成期限尽量明确地规定开发小组的责任和产品标准，从而使所得到的结果能够清楚地审查。

6. 开发小组的人员应少而精

开发人员的素质和数量是影响软件质量和开发效率的重要因素，应该少而精。这一条基于两点原因：高素质开发人员的效率比低素质开发人员的效率要高几倍到几十倍，开发工作中犯的错误也要少得多；当开发小组为 N 人时，可能的通信信道为 $N(N-1)/2$。可见，随着人数 N 的增大，通信开销将急剧增大。

7. 承认不断改进软件工程实践的必要性

遵循上述 6 条基本原理，就能够按照当代软件工程基本原理实现软件的工程化生产。但是它们只是对现有经验的总结和归纳，并不能保证软件开发与维护的过程能赶上时代前进的步伐，能跟上技术的不断进步。因此，Boehm 提出应把“承认不断改进软件工程实践的必要性”作为软件工程的第 7 条原理。根据这条原理，用户不仅要积极采纳新的软件开发技术，还要注意不断总结经验，收集进度和消耗等数据，进行出错类型和问题报告统计。这些数据既可以用来评估新的软件技术的效果，也可以用来指明必须着重注意的问题和应该优先进行研究的工具和技术。

5.1.3　软件生存周期

与其他事物一样，一个软件产品或软件系统也要经历孕育、诞生、成长、成熟、衰亡的许多阶段，一般称为软件生存周期。把整个软件生存周期划分为若干阶段，使得每个阶段有明确的任务，使规模大、结构复杂和管理复杂的软件的开发变得容易控制和管理。通常，软件生存周期包括可行性分析与项目开发计划、需求分析、设计（概要设计和详细设计）、编码、测试、维护等活动，可以将这些活动以适当的方式分配到不同的阶段去完成。

1. 可行性分析与项目开发计划

这个阶段主要确定软件的开发目标及其可行性。必须要回答的问题是：要解决的问题是什么？该问题有可行的解决办法吗？若有解决的办法，则需要多少费用？需要多少资源？需要多少时间？要回答这些问题，就要进行问题定义、可行性分析，制订项目开发计划。

可行性分析与项目计划阶段的参加人员有用户、项目负责人和系统分析师。该阶段产生的主要文档有可行性分析报告和项目开发计划。

2. 需求分析

需求分析阶段的任务不是具体地解决问题，而是准确地确定软件系统必须做什么，确定软件系统的功能、性能、数据和界面等要求，从而确定系统的逻辑模型。该阶段的参加人员有用户、项目负责人和系统分析师。该阶段产生的主要文档有软件需求说明书。

3. 概要设计

在概要设计阶段，开发人员要把确定的各项功能需求转换成需要的体系结构。在该体系结构中，每个成分都是意义明确的模块，即每个模块都和某些功能需求相对应，因此，概要设计就是设计软件的结构，明确软件由哪些模块组成，这些模块的层次结构是怎样的，这些模块的调用关系是怎样的，每个模块的功能是什么。同时，还要设计该项目的应用系统的总体数据结构和数据库结构，即应用系统要存储什么数据，这些数据是什么样的结构，它们之间有什么关系。

概要设计阶段的参加人员有系统分析师和软件设计师。该阶段产生的主要文档有概要设计说明书。

4. 详细设计

详细设计阶段的主要任务是对每个模块完成的功能进行具体描述，要把功能描述转变为精确的、结构化的过程描述。即该模块的控制结构是怎样的，先做什么，后做什么，有什么样的条件判定，有些什么重复处理等，并用相应的表示工具把这些控制结构表示出来。

详细设计阶段的参加人员有软件设计师和程序员。该阶段产生的主要文档有详细设计文档。

5. 编码

编码阶段就是把每个模块的控制结构转换成计算机可接受的程序代码，即写成某种特定程序设计语言表示的源程序清单。

6. 测试

测试是保证软件质量的重要手段，其主要方式是在设计测试用例的基础上检查软件的各个组成部分。测试阶段的参加人员通常是另一部门（或单位）的软件设计师或系统分析师。该阶段产生的主要文档有软件测试计划、测试用例和软件测试报告。

7. 维护

软件维护是软件生存周期中时间最长的阶段。已交付的软件投入正式使用后，便进入软件维护阶段，它可以持续几年甚至几十年。在软件运行过程中可能由于各方面的原因需要对它进行修改，其原因可能是运行中发现了软件隐含的错误而需要修改；也可能是为了适应变化了的软件工作环境而需要做适当变更；也可能是因为用户业务发生变化而需要扩充和增强软件的功能；还可能是为将来的软件维护活动做预先准备等。

5.1.4　软件过程

在开发产品或构建系统时，遵循一系列可预测的步骤（即路线图）是非常重要的，它有助于及时交付高质量的产品。软件开发中所遵循的路线图称为“软件过程”。过程是活动的集合，活动是任务的集合。软件过程有 3 层含义：一是个体含义，即指软件产品或系统在生存周期中的某一类活动的集合，如软件开发过程、软件管理过程等；二是整体含义，即指软件产品或系统在所有上述含义下的软件过程的总体；三是工程含义，即指解决软件过程的工程，应用软件的原则、方法来构造软件过程模型，并结合软件产品的具体要求进行实例化，以及在用户环境下的运作，以此进一步提高软件的生产率，降低成本。

1. 能力成熟度模型（CMM）

自从软件工程概念提出以后，出现了许多开发、维护软件的模型、方法、工具和环境，它们对提高软件的开发、维护效率和质量起到了很大的作用。尽管如此，人们开发和维护软件的能力仍然跟不上软件所涉及问题的复杂程度的增长，软件组织面临的主要问题仍然是无法开发出符合预算和进度要求的高可靠性和高可用性的软件。人们开始意识到问题的实质是缺乏管理软件过程的能力。

在美国国防部的支持下，1987 年，卡内基·梅隆大学软件工程研究所率先推出了软件工程评估项目的研究成果——软件过程能力成熟度模型（Capability Maturity Model of Software，CMM），其研究目的是提供一种评价软件承接方能力的方法，同时它可帮助软件组织改进其软件过程。

CMM 是对软件组织进化阶段的描述，随着软件组织定义、实施、测量、控制和改进其软件过程，软件组织的能力经过这些阶段逐步提高。该能力成熟度模型使软件组织能够较容易地确定其当前过程的成熟度并识别其软件过程执行中的薄弱环节，确定对软件质量和过程改进最为关键的几个问题，从而形成对其过程的改进策略。软件组织只要关注并认真实施一组有限的关键实践活动，就能稳步地改善其全组织的软件过程，使全组织的软件过程能力持续增长。

CMM 将软件过程改进分为以下 5 个成熟度级别。

1）初始级（Initial）

软件过程的特点是杂乱无章，有时甚至很混乱，几乎没有明确定义的步骤，项目的成功完全依赖个人的努力和英雄式核心人物的作用。

2）可重复级（Repeatable）

建立了基本的项目管理过程和实践来跟踪项目费用、进度和功能特性，有必要的过程准则来重复以前在同类项目中的成功。

3）已定义级（Defined）

管理和工程两方面的软件过程已经文档化、标准化，并综合成整个软件开发组织的标准软件过程。所有项目都采用根据实际情况修改后得到的标准软件过程来开发和维护软件。

4）已管理级（Managed）

制定了软件过程和产品质量的详细度量标准。软件过程的产品质量都被开发组织的成员所理解和控制。

5）优化级（Optimized）

加强了定量分析，通过来自过程质量反馈和来自新观念、新技术的反馈使过程能不断持续地改进。

CMM 模型提供了一个框架，将软件过程改进的进化步骤组织成 5 个成熟度等级，为过程不断改进奠定了循序渐进的基础。这 5 个成熟度等级定义了一个有序的尺度，用来测量一个组织的软件过程成熟度和评价其软件过程能力。成熟度等级是已得到确切定义的，也是在向成熟软件组织前进途中的平台。每一个成熟度等级为继续改进过程提供一个基础。每一个等级包含一组过程目标，通过实施相应的一组关键过程域达到这一组过程目标，当目标满足时，能使软件过程的一个重要成分稳定。每达到成熟度框架的一个等级，就建立起软件过程的一个相应成分，使得组织过程能力有一定程度的增长。

基于 CMM 模型的产品包括一些诊断工具，可应用于软件过程评价和软件能力评估小组，以确定一个机构的软件过程实力、弱点和风险。最著名的是成熟度调查表。软件过程评价及软件能力评估的方法及培训也依赖于 CMM 模型。

2. 能力成熟度模型集成（CMMI）

CMM 的成功导致了适用不同学科领域的模型的衍生，如系统工程的能力成熟度模型，适用于集成化产品开发的能力成熟度模型等。而一个工程项目又往往涉及多个交叉的学科，因此有必要将各种过程改进的工作集成起来。1998 年，由美国产业界、政府和卡内基·梅隆大学软件工程研究所共同主持 CMMI 项目。CMMI 是若干过程模型的综合和改进，是支持多个工程学科和领域的、系统的、一致的过程改进框架，能适应现代工程的特点和需要，能提高过程的质量和工作效率。2000 年发布了 CMMI-SE/SW/IPPD，集成了适用于软件开发的 SW-CMM（草案版本 2（C））、适用于系统工程的 EIA/IS731 以及适用于集成化产品和过程开发的 IPD CMM（0.98 版）。2002 年 1 月发布了 CMMI-SE/SW/IPPD 1.1 版。

CMMI 提供了两种表示方法：阶段式模型和连续式模型。

1）阶段式模型

阶段式模型的结构类似于 CMM，它关注组织的成熟度。CMMI-SE/SW/IPPD 1.1 版中有 5 个成熟度等级。

- 初始的：过程不可预测且缺乏控制。
- 已管理的：过程为项目服务。
- 已定义的：过程为组织服务。
- 定量管理的：过程已度量和控制。
- 优化的：集中于过程改进。

2）连续式模型

连续式模型关注每个过程域的能力，一个组织对不同的过程域可以达到不同的过程域能力等级（Capability Level，CL）。CMMI 中包括 6 个过程域能力等级，等级号为 0～5。能力等级包括共性目标及相关的共性实践，这些实践在过程域内被添加到特定目标和实践中。当组织满足过程域的特定目标和共性目标时，就说该组织达到了那个过程域的能力等级。

能力等级可以独立地应用于任何单独的过程域，任何一个能力等级都必须满足比它等级低的能力等级的所有准则。对各能力等级的含义简述如下。

- CL_0（未完成的）：过程域未执行或未得到 CL_1 中定义的所有目标。
- CL_1（已执行的）：其共性目标是过程将可标识的输入工作产品转换成可标识的输出工作产品，以实现支持过程域的特定目标。
- CL_2（已管理的）：其共性目标集中于已管理的过程的制度化。根据组织级政策规定过程的运作将使用哪个过程，项目遵循已文档化的计划和过程描述，所有正在工作的人都有权使用足够的资源，所有工作任务和工作产品都被监控、控制和评审。
- CL_3（已定义级的）：其共性目标集中于已定义的过程的制度化。过程是按照组织的剪裁指南从组织的标准过程集中剪裁得到的，还必须收集过程资产和过程的度量，并用于将来对过程的改进。
- CL_4（定量管理的）：其共性目标集中于可定量管理的过程的制度化。使用测量和质量保证来控制和改进过程域，建立和使用关于质量和过程执行的定量目标作为管理准则。
- CL_5（优化的）：使用量化（统计学）手段改变和优化过程域，以满足客户要求的改变和持续改进计划中的过程域的功效。

5.2　软件过程模型

软件过程模型习惯上也称为软件开发模型，它是软件开发全部过程、活动和任务的结构框架。典型的软件过程模型有瀑布模型、增量模型、演化模型（原型模型、螺旋模型）、喷泉模型、基于构件的开发模型和形式化方法模型等。

5.2.1 瀑布模型（Waterfall Model）

瀑布模型是将软件生存周期中的各个活动规定为依线性顺序连接的若干阶段的模型，包括需求分析、设计、编码、测试、运行与维护。它规定了由前至后、相互衔接的固定次序，如同瀑布流水逐级下落，如图 5-2 所示。

瀑布模型为软件的开发和维护提供了一种有效的管理模式，根据这一模式制订开发计划，进行成本预算，组织开发力量，以项目的阶段评审和文档控制为手段有效地对整个开发过程进行指导，所以它是以文档作为驱动、适合于软件需求很明确的软件项目的模型。

瀑布模型假设，一个待开发的系统需求是完整的、简明的、一致的，而且可以先于设计和实现完成之前产生。

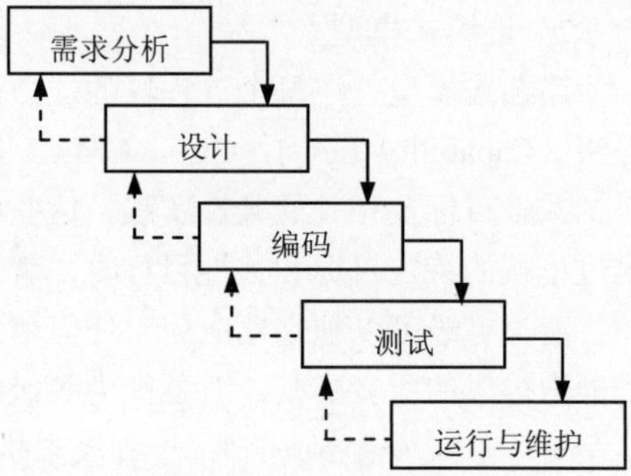

图 5-2 瀑布模型

瀑布模型的一个变体是 V 模型，如图 5-3 所示。V 模型描述了质量保证活动和沟通、建模相关活动以及早期构建相关的活动之间的关系。随着软件团队工作沿着 V 模型左侧步骤向下推进，基本问题需求逐步细化，形成问题及解决方案的技术描述。一旦编码结束，团队沿着 V 模型右侧的步骤向上推进工作，其实际上是执行了一系列测试（质量保证活动），这些测试验证了团队沿着 V 模型左侧步骤向下推进过程中所生成的每个模型。V 模型提供了一种将验证确认活动应用于早期软件工程工作中的方法。

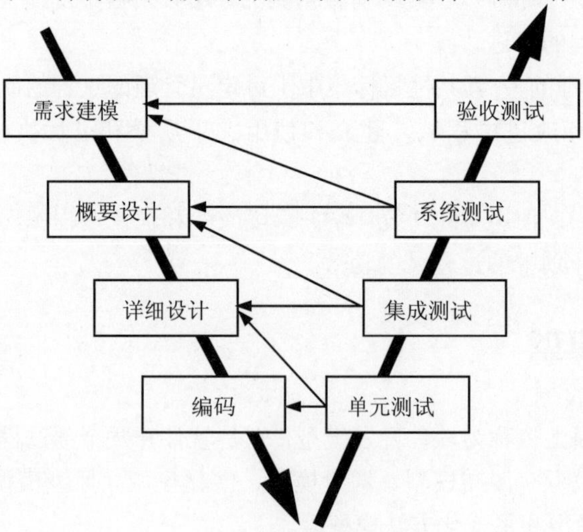

图 5-3 V 模型

瀑布模型的优点是，容易理解，管理成本低；强调开发的阶段性早期计划及需求调查和产品测试。不足之处是，客户必须能够完整、正确和清晰地表达他们的需要；在开始的两个或三个阶段中，很难评估真正的进度状态；当接近项目结束时，出现了大量的集成和测试工作；直到项目结束之前，都不能演示系统的能力。在瀑布模型中，需求或设计中的错误往往只有到了项目后期才能够被发现，对于项目风险的控制能力较弱，从而导致项目常常延期完成，开发费用超出预算。

5.2.2　增量模型（Incremental Model）

增量模型融合了瀑布模型的基本成分和原型实现的迭代特征，它假设可以将需求分段为一系列增量产品，每一增量可以分别开发。该模型采用随着日程时间的进展而交错的线性序列，每一个线性序列产生软件的一个可发布的“增量”，如图 5-4 所示。当使用增量模型时，第 1 个增量往往是核心的产品。客户对每个增量的使用和评估都作为下一个增量发布的新特征和功能，这个过程在每一个增量发布后不断重复，直到产生了最终的完善产品。增量模型强调每一个增量均发布一个可操作的产品。

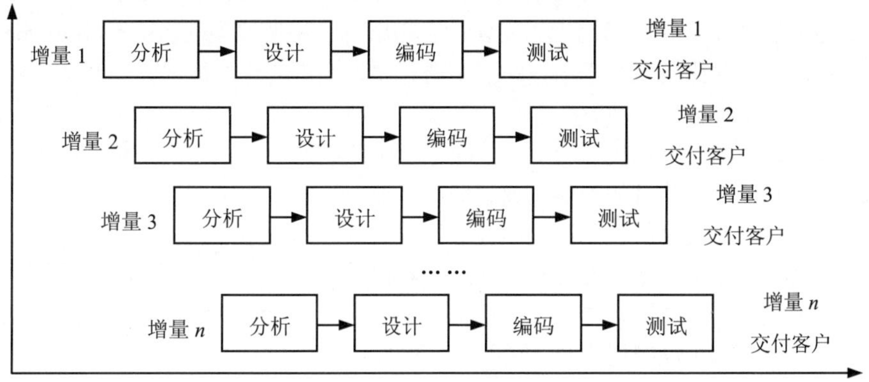

图 5-4　增量模型

增量模型作为瀑布模型的一个变体，具有瀑布模型的所有优点。此外，它还有以下优点：第一个可交付版本所需要的成本和时间很少；开发由增量表示的小系统所承担的风险不大；由于很快发布了第一个版本，因此可以减少用户需求的变更；运行增量投资，即在项目开始时，可以仅对一个或两个增量投资。

增量模型有以下不足之处：如果没有对用户的变更要求进行规划，那么产生的初始增量可能会造成后来增量的不稳定；如果需求不像早期思考的那样稳定和完整，那么一些增量就可能需要重新开发，重新发布；管理发生的成本、进度和配置的复杂性可能会超出组织的能力。

5.2.3 演化模型（Evolutionary Model）

软件类似于其他复杂的系统，会随着时间的推移而演化。在开发过程中，常常会面临以下情形：商业和产品需求经常发生变化，直接导致最终产品难以实现；严格的交付时间使得开发团队不可能圆满地完成软件产品，但是必须交付功能有限的版本以应对竞争或商业压力；很好地理解了核心产品和系统需求，但是产品或系统扩展的细节问题却没有定义。在上述情况和类似情况下，软件开发人员需要一种专门应对不断演变的软件产品的过程模型。

演化模型是迭代的过程模型，使得软件开发人员能够逐步开发出更完整的软件版本。演化模型特别适用于对软件需求缺乏准确认识的情况。典型的演化模型有原型模型和螺旋模型等。

1. 原型模型（Prototype Model）

并非所有的需求都能够预先定义，大量的实践表明，在开发初期很难得到一个完整的、准确的需求规格说明。这主要是由于客户往往不能准确地表达对未来系统的全面要求，开发者对要解决的应用问题模糊不清，以至于形成的需求规格说明常常是不完整的、不准确的，有时甚至是有歧义的。此外，在整个开发过程中，用户可能会产生新的要求，导致需求的变更。而瀑布模型难以适应这种需求的不确定性和变化，于是出现了快速原型（Rapid Prototype）这种新的开发方法。原型方法比较适合于用户需求不清、需求经常变化的情况。当系统规模不是很大也不太复杂时，采用该方法比较好。

原型是预期系统的一个可执行版本，反映了系统性质的一个选定的子集。一个原型不必满足目标软件的所有约束，其目的是能快速、低成本地构建原型。当然，能够采用原型方法是因为开发工具的快速发展，使得能够迅速地开发出一个让用户看得见、摸得着的系统框架。这样，对于计算机不是很熟悉的用户就可以根据这个框架提出自己的需求。开发原型系统首先确定用户需求，开发初始原型，然后征求用户对初始原型的改进意见，并根据意见修改原型。原型模型如图 5-5 所示。

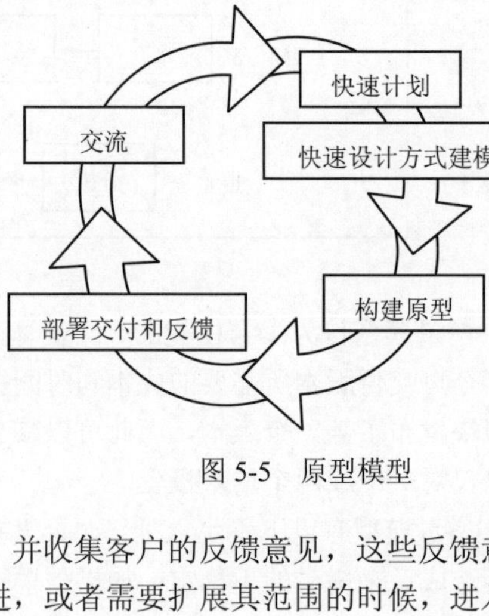

图 5-5 原型模型

原型模型开始于沟通，其目的是定义软件的总体目标，标识需求，然后快速制订原型开发的计划，确定原型的目标和范围，采用快速射击的方式对其进行建模，并构建原型。被开发的原型应交付给客户使用，并收集客户的反馈意见，这些反馈意见可在下一轮中对原型进行改进。在前一个原型需要改进，或者需要扩展其范围的时候，进入下一轮原型的迭代开发。

根据使用原型的目的不同，原型可以分为探索型原型、实验型原型和演化型原型 3 种。探索型原型的目的是要弄清目标的要求，确定所希望的特性，并探讨多种方案的可行性。实验型原型的目的是验证方案或算法的合理性，是在大规模开发和实现前，用于考查方案是否合适、规格说明是否可靠等。演化型原型的目的是将原型作为目标系统的一部分，通过对原型的多次改进，逐步将原型演化成最终的目标系统。

2. 螺旋模型（Spiral Model）

对于复杂的大型软件，开发一个原型往往达不到要求。螺旋模型将瀑布模型和演化模型结合起来，加入了两种模型均忽略的风险分析，弥补了这两种模型的不足。

螺旋模型将开发过程分为几个螺旋周期，每个螺旋周期大致和瀑布模型相符合，如图 5-6 所示。每个螺旋周期分为如下 4 个工作步骤。

（1）制订计划。确定软件的目标，选定实施方案，明确项目开发的限制条件。

（2）风险分析。分析所选的方案，识别风险，消除风险。

（3）实施工程。实施软件开发，验证阶段性产品。

（4）用户评估。评价开发工作，提出修正建议，建立下一个周期的开发计划。

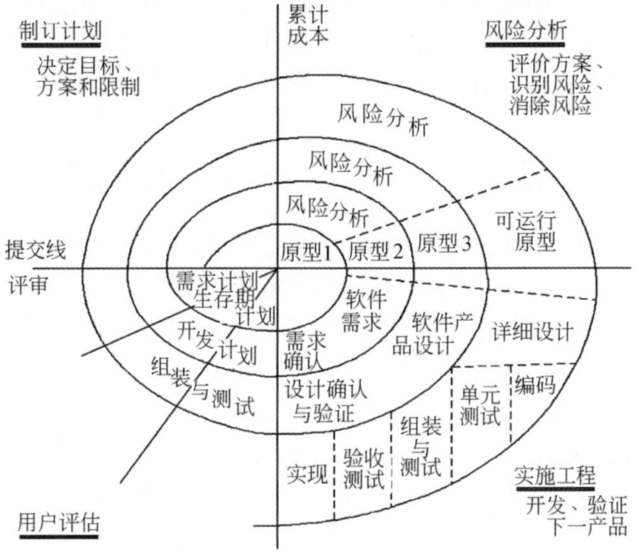

图 5-6　螺旋模型

螺旋模型强调风险分析，使得开发人员和用户对每个演化层出现的风险有所了解，从而做出应有的反应。因此，该模型特别适用于庞大、复杂并且具有高风险的系统。

与瀑布模型相比，螺旋模型支持用户需求的动态变化，为用户参与软件开发的所有关键决策提供了方便，有助于提高软件的适应能力，并且为项目管理人员及时调整管理决策提供了便利，从而降低了软件开发的风险。在使用螺旋模型进行软件开发时，需要开发人员具有相当丰富的风险评估经验和专门知识。另外，过多的迭代次数会增加开发成本，延迟提交时间。

5.2.4 喷泉模型（Water Fountain Model）

喷泉模型是一种以用户需求为动力，以对象作为驱动的模型，适合于面向对象的开发方法。它克服了瀑布模型不支持软件重用和多项开发活动集成的局限性。喷泉模型使开发过程具有迭代性和无间隙性，如图 5-7 所示。迭代意味着模型中的开发活动常常需要重复多次，在迭代过程中不断地完善软件系统。无间隙是指在开发活动（如分析、设计、编码）之间不存在明显的边界，也就是说，它不像瀑布模型那样，在需求分析活动结束后才开始设计活动，在设计活动结束后才开始编码活动，而是允许各开发活动交叉、迭代地进行。

喷泉模型的各个阶段没有明显的界线，开发人员可以同步进行。其优点是可以提高软件项目的开发效率，节省开发时间。由于喷泉模型在各个开发阶段是重叠的，在开发过程中需要大量的开发人员，不利于项目的管理。此外，这种模型要求严格管理文档，使得审核的难度加大。

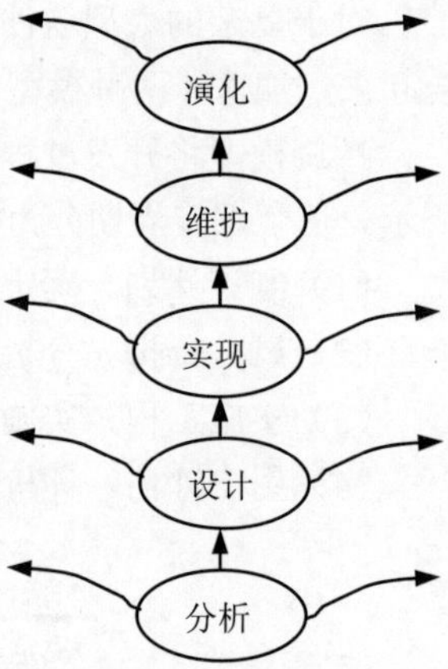

图 5-7 喷泉模型

5.2.5 基于构件的开发模型（Component-based Development Model）

基于构件的开发是指利用预先包装的构件来构造应用系统。构件可以是组织内部开发的构件，也可以是商品化成品（Commercial Off-The-Shelf，COTS）软件构件。基于构件的开发模型具有许多螺旋模型的特点，它本质上是演化模型，需要以迭代方式构建软件。其不同之处在于，基于构件的开发模型采用预先打包的软件构件开发应用系统。

一种基于构建的开发模型如图 5-8 所示，包括领域工程和应用系统工程两部分。

领域工程的目的是构建领域模型、领域基准体系结构和可复用构件库。为达到此目的，首先要进行领域分析，分析该领域中各种应用系统的公共部分或相似部分，构建领域模型和领域基准体系结构，表示领域的候选构件，对候选构件进行可变性分析，以适应多个应用系统的需要，最后构建可复用构件，经严格测试和包装后存入可复用构件库。

应用系统工程的目的是使用可复用构件组装应用系统。首先进行应用系统分析，设计应用系统的体系结构，标识应用系统所需的构件，然后在可复用构件库中查找合适的构件（也可以购买第三方构件），这些选取的构件需进行特化，必要时做适当的修改，以适应该应用系统的需要。对于那些未找到合适构件的应用部分，仍需单独开发，并将其与特化修改后的构件组装成应用系统。在此过程中，还需要对可复用构件的复用情况进行评价，以改进可复用构件，同时对新开发的部分进行评价，并向领域工程推荐候选构件。

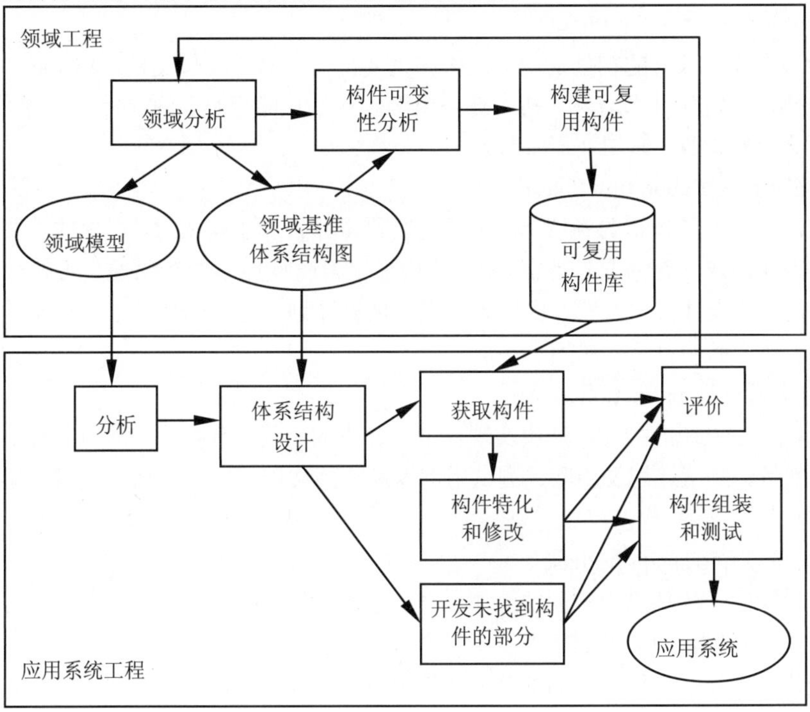

图 5-8　基于构件的开发模型

5.2.6　形式化方法模型（Formal Methods Model）

形式化方法是建立在严格数学基础上的一种软件开发方法，其主要活动是生成计算机软件形式化的数学规格说明。

形式化方法用严格的数学语言和语义描述功能规约和设计规约，通过数学的分析和推导，易于发现需求的歧义性、不完整性和不一致性，易于对分析模型、设计模型和程序进行验证。通过数学的演算，使得从形式化功能规约到形式化设计规约，以及从形式化设计规约到程序代码的转换成为可能。这种方法的一个变形是净室软件工程。

5.2.7　统一过程（UP）模型

统一过程模型是一种“用例和风险驱动，以架构为中心，迭代并且增量”的开发过程，由 UML 方法和工具支持。迭代的意思是将整个软件开发项目划分为许多个小的“袖珍项目”，每个“袖珍项目”都包含正常软件项目的所有元素：计划、分析和设计、构造、集成和测试，以及内部和外部发布。

统一过程定义了 4 个技术阶段及其制品。

1）起始阶段（Inception Phase）

起始阶段专注于项目的初创活动，产生的主要工作产品有构想文档（Vision Document）、初始用例模型、初始项目术语表、初始业务用例、初始风险评估、项目计划（阶段及迭代）、业务模型以及一个或多个原型（需要时）。

2）精化阶段（Elaboration Phase）

精化阶段在理解了最初的领域范围之后进行需求分析和架构演进，产生的主要工作产品有用例模型、补充需求（包括非功能需求）、分析模型、软件体系结构描述、可执行的软件体系结构原型、初步的设计模型、修订的风险列表、项目计划（包括迭代计划、调整的工作流、里程碑和技术工作产品）以及初始用户手册。

3）构建阶段（Construction Phase）

构建阶段关注系统的构建，产生实现模型，产生的主要工作产品有设计模型、软件构件、集成的软件增量、测试计划及步骤、测试用例以及支持文档（用户手册、安装手册和对于并发增量的描述）。

4）移交阶段（Transition Phase）

移交阶段关注于软件提交方面的工作，产生软件增量，产生的主要工作产品有提交的软件增量、β 测试报告和综合用户反馈。

每次迭代产生包括最终系统的部分完成的版本和任何相关的项目文档的基线，通过逐步迭代基线之间相互构建，直到完成最终系统。在每个迭代中有 5 个核心工作流：捕获系统应该做什么的需求工作流，精化和结构化需求的分析工作流，在系统构架内实现需求的设计工作流，构造软件的实现工作流，验证实现是否如期望那样工作的测试工作流。随着 UP 的阶段进展，每个核心工作流的工作量发生了变化。4 个技术阶段由主要里程碑所终止。

- 初始阶段：生命周期目标。
- 精化阶段：生命周期架构。
- 构建阶段：初始运作功能。
- 移交阶段：产品发布。

统一过程的典型代表是 RUP（Rational Unified Process）。RUP 是 UP 的商业扩展，完全兼容 UP，但比 UP 更完整、更详细。

5.2.8 敏捷方法（Agile Development）

敏捷开发的总体目标是通过“尽可能早地、持续地对有价值的软件的交付”使客户满意。

通过在软件开发过程中加入灵活性，敏捷方法使用户能够在开发周期的后期增加或改变需求。

敏捷过程的典型方法有很多，每一种方法基于一套原则，这些原则实现了敏捷方法所宣称的理念（敏捷宣言）。

1. 极限编程（XP）

XP 是一种轻量级（敏捷）、高效、低风险、柔性、可预测的、科学的软件开发方式。它由价值观、原则、实践和行为 4 个部分组成，彼此相互依赖、关联，并通过行为贯穿于整个生存周期。

- 4 大价值观：沟通、简单性、反馈和勇气。
- 5 个原则：快速反馈、简单性假设、逐步修改、提倡更改和优质工作。
- 12 个最佳实践：计划游戏（快速制订计划、随着细节的不断变化而完善）、小型发布（系统的设计要能够尽可能早地交付）、隐喻（找到合适的比喻传达信息）、简单设计（只处理当前的需求，使设计保持简单）、测试先行（先写测试代码，然后再编写程序）、重构（重新审视需求和设计，重新明确地描述它们以符合新的和现有的需求）、结队编程、集体代码所有制、持续集成（可以按日甚至按小时为客户提供可运行的版本）、每周工作 40 个小时、现场客户和编码标准。

2. 水晶法（Crystal）

水晶法认为每一个不同的项目都需要一套不同的策略、约定和方法论，认为人对软件质量有重要的影响，因此随着项目质量和开发人员素质的提高，项目和过程的质量也随之提高。通过更好地交流和经常性的交付，软件生产力得到提高。

3. 并列争求法（Scrum）

并列争求法使用迭代的方法，其中，把每 30 天一次的迭代称为一个“冲刺”，并按需求的优先级别来实现产品。多个自组织和自治的小组并行地递增实现产品。协调是通过简短的日常情况会议来进行，就像橄榄球中的“并列争球”。

4. 自适应软件开发（ASD）

ASD 有 6 个基本的原则：有一个使命作为指导；特征被视为客户价值的关键点；过程中的等待是很重要的，因此“重做”与“做”同样关键；变化不被视为改正，而是被视为对软件开发实际情况的调整；确定的交付时间迫使开发人员认真考虑每一个生产的版本的关键需求；风险也包含其中。

5. 敏捷统一过程（AUP）

敏捷统一过程（Agile Unified Process，AUP）采用“在大型上连续”以及在“在小型上迭代”的原理来构建软件系统。采用经典的UP阶段性活动（初始、精化、构建和转换），提供了一系列活动，能够使团队为软件项目构想出一个全面的过程流。在每个活动里，一个团队迭代使用敏捷，并将有意义的软件增量尽可能快地交付给最终用户。每个AUP迭代执行以下活动：

- 建模。建立对商业和问题域的模型表述，这些模型“足够好”即可，以便团队继续前进。
- 实现。将模型翻译成源代码。
- 测试。像XP一样，团队设计和执行一系列的测试来发现错误以保证源代码满足需求。
- 部署。对软件增量的交付以及获取最终用户的反馈。
- 配置及项目管理。着眼于变更管理、风险管理以及对团队的任一制品的控制。项目管理追踪和控制开发团队的工作进展并协调团队活动。
- 环境管理。协调标准、工具以及适用于开发团队的支持技术等过程基础设施。

5.3 需求分析

5.3.1 软件需求

在进行需求获取之前，首先要明确需要获取什么，也就是需求包含哪些内容。软件需求是指用户对目标软件系统在功能、行为、性能、设计约束等方面的期望。通常，这些需求包括功能需求、性能需求、用户或人的因素、环境需求、界面需求、文档需求、数据需求、资源使用需求、安全保密需求、可靠性需求、软件成本消耗与开发进度需求等，并预先估计以后系统可能达到的目标。此外，还需要注意其他非功能性的需求。具体内容如下。

（1）功能需求。考虑系统要做什么，在何时做，在何时以及如何修改或升级。

（2）性能需求。考虑软件开发的技术性指标。例如，存储容量限制、执行速度、响应时间及吞吐量。

（3）用户或人的因素。考虑用户的类型。例如，各种用户对使用计算机的熟练程度，需要接受的训练，用户理解、使用系统的难度，用户错误操作系统的可能性等。

（4）环境需求。考虑未来软件应用的环境，包括硬件和软件。对硬件设备的需求包括机型、外设、接口、地点、分布、湿度、磁场干扰等；对软件的需求包括操作系统、网络、数据库等。

（5）界面需求。考虑来自其他系统的输入，到其他系统的输出，对数据格式的特殊规定，对数据存储介质的规定。

（6）文档需求。考虑需要哪些文档，文档针对哪些读者。

（7）数据需求。考虑输入、输出数据的格式，接收、发送数据的频率，数据的准确性和精度，数据流量，数据需保持的时间。

（8）资源使用需求。考虑软件运行时所需要的数据、其他软件、内存空间等资源；软件开发、维护所需的人力、支撑软件、开发设备等。

（9）安全保密需求。考虑是否需要对访问系统或系统信息加以控制，隔离用户数据的方法，用户程序如何与其他程序和操作系统隔离以及系统备份要求等。

（10）可靠性需求。考虑系统的可靠性要求，系统是否必须检测和隔离错误；出错后，重启系统允许的时间等。

（11）软件成本消耗与开发进度需求。考虑开发是否有规定的时间表，软/硬件投资有无限制等。

（12）其他非功能性要求。如采用某种开发模式，确定质量控制标准、里程碑和评审、验收标准、各种质量要求的优先级等，以及可维护性方面的要求。

这些需求可以来自于用户（实际的和潜在的）、用户的规约、应用领域的专家、相关的技术标准和法规；也可以来自于原有的系统、原有系统的用户、新系统的潜在用户；甚至还可以来自于竞争对手的产品。

5.3.2　需求分析原则

需求分析过程的具体实现有不同的分析方法，这些方法有自己独特的特点。然而，这些分析方法都遵循一组操作原则。

（1）必须能够表示和理解问题的信息域。

（2）必须能够定义软件将完成的任务。

（3）必须能够表示软件的行为（作为外部事件的结束）。

（4）必须划分描述数据、功能和行为的模型，从而可以分层次地揭示细节。

（5）分析过程应该从要素信息移向细节信息。

通过应用这些原则，分析人员将能系统地处理问题。检查信息域可以更完整地理解功能，通过模型可以更简洁地交流功能和行为的特征，应用抽象与分解可减少问题的复杂度。

5.3.3　需求工程

需求工程是一个不断反复的需求定义、文档记录、需求演进的过程，并最终在验证的基础上冻结需求。需求工程可以细分为需求获取、需求分析与协商、系统建模、需求规约、需求验证以及需求管理 6 个阶段。

1. 需求获取

在需求获取阶段，系统分析人员通过与用户的交流、对现有系统的观察以及对任务进行分析确定系统或产品范围的限制性描述、与系统或产品有关的人员及特征列表、系统的技术环境的描述、系统功能的列表及应用于每个需求的领域限制、一组描述不同运行条件下系统或产品使用状况的应用场景以及为更好地定义需求而开发的原型。需求获取的工作产品为进行需求分析提供了基础。

2. 需求分析与协商

需求获取结束后，分析活动对需求进行分类组织，分析每个需求与其他需求的关系，以检查需求的一致性、重叠和遗漏的情况，并根据用户的需要对需求进行排序。在需求获取阶段，经常出现以下问题：用户提出的要求超出软件系统可以实现的范围或实现能力；不同的用户提出了相互冲突的需求；每个用户在提出自己的需求时都会说“这是至关重要的”，所以系统分析人员需要通过一个谈判过程来调解这些冲突。

3. 系统建模

建模技术可以通过合适的工具和符号系统地描述需求。建模工具的使用在用户和系统分析人员之间建立了统一的语言和理解的“桥梁”，同时系统分析人员借助建模技术对获取的需求信息进行分析，排除错误和弥补不足，确保需求文档正确地反映用户的真实意图。常用的分析和建模方法有面向数据流方法、面向数据结构方法和面向对象方法。

在观察和研究某一事物或某一系统时，常常把它抽象为一个模型。创建模型是需求分析阶段的重要活动。模型以一种简洁、准确、结构清晰的方式系统地描述了软件需求，从而帮助分析员理解系统的信息、功能和行为，使得需求分析任务更容易实现，结果更系统化，同时易于发现用户描述中的模糊性和不一致性；模型将成为软件设计的基础，为设计者提供软件要素的表示视图，这些表示可被转化到实现的语境中去；更重要的是，模型还可以在分析人员和用户之间建立更快捷的沟通方式，使两者可以用相同的工具分析和理解问题。

在软件需求分析阶段所创建的模型，要着重于描述系统要做什么，而不是如何去做，目标软件的模型不应涉及软件的实现细节。通常情况下，分析人员使用图形符号来创建模型，将信息、处理、系统行为和其他相关特征描述为各种可识别的符号，同时与符号图形相配套，并辅以文字描述，可使用自然语言或某种特殊的专门用于描述需求的语言来提供辅助的信息描述。

目前，已存在的多种需求分析方法引用了不同的分析策略，常用的分析方法有以下两种：

（1）面向数据流的结构化分析方法（SA）。

（2）面向对象的分析方法（OOA）。

4. 需求规约

软件需求规约是分析任务的最终产物，通过建立完整的信息描述、详细的功能和行为描述、性能需求和设计约束的说明、合适的验收标准，给出对目标软件的各种需求。需求规约作为用户和开发者之间的一个协议，在之后的软件工程各阶段发挥重要的作用。软件需求规约中通常包含以下内容。

（1）引言。引言陈述软件目标，在基于计算机的系统语境内进行描述。

（2）信息描述。信息描述给出软件必须解决的问题的详细描述，记录信息内容、信息流和信息结构。

（3）功能描述。功能描述用来描述解决问题所需要的每个功能。其中包括为每个功能说明一个处理过程；叙述设计约束；叙述性能特征；用一个或多个图形形象地表示软件的整体结构和软件功能与其他系统元素间的相互影响。

（4）行为描述。行为描述用于描述作为外部事件和内部产生的控制特征的软件操作。

（5）检验标准。检验标准描述检验系统成功的标志，即对系统进行什么样的测试，得到什么样的结果，就表示系统已经成功实现了。检验标准是“确认测试”的基础。

（6）参考书目。参考书目包含了对所有和该软件相关的文档的引用，其中包括其他的软件工程文档、技术参考文献、厂商文献和标准。

（7）附录。附录包含了规约的补充信息，表格数据、算法的详细描述、图表和其他资料。

5. 需求验证

需求验证作为需求开发阶段工作的复查手段，其目的是要检验需求功能的正确性、完整性和清晰性，是否能够反映用户的意愿。由于需求的变化往往使系统的设计和实现也跟着改变，所以由需求问题引起系统变更的成本比修改设计或代码错误的成本高得多。因此，为保证软件需求定义的质量，评审应指定专门的人员负责，并按规程严格进行。

需求验证需要对需求文档中定义的需求执行多种检查。开发团队要对用户需求进行“遍访”，逐条解释需求含义；评审团队应该检查需求的有效性、一致性和作为一个整体的完备性。评审人员评审时往往需要检查以下内容：

（1）系统定义的目标是否与用户的要求一致。

（2）系统需求分析阶段提供的文档资料是否齐全；文档中的描述是否完整、清晰、准确地反映了用户要求。

（3）被开发项目的数据流与数据结构是否确定且充足。

（4）主要功能是否已包括在规定的软件范围之内，是否都已充分说明。

（5）设计的约束条件或限制条件是否符合实际。

（6）开发的技术风险是什么。

（7）是否详细地制定了检验标准，它们能否对系统定义进行确认。

为了保证软件需求定义的质量，验证应该由专门的人员来负责，按照规定严格进行。除分析人员之外，还要有用户，开发部门的管理者，软件设计、实现、测试的人员参加。评审结束应有负责人的结论意见和签字。

想要判断一组需求是否符合用户的需要是很困难的。用户需要描述出系统的操作过程，构想出如何让系统加入到他们的工作中去，这种抽象对于一个普通用户来说比较困难。所以，需求验证也不可能发现所有的需求问题。在需求验证之后，对遗漏的补充以及对错误理解的更正是不可避免的，因此需要进行需求管理。

6. 需求管理

在实际的开发过程中，获取、分析、建模、编写规约和验证这些需求开发活动通常是交叉、递增和反复地进行。而且，软件系统的需求会变更，这些变更不仅会存在于项目开发过程，而且会出现在项目已经付诸应用之后。软件需求管理是一组用于帮助项目组在项目进展中的任何时候去标识、控制和跟踪需求的活动，对需求工程所有相关活动的规划和控制。换句话说，需求管理就是一种获取、组织并记录系统需求的系统化方案，以及一个使用户与项目团队对不断变更的系统需求达成并保持一致的过程。

在需求管理中，每个需求被赋予唯一的标识符，一旦标识出需求，就可以为需求建立跟踪表，每个跟踪表标识需求与其他需求或设计文档、代码、测试用例的不同版本间的关系。例如，特征跟踪表，记录需求如何与产品或系统特征相关联；来源跟踪表，记录每个需求的来源；依赖跟踪表，描述需求间如何关联等。

这些跟踪表可以用于需求跟踪。在整个开发过程中，进行需求跟踪的目的是为了建立和维护从用户需求开始到测试之间的一致性与完整性，确保所有的实现是以用户需求为基础，所有的输出符合用户需求，并且全面覆盖了用户需求。需求跟踪有两种方式：正向跟踪和逆向跟踪。其中，正向跟踪以用户需求为切入点，检查“需求规约”中的每个需求是否都能在后继工作产品中找到对应点；逆向跟踪检查设计文档、代码、测试用例等工作产品是否都能在“需求规约”中找到出处。

5.4 系统设计

在系统分析阶段，我们已经搞清楚了软件“做什么”的问题，并把这些需求通过规格说明书描述了出来，这也是目标系统的逻辑模型。进入设计阶段，要把软件“做什么”的逻辑模型转换成“怎么做”的物理模型，即着手实现软件系统的需求。

系统设计的主要目的就是为系统制定蓝图，在各种技术和实施方法中权衡利弊，精心设计，合理地使用各种资源，最终勾画出新系统的详细设计方案。

系统设计的主要内容包括新系统总体结构设计、代码设计、输出设计、输入设计、处理过程设计、数据存储设计、用户界面设计和安全控制设计等。

目前，已存在的多种系统设计方法，常用的设计方法有以下两种。

（1）面向数据流的结构化设计方法（SD）。

（2）面向对象的分析方法（OOD）。

系统设计的基本任务大体上可以分为概要设计和详细设计两个步骤。

5.4.1　概要设计

1）设计软件系统总体结构

其基本任务是采用某种设计方法，将一个复杂的系统按功能划分成模块；确定每个模块的功能；确定模块之间的调用关系；确定模块之间的接口，即模块之间传递的信息；评价模块结构的质量。

软件系统总体结构的设计是概要设计关键的一步，直接影响到下一个阶段详细设计与编码的工作。软件系统的质量及一些整体特性都在软件系统总体结构的设计中决定。

2）数据结构及数据库设计

（1）数据结构的设计。逐步细化的方法也适用于数据结构的设计。在需求分析阶段，已经通过数据字典对数据的组成、操作约束和数据之间的关系等方面进行了描述，确定了数据的结构特性，在概要设计阶段要加以细化，详细设计阶段则规定具体的实现细节。在概要设计阶段，宜使用抽象的数据类型。

（2）数据库的设计。数据库的设计是指数据存储文件的设计，主要进行以下几方面设计。

① 概念设计。在数据分析的基础上，采用自底向上的方法从用户角度进行视图设计，一般用 E-R 模型来表述数据模型。E-R 模型既是设计数据库的基础，也是设计数据结构的基础。

② 逻辑设计。E-R 模型是独立于数据库管理系统（DBMS）的，要结合具体的 DBMS 特征来建立数据库的逻辑结构。

③ 物理设计。对于不同的 DBMS，物理环境不同，提供的存储结构与存取方法各不相同。物理设计就是设计数据模式的一些物理细节，如数据项存储要求、存取方法和索引的建立等。

本节对数据库技术不做详细讨论，详细内容参见本书第 7 章。

3）编写概要设计文档

文档主要有概要设计说明书、数据库设计说明书、用户手册以及修订测试计划。

4）评审

对设计部分是否完整地实现了需求中规定的功能、性能等要求，设计方法的可行性，关键的处理及内外部接口定义的正确性、有效性、各部分之间的一致性等都一一进行评审。

5.4.2 详细设计

（1）对每个模块进行详细的算法设计，用某种图形、表格和语言等工具将每个模块处理过程的详细算法描述出来。

（2）对模块内的数据结构进行设计。

（3）对数据库进行物理设计，即确定数据库的物理结构。

（4）其他设计。根据软件系统的类型，还可能要进行以下设计。

① 代码设计。为了提高数据的输入、分类、存储和检索等操作，节约内存空间，对数据库中某些数据项的值要进行代码设计。

② 输入/输出格式设计。

③ 用户界面设计。

（5）编写详细设计说明书。

（6）评审。对处理过程的算法和数据库的物理结构都要评审。

系统设计的结果是一系列的系统设计文件，这些文件是物理实现一个信息系统（包括硬件设备和编制软件程序）的重要基础。

5.5 系统测试

5.5.1 系统测试与调试

1. 系统测试的意义、目的及原则

系统测试是为了发现错误而执行程序的过程，成功的测试是发现了至今尚未发现的错误的测试。

测试的目的就是希望能以最少的人力和时间发现潜在的各种错误和缺陷。用户应根据开发各阶段的需求、设计等文档或程序的内部结构精心设计测试实例，并利用这些实例来运行程序，以便发现错误的过程。

信息系统测试应包括软件测试、硬件测试和网络测试。硬件测试、网络测试可以根据具体的性能指标进行，此处所说的测试更多的是指软件测试。

系统测试是保证系统质量和可靠性的关键步骤，是对系统开发过程中的系统分析、系统设计和实施的最后复查。根据测试的概念和目的，在进行信息系统测试时应遵循以下基本原则。

（1）应尽早并不断地进行测试。测试不是在应用系统开发完之后才进行的。由于原始问题的复杂性、开发各阶段的多样性以及参加人员之间的协调等因素，使得在开发的各个阶段都有可能出现错误。因此，测试应贯穿在开发的各个阶段，应尽早纠正错误，消除隐患。

（2）测试工作应该避免由原开发软件的人员或小组承担，一方面，开发人员往往不愿否认自己的工作，总认为自己开发的软件没有错误；另一方面，开发人员的错误很难由本人测试出来，很容易根据自己编程的思路来制定测试思路，具有局限性。测试工作应由专门人员来进行，这样会更客观、更有效。

（3）在设计测试方案时，不仅要确定输入数据，而且要根据系统功能确定预期输出结果。将实际输出结果与预期结果相比较就能发现测试对象是否正确。

（4）在设计测试用例时，不仅要设计有效、合理的输入条件，也要包含不合理、失效的输入条件。在测试的时候，人们往往习惯按照合理的、正常的情况进行测试，而忽略了对异常、不合理、意想不到的情况进行测试，而这可能就是隐患。

（5）在测试程序时，不仅要检验程序是否做了该做的事，还要检验程序是否做了不该做的事。多余的工作会带来副作用，影响程序的效率，有时会带来潜在的危害或错误。

（6）严格按照测试计划来进行，避免测试的随意性。测试计划应包括测试内容、进度安排、人员安排、测试环境、测试工具和测试资料等。严格地按照测试计划可以保证进度，使各方面都得以协调进行。

（7）妥善保存测试计划、测试用例，作为软件文档的组成部分，为维护提供方便。

（8）测试例子都是精心设计出来的，可以为重新测试或追加测试提供方便。当纠正错误、系统功能扩充后，都需要重新开始测试，而这些工作的重复性很高，可以利用以前的测试用例，或在其基础上修改，然后进行测试。

2. 测试过程

测试是开发过程中的一个独立且非常重要的阶段。测试过程基本上与开发过程平行进行。

一个规范化的测试过程通常包括以下基本的测试活动。

（1）制订测试计划。在制订测试计划时，要充分考虑整个项目的开发时间和开发进度以及一些人为因素和客观条件等，使得测试计划是可行的。测试计划的内容主要有测试的内容、进度安排、测试所需的环境和条件、测试培训安排等。

（2）编制测试大纲。测试大纲是测试的依据，它明确、详尽地规定了在测试中针对系统的每一项功能或特性所必须完成的基本测试项目和测试完成的标准。

（3）根据测试大纲设计和生成测试用例，产生测试设计说明文档。其内容主要有被测项目、输入数据、测试过程和预期输出结果等。

（4）实施测试。测试的实施阶段是由一系列的测试周期组成的。在每个测试周期中，测试人员和开发人员将依据预先编制好的测试大纲和准备好的测试用例对被测软件或设备进行完整的测试。

（5）生成测试报告。测试完成后要形成相应的测试报告，主要对测试进行概要说明，列出测试的结论，指出缺陷和错误。另外，给出一些建议，如可采用的修改方法，各项修改预计的工作量及修改的负责人员。

5.5.2 传统软件的测试策略

软件测试策略将软件测试用例的设计方法集成到一系列经过周密计划的步骤中，从而使软件构造成功地完成。测试策略提供以下方面的路径图：描述将要进行的测试步骤，这些步骤计划和执行的时机，需要多少工作量、时间和资源。因此，任何测试策略都必须包含测试计划、测试用例设计、测试执行以及结果数据的收集和评估。

软件测试策略应该具有足够的灵活性，以便促进测试方法的制定。同时，它必须足够严格，以便在项目进行过程中对项目进行合理地策划和追踪管理。

有效的软件测试实际上分为 4 步进行，即单元测试、集成测试、确认测试和系统测试。

1. 单元测试

单元测试也称为模块测试，在模块编写完成且无编译错误后就可以进行。单元测试侧重于模块中的内部处理逻辑和数据结构。如果选用机器测试，一般用白盒测试法。这类测试可以对多个模块同时进行。

1）单元测试的测试内容

单元测试主要检查模块的以下 5 个特征。

（1）模块接口。模块的接口保证了测试模块的数据流可以正确地流入、流出。在测试中应检查以下要点：

① 测试模块的输入参数和形式参数在个数、属性、单位上是否一致。

② 调用其他模块时，所给出的实际参数和被调用模块的形式参数在个数、属性、单位上是否一致。

③ 调用标准函数时，所用的参数在属性、数目和顺序上是否正确。

④ 全局变量在各模块中的定义和用法是否一致。

⑤ 输入是否仅改变了形式参数。

⑥ 开/关的语句是否正确。

⑦ 规定的 I/O 格式是否与输入/输出语句一致。

⑧ 在使用文件之前是否已经打开文件或使用文件之后是否已经关闭文件。

（2）局部数据结构。在单元测试中，局部数据结构出错是比较常见的错误，在测试时应重点考虑以下因素。

① 变量的说明是否合适。

② 是否使用了尚未赋值或尚未初始化的变量。

③ 变量的初始值或默认值是否正确。

④ 变量名是否有错（例如拼写错）。

（3）重要的执行路径。在单元测试中，对路径的测试是最基本的任务。由于不能进行穷举测试，需要精心设计测试例子来发现是否有计算、比较或控制流等方面的错误。

① 计算方面的错误。算术运算的优先次序不正确或理解错误；精度不够；运算对象的类型彼此不相容；算法错；表达式的符号表示不正确等。

② 比较和控制流的错误。本应相等的量由于精度造成不相等；不同类型进行比较；逻辑运算符不正确或优先次序错误；循环终止不正确（如多循环一次或少循环一次）、死循环；不恰当地修改循环变量；当遇到分支循环时出口错误等。

（4）出错处理。好的设计应该能预测到出错的条件并且有对出错处理的路径。虽然计算机可以显示出错信息的内容，但仍需要程序员对出错进行处理，保证其逻辑的正确性，以便于用户维护。

（5）边界条件。边界条件的测试是单元测试的最后工作，也是非常重要的工作。软件容易在边界出现错误。

2）单元测试过程

由于模块不是独立运行的程序，各模块之间存在调用与被调用的关系。在对每个模块进行测试时，需要开发两种模块。单元测试环境如图 5-9 所示。

- 驱动模块。相当于一个主程序，接收测试例子的数据，将这些数据送到测试模块，输出测试结果。
- 桩模块（也称为存根模块）。桩模块用来代替测试模块中所调用的子模块，其内部可进行少量的数据处理，目的是为了检验入口，输出调用和返回的信息。

提高模块的内聚度可以简化单元测试。如果每个模块只完成一种功能，对于具体模块来讲，所需的测试方案数据会显著减少，而且更容易发现和预测模块中的错误。

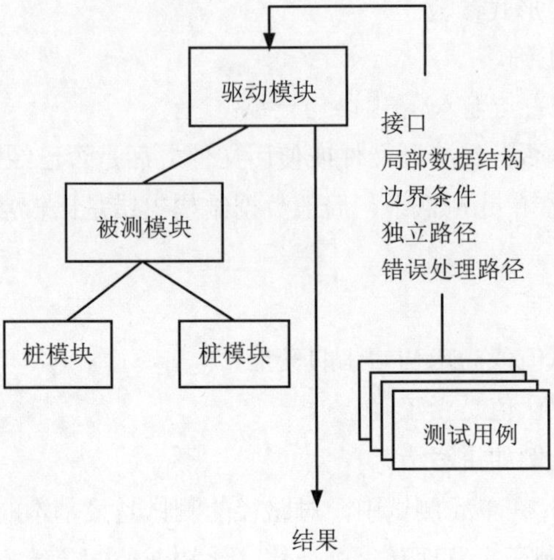

图 5-9　单元测试环境

2. 集成测试

集成测试就是把模块按系统设计说明书的要求组合起来进行测试。即使所有的模块都通过了测试，在集成之后，仍然可能出现问题：穿过模块的数据丢失；一个模块的功能对其他模块造成有害的影响；各个模块集成起来没有达到预期的功能；全局数据结构出现问题。另外，单个模块的误差可以接受，但模块组合后，可能会出现误差累积，最后累积到不能接受的程度。集成测试是构造软件体系结构的系统化技术，同时也是进行一些旨在发现与接口相关的错误的测试，其目标是利用已通过单元测试的构件建立设计中描述的程序结构。

通常，集成测试有两种方法：一种是非增量集成，分别测试各个模块，再把这些模块组合起来进行整体测试；另一种是增量集成，即以小增量的方式逐步进行构造和测试。非增量式集成可以对模块进行并行测试，能充分利用人力，并加快工程进度。但这种方法容易混乱，出现错误不容易查找和定位。增量式测试的范围一步步扩大，错误容易定位，更易于对接口进行彻底测试，并且可以运用系统化的测试方法。下面讨论一些增量集成策略。

1）自顶向下集成测试

自顶向下集成测试是一种构造软件体系结构的增量方法。模块的集成顺序为从主控模块（主程序）开始，沿着控制层次逐步向下，以深度优先或广度优先的方式将从属于（或间接从属于）主控模块的模块集成到结构中。

如图 5-10 所示，深度优先集成是首先集成位于程序结构中主控路径上的所有构件，也可以根据特定应用系统的特征进行选择。

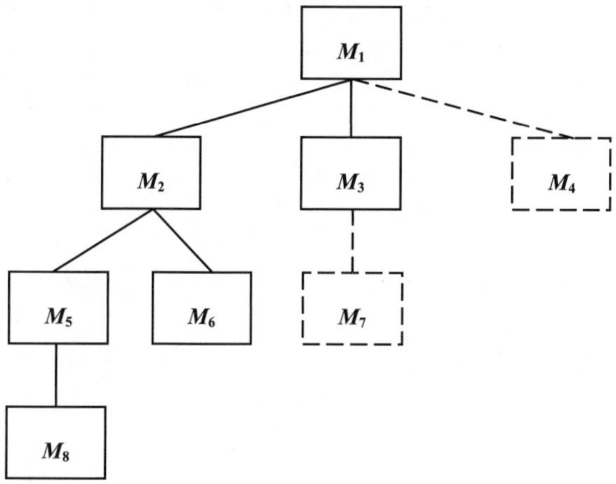

图 5-10　自顶向下集成

例如，选择最左边的路径，首先集成构件 M_1、M_2 和 M_5；其次，集成 M_8 或 M_6（若 M_2 的正常运行是必需的），然后集成中间和右边控制路径上的构件。广度优先集成首先沿着水平方向，将属于同一层的构件集成起来。例如图 5-10 中，首先将构件 M_2、M_3 和 M_4 集成起来；其次是控制成 M_5、M_6、M_7，依此类推。集成过程可以通过下列 5 个步骤完成。

（1）主控模块用作测试驱动模块，用这些从属于主控模块的所有模块代替桩模块。

（2）依靠所选择的集成方法（即深度优先或广度优先），每次用实际模块替换一个从属桩模块。

（3）在集成每个模块后都进行测试。

（4）在完成每个测试集之后，用实际模块替换另一个桩模块。

（5）可以执行回归测试，以确保没有引入新的错误。

回到第（2）步继续执行此过程，直到完成了整个程序结构的构造。

2）自底向上集成测试

自底向上集成测试就是从原子模块（程序结构的最底层构件）开始进行构造和测试。由于构件是自底向上集成的，在处理时所需要的从属于给定层次的模块总是存在的，因此，没有必要使用桩模块。自底向上集成策略可以利用以下步骤来实现。

（1）连接低层构件以构成完成特定子功能的簇。

（2）编写驱动模块（测试的控制程序）以协调测试用例的输入和输出。

（3）测试簇。

（4）去掉驱动程序，沿着程序结构向上逐步连接簇。

遵循这种模式的集成如图 5-11 所示。连接相应的构件形成簇 1、簇 2 和簇 3，利用驱动模块（图中的虚线框）对每个簇进行测试。簇 1 和簇 2 中的构件从属于模块 M_a，去掉驱动模块 D_1 和 D_2，将这两个簇直接与 M_a 相连。与之相类似，在簇 3 与 M_b 连接之前去掉驱动模块 D_3，最后将 M_a 和 M_b 与构件 M_c 连接在一起。

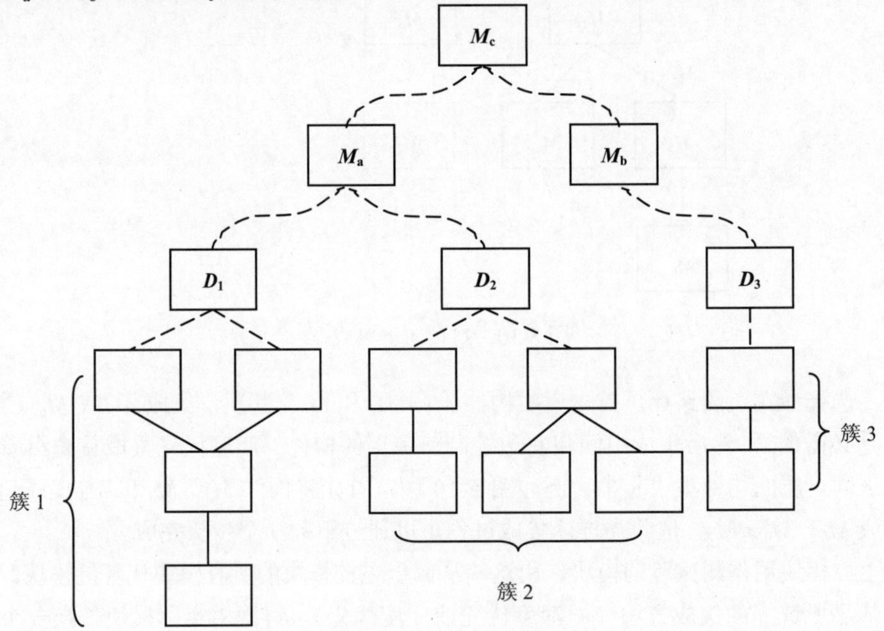

图 5-11 自底向上集成

随着集成向上进行，对单独的测试驱动模块的需求减少。事实上，若程序结构的最上两层是自顶向下集成的，驱动模块的数量可以大大减少，而且簇的集成得到明显简化。

3）回归测试

每当加入一个新模块作为集成测试的一部分时，软件发生变更，建立了新的数据流路径，可能出现新的I/O，以及调用新的控制逻辑。这些变更可能会使原来可以正常工作的功能产生问题。在集成测试策略的环境下，回归测试是重新执行已测试过的某些子集，以确保变更没有传播不期望的副作用。

回归测试有助于保证变更不引入无意识行为或额外的错误。回归测试可以手工进行，方法是重新执行所有测试用例的子集，或者利用捕捉/回放工具自动执行。捕捉/回放工具使软件工程师能够为后续的回放与比较捕捉测试用例和测试结果。回归测试要执行的测试子集包含以下 3 种测试用例。

- 能够测试软件所有功能的具有代表性的测试样本。
- 额外测试，侧重于可能会受变更影响的软件功能。
- 侧重于已发生变更的软件构件测试。

随着集成测试的进行，回归测试的数量可能变得相当庞大，因此，应将回归测试用例设计成只包括设计每个主要程序功能的一个或多个错误类的测试。一旦发生变更，对每个软件功能重新执行所有的测试是不切实际的，而且效率很低。

4）冒烟测试

当开发软件产品时，冒烟测试是一种常用的集成测试方法，是时间关键项目的决定性机制，它让软件团队频繁地对项目进行评估。本质上，冒烟测试方法包括下列活动：

（1）将已经转换为代码的软件构件集成到构建中。一个构建包括所有的数据文件、库、可复用的模块以及实现一个或多个产品功能所需的工程化构件。

（2）设计一系列测试以暴露影响构建正确的完成其功能的错误，其目的是为了发现极有可能造成项目延迟的业务阻塞错误。

（3）每天将该构建与其他构建及整个软件产品（以其当前形势）集成起来进行冒烟测试。这种集成方法可以自顶向下，也可以自底向上。

3. 确认测试

确认测试始于集成测试的结束，那时已测试完单个构件，软件已组装成完整的软件包，且接口错误已被发现和改正。在进行确认测试或系统级测试时，传统软件、面向对象软件及 WebApp 之间的差别已经消失，测试集中于用户可见的动作和用户可识别的系统输出。

1）确认测试准则

软件确认是通过一系列表明与软件需求相符合的测试而获得的。测试计划列出将要执行的测试类，测试规程定义了特定的测试用例，设计的特定测试用例用于确保满足所有的功能需求，具有所有的行为特征，所有内容都准确无误且正确显示，达到所有的性能需求，文档是正确可用的，且满足其他需求（如可移植性、兼容性、错误恢复和可维护性）。

执行每个确认测试用例之后，存在下面两种可能条件之一：①功能或性能特征符合需求规格说明，可以接受；②发现了与规格说明的偏差，创建缺陷列表。在项目的这个阶段发现的错误或偏差很难在预定的交付期之前得到改正。此时往往必须与客户进行协商，确定解决缺陷的方法。

2）配置评审

确认过程的一个重要成分是配置评审，主要是检查软件（源程序、目标程序）、文档（包括面向开发和用户的文档）和数据（程序内部的数据或程序外部的数据）是否齐全以及分类是否有序。确保文档、资料的正确和完善，以便维护阶段使用。

3）α 测试与 β 测试

当为客户开发软件时，执行一系列验收测试能使客户确认所有的需求。验收测试是由最终用户而不是软件工程师进行的，它的范围从非正式的“测试驱动”直到有计划地、系统地进行一系列测试。

若将软件开发为产品，由多个用户使用，让每个用户都进行正式的验收测试是不切实际的。多数软件开发者使用被称为 α 测试与 β 测试的过程，以期查找到似乎只有最终用户才能发现的错误。

α 测试是由有代表性的最终用户在开发者的场所进行。软件在自然的环境下使用，开发者站在用户的后面观看，并记录错误和使用问题。α 测试在受控的环境下进行。

β 测试在一个或多个最终用户场所执行。与 α 测试不同，开发者通常不在场，因此，β 测试是在不被开发者控制的环境下软件的“现场”应用。最终用户记录测试过程中遇见的所有问题（现实存在的或想象的），并定期地报告给开发者。接到 β 测试的问题报告之后，开发人员对软件进行修改，然后准备向最终用户发布软件产品。

β 测试的一种变体称为客户验收测试，有时是按照合同交付给客户时进行的。客户执行一系列的特定测试，试图在从开发者那里接收软件之前发现错误。在某些情况下（例如，大公司或政府系统），验收测试可能是非常正式的，可能会测试很多天，甚至几个星期。

4. 系统测试

系统测试是将已经确认的软件、计算机硬件、外设和网络等其他因素结合在一起，进行信息系统的各种集成测试和确认测试，其目的是通过与系统的需求相比较，发现所开发的系统与用户需求不符或矛盾的地方。

1）恢复测试

多数基于计算机的系统必须从错误中恢复并在一定的时间内重新运行。在有些情况下，系统必须是容错的，也就是说，处理错误绝不能使整个系统功能都停止。而在有些情况下，系统的错误必须在特定的时间内或严重的经济危害发生之前得到改正。

恢复测试是一种系统测试，通过各种方式强制地让系统发生故障，并验证能否按照要求从故障中恢复过来，并在约定的时间内开始事务处理，而且不对系统造成任何伤害。如果系统的恢复是自动的（由系统自动完成），需要重新验证初始化、检查点和数据恢复等是否正确。如果恢复需要人工干预，就要对恢复的平均时间进行评估并判断它是否在允许的范围内。

2）安全性测试

任何管理敏感信息或能够对个人造成不正当伤害（或带来好处）的计算机系统都是非法入侵的目标。安全性测试验证建立在系统内的保护机制是否能够实际保护系统不受非法入侵。

在安全性测试过程中，测试人员模拟非法入侵者，采用各种方法冲破防线。系统安全性设计准则是使非法入侵者所花费的代价大于攻破系统之后获取信息的价值，此时非法入侵已无利可图。

3）压力测试

压力测试要求以非正常的数量、频率或容量等方式执行系统。例如：在平均每秒出现 1～2 次中断的情况下，可以设计每秒产生 10 次中断的测试用例；将输入数据的量提高一个数量级以确定输入功能将如何反应；执行需要最大内存或其他资源的测试用例；设计可能在实际的运行系统中产生惨败的测试用例；创建可能会过多查找磁盘驻留数据的测试用例。从本质上来说，压力测试者是在试图破坏程序。

压力测试的一个变体称为敏感性测试。在一些情况下（最常见的是在数学算法中），包含在有效数据界限之内的一小部分数据可能会引起极端处理情况，甚至是错误处理或性能的急剧下降。敏感性测试试图在有效输入类中发现会引发系统不稳定或错误处理的数据组合。

4）性能测试

对于实时和嵌入式系统，提供所需功能但不符合性能需求的软件是不能接受的。性能测试用来测试软件在集成环境中的运行性能。在测试过程中的任何步骤都可以进行性能测试。即使是在单元级，也可以在执行测试时评估单个模块的性能。然而，只有当整个系统的所有成分完全集成指挥时才能确定系统的真实性能。

性能测试经常与压力测试一起进行，且常需要硬件和软件工具。也就是说，以严格的方式测量资源（例如，处理器周期）的利用往往是必要的。当有运行间歇或时间发生时，外部工具可以监测到，并可定期监测采样机的状态。通过检测系统，测试人员可以发现导致效率降低或系统故障的情形。

5）部署测试

在很多情况下，软件必须在多种平台及操作系统环境中运行。有时也将部署测试称为配置测试，是在软件将要运行的每一种环境中测试软件。另外，部署测试检查客户将要使用的所有安装程序及专业安装软件，并检查用于向最终用户介绍软件的所有文档。

5.5.3　测试面向对象软件

对于面向对象软件，测试的基本目标仍然是在现实的时间范围内利用可控的工作量找出尽可能多的错误，但是其本质特征的不同使得测试策略和技术也发生了变化。

1. 单元测试

面向对象软件中单元的概念发生了变化，封装导出了类的定义。每个类和类的实例（对象）有属性（数据）和处理这些数据的操作（函数或方法）。封装的类常是单元测试的重点，然而，类中包含的操作是最小的可测试单元。由于类中可以包含一些不同的操作，且特殊的操作可以作为不同类的一部分存在，因此，面向对象软件的类测试是由封装在该类中的操作和类的状态行为驱动的。

2. 集成测试

由于面向对象软件没有明显的层次控制结构，因此面向对象环境中的集成测试有两种策略：

（1）基于线程的测试，对响应系统的一个输入或事件所需的一组类进行集成，每个线程单独地集成和测试，并应用回归测试以确保没有产生副作用。

（2）基于使用的测试，通过测试很少使用服务类的那些类开始系统的构建。

5.5.4 测试 Web 应用

由于 WebApp 位于网络上，并与很多不同的操作系统、浏览器（位于很多不同的设备上）、硬件平台、通信协议及“暗中的”应用系统进行交互作用，错误的查找是一个重大的挑战。

为了了解 Web 工程环境中的测试目标，必须考虑 WebApp 质量的多种维度。

1. 质量维度

良好的设计应该将质量集成到 Web 应用中，通过对设计模型中的不同元素进行一系列技术评审，对质量进行评估。评估和测试都要检查下面质量维度中的一项或多项。

（1）内容。在语法及语义层对内容进行评估。在语法层，对于文本的文档进行拼写、标点及文法方面的评估；在语义层，所表示信息的正确性、整个内容对象和相关对象的一致性及清晰性都要评估。

（2）功能。对功能进行测试，以发现与客户需求不一致的错误。对于每一项 WebApp 的功能，评定其正确性、不稳定性及与相应的实现标准（例如，Java 或 AJAX 语言标准）的总体符合程度。

（3）结构。对结构进行评估，以保证它正确地表示 WebApp 的内容及功能，是可扩展的，并支持新内容、新功能的增加。

（4）可用性。对可用性进行测试，以保证接口支持各种类型的用户，各种用户都能够学会及使用所有需要的导航语法及语义。

（5）导航性。对导航性进行测试，以保证检查所有的导航语法及语义，发现任何导航错误（例如，死链接、不合适的链接、错误链接等）。

（6）性能。在各种不同的操作条件、配置及负载下对性能进行测试，以保证系统响应用户的交互并处理极端的负载情况，而且没有出现操作上不可接受的性能降低。

（7）兼容性。在客户端及服务器端，在各种不同的主机配置下通过运行 WebApp 对兼容性进行测试，目的是发现对特定主机配置的错误。

（8）安全性。对安全性进行测试，通过评定可能存在的弱点试图对每个弱点进行攻击。任何成功的突破尝试都被认为是一个安全漏洞。

2. WebApp 测试策略

WebApp 测试策略采用所有软件测试使用的基本原理，并建议使用面向对象系统使用的策略和战术。下面的步骤对此方法进行了总结。

（1）对 WebApp 的内容模型进行评审，以发现错误。

（2）对接口模型进行评审，保证适合所有的用例。

（3）评审 WebApp 的设计模型，发现导航错误。

（4）测试用户界面，发现表现机制和（或）导航机制中的错误。

（5）对功能构件进行单元测试。

（6）对贯穿体系结构的导航进行测试。

（7）在各种不同的环境配置下实现 WebApp，并测试 WebApp 对于每一种配置的兼容性。

（8）进行安全性测试，试图攻击 WebApp 或其所处环境的弱点。

（9）进行性能测试。

（10）通过可监控的最终用户群对 WebApp 进行测试，对他们与系统的交互结果进行以下方面的评估，包括内容和导航错误、可用性、兼容性以及 WebApp 的安全性、可靠性及性能等方面的评估。

5.5.5　测试方法

在软件测试过程中，应该为定义软件测试模板，即将特定的测试方法和测试用例设计放在一系列的测试步骤中。

软件测试方法分为静态测试和动态测试。

（1）静态测试。静态测试是指被测试程序不在机器上运行，而是采用人工检测和计算机辅助静态分析的手段对程序进行检测。

① 人工检测。人工检测不依靠计算机而是依靠人工审查程序或评审软件，包括代码检查、静态结构分析和代码质量度量等。

② 计算机辅助静态分析。利用静态分析工具对被测试程序进行特性分析，从程序中提取一些信息，以便检查程序逻辑的各种缺陷和可疑的程序构造。

（2）动态测试。动态测试是指通过运行程序发现错误。在对软件产品进行动态测试时可以采用黑盒测试法和白盒测试法。

测试用例由测试输入数据和与之对应的预期输出结果组成。在设计测试用例时，应当包括合理的输入条件和不合理的输入条件。

1. 黑盒测试

黑盒测试也称为功能测试，在完全不考虑软件的内部结构和特性的情况下，测试软件的外部特性。进行黑盒测试主要是为了发现以下几类错误。

（1）是否有错误的功能或遗漏的功能？

（2）界面是否有误？输入是否正确接收？输出是否正确？

（3）是否有数据结构或外部数据库访问错误？

（4）性能是否能够接受？

（5）是否有初始化或终止性错误？

常用的黑盒测试技术有等价类划分、边界值分析、错误推测和因果图等。

（1）等价类划分。等价类划分法将程序的输入域划分为若干等价类，然后从每个等价类中选取一个代表性数据作为测试用例。每一类的代表性数据在测试中的作用等价于这一类中的其他值，这样就可以用少量代表性的测试用例取得较好的测试效果。等价类划分有两种不同的情况：有效等价类和无效等价类。在设计测试用例时，要同时考虑这两种等价类。

定义等价类的原则如下。

① 在输入条件规定了取值范围或值的个数的情况下，可以定义一个有效等价类和两个无效等价类。

② 在输入条件规定了输入值的集合或规定了“必须如何”的条件的情况下，可以定义一个有效等价类和一个无效等价类。

③ 在输入条件是一个布尔量的情况下，可以定义一个有效等价类和一个无效等价类。

④ 在规定了输入数据的一组值（假定 n 个），并且程序要对每一个输入值分别处理的情况下，可以定义 n 个有效等价类和一个无效等价类。

⑤ 在规定了输入数据必须遵守的规则的情况下，可以定义一个有效等价类（符合规则）和若干个无效等价类（从不同角度违反规则）。

⑥ 在确知已划分的等价类中，各元素在程序处理中的方式不同的情况下，则应将该等价类进一步划分为更小的等价类。

定义好等价类之后，建立等价类表，并为每个等价类编号。在设计一个新的测试用例时，使其尽可能多地覆盖尚未覆盖的有效等价类，不断重复，最后使得所有有效等价类均被测试用例覆盖。然后设计一个新的测试用例，使其只覆盖一个无效等价类。

（2）边界值分析。输入的边界比中间更加容易发生错误，因此用边界值分析来补充等价类划分的测试用例设计技术。边界值划分选择等价类边界的测试用例，既注重于输入条件边界，又适用于输出域测试用例。

对边界值设计测试用例应遵循的原则如下。

① 如果输入条件规定了值的范围，则应取刚达到这个范围的边界的值，以及刚刚超越这个范围边界的值作为测试输入数据。

② 如果输入条件规定了值的个数，则用最大个数、最小个数、比最小个数少 1、比最大个数多 1 的数据作为测试数据。

③ 根据规格说明的每个输出条件使用上述两条原则。

④ 如果程序的规格说明给出的输入域或输出域是有序集合，则应选取集合的第一个元素和最后一个元素作为测试用例。

⑤ 如果程序中使用了一个内部数据结构，则应当选择这个内部数据结构边界上的值作为测试用例。

⑥ 分析规格说明，找出其他可能的边界条件。

（3）错误推测。错误推测是基于经验和直觉推测程序中所有可能存在的各种错误，从而有针对性地设计测试用例的方法。其基本思想是列举出程序中所有可能有的错误和容易发生错误的特殊情况，根据它们选择测试用例。

（4）因果图。因果图法是从自然语言描述的程序规格说明中找出因（输入条件）和果（输出或程序状态的改变），通过因果图转换为判定表。

利用因果图导出测试用例需要经过以下几个步骤。

① 分析程序规格说明的描述中哪些是原因，哪些是结果，原因常常是输入条件或是输入条件的等价类，而结果是输出条件。

② 分析程序规格说明的描述中语义的内容，并将其表示成连接各个原因与各个结果的“因果图”。

③ 标明约束条件。由于语法或环境的限制，有些原因和结果的组合情况是不可能出现的。为表明这些特定的情况，在因果图上使用若干个标准的符号标明约束条件。

④ 把因果图转换成判定表。

⑤ 为判定表中每一列表示的情况设计测试用例。

这样生成的测试用例（局部，组合关系下的）包括了所有输入数据的取“真”和取“假”的情况，构成的测试用例数据达到最少，且测试用例数据随输入数据数目的增加而增加。

2. 白盒测试

白盒测试也称为结构测试，根据程序的内部结构和逻辑来设计测试用例，对程序的路径和过程进行测试，检查是否满足设计的需要。

白盒测试常用的技术是逻辑覆盖、循环覆盖和基本路径测试。

（1）逻辑覆盖。逻辑覆盖考察用测试数据运行被测程序时对程序逻辑的覆盖程度，主要的逻辑覆盖标准有语句覆盖、判定覆盖、条件覆盖、判定/条件覆盖、条件组合覆盖和路径覆盖6种。

① 语句覆盖。语句覆盖是指选择足够的测试数据，使被测试程序中的每条语句至少执行一次。语句覆盖对程序执行逻辑的覆盖很低，因此一般认为它是很弱的逻辑覆盖。

② 判定覆盖。判定覆盖是指设计足够的测试用例，使得被测程序中的每个判定表达式至少获得一次“真”值和“假”值，或者说是程序中的每一个取“真”分支和取“假”分支至少都通过一次，因此判定覆盖也称为分支覆盖。判定覆盖要比语句覆盖更强一些。

③ 条件覆盖。条件覆盖是指构造一组测试用例，使得每一判定语句中每个逻辑条件的各种可能的值至少满足一次。

④ 判定/条件覆盖。判定/条件覆盖是指设计足够的测试用例，使得判定中每个条件的所有可能取值（真/假）至少出现一次，并使每个判定本身的判定结果（真/假）也至少出现一次。

⑤ 条件组合覆盖。条件组合覆盖是指设计足够的测试用例，使得每个判定中条件的各种可能值的组合都至少出现一次。满足条件组合覆盖的测试用例是一定满足判定覆盖、条件覆盖和判定/条件覆盖的。

⑥ 路径覆盖。路径覆盖是指覆盖被测试程序中所有可能的路径。

（2）循环覆盖。执行足够的测试用例，使得循环中的每个条件都得到验证。

（3）基本路径测试。基本路径测试法是在程序控制流图的基础上通过分析控制流图的环路复杂性，导出基本可执行路径集合，从而设计测试用例。设计出的测试用例要保证在测试中程序的每一条独立路径都执行过，即程序中的每条可执行语句至少执行一次。此外，所有条件语句的真值状态和假值状态都测试过。路径测试的起点是程序控制流图。程序控制流图中的结点代表包含一个或多个无分支的语句序列，边代表控制流。

白盒测试的原则如下。

（1）程序模块中的所有独立路径至少执行一次。

（2）在所有的逻辑判断中，取“真”和取“假”的两种情况至少都能执行一次。

（3）每个循环都应在边界条件和一般条件下各执行一次。

（4）测试程序内部数据结构的有效性等。

5.5.6 调试

调试发生在测试之后，其任务是根据测试时所发现的错误找出原因和具体的位置，进行改正。调试工作主要由程序开发人员进行，谁开发的程序就由谁来进行调试。

1. 调试过程

调试并不是测试，且总是发生在测试之后。执行测试用例，对测试结果进行评估，当期望的表现与实际表现不一致时，调试过程就开始了。在很多情况下，这种不一致的数据是隐藏在背后的某种原因所变现出来的症状。调试试图找到隐藏在症状背后的原因，从而使错误得到修正。

调试过程通常得到以下两种结果之一：发现问题的原因并将其改正；未能找到问题的原因。在后一种情况下，调试人员可以假设一个原因，设计一个或多个测试用例来帮助验证这个假设，重复此过程直到改正错误。

调试是非常困难的，这是因为在很大程度上，人类的心理比软件技术与其有更密切的关系。软件 Bug 的以下特征为开发者进行调试提供了一些线索。

（1）症状与原因出现的地方可能相隔很远。也就是说，症状可能在程序的一个地方出现，而原因实际上可能在很远的另一个地方。高度耦合的构件加剧了这种情况的发生。

（2）症状可能在另一个错误被改正时（暂时）消失。

（3）症状实际上可能是由非错误因素（例如，舍入误差）引起的。

（4）症状可能是由不易追踪的人为错误引起的。

（5）症状可能是有计时问题而不是处理问题引起的。

（6）重新产生完全一样的输入条件是困难的（例如，输入顺序不确定的实时应用系统）。

（7）症状可能时有时无，这在软/硬件耦合的嵌入式系统中尤为常见。

（8）症状可能是由分布运行在不同处理器上的很多任务引起的。

2. 调试方法

目前，常用的调试方法有以下几种。

1）试探法

调试人员分析错误的症状，猜测问题所在的位置，利用在程序中设置输出语句，分析寄存器、存储器的内容等手段获得错误的线索，一步步地试探和分析出错误所在。这种方法效率很低，适合于结构比较简单的程序。

2）回溯法

调试人员从发现错误症状的位置开始，人工沿着程序的控制流程往回跟踪代码，直到找出错误根源为止。这种方法适合于小型程序，对于大规模程序，由于其需要回溯的路径太多而变得不可操作。

3）对分查找法

这种方法主要用来缩小错误的范围，如果已经知道程序中的变量在若干位置的正确取值，可以在这些位置上给这些变量以正确值，观察程序运行的输出结果，如果没有发现问题，则说明从赋予变量一个正确值开始到输出结果之间的程序没有错误，问题可能在除此之外的程序中。否则错误就在所考察的这部分程序中，对含有错误的程序段再使用这种方法，直到把故障范围缩小到比较容易诊断为止。

4）归纳法

归纳法就是从测试所暴露的问题出发，收集所有正确或不正确的数据，分析它们之间的关系，提出假想的错误原因，用这些数据来证明或反驳，从而查出错误所在。

5）演绎法

演绎法根据测试结果，列出所有可能的错误原因；分析已有的数据，排除不可能和彼此矛盾的原因；对其余的原因，选择可能性最大的，利用已有的数据完善该假设，使假设更具体；用假设来解释所有的原始测试结果，如果能解释这一切，则假设得以证实，也就找出错误，否则，要么是假设不完备或不成立，要么有多个错误同时存在，需要重新分析，提出新的假设，直到发现错误为止。

5.6 运行和维护知识

5.6.1 系统转换

在进行新旧系统转换以前，首先要进行新系统的试运行。在系统测试、调试中，使用的是系统测试数据，有些实际运行中可能出现的问题很难通过这些数据被发现。所以，一个系统开发后，让它实际运行一段时间，是对系统最好的检验和测试方法。

系统试运行阶段的主要工作如下。

（1）对系统进行初始化、输入各种原始数据记录。

（2）记录系统运行的数据和状况。

（3）核对新系统输出和旧系统（人工或计算机系统）输出的结果。

（4）对实际系统的输入方式进行考察（是否方便、效率如何、安全可靠性、误操作保护等）。

（5）对系统实际运行、响应速度（包括运算速度、传递速度、查询速度和输出速度等）进行实际测试。

新系统试运行成功之后，就可以在新系统和旧系统之间互相转换。新旧系统之间的转换方式有直接转换、并行转换和分段转换。

（1）直接转换。直接转换就是在确定新系统运行无误时立刻启用新系统，终止旧系统运行。这种方式很节省人员、设备费用。这种方式一般适用于一些处理过程不太复杂、数据不太重要的场合。

（2）并行转换。这种转换方式是新旧系统并行工作一段时间，经过一段时间的考验以后，新系统正式替代旧系统。对于较复杂的大型系统，它提供了一个与旧系统运行结果进行比较的机会，可以对新旧两个系统的时间要求、出错次数和工作效率给予公正的评价。当然，由于与旧系统并行工作，消除了尚未认识新系统之前的紧张和不安。在银行、财务和一些企业的核心系统中，这是一种经常使用的转换方式。它的主要特点是安全、可靠，但费用和工作量都很大，因为在相当长的时间内系统要新、旧两套并行工作。

（3）分段转换。分段转换又称逐步转换、向导转换、试点过渡法等。这种转换方式实际上是以上两种转换方式的结合。在新系统全部正式运行前，一部分一部分地代替旧系统。那些在转换过程中还没有正式运行的部分，可以在一个模拟环境中继续试运行。这种方式既保证了可靠性，又不至于费用太大。但是，这种分段转换要求子系统之间有一定的独立性，对系统的设计和实现都有一定的要求，否则无法实现这种分段转换的设想。

在实际工作中，转换方法较为灵活。一个信息系统从使用到成熟再到提高，是一个比较长的过程。只有遵循数据处理的阶段性，信息系统才能健康发展。现以一个连锁企业开始实施新系统为例进行介绍。

（1）初始阶段。企业首先为应用系统做基本资料的准备，进行总部、“配送”核心系统的实施。

（2）推广阶段。总部、“配送”系统稳定后，先从 1～2 家门店试点开始，以门店核心模块为主，完成门店与总部的信息交换、物流过程。然后再逐步推广门店系统，直到完成所有门店的联网工作。

（3）控制阶段。所有门店联网完成后，进行准确、及时的基本数据采集和调整工作。

（4）集成阶段。考虑自动补货、自动配货、财务接口等高级模块应用的工作。

（5）管理阶段。进入数据的全面启用和介入管理决策。最后，系统步入成熟阶段。

实际上，每个企业在不同阶段的发展过程中对具体问题的解决方法是不同的，随时都会进行以上阶段的周期重复，随着每次重复时起点的不断升高，整个企业的数据应用水平也就随之逐步提高了。

5.6.2 系统维护概述

软件维护是软件生命周期中的最后一个阶段，处于系统投入生产性运行以后的时期中，因此不属于系统开发过程。软件维护是在软件已经交付使用之后为了改正错误或满足新的需求而修改软件的过程，即软件在交付使用后对软件所做的一切改动。

1. 系统可维护性概念

系统的可维护性可以定义为维护人员理解、改正、改动和改进这个软件的难易程度。提高可维护性是开发软件系统所有步骤的关键目的，系统是否能被很好地维护，可以用系统的可维护性这一指标来衡量。

1）系统可维护性的评价指标

（1）可理解性。指别人能理解系统的结构、界面、功能和内部过程的难易程度。模块化、详细设计文档、结构化设计和良好的高级程序设计语言等都有助于提高可理解性。

（2）可测试性。诊断和测试的容易程度取决于易理解的程度。好的文档资料有利于诊断和测试，同时，程序的结构、高性能的测试工具以及周密计划的测试工序也是至关重要的。为此，开发人员在系统设计和编程阶段就应尽力把程序设计成易诊断和测试的。此外，在进行系统维护时，应该充分利用在系统测试阶段保存下来的测试用例。

（3）可修改性。诊断和测试的容易程度与系统设计所制定的设计原则有直接关系。模块的耦合、内聚、作用范围与控制范围的关系等都对可修改性有影响。

2）维护与软件文档

文档是软件可维护性的决定因素。由于长期使用的大型软件系统在使用过程中必然会经受多次修改，所以文档显得非常重要。

软件系统的文档可以分为用户文档和系统文档两类。用户文档主要描述系统功能和使用方法，并不关心这些功能是怎样实现的；系统文档描述系统设计、实现和测试等各方面的内容。

可维护性是所有软件都应具有的基本特点，必须在开发阶段保证软件具有可维护的特点。在软件工程的每一个阶段都应考虑并提高软件的可维护性，在每个阶段结束前的技术审查和管理复查中应该着重对可维护性进行复审。

在系统分析阶段的复审过程中，应该对将来要改进的部分和可能会修改的部分加以注解并指明，并且指出软件的可移植性问题以及可能影响软件维护的系统界面；在系统设计阶段的复审期间，应该从容易修改、模块化和功能独立的目的出发，评价软件的结构和过程；在系统实施阶段的复审期间，代码复审应该强调编码风格和内部说明文档这两个影响可维护性的因素。在完成了每项维护工作之后，都应该对软件维护本身进行认真的复审。

3）软件文档的修改

维护应该针对整个软件配置，不应该只修改源程序代码。如果对源程序代码的修改没有反映在设计文档或用户手册中，可能会产生严重的后果。每当对数据、软件结构、模块过程或任何其他有关的软件特点作了改动时，必须立即修改相应的技术文档。不能准确反映软件当前状态的设计文档可能比完全没有文档更坏。在以后的维护工作中，用户很可能因文档不完全符合实际而不能正确地理解软件，从而在维护中引入过多的错误。

2. 系统维护的内容及类型

系统维护主要包括硬件维护、软件维护和数据维护。

1）硬件维护

硬件维护应由专职的硬件维护人员来负责，主要有两种类型的维护活动：一种是定期的设备保养性维护，保养周期可以是一周或一个月不等，维护的主要内容是进行例行的设备检查与保养，易耗品的更换与安装等；另一种是突发性的故障维护，即当设备出现突发性故障时，由专职的维修人员或请厂方的技术人员来排除故障，这种维修活动所花的时间不能过长，以免影响系统的正常运行。

2）软件维护

软件维护主要是指根据需求变化或硬件环境的变化对应用程序进行部分或全部修改。修改时应充分利用源程序，修改后要填写程序修改登记表，并在程序变更通知书上写明新旧程序的不同之处。

软件维护的内容一般有以下几个方面。

（1）正确性维护。正确性维护是指改正在系统开发阶段已发生而系统测试阶段尚未发现的错误。这方面的维护工作量要占整个维护工作量的 17%～21%。所发现的错误有的不太重要，不影响系统的正常运行，其维护工作可随时进行；而有的错误非常重要，甚至会影响整个系统的正常运行，其维护工作必须制订计划，进行修改，并且要进行复查和控制。

（2）适应性维护。适应性维护是指使应用软件适应信息技术变化和管理需求变化而进行的修改。这方面的维护工作量占整个维护工作量的 18%～25%。由于目前计算机硬件价格不断下降，各类系统软件层出不穷，人们常常为改善系统硬件环境和运行环境而产生系统更新换代的需求；企业的外部市场环境和管理需求的不断变化也使得各级管理人员不断提出新的信息需求。这些因素都将导致适应性维护工作的产生。进行这方面的维护工作也要像系统开发一样，有计划、有步骤地进行。

（3）完善性维护。这是为扩充功能和改善性能而进行的修改，主要是指对已有的软件系统增加一些在系统分析和设计阶段中没有规定的功能与性能特征。这些功能对完善系统功能是非常必要的。另外，它还包括对处理效率和编写程序的改进，这方面的维护占整个维护工作的 50%～60%，比重较大，也是关系到系统开发质量的重要方面。这方面的维护除了要有计划、有步骤地完成外，还要注意将相关的文档资料加入到前面相应的文档中。

（4）预防性维护。为了改进应用软件的可靠性和可维护性，为了适应未来的软/硬件环境的变化，应主动增加预防性的新的功能，以使应用系统适应各类变化而不被淘汰。例如将专用报表功能改成通用报表生成功能，以适应将来报表格式的变化。这方面的维护工作量占整个维护工作量的 4%左右。

3）数据维护

数据维护工作主要是由数据库管理员来负责，主要负责数据库的安全性和完整性以及进行并发性控制。数据库管理员还要负责维护数据库中的数据，当数据库中的数据类型、长度等发生变化时，或者需要添加某个数据项、数据库时，要负责修改相关的数据库、数据字典，并通知有关人员。另外，数据库管理员还要负责定期出版数据字典文件及一些其他数据管理文件，以保留系统运行和修改的轨迹。当系统出现硬件故障并得到排除后，要负责数据库的恢复工作。

数据维护中还有一项很重要的内容，那就是代码维护。不过代码维护发生的频率相对较小。代码的维护应由代码管理小组进行。变更代码应经过详细讨论，确定之后要用书面形式贯彻。代码维护的困难往往不在于代码本身的变更，而在于新代码的贯彻。为此，除了成立专门的代码管理小组外，各业务部门要指定专人进行代码管理，通过他们贯彻使用新代码。这样做的目的是要明确管理职责，有助于防止和更正错误。

3. 系统维护的管理和步骤

需要强调的是，系统的修改往往会“牵一发而动全身”。程序、文件、代码的局部修改都可能影响系统的其他部分。因此，系统的维护工作应有计划、有步骤地统筹安排，按照维护任务的工作范围、严重程度等诸多因素确定优先顺序，制订出合理的维护计划，然后通过一定的批准手续实施对系统的修改和维护。

通常，对系统的维护应执行以下步骤。

（1）提出维护或修改要求。操作人员或业务领导用书面形式向系统维护工作的主管人员提出对某项工作的修改要求。这种修改要求一般不能直接向程序员提出。

（2）领导审查并做出答复，如同意修改则列入维护计划。系统主管人员进行一定的调查后，根据系统的情况和工作人员的情况，考虑这种修改是否必要、是否可行，做出是否修改、何时修改的答复。如果需要修改，则根据优先程度的不同列入系统维护计划。计划的内容应包括维护工作的范围、所需资源、确认的需求、维护费用、维护进度安排以及验收标准等。

（3）领导分配任务，维护人员执行修改。系统主管人员按照计划向有关的维护人员下达任务，说明修改的内容、要求和期限。维护人员在仔细了解原系统的设计和开发思路的情况下对系统进行修改。

（4）验收维护成果并登记修改信息。系统主管人员组织技术人员对修改部分进行测试和验收。验收通过后，将修改的部分嵌入系统，取代旧的部分。维护人员登记所做的修改，更新相关的文档，并将新系统作为新的版本通报用户和操作人员，指明新的功能和修改的地方。

在进行系统维护过程中，还要注意维护的副作用。维护的副作用包括两个方面：一是修改程序代码有时会发生灾难性的错误，造成原来运行比较正常的系统变得不能正常运行。为了避免这类错误，要在修改工作完成后进行测试，直到确认和复查无错为止。二是修改数据库中数据的副作用，当一些数据库中的数据发生变化时可能导致某些应用软件不再适应这些已经变化了的数据而产生错误。为了避免这类错误，一是要有严格的数据描述文件，即数据字典系统；二是要严格记录这些修改并进行修改后的测试工作。

总之，系统维护工作是信息系统运行阶段的重要工作内容，必须予以充分的重视。维护工作做得好，信息系统的作用才能够得以充分发挥，信息系统的寿命也就越长。

5.6.3　系统评价

1. 系统评价概述

信息系统的评价分为广义和狭义两种。广义的信息系统评价是指从系统开发的一开始到结束的每一阶段都需要进行评价。狭义的信息系统评价则是指在系统建成并投入运行之后所进行的全面、综合的评价。

按评价的时间与信息系统所处的阶段的关系又可从总体上把广义的信息系统评价分成立项评价、中期评价和结项评价。

（1）立项评价。立项评价指信息系统方案在系统开发前的预评价，即系统规划阶段中的可行性研究。评价的目的是决定是否立项进行开发，评价的内容是分析当前开发新系统的条件是否具备，明确新系统目标实现的重要性和可能性，主要包括技术上的可行性、经济上的可行性、管理上的可行性和开发环境的可行性等方面。由于事前评价所用的参数大多是不确定的，所以评价的结论具有一定的风险性。

（2）中期评价。项目中期评价包含两种含义，一是指项目方案在实施过程中因外部环境出现重大变化（例如市场需求变化、竞争性技术或更完美的替代系统出现，或者发现原先的设计有重大失误等）需要对项目的方案进行重新评估，以决定是继续执行还是终止该方案；另一种含义也可称为阶段评估，是指在信息系统开发正常的情况下，对系统设计、系统分析、系统实施阶段的阶段性成果进行评估。由于一般都将阶段性成果的提交视为信息系统建设的里程碑，所以，阶段评估又可称为里程碑式评价。

（3）结项评价。信息系统的建设是一个项目，是项目就需要有终结时间。结项评价是指项目准备结束时对系统的评价，一般是指在信息系统投入正式运行以后，为了了解系统是否达到预期的目的和要求而对系统运行的实际效果进行的综合评价。所以，结项评价又是狭义的信息系统评价。信息系统项目的鉴定是结项评价的一种正规的形式。结项评价的主要内容包括系统性能评价、系统的经济效益评价以及企业管理效率提高、管理水平改善、管理人员劳动强度减轻等间接效果。通过结项评价，用户可以了解系统的质量和效果，检查系统是否符合预期的目的和要求；开发人员可以总结开发工作的经验、教训，这对今后的工作十分有益。

在对信息系统进行评价考核时，应该注意以下几个问题。

（1）信息系统通过基本资料输入、进货、订货、盘点和零售等各个环节采集进来，其中任何一个环节的数据输入出现问题，都将导致最终报表的不准确，而报表不准确就意味着企业决策者无法根据报表决定企业的运作，更谈不上数据分析和决策支持了。这也是目前大部分使用了信息系统的企业普遍存在的问题。究竟是什么原因导致了数据采集的不准确呢？一些企业错误地将数据准确性作为考核信息部的一个指标，其实数据不准确更多的源于管理上存在的问题，正因为数据源头非常多，所造成的数据不一致的问题不是信息部都能解决的，最终数据采集的成败将由最高管理层对数据采集各环节的管理力度所决定，而数据采集的成败又将最终决定整个信息系统应用的成败。

（2）信息系统并不是万能系统。在系统应用的过程中，有些问题是信息系统擅长解决的，如大量的、重复的、规范性的事务处理；而有些问题是信息系统不擅长解决的，如特殊的、偶然的、不规范的经营管理内容。让信息系统做不擅长的工作，势必在应用的过程中投入的管理成本远远大于它所产生的效益。对于这种灵活、多变的情况，不妨采用人工处理或通过制度的限制，尽量避免不规范的行为频繁发生，从而真正实现企业简单复制、快速扩张、规模效益的目的。

2. 系统评价的指标

从以下几方面综合考虑，建立起一套指标体系理论框架。

（1）从信息系统的组成部分出发，信息系统是一个由人机共同组成的系统，所以可以按照运行效果和用户需求（人）、系统质量和技术条件（机）这两条线索构造指标。

（2）从信息系统的评价对象出发，对于开发方来说，他们所关心的是系统质量和技术水平；对于用户方而言，关心的是用户需求和运行质量；系统外部环境则主要通过社会效益指标来反映。

（3）从经济学角度出发，分别按系统成本、系统效益和财务指标 3 条线索建立指标。

5.7 软件项目管理

在经历了软件危机和大量的软件项目失败以后，人们对软件工程产业的现状进行了多次的分析，得出了普遍性的结论：软件项目成功率非常低的原因可能就是项目管理能力太弱。由于软件本身的特殊性及复杂性，将项目管理思想引入软件工程领域，就形成了软件项目管理。软件项目管理是指软件生存周期中软件管理者所进行的一系列活动，其目的是在一定的时间和预设范围内有效地利用人力、资源、技术和工具，使软件系统或软件产品按原定计划和质量要求如期完成。

5.7.1 软件项目管理涉及的范围

有效的软件项目管理集中在 4 个 P 上，即人员（Person）、产品（Product）、过程（Procedure）和项目（Project）。

1. 人员

人员是软件工程项目的基本要素和关键因素，在对人员进行组织时，有必要考虑参与软件过程（及每一个软件项目）的人员类型。一般来说，可以分为以下 5 类。

1）项目管理人员

项目管理人员负责软件项目的管理工作，其负责人通常称为项目经理。项目经理除了要求掌握相应的软件开发技术外，更多的应具备管理人员应有的技能。项目经理的任务就是要对项目进行全面的管理，具体表现在对项目目标要有一个全局的观点，制订项目计划，监控项目进展，控制反馈，组建团队，在不确定环境下对不确定问题进行决策，在必要的时候进行谈判并解决冲突。

2）高级管理人员

高级管理人员可以是领域专家，负责提出项目的目标并对业务问题进行定义，这类业务问题经常会对项目产生较大的影响。

3）开发人员

这类人员常常掌握了开发一个产品或应用所需的专门技术，可胜任需求分析、设计、编码、测试、发布等各种相关的开发岗位。

4）客户

客户是一组可说明待开发软件的需求的人，也包括与项目目标有关的其他风险承担者。

5）最终用户

产品或应用提交后，那些与产品/应用进行交互的人称为最终用户。

软件项目的组织称为软件项目组，每一个软件项目组都有上述的人员参与，项目组的组织必须最大限度地发挥每个人的技术和能力。

2. 产品

在进行项目计划之前，应该首先进行项目定义，也就是定义项目范围，其中包括建立产品的目的和范围、可选的解决方案、技术或管理的约束等。

软件开发者和客户必须一起定义产品的目的和范围。一般情况下，该活动作为系统工程或业务过程工程的一部分，持续到软件需求分析阶段的前期。其目的是从客户的角度定义该产品的总体目标，但不必考虑这些目标如何实现。软件范围定义了与软件产品相关的数据、功能和行为及相关的约束。

软件范围是通过回答下列问题来定义的。

1）项目环境

要开发的软件如何适应于大型的系统、产品或业务环境，该环境下要施加什么约束？

2）信息目标

软件要产生哪些客户可见的数据对象作为输出？需要什么数据对象作为输入？

3）功能和性能

软件要执行什么功能才能将输入数据变换成输出数据？软件需要满足什么特殊的性能要求？

软件项目范围必须是无二义的和可理解的，为控制其复杂性，必要时还需对问题进行分解。

3. 过程

传统的项目管理有大项目、项目、活动、工作包、工作单元等多种分解层次，对于软件项目来说，强调的是对其进行过程控制，通常将项目分解为任务、子任务等，其分解准则是基于软件工程的过程。

软件过程提供了一个项目团队要选择一个适合于待开发软件的过程模型（软件过程模型详见 4.2 节）。项目团队必须决定哪种过程模型最适合于：需要该产品的客户和从事开发工作的人员；产品本身的特性；软件团队所处的项目工作环境。在选定过程模型后，项目团队可以基于这组过程框架活动来制订一个初步的项目计划。一旦确定了初步计划，过程分解就开始了，也就是说，必须制订一个完整的计划来反映框架活动中所需完成的工作任务。

4. 项目

进行有计划和可控制的软件项目是管理复杂性的一种方式。Reel 提出了包含如下 5 个部分常识的软件项目方法。

1）明确目标及过程

充分理解待解决的问题，明确定义项目目标及软件范围，为项目小组及活动设置明确、现实的目标，并充分发挥相关小组的自主性。

2）保持动力

为了维持动力，项目管理者必须提供激励措施以保持人员变动为绝对最小量。小组应该强调所完成的每个任务的质量，而高层的管理应该尽量不干涉项目小组的工作方式。

3）跟踪进展

针对每个软件项目，当每个任务的工作制品（如规约、源代码、测试用例集合等）作为质量保证活动的一部分而被批准（通过正式的技术评审）时，对其进展进行跟踪，并对软件过程和项目进行测量。

4）做出明智的决策

在本质上，项目管理者和软件小组的决策应该“保持其简单”。只要有可能，就使用商用成品软件或现有的软件构件或模式，可以采用标准方法时避免定制接口，识别并避免显而易见的风险，以及分配比你认为的时间更多的时间来完成复杂或有风险的任务。

5）进行事后分析

建立统一的机制，从每个项目中获取可学习的经验。评估计划的进度和实际的进度，收集和分析软件项目度量数据，从团队成员和客户处获取反馈，并记录所有的发现。

5.7.2 软件项目估算

软件项目估算涉及人、技术、环境等多种因素，因此很难在项目完成前准确地估算出开发软件所需的成本、持续时间和工作量。因此，需要一些方法和技术来支持项目的估算，常用的估算方法有下列 3 种。

（1）基于已经完成的类似项目进行估算。这是一种常用的也是有效的估算方法。

（2）基于分解技术进行估算。分解技术包括问题分解和过程分解。问题分解是将一个复杂问题分解成若干个小问题，通过对小问题的估算得到复杂问题的估算。过程分解是指先根据软件开发过程中的活动（分析、设计、编码、测试等）进行估算，然后得到整个项目的估算值。

（3）基于经验估算模型的估算。典型的经验估算模型有 IBM 估算模型、COCOMO 模型和 Putnam 模型。

上述方法可以组合使用，以提高估算的精度。

1. 成本估算方法

1）自顶向下估算方法

估算人员参照以前完成的项目所耗费的总成本（或总工作量）来推算将要开发的软件的总成本（或总工作量），然后把它们按阶段、步骤和工作单元进行分配，这种方法称为自顶向下估算方法。

自顶向下估算方法的主要优点是对系统级工作的重视，所以估算中不会遗漏诸如集成、配置管理之类的系统级事务的成本估算，且估算工作量小、速度快。它的缺点是往往不清楚低级别上的技术性困难问题，而这些困难将会使成本上升。

2）自底向上估算方法

自底向上估算方法是将待开发的软件细分，分别估算每一个子任务所需要的开发工作量，然后将它们加起来，得到软件的总开发量。这种方法的优点是将每一部分的估算工作交给负责该部分工作的人来做，所以估算较为准确。其缺点是估算往往缺少各项子任务之间相互联系所需要的工作量和与软件开发有关的系统级工作量，所以估算往往偏低。

3）差别估算方法

差别估算方法的思想是将待开发项目与一个或多个已完成的类似项目进行比较，找出与某个相似项目的若干不同之处，并估算每个不同之处对成本的影响，导出待开发项目的总成本。该方法的优点是可以提高估算的准确度，缺点是不容易明确“差别”的界限。

4）其他估算方法

除了以上方法之外，还有专家估算法、类推估算法和算式估算法等。

（1）专家估算法。该方法依靠一个或多个专家对要求的项目做出估算，其精确性取决于专家对估算项目的定性参数的了解和他们的经验。

（2）类推估算法。在自顶向下的方法中，它是将估算项目的总体参数与类似项目进行直接比较得到结果；在自底向上方法中，类推是在两个具有相似条件的工作单元之间进行。

（3）算式估算法。专家估算法和类推估算法的缺点在于它们依靠带有一定盲目性和主观性的猜测对项目进行估算。算式估算法则是企图避免主观因素的影响，用于估算的方法有两种基本类型：由理论导出和由经验导出。

2. COCOMO 估算模型

COCOMO 模型是一种精确的、易于使用的成本估算模型。COCOMO 模型按其详细程度分为基本 COCOMO 模型、中级 COCOMO 模型和详细 COCOMO 模型。

1）基本 COCOMO 模型

基本 COCOMO 模型是一个静态单变量模型，用于对整个软件系统进行估算。其公式如下：

$$E = a(L)^b$$
$$D = cE^d$$

其中，E 表示工作量，单位是人月；D 表示开发时间，单位是月；L 是项目的源代码行估计值，不包括程序中的注释及文档，其单位是千行代码；a、b、c、d 是常数。

基本 COCOMO 模型可通过估算代码行的值 L，然后计算开发工作量和开发时间的估算值。

2）中级 COCOMO 模型

中级 COCOMO 模型是一个静态多变量模型，它将软件系统模型分为系统和部件两个层次，系统由部件构成，它把软件开发所需的人力（成本）看作是程序大小和一系列“成本驱动属性”的函数。

中级 COCOMO 模型以基本 COCOMO 模型为基础，并考虑了 15 种影响软件工作量的因素，通过工作量调节因子（EAF）修正对工作量的估算，从而使估算更合理。其公式如下：

$$E = a(L)^b\text{EAF}$$

其中，L 是软件产品的目标代码行数，单位是千行代码数；a、b 是常数。

3）详细 COCOMO 模型

它将软件系统模型分为系统、子系统和模块 3 个层次，除包括中级模型所考虑的因素外，还考虑了在需求分析、软件设计等每一步的成本驱动属性的影响。

3. COCOMOII 模型

最初的 COCOMO 模型是得到产业界最广泛应用和讨论的软件成本估算模型之一，现在它已经演化成更全面的估算模型，称为 COCOMOII。和其前身一样，COCOMOII 也是一种层次结构的估算模型，被分为 3 个阶段性模型。

（1）应用组装模型。在软件工程的前期阶段使用，这时用户界面的原型开发、对软件和系统交互的考虑、性能的评估以及技术成熟度的评价是最重要的。

（2）早期设计阶段模型。在需求已经稳定并且基本的软件体系结构已经建立时使用。

（3）体系结构阶段模型。在软件的构造过程中使用。

和所有的软件估算模型一样，COCOMOII 模型也需要使用规模估算信息，在模型层次结构中有 3 种不同的规模估算选择：对象点、功能点和代码行。应用组装模型使用的是对象点；早期设计阶段模型使用的是功能点，功能点可以转换为代码行。

对象点也是一种间接的软件测量。计算对象点时使用如下的计数值：（用户界面的）屏幕书；报表数；构造应用系统可能需要的构件数。

4. Putnam 估算模型

Putnam 模型是一种动态多变量模型，它是假设在软件开发的整个生存周期中工作量有特定的分布。

根据一些大型软件项目（30 人年以上）的工作量分布情况，推导出软件项目在软件生存周期各阶段的工作量分布。根据该曲线给出代码行数、工作量和开发时间之间的关系，如下所示：

$$L = C_k E^{1/3} t_d^{4/3}$$

其中，L 表示源程序代码行数（LOC）；

t_d 表示开发持续时间（年）；

E 是包括软件开发和维护在整个生存期所花费的工作量（人年）；

C_k 表示技术状态常数，其值依赖于开发环境，如表 5-1 所示。

表 5-1　技术状态常数 C_k 的取值

C_k 的典型值	开发环境	开发环境举例
2000	差	没有软件开发方法学的支持，缺少文档和评审，采用批处理方式
8000	一般	有软件开发方法学的支持，有适宜的文档和评审，采用交互式处理方式
11000	较好	采用 CASE 工具和集成化 CASE 环境

5.7.3　进度管理

软件项目进度管理的目的是确保软件项目在规定的时间内按期完成。一个软件项目通常可以分成多个子项目和任务，这些任务之间存在一定的关系。有些任务可并行开发，有些任务必须在另一些任务完成后才能进行。完成每个任务都需要一定的资源，包括人、时间等，项目管理者的任务就是定义所有的项目任务以及它们之间的依赖关系，制订项目的进度安排，规划每个任务所需的工作量和持续时间，并在项目开发过程中不断跟踪项目的执行情况，发现那些未按计划进度完成的任务对整个项目工期的影响，并及时进行调整。

软件开发项目的进度安排有如下两种方式：系统最终交付日期已经确定，软件开发部门必须在规定期限内完成；系统最终交付日期只确定了大致的年限，最后交付日期由软件开发部门确定。

1. 进度管理的基本原则

指导软件进度安排的基本原则如下。

（1）划分。项目必须被划分成若干可以管理的活动和任务。为了实现项目的划分，对于产品和过程都需要进行分解。

（2）相互依赖性。划分后的各个活动或任务之间的相互依赖关系必须是明确的。有些任务必须按顺序出现，而有些任务则可以并发进行。有些活动只有在其他活动产生的工作产品完成后才能够开始，而有些则可以独立进行。

（3）时间分配。必须为每个被调度的任务分配一定数量的工作单位（如若干人天的工作量）。此外，必须为每个任务制定开始和结束日期。任务的开始日期和结束日期取决于任务之间的相互依赖性以及工作方式。

（4）工作量确认。每个项目都有预定数量的人员参与。在进行时间分配时，项目管理者必须确保在任意时段中分配的人员数量不会超过项目团队中的总人数。

（5）确定责任。安排了进度计划的每个任务都应该指定特定的团队成员来负责。

（6）明确输出结果。安排了进度计划的每个任务都应该有一个明确的输出结果。对于软件项目而言，输出结果通常是一个工作产品（例如一个模块的设计）或某个工作产品的一部分。通常，可以将多个工作产品组合成可交付产品。

（7）确定里程碑。每个任务或任务组都应该与一个项目里程碑相关联。当一个或多个工作产品经过质量评审并且得到认可时，标志着一个里程碑的完成。

2. 进度安排

为监控软件项目的进度计划和工作的实际进展情况，表示各项任务之间进度的相互依赖关系，需要采用图示的方法。在图中明确标明如下内容。

（1）各个任务的计划开始时间和完成时间。

（2）各个任务的完成标志。

（3）各个任务与参与工作的人数，各个任务与工作量之间的衔接情况。

（4）完成各个任务所需的物理资源和数据资源。

进度安排的常用图形描述方法有 Gantt 图（甘特图）和项目计划评审技术（Program Evaluation & Review Technique，PERT）图。

1）Gantt 图

Gantt 图是一种简单的水平条形图，它以日历为基准描述项目任务。水平轴表示日历时间线（如时、天、周、月和年等），每个条形表示一个任务，任务名称垂直地列在左边的列中，图中水平条的起点和终点对应水平轴上的时间，分别表示该任务的开始时间和结束时间，水平条的长度表示完成该任务所持续的时间。当日历中同一时段存在多个水平条时，表示任务之间的并发。图 5-12 所示的 Gantt 图描述了 3 个任务的进度安排。任务 1 首先开始，完成它需要 6 个月时间；任务 2 在 1 个月后开始，完成它需要 9 个月时间；任务 3 在 6 个月后开始，完成它需要 5 个月时间。

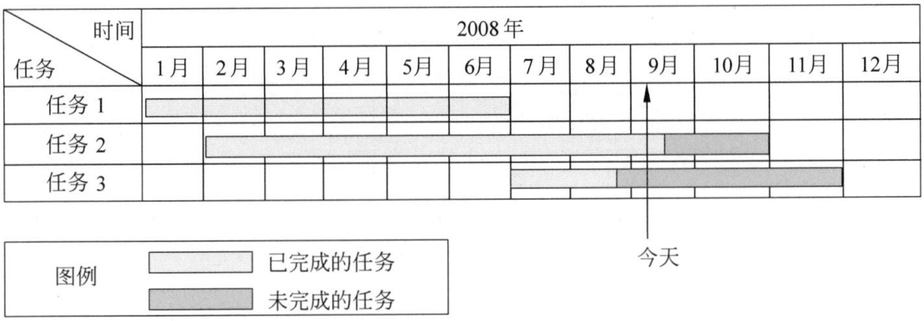

图 5-12　Gantt 图实例

Gantt 图能清晰地描述每个任务从何时开始，到何时结束，任务的进展情况以及各个任务之间的并行性。但是它不能清晰地反映出各任务之间的依赖关系，难以确定整个项目的关键所在，也不能反映计划中有潜力的部分。

2）PERT 图

PERT 图是一个有向图，图中的箭头表示任务，它可以标上完成该任务所需的时间。图中的结点表示流入结点的任务的结束，并开始流出结点的任务，这里把结点称为事件。只有当流入该结点的所有任务都结束时，结点所表示的事件才出现，流出结点的任务才可以开始。事件本身不消耗时间和资源，它仅表示某个时间点。一个事件有一个事件号和出现该事件的最早时刻和最迟时刻。最早时刻表示在此时刻之前从该事件出发的任务不可能开始；最迟时刻表示从该事件出发的任务必须在此时刻之前开始，否则整个工程就不能如期完成。每个任务还可以有一个松弛时间（Slack Time），表示在不影响整个工期的前提下完成该任务有多少机动余地。为了表示任务间的关系，在图中还可以加入一些空任务（用虚线箭头表示），完成空任务的时间为 0。

图 5-13 是 PERT 图的一个实例。不难看出，该图中松弛时间为 0 的这些任务是完成整个工程的关键路径，其事件流为 1→2→3→4→6→8→10→11。

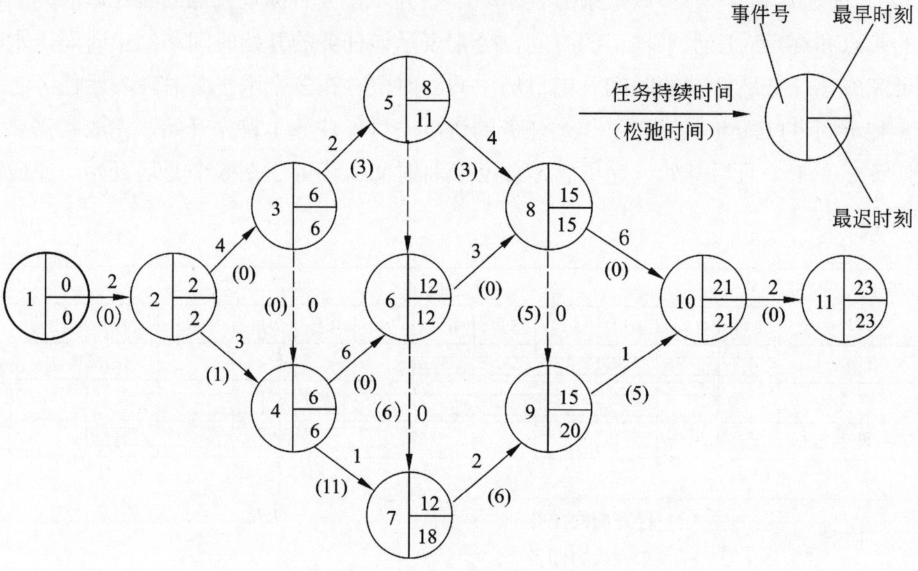

图 5-13 PERT 图实例

PERT 图不仅给出了每个任务的开始时间、结束时间和完成该任务所需的时间，还给出了任务之间的关系，即哪些任务完成后才能开始另外一些任务，以及如期完成整个工程的关键路径。图中的松弛时间则反映了完成某些任务时可以推迟其开始时间或延长其所需完成的时间。但是，PERT 图不能反映任务之间的并行关系。

5.7.4 软件项目的组织

开发组织采用什么形式组织，不仅要考虑软件项目的特点，还需要考虑参与人员的素质。在软件项目组织中，其组织原则有以下 3 条。

（1）尽早落实责任。在软件项目开始组织时，要尽早指定专人负责，使他有权进行管理，并对任务的完成负全责。

（2）减少交流接口。一个组织的生产率随着完成任务时存在的通信路径数目的增加而降低。要有合理的人员分工、好的组织结构、有效的通信，减少不必要的生产率的损失。

（3）责权均衡。软件管理人员承担的责任不应比赋予他的权利还大。

1. 组织结构的模式

根据项目的分解和过程的分解，软件项目可以有以下多种组织形式。

1）按项目划分的模式

按项目将开发人员组织成项目组，项目组的成员共同完成该项目的所有开发任务，包括项目的定义、需求分析、设计、编码、测试、评审以及所有的文档编制，甚至包括该项目的维护。

2）按职能划分的模式

按软件过程中所反映的各种职能将项目的参与者组织成相应的专业组，如开发组（可进一步分为需求分析组、设计组、编码组）、测试组、质量保证组、维护组等。

3）矩阵模式

这种模式是上述两种模式的组合，它既按职能组织相应的专业组，又按项目组织项目组。每个软件人员既属于某个专业组，又属于某个项目组。每个软件项目指定一个项目经理，项目中的成员根据其所属的专业组的职能承担项目的相应任务。

2. 程序设计小组的组织方式

这里的程序设计小组主要是指从事软件开发活动的小组，有以下 3 种不同的组织形式。

1）主程序员制小组

主程序员制小组由一名主程序员、若干名程序员、一名后援工程师和一名资料员组成。主程序员通常由高级工程师担任，负责小组的全部技术活动，进行任务的分配，协调技术问题，组织评审，必要时也设计和实现项目中的关键部分。程序员负责完成主程序员指派的任务，包括相关文档的编写。后援工程师协助主程序员工作，必要时能替代主程序员，也做部分开发工作。资料员负责小组中所有文档资料的管理，收集与过程度量相关的数据，为评审准备资料。一个资料员可以同时服务于多个小组。

主程序员制小组突出了主程序员的领导作用，小组内的通信主要体现在主程序员与程序员之间。

2）民主制小组

民主制小组成员之间地位平等，虽然形式上有一位组长，但小组的工作目标和决策都是由全体成员决定的，互相合作，形成一个良好的工作氛围。另外，这种形式的组内通信路径较多。

3）层次式小组

层次式小组的组织形式是一名组长领导若干名高级程序员，每名高级程序员领导若干名程序员。组长通常就是项目负责人，负责全组的技术工作，进行任务分配，组织评审。高级程序员负责项目的一个部分或一个子系统，负责该部分的分析、设计，并将子任务分配给程序员。这种组织形式适合于具有层次结构特征的项目的开发。其组内的通信路径数介于主程序员制小组和民主制小组之间。

5.7.5 软件配置管理

在软件开发过程中变更是不可避免的，而变更时由于没有进行变更控制，可能加剧了项目中的混乱，为了协调软件开发使得混乱减到最小，使用配置管理技术，使变更所产生的错误达到最小并最有效地提高生产率。

软件配置管理（Software Configure Management，SCM）用于整个软件工程过程。其主要目标是标识变更；控制变更；确保变更正确地实现；报告有关变更。SCM 是一组管理整个软件生存周期中各阶段变更的活动。

1. 基线

基线是软件生存周期中各开发阶段的一个特定点，它的作用是使各开发阶段的工作划分更加明确，使本来连续的工作在这些点上断开，以便于检查与肯定阶段成果。因此，基线可以作为一个检查点，在开发过程中，当采用的基线发生错误时可以知道所处的位置，返回到最近和最恰当的基线上。

2. 软件配置项

软件配置项（Software Configure Item，SCI）是软件工程中产生的信息项，它是配置管理的基本单位，对于已经成为基线的 SCI，虽然可以修改，但必须按照一个特殊的、正式的过程进行评估，确认每一处修改。以下的 SCI 是 SCM 的对象，并可形成基线。

（1）系统规格说明书。

（2）软件项目实施计划。

（3）软件需求规格说明书。

（4）设计规格说明书（数据设计、体系结构设计、模块设计、接口设计、对象描述（使用面向对象技术时））。

（5）源代码清单。

（6）测试计划和过程、测试用例和测试结果记录。

（7）操作和安装手册。

（8）可执行程序（可执行程序模块、连接模块）。

（9）数据库描述（模式和文件结果、初始内容）。

（10）用户手册。

（11）维护文档（软件问题报告、维护请求、工程变更次序）。

（12）软件工程标准。

（13）项目开发小结。

此外，许多软件工程组织把配置控制之下的软件工具，即编辑程序、编译程序、其他 CASE 工具的特定版本都作为软件配置的一部分列入其中。

3. 版本控制

软件配置实际上是一个动态的概念，它一方面随着软件生存周期向前推进，SCI 的数量在不断增多，一些文档经过转换生成另一些文档，并产生一些信息；另一方面又随时会有新的变更出现，形成新的版本。

可以采用图 5-14 所示的演变图来表达系统的不同版本，在图中各个结点是一个完全的软件版本。软件的每一个版本都是 SCI（源代码、文档、数据）的一个汇集，而且各个版本都可能由不同的变种组成。

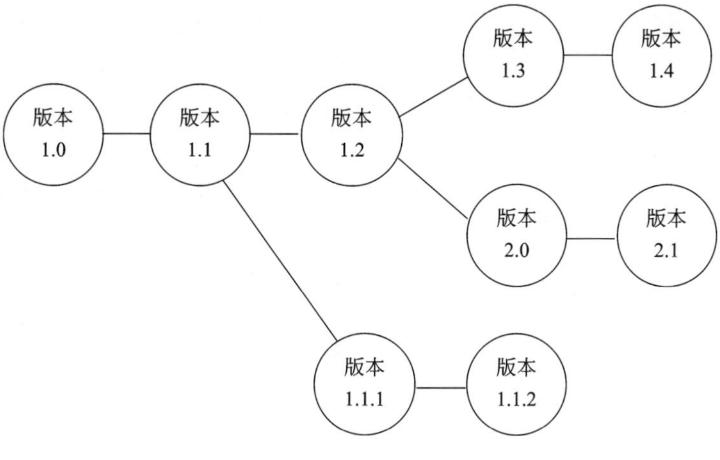

图 5-14 版本演变

4. 变更控制

软件工程过程中某一阶段的变更均要引起软件配置的变更，这种变更必须严格地加以控制和管理，保持修改信息，并把精确、清晰的信息传递到软件工程过程的下一步骤。

对于一个大型软件来说，不加控制的变更很快就会引起混乱。因此，变更控制是一项最重要的软件配置任务。为了有效地实现变更控制，需借助于配置数据库和基线的概念。

配置数据库可以分为以下三类。

（1）开发库。专供开发人员使用，其中的信息可能做频繁修改，对其控制相当宽松。

（2）受控库。在生存期某一阶段工作结束时发布的阶段产品，这些是与软件开发工作相关的计算机可读信息和人工可读信息。软件配置管理正是对受控库中的各个软件项进行管理，受控库也称为软件配置库。

（3）产品库。在开发的软件产品完成系统测试后，作为最终产品存入产品库，等待交付用户或现场安装。

5.7.6 风险管理

一般认为软件风险包含两个特性：不确定性和损失。不确定性是指风险可能发生也可能不发生；损失是指如果风险发生，就会产生恶性后果。在进行风险分析时，重要的是量化每个风险的不确定程度和损失程度。为了实现这一点，必须考虑不同类型的风险。

项目风险威胁到项目计划。也就是说，如果项目风险发生，就有可能拖延项目的进度和增加项目的成本。项目风险是指预算、进度、人员（聘用职员及组织）、资源、利益相关者、需求等方面的潜在问题以及它们对软件项目的影响。项目复杂度、规模及结构不确定性也属于项目风险因素。

技术风险威胁到要开发软件的质量及交付时间。如果技术风险发生，开发工作就可能变得很困难或根本不可能。技术风险是指设计、实现、接口、验证和维护等方面的潜在问题。此外，规格说明的歧义性、技术的不确定性、技术陈旧以及“前沿”技术也是技术风险因素。技术风险的发生是因为问题比我们所设想的更加难以解决。

商业风险威胁到要开发软件的生存能力，且常常会危害到项目或产品。5 个主要的商业风险如下。

（1）市场风险。开发了一个没有人真正需要的优良产品或系统。

（2）策略风险。开发的产品不再符合公司的整体商业策略。

（3）销售风险。开发了一个销售部门不知道如何去销售的产品。

（4）管理风险。由于重点的转移或人员的变动而失去了高级管理层的支持。

（5）预算风险。没有得到预算或人员的保证。

另一种常用的风险分类方式是由 Charette 提出的。已知风险是通过仔细评估项目计划、开发项目的商业和技术环境以及其他可靠的信息来源（如不现实的交付时间、没有文档化需求或文档化软件范围、恶劣的开发环境）之后可以发现的那些风险。可预测风险能够从过去项目的经验中推断出来（如人员变动、与客户缺乏沟通、由于正在进行维护而使开发人员精力分散）。不可预测风险可能会真的出现，但很难事先识别。

1. 风险识别

风险识别试图系统化地指出对项目计划（估算、进度、资源分配等）的威胁。识别出已知风险和可预测风险后，项目管理者首先要做的是在可能时回避这些风险，在必要时控制这些风险。

识别风险的一种方法是建立风险条目检查表。该检查表可用于风险识别，并且主要用来识别下列几种类型中的一些已知风险和可预测风险。

（1）产品规模。与要开发或要修改的软件的总体规模相关的风险。

（2）商业影响。与管理者或市场所施加的约束相关的风险。

（3）客户特性。与客户的素质以及开发者和客户定期沟通的能力相关的风险。

（4）过程定义。与软件过程定义的程度以及该过程被开发组织遵守的程度相关的风险。

（5）开发环境。与用来开发产品的工具的可得性及质量相关的风险。

（6）开发技术。与待开发软件的复杂性及系统所包含技术的“新奇性”相关的风险。

（7）人员才干及经验。与软件工程师的总体技术水平及项目经验相关的风险。

风险条目检查表可以采用不同的方式来组织。与上述每个主题相关的问题可以针对每一个软件项目来回答。根据这些问题的答案，项目管理者就可以估计风险产生的影响。

当然，也可以采用另一种风险条目检查表格式，即仅仅列出与每一种类型有关的特性，最终给出一组风险因素和驱动因子以及它们发生的概率。风险因素包括性能、成本、支持和进度。风险因素是以如下方式定义的。

（1）性能风险。产品能够满足需求且符合其使用目的的不确定程度。

（2）成本风险。能够维持项目预算的不确定程度。

（3）支持风险。开发出的软件易于纠错、修改及升级的不确定程度。

（4）进度风险。能够维持项目进度且按时交付产品的不确定程度。

2. 风险预测

风险预测又称风险估计，它试图从两个方面评估一个风险：风险发生的可能性或概率；如果风险发生了所产生的后果。

1）　风险预测活动

通常，项目计划人员与管理人员、技术人员一起进行以下 4 步风险预测活动。

（1）建立一个尺度或标准，以反映风险发生的可能性。

（2）描述风险产生的后果。

（3）估算风险对项目和产品的影响。

（4）标注风险预测的整体精确度，以免产生误解。

一种简单的风险预测技术是建立风险表。风险表的第 1 列列出所有的风险（由风险识别活动得到），第 2～4 列列出每个风险的种类、发生的概率以及所产生的影响。风险所产生的影响可用一个数字来表示："1"表示灾难性的；"2"表示严重的；"3"表示轻微的；"4"表示可忽略的。

2）评估风险影响

如果风险真的发生，有 3 个因素可能会影响风险所产生的后果，即风险的本质、范围和时间。风险的本质是指当风险发生时可能带来的问题。例如，一个定义很差的与客户硬件的外部接口（技术风险）会妨碍早期的设计和测试，也有可能导致项目后期阶段的系统集成问题。风险的范围包括风险的严重性（即风险有多严重）及风险的整体分布情况（即项目中有多少部分受到影响或有多少客户受到损害）。风险的时间是指何时能够感受到风险的影响及风险的影响会持续多长时间。在大多数情况下，项目管理者希望"坏消息"越早出现越好，但在某些情况下则是越迟越好。

整体的风险显露度（Risk Exposure，RE）可由下面的关系确定：

$$\mathrm{RE} = P \times C$$

其中，P 是风险发生的概率，C 是风险发生时带来的项目成本。

3. 风险评估

在进行风险评估时，建立了如下形式的三元组：

$$(r_i, l_i, x_i)$$

其中，r_i 表示风险，l_i 表示风险发生的概率，x_i 表示风险产生的影响。

一种对风险评估很有用的技术就是定义风险参照水准。对于大多数软件项目来说，成本、进度和性能就是 3 种典型的风险参照水准。也就是说，对于成本超支、进度延期、性能降低（或它们的某种组合），有一个表明导致项目终止的水准。

在风险评估过程中，需要执行以下 4 个步骤。

（1）定义项目的风险参考水平值。

（2）建立每一组(r_i, l_i, x_i)与每一个参考水平值之间的关系。

（3）预测一组临界点以定义项目终止区域，该区域由一条曲线或不确定区域所界定。

（4）预测什么样的风险组合会影响参考水平值。

4. 风险控制

风险控制的目的是辅助项目组建立处理风险的策略。一个有效的策略必须考虑以下 3 个问题。

1）风险避免

应对风险的最好办法是主动地避免风险，即在风险发生前分析引起风险的原因，然后采取措施，以避免风险的发生。

例如项目风险 r_i 表示“频繁的人员流动”，根据历史经验可知，该风险发生的概率 l_i 大约为 70%，该风险产生的影响 x_i 是第 2 级（严重的）。为了避免该风险，可以采取以下策略。

（1）与现有人员一起探讨人员流动原因（如恶劣的工作条件、低报酬、竞争激烈的劳动力市场等）。

（2）在项目开始之前采取行动，设法缓解那些能够控制的起因。

（3）项目启动之后，假设会发生人员流动，当有人员离开时，找到能够保证工作连续性的方法。

（4）组织项目团队，使得每一个开发活动的信息都能被广泛传播和交流。

（5）制定工作产品标准，并建立相应机制以确保能够及时创建所有的模型和文档。

（6）同等对待所有工作的评审。

（7）给每一个关键的技术人员都指定一个后备人员。

2）风险监控

项目管理者应监控某些因素，这些因素可以提供风险是否正在变高或变低的指示。在频繁的人员流动的例子中，应该监测团队成员对项目压力的普遍态度、团队的凝聚力、团队成员彼此之间的关系、与报酬和利益相关的潜在问题、在公司内及公司外工作的可能性。

3） RMMM 计划

风险管理策略可以包含在软件项目计划中，或者风险管理步骤也可以组织成一个独立的风险缓解、监控和管理计划（RMMM 计划）。RMMM 计划将所有风险分析工作文档化，并由项目管理者作为整个项目计划中的一部分来使用。

建立了 RMMM 计划，而且项目已经启动之后，风险缓解及监测步骤也就开始了。风险缓解是一种问题规避活动，而风险监测是一种项目跟踪活动，这种监测活动有 3 个主要目的：评估所预测的风险是否真的发生了；保证正确地实施了各风险的缓解步骤；收集能够用于今后风险缝隙的信息。在很多情况下，项目中发生的问题可以追溯到不止一个风险，所以风险监测的另一个任务就是试图找到“起源”（在整个项目中是哪些风险引起了哪些问题）。

5.8 软件质量

软件质量是指反映软件系统或软件产品满足规定或隐含需求的能力的特征和特性全体。软件质量管理是指对软件开发过程进行独立的检查活动，由质量保证、质量规划和质量控制 3 个主要活动构成。软件质量保证是指为保证软件系统或软件产品充分满足用户要求的质量而进行的有计划、有组织的活动，其目的是生产高质量的软件。

5.8.1 软件质量特性

讨论软件质量首先要了解软件的质量特性，目前已经有多种软件质量模型来描述软件质量特性，例如 ISO/IEC 9126 软件质量模型和 Mc Call 软件质量模型。

1）ISO/IEC 9126 软件质量模型

ISO/IEC 9126 软件质量模型由 3 个层次组成：第一层是质量特性，第二层是质量子特性，第三层是度量指标。该模型的质量特性和质量子特性如图 5-15 所示。

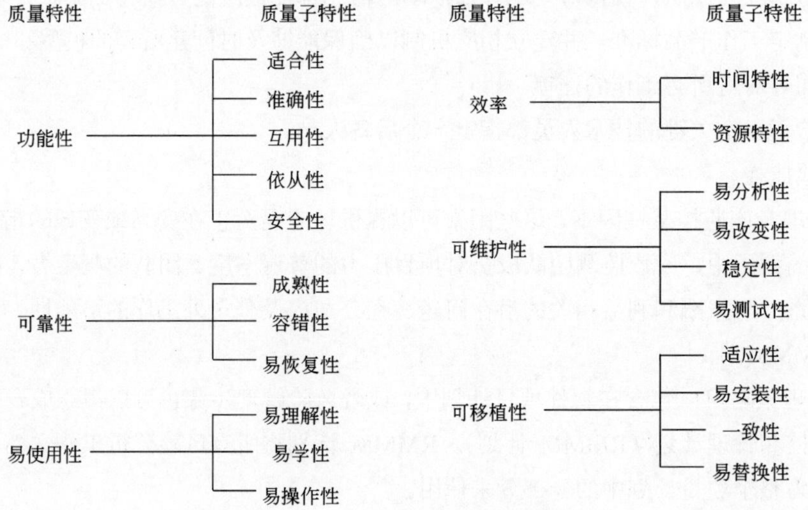

图 5-15 ISO/IEC 软件质量模型

其中，各质量特性和质量子特性的含义如下。

（1）功能性（Functionality）。与一组功能及其指定的性质的存在有关的一组属性，功能是指满足规定或隐含需求的那些功能。

- 适应性（Suitability）。与对规定任务能否提供一组功能以及这组功能是否适合有关的软件属性。
- 准确性（Accurateness）。与能够得到正确或相符的结果或效果有关的软件属性。
- 互用性（Interoperability）。与其他指定系统进行交互操作的能力相关的软件属性。
- 依从性（Compliance）。使软件服从有关的标准、约定、法规及类似规定的软件属性。
- 安全性（Security）。与避免对程序及数据的非授权故意或意外访问的能力有关的软件属性。

（2）可靠性（Reliability）。与在规定的一段时间内和规定的条件下软件维持在其性能水平有关的能力。

- 成熟性（Maturity）。与由软件故障引起失效的频度有关的软件属性。
- 容错性（Fault tolerance）。与在软件错误或违反指定接口的情况下维持指定的性能水平的能力有关的软件属性。
- 易恢复性（Recoverability）。与在故障发生后，重新建立其性能水平并恢复直接受影响数据的能力，以及为达到此目的所需的时间和努力有关的软件属性。

（3）易使用性（Usability）。与为使用所需的努力和由一组规定或隐含的用户对这样使用所做的个别评价有关的一组属性。

- 易理解性（Understandability）。与用户为理解逻辑概念及其应用所付出的劳动有关的软件属性。
- 易学性（Learnability）。与用户为学习其应用（例如操作控制、输入、输出）所付出的努力相关的软件属性。
- 易操作性（Operability）。与用户为进行操作和操作控制所付出的努力有关的软件属性。

（4）效率（Efficiency）。在规定条件下，与软件的性能水平与所用资源量之间的关系有关的软件属性。

- 时间特性（Time behavior）。与响应和处理时间以及软件执行其功能时的吞吐量有关的软件属性。
- 资源特性（Resource behavior）。与软件执行其功能时，所使用的资源量以及使用资源的持续时间有关的软件属性。

（5）可维护性（Maintainability）。与进行规定的修改所需要的努力有关的一组属性。

- 易分析性（Analyzability）。与为诊断缺陷或失效原因，或为判定待修改的部分所需努力有关的软件属性。

- 易改变性（Changeability）。与进行修改、排错或适应环境变换所需努力有关的软件属性。
- 稳定性（Stability）。与修改造成未预料效果的风险有关的软件属性。
- 易测试性（Testability）。为确认经修改软件所需努力有关的软件属性。

（6）可移植性（Portability）。与软件可从某一环境转移到另一环境的能力有关的一组属性。

- 适应性（Adaptability）。与软件转移到不同环境时的处理或手段有关的软件属性。
- 易安装性（Installability）。与在指定环境下安装软件所需努力有关的软件属性。
- 一致性（Conformance）。使软件服从与可移植性有关的标准或约定的软件属性。
- 易替换性（Replaceability）。与一软件在该软件环境中用来替代指定的其他软件的可能和努力有关的软件属性。

2）Mc Call 软件质量模型

Mc Call 软件质量模型从软件产品的运行、修正和转移 3 个方面确定了 11 个质量特性（如图 5-16 所示）。Mc Call 也给出了一个三层模型框架，第一层是质量特性，第二层是评价准则，第三层是度量指标。

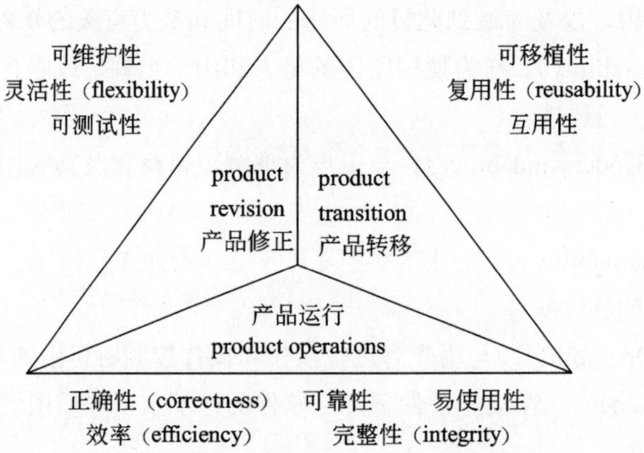

图 5-16 Mc Call 软件质量模型

5.8.2 软件质量保证

软件质量保证是指为保证软件系统或软件产品充分满足用户要求的质量而进行的有计划、有组织的活动，其目的是生产高质量的软件。在软件质量方面强调以下 3 个要点。

（1）软件必须满足用户规定的需求，与用户需求不一致的软件无质量可言。

（2）软件应遵循规定标准所定义的一系列开发准则，不遵循这些准则的软件，其质量难以得到保证。

（3）软件还应满足某些隐含的需求，例如希望有好的可理解性、可维护性等，而这些隐含的需求可能未被明确地写在用户规定的需求中，如果软件只满足它的显式需求而不满足其隐含需求，那么该软件的质量是令人质疑的。

软件质量保证包括了与以下 7 个主要活动相关的各种任务。

（1）应用技术方法。应该把软件质量设计到软件产品或软件系统中，而不是在事后再施加质量保证。由于这个原因，软件质量保证首先从选择一组技术方法和工具开始，这些方法和工具帮助分析人员形成高质量的规格说明和高质量的设计。

（2）进行正式的技术评审。一旦形成了规格说明和设计，就要对它们进行质量评估。完成质量评估的中心活动是正式的技术评审。正式的技术评审是一种由技术人员实施的程式化会议，其唯一的目的是揭露质量问题。在多数情况下，评审能像测试一样有效地揭露软件中的缺陷。

（3）测试软件。软件测试组合了多种测试策略，这些测试策略带有一系列有助于有效地检测错误的测试用例设计方法。许多软件开发人员把软件测试用作质量保证的"安全网"，也就是说，开发人员以为通过测试能揭露最多的错误，借此减轻对其他软件质量保证活动的需要。遗憾的是，即使是完成得很好的测试也不会像我们所期望的那样揭露所有的错误种类。

（4）标准的实施。对软件工程过程应用正式的开发标准和过程的程度在各公司中是不同的。多数情况下，标准由客户或者某些章程确定。某些场合下，标准是自己确定的。如果存在正式的标准，软件质量保证活动必须保证遵循这些标准。与标准是否一致的评估可以被软件开发者作为正式技术评审的一部分来进行。

（5）控制变更。对软件质量的主要威胁来自"变更（Change）"。对软件的每次变更都有可能引入错误或者引起传播错误的副作用。变更控制过程是通过对变更的正式申请、评价变更的特性和控制变更的影响等直接提高软件的质量。变更控制应用在软件开发期间和较后的软件维护阶段。

（6）度量（Metrics）。度量是任何工程科学必备的活动。软件质量保证的重要目标是跟踪软件质量和评价方法学及程序上的变更对软件质量的影响程度。如果要达到这个目标，应该收集软件度量。软件度量包括某些技术上的和面向管理的度量。

（7）记录保存和报告。记录保存和报告为软件质量保证提供收集和传播软件质量保证信息的过程。评审、检查、变更控制、测试和其他软件质量保证活动的结果必须变成项目历史记录的一部分，并且应该把它传播给需要知道这些结果的开发人员。例如，记录过程设计的每次正式技术评审结果，并把记录放置在文件夹中，该文件夹包含了有关模块的所有技术信息和软件质量保证信息。

5.8.3 软件评审

通常，把“质量”理解为“用户满意程度”。为了使得用户满意，有以下两个必要条件。

（1）设计的规格说明书符合用户的要求，这称为设计质量。

（2）程序按照设计规格说明所规定的情况正确执行，这称为程序质量。

软件的规格说明分为外部规格说明和内部规格说明。外部规格说明是从用户角度来看的规格，包括硬件/软件系统设计、功能设计；内部规格说明是为了实现外部规格的更详细的规格，即软件模块结构与模块处理过程的设计。因此，内部规格说明是从开发者角度来看的规格说明。设计质量是由外部规格说明决定的，程序是由内部规格说明决定的。

1）设计质量的评审内容

设计质量评审的对象是在需求分析阶段产生的软件需求规格说明、数据需求规格说明，以及在软件概要设计阶段产生的软件概要设计说明书等。通常从以下几个方面进行评审。

（1）评价软件的规格说明是否合乎用户的要求，即总体设计思想和设计方针是否明确；需求规格说明是否得到了用户或单位上级机关的批准；需求规格说明与软件的概要设计规格说明是否一致等。

（2）评审可靠性，即是否能避免输入异常（错误或超载等）、硬件失效及软件失效所产生的失效，一旦发生应能及时采取代替手段或恢复手段。

（3）评审保密措施实现情况，即是否对系统使用资格进行检查；是否对特定数据、特定功能的使用资格进行检查；在检查出有违反使用资格的情况后，能否向系统管理人员报告有关信息；是否提供对系统内重要数据加密的功能等。

（4）评审操作特性实施情况，即操作命令和操作信息的恰当性；输入数据与输入控制语句的恰当性；输出数据的恰当性；应答时间的恰当性等。

（5）评审性能实现情况，即是否达到所规定性能的目标值。

（6）评审软件是否具有可修改性、可扩充性、可互换性和可移植性。

（7）评审软件是否具有可测试性。

（8）评审软件是否具有复用性。

2）程序质量的评审内容

程序质量评审通常是从开发者的角度进行评审，与开发技术直接相关。它是着眼于软件本身的结构、与运行环境的接口以及变更带来的影响而进行的评审活动。

软件的结构如下。

（1）功能结构。在软件的各种结构中，功能结构是用户唯一能见到的结构。因此，功能结构是联系用户与开发者的规格说明，它在软件的设计中占有极其重要的地位。在评审软件的功能结构时，必须明确软件的数据结构。需要检查的项目如下。

- 数据结构。包括数据名和定义；构成该数据的数据项；数据与数据之间的关系。
- 功能结构。包括功能名和定义；构成该功能的子功能；功能与子功能之间的关系。
- 数据结构和功能结构之间的对应关系。包括数据元素与功能元素之间的对应关系；数据结构与功能结构的一致性。

（2）功能的通用性。在软件的功能结构中，某些功能有时可以作为通用功能反复出现多次。从功能便于理解、增强软件的通用性及降低开发的工作量等观点出发，希望尽可能多地使功能通用化。另外，需检查的项目包括抽象数据结构（抽象数据的名称和定义、抽象数据组成元素的定义）、抽象功能结构。

（3）模块的层次。模块的层次是指程序模块结构。由于模块是功能的具体体现，所以模块层次应当根据功能层次来设计。

（4）模块结构。上述的模块层次结构是模块的静态结构，现在要检查模块的动态结构。模块分为处理模块和数据模块两类，模块间的动态结构也与这些模块分类有关。对这样的模块结构进行检查的项目如下。

- 控制流结构。规定了处理模块与处理模块之间的流程关系，检查处理模块之间的控制转移关系与控制转移形式（调用方式）。
- 数据流结构。规定了数据模块是如何被处理模块进行加工的流程关系，检查处理模块与数据模块之间的对应关系；处理模块与数据模块之间的存取关系。
- 模块结构与功能结构之间的对应关系。包括功能结构与控制流结构的对应关系；功能结构与数据流结构的对应关系；每个模块的定义（功能、输入/输出数据）。

（5）处理过程的结构。处理过程是最基本的加工逻辑过程。对它的检查项目有模块的功能结构与实现这些功能的处理过程的结构应明确对应；控制流应是结构化的；数据的结构与控制流之间的对应关系应是明确的，并且可根据这种对应关系来明确数据流程的关系；用于描述的术语标准化。

3）与运行环境的接口

运行环境包括硬件、其他软件和用户，主要的检查项目如下。

（1）与硬件的接口。包括与硬件的接口约定，即根据硬件的使用说明等所做出的规定；硬件故障时的处理和超载时的处理。

（2）与用户的接口。包括与用户的接口约定，即输入数据的结构；输出数据的结构；异常输入时的处理，超载输入时的处理；用户存取资格的检查等。

5.8.4 软件容错技术

提高软件质量和可靠性的技术大致可分为两类，一类是避开错误，即在开发的过程中不让差错潜入软件的技术；另一类是容错技术，即对某些无法避开的差错，使其影响减至最小的技术。

1）容错软件的定义

归纳容错软件的定义，有以下 4 种。

（1）规定功能的软件，在一定程度上对自身错误的作用（软件错误）具有屏蔽能力，则称该软件为具有容错功能的软件，即容错软件。

（2）规定功能的软件，在一定程度上能从错误状态自动恢复到正常状态，则称该软件为容错软件。

（3）规定功能的软件，在因错误发生错误时仍然能在一定程度上完成预期的功能，则称该软件为容错软件。

（4）规定功能的软件，在一定程度上具有容错能力，则称该软件为容错软件。

2）容错的一般方法

实现容错的主要手段是冗余。冗余是指对于实现系统规定功能是多余的那部分资源，包括硬件、软件、信息和时间。由于加入了这些资源，有可能使系统的可靠性得到较大的提高。通常，冗余技术分为 4 类。

（1）结构冗余。结构冗余是通常采用的冗余技术，按其工作方法可以分为静态、动态和混合冗余 3 种。

① 静态冗余。常用的有三模冗余（Triple Module Redundancy，TMR）和多模冗余。静态冗余通过表决和比较来屏蔽系统中出现的错误。如三模冗余是对 3 个功能相同但由不同的人采用不同的方法开发出来的模块的运行结果通过表决，以多数结果作为系统的最终结果。即如果模块中有一个出错，这个错误能够被其他模块的正确结果“屏蔽”。由于无须对错误进行特别的测试，也不必进行模块的切换就能实现容错，故称之为静态容错。

② 动态冗余。动态冗余的主要方式是多重模块待机储备。当系统测试到某工作模块出现错误时，就用一个备用模块来顶替它并重新运行。这里包括检测、切换和恢复过程，故称其为动态冗余。每当一个出错模块被其他备用模块顶替后，冗余系统相当于进行了一次重构。各备用模块在其待机时可与主模块一同工作，也可不工作。前者称为热备份系统，后者称为冷备份系统。在热备份系统中，备用模块在待机过程中的失效率为 0。

③ 混合冗余。它兼有静态冗余和动态冗余的长处。

（2）信息冗余。为检测或纠正信息在运算或传输中的错误需外加一部分信息，这种现象称为信息冗余。在通信和计算机系统中，信息常以编码的形式出现。采用奇偶码、循环码等冗余码制式就可以发现甚至纠正这些错误。为了达到此目的，这些码（统称为误差校验码）的码长远远大于不考虑误差校正时的码长，增加了计算量和信道占用的时间。

（3）时间冗余。时间冗余是指以重复执行指令或程序来消除瞬时错误带来的影响。对于重复执行不成功的情况，通常的处理办法是发出中断，转入错误处理程序，或对程序进行复算，或重新组合系统，或放弃程序处理。在程序复算中比较常用的方法是程序滚回（Program Rollback）技术。

（4）冗余附加技术。冗余附加技术是指为实现上述冗余技术所需的资源和技术，包括程序、指令、数据、存放和调动它们的空间和通道等。

在屏蔽硬件错误的容错技术中，冗余附加技术包括：

① 关键程序和数据的冗余存储及调用。

② 检测、表决、切换、重构、纠错和复算的实现。

在屏蔽软件错误的容错系统中，冗余附加技术的构成包括：

① 冗余备份程序的存储及调用。

② 实现错误检测和错误恢复的程序。

③ 实现容错软件所需的固化程序。

5.9　软件度量

软件度量用于对产品及开发产品的过程进行度量。软件产品、软件过程、资源都具有外部属性和内部属性。外部属性是指面向管理者和用户的属性，体现了软件产品/软件过程与相关资源和环境的关系，如成本、效益、开发人员的生产率，经常可采用直接测量的方法进行。而软件的内部属性是指软件产品或软件过程本身的属性，如可靠性、可维护性等，只能用间接测量的方法度量，间接测量就需要一定的测量方法或模型。

5.9.1　软件度量分类

软件度量有两种分类方法，第一种分类是将软件度量分为面向规模的度量、面向功能的度量和面向人的度量；第二种分类是将软件度量分为生产率度量、质量度量和技术度量。

软件生产率度量主要关注于软件工程活动的制品。软件质量度量可指明软件满足明确的和隐含的用户需求的程度。技术度量主要集中在软件产品的某些特征（如逻辑复杂性、模块化程度等）上，而不是软件开发的全过程。

面向规模的度量用于收集与软件规模相关的软件工程输出信息和质量信息，面向功能的度量则集中在程序的“功能性”和“实用性”。面向人的度量收集有关人们开发软件所用方式的信息和人员理解有关工具的方法和效率的信息。还有基于问题、基于过程、基于用例等成本估算方法。

1. 面向规模的度量

面向规模的度量是通过对质量和（或）生产率的测量进行规范化得到的，而这些量都是根据开发过的软件的规模得到的。

软件规模通常用程序的代码行（Line of Code，LOC）或千行代码 KLOC 来衡量。由于代码行自然、直观地反映了软件项目的规模，也容易直接测量，因此面向规模的度量是一种常用的度量方法。计算出软件项目的代码行后，可方便地度量其他的软件属性，如软件开发的生产率、每行代码的平均开发成本、文档数量（页数）与代码量（KLOC）的比例关系、每千行代码中包含的软件错误数等。表 5-2 给出了面向规模的常用度量公式。其中，工作量和成本不仅仅是编码活动的工作量和成本，而是指整个软件工程活动（包括分析、设计、编码和测试）的工作量成本。

表 5-2　面向规模的度量公式

度　　量	表示及含义
LOC 或 KLOC	代码行数或千行代码数
生产率 P	P= LOC/E，E 为开发的工作量（常用人月数表示）
每行代码平均成本 C	C=S/LOC，S 为总成本
文档代码比 D	D= Pe/KLOC，Pe 为文档页数
代码错误率 EQR	EQR=N/KLOC，N 为代码中的错误数

虽然面向规模的度量方便、直观，但代码行数依赖于程序设计语言，对于同一个软件，采用不同程序设计语言编写的程序，代码行数是不同的。同时，对于一些因良好的设计而导致代码量小的软件来说，这种度量显得不够客观。

2. 面向功能的度量

面向功能的度量以功能（由应用程序提供）测量数据作为规范化值。应用最广泛的面向功能的度量是功能点（Function Point，FP）。功能点是根据软件信息域的特性及复杂性来计算的。

信息域的值用下列方式定义。

（1）外部输入数（EI）。每个外部输入源于一个用户，或从另一个应用系统中传送过来，它提供了面向不同应用系统的数据或控制信息，输入常用于更新内部逻辑文件（ILF），输入应该与独立计数的查询区分开来。

（2）外部输出数（EO）。每个外部输出从应用系统中导出，并为用户提供信息。在这种情况下，外部输出指的是报告、屏幕、错误消息等，不对报告中的单独数据项进行分开计数。

（3）外部查询数（EQ）。一个外部查询定义为一个在线输入。其结果是以在线输出（经常从 ILF 中得到）的方式产生某个即时软件响应。

（4）内部逻辑文件数（ILF）。每个内部逻辑文件是驻留在应用系统边界之内的数据逻辑分组，它通过外部输入来维护。

（5）外部接口文件数（EIF）。每个外部接口文件是驻留在应用系统外部的数据逻辑分组，它通过应用系统提供有用的信息。

利用下面的关系式计算功能点：

$$F_P = \text{总计} \times [0.65 + 0.01 \times \Sigma (F_i)]$$

其中，“总计”是所有 F_P 项的总数。$F_i(i = 1 \sim 14)$是值调整因子。

5.9.2　软件复杂性度量

软件复杂性是指理解和处理软件的难易程度。软件复杂性度量的参数很多，主要有以下几个。

- 规模。规模即总共的指令数，或源程序行数。
- 难度。通常由程序中出现的操作数的数目所决定的量来表示。
- 结构。通常用与程序结构有关的度量来表示。
- 智能度。智能度即算法的难易程度。

软件复杂性包括程序复杂性和文档复杂性，软件复杂性主要体现在程序的复杂性中。

1. 程序复杂性度量原则

程序复杂性度量是软件度量的重要组成部分。开发规模相同、复杂性不同的程序花费的时间和成本会有很大的差异。K. Magel 从以下 5 个方面描述程序的复杂性。

- 程序理解的难度。
- 纠错、维护程序的难度。
- 向他人解释程序的难度。
- 根据设计文件编写程序的工作量。
- 执行程序时需要资源的程度。

普遍认为，程序复杂性度量模型应遵循以下基本原则。

- 程序复杂性与程序大小的关系不是线性的。
- 控制结构复杂的程序较复杂。
- 数据结构复杂的程序较复杂。
- 转向语句使用不当的程序较复杂。
- 循环结构比选择结构复杂，选择结构又比顺序结构复杂。
- 语句、数据、子程序和模块在程序中的次序对复杂性有影响。

- 全局变量、非局部变量较多时程序较复杂。
- 函数的隐式副作用相对于显式参数传递而言更加难以理解。
- 具有不同作用的变量共用一个名字时较难理解。
- 模块间、过程间联系密切的程序比较复杂。
- 嵌套程度越深，程序越复杂。

典型的程序复杂性度量有 McCabe 环路复杂性度量和 Halstead 的复杂性度量，本节主要介绍 McCabe 度量法

2. McCabe 度量法

McCabe 度量法是由 Thomas McCabe 提出的一种基于程序控制流的复杂性度量方法。McCabe 复杂性度量又称为环路度量，它认为程序的复杂性在很大程度上取决于控制的复杂性。单一的顺序程序结构最为简单，循环和选择构成的环路越多，程序就越复杂。这种方法以图论为工具，先画出程序图，然后用该图的环路数作为程序复杂性的度量值。程序图是退化的程序流程图，也就是说，把程序流程图中的每个处理符号都退化成一个结点，原来连接不同处理符号的流线变成连接不同点的有向弧，这样得到的有向图称为程序图，如图 5-17 所示。程序图仅描述程序内部的控制流程，完全不表现对数据的具体操作以及分支和循环的具体条件。

根据图论，在一个强连通的有向图 G 中，环的个数 $V(G)$ 由以下公式给出：

$$V(G) = m - n + 2p$$

其中，$V(G)$ 是有向图 G 中的环路数，m 是图 G 中弧的个数，n 是图 G 中的结点数，p 是 G 中的强连通分量个数。在一个程序中，从程序图的入口点总能到达图中的任何一个结点，因此，程序总是连通的，但不是强连通的。为了使程序图成为强连通图，从图的入口点到出口点加一条用虚线表示的有向边，使图成为强连通图。这样就可以使用上式计算环路复杂性了。

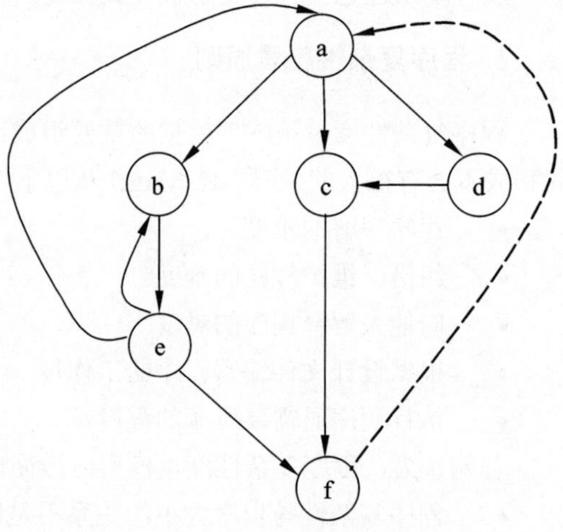

图 5-17 程序图的复杂性

以图 5-17 为例，其中结点数 n=6，弧数 m=9，p=1，则有：

$$V(G) = m-n+2p = 9-6+2 = 5$$

即 McCabe 环路复杂的度量值为 5。

环路复杂性度量反映了程序（或模块）的控制结构的复杂性。McCabe 发现 $V(G)$=10 是一

个实际模块的上限。当模块的环路复杂度超过 10 时，要充分测试这个模块变得特别难。

5.10　软件工具与软件开发环境

自从提出了软件工程的概念以后，人们一方面着重于开发模型和开发方法的研究，以指导软件开发工作的顺利进行；另一方面着重于软件工具和环境的研究，以低成本、高效率的方式辅助软件的开发。于是出现了对计算机辅助软件工程（Computer Aided Software Engineering，CASE）的研究和实现。

计算机辅助软件工程是指使用计算机及相关的软件工具辅助软件开发、维护、管理等过程中各项活动的实施，以确保这些活动能高效率、高质量地进行。

5.10.1　软件工具

用来辅助软件开发、运行、维护、管理和支持等过程中的活动的软件称为软件工具。早期的软件工具主要用来辅助程序员编程，如编辑程序、编译程序和排错程序等。在提出了软件工程的概念以后，又出现了软件生存周期的概念，出现了许多开发模型和开发方法，并且软件管理也开始受到人们的重视。与此同时，出现了一批软件工具来辅助软件工程的实施，这些软件工具涉及软件开发、维护、管理过程中的各项活动，并辅助这些活动高效、高质量地进行。

1. 软件开发工具

对应于软件开发过程的各种活动，软件开发工具通常有需求分析工具、设计工具、编码与排错工具、测试工具等。

（1）需求分析工具。用于辅助软件需求分析活动的软件称为需求分析工具，它辅助系统分析员从需求定义出发，生成完整的、清晰的、一致的功能规范（Functional Specification）。功能规范是软件所要完成功能的准确而完整的陈述，它描述该软件要做什么以及只做什么。

按照需求定义的方法可将需求分析工具分为基于自然语言或图形描述的工具和基于形式化需求定义语言的工具。

（2）设计工具。用于辅助软件设计活动的软件称为设计工具，它辅助设计人员从软件功能规范出发，得到相应的设计规范（Design Specification）。对应于概要设计活动和详细设计活动，设计工具通常可分为概要设计工具和详细设计工具。

概要设计工具用于辅助设计人员设计目标软件的体系结构、控制结构和数据结构，详细设计工具用于辅助设计人员设计模块的算法和内部实现细节。除此之外，还有基于形式化描述的设计工具和面向对象的分析与设计工具。

（3）编码与排错工具。辅助程序员进行编码活动的工具有编码工具和排错工具。编码工具辅助程序员用某种程序设计语言编写源程序，并对源程序进行翻译，最终转换成可执行的代码。因此，编码工具通常与编码所使用的程序语言密切相关。排错工具用来辅助程序员寻找源程序中错误的性质和原因，并确定其出错的位置。

（4）测试工具。用于支持软件测试的工具称为测试工具，它分为数据获取工具、静态分析工具、动态分析工具、模拟工具以及测试管理工具。其中，静态分析工具通过对源程序的程序结构、数据流和控制流进行分析，得出程序中函数（过程）的调用与被调用关系、分支和路径、变量定义和引用等情况，发现语义错误。动态分析工具通过执行程序检查语句、分支和路径覆盖，测试有关变量值的断点，即对程序的执行流进行探测。

2. 软件维护工具

辅助软件维护过程中活动的软件称为软件维护工具，它辅助维护人员对软件代码及其文档进行各种维护活动。软件维护工具主要有版本控制工具、文档分析工具、开发信息库工具、逆向工程工具和再工程工具。

（1）版本控制工具。在软件开发和维护过程中，一个软件往往有多个版本，版本控制工具用来存储、更新、恢复和管理一个软件的多个版本。

（2）文档分析工具。文档分析工具用来对软件开发过程中形成的文档进行分析，给出软件维护活动所需的维护信息。例如，基于数据流图的需求文档分析工具可以给出对数据流图的某个成分（如加工）进行维护时的影响范围及被影响范围，以便在修改该成分的同时考虑其影响范围内的其他成分是否也要修改。除此之外，利用文档分析工具还可以得到被分析文档的有关信息，例如文档各种成分的个数、定义及引用情况等。

（3）开发信息库工具。开发信息库工具用来维护软件项目的开发信息，包括对象、模块等。它记录每个对象的修改信息（已确定的错误及重要改动）和其他变形（如抽象数据结构的多种实现），还必须维护对象和与之有关信息之间的关系。

（4）逆向工程工具。逆向工程工具辅助软件人员将某种形式表示的软件（源程序）转换成更高抽象形式表示的软件。这种工具力求恢复源程序的设计信息，使软件变得更容易理解。逆向工程工具分为静态的和动态的两种。

（5）再工程工具。再工程工具用来支持重构一个功能和性能更为完善的软件系统。目前的再工程工具主要集中在代码重构、程序结构重构和数据结构重构等方面。

3. 软件管理和软件支持工具

软件管理和软件支持工具用来辅助管理人员和软件支持人员的管理活动和支持活动，以确保软件高质量地完成。辅助软件管理和软件支持的工具很多，其中常用的工具有项目管理工具、配置管理工具和软件评价工具。

（1）项目管理工具。项目管理工具用来辅助软件的项目管理活动。通常，项目管理活动包括项目的计划、调度、通信、成本估算、资源分配及质量控制等。一个项目管理工具通常把重点放在某一个或某几个特定的管理环节上，而不提供对管理活动包罗万象的支持。

（2）配置管理工具。配置管理工具用来辅助完成软件配置项的标识、版本控制、变化控制、审计和状态统计等基本任务，使得各配置项的存取、修改和系统生成易于实现，从而简化审计过程，改进状态统计，减少错误，提高系统的质量。

（3）软件评价工具。软件评价工具用来辅助管理人员进行软件质量保证的有关活动。它通常可以按照某个软件质量模型（如 McCall 软件质量模型、ISO 软件质量度量模型等）对被评价的软件进行度量，然后得到相关的软件评价报告。软件评价工具有助于软件质量控制，对确保软件质量有重要的作用。

软件工具的种类非常多，上面只列举了一些主要的也是常用的工具。软件工具可以从不同的角度进行分类，上述分类只是其中较流行的一种，而且这种分类并非是严格的，有些工具可以属于这一类，也可以属于另一类。

5.10.2　软件开发环境

软件开发环境（Software Development Environment）指支持软件产品开发的软件系统，它由软件工具集和环境集成机制构成。工具集用于支持软件开发的相关过程、活动和任务；环境集成机制为工具集成和软件开发、维护和管理提供统一的支持。

环境集成机制主要有数据集成、界面集成和控制集成，还有其他方面的集成，例如平台集成、方法与过程集成等。

数据集成为各种相互协作的工具提供统一的数据模式和数据接口规范，以实现不同工具之间的数据交换。

界面集成指环境中的工具的界面使用统一的风格，采用相同的交互方法，提供一种相似的视感效果，这样可以减少用户学习不同工具的开销。

控制集成用于支持环境中各个工具或开发活动之间的通信、切换、调度和协同工作，并支持软件开发过程的描述、执行与转换。

方法与过程集成指把多种开发方法、过程模型及其相关工具集成在一起。

平台集成是指在不同的硬件和系统软件之上构造用户界面一致的开发平台，并集成到统一的环境中。

软件开发环境的特征如下。

（1）环境的服务是集成的。软件开发环境应支持多种集成机制，如平台集成、数据集成、界面集成、控制集成和过程集成等。

（2）环境应支持小组工作方式，并为其提供配置管理。

（3）环境的服务可用于支持各种软件开发活动，包括分析、设计、编程、测试、调试和文档等。

集成型开发环境是一种把支持多种软件开发方法和开发模型的软件工具集成在一起的软件开发环境。这种环境应该具有开放性和可剪裁性。开放性为环境外的工具集成到环境中来提供了方便，可剪裁性可根据不同的应用和不同的用户需求进行剪裁，以形成特定的开发环境。

第6章　结构化开发方法

结构化方法由结构化分析、结构化设计、结构化程序设计构成，它是一种面向数据流的开发方法。结构化分析是根据分解与抽象的原则，按照系统中数据处理的流程，用数据流图来建立系统的功能模型，从而完成需求分析工作。结构化设计是根据模块独立性准则、软件结构优化准则将数据流图转换为软件的体系结构，用软件结构图来建立系统的物理模型，实现系统的概要设计。结构化程序设计使用3种基本控制结构构造程序，任何程序都可以由顺序、选择和重复3种基本控制结构构造。

结构化方法总的指导思想是自顶向下、逐层分解，它的基本原则是功能的分解与抽象。它是软件工程中最早出现的开发方法，特别适合于数据处理领域的问题，但是不适合解决大规模的、特别复杂的项目，且难以适应需求的变化。

本章的主要内容包括系统分析与设计知识、结构化分析与设计知识、WebApp的分析与设计知识、用户界面设计知识。

6.1　系统分析与设计概述

6.1.1　系统分析概述

系统分析是一种问题求解技术，它将一个系统分解成各个组成部分，目的是研究各个部分如何工作、交互，以实现其系统目标。系统分析的目的是为项目团队提供对触发项目的问题和需求的更全面的理解，因此强调业务问题方面，而非技术或实现方面。系统分析阶段要求和系统用户一起工作，以便清楚地定义新系统的业务需求和预期。

1. 系统分析的目的和任务

系统分析的主要任务是对现行系统进一步详细调查，将调查中所得到的文档资料集中，对组织内部整体管理状况和信息处理过程进行分析，为系统开发提供所需的资料，并提交系统方案说明书。系统分析侧重于从业务全过程的角度进行分析，主要内容有业务和数据的流程是否通畅、是否合理；数据、业务过程和组织管理之间的关系；原系统管理模式改革和新系统管理方法的实现是否具有可行性等。

确定的分析结果包括开发者对于现有组织管理状况的了解，用户对信息系统功能的需求，数据和业务流程，管理功能和管理数据指标体系以及新系统拟改动和新增的管理模型等。

最后，提出信息系统的各种设想和方案，并对所有的设想和方案进行分析、研究、比较、判断和选择，获得一个最优的新系统的逻辑模型，并在用户理解计算机系统的工作流程和处理方式的情况下，将它明确地表达成书面资料——系统分析报告，即系统方案说明书。

2. 系统分析的主要步骤

企业信息系统是一个具有业务复杂性和技术复杂性的大系统，为的是目标系统既能实现当前系统的基本职能，又能改进和提高。系统开发人员首先必须理解并描述出已经实际存在的当前系统，然后进行改进，从而创造出基于当前系统又高于当前系统的目标系统，即新系统。

系统分析过程一般按如图 6-1 所示的逻辑进行。

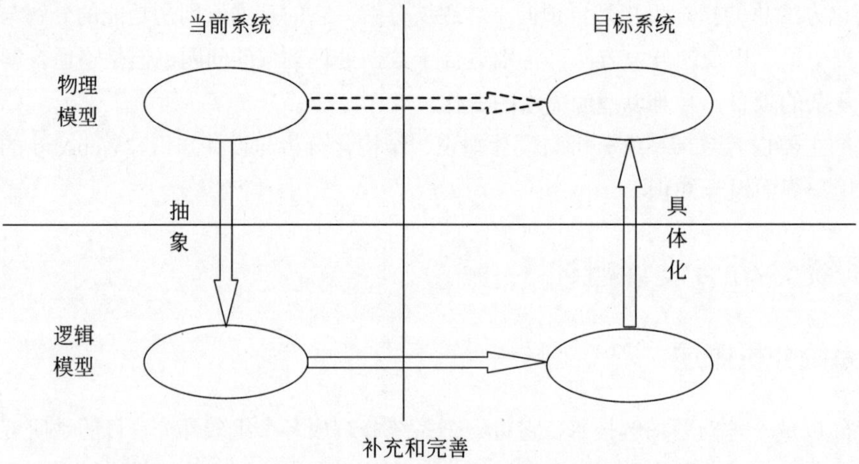

图 6-1 系统分析过程图

（1）认识、理解当前的现实环境，获得当前系统的“物理模型”。

（2）从当前系统的“物理模型”抽象出当前系统的“逻辑模型”。

（3）对当前系统的“逻辑模型”进行分析和优化，建立目标系统的“逻辑模型”。

（4）对目标系统的逻辑模型具体化（物理化），建立目标系统的物理模型。

系统开发的目的是把现有系统的物理模型转化为目标系统的物理模型，即图 6-1 中双虚线所描述的路径，而系统分析阶段的结果是得到目标系统的逻辑模型。逻辑模型反映了系统的功能和性质，而物理模型反映的是系统的某一种具体实现方案。

按照图 6-1，可将系统分析阶段的主要工作分为以下几步。

（1）对当前系统进行详细调查，收集数据。

（2）建立当前系统的逻辑模型。

（3）对现状进行分析，提出改进意见和新系统应达到的目标。

（4）建立新系统的逻辑模型。

（5）编写系统方案说明书。

6.1.2　系统设计的基本原理

1. 抽象

抽象是一种设计技术，重点说明一个实体的本质方面，而忽略或者掩盖不太重要或非本质的方面。抽象是一种重要的工具，用来将复杂的现象简化到可以分析、实验或者可以理解的程度。软件工程中从软件定义到软件开发要经历多个阶段，在这个过程中每前进一步都可看作是对软件解法的抽象层次的一次细化。抽象的最底层就是实现该软件的源程序代码。在进行模块化设计时也可以有多个抽象层次，最高抽象层次的模块用概括的方式叙述问题的解法，较低抽象层次的模块是较高抽象层次模块对问题解法描述的细化。

2. 模块化

模块在程序中是数据说明、可执行语句等程序对象的集合，或者是单独命名和编址的元素，例如高级语言中的过程、函数和子程序等。在软件的体系结构中，模块是可组合、分解和更换的单元。

模块化是指将一个待开发的软件分解成若干个小的简单部分——模块，每个模块可独立地开发、测试，最后组装成完整的程序。这是一种复杂问题“分而治之”的原则。模块化的目的是使程序的结构清晰，容易阅读、理解、测试和修改。

3. 信息隐蔽

信息隐蔽是开发整体程序结构时使用的法则，即将每个程序的成分隐蔽或封装在一个单一的设计模块中，在定义每一个模块时尽可能少地显露其内部的处理。在设计时首先列出一些可能发生变化的因素，在划分模块时将一个可能发生变化的因素隐蔽在某个模块的内部，使其他模块与这个因素无关。当这个因素发生变化时，只需修改含有这个因素的模块，而与其他模块无关。

信息隐蔽原则对提高软件的可修改性、可测试性和可移植性都有重要的作用。

4. 模块独立

模块独立是指每个模块完成一个相对独立的特定子功能，并且与其他模块之间的联系简单。衡量模块独立程度的标准有两个：耦合性和内聚性。

1）耦合

耦合是模块之间的相对独立性（互相连接的紧密程度）的度量。耦合取决于各个模块之间接口的复杂程度、调用模块的方式以及通过接口的信息类型等。一般模块之间可能的耦合方式有 7 种类型，如图 6-2 所示。

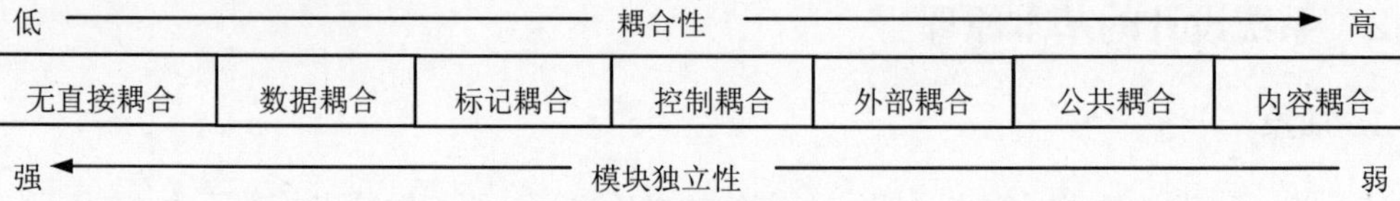

图 6-2　耦合的种类

- 无直接耦合。指两个模块之间没有直接的关系，它们分别从属于不同模块的控制与调用，它们之间不传递任何信息。因此，模块间耦合性最弱，模块独立性最高。
- 数据耦合。指两个模块之间有调用关系，传递的是简单的数据值，相当于高级语言中的值传递。
- 标记耦合。指两个模块之间传递的是数据结构。
- 控制耦合。指一个模块调用另一个模块时，传递的是控制变量，被调用模块通过该控制变量的值有选择地执行模块内的某一功能。因此，被调用模块应具有多个功能，哪个功能起作用受调用模块控制。
- 外部耦合。模块间通过软件之外的环境联结（如 I/O 将模块耦合到特定的设备、格式、通信协议上）时称为外部耦合。
- 公共耦合。指通过一个公共数据环境相互作用的那些模块间的耦合。
- 内容耦合。当一个模块直接使用另一个模块的内部数据，或通过非正常入口转入另一个模块内部时，这种模块之间的耦合称为内容耦合。

2）内聚

内聚是对一个模块内部各个元素彼此结合的紧密程度的度量。一个内聚程度高的模块（在理想情况下）应当只做一件事。一般模块的内聚性分为 7 种类型，如图 6-3 所示。

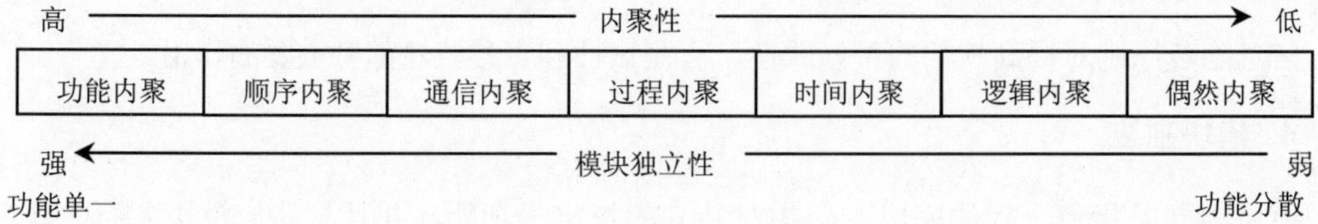

图 6-3　内聚的种类

- 偶然内聚（巧合内聚）。指一个模块内的各处理元素之间没有任何联系。
- 逻辑内聚。指模块内执行若干个逻辑上相似的功能，通过参数确定该模块完成哪一个功能。
- 时间内聚。把需要同时执行的动作组合在一起形成的模块称为时间内聚模块。
- 过程内聚。指一个模块完成多个任务，这些任务必须按指定的过程执行。
- 通信内聚。指模块内的所有处理元素都在同一个数据结构上操作，或者各处理使用相同的输入数据或者产生相同的输出数据。
- 顺序内聚。指一个模块中的各个处理元素都密切相关于同一功能且必须顺序执行，前一功能元素的输出就是下一功能元素的输入。
- 功能内聚。这是最强的内聚，指模块内的所有元素共同作用完成一个功能，缺一不可。

耦合性和内聚性是模块独立性的两个定性标准，在将软件系统划分模块时，应尽量做到高内聚、低耦合，提高模块的独立性。

6.1.3　系统总体结构设计

系统总体结构设计是要根据系统分析的要求和组织的实际情况对新系统的总体结构形式和可利用的资源进行大致设计，这是一种宏观、总体上的设计和规划。下面介绍系统总体设计的主要内容。

1. 系统结构设计原则

为保证总体结构设计顺利完成，应遵循以下几条原则。

（1）分解-协调原则。整个系统是一个整体，具有整体目的和功能，但这些目的和功能的实现又是由相互联系的各个组成部分共同工作的结果。解决复杂问题的一个很重要的原则就是把它分解成多个小问题分别处理，在处理过程中根据系统总体要求协调各部门的关系。

（2）自顶向下的原则。首先抓住系统总的功能目的，然后逐层分解，即先确定上层模块的功能，再确定下层模块的功能。

（3）信息隐蔽、抽象的原则。上层模块只规定下层模块做什么和所属模块间的协调关系，但不规定怎么做，以保证各模块的相对独立性和内部结构的合理性，使得模块与模块之间层次分明，易于理解、实施和维护。

（4）一致性原则。要保证整个软件设计过程中具有统一的规范、统一的标准和统一的文件模式等。

（5）明确性原则。每个模块必须功能明确、接口明确，消除多重功能和无用接口。

（6）模块之间的耦合尽可能小，模块的内聚度尽可能高。

（7）模块的扇入系数和扇出系数要合理。一个模块直接调用其他模块的个数称为模块的扇出系数；反之，一个模块被其他模块调用时，直接调用它的模块个数称为模块的扇入系数。模块的扇入、扇出系数必须适当。经验表明，一个设计得好的系统的平均扇入、扇出系数通常是3或4，一般不应超过7，否则会引起出错概率的增大。但菜单调用型模块的扇入与扇出系数可以大一些，公用模块的扇入系数可以大一些。

（8）模块的规模适当。过大的模块常常使系统分解得不充分，其内部可能包含了若干部分的功能，因此有必要进一步把原有的模块分解成若干功能尽可能单一的模块。但分解也必须适度，因为过小的模块有可能降低模块的独立性，造成系统接口的复杂性。

2. 子系统划分

1）子系统划分的原则

为了便于今后的系统开发和系统运行，子系统的划分应遵循以下几点原则。

（1）子系统要具有相对独立性。子系统的划分，必须使得子系统的内部功能、信息等各方面的凝聚性较好。子系统独立可以减少子系统间的相互影响，有利于多人分工开发不同的模块，从而提高软件产品的生产率，保证软件产品的质量，同时也增强了系统的可维护性和适应性。

（2）子系统之间数据的依赖性尽量小。子系统之间的联系要尽量减少，接口要简单明确。一个内部联系强的子系统对外部的联系必然很少，所以在划分的时候，应将联系较多者列入子系统内部，而剩余的一些分散、跨度比较大的联系，就成为这些子系统间的联系和接口。这样划分的子系统，将来调试、维护和运行都是非常方便的。

（3）子系统划分的结果应使数据冗余较小。如果把相关的功能数据分布到各个不同的子系统中，则会有大量的原始数据需要调用，大量的中间结果需要保存和传递，大量的计算工作将要重复进行，从而使得程序结构紊乱，数据冗余，不仅给编码带来很大的困难，而且系统的工作效率也大大降低。

（4）子系统的设置应考虑今后管理发展的需要。子系统的设置仅依靠上述系统分析的结构是不够的，因为现存的系统由于各种原因，很可能没有考虑到一些高层次管理决策的要求。

（5）子系统的划分应便于系统分阶段实现。信息系统的开发是一项较大的工程，它的实现一般要分批进行，所以子系统的划分应能适应这种分期分批的实施。另外，子系统的划分还必须兼顾组织结构的要求。

（6）子系统的划分应考虑到各类资源的充分利用。一个适当的子系统划分应该既考虑有利于各种设备资源在开发过程中的搭配使用，又考虑到各类信息资源的合理分布和充分使用，以减少系统对网络资源的过分依赖，减少输入、输出和通信等设备压力。

2）子系统结构设计

子系统结构设计的任务是确定划分后的子系统模块结构，并画出模块结构图。在这个过程中必须考虑以下几个问题。

（1）每个子系统如何划分成多个模块。

（2）如何确定子系统之间、模块之间传送的数据及其调用关系。

（3）如何评价并改进模块结构的质量。

（4）如何从数据流图导出模块结构图。

3. 系统模块结构设计

1）模块的概念

模块是组成系统的基本单位，它的特点是可以组合、分解和更换。系统中的任何一个处理功能都可以看成是一个模块。根据功能具体化程度的不同，模块可以分为逻辑模块和物理模块。在系统逻辑模型中定义的处理功能可视为逻辑模块。物理模块是逻辑模块的具体化，可以是一个计算机程序、子程序或若干条程序语句，也可以是人工过程的某项具体工作。

一个模块应具备以下 4 个要素。

（1）输入和输出。模块的输入来源和输出去向都是同一个调用者，即一个模块从调用者那里取得输入，进行加工后再把输出返回给调用者。

（2）处理功能。指模块把输入转换成输出所做的工作。

（3）内部数据。指仅供该模块本身引用的数据。

（4）程序代码。指用来实现模块功能的程序。

前两个要素是模块外部特性，反映了模块的外貌。后两个要素是模块的内部特性。在结构化设计中，主要考虑的是模块的外部特性，对其内部特性只做必要了解，具体的实现将在系统实施阶段完成。

2）模块结构图

为了保证系统设计工作的顺利进行，结构设计应遵循以下原则。

（1）所划分的模块其内部的凝聚性要强，模块之间的联系要少，即模块具有较强的独立性。

（2）模块之间的连接只能存在上下级之间的调用关系，不能有同级之间的横向联系。

（3）整个系统呈树状结构，不允许网状结构或交叉调用关系出现。

（4）所有模块（包括后继 IPO 图）都必须严格地分类编码并建立归档文件。

模块结构图主要关心的是模块的外部属性，即上下级模块、同级模块之间的数据传递和调用关系，并不关心模块的内部。

模块结构图是结构化设计中描述系统结构的图形工具。作为一种文档，它必须严格地定义模块的名字、功能和接口，同时还应当在模块结构图上反映出结构化设计的思想。模块结构图由模块、调用、数据、控制信息和转接符号 5 种基本符号组成，如图 6-4 所示，说明如下。

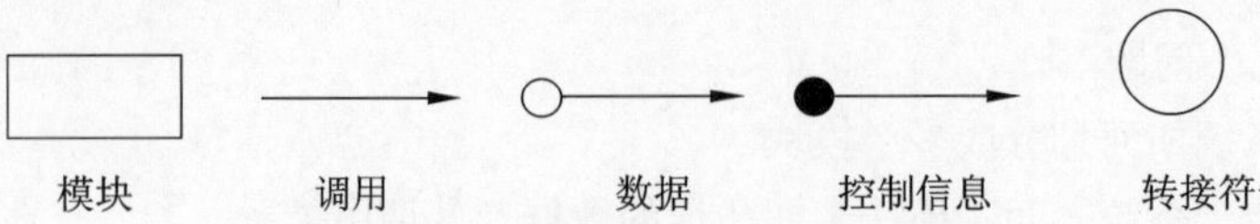

图 6-4 模块结构图的基本符号

- 模块。这里所说的模块通常是指用一个名字就可以调用的一段程序语句。在长方形中间标上能反映模块处理功能的模块名字。
- 调用。箭头总是由调用模块指向被调用模块，但是应该理解被调用模块执行后又返回到调用模块。

如果一个模块是否调用一个从属模块，取决于调用模块内部的判断条件，则该调用模块间的判断调用采用菱形符号表示。如果一个模块通过其内部的循环功能来循环调用一个或多个从属模块，则该调用称为循环调用，用弧形箭头表示。判断调用和循环调用的表示方法如图 6-5 所示。

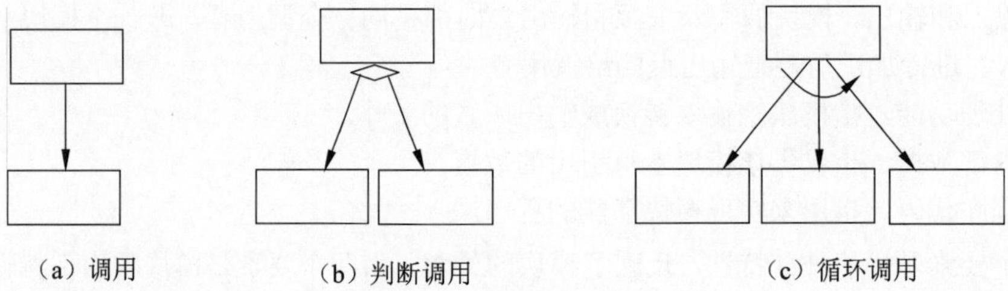

图 6-5 模块调用示例

- 数据。当一个模块调用另一个模块时，调用模块可以把数据传送到被调用模块供处理，而被调用模块又可以将处理的结构送回到被调用模块。在模块之间传送的数据，使用与调用箭头平行的带空心圆的箭头表示，并在旁边标上数据名。图 6-6（a）表示模块 A 调用模块 B 时，A 将数据 x、y 传送给 B，B 将处理结果数据 z 返回给 A。
- 控制信息。在模块间有时必须传送某些控制信息。例如，数据输入完成后给出的结束标志，文件读到末尾时所产生的文件结束标志等。控制信息与数据的主要区别是前者只反映数据的某种状态，不必进行处理。图 6-6（b）中的“无此职工”就是用来表示送来的职工号有误的控制信息。
- 转接符号。当模块结构图在一张纸上画不下，需要转接到另一张纸上，或者为了避免图上线条交叉时，都可以使用转接符号，圆圈内加上标号，如图 6-7 所示。

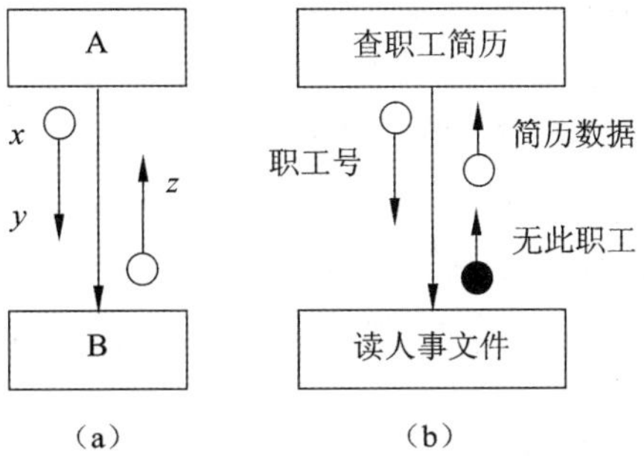

图 6-6　模块间的数据传递

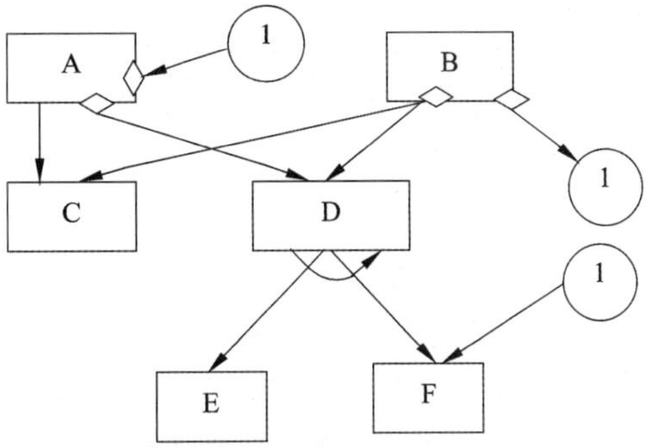

图 6-7　转接符号的使用

4. 数据存储设计

信息系统的主要任务是从大量的数据中获得管理所需要的信息，这就必须存储和管理大量的数据。因此，建立一个良好的数据组织结构和数据库，使整个系统都可以迅速、方便、准确地调用和管理所需的数据，是衡量信息系统开发工作好坏的主要指标之一。

数据结构组织和数据库或文件设计，就是要根据数据的不同用途、使用要求、统计渠道和安全保密性等来决定数据的整体组织形式、表或文件的形式，以及决定数据的结构、类别、载体、组织方式、保密级别等一系列的问题。

一个好的数据结构和数据库应该充分满足组织的各级管理要求，同时还应该使后继系统的开发工作方便、快捷、系统开销（如占用空间、网络传输频度、磁盘或光盘读写次数等）小、易于管理和维护。有关数据库及数据库设计的相关内容可参见本书第 7 章。

在建立了数据的整体结构之后，剩下的就是要确定数据的资源分布和安全保密性。其中，数据资源的分布是针对分布数据库系统而言的，而安全保密属性的定义则是针对某些特殊信息，例如财务数据等而言的。

（1）数据资源分布。如果所规划和设计的系统是在网络环境之下，那么数据库设计必须考虑整个数据资源在网络各结点（包括网络服务器）上的分配问题。

（2）数据的安全保密。一般数据库软件都提供定义数据安全保密性的基本功能。系统所提供的安全保密功能一般有 8 个等级（0～7 级），4 种不同方式（只读、只写、删除、修改），而且允许用户利用这 8 个等级的 4 种方式对每一个表自由地进行定义。

6.1.4　系统文档

信息系统的文档是系统建设过程的“痕迹”，是系统维护人员的指南，是开发人员与用户交流的工具。规范的文档意味着系统是按照工程化开发的，意味着信息系统的质量有了形式上的保障。文档的欠缺、文档的随意性和文档的不规范，极有可能导致原来的开发人员流动以后，系统不可维护、不可升级，变成了一个没有扩展性、没有生命力的系统。

信息系统的文档不仅包括应用软件开发过程中产生的文档，还包括硬件采购和网络设计中形成的文档；不仅包括上述有一定格式要求的规范文档，也包括系统建设过程中的各种来往文件、会议纪要、会计单据等资料形成的不规范文档，后者是建设各方谈判甚至索赔的重要依据；不仅包括系统实施记录，也包括程序资料和培训教程等。

对文档在系统开发人员、项目管理人员、系统维护人员、系统评价人员以及用户之间的多种作用总结如下。

（1）用户与系统分析人员在系统规划和系统分析阶段通过文档进行沟通。这里的文档主要包括可行性研究报告、总体规划报告、系统开发合同和系统方案说明书等。有了文档，用户就能依次对系统分析师是否正确理解了系统的需求进行评价，如不正确，可以在已有文档的基础上进行修正。

（2）系统开发人员与项目管理人员通过文档在项目期内进行沟通。这里的文档主要有系统开发计划（包括工作任务分解表、PERT图、甘特图和预算分配表等）、系统开发月报以及系统开发总结报告等项目管理文件。有了这些文档，不同阶段之间的开发人员就可以进行工作的顺利交接，同时还能降低因为人员流动带来的风险，因为接替人员可以根据文档理解前面人员的设计思路或开发思路。

（3）系统测试人员与系统开发人员通过文档进行沟通。系统测试人员可以根据系统方案说明书、系统开发合同、系统设计说明书和测试计划等文档对系统开发人员所开发的系统进行测试。系统测试人员再将评估结果撰写成系统测试报告。

（4）系统开发人员与用户在系统运行期间进行沟通。用户通过系统开发人员撰写的文档运行系统。这里的文档主要是用户手册和操作指南。

（5）系统开发人员与系统维护人员通过文档进行沟通。这里的文档主要有系统设计说明书和系统开发总结报告。有的开发总结报告写得很详细，分为研制报告、技术报告和技术手册3个文档，其中的技术手册记录了系统开发过程中的各种主要技术细节。这样，即使系统维护人员不是原来的开发人员，也可以在这些文档的基础上进行系统的维护与升级。

（6）用户与维修人员在运行维护期间进行沟通。用户在使用信息系统的过程中，将运行过程中的问题进行记载，形成系统运行报告和维护修改建议。系统维护人员根据维护修改建议以及系统开发人员留下的技术手册等文档对系统进行维护和升级。

6.2　结构化分析方法

结构化分析与设计方法是一种面向数据流的传统软件开发方法，它以数据流为中心构建软件的分析模型和设计模型。结构化分析（Structured Analysis，SA）、结构化设计（Structured Design，SD）和结构化程序设计（Structured Programming Design，SPD）构成了完整的结构化方法。

6.2.1　结构化分析方法概述

抽象和分解是处理任何复杂问题的两个基本手段。

抽象是指忽略一个问题中与当前目标无关的那些方面，以便更充分地关注与当前目标有关的方面。对于一个复杂的问题，人们很难一下子考虑问题的所有方面和全部细节，通常可以把一个大问题分解成若干个小问题，将每个小问题再分解成若干个更小的问题，经过多次逐层分解，每个最底层的问题都是足够简单、容易解决的，于是复杂的问题也就迎刃而解了。这个过程就是分解的过程。

结构化方法就是采用这种自顶向下逐层分解的思想进行分析建模的。自顶向下逐层分解充分体现了分解和抽象的原则。随着分解层次的增加，抽象的级别也越来越低，即越来接近问题的解。自顶向下的过程是分解的过程，自底向上的过程是抽象的过程。

结构化方法的分析结果由以下几部分组成：一套分层的数据流图、一本数据词典、一组小说明（也称加工逻辑说明）、补充材料。

6.2.2　数据流图

数据流图也称数据流程图（Data Flow Diagram，DFD），它是一种便于用户理解、分析系统数据流程的图形工具。它摆脱了系统的物理内容，精确地在逻辑上描述系统的功能、输入、输出和数据存储等，是系统逻辑模型的重要组成部分。

1. 数据流图的基本图形元素

数据流图中的基本图形元素包括数据流（Data Flow）、加工（Process）、数据存储（Data Store）和外部实体（External Agent）。其中，数据流、加工和数据存储用于构建软件系统内部的数据处理模型；外部实体表示存在于系统之外的对象，用来帮助用户理解系统数据的来源和去向。DFD 的基本图形元素如图 6-8 所示。

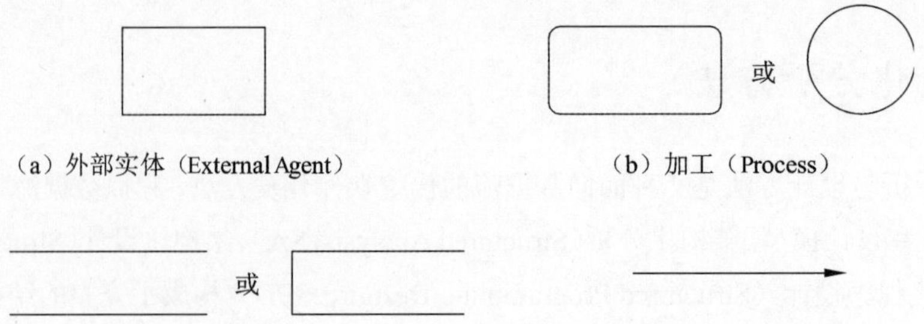

（a）外部实体（External Agent）　（b）加工（Process）

（c）数据存储（Data Store）　（d）数据流（Data Flow）

图 6-8　DFD 的基本图形元素

1）数据流

数据流由一组固定成分的数据组成，表示数据的流向。在 DFD 中，数据流的流向可以有以下几种：从一个加工流向另一个加工；从加工流向数据存储（写）；从数据存储流向加工（读）；从外部实体流向加工（输入）；从加工流向外部实体（输出）。

DFD 中的每个数据流用一个定义明确的名字表示。除了流向数据存储或从数据存储流出的数据流不必命名外，每个数据流都必须有一个合适的名字，以反映该数据流的含义。

值得注意的是，DFD 中描述的是数据流，而不是控制流。

数据流或者由具体的数据属性（也称为数据结构）构成，或者由其他数据流构成。组合数据流是由其他数据流构成的数据流，它们用于在高层的数据流图中组合相似的数据流，以使数据流图更便于阅读。

2）加工

加工描述了输入数据流到输出数据流之间的变换，也就是输入数据流经过什么处理后变成了输出数据流。每个加工都有一个名字和编号。编号能反映出该加工位于分层 DFD 中的哪个层次和哪张图中，也能够看出它是哪个加工分解出来的子加工。

一个加工可以有多个输入数据流和多个输出数据流，但至少有一个输入数据流和一个输出数据流。数据流图中常见的 3 种错误如图 6-9 所示。

加工 3.1.2 有输入但是没有输出，我们称之为“黑洞”。因为数据输入到过程，然后就消失了。在大多数情况下，建模人员只是忘了输出。

加工 3.1.3 有输出但没有输入。在这种情况下，输入流似乎被忘记了。

加工 3.1.1 中输入不足以产生输出，我们称之为“灰洞”。这有几种可能的原因：一个错误的命名过程；错误命名的输入或输出；不完全的事实。灰洞是最常见的错误，也是最使人为难的错误。一旦数据流图交给了程序员，到一个加工的输入数据流必须足以产生输出数据流。

3）数据存储

数据存储用来存储数据。通常，一个流入加工的数据流经过加工处理后就消失了，而它的某些数据（或全部数据）可能被加工成输出数据流，流向其他加工或外部实体。除此之外，在软件系统中还常常要把某些信息保存下来以供以后使用，这时可以使用数据存储。例如，在考务处理系统中，报名时产生的考生名册要随着报名的过程不断补充，在统计成绩和制作考生通知书时还要使用考生名册的相关信息。因此，考生名册可以作为数据存储存在，以保存相关的考生信息。

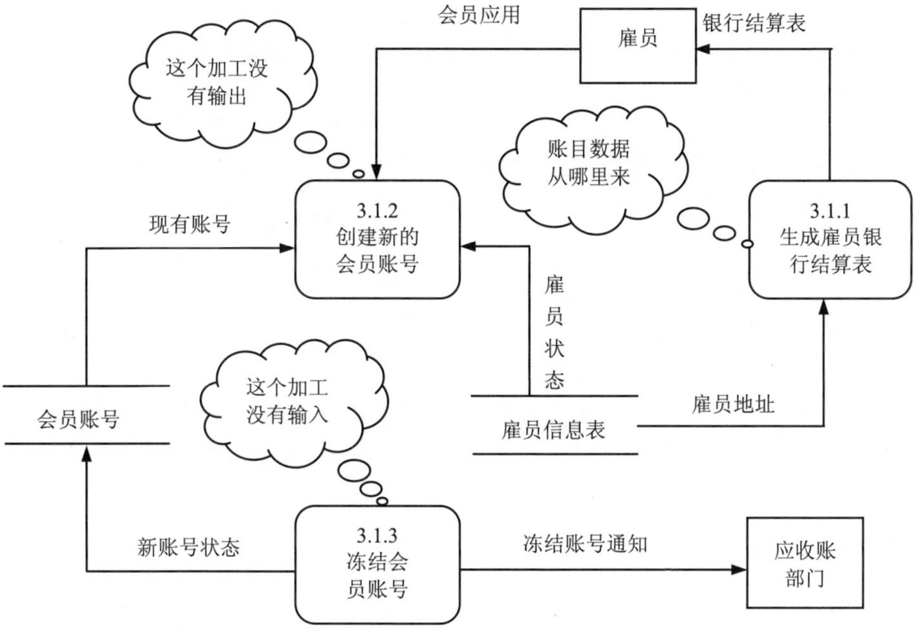

图 6-9　数据流图中的常见错误

每个数据存储都有一个定义明确的名字标识。可以有数据流流入数据存储，表示数据的写入操作；也可以有数据流从数据存储流出，表示数据的读操作；还可以用双向箭头的数据流指向数据存储，表示对数据的修改。

这里要说明的是，DFD 中的数据存储在具体实现时可以用文件系统实现，也可以用数据库系统实现。数据存储的存储介质可以是磁盘、磁带或其他存储介质。

4）外部实体（外部主体）

外部实体是指存在于软件系统之外的人员或组织，它指出系统所需数据的发源地（源）和系统所产生的数据的归宿地（宿）。例如，对于一个考务处理系统而言，考生向系统提供报名单（输入数据流），所以考生是考务处理系统的一个源；而考务处理系统要将考试成绩的统计分析表（输出数据流）传递给考试中心，所以考试中心是该系统的一个宿。

在许多系统中，某个源和某个宿可以是同一个人员或组织，此时，在 DFD 中可以用同一个符号表示。考生向系统提供报名单，而系统向考生送出准考证，所以在考务处理系统中，考生既是源又是宿。

源和宿采用相同的图形符号表示，当数据流从该符号流出时，表示它是源；当数据流流向该符号时，表示它是宿；当两者皆有时，表示它既是源又是宿。

2. 数据流图的扩充符号

在 DFD 中，一个加工可以有多个输入数据流和多个输出数据流，此时可以加上一些扩充符号来描述多个数据流之间的关系。

1）星号（*）

星号表示数据流之间存在“与”关系。如果是输入流则表示所有输入数据流全部到达后才能进行加工处理；如果是输出流则表示加工结束将同时产生所有的输出数据流。

2）加号（+）

加号表示数据流之间存在“或”关系。如果是输入流则表示其中任何一个输入数据流到达后就能进行加工处理；如果是输入流则表示加工处理的结果是至少产生其中一个输出数据流。

3）异或（⊕）

异或表示数据流之间存在“互斥”关系。如果是输入流则表示当且仅当其中一个输入流到达后才能进行加工处理；如果是输出流则表示加工处理的结果是仅产生这些输出数据流中的一个。

3. 数据流图的层次结构

从原理上讲，只要纸足够大，一个软件系统的分析模型就可以画在一张纸上。然而，一个复杂的软件系统可能涉及上百个加工和上百个数据流，甚至更多。如果将它们画在一张图上，则会十分复杂，不易阅读，也不易理解。

根据自顶向下逐层分解的思想，可以将数据流图按照层次结构来绘制，每张图中的加工个数可大致控制在“7 加减 2”的范围内，从而构成一套分层数据流图。

1）层次结构

分层数据流图的顶层只有一张图，其中只有一个加工，代表整个软件系统，该加工描述了软件系统与外界之间的数据流，称为顶层图。

顶层图中的加工（即系统）经分解后的图称为 0 层图，也只有一张。处于分层数据流图最底层的图称为底层图，在底层图中，所有的加工不再进行分解。分层数据流图中的其他图称为中间层，其中至少有一个加工（也可以是所有加工）被分解成一张子图。在整套分层数据流图中，凡是不再分解成子图的加工称为基本加工。

2）图和加工的编号

首先介绍父图和子图的概念。

如果某图（记为 *A*）中的某一个加工分解成一张子图（记为 *B*），则称 *A* 是 *B* 的父图，*B* 是 *A* 的子图。若父图中有 *n* 个加工，则它可以有 0～*n* 张子图，但每张子图只对应一张父图。

为了方便对图进行管理和查找，可以采用下列方式对 DFD 中的图和加工编号。

① 顶层图中只有一个加工（代表整个软件系统），该加工不必编号。

② 0 层图中的加工编号分别为 1、2、3…。

③ 子图号就是父图中被分解的加工号。

④ 对于子图中加工的编号，若父图中的加工号为 x 的加工分解成某一子图，则该子图中的加工编号分别为 x.1、x.2、x.3…。

4. 分层数据流图的画法

下面以某考务处理系统为例介绍分层数据流图的画法。

考务处理系统的功能需求如下。

① 对考生送来的报名单进行检查。

② 对合格的报名单编好准考证号后将准考证送给考生，并将汇总后的考生名单送给阅卷站。

③ 对阅卷站送来的成绩清单进行检查，并根据考试中心指定的合格标准审定合格者。

④ 制作考生通知单（内含成绩合格/不合格标志）送给考生。

⑤ 按地区、年龄、文化程度、职业和考试级别等进行成绩分类统计和试题难度分析，产生统计分析表。

部分数据流的组成如下。

报名单 = 地区 + 序号 + 姓名 + 文化程度 + 职业 + 考试级别 + 通信地址

正式报名单 = 准考证号 + 报名单

准考证 = 地区 + 序号 + 姓名 + 准考证号 + 考试级别 + 考场

考生名单 ={准考证号 + 考试级别 }（其中，{w}表示 w 重复多次）

考生名册 = 正式报名单

统计分析表 = 分类统计表 + 难度分析表

考生通知单 = 准考证号 + 姓名 + 通信地址 + 考试级别 + 考试成绩 + 合格标志

下面介绍画分层数据流图的步骤。

1）画系统的输入和输出

系统的输入和输出用顶层图来描述，即描述系统从哪些外部实体接收数据流，以及系统发送数据流到哪些外部实体。

顶层图只有一个加工，即待开发的软件系统。顶层图中的数据流就是系统的输入/输出信息。顶层图中通常没有数据存储。考务处理系统的顶层图如图 6-10（a）所示。

2）画系统的内部

将顶层图的加工分解成若干个加工，并用数据流将这些加工连接起来，使得顶层图中的输

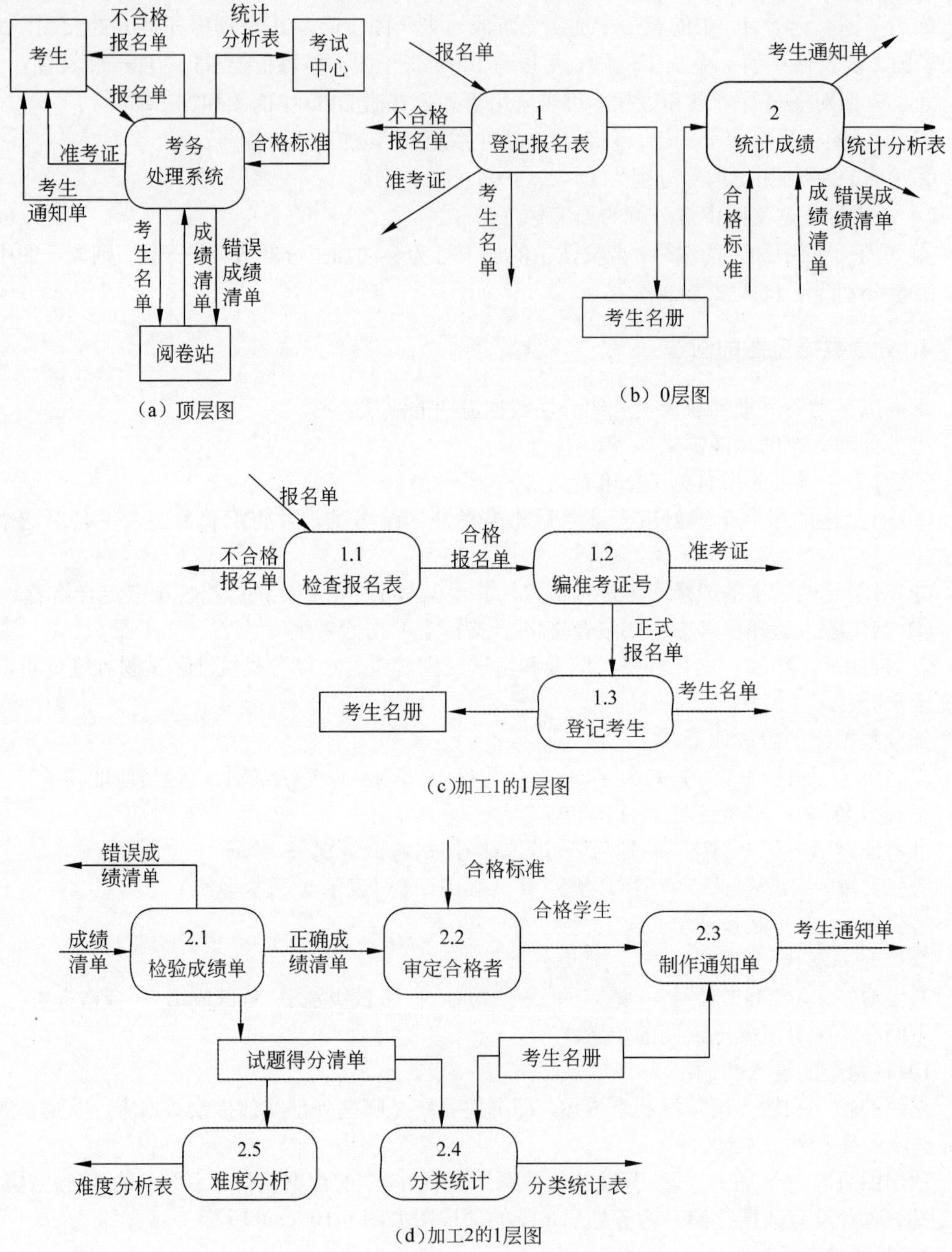

图 6-10　考务处理系统分层数据流图

入数据经过若干个加工处理后变换成顶层图的输出数据流，这张图称为 0 层图。从一个加工画出一张数据流图的过程实际上就是对这个加工的分解。

（1）确定加工。这里的加工指的是父图中某加工分解而成的子加工，可以采用下面两种方法来确定加工。

① 根据功能分解来确定加工。一个加工实际上反映了系统的一种功能，根据功能分解的原理，可以将一个复杂的功能分解成若干个较小的功能，每个较小的功能就是分解后的子加工。这种方法多应用于高层 DFD 中加工的分解。

② 根据业务处理流程确定加工。分析父图中待分解的加工的业务处理流程，流程中的每一步都可能是一个子加工。特别要注意在业务流程中数据流发生变化或数据流的值发生变化的地方，应该存在一个加工，该加工将原数据流（作为该加工的输入数据流）处理成变化后的数据流（作为该加工的输出数据流）。该方法较多应用于低层 DFD 中加工的分解，它能描述父加工中输入数据流到输出数据流之间的加工细节。

（2）确定数据流。当用户把若干个数据看作一个整体来处理（这些数据一起到达，一起加工）时，可以把这些数据看成一个数据流。通常，实际工作环境中的表单就是一种数据流。

在父图中某加工分解而成的子图中，父图中相应加工的输入/输出数据流就是子图边界上的输入/输出数据流。另外，在分解后的子加工之间应增添一些新的数据流，这些数据流是加工过程中的中间数据（对某子加工输入数据流的改变），它们与所有的子加工一起完成了父图中相应加工的输入数据流到输出数据流的变换。如果某些中间数据需要保存，以备使用，那么可以表示为流向数据存储的数据流。

同一个源或加工可以有多个数据流流向另一个加工，如果它们不是一起到达和一起加工的，那么可以将它们分成多个数据流。同样，同一个加工也可以有多个数据流流向另一个加工或宿。

（3）确定数据存储。在由父图中某加工分解而成的子图中，如果父图中该加工存在流向数据存储的数据流（写操作），或者存在从数据存储流向该加工的数据流（读操作），则这种数据存储和相关的数据流都画在子图中。

在分解的子图中，如果需要保存某些中间数据，以备以后使用，那么可以将这些数据组成一个新的文件。在自顶向下画分层数据流图时，新数据存储（首次出现的）至少应有一个加工为其写入记录，同时至少存在另一个加工读取该数据存储的记录。

注意，对于从父图中继承下来的数据存储，在子图中可能只对其读记录，或者写记录。

（4）确定源和宿。通常在 0 层图和其他子图中不必画出源和宿，有时为了提供可读性，可以将顶层图中的源和宿画在 0 层图中。

当同一个外部实体（人或组织）既是系统的源，又是系统的宿时，可以用同一个图形符号来表示。为了画图的方便，避免图中线的交叉，同一个源或宿可以重复画在 DFD 的不同位置，以增加可读性，但它们仍代表同一个实体。

在考务处理系统的 0 层图中，采用功能分解方法来确定加工。分析系统的需求说明，可知系统的功能主要分为考试报名及统计成绩两大部分，其中，报名工作在考试前进行，统计成绩工作在考试后进行。

为此，定义两个加工：登记报名表和统计成绩。0 层图中的数据流，除了继承顶层图中的输入/输出数据流外，还应定义这两个加工之间的数据流。由于这两个加工分别在考试前后进行，并不存在直接关系，因此，“登记报名表”所产生的结果“考生名册”应作为数据存储，以便考试后由“统计成绩”读取。考务处理系统的 0 层图如图 6-10（b）所示。

3）画加工的内部

当 DFD 中存在某个比较复杂的加工时，可以将它分解成一张 DFD 子图。分解的方法是将该加工看作一个小系统，该加工的输入/输出数据流就是这个假设的小系统的输入/输出数据流，然后采用画 0 层图的方法画出该加工的子图。

下面介绍考务处理系统 0 层图中加工 1 的分解，这里根据业务处理流程来确定加工 1 的分解。分析考务处理系统的功能需求和 0 层图，将加工 1 分解成 3 个子加工：检查报名表、编准考证号和登记考生。加工 1 分解而成的子图如图 6-10（c）所示。

采用同样的方法画出加工 2 分解的 DFD 子图，如图 6-10（d）所示。

重复第 3）步的分解，直到图中尚未分解的加工都足够简单（也就是说，这种加工不必再分解）。

这里假设图 6-10（c）、（d）中的每个加工都已经足够简单，不需要再分解，该考务处理系统的分层 DFD 绘制工作结束。

5. 分层数据流图的审查

在分层数据流图画好后，应该认真检查图中是否存在错误或不合理（不理想）的部分。

1）分层数据流图的一致性和完整性

分层数据流图的一致性是指分层DFD 中不存在矛盾和冲突。这里讲的完整性是指分层 DFD 本身的完整性，即是否有遗漏的数据流、加工等元素。所以，分层 DFD 的一致性和完整性实际上反映了图本身的正确性。但是图本身的正确性并不意味着分析模型的正确性，分析模型的正确性要根据模型是否满足用户的需求来判断。

（1）分层数据流图的一致性。

① 父图与子图的平衡。父图与子图平衡是指任何一张 DFD 子图边界上的输入/输出数据流必须与其父图中对应加工的输入/输出数据流保持一致。

由于一张子图是被分解的加工的一种细化，所以，这张子图应该保证可以画到父图中替代被分解的加工，因此保持父图与子图平衡是理所当然的。

例如，图 6-11 所示的父图与子图是不平衡的。图 6-11（b）是父图中加工 2 的子图，加工 2 的输入数据流有 M 和 N，输出数据流是 T，而子图边界上的输入数据流是 N，输出数据流是 S 和 T，很显然它们是不一致的。

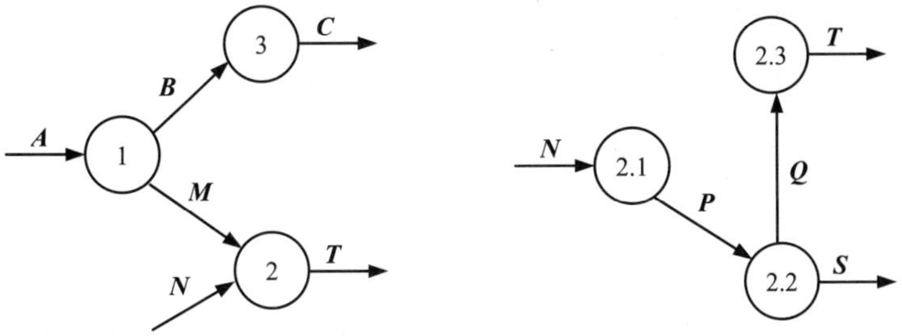

（a）父图　　（b）子图

图 6-11　父图与子图不平衡的实例

如果父图中某个加工的一条数据流对应于子图中的几条数据流，而子图中组成这些数据流的数据项全体正好等于父图中的这条数据流，那么它们仍然是平衡的。

保持父图与子图平衡是画数据流的重要原则。自顶向下逐层分解是降低问题复杂性的有效途径。然而，如果只分别关注单张图的合理性，忽略父图与子图之间的关系，则很容易造成父图与子图不平衡的错误。

② 数据守恒。数据守恒包括两种情况：第一种情况是指一个加工的所有输出数据流中的数据必须能从该加工的输入数据流中直接获得，或者能通过该加工的处理而产生。

第二种情况是加工未使用其输入数据流中的某些数据项。这表明这些未用到的数据项是多余的，可以从输入数据流中删去。当然，这不一定就是错误，只表示存在一些无用数据。然而这些无用的数据常常隐含着一些潜在的错误，如加工的功能描述不完整、遗漏或不完整的输出数据流等。因此，在检查数据守恒时，不应该忽视对这种情况的检查。

③ 局部数据存储。这里讨论分层数据流图中的一个数据存储应该画在哪些 DFD 中，不应该画在哪些 DFD 中。

在一套完整的分层 DFD 中，任何一个数据存储都应有写和读的数据流，否则这个文件就没有存在的必要。除非这个数据存储的建立是为另一个软件系统使用或者这个数据存储是由另一个软件系统产生和维护的。

在自顶向下分解加工的过程中，如果某个加工需要保存一些数据，同时在将加工的同一张 DFD 上至少存在另一个加工需要读这些数据，那么该数据存储应该在这张 DFD 上画出。也就是在一张 DFD 中，当一个数据存储作为多个加工之间的交界面时，该数据存储应该画出。如果在一张 DFD 中，一个数据存储仅与一个加工进行读/写操作，并且在该 DFD 的父（祖先）图中未出现过该数据存储，那么该数据存储只是相应加工的内部文件，在这张 DFD 中不应该画出。

④ 一个加工的输出数据流不能与该加工的输入数据流同名。同一个加工的输出数据流和

输入数据流，即使它们的组成成分相同，仍应该给它们取不同的名字，以表示它们是不同的数据流。但是允许一个加工有两个相同的数据流分别流向两个不同的加工。

（2）分层数据流图的完整性。

① 每个加工至少有一个输入数据流和一个输出数据流。一个没有输入数据流或者没有输出数据流的加工通常是没有意义的。当出现这种情况时，常常意味着可能遗漏了某些输入数据流或输出数据流。

② 在整套分层数据流图中，每个数据存储应至少有一个加工对其进行读操作，另一个加工对其进行写操作。对于某一张 DFD 来说，可以只写不读或只读不写。

③ 分层数据流图中的每个数据流和文件都必须命名（除了流入或流出数据存储的数据流），并保持与数据字典一致。

④ 分层数据流图中的每个基本加工都应有一个加工规约。

2）构造分层 DFD 时需要注意的问题

（1）适当命名。DFD 中的每个数据流、加工、数据存储、外部实体都应被适当地命名，名字应符合被命名对象的实际含义。通常，数据流名可用名词或形容词加名词来描述；加工名可以用动词或及物动词加宾语来描述；数据存储名可以用名词来描述；外部实体可以用实际的人员身份或组织的名称来命名。

用户在命名时应注意以下问题。

① 名字应反映整个对象（如数据流、加工），而不是只反映它的某一部分。

② 避免使用空洞的、含义不清的名字，如“数据”“信息”“处理”“统计”等。

③ 如果发现某个数据流或加工难以命名，往往是 DFD 分解不当的征兆，此时应考虑重新分解。

（2）画数据流而不是控制流。数据流图强调的是数据流，而不是控制流。在 DFD 中一般不能明显地看出其执行的次序。为了区分数据流和控制流，可以简单地回答下列问题：“这条线上是否有数据流过？”，如果有表示是数据流，否则是控制流。

（3）避免一个加工有过多的数据流。当一个加工有过多的数据流时，意味着这个加工特别复杂，这往往是分解不合理的表现。解决的办法是重新分解，步骤如下。

① 把需要重新分解的某张图的所有子图连接成一张图。

② 把连接后的图重新划分成几个部分，使各部分之间的联系最小。

③ 重新定义父图，即第②步中的每个部分作为父图中的一个加工。

④ 重新建立各子图，即第②步中的每个部分都是一张子图。

⑤ 为所有的加工重新命名并编号。

（4）分解尽可能均匀。理想的分解是将一个问题（加工）分解成大小均匀的若干个子问题（子加工），也就是说，对于任何一张 DFD，其中的任何两个加工的分解层数之差不超过 1。如果在同一张图中，某些加工已是基本加工，而另一些加工仍需分解若干层，那么，这张图就是分解不均匀的。

（5）先考虑确定状态，忽略琐碎的细节。在构造 DFD 时，应集中精力先考虑稳定状态下的各种问题，暂时不考虑系统如何自动、如何结束、出错处理以及性能等问题，这些问题可以在分析阶段的后期，在需求规约中加以说明。

（6）随时准备重画。对于一个复杂的软件系统，其分层 DFD 很难一次开发成功，往往要经历反复多次的重画和修改，才能构造出完整、合理、满足用户需求的分层 DFD。

3）分解的程度

在自顶向下画数据流图时，为了便于对分解层数进行把握，可以参照以下几条与分解有关的原则。

（1）7 加减 2。

（2）分解应自然，概念上应合理、清晰。

（3）只要不影响 DFD 的易理解性，可适当增加子加工数量，以减少层数。

（4）一般来说，上层分解得快一些（即多分解几个加工），下层分解得慢一些（即少分解几个加工）。

（5）分解要均匀。

6.2.3　数据字典（DD）

数据流图描述了系统的分解，但没有对图中各成分进行说明。数据字典就是为数据流图中的每个数据流、文件、加工，以及组成数据流或文件的数据项做出说明。其中，对加工的描述称为“小说明”，也可以称为“加工逻辑说明”。

1. 数据字典的内容

数据字典有以下 4 类条目：数据流、数据项、数据存储和基本加工。数据项是组成数据流和数据存储的最小元素。源点、终点不在系统之内，故一般不在字典中说明。

（1）数据流条目。数据流条目给出了 DFD 中数据流的定义，通常列出该数据流的各组成数据项。在定义数据流或数据存储组成时，使用表 6-1 给出的符号。

表 6-1　在数据字典的定义式中出现的符号

符　号	含　义	举例及说明
=	被定义为	
+	与	$x = a+b$，表示 x 由 a 和 b 组成
[⋯|⋯]	或	$x = [a\|b]$，表示 x 由 a 或 b 组成
{⋯}	重复	$x = \{a\}$，表示 x 由 0 个或多个 a 组成

续表

符 号	含 义	举例及说明
$m\{\cdots\}n$ 或 $\{\ldots\}_m^n$	重复	$x=2\{a\}5$ 或 $x=\{a\}_2^5$，表示 x 中最少出现 2 次 a，最多出现 5 次 a。5、2 为重复次数的上、下限
(…)	可选	$x=(a)$表示 a 可在 x 中出现，也可不出现
"…"	基本数据元素	$x=$"a"，表示 x 是取值为字符 a 的数据元素
..	连接符	$x=1..9$，表示 x 可取 1～9 中的任意一个值

（2）数据存储条目。数据存储条目是对数据存储的定义。

（3）数据项条目。数据项条目是不可再分解的数据单位。

（4）基本加工条目。加工条目是用来说明 DFD 中基本加工的处理逻辑的，由于下层的基本加工是由上层的加工分解而来，只要有了基本加工的说明，就可理解其他加工。

2. 数据词典管理

词典管理主要是把词典条目按照某种格式组织后存储在词典中，并提供排序、查找和统计等功能。如果数据流条目包含了来源和去向，文件条目包含了读文件和写文件，还可以检查数据词典与数据流图的一致性。

3. 加工逻辑的描述

加工逻辑也称为"小说明"。常用的加工逻辑描述方法有结构化语言、判定表和判定树3种。

1）结构化语言

结构化语言（如结构化英语）是一种介于自然语言和形式化语言之间的半形式化语言，是自然语言的一个受限子集。

结构化语言没有严格的语法，它的结构通常可分为内层和外层。外层有严格的语法，内层的语法比较灵活，可以接近于自然语言的描述。

（1）外层。用来描述控制结构，采用顺序、选择和重复 3 种基本结构。

① 顺序结构。一组祈使语句、选择语句、重复语句的顺序排列。祈使语句是指至少包含一个动词及一个名词，指出要执行的动作及接受动作的对象。

② 选择结构。一般用 IF-THEN-ELSE-ENDIF、CASE-OF-ENDCASE 等关键词。

③ 重复结构。一般用 DO-WHILE-ENDDO、REPEAT-UNTIL 等关键词。

（2）内层。一般采用祈使语句的自然语言短语，使用数据字典中的名词和有限的自定义词，其动词含义要具体，尽量不用形容词和副词来修饰，还可使用一些简单的算法运算和逻辑运算符号。

2）判定表

在有些情况下，数据流图中某个加工的一组动作依赖于多个逻辑条件的取值。这时，用自然语言或结构化语言都不易于清楚地描述出来，而用判定表能够清楚地表示复杂的条件组合与应做的动作之间的对应关系。

判定表由 4 个部分组成，用双线分割成 4 个区域，如图 6-12 所示。

条件定义	条件取值的组合
动作定义	在各种取值的组合下应执行的动作

图 6-12　判定表结构

3）判定树

判定树是判定表的变形，一般情况下它比判定表更直观，且易于理解和使用。

6.3　结构化设计方法

结构化设计（Structured Design，SD）方法是一种面向数据流的设计方法，它可以与 SA 方法衔接。结构化设计方法的基本思想是将系统设计成由相对独立、功能单一的模块组成的结构。

结构化设计方法中用结构图（Structure Chart）来描述软件系统的体系结构，指出一个软件系统由哪些模块组成，以及模块之间的调用关系。

6.3.1　结构化设计的步骤

结构化设计大致可以分为两步进行，第一步是建立一个满足软件需求规约的初始结构图，第二步是对结构图进行改进。

1. 建立初始结构图

结构化方法本质上是一种功能分解方法。在结构化设计时，可以将整个软件看作一个大的功能模块（结构图中的模块），通过功能分解将其分解成若干个较小的功能模块，每个较小的功能模块还可以进一步分解，直到得到一组不必再分解的模块（结构图中的底层模块）。当一个功能模块分解成若干个子功能模块时，该功能模块实际上就是根据业务流程调用相应的子功能模块，并根据其功能要求对子功能的结果进行处理，最终实现其功能要求。

功能模块的分解应满足自顶向下、逐步求精、信息隐蔽、高内聚低耦合等设计准则，模块的大小应适中。通常，一个模块的大小以 50～100 行程序代码为宜，即一个模块的程序代码可以写在 1～2 页纸上。

2. 对结构图的改进

初始结构图往往存在一些不合理的设计（包括不合理的模块分解），因此，可根据设计准则对其进行改进。

3. 书写设计文档

在概要设计完成之后应书写设计规格说明，特别要为每个模块书写模块的功能、接口、约束和限制等，必要时可建立模块开发卷宗。

4. 设计评审

对设计结果及文档进行评审。

6.3.2 数据流图到软件体系结构的映射

结构化设计是将结构化分析的结果（数据流图）映射成软件的体系结构（结构图）。根据信息流的特点，可将数据流图分为变换型数据流图和事务型数据流图，其对应的映射分别称为变换分析和事务分析。

1. 信息流的类型

在需求分析阶段，用 SA 方法产生了数据流图。面向数据流的设计能方便地将 DFD 转换成程序结构图。DFD 中从系统的输入数据流到系统的输出数据流的一连串连续变换形成了一条信息流。DFD 的信息流大体上可以分为两种类型：变换流和事务流。

（1）变换流。信息沿着输入通路进入系统，同时将信息的外部形式转换成内部表示，然后通过变换中心（也称主加工）处理，再沿着输出通路转换成外部形式离开系统。具有这种特性的信息流称为变换流。变换流型的 DFD 可以明显地分成输入、变换（主加工）和输出三大部分。

（2）事务流。信息沿着输入通路到达一个事务中心，事务中心根据输入信息（即事务）的类型在若干个动作序列（称为活动流）中选择一个来执行，这种信息流称为事务流。事务流有明显的事务中心，各活动流以事务中心为起点呈辐射状流出。

2. 变换分析

变换分析是从变换流型的 DFD 导出程序结构图。

1）确定输入流和输出流，分离出变换中心

把 DFD 中系统输入端的数据流称为物理输入，系统输出端的数据流称为物理输出。物理输入通常要经过编辑、格式转换、合法性检查、预处理等辅助性的加工才能为主加工的真正输入（称为逻辑输入）。从物理输入端开始，一步步向系统的中间移动，可找到离物理输入端最远，但仍可被看作系统输入的那个数据流，这个数据流就是逻辑输入。同样，由主加工产生的输出（称为逻辑输出）通常也要经过编辑、格式转换、组成物理块、缓冲处理等辅助加工才能变成物理输出。从物理输出端开始，一步步向系统的中间移动，可找到离物理输出端最远，但仍可被看作系统输出的那个数据流，这个数据流就是逻辑输出。

DFD 中从物理输入到逻辑输入的部分构成系统的输入流，从逻辑输出到物理输出的部分构成系统的输出流，位于输入流和输出流之间的部分就是变换中心。

2）第一级分解

第一级分解主要是设计模块结构的顶层和第一层。一个变换流型的 DFD 可以映射成如图 6-13 所示的程序结构图。图中顶层模块的功能就是整个系统的功能。输入控制模块用来接收所有的输入数据，变换控制模块用来实现输入到输出的变换，输出控制模块用来产生所有的输出数据。

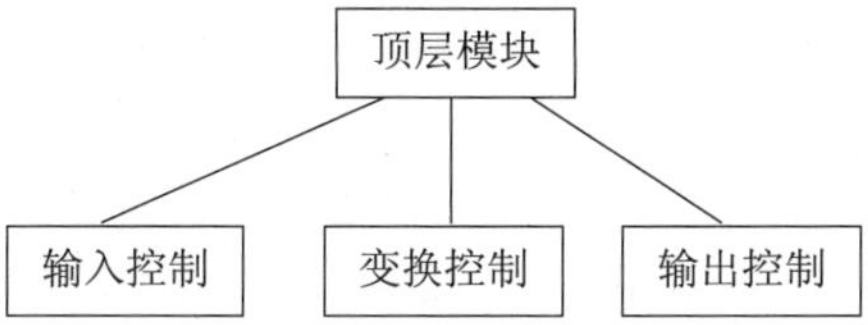

图 6-13　变换分析的第一级分解

3）第二级分解

第二级分解主要是设计中、下层模块。

（1）输入控制模块的分解。从变换中心的边界开始，沿着每条输入通路，把输入通路上的每个加工映射成输入控制模块的一个低层模块。

（2）输出控制模块的分解。从变换中心的边界开始，沿着每条输出通路，把输出通路上的每个加工映射成输出控制模块的一个低层模块。

（3）变换控制模块的分解。变换控制模块通常没有通用的分解方法，应根据 DFD 中变换部分的实际情况进行设计。

4）事务分析

事务分析是从事务流型 DFD 导出程序结构图。

（1）确定事务中心和每条活动流的流特性。图 6-14 给出了事务流型 DFD 的一般形式。其中，事务中心（图中的 T）位于数条活动流的起点，这些活动流从该点呈辐射状流出。每条活动流也是一条信息流，它可以是变换流，也可以是另一条事务流。一个事务流型的 DFD 由输入流、事务中心和若干条活动流组成。

（2）将事务流型 DFD 映射成高层的程序结构。事务流型 DFD 的高层结构如图 6-15 所示。顶层模块的功能就是整个系统的功能。接收模块用来接收输入数据，它对应于输入流。发送模块是一个调度模块，控制下层的所有活动模块。每个活动流模块对应于一条活动流，它也是该活动流映射成的程序结构图中的顶层模块。

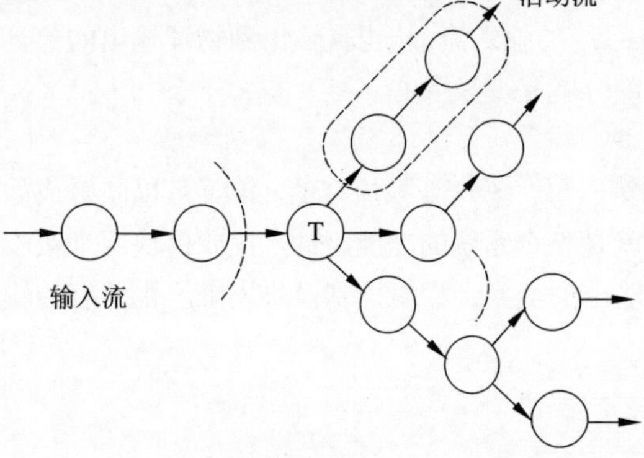

图 6-14　事务流

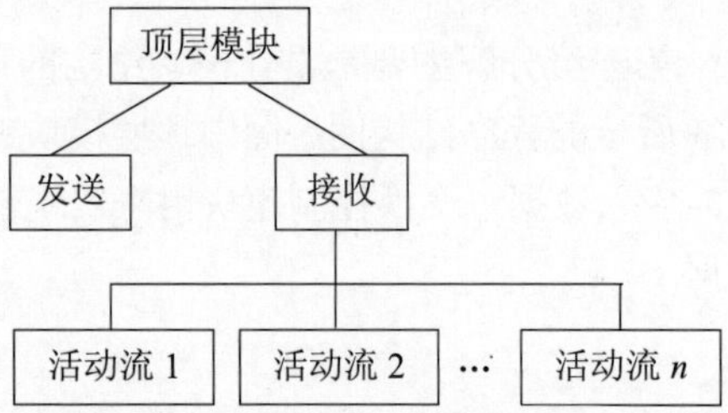

图 6-15　事务流型 DFD 的高层程序结构

（3）进一步分解。接收模块的分解类同于变换分析中输入控制模块的分解。每个活动流模块根据其流特性（变换流或事务流）进一步采用变换分析或事务分析进行分解。

5）SD 方法的设计步骤

（1）复查并精化数据流图。

（2）确定 DFD 的信息流类型（变换流或事务流）。

（3）根据流类型分别实施变换分析或事务分析。

（4）根据系统设计的原则（参见 5.1.2 节）对程序结构图进行优化。

6.4　WebApp 分析与设计

WWW 的早期（大约从 1990 年到 1995 年），Web 站点仅包含链接在一起的一些超文本文件，这些文件使用文本和有限的图形来表示信息。随着时间的推移，一些开发工具（例如 XML、Java）扩展了 HTML 的能力，使得 Web 工程师在向客户提供信息的同时也能提供计算能力。因此，基于 Web 的系统与应用（总称为 WebApp）诞生了。今天，WebApp 已经发展成为成熟的计算工具，这些工具不仅可以为最终用户提供独立的功能，而且已经同公司数据库和业务应用集成在一起了。WebApp 的特性使得大多数 WebApp 适合采用敏捷开发过程模型进行开发。

6.4.1　WebApp 的特性

绝大多数 WebApp 具备下列属性。

（1）网络密集性。WebApp 驻留在网络上，服务于不同客户全体的需求。网络提供开放的访问和通信（如 Internet）或者受限的访问和通信（如企业内联网）。

（2）并发性。大量用户可能同时访问 WebApp。很多情况下最终用户的使用模式存在很大的差异。

（3）无法预知的负载量。WebApp 的用户数量每天都可能有数量级的变化。例如，周一显示有 100 个用户使用系统，周四就有可能会有 10000 个用户。

（4）性能。如果一位 WebApp 用户必须等待很长时间（访问、服务器端处理、客户端格式化显示），该用户就可能转向其他地方。

（5）可用性。尽管期望百分之百的可用性是不切实际的，但是对于热门的 WebApp，用户通常要求能够 24/7/365（全天候）访问。

（6）数据驱动。许多 WebApp 的主要功能是使用超媒体向最终用户提供文本、图片、音频及视频内容。除此之外，WebApp 还常被用来访问那些存储在 Web 应用环境之外的数据库中的信息。

6.4.2　WebApp 需求模型

WebApp 分析与传统的软件需求分析有所不同。虽然传统的软件需求分析的概念和原则全部可以应用于 Web 工程的分析活动，但 WebApp 分析的内容及参考的元素还是呈现出了其特殊性。并针对其特点，出现如面向数据的基于 ER 发展而来的 WebML、模型对象基于 UML 的 UWE 等建模方法。严格意义上讲，这些方法并非均为结构化方法，但是为了集中描述 WebApp 的建模，将其归在本章介绍。

建模以需求工程中确定的用户类别、可用目标、使用场景、业务环节等各类需求等为输入，产生如下 5 种主要的模型类型。

1. 内容模型

内容模型给出由 WebApp 提供的全部系列内容，包括文字、图形、图像、音频和视频。内容模型包含结构元素，它们为 WebApp 的内容需求提供了一个重要的视图。这些结构元素包含内容对象和所有分析类，在用户与 WebApp 交互时生成并操作用户可见的实体。

内容的开发可能发生在 WebApp 实现之前、WebApp 构建之中，或者 WebApp 投入运行以后的很长一段时间里。在每种情况下，它都通过导航链接合并到 WebApp 的总体结构中。内容对象可能是产品的文本描述、描述新闻事件的一篇文章、拍摄的一张动作照片、在一次论坛讨论中某个用户的回答、一个演讲的简短视频等。这些内容对象可能存储分布于分离的文件中，直接嵌入 Web 页中，或从数据库中动态获得。换句话说，内容对象是呈现给最终用户具有汇聚信息的所有条目。

通过检查直接或间接引用内容的场景描述，可以根据用例直接确定出内容对象。内容模型必须具备描述内容对象构件的能力。在许多实例中，用一个简单的内容对象列表，并给出每个对象的简短描述就足以定义和实现所必需的内容需求。但是在某些情况下，内容模型可以从更丰富的分析中获得好处，即在内容对象之间的关系和 WebApp 维护的内容层次中采用图形表示其关系。

图 6-16 中的数据树表述了常用于描述某个构件的一种信息层次，不带阴影的长方形表示简单或复合数据项（一个或多个数据值），带阴影的长方形表示内容对象。在此图中，“描述说明”是由 5 个内容对象定义的。在某些情况下，随着数据数的扩展，其中的一个或多个对象将会得到进一步细化。

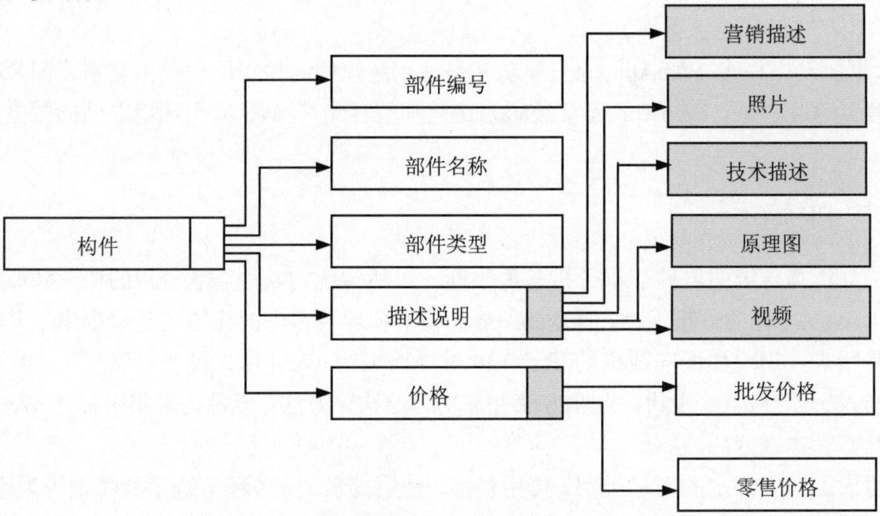

图 6-16 构件的数据树示例

由多项内容对象和数据项组成的任何内容都可以生成数据树。开发数据树尽力在内容对象中定义层级关系，并提供一种审核内容的方法，以便在开始设计前发现遗漏和不一致的内容。另外，数据树可以作为内容设计的基础。

2. 交互模型

交互模型描述了用户与 WebApp 采用了哪种交互方式。绝大多数 WebApp 都能使最终用户与应用系统的功能、内容及行为之间进行“会话”。交互模型由一种或多种元素构成，包括用例、顺序图、状态图、用户界面原型等。

（1）用例是交互分析的主要工具，方便客户理解系统的功能。在许多实例中，一套用例足以描述在分析阶段的所有交互活动。然而，当遇到复杂的交互顺序并包含多个分析类或多任务时，有时更值得采用严格图解方式描述它们。

（2）顺序图是交互分析中描述用户与系统进行交互的方式。通过顺序图，能显示用户按照一定的顺序使用系统，以完成相应的功能。

（3）状态图是交互分析中对系统进行动态的描述。

（4）用户界面原型展现用户界面布局、内容、主要导航链接、实施的交互机制及用户 WebApp 的整体美观度。尽管用户界面原型的设计可以说是一个设计活动，但最好在创建分析模型时就实施它。对用户界面的物理表示评估得越早，越有可能满足最终用户的需求。

3. 功能模型

许多 WebApp 提供大量的计算和操作功能，这些功能与内容直接相关（既能使用又能生成内容）。这些功能常常以用户——WebApp 的交互活动为主要目标，正是由于这个原因必须对功能需求进行分析，并且当需要时也可以用于建模过程。

功能模型定义了将用于 WebApp 内容并描述其他处理功能的操作，这些处理功能不依赖于内容却是最终用户所必需的。功能模型描述 WebApp 的两个处理元素，每个处理元素代表抽象过程的不同层次：①用户可观察到的功能是由 WebApp 传递给最终用户的；②分析类中的操作实现与类相关的行为。

用户可观察到的功能包括直接由用户启动的任何处理功能。这些功能实际上可能使用分析类中的操作完成，但是从最终用户的角度看，这些功能是可见的结果。

在抽象过程的更低层次，分析模型描述了由分析类操作执行的处理。这些操作可以操纵类的属性，并参与类之间的协作来完成所需要的行为。不管抽象过程的层次如何，UML 的活动图可以用来表示处理细节。在分析阶段，仅在功能相对复杂的地方才会使用活动图。许多 WebApp 的复杂性不是出现在提供的功能中，而是与可访问信息的性质以及操作的方式相关。

4. 导航模型

导航模型为 WebApp 定义所有导航策略。导航模型考虑了每一类用户如何从一个 WebApp 元素（例如内容对象）导航到另一个元素。把导航机制定义为设计的一部分，在这个阶段，分析人员应该关注于总体的导航需求，应考虑以下问题。

- 某些元素比其他元素更容易达到吗（即需要更少的导航步骤）？表示的优先级是什么？
- 为了促使用户以他们自己的方向导航，应该强调某些元素吗？

- 应该怎样处理导航错误？
- 导航到关键元素组的优先级应该高于导航到某个特定元素的优先级吗？
- 应该通过链接方式、基于搜索的访问方式还是其他方式来实现导航？
- 根据前面的导航行为，某些确定的元素应该展现给用户吗？
- 应该为用户维护导航日志吗？
- 在用户交互的每一点处，一个完整的导航地图或菜单都可用吗？
- 导航设计应该由大多数普遍期望的用户行为来驱动，还是由已定义的 WebApp 元素可感知的重要性来驱动？
- 为了促进将来使用快捷方式，一个用户能否“存储”他以前对 WebApp 的导航？
- 应该为哪类用户设计最佳导航？
- 应该如何处理 WebApp 外部的链接？应该覆盖现有的浏览器窗口吗？能否作为一个新的浏览器窗口，还是作为一个单独的框架？

提出并回答这些问题及其他一些问题是导航分析的一部分工作。

5. 配置模型

配置模型描述 WebApp 所在的环境和基础设施。

在某些情况下，配置模型只不过是服务器端和客户端的属性列表。但是对于更复杂的 WebApp 来说，多种配置的复杂性（例如，多服务器之间的负载分配、高速缓存的体系结构、远程数据库、同一网页上服务于不同对象的多个服务器）可能对分析和设计产生影响。在必须考虑复杂配置体系结构的情况下，可以使用 UML 部署图。

6.4.3 WebApp 设计

好的 WebApp 应该具有的最相关的通用特性是可用性、功能性、可靠性、效率、可维护性、安全性、可扩展性、以及及时性。WebApp 的设计目标是简单性、一致性、符合性、健壮性、导航性、视觉吸引力与兼容性。WebApp 设计根据其类型不同，适合采用混合的各种技术，进行一系列设计动作，包括：架构设计、构件设计、内容设计、导航设计、美学设计、界面设计。很多情况下，多类设计并行进行。

1. 架构设计

WebApp 描述了使 WebApp 达到其业务目标的基础结构，典型使用多层架构来构造，包括用户界面或展示层、基于一组业务规则来指导与客户端浏览器进行信息交互的控制器，以及可以包含 WebApp 的业务规则的内容层或模型层，描述将以什么方式来管理用户交互、操作内部处理任务、实现导航及展示内容。模型-视图-控制器（Model-View-Controller，MVC）结构是 WebApp 基础结构模型之一，它将 WebApp 功能及信息内容分离。

2. 构件设计

在 WebApp 中，内容和功能的界限通常并不清晰，因此首先明确 WebApp 构件：①定义良好的聚合功能，为最终用户处理内容或提供计算或处理数据；②内容和功能的聚合包，提供最终用户所需要的功能。因此，WebApp 构件设计通常包括内容设计元素和功能设计元素。

（1）构件级内容设计。关注内容对象，以及包装后展示给最终用户的方式，应该适合创建的 WebApp 特性。一般情况下，内容对象不需要被组织成构件，加以分别实现。但是，随着 WebApp、内容对象及其关系的规模和复杂度的增长，组织内容是必要的。

（2）构件级功能设计。将 WebApp 作为一系列构件加以交付，这些构件与信息体系结构并行开发，以确保一致性。并且需要在一开始就考虑需求模型和初始信息架构，然后再进一步考查功能如何影响用户与系统的交互、要展示的信息以及要管理的用户任务。在架构设计中，往往将 WebApp 的内容和功能结合在一起来设计功能架构，描述关键的功能构件及其交互。

3. 内容设计

WebApp 的内容结构（线性或非线性）也影响架构，因此设计内容体系结构。内容体系结构着重于内容对象（诸如网页的组成对象）的表现和导航的组织，通常采用线性结构、网格结构、层次结构、网络结构四种结构及其组合。当内部交互可预测顺序很常见时，采用线性结构，如帮助文档、产品订单输入顺序等。当 WebApp 内容按类别组织成十分规则的二维或多维时，可以采用网格结构，如销售网站水平代表要出售的商品准类，垂直表示制造商。层次结构可以设计成是控制流水平地穿过垂直分支（通过超文本）的方式，即同层之间可以通过超链接相连。网络结构一般是对网页进行设计，使其能够将控制通过超链接传递到系统中几乎所有的网页。将上述设计结构进行组合，就形成复合结构。

4. 导航设计

建立了 WebApp 的体系结构及其构件后，定义导航路径，使用户可以访问 WebApp 的内容和功能。为每一类用户角色定义一组类，包含一个或多个内容对象或者包含 WebApp 的功能。当用户与 WebApp 进行交互时，会接触到一系列导航语义单元，即信息（导航节点）和相关的导航结构（导航链接）的集合，它们相互协作共同完成相关的用户请求的一部分。定义导航机制，如导航链接，水平或垂直导航条（列表），标签或者一个完整的站点地图入口。

用户界面是围绕着运行在客户端上的浏览器的特性进行设计的，数据层位于服务器上。

6.5 用户界面设计

用户界面（UI）设计在人与计算机之间搭建了一个有效的交流媒介。遵循一系列的界面设计原则定义界面对象和界面设计动作，然后创建构成用户界面原型基础的屏幕布局。

6.5.1 用户界面设计的黄金原则

Theo Mandel 在其关于界面设计的著作中提出了 3 条“黄金原则”：用户操纵控制；减少用户的记忆负担；保持界面一致。

这些黄金原则实际上构成了一系列用户界面设计原则的基础，这些原则可以指导软件设计的重要方面。

1. 用户操纵控制

在很多情况下，设计者为了简化界面的实现可能会引入约束和限制，其结果可能是界面易于构建，但会妨碍使用。Mandel 定义了一组设计原则，允许用户操纵控制。

1）以不强迫用户进入不必要的或不希望的动作的方式来定义交互模式

交互模式就是界面的当前状态。例如，如果在字处理软件的菜单中选择拼写检查，则软件将转移到拼写检查模式。如果用户希望在这种情形下进行一些文本编辑，则没有理由强迫用户停留在拼写检查模式，用户应该能够几乎不需要做任何动作就能进入和退出该模式。

2）提供灵活的交互

由于不同的用户有不同的交互偏好，因此应该提供选择机会。例如，软件可能允许用户通过键盘命令、鼠标移动、数字笔、多触摸屏或语音识别命令等方式进行交互。但是，每个动作并非要受控于每一种交互机制。例如，考虑使用键盘命令（或语音输入）来画一幅复杂形状的图形是有一定难度的。

3）允许中断和撤销用户交互

即使当陷入到一系列动作之中时，用户也应该能够中断动作序列去做某些其他事情（而不会失去已经做过的工作），用户也应该能够“撤销”任何动作。

4）当技能级别增长时可以使交互流线化并允许定制交互

用户经常发现他们重复地完成相同的交互序列。因此，值得设计一种“宏”机制，使得高级用户能够定制界面以方便交互。

5）使用户与内部技术细节隔离开来

用户界面应该能够将用户移入到应用的虚拟世界中来。用户不应该知道操作系统、文件管理功能或其他神秘的计算技术。其实，界面不应该要求用户在机器内部层次上进行交互（例如，不应该要求用户在应用软件中输入操作系统命令）。

6）设计应允许用户与出现在屏幕上的对象直接交互

当用户能够操纵完成某任务所必需的对象，并且以一种该对象好像是真实物理存在的方式来操作它时，用户就会有一种控制感。例如，某应用界面可允许用户“拉伸”某对象（增大其尺寸），就是直接操纵的一种实现。

2. 减轻用户的记忆负担

用户必须记住的东西越多，与系统交互时，出错的可能性也就越大。因此，一个经过精心设计的用户界面不会加重用户的记忆负担。只要有可能，系统应该“记住”有关的信息，并通过能够帮助回忆的交互场景来帮助用户。Mandel 定义了一组设计原则，使得界面能够减少用户的记忆负担。

1）减少对短期记忆的要求

当用户陷于复杂的任务时，短期记忆的要求将会很大。界面的设计应该尽量不要求记住过去的动作、输入和结果。可行的解决办法是通过提供可视的提示，使得用户能够识别过去的动作，而不是必须记住它们。

2）建立有意义的默认

初始的默认集合应该对一般的用户有意义，但是，用户应该能够说明个人的偏好。然而，“reset（重置）”选择应该是可用的，使得可以重新定义初始默认值。

3）定义直观的快捷方法

当使用助记符来完成系统功能时，助记符应该以容易记忆的方式联系到相关动作。

4）界面的视觉布局应该基于真实世界的象征

例如，一个账单支付系统应该使用支票簿和支票登记簿来指导用户的账单支付过程。这使得用户能够依赖于很好理解的可视提示，而不是记住复杂难懂的交互序列。

5）以不断进展的方式揭示信息

界面应该以层次化的方式进行组织，即关于某任务、对象或某行为的信息应该首先在高抽象层次上呈现。更多的细节应该在用户用鼠标点击表明兴趣后再展示。例如，很多字处理应用中十分常见的一个功能是加下画线，该功能本身是“文本风格”菜单下多个功能中的一个。然而，每种加下画线的功能并未列出，用户必须选择加下画线，然后所有加下画线的选项（如加单下画线、加双下画线、加虚下画线）才被展示出来。

3. 保持界面一致

用户应该以一致的方式展示和获取信息，这意味着：按照贯穿所有屏幕显示的设计规则来组织可视信息；将输入机制约束到有限的集合，在整个应用系统中得到一致的使用；从任务到任务的导航机制要一致地定义和实现。Mandel 定义了一组帮助保持界面一致性的设计原则。

1）允许用户将当前任务放入有意义的环境中

很多界面使用数十个屏幕图像来实现复杂的交互层次，提供指示器（例如，窗口标题、图标、一致的颜色编码）帮助用户知道当前工作环境是十分重要的。另外，用户应该能够确定它来自何处以及存在什么途径转换到新任务。

2）在应用系统家族内保持一致性

一组应用系统（或一套产品）应使用相同的设计规则，以保持所有交互的一致性。

3）如果过去的交互模型已经建立起了用户期望，除非有不得已的理由，否则不要改变它

一个特殊的交互序列一旦已经变成事实上的标准，则用户在遇到的每个应用系统中均会如此期望，如果改变，将导致混乱。

6.5.2 用户界面的分析与设计

用户界面的分析与设计过程始于创建不同的系统功能模型（从外部看对系统的感觉），用于完成系统功能的任务被分为面向人的和面向计算机的，考虑那些应用到界面设计中的各种设计问题，各种工具被用于建造原型并最终实现设计模型，最后由最终用户从质量的角度对结果进行评估。

1. 用户界面分析和设计模型

（1）软件工程师所创建的设计模型（Design Model）。整个系统设计模型包括对软件的数据结构、体系结构、界面和过程的表示。界面设计往往是设计模型的附带结果。

（2）人机界面设计工程师创建的用户模型（User Model）。用户模型描述系统最终用户的特点。在设计前，应首先对用户进行分类，了解用户的特点，包括年龄、性别、实际能力、教育、文化和种族背景、动机、目的以及个性等。

（3）最终用户在脑海里对界面产生的映像，称为用户的心理模型或系统感觉（System Perception）。系统感觉是最终用户主观想象的系统映像，描述了期望的系统能提供的操作，其描述的精确程度依赖于最终用户对软件的熟悉程度。

（4）系统实现者创建的系统映像（System Image）。系统映像包括基于计算机的系统的外在表示（界面的观感）和用来描述系统语法和意义的支撑信息（书、手册、录像带、帮助文件等）。如果系统映像和系统感觉是一致的，用户就会感觉软件很舒服，使用起来很有效。

为了融合这些模型，设计模型必须适应包含在用户模型中的信息，并且系统映像必须准确地反映接口的语法和语义。

2. 用户界面分析和设计的过程

用户界面的分析与设计过程是迭代的，包括 4 个不同的框架活动：界面分析及建模、界面设计、界面构造和界面确认。

界面分析活动的重点在于那些与系统交互的用户的轮廓，记录技能级别、业务理解以及对新系统的一般感悟，并定义不同的用户类型，对每个用户类别进行需求引导。

界面设计的目标是定义一组界面对象和动作（以及它们的屏幕表示），使得用户能够以满足系统所定义的每个使用目标的方式完成所有定义的任务。

界面构造通常开始于创建可评估使用场景的原型。随着迭代设计过程的继续，用户界面开发工具可以用来完成界面的构造。

界面确认着重于以下几点：界面正确地实现每个用户任务的能力、适应所有任务变化的能力以及达到所有一般用户需求的能力；界面容易使用和学习的程度；用户将界面作为其工作中有用工具的接受程度。

6.5.3　用户界面设计问题

在进行用户界面设计时，几乎总会遇到以下 4 个问题：系统响应时间、帮助设施、错误信息处理、菜单和命令标记。

1. 系统响应时间

系统响应时间不能令人满意是交互式系统用户经常抱怨的问题。一般来说，系统响应时间是指从用户开始执行动作到软件以预期的输出和动作形式给出响应这段时间。

系统响应时间包括两方面的属性：时间长度和可变性。如果系统响应时间过长，用户就会感到焦虑和沮丧。系统时间的可变性是指相对于平均时间的偏差，在很多情况下这是最重要的响应时间特性。即使响应时间比较长，响应时间的低可变性也有助于用户建立稳定的交互节奏。例如，稳定在 1s 的命令响应时间，比从 0.1s 到 2.5s 不定的响应时间要好。

2. 帮助设施

几乎所有计算机交互式系统的用户都时常需要帮助，考虑帮助设施时需要在设计中解决以下问题。

（1）进行系统交互时，是否在任何时候对任何系统功能都能得到帮助？有两种选择：提供部分功能与动作的帮助和提供全部功能的帮助。

（2）用户怎样请求帮助？有 3 种选择：帮助菜单、特殊功能键和 HELP 命令。

（3）如何表达帮助？有 3 种选择：提供单独的帮助窗口、在另一个窗口中指示参考某个已印刷的文档（不是理想方式）或在屏幕特定位置给出一行或两行的简单提示。

（4）用户如何回到正常的交互方式？可做的选择包括屏幕上显示的返回按钮、功能键或控制序列。

（5）如何构造帮助信息？有3种选择：平面结构（所有信息均通过关键词来访问）、分层结构（用户可以进入分层结构得到更详细的信息）和超文本的使用。

3. 错误信息处理

出错信息和警告是指出现问题时系统反馈给用户的“坏消息”。如果做不好，出错信息和警告会给出无用和误导的信息，反而增加了用户的沮丧感。通常，交互式系统给出的出错信息和警告应具备以下特征。

（1）消息以用户可以理解的语言描述问题。

（2）消息应提供如何从错误中回复的建设性意见。

（3）消息应指出错误可能导致哪些不良后果（例如破坏数据文件），以便用户检查是否出现了这些情况。

（4）消息伴随着视觉或听觉上的提示。也就是说，显示消息应该伴随警告声或者消息用闪烁方式显示，或以明显表示错误的颜色来显示。

（5）消息不应是裁判性的，即不能指责用户。

4. 菜单和命令标记

输入命令曾经是用户和系统交互的主要方式，并广泛用于各种应用程序中。现在，面向窗口的界面采用点击和选取方式，减少了用户对输入命令的依赖。但许多高级用户仍然喜欢面向命令的交互方式。在提供命令或菜单标签交互方式时，必须考虑以下问题。

（1）每个菜单选择是否都有对应的命令？

（2）以何种方式提供命令？有3种选择：控制序列（如Alt+P）、功能键或输入命令。

（3）学习和记忆命令的难度有多大？忘记命令怎么办？

（4）用户是否可以定制和缩写命令？

（5）在界面环境中菜单标签是不是自解释的？

（6）子菜单是否与主菜单所指的功能相一致？

第7章 面向对象技术

客观世界由许多具体的事物、事件、概念和规则组成，这些均可被看成对象。面向对象（Object-Oriented，OO）方法是一种非常实用的系统化软件开发方法，它以客观世界中的对象为中心，其分析和设计思想符合人们的思维方式，分析和设计的结果与客观世界的实际比较接近，容易被人们所接受。面向对象方法有 Booch 方法、Coad 方法和 OMT 方法等。为了统一各种面向对象方法的术语、概念和模型，1997 年推出了统一建模语言（Unified Modeling Language，UML）。它是面向对象的标准建模语言，通过统一的语义和符号表示，使各种方法的建模过程和表示统一起来，现已成为面向对象建模的工业标准。

面向对象方法包括面向对象分析、面向对象设计和面向对象实现，其界线并不明显，它们采用相同的符号表示，能方便地从分析阶段平滑地过渡到设计阶段。此外，在现实生活中，用户的需求经常会发生变化，但客观世界的对象以及对象间的关系相对比较稳定，因此用面向对象方法分析和设计的结果也相对比较稳定。本章主要介绍面向对象技术的基本概念、原理及方法、UML 以及设计模式。

7.1 面向对象基础

众所周知，采用系统化的开发方法开发软件（特别是大规模软件）系统才可获得好的系统。什么是“好”系统呢？这个问题应从使用者（外部）和开发者（内部）两个角度来回答。从使用者观点出发，需要系统具有易学易用、界面友好、正确使用时能快速给出正确结果、效率高等优点，还要求系统安全可靠等；从系统开发者和管理者角度出发，要求系统易于修改和扩充、易于理解、易于测试和重用、易于与其他系统兼容和管理等。虽然不同的系统所强调的特性可能不同，但上述所要求的系统特性是基本特性。

相对而言，面向对象的开发技术更有利于开发具有上述特性的软件系统。本节简要介绍面向对象开发技术的基本概念和相关步骤。

7.1.1 面向对象的基本概念

Peter Coad 和 Edward Yourdon 提出用下面的等式识别面向对象方法。

面向对象=对象（Object）+分类（Classification）+继承（Inheritance）+通过消息的通信（Communication with Messages）

可以说，采用这 4 个概念开发的软件系统是面向对象的。

1．对象

在面向对象的系统中，对象是基本的运行时的实体，它既包括数据（属性），也包括作用于数据的操作（行为）。所以，一个对象把属性和行为封装为一个整体。封装是一种信息隐蔽技术，它的目的是使对象的使用者和生产者分离，使对象的定义和实现分开。从程序设计者来看，对象是一个程序模块；从用户来看，对象为他们提供了所希望的行为。在对象内的操作通常称为方法。一个对象通常可由对象名、属性和方法 3 个部分组成。

在现实世界中，每个实体都是对象，如学生、汽车、电视机和空调等都是现实世界中的对象。每个对象都有它的属性和操作，如电视机有颜色、音量、亮度、灰度、频道等属性，可以有切换频道、增大/减低音量等操作。电视机的属性值表示了电视机所处的状态，而这些属性只能通过其提供的操作来改变。电视机的各组成部分，如显像管、电路板和开关等都封装在电视机机箱中，人们不知道也不关心电视机是如何实现这些操作的。

2．消息

对象之间进行通信的一种构造叫作消息。当一个消息发送给某个对象时，包含要求接收对象去执行某些活动的信息。接收到信息的对象经过解释，然后予以响应。这种通信机制称为消息传递。发送消息的对象不需要知道接收消息的对象如何对请求予以响应。

3．类

一个类定义了一组大体上相似的对象。一个类所包含的方法和数据描述一组对象的共同行为和属性。把一组对象的共同特征加以抽象并存储在一个类中是面向对象技术最重要的一点。是否建立了一个丰富的类库，是衡量一个面向对象程序设计语言成熟与否的重要标志。

类是在对象之上的抽象，对象是类的具体化，是类的实例（Instance）。在分析和设计时，通常把注意力集中在类上，而不是具体的对象。也不必逐个定义每个对象，只需对类做出定义，而对类的属性进行不同赋值即可得到该类的对象实例。

类可以分为三种：实体类、接口类（边界类）和控制类。实体类的对象表示现实世界中真实的实体，如人、物等。接口类（边界类）的对象为用户提供一种与系统合作交互的方式，分为人和系统两大类，其中人的接口可以是显示屏、窗口、Web 窗体、对话框、菜单、列表框、其他显示控制、条形码、二维码或者用户与系统交互的其他方法。系统接口涉及到把数据发送到其他系统，或者从其他系统接收数据。控制类的对象用来控制活动流，充当协调者。

有些类之间存在一般和特殊关系，即一些类是某个类的特殊情况，某个类是一些类的一般情况。这是一种 is-a 关系，即特殊类是一种一般类。例如“汽车”类、“轮船”类、“飞机”类都是一种“交通工具”类。特殊类是一般类的子类，一般类是特殊类的父类。同样，“汽车”类还可以有更特殊的类，如“轿车”类、“货车”类等。在这种关系下形成一种层次的关联。

通常，把一个类和这个类的所有对象称为“类及对象”或对象类。

4．继承

继承是父类和子类之间共享数据和方法的机制。这是类之间的一种关系，在定义和实现一个类的时候，可以在一个已经存在的类的基础上进行，把这个已经存在的类所定义的内容作为自己的内容，并加入若干新的内容。图 7-1表示了父类 A 和它的子类 B 之间的继承关系。

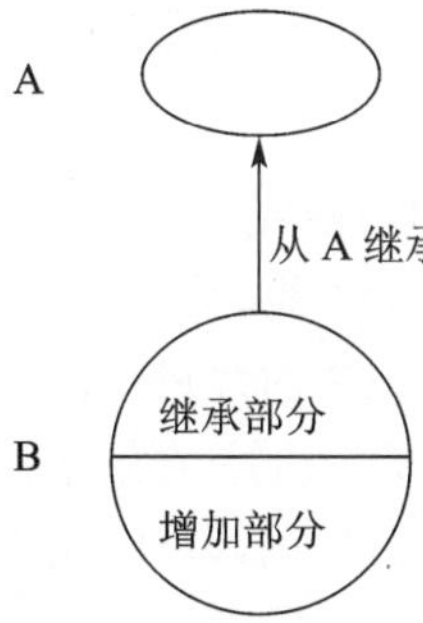

图 7-1　类的继承关系

一个父类可以有多个子类，这些子类都是父类的特例，父类描述了这些子类的公共属性和方法。一个子类可以继承它的父类（或祖先类）中的属性和方法，这些属性和操作在子类中不必定义，子类中还可以定义自己的属性和方法。

图 7-1 中的 B 只从一个父类 A 得到继承，叫作“单重继承”。如果一个子类有两个或更多个父类，则称为“多重继承”。

5．多态

在收到消息时，对象要予以响应。不同的对象收到同一消息可以产生完全不同的结果，这一现象称为多态（Polymorphism）。在使用多态的时候，用户可以发送一个通用的消息，而实现的细节则由接收对象自行决定。这样，同一消息就可以调用不同的方法。

多态的实现受到继承的支持，利用类的继承的层次关系，把具有通用功能的消息存放在高层次，而不同的实现这一功能的行为放在较低层次，在这些低层次上生成的对象能够给通用消息以不同的响应。

多态有不同的形式，Cardelli 和 Wegner 把它分为 4 类，如下所示。其中，参数多态和包含多态称为通用的多态，过载多态和强制多态称为特定的多态。

- 多态
  - 通用的
    - 参数的
    - 包含的
  - 特定的
    - 过载的
    - 强制的

参数多态是应用比较广泛的多态，被称为最纯的多态。包含多态在许多语言中都存在，最常见的例子就是子类型化，即一个类型是另一个类型的子类型。过载（Overloading）多态是同一个名字在不同的上下文中所代表的含义不同。

6．动态绑定（Dynamic Binding）

绑定是一个把过程调用和响应调用所需要执行的代码加以结合的过程。在一般的程序设计语言中，绑定是在编译时进行的，叫作静态绑定。动态绑定则是在运行时进行的，因此，一个给定的过程调用和代码的结合直到调用发生时才进行。

动态绑定是和类的继承以及多态相联系的。在继承关系中，子类是父类的一个特例，所以父类对象可以出现的地方，子类对象也可以出现。因此在运行过程中，当一个对象发送消息请求服务时，要根据接收对象的具体情况将请求的操作与实现的方法进行连接，即动态绑定。

7.1.2 面向对象分析

同其他分析方法一样，面向对象分析（Object-Oriented Analysis，OOA）的目的是为了获得对应用问题的理解。理解的目的是确定系统的功能、性能要求。面向对象分析方法与功能/数据分析法之间的差别是前期的表述含义不同。功能/数据分析法分开考虑系统的功能要求和数据及其结构，面向对象分析方法是将数据和功能结合在一起作为一个综合对象来考虑。面向对象分析技术可以将系统的行为和信息间的关系表示为迭代构造特征。

面向对象分析包含 5 个活动：认定对象、组织对象、描述对象间的相互作用、确定对象的操作、定义对象的内部信息。

1．认定对象

在应用领域中，按自然存在的实体确立对象。在定义域中，首先将自然存在的“名词”作为一个对象，这通常是研究问题、定义域实体的良好开始。通过实体间的关系寻找对象常常没有问题，困难在于寻找（选择）系统关心的实质性对象，实质性对象是系统稳定性的基础。例如在银行应用系统中，实质性对象应包含客户账务、清算等，而门卫值班表不是实质性对象，甚至可不包含在该系统中。

2．组织对象

分析对象间的关系，将相关对象抽象成类，其目的是为了简化关联对象，利用类的继承性建立具有继承性层次的类结构。抽象类时可从对象间的操作或一个对象是另一个对象的一部分来考虑，如房子是由门和窗构成的。由对象抽象类，通过相关类的继承构造类层次，所以说系统的行为和信息间的分析过程是一种迭代表征过程。

3．对象间的相互作用

描述出各对象在应用系统中的关系，如一个对象是另一个对象的一部分，一个对象与其他对象间的通信关系等。这样可以完整地描述每个对象的环境，由一个对象解释另一个对象，以及一个对象如何生成另一个对象，最后得到对象的界面描述。

4．基于对象的操作

当考虑对象的界面时，自然要考虑对象的操作。其操作有从对象直接标识的简单操作，如创建、增加和删除等；也有更复杂的操作，如将几个对象的信息连接起来。一般而言，避免对象太复杂比较好，当连接的对象太复杂时，可将其标识为新对象。当确定了对象的操作后，再定义对象的内部，对象内部定义包括其内部数据信息、信息存储方法、继承关系以及可能生成的实例数等属性。

分析阶段最重要的是理解问题域的概念，其结果将影响整个工作。经验表明，从应用定义域概念标识对象是非常合理的，完成上述工作后写出规范文档，文档确定每个对象的范围。

早期面向对象的目标之一是简化模型与问题域之间的语义差距。事实上，面向对象分析的基础是软件系统结构，这依赖于人类看待现实世界的方法。当人们理解求解问题的环境时，常采用对象、分类法和层次性这类术语。面向对象分析与功能/数据分析方法相比，面向对象的结果比较容易理解和管理。面向对象分析方法的另一个优点是便于修改，早期阶段的修改容易提高软件的可靠性。

7.1.3　面向对象设计

面向对象设计（Object-Oriented Design，OOD）是将 OOA 所创建的分析模型转化为设计模型，其目标是定义系统构造蓝图。通常的情况是，由概念模型生成的分析模型被装入到相应的执行环境中时，需要考虑实现问题加以调整和增补，如根据所用编程语言是否支持多继承或继承，而调整类结构。OOA 与 OOD 之间不存在鸿沟，采用一致的概念和一致的表示法，OOD 同样应遵循抽象、信息隐蔽、功能独立、模块化等设计准则。

1. 面向对象设计的活动

OOD在复用OOA模型的基础上，包含与OOA对应如下五个活动。

（1）识别类及对象。

（2）定义属性。

（3）定义服务。

（4）识别关系。

（5）识别包。

和所有其他设计活动一样，要使系统的结构好且效率高，做好相互间的平衡是困难的。分析模型已经提供了概念结构，它将试图长期保存。另外，设计期必须充分考虑系统的稳定性，如目标环境所需的最大存储空间、可靠性和响应时间等，所有这些都会影响系统的结构。

对象标识期间的目标是分析对象，设计过程也是发现对象的过程，称之为再处理，并补充几个新的组成部分，即与实现有关的因素：图形用户界面系统，硬件操作系统及网络，数据管理系统以及编程语言和可复用构件库等。OOD应该尽可能隔离实现条件对系统的影响，对不可隔离的因素按实现条件调整OOA模型。因此，必须有从分析模型到设计模型到程序设计语言的线性转换规则。对象可以用预先开发的源代码实现，称这样的部分为构件（Component）。由于这些构件是功能和数据的组装，因此，常常用于简化面向对象环境的产生。

如前所述，面向对象系统的开发需要面向对象的程序设计风格，这与面向对象程序设计语言无直接关系。面向对象是一种程序设计风格，而不只是一种具有构造继承性、封装性和多态的程序设计语言族的命名。

2. 面向对象设计的原则

（1）单一责任原则（Single Responsibility Principle，SRP）。就一个类而言，应该仅有一个引起它变化的原因。即，当需要修改某个类的时候原因有且只有一个，让一个类只做一种类型责任。

（2）开放-封闭原则（Open & Close Principle，OCP）。软件实体（类、模块、函数等）应该是可以扩展的，即开放的；但是不可修改的，即封闭的。

（3）里氏替换原则（Liskov Substitution Principle，LSP）。子类型必须能够替换掉他们的基类型。即，在任何父类可以出现的地方，都可以用子类的实例来赋值给父类型的引用。当一个子类的实例应该能够替换任何其超类的实例时，它们之间才具有是一个（is-a）关系。

（4）依赖倒置原则（Dependence Inversion Principle，DIP）。抽象不应该依赖于细节，细节应该依赖于抽象。即，高层模块不应该依赖于低层模块，二者都应该依赖于抽象。

（5）接口分离原则（Interface Segregation Principle，ISP）。不应该强迫客户依赖于它们不用的方法。接口属于客户，不属于它所在的类层次结构。即：依赖于抽象，不要依赖于具体，同时在抽象级别不应该有对于细节的依赖。这样做的好处就在于可以最大限度地应对可能的变化。

上述（1）～（5）是面向对象方法中的五大原则。除了这五大原则之外，Robert C. Martin 提出的面向对象设计原则还包括以下几个。

（6）重用发布等价原则（Release Reuse Equivalency Principle，REP）。重用的粒度就是发布的粒度。

（7）共同封闭原则（Common Closure Principle，CCP）。包中的所有类对于同一类性质的变化应该是共同封闭的。一个变化若对一个包产生影响，则将对该包中的所有类产生影响，而对于其他的包不造成任何影响。

（8）共同重用原则（Common Reuse Principle，CRP）。一个包中的所有类应该是共同重用的。如果重用了包中的一个类，那么就要重用包中的所有类。

（9）无环依赖原则（Acyclic Dependencies Principle，ADP）。在包的依赖关系图中不允许存在环，即包之间的结构必须是一个直接的五环图形。

（10）稳定依赖原则（Stable Dependencies Principle，SDP）。朝着稳定的方向进行依赖。

（11）稳定抽象原则（Stable Abstractions Principle，SAP）。包的抽象程度应该和其稳定程度一致。

7.1.4　面向对象程序设计

程序设计范型（Programming Paradigm）是人们在程序设计时所采用的基本方式模型，决定了程序设计时采用的思维方式、使用的工具，同时又有一定的应用范畴。其发展经历了过程程序设计、模块化程序设计、函数程序设计、逻辑程序设计，发展到现在的面向对象程序设计范型。

面向对象程序设计（Object-Oriented Programming，OOP）的实质是选用一种面向对象程序设计语言（Object-Oriented Programming Language，OOPL），采用对象、类及其相关概念所进行的程序设计。它的关键在于加入了类和继承性，从而进一步提高了抽象程度。特定的 OOP 概念一般是通过 OOPL 中特定的语言机制来体现的。本节以 C++语言为主从程序设计的角度进一步讨论这些概念。

OOP 现在已经扩展到系统分析和软件设计的范畴，出现了面向对象分析和面向对象设计的概念，这两部分内容见本节的 7.1.2 和 7.1.3 两小节。

1．类

通常，在介绍 OOP 的书籍或文章中总是先引入对象的概念，然后从对对象进行抽象的角度来引入类的概念。但是，当设计和实现一个面向对象的程序时，首先接触到的不是对象，而是类和类层次结构。

【例 7.1】 雇员类的定义。

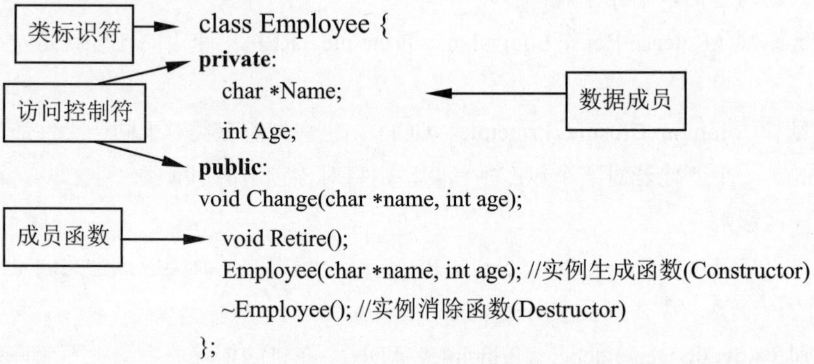
类标识符
访问控制符
成员函数
数据成员
class Employee {
private:
char *Name;
int Age;
public:
void Change(char *name, int age);
void Retire();
Employee(char *name, int age); //实例生成函数(Constructor)
~Employee(); //实例消除函数(Destructor)
};

类具有实例化功能，包括实例生成（由类的 Constructor 完成）和实例消除（由类的 Destructor 完成）。类的实例化功能决定了类及其实例具有下面的特征。

（1）同一个类的不同实例具有相同的数据结构，承受的是同一方法集合所定义的操作，因而具有规律相同的行为。

（2）同一个类的不同实例可以持有不同的值，因而可以具有不同的状态。

（3）实例的初始状态（初值）可以在实例化时确定。

2．继承和类层次结构

孤立的类只能描述实体集合的特征同一性，而客观世界中实体集合的划分通常还要考虑实体特征方面有关联的相似性。在 OOP 中使用继承机制解决这一问题。

在 OOPL 中，继承一般通过定义类之间的关系来体现。

在一个面向对象系统中，子类与父类之间的继承关系构成了这个系统的类层次结构，可以用树（对应于单继承）或格（对应于多继承）这样的图来描述。

【例 7.2】 经理类的定义。

```
class Manager : public Emplyee {
    int Level;
  public:
```

```
        void ChangeLevel(int n);
        Manager(char *name, int age, int level);
        ~Manager();
};
```

当执行一个子类的实例生成方法时，首先在类层次结构中从该子类沿继承路径上溯至它的一个基类，然后自顶向下执行该子类所有父类的实例生成方法；最后执行该子类实例生成方法的函数体。当执行一个子类的实例消除方法时，顺序恰好与执行该子类实例生成方法相反：先执行该子类实例消除方法的函数体，再沿继承路径自底向上执行该子类所有父类的实例消除方法。

与一般数据类型的实例化过程相比，类的实例化过程是一种实例的合成过程，而不仅仅是根据单个类型进行的空间分配、初始化和绑定。

OOPL 中的继承机制体现了一条重要的面向对象程序设计原则：开发人员在构造程序时不必从零开始，而只需对差别进行程序设计。支持继承也是 OOPL 与传统程序设计语言在语言机制方面最根本的区别。

3．对象、消息传递和方法

对象是类的实例。尽管对象的表示在形式上与一般数据类型十分相似，但是它们之间存在一种本质区别：对象之间通过消息传递方式进行通信。

消息传递源是一种与通信有关的概念，OOP 使得对象具有交互能力的主要模型就是消息传递模型。对象被看成用传递消息的方式互相联系的通信实体，它们既可以接收，也可以拒绝外界发来的消息。

一般情况下，对象接收它能够识别的消息，拒绝它不能识别的消息。对于一个对象而言，任何外部的代码都不能以任何不可预知或事先不允许的方式与这个对象进行交互。

发送一条消息至少应给出一个对象的名字和要发给这个对象的那条消息的名字。通常，消息的名字就是这个对象中外界可知的某个方法的名字。在消息中，经常还有一组参数（也就是那个方法所要求的参数），将外界的有关信息传给这个对象。

对于一个类来说，它关于方法界面的定义规定了实例的消息传递协议，而它本身则决定了消息传递的合法范围。由于类是先于对象构造而成的，所以一个类为它实例提供了可以预知的交互方式。例如，假设 m1 是类 Manager 的一个实例（或对象），当外界要求把这个对象所代表的那位经理的级别改变为 2 时，就应以下面的方式向这个对象发出一条消息：

```
m1.ChangeLevel(2);
```

4．对象自身引用

对象自身引用（self-Reference）是 OOPL 中的一种特有结构。这种结构在不同的 OOPL 中有不同的名称，在 C++和 Java 中称为 this，在 Smalltalk-80、Object-C 和其他一些 OOPL 中则称为 self。

以 C++语言为例，对于类 c 和方法 c::m，在 c::m 方法体中出现的 c 的成员名 n 将被编译程序按 this->n 来对待。这里的 this 是一个类型为 c*的指针（在 Java 语言中 this 是一个引用），它的值由语言中的消息传递机制提供。

对象自身引用的值和类型分别扮演了两种意义的角色：对象自身引用的值使得方法体中引用的成员名与特定的对象相关，对象自身引用的类型则决定了方法体被实际共享的范围。

对象自身引用机制使得在进行方法的设计和实现时并不需要考虑与对象联系的细节，而是从更高一级的抽象层次，也就是类的角度来设计同类型对象的行为特征，从而使得方法在一个类及其子类的范围内具有共性。在程序运行过程中，消息传递机制和对象自身引用将方法与特定的对象动态地联系在一起，使得不同的对象在执行同样的方法体时，可以因对象的状态不同而产生不同的行为，从而使得方法对具体的对象具有个性。

5．重置

重置或覆盖（Overriding）是在子类中重新定义父类中已经定义的方法，其基本思想是通过一种动态绑定机制的支持，使得子类在继承父类接口定义的前提下用适合自己要求的实现去置换父类中的相应实现。

在 OOPL 中，重置机制有相应的语法供开发人员选择使用。在 C++语言中，通过虚拟函数（Virtual Function）的定义来进行重置的声明，通过虚拟函数跳转表（Virtual Functions Jump Tables，VTBL）结构来实现重置方法体的动态绑定。在 Java 语言中，通过抽象方法（Abstract Method）进行重置的声明，通过方法查找（Method Lookup）实现重置方法体的动态绑定。

下面以 C++语言为例，说明重置机制的使用。

【例 7.3】 使用重置修改类 Employee 和 Manager。

```
class Employee {
  protected:
      char *Name;
      int Age;
  public:
      void Change(char * name, int age);
      virtual void Retire();                    //虚拟函数
```

```
        Employee(char *name, int age);
        ~Employee();
};
class Manager : public Employee {
        int Level;
    public:
        void Retire();                       //重置从父类继承的 Retire 方法
        virtual void ChangeLevel(int n); //虚拟函数，供 Manager 的子类重置
        Manager(char *name, int age, int level);
        ~Manager();
};
```

6．类属类

类属是程序设计语言中普遍注重的一种参数多态机制，在 OOPL 中也不例外。本节主要介绍与类有关的类属。

在 C++语言中，类属有专门的术语——template。

【例 7.4】 类属类。

```
template <class T> class Vector {
        T    *v;
        int sz;
    public:
        T& operator[](int i);     //运算符过载
        Vector(int VectorSize);
        /* … */
};
```

其中，<class T>中的 class 用来说明 T 是一个类型参数，但并不意味着 T 一定是一个类，也可以是基本类型。

类属类可以看成是类的模板。一个类属类是关于一组类的一个特性抽象，它强调的是这些类的成员特征中与具体类型无关的那些部分，而与具体类型相关的那些部分则用变元来表示。这就使得对类的集合也可以按照特性的相似性再次进行划分。类属类的一个重要作用，就是对类库的建设提供了强有力的支持。

重置和类属都是一种多态机制，多态的基本概念以及多态的分类见本章 7.1 节，对于其他种类的多态不在本节进行介绍。

7．无实例的类

在前几节中曾指出，类是对象的模板，对象是类的实例。那么是否每个类都至少有一个实例？如果在类之间没有定义继承关系，回答是肯定的。这是因为若存在没有实例的类，那么这样的类对程序的行为没有任何贡献，因而是冗余的。相反，如果存在继承关系，那么的确有可能在类层次结构的较高层次上看到始终没有实例的类。

要创建无实例的类，仍然需要语言的支持。在C++和Java语言中，抽象类就是这样的类。在C++中通过在类中定义纯虚拟函数来创建一个抽象类，在Java中通过将一个类声明为抽象类来创建一个抽象类，并在抽象类中定义抽象方法，抽象类中也可以没有抽象方法。

【例7.5】 用C++语言创建抽象类。

```
class Person {                          //抽象类
protected:
   char *Name;
/* … */
public:
   void Change(char *name, int age);
   virtual void PrintOn() = 0;         //纯虚拟函数
   Person();
   Person(char *name, int age, char *addr, char *tele); //过载的构造函数
   ~Person();
};
```

【例7.6】 用Java语言创建抽象类。

```
abstract class Person {            //抽象类
   protected String Name;
   /* … */
   public void Change(String name, int age){…}
   public abstract void PrintOn();    //抽象方法
   public Person(){…}
   public Person(String name, int age, String addr, String tele){…}
}
```

7.1.5 面向对象测试

就测试而言，用面向对象方法开发的系统测试与其他方法开发的系统测试没有什么不同，

在所有开发系统中都是根据规范说明来验证系统设计的正确性。程序验证应尽可能早地开始。程序调试步骤是从最底层开始，从单元测试、综合测试到系统测试。单元测试是系统构件的分体测试。将测试好的系统构件接起来看它们之间相互作用的正确性称为综合测试。最后是整个系统的测试，包括软件系统所在相关环境的测试。通常综合测试是一种“主攻”活动，在系统开发期是非常关键的。这一阶段应随时连接已开发的每一部分，再看它们的实际工作，这种“主攻”活动在面向对象系统中是一种实质性的、渐渐增长的测试策略。

面向对象的系统由一些对象和它们相互间的通信组成，这些对象包括了它们的数据属性和操作（动作），比传统系统开发方法中独立工作的子程序大。对象的操作局限于特定数据，一个对象的所有操作自然由同一个设计者开发。这导致单元测试比传统系统的单元大，综合测试尽可能在早期阶段处理，因为通信是系统开发的实质。所有对象有预定义的界面，这也有利于综合测试。当综合测试继续到较高层次时，那么越来越多的对象就会被逐步连接起来。面向对象的综合测试是由底向上的测试。

一般来说，对面向对象软件的测试可分为下列 4 个层次进行。

（1）算法层。测试类中定义的每个方法，基本上相当于传统软件测试中的单元测试。

（2）类层。测试封装在同一个类中的所有方法与属性之间的相互作用。在面向对象软件中类是基本模块，因此可以认为这是面向对象测试中所特有的模块测试。

（3）模板层。测试一组协同工作的类之间的相互作用，大体上相当于传统软件测试中的集成测试，但是也有面向对象软件的特点（例如，对象之间通过发送消息相互作用）。

（4）系统层。把各个子系统组装成完整的面向对象软件系统，在组装过程中同时进行测试。

软件工程中传统的测试用例设计技术，如逻辑覆盖、等价类划分和边界值分析等方法，仍然可以作为测试类中每个方法的主要技术。面向对象测试的主要目标也是用尽可能低的测试成本和尽可能少的测试用例，发现尽可能多的错误。但是，面向对象程序中特有的封装、继承和多态等机制，也给面向对象测试带来一些新特点，增加了测试和调试的难度。

7.2 UML

面向对象分析强调的是对一个系统中对象的特征和行为的定义。目前，国际上已经出现了多种面向对象的方法，例如 Peter Coad 和 Edward Yourdon 的 OOA 和 OOD 方法、Booch 的 OOD 方法、OMT（Object Modeling Technique，面向对象建模技术）方法及 UML（Unified Modeling Language，统一建模语言）。本节将对目前业界普遍接受的 UML 方法进行简要介绍。

统一建模语言是面向对象软件的标准化建模语言。由于其简单、统一，又能够表达软件设计中的动态和静态信息，目前已经成为可视化建模语言事实上的工业标准，当前版本为 2.4.1。

从企业信息系统到基于 Web 的分布式应用，甚至严格的实时嵌入式系统都适合用 UML 来建模。它是一种富有表达力的语言，可以描述开发所需要的各种视图，然后以此为基础装配系统。UML 由 3 个要素构成：UML 的基本构造块、支配这些构造块如何放置在一起的规则和运用与整个语言的一些公共机制。限于篇幅，下面仅对 UML 中的基本构造块进行讨论。

UML 的词汇表包含 3 种构造块：事物、关系和图。事物是对模型中最具有代表性的成分的抽象；关系把事物结合在一起；图聚集了相关的事物。

7.2.1 事物

UML 中有 4 种事物：结构事物、行为事物、分组事物和注释事物。

（1）结构事物（Structural Thing）。结构事物是 UML 模型中的名词。它们通常是模型的静态部分，描述概念或物理元素。结构事物包括类（Class）、接口（Interface）、协作（Collaboration）、用例（Use Case）、主动类（Active Class）、构件（Component）、制品（Artifact）和结点（Node）。

各种结构事物的图形化表示如图 7-2 所示。

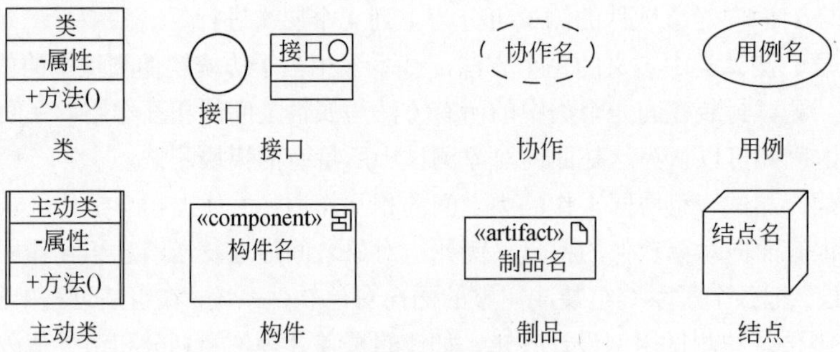

图 7-2 结构事物的图形表示

（2）行为事物（Behavior thing）。行为事物是 UML 模型的动态部分。它们是模型中的动词，描述了跨越时间和空间的行为。行为事物包括交互（Interaction）、状态机（State Machine）和活动（Activity）。各种行为事物的图形化表示如图 7-3 所示。

图 7-3 行为事务的图形表示

交互由在特定语境中共同完成一定任务的一组对象之间交换的消息组成。一个对象群体的行为或单个操作的行为可以用一个交互来描述。交互涉及一些其他元素，包括消息、动作序列（由一个消息所引起的行为）和链（对象间的连接）。在图形上，把一个消息表示为一条有向直线，通常在表示消息的线段上总有操作名。

状态机描述了一个对象或一个交互在生命期内响应事件所经历的状态序列。单个类或一组类之间协作的行为可以用状态机来描述。一个状态机涉及到一些其他元素，包括状态、转换（从一个状态到另一个状态的流）、事件（触发转换的事物）和活动（对一个转换的响应）。在图形上，把状态表示为一个圆角矩形，通常在圆角矩形中含有状态的名称及其子状态。

活动是描述计算机过程执行的步骤序列，注重步骤之间的流而不关心哪个对象执行哪个步骤。活动的一个步骤称为一个动作。在图形上，把动作画成一个圆角矩形，在其中含有指明其用途的名字。状态和动作靠不同的语境得以区别。

交互、状态机和活动是可以包含在 UML 模型中的基本行为事物。在语义上，这些元素通常与各种结构元素（主要是类、协作和对象）相关。

（3）分组事物（Grouping Thing）。分组事物是 UML 模型的组织部分，是一些由模型分解成的“盒子”。在所有的分组事物中，最主要的分组事物是包（Package）。包是把元素组织成组的机制，这种机制具有多种用途。结构事物、行为事物甚至其他分组事物都可以放进包内。包与构件（仅在运行时存在）不同，它纯粹是概念上的（即它仅在开发时存在）。包的图形化表示如图 7-4 所示。

（4）注释事物（Annotational Thing）。注释事物是 UML 模型的解释部分。这些注释事物用来描述、说明和标注模型的任何元素。注解（Note）是一种主要的注释事物。注解是一个依附于一个元素或者一组元素之上，对它进行约束或解释的简单符号。注解的图形化表示如图 7-5 所示。

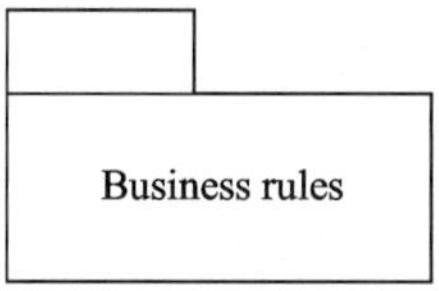

图 7-4　包

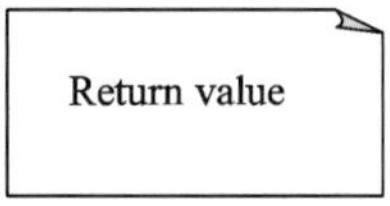

图 7-5　注解

7.2.2　关系

UML 中有 4 种关系：依赖、关联、泛化和实现。

（1）依赖（Dependency）。依赖是两个事物间的语义关系，其中一个事物（独立事物）发生变化会影响另一个事物（依赖事物）的语义。在图形上，把一个依赖画成一条可能有方向的虚线，如图 7-6 所示。

（2）关联（Association）。关联是一种结构关系，它描述了一组链，链是对象之间的连接。聚集（Aggregation）是一种特殊类型的关联，它描述了整体和部分间的结构关系。关联和聚集的图形化表示如图 7-7 和图 7-8 所示。

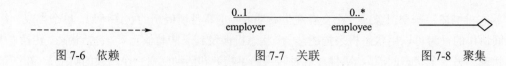

图 7-6　依赖

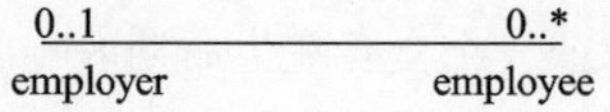

图 7-7　关联

图 7-8　聚集

在关联上可以标注重复度（Multiplicity）和角色（Role）。

（3）泛化（Generalization）。泛化是一种特殊/一般关系，特殊元素（子元素）的对象可替代一般元素（父元素）的对象。用这种方法，子元素共享了父元素的结构和行为。在图形上，把一个泛化关系画成一条带有空心箭头的实线，它指向父元素，如图 7-9 所示。

（4）实现（Realization）。实现是类元之间的语义关系，其中一个类元指定了由另一个类元保证执行的契约。在两种情况下会使用实现关系：一种是在接口和实现它们的类或构件之间；另一种是在用例和实现它们的协作之间。在图形上，把一个实现关系画成一条带有空心箭头的虚线，如图 7-10 所示。

图 7-9　泛化

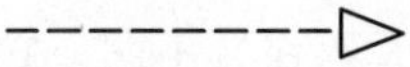

图 7-10　实现

这 4 种关系是 UML 模型中可以包含的基本关系事物。它们也有变体，例如，依赖的变体有精化、跟踪、包含和延伸。

7.2.3　UML 中的图

图（Diagram）是一组元素的图形表示，大多数情况下把图画成顶点（代表事物）和弧（代表关系）的连通图。为了对系统进行可视化，可以从不同的角度画图，这样图是对系统的投影。

UML 2.0 提供了 13 种图，分别是类图、对象图、用例图、序列图、通信图、状态图、活动图、构件图、组合结构图、部署图、包图、交互概览图和计时图。序列图、通信图、交互概览图和计时图均被称为交互图。

1. 类图

类图（Class Diagram）展现了一组对象、接口、协作和它们之间的关系。在面向对象系统的建模中所建立的最常见的图就是类图。类图给出系统的静态设计视图。包含主动类的类图给出了系统的静态进程视图。

类图中通常包括下述内容（如图 7-11 所示）。

（1）类。

（2）接口。

（3）协作。

（4）依赖、泛化和关联关系。

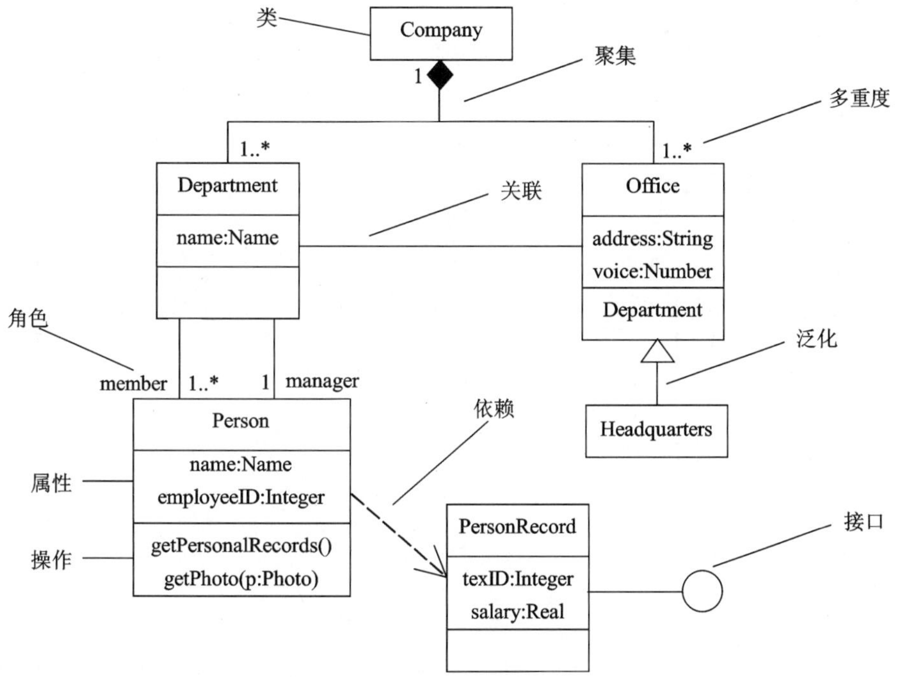

图 7-11　UML 类图

类图中也可以包含注解和约束。类图还可以含有包或子系统，二者都用于把模型元素聚集成更大的组块。

类图用于对系统的静态设计视图建模。这种视图主要支持系统的功能需求，即系统要提供给最终用户的服务。当对系统的静态设计视图建模时，通常以下述 3 种方式之一使用类图。

（1）对系统的词汇建模。对系统的词汇建模涉及做出这样的决定：哪些抽象是考虑中的系统的一部分，哪些抽象处于系统边界之外。用类图详细描述这些抽象和它们的职责。

（2）对简单的协作建模。协作是一些共同工作的类、接口和其他元素的群体，该群体提供的一些合作行为强于所有这些元素的行为之和。例如，当对分布式系统的事务语义建模时，不能仅仅盯着一个单独的类来推断要发生什么，而要有相互协作的一组类来实现这些语义。用类图对这组类以及它们之间的关系进行可视化和详述。

（3）对逻辑数据库模式建模。将模式看作为数据库的概念设计的蓝图。在很多领域中，要在关系数据库或面向对象数据库中存储永久信息，可以用类图对这些数据库的模式建模。

2．对象图

对象图（Object Diagram）展现了某一时刻一组对象以及它们之间的关系，描述了在类图中所建立的事物的实例的静态快照。对象图一般包括对象和链，如图 7-12 所示。

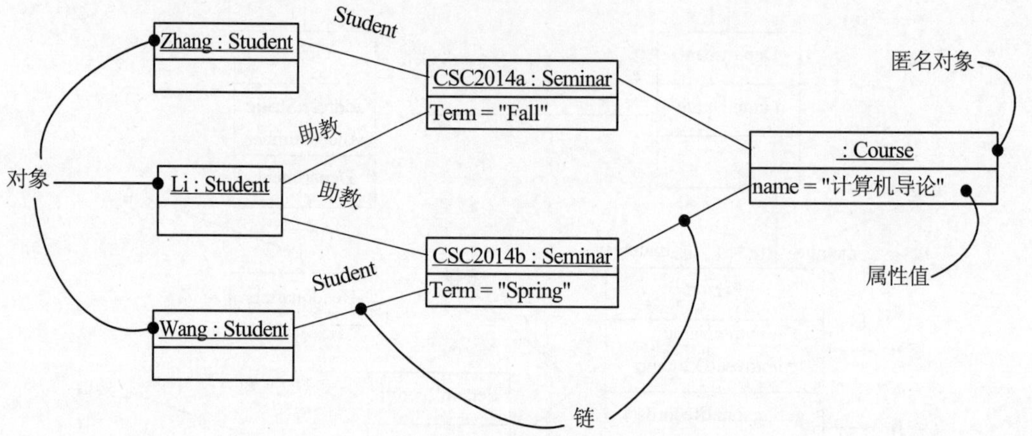

图 7-12　UML 对象图

和类图一样，对象图给出系统的静态设计视图或静态进程视图，但它们是从真实的或原型实例的角度建立的。这种视图主要支持系统的功能需求，即系统应该提供给最终用户的服务。利用对象图可以对静态数据结构建模。

在对系统的静态设计视图或静态进程视图建模时，主要是使用对象图对对象结构进行建模。对象结构建模涉及在给定时刻抓取系统中对象的快照。对象图表示了交互图表示的动态场景的一个静态画面，可以使用对象图可视化、详述、构造和文档化系统中存在的实例以及它们之间的相互关系。

3．用例图

用例图（Use Case Diagram）展现了一组用例、参与者（Actor）以及它们之间的关系。

用例图通常包括以下内容（如图 7-13 所示）。

（1）用例。

（2）参与者。

（3）用例之间的扩展关系（<<extend>>）和包含关系（<<include>>），参与者和用例之间的关联关系，用例与用例以及参与者与参与者之间的泛化关系。

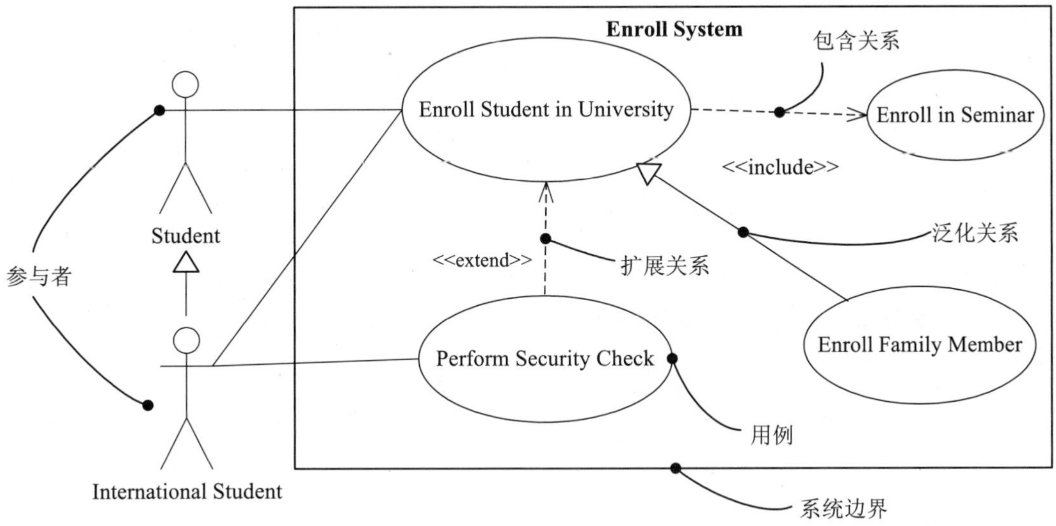

图 7-13　UML 用例图

用例图用于对系统的静态用例视图进行建模。这个视图主要支持系统的行为，即该系统在它的周边环境的语境中所提供的外部可见服务。

当对系统的静态用例视图建模时，可以用下列两种方式来使用用例图。

（1）对系统的语境建模。对一个系统的语境进行建模，包括围绕整个系统画一条线，并声明有哪些参与者位于系统之外并与系统进行交互。在这里，用例图说明了参与者以及它们所扮演的角色的含义。

（2）对系统的需求建模。对一个系统的需求进行建模，包括说明这个系统应该做什么（从系统外部的一个视点出发），而不考虑系统应该怎样做。在这里，用例图说明了系统想要的行为。通过这种方式，用例图使我们能够把整个系统看作一个黑盒子，采用矩形框表示系统边界；可以观察到系统外部有什么，系统怎样与哪些外部事物相互作用，但却看不到系统内部是如何工作的。

4．交互图

交互图用于对系统的动态方面进行建模。一张交互图表现的是一个交互，由一组对象和它们之间的关系组成，包含它们之间可能传递的消息。交互图表现为序列图、通信图、交互概览图和计时图，每种针对不同的目的，能适用于不同的情况。序列图是强调消息时间顺序的交互图；通信图是强调接收和发送消息的对象的结构组织的交互图；交互概览图强调控制流的交互图。

交互图用于对一个系统的动态方面建模。在多数情况下，它包括对类、接口、构件和结点的具体的或原型化的实例以及它们之间传递的消息进行建模，所有这些都位于一个表达行为的脚本的语境中。交互图可以单独使用，来可视化、详述、构造和文档化一个特定的对象群体的动态方面，也可以用来对一个用例的特定的控制流进行建模。

交互图一般包含对象、链和消息。

1）序列图

序列图（Sequence Diagram）是场景（Scenario）的图形化表示，描述了以时间顺序组织的对象之间的交互活动。如图 7-14 所示，形成序列图时，首先把参加交互的对象放在图的上方，沿水平方向排列。通常把发起交互的对象放在左边，下级对象依次放在右边。然后，把这些对象发送和接收的消息沿垂直方向按时间顺序从上到下放置。这样，就提供了控制流随时间推移的清晰的可视化轨迹。

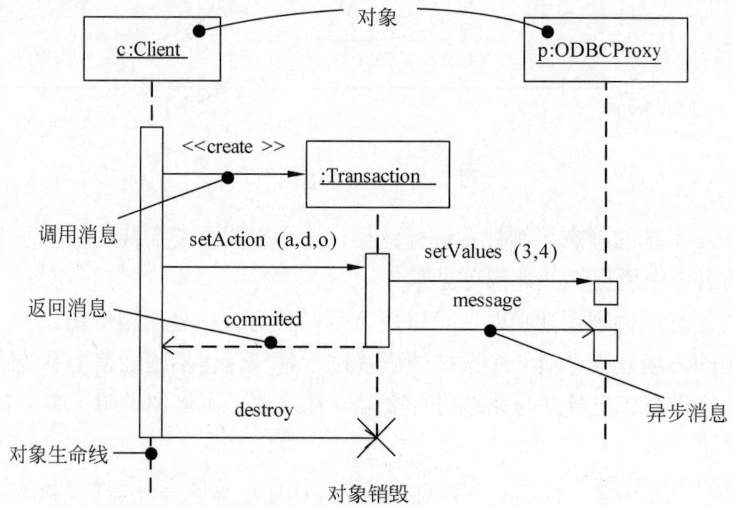

图 7-14 UML 序列图

序列图有两个不同于通信图的特征。

（1）序列图有对象生命线。对象生命线是一条垂直的虚线，表示一个对象在一段时间内存在。在交互图中出现的大多数对象存在于整个交互过程中，所以这些对象全都排列在图的顶部，其生命线从图的顶部画到图的底部。但对象也可以在交互过程中创建，它们的生命线从接收到构造型为 create 的消息时开始。对象也可以在交互过程中撤销，它们的生命线在接收到构造型为 destroy 的消息时结束（并且给出一个大 *X* 的标记表明生命的结束）。

（2）序列图有控制焦点。控制焦点是一个瘦高的矩形，表示一个对象执行一个动作所经历的时间段，既可以是直接执行，也可以是通过下级过程执行。矩形的顶部表示动作的开始，底部表示动作的结束（可以由一个返回消息来标记）。还可以通过将另一个控制焦点放在它的父控制焦点的右边来显示（由循环、自身操作调用或从另一个对象的回调所引起的）控制焦点的嵌套（其嵌套深度可以任意）。如果想特别精确地表示控制焦点在哪里，也可以在对象的方法被实际执行（并且控制还没传给另一个对象）期间将那段矩形区域阴影化。

2）通信图

通信图（Communication Diagram）强调收发消息的对象的结构组织，在早期的版本中也被称作协作图。通信图强调参加交互的对象的组织。产生一张通信图，如图 7-15 所示，首先要将参加交互的对象作为图的顶点，然后把连接这些对象的链表示为图的弧，最后用对象发送和接收的消息来修饰这些链。这就提供了在协作对象的结构组织的语境中观察控制流的一个清晰的可视化轨迹。

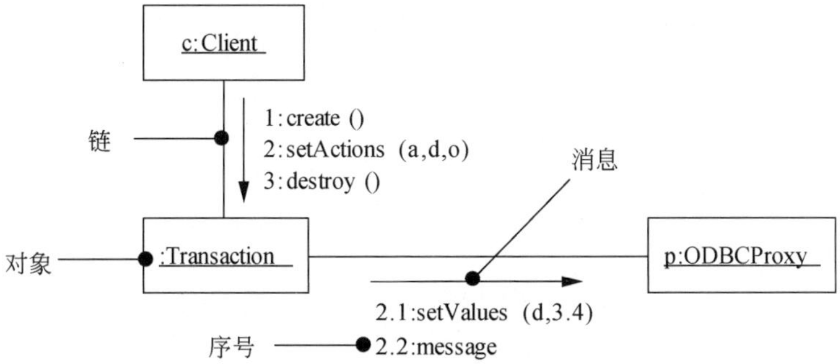

图 7-15　UML 通信图

通信图有两个不同于序列图的特性。

（1）通信图有路径。为了指出一个对象如何与另一个对象链接，可以在链的末端附上一个路径构造型（如构造型《local》，表示指定对象对发送者而言是局部的）。通常只需要显式地表示以下几种链的路径：local（局部）、parameter（参数）、global（全局）以及 self（自身），但不必表示 association（关联）。

（2）通信图有顺序号。为表示一个消息的时间顺序，可以给消息加一个数字前缀（从 1 号消息开始），在控制流中，每个新消息的顺序号单调增加（如 2、3 等）。为了显示嵌套，可使用带小数点的号码（1 表示第一个消息；1.1 表示嵌套在消息 1 中的第一个消息，1.2 表示嵌套在消息 1 中的第二个消息，等等）。嵌套可为任意深度。还要注意的是，沿同一个链可以显示许多消息（可能发自不同的方向），并且每个消息都有唯一的一个顺序号。

序列图和通信图是同构的，它们之间可以相互转换。

3）交互概览图

交互概览图（Interaction Overview Diagram）是 UML 2.0 新增的交互图之一，它是活动图的变体，描述业务过程中的控制流概览，软件过程中的详细逻辑概览，以及将多个图进行连接，抽象掉了消息和生命线。它使用活动图的表示法，如图 7-16 所示。纯粹的交互概览图中所有的活动都是交互发生。

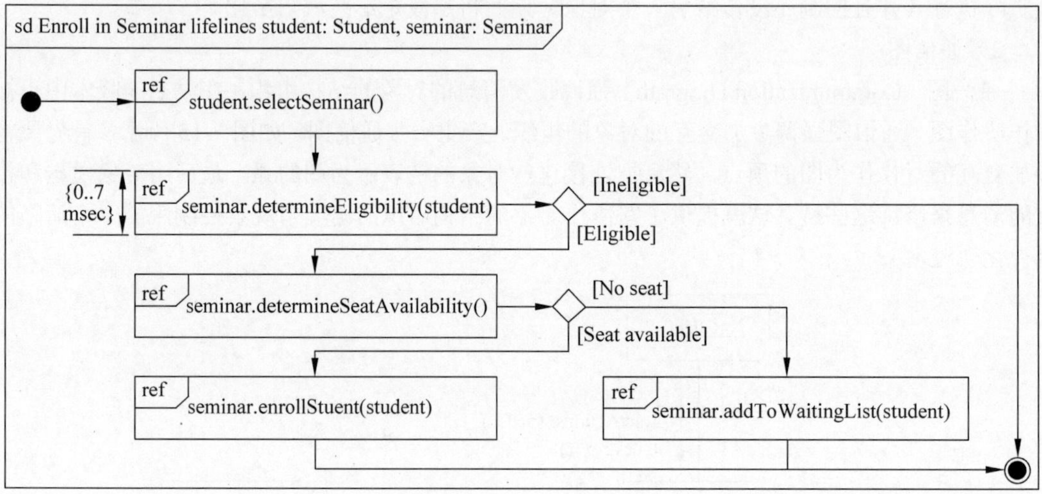

图 7-16 交互概览图

4）计时图

计时图（Timing Diagram）是另一种新增的、特别适合实时和嵌入式系统建模的交互图，关注沿着线性时间轴、生命线内部和生命线之间的条件改变。它描述对象状态随着时间改变的情况，很像示波器，如图 7-17 所示，适合分析周期和非周期性任务。

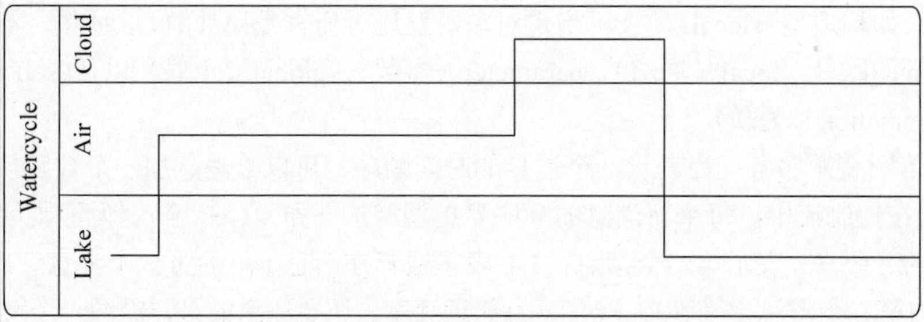

图 7-17 UML 计时图（离散时序）

5．状态图

状态图（State Diagram）展现了一个状态机，它由状态、转换、事件和活动组成。状态图关注系统的动态视图，对于接口、类和协作的行为建模尤为重要，强调对象行为的事件顺序。

状态图通常包括简单状态和组合状态、转换（事件和动作），如图 7-18 所示。状态是指对象的生命周期中某个条件或者状态，在此期间对象将满足某些条件、执行某些活动或等待某些事件，是对象执行了一系列活动的结果，当某个事件发生后，对象的状态将发生变化。嵌套在另外一个状态中的状态称为子状态，含有子状态的状态称为组合状态。转换是两个状态之间的一种关系，表示对象将在源状态中执行一定的动作，并在某个特定事件发生而且某个特定的警界（监护）条件满足时进入目标状态。动作是一个可执行的原子操作，是不可中断的，其执行时间是可忽略不计的。直接通过进入节点进入状态，通过退出节点可以结束状态。使用历史状态记住从组合状态中退出时所处的子状态，作用是当再次进入组合状态时，可以直接进入这个子状态，而不是再次从组合状态的初态开始。状态图可以分为区域，而区域又包括退出或者当前执行的子状态，说明组合状态可以在某一时刻同时到达多个子状态，此时通常在其前后使用 fork 和 join 标识。

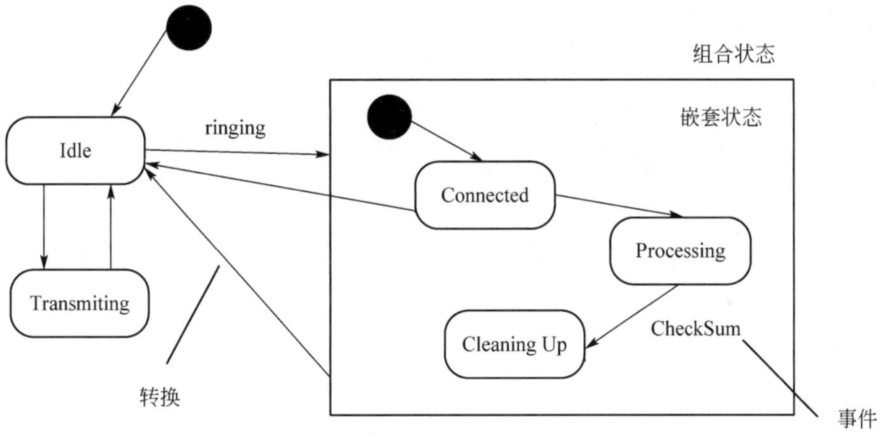

图 7-18　UML 状态图

可以用状态图对系统的动态方面建模。这些动态方面可以包括出现在系统体系结构的任何视图中的任何一种对象的按事件排序的行为，这些对象包括类（各主动类）、接口、构件和结点。

当对系统、类或用例的动态方面建模时，通常是对反应型对象建模。

一个反应型或事件驱动的对象是这样一个对象，其行为通常是由对来自语境外部的事件做出反应来刻画的。反应型对象在接收到一个事件之前通常处于空闲状态。当它接收到一个事件时，它的反应常常依赖于以前的事件。在这个对象对事件做出反应后，它就又变成闲状态，等待下一个事件。对于这种对象，将着眼于对象的稳定状态、能够触发从状态到状态的转换的事件，以及当每个状态改变时所发生的动作。

6．活动图

活动图（Activity Diagram）是一种特殊的状态图，它展现了在系统内从一个活动到另一个活动的流程，如图7-19所示。活动图专注于系统的动态视图，它对于系统的功能建模特别重要，并强调对象间的控制流程。

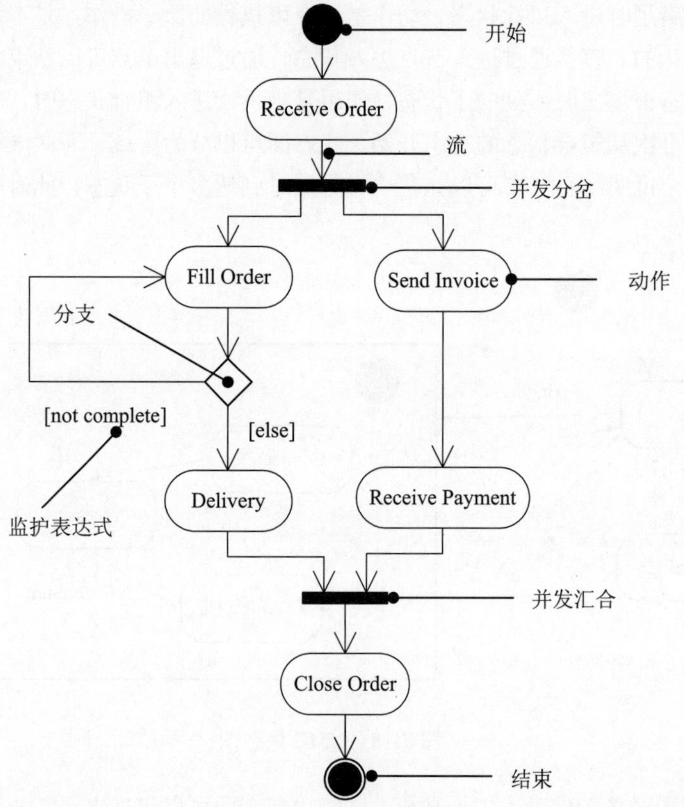

图7-19　UML活动图

活动图一般包括活动状态和动作状态、转换和对象。

用活动图建模的控制流中，会发生一些事情。可能要对一个设置属性值或返回一些值的表达式求值；也可能要调用对象上的操作，发送一个消息给对象，甚至创建或销毁对象，这些可执行的原子计算被称作动作状态，因为它们是该系统的状态，每个原子计算都代表一个动作的执行。动作状态不能被分解。动作状态是原子的，也就是说事件可以发生，但动作状态的工作不能被中断。最后，动作状态的工作所占用的执行时间一般被看作是可忽略的。

活动状态能够进一步被分解，它们的活动由其他的活动图表示。活动状态不是原子的，它们可以被中断。并且，一般来说，还要考虑到它需要花费一段时间来完成。可以把一个动作状态看作一个活动状态的特例。类似地，可以把一个活动状态看作一个组合，它的控制流由其他的活动状态和动作状态组成。

活动图可以表示分支、合并、分岔和汇合。分支描述基于布尔表达式的可选择路径，可有一个入流和两个或多个出流，在每个出流上放置一个布尔表达式条件，每个出流的条件不应该重叠，但需要覆盖所有可能性。合并描述当两条控制路径重新合并时，不需要监护条件，只有一个出流。分岔描述把一个控制流分成两个或多个并发控制流，可以有一个进入转移和两个或多个离去转移，每个离去的转移表示一个独立的控制流，这些流可以并行的进行。汇合表示两个或多个并发控制流的同步，可以有两个或多个进入转移和一个离去转移，意味着每个进入流都等待，直到所有进入流都达到这个汇合处。

当对一个系统的动态方面建模时，通常有两种使用活动图的方式。

（1）对工作流建模。此时所关注的是与系统进行协作的参与者所观察到的活动。工作流常常位于软件系统的边缘，用于可视化、详述、构造和文档化开发系统所涉及的业务过程。在活动图的这种用法中，对对象流的建模是特别重要的，常采用泳道将活动图中的活动状态分组。

（2）对操作建模。此时是把活动图作为流程图使用，对一个计算的细节部分建模。在活动图的这种用法中，对分支、合并、分岔和汇合状态的建模是特别重要的。用于这种方式的活动图语境包括该操作的参数和它的局部对象。

7. 构件图

构件图（Component Diagram）展现了一组构件之间的组织和依赖。构件图专注于系统的静态实现视图，如图 7-20 所示。它与类图相关，通常把构件映射为一个或多个类、接口或协作。

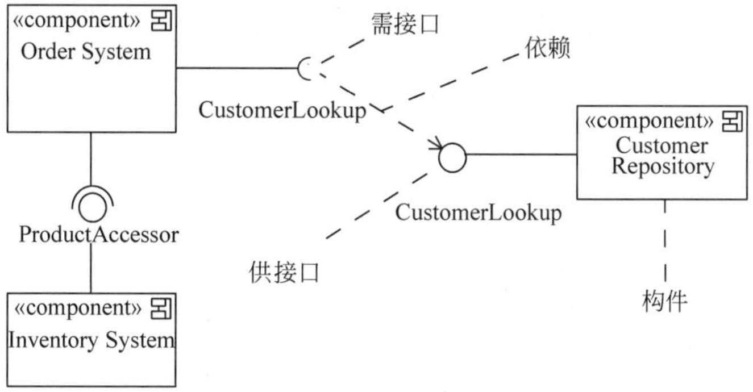

图 7-20　UML 构件图

8．组合结构图

组合结构图（Composite Structure Diagram）用于描述一个分类器（如类、构件或用例）的内部结构，分类器与系统中其他组成部分之间的交互端口，展示一组相互协作的实例如何完成特定的任务，描述设计、架构模式或策略。组合结构图的内部结构和协作使用图分别如图 7-21 和图 7-22 所示。

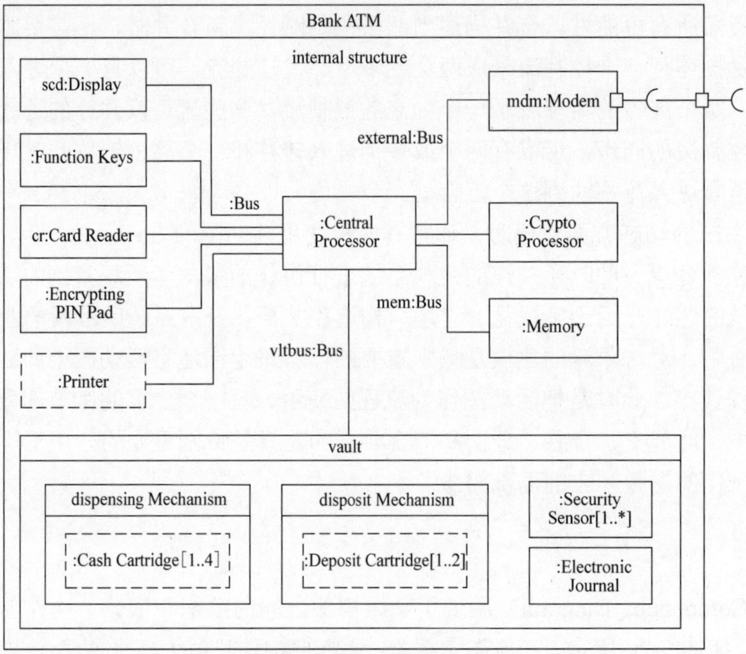

图 7-21　内部结构组合结构图

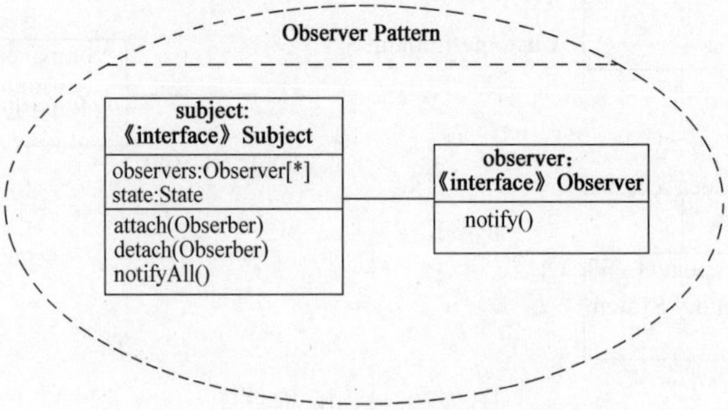

图 7-22　协作使用组合结构图

9．部署图

部署图（Deployment Diagram）是用来对面向对象系统的物理方面建模的方法，展现了运行时处理结点以及其中构件（制品）的配置。部署图对系统的静态部署视图进行建模，它与构件图相关。通常，一个结点是一个在运行时存在并代表一项计算资源的物理元素，至少拥有一些内容，常常具有处理能力，包含一个或多个构件。部署图如图 7-23 所示，其中，<<artifact>>表示制品。

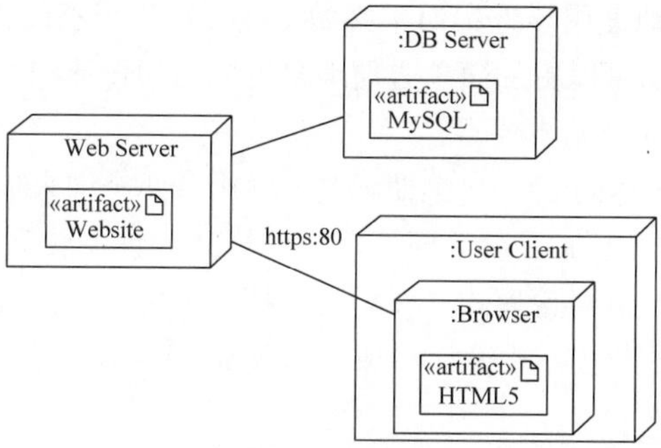

图 7-23　UML 部署图

10．包图

包图（Package Diagram）是用于把模型本身组织成层次结构的通用机制，不能执行，展现由模型本身分解而成的组织单元以及其间的依赖关系。

包可以拥有其他元素，可以是类、接口、构件、结点、协作、用例和图，甚至是嵌套的其他包，如图 7-24 所示。拥有是一种组成关系，是一种按规模来处理问题的重要机制，也意味着元素被声明在包中，一个元素只能被一个包所拥有，拥有关系的包形成了一个命名空间，其中同一种元素的名称必须唯一。

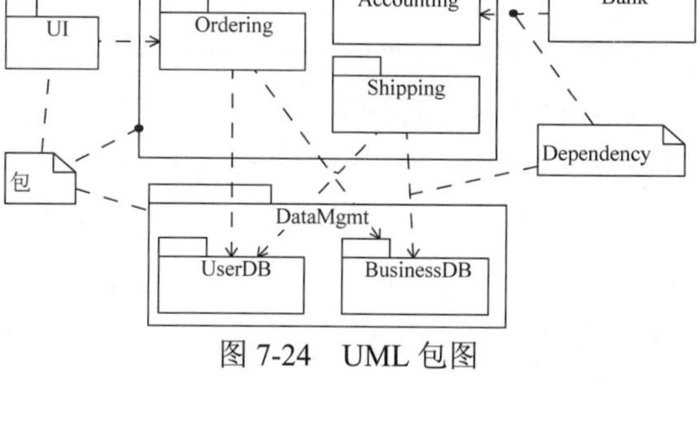

图 7-24　UML 包图

7.3 设计模式

7.3.1 设计模式的要素

“每一个模式描述了一个在我们周围不断重复发生的问题，以及该问题的解决方案的核心。这样，你就能一次又一次地使用该方案而不必做重复劳动”。设计模式的核心在于提供了相关问题的解决方案，使得人们可以更加简单方便地复用成功的设计和体系结构。

设计模式一般有以下 4 个基本要素。

（1）模式名称（Pattern Name）。一个助记名，它用一两个词来描述模式的问题、解决方案和效果。命名一个新的模式增加了设计词汇。设计模式允许在较高的抽象层次上进行设计。基于一个模式词汇表，就可以讨论模式并在编写文档时使用它们。模式名可以帮助人们思考，便于人们与其他人交流设计思想及设计结果。找到恰当的模式名也是设计模式工作的难点之一。

（2）问题（Problem）。问题描述了应该在何时使用模式。它解释了设计问题和问题存在的前因后果，可能描述了特定的设计问题，如怎样用对象表示算法等；也可能描述了导致不灵活设计的类或对象结构。有时候，问题部分会包括使用模式必须满足的一系列先决条件。

（3）解决方案（Solution）。解决方案描述了设计的组成成分、它们之间的相互关系及各自的职责和协作方式。因为模式就像一个模板，可应用于多种不同场合。所以解决方案并不描述一个特定的具体的设计或实现，而是提供设计问题的抽象描述和怎样用一个具有一般意义的元素组合（类或对象组合）来解决这个问题。

（4）效果（Consequences）。效果描述了模式应用的效果及使用模式应权衡的问题。尽管描述设计决策时，并不总提到模式效果，但它们对于评价设计选择和理解使用模式的代价及好处具有重要意义。软件效果大多关注对时间和空间的衡量，它们也表述了语言和实现问题。因为复用是面向对象设计的要素之一，所以模式效果包括它对系统的灵活性、扩充性或可移植性的影响，显式地列出这些效果对理解和评价这些模式很有帮助。

设计模式确定了所包含的类和实例，它们的角色、协作方式以及职责分配。每一个设计模式都集中于一个特定的面向对象设计问题或设计要点，描述了什么时候使用它，在另一些设计约束条件下是否还能使用，以及使用的效果和如何取舍。按照设计模式的目的可以分为三大类，如表 7-1 所示。

创建型模式与对象的创建有关；结构型模式处理类或对象的组合；行为型模式对类或对象怎样交互和怎样分配职责进行描述。

表 7-1　设计模式分类

	创　建　型	结　构　型	行　为　型
类	Factory Method	Adapter（类）	Interpreter Template Method
对象	Abstract Factory Builder Prototype Singleton	Adapter（对象） Bridge Composite Decorator Facade Flyweight Proxy	Chain of Responsibility Command Iterator Mediator Memento Observer State Strategy Visitor

7.3.2　创建型设计模式

创建型模式抽象了实例化过程，它们帮助一个系统独立于如何创建、组合和表示它的那些对象。一个类创建型模式使用继承改变被实例化的类，而一个对象创建型模式将实例化委托给另一个对象。

随着系统演化得越来越依赖于对象复合而不是类继承，创建型模式变得更为重要。当这种情况发生时，重心从对一组固定行为的硬编码（Hard-coding）转移为定义一个较小的基本行为集，这些行为可以被组合成任意数目的更复杂的行为。这样创建有特定行为的对象要求的不仅仅是实例化一个类。

在这些模式中有两个不断出现的主旋律。

第一，它们都将关于该系统使用哪些具体的类的信息封装起来。

第二，它们隐藏了这些类的实例是如何被创建和放在一起的。整个系统关于这些对象所知道的是由抽象类所定义的接口。

因此，创建型模式在什么被创建，谁创建它，它是怎样被创建的，以及何时创建这些方面给予了很大的灵活性。它们允许用结构和功能差别很大的“产品”对象配置一个系统。配置可以是静态的（即在编译时指定），也可以是动态的（在运行时）。

1．Abstract Factory（抽象工厂）

1）意图

提供一个创建一系列相关或相互依赖对象的接口，而无须指定它们具体的类。

2）结构

抽象工厂模式的结构如图 7-25 所示。

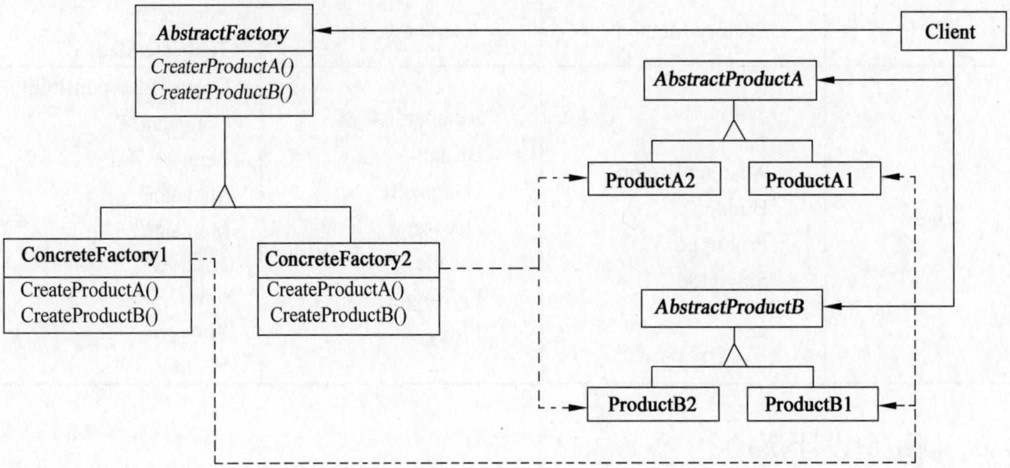

图 7-25　抽象工厂模式结构图

其中：

- AbstractFactory 声明一个创建抽象产品对象的操作接口。
- ConcreteFactory 实现创建具体产品对象的操作。
- AbstractProduct 为一类产品对象声明一个接口。
- ConcreteProduct 定义一个将被相应的具体工厂创建的产品对象，实现 AbstractProduct 接口。
- Client 仅使用由 AbstractFactory 和 AbstractProduct 类声明的接口。

3）适用性

Abstract Factory 模式适用于：

- 一个系统要独立于它的产品的创建、组合和表示时。
- 一个系统要由多个产品系列中的一个来配置时。
- 当要强调一系列相关的产品对象的设计以便进行联合使用时。
- 当提供一个产品类库，只想显示它们的接口而不是实现时。

2．Builder（生成器）

1）意图

将一个复杂对象的构建与它的表示分离，使得同样的构建过程可以创建不同的表示。

2）结构

生成器模式的结构如图 7-26 所示。

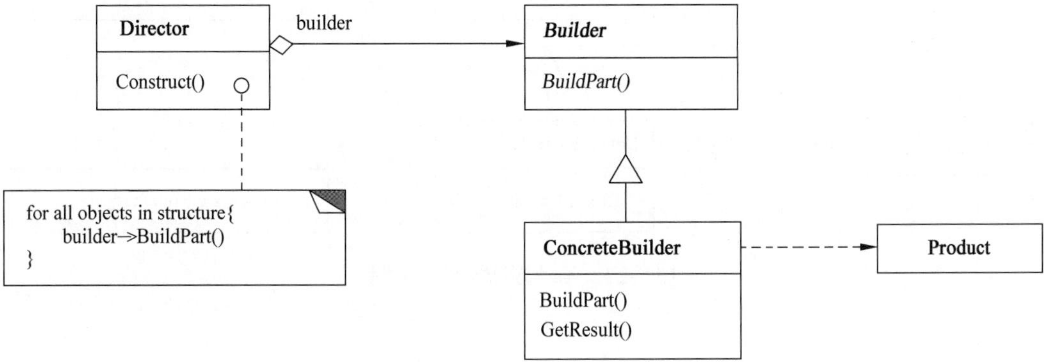

图 7-26　生成器模式结构图

其中：

- Builder 为创建一个 Product 对象的各个部件指定抽象接口。
- ConcreteBuilder 实现 Builder 的接口以构造和装配该产品的各个部件，定义并明确它所创建的表示，提供一个检索产品的接口。
- Director 构造一个使用 Builder 接口的对象。
- Product 表示被构造的复杂对象。ConcreteBuilder 创建该产品的内部表示并定义它的装配过程。包含定义组成组件的类，包括将这些组件装配成最终产品的接口。

3）适用性

Builder 模式适用于：

- 当创建复杂对象的算法应该独立于该对象的组成部分以及它们的装配方式时。
- 当构造过程必须允许被构造的对象有不同的表示时。

3. Factory Method（工厂方法）

1）意图

定义一个用于创建对象的接口，让子类决定实例化哪一个类。Factory Method 使一个类的实例化延迟到其子类。

2）结构

工厂方法模式的结构如图 7-27 所示。

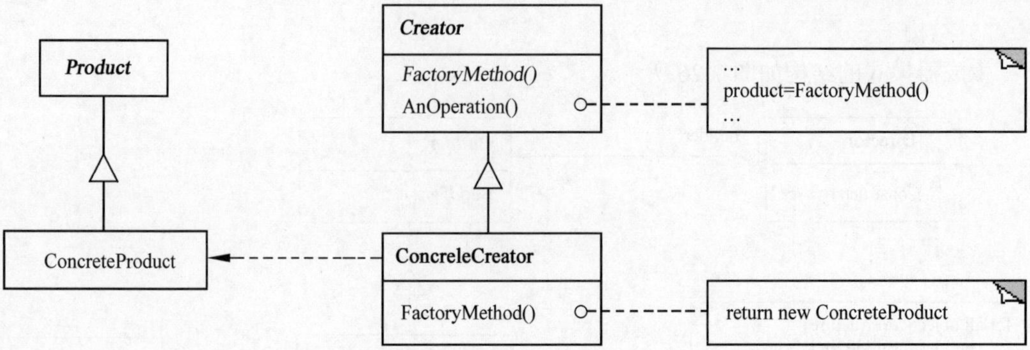

图 7-27　工厂方法模式结构图

其中：

- Product 定义工厂方法所创建的对象的接口。
- ConcreteProduct 实现 Product 接口。
- Creator 声明工厂方法，该方法返回一个 Product 类型的对象。Creator 也可以定义一个工厂方法的默认实现，它返回一个默认的 ConcreteProduct 对象，可以调用工厂方法以创建一个 Product 对象。
- ConcreteCreator 重定义工厂方法以返回一个 ConcreteProduct 实例。

3）适用性

Factory Method 模式适用于：

- 当一个类不知道它所必须创建的对象的类的时候。
- 当一个类希望由它的子类来指定它所创建的对象的时候。
- 当类将创建对象的职责委托给多个帮助子类中的某一个，并且你希望将哪一个帮助子类是代理者这一信息局部化的时候。

4. Prototype（原型）

1）意图

用原型实例指定创建对象的种类，并且通过复制这些原型创建新的对象。

2）结构

原型模式的结构如图 7-28 所示。

其中：

- Prototype 声明一个复制自身的接口。
- ConcretePrototype 实现一个复制自身的操作。
- Client 让一个原型复制自身从而创建一个新的对象。

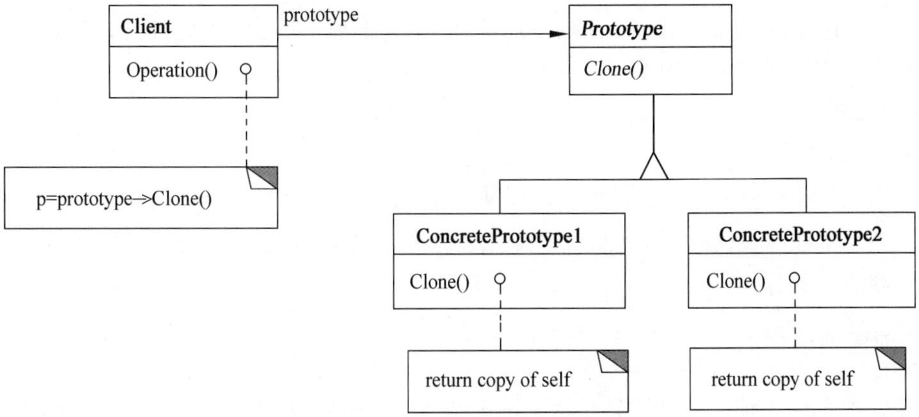

图 7-28　原型模式结构图

3）适用性

Prototype 模式适用于：

- 当一个系统应该独立于它的产品创建、构成和表示时。
- 当要实例化的类是在运行时刻指定时，例如，通过动态装载。
- 为了避免创建一个与产品类层次平行的工厂类层次时。
- 当一个类的实例只能有几个不同状态组合中的一种时。建立相应数目的原型并克隆它们，可能比每次用合适的状态手工实例化该类更方便一些。

5. Singleton（单例）

1）意图

保证一个类仅有一个实例，并提供一个访问它的全局访问点。

2）结构

单例模式的结构如图 7-29 所示。

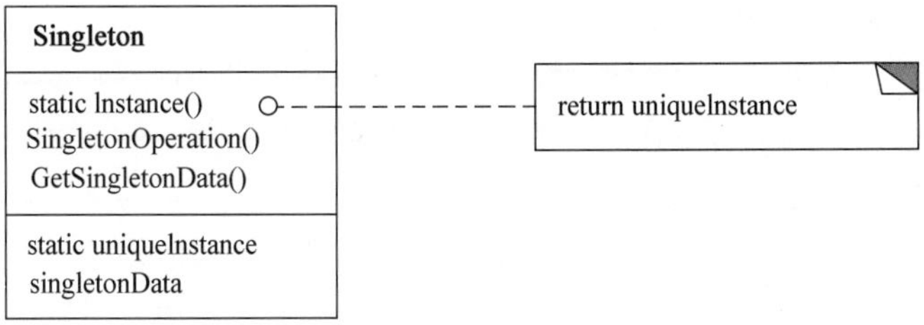

图 7-29　单例模式结构图

其中：Singleton 指定一个 Instance 操作，允许客户访问它的唯一实例，Instance 是一个类操作；可能负责创建它自己的唯一实例。

3）适用性

Singleton 模式适用于：

- 当类只能有一个实例而且客户可以从一个众所周知的访问点访问它时。
- 当这个唯一实例应该是通过子类化可扩展的，并且客户无须更改代码就能使用一个扩展的实例时。

6. 创建型模式比较

用于系统创建的那些对象的类对系统进行参数化有两种常用方法：生成创建对象的类的子类和对系统进行参数化的方法。前者对应于使用 Factory Method 模式，其主要缺点是仅为了改变产品类就可能需要创建一个新的子类。这种改变可能级联发生，例如，如果产品的创建者本身是一个工厂方法创建的，那么也必须重定义它的创建者。后者更多地依赖于对象的复合，定义一个对象负责明确产品对象的类，并将它作为该系统的参数。这是 Abstract Factory、Builder 和 Prototype 模式的关键特征，都涉及创建一个新的负责创建产品对象的“工厂对象”。Abstract Factory 由这个工厂对象产生多个对象。Builder 由这个工厂对象使用一个相对复杂的协议，逐步创建一个复杂产品。Prototype 由该工厂对象通过复制原型对象来创建产品对象。在这种情况下，由于原型负责返回产品对象，所以工厂对象和原型是同一个对象。

7.3.3 结构型设计模式

结构型设计模式涉及如何组合类和对象以获得更大的结构。结构型类模式采用继承机制来组合接口或实现。一个简单的例子是采用多重继承方法将两个以上的类组合成一个类，结果这个类包含了所有父类的性质。这一模式尤其有助于多个独立开发的类库协同工作。其中一个例子是类形式的 Adapter 模式。一般来说，适配器使得一个接口与其他接口兼容，从而给出了多个不同接口的统一抽象。为此，类适配器对一个 adaptee 类进行私有继承。这样，适配器就可以用 adaptee 的接口表示它的接口。

结构型对象模式不是对接口和实现进行组合，而是描述了如何对一些对象进行组合，从而实现新功能的一些方法。因为可以在运行时刻改变对象组合关系，所以对象组合方式具有更大的灵活性，而这种机制用静态类组合是不可能实现的。

Composite 模式是结构型对象模式的一个实例。它描述了如何构造一个类层次式结构，这一结构由两种类型的对象所对应的类构成。其中的组合对象使得用户可以组合基元对象以及其他的组合对象，从而形成任意复杂的结构。在 Proxy 模式中，proxy 对象作为其他对象的一个方便的替代或占位符。它的使用可以有多种形式，例如可以在局部空间中代表一个远程地址空间中的对象，也可以表示一个要求被加载的较大的对象，还可以用来保护对敏感对象的访问。Proxy 模式还提供了对对象的一些特有性质的一定程度上的间接访问，从而可以限制、增强或修改这些性质。Flyweight 模式为了共享对象定义了一个结构。至少有两个原因要求对象共享：效率和一致性。Flyweight 的对象共享机制主要强调对象的空间效率。使用很多对象的应用必须考虑每一个对象的开销。使用对象共享而不是进行对象复制，可以节省大量的空间资源。但是，仅当这些对象没有定义与上下文相关的状态时，它们才可以被共享。Flyweight 的对象没有这样的状态。任何执行任务时需要的其他一些信息仅当需要时才传递过去。由于不存在与上下文相关的状态，因此 Flyweight 对象可以被自由地共享。

如果说 Flyweight 模式说明了如何生成很多较小的对象，那么 Facade 模式则描述了如何用单个对象表示整个子系统。模式中的 facade 用来表示一组对象，facade 的职责是将消息转发给它所表示的对象。Bridge 模式将对象的抽象和其实现分离，从而可以独立地改变它们。

Decorator 模式描述了如何动态地为对象添加职责。Decorator 模式是一种结构型模式，这一模式采用递归方式组合对象，从而允许添加任意多的对象职责。例如，一个包含用户界面组件的 Decorator 对象可以将边框或阴影这样的装饰添加到该组件中，或者它可以将窗口滚动和缩放这样的功能添加到组件中。可以将一个Decorator 对象嵌套在另外一个对象中，就可以很简单地增加两个装饰，添加其他的装饰也是如此。因此，每个Decorator 对象必须与其组件的接口兼容并且保证将消息传递给它。Decorator 模式在转发一条信息之前或之后都可以完成它的工作（例如绘制组件的边框）。许多结构型模式在某种程度上具有相关性。

1. Adapter（适配器）

1）意图

将一个类的接口转换成客户希望的另外一个接口。Adapter 模式使得原本由于接口不兼容而不能一起工作的那些类可以一起工作。

2）结构

类适配器使用多重继承对一个接口与另一个接口进行匹配，其结构如图 7-30 所示。对象适配器依赖于对象组合，其结构如图 7-31 所示。

其中：

- Target 定义 Client 使用的与特定领域相关的接口。
- Client 与符合 Target 接口的对象协同。
- Adaptee 定义一个已经存在的接口，这个接口需要适配。
- Adapter 对 Adaptee 的接口与 Target 接口进行适配。

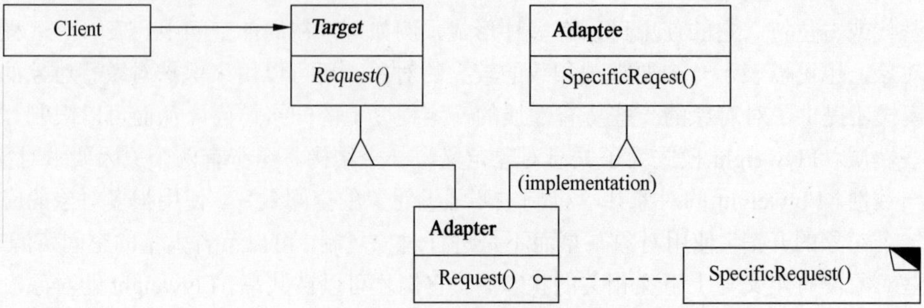

图 7-30　类适配器结构图

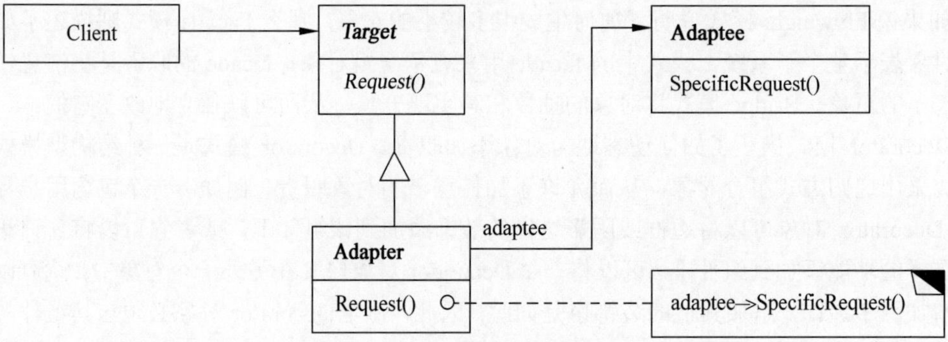

图 7-31　对象适配器结构图

3）适用性

Adapter 模式适用于：

- 想使用一个已经存在的类，而它的接口不符合要求。
- 想创建一个可以复用的类，该类可以与其他不相关的类或不可预见的类（即那些接口可能不一定兼容的类）协同工作。
- （仅适用于对象 Adapter）想使用一个已经存在的子类，但是不可能对每一个都进行子类化以匹配它们的接口。对象适配器可以适配它的父类接口。

2. Bridge（桥接）

1）意图

将抽象部分与其实现部分分离，使它们都可以独立地变化。

2）结构

桥接模式的结构如图 7-32 所示。

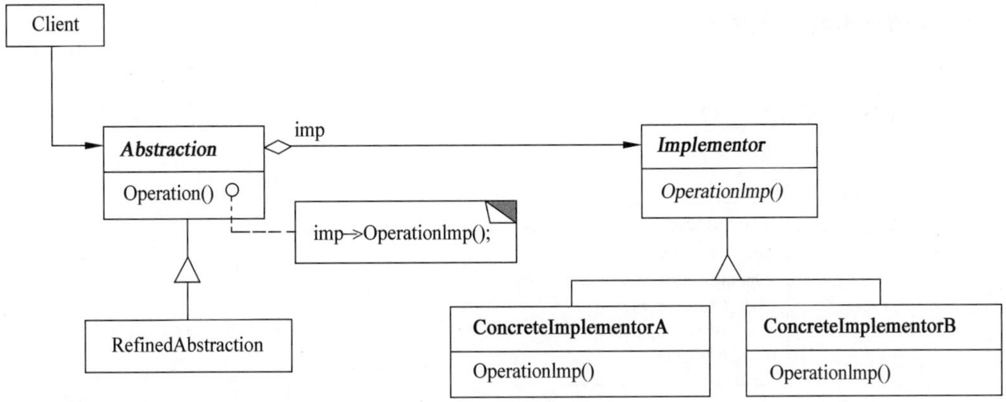

图 7-32　桥接模式结构图

其中：

- Abstraction 定义抽象类的接口，维护一个指向 Implementor 类型对象的指针。
- RefinedAbstraction 扩充由 Abstraction 定义的接口。
- Implementor 定义实现类的接口，该接口不一定要与 Abstraction 的接口完全一致；事实上这两个接口可以完全不同。一般来说，Implementor 接口仅提供基本操作，而 Abstraction 定义了基于这些基本操作的较高层次的操作。
- ConcreteImplementor 实现 Implementor 接口并定义它的具体实现。

3）适用性

Bridge 模式适用于：

- 不希望在抽象和它的实现部分之间有一个固定的绑定关系。例如，这种情况可能是因为，在程序运行时刻实现部分应可以被选择或者切换。
- 类的抽象以及它的实现都应该可以通过生成子类的方法加以扩充。这是 Bridge 模式使得开发者可以对不同的抽象接口和实现部分进行组合，并分别对它们进行扩充。
- 对一个抽象的实现部分的修改应对客户不产生影响，即客户代码不必重新编译。
- （C++）想对客户完全隐藏抽象的实现部分。
- 有许多类要生成的类层次结构。
- 想在多个对象间共享实现（可能使用引用计数），但同时要求客户并不知道这一点。

3．Composite（组合）

1）意图

将对象组合成树型结构以表示“部分-整体”的层次结构。Composite 使得用户对单个对象和组合对象的使用具有一致性。

2）结构

组合模式的结构如图 7-33 所示。

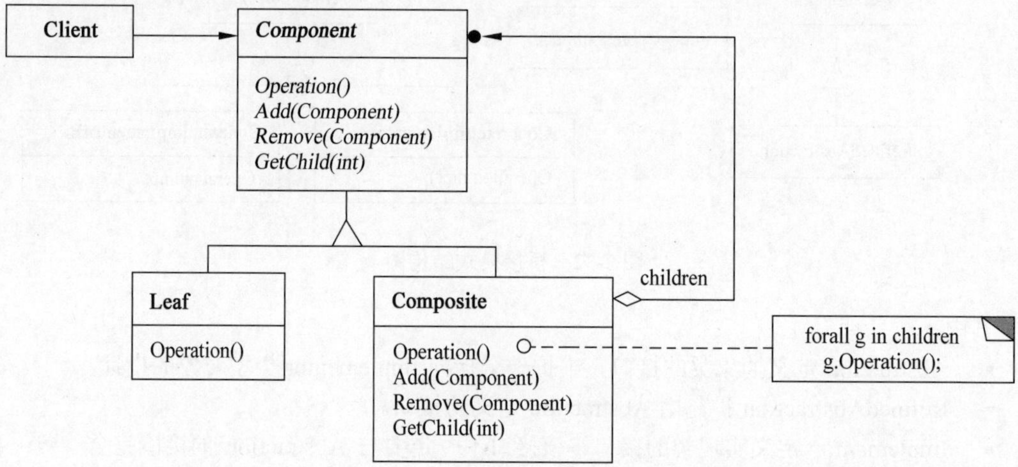

图 7-33 组合模式结构图

其中：

- Component 为组合中的对象声明接口；在适当情况下实现所有类共有接口的默认行为；声明一个接口用于访问和管理 Component 的子组件；（可选）在递归结构中定义一个接口，用于访问一个父组件，并在合适的情况下实现它。
- Leaf 在组合中表示叶结点对象，叶结点没有子结点；在组合中定义图元对象的行为。
- Composite 定义有子组件的那些组件的行为；存储子组件；在 Component 接口中实现与子组件有关的操作。
- Client 通过 Component 接口操纵组合组件的对象。

3）适用性

Composite 模式适用于：

- 想表示对象的部分-整体层次结构。
- 希望用户忽略组合对象与单个对象的不同，用户将统一地使用组合结构中的所有对象。

4．Decorator（装饰）

1）意图

动态地给一个对象添加一些额外的职责。就增加功能而言，Decorator 模式比生成子类更加灵活。

2）结构

装饰模式的结构如图 7-34 所示。

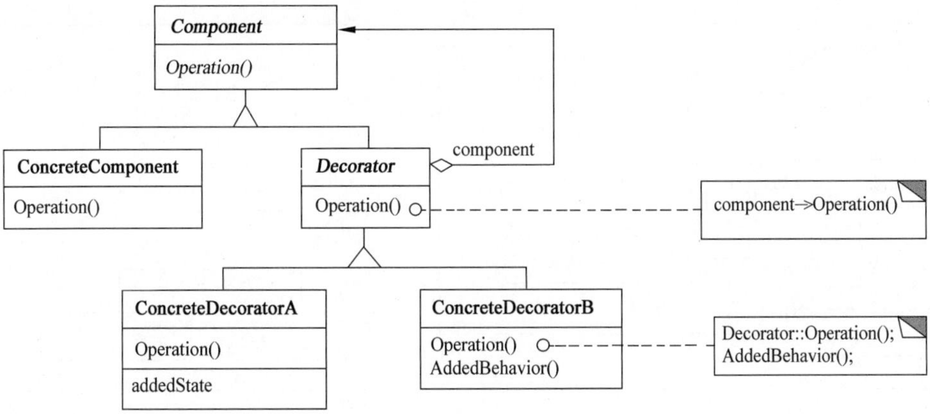

图 7-34　装饰器模式结构图

其中：

- Component 定义一个对象接口，可以给这些对象动态地添加职责。
- ConcreteComponent 定义一个对象，可以给这个对象添加一些职责。
- Decorator 维持一个指向 Component 对象的指针，并定义一个与 Component 接口一致的接口。
- ConcreteDecorator 向组件添加职责。

3）适用性

Decorator 模式适用于：

- 在不影响其他对象的情况下，以动态、透明的方式给单个对象添加职责。
- 处理那些可以撤销的职责。
- 当不能采用生成子类的方式进行扩充时。一种情况是，可能有大量独立的扩展，为支持每一种组合将产生大量的子类，使得子类数目呈爆炸性增长。另一种情况可能是，由于类定义被隐藏，或类定义不能用于生成子类。

5．Facade（外观）

1）意图

为子系统中的一组接口提供一个一致的界面，Facade 模式定义了一个高层接口，这个接口使得这一子系统更加容易使用。

2）结构

外观模式的结构如图 7-35 所示。

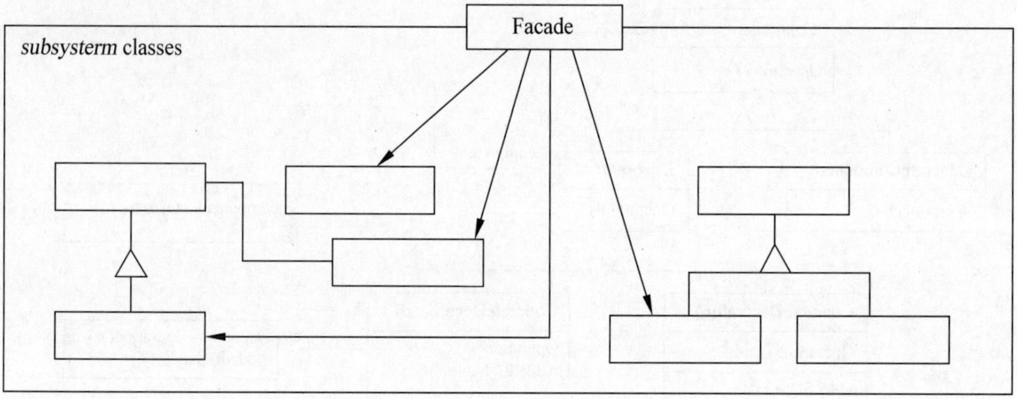

图 7-35　外观模式结构图

其中：

- Facade 知道哪些子系统类负责处理请求；将客户的请求代理给适当的子系统对象。
- Subsystem classes 实现子系统的功能；处理有 Facade 对象指派的任务；没有 Facade 的任何相关信息，即没有指向 Facade 的指针。

3）适用性

Facade 模式适用于：

- 要为一个复杂子系统提供一个简单接口时，子系统往往因为不断演化而变得越来越复杂。大多数模式使用时都会产生更多更小的类，这使得子系统更具有可重用性，也更容易对子系统进行定制，但也给那些不需要定制子系统的用户带来一些使用上的困难。Facade 可以提供一个简单的默认视图，这一视图对大多数用户来说已经足够，而那些需要更多的可定制性的用户可以越过 Facade 层。
- 客户程序与抽象类的实现部分之间存在着很大的依赖性。引入 Facade 将这个子系统与客户以及其他的子系统分离，可以提高子系统的独立性和可移植性。

- 当需要构建一个层次结构的子系统时，使用 Facade 模式定义子系统中每层的入口点。如果子系统之间是相互依赖的，则可以让它们仅通过 Facade 进行通信，从而简化了它们之间的依赖关系。

6. Flyweight（享元）

1）意图

运用共享技术有效地支持大量细粒度的对象。

2）结构

享元模式的结构如图 7-36 所示。

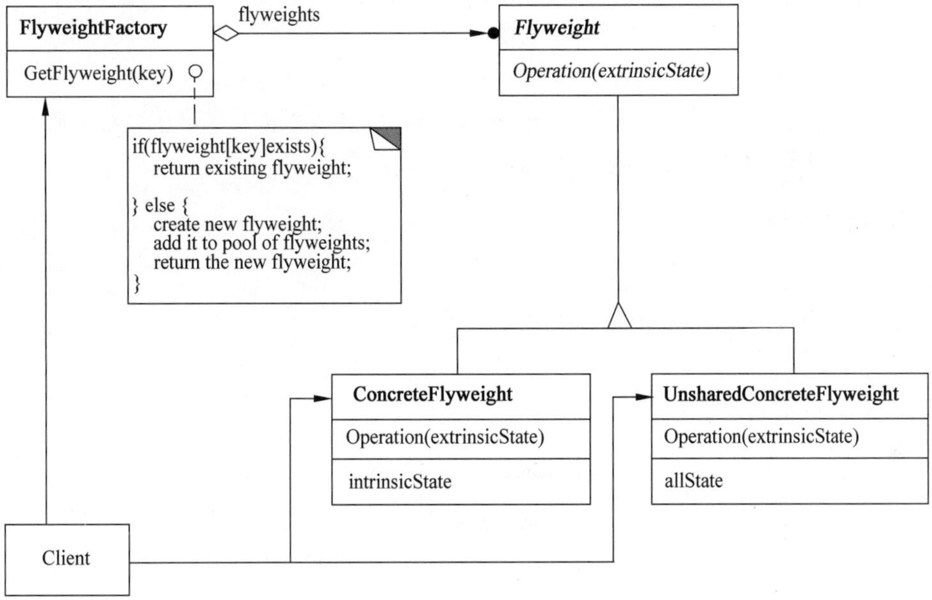

图 7-36　享元模式结构图

其中：

- Flyweight 描述一个接口，通过这个接口 Flyweight 可以接受并作用于外部状态。
- ConcreteFlyweight 实现 Flyweight 接口，并为内部状态（如果有）增加存储空间。ConcreteFlyweight 对象必须是可共享的。它所存储的状态必须是内部的，即它必须独立于 ConcreteFlyweight 对象的场景。
- 并非所有的 Flyweight 子类都需要被共享。Flyweight 接口使共享成为可能，但它并不强制共享。在 Flyweight 对象结构的某些层次，UnsharedConcreteFlyweight 对象通常将 ConcreteFlyweight 对象作为子结点。

- FlyweightFactory 创建并管理 Flyweight 对象；确保合理地共享 Flyweight，当用户请求一个 Flyweight 时，FlyweightFactory 对象提供一个已创建的实例或者在不存在时创建一个实例。
- Client 维持一个对 Flyweight 的引用；计算或存储一个或多个 Flyweight 的外部状态。

3）适用性

Flyweight 模式适用于：

- 一个应用程序使用了大量的对象。
- 完全由于使用大量的对象，造成很大的存储开销。
- 对象的大多数状态都可变为外部状态。
- 如果删除对象的外部状态，那么可以用相对较少的共享对象取代很多组对象。
- 应用程序不依赖于对象标识。由于 Flyweight 对象可以被共享，所以对于概念上明显有别的对象，标识测试将返回真值。

7. Proxy（代理）

1）意图

为其他对象提供一种代理以控制对这个对象的访问。

2）结构

代理模式的结构如图 7-37 所示。

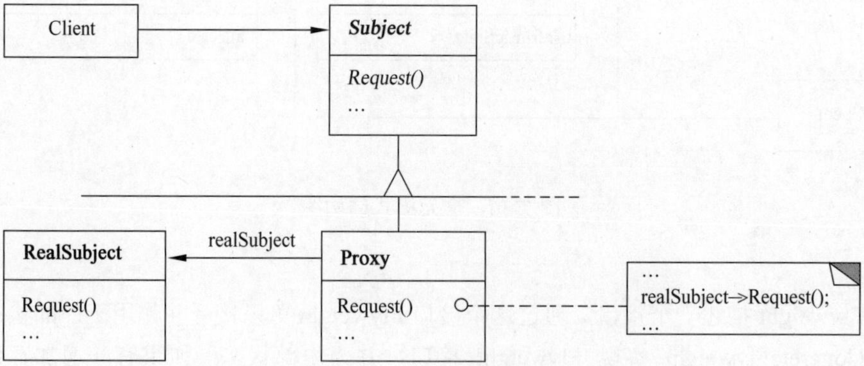

图 7-37 代理模式结构图

其中：

- Proxy 保存一个引用使得代理可以访问实体；提供一个与 Subject 的接口相同的接口，使代理可以用来代替实体；控制对实体的存取，并可能负责创建和删除它；其他功能依赖于代理的类型：Remote Proxy 负责对请求及其参数进行编码，并向不同地址空间中的实体发送已编码的请求；Virtual Proxy 可以缓存实体的附加信息，以便延迟对它的访问；Protection Proxy 检查调用者是否具有实现一个请求所必需的访问权限。
- Subject 定义 RealSubject 和 Proxy 的共用接口，这样就在任何使用 RealSubject 的地方都可以使用 Proxy。
- RealSubject 定义 Proxy 所代表的实体。

3）适用性

Proxy 模式适用于在需要比较通用和复杂的对象指针代替简单的指针的时候，常见情况有：

- 远程代理（Remote Proxy）为一个对象在不同地址空间提供局部代表。
- 虚代理（Virtual Proxy）根据需要创建开销很大的对象。
- 保护代理（Protection Proxy）控制对原始对象的访问，用于对象应该有不同的访问权限的时候。
- 智能引用（Smart Reference）取代了简单的指针，它在访问对象时执行一些附加操作。典型用途包括：对指向实际对象的引用计数，这样当该对象没有引用时，可以被自动释放；当第一次引用一个持久对象时，将它装入内存；在访问一个实际对象前，检查是否已经锁定了它，以确保其他对象不能改变它。

8. 结构型模式比较

Adapter 模式和 Bridge 模式具有一些功能特征，都给另一个对象提供了一定程度上的间接性，因而有利于系统的灵活性，另外都涉及从自身以外的一个接口向这个对象转发请求。Adapter 模式主要是为解决两个已有接口之间不匹配的问题，不考虑这些接口是怎样实现的，也不考虑它们各自可能会如何演化。这种方式不需要对两个独立设计的类中的任何一个进行重新设计，就能够使它们协同工作。Bridge 模式则对抽象接口与它的（可能是多个）实现部分进行桥接。虽然这一模式运行使用者修改实现它的类，但是它仍然为用户提供了一个稳定的接口，也会在系统演化时适应新的实现。Adapter 模式和 Bridge 模式通常被用于软件生命周期的不同阶段，针对不同的问题。Adapter 模式在类已经设计好后实施；而 Bridge 模式在设计类之前实施。

Composite 模式和 Decorator 模式具有类似的结构，说明它们都是基于递归组合来组织可变数目的对象。Decorator 旨在能够不需要生成子类即可给对象添加职责，这避免了静态实现所有功能组合而导致子类急剧增加。Composite 旨在构造类，使多个相关的对象能够以统一的方式处理，而多重对象可以被当作一个对象来处理，重点在于表示。两者通常协同使用。

Decorator 模式和 Proxy 模式都描述了怎样为对象提供一定程度上的间接引用。Proxy 模式构成一个对象并为用户提供一致的接口，与 Decorator 模式不同的是，Proxy 模式不能动态地添加或分离性质，也不是为递归组合而设计的，它强调一种关系（Proxy 与它的实体之间的关系），这种关系可以静态地表达。其目的是，当直接访问一个实体不方便或不符合需要时，为这个实体提供一个替代者，例如，实体在远程设备上，访问受到限制或者实体是持久存储的。在 Proxy 模式中，实体定义了关键功能，而 Proxy 提供（或拒绝）对它的访问。在 Decorator 模式中，组件仅提供了部分功能，而一个或多个 Decorator 负责完成其他功能。Decorator 模式适用于编译时不能（至少不方便）确定对象的全部功能的情况。

7.3.4 行为设计模式

行为模式涉及算法和对象间职责的分配。行为模式不仅描述对象或类的模式，还描述它们之间的通信模式。这些模式刻画了在运行时难以跟踪的、复杂的控制流。它们将用户的注意力从控制流转移到对象间的联系方式上来。

行为类模式使用继承机制在类间分派行为。本小节包括两个这样的模式。其中 Template Method 较为简单和常用。模板方法是一个算法的抽象定义，它逐步地定义该算法，每一步调用一个抽象操作或一个原语操作，子类定义抽象操作以具体实现该算法。另一种行为类模式是Interpreter，它将一个文法表示为一个类层次，并实现一个解释器作为这些类的实例上的一个操作。

行为对象模式使用对象复合而不是继承。一些行为对象模式描述了一组对等的对象怎样相互协作以完成其中任一个对象都无法单独完成的任务。这里一个重要的问题是对等的对象。

如何互相了解对方。对等对象可以保持显式的对对方的引用，但那会增加它们的耦合度。在极端情况下，每一个对象都要了解所有其他的对象。Mediator 在对等对象间引入一个 mediator 对象以避免这种情况的出现。mediator 提供了松耦合所需的间接性。

Chain of Responsibility 提供更松的耦合。它让用户通过一条候选对象链隐式地向一个对象发送请求。根据运行时刻情况任一候选者都可以响应相应的请求。候选者的数目是任意的，可以在运行时刻决定哪些候选者参与到链中。

Observer 模式定义并保持对象间的依赖关系。典型的 Observer 的例子是 Smalltalk 中的模型/视图/控制器，其中，一旦模型的状态发生变化，模型的所有视图都会得到通知。

其他的行为对象模式常将行为封装在一个对象中并将请求指派给它。Strategy 模式将算法封装在对象中，这样可以方便地指定和改变一个对象所使用的算法。Command 模式将请求封装在对象中，这样它就可作为参数来传递，也可以被存储在历史列表中，或者以其他方式使用。State 模式封装一个对象的状态，使得这个对象的状态对象变化时，该对象可改变它的行为。Visitor 封装分布于多个类之间的行为，而 Iterator 抽象了访问和遍历一个集合中的对象的方式。

1. Chain of Responsibility（责任链）

1）意图

使多个对象都有机会处理请求，从而避免请求的发送者和接收者之间的耦合关系。将这些对象连成一条链，并沿着这条链传递该请求，直到有一个对象处理它为止。

2）结构

责任链模式的结构图如图 7-38 所示。

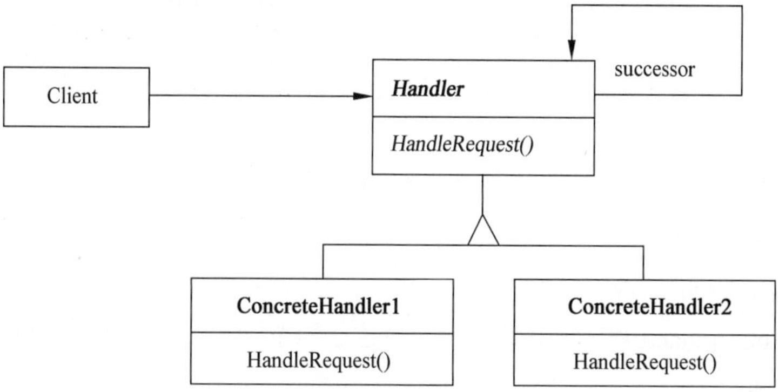

图 7-38　责任链模式结构图

其中：

- Handler 定义一个处理请求的接口；（可选）实现后继链。
- ConcreteHandler 处理它所负责的请求；可访问它的后继者；如果可处理该请求，就处理它，否则将该请求转发给后继者。
- Client 向链上的具体处理者（ConcreteHandler）对象提交请求。

3）适用性

Chain of Responsibility 模式适用于以下条件：

- 有多个的对象可以处理一个请求，哪个对象处理该请求运行时刻自动确定。
- 想在不明确指定接收者的情况下向多个对象中的一个提交一个请求。
- 可处理一个请求的对象集合应被动态指定。

2. Command（命令）

1）意图

将一个请求封装为一个对象，从而使得可以用不同的请求对客户进行参数化；对请求排队或记录请求日志，以及支持可撤销的操作。

2）结构

命令模式的结构图如图 7-39 所示。

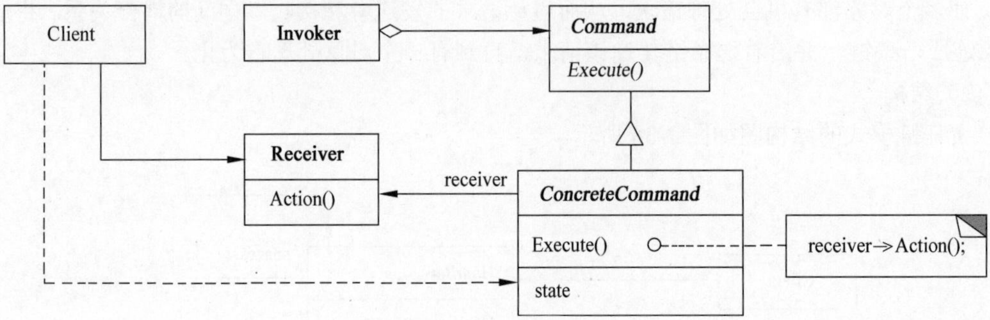

图 7-39 命令模式结构图

其中：

- Command 声明执行操作的接口。
- ConcreteCommand 将一个接收者对象绑定于一个动作；调用接收者相应的操作，以实现 Execute。
- Client 创建一个具体命令对象并设定它的接收者。
- Invoker 要求该命令执行这个请求。
- Receiver 知道如何实施与执行一个请求相关的操作。任何类都可能作为一个接收者。

3）适用性

Command 模式适用于：

- 抽象出待执行的动作以参数化某对象。Command 模式是过程语言中的回调（Callback）机制的一个面向对象的替代品。
- 在不同的时刻指定、排列和执行请求。一个 Command 对象可以有一个与初始请求无关的生存期。如果一个请求的接收者可用一种与地址空间无关的方式表达，那么就可以将负责该请求的命令对象传递给另一个不同的进程并在那儿实现该请求。
- 支持取消操作。Command 的 Execute 操作可在实施操作前将状态存储起来，在取消操作时这个状态用来消除该操作的影响。Command 接口必须添加一个 Unexecute 操作，该操作取消上一次 Execute 调用的效果。执行的命令被存储在一个历史列表中。可通过向后和向前遍历这一列表并分别调用 Unexecute 和 Execute 来实现重数不限的“取消”和“重做”。

- 支持修改日志。这样当系统崩溃时，这些修改可以被重做一遍。在 Command 接口中添加装载操作和存储操作，可以用来保持变动的一个一致的修改日志。从崩溃中恢复的过程包括从磁盘中重新读入记录下来的命令并用 Execute 操作重新执行它们。
- 用构建在原语操作上的高层操作构造一个系统。这样一种结构在支持事务（Transaction）的信息系统中很常见。Command 模式提供了对事务进行建模的方法。Command 有一个公共接口，使得可以用同一种方式调用所有的事务，同时使用该模式也易于添加新事务以扩展系统。

3. Interpreter（解释器）

1）意图

给定一个语言，定义它的文法的一种表示，并定义一个解释器，这个解释器使用该表示来解释语言中的句子。

2）结构

解释器模式的结构图如图 7-40 所示。

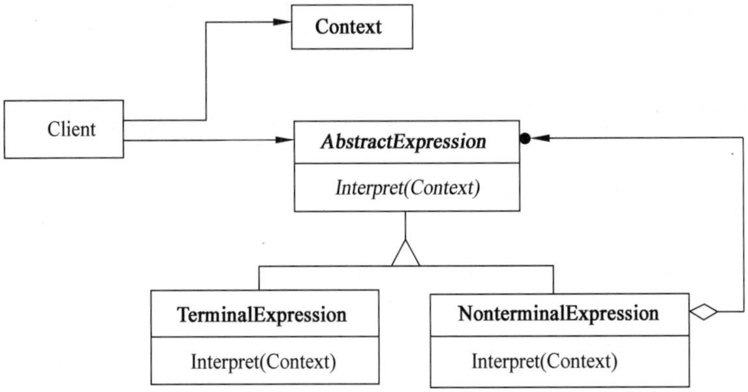

图 7-40　解释器模式结构图

其中：

- AbstractExpression 声明一个程序的解释操作，这个接口为抽象语法树中所有的结点所共享。
- TerminalExpression 实现与文法中的终结符相关联的解释操作；一个句子中的每个终结符需要该类的一个实例。
- NonterminalExpression 对文法中的每一条规则都需要一个 NonterminalExpression 类；为每个符号都维护一个 AbstractExpression 类型的实例变量；为文法中的非终结符实现

解释（Interpret）操作。

- Context 包含解释器之外的一些全局信息。
- Client 构建（或被给定）表示该文法定义的语言中一个特定的句子的抽象语法树，该抽象语法树由 NonterminalExpression 和 TerminalExpression 的实例装配而成；调用解释操作。

3）适用性

Interpreter模式适用于当有一个语言需要解释执行，并且可将该语言中的句子表示为一个抽象语法树时，以下情况效果最好：

- 该文法简单。对于复杂的发文，文法的类层次变得庞大而无法管理。此时语法分析程序生成器这样的工具是更好的选择。它们无须构建抽象语法树即可解释表达式，这样可以节省空间还可能节省时间。
- 效率不是一个关键问题。最高效的解释器通常不是通过直接解释语法分析树实现的，而是首先将它们转换成另一种形式。不过，即使在这种情况下，转换器仍然可用该模式实现。

4. Iterator（迭代器）

1）意图

提供一种方法顺序访问一个聚合对象中的各个元素，且不需要暴露该对象的内部表示。

2）结构

迭代器模式的结构图如图 7-41 所示。

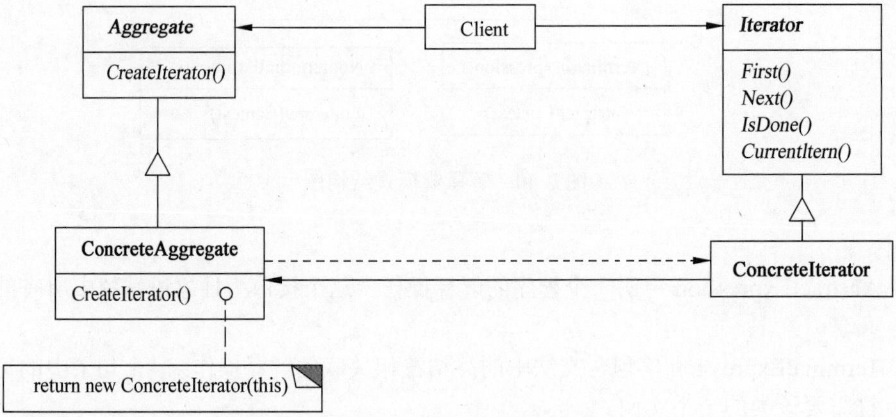

图 7-41 迭代器模式结构图

其中：

- Iterator（迭代器）定义访问和遍历元素的接口。
- ConcreteIterator（具体迭代器）实现迭代器接口；对该聚合遍历时跟踪当前位置。
- Aggregate（聚合）定义创建相应迭代器对象的接口。
- ConcreteAggregate（具体聚合）实现创建相应迭代器的接口，该操作返回 ConcreteIterator 的一个适当的实例。

3）适用性

Iterator 模式适用于：

- 访问一个聚合对象的内容而无须暴露它的内部表示。
- 支持对聚合对象的多种遍历。
- 为遍历不同的聚合结构提供一个统一的接口。

5．Mediator（中介者）

1）意图

用一个中介对象来封装一系列的对象交互。中介者使各对象不需要显式地相互引用，从而使其耦合松散，而且可以独立地改变它们之间的交互。

2）结构

中介者模式的结构图如图 7-42 所示。

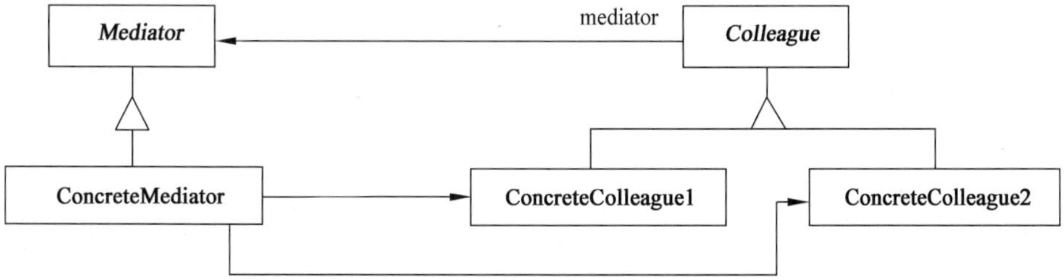

图 7-42　中介者模式结构图

其中：

- Mediator（中介者）定义一个接口用于各同事（Colleague）对象通信。
- ConcreteMediator（具体中介者）通过协调各同事对象实现协作行为；了解并维护它的各个同事。
- Colleague class（同事类）知道它的中介者对象；每一个同事类对象在需要与其他同事通信的时候与它的中介者通信。

3）适用性

Mediator 模式适用于：

- 一组对象以定义良好但是复杂的方式进行通信，产生的相互依赖关系结构混乱且难以理解。
- 一个对象引用其他很多对象并且直接与这些对象通信，导致难以复用该对象。
- 想定制一个分布在多个类中的行为，而又不想生成太多的子类。

6. Memento（备忘录）

1）意图

在不破坏封装性的前提下捕获一个对象的内部状态，并在对象之外保存这个状态。这样以后就可以将对象恢复到原先保存的状态。

2）结构

此模式的结构图如图 7-43 所示。

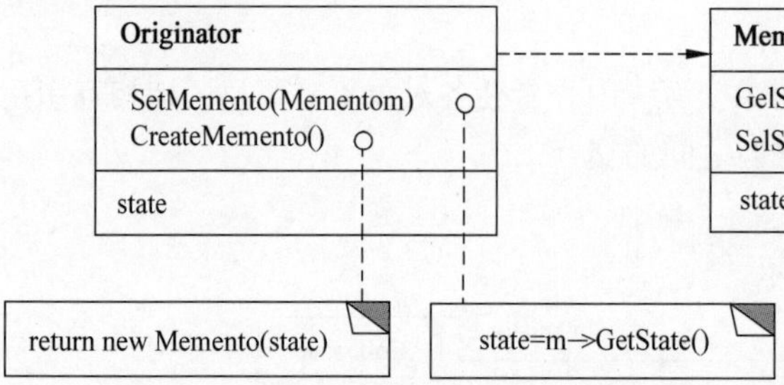

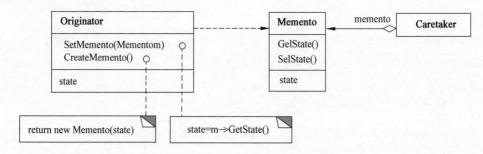

图 7-43　备忘录模式结构图

其中：

- Memento（备忘录）存储原发器对象的内部状态，原发器根据需要决定备忘录存储原发器的哪些内部状态；防止原发器以外的其他对象访问备忘录。
- Originator（原发器）创建一个备忘录，用于记录当前时刻它的内部状态；使用备忘录恢复内部状态。
- Caretaker（管理者）负责保存好备忘录；不能对备忘录的内容进行操作或检查。

3）适用性

Memento 模式适用于：

- 必须保存一个对象在某一个时刻的（部分）状态，这样以后需要时它才能恢复到先前的状态。
- 如果一个用接口来让其他对象直接得到这些状态，将会暴露对象的实现细节并破坏对象的封装性。

7．Observer（观察者）

1）意图

定义对象间的一种一对多的依赖关系，当一个对象的状态发生改变时，所有依赖于它的对象都得到通知并被自动更新。

2）结构

观察者模式的结构图如图 7-44 所示。

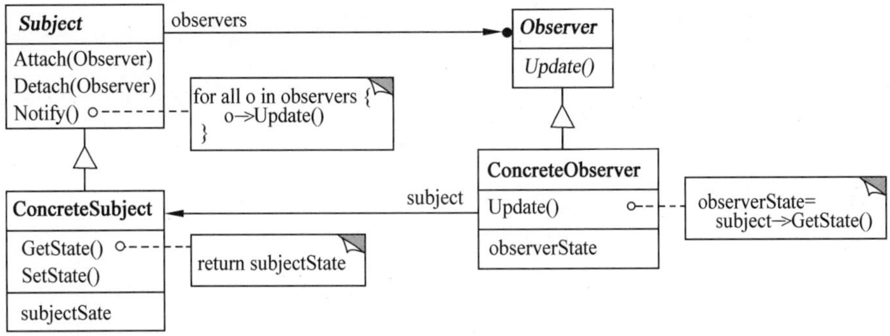

图 7-44　观察者模式结构图

其中：

- Subject（目标）知道它的观察者，可以有任意多个观察者观察同一个目标；提供注册和删除观察者对象的接口。
- Observer（观察者）为那些在目标发生改变时需获得通知的对象定义一个更新接口。
- ConcreteSubject（具体目标）将有关状态存入各 ConcreteObserver 对象；当它的状态发生改变时，向它的各个观察者发出通知。
- ConcreteObserver（具体观察者）维护一个指向 ConcreteSubject 对象的引用；存储有关状态，这些状态应与目标的状态保持一致；实现 Observer 的更新接口，以使自身状态与目标的状态保持一致。

3）适用性

Observer 模式适用于：

- 当一个抽象模型有两个方面，其中一个方面依赖于另一个方面，将这两者封装在独立的对象中以使它们可以各自独立地改变和复用。
- 当对一个对象的改变需要同时改变其他对象，而不知道具体有多少对象有待改变时。
- 当一个对象必须通知其他对象，而它又不能假定其他对象是谁，即不希望这些对象是紧耦合的。

8．State（状态）

1）意图

允许一个对象在其内部状态改变时改变它的行为。对象看起来似乎修改了它的类。

2）结构

状态模式的结构图如图 7-45 所示。

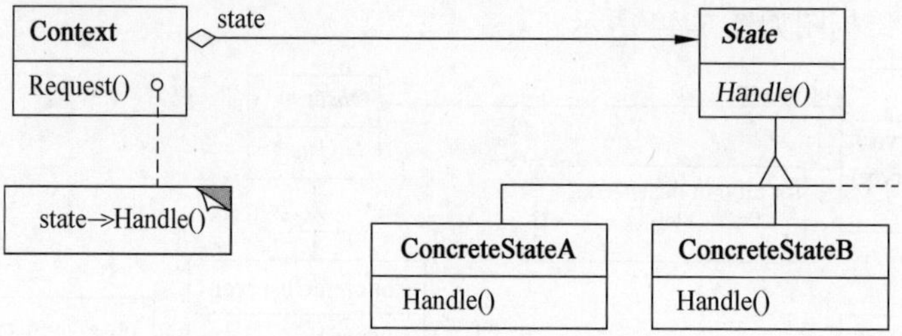

图 7-45 状态模式结构图

其中：

- Context（上下文）定义客户感兴趣的接口；维护一个 ConcreteState 子类的实例，这个实例定义当前状态。
- State（状态）定义一个接口以封装与 Context 的一个特定状态相关的行为。
- ConcreteState（具体状态子类）每个子类实现与 Context 的一个状态相关的行为。

3）适用性

State 模式适用于：

- 一个对象的行为决定于它的状态，并且它必须在运行时刻根据状态改变它的行为。
- 一个操作中含有庞大的多分支的条件语句，且这些分支依赖于该对象的状态。这个状态常用一个或多个枚举常量表示。通常，有多个操作包含这一相同的条件结构。State 模式将每一个条件分支放入一个独立的类中。这使得开发者可以根据对象自身的情况将对象的状态作为一个对象，这一对象可以不依赖于其他对象独立变化。

9．Strategy（策略）

1）意图

定义一系列的算法，把它们一个个封装起来，并且使它们可以相互替换。此模式使得算法可以独立于使用它们的客户而变化。

2）结构

策略模式的结构图如图 7-46 所示。

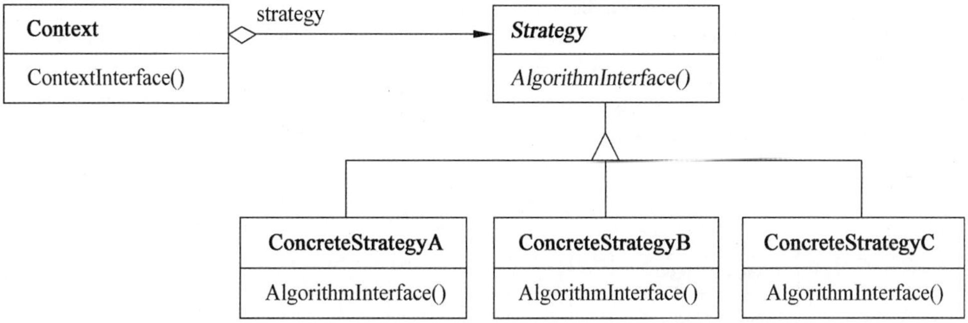

图 7-46 策略模式结构图

其中：

- Strategy（策略）定义所有支持的算法的公共接口。Context 使用这个接口来调用某 ConcreteStrategy 定义的算法。
- ConcreteStrategy（具体策略）以 Strategy 接口实现某具体算法。
- Context（上下文）用一个 ConcreteStrategy 对象来配置；维护一个对 Strategy 对象的引用；可定义一个接口来让 Strategy 访问它的数据。

3）适用性

Strategy 模式适用于：

- 许多相关的类仅仅是行为有异。“策略”提供了一种用多个行为中的一个行为来配置一个类的方法。
- 需要使用一个算法的不同变体。例如，定义一些反映不同空间的空间/时间权衡的算法。当这些变体实现为一个算法的类层次时，可以使用策略模式。
- 算法使用客户不应该知道的数据。可使用策略模式以避免暴露复杂的、与算法相关的数据结构。
- 一个类定义了多种行为，并且这些行为在这个类的操作中以多个条件语句的形式出现，将相关的条件分支移入它们各自的 Strategy 类中，以代替这些条件语句。

10. Template Method（模板方法）

1）意图

定义一个操作中的算法骨架，而将一些步骤延迟到子类中。Template Method 使得子类可以不改变一个算法的结构即可重定义该算法的某些特定步骤。

2）结构

模板方法模式的结构图如图 7-47 所示。

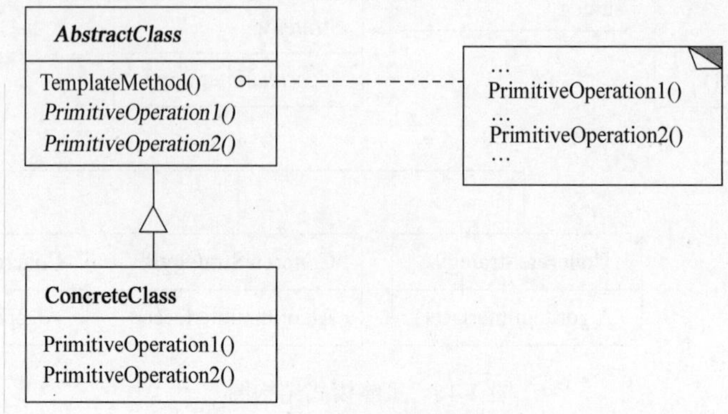

图 7-47　模板方法模式结构图

其中：

- AbstractClass（抽象类）定义抽象的原语操作，具体的子类将重定义它们以实现一个算法的各步骤；实现模板方法，定一个算法的骨架，该模板方法不仅调用原语操作，也调用定义在 AbstractClass 或其他对象中的操作。
- ConcreteClass（具体类）实现原语操作以完成算法中与特定子类相关的步骤。

3）适用性

Template Method 模式适用于：

- 一次性实现一个算法的不变的部分，并将可变的行为留给子类来实现。
- 各子类中公共的行为应被提取出来并集中到一个公共父类中，以避免代码重复。
- 控制子类扩展。模板方法旨在特定点调用“hook”操作（默认的行为，子类可以在必要时进行重定义扩展），这就只允许在这些点进行扩展。

11．Visitor（访问者）

1）意图

表示一个作用于某对象结构中的各元素的操作。它允许在不改变各元素的类的前提下定义作用于这些元素的新操作。

2）结构

访问者模式的结构图如图 7-48 所示。

其中：

- Visitor（访问者）为该对象结构中 ConcreteElement 的每一个类声明一个 Visit 操作。该操作的名字和特征标识了发送 Visit 请求给该访问者的那个类，这使得访问者可以确定正被访问元素的具体的类。这样访问者就可以通过该元素的特定接口直接访问它。

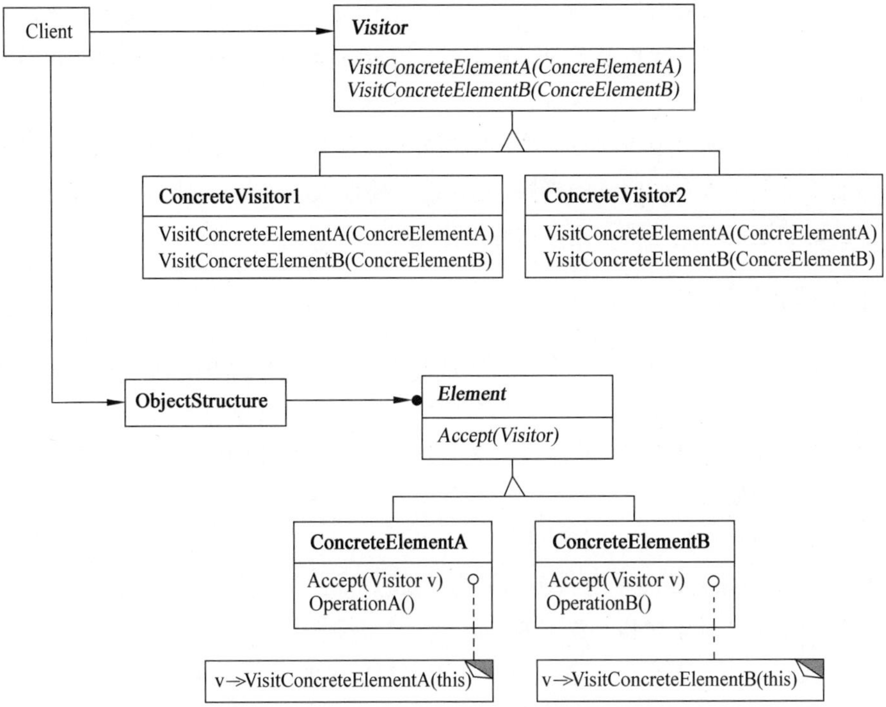

图 7-48 访问者模式结构图

- ConcreteVisitor（具体访问者）实现每个有 Visitor 声明的操作，每个操作实现本算法的一部分，而该算法片段乃是对应于结构中对象的类。ConcreteVisitor 为该算法提供了上下文并存储它的局部状态。这一状态常常在遍历该结构的过程中累积结果。
- Element（元素）定义以一个访问者为参数的 Accept 操作。
- ConcreteElement（具体元素）实现以一个访问者为参数的 Accept 操作。
- ObjectStructure（对象结构）能枚举它的元素；可以提供一个高层的接口以允许该访问者访问它的元素；可以是一个组合或者一个集合，如一个列表或一个无序集合。

3）适用性

Visitor 模式适用于：

- 一个对象结构包含很多类对象，它们有不同的接口，而用户想对这些对象实施一些依赖于其具体类的操作。

- 需要对一个对象结构中的对象进行很多不同的并且不相关的操作，而又想要避免这些操作“污染”这些对象的类。Visitor 使得用户可以将相关的操作集中起来定义在一个类中。当该对象结构被很多应用共享时，用 Visitor 模式让每个应用仅包含需要用到的操作。
- 定义对象结构的类很少改变，但经常需要在此结构上定义新的操作。改变对象结构类需要重定义对所有访问者的接口，这可能需要很大的代价。如果对象结构类经常改变，那么可能还是在这些类中定义这些操作较好。

12．行为模式比较

很多行为模式注重封装变化。当一个程序的某个方面的特征经常发生改变时，这些模式就定义一个封装这个方面的对象。这样，当该程序的其他部分依赖于这个方面时，它们都可以与此对象协作。这些模式通常定义一个抽象类来描述这些封装变化的对象，并且通常该模式依据这个对象来命名。例如：

- 一个 Strategy 对象封装一个算法。
- 一个 State 对象封装一个与状态相关的行为。
- 一个 Mediator 对象封装对象间的协议。
- 一个 Iterator 对象封装访问和遍历一个聚集对象中的各个组件的方法。

这些模式描述了程序中很可能会改变的方面。大多数模式有两种对象：封装该方面特征的新对象和使用这些新对象的已有对象。但并非所有的对象行为模式都有这样的分割功能，例如，Chain of Responsibility 可以处理任意数目的对象（即一个链），而所有这些对象可能已经存在于系统中了。这也说明了行为模式的另一个不同点：并非所有的行为模式都定义类之间的静态通信关系。

一些模式引入总是被用作参数的对象。例如 Visitor，一个 Visitor 对象是一个多态的 Accept 操作的参数，这个操作作用于该 Visitor 对象访问的对象。其他模式定义一些可作为令牌进行传递的对象，这些对象将在稍后被调用。例如，Command 和 Memento。在 Command 中，令牌代表一个请求；在 Memento 中，两台代表在一个对象在某个特定时刻的内部状态。在这两种情况下，令牌都可以有一个复杂的内部表示，但客户并不会意识到这一点。另外，在 Command 模式中多态特别重要，这是因为执行 Command 对象是一个多态操作。而 Memento 接口非常小，以至于备忘录只能作为一个值传递，因此，它很可能根本不给它的客户提供任何多态操作。

Mediator 和 Observer 是相互竞争的模式，它们之间的差别是：Observer 通过引入 Observer

和 Subject 对象来分布通信，而 Mediator 对象则封装了其他对象间的通信。Observer 模式中不存在封装一个约束的单个对象，而必须是 Observer 和 Subject 对象相互协作来维护这个约束。通信模式由 Observer 和 Subject 连接的方式决定：一个 Subject 通常有多个 Observer，并且有时一个 Subject 的 Observer 也是另一个 Observer 的目标。Observer 模式有利于 Observer 和 Subject 之间的分割和松耦合，易于产生更细粒度且更易于复用的类。Mediator 模式的目的是集中而不是分布，它将维护一个约束的职责直接放在一个中间者中。

Command、Observer、Mediator 和 Chain of Responsibility 等模式都涉及如何对发送者和接收者解耦，但各自有不同的权衡考虑。

Command 模式使用一个 Command 对象来定义一个发送者和一个接收者之间的绑定关系，从而支持解耦。Command 对象提供了一个提交请求的简单接口（即 Execute 操作），将发送者和接收者之间的连接定义在一个对象，使得该发送者可以与不同的接收者一起工作，达到将发送者和接收者解耦，使发送者更易于复用。此外，可以复用 Command 对象，用不同的发送者参数化一个接收者。

Observer 模式通过定义一个接口来通知目标中发生的改变，从而将发送者（目标）与接收者（观察者）解耦。Observer 定义了一个比 Command 更松的发送者-接收者绑定，这是因为一个目标可能有多个观察者，并且其数目可以在运行时变化。此模式中的 Subject 和 Observer 接口是为了处理 Subject 的变化而设计的，因此，当对象间有数据依赖时，最好用此模式来对它们进行解耦。

Mediator 模式让对象通过一个 Mediator 对象间接相互引用，从而对它们进行解耦。一个 Mediator 对象为各 Colleague 对象间的请求提供路由，并集中它们的通信。因此，各 Colleague 对象仅能通过 Mediator 接口相互通信。Mediator 接口是固定的，为了增加灵活性，Mediator 可能不得不实现它自己的分发策略。可以用一定方式对请求编码并打包参数，使得 Colleague 对象可以请求的操作数目不限。由于此模式将通信行为集中到一个类中而不是将其分布在各个子类中，所以它可以减少一个系统的子类生成。

Chain of Responsibility 模式通过沿一个潜在接收者链传递请求而将发送者与接收者解耦。因为发送者和接收者之间的接口是固定的，责任链可能也需要一个定制的分发策略。

7.3.5　应用举例

【例 7.7】 Visitor 模式。

某图书管理系统中管理着两种类型的文献：图书和论文。现在要求统计所有馆藏文献的总页码（假设图书馆中有一本 540 页的图书和两篇各 25 页的论文，那么馆藏文献的总页码就是 590 页）。适合采用 Visitor 模式实现该要求，设计图如图 7-49 所示。

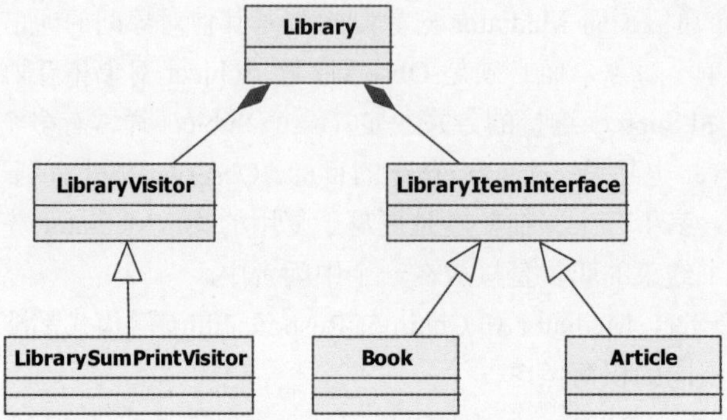

图 7-49 馆藏文献统计访问者模式类图

C++程序如下：

```
class LibraryVisitor;
class LibraryItemInterface {
public:
    virtual void accept(LibraryVisitor* visitor) = 0;
};
class Article : public LibraryItemInterface {
private:
     string      m_title;          //论文名
     string      m_author;         //论文作者
     int    m_start_page;
     int    m_end_page;
public:
     Article(string p_author, string p_title, int p_start_page,int p_end_page );
     int getNumberOfPages();
     void accept(LibraryVisitor* visitor);
};


class Book : public LibraryItemInterface {
```

```
private:
    string      m_title;        //书名
    string      m_author;       //作者
    int    m_pages;             //页数
public:
    Book(string p_author, string p_title, int p_pages);
    int getNumberOfPages();
    void accept(LibraryVisitor* visitor);
};
class LibraryVisitor {
public:
    virtual void visit(Book* p_book) = 0;
    virtual void visit(Article* p_article) = 0;
    virtual void printSum() = 0;
};
class LibrarySumPrintVisitor : public LibraryVisitor {     //打印总页数
private:
    int sum;
public:
    LibrarySumPrintVisitor();
    void visit(Book* p_book);
    void visit(Article* p_article);
    void printSum();
};
// visitor.cpp
int Article::getNumberOfPages(){
    return m_end_page - m_start_page;
}
void Article::accept(LibraryVisitor* visitor){   visitor->visit(this);   }
Book::Book(string p_author, string p_title, int p_pages ){
    m_title = p_title;
    m_author = p_author;
    m_pages = p_pages;
```

```
}
int Book::getNumberOfPages(){        return m_pages;    }
void Book::accept(LibraryVisitor* visitor){    visitor->visit(this);    }
//其余代码省略
```

Java 程序如下：

```
import java.util.*;

interface LibraryVisitor {
    void visit(Book p_book);
    void visit(Article p_article);
    void printSum();
}
class LibrarySumPrintVisitor implements LibraryVisitor {    //打印总页数
    private int sum = 0;
    public void visit(Book p_book){
        sum = sum + p_book.getNumberOfPages();
    }
    public void visit(Article p_article) {
        sum = sum + p_article.getNumberOfPages();
    }
    public void printSum(){
        System.out.println("SUM = " + sum);
    }
}
interface LibraryItemInterface {
    void accept(LibraryVisitor visitor);
}
class Article implements LibraryItemInterface {
    private String    m_title;        //论文名
    private String    m_author;       //论文作者
    private int   m_start_page;
    private int   m_end_page;
   public Article(String p_author, String p_title, int p_start_page,int p_end_page ){
    m_title = p_title;
```

```
        m_author = p_author;
        m_start_page= p_start_page;
        m_end_page= p_end_page;
    }
    public int getNumberOfPages(){
        return m_end_page - m_start_page;
    }
    public void accept(LibraryVisitor visitor){
            visitor.visit(this);
    }
}
class Book implements LibraryItemInterface {
        private String      m_title;            //书名
        private String      m_author;           //书作者
        private int   m_pages;                  //页数
    public Book(String p_author, String p_title, int p_pages ){
        m_title = p_title;
        m_author = p_author;
        m_pages = p_pages;
    }
    public int getNumberOfPages(){
        return m_pages;
    }
    public void accept(LibraryVisitor visitor){
            visitor.visit(this);
    }
}
```

【例 7.8】 Observer 模式。

一大型购物中心的收银软件中，要求其能够支持购物中心在不同时期推出的各种促销活动，如打折、返利（例如，满 300 返 100）等等。针对促销活动的不同策略，适合采用策略（Strategy）模式实现该要求，得到如图 7-50 所示的类图。

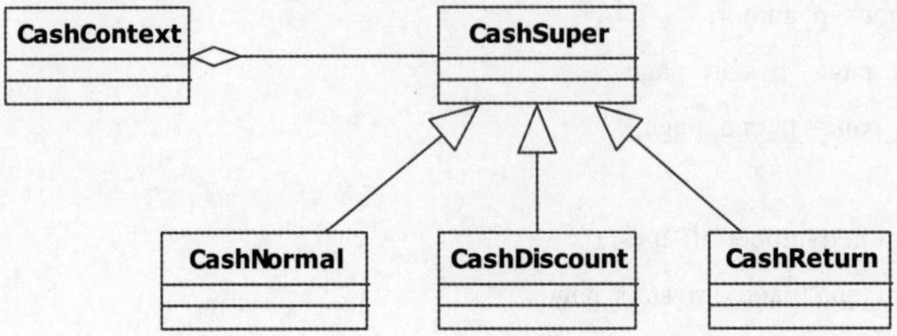

图 7-50 购物中心收银软件策略模式类图

C++程序如下：

```
#include <iostream>
using namespace std;

enum TYPE { NORMAL, CASH_DISCOUNT, CASH_RETURN};

class CashSuper {
public:
    virtual double acceptCash(double money) = 0;
};

class CashNormal : public CashSuper {          //正常收费子类
public:
    double acceptCash(double money) {    return money;    }
};
class CashDiscount : public CashSuper {
private:
    double moneyDiscount;                      //折扣率
public:
    CashDiscount(double discount) {        moneyDiscount = discount;    }
    double acceptCash(double money) {     return money * moneyDiscount;    }
};

class CashReturn : public CashSuper {          //满额返利
private:
    double moneyCondition;                     //满额数额
    double moneyReturn;                        //返利数额
```

```
public:
    CashReturn(double moneyCondition, double moneyReturn) {
        this->moneyCondition = moneyCondition;
         this->moneyReturn = moneyReturn;
    }
    double acceptCash(double money) {
       double result = money;
        if(money >= moneyCondition)
            result = money - (int)(money / moneyCondition ) * moneyReturn;
        return result;
   }
};

class CashContext {
private:
    CashSuper *cs;
public:
    CashContext(int type)    {
       switch(type) {
            case NORMAL:                    //正常收费
                 cs = new CashNormal();
                 break;
             case CASH_RETURN:          //满 300 返 100
                 cs = new CashReturn(300, 100);
                 break;
             case CASH_DISCOUNT:     //打 8 折
                 cs = new CashDiscount(0.8);
                 break;
        }
   }
   double GetResult(double money) {
       return cs->acceptCash(money);
   }
};
//此处略去 main()函数
```

Java 程序如下：

```
import java.util.*;

enum TYPE { NORMAL, CASH_DISCOUNT, CASH_RETURN};
interface CashSuper {
  public double acceptCash(double money);
}

class CashNormal implements CashSuper {              //正常收费子类
  public double acceptCash(double money) {
      return money;
  }
}

class CashDiscount implements CashSuper {
  private double moneyDiscount;                      //折扣率
  public CashDiscount(double   moneyDiscount) {
      this.moneyDiscount = moneyDiscount;
  }
  public double acceptCash(double money) {
      return money * moneyDiscount;
  }
}
class CashReturn implements CashSuper {              //满额返利
  private double moneyCondition;
  private double moneyReturn;
  public CashReturn(double moneyCondition, double moneyReturn) {
      this.moneyCondition = moneyCondition;          //满额数额
       this.moneyReturn = moneyReturn;               //返利数额
  }
  public double acceptCash(double money) {
      double result = money;
       if(money >= moneyCondition)
          result = money - Math.floor(money / moneyCondition ) * moneyReturn;
       return result;
  }
}

class CashContext {
```

```
  private CashSuper cs;
  private TYPE   t;
  public CashContext(TYPE t)   {
 switch(t) {
          case NORMAL:                        //"正常收费"
             cs = new CashNormal();
               break;
          case CASH_DISCOUNT:               //"打 8 折"
               cs = new CashDiscount(0.8);
               break;
          case CASH_RETURN:                   //"满 300 返 100"
               cs = new CashReturn(300, 100);
               break;
       }
  }
  public double GetResult(double money) {
      return cs.acceptCash(money);
  }
  //此处略去 main()方法
}
```

第 8 章　算法设计与分析

算法被公认为是计算机科学的基石，算法理论研究的是算法的设计技术和分析技术。前者回答的是“对特定的问题，如何提出一个算法来求解？”这样的问题，即如何设计一个有效的算法解决特定的问题；后者回答的是“该算法是否足够好？”，即对已设计的算法如何评价或判断其优劣，或者对求解同一个问题的多个算法如何进行比较和评价。二者是互相依存的，设计出的算法需要检验和评价，对算法的分析反过来又可以帮助改进算法的设计。

8.1　算法设计与分析的基本概念

8.1.1　算法

算法（Algorithm）是对特定问题求解步骤的一种描述，它是指令的有限序列，其中每一条指令表示一个或多个操作。此外，一个算法还具有下列 5 个重要特性。

（1）有穷性。一个算法必须总是（对任何合法的输入值）在执行有穷步之后结束，且每一步都可在有穷时间内完成。

（2）确定性。算法中的每一条指令必须有确切的含义，理解时不会产生二义性。并且在任何条件下，算法只有唯一的一条执行路径，即对于相同的输入只能得出相同的输出。

（3）可行性。一个算法是可行的，即算法中描述的操作都可以通过已经实现的基本运算执行有限次来实现。

（4）输入。一个算法有零个或多个输入，这些输入取自于某个特定的对象的集合。

（5）输出。一个算法有一个或多个输出，这些输出是同输入有着某些特定关系的量。

8.1.2　算法设计

算法设计是一件非常困难的工作，通常设计一个“好”的算法应考虑多个目标，包括正确性、可读性、健壮性和高效性等。由于实际问题各种各样，问题求解的方法千变万化，所以算法设计又是一个灵活的充满智慧的过程，需要设计人员根据实际情况具体问题具体分析。

存在多种算法设计技术（也称为算法设计策略），它们是设计算法的一般性方法。已经证明这些技术对于设计好的算法非常有用，在掌握了这些技术之后，设计新的和有用的算法会变得容易。经常采用的算法设计技术主要有分治法、动态规划法、贪心法、回溯法、分支限界法、概率算法和近似算法等。另外，在解决计算机领域以外的问题时，这些技术也能起到很好的指导作用。

8.1.3 算法分析

通常，求解一个问题可能会有多种算法可以选择，选择的主要标准首先是算法的正确性、可靠性、简单性和易理解性，其次是算法的时间复杂度和空间复杂度要低，这是算法分析技术的主要内容。

从基本概念上看，算法分析是指对一个算法所需要的资源进行估算，这些资源包括内存、通信带宽、计算机硬件和时间等，所需要的资源越多，该算法的复杂度就越高。不言而喻，对于任何给定的问题，设计出复杂度尽可能低的算法是设计算法时追求的重要目标。另一方面，当给定问题有很多种算法时，选择其中复杂度最低者是一个重要准则。因此，算法的复杂度分析对算法的设计和选择有重要的指导意义和实用价值。

而在计算机资源中，最重要的是时间和空间（存储器）资源，因此复杂度分析主要包括时间复杂度和空间复杂度分析。

8.1.4 算法的表示

常用的表示算法的方法有自然语言、流程图、程序设计语言和伪代码等。

（1）自然语言。其最大的优点是容易理解，缺点是容易出现二义性，并且算法通常很冗长。

（2）流程图。其优点是直观易懂，缺点是严密性不如程序设计语言，灵活性不如自然语言。

（3）程序设计语言。其优点是能用计算机直接执行，缺点是抽象性差，使算法设计者拘泥于描述算法的具体细节，忽略了“好”算法和正确逻辑的重要性。此外，还要求算法设计者掌握程序设计语言及编程技巧。

（4）伪代码。伪代码是介于自然语言和程序设计语言之间的方法，它采用某一程序设计语言的基本语法，同时结合自然语言来表达。计算机科学家从来没有对伪代码的书写形式达成过共识。在伪代码中，可以采用最具表达力的、最简明扼要的方法来表达一个给定的算法。

考虑到下午试题的算法题不仅考核算法设计和分析技术，还同时考核算法的 C 程序设计语言实现，因此，本章采用 C 程序设计语言表示算法。

8.2 算法分析基础

8.2.1 时间复杂度

由于时间复杂度与空间复杂度分别对算法占用的时间和空间资源进行分析，计算方法相似，且空间复杂度分析相对简单一些，因此下面主要讨论时间复杂度。算法的时间复杂度分析主要是分析算法的运行时间，即算法执行所需要的基本操作数。

不同规模的输入所需要的基本操作数是不相同的，例如用同一个排序算法排序 100 个数和排序 10 000 个数所需要的基本操作数是不相同的，因此考虑特定输入规模的算法的具体操作数既是不现实的也是不必要的。在算法分析中，可以建立以输入规模 n 为自变量的函数 $T(n)$来表示算法的时间复杂度。

即使对于相同的输入规模，数据分布不相同也影响了算法执行路径的不同，因此所需要的执行时间也不同。根据不同的输入，将算法的时间复杂度分析分为 3 种情况。

（1）最佳情况。使算法执行时间最少的输入。一般情况下，不进行算法在最佳情况下的时间复杂度分析。应用最佳情况分析的一个例子是已经证明基于比较的排序算法的时间复杂度下限为 $\Omega(n\lg n)$，那么就不需要白费力气去想方设法将该类算法改进为线性时间复杂度的算法。

（2）最坏情况。使算法执行时间最多的输入。一般会进行算法在最坏时间复杂度的分析，因为最坏情况是在任何输入下运行时间的一个上限，它给我们提供一个保障，实际情况不会比这更糟糕。另外，对于某些算法来说，最坏情况还是相当频繁的。而且对于许多算法来说，平均情况通常与最坏情况下的时间复杂度一样。

（3）平均情况。算法的平均运行时间，一般来说，这种情况很难分析。举个简单的例子，现要排序 10 个不同的整数，输入就有 10！种不同的情况，平均情况的时间复杂度要考虑每一种输入及其该输入的概率。平均情况分析可以按以下 3 个步骤进行。

① 将所有的输入按其执行时间分类。

② 确定每类输入发生的概率。

③ 确定每类输入的执行时间。

下式给出了一般算法在平均情况下的复杂度分析。

$$T(n)=\sum_{i=1}^{m} p_i \times t_i$$

其中，p_i表示第 i 类输入发生的概率；t_i表示第 i 类输入的执行时间，输入分为 m 类。

8.2.2 渐进符号

以输入规模 n 为自变量建立的时间复杂度实际上还是较复杂的，例如 an^2+bn+c，不仅与输入规模有关，还与系数 a、b 和 c 有关。此时可以对该函数做进一步的抽象，仅考虑运行时间的增长率或称为增长的量级，如忽略上式中的低阶项和高阶项的系数，仅考虑 n^2。当输入规模大到只有与运行时间的增长量级有关时，就是在研究算法的渐进效率。也就是说，从极限角度看，只关心算法运行时间如何随着输入规模的无限增长而增长。下面简单介绍 3 种常用的标准方法来简化算法的渐进分析。

（1）O 记号。定义为：给定一个函数 $g(n)$，$O(g(n)) = \{f(n)$:存在正常数 c 和 n_0，使得对所有的 $n \geqslant n_0$，有 $0 \leqslant f(n) \leqslant cg(n)\}$，如图 8-1（a）所示。$O(g(n))$表示一个函数集合，往往用该记号给出一个算法运行时间的渐进上界。

（2）Ω 记号。定义为：给定一个函数 $g(n)$，$\Omega(g(n)) = \{f(n)$:存在正常数 c 和 n_0，使得对所有的 $n \geqslant n_0$，有 $0 \leqslant cg(n) \leqslant f(n)\}$，如图 8-1（b）所示。$\Omega(g(n))$表示一个函数集合，往往用该记号给出一个算法运行时间的渐进下界。

（3）Θ 记号。定义为：给定一个函数 $g(n)$，$\Theta(g(n)) = \{f(n)$:存在正常数 c_1、c_2 和 n_0，使得对所有的 $n \geqslant n_0$，有 $0 \leqslant c_1g(n) \leqslant f(n) \leqslant c_2g(n)\}$，如图 8-1（c）所示。$\Theta(g(n))$表示一个函数集合，往往用该记号给出一个算法运行时间的渐进上界和渐进下界，即渐进紧致界。

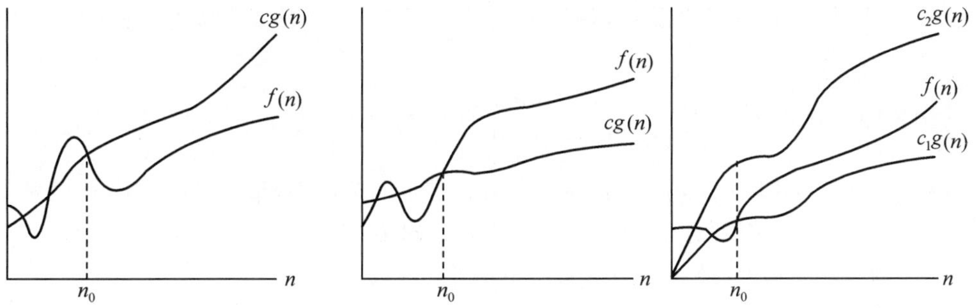

（a）$f(n)=O(g(n))$　（b）$f(n)=\Omega(g(n))$　（c）$f(n)=\Theta(g(n))$

图 8-1　记号 O、Ω 和 Θ 的图例

由上述定义可知，$f(n)=\Theta(g(n))$当且仅当$f(n)=O(g(n))$和$f(n)=\Omega(g(n))$。

【例 8.1】 判断下列等式是否成立。

（1）$10n^2+4n+2 =O(n^2)$　（2）$10n^2+4n+2 =O(n^3)$　（3）$10n^2+4n+2 =O(n)$

（4）$10n^2+4n+2 =\Omega(n^2)$　（5）$10n^2+4n+2 =\Omega(n^3)$　（6）$10n^2+4n+2 =\Omega(n)$

（7）$10n^2+4n+2 =\Theta(n^2)$　（8）$10n^2+4n+2 =\Theta(n^3)$　（9）$10n^2+4n+2 =\Theta(n)$

解：（1）√（2）√（3）×（4）√（5）×（6）√（7）√（8）×（9）×

8.2.3　递归式

从算法的结构上看，算法可以分为非递归形式和递归形式。非递归算法的时间复杂度分析较简单，本节主要讨论递归算法的时间复杂度分析方法。

（1）展开法。将递归式中等式右边的项根据递归式进行替换，称为展开。展开后的项被再次展开，如此下去，直到得到一个求和表达式，得到结果。

【例 8.2】 求$T(n)=\begin{cases}1 & ,n=1\\ T(n-1)+n & ,n>1\end{cases}$的解。

解：$T(n) = T(n-1) + n$

$= T(n-2) + (n-1) + n$

$\vdots$

$= 1 + 2 + \ldots + (n-1) + n$

$= n(n+1)/2$

$= O(n^2)$

（2）代换法。这一名称来源于当归纳假设用较小值时，用所猜测的值代替函数的解。在用代换法解递归式时需要 3 个步骤：猜测解的形式；用数学归纳法证明猜测的正确性；求出使解真正有效的常数。

【例 8.3】 确定$T(n)=\begin{cases}1 & ,n=1\\ 2T(n/2)+n & ,n>1\end{cases}$的上界。

解：首先猜测其解为 $T(n) = O(n\lg n)$。目标是要证明 $T(n)\leqslant cn\lg n$，其中，$c > 0$ 为常数。

然后假设这个解对 $n/2$ 成立，即 $T(n/2)\leqslant cn\lg(n/2)/2$。

对递归式做替换，得到 $T(n)\leqslant 2\,cn\lg(n/2)/\,2 + n$

$= cn\lg n - cn + n$

$\leqslant cn\lg n \quad (c\geqslant 1)$

尽管代换法提供了一种证明递归式解的正确性的简单方法，但并不存在通用的方法来猜测递归式的正确解，这种猜测需要经验，有时甚至是创造性的。由于往往很难得到“好”的猜测，因此这种方法较难用。

（3）递归树法。递归树法弥补了代换法猜测困难的缺点，它适于提供“好”的猜测，然后用代换法证明。在递归树中，每一个结点都代表递归函数调用集合中一个子问题的代价。将树中每一层内结点的代价相加得到一个每层代价的集合，再将每层的代价相加得到递归式所有层的总代价。当用递归式表示分治算法的时间复杂度时，递归树方法尤其有用。

【例 8.4】 确定$T(n)=\begin{cases}c & ,n=1\\ 4T(n/2)+cn & ,n>1\end{cases}$的紧致界。

解：用递归树法求解，图 8-2（a）～（d）给出了递归树的构造过程。

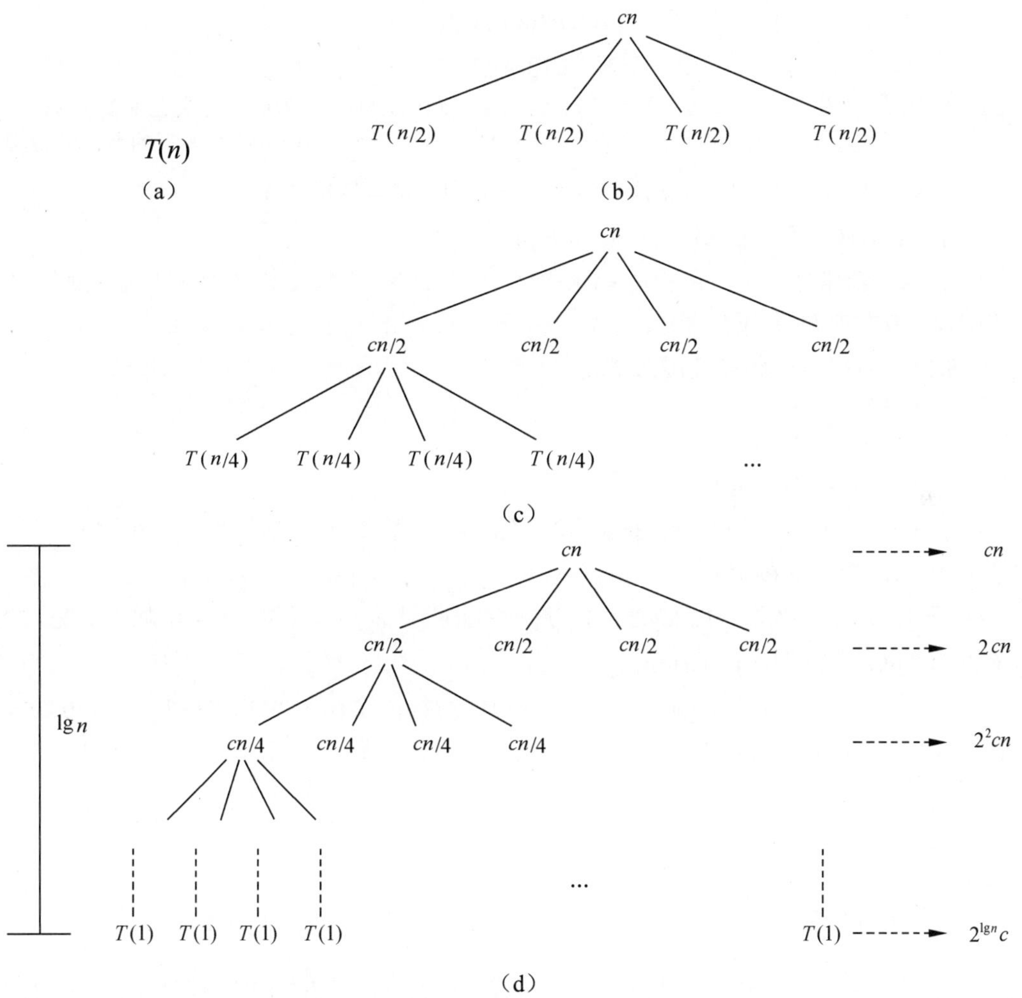

图 8-2　与递归式 $T(n)=4T(n/2)+cn$ 对应的递归树的构造过程

将递归树每一层代价相加就可以得到递归式的解，如下式所示。

$$\begin{aligned}T(n)&=(1+2+2^2+\cdots+2^{\lg n-1})cn+\theta(n^2)\\&=(2^{\lg n}-1)cn+\theta(n^2)\\&=\theta(n^2)\end{aligned}$$

（4）主方法。主方法也称为主定理，给出了求解以下形式的递归式的快速方法。

$$T(n) = aT(n/b) + f(n)$$

其中，a≥1 和 b>1 是常数，$f(n)$是一个渐进的正函数。

【定理 8.1】（主定理）设 a≥1 和 b>1 为常数，$f(n)$为函数，$T(n)$为定义在非负整数上的递归式，$T(n) = aT(n/b) + f(n)$，其中，n/b 指$\lfloor n/b \rfloor$或$\lceil n/b \rceil$，那么 $T(n)$可能有如下的渐进紧致界。

（1）若对于某常数 ε>0，有 $f(n) = O(n^{\log_b a-\varepsilon})$，则 $T(n) = \Theta(n^{\log_b a})$。

（2）若 $f(n) = \Theta(n^{\log_b a} \lg^k n)$，则 $T(n) = \Theta(n^{\log_b a} \lg^{k+1} n)$。

（3）若对于某常数 ε>0，有 $f(n) = \Omega(n^{\log_b a+\varepsilon})$，且对于常数 c<1 与所有足够大的 n 有 $af(b/n) \leqslant cf(n)$，则 $T(n) = \Theta(f(n))$。

【例 8.5】 用主方法求解下列递归式。

（1）$T(n) = 9T(n/3) + n$

（2）$T(n) = T(2n/3) + 1$

（3）$T(n) = 3T(n/4) + n\lg n$

解：（1）$a = 9$，$b = 3$，$f(n) = n$。$\log_b a = 2$，$f(n) = O(n^{\log_b a-\varepsilon})$，其中，$\varepsilon = 1$，属于情况（1），因此有 $T(n) = \Theta(n^{\log_b a}) = \Theta(n^2)$。

（2）$a = 1$，$b = 3/2$，$f(n) = 1$。$\log_b a = 0$，$f(n) = \Theta(n^{\log_b a} \lg^k n)$，其中，$k = 0$，属于情况（2），因此有 $T(n) = \Theta(n^{\log_b a} \lg^{k+1} n) = \Theta(\lg n)$。

（3）$a = 3$，$b = 4$，$f(n) = n\lg n$。$\log_b a \approx 0.793$，$f(n) = \Omega(n^{\log_b a+\varepsilon})$，其中，$\varepsilon \approx 0.207$，属于情况（3），因此有 $T(n) = \Theta(f(n)) = \Theta(n\lg n)$。

8.3 分治法

8.3.1 递归的概念

递归是指子程序（或函数）直接调用自己或通过一系列调用语句间接调用自己，是一种描述问题和解决问题的常用方法。在计算机算法设计与分析中，递归技术是十分有用的。使用递归技术往往使函数的定义和算法的描述简洁且易于理解。还有一些问题，虽然其本身并没有明显的递归结构，但用递归技术来求解使设计出的算法简洁易懂且易于分析，为此在介绍其他算法设计方法之前先讨论它。

递归有两个基本要素：边界条件，即确定递归到何时终止，也称为递归出口；递归模式，即大问题是如何分解为小问题的，也称为递归体。

【例 8.6】 阶乘函数。

阶乘函数可递归地定义为：

$$n! = \begin{cases} 1 & ,n = 0 \\ n(n-1)!, n > 0 \end{cases}$$

阶乘函数的自变量 n 的定义域是非负整数。递归式的第一式给出了这个函数的一个初始值，是递归的边界条件。递归式的第二式是用较小自变量的函数值来表示较大自变量的函数值的方式来定义 n 的阶乘，是递归体。$n!$ 可以递归地计算如下：

```
int Factorial(int num){
        if(num == 0)
                return 1;
        if(num > 0)
                return num * Factorial(num - 1);
}
```

8.3.2　分治法的基本思想

分治与递归就像一对孪生兄弟，经常同时应用于算法设计之中，并由此产生许多高效的算法。我们知道，任何一个可以用计算机求解的问题所需要的计算时间都与其规模有关。问题的规模越小，解题所需要的计算时间往往越少，从而较容易处理。例如，对于 n 个元素的排序问题，当 n=1 时，不需要任何比较；当 n=2 时，只要做一次比较即可；……而当 n 较大时，问题就不那么容易处理了。要想直接解决一个较大的问题，有时是相当困难的。分治法的设计思想是将一个难以直接解决的大问题分解成一些规模较小的相同问题，以便各个击破，分而治之。如果规模为 n 的问题可分解成 k 个子问题，$1<k\leqslant n$，这些子问题互相独立且与原问题相同。分治法产生的子问题往往是原问题的较小模式，这就为递归技术提供了方便。

一般来说，分治算法在每一层递归上都有 3 个步骤。

（1）分解。将原问题分解成一系列子问题。

（2）求解。递归地求解各子问题。若子问题足够小，则直接求解。

（3）合并。将子问题的解合并成原问题的解。

8.3.3　分治法的典型实例

以上讨论的是分治法的基本思想和一般原则，下面用一些具体例子来说明如何针对具体问题用分治思想来设计有效算法。

【例 8.7】 归并排序。

归并排序算法是成功应用分治法的一个完美的例子，其基本思想是将待排序元素分成大小大致相同的两个子序列，分别对这两个子序列进行排序，最终将排好序的子序列合并为所要求的序列。归并排序算法完全依照上述分治算法的 3 个步骤进行。

（1）分解。将 n 个元素分成各含 $n/2$ 个元素的子序列。

（2）求解。用归并排序对两个子序列递归地排序。

（3）合并。合并两个已经排好序的子序列以得到排序结果。

归并排序算法的 C 代码如下：

```
void MergeSort(int A[],int p,int r){
    int q;
    if(p < r){
        q = (p + r) / 2;
        MergeSort(A,p,q);
        MergeSort(A,q + 1,r);
        Merge(A,p,q,r);
    }
}
```

函数 Merge(A, p, q, r)的 C 代码如下：

```
void Merge(int A[],int p,int q,int r){
    int n1 = q – p + 1, n2 = r - q, i, j, k;
    int L[50],R[50];
    for(i = 0;i < n1;i++)
        L[i] = A[p + i];
    for(j = 0;j < n2;j++)
        R[j] = A[q+j+1];
    L[n1] = INT_MAX;
    R[n2] = INT_MAX;
    i = 0;
    j = 0;
    for(k = p; k < r + 1; k++){
        if(L[i] < R[j]){
            A[k] = L[i];
            i++;
        }
        else{
            A[k] = R[j];
            j++;
```

```
        }
    }
}
```

其中，A 是数组，p、q 和 r 是下标，满足 $p \leqslant q < r$。Merge 显然可在 $O(n)$ 时间内完成，因此合并排序算法对 n 个元素进行排序所需的计算时间 $T(n)$ 满足：

$$T(n)=\begin{cases} O(1) & ,n \leqslant 1 \\ 2T(n/2)+O(n) & ,n>1 \end{cases}$$

解此递归式可知 $T(n)=O(n\log n)$。

【例 8.8】 最大子段和问题。

给定由 n 个整数（可能有负整数）组成的序列 $a_1,a_2,\cdots,a_n$，求该序列形如 $\sum_{k=i}^{j} a_k$ 的子段和的最大值。当序列中所有整数均为负整数时，其最大子段和为 0。依此定义，所求的最大值为

$$\max\left\{0, \max_{1\leqslant i\leqslant j\leqslant n} \sum_{k=i}^{j} a_k\right\}$$

例如，当 $(a_1,a_2,a_3,a_4,a_5,a_6)=(-2,11,-4,13,-5,-2)$ 时，最大子段和为 $\sum_{k=2}^{4} a_k = 20$。

最大子段和问题的分治策略如下。

（1）分解。如果将所给的序列 $A[1..n]$ 分为长度相等的两段 $A[1..n/2]$ 和 $A[n/2+1..n]$，分别求出这两段的最大子段和，则 $A[1..n]$ 的最大子段和有 3 种情形。

① $A[1..n]$ 的最大子段和与 $A[1..n/2]$ 的最大子段和相同。

② $A[1..n]$ 的最大子段和与 $A[n/2+1..n]$ 的最大子段和相同。

③ $A[1..n]$ 的最大子段和为 $\sum_{k=i}^{j} a_k$，且 $1 \leqslant i \leqslant n/2$，$n/2+1 \leqslant j \leqslant n$。

（2）解决。①和②这两种情形可递归求得。对于情形③，容易看出，$A[n/2]$ 与 $A[n/2+1]$ 在最优子序列中。因此可以在 $A[1..n/2]$ 中计算出 $s1=\max\limits_{1\leqslant i\leqslant n/2} \sum_{k=i}^{n/2} a[k]$，并在 $A[n/2+1..n]$ 中计算出 $s2=\max\limits_{n/2+1\leqslant i\leqslant n} \sum_{k=n/2}^{i} a[k]$。则 s1+s2 即为出现情形③的最优值。

（3）合并。比较在分解阶段的 3 种情况下的最大子段和，取三者之中的较大者为原问题的解。

据此可设计出求解最大子段和的分治算法如下。

```
int MaxSubSum(int *Array, int left, int right){
    int sum = 0;
    int i;
    if(left == right){ /*分解到单个整数，不可继续分解*/
        if(Array[left] > 0)
            sum = Array[left];
        else
            sum = 0;
    }
    else{
        /*从 left 和 right 的中间分解数组*/
        int center = (left + right) / 2;    /*划分的位置*/
        int leftsum = MaxSubSum(Array,left,center);
        int rightsum = MaxSubSum(Array,center+1,right);
        /*计算包含 center 的最大值，判断是情形 1、情形 2 还是情形 3*/
        int s1 = 0;
        int lefts = 0;
        for(i = center;I >= left;i--){
            lefts = lefts + Array[i];
            if(lefts > s1)
                s1 = lefts;
        }
        int s2 = 0;
        int rights = 0;
        for(i = center + 1;i <= right;i++){
            rights = rights + Array[i];
            if(rights > s2)
                s2 = rights;
        }
        sum = s1+s2;

        /*情形 1*/
        if(sum < leftsum)
            sum = leftsum;
        /*情形 2*/
        if(sum < rightsum)
            sum = rightsum;
    }
```

```
        return sum;
    }
```

其中，Array 为数组，left 和 right 表示数组下标。对于长度为 n 的序列，可以调用 MaxSub Sum(Array, 0, n - 1)来获得其最大子段和。

分析算法时间复杂度如下：对应分解中的①和②两种情形，需要分别递归求解，对应情形③，两个并列 for 循环的时间复杂度为 $O(n)$，因此得到下列递归式。

$$T(n)=\begin{cases}O(1) & ,n\leqslant 1\\ 2T(n/2)+O(n), & n>1\end{cases}$$

解此递归式可知 $T(n)=O(n\log n)$。

8.4　动态规划法

8.4.1　动态规划法的基本思想

动态规划算法与分治法类似，其基本思想也是将待求解问题分解成若干个子问题，先求解子问题，然后从这些子问题的解得到原问题的解。与分治法不同的是，适合用动态规划法求解的问题，经分解得到的子问题往往不是独立的。若用分治法来解这类问题，则相同的子问题会被求解多次，以至于最后解决原问题需要耗费指数级时间。然而，不同子问题的数目常常只有多项式量级。如果能够保存已解决的子问题的答案，在需要时再找出已求得的答案，这样就可以避免大量的重复计算，从而得到多项式时间的算法。为了达到这个目的，可以用一个表来记录所有已解决的子问题的答案。不管该子问题以后是否被用到，只要它被计算过，就将其结果填入表中。这就是动态规划法的基本思路。

动态规划算法通常用于求解具有某种最优性质的问题。在这类问题中，可能会有许多可行解，每个解都对应于一个值，我们希望找到具有最优值（最大值或最小值）的那个解。当然，最优解可能会有多个，动态规划算法能找出其中的一个最优解。设计一个动态规划算法，通常按照以下几个步骤进行。

（1）找出最优解的性质，并刻画其结构特征。

（2）递归地定义最优解的值。

（3）以自底向上的方式计算出最优值。

（4）根据计算最优值时得到的信息，构造一个最优解。

步骤（1）～（3）是动态规划算法的基本步骤。在只需要求出最优值的情形下，步骤（4）可以省略。若需要求出问题的一个最优解，则必须执行步骤（4）。此时，在步骤（3）中计算最优值时，通常需记录更多的信息，以便在步骤（4）中根据所记录的信息快速构造出一个最优解。

动态规划法是一个非常有效的算法设计技术，那么何时可以应用动态规划来设计算法呢？对于一个给定的问题，若其具有以下两个性质，可以考虑用动态规划法来求解。

（1）最优子结构。如果一个问题的最优解中包含了其子问题的最优解，就说该问题具有最优子结构。当一个问题具有最优子结构时，提示我们动态规划法可能会适用，但是此时贪心策略可能也是适用的。

（2）重叠子问题。重叠子问题指用来解原问题的递归算法可反复地解同样的子问题，而不是总在产生新的子问题。即当一个递归算法不断地调用同一个问题时，就说该问题包含重叠子问题。此时若用分治法递归求解，则每次遇到子问题都会视为新问题，会极大地降低算法的效率，而动态规划法总是充分利用重叠子问题，对每个子问题仅计算一次，把解保存在一个在需要时就可以查看的表中，而每次查表的时间为常数。

8.4.2 动态规划法的典型实例

【例 8.9】 0-1 背包问题。

有 n 个物品，第 i 个物品价值为 v_i，重量为 w_i，其中 v_i 和 w_i 均为非负数，背包的容量为 W，W 为非负数。现需要考虑如何选择装入背包的物品，使装入背包的物品总价值最大。该问题可以形式化描述如下：

目标函数为 $\max \sum_{i=1}^{n} v_i x_i$

约束条件为 $\sum_{i=1}^{n} w_i x_i \leqslant W, \quad x_i \in \{0,1\}$

满足约束条件的任一集合（$x_1, x_2, \cdots, x_n$）是问题的一个可行解，问题的目标是要求问题的一个最优解。考虑一个实例，假设 $n=5$，$W=17$，每个物品的价值和重量如表 8-1 所示，可将物品 1、2 和 5 装入背包，背包未满，获得价值 22，此时问题解为（1，1，0，0，1）；也可以将物品 4 和 5 装入背包，背包装满，获得价值 24，此时解为（0，0，0，1，1）。

表 8-1 物品的价值和重量

物品编号	1	2	3	4	5
价值 v	4	5	10	11	13
重量 w	3	4	7	8	9

下面根据动态规划的 4 个步骤求解该问题。

（1）刻画 0-1 背包问题的最优解的结构。

可以将背包问题的求解过程看作是进行一系列的决策过程，即决定哪些物品应该放入背包，哪些物品不放入背包。如果一个问题的最优解包含了物品 n，即 $x_n = 1$，那么其余 $x_1, x_2, \cdots, x_{n-1}$ 一定构成子问题 1,2,…,n–1 在容量为 $W–w_n$ 时的最优解。如果这个最优解不包含物品 n，即 $x_n = 0$，那么其余 $x_1, x_2, \cdots, x_{n-1}$ 一定构成子问题 1,2,…,n–1 在容量为 W 时的最优解。

（2）递归定义最优解的值。

根据上述分析的最优解的结构递归地定义问题最优解。设 $c[i, w]$表示背包容量为 w 时 i 个物品导致的最优解的总价值，得到下式。显然，问题要求 $c[n, W]$。

$$c[i,w]=\begin{cases}0 & ,i=0\text{或}w=0\\ c[i-1,w] & ,w_i>w\\ \max\{c[i-1,w-w_i]+v_i,c[i-1,w]\} & ,i>0\text{且}w_i\leqslant w\end{cases}$$

（3）计算背包问题最优解的值。

基于上述递归式，以自底向上的方式计算最优解的值，C 代码如下：

```
int** KnapsackDP(int n,int W,int* Weights,float* Values){
        int i,w;
        /*为二维数组申请空间*/
        int** c = (int **)malloc(sizeof(int *)*(n + 1));
        for (i = 0; i <= n; i++)
            c[i] = (int *)malloc(sizeof(int)*(W + 1));
        /*初始化二维数组*/
        for(w = 0;w <= W;w++)
            c[0][w] = 0;
        for(i = 1;i <= n;i++){
            c[i][0] = 0;
            for(w = 1;w <= W;w++){
                if(Weights[i - 1] <= w){ /*如果背包剩余重量大于物品重量*/
                    if(Values[i - 1] + c[i - 1][w - Weights[i - 1]] > c[i - 1][w])
                    {   /*重量为 w 的背包中放入该物品*/
                        c[i][w] = Values[i - 1] + c[i - 1][w -Weights[i - 1]];
                    }
                    else{
                        /*重量为 w 的背包中不放入该物品*/
                        c[i][w] = c[i - 1][w];
                    }
                }
```

```
                else
                    c[i][w] = c[i - 1][w];
            }
        }
        return c;
}
```

上述 C 代码的时间复杂度为 $O(nW)$。表 8-2 给出了上述实例填表的信息，从表中可以很容易地看出最优解的值为 24。

表 8-2　0-1 背包问题的动态规划法示例

I \ w	0	1	2	3	4	5	6	7	8	9	10	11	12	13	14	15	16	17
1	0	0	0	4	4	4	4	4	4	4	4	4	4	4	4	4	4	4
2	0	0	0	4	5	5	5	9	9	9	9	9	9	9	9	9	9	9
3	0	0	0	4	5	5	5	10	10	10	14	15	15	15	19	19	19	19
4	0	0	0	4	5	5	5	10	11	11	14	15	16	16	19	21	21	21
5	0	0	0	4	5	5	5	10	11	13	14	15	17	18	19	21	23	24

（4）根据计算的结果构造问题最优解。

根据上一步计算的 c 数组很容易构造问题的最优解。判断 $c[i, w]$与 $c[i-1, w]$的值是否相等，若相等，则说明 $x_i = 0$，否则为 1。得到最优解的 C 代码如下：

```
void OutputKnapsackDP(int n,int W,int *Weights,float *Values,int **c){
    int x[n];
    int i;
    for(i = n;i > 1;i--){
        if(c[i][W] == c[i - 1][W])      /*重量为 W 的最优选择的背包中不包含该物品*/
            x[i -1] = 0;
        else{
            x[i - 1] = 1;
            W = W - Weights[i-1];       /*更新背包目前的最大容量*/
        }
    }
    if(c[1][W] == 0)                    /*第一个物品不放入背包*/
        x[0] = 0;
    else                                /*第一个物品放入背包*/
```

```
        x[0] = 1;
    for(i = 0;i < n;i++)
        if(x[i] == 1)
            printf("Weigh: %d,Value: %f\n",Weights[i],Values[i]);
}
```

构造最优解的时间复杂度为 $O(n)$。在上述例子中，$C[5,17]=24\neq C[4,17]=21$，$x_5=1$；$C[4,8]=11\neq C[3,8]=10$，$x_4=1$；$C[2,0]=C[2,0]=C[1,0]=0$，$x_3=x_2=x_1=0$，因此最优解为（0,0,0,1,1）。

【例 8.10】 最长公共子序列（LCS）。

非形式化地讲，子序列是指从给定序列中随意地（不一定是连续的）去掉若干元素（可能一个也不去掉）后所形成的序列。令序列 $X = x_1x_2\cdots x_m$，序列 $Y = y_1y_2\cdots y_k$ 是 X 的子序列，存在 X 的一个严格递增下标序列 $<i_1,i_2,\cdots,i_k>$，使得对于所有的 $j=1,2,\cdots,k$ 有 $x_{i_j}=y_j$。例如，$X = ABCBDAB$，$Y = BCDB$，则 Y 是 X 的一个子序列。

给定两个序列 X 和 Y，称序列 Z 是 X 和 Y 的公共子序列，是指 Z 同时是 X 和 Y 的子序列。最长公共子序列问题定义为：给定序列 $X = x_1x_2\cdots x_m$ 和序列 $Y = y_1y_2\cdots y_n$，求这两个序列的最长公共子序列。

如果用穷举法求解该问题，列举出 X 的所有子序列，一一检查其是否是 Y 的子序列，并随时记录所发现的公共子序列，最终求出最长公共子序列，时间复杂度为 $O(2^m n)$，是指数级的时间复杂度，对于长序列来说不可行。而动态规划法可以有效地求解最长公共子序列问题。

（1）刻画最长公共子序列问题的最优子结构。

定理 8.2 证明了 LCS 具有最优子结构。

【定理 8.2】 LCS 的最优子结构。设 $X = x_1x_2\cdots x_m$ 和 $Y = y_1y_2\cdots y_n$ 是两个序列，$Z = z_1z_2\cdots z_k$ 是 X 和 Y 的一个最长公共子序列。

① 如果 $x_m=y_n$，那么 $z_k=x_m=y_n$，且 Z_{k-1} 是 X_{m-1} 和 Y_{n-1} 的一个最长公共子序列。

② 如果 $x_m\neq y_n$，那么 $z_k\neq x_m$，蕴含着 Z 是 X_{m-1} 和 Y 的一个最长公共子序列。

③ 如果 $x_m\neq y_n$，那么 $z_k\neq y_n$，蕴含着 Z 是 X 和 Y_{n-1} 的一个最长公共子序列。

（2）递归定义最优解的值。

设 $l[i,j]$ 表示序列 X_i 和 Y_j 的最长公共子序列的长度，如果 $i=0$ 或 $j=0$，则其中有一个序列长度为 0，因此 LCS 长度为 0。由 LCS 的最优子结构可导出以下递归式。

$$l[i,j]=\begin{cases}0 & ,i=0\text{或}j=0\\ l[i-1,j-1]+1 & ,i,j>0\text{且}x_i=y_j\\ \max(l[i-1,j],l[i,j-1]), & i,j>0\text{且}x_i\neq y_j\end{cases}$$

（3）计算最优解的值。

根据上述递归式自底向上地求出最优解的值。将 $l[i, j]$的值存储在表 $l[1..m,1..n]$中，以行为主序从左到右计算表 l 中的元素，同时维持表 $b[1..m,1..n]$，用其中的元素 $b[i, j]$记录使得 $l[i, j]$取最优值的最优子结构。以下给出该算法的 C 代码，分别用 str1 和 str2 表示序列 X 和 Y。

```
int** Lcs_Length(const char* str1,const char* str2,int str1_length,int str2_length){
    int i,j;
    /*为矩阵 l、b 分配空间*/
    int** l = (int **)malloc(sizeof(int *)*(str1_length + 1));
    int** b = (int **)malloc(sizeof(int *)*(str1_length + 1));
    for (i = 0; i <= str1_length; i++){
        l[i] = (int *)malloc(sizeof(int)*(str2_length + 1));
        b[i] = (int *)malloc(sizeof(int)*(str2_length + 1));
    }
    /*初始化矩阵*/
    for(i = 1;i <= str1_length;i++)
        l[i][0] = 0;
    for(i = 0;i <= str2_length;i++)
        l[0][i] = 0;
    for(i = 1;i <= str1_length;i++){
        for(j = 1;j <= str2_length;j++){
            if(str1[i - 1] == str2[j - 1]){
                l[i][j] = l[i - 1][j - 1] + 1;
                b[i][j] = 0;          /* 0 代表指向右上方的箭头  */
            }
            else if(l[i - 1][j] >= l[i][j - 1]){
                l[i][j] = l[i - 1][j];
                b[i][j] = 1;          /*1 代表指向上方的箭头*/
            }
            else{
                l[i][j] = l[i][j - 1];
                b[i][j]=2;            /*2 代表指向右方的箭头*/
            }
        }
    }
    return b;
}
```

从上述 C 代码可知，算法的时间复杂度为 $O(mn)$。根据上述算法，已知 X=$ABCBDAB$ 和 Y=$BDCABA$，则对应的表 l 和 b 如图 8-3 所示。

j		0	1	2	3	4	5	6
i		Y_i	B	D	C	A	B	A
0	X_i	0	0	0	0	0	0	0
1	A	0	↑0	↑0	↑0	↖1	←1	↖1
2	B	0	↖1	←**1**	←**1**	↑1	↖2	←**2**
3	C	0	↑**1**	↑1	↖2	←**2**	↑2	↑2
4	B	0	↖1	↑1	↑2	↑2	↖**3**	←**3**
5	D	0	↑1	↖2	↑2	↑2	↑3	↑3
6	A	0	↑1	↑2	↑2	↖**3**	←**3**	↖4
7	B	0	↖1	↑2	↑2	↑3	↖4	↑4

图 8-3 用动态规划求解 LCS 问题示例

（4）构造最优解。

用表 b 中的信息构造 X 和 Y 的一个 LCS。从 $b[m, n]$开始，在表中沿着箭头的方向跟踪，当 $b[i, j]$="↖"时，表示 $x_i = y_j$ 为 LCS 中的元素，C 代码如下所示，分别用 str1 和 str2 表示序列 X 和 Y。在图 8-3 所示的例子中，过程 OutputLCS 将产生以下输出：BCBA。

```
void OutputLcs(const char *str1,const int** b,int str1_length,int str2_length){
    if(str1_length == 0||str2_length == 0) /*两个字符串中任何一个长度为零*/
        return;
    if(b[str1_length][str2_length] == 0){   /*箭头指向右上*/
        OutputLcs(str1,b,str1_length - 1,str2_length - 1);
        printf("%c",str1[str1_length - 1]);
    }
    else if(b[str1_length][str2_length] == 1) /*箭头指向上*/
        OutputLcs(str1,b,str1_length-1,str2_length);
    else                                      /*箭头指向右*/
        OutputLcs(str1,b,str1_length,str2_length-1);
}
```

8.5 贪心法

8.5.1 贪心法的基本思想

作为一种算法设计技术，贪心法是一种简单的方法。和动态规划法一样，贪心法也经常用于解决最优化问题。与动态规划法不同的是，贪心法在解决问题的策略上是仅根据当前已有的信息做出选择，而且一旦做出了选择，不管将来有什么结果，这个选择都不会改变。换而言之，贪心法并不是从整体最优考虑，它所做出的选择只是在某种意义上的局部最优。这种局部最优选择并不能保证总能获得全局最优解，但通常能得到较好的近似最优解。举一个简单的贪心法例子，平时购物找钱时，为使找回的零钱的硬币数最少，从最大面值的币种开始，按递减的顺序考虑各币种，先尽量用大面值的币种，当不足大面值币种的金额时才去考虑下一种较小面值的币种，这就是在采用贪心法。这种方法在这里总是最优，是因为银行对其发行的硬币种类和硬币面值的巧妙安排。如果只有面值分别为 1、5 和 11 单位的硬币，而希望找回总额为 15 单位的硬币，按贪心算法，应找 1 个 11 单位面值的硬币和 4 个 1 单位面值的硬币，共找回 5 个硬币。但最优的解答应是 3 个 5 单位面值的硬币。

我们知道，贪心算法并不总能得到最优解，那么对于一个具体的问题，如何得知是否可以用贪心法来求解以及能否得到问题的最优解呢？这个问题很难得到肯定的回答。但是，从许多可以用贪心法求得最优解的问题中看到，这类问题一般具有两个重要的性质。

（1）最优子结构。当一个问题的最优解包含其子问题的最优解时，称此问题具有最优子结构。问题具有最优子结构是该问题可以采用动态规划法或者贪心法求解的关键性质。

（2）贪心选择性质。指问题的整体最优解可以通过一系列局部最优的选择，即贪心选择来得到。这是贪心法和动态规划法的主要区别。证明一个问题具有贪心选择性质也是贪心法的一个难点。

8.5.2 贪心法的典型实例

【例 8.11】 活动选择问题。

活动选择问题是指若干个具有竞争性的活动要求互斥使用某一公共资源时如何选择最大的相容活动集合。假设有一个需要使用某一资源（如教室等）的 n 个活动组成的集合 $S=\{a_1, a_2, \cdots, a_n\}$，该资源一次只能被一个资源占用。每个活动 a_i 有一个开始时间 s_i 和结束时间 f_i，且 $0\leqslant s_i\leqslant f_i<\infty$。一旦被选择后，活动 a_i 就占据半开时间区间 $[s_i, f_i)$。如果两个活动 a_i 和 a_j 的时间区间互不重叠，则称活动 a_i 和 a_j 是兼容的。活动选择问题就是要选择出一个由互相兼容的活动组成的最大子集合。考虑表 8-3 中的活动集合，其中各活动已经按结束时间的单调递增顺序进行了排序。从表中可以看到，子集 $\{a_3, a_9, a_{11}\}$ 由相互兼容的活动组成。然而，它不是最大的子集，子集 $\{a_1, a_4, a_8, a_{11}\}$ 更大。事实上，$\{a_1, a_4, a_8, a_{11}\}$ 是一个最大的相互兼容活动子集。另外，还有一个最大子集是 $\{a_2, a_4, a_9, a_{11}\}$。

表 8-3 活动集合

活动 i	1	2	3	4	5	6	7	8	9	10	11
s_i	1	3	0	5	3	5	6	8	8	2	12
f_i	4	5	6	7	8	9	10	11	12	13	14

经分析，该问题具有最优子结构，可以用动态规划法求解。但同时该问题还具有贪心选择性质，因此可以用贪心法更简单地求解。

定义集合 $S_{ij}=\{a_k \in S: f_i \leqslant s_k < f_k \leqslant s_j\}$。为了完整地表示问题，加入两个虚拟活动 a_0 和 a_{n+1}，其中，$f_0=0$，$s_{n+1}=\infty$，这样 $S=S_{0,n+1}$。

【定理 8.3】 对于任意非空子问题 S_{ij}，设 a_m 是 S_{ij} 中具有最早结束时间的活动。

那么，（1）活动 a_m 在 S_{ij} 的某个最大兼容活动子集中。

（2）子问题 S_{im} 为空，所以选择 a_m 将使 S_{mj} 为唯一可能非空的子问题。

（证明略）

假设对 n 个活动按其结束时间单调递增进行了排序，排序的时间复杂度为 $O(n\lg n)$。下面给出解决活动选择问题的贪心算法的递归形式和迭代形式。

递归贪心算法：

```
int OptimalSubset[100];
/*递归贪心算法*/
int RecursiveActivitySelector(int* s,int *f,int index,int n){ /*s[0]和 f[0]为 0，活动开始时间和结束时间从
                                                              下标 1 开始存储*/
    int m = index + 1;
    static int activity_number = 0;
    while(m <= n && s[m] <= f[index])              /*寻找开始时间晚于 index 结束的活动*/
        m++;
    if(m <= n){
        OptimalSubset[activity_number++] = m;      /*选择找到的活动*/
        RecursiveActivitySelector(s,f,m,n);        /*以活动 m 的结束时间为基准继续寻找*/
    }
    else
        return activity_number;
}
```

迭代贪心算法：

```
int GreedyActivitySelector(int *s,int *f,int n){
    int activity_number = 0;
    OptimalSubset[activity_number++] = 1;          /*选择活动 1*/
    int index = 1;
    int m;
    for(m = 2;m <= n;m++){
        if(s[m] >= f[index]){                      /*寻找开始时间晚于 index 结束的活动*/
```

```
                OptimalSubset[activity_number++] = m;   /*选择找到的活动*/
                index = m;                              /*继续寻找*/
            }
        }
        return activity_number;
    }
```

根据分析，递归贪心算法和迭代贪心算法都能在 $O(n)$的时间复杂度内完成。

【例 8.12】 背包问题。

背包问题的定义与 0-1 背包问题类似，但是每个物品可以部分装入背包，即在 0-1 背包问题中，$x_i=0$ 或者 $x_i=1$；而在背包问题中，$0\leqslant x_i\leqslant 1$。

为了更好地分析该问题，考虑一个例子：$n=5$，$W=100$，表 8-4 给出了各个物品的重量、价值和单位重量的价值。假设物品已经按其单位重量的价值从大到小排好序。

表 8-4 物品的基本信息

物品 i	1	2	3	4	5
w_i	30	10	20	50	40
v_i	65	20	30	60	40
v_i/w_i	2.1	2	1.5	1.2	1

为了得到最优解，必须把背包放满。现在用贪心策略求解，首先要选出度量的标准。

（1）按最大价值先放背包的原则。

此时，先放物品 1 和 4，获得价值 65+60=125，背包还剩容量 100–30–50=20，此时物品 5 是价值最大的，但其重量为 40，不能全部放入背包。而且一般将物品 2 和 3 放入背包比把物品 5 的一半放入背包能获得更大的价值。因此把物品 2 放入背包，得到价值 125+20=145，剩余容量 20–10=10。此时可再放入物品 3 的 1/3，得到总价值 145+1.5×10=160，对应的解为{1，1，1/3，1，0}。

（2）按最小重量先放背包的原则。

此时，将物品 2、3、1 和 5 放入背包中，刚好装满，得到价值 20+30+65+40=155，对应的解为{1，1，1，0，1}。

（3）按最大单位重量价值先放背包的原则。

此时，将物品 1、2 和 3 放入背包中，得到价值 65+20+30=115，剩余容量 100–30–10–20=40。此时可再放入物品 4 的 4/5，得到总价值 115+4/5×60=163，对应的解为{1，1，1，4/5，0}。可以证明，该解为问题的最优解，因此用贪心法求解背包问题，应根据该原则来放置物品。

假设对 n 个物品按其单位重量价值从大到小进行了排序，排序的时间复杂度为 $O(n\lg n)$。

下面给出用贪心法解决背包问题的 C 代码。

```
int * GreedyKnapsack(int n,int W,int* Weights,float* Values,float *VW){
    int i;
    /*分配空间及初始化*/
    float* x = (float*)malloc(sizeof(float)*n);
    for(i = 0;i < n;i++)
        x[i] = 0;
    for(i = 0;i < n;i++)
        if(Weights[i] <= W){            /*如果背包剩余容量可以装下该物品*/
            x[i] = 1;
            W = W   - Weights[i];
        }
        else
            break;
    if(i < n){                          /*如果还有物品可以部分装入背包中*/
        x[i] = W / (float)Weights[i];
    }
    return x;
}
```

8.6　回溯法

回溯法有“通用的解题法”之称，用它可以系统地搜索一个问题的所有解或任一解。回溯法是一个既带有系统性又带有跳跃性的搜索算法。它在包含问题的所有解的解空间树中，按照深度优先的策略，从根结点出发搜索解空间树。算法搜索至解空间树的任一结点时，总是先判断该结点是否肯定不包含问题的解。如果肯定不包含，则跳过对以该结点为根的子树的系统搜索，逐层向其祖先结点回溯；否则，进入该子树，继续按深度优先的策略进行搜索。回溯法在用来求问题的所有解时要回溯到根，且根结点的所有子树都已被搜索遍才结束；而用来求问题的任一解时，只要搜索到问题的一个解就可以结束。这种以深度优先的方式系统地搜索问题的解的方法称为回溯法，它适用于解一些组合数较大的问题。

8.6.1　回溯法的算法框架

1．问题的解空间

在应用回溯法解问题时，首先应明确定义问题的解空间。问题的解空间应至少包含问题的一个（最优）解。例如，对于有 n 种可选择物品的 0-1 背包问题，其解空间由长度为 n 的 0-1 向量组成。该解空间包含了对变量的所有可能的 0-1 赋值。当 n=3 时，其解空间是{(0,0,0), (0,1,0), (0,0,1), (1,0,0), (0,1,1), (1,0,1),(1,1,0),(1,1,1)}。

定义了问题的解空间后，还应将解空间很好地组织起来，使得用回溯法能方便地搜索整个解空间。通常将解空间表示为树或图的形式。例如，对于 n=3 时的 0-1 背包问题，其解空间用一棵完全二叉树表示，如图 8-4 所示。

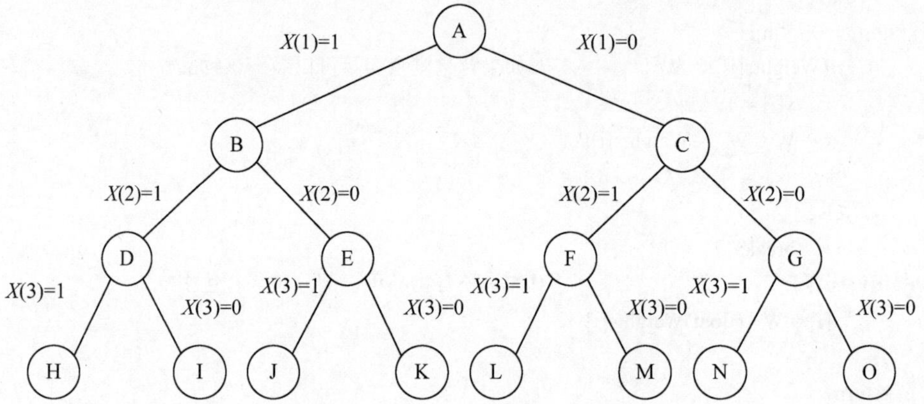

图 8-4 0-1 背包问题的解空间树

解空间树的第 i 层到第 i+1 层边上的标号给出了变量的值。从树根到叶子的任一路径表示解空间的一个元素。例如，从根结点到结点 H 的路径对应于解空间中的元素(1,1,1)。

2. 回溯法的基本思想

在确定了解空间的组织结构后，回溯法从开始结点（根结点）出发，以深度优先的方式搜索整个解空间。这个开始结点就成为一个活结点，同时也成为当前的扩展结点。在当前的扩展结点处，搜索向纵深方向移至一个新结点。这个新结点就成为一个新的活结点，并成为当前扩展结点。如果在当前扩展结点处不能再向纵深方向移动，则当前的扩展结点就成为死结点。换句话说，这个结点不再是一个活结点。此时，应往回移动（回溯）至最近的一个活结点处，并使这个活结点成为当前的扩展结点。回溯法即以这种工作方式递归地在解空间中搜索，直到找到所要求的解或解空间中已无活结点时为止。

例如，对于 n=3 时的 0-1 背包问题，考虑下面的具体实例：w=[16,15,15]，p=[45,25,25]，c=30。其中，w 表示物品的重量，p 表示物品的价值，c 表示背包能够容纳的最大重量。从图 8-4 的根结点开始搜索其解空间。

（1）开始时根结点是唯一的活结点，也是当前的扩展结点。在这个扩展结点处，按照深度优先策略移至结点 B 或结点 C。假设选择先移至结点 B，此时结点 A 和结点 B 是活结点，结点 B 成为当前的扩展结点。由于选取了 w_1（结点 A 到 B 的边上标记为 1，表示选择物品），故在结点 B 处剩余背包容量是 r=14，获取的价值是 45。

（2）从结点 B 处可以移至结点 D 或 E。由于移至结点 D 需要 w_2=15 的背包容量，而现在的背包容量是 r=14，故移至结点 D 导致一个不可行的解。而搜索至结点 E 不需要占用背包容量（结点 B 到结点 E 的边上标记为 0，表示不需要选择物品），因此是可行的。从而选择移至结点 E，此时 E 成为新的扩展结点，结点 A、B 和 E 是活结点。在结点 E 处，r=14，获取的价值为 45。

（3）从结点 E 处可以移至结点 J 或 K。移至结点 J 导致一个不可行解，而移至结点 K 是可行的，于是移至结点 K，它成为一个新的扩展结点。由于结点 K 是一个叶子结点，故得到一个可行解，这个解对应的价值为 45。解 x 的取值是由根结点到叶子结点 K 的路径唯一确定的，即 x=（1,0,0）。由于在结点 K 处已不能再向纵深扩展，所以结点 K 成为死结点。返回到结点 E，此时在 E 处也没有可扩展的结点，它也成为一个死结点。

（4）返回结点 B 处，结点 B 同样成为死结点，从而结点 A 再次成为当前扩展结点。结点 A 还可以继续扩展，从而达到结点 C。此时 r=30，获取的价值为 0。

（5）从结点 C 可移至结点 F 或 G。假设移至结点 F，它成为新的扩展结点。结点 A、C 和 F 是活结点。在结点 F 处，r=15，获取的价值为 25。从结点 F 移至结点 L 处，此时 r=0，获取的价值为 50。由于 L 是一个叶子结点，而且是迄今为止找到的获取价值最高的可行解，因此记录这个可行解。结点 L 不可扩展，返回到结点 F 处。

按此方式继续搜索，可搜索整个解空间。搜索结束后找到的最好解就是 0-1 背包问题的最优解。

综上所述，运用回溯法解题通常包含以下 3 个步骤。

（1）针对所给问题，定义问题的解空间。

（2）确定易于搜索的解空间结构。

（3）以深度优先的方式搜索解空间。

3．回溯法的算法框架

回溯法的算法框架有非递归和递归两种方式。

非递归方式：

```
BackTracking(X)
1 计算解 X 的第一个元素的候选集合 S
```

```
k ← 1
while k > 0 do
    while Sk ≠ Φ do
        xk ← Sk中的下一个元素
        Sk ← Sk - {xk}
        if X = {x1,x2,…,xk}是问题的解
            then 输出 X
        k ← k + 1
        计算解 X 的第 k 个元素的候选集合 Sk
        k ← k - 1
return
```

递归方式：

```
BackTrackingDFS(X,k)
if X = (x1,x2,…,xk)是问题的解
    then 输出 X
    else k ← k + 1
        计算解 X 的第 k 个元素的候选集合 Sk
        while Sk ≠ Φ do
            xk ← Sk中的下一个元素
            Sk ← Sk - {xk}
            BackTrackingDFS(X,k)
return
```

4．回溯法的限界函数

问题的解空间往往很大，为了有效地进行搜索，需要在搜索的过程中对某些结点进行剪枝，而对哪些结点进行剪枝，需要设计限界函数来判断。因此，限界函数的设计是回溯法的一个核心问题，也是一个很难的问题。设计限界函数的通用的指导原则是尽可能多和尽可能早地“杀掉”不可能产生最优解的活结点。好的限界函数可以大大减少问题的搜索空间，从而大大提高算法的效率。下面通过例子来说明。

8.6.2 回溯法的典型实例

【例 8.13】 0-1 背包问题。

0-1 背包问题的定义如例 8.9 所示。

图 8-4 给出了 0-1 背包问题的一个解空间树的示例。在该问题中，目标是为了得到最大的价值，因此可以“杀掉”那些不可能产生最大价值的活结点。那么，如何判断哪些结点扩展后

不可能产生最大价值呢？考虑贪心策略，先对所有物品按其单位重量价值从大到小排序，对搜索空间树中的某个结点，如 F，已经确定了某些 $X(i)$，$1\le i\le k$，而其他的 $X(i)$，$k+1\le i\le n$ 待定。此时可以将 0-1 背包问题松弛为背包问题，求从 F 结点扩展下去，计算能获得的最大价值。若该价值比当前已经得到的某个可行解的值要小，则该结点不必再扩展。

若所有物品已经按其单位重量价值从大到小排序。假设前 k（包含 k）个物品是否放入背包已经确定，现在考虑在当前背包的剩余容量下，若是背包问题，那么能获得的最大价值是多少？即求背包中物品的价值上界。C 代码如下：

```
float Bound(float *Values,int* Weights,float * VW,int n,int W,float Profit_Gained,int Weight_Used,int k){
 /*Profit_Gained、Weight_Used、k 分别为当前已经获得的价值、背包的重量、已经确定的物品*/
    int i;
    for(i = k + 1;i < n;i++){
        if(Weight_Used+Weights [i] <= W){
            Profit_Gained += Values[i];
            Weight_Used += Weights[i];
        }
        else{
            Profit_Gained += VW[i]*(W - Weight_Used);
            Weight_Used = W;
            return Profit_Gained;
        }
    }
    return Profit_Gained;
}
int * Knapsack(float *Values,int* Weights,float * VW,int n,int W){
/*Values 为物品的价值数组，Weights 为物品的重量数组，VW 为物品 Values/Weights 的数组，W 为背包的最大容量*/
    int current_weight = 0;
    float current_profit = 0;
    int Weight = 0;
    float Profit = -1;
    int index = 0;
    /*为数组 X、Y 分配空间*/
    int* X = (int*)malloc(sizeof(int)*n);
    int* Y = (int*)malloc(sizeof(int)*n);
    while(1){
        while(index < n && current_weight + Weights[index] <= W){
            current_profit += Values[index];
```

```
            current_weight += Weights[index];
            Y[index] = 1;
            index++;
        }
        if(index >= n){
            Weight = current_weight;
            Profit = current_profit;
            index = n-1;
            int i;
            for(i = 0;i < n;i++)
                X[i] = Y[i];
        }
        else
            Y[index] = 0;
        while (Bound(Values,Weights,VW,n,W,current_profit,current_weight,index) <= Profit){
            while(index != 0 && Y[index] != 1){ //向前回溯
                index--;
            }
            if(index == 0){   //输出结果
                return X;
            }
            Y[index] = 0;
            current_profit -= Values[index];
            current_weight -= Weights[index];
        }
            index++;
    }
}
```

其中，W、n、Weights、Values、Weight、Profit 和 X 分别表示背包的总容量、物品个数、重量数组、价值数组、获得最大价值时背包的重量、背包获得的最大价值和问题的最优解。

假设 n=8，W=110，物品的价值和重量如表 8-5 所示。

表 8-5　物品的基本信息

物品 i	1	2	3	4	5	6	7	8
v_i	11	21	31	33	43	53	55	65
w_i	1	11	21	23	33	43	45	55

则根据上述 C 代码得到如图 8-5 所示的搜索空间树。

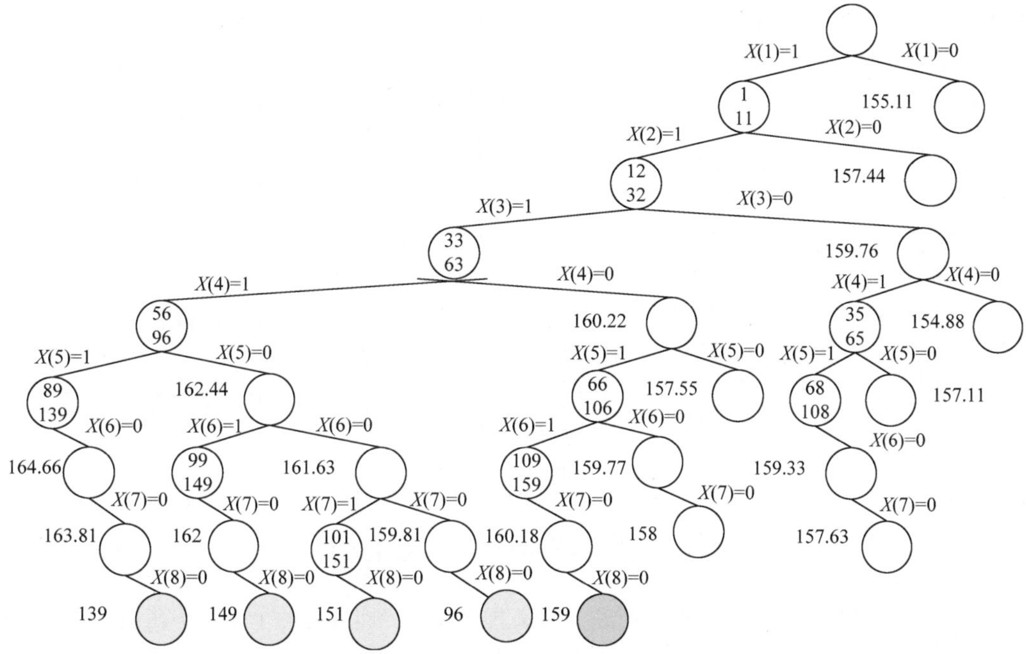

图 8-5　0-1 背包问题的回溯法示例

图 8-5 所示树中的结点内若有数据，则上面表示背包当前的重量，下面表示背包当前的价值；结点内若无数据，则旁边的数据表示在现有的选择下背包能获得的价值的上界。$X(i)=1$ 和 $X(i)=0$ 分别表示第 i 个物品放入和不放入背包中。浅灰色结点表示对应可行解的值，根据图 8-5，存在 5 个可行解，其值分别为 139、149、151、96、159，对应的解分别为 $X_1=(1,1,1,1,1,0,0,0)$、$X_2=(1,1,1,1,0,1,0,0)$、$X_3=(1,1,1,1,0,0,1,0)$、$X_4=(1,1,1,1,0,0,0,0)$、$X_5=(1,1,1,0,1,1,0,0)$。其中，X_5 为最优解，其值为 159。

【例 8.14】 n 皇后问题。

这是来源于国际象棋的一个问题。n 皇后问题要求在一个 $n \times n$ 格的棋盘上放置 n 个皇后，使得它们彼此不受攻击。按照国际象棋的规则，一个皇后可以攻击与之处在同一行或同一列或同一条斜线上的其他任何棋子。因此，n 皇后问题等价于要求在一个 $n \times n$ 格的棋盘上放置 n 个皇后，使得任何两个皇后不能被放在同一行或同一列或同一条斜线上。

求解过程从空棋盘开始，设在第 1 行至第 m 行都已经正确地放置了 m 个皇后，再在第 $m+1$ 行上找合适的位置放第 $m+1$ 个皇后，直到在第 n 行也找到合适的位置放置第 n 个皇后，就找到了一个解。接着改变第 n 行上皇后的位置，希望获得下一个解。另外，在任一行上有 n 种可选的位置。开始时，位置在第 1 列，以后改变时，顺次选择第 2 列、第 3 列、…、第 n 列。当第

n 列也不是一个合理的位置时，就要回溯，去改变前一行的位置。图 8-6 给出了回溯法求解 4-皇后问题的搜索过程。

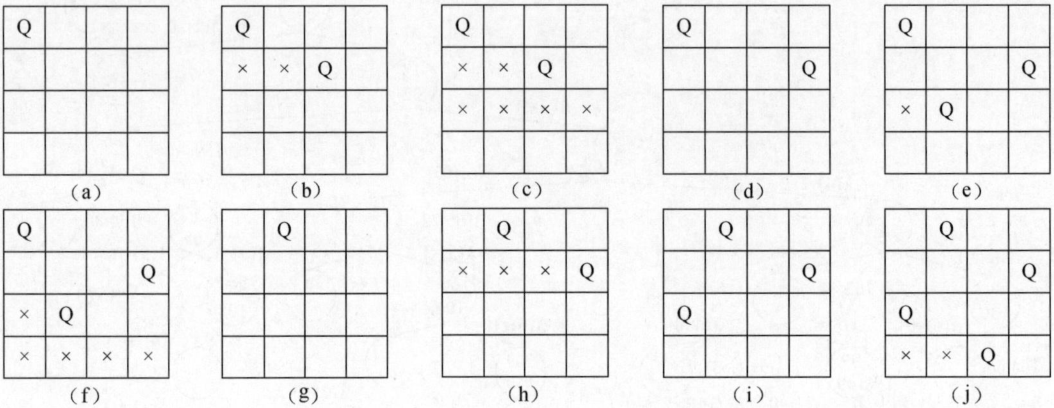

图 8-6 回溯法求解 4 皇后问题的搜索过程

n 皇后问题的限界函数可以根据问题的定义直接设计，即任意两个皇后不在同行、同列和同一斜线上，C 代码如下。

```
int Place(int *Column,int index){
        int i;
        for(i = 1;i < index;i++){
            int Column_differ = abs(Column[index] - Column[i]);
            int Row_differ = abs(index - i);
            if(Column[i] == Column[index] || Column_differ == Row_differ)
                                                    /*有皇后与其在同列或同一斜线上*/
                return 0;
        }
        return 1;                                   /*没有皇后与其同行、同列或同对角线*/
}
void N_Queue(int n){
        int Column_Num[n + 1];
        int index = 1;
        int i;
        int answer_num = 0;
        for(i = 1;i <= n;i++)
            Column_Num[i] = 0;
```

```
        while(index > 0){
            Column_Num[index]++;
            while(Column_Num[index] <= n && !Place(Column_Num,index))      /*寻找皇后的位置*/
                Column_Num[index]++;
            if(Column_Num[index] <= n){
                if(index == n){   /*最后一个皇后放置成功*/
                        answer_num++;
                        for(i = 1;i <= n;i++)
                            Column_Num[index]++;
                }
                else{      /*继续寻找下一个皇后的位置*/
                        index++;
                        Column_Num[index] = 0;
                }
            }
            else
                index--;  /*当前皇后无法放置，回溯至上一个皇后*/
        }
}
```

8.7 分支限界法

分支限界法类似于回溯法，也是一种在问题的解空间树 T 上搜索问题解的算法。但在一般情况下，分支限界法与回溯法的求解目标不同。回溯法的求解目标是找出 T 中满足约束条件的所有解，而分支限界法的求解目标是找出满足约束条件的一个解，或是在满足约束条件的解中找出使某一目标函数值达到极大或极小的解，即在某种意义下的最优解。

由于求解目标不同，导致分支限界法与回溯法在解空间树 T 上的搜索方式也不相同。回溯法以深度优先的方式搜索解空间树 T，而分支限界法以广度优先或以最小耗费优先的方式搜索解空间树 T。分支限界法的搜索策略是每一个活结点只有一次机会成为扩展结点。活结点一旦成为扩展结点，就一次性产生其所有儿子结点。在这些儿子结点中，那些导致不可行解或非最优解的儿子结点被舍弃，其余儿子结点被加入活结点表中。此后，从活结点表中取下一结点成为当前扩展结点，并重复上述结点扩展过程。这个过程一直持续到找到所需的解或活结点表为空时为止。人们已经利用分支限界法解决了大量离散最优化的实际问题。

与回溯法相似，限界函数的设计是分支限界法的一个核心问题，也是一个很难的问题。如何设计限界函数来有效地减小搜索空间是应用分支限界法要考虑的问题。

根据从活结点表中选择下一扩展结点的不同方式，可将分支限界法分为几种不同的类型。最常用的有以下两种。

（1）队列式（FIFO，先进先出）分支限界法。队列式分支限界法将活结点表组织成一个队列，并按队列的先进先出原则选择下一个结点作为扩展结点。

（2）优先队列式分支限界法。优先队列式分支限界法将活结点表组织成一个优先队列，并按优先队列中规定的结点优先级选取优先级最高的下一个结点作为扩展结点。

优先队列中规定的结点优先级通常用一个与该结点相关的数值 p 来表示。结点优先级的高低与 p 值的大小相关。最大优先队列规定 p 值较大的结点优先级较高。在算法实现时，通常用一个最大堆来实现最大优先队列，用最大堆的 Deletemax 操作抽取堆中下一个结点成为当前扩展结点。类似地，最小优先队列规定 p 值较小的结点优先级较高。在算法实现时，常用一个最小堆来实现最小优先队列，用最小堆的 Deletemin 操作抽取堆中下一个结点成为当前扩展结点。

例如，n=3 时 0-1 背包问题的一个实例：w=[16,15,15]，p=[45,25,25]，c=30，其解空间树如图 8-4 所示。

用队列式分支限界法解此问题时，用一个队列来存储活结点表。算法从根结点 A 出发。

（1）初始时活结点队列为空。

（2）结点 A 是当前扩展结点，它的两个儿子结点 B 和 C 均为可行结点，故将这两个儿子结点按照从左到右的顺序加入活结点队列，并且舍弃当前扩展结点 A。

（3）按照先进先出的原则，下一个扩展结点是活结点队列的队首结点 B。扩展结点 B 得到其儿子结点 D 和 E。由于 D 是不可行结点，故被舍去。E 是可行结点，被加入活结点队列。此时活结点队列中的元素是 C 和 E。

（4）C 成为当前扩展结点，它的两个儿子结点 F 和 G 均为可行结点，因此被加入活结点队列。此时活结点队列中的元素是 E、F、G。

（5）扩展下一个结点 E，得到结点 J 和 K。J 是不可行结点，因而被舍去。K 是一个可行的叶子结点，表示所求问题的一个可行解，其价值为 45。此时活结点队列中的元素是 F 和 G。

（6）当前活结点队列的队首结点 F 成为下一个扩展结点。它的两个儿子结点 L 和 M 均为叶子结点。L 表示获得价值为 50 的可行解，M 表示获得价值为 25 的可行解。

（7）G 是最后一个扩展结点，其儿子结点 N 和 O 均为可行叶子结点。最后活结点队列为空，算法终止。算法搜索得到最优解的值为 50，对应的解为(0,1,1)。

8.8 概率算法

前面讨论的算法对于所有合理的输入都给出正确的输出，概率算法将这一条件放宽，把随机性的选择加入到算法中。在算法执行某些步骤时，可以随机地选择下一步该如何进行，同时允许结果以较小的概率出现错误，并以此为代价，获得算法运行时间的大幅度减少。概率算法的一个基本特征是对所求解问题的同一实例用同一概率算法求解两次，可能得到完全不同的效果。这两次求解所需的时间甚至所得到的结果可能会有相当大的差别。如果一个问题没有有效的确定性算法可以在一个合理的时间内给出解，但是该问题能接受小概率错误，那么采用概率算法就可以快速找到这个问题的解。

一般情况下，概率算法具有以下基本特征。

（1）概率算法的输入包括两部分，一部分是原问题的输入，另一部分是一个供算法进行随机选择的随机数序列。

（2）概率算法在运行过程中，包括一处或多处随机选择，根据随机值来决定算法的运行路径。

（3）概率算法的结果不能保证一定是正确的，但能限制其出错概率。

（4）概率算法在不同的运行过程中，对于相同的输入实例可以有不同的结果，因此，对于相同的输入实例，概率算法的执行时间可能不同。

概率算法大致分为 4 类：数值概率算法、蒙特卡罗（Monte Carlo）算法、拉斯维加斯（Las Vegas）算法和舍伍德（Sherwood）算法。

（1）数值概率算法。数值概率算法常用于数值问题的求解。这类算法得到的往往是近似解，且近似解的精度随计算时间的增加不断提高。在多数情况下，要计算出问题的精确解是不可能的或者是没有必要的，因此用数值概率算法可得到相当满意的解。

（2）蒙特卡罗算法。蒙特卡罗算法用于求问题的精确解。用蒙特卡罗算法能求得问题的一个解，但这个解未必是正确的。求得正确解的概率依赖于算法所用的时间，算法所用的时间越多，得到正确解的概率就越高。蒙特卡罗算法的主要缺点也在于此，一般情况下，无法有效地判定所得到的解是否肯定正确。

（3）拉斯维加斯算法。拉斯维加斯算法不会得到不正确的解。一旦用拉斯维加斯算法找到一个解，这个解就一定是正确解。拉斯维加斯算法找到正确解的概率随它所用的计算时间的增加而提高。对于所求解问题的任一实例，用同一拉斯维加斯算法反复对该实例求解足够多次，可使求解失效的概率任意小。

（4）舍伍德算法。舍伍德算法总能求得问题的一个解，且所求得的解总是正确的。当一个确定性算法在最坏情况下的计算复杂度与其在平均情况下的计算复杂度有较大差别时，可在这个确定性算法中引入随机性将它改造成一个舍伍德算法，消除或减少问题的好坏实例间的这种差别。舍伍德算法的精髓不是避免算法的最坏情况行为，而是设法消除这种最坏情形行为与特定实例之间的关联性。

8.9 近似算法

迄今为止，所有的难解问题都没有多项式时间算法，采用回溯法和分支限界法等算法设计技术可以相对有效地解决这类问题。然而，这些算法的时间性能常常是无法保证的。近似算法是解决难解问题的一种有效策略，其基本思想是放弃求最优解，而用近似最优解代替最优解，以换取算法设计上的简化和时间复杂度的降低。近似算法是这样一个过程：虽然它可能找不到一个最优解，但它总会给待求解的问题提供一个解。为了具有实用性，近似算法必须能够给出算法所产生的解与最优解之间的差别或者比例的一个界限，它保证任意一个实例的近似最优解与最优解之间相差的程度。显然，这个差别越小，近似算法越具有实用性。

衡量近似算法性能最重要的标准有以下两个。

（1）算法的时间复杂度。近似算法的时间复杂度必须是多项式阶的，这是近似算法的基本目标。

（2）解的近似程度。近似最优解的近似程度也是设计近似算法的重要目标。近似程度与近似算法本身、问题规模，乃至不同的输入实例有关。

8.10 数据挖掘算法

1. 数据挖掘概述

在当今的大数据时代，数据挖掘、机器学习和人工智能这些名词在我们的生活、工作和学习中已经是耳熟能详的词汇。我们需要各种技术来分析爆炸式增长的各类数据，以发现隐含在这些数据中的有价值的信息和知识。作为一门交叉学科，数据挖掘利用机器学习方法对多种数据，包括数据库数据、数据仓库数据、Web 数据等进行分析和挖掘。数据挖掘的核心是算法，其主要功能包括分类、回归、关联规则和聚类等。

2. 分类

分类是一种有监督的学习过程，根据历史数据预测未来数据的模型。分类的数据对象属性分为两类，一般属性和分类属性或者目标属性。对数据分类有两个步骤：学习模型和应用模型，在分类过程中，涉及到的数据包括训练数据集、测试数据集和未知数据。学习模型是指基于训练数据集采用分类算法建立学习模型。而应用模型是指应用测试数据集的数据到学习模型中，根据输出来评估模型的好坏以及将未知数据输入到学习模型中，预测数据的类型。

存在多种分类算法。决策树归纳是一种自顶向下的递归树算法，使用一种属性选择度量为树的每个非叶子节点选择待分裂的属性。ID3、C4.5 和 CART 是典型的决策树算法，它们使用不同的属性选择度量。朴素贝叶斯算法和贝叶斯信念网络基于后验概率的贝叶斯公式进行分类，前者假设类条件独立，即数据对象的各个属性之间互相独立，后者考虑属性之间的关系。后向传播（BP）算法是使用梯度下降法的神经网络方法。它搜索一组权重，对数据建模，使得数据对象的预测类型和实际类型之间的平均平方距离最小。支持向量机（SVM）是一种用于线性和非线性数据的分类算法。它把输入数据变换到较高维空间，使用称作支持向量的基本元组，从中发现分离数据的超平面。

可以用混淆矩阵来评估分类模型的质量。如对于两类问题， 混淆矩阵给出真正例（True Positive）、真负例（True Negative）、假正例（False Positive）、假负例（False Negative）。基于这些量可以计算分类模型的准确率、灵敏度（召回率）、特效性、精度、F 度量等。可以用显著性检验和 ROC 曲线来评价不同分类模型的好坏。

把已知类别的数据集分为训练集和测试集时，可以采用保持、随机抽样、交叉检验和自助法。而可以将多个分类模型组合起来以提高分类的质量，其中袋装、提升和随机森林是典型的组合分类方法。

3．频繁模式和关联规则挖掘

挖掘海量数据中的频繁模式和关联规则可以有效地指导企业发现交叉销售机会、进行决策分析和商务管理等。一个典型的应用是购物篮分析，即顾客经常购买的商品集合，从而分析顾客的购买习惯。而其中，沃尔玛公司对其顾客购买数据进行分析时，发现购买尿布的客户通常也会购买啤酒，根据这一规律，他们在摆放货架时，有意的把啤酒和尿布放到一起，以便顾客购买。这就是有名的啤酒尿布故事。频繁模式时频繁出现在数据集中的模式，要求满足最小支持度阈值，如啤酒和尿布频繁的出现在同一购物篮中。关联规则是形如 A→B 的规则，其中 A 和 B 表示数据集中的子集，要求 AB 既要满足最小支持度阈值，还要满足最小置信度阈值。如同时购买啤酒和尿布的购物篮满足最小支持度阈值，同时 A→B 满足最小置信度阈值。支持度和置信度的定义如下：

$$\text{Support}(A \rightarrow B) = P(A \cup B)$$

$$\text{Confidence}(A \rightarrow B) = P(B|A)$$

求解关联规则首先要求出数据集中的频繁模式，然后由频繁模式产生关联规则。

人们提出了多种关联规则挖掘算法：类 Apriori 算法；基于频繁模式增长的方法，如 FP-growth；使用垂直数据格式的算法，如 ECLAT。

4．聚类

聚类是一种无监督学习过程。根据数据的特征，将相似的数据对象归为一类，不相似的数据对象归到不同的类中，这就是聚类，每个聚类也称为簇。“物以类聚，人以群分”就是聚类的典型描述。

聚类的典型算法有：基于划分的方法、基于层次的方法、基于密度的方法、基于网格的方法和基于统计模型的方法。基于划分的方法将 n 个数据对象划分为 k 个不相交的集合，每个集合称为一个簇。典型的算法有 k-均值、k-中心点算法等。基于层次的方法将数据对象集进行层次的分解。根据其是自底向上还是自顶向下分解，可以分为凝聚的方法和分裂的方法，而前者的典型算法是 AGNES，后者的典型算法是 DIANA。基于密度的方法基于数据对象的邻域来进行聚类分析，因此可以识别各种形状的簇，以及一个数据对象可以属于多个不同的簇，DBSCAN、OPTICS 和 DENCLUE 是其中的典型算法。基于网格的方法把对象空间量化为有限个单元，形成一个网格结构。所有的聚类操作在该网格上进行，STING 和 CLIQUE 是其中的两个算法。基于统计模型的算法将数据对象集看作多个服从不同分布的数据集构成，聚类的目的是识别出这些不同的分布的数据对象，EM 算法是其中的一个典型算法。

5．数据挖掘的应用

数据挖掘在多个领域已有成功的应用。在银行和金融领域，可以进行贷款偿还预测和顾客信用政策分析、针对定向促销的顾客分类与聚类、洗黑钱和其他金融犯罪侦破等；在零售和电信业，可以进行促销活动的效果分析、顾客忠诚度分析、交叉销售分析、商品推荐、欺骗分析等。

8.11 智能优化算法

1．智能优化算法概述

优化技术是一种以数学为基础，用于求解各种工程问题优化解的应用技术。作为一个重要的科学分支，它一直受到人们的广泛重视，并在诸多工程领域得到迅速推广和应用，如系统控制、人工智能、模式识别、生产调度、VLSI 技术和计算机工程等。鉴于实际工程问题的复杂性、约束性、非线性、多极小、建模困难等特点，寻求一种适合于大规模并行且具有智能特征的算法已成为有关学科的一个主要研究目标和引人注目的研究方向。20 世纪 80 年代以来，一些新颖的优化算法，如人工神经网络、混沌、遗传算法、进化规划、模拟退火、禁忌搜索及其混合优化策略等，通过模拟或揭示某些自然现象或过程而得到发展，其思想和内容涉及数学、物理学、生物进化、人工智能、神经科学和统计力学等方面，为解决复杂问题提供了新的思路和手段。这些算法独特的优点和机制，引起了国内外学者的广泛重视并掀起了该领域的研究热潮，且在诸多领域得到了成功应用。在优化领域，由于这些算法构造的直观性与自然机理，因而通常被称作智能优化算法，或称现代启发式算法。

2．人工神经网络

人工神经网络（ANN）是一个以有向图为拓扑结构的动态系统，它通过对连续或断续的输入作状态响应而进行信息处理。人工神经网络技术与计算机技术的结合，为人类进一步研究模拟人类智能及了解人脑思维的奥秘开辟了一条新途径。

人工神经网络是由许多人工神经元按一定规则连接构成的，其互连模式有许多种类，常见的一种分类是前馈网络和反馈网络。其中，基于 BP 算法的多层前向神经网络，成功地解决了多层神经网络中隐含层神经元连接权值的学习问题。而且，BP 算法是数据挖掘和机器学习中有监督学习的一个重要算法。

目前流行的深度学习的概念源于人工神经网络的研究。含多隐层的多层感知器就是一种深度学习结构。深度学习通过组合低层特征形成更加抽象的高层表示属性类别或特征，以发现数据的分布式特征表示。深度学习的概念由 Hinton 等人于 2006 年提出。基于深信度网（DBN）提出非监督贪心逐层训练算法，为解决深层结构相关的优化难题带来希望，随后提出多层自动编码器深层结构。此外 Lecun 等人提出的卷积神经网络是第一个真正多层结构学习算法，它利用空间相对关系减少参数数目以提高训练性能。深度学习是机器学习研究中的一个新的领域，其动机在于建立、模拟人脑进行分析学习的神经网络，它模仿人脑的机制来解释数据，例如图像，声音和文本。同机器学习方法一样，深度机器学习方法也有监督学习与无监督学习之分。不同的学习框架下建立的学习模型很是不同。例如，卷积神经网络（CNNs）就是一种深度的监督学习下的机器学习模型，而深度置信网（DBNs）就是一种无监督学习下的机器学习模型。

3．遗传算法

遗传算法是源于模拟达尔文的 “优胜劣汰、适者生存”的进化论和孟德尔.摩根的遗传变异理论，在迭代过程中保持已有的结构，同时寻找更好的结构。其本意是在人工适应系统中设计一种基于自然的演化机制。

遗传算法是建立在自然选择和群体遗传学基础上，通过自然选择、杂交和变异实现搜索的方法，其基本过程是：首先采用某种编码方式将解空间映射到编码空间（可以是位串、实数等，具体问题中，可以直接采用解空间的形式进行编码，也可以直接在解的表示上进行遗传操作，从而易于引入特定领域的启发式信息，可以取得比二进制编码更高的效率。实数编码一般用于数值优化，有序串编码一般用于组合优化），每个编码对应问题的一个解,称为染色体或个体；其次通过随机的方法产生初始解（被称为群体或种群），在种群中根据适应值或某种竞争机制选择个体（适应值就是解的满意程度，可以由外部显式适应度函数计算，也可以由系统本身产生，如由个体在种群中的存活量和繁殖量确定），再次使用各种遗传操作算子（包括杂交，变异等）产生下一代（下一代可以完全替代原种群，即非重叠种群，也可以部分替代原种群中一些较差的个体，即重叠种群），如此进化下去，直到满足期望的终止条件。遗传算法中使用适应度这个概念来度量种群中的各个个体在优化过程中有可能达到最优解的优良程度。度量个体适应度的函数称为适应度函数，适应度函数的定义一般与具体问题有关。

4. 模拟退火算法

模拟退火算法（SA）是一种求解全局优化算法。模拟退火算法的基本思想来源于物理退火过程，所谓物理退火过程包括 3 个阶段。

（1）加温阶段。其目的是增强粒子的热运动，使其偏离平衡位置。当温度足够高时，固体将熔解为液体，从而消除系统原先可能存在的非均匀态，使随后进行的冷却过程以某一平衡态为起点。

（2）等温阶段。对于与周围环境交换热量而温度不变的封闭系统，系统状态的自发变化总是朝自由能减少的方向进行，当自由能达到最小时，系统达到平衡。

（3）冷却阶段。其目的是使粒子的热运动减弱并渐趋有序，系统能量逐渐下降从而得到低能的晶体结构。

模拟退火算法的思想是：先将固体加热至熔化，再让其徐徐冷却，凝固成规整晶体。在加热固体时，固体内部的粒子随着温度的升高，粒子排列从较有序的结晶状态转变为无序的液态，这个过程称为熔解，此时内能增大；冷却时，液体粒子随着温度的徐徐降低，粒子渐趋有序，液体凝固成固体的晶态，这个过程称为退火。最后在常温时达到基态，内能减为最小。

5. 禁忌搜索算法

禁忌搜索算法（TS）是模拟人类智力过程的一种全局搜索算法，是对局部邻域搜索的一种扩展。禁忌包含两个方面的意思，一方面，当沿着产生相反结果的道路走下去时，也不会陷入一个圈套而导致无处可逃，另一方面，在必要情况下，保护措施允许被淘汰，也就是说，某种措施被强制运用时，禁忌条件就宣布无效。

禁忌搜索算法的基本思想是：首先确定一个初始可行解 x，x 可以从一个启发式算法获得或在可行解集合 X 中任意选择；定义可行解 x 的邻域移动集 $S(x)$，从邻域移动集中挑选一个能改进当前解 x 的移动 $x' \in S(x)$，再从新解 x' 开始，重复搜索，如果邻域移动集中只能接受比前一个可行解 x 更好的解，搜索就可能陷入循环。为了避免陷入循环和局部最优，构

造一个短期循环记忆表即禁忌表来存储刚刚进行过的| T | (| T | 为禁忌表长度)个邻域移动，这些移动称为禁忌移动，对于当前的移动，在以后的| T | 次循环内是禁止的，以避免回到原始解，| T | 次后释放该移动。禁忌表是一个循环表，搜索过程中被循环地修改使禁忌表始终保存着| T | 个移动，当迭代中所发现的最好解无法改进或无法离开时，算法停止。

从上述描述中可以看到，禁忌搜索算法是从一个初始可行解出发，选择一系列使目标函数值减少最多（假设求极小值问题）的特定搜索方向（即移动）作为试探，同时为了避免陷入局部最优解，禁忌搜索采用了一种灵活的“记忆”技术，即禁忌表来对已经进行的优化过程进行记录和选择，指导下一步的搜索方向。禁忌表中保存了最近若干次迭代过程中所实现的移动，凡是处于禁忌表中的移动，在当前迭代过程中是不允许实现的，这样可以避免算法重新访问在最近若干次迭代过程中已经访问过的解，从而防止了循环，帮助算法摆脱局部最优解。另外，为了尽可能不错过产生最优解的“移动”，禁忌搜索算法采用藐视准则来赦免一些被禁忌的优良状态，进而保证多样化的有效探索以最终实现全局优化。

6．蚁群算法

蚂蚁是一种群居类动物，常常成群结队地出现于人类的日常生活环境中。科学工作者发现，蚂蚁的个体行为极其简单，群体却表现出极其复杂的行为特征，能够完成复杂的任务。蚂蚁还能够适应环境的变化，表现在蚁群运动路线上突然出现障碍物时，蚂蚁能够很快地重新找到最优路径等。

蚂蚁之所以能够“闻糖”而聚，是因为蚂蚁释放的化学信息物质——信息素和生物学特性所决定的。通过观察，人类发现蚂蚁个体之间是通过信息素进行信息传递，从而能相互协作，完成复杂的任务。蚁群之所以表现出复杂有序的行为，与个体之间的信息交流与相互协作起着重要的作用。基于此，相关学者提出了一系列的蚁群优化（ACO）算法。

蚁群算法的原理：蚂蚁在寻找食物或者寻找回巢的路径中，会在它们经过的地方留下一些信息素，而信息素能被同一蚁群中后来的蚂蚁感受到，并作为一种信号影响后到者的行动（具体表现在后到的蚂蚁选择有信息素的路径的可能性，比选择没有信息素的路径的可能性大得多），而后到者留下的信息素会对原有的信息素进行加强，并如此循环下去。这样，经过蚂蚁越多的路径，在后到蚂蚁的选择中被选中的可能性就越大（因为残留的信息素浓度较大）。由于在一定的时间内，越短的路径会被越多的蚂蚁访问，因而积累的信息素也就越多，在下一个时间内被其他的蚂蚁选中的可能性也就越大。这个过程会一直持续到所有的蚂蚁都走最短的那一条路径为止。这种行为表现出一种信息正反馈现象：某一路径上走过的蚂蚁越多，则后到者选择该路径的概率就越大，因此距离近的食物源会吸引越来越多的蚂蚁，信息素浓度的增长速度就会越快，同时通过这种信息的交流，蚂蚁也就寻找到食物与蚁穴之间的最短路径了。

蚁群算法的模型：蚁群算法的主要根据是信息正反馈原理和某种启发式算法的有机结合，

其优化过程主要包括选择、更新以及协调 3 个过程。在选择过程中，信息素浓度越高的路径被选择的概率越大；在更新过程中，路径上的信息素随蚂蚁的经过而增长，同时也随时间的推移而挥发；在协调过程中，蚂蚁之间通过信息素进行信息交流相互协作。在选择和更新过程中，较好的解（较短的路径）通过路径上的信息素得到加强，从而引导下一代蚂蚁向较优解邻域搜索使算法收敛，同时更新过程的信息素挥发又使得算法具有探索能力增加解的多样性，使得算法不易陷入局部最优。

7. 粒子群优化算法

粒子群算法的基本思想：鸟群觅食飞行时，在飞行过程中经常会突然改变方向、散开、聚集，其行为不可预测，但其整体总保持一致性，个体与个体间也保持着最适宜的距离。通过对类似生物群体行为的研究，发现生物群体中存在着一种信息共享机制，为群体的进化提供了一种优势，这就是基本粒子群算法形成的基础。

后来，有学者提出了粒子群优化算法（PSO）。PSO 算法将鸟群运动模型中的栖息地类比为所求问题的解空间中可能解的位置，通过个体间的信息传递，引导整个群体向可能解的方向移动，增加发现较好解的可能性。群体中的鸟被抽象为一个个没有质量、没有形状的“粒子”，通过这些“粒子”的相互协作和信息共享，在解空间中寻找最优解。

在 PSO 算法中，每个优化问题的潜在解都可以想象成搜索空间中的一只鸟，我们称之为“粒子”。粒子在搜索空间中以一定的速度飞行，这个速度根据它本身的飞行经验和同伴的飞行经验来动态调整。所有的粒子都有一个被目标函数决定的适应值，并且知道自己到目前为止发现的最好位置和当前的位置。这个可以看作是粒子自己的飞行经验。除此之外，每个粒子还知道到目前为止整个群体中所有粒子发现的最好位置。这个可以看作是粒子的同伴的经验。每个粒子根据下列信息改变自己的当前位置：① 当前位置；② 当前速度；③ 当前位置与自己最好位置之间的距离；④ 当前位置与自身的群体最好位置之间的距离。飞行经验是指该粒子本身所找到的最优位置，称之为个体极值；同伴飞行经验是指该粒子周围的粒子目前找到的最优解，称之为群体极值。当以整个种群为同伴时，算法称之为全局粒子群算法；当同伴只取种群的一部分粒子时，则形成了局部粒子群算法。PSO 算法中所有粒子均有一个适应值，通常由目标函数决定，另外每个粒子均有一个速度决定它们飞翔的方向与距离，然后粒子群追随当前的最优粒子在解空间中搜索。PSO 算法由随机初始化形成的粒子而组成的一个种群，以迭代的方式进行搜索而得到最优解。

第 9 章 数据库技术基础

数据库技术是研究数据库的结构、存储、设计、管理和应用的一门软件学科。数据库系统本质上是一个用计算机存储信息的系统。数据库管理系统是位于用户与操作系统之间的一层数据管理软件，其基本目标是提供一个可以方便、有效地存取数据库信息的环境。数据库就是信息的集合，它是收集计算机数据的仓库或容器，系统用户可以对这些数据执行一系列操作。设计数据库系统的目的是为了管理大量信息，给用户提供数据的抽象视图，即系统隐藏有关数据存储和维护的某些细节。对数据的管理涉及信息存储结构的定义、信息操作机制的提供、安全性保证，以及多用户对数据的共享问题。

本章主要介绍一些数据库的背景知识和基本概念，使读者了解数据库的基本内容，形成数据库系统的总体框架，了解数据库系统在计算机系统中的地位以及数据库系统的功能。

9.1 基本概念

9.1.1 数据库与数据库系统

数据是描述事物的符号记录，它具有多种表现形式，可以是文字、图形、图像、声音和语言等。信息是现实世界事物的存在方式或状态的反映。信息具有可感知、可存储、可加工、可传递和可再生等自然属性，信息已是社会各行各业不可缺少的资源，这也是信息的社会属性。数据是信息的符号表示，而信息是具有特定释义和意义的数据。

数据库系统（DataBase System，DBS）是一个采用了数据库技术，有组织地、动态地存储大量相关数据，方便多用户访问的计算机系统。广义上讲，DBS 是由数据库、硬件、软件和人员组成的。

（1）数据库（DataBase，DB）。数据库是统一管理的、长期储存在计算机内的、有组织的相关数据的集合。其特点是数据间联系密切、冗余度小、独立性较高、易扩展，并且可为各类用户共享。

（2）硬件。硬件是构成计算机系统的各种物理设备，包括存储数据所需的外部设备。硬件的配置应满足整个数据库系统的需要。

（3）软件。软件包括操作系统、数据库管理系统及应用程序。数据库管理系统简称 DBMS，它是数据库系统的核心软件，需要在操作系统的支持下工作，解决如何科学地组织和储存数据，如何高效地获取和维护数据。其主要功能包括数据定义功能、数据操纵功能、数据库的运行管理和数据库的建立与维护。

（4）人员。人员主要有4类。第一类为系统分析员和数据库设计人员，系统分析员负责应用系统的需求分析和规范说明，他们和用户及数据库管理员一起确定系统的硬件配置，并参与数据库系统的概要设计；数据库设计人员负责数据库中数据的确定、数据库各级模式的设计。第二类为应用程序员，负责编写使用数据库的应用程序，这些应用程序可对数据进行检索、建立、删除或修改。第三类为最终用户，他们应用系统的接口或利用查询语言访问数据库。第四类用户是数据库管理员（Data Base Administrator，DBA），负责数据库的总体信息控制。DBA的具体职责包括决定数据库中的信息内容和结构；决定数据库的存储结构和存取策略；定义数据库的安全性要求和完整性约束条件；监控数据库的使用和运行；改进数据库的性能；重组和重构数据库，以提高系统的性能。

9.1.2 数据库管理系统的功能

数据库管理系统（DataBase Management System，DBMS）主要实现对共享数据有效地组织、管理和存取，故DBMS应具有以下六个方面的功能。

1．数据定义

DBMS提供数据定义语言（Data Definition Language，DDL），用户可以对数据库的结构进行描述，包括外模式、模式和内模式的定义；数据库的完整性定义；安全保密定义，如口令、级别和存取权限等。这些定义存储在数据字典中，是DBMS运行的基本依据。

2．数据库操作

DBMS向用户提供数据操纵语言（Data Manipulation Language，DML），实现对数据库中数据的基本操作，例如检索、插入、修改和删除。DML分为两类，即宿主型和自含型。所谓宿主型是指将DML语句嵌入某种主语言（如C、COBOL等）中使用；自含型是指可以单独使用DML语句，供用户交互使用。

3．数据库运行管理

数据库在运行期间多用户环境下的并发控制、安全性检查和存取控制、完整性检查和执行、运行日志的组织管理、事务管理和自动恢复等是DBMS的重要组成部分，这些功能可以保证数据库系统的正常运行。

4．数据的组织、存储和管理

DBMS分类组织、存储和管理各种数据，包括数据字典、用户数据和存取路径等。因此要确定以何种文件结构和存取方式在存储级上组织这些数据，以提高存取效率。实现数据间的联系、数据组织和存储的基本目标是提高存储空间的利用率。

5．数据库的建立和维护

数据库的建立和维护包括数据库的初始建立、数据的转换、数据库的转储和恢复、数据库的重组和重构、性能监测和分析等。

6．其他功能

其他功能包括：DBMS 的网络通信功能，一个 DBMS 与另一个 DBMAS 或文件系统的数据转换功能，异构数据库之间的互访和互操作能力等。

9.1.3　数据库管理系统的特征及分类

1．DBMS 的特征

通过 DBMS 来管理数据具有以下特点。

（1）数据结构化且统一管理。数据库中的数据由 DBMS 统一管理。由于数据库系统采用复杂的数据模型表示数据结构，数据模型不仅描述数据本身的特点，还描述数据之间的联系。数据不再面向某个应用，而是面向整个应用系统。数据易维护、易扩展，数据冗余明显减少，真正实现了数据的共享。

（2）有较高的数据独立性。数据的独立性是指数据与程序独立，将数据的定义从程序中分离出去，由 DBMS 负责数据的存储，应用程序关心的只是数据的逻辑结构，无须了解数据在磁盘上的数据库中的存储形式，从而简化应用程序，大大减少了应用程序编制的工作量。数据的独立性包括数据的物理独立性和数据的逻辑独立性。

（3）数据控制功能。DBMS 提供了数据控制功能，以适应共享数据的环境。数据控制功能包括对数据库中数据的安全性、完整性、并发和恢复的控制。

① 数据库的安全性。数据库的安全性（Security）是指保护数据库以防止不合法的使用所造成的数据泄漏、更改或破坏。这样，用户只能按规定对数据进行处理，例如，划分了不同的权限，有的用户只能有读数据的权限，有的用户有修改数据的权限，用户只能在规定的权限范围内操纵数据库。

② 数据的完整性。数据库的完整性是指数据库的正确性和相容性，是防止合法用户使用数据库时向数据库加入不符合语义的数据，保证数据库中的数据是正确的，避免非法的更新。

③ 并发控制。在多用户共享的系统中，许多用户可能同时对同一数据进行操作。DBMS 的并发控制子系统负责协调并发事务的执行，保证数据库的完整性不受破坏，避免用户得到不

正确的数据。

④ 故障恢复。数据库中的 4 类故障是事务内部故障、系统故障、介质故障及计算机病毒。故障恢复主要指恢复数据库本身，即在故障引起数据库当前状态不一致时将数据库恢复到某个正确状态或一致状态。恢复的原理非常简单，就是要建立冗余（Redundancy）数据。换句话说，确定数据库是否可恢复的方法就是其包含的每一条信息是否都可以利用冗余存储在别处的信息重构。冗余是物理级的，通常认为逻辑级是没有冗余的。

2．DBMS 的分类

DBMS 通常可分为以下三类。

（1）关系数据库系统（Relation DataBase Systems，RDBS）。关系数据库系统是建立在关系数据库模型基础上的数据库，借助于集合代数等概念和方法来处理数据库中的数据。目前主流的关系数据库有 Oracle、Db2、Sybase、Microsoft SQL Server、Microsoft Access、MySQL 等。在关系模型中，实体以及实体间的联系都是用关系来表示的。在一个给定的现实世界领域中，相应的所有实体及实体之间联系的关系的集合构成一个关系数据库，也有型和值之分。关系数据库的型也称为关系数据库模式，它是对关系数据库的描述，是关系模式的集合。关系数据库的值也称为关系数据库，是关系的集合。关系数据库模式与关系数据库通常统称为关系数据库。

（2）面向对象的数据库系统（Object-Oriented DataBase System，OODBS）。面向对象的数据库系统是支持以对象形式对数据建模的数据库管理系统，包括对对象的类、类属性的继承和子类的支持。面向对象数据库系统主要有两个特点：一是面向对象数据模型能完整地描述现实世界的数据结构，能表达数据间的嵌套、递归联系；二是具有面向对象技术的封装性和继承性提高了软件的可重用性。

（3）对象关系数据库系统（Object-Oriented Relation DataBase System，ORDBS）。对象关系数据库系统是在传统的关系数据模型基础上提供元组、数组、集合等更为丰富的数据类型以及处理新的数据类型操作的能力，这样形成的数据模型被称为“对象关系数据模型”，基于对象关系数据模型的 DBS 称为对象关系数据库系统。

9.1.4 数据库系统的体系结构

数据库系统是数据密集型应用的核心，其体系结构受数据库运行所在的计算机系统的影响很大，尤其是受计算机体系结构中的连网、并行和分布的影响。从不同的角度或不同层次上看，数据库系统体系结构不同；从最终用户的角度看，数据库系统体系结构分为集中式、分布式、C/S（客户端/服务器）和并行结构；从数据库管理系统的角度看，数据库系统体系结构一般采用三级模式结构。

1．集中式数据库系统

分时系统环境下的集中式数据库系统结构诞生于 20 世纪 60 年代中期。当时的硬件和操作系统决定了分时系统环境下的集中式数据库系统结构成为早期数据库技术的首选结构。在这种系统中，不仅数据是集中的，数据的管理也是集中的，数据库系统的所有功能（从形式的用户接口到 DBMS 核心）都集中在 DBMS 所在的计算机上，如图 9-1 所示。大多数关系 DBMS 的产品也是从这种系统结构开始发展的，目前这种系统还在使用。

2．客户端/服务器结构

随着网络技术的迅猛发展，很多现代软件都采用客户端/服务器体系结构，如图 9-2 所示。在这种结构中，一个处理机（客户端）的请求被送到另一个处理机（服务器）上执行。其主要特点是客户端与服务器 CPU 之间的职责明确，客户端主要负责数据表示服务，服务器主要负责数据库服务。采用客户端/服务器结构后，数据库系统功能分为前端和后端。前端主要包括图形用户界面、表格生成和报表处理等工具；后端负责存取结构、查询计算和优化、并发控制以及故障恢复等。前端与后端通过 SQL 或应用程序来接口。ODBC（开放式数据库互连）和 JDBC（Java 程序数据库连接）标准定义了应用程序和数据库服务器通信的方法，即定义了应用程序接口，应用程序用它来打开与数据库的连接、发送查询和更新以及获取返回结果等。

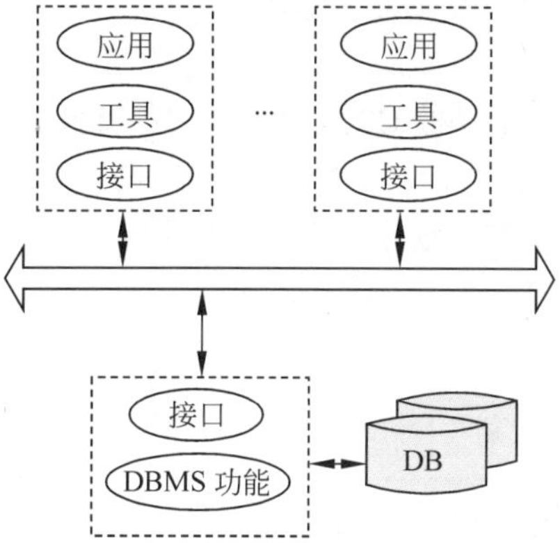

图 9-1　集中式服务器结构图

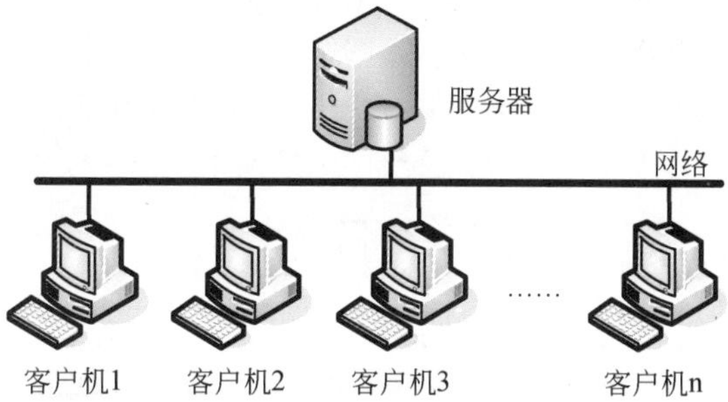

图 9-2　客户端/服务器结构

数据库服务器一般可分为事务服务器和数据服务器。

（1）事务服务器。事务服务器也称查询服务器。它提供一个接口，使得客户端可以发出执行一个动作的请求，服务器响应客户端请求，并将执行结果返回给客户端。用户端可以用 SQL，也可以通过应用程序或使用远程过程调用机制来表达请求。一个典型的事务服务器系统包括多个在共享内存中访问数据的进程，包括服务器进程、锁管理进程、写进程、监视进程和检查点进程。

（2）数据服务器。数据服务器系统使得客户端可以与服务器交互，以文件或页面为单位对数据进行读取或更新。数据服务器与文件服务器相比提供更强的功能，所支持的数据单位可以比文件还要小，如页、元组或对象；提供数据的索引机制和事务机制，使得客户端或进程发生故障时数据也不会处于不一致状态。

3．并行数据库系统

并行体系结构的数据库系统是多个物理上连在一起的 CPU，而分布式系统是多个地理上分开的 CPU。并行体系结构的数据库类型分为共享内存式多处理器和无共享式并行体系结构。

1）共享内存式多处理器

共享内存式多处理器是指一台计算机上同时有多个活动的 CPU，它们共享单个内存和一个公共磁盘接口，如图 9-3 所示。这种并行体系结构最接近于传统的单 CPU 处理器结构，其设计的主要挑战是用 N 个 CPU 来得到 N 倍单 CPU 的性能。但是，由于不同的 CPU 对公共内存的访问是平等的，这样可能会导致一个 CPU 访问的数据被另一个 CPU 修改，所以必须要有特殊的处理。然而，由于内存访问采用的是一种高速机制，这种机制很难保证进行内存划分时不损失效率，所以这些共享内存访问问题会随着 CPU 个数的增加变得难以解决。

2）无共享式并行体系结构

无共享式并行体系结构是指一台计算机上同时有多个活动的 CPU，并且它们都有自己的内存和磁盘，如图 9-4 所示，图中粗线表示高速网络。在不产生混淆的情况下，该结构的数据库系统也称为并行数据库系统。各个承担数据库服务责任的 CPU 划分它们自身的数据，通过划分的任务以及通过每秒兆位级的高速网络通信完成事务查询。

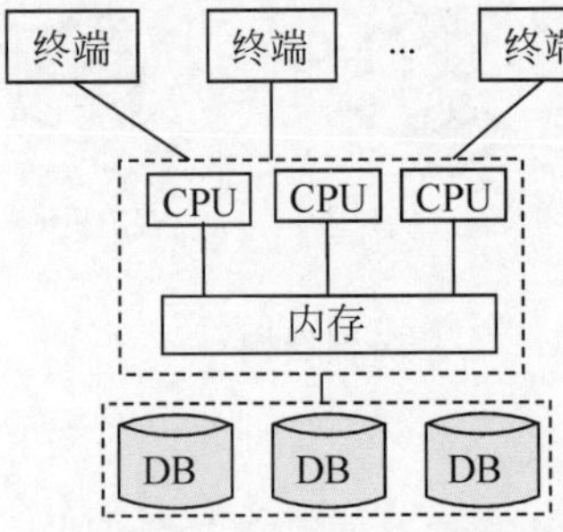

图 9-3 共享式多处理器体系结构

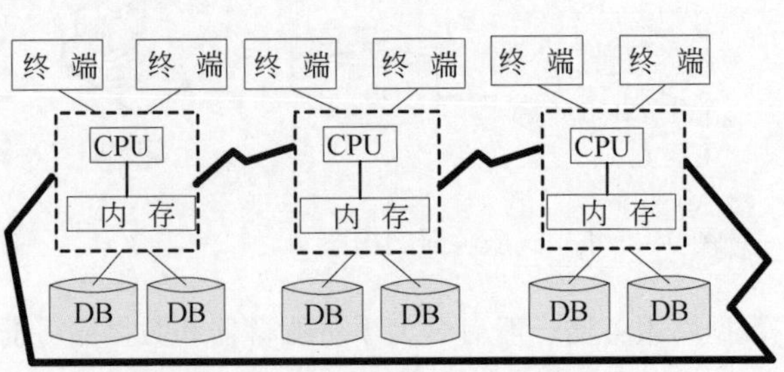

图 9-4 无共享式并行体系结构

4．分布式数据库系统

分布式 DBMS 包括物理上分布、逻辑上集中的分布式数据库结构和物理上分布、逻辑上分布的分布式数据库结构两种。前者的指导思想是把单位的数据模式（称为全局数据模式）按数据来源和用途合理地分布在系统的多个结点上，使大部分数据可以就地或就近存取。数据在物理上分布后，由系统统一管理，使用户不感到数据的分布。后者一般由两部分组成：一是本结点的数据模式，二是本结点共享的其他结点上有关的数据模式。结点间的数据共享由双方协商确定。这种数据库结构有利于数据库的集成、扩展和重新配置。

9.1.5　数据库的三级模式结构

实际上，数据库的产品很多，它们支持不同的数据模型，使用不同的数据库语言，建立在不同的操作系统上。数据的存储结构也各不相同，但体系结构基本上都具有相同的特征，采用“三级模式和两级映像”，如图 9-5 所示。

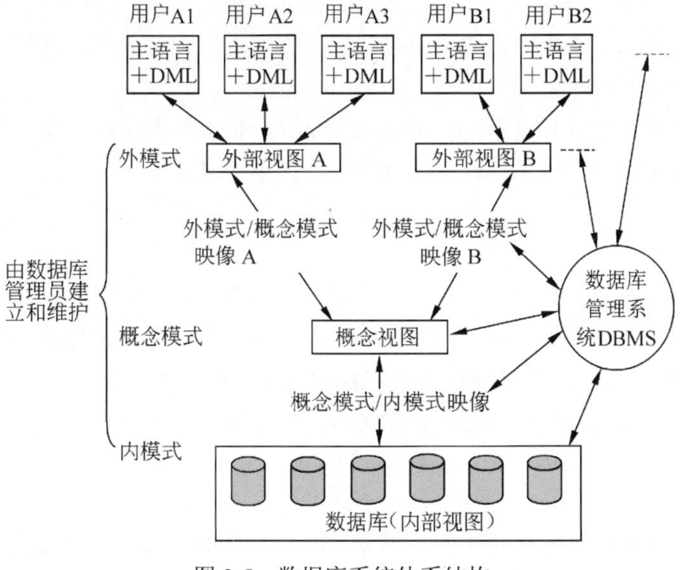

图 9-5　数据库系统体系结构

数据库系统采用三级模式结构，这是数据库管理系统内部的系统结构。数据库有“型”和“值”的概念，“型”是指对某一数据的结构和属性的说明，“值”是型的一个具体赋值。

数据库系统设计员可以在视图层、逻辑层和物理层对数据进行抽象，通过外模式、概念模式和内模式来描述不同层次上的数据特性。

1．概念模式

概念模式也称模式，它是数据库中全部数据的逻辑结构和特征的描述，由若干个概念记录类型组成，只涉及型的描述，不涉及具体的值。概念模式的一个具体值称为模式的一个实例，同一个模式可以有很多实例。

概念模式反映的是数据库的结构及其联系，所以是相对稳定的；而实例反映的是数据库某一时刻的状态，所以是相对变动的。

需要说明的是，概念模式不仅要描述概念记录类型，还要描述记录间的联系、操作以及数据的完整性和安全性等要求。但是，概念模式不涉及存储结构、访问技术等细节。只有这样，概念模式才算做到了“物理数据独立性”。

描述概念模式的数据定义语言称为“模式 DDL（Schema Data Definition Language）”。

2．外模式

外模式也称用户模式或子模式，是用户与数据库系统的接口，是用户用到的那部分数据的描述。它由若干个外部记录类型组成。用户使用数据操纵语言对数据库进行操作，实际上是对外模式的外部记录进行操作。

描述外模式的数据定义语言称为“外模式 DDL”。有了外模式后，程序员不必关心概念模式，只与外模式发生联系，按外模式的结构存储和操纵数据。

3．内模式

内模式也称存储模式，是数据物理结构和存储方式的描述，是数据在数据库内部的表示方式，定义所有的内部记录类型、索引和文件的组织方式，以及数据控制方面的细节。例如，记录的存储方式是顺序存储，按照B树结构存储，还是 Hash 方法存储；索引按照什么方式组织；数据是否压缩存储，是否加密；数据的存储记录结构有何规定。

描述内模式的数据定义语言称为“内模式 DDL”。

注意，内部记录并不涉及物理记录，也不涉及设备的约束。它比内模式更接近于物理存储和访问的那些软件机制，是操作系统的一部分（即文件系统）。例如，从磁盘上读、写数据。

总之，数据按外模式的描述提供给用户，按内模式的描述存储在磁盘上，而概念模式提供了连接这两级模式的相对稳定的中间层，并使得两级中任意一级的改变都不受另一级影响。

4．两级映像

数据库系统在三级模式之间提供了两级映像：模式/内模式映像、外模式/模式映像。正因为这两级映像保证了数据库中的数据具有较高的逻辑独立性和物理独立性。

（1）模式/内模式映像。存在于概念级和内部级之间，实现了概念模式和内模式之间的相互转换。

（2）外模式/模式映像。存在于外部级和概念级之间，实现了外模式和概念模式之间的相互转换。

数据的独立性是指数据与程序独立，将数据的定义从程序中分离出去，由 DBMS 负责数据的存储，从而简化应用程序，大大减少应用程序编制的工作量。数据的独立性是由 DBMS 的二级映像功能来保证的。数据的独立性包括数据的物理独立性和数据的逻辑独立性。

（1）数据的物理独立性。数据的物理独立性是指当数据库的内模式发生改变时，数据的逻辑结构不变。由于应用程序处理的只是数据的逻辑结构，这样物理独立性可以保证，当数据的物理结构改变时，应用程序不用改变。但是，为了保证应用程序能够正确执行，需要修改概念模式和内模式之间的映像。

（2）数据的逻辑独立性。数据的逻辑独立性是指用户的应用程序与数据库的逻辑结构是相互独立的。数据的逻辑结构发生变化后，用户程序也可以不修改。但是，为了保证应用程序能够正确执行，需要修改外模式和概念模式之间的映像。

9.1.6　大数据

1．大数据产生的背景

大数据（Big Data）是指“无法用现有的软件工具提取、存储、搜索、共享、分析和处理的海量的、复杂的数据集合”。大数据产生的背景主要有以下 4 个方面。

（1）数据来源和承载方式的变革。由于物联网、云计算、移动互联网等新技术的发展，用户在线的每一次点击、每一次评论、每一个视频点播，都是大数据的典型来源；而遍布地球各个角落的手机、PC、平板电脑及传感器成为数据来源和承载方式。可见，只有大连接与大交互，才有大数据。

（2）全球数据量出现爆炸式增长。由于视频监控、智能终端、网络商店等快速普及，使得全球数据量出现爆炸式增长。许多研究表明，未来数年数据量会呈现指数增长。根据麦肯锡全球研究院（MGI）估计，全球企业 2010 年在硬盘上存储了超过 7EB（1EB 等于 10^9GB）的新数据，而消费者在 PC 和笔记本等设备上存储了超过 6EB 的新数据。据 IDC（Internet Data Center）预测，到 2020 年，全球以电子形式存储的数据量将达 32ZB。

（3）大数据已经成为一种自然资源。许多研究者认为：大数据是“未来的新石油”，已成为一种新的经济资产类别。一个国家拥有数据的规模、活性及解释运用的能力将成为综合国力的重要组成部分。

（4）大数据日益重要，不被利用就是成本。大数据作为一种数据资产当仁不让地成为现代商业社会的核心竞争力，不被利用就是企业的成本。因为，数据资产可以帮助和指导企业对整个业务流程进行有效的运营和优化，帮助企业做出最明智的决策。

2．大数据的特征

大数据（Big Data）是指“无法用现有的软件工具提取、存储、搜索、共享、分析和处理的海量的、复杂的数据集合”。业界通常用“4V”来概括大数据的特征。

大量化（Volume）指数据体量巨大。随着 IT 技术的迅猛发展，数据量级已从 TB（1012 字节）发展至 PB 乃至 ZB，可称海量、巨量乃至超量。当前，典型个人计算机硬盘的容量为 TB 量级，而一些大企业的数据量已经接近 EB 量级。

多样化（Variety）指数据类型繁多。相对于以往便于存储的以文本为主的结构化数据，非结构化数据越来越多，包括网络日志、音频、视频、图片、地理位置信息等，这些多类型的数据对数据的处理能力提出了更高的要求。

价值密度低（Value）指大量的不相关信息导致价值密度的高低与数据总量的大小成反比。以视频为例，一部一小时的视频，在连续不间断的监控中，有用数据可能仅有一两秒。因此，如何通过强大的机器算法更迅速地完成数据的价值“提纯”，如何对未来趋势与模式的可预测分析、深度复杂分析（机器学习、人工智能 VS 传统商务智能咨询、报告等），成为目前大数据背景下亟待解决的难题。

快速化（Velocity）指处理速度快。大数据时代对时效性要求很高，这是大数据区分于传统数据挖掘的最显著特征。因为，在大数据环境下数据流通常为高速实时数据流，而且需要快速、持续的实时处理；处理工具也在快速演进，软件工程及人工智能等均可能介入。

3．理解大数据

大数据不仅仅是指海量的信息，更强调人类对信息的筛选、处理，保留有价值的信息，即让大数据更有意义，挖掘其潜在的“大价值”这才是对大数据的正确理解。为此，有许多问题需要研究与解决。

（1）高并发数据存取的性能要求及数据存储的横向扩展问题。目前，多从架构和并行等方面考虑解决。

（2）实现大数据资源化、知识化、普适化的问题，解决这些问题的关键是对非结构化数据的内容理解。

（3）非结构化海量信息的智能化处理问题，主要解决自然语言理解、多媒体内容理解、机器学习等问题。

大数据时代主要面临三大挑战：软件和数据处理能力、资源和共享管理以及数据处理的可信力。

（1）软件和数据处理能力。应用大数据技术，提升服务能力和运作效率，以及个性化的服务，比如医疗、卫生、教育等部门。

（2）资源和共享管理。应用大数据技术，提高应急处置能力和安全防范能力。

（3）数据处理的可信力。需要投资建立大数据的处理分析平台，实现综合治理、业务开拓等目标。

4．大数据产生的安全风险

2012 年瑞士达沃斯论坛上发布的《大数据大影响》报告称，数据已成为一种新的经济资产类别，就像货币或黄金一样。因此，也带来了更多安全风险。

（1）大数据成为网络攻击的显著目标。在互联网环境下，大数据是更容易被“发现”的大目标。这些数据会吸引更多的潜在攻击者，如数据的大量汇集，使得黑客成功攻击一次就能获得更多数据，无形中降低了黑客的攻击成本，增加了“收益率”。

（2）大数据加大了隐私泄露风险。大量数据的汇集不可避免地加大了用户隐私泄露的风险，因为数据集中存储增加了泄露风险；另外，一些敏感数据的所有权和使用权并没有明确界定，很多基于大数据的分析都未考虑到其中涉及的个体隐私问题。

（3）大数据威胁现有的存储和安防措施。大数据存储带来新的安全问题，数据大集中的后果是复杂多样的数据存储在一起，很可能出现将某些生产数据放在经营数据存储位置的情况，致使企业安全管理不合规。大数据的大小也影响到安全控制措施能否正确运行。如果安全防护手段的更新升级速度无法跟上数据量非线性增长的步伐，就会暴露大数据安全防护的漏洞。

（4）大数据技术成为黑客的攻击手段。在企业用数据挖掘和数据分析等大数据技术获取商业价值的同时，黑客也在利用这些大数据技术向企业发起攻击。黑客会最大限度地收集更多的有用信息，例如社交网络、邮件、微博、电子商务、电话和家庭住址等信息，大数据分析使黑客的攻击更加精准。

（5）大数据成为高级可持续攻击的载体。传统的检测是基于单个时间点进行的基于威胁特征的实时匹配检测，而高级可持续攻击（APT）是一个实施过程，无法被实时检测。此外，大数据的价值低密度性使得安全分析工具很难聚焦在价值点上，黑客可以将攻击隐藏在大数据中，给安全服务提供商的分析制造很大困难。黑客设置的任何一个会误导安全厂商目标信息提取和检索的攻击，都会导致安全监测偏离应有方向。

（6）大数据技术为信息安全提供新支撑。当然，大数据也为信息安全的发展提供了新机遇。大数据正在为安全分析提供新的可能性，对于海量数据的分析有助于信息安全服务提供商更好地刻画网络异常行为，从而找出数据中的风险点。对实时安全和商务数据结合在一起的数据进行预防性分析，可识别钓鱼攻击，防止诈骗和阻止黑客入侵。网络攻击行为总会留下蛛丝马迹，这些痕迹都以数据的形式隐藏在大数据中，利用大数据技术整合计算和处理资源有助于更有针对性地应对信息安全威胁，有助于找到攻击的源头。

9.2 数据模型

9.2.1 基本概念

模型就是对现实世界特征的模拟和抽象，数据模型是对现实世界数据特征的抽象。对于具体的模型人们并不陌生，如航模飞机、地图和建筑设计沙盘等都是具体的模型。最常用的数据模型分为概念数据模型和基本数据模型。

（1）概念数据模型。概念数据模型也称信息模型，是按用户的观点对数据和信息建模；是现实世界到信息世界的第一层抽象，强调其语义表达功能，易于用户理解；是用户和数据库设计人员交流的语言，主要用于数据库设计。这类模型中最著名的是实体-联系模型，简称 E-R 模型。

（2）基本数据模型。它是按计算机系统的观点对数据建模，是现实世界数据特征的抽象，用于 DBMS 的实现。基本的数据模型有层次模型、网状模型、关系模型和面向对象模型（Object Oriented Model）。

9.2.2 数据模型的三要素

数据库结构的基础是数据模型，是用来描述数据的一组概念和定义。数据模型的三要素是数据结构、数据操作和数据的约束条件。

（1）数据结构。数据结构是所研究的对象类型的集合，是对系统静态特性的描述。

（2）数据操作。数据操作是对数据库中各种对象（型）的实例（值）允许执行的操作的集合，包括操作及操作规则。例如操作有检索、插入、删除和修改，操作规则有优先级别等。数据操作是对系统动态特性的描述。

（3）数据的约束条件。数据的约束条件是一组完整性规则的集合。也就是说，对于具体的应用数据必须遵循特定的语义约束条件，以保证数据的正确、有效和相容。例如某单位人事管理中，要求在职的“男”职工的年龄必须大于 18 岁小于 60，工程师的基本工资不能低于 1500 元，每个职工可担任一个工种，这些要求可以通过建立数据的约束条件来实现。

9.2.3 E-R 模型

概念模型是对信息世界建模，所以概念模型能够方便、准确地表示信息世界中的常用概念。概念模型有很多种表示方法，其中最为常用的是 P.P.S.Chen 于 1976 年提出的实体-联系方法（Entity Relationship Approach）。该方法用 E-R 图来描述现实世界的概念模型，称为实体-联系模型（Entity-Relationship Model，E-R 模型）。

E-R 模型是软件工程设计中的一个重要方法，因为它接近于人的思维方式，容易理解并且与计算机无关，所以用户容易接受，是用户和数据库设计人员交流的语言。但是，E-R 模型只能说明实体间的语义联系，还不能进一步地详细说明数据结构。在解决实际应用问题时，通常先设计一个 E-R 模型，然后再把其转换成计算机能接受的数据模型。

1．实体

在 E-R 模型中，实体用矩形表示，通常矩形框内写明实体名。实体是现实世界中可以区别于其他对象的“事件”或“物体”。例如，企业中的每个人都是一个实体。每个实体由一组特性（属性）来表示，其中的某一部分属性可以唯一标识实体，例如职工实体集中的职工号。实体集是具有相同属性的实体集合。例如，学校的所有教师具有相同的属性，因此教师的集合可以定义为一个实体集；学生具有相同的属性，因此学生的集合可以定义为另一个实体集。

2．联系

在 E-R 模型中，联系用菱形表示，通常菱形框内写明联系名，并用无向边分别与有关实体连接起来，同时在无向边旁标注上联系的类型（1∶1、1∶n 或 m∶n）。实体的联系分为实体内部的联系和实体与实体之间的联系。实体内部的联系反映数据在同一记录内部各字段间的联系。

1）两个不同实体之间的联系

两个不同实体集之间存在以下 3 种联系类型。

- 一对一（1∶1）。指实体集 E_1 中的一个实体最多只与实体集 E_2 中的一个实体相联系。
- 一对多（1∶n）。表示实体集 E_1 中的一个实体可与实体集 E_2 中的多个实体相联系。
- 多对多（m∶n）。表示实体集 E_1 中的多个实体可与实体集 E_2 中的多个实体相联系。

例如，图 9-6 表示两个不同实体集之间的联系。其中：

（1）电影院里一个座位只能坐一个观众，因此观众与座位之间是一个 1∶1 的联系，联系名为 V_S，用 E-R 图表示如图 9-6（a）所示。

（2）部门 DEPT 和职工 EMP 实体集，若一个职工只能属于一个部门，那么这两个实体集之间应是一个 1∶n 的联系，联系名为 D_E，用 E-R 图表示如图 9-6（b）所示。

（3）工程项目 PROJ 和职工 EMP 实体集，若一个职工可以参加多个项目，一个项目可以有多个职工参加，那么这两个实体集之间应是一个 m∶n 的联系，联系名为 PR_E，用 E-R 图表示如图 9-6（c）所示。

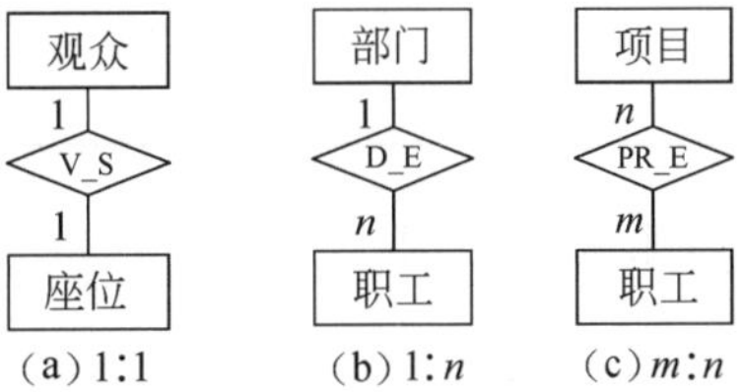

图 9-6　两个不同实体集之间的联系

2）两个以上不同实体集之间的联系

两个以上不同实体集之间存在 1∶1∶1、1∶1∶n、1∶m∶n 和 r∶m∶n 的联系。例如，图

9-7 表示了 3 个不同实体集之间的联系。其中：

（1）图 9-7（a）表示供应商 Supp、项目 Proj 和零件 Part 之间多对多对多（$r:n:m$）的联系，联系名为 SP_P。表示供应商为多个项目供应多种零件，每个项目可用多个供应商供应的零件，每种零件可由不同的供应商供应的语义。

（2）图 9-7（b）表示病房、病人和医生之间一对多对多（$1:n:m$）的联系，联系名为 P_D。表示一个特护病房有多个病人和多个医生，一个医生只负责一个病房，一个病人只属于一个病房的语义。

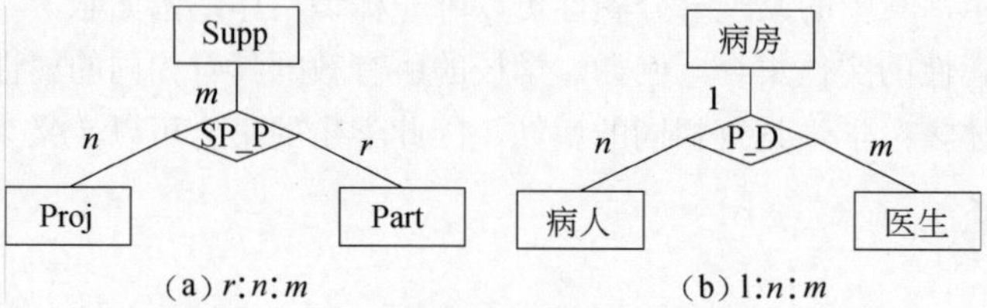

图 9-7　3 个不同实体集之间的联系

注意，3 个实体集之间的多对多联系和 3 个实体集两两之间的多对多联系的语义是不同的。例如，供应商和项目实体集之间的“合同”联系，表示供应商为哪几个工程签了合同；供应商与零件两个实体集之间的“库存”联系，表示供应商库存零件的数量；项目与零件两个实体集之间的“组成”联系，表示一个项目由哪几种零件组成。

3）同一实体集内的二元联系

同一实体集内的各实体之间也存在 $1:1$、$1:n$ 和 $m:n$ 的联系，如图 9-8 所示。

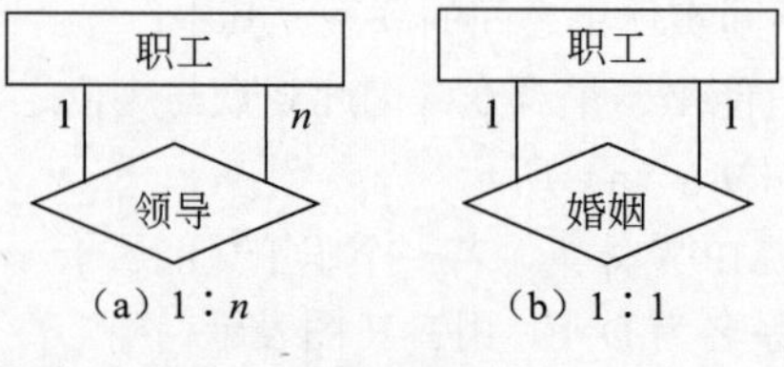

图 9-8　同一实体集之间的 $1:n$ 和 $1:1$ 联系

从图中可知，职工实体集中的领导与被领导的联系是 $1:n$ 的。但是，职工实体集中的婚姻联系是 $1:1$ 的。

3．属性

属性是实体某方面的特性。例如，职工实体集具有职工号、姓名、年龄、参加工作时间和通信地址等属性。每个属性都有其取值范围，例如职工号为 000001～999999 的 6 位整型数，姓名为 10 位的字符串，年龄的取值范围为 18～60 等。在同一实体集中，每个实体的属性及其域是相同的，但可能取不同的值。E-R 模型中的属性有以下分类。

（1）简单属性和复合属性。简单属性是原子的、不可再分的，复合属性可以细分为更小的部分（即划分为别的属性）。有时用户希望访问整个属性，有时希望访问属性的某个成分，那么在模式设计时可采用复合属性。例如，职工实体集的通信地址可以进一步分为邮编、省、市、街道。若不特别声明，通常指的是简单属性。

（2）单值属性和多值属性。在前面所举的例子中，定义的属性对于一个特定的实体都只有单独的一个值。例如，对于一个特定的职工，只对应一个职工号、职工姓名，这样的属性称为单值属性。但是，在某些特定情况下，一个属性可能对应一组值。例如，职工可能有 0 个、1 个或多个亲属，那么职工的亲属的姓名可能有多个数目，这样的属性称为多值属性。

（3）NULL 属性。当实体在某个属性上没有值或属性值未知时，使用 NULL 值，表示无意义或不知道。

（4）派生属性。派生属性可以从其他属性得来。例如，职工实体集中有"参加工作时间"和"工作年限"属性，那么"工作年限"的值可以由当前时间和参加工作时间得到。这里，"工作年限"就是一个派生属性。

4．实体-联系方法

概念模型中最常用的方法为实体-联系方法，简称 E-R 方法。该方法直接从现实世界中抽象出实体和实体间的联系，然后用非常直观的 E-R 图来表示数据模型。在 E-R 图中有如表 9-1 所示的几个主要构件。

表 9-1　E-R 图中的主要构件

构　　件	说　　明
矩形　▭	表示实体集
双边矩形　▢	表示弱实体集
菱形　◇	表示联系集
双边菱形　◈	表示弱实体集对应的标识性联系
椭圆　◯	表示属性
线段　—	将属性与相关的实体集连接，或将实体集与联系集相连
双椭圆　◎	表示多值属性
虚椭圆（ ⋯ ）	表示派生属性
双线　═	表示一个实体全部参与到联系集中

说明 1：在 E-R 图中，实体集中作为主码的一部分属性以下划线标明。另外，在实体集与联系的线段上标上联系的类型。

说明 2：在本书中，若不引起误解，实体集有时简称实体，联系集有时简称联系。

【例 9.1】 学校有若干个系，每个系有若干名教师和学生；每个教师可以担任若干门课程，并参加多个项目；每个学生可以同时选修多门课程。请设计该学校教学管理系统的 E-R 模型，要求给出每个实体、联系的属性。

解：该学校教学管理系统的 E-R 模型应该有 5 个实体，即系、教师、学生、项目和课程。

（1）设计各实体属性如下：

系（系号，系名，主任名）

教师（教师号，教师名，职称）

学生（学号，姓名，年龄，性别）

项目（项目号，名称，负责人）

课程（课程号，课程名，学分）

（2）各实体之间的联系如下：

教师担任课程的 1 : *n*“任课”联系；教师参加项目的 *n* : *m*“参加”联系；学生选修课程的 *n* : *m*“选修”联系；教师、学生与系之间所属关系的 1 : *n* : *m*“领导”联系。其中，“参加”联系有一个排名属性，“选修”联系有一个成绩属性。

通过上述分析，该学校教学管理系统的 E-R 模型如图 9-9 所示。

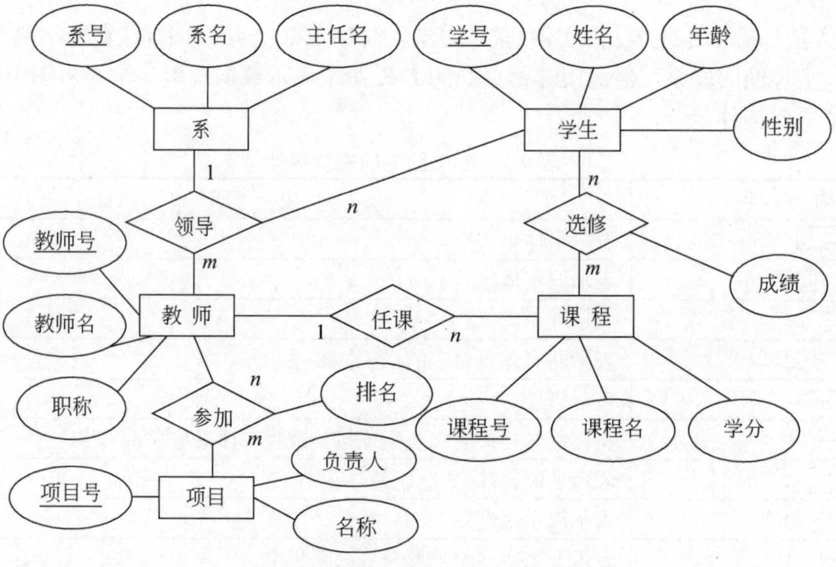

图 9-9 学校教学管理系统的 E-R 模型

需要特别指出的是，E-R 模型强调的是语义，与现实世界的问题密切相关。这句话的意思是，尽管都是学校教学管理，但由于不同的学校教学管理的方法可能会有不同的语义，因此会得到不同的 E-R 模型。

5．扩充的 E-R 模型

尽管基本的 E-R 模型足以对大多数数据库特征建模，但数据库某些情况下的特殊语义仅用基本 E-R 模型无法表达清楚。在这一节中将讨论扩充的 E-R 模型，包括弱实体、特殊化、普遍化等概念。

1）弱实体

在现实世界中有一种特殊的联系，这种联系代表实体间的所有（Ownership）关系，例如职工与家属的联系，家属总是属于某职工的。这种实体对于另一些实体具有很强的依赖关系，即一个实体的存在必须以另一个实体为前提，将这类实体称为弱实体。

在扩展的 E-R 图中，弱实体用双线矩形框表示。图 9-10 为职工与家属的 E-R 图。

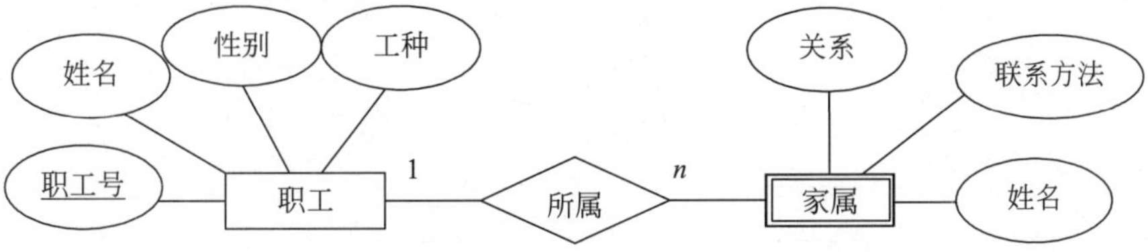

图 9-10　弱实体与依赖联系

2）特殊化

前面已经介绍，实体集是具有相同属性的实体集合。但在现实世界中，某些实体一方面具有一些共性，另一方面还具有各自的特殊性。这样，一个实体集可以按照某些特征区分为几个子实体。例如，学生实体集可以分为研究生、本科生和大专生等子集。将这种从普遍到特殊的过程称为“特殊化”。

将几个具有共同特性的实体集概括成一个更普遍的实体集的过程称为“普遍化”。例如，可以将大专生、本科生和研究生概括为学生，还可以将学生、教师和职工概括为人。这就是从特殊到一般的过程。

设有实体集 E，如果 S 是 E 的某些真子集的集合，记为 $S=\{S_i \mid S_i \subset E, i=1,2,\cdots,n\}$，则称 S 是 E 的一个特殊化，E 是 S_1，S_2,…，S_n 的超类，S_1，S_2,…，S_n 称为 E 的子类。

如果 $\bigcup_{i=1}^{n} S_i = E$，则称 S 是 E 的全特殊化，否则是 E 的部分特殊化。

如果 $S_i \cap S_j = \Phi, i \neq j$，则 S 是不相交特殊化，否则是重叠特殊化。

教职工实体集中的某个职工既是在职生又是教师或工人，那么在职生、教师和工人应该是重叠特殊化；而在职生、教师和工人的集合等于教职工，所以是全部特殊化。

在扩充的E-R模型中，子类继承超类的所有属性和联系，但是，子类还有自己特殊的属性和联系。例如，研究生除了学习以外，还要参加科研项目。那么，研究生不仅要继承学生的所有属性，还要增加学位类型、导师的属性，并且需要增加与项目的联系。

在扩充的E-R图中，超类-子类关系模型使用特殊化圆圈和连线的一般方式来表示。超类到圆圈有一条连线，连线为双线表示全特殊化，连线为单线表示部分特殊化；双竖边矩形框表示子类；有符号“∪”的线表示特殊化；圆圈中的d表示不相交特殊化；圆圈中的o表示重叠特殊化；超类与圆圈用单线相连，表示部分特殊化。图9-11给出了一个特殊化应用实例。

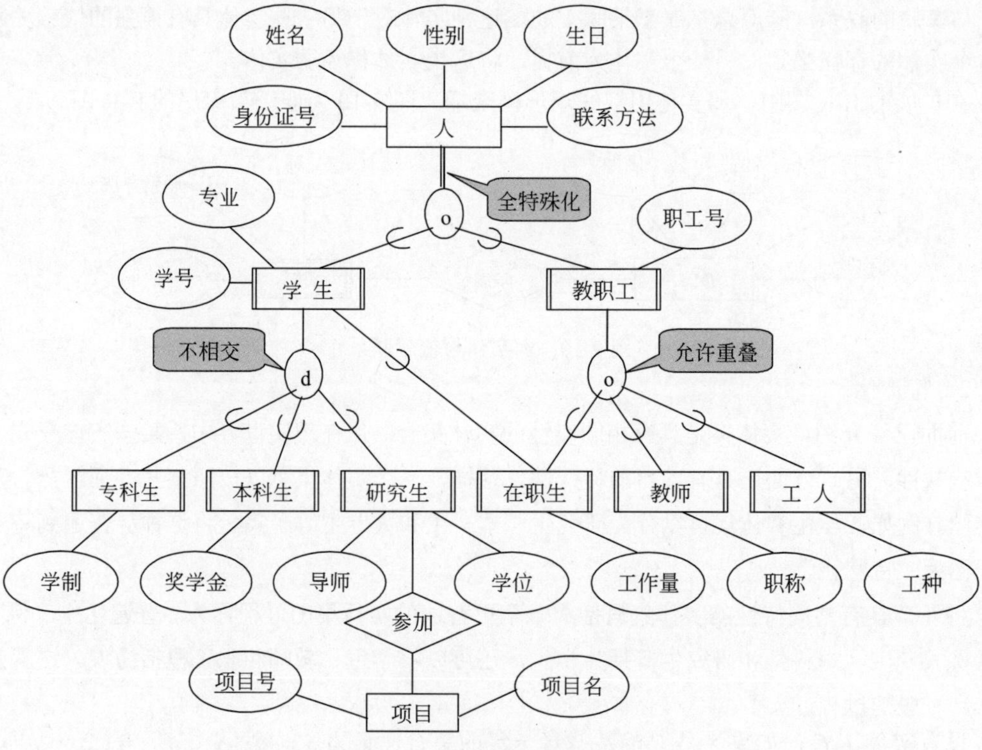

图9-11 特殊化应用实例

9.2.4 数据模型

在数据库领域中常见的数据模型有层次模型、网状模型、关系模型和面向对象模型。本章重点介绍关系模型。

（1）层次模型（Hierarchical Model）采用树型结构表示数据与数据间的联系。在层次模型中，每一个结点表示一个记录类型（实体），记录之间的联系用结点之间的连线表示，并且根结点以外的其他结点有且仅有一个双亲结点。

（2）网状模型（Network Model）也称 DBTG 模型，该是一个比层次模型更具有普遍性的数据结构，是层次模型的一个特例。网状模型可以直接地描述现实世界，因为去掉了层次模型的两个限制，允许两个结点之间有多种联系（称之为复合联系）。

（3）关系模型（Relational Model）是目前最常用的数据模型之一。关系数据库系统采用关系模型作为数据的组织方式，在关系模型中用表格结构表达实体集以及实体集之间的联系，其最大特色是描述的一致性。

（4）面向对象模型（Object Oriented Model）采用面向对象的方法来设计数据库。面向对象的数据库存储对象是以对象为单位，每个对象包含对象的属性和方法，具有类和继承等特点。Computer Associates 的 Jasmine 就是面向对象模型的数据库系统。

面向对象数据模型比网络、层次、关系数据模型具有更加丰富的表达能力。但正因为面向对象模型的丰富表达能力，模型相对复杂，实现起来较困难。

9.2.5 关系模型

关系模型（Relation Model）是目前最常用的数据模型之一。关系数据库系统采用关系模型作为数据的组织方式，在关系模型中用表格结构表达实体集以及实体集之间的联系，其最大特色是描述的一致性。关系模型是由若干个关系模式组成的集合。一个关系模式相当于一个记录型，对应于程序设计语言中类型定义的概念。关系是一个实例，也是一张表，对应于程序设计语言中变量的概念。给定变量的值随时间可能发生变化，类似地，当关系被更新时，关系实例的内容也随时间发生了变化。

【例 9.2】 教学数据库的 4 个关系模式如下：

S (Sno,Sname,SD,Sage,Sex) ；学生 S 关系模式，属性为学号、姓名、系、年龄和性别
T (Tno,Tname,Age,Sex) ；教师 T 关系模式，属性为教师号、姓名、年龄和性别
C (Cno,Cname,Pcno) ；课程 C 关系模式，属性为课程号、课程名和先修课程号
SC (Sno,Cno,Grade) ；学生选课 SC 关系模式，属性为学号、课程号和成绩

关系模式中有下划线的属性是主码属性。图 9-12 是教学模型的一个具体实例。

由于关系模型比网状、层次模型更加简单、灵活，因此，在数据处理领域中，关系数据库的使用已相当普遍。但是，现实世界中存在着许多含有更复杂数据结构的实际应用领域，例如 CAD 数据、图形数据和人工智能研究等，需要有一种数据模型来表达这类信息，这种数据模型就是面向对象的数据模型。

S 学生关系

Sno	Sname	SD	Age	Sex
01001	贾皓昕	IS	20	男
01002	姚勇	IS	20	男
03001	李晓红	CS	19	女

T 教师关系

Tno	Tname	Age	Sex
001	方铭	34	女
002	章雨敬	58	男
003	王平	48	女

SC 选课

Sno	Cno	Grade
01001	C001	90
01001	C002	91
01002	C001	95
01002	C003	89
03001	C001	91

C 课程关系

Cno	Cname	Pcno
C001	MS	
C002	IC	
C003	C++	C002
C004	OS	C002
C005	DBMS	C004

图 9-12 关系模型的实例

9.3 关系代数

9.3.1 关系数据库的基本概念

1. 属性和域

在现实世界中，要描述一个事物常常取若干特征来表示，这些特征称为属性（Attribute）。例如，用学号、姓名、性别、系别、年龄和籍贯等属性来描述学生。每个属性的取值范围对应一个值的集合，称为该属性的域（Domain）。例如，学号的域是 6 位整型数；姓名的域是 10 位字符；性别的域为{男，女}等。

在关系数据模型中，通常对域加了一个限制，所有的域都应是原子数据（Atomic Data）。例如，整数、字符串是原子数据，而集合、记录、数组是非原子数据。关系数据模型的这种限制称为第一范式（First Normal Form，1NF）条件。但也有些关系数据模型突破了 1NF 的限制，称为非 1NF 的关系数据模型。

2. 笛卡儿积与关系

【定义 9.1】 设 $D_1,D_2,\cdots,D_i,\cdots,D_n$ 为任意集合，定义 $D_1,D_2,\cdots,D_i,\cdots,D_n$ 的笛卡儿积为

$$D_1 \times D_2 \times \cdots \times D_i \times \cdots \times D_n = \{(d_1,d_2,\cdots,d_i,\cdots d_n) \mid d_i \in D_i, i=1,2,3,\cdots,n\}$$

其中，每一个元素 $(d_1,d_2,\cdots,d_i,\cdots d_n)$ 称为一个 n 元组（n-tuple 属性的个数），元组的每一个值 d_i 称为元组的一个分量，若 $D_i(i=1,2,3,\cdots,n)$ 为有限集，其基数（Cardinal number 元组的个数）

为 $m_i(i=1,2,3,\cdots,n)$，则 $D_1\times D_2\times\cdots\times D_i\times\cdots\times D_n$ 的基数 M 为 $M=\prod_{i=1}^{n}m_i$，笛卡儿积可以用二维表来表示。

【例 9.3】 若 $D_1=\{0,1\}$，$D_2=\{a,b\}$，$D_3=\{c,d\}$，求 $D_1\times D_2\times D_3$。

解：根据定义，笛卡儿积中的每一个元素应该是一个三元组，每个分量来自不同的域，因此结果为

$$D_1\times D_2\times D_3=\{(0,a,c),(0,a,d),(0,b,c),(0,b,d),(1,a,c),(1,a,d),(1,b,c),(1,b,d)\}$$

用二维表表示如图 9-13 所示。

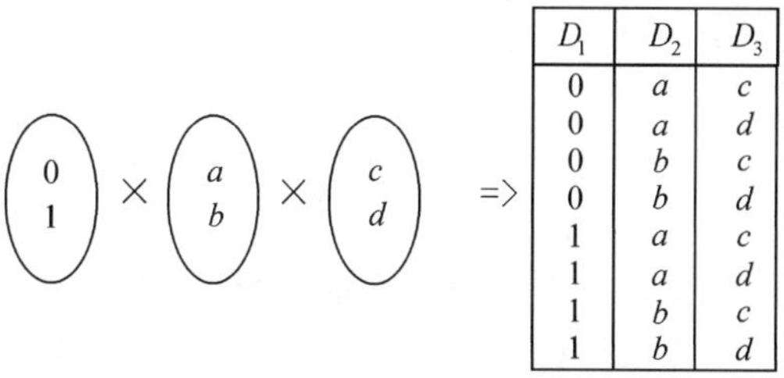

图 9-13　$D_1\times D_2\times D_3$ 笛卡儿积的二维表表示

【定义 9.2】 $D_1\times D_2\times\cdots\times D_i\times\cdots\times D_n$ 的子集称为在域 $D_1,D_2,\cdots,D_i,\cdots,D_n$ 上的关系，记为 R（$D_1,D_2,\cdots,D_i,\cdots,D_n$），称关系 R 为 n 元关系。

从定义 9.2 可以得出一个关系也可以用二维表来表示。关系中属性的个数称为"元数"，元组的个数称为"基数"。关系模型中的术语与一般术语的对应情况可以通过图 9-14 中的学生关系说明。图中的学生关系模式可表示为学生（S_no,Sname,SD,Sex）。该学生关系的主码为 S_no，属性分别为 S_no、Sname、SD 和 Sex，对属性 Sex 的域为男、女，等等。该学生关系的元数为 4，基数为 6。

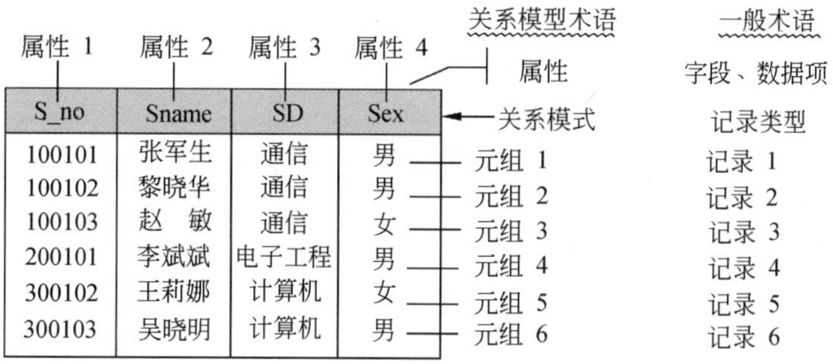

图 9-14　学生关系与术语的对应情况

3．关系的相关名词

（1）目或度（Degree）。这里的 *R* 表示关系的名字，*n* 是关系的目或度。

（2）候选码（Candidate Key）。若关系中的某一属性或属性组的值能唯一地标识一个元组，则称该属性或属性组为候选码。

（3）主码（Primary Key）。若一个关系有多个候选码，则选定其中一个为主码。

（4）主属性（Non-Key attribute）。包含在任何候选码中的诸属性称为主属性。不包含在任何候选码中的属性称为非码属性。

（5）外码（Foreign Key）。如果关系模式 *R* 中的属性或属性组非该关系的码，但它是其他关系的码，那么该属性集对关系模式 *R* 而言是外码。

例如客户与贷款之间的借贷联系 c-l（<u>c–id</u>, <u>loan-no</u>），属性 c-id 是客户关系中的码，所以 c-id 是外码；属性 loan-no 是贷款关系中的码，所以 loan-no 也是外码。

（6）全码（All-Key）。关系模型的所有属性组是这个关系模式的候选码，称为全码。

例如关系模式 *R*（*T*，*C*，*S*），属性 *T* 表示教师，属性 *C* 表示课程，属性 *S* 表示学生。假设一个教师可以讲授多门课程，某门课程可以由多个教师讲授，学生可以听不同教师讲授的不同课程，那么，要想区分关系中的每一个元组，这个关系模式 *R* 的码应为全属性 *T*、*C* 和 *S*，即 All-Key。

4．关系的 3 种类型

（1）基本关系。通常又称为基本表或基表，它是实际存在的表，是实际存储数据的逻辑表示。

（2）查询表。查询表是查询结果对应的表。

（3）视图表。视图表是由基本表或其他视图表导出的表。由于它本身不独立存储在数据库中，数据库中只存放它的定义，所以常称为虚表。

5．关系数据库模式

在数据库中要区分型和值。关系数据库中的型也称为关系数据库模式，是关系数据库结构的描述。它包括若干域的定义以及在这些域上定义的若干关系模式。实际上，关系的概念对应于程序设计语言中变量的概念，而关系模式对应于程序设计语言中类型定义的概念。关系数据库的值是这些关系模式在某一时刻对应的关系的集合，通常称之为关系数据库。

【定义 9.3】 关系的描述称为关系模式（Relation Schema），可以形式化地表示为：

$$R（U，D，\text{dom}，F）$$

其中，*R* 表示关系名；*U* 是组成该关系的属性名集合；*D* 是属性的域；*dom* 是属性向域的映像集合；F 为属性间数据的依赖关系集合。

通常将关系模式简记为：

$$R(U)\text{或 } R(A_1, A_2, A_3,\cdots, A_n)$$

其中，R 为关系名，$A_1, A_2, A_3,\cdots, A_n$ 为属性名或域名，属性向域的映像常常直接说明属性的类型、长度。通常在关系模式主属性上加下划线表示该属性为主码属性。

例如：学生关系 S 有学号 Sno、学生姓名 Same、系名 SD、年龄 SA 属性；课程关系 C 有课程号 Cno、课程名 Cname、选修课程号 Pcno 属性；学生选课关系 SC 有学号 Sno、课程号 Cno、成绩 Grade 属性。定义关系模式及主码如下（本题未考虑 F 属性间数据的依赖，该问题将在后面讨论）。

（1）学生关系模式 S（<u>Sno</u>，Sname，SD，SA）。

（2）课程关系模式 C（<u>Cno</u>，Cname，Pcno）Dom（Pcno）=Cno。这里，Pcno 是选修课程号，来自 Cno 域，由于 Pcno 属性名不等于 Cno 值域名，所以要用 Dom 来定义。但是，不能将 Pcno 直接改为 Cno，因为在关系模型中，各列属性必须取相异的名字。

（3）学生选课关系模式 SC（<u>Sno</u>，<u>Cno</u>，Grade）。SC 关系中的 Sno、Cno 又分别为外码，因为它们分别是 S、C 关系中的主码。

6．完整性约束

完整性规则提供了一种手段来保证当授权用户对数据库做修改时不会破坏数据的一致性。因此，完整性规则防止的是对数据的意外破坏。关系模型的完整性规则是对关系的某种约束条件。关系的完整性共分为三类：实体完整性、参照完整性（也称引用完整性）和用户定义完整性。

（1）实体完整性（Entity Integrity）。规定基本关系 R 的主属性 A 不能取空值。

（2）参照完整性（Referential Integrity）。现实世界中的实体之间往往存在某种联系，在关系模型中实体及实体间的联系是用关系来描述的，这样自然就存在着关系与关系间的引用。

例如，员工和部门关系模式的表示如下，其中在关系模式主属性上加下划线表示该属性为主码属性。

员工（<u>员工号</u>，姓名，性别，参加工作时间，部门号）

部门（<u>部门号</u>，名称，电话，负责人）

这两个关系存在着属性的引用，即员工关系中的“部门号”值必须是确实存在的部门的部门号，即部门关系中有该部门的记录。也就是说，员工关系中的“部门号”属性取值要参照部门关系的“部门号”属性取值。

参照完整性规定，若 F 是基本关系 R 的外码，它与基本关系 S 的主码 K_s 相对应（基本关系 R 和 S 不一定是不同的关系），则对于 R 中每个元组在 F 上的值或者取空值（F 的每个属性值均为空值），或者等于 *S* 中某个元组的主码值。

（3）用户定义完整性（User Defined Integrity）。用户定义完整性就是针对某一具体的关系数据库的约束条件，反映某一具体应用所涉及的数据必须满足的语义要求，由应用的环境决定。例如，银行的用户账户规定必须大于等于 100 000、小于 999 999。

7．关系运算

关系操作的特点是操作对象和操作结果都是集合，而非关系数据模型的数据操作方式则为一次一个记录的方式。关系数据语言分为三类：关系代数语言、关系演算语言和具有关系代数和关系演算双重特点的语言（例如 SQL）。关系演算语言包含元组关系演算语言（例如 Aplha、Quel）和域关系演算语言（例如 QBE）。

关系代数语言、元组关系演算和域关系演算是抽象查询语言，它与具体的 DBMS 中实现的实际语言并不一样，但是可以用它评估实际系统中的查询语言能力的标准。

关系代数运算符有 4 类：集合运算符、专门的关系运算符、算术比较符和逻辑运算符。根据运算符的不同，关系代数运算可分为传统的集合运算和专门的关系运算。传统的集合运算是从关系的水平方向进行的，包括并、交、差及广义笛卡儿积。专门的关系运算既可以从关系的水平方向进行运算，又可以向关系的垂直方向运算，包括选择、投影、连接以及除法，如表 9-2 所示。在表 9-2 中，并、差、笛卡儿积、投影和选择是 5 种基本的运算，因为其他运算可以通过基本的运算导出。

表 9-2 关系代数运算符

运算符		含义	运算符		含义
集合运算符	$\cup$ $-$ $\cap$ $\times$	并 差 交 笛卡儿积	比较运算符	$>$ $\geq$ $<$ $\leq$ $=$ $\neq$	大于 大于等于 小于 小于等于 等于 不等于
专门的关系运算符	σ π $\bowtie$ $\div$	选择 投影 连接 除	逻辑运算符	$\neg$ $\wedge$ $\vee$	非 与 或

9.3.2 5 种基本的关系代数运算

5 种基本的关系代数运算包括并、差、笛卡儿积、投影和选择，其他运算可以通过基本的关系运算导出。

1．并（Union）

关系 R 与 S 具有相同的关系模式，即 R 与 S 的元数相同（结构相同）。关系 R 与 S 的并是由属于 R 或属于 S 的元组构成的集合，记作 $R\cup S$，其形式定义如下：

$$R\cup S=\{t\mid t\in R\vee t\in S\}$$

式中 t 为元组变量。

2．差（Difference）

关系 R 与 S 具有相同的关系模式，关系 R 与 S 的差是由属于 R 但不属于 S 的元组构成的集合，记作 $R-S$，其形式定义如下：

$$R-S=\{t\mid t\in R\wedge t\notin S\}$$

3．广义笛卡儿积（Extended Cartesian Product）

两个元数分别为 n 目和 m 目的关系 R 和 S 的广义笛卡儿积是一个(n+m)列的元组的集合。元组的前 n 列是关系 R 的一个元组，后 m 列是关系 S 的一个元组，记作 $R\times S$，其形式定义如下：

$$R\times S=\{t\mid t=<t^n,t^m>\wedge t^n\in R\wedge t^m\in S\}$$

如果 R 和 S 中有相同的属性名，可在属性名前加关系名作为限定，以示区别。若 R 有 K_1 个元组，S 有 K_2 个元组，则 R 和 S 的广义笛卡儿积有 $K_1\times K_2$ 个元组。

注意：本教材中的 $<t^n,t^m>$ 意为元组 t^n 和 t^m 拼接成的一个元组。

4．投影（Projection）

投影运算是从关系的垂直方向进行运算，在关系 R 中选出若干属性列 A 组成新的关系，记作 $\pi_A(R)$，其形式定义如下：

$$\pi_A(R)=\{t[A]\mid t\in R\}$$

5．选择（Selection）

选择运算是从关系的水平方向进行运算，是从关系 R 中选择满足给定条件的诸元组，记作 $\sigma_F(R)$，其形式定义如下：

$$\sigma_F(R)=\{t\mid t\in R\wedge F(t)=\text{True}\}$$

其中，F 中的运算对象是属性名（或列的序号）或常数，运算符、算术比较符（<、⩽、>、⩾、≠）和逻辑运算符（∧、∨、¬）。例如，$\sigma_{1\geqslant 6}(R)$ 表示选取 R 关系中第 1 个属性值大于等于第

6 个属性值的元组；$\sigma_{1>'6'}(R)$ 表示选取 R 关系中第 1 个属性值大于等于 6 的元组。

【例 9.4】 设有关系 R、S 如下所示，请求出 $R\cup S$ 、$R-S$ 、$R\times S$ 、$\pi_{A,C}(R)$、$\sigma_{A>B}(R)$ 和 $\sigma_{3<4}(R\times S)$ 。

A	*B*	*C*
a	b	c
b	a	d
c	d	e
d	f	g

关系 R

A	*B*	*C*
b	a	d
d	f	g
f	h	k

关系 S

解：$R\cup S$ 、$R-S$ 、$R\times S$ 、$\pi_{A,C}(R)$、$\sigma_{A>B}(R)$ 和 $\sigma_{3<4}(R\times S)$ 的结果如图 9-15 所示。

$R\cup S$

A	*B*	*C*
a	b	c
b	a	d
c	d	e
d	f	g
f	h	k

$R-S$

A	B	C
a	b	c
c	d	e

$\pi_{A,C}(R)$

A	*C*
a	c
b	d
c	e
d	g

$\sigma_{A>B}(R)$

A	*B*	*C*
b	a	D

$R\times S$

R.A	*R.B*	*R.C*	*S.A*	*S.B*	*S.C*
a	b	c	b	a	d
a	b	c	d	f	g
a	b	c	f	h	k
b	a	d	b	a	d
b	a	d	d	f	g
b	a	d	f	h	k
c	d	e	b	a	d
c	d	e	d	f	g
c	d	e	f	h	k
d	f	g	b	a	d
d	f	g	d	f	g
d	f	g	f	h	k

$\sigma_{3<4}(R\times S)$

R.A	*R.B*	*R.C*	*S.A*	*S.B*	*S.C*
a	b	c	d	f	g
a	b	c	f	h	k
b	a	d	f	h	k
c	d	e	f	h	k

图 9-15 运算结果

其中，$R\times S$ 生成的关系属性名有重复，按照关系“属性不能重名”的性质，通常采用“关系名.属性名”的格式。对于 $\sigma_{3<4}(R\times S)$ 的含义是 $R\times S$ 后“选取第 3 个属性值小于第 4 个属性值”

的元组。由于 $R\times S$ 的第 3 个属性为 R.C，第 4 个属性是 S.A，因此 $\sigma_{3<4}(R\times S)$ 的含义也是 $R\times S$ 后“选取 R.C 值小于 S.A 值”的元组。

9.3.3　扩展的关系代数运算

扩展的关系代数运算可以从基本的关系运算中导出，主要包括选择、投影、连接、除法、广义笛卡儿积和外连接。

1．交（Intersection）

关系 R 与 S 具有相同的关系模式，关系 R 与 S 的交是由属于 R 同时又属于 S 的元组构成的集合，记作 $R\cap S$，其形式定义如下：

$$R\cap S=\{t\mid t\in R\wedge t\in S\}$$

显然，$R\cap S=R-(R-S)$，或者 $R\cap S=S-(S-R)$。

2．连接（Join）

连接分为 θ 连接、等值连接和自然连接 3 种。连接运算是从两个关系 R 和 S 的笛卡儿积中选取满足条件的元组。因此，可以认为笛卡儿积是无条件连接，其他的连接操作认为是有条件连接，下面分别介绍。

（1）θ 连接。从 R 与 S 的笛卡儿积中选取属性间满足一定条件的元组。记作：

$$R\underset{X\theta Y}{\bowtie}S=\{t\mid t=<t^n,t^m>\wedge t^n\in R\wedge t^m\in S\wedge t^n[X]\theta t^m[Y]\}$$

其中，$X\theta Y$ 为连接的条件，θ 是比较运算符，X 和 Y 分别为 R 和 S 上度数相等且可比的属性组。$t^n[X]$ 表示 R 中 t^n 元组的对应于属性 X 的一个分量。$t^m[Y]$ 表示 S 中 t^m 元组的对应于属性 Y 的一个分量。有如下说明。

① θ 连接也可以表示为：

$$R\underset{i\theta j}{\bowtie}S=\{t\mid t=<t^n,t^m>\wedge t^n\in R\wedge t^m\in S\wedge t^n[i]\theta t^m[j]\}$$

其中，$i=1,2,3,\cdots,n$，$j=1,2,3,\cdots,m$，$i\theta j$ 的含义为从两个关系 R 和 S 中选取 R 的第 i 列和 S 的第 j 列之间满足 θ 运算的元组进行连接。

② θ 连接可以由基本的关系运算笛卡儿积和选取运算导出。因此，θ 连接可表示为：

$$R\underset{X\theta Y}{\bowtie}S=\sigma_{X\theta Y}(R\times S) \text{ 或 } R\underset{i\theta j}{\bowtie}S=\sigma_{i\theta(i+j)}(R\times S)$$

【例 9.5】 设有关系 R、S 如图 9-16 所示，求 $R\underset{R.A<S.B}{\bowtie}S$。

解：本题连接的条件为 $R.A<S.B$，意为将 R 关系中属性 A 的值小于 S 关系中属性 B 的值的元组取出来作为结果集的元组。结果集为 $R\times S$ 后选出满足条件的元组，并且结果集的属性为 $R.A$，$R.B$，$R.C$，$S.A$，$S.B$，$S.C$。结果如图 9-16 所示。

R.A	*R.B*	*R.C*	*S.A*	*S.B*	*S.C*
a	b	c	d	f	g
a	b	c	f	h	k
b	a	d	d	f	g
b	a	d	f	h	k
c	d	e	d	f	g
c	d	e	f	h	k
d	f	g	d	f	g
d	f	g	f	h	k

图 9-16 $\underset{R.A<S.B}{R \bowtie S}$

（2）等值连接。当 θ 为“=”时，称之为等值连接，记为 $\underset{X=Y}{R \bowtie S}$，其形式定义如下：

$$\underset{X=Y}{R \bowtie S}=\{t \mid t=<t^n,t^m>\wedge t^n\in R\wedge t^m\in S\wedge t^n[X]=t^m[Y]\}$$

（3）自然连接。自然连接是一种特殊的等值连接，它要求两个关系中进行比较的分量必须是相同的属性组，并且在结果集中将重复属性列去掉。若 t^n 表示 R 关系的元组变量，t^m 表示 S 关系的元组变量；R 和 S 具有相同的属性组 B，且 $B=(B_1,B_2,\cdots,B_K)$；并假定 R 关系的属性为 $A_1,A_2,\cdots,A_{n-k},B_1,B_2,\cdots,B_K$，$S$ 关系的属性为 $B_1,B_2,\cdots,B_K,B_{K+1},B_{K+2},\cdots,B_m$；为 S 的元组变量 t^m 去掉重复属性 B 所组成的新的元组变量为 t^{m^*}。

自然连接可以记为 $R\bowtie S$，其形式定义如下：

$$R\bowtie S=\{t \mid t=<t^n,t^{m^*}>\wedge t^n\in R\wedge t^m\in S\wedge R.B_1=S.B_1\wedge R.B_2=S.B_2\wedge\cdots\wedge R.B_k=S.B_k\}$$

自然连接可以由基本的关系运算笛卡儿积和选取运算导出，因此自然连接可表示为：

$$R\bowtie S=\prod\nolimits_{A_1,A_2,\cdots,A_{n-k},R.B_1,R.B_2\cdots,R.B_K,B_{K+1},B_{K+2},\cdots,B_m}(\sigma_{R.B_1=S.B_1\wedge R.B_2=S.B_2\wedge\cdots\wedge R.B_k=S.B_k}(R\times S))$$

需要特别说明的是，一般连接是从关系的水平方向运算，而自然连接不仅要从关系的水平方向运算，而且要从关系的垂直方向运算。因为自然连接要去掉重复属性，如果没有重复属性，那么自然连接就转化为笛卡儿积。

【例 9.6】 设有关系 R、S 如图 9-17 所示，求 $R\bowtie S$。

A	B	C
a	b	c
b	a	d
c	d	e
d	f	g

（a）关系 R

A	C	D
a	c	d
d	f	g
h	d	g

（b）关系 S

图 9-17　关系 R、S

解：本题要求 R 与 S 关系的自然连接，自然连接是一种特殊的等值连接，它要求两个关系中进行比较的分量必须是相同的属性组，并且在结果中将重复属性列去掉。本题 R 与 S 关系中相同的属性组为 AC，因此，结果集中的属性列应为 $ABCD$，其结果如图 9-18 所示。

A	B	C	D
a	b	c	d
b	a	d	g

图 9-18　$R \bowtie S$

3．除（Division）

除运算是同时从关系的水平方向和垂直方向进行运算。给定关系 $R(X,Y)$ 和 $S(Y,Z)$，X、Y、Z 为属性组。$R \div S$ 应当满足元组在 X 上的分量值 x 的象集 Y_x 包含关系 S 在属性组 Y 上投影的集合。其形式定义如下：

$$R \div S = \{t^n[X] \mid t^n \in R \wedge \pi_y(S) \subseteq Y_x\}$$

其中，Y_x 为 x 在 R 中的象集，$x = t^n[X]$，且 $R \div S$ 的结果集的属性组为 X。

【例 9.7】 设有关系 R、S 如图 9-19 所示，求 $R \div S$。

A	B	C	D
a	b	c	d
a	b	e	f
a	b	h	k
b	d	e	f
b	d	d	l
c	k	c	d
c	k	e	f

（a）R

C	D
c	d
e	f

（b）S

A	B
a	b
c	k

（c）$R \div S$

图 9-19　$R \div S$

解：根据除法定义，此题的 X 为属性 AB，Y 为属性 CD。$R \div S$ 应当满足元组在属性 AB 上的分量值 x 的象集 Y_x 包含关系 S 在 CD 上投影的集合。

关系 S 在 Y 上的投影为 $\pi_{CD}(S)=\{(c,d),(e,f)\}$。对于关系 R，属性组 X（即 AB）可以取 3 个值，即 $\{(a,b),(b,d),(c,k)\}$，它们的象集分别为：

象集 $CD_{(a,b)}=\{(c,d),(e,f),(h,k)\}$

象集 $CD_{(b,d)}=\{(e,f),(d,l)\}$

象集 $CD_{(c,k)}=\{(c,d),(e,f)\}$

由于上述象集包含 $\pi_{CD}(S)$ 有 (a, b) 和 (c, k)，因此 $R \div S=\{(a,b),(c,k)\}$，结果如图 9-19（c）所示。

【例 9.8】 设学生课程数据库中有学生 S、课程 C 和学生选课 SC 这 3 个关系，如图 9-20 所示，请用关系代数表达式表达以下检索问题。

Sno	Sname	Sex	SD	Age
3001	王　平	女	软件学院	18
3002	张　勇	男	软件学院	19
4003	黎　明	女	电子机械	18
4004	刘明远	男	电子机械	19
1041	赵国庆	男	通信工程	20
1042	樊建玺	男	通信工程	20

S

Cno	Cname	Pcno	Credit
1	数据库	3	3
2	数　学		4
3	操作系统	4	4
4	数据结构	7	3
5	数字通信	6	3
6	信息系统	1	4
7	程序设计	2	2

C

Sno	Cno	Grade
3001	1	93
3001	2	84
3001	3	84
3002	2	83
3002	3	93
1042	1	84
1042	2	82

SC

图 9-20　S、C、SC 关系

（1）检索选修课程名为“数学”的学生的学号和姓名。

（2）检索至少选修了课程号为 1 和 3 的学生的学号。

（3）检索选修了“操作系统”或“数据库”课程的学生的学号和姓名。

（4）检索年龄在 18～20 之间（含 18 和 20）的女生的学号、姓名及年龄。

（5）检索选修了“数据库”课程的学生的学号、姓名及成绩。

（6）检索选修了全部课程的学生的姓名所在系。

（7）检索选修课程包括 1042 学生所学课程的学生的学号。

（8）检索不选修 2 课程的学生的姓名和所在系。

解：（1）检索选修课程名为“数学”的学生的学号和姓名的关系代数表达式如下。

$$\pi_{Sno,Sname}(\sigma_{Cname='数学'}(S \bowtie SC \bowtie C))或\pi_{1,2}(\sigma_{8='数学'}(S \bowtie SC \bowtie C))$$

对于上述表达式 $S \bowtie SC \bowtie C$ 自然连接后重复的属性列为学号 Sno 和课程号 Cno，去掉重复属性列的结果如图 9-21 所示。从图中可以看到，满足课程名为“数学”的只有 3 个元组，对 Sno 和 Sname 投影的结果如图 9-22 所示。由于 Sno、Cno 和 Cname 分别对应第 1、2 和 8 列属性，所以上述表达式还可以写为 $\pi_{1,2}(\sigma_{8='数学'}(S \bowtie SC \bowtie C))$。

Sno	Sname	Sex	SD	Age	Cno	Grade	Cname	Pcno	Credit
3001	王　平	女	软件学院	18	1	93	数 据 库	3	3
3001	王　平	女	软件学院	18	2	84	数　学		4
3001	王　平	女	软件学院	18	3	84	操作系统	4	4
3002	张　勇	男	软件学院	19	2	83	数　学		4
3002	张　勇	男	软件学院	19	3	93	操作系统	4	4
1042	樊建玺	男	通信工程	20	1	84	数 据 库	3	3
1042	樊建玺	男	通信工程	20	2	82	数　学		4

图 9-21　S⋈SC⋈C

（2）检索至少选修了课程号为 1 和 3 的学生的学号有以下两种解题思路。

① 关系代数表达式为 $\pi_1(\sigma_{1=4 \wedge 2='1' \wedge 5='3'}(SC \times SC))$。若设 SC×SC 中的第一个 SC 关系为 S1，第二个 SC 关系为 S2，那么，该关系表达式的含义为先从 SC×SC 中选取满足条件 S1.Sno=S2.Sno、S1.Cno='1'、S2.Sno='3'的元组，最后投影第一个属性列 Sno 即为所求结果集。

Sno	Sname
3001	王　平
3002	张　勇
1042	樊建玺

图 9-22　例 9.8 的投影结果

② 关系代数表达式为 $\pi_{Sno,Cno}(SC) \div \pi_{Cno}(\sigma_{Cno='1' \vee Cno='3'}(C))$，分析如下。

表达式 $\pi_{Cno}(\sigma_{Cno='1' \vee Cno='3'}(C))$ 就是构造一个临时关系 K，其属性为 Cno，结果如下：

$$K = \pi_{Cno}(\sigma_{Cno='1' \vee Cno='3'}(C)) = \{1,3\}$$

查询表达式 $\pi_{Sno,Cno}(SC) \div K$ 的结果集的学生号所选的课程号应包括 K。

求解的过程就是对 $\pi_{Sno,Cno}(SC)$ 的每一个元组逐一求某一学生的象集。因为所求的 Sno，所以 X 为 Sno，Y 为 Cno，所以象集为 Cno_{Sno}。将 Sno 的值逐一代入求象集：

$$Cno_{3001} = \{1,2,3\}，\ Cno_{3002} = \{2,3\}，\ Cno_{1042} = \{1,2\}$$

从上可以看出，只有 3001 包含了 K 在 Cno 的投影，所以，$\pi_{Sno,Cno}(SC) \div K = \{3001\}$。

（3）检索选修了“操作系统”或“数据库”课程的学生的学号和姓名的关系代数表达式为：

$$\pi_{Sno,Sname}(S \bowtie (\sigma_{Cname='操作系统' \vee Cname='数据库'}(SC \bowtie C)))$$

（4）检索年龄在 18～20 之间（含 18 和 20）的女生的学号、姓名及年龄的关系代数表达式为：

$$\pi_{Sno,Sname,Age}(\sigma_{Age \geqslant '18' \wedge Age \leqslant '20' Sex='女'}(S))$$

（5）检索选修了“数据库”课程的学生的学号、姓名及成绩的关系代数表达式为：

$$\pi_{Sno,Sname,Grade}((\sigma_{Cname='数据库'}(S \bowtie SC \bowtie C)))$$

（6）检索选修了全部课程的学生的姓名及所在系的关系代数表达式为：

$$\pi_{Sname,SD}(S \bowtie (\pi_{Sno,Cno}(SC) \div \pi_{Cno}(C)))$$

对于本题给出的具体关系，求解过程分析如下。

① 表示全部课程的临时关系 $K = \pi_{Cno}(C) = \{1,2,3,4,5,6,7\}$。

② 查询选修了所有课程的学生的学号为 $\pi_{Sno,Cno}(SC) \div K = \{\phi\}$，因为学生所选课程分别为 $Cno_{3001} = \{1,2,3\}$、$Cno_{3002} = \{2,3\}$ 和 $Cno_{1042} = \{1,2\}$，所以 3001、3002 和 1042 都没有包含 K，故结果集为空。

③ 与 S 关系进行自然连接再对学生姓名 Sname 和学号 SD 投影的结果也为空。

（7）检索选修课程包含 1042 学生所学课程的学生的学号的关系表达式如下：

$$\pi_{Sno,Cno}(SC) \div \pi_{Cno}(\sigma_{Sno='1042'}(SC))$$

（8）检索不选修 2 课程的学生的姓名和所在系的关系代数表达式为：

$$\pi_{Sname,SD}(SC) - \pi_{Sname,SD}(\sigma_{Cno='2'}(S \times SC))$$

对于上式也可以用属性列号替换属性名，将上式写成以下等价的关系代数表达式：

$$\pi_{2,4}(SC) - \pi_{2,4}(\sigma_{6='2'}(S \bowtie SC))$$

4．广义投影（Generalized Projection）

广义投影运算允许在投影列表中使用算术运算，实现了对投影运算的扩充。

若有关系 R，条件 $F_1, F_2, \cdots, F_n$ 中的每一个都是涉及 R 中常量和属性的算术表达式，那么广义投影运算的形式定义为：$\pi_{F_1,F_2,\cdots,F_n}(R)$。

【例 9.9】 信贷额度关系模式 credit-in（C_name, limit, credit_balance），属性分别表示用户姓名、信贷额度和到目前为止的花费。图 9-23（a）表示了关系 credit-in 的一个具体。若要查询给出每个用户还能花费多少，可以用关系代数表达式 $\pi_{\text{C\_name,limit-credit\_balance}}(\text{credit-in})$ 来表示，查询结果如图 9-23（b）所示。

C_name	limit	credit_balance
王伟峰	2500	1800
吴　桢	3100	2000
黎建明	2380	2100
刘　柯	5600	3600
徐国平	8100	5800
景莉红	6380	4500

（a） credit－in

C_name	limit－credit_balance
王伟峰	700
吴　桢	1100
黎建明	280
刘　柯	2000
徐国平	2300
景莉红	1850

（b） $\pi_{\text{C\_name,limt-credit\_balance}}(\text{credit}-\text{in})$

图 9-23　信贷额度关系

5．外连接（Outer Jion）

外连接运算是连接运算的扩展，可以处理由于连接运算而缺失的信息。对于图 9-20 所示的 S 和 SC 关系，当对其进行自然连接 $S \bowtie SC$ 时，其结果如图 9-24 所示。

Sno	Sname	Sex	SD	Age	Cno	Grade
3001	王平	女	软件学院	18	1	93
3001	王平	女	软件学院	18	2	84
3001	王平	女	软件学院	18	3	84
3002	张勇	男	软件学院	19	2	83
3002	张勇	男	软件学院	19	3	93
1042	樊建玺	男	通信工程	20	1	84
1042	樊建玺	男	通信工程	20	2	82

图 9-24　$S \bowtie SC$

从图 9-24 可以看出，S 与 SC 的自然连接 $S \bowtie SC$ 的结果丢失了黎明、刘明远、赵国庆的相关信息。但是，使用外连接可以避免这样的信息丢失。外连接运算有 3 种，即左外连接、右外连接和全外连接。

（1）左外连接（Left Outer Jion）⟕。取出左侧关系中所有与右侧关系中任一元组都不匹配的元组，用空值 null 充填所有来自右侧关系的属性，构成新的元组，将其加入自然连接的结果中。对于图 9-20 所示的 S 和 SC 关系，当对其进行左外连接 S⟕SC 时，其结果如图 9-25 所示。

Sno	Sname	Sex	SD	Age	Cno	Grade
3001	王平	女	软件学院	18	1	93
3001	王平	女	软件学院	18	2	84
3001	王平	女	软件学院	18	3	84
3002	张勇	男	软件学院	19	2	83
3002	张勇	男	软件学院	19	3	93
4003	黎明	女	电子机械	18	null	null
4004	刘明远	男	电子机械	19	null	null
1041	赵国庆	男	通信工程	20	null	null
1042	樊建玺	男	通信工程	20	1	84
1042	樊建玺	男	通信工程	20	2	82

图 9-25　S⟕SC

（2）右外连接（Right Outer Jion）⟖。取出右侧关系中所有与左侧关系中任一元组都不匹配的元组，用空值 null 填充所有来自左侧关系的属性，构成新的元组，将其加入自然连接的结果中。对于图 9-20 所示关系 SC 和 C，当进行右外连接 SC⟖C 时，其结果如图 9-26 所示。

Sno	Cno	Grade	Cname	Pcno	Credit
3001	1	93	数据库	3	3
3001	2	84	数学		4
3001	3	84	操作系统	4	4
3002	2	83	数学		4
3002	3	93	操作系统	4	4
1042	1	84	数据库	3	3
1042	2	82	数学		4
null	4	null	数据结构	7	3
null	5	null	数字通信	6	3
null	6	null	信息系统	1	4
null	7	null	程序设计	2	2

图 9-26　SC⟖C

（3）全外连接（Full Outer Jion）⟗。完成左外连接和右外连接的操作。即填充左侧关系中所有与右侧关系中任一元组都不匹配的元组，并填充右侧关系中所有与左侧关系中任一元组都不匹配的元组，将产生的新元组加入自然连接的结果中。

【例 9.10】 设有关系 R、S 如图 9-27 所示，求 R⟕S、R⟖S 和 R⟗S。

A	*B*	*C*
a	b	c
b	a	d
c	d	e
d	f	g

（a）关系 R

B	*C*	*D*
b	c	d
d	e	g
f	d	g
d	e	c

（b）关系 S

图 9-27　关系 R、S

对于图 9-27 所示的 R、S 关系，当对其进行左外连接 R⟕S，右外连接 R⟖S，全外连接 R⟗S 时，其结果分别如图 9-28（a）、图 9-28（b）和图 9-28（c）所示。

A	*B*	*C*	*D*
a	b	c	d
c	d	e	g
c	d	e	c
b	a	d	null
d	f	g	null

（a）左外连接 R ⟕ S

A	*B*	*C*	*D*
a	b	c	d
c	d	e	g
c	d	e	c
null	f	d	g

（b）右外连接 R ⟖ S

A	*B*	*C*	*D*
a	b	c	d
c	d	e	g
c	d	e	c
b	a	d	null
d	f	g	null
null	f	d	g

（c）全外连接 R ⟗ S

图 9-28　R⟕S、R⟖S 和 R⟗S

9.4　关系数据库 SQL 语言简介

SQL（Structured Query Language）早已确立起自己作为关系数据库标准语言的地位，已被众多商用 DBMS 产品（如 DB2、ORACLE、INGRES、SYSBASE、SQL Server 和 VFP 等）所采用，使得它已成为关系数据库领域中的一个主流语言。SQL 是在 1974 年由 Boyce 和 Chamberlin 提出的，它是关系数据库中最普遍使用的语言，包括数据查询（Query）、数据操纵（Manipulation）、数据定义（Definition）和数据控制（Control）功能，是一种通用的、功能强大的关系数据库的标准语言。

9.4.1 SQL 数据库体系结构

SQL 主要有 3 个标准：ANSI（美国国家标准机构）SQL；对 ANSI SQL 进行修改后在 1992 年采用的标准 SQL-92 或 SQL2；最近的 SQL-99 标准，也称为 SQL3 标准。SQL-99 从 SQL-92 扩充而来，并增加了对象关系特征和许多其他新的功能。

1．SQL 的特点

SQL 的特点如下。

（1）综合统一。非关系模型的数据语言分为模式定义语言和数据操纵语言，其缺点是当要修改模式时，必须停止现有数据库的运行，转储数据，修改模式编译后再重装数据库。SQL 集数据定义、数据操纵和数据控制功能于一体，语言风格统一，可独立完成数据库生命周期的所有活动。

（2）高度非过程化。非关系数据模型的数据操纵语言是面向过程的，若要完成某项请求，必须指定存储路径；而 SQL 语言是高度非过程化语言，当进行数据操作时，只要指出“做什么”，无须指出“怎么做”，存储路径对用户来说是透明的，提高了数据的独立性。

（3）面向集合的操作方式。非关系数据模型采用的是面向记录的操作方式，操作对象是一条记录。而 SQL 语言采用面向集合的操作方式，其操作对象、查找结果可以是元组的集合。

（4）两种使用方式。第一种方式，用户可以在终端键盘上输入 SQL 命令，对数据库进行操作，故称之为自含式语言；第二种方式，将 SQL 语言嵌入到高级语言程序中，所以又称为嵌入式语言。

（5）语言简洁、易学易用。SQL 语言功能极强，完成核心功能只用了 9 个动词，包括以下 4 类。

- 数据查询：SELECT。
- 数据定义：CREATE、DROP、ALTER。
- 数据操纵：INSERT、UPDATE、DELETE。
- 数据控制：GRANT、REVORK。

2．SQL 支持三级模式结构

SQL 语言支持关系数据库的三级模式结构，其中，视图对应外模式、基本表对应模式、存储文件对应内模式。具体结构如图 9-29 所示。

9.4.2 SQL 的基本组成

SQL 由以下几个部分组成。

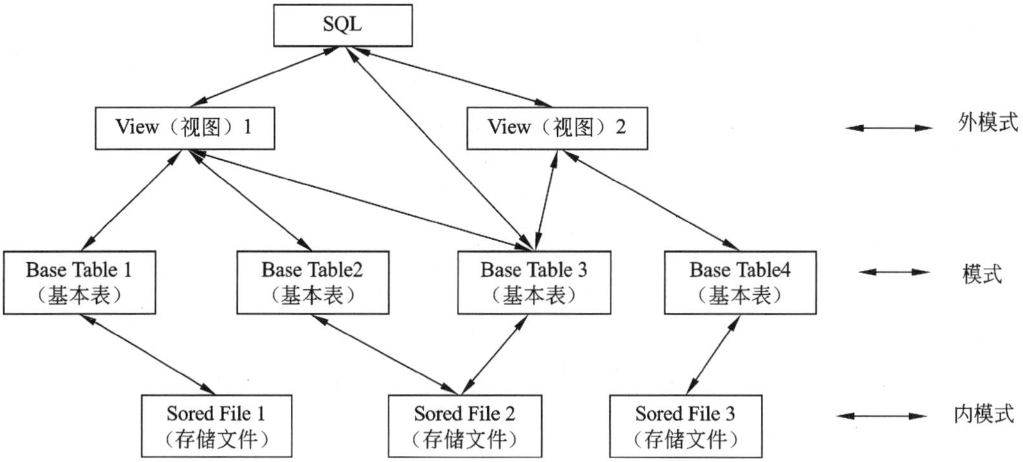

图 9-29　关系数据库的三级模式结构

（1）数据定义语言。SQL DDL 提供定义关系模式和视图、删除关系和视图、修改关系模式的命令。

（2）交互式数据操纵语言。SQL DML 提供查询、插入、删除和修改的命令。

（3）事务控制（Transaction Control）。SQL 提供定义事务开始和结束的命令。

（4）嵌入式 SQL 和动态 SQL（Embeded SQL and Dynamic SQL）。用于嵌入到某种通用的高级语言（C、C++、Java、PL/I、COBOL 和 VB 等）中混合编程。其中，SQL 负责操纵数据库，高级语言负责控制程序流程。

（5）完整性（Integrity）。SQL DDL 包括定义数据库中的数据必须满足的完整性约束条件的命令，对于破坏完整性约束条件的更新将被禁止。

（6）权限管理（Authorization）。SQL DDL 中包括说明对关系和视图的访问权限。

9.4.3　SQL 数据定义

基本表和视图都是表，所不同的是基本表是实际存储在数据库中的表，视图是虚表，是从基本表或其他视图中导出的表。数据库中只存放视图的定义，不存放视图的数据。用户可用 SQL 语句对基本表和视图进行查询等操作，在用户看来，基本表和视图一样，都是关系（即表）。一个基本表可以存储在一个或多个存储文件中，一个存储文件也可以存储一个或多个基本表。一个表可以带若干索引，索引也存储在存储文件中。每个存储文件就是外部存储器上的一个物理文件，存储文件的逻辑结构组成了关系数据库的内模式。

SQL 的数据定义包括对表、视图、索引的创建和删除。

1. 创建表（CREATE TABLE）

语句格式：CREATE TABLE <表名>(<列名><数据类型>[列级完整性约束条件]
[, <列名><数据类型>[列级完整性约束条件]]…
[, <表级完整性约束条件>]);

列级完整性约束条件有 NULL（空）和 UNIQUE（取值唯一），如 NOT NULL UNIQUE 表示取值唯一，不能取空值。

【例 9.11】 建立一个供应商、零件数据库。其中，“供应商”表 S（Sno，Sname，Status，City）分别表示供应商代码、供应商名、供应商状态和供应商所在城市。“零件”表 P（Pno，Pname，Color，Weight，City）表示零件号、零件名、颜色、重量及产地。数据库要满足以下要求。

（1）供应商代码不能为空，且值是唯一的，供应商的名也是唯一的。

（2）零件号不能为空，且值是唯一的；零件名不能为空。

（3）一个供应商可以供应多个零件，而一个零件可以由多个供应商供应。

分析：根据题意，供应商和零件分别要建立一个关系模式。供应商和零件之间是一个多对多的联系，在关系数据库中，多对多联系必须生成一个关系模式，而该模式的码是该联系两端实体的码加上联系的属性构成的，若该联系名为 SP，那么关系模式为 SP（Sno, Pno, Qty），其中，Qty 表示零件的数量。

根据上述分析，用 SQL 建立一个供应商、零件数据库如下：

```
CREATE TABLE S( Sno    CHAR(5) NOT NULL UNIQUE,
                Sname   CHAR(30) UNIQUE,
                Status   CHAR(8),
                City    CHAR(20)
                PRIMARY KEY(Sno));
CREATE TABLE P( Pno    CHAR(6),
                Pname   CHAR(30) NOT NULL,
                Color   CHAR(8) ,
                Weight NUMERIC(6,2),
                City    CHAR(20)
                PRIMARY KEY(Pno));
CREATE TABLE SP( Sno    CHAR(5),
                Pno    CHAR(6),
                Status   CHAR(8) ,
```

```
Qty NUMERIC(9),
PRIMARY KEY(Sno,Pno),
FOREIGN KEY(Sno) REFERENCES S(Sno),
FOREIGN KEY(Pno) REFERENCES P(Pno));
```

从上述定义可以看出，Sno CHAR(5) NOT NULL UNIQUE 语句定义了 Sno 的列级完整性约束条件，取值唯一，不能取空值。

需要说明如下。

（1）PRIMARY KEY(Sno) 已经定义了 Sno 为主码，所以 Sno CHAR(5) NOT NULL UNIQUE 语句中的 NOT NULL UNIQUE 可以省略。

（2）FOREIGN KEY(Sno) REFERENCES S(Sno)定义了在 SP 关系中 Sno 为外码，其取值必须来自 S 关系的 Sno 域。同理，在 SP 关系中 Pno 也定义为外码。

2．修改和删除表

1）修改表（ALTER TABLE）

语句格式：ALTER TABLE <表名>[ADD<新列名><数据类型>[完整性约束条件]]
[DROP<完整性约束名>]
[MODIFY <列名><数据类型>];

例如，向“供应商”表 *S* 增加 Zap“邮政编码”可用如下语句：

```
ALTER TABLE S ADD Zap CHAR(6);
```

注意：不论基本表中原来是否已有数据，新增加的列一律为空。

又如，将 Status 字段改为整型可用如下语句：

```
ALTER TABLE S MODIFY Status INT;
```

2）删除表（DROP TABLE）

语句格式：DROP TABLE <表名>

例如执行 DROP TABLE Student，此后关系 Student 不再是数据库模式的一部分，关系中的元组也无法访问。

3．索引建立与删除

数据库中的索引与书籍中的索引类似，在一本书中，利用索引可以快速地查找所需信息，而无须阅读整本书。在数据库中，索引使数据库程序无须对整个表进行扫描，就可以在其中找到所需数据。书中的索引是一个词语列表，其中注明了包含各个词的页码。而数据库中的索引是某个表中一列或者若干列值的集合和相应的指向表中物理标识这些值的数据页的逻辑指针清单。索引的作用如下。

（1）通过创建唯一索引，可以保证数据记录的唯一性。

（2）可以大大加快数据的检索速度。

（3）可以加速表与表之间的连接，这一点在实现数据的参照完整性方面有特别的意义。

（4）在使用 ORDER BY 和 GROUP BY 子句中进行检索数据时，可以显著减少查询中分组和排序的时间。

（5）使用索引可以在检索数据的过程中使用优化隐藏器，提高系统性能。

索引分为聚集索引和非聚集索引。聚集索引是指索引表中索引项的顺序与表中记录的物理顺序一致的索引。

1）建立索引

语句格式：CREATE [UNIQUE][CLUSTER]INDEX <索引名>

ON <表名>(<列名>[<次序>][,<列名>[<次序>]]…);

参数说明如下。

- 次序：可选 ASC（升序）或 DSC（降序），默认值为 ASC。
- UNIQUE：表明此索引的每一个索引值只对应唯一的数据记录。
- CLUSTER：表明要建立的索引是聚簇索引，意为索引项的顺序是与表中记录的物理顺序一致的索引组织。

【例 9.12】 假设供应销售数据库中有供应商 S、零件 P、工程项目 J、供销情况 SPJ 关系，希望建立 4 个索引。其中，供应商 S 中 Sno 按升序建立索引；零件 P 中 Pno 按升序建立索引；工程项目 J 中 Jno 按升序建立索引；供销情况 SPJ 中 Sno 按升序、Pno 按降序、Jno 按升序建立索引。

解：根据题意建立的索引如下。

```
CREATE UNIQUE INDEX S-SNO ON S(Sno);
CREATE UNIQUE INDEX P-PNO ON P(Pno);
CREATE UNIQUE INDEX J-JNO ON J(Jno);
CREATE UNIQUE INDEX SPJ-NO ON SPJ(Sno ASC,Pno DESC,JNO ASC);
```

2）删除索引

语句格式：DROP INDEX <索引名>

例如执行 DROP INDEX StudentIndex，此后索引 StudentIndex 不再是数据库模式的一部分。

4．视图创建与删除

视图是从一个或者多个基本表或视图中导出的表，其结构和数据是建立在对表的查询基础上的。和真实的表一样，视图也包括几个被定义的数据列和多个数据行，但从本质上讲，这些数据列和数据行来源于其所引用的表。因此，视图不是真实存在的基本表，而是一个虚拟表，视图所对应的数据并不实际地以视图结构存储在数据库中，而是存储在视图所引用的表中。使用视图的优点和作用如下。

（1）可以使用视图集中数据、简化和定制不同用户对数据库的不同数据要求。

（2）使用视图可以屏蔽数据的复杂性，用户不必了解数据库的结构，就可以方便地使用和管理数据，简化数据权限管理和重新组织数据以便输出到其他应用程序中。

（3）视图可以使用户只关心他感兴趣的某些特定数据和他们所负责的特定任务，而那些不需要的或者无用的数据则不在视图中显示。

（4）视图大大地简化了用户对数据的操作。

（5）视图可以让不同的用户以不同的方式看到不同或者相同的数据集。

（6）在某些情况下，由于表中数据量太大，因此在设计表时常将表进行水平或者垂直分割，以免表的结构的变化对应用程序产生不良的影响。

（7）视图提供了一个简单而有效的安全机制。

1）视图的创建

```
语句格式：CREATE VIEW 视图名 (列表名)
          AS SELECT 查询子句
          [WITH CHECK OPTION];
```

注意：在视图的创建中必须遵循以下规定。

（1）子查询可以是任意复杂的 SELECT 语句，但通常不允许含有 ORDER BY 子句和 DISTINCT 短语。

（2）WITH CHECK OPTION 表示对 UPDATE、INSERT、DELETE 操作时保证更新、插入或删除的行满足视图定义中的谓词条件（即子查询中的条件表达式）。

（3）组成视图的属性列名或者全部省略或者全部指定。如果省略属性列名，则隐含该视图由 SELECT 子查询目标列的主属性组成。

【例 9.13】 若学生关系模式为 Student（Sno,Sname,Sage,Sex,SD,Email,Tel），建立“计算机系”（CS 表示计算机系）学生的视图，并要求进行修改、插入操作时保证该视图中只有计算机系的学生。

```
CREATE VIEW CS-STUDENT
```

```
AS SELECT Sno,Sname,Sage,Sex
FROM Student
WHERE SD='CS'
WITH CHECK OPTION;
```

由于 CS-STUDENT 视图使用了 WITH CHECK OPTION 子句，因此，对该视图进行修改、插入操作时 DBMS 会自动加上 SD='CS'的条件，保证该视图中只有计算机系的学生。

2）视图的删除

语句格式：DROP VIEW 视图名

例如，DROP VIEW CS-STUDENT 将删除视图 CS-STUDENT。

9.4.4 SQL 数据查询

SQL 的数据操纵功能包括 SELECT（查询）、INSERT（插入）、DELETE（删除）和 UPDATE（修改）这 4 条语句。SQL 语言对数据库的操作十分灵活、方便，原因在于 SELECT 语句中成分丰富多样的元组，有许多可选形式，尤其是目标列和条件表达式。

本小节数据查询以图 9-20 所示的学生选课数据库为例。

1. SELECT 基本结构

数据库查询是数据库的核心操作，SQL 语言提供了 SELECT 语句进行数据库的查询。

语句格式：
```
SELECT [ALL|DISTINCT]<目标列表达式>[,<目标列表达式>]…
FROM <表名或视图名>[,<表名或视图名>]
[WHERE <条件表达式>]
[GROUP BY <列名 1>[HAVING<条件表达式>]]
[ORDER BY <列名 2>[ASC|DESC]…]
```

SQL 查询中的子句顺序为 SELECT、FROM、WHERE、GROUP BY、HAVING 和 ORDER BY。其中，SELECT、FROM 是必需的，HAVING 条件子句只能与 GROUP BY 搭配起来使用。

（1）SELECT 子句对应的是关系代数中的投影运算，用来列出查询结果中的属性。其输出可以是列名、表达式、集函数（AVG、COUNT、MAX、MIN、SUM），DISTINCT 选项可以保证查询的结果集中不存在重复元组。

（2）FROM 子句对应的是关系代数中的笛卡儿积，它列出的是表达式求值过程中需扫描的关系，即在 FROM 子句中出现多个基本表或视图时，系统首先执行笛卡儿积操作。

（3）WHERE 子句对应的是关系代数中的选择谓词。WHERE 子句的条件表达式中可以使用的运算符如表 9-3 所示。

表 9-3　WHERE 子句的条件表达式中可以使用的运算符

<table>
<tr><th colspan="2">运　算　符</th><th>含　义</th><th colspan="2">运　算　符</th><th>含　义</th></tr>
<tr><td>集合成员运算符</td><td>IN
NOT IN</td><td>在集合中
不在集合中</td><td rowspan="2">算术运算符</td><td rowspan="2">>
≥
<
≤
=
≠</td><td rowspan="2">大于
大丁等丁
小于
小于等于
等于
不等于</td></tr>
<tr><td>字符串匹配运算符</td><td>LIKE</td><td>与_和%进行单个、多个字符匹配</td></tr>
<tr><td>空值比较运算符</td><td>IS NULL
IS NOT NULL</td><td>为空
不能为空</td><td>逻辑运算符</td><td>AND
OR
NOT</td><td>与
或
非</td></tr>
</table>

一个典型的 SQL 查询具有以下形式：

```
SELECT  A1,A2,…,An
  FROM  r1,r2,…rm
  WHERE  p
```

对应关系代数表达式为 $\prod_{A_1,A_2,\cdots,A_n}(\sigma_p(r_1 \times r_2 \times \cdots \times r_m))$。

2．简单查询

SQL 最简单的查询是找出关系中满足特定条件的元组，这些查询与关系代数中的选择操作类似。简单查询只需要使用 3 个保留字，即 SELECT、FROM 和 WHERE。

【例 9.14】 查询学生-课程数据库中计算机系 CS 学生的学号、姓名及年龄。

```
SELECT  Sno,Sname,Age
  FROM  S
  WHERE  SD='CS';
```

注意，为了便于理解查询语句的结构，通常在写 SQL 语句时要将保留字（如 FROM 或 WHERE）作为每一行的开头。但是，如果一个查询或子查询非常短，可以直接将它们写在一行上，这种风格使得查询语句很紧凑，也具有很好的可读性。如上例也可写成如下形式：

```
SELECT  Sno,Sname,Age  FROM  S  WHERE  SD='CS';
```

【例 9.15】 若当前年份为 2017，查询学生的出生年份。

```
SELECT    Sno,2017-Age    FROM    S;
```

3．连接查询

若查询涉及两个以上的表，则称为连接查询。

【例 9.16】 检索选修了课程号“C1”的学生的学号和姓名，可用连接查询和嵌套查询实现，方法如下：

```
SELECT    Sno, Sname
  FROM    S, SC
  WHERE    S.Sno=SC. Sno AND SC.Cno=' C1'
```

【例 9.17】 检索选修了课程名“MS”的学生的学号和姓名，可用连接查询和嵌套查询实现，方法如下：

```
SELECT    Sno,Sname
  FROM    S,SC,C
  WHERE    S. Sno=SC. Sno AND SC.Cno=C.Cno ANDC.Cname='MS'
```

【例 9.18】 检索至少选修了课程号“C1”和“C3”的学生的学号，实现方法如下：

```
SELECT    Sno
  FROM    SC SCX,    SC SCY
  WHERE    SCX. Sno=SCY. Sno AND SCX.Cno=' C1'    AND SCY.Cno=' C3'
```

4．子查询与聚集函数

1）子查询

子查询也称嵌套查询。嵌套查询是指一个 SELECT-FROM-WHERE 查询块可以嵌入另一个查询块之中。在 SQL 中允许多重嵌套。

【例 9.19】 例 9.17 可以采用嵌套查询来实现。

```
SELECT    Sno，Sname
  FROM    S
  WHERE    Sno IN (SELECT    Sno
                  FROM SC
                  WHERE    Cno IN (SELECT    Cno
                                  FROM C
                                  WHERE    Cname=' MS'))
```

2）聚集函数

聚集函数是以一个值的集合为输入，返回单个值的函数。SQL 提供了 5 个预定义聚集函数：平均值 AVG、最小值 MIN、最大值 MAX、求和 SUM 以及计数 COUNT，如表 9-4 所示。

表 9-4　聚集函数的功能

聚集函数名	功　能
COUNT([DISTINCT|ALL]*)	统计元组个数
COUNT([DISTINCT|ALL]<列名>)	统计一列中值的个数
SUM([DISTINCT|ALL]<列名>)	计算一列（该列应为数值型）中值的总和
AVG([DISTINCT|ALL]<列名>)	计算一列（该列应为数值型）值的平均值
MAX([DISTINCT|ALL]<列名>)	求一列值的最大值
MIN([DISTINCT|ALL]<列名>)	求一列值的最小值

使用 ANY 和 ALL 谓词必须同时使用比较运算符，其含义及等价的转换关系如表 9-5 所示。用聚集函数实现子查询通常比直接用 ALL 或 ANY 查询效率要高。

表 9-5　ANY、ALL 谓词的含义及等价的转换关系

谓　词	语　义	等价转换关系
>ANY	大于子查询结果中的某个值	>MIN
>ALL	大于子查询结果中的所有值	>MAX
<ANY	小于子查询结果中的某个值	<MAX
<ALL	小于子查询结果中的所有值	<MIN
>=ANY	大于等于子查询结果中的某个值	>=MIN
>=ALL	大于等于子查询结果中的所有值	>=MAX
<=ANY	小于等于子查询结果中的某个值	<=MAX
<=ALL	小于等于子查询结果中的所有值	<=MIN
<>ANY	不等于子查询结果中的某个值	--
<>ALL	不等于子查询结果中的任何一个值	NOT IN
=ANY	等于子查询结果中的某个值	IN
=ALL	等于子查询结果中的所有值	--

【例 9.20】 查询课程 C1 的最高分和最低分以及高低分之间的差距。

```
SELECT MAX(G),MIN(G),MAX(G)-MIN(G)
  FROM Sc
  WHERE Cno='C1'
```

【例 9.21】 查询其他系比计算机系 CS 所有学生年龄都要小的学生的姓名及年龄。

方法 1:（用 ALL 谓词）

```
SELECT    Sname, Age
  FROM    S
  WHERE   Age< ALL (SELECT   Age
                    FROM S
                    WHERE    SD='CS')
          AND SD<>'CS'
```

方法 2:（用 MIN 聚集函数）从等价的转换关系表 9-5 中可见，<ALL 可用<MIN 代换。

```
SELECT    Sname, Age
  FROM    S
  WHERE   Age< (SELECT   MIN (Age)
          FROM S
          WHERE   SD='CS'  )
          AND SD<>'CS'
```

说明：方法 2 实际上是找出计算机系年龄最小的学生的年龄，只要其他系的学生年龄比这个年龄小，那么就应在结果集中。

【例 9.22】 查询其他系比计算机系某一学生年龄小的学生的姓名及年龄。

方法 1:（用 ANY 谓词）

```
SELECT    Sname,Age
  FROM    S
  WHERE   Age< ANY   (SELECT   Age
                      FROM S
                      WHERE    SD='CS')
          AND SD<>'CS'
```

方法 2:（用 MAX 聚集函数）从等价的转换关系表 9-5 中可以看到，<ANY 可用<MAX 代换。

```
SELECT    Sname,Age
  FROM    S
  WHERE   Age< (SELECT   MAX (Age)
          FROM S
          WHERE   SD='CS'  )
          AND SD<>'CS'
```

说明：方法 2 实际上是找出计算机系年龄最大的学生的年龄，只要其他系的学生年龄比这个年龄大，那么就应在结果集中。

5．分组查询

1）GROUP BY 子句

在 WHERE 子句后面加上 GROUP BY 子句可以对元组进行分组，保留字 GROUP BY 后面跟着一个分组属性列表。最简单的情况是 FROM 子句后面只有一个关系，根据分组属性对它的元组进行分组。SELECT 子句中使用的聚集操作符仅用在每个分组上。

【例 9.23】 学生数据库中的 SC 关系，查询每个学生的平均成绩。

```
SELECT   Sno,AVG(Grade)
    FROM   SC
    GROUP BY Sno
```

该语句是将 SC 关系的元组重新组织并进行分组，使得不同学号的元组分别被组织在一起，求出各个学生的平均值并输出。

2）HAVING 子句

假如元组在分组前按照某种方式加上限制，使得不需要的分组为空，在 GROUP BY 子句后面跟一个 HAVING 子句即可。

注意：当元组含有空值时，应该记住以下两点。

（1）空值在任何聚集操作中被忽视。它对求和、求平均值和计数都没有影响。它也不能是某列的最大值或最小值。例如，COUNT(*)是某个关系中所有元组数目之和，但 COUNT(A)却是 A 属性非空的元组个数之和。

（2）NULL 值又可以在分组属性中看作是一个一般的值。例如，在 SELECT A, AVG(B) FORMR 中，当 A 的属性值为空时，就会统计 A=NULL 的所有元组中 B 的均值。

【例 9.24】 供应商数据库中的 S、P、J、SPJ 关系，查询某工程至少用了三家供应商（包含三家）供应的零件的平均数量，并按工程号的降序排列。

```
SELECT   Jno, AVG(Qty)
  FROM   SPJ
  GROUP BY Jno
  HAVING COUNT(DISTINCT(Sno))> 2
  ORDER BY Jno DESC;
```

根据题意“某工程至少用了三家供应商（包含三家）供应的零件”，应该按照工程号分组，而且应该加上条件——供应商的数目。但是需要注意的是，一个工程项目可能用了同一个供应商的多种零件，因此，在统计供应商数的时候需要加上 DISTINCT，以避免重复统计导致错误的结果。例如，按工程号 Jno='J1'分组，其结果如表 9-6 所示。如果不加 DISTINCT，统计的结果数为 7；而加了 DISTINCT，统计的结果数为 5。

表 9-6 按工程号 Jno='J1'分组

Sno	Pno	Jno	Qty	Sno	Pno	Jno	Qty
S1	P1	J1	200	S3	P1	J1	200
S2	P3	J1	400	S4	P6	J1	300
S2	P3	J1	200	S5	P3	J1	200
S2	P5	J1	100				

6. 更名运算

SQL 提供了可为关系和属性重新命名的机制，这是通过使用具有如下形式的 AS 子句来实现的：

```
Old-name AS new-name
```

AS 子句既可出现在 SELECT 子句，也可出现在 FROM 子句中。

【例 9.25】 查询计算机系学生的 Sname 和 Age，但 Sname 用“姓名”表示，Age 用“年龄”表示。其语句如下：

```
SELECT   Sname AS 姓名, Age AS  年龄
FROM   S
WHERE Age< (SELECT   MAX (Age)
                  FROM S
                  WHERE   SD='CS')
     AND SD<>'CS';
```

SQL 中的元组变量必须和特定的关系相联系。元组变量是通过在 FROM 子句中使用 AS 子句来定义的。

【例 9.26】 查询计算机系选修了 C1 课程的学生的姓名 Sname 和成绩 Grade。其语句如下：

```
SELECT   Sname,Grade
  FROM   Students AS x,sc AS y
```

```
WHERE    x.sno=y.sno AND y.cno= 'C1';
```

元组变量在比较同一关系的两个元组时非常有用。

7．字符串操作

对于字符串进行的最常用的操作是使用操作符 LIKE 的模式匹配。使用两个特殊的字符来描述模式："%"匹配任意字符串；"_"匹配任意一个字符。模式是大小写敏感的。例如：

Marry%匹配任何以 Marry 开头的字符串；%idge%匹配任何包含 idge 的字符串，例如 Marryidge、Rock Ridge、Mianus Bridge 和 Ridgeway。

"_"匹配只含两个字符的字符串；"_%"匹配至少包含两个字符的字符串。

【例 9.27】 学生关系模式为（Sno,Sname,Sex,SD,Age,Add），其中，Sno 为学号，Sname 为姓名，Sex 为性别，SD 为所在系，Age 为年龄，Add 为家庭住址。请查询：

（1）家庭住址包含"科技路"的学生的姓名。

（2）名字为"晓军"的学生的姓名、年龄和所在系。

解：（1）查询家庭住址包含"科技路"的学生的姓名的 SQL 语句如下：

```
SELECT    Sname
      FROM    S
        WHERE    Add LIKE    '%科技路%'
```

（2）查询名字为"晓军"的学生的姓名、年龄和所在系的 SQL 语句如下：

```
SELECT    Sname,Age,SD
      FROM    S
      WHERE    Sname LIKE '_晓军'
```

为了使模式中包含特殊模式字符（即%和_），在 SQL 中允许使用 ESCAPE 关键词来定义转义符。转义符紧靠着特殊字符，并放在它的前面，表示该特殊字符被当成普通字符。例如，在 LIKE 比较中使用 ESCAPE 关键词来定义转义符，例如使用反斜杠"\"作为转义符。

LIKE 'ab\%cd%'ESCAPE '\'，匹配所有以 ab%cd 开头的字符串。

LIKE 'ab\\cd%'ESCAPE '\'，匹配所有以 ab\cd 开头的字符串。

8．视图的查询

【例 9.28】 建立"计算机系"（CS 表示计算机系）学生的视图，并要求进行修改、插入操作时保证该视图只有计算机系的学生。

```
CREATE VIEW CS-STUDENT
```

```
AS SELECT Sno,Sname,Sage,Sex
FROM Student
WHERE SD='CS'
WITH CHECK OPTION;
```

此时查询计算机系年龄小于 20 岁的学生的学号及年龄的 SQL 语句如下：

```
SELECT   Sno, Age FORM CS-STUDENT WHERE SD='CS' AND Age<20;
```

系统执行该语句时，通常先将其转换成等价的对基本表的查询，然后执行查询语句。即当查询视图表时，系统先从数据字典中取出该视图的定义，然后将定义中的查询语句和对该视图的查询语句结合起来，形成一个修正的查询语句。对上例修正之后的查询语句为：

```
SELECT   Sno,Age FORM Student WHERE SD='CS' AND Age<20;
```

9.4.5 SQL 数据更新

1．插入

如果要在关系数据库中插入数据，可以指定被插入的元组，或者用查询语句选出一批待插入的元组。插入语句的基本格式如下：

```
INSERT INTO 基本表名（字段名[,字段名]…）
          VALUES(常量[,常量]…); 查询语句
INSERT INTO 基本表名（列表名）
          SELECT 查询语句
```

【例 9.29】 将学号为 3002、课程号为 C4、成绩为 98 的元组插入 SC 关系中。其语句如下：

```
INSERT   INTO   SC
    VALUES('3002', 'C4',98)
```

【例 9.30】 创建了一个新的视图 v_employees，该视图基于表 employees 创建。

```
CREATE   VIEW   v_employees(number, name, age, sex, salary)
  AS
  SELECT   number, name, age, sex, salary
    FROM   employees
    WHERE   name='张三'
```

通过执行以下语句使用 v_employees 视图向表 employees 中添加一条新的数据记录。

```
INSERT   INTO   v_employees
```

```
VALUES(001,'李力',22,'m',2000)
```

2．删除

```
DELETE FROM  基本表名
[WHERE  条件表达式]
```

【例 9.31】 删除表 employees 中姓名为张然的记录。

```
DELETE   FROM   employees
  WHERE   name='张然'
```

3．修改

```
UPDATE  基本表名
SET  列名=值表达式(,列名=值表达式…)
[WHERE  条件表达式]
```

【例 9.32】 将教师的工资增加 5%。

```
UPDATE   teachers
  SET Salary = Salary*1.05
```

【例 9.33】 将教师的工资少于 1000 的增加 5%工资。

```
UPDATE   teachers
     SET Salary = Salary*1.05
     WHERE Salary < 1000
```

使用视图可以更新数据记录，但应该注意的是，更新的只是数据库中的基表。

【例 9.34】 创建一个基于表 employees 的视图 v_employees，然后通过该视图修改表 employees 中的记录。其语句如下：

```
CREATE   VIEW   v_employees
  AS
  SELECT   *   FROM   employees
     UPDATE   v_employees
     SET   name='张然'
     WHERE   name='张三'
```

9.4.6　SQL 访问控制

数据控制控制的是用户对数据的存储权力，是由 DBA 决定的。但是，某个用户对某类数据具有何种权利，是个政策问题而不是技术问题。DBMS 的功能就是保证这些决定的执行。因此，DBMS 数据控制应具有以下功能。

（1）通过 GRANT 和 REVOKE 将授权通知系统，并存入数据字典。

（2）当用户提出请求时，根据授权情况检查是否执行操作请求。

SQL 标准包括 DELETE、INSERT、SELECT 和 UPDATE 权限。SELECT 权限对应于 READ 权限，SQL 还包括了 REFERENCES 权限，用来限制用户在创建关系时定义外码的能力。

1．授权的语句格式

```
GRANT <权限>[,<权限>]…[ON<对象类型><对象名>]TO <用户>[,<用户>]…
   [WITH GRANT OPTION];
```

注意：不同类型的操作对象有不同的操作权限，常见的操作权限如表 9-7 所示。

表 9-7 常见的操作权限

对 象	对象类型	操作权限
属性列	TABLE	SELECT、INSERT、UPDATE、DELETE、 ALL PRIVILEGES（4 种权限的总和）
视图	TABLE	SELECT、INSERT、UPDATE、DELETE、 ALL PRIVILEGES（4 种权限的总和）
基本表	TABLE	SELECT、INSERT、UPDATE、DELETE、ALTER、INDEX ALL PRIVILEGES（6 种权限的总和）
数据库	DATABASE	CREATETAB 建立表的权限，可由 DBA 授予普通用户

说明如下。

- PUBLIC：接受权限的用户可以是单个或多个具体的用户，PUBLIC 参数可将权限赋给全体用户。
- WITH GRANT OPTION：若指定了此子句，那么获得了权限的用户还可以将权限赋给其他用户。

【例 9.35】 如果用户要求给数据库 SPJ 中的供应商 S、零件 P、项目 J 表赋予各种权限。

（1）将对供应商 S、零件 P、项目 J 的所有操作权限赋给用户 User1 及 User2，其授权语句如下：

```
GRANT ALL PRIVILEGES ON TABLE S,P,J   TO   User1, User2;
```

（2）将对供应商 S 的插入权限赋给用户 User1，并允许将此权限赋给其他用户，其授权语句如下：

```
GRANT INSERT ON TABLE S TO    User1 WITH GRANT OPTION;
```

（3）DBA 把数据库 SPJ 中建立表的权限赋给用户 User1，其授权语句如下：

```
GRANT CREATETAB ON DATABASE SPJ TO    User1;
```

2．收回权限语句格式

```
REVOKE <权限>[,<权限>]…[ON<对象类型><对象名>]
  FROM <用户>[,<用户>]…;
```

【例 9.36】 要求回收用户对数据库 SPJ 中供应商 S、零件 P、项目 J 表的操作权限。

（1）将用户 User1 及 User2 对供应商 S、零件 P、项目 J 的所有操作权限收回。

```
REVOKE ALL PRIVILEGES ON TABLE S,P,J FROM    User1, User2;
```

（2）将所有用户对供应商 S 的所有查询权限收回。

```
REVOKE SELECT ON TABLE S FROM PUBLIC;
```

（3）将 User1 用户对供应商 S 的供应商编号 Sno 的修改权限收回。

```
REVOKE UPDATE(Sno) ON TABLE S FROM User1;
```

9.4.7　嵌入式 SQL

SQL 提供了将 SQL 语句嵌入到某种高级语言中的使用方式，通常采用预编译的方法识别嵌入到高级语言中的 SQL 语句。该方法的关键问题是必须区分主语言中嵌入的 SQL 语句，以及主语言和 SQL 间的通信问题。为了区分主语言与 SQL 语言，需要在所有的 SQL 语句前加前缀 EXEC SQL，而 SQL 的结束标志随主语言的不同而不同。

例如，PL/Ⅰ和 C 语言的引用格式为：

```
EXEC SQL <SQL 语句>;
```

又如，COBOL 语言的引用格式为：

```
EXEC SQL <SQL 语句> END-EXEC
```

嵌入式 SQL 与主语言之间的通信通常有以下 3 种方式。

（1）SQL 通信区（SQL Communication Area，SQLCA）向主语言传递 SQL 语句执行的状态信息，使主语言能够根据此信息控制程序流程。

（2）主变量也称共享变量。主语言向 SQL 语句提供参数主要通过主变量，主变量由主语言的程序定义，并用 SQL 的 DECLARE 语句说明。在引用时，为了与 SQL 属性名相区别，需要在主变量前加“:”。

【例 9.37】 根据共享变量 givensno 的值，查询学生关系 students 中学生的姓名、年龄和性别。

```
EXEC SQL SELECT sname,age,sex
      INTO :Msname,:Mage,:Msex
      FROM students
      WHERE sno=:givensno;
```

（3）游标 SQL 语言是面向集合的，一条 SQL 语句可产生或处理多条记录，而主语言是面向记录的，一组主变量一次只能放一条记录。所以，引入游标，通过移动游标指针来决定获取哪一条记录。

9.5 关系数据库的规范化

在关系模型中，一个数据库模式是关系模式的集合。关系数据理论是指导数据库设计的基础，关系数据库设计是数据库语义学的问题。通常，要保证构造的关系既能准确地反映现实世界，又有利于应用和具体的操作。关系数据库设计理论的核心是数据间的函数依赖，衡量的标准是关系规范化的程度及分解的无损连接和保持函数依赖性。关系数据库设计的目标是生成一组合适的、性能良好的关系模式，以减少系统中信息存储的冗余度，并可方便地获取信息。

9.5.1 函数依赖

数据依赖是通过一个关系中属性间值的相等与否体现出来的数据间的相互关系，是现实世界属性间联系和约束的抽象，是数据内在的性质，是语义的体现。函数依赖则是一种最重要、最基本的数据依赖。

（1）函数依赖。设 $R(U)$是属性集 U 上的关系模式，X、Y 是 U 的子集。若对 $R(U)$的任何一个可能的关系 r，r 中不可能存在两个元组在 X 上的属性值相等，而在 Y 上的属性值不等，则称 X 函数决定 Y 或 Y 函数依赖于 X，记作 $X\rightarrow Y$。

（2）非平凡的函数依赖。如果 $X\rightarrow Y$，但 $Y\not\subseteq X$，则称 $X\rightarrow Y$ 是非平凡的函数依赖。一般情况下，总是讨论非平凡的函数依赖。

（3）平凡的函数依赖。如果 $X\rightarrow Y$，但 $Y\subseteq X$，则称 $X\rightarrow Y$ 是平凡的函数依赖。

（4）完全函数依赖。在 $R(U)$中，如果 $X\rightarrow Y$，并且对于 X 的任何一个真子集 X' 都有 X' 不能决定 Y，则称 Y 对 X 完全函数依赖，记作 $X \xrightarrow{f} Y$。

例如，给定一个学生选课关系 SC(Sno，Cno，G)，可以得到 F={(Sno, Cno) →G }，对(Sno,Cno)中的任何一个真子集 Sno 或 Cno 都不能决定 G，所以，G 完全依赖于 Sno、Cno。

（5）部分函数依赖。如果 $X \to Y$，但 Y 不完全函数依赖于 X，则称 Y 对 X 部分函数依赖，记作 $X \xrightarrow{P} Y$。部分函数依赖也称为局部函数依赖。

（6）传递依赖。在 $R(U,F)$中，如果 $X \to Y$，$Y \not\subset X$，$Y \to Z$，则称 Z 对 X 传递依赖。

（7）码。设 K 为 $R(U,F)$中属性的组合，若 $K \to U$，且对于 K 的任何一个真子集 K'都有 K' 不能决定 U，则 K 为 R 的候选码。若有多个候选码，则选一个作为主码。候选码通常也称为候选关键字。

（8）主属性和非主属性。包含在任何一个候选码中的属性称为主属性，否则称为非主属性。

（9）外码。若 $R(U)$中的属性或属性组 X 非 R 的码，但 X 是另一个关系的码，则称 X 为外码。

（10）函数依赖的公理系统（Armstrong 公理系统）。设关系模式 $R(U,F)$，其中 U 为属性集，F 是 U 上的一组函数依赖，那么有以下推理规则。

- A1 自反律：若 $Y \subseteq X \subseteq U$，则 $X \to Y$ 为 F 所蕴涵。
- A2 增广律：若 $X \to Y$ 为 F 所蕴涵，且 $Z \subseteq U$，则 $XZ \to YZ$ 为 F 所蕴涵。
- A3 传递律：若 $X \to Y$，$Y \to Z$ 为 F 所蕴涵，则 $X \to Z$ 为 F 所蕴涵。

根据上述 3 条推理规则又可推出下述 3 条推理规则。

- 合并规则：若 $X \to Y$，$X \to Z$，则 $X \to YZ$ 为 F 所蕴涵。
- 伪传递率：若 $X \to Y$，$WY \to Z$，则 $XW \to Z$ 为 F 所蕴涵。
- 分解规则：若 $X \to Y$，$Z \subseteq Y$，则 $X \to Z$ 为 F 所蕴涵。

9.5.2 规范化

关系数据库设计的方法之一就是设计满足适当范式的模式，通常可以通过判断分解后的模式达到几范式来评价模式规范化的程度。范式有 1NF、2NF、3NF、BCNF、4NF 和 5NF，其中 1NF 的级别最低。这几种范式之间，5NF⊂4NF⊂BCNF⊂3NF⊂2NF⊂1NF 成立。通过分解，可以将一个低一级范式的关系模式转换成若干个高一级范式的关系模式，这个过程称为规范化。下面给出 1NF、2NF 和 3NF 的定义。

1. 1NF（第一范式）

定义：若关系模式 R 的每一个分量是不可再分的数据项，则关系模式 R 属于第一范式。

例如，供应者和它所提供的零件信息，关系模式 FIRST 和函数依赖集 F 如下：

FIRST(Sno,Sname,Status,City,Pno,Qty)

F={ Sno→Sname,Sno→Status,Status→City,(Sno,Pno)→Qty}

若具体的关系如表 9-8 所示。从表 9-8 可以看出，每一个分量都是不可再分的数据项，所以是 1NF 的。但是，1NF 存在以下 4 个问题。

表 9-8 FIRST

Sno	Sname	Status	City	Pno	Qty
S1	精 益	20	天津	P1	200
S1	精 益	20	天津	P2	300
S1	精 益	20	天津	P3	480
S2	盛 锡	10	北京	P2	168
S2	盛 锡	10	北京	P3	500
S3	东方红	30	北京	P1	300
S3	东方红	30	北京	P2	280
S4	泰 达	40	上海	P2	460

（1）冗余度大。例如，每个供应者的 Sno、Sname、Status、City 要与其供应的零件的种类一样多。

（2）引起修改操作的不一致性。例如，供应者 S1 从“天津”搬到“上海”，若稍不注意，就会使一些数据被修改，另一些数据没有被修改，导致数据修改的不一致性。

（3）插入异常。关系模式 FRIST 的主码为 Sno、Pno，按照关系模式实体完整性规定，主码不能取空值或部分取空值。这样，当某个供应者的某些信息未提供时（如 Pno），则不能进行插入操作，这就是所谓的插入异常。

（4）删除异常。若供应商 S4 的 P2 零件销售完了，并且以后不再销售 P2 零件，那么应删除该元组。这样，在基本关系 FIRST 找不到 S4，而 S4 又是客观存在的。

正因为上述 4 个原因，所以要对模式进行分解，并引入了 2NF。

2．2NF（第二范式）

定义：若关系模式 $R\in$1NF，且每一个非主属性完全依赖于码，则关系模式 $R\in$2NF。

换句话说，当 1NF 消除了非主属性对码的部分函数依赖，则称为 2NF。

例如，FIRST 关系中的码是 Sno、Pno，而 Sno→Status，因此非主属性 Status 部分函数依赖于码，故非 2NF 的。

若此时将 FIRST 关系分解为 FIRST1（Sno，Sname，Status，City）和 FIRST2（Sno，Pno，Qty）。其中，FIRST1∈2NF，FIRST2∈2NF。因为分解后的关系模式 FIRST1 的码为 Sno，非主属性 Sname、Status、City 完全依赖于码 Sno，所以属于 2NF；关系模式 FIRST2 的码为 Sno、

Pno，非主属性 Qty 完全依赖于码，所以也属于 2NF。

3．3NF（第三范式）

定义：若关系模式 $R(U,F)$中若不存在这样的码 X，属性组 Y 及非主属性 $Z(Z\not\subseteq Y)$使得 $X\to Y(Y\nrightarrow X)$，$Y\to Z$ 成立，则关系模式 $R\in$3NF。

即当 2NF 消除了非主属性对码的传递函数依赖，则称为 3NF。

例如，FIRST1 $\notin$ 3NF，因为在分解后的关系模式 FIRST1 中有 Sno→Status，Status→City，存在着非主属性 City 传递依赖于码 Sno。若此时将 FIRST1 继续分解为：

FIRST11（Sno，Sname，Status）$\in$3NF
FIRST12（Status，City）　　　$\in$3NF

通过上述分解，数据库模式 FIRST 转换为 FIRST11(Sno,Sname,Status)、FIRST12(Status,City) 和 FIRST2(Sno,Pno,Qty)3 个子模式。由于这 3 个子模式都达到了 3NF，因此称分解后的数据库模式达到了 3NF。

可以证明，3NF 的模式必是 2NF 的模式。产生冗余和异常的两个重要原因是部分依赖和传递依赖。因为 3NF 模式中不存在非主属性对码的部分函数依赖和传递函数依赖，所以具有较好的性能。对于非 3NF 的 1NF、2NF，其性能弱，一般不宜作为数据库模式，通常要将它们变换成为 3NF 或更高级别的范式，这个变换过程称为“关系模式的规范化处理”。

9.5.3　模式分解及分解应具有的特性

1．分解

定义：关系模式 $R(U, F)$的一个分解是指 $\rho=\{R_1(U_1, F_1), R_2(U_2, F_2),\cdots, R_n(U_n, F_n)\}$，其中，$U=\bigcup_{i=1}^{n} U_i$，并且没有 $U_i\subseteq U_j$，$1\leqslant i,j\leqslant n$；$F_i$ 是 F 在 U_i 上的投影，$F_i=\{X\to Y\mid X\to Y\in F^{+}\wedge XY\subseteq U_i\}$。

对一个给定的模式进行分解，使得分解后的模式是否与原来的模式等价有 3 种情况。

（1）分解具有无损连接性。

（2）分解要保持函数依赖。

（3）分解既要无损连接性，又要保持函数依赖。

2．无损连接

定义：$\rho=\{R_1(U_1, F_1), R_2(U_2, F_2), \cdots, R_k(U_k, F_k)\}$是关系模式 $R(U, F)$的一个分解，若对 $R(U,$

F)的任何一个关系 r 均有 $r=m_\rho(r)$成立，则分解 ρ 具有无损连接性（简称无损分解），其中，$m_\rho(r)=\bowtie_{i=1}^{k}\pi_{R_i}(r)$。

定理：关系模式 $R(U, F)$的一个分解 $\rho=\{R_1(U_1, F_1), R_2(U_2, F_2)\}$具有无损连接的充分必要的条件是 $U_1\cap U_2\to U_1-U_2\in F^+$ 或 $U_1\cap U_2\to U_2-U_1\in F^+$，证明略。

3．保持函数依赖

定义：设关系模式 $R(U,F)$的一个分解 $\rho=\{R_1(U_1, F_1), R_2(U_2, F_2), \cdots, R_k(U_k, F_k)\}$，如果 $F^+=(\bigcup_{i=1}^{k}\pi_{R_i}(F^+))$，则称分解 ρ 保持函数依赖。

9.6 数据库的控制功能

9.6.1 事务管理

事务是一个操作序列，这些操作“要么都做，要么都不做”，是数据库环境中不可分割的逻辑工作单位。事务和程序是两个不同的概念，一般一个程序可包含多个事务。在SQL语言中，事务定义的语句有以下三条。

（1）BEGIN TRANSACTION：事务开始。

（2）COMMIT：事务提交。该操作表示事务成功地结束，它将通知事务管理器该事务的所有更新操作现在可以被提交或永久地保留。

（3）ROLLBACK：事务回滚。该操作表示事务非成功地结束，它将通知事务管理器出故障了，数据库可能处于不一致状态，该事务的所有更新操作必须回滚或撤销。

事务具有原子性（Atomicity）、一致性（Consistency）、隔离性（Isolation）和持久性（Durability）。这4个特性也称事务的ACID性质。

（1）原子性。事务是原子的，要么都做，要么都不做。

（2）一致性。事务执行的结果必须保证数据库从一个一致性状态变到另一个一致性状态。因此，当数据库只包含成功事务提交的结果时，称数据库处于一致性状态。

（3）隔离性。事务相互隔离。当多个事务并发执行时，任一事务的更新操作直到其成功提交的整个过程，对其他事务都是不可见的。

（4）持久性。一旦事务成功提交，即使数据库崩溃，其对数据库的更新操作也将永久有效。

9.6.2　数据库的备份与恢复

在数据库的运行过程中，难免会出现计算机系统的软、硬件故障，这些故障会影响数据库中数据的正确性，甚至破坏数据库，使数据库中的全部或部分数据丢失。因此，数据库的关键技术在于建立冗余数据，即备份数据。如何在系统出现故障后能够及时地使数据库恢复到故障前的正确状态，就是数据库恢复技术。

1．故障类型

数据库中的 4 类故障是事务内部故障、系统故障、介质故障及计算机病毒。

（1）事务内部故障。事务内部的故障有的可以通过事务程序本身发现。例如，银行转账事务，将账户 A 的金额转 X 到账户 B，此时应该将账户 A 的余额$-X$，将账户 B 的余额$+X$。如果账户 A 的余额不足，那么，两个事务都不做，否则都做。但有些是非预期的，不能由事务程序处理，例如运算溢出、并发事务发生死锁等。

（2）系统故障。通常称为软故障，是指造成系统停止运行的任何事件，使得系统要重新启动，例如 CPU 故障、操作系统故障和突然停电等。

（3）介质故障。通常称为硬故障，如磁盘损坏、磁头碰撞和瞬时强磁干扰。此类故障发生的几率小，但破坏性最大。

（4）计算机病毒。计算机病毒是一种人为的故障和破坏，是在计算机程序中插入的破坏，计算机功能或者数据可以繁殖和传播的一组计算机指令或程序代码。

2．备份方法

恢复的基本原理是“建立数据冗余”（重复存储）。建立冗余数据的方法是进行数据转储和登记日志文件。数据的转储分为静态转储和动态转储、海量转储和增量转储、日志文件。

（1）静态转储和动态转储。静态转储是指在转储期间不允许对数据库进行任何存取、修改操作；动态转储是在转储期间允许对数据库进行存取、修改操作。因此，转储和用户事务可并发执行。

（2）海量转储和增量转储。海量转储是指每次转储全部数据；增量转储是指每次只转储上次转储后更新过的数据。

（3）日志文件。在事务处理的过程中，DBMS 把事务开始、事务结束以及对数据库的插入、删除和修改的每一次操作写入日志文件。一旦发生故障，DBMS 的恢复子系统利用日志文件撤销事务对数据库的改变，回退到事务的初始状态。因此，DBMS 利用日志文件来进行事务故障恢复和系统故障恢复，并可协助后备副本进行介质故障恢复。

3. 恢复

事务恢复有以下 3 个步骤。

（1）反向扫描文件日志（即从最后向前扫描日志文件），查找该事务的更新操作。

（2）对事务的更新操作执行逆操作。

（3）继续反向扫描日志文件，查找该事务的其他更新操作，并做同样的处理，直到事务的开始标志。

4. 数据库镜像

为了避免磁盘介质出现故障影响数据库的可用性，许多 DBMS 提供数据库镜像功能用于数据库恢复。需要说明的是，数据库镜像是通过复制数据实现的，但频繁地复制数据会降低系统的运行效率。因此，在实际应用中往往对关键的数据和日志文件镜像。

9.6.3 并发控制

所谓并发操作，是指在多用户共享的系统中许多用户可能同时对同一数据进行操作。并发操作带来的问题是数据的不一致性，主要有三类：丢失更新、不可重复读和读脏数据。其主要原因是事务的并发操作破坏了事务的隔离性。DBMS 的并发控制子系统负责协调并发事务的执行，保证数据库的完整性不受破坏，避免用户得到不正确的数据。

1. 并发操作带来的问题

并发操作带来的数据不一致性有三类：丢失修改、不可重复读和读脏数据，如图 9-30 所示。

（1）丢失修改。如图 9-30（a）所示，事务 T_1、T_2 都是对数据 A 做减 1 操作。事务 T_1 在时刻 t_6 把 A 修改后的值 15 写入数据库，但事务 T_2 在时刻 t_7 再把它对 A 减 1 后的值 15 写入。两个事务都是对 A 的值进行减 1 操作并且都执行成功，但 A 中的值却只减了 1。例如火车售票系统，T_1 与 T_2 各售出了一张票，但数据库里的存票却只减了一张，造成数据的不一致。原因在于 T_1 事务对数据库的修改被 T_2 事务覆盖而丢失了，破坏了事务的隔离性。

（2）不可重复读。如图 9-30（b）所示，事务 T_1 读取 A、B 的值后进行运算，事务 T_2 在 t_6 时刻对 B 的值做了修改以后，事务 T_1 又重新读取 A、B 的值再运算，同一事务内对同一组数据的相同运算结果不同，显然与事实不相符。同样是事务 T_2 干扰了事务 T_1 的独立性。

（3）读脏数据。如图 9-30（c）所示，事务 T_1 对数据 C 修改之后，在 t_4 时刻事务 T_2 读取修改后的 C 值做处理，之后事务 T_1 回滚，数据 C 恢复了原来的值，事务 T_2 对 C 所做的处理是无效的，它读的是被丢掉的垃圾值。

时间	T_1	T_2	T_1	T_2	T_1	T_2
t_1	read(A)[16]		read(A)[50]		read(C)[100]	
t_2		read(A)[16]	read(B)[100]		C=C*2[200]	
t_3	A=A-1		C=A+B[150]		write(C)[200]	
t_4		A=A-1		read(B)[100]		read(C)[200]
t_5	write(A)[15]			B=B*2[200]		…
t_6				write(B)[200]		…
t_7		write(A)[15]			ROLLBACK	
t_8			read(A)[50]		(C = 100)	
t_9			read(B)[200]			
t_{10}			C=A+B[250]			
t_{11}			（验算不对）			

（a）丢失修改　　（b）不可重复读　　（c）读脏数据

图 9-30　3 种数据不一致性

通过以上 3 个例子，在事务并行处理的过程中对相同数据进行访问导致了数据的不一致性，解决该问题可以从保证事务的隔离性入手。

2．并发控制技术

并发控制的主要技术是封锁。基本封锁的类型有排它锁（简称 X 锁或写锁）和共享锁（简称 S 锁或读锁）。

1）封锁

（1）排它锁。若事务 T 对数据对象 A 加上 X 锁，则只允许 T 读取和修改 A，其他事务都不能再对 A 加任何类型的锁，直到 T 释放 A 上的锁。

（2）共享锁。若事务 T 对数据对象 A 加上 S 锁，则只允许 T 读取 A，但不能修改 A，其他事务只能再对 A 加 S 锁，直到 T 释放 A 上的 S 锁。这就保证了其他事务可以读 A，但在 T 释放 A 上的 S 锁之前不能对 A 进行任何修改。

2）三级封锁协议

（1）一级封锁协议。事务在修改数据 R 之前必须先对其加 X 锁，直到事务结束才释放。事务结束包括正常结束（COMMIT）和非正常结束（ROLLBACK）。一级封锁协议可以解决丢失更新问题。

（2）二级封锁协议。在一级封锁协议的基础上，加上事务T在读数据R之前必须先对其加S锁，读完后即可释放S锁。二级封锁协议可以解决读脏数据的问题。但是，由于二级封锁协议读完了数据后即可释放S锁，所以不能保证可重复读。

（3）三级封锁协议。在一级封锁协议的基础上，加上事务T在读数据R之前必须先对其加S锁，直到事务结束时释放S锁。三级封锁协议除了防止丢失修改和不读“脏”数据外，还进一步防止了不可重复读。

3．活锁与死锁

所谓活锁，是指当事务T_1封锁了数据R时，事务T_2请求封锁数据R，于是T_2等待，当T_1释放了R上的封锁后，系统首先批准了T_3请求，于是T_2仍等待，当T_3释放了R上的封锁后，又批准了T_4请求，依此类推，使得T_2可能永远等待的现象。

所谓死锁，是指两个以上的事务分别请求封锁对方已经封锁的数据，导致了长期等待而无法继续运行下去的现象。

4．并发调度的可串行性

多个事务的并发执行是正确的，当且仅当其结果与某一次序串行地执行它们时的结果相同，称这种调度策略是可串行化的调度。

可串行性是并发事务正确性的准则，按这个准则规定，一个给定的并发调度，当且仅当它是可串行化的才认为是正确调度。

5．两段封锁协议

所谓两段封锁协议，是指所有事务必须分两个阶段对数据项加锁和解锁。即事务分两个阶段，第一阶段是获得封锁，事务可以获得任何数据项上的任何类型的锁，但不能释放；第二阶段是释放封锁，事务可以释放任何数据项上的任何类型的锁，但不能申请。

6．封锁的粒度

封锁对象的大小称为封锁的粒度。封锁的对象可以是逻辑单元（如属性、元组、关系、索引项、整个索引甚至整个数据库），也可以是物理单元（如数据页或索引页）。

第 10 章　网络与信息安全基础知识

计算机网络是由多台计算机组成的系统，与传统的单机系统、多机系统相比有很大的区别。计算机网络的结构、功能、组成以及实现技术更复杂，维护起来难度更大。本章简要介绍计算机网络的体系结构、网络应用、网络互连设备、网络构建、网络协议、网络应用、信息安全和安全方面的基本内容。

10.1　网络概述

计算机网络是计算机技术与通信技术相结合的产物，它实现了远程通信、远程信息处理和资源共享。经过几十年的发展，计算机网络已由早期的“终端-计算机网”“计算机-计算机网”成为现代具有统一网络体系结构的计算机网络。

10.1.1　计算机网络的概念

1．计算机网络的发展

计算机网络是计算机技术与通信技术日益发展和密切结合的产物，它的发展过程大致可以划分为以下 4 个阶段。

1）具有通信功能的单机系统

该系统又称终端-计算机网络，是早期计算机网络的主要形式。它将一台计算机经通信线路与若干终端直接相连。美国于 20 世纪 50 年代建立的半自动地面防空系统 SAGE 就属于这一类网络。它把远距离的雷达和其他测量控制设备的信息通过通信线路送到一台旋风型计算机上进行处理和控制，首次实现了计算机技术与通信技术的结合。

2）具有通信功能的多机系统

对终端-计算机网络进行改进：在主计算机的外围增加了一台计算机，专门用于处理终端的通信信息及控制通信线路，并能对用户的作业进行某些预处理操作，这台计算机称为“前端处理机”或“通信控制处理机”。在终端设备较集中的地方设置一台集中器，终端通过低速线路先汇集到集中器上，然后再用高速线路将集中器连到主机上，这就形成了多机系统。

3）以共享资源为目的的计算机网络

具有通信功能的多机系统是计算机-计算机网络，它是由若干台计算机互连的系统，即利用通信线路将多台计算机连接起来，在计算机之间进行通信。该网络有两种结构形式：一种形式是主计算机通过通信线路直接互连的结构，其中主计算机同时承担数据处理和通信工作；另一种形式是通过通信控制处理机间接地把各主计算机连接的结构，其中通信处理机和主计算机分工不同，前者负责网络上各主计算机间的通信处理和控制，后者是网络资源的拥有者，负责数据处理，它们共同组成资源共享的计算机网络。20 世纪 70 年代，美国国防部高级研究计划局所研制的ARPANET是计算机-计算机网络的典型代表。最初该网络仅由4台计算机连接而成，到 1975 年，已连接 100 多台不同型号的大型计算机。ARPANET 成为第一个完善地实现分布式资源共享的网络，为计算机网络的发展奠定了基础。

在这期间，国际标准化组织（ISO）提出了开放系统互连参考模型 OSI/RM（Open System Interconnection Reference Model）。该模型定义了异种机连网所应遵循的框架结构。OSI/RM 很快得到了国际上的认可，并被许多厂商接受。由此使计算机网络的发展进入了新的阶段。

4）以局域网及因特网为支撑环境的分布式计算机系统

局域网是继远程网之后发展起来的，它继承了远程网的分组交换技术和计算机的I/O总线结构技术。局域网的发展也促使计算机网络的模式发生了变革，即由早期的以大型机为中心的集中式模式转变为由微机构成的分布式计算机模式。

计算机网络的定义随网络技术的更新可从不同的角度给予描述。目前，人们已公认的有关计算机网络的定义是利用通信设备和线路将地理位置分散的、功能独立的自主计算机系统或由计算机控制的外部设备连接起来，在网络操作系统的控制下，按照约定的通信协议进行信息交换，实现资源共享的系统。

该定义中涉及的“资源”应该包括硬件资源（CPU、大容量的磁盘、光盘以及打印机等）和软件资源（语言编译器、文本编辑器、各种软件工具和应用程序等）。

2．计算机网络的功能

计算机网络提供的主要功能有如下。

（1）数据通信。通信或数据传输是计算机网络的主要功能之一，用于在计算机系统之间传送各种信息。利用该功能，地理位置分散的生产单位和业务部门可通过计算机网络连接在一起进行集中控制和管理，也可以通过计算机网络传送电子邮件，发布新闻消息及进行电子数据交换，极大地方便了用户，提高了工作效率。

（2）资源共享。资源共享是计算机网络最有吸引力的功能。通过资源共享，可使网络中分散在异地的各种资源互通有无，分工协作，从而大大提高系统资源的利用率。资源共享包括软件资源共享和硬件资源共享。

（3）负载均衡。在计算机网络中可进行数据的集中处理或分布式处理，一方面可以通过计算机网络将不同地点的主机或外设采集到的数据信息送往一台指定的计算机，在此计算机上对数据进行集中和综合处理，通过网络在各计算机之间传送原始数据和计算结果；另一方面，当网络中的某台计算机任务过重时，可将任务分派给其他空闲的多台计算机，使多台计算机相互协作，均衡负载，共同完成任务。

（4）高可靠性。高可靠性指在计算机网络中的各台计算机可以通过网络彼此互为后备机，一旦某台计算机出现故障，故障机的任务就可由其他计算机代为处理，从而提高系统的可靠性。并且避免了单机无后备使用的情况下，计算机出现故障而导致系统瘫痪的现象，从而大大提高了系统的可靠性。

借助于计算机网络，在各种功能软件的支持下，人们可以进行高速的异地电子信息交换，并获得了多种服务，如新闻浏览和信息检索、传送电子邮件、多媒体电信服务、远程教育、网上营销、网上娱乐和远程医疗诊断等。

计算机网络按照数据通信和数据处理的功能可分为两层：内层通信子网和外层资源子网，如图 10-1 所示。通信子网（图中虚线内）的结点计算机和高速通信线路组成独立的数据系统，承担全网的数据传输、交换、加工和变换等通信处理工作，即将一台计算机的输出信息传送给另一台计算机。资源子网（图中点划线内虚线外）包括计算机、终端、通信子网接口设备、外部设备（如打印机、磁带机和绘图机等）及各种软件资源等，它负责全网的数据处理和向网络用户提供网络资源及网络服务。

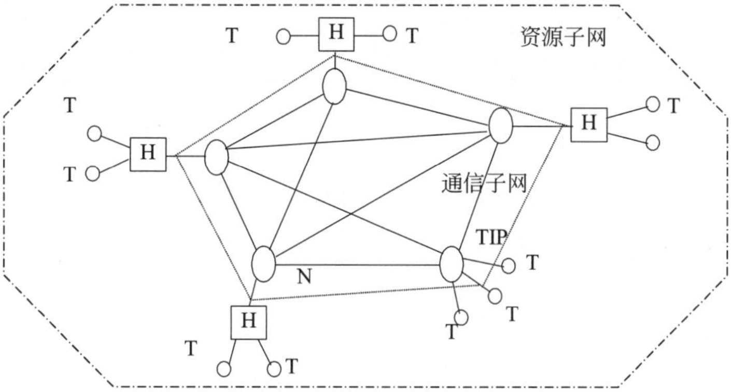

图 10-1　通信子网和资源子网关系图

H—主计算机；　T—终端；　TIP—集线器

通信子网和资源子网的划分，完全符合国际标准化组织所制定的开放式系统互连参考模型（OSI）的思想。其中，通信子网对应于 OSI 中的低三层（物理层、数据链路层、网络层），而资源子网对应于 OSI 中的高三层（会话层、表示层、应用层）。这种划分将通信子网的任务从主机中抽取出来，由通信子网中的设备专门解决数据传输和通信控制问题。而资源子网中的计算机可集中精力处理数据，从而提高主机效率和网络的整体性能。

10.1.2 计算机网络的分类

计算机网络的分类方式很多，按照不同的分类原则，可以得到各种不同类型的计算机网络。例如，按通信距离可分为广域网、局域网和城域网；按信息交换方式可分为电路交换网、分组交换网和综合交换网；按网络拓扑结构可分为星型网、树型网、环型网和总线网；按通信介质可分为双绞线网、同轴电缆网、光纤网和卫星网等；按传输带宽可分为基带网和宽带网；按使用范围可分为公用网和专用网；按速率可分为高速网、中速网和低速网；按通信传播方式可分为广播式和点到点式。

这里主要介绍根据计算机网络的覆盖范围和通信终端之间相隔的距离不同将其分为局域网、城域网和广域网三类的情况，各类网络的特征参数如表 10-1 所示。

表 10-1 各类网络的特征参数

网络分类	缩写	分布距离	计算机分布范围	传输速率范围
局域网	LAN	10m 左右	房间	4Mbps～1Gbps
		100m 左右	楼寓	
		1000m 左右	校园	
城域网	MAN	10km	城市	50Kbps～100Mbps
广域网	WAN	100km 以上	国家或全球	9.6Kbps～45Mbps

1．局域网

局域网（Local Area Network，LAN）是指传输距离有限、传输速度较高、以共享网络资源为目的的网络系统。由于局域网投资规模较小，网络实现简单，故新技术易于推广。局域网技术与广域网相比发展迅速。局域网的特点如下：

（1）分布范围有限。加入局域网中的计算机通常处在几千米的距离之内。通常，它分布在一个学校、一个企业单位，为本单位使用。一般称为“园区网”或“校园网”。

（2）有较高的通信带宽，数据传输率高。一般为 1Mbps 以上，最高已达 1000Mbps。

（3）数据传输可靠，误码率低。误码率一般为 10^{-4}～10^{-6}。

（4）通常采用同轴电缆或双绞线作为传输介质，跨楼寓时使用光纤。

（5）拓扑结构简单、简洁，大多采用总线、星型和环型等，系统容易配置和管理。网上的计算机一般采用多路控制访问技术或令牌技术访问信道。

（6）网络的控制一般趋向于分布式，从而减少了对某个结点的依赖，避免并减小了一个结点故障对整个网络的影响。

（7）通常，网络归单一组织所拥有和使用，不受任何公共网络管理机构的规定约束，容易进行设备的更新和新技术的应用，以不断增强网络功能。

2．城域网

城域网（Metropolitan Area Network，MAN）是规模介于局域网和广域网之间的一种较大范围的高速网络，一般覆盖临近的多个单位和城市，从而为接入网络的企业、机关、公司及社会单位提供文字、声音和图像的集成服务。城域网规范由 IEEE 802.6 协议定义。

3．广域网

广域网（Wide Area Network，WAN）又称远程网，它是指覆盖范围广、传输速率相对较低、以数据通信为主要目的的数据通信网。广域网最根本的特点如下。

（1）分布范围广。加入广域网中的计算机通常处在从数千米到数千千米的地方。因此，网络所涉及的范围可为市、地区、省、国家乃至世界。

（2）数据传输率低。一般为几十兆位每秒以下。

（3）数据传输的可靠性随着传输介质的不同而不同，若用光纤，误码率一般在 10^{-6}～10^{-11} 之间。

（4）广域网常常借用传统的公共传输网来实现，因为单独建造一个广域网极其昂贵。

（5）拓扑结构较为复杂，大多采用“分布式网络”，即所有计算机都与交换结点相连，从而实现网络中的任何两台计算机都可以进行通信。

广域网的布局不规则，使得网络的通信控制比较复杂。尤其是使用公共传输网，要求连接到网上的任何用户都必须严格遵守各种标准和规程。设备的更新和新技术的引用难度较大。广域网可将一个集团公司、团体或一个行业的各处部门和子公司连接起来。这种网络一般要求兼容多种网络系统（异构网络）。

10.1.3　网络的拓扑结构

网络拓扑结构是指网络中通信线路和结点的几何排序，用于表示整个网络的结构外貌，反映各结点之间的结构关系。它影响着整个网络的设计、功能、可靠性和通信费用等重要方面，是计算机网络十分重要的要素。常用的网络拓扑结构有总线型、星型、环型、树型和分布式结构等。

1. 总线型结构

总线型拓扑结构如图10-2（a）所示，其特点为只有一条双向通路，便于进行广播式传送信息；总线型拓扑结构属于分布式控制，无须中央处理器，故结构比较简单；结点的增、删和位置的变动较容易，变动中不影响网络的正常运行，系统扩充性能好；结点的接口通常采用无源线路，系统可靠性高；设备少、价格低、安装使用方便；由于电气信号通路多，干扰较大，因此对信号的质量要求高；负载重时，线路的利用率较低；网上的信息延迟时间不确定，故障隔离和检测困难。

2. 星型结构

在星型结构中，使用中央交换单元以放射状连接到网中的各个结点，如图10-2（b）所示。中央单元采用电路交换方式以建立所希望通信的两结点间专用的路径。通常用双绞线将结点与中央单元进行连接。其特点为维护管理容易，重新配置灵活；故障隔离和检测容易；网络延迟时间短；各结点与中央交换单元直接连通，各结点之间通信必须经过中央单元转换；网络共享能力差；线路利用率低，中央单元负荷重。

3. 环型结构

环型结构的信息传输线路构成一个封闭的环型，各结点通过中继器连入网内，各中继器间首尾相接，信息单向沿环路逐点传送，如图10-2（c）所示。其特点为信息的流动方向是固定的，两个结点仅有一条通路，路径控制简单；有旁路设备，结点一旦发生故障，系统自动旁路，可靠性高；信息要串行穿过多个结点，在网中结点过多时传输效率低，系统响应速度慢；由于环路封闭，扩充较难。

4. 树型结构

树型结构是总线型结构的扩充形式，传输介质是不封闭的分支电缆，如图10-2（d）所示。它主要用于多个网络组成的分级结构中，其特点同总线型网。

5. 分布式结构

分布式结构无严格的布点规定和形状，各结点之间有多条线路相连，如图10-2（e）所示。其特点为有较高的可靠性，当一条线路有故障时，不会影响整个系统工作；资源共享方便，网络响应时间短；由于结点与多个结点连接，故结点的路由选择和流量控制难度大，管理软件复杂；硬件成本高。

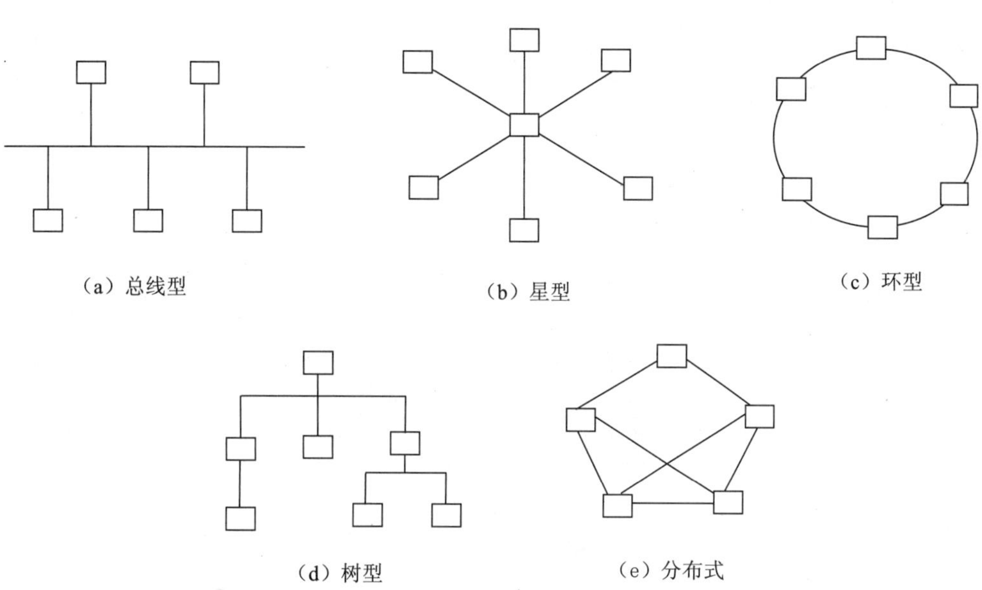

图 10-2　常用的网络拓扑结构

广域网与局域网所使用的网络拓扑结构有所不同，广域网多用分布式或树型结构，而局域网常使用总线型、环型、星型或树型结构。

10.1.4　ISO/OSI 网络体系结构

计算机网络是相当复杂的系统，相互通信的两个计算机系统必须高度协调才能正常工作。为了设计这样复杂的计算机网络，人们提出了将网络分层的方法。分层可将庞大而复杂的问题转化为若干较小的局部问题进行处理，从而使问题简单化。

国际标准化组织在 1977 年成立了一个分委员会专门研究网络通信的体系结构问题，并提出了开放系统互连参考模型，它是一个定义异种计算机连接标准的框架结构。OSI 为连接分布式应用处理的“开放”系统提供了基础。所谓“开放”，是指任何两个系统只要遵守参考模型和有关标准就能够进行互连。OSI 采用了层次化结构的构造技术。

ISO 分委员会的任务是定义一组层次和每一层所完成的功能和服务。层次的划分应当从逻辑上将功能分组，层次应该足够多，应使每一层小到易于管理的程度，但也不能太多，否则汇集各层的处理开销太大。

1．ISO/OSI 参考模型

ISO/OSI 的参考模型共有 7 层，如图 10-3 所示。由低层至高层分别为物理层、数据链路层、网络层、传输层、会话层、表示层和应用层。

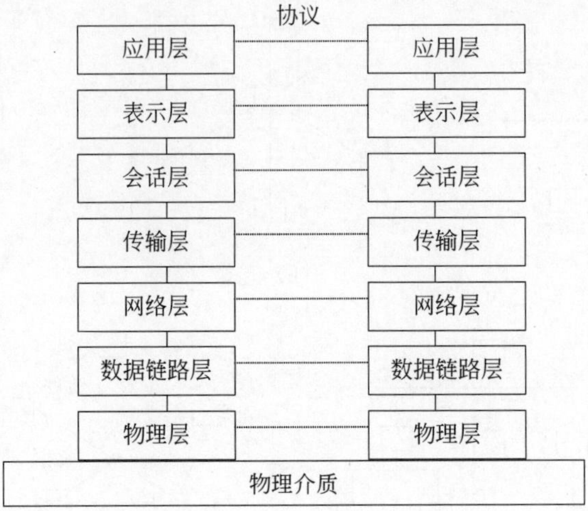

图 10-3　OSI 参考模型

OSI 参考模型具有以下特性。

（1）它是一种将异构系统互连的分层结构。

（2）提供了控制互连系统交互规则的标准框架。

（3）定义了一种抽象结构，而并非具体实现的描述。

（4）不同系统上相同层的实体称为同等层实体。

（5）同等层实体之间的通信由该层的协议管理。

（6）相邻层间的接口定义了原语操作和低层向高层提供的服务。

（7）所提供的公共服务是面向连接的或无连接的数据服务。

（8）直接的数据传送仅在最低层实现。

（9）每层完成所定义的功能，修改本层的功能并不影响其他层。

OSI/RM 中的 1～3 层主要负责通信功能，一般称为通信子网层。上三层（即 5～7 层）属于资源子网的功能范畴，称为资源子网层。传输层起着衔接上、下三层的作用。对各层的说明如下。

（1）物理层（Physical Layer）。物理层提供为建立、维护和拆除物理链路所需的机械、电气、功能和规程的特性；提供有关在传输介质上传输非结构的位流及物理链路故障检测指示。

用户要传递信息就要利用一些物理媒体，如双绞线、同轴电缆等，但具体的物理媒体并不在 OSI 的 7 层之内，有人把物理媒体当作第 0 层，物理层的任务就是为它的上一层提供一个物理连接，以及它们的机械、电气、功能和过程特性。例如规定使用电缆和接头的类型，传送信号的电压等。在这一层，数据还没有被组织，仅作为原始的位流或电气电压处理，单位是位。

（2）数据链路层（Data Link Layer）。数据链路层负责在两个相邻结点间的线路上无差错地传送以帧为单位的数据，并进行流量控制。每一帧包括一定数量的数据和一些必要的控制信息。和物理层相似，数据链路层要负责建立、维持和释放数据链路的连接。在传送数据时，如果接收点检测到所传数据中有差错，就要通知发送方重发这一帧。

（3）网络层（Network Layer）。网络层为传输层实体提供端到端的交换网络数据功能，使得传输层摆脱路由选择、交换方式和拥挤控制等网络传输细节；可以为传输层实体建立、维持和拆除一条或多条通信路径；对网络传输中发生的不可恢复的差错予以报告。

在计算机网络中进行通信的两个计算机之间可能会经过很多个数据链路，也可能还要经过很多通信子网。网络层的任务就是选择合适的网间路由和交换结点，确保数据及时传送。网络层将数据链路层提供的帧组成数据包，包中封装有网络层包头，其中含有逻辑地址信息，即源站点和目的站点的网络地址。

（4）传输层（Transport Layer）。传输层为会话层实体提供透明、可靠的数据传输服务，保证端到端的数据完整性；选择网络层能提供最适宜的服务；提供建立、维护和拆除传输连接功能。传输层根据通信子网的特性最佳地利用网络资源，为两个端系统（也就是源站和目的站）的会话层之间提供建立、维护和取消传输连接的功能，并以可靠和经济的方式传输数据。在这一层，信息的传送单位是报文。

（5）会话层（Session Layer）。会话层为彼此合作的表示层实体提供建立、维护和结束会话连接的功能；完成通信进程的逻辑名字与物理名字间的对应；提供会话管理服务。

这一层也可以称为会话层或对话层，在会话层及以上的高层中，数据传送的单位不再另外命名，统称为报文。会话层不参与具体的传输，它提供包括访问验证和会话管理在内的建立和维护应用之间通信的机制。例如服务器验证用户登录便是由会话层完成的。

（6）表示层（Presentation Layer）。表示层为应用层进程提供能解释所交换信息含义的一组服务，即将要交换的数据从适合于某一用户的抽象语法转换为适合于 OSI 系统内部使用的传送语法；提供格式化的表示和转换数据服务。数据的压缩、解压缩、加密和解密等工作都由表示层负责。

（7）应用层（Application Layer）。应用层提供 OSI 用户服务，即确定进程之间通信的性质，以满足用户需要以及提供网络与用户应用软件之间的接口服务。例如，事务处理程序、电子邮件和网络管理程序等。

2．参考模型的信息流向

如图 10-4 所示，设 A 系统的用户要向 B 系统的用户传送数据。A 系统用户的数据先送入应用层，该层给它附加控制信息 AH（头标）后，送入表示层。表示层对数据进行必要的变换并加头标 PH 后送入会话层。会话层也加头标 SH 送入传输层。传输层将长报文分段后并加头标 TH 送至网络层。网络层将信息变成报文分组，并加组号 NH 送数据链路层。数据链路层将信息加上头标和尾标（DH 及 DT）变成帧，经物理层按位发送到对方（B 系统）。B 系统接收到信息后，按照与 A 系统相反的动作，层层剥去控制信息，最后把原数据传送给 B 系统的用户。可见，两系统中只有物理层是实通信，其余各层均为虚通信。因此，图 10-4 中只有两物理层之间有物理连接，其余各层间均无连线。

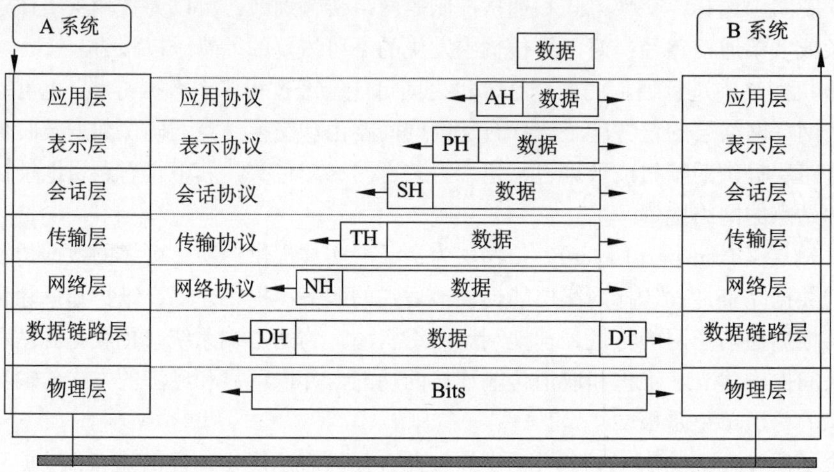

图 10-4 ISO/ OSI RM 内信息流动

10.2 网络互连硬件

构建一个实际的网络需要网络的传输介质、网络互连设备作为支持，本节主要介绍构建网络的传输介质和互连设备。

10.2.1 网络的设备

网络互连的目的是使一个网络的用户能访问其他网络的资源，使不同网络上的用户能够互相通信和交换信息，实现更大范围的资源共享。在网络互连时，一般不能简单地直接相连，而是通过一个中间设备来实现。按照 ISO/OSI 的分层原则，这个中间设备要实现不同网络之间的协议转换功能，根据它们工作的协议层不同进行分类。网络互连设备可以有中继器（实现物理层协议转换，在电缆间转发二进制信号）、网桥（实现物理层和数据链路层协议转换）、路由器（实现网络层和以下各层协议转换）、网关（提供从最低层到传输层或以上各层的协议转换）和交换机等。

1．网络传输介质互连设备

网络线路与用户结点具体连接时，需要网络传输介质的互连设备。如 T 形头（细同轴电缆连接器）、收发器、RJ-45（屏蔽或非屏蔽双绞线连接器）、RS232 接口（目前计算机与线路接口的常用方式）、DB-15 接口（连接网络接口卡的 AUI 接口）、VB35 同步接口（连接远程的高速同步接口）、网络接口单元和调制解调器（数字信号与模拟信号转换器）等。

2．物理层的互连设备

物理层的互连设备有中继器（Repeater）和集线器（Hub）。

1）中继器

它是在物理层上实现局域网网段互连的，用于扩展局域网网段的长度。由于中继器只在两个局域网网段间实现电气信号的恢复与整形，因此它仅用于连接相同的局域段。

从理论上说，可以用中继器把网络延长到任意长的传输距离，但是，局域网中接入的中继器的数量将受时延和衰耗的影响，因而必须加以限制。例如，在以太网中最多使用 4 个中继器。以太网设计连线时指定两个最远用户之间的距离，包括用于局域网的连接电缆，不得超过 500m。即便使用了中继器，典型的 Ethernet 局域网应用要求从头到尾整个路径不超过 1500m。中继器的主要优点是安装简便、使用方便、价格便宜。

2）集线器

集线器可以看成是一种特殊的多路中继器，也具有信号放大功能。使用双绞线的以太网多用 Hub 扩大网络，同时也便于网络的维护。以集线器为中心的网络的优点是当网络系统中某条线路或某结点出现故障时不会影响网上其他结点的正常工作。集线器可分为无源（Passive）集线器、有源（Active）集线器和智能（Intelligent）集线器。

无源集线器只负责把多段介质连接在一起，不对信号做任何处理，每一种介质段只允许扩展到最大有效距离的一半；有源集线器类似于无源集线器，但它具有对传输信号进行再生和放大从而扩展介质长度的功能；智能集线器除具有有源集线器的功能外，还可将网络的部分功能集成到集线器中，如网络管理、选择网络传输线路等。

3．数据链路层的互连设备

数据链路层的互连设备有网桥（Bridge）和交换机（Switch）。

1）网桥

网桥用于连接两个局域网网段，工作于数据链路层。网桥要分析帧地址字段，以决定是否把收到的帧转发到另一个网络段上。确切地说，网桥工作于 MAC 子层，只要两个网络的 MAC 子层以上的协议相同，都可以用网桥互连。

网桥检查帧的源地址和目的地址，如果目的地址和源地址不在同一个网络段上，就把帧转发到另一个网络段上；若两个地址在同一个网络段上，则不转发，所以网桥能起到过滤帧的作用。网桥的帧过滤特性很有用，当一个网络由于负载很重而性能下降时，可以用网桥把它分成两个网络段并使得段间的通信量保持最小。例如，把分布在两层楼上的网络分成每层一个网络段，段中间用网桥相连，这样的配置可以最大限度地缓解网络通信繁忙的程度，提高通信效率。同时，由于网桥的隔离作用，一个网络段上的故障不会影响到另一个网络段，从而提高了网络的可靠性。

2）交换机

交换机是一个具有简化、低价、高性能和高端口密集特点的交换产品，它是按每一个包中的 MAC 地址相对简单地决策信息转发，而这种转发决策一般不考虑包中隐藏的更深的其他信息。交换机转发数据的延迟很小，操作接近单个局域网性能，远远超过了普通桥接的转发性能。交换技术允许共享型和专用型的局域网段进行带宽调整，以减轻局域网之间信息流通出现的瓶颈问题。

交换机的工作过程为：当交换机从某一结点收到一个以太网帧后，将立即在其内存中的地址表（端口号－MAC 地址）进行查找，以确认该目的 MAC 的网卡连接在哪一个结点上，然后将该帧转发至该结点。如果在地址表中没有找到该 MAC 地址，也就是说，该目的 MAC 地址是首次出现，交换机就将数据包广播到所有结点。拥有该 MAC 地址的网卡在接收到该广播帧后将立即做出应答，从而使交换机将其结点的“MAC 地址”添加到 MAC 地址表中。

交换机的 3 种交换技术：端口交换（用于将以太模块的端口在背板的多个网段之间进行分配、平衡）、帧交换（处理方式：直通交换——提供线速处理能力，交换机只读出网络帧的前 14 个字节，便将网络帧传送到相应的端口上；存储转发——通过对网络帧的读取进行验错和控制；碎片丢弃——检查数据包的长度是否够 64 个字节，如果小于 64 字节，说明是假包，丢弃该包，否则发送该包）和信元交换（采用长度固定的信元交换）。

4. 网络层互连设备

路由器（Router）是网络层互连设备，用于连接多个逻辑上分开的网络。逻辑网络是指一个单独的网络或一个子网，当数据从一个子网传输到另一个子网时，可通过路由器来完成。

路由器具有很强的异种网互连能力，互连网络的最低两层协议可以互不相同，通过驱动软件接口到第三层而得到统一。对于互连网络的第三层协议，如果相同，可使用单协议路由器进行互连；如果不同，则应使用多协议路由器。多协议路由器同时支持多种不同的网络层协议，并可以设置为允许或禁止某些特定的协议。所谓支持多种协议，是指支持多种协议的路由，而不是指不同类协议的相互转换。

通常把网络层地址信息称为网络逻辑地址，把数据链路层地址信息称为物理地址。路由器最主要的功能是选择路径。在路由器的存储器中维护着一个路径表，记录各个网络的逻辑地址，用于识别其他网络。在互连网络中，当路由器收到从一个网络向另一个网络发送的信息包时，将丢弃信息包的外层，解读信息包中的数据，获得目的网络的逻辑地址，使用复杂的程序来决定信息经由哪条路径发送最合适，然后重新打包并转发出去。路由器的功能还包括过滤、存储转发、流量管理和介质转换等。一些增强功能的路由器还可有加密、数据压缩、优先和容错管理等功能。由于路由器工作于网络层，它处理的信息量比网桥要多，因而处理速度比网桥慢。

5．应用层互连设备

网关（Gateway）是应用层的互连设备。在一个计算机网络中，当连接不同类型且协议差别较大的网络时，则要选用网关设备。网关的功能体现在 OSI 模型的最高层，它将协议进行转换，将数据重新分组，以便在两个不同类型的网络系统之间进行通信。由于协议转换是一件复杂的事，一般来说，网关只进行一对一转换，或是少数几种特定应用协议的转换，网关很难实现通用的协议转换。

10.2.2　网络的传输介质

传输介质是信号传输的媒体，常用的介质分为有线介质和无线介质。有线介质有双绞线、同轴电缆和光纤等；无线介质有微波、红外线和卫星通信等。

1．有线介质

1）双绞线（Twisted-Pair）

双绞线是现在最普通的传输介质，它分为屏蔽双绞线（STP）和非屏蔽双绞线（UTP）。非屏蔽双绞线有线缆外皮作为屏蔽层，适用于网络流量不大的场合中。屏蔽式双绞线具有一个金属甲套，对电磁干扰具有较强的抵抗能力，适用于网络流量较大的高速网络协议应用。双绞线又可分为 3 类、4 类和 5 类、6 类和 7 类双绞线，现在常用的是 5 类 UTP，其频率带宽为 100MHz。6 类、7 类双绞线分别可工作于 200MHz 和 600MHz 的频率带宽之上，且采用特殊设计的 RJ45 插头。

双绞线最多应用于10Base-T 和 100Base-T 的以太网中，具体规定有：一段双绞线的最大长度为 100m，只能连接一台计算机；双绞线的每端需要一个 RJ45 插件；各段双绞线通过集线器互连，利用双绞线最多可连接 64 个站点到中继器。

2）同轴电缆（Coaxial）

同轴电缆也像双绞线那样由一对导体组成。同轴电缆又分为基带同轴电缆（阻抗为 50Ω）和宽带同轴电缆（阻抗为75Ω）。基带同轴电缆用来直接传输数字信号，它又分为粗同轴电缆和细同轴电缆，其中，粗同轴电缆适用于较大局域网的网络干线，布线距离较长，可靠性较好，但是网络安装、维护等方面比较困难，造价较高；细同轴电缆安装较容易，而且造价较低，但因受网络布线结构的限制，其日常维护不甚方便。宽带同轴电缆用于频分多路复用（FDM）的模拟信号发送，还用于不使用频分多路复用的高速数字信号发送和模拟信号发送。闭路电视所使用的 CATV 电缆就是宽带同轴电缆。

3）光纤（Fiber Optic）

光导纤维简称光纤，它重量轻、体积小。用光纤传输电信号时，在发送端要先将其转换成光信号，而在接收端又要由光检波器还原成电信号。光纤是软而细的、利用内部全反射原理来传导光束的传输介质。按光源采用不同的发光管分为发光二极管和注入型激光二极管。多模光纤（Multimode Fiber）使用的材料是发光二极管，价格较便宜，但定向性较差；单模光纤（Single Mode Fiber）使用的材料是注入型二极管，定向性好、损耗少、效率高、传播距离长，但价格昂贵。

2. 无线介质

无线传输介质都不需要架设或铺埋电缆或光纤，而是通过大气传输，目前有 3 种技术：微波、红外线和激光、卫星。

1）微波

微波通信是在对流层视线距离范围内利用无线电波进行传输的一种通信方式，频率范围为 2～40GHz。微波通信是沿直线传播的，由于地球表面是曲面的，微波在地面的传播距离有限，直接传播的距离与天线的高度有关，天线越高距离越远，但超过一定距离后就要用中继站来接力，两微波站的通信距离一般为 30～50km。长途通信时必须建立多个中继站，中继站的功能是变频和放大，进行功率补偿。微波通信分为模拟微波通信和数字微波通信两种。模拟微波通信主要采用调频制，数字微波通信大多采用相移键控（PSK）。微波通信的传输质量比较稳定，影响质量的主要因素是雨雪天气对微波产生的吸收损耗，不利地形或环境对微波所造成的衰减现象。

2）红外线和激光

红外通信和激光通信也像微波通信一样，有很强的方向性，都是沿直线传播的。这 3 种技术都需要在发送方和接收方之间有一条视线（Line-of-sight）通路，有时统称这三者为视线媒体。所不同的是，红外通信和激光通信把要传输的信号分别转换为红外光信号和激光信号，直接在空间传播。由于这 3 种视线媒体都不需要铺设电缆，对于不论是在地下或用电线杆很难在建筑物之间架设电缆，特别是要穿越的空间属于公共场所的局域网特别有用。但这 3 种技术对环境气候较为敏感，例如雨、雾和雷电。相对来说，微波一般对雨和雾的敏感度较低。

3）卫星

卫星通信是以人造卫星为微波中继站，它是微波通信的特殊形式。卫星接收来自地面发送站发出的电磁波信号后，再以广播方式用不同的频率发回地面，被地面工作站接收。卫星通信可以克服地面微波通信距离的限制。一个同步卫星可以覆盖地球的 1/3 以上表面，3 个这样的卫星就可以覆盖地球上的全部通信区域，这样地球上的各个地面站之间都可互相通信了。由于卫星信道频带宽，也可采用频分多路复用技术分为若干个子信道，有些用于由地面站向卫星发送（称为上行信道），有些用于由卫星向地面转发（称为下行信道）。卫星通信的优点是容量大、距离远，缺点是传播延迟时间长。

10.2.3　组建网络

在一个局域网中，其基本组成部件为服务器、客户端、网络设备、通信介质和网络软件等。

（1）服务器（Server）。局域网的核心，根据它在网络中的作用，还可进一步分为文件服务器、打印服务器和通信服务器等。

（2）客户端（Client）。客户端又称为用户工作站，包括用户计算机与网络应用接口设备。

（3）网络设备。网络设备主要指一些硬件设备，如网卡、收发器、中继器、集线器、网桥和路由器等。网卡是一种必不可少的网络设备，常用的网卡有 Ethernet（以太网）网卡、ARCNET 网卡、ESIA 总线网网卡和 Token-Ring 网卡等。

（4）通信介质。数据的传输媒体，不同的通信介质有着不同的传输特性。

（5）网络软件。网络软件主要包括底层协议软件、网络操作系统（NOS）等。底层协议软件由一组标准规则及软件构成，以使实体间或网络之间能够互相进行通信。网络操作系统主要对整个网络的资源和运行进行管理，并为用户提供应用接口。

【例 10.1】 为了将两个相邻办公室的多台计算机连接成一个局域网，以方便传输文件、共享资源，最简单的连接方式如图 10-5 所示。

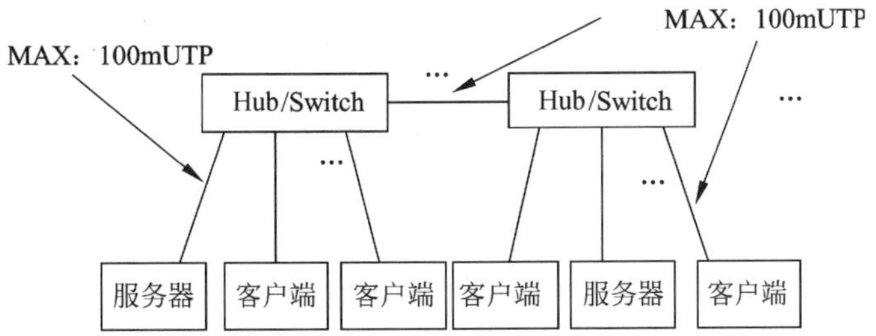

图 10-5　简单网络连接方式

可以采用集线器将两个办公室的多台计算机连接成一个局域网，如果感觉速度较慢，可将 Hub 换成交换机（Switch），构成树型或总线和星型结合的拓扑结构；传输介质采用五类以上的非屏蔽双绞线，使用 RJ45 连接 Hub 与计算机；网卡采用 10/100M 自适应的以太网卡；协议使用 TCP/IP、NETBIEU 或其他协议。该网络安装和维护简单易行，且费用低廉，计算机和 Hub 之间的最大 UTP 电缆长度为 100m，两个计算机之间（即端一端）最多允许有 4 个 Hub 和 5 个电缆段，即最大网络长度为 500m。

【例 10.2】 某学校建设高速信息网络，网络主干中心为千兆以太网的光纤局域网，连接各学院、系、图书馆等信息网，并接入 Internet，以便实现各级各类网络的互连互通，为学校的各级单位、教师、学生提供方便、快捷的信息与教学服务，从而有效地为科研、教学服务，提高学校的整体水平。网络的构建如图 10-6 所示。

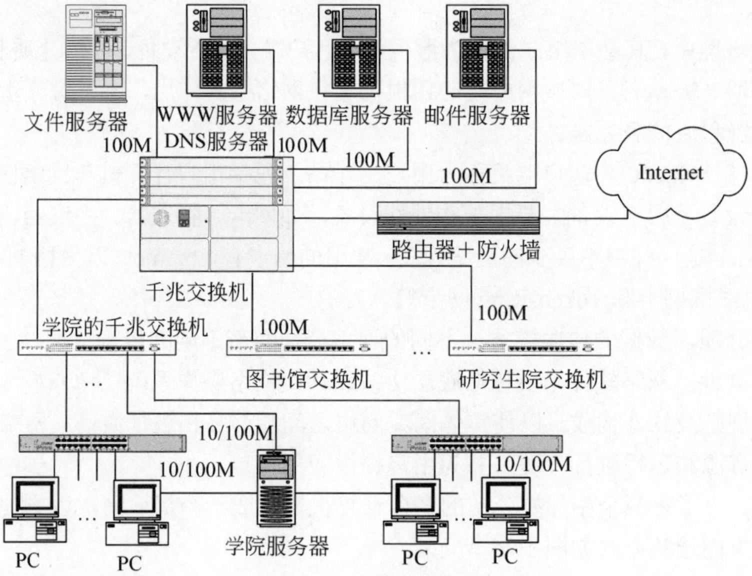

图 10-6　校园网的构建

【例 10.3】 某家庭想连接 Internet，决定申请一条 ADSL 线路，通过拨号来连接 Internet，原因如下。

（1）ADSL 具有很高的传输速率，其下行为 2～8Mbps，上行为 64～640Kbps，为普通拨号 Modem 的百倍以上，也是宽带上网中速度较高的一种。

（2）ADSL 上网和打电话互不干扰，ADSL 数据信号和电话音频信号以频分复用原理调制，各自频段互不干扰，在上网的同时可以使用电话，避免了拨号上网的烦恼。

（3）ADSL 独享带宽、安全可靠，其他宽带方式虽然在速度方面有超过它的，但有的是属于共享带宽方式。例如 Cable Modem 下行可达到 20Mbps，但它是一种粗糙的总线型广播网络，成千上万用户争抢 20Mbps 的带宽，而非独享，更为严重的是，它属于总线型的网络，先天的广播特性造成了信息传输的不安全性。ADSL 利用中国电信深入千家万户的电话网络，先天形成星型结构的网络拓扑构造，骨干网络采用遍布全城、全国的光纤传输，独享 2～8Mbps 带宽，信息传递快速、可靠安全。

（4）ADSL 费用低廉，虽然电话线同时传递电话语音和数据，但数据并不通过电话交换机，因此不用拨号，一直在线，属于专线上网方式。这意味着使用 ADSL 上网不需要缴纳拨号上网的电话费用。另一方面，不需要对原有电话线路进行改造，用户端不需要购买价格昂贵的设备，只需一个现在相当普及的 ADSL Modem 即可，相对来说投资较少。

（5）ADSL 能提供真正的视频点播（VOD）、网上游戏、交互电视和网上购物等宽带多媒体服务，远程 LAN 接入、远地办公室、在家工作等高速数据应用，远程医疗、远程教学、远地可视会议、体育比赛现场实时传送等。

ADSL 连接 Internet 的方式有两种：专线接入和虚拟拨号接入。采用虚拟拨号方式的用户采用类似 Modem 和 ISDN 的拨号程序，在使用习惯上与原来的方式没什么不同。采用专线接入的用户只要开机即可接入 Internet。

使用 ADSL 上网所需的设备包括一块网卡和 ADSL Modem。当然，家用计算机是必需的。连接方式如图 10-7 所示。

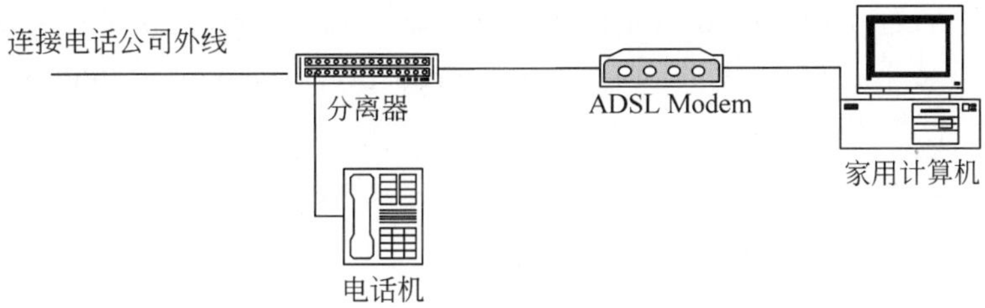

图 10-7　ADSL 单用户接入方式

如果不是家庭，而是公司或企业，则局域网通过 ADSL 接入 Internet，其接入方法有如下两种。

（1）将直接通过 ADSL 连上网的那台主机设置成代理服务器，然后本地局域网上的客户端通过该代理服务器访问外部信息资源。这种方法的好处是需要申请一个账号或一个 IP 地址，本地客户端可采用保留 IP 地址。

（2）采用专线方式，为局域网上的每台计算机向电话局申请一个 IP 地址。这种方法的好处是无须设置一台专用的代理服务网关，缺陷是目前对一条 ADSL 线路只能提供最多 8 个 IP 地址给局域网。

通过代理服务器将公司或企业接入 Internet 的方式如图 10-8 所示。

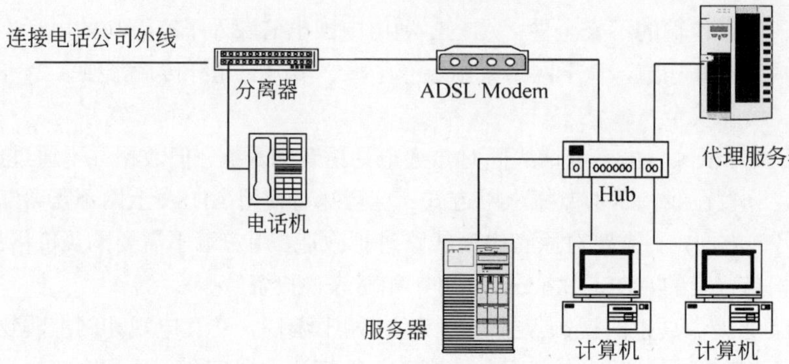

图 10-8 公司或企业的 ADSL 接入方式

在连接时需要注意的问题如下。

（1）接口方式。有以太网、USB 和 PCI 3 种。USB、PCI 适用于家庭用户，性价比好，小巧、方便、实用；外置以太网口的产品只适用于企业和办公室的局域网，它可以带多台机器进行上网。有的以太网接口的 ADSL Modem 同时具有桥接和路由功能。

（2）分离器。使上网和打电话互不干扰。

（3）支持的协议。ADSL Modem 上网拨号方式有 3 种，即专线方式（静态 IP）、PPPoA 和 PPPoE。普通用户多采用 PPPoE（Point-to-Point Protocol over Ethernet）或 PPPoA（Point-to-Point Protocol over ATM）虚拟拨号的方式上网。

10.3 网络的协议与标准

计算机网络的硬件设备是承载计算机通信的实体，但它们是怎样有序地完成计算机之间通信任务的呢？也就是说，要共享计算机网络的资源以及进行网络中的交换信息，需要实现不同系统中实体的通信。两个实体要想成功地通信，它们必须具有相同的语言，在计算机网络中称为协议（或规程）。所谓协议，指的是网络中的计算机与计算机进行通信时，为了能够实现数据的正常发送与接收必须要遵循的一些事先约定好的规则（标准或约定），在这些规程中明确规定了通信时的数据格式、数据传送时序以及相应的控制信息和应答信号等内容。下面主要介绍网络的标准、局域网协议与广域网协议。

10.3.1 网络的标准

在网络的标准化方面，有许多标准化机构在工作，例如国际标准化组织、国际电信联盟、电子工业协会、电气和电子工程师协会、因特网活动委员会等。

1. 电信标准

1865 年成立国际电信联盟（International Telecommunication Union，ITU），1947 年 ITU 成为联合国的一个组织，它由以下 3 部分组成。

- ITU-R：无线通信部门。ITU-R 的主要工作是确保无线电频率和卫星轨道被所有国家平等、有效和经济地利用，召开世界性和地区性大会来制定无线电法规和地区性协议，起草并通过有关技术、业务和系统的建议。
- ITU-T：电信标准部门。下设许多研究组，研究组下设专题，从事网络管理、网络维护、业务运营、网络和终端的端对端传输特性、网络总体方面、多媒体业务和系统等方面的研究。例如，Q42/SG VII 专门研究 OSI 参考模型。
- ITU-D：开发部门。主要宗旨是促进第三世界国家的电信发展。

1953 年到 1993 年，ITU-T 被称为 CCITT（国际电报电话咨询委员会）。CCITT 建议自 1993 年起都打上了 ITU-T 标记。已经公布并使用的重要的标准如下。

（1）V 系列。ITU-T 提出的 V 系列标准主要是针对调制解调器的标准。例如，V.90 是 56Kbps 调制解调器的标准。

（2）X 系列。ITU-T 提出的 X 系列标准是应用于广域网的，该系列标准分为以下两组。

- X.1－X.39 标准。应用于终端形式、接口、服务设施和设备。最著名的标准是 X.25，它规定了数据包装和传送的协议。
- X.40－X.199 标准。管理网络结构、传输、发信号等。

2. 国际标准

1946 年成立的国际标准化组织负责制定各种国际标准，ISO 有 89 个成员国家，85 个其他成员。ISO 的任务是促进全球范围内的标准化及其有关活动，以利于国际间产品与服务的交流，以及在知识、科学、技术和经济活动中发展国际间的相互合作。例如，ISO 开发了开放式系统互连网络结构模型，该模型定义了用于网络结构的 7 个数据处理层。

其他标准化组织如下。

- ANSI：美国国家标准研究所，ISO 的美国代表。ANSI 设计了 ASCII 代码组，它是一种广泛使用的数据交换标准代码。
- NIST：美国国家标准和技术研究所，美国商业部的标准化机构。
- IEEE：电气和电子工程师协会（Institute of Electrical and Electronics Engineers）。IEEE 设置了电子工业标准，分成一些标准委员会（或工作组），每个工作组负责标准的一个领域，工作组 802 设置了网络上的设备如何彼此通信的标准，即 IEEE 802 标准委员会划分成的工作组有 802.1 工作组，协调低档与高档 OSI 模型；802.2 工作组，涉及逻辑数据链路标准；802.3 工作组，有关 CSMA/CD 标准在以太网的应用；802.4 工作组，令牌总线标准在 LAN 中的应用；802.5 工作组，设置有关令牌环网络的标准。

- EIA：电子工业协会（Electronic Industries Association）。最为人熟悉的 EIA 标准之一是 RS-232C 接口，这一通信接口允许数据在设备之间交换。

值得注意的是，ITU-T 和 ISO 之间有很好的合作和协调。

3．Internet 标准

Internet 标准的特点是自发而非政府干预的，管理松散，每个分网络均由各自分别管理，目前已组成了一个民间性质的协会 ISOC（Internet Society）进行必要的协调与管理，有一个网络信息中心（NIC）来管理 IP 地址，保证注册地址的唯一性，并为用户提供一些文件，介绍可用的服务。ISOC 设有 Internet 总体管理机构结构（IAB）。

1969 年，在 ARPANET 时代就开始发布请求评注（Request For Comments，RFC），至今已超过 3000 个。

10.3.2 局域网协议

IEEE 局域网标准委员会对局域网的定义为：“局域网络中的通信被限制在中等规模的地理范围内，如一所学校；能够使用具有中等或较高数据速率的物理信道，且具有较低的误码率；局域网络是专用的，由单一组织机构所使用。”局域网技术由于具有规模小、组网灵活和结构规整的特点，极易形成标准。事实上，局域网技术也是在所有计算机网络技术中标准化程度最高的一部分。国际电子电气工程师协议早在 20 世纪 70 年代就制定了 3 个局域网标准：IEEE 802.3（CSMA/CD，以太网）、IEEE 802.4（Token Bus，令牌总线）和 IEEE 802.5（Token Ring，令牌环）。由于它已被市场广泛接受，因此 IEEE 802 系列标准已被 ISO 采纳为国际标准。而且，随着网络技术的发展，又出现了 IEEE 802.7（FDDI）、IEEE 802.3u（快速以太网）、IEEE 802.12（100VG-AnyLAN）和 IEEE 802.3z（千兆以太网）等新一代网络标准。

一个局域网的基本组成主要有网络服务器、网络工作站、网络适配器和传输介质。这些设备在特定网络软件支持下完成特定的网络功能。决定局域网特性的主要技术有 3 个方面：用于传输数据的传输介质；用于连接各种设备的拓扑结构；用于共享资源的介质访问控制方法。它们在很大程度上决定了传输数据的类型、网络的响应时间、吞吐量和利用率，以及网络应用等各种网络特性。不同的局域网协议最重要的区别是介质访问控制方法，它对网络特性具有十分重要的影响。

1. LAN 模型

ISO/OSI 的 7 层参考模型本身不是一个标准，在制定具体网络协议和标准时，要以 OSI/RM 参考模型作为“参照基准”，并说明与该“参照基准”的对应关系。在 IEEE 802 局域网（LAN）标准中只定义了物理层和数据链路层两层，并根据 LAN 的特点把数据链路层分成逻辑链路控制（Logical Link Control，LLC）子层和介质访问控制（Medium Access Control，MAC）子层，还加强了数据链路层的功能，把网络层中的寻址、排序、流控和差错控制等功能放在 LLC 子层来实现。图 10-9 为 LAN 协议的层次以及与 OSI/RM 参考模型的对应关系。

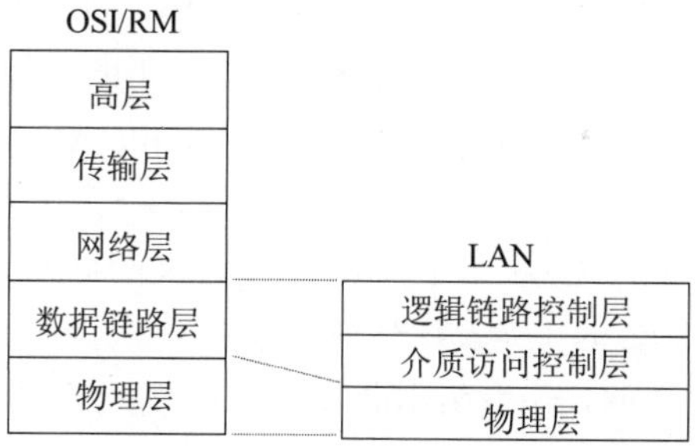

图 10-9　LAN 层次与 OSI/RM 的对应关系

1）物理层

和 OSI 物理层的功能一样，主要处理在物理链路上发送、传递和接收非结构化的比特流，包括对带宽的频道分配和对基带的信号调制、建立、维持、撤销物理链路，处理机械的、电气的和过程的特性。其特点是可以采用一些特殊的通信媒体，在信息组成的格式上可以有多种。

2）MAC

主要功能是控制对传输介质的访问，MAC 与网络的具体拓扑方式以及传输介质的类型有关，主要是介质的访问控制和对信道资源的分配。MAC 层还实现帧的寻址和识别，完成帧检测序列产生和检验等功能。

3）LLC

LLC 可提供两种控制类型，即面向连接服务和非连接服务。其中，面向连接服务能够提供可靠的信道。逻辑链路控制层提供的主要功能是数据帧的封装和拆除，为高层提供网络服务的逻辑接口，能够实现差错控制和流量控制。

在计算机网络体系结构中，最具代表性和权威的是 ISO 的 OSI/RM 和 IEEE 的 802 协议。OSI 是设计和实现网络协议标准的最重要的参考模型和依据，而 IEEE 802 制定了一系列具体的局域网标准，并不断地增加新的标准，它们之间的关系如图 10-10 所示。

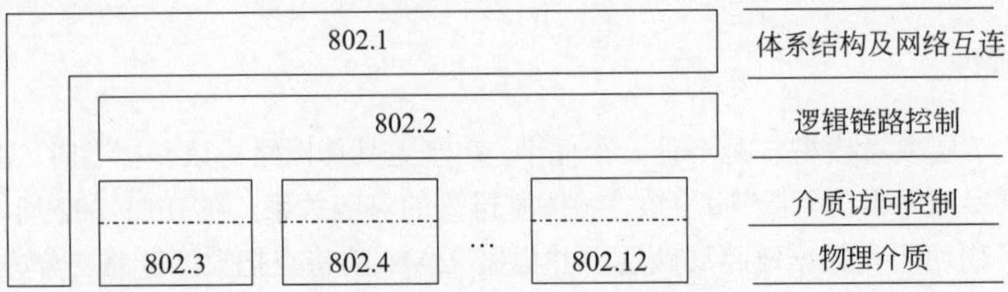

图 10-10 IEEE 802 标准系列间的关系

2．以太网（IEEE 802.3 标准）

以太网技术可以说是局域网技术中历史最悠久和最常用的一种，它采用的“存取方法”是带冲突检测的载波监听多路访问协议（Carrier-Sense Multiple Access with Collision Detection，CSMA/CD）技术。

目前，以太网主要包括 3 种类型：IEEE 802.3 中定义的标准局域网，速度为 10Mbps，传输介质为细同轴电缆；IEEE 802.3u 中定义的快速以太网，速度为 100Mbps，传输介质为双绞线；IEEE 802.3z 中定义的千兆以太网，速度为 1000Mbps，传输介质为光纤或双绞线。

1）介质访问技术

IEEE 802.3 所使用的介质访问协议 CSMA/CD 是让整个网络上的主机都以竞争的方式来抢夺传送数据的权力。工作过程为：首先侦听信道，如果信道空闲，则发送；如果信道忙，则继续侦听，直到信道空闲时立即发送。开始发送后再进行一段时间的检测，方法是边发送边接收，并将收、发信息相比较，若结果不同，表明发送的信息遇到碰撞，于是立即停止发送，并向总线上发出一串阻塞信号，通知信道上各站冲突已发生。已发出信息的各站收到阻塞信号后，等待一段随机时间，等待时间最短的站将重新获得信道，可重新发送。

在 CSMA/CD 中，当检测到冲突并发出阻塞信号后，为了降低再次冲突概率，需要等待一个退避时间。退避算法有许多种，常用的一种通用退避算法称为二进制指数退避算法。

2）IEEE 802.3——10Mbps 以太网

IEEE 802.3——10Mbps 以太网 定义过 10Base 5、10Base 2、10Base-T 和 10Base-F 等几种（需要说明的是，10Base-T 与 10Base-F 的最后一项是以线缆类型进行命名的，其中 T 代表双绞线，F 代表光纤）。10Base 5 标准是最早的媒体规范，它使用阻抗为 50Ω的同轴粗缆。但由于同轴粗缆的缆线直径大，所以比较笨重，不易铺设。10Base 2 标准是为了建立一个比 10Base 5 更廉价的局域网，它使用阻抗为 50Ω的同轴细缆，唯一的差别就是它使得每两个结点间的距离限制从 500m 降为 185m。10Base-T 标准是一个使用非屏蔽双绞线为传输介质的标准，所要用到的非屏蔽双绞线只需 3 类线标准即可满足要求，是一个成功的标准。10Base-F 标准充分利用了新兴媒体光纤的距离长、传输性能好的优点，大大改进了以太网技术。

3）IEEE 802.3u——100Mbps 快速以太网

随着计算机技术的不断发展，10Mbps 的网络传输速度实在无法满足日益增大的需求。IEEE 802.3u 充分考虑到了向下兼容性，它采用了非屏蔽双绞线（或屏蔽双绞线、光纤）作为传输媒介，采用与 IEEE 802.3 一样的介质访问控制层——CSMA/CD。IEEE 802.3u 常称为快速以太网。根据实现的介质不同，快速以太网可以分为 100BaseTX、100BaseFX 和 100BaseT4 三种。

100BaseTX 用两对 5 类非屏蔽双绞线（或者 1 类、2 类屏蔽双绞线作为传输媒介）来实现传输速度为 100Mbps 的网络，最多支持两个中继器。100BaseFX 是两束多模光纤上的标准，在没有中继设备的网络中最大传输距离为 400m。100BaseT4 利用 10Mbps 的网络中使用的 3 类线有两对是空着没有利用的特点，使用 4 对 3 类非屏蔽双绞线上提供传输速度为 100Mbps 网络。

4）IEEE 802.3z——1000Mbps 千兆以太网

IEEE 802.3z 对介质访问控制层规范进行了重新定义，以维持适当的网络传输距离，介质访问控制方法仍采用 CSMA/CD 协议，并且重新制定了物理层标准，使之能提供 1000Mbps 的原始带宽。因此，它仍是一种共享介质的局域网，发送到网上的信号是广播式的，接收站根据地址接收信号。网络接口硬件能监听线路上是否已存在信号，以避免冲突，或在没有冲突时重发数据。

在物理层，千兆以太网支持以下 3 种传输介质。

（1）光纤系统。支持多模光纤和单模光纤系统，多模光纤的工作距离为 500m，单模光纤的工作距离为 2000m。

（2）宽带同轴电缆系统。其传输距离为 25m。

（3）5 类 UTP 电缆。其传输距离为 100m，链路操作模式为半双工。

千兆位以太网采用以交换机为中心的星型拓扑结构，主要用于交换机与交换机之间或者交换机与企业超级服务器之间的高速网络连接。

3. 令牌环网（IEEE 802.5）

令牌环是环型网中最普遍采用的介质访问控制方法，它适用于环型网络结构的分布式介质访问控制，其流行性仅次于以太网。令牌环网的传输介质虽然没有明确定义，但主要基于屏蔽双绞线和非屏蔽双绞线两种，拓扑结构可以有多种，如环型（最典型）、星型（采用得最多）和总线型（一种变形）。编码方法为差分曼彻斯特编码。

IEEE 802.5 的介质访问使用的是令牌环控制技术，工作过程为：首先，令牌环网在网络中传递一个很小的帧，称为“令牌”，只有拥有令牌环的工作站才有权力发送信息；令牌在网络上依次顺序传递，当工作站要发送数据时等待捕获一个空令牌，将要发送的信息附加到后边，发往下一站，如此直到目标站，然后将令牌释放；工作站要发送数据时，如果经过的令牌不是空的，则等待令牌释放。

当信息帧绕环通过各站时，各站都要将帧的目的地址与本站地址相比较，如果地址符合，说明是发送给本站的，则将帧复制到本站的接收缓冲器中，同时将帧送回到环上，使帧继续沿环传送；如果地址不符合，则简单地将信息帧重新送到环上即可。

4. FDDI

FDDI（Fiber Distributed Data Interface，光纤分布式数据接口）类似令牌环网的协议，它用光纤作为传输介质，数据传输速度可达到100Mbps，环路长度可扩展到200km，连接的站点数可以达到1000个。FDDI采用一种新的编码技术，称为4B/5B编码，即每次对4位数据进行编码。每4位数据编码成5位符号，用光信号的存在或不存在来代表5位符号中的每一位是1还是0。

光纤中传送的是光信号，有光脉冲表示1，无光脉冲表示0。这种简单编码的缺点是没有同步功能。在同轴电缆或双绞线作为传输介质的局域网中，通常采用曼彻斯特编码方式。它利用中间的跳变作为同步信号。这样对每一位数据单元产生两次瞬变，使带宽的利用率降低。在5位编码的32种组合中，实际只使用了24种，其中的16种用来做数据，其余8种用来做控制符号（如帧的起始和结束符号等）。在4B/5B编码中，5位码中的“1”码至少为两位，按NRZI编码原理，信号中就至少有两次跳变，因此接收端可得到足够的同步信息。

FDDI采用双环体系结构，两环上的信息反方向流动。双环中的一环称为主环，另一环称为次环。在正常情况下，主环传输数据，次环处于空闲状态。双环设计的目的是提供高可靠性和稳定性。FDDI定义的传输介质有单模光纤和多模光纤两种。

5. 无线局域网（CSMA/CA）

信息时代的网络已经渗透到了个人、企业以及政府。现在的网络建设已经发展到无所不在，不论你在任何时间、任何地点都可以轻松上网。网络无所不在其实并不简单，光靠光纤、铜缆是不够的，毕竟在许多场合不允许铺设线缆。因此，需要推广一种新的解决方案，使得网络的无所不在能够得以实现，这种解决方案就是无线数据网。

无线局域网使用的是带冲突避免的载波侦听多路访问方法（CSMA/CA）。冲突检测（Collision Detection）变成了冲突避免（Collision Avoidance），这一字之差是很大的。因为在无线传输中侦听载波及冲突检测都是不可靠的，侦听载波有困难。另外，通常无线电波经天线送出去时，自己是无法监视到的，因此冲突检测实质上也做不到。在802.11中侦听载波是由两种方式来实现的，一个是实际去听是否有电波在传，然后加上优先权控制；另一个是虚拟的侦听载波，告知大家待会有多久的时间我们要传东西，以防止冲突。

10.3.3　广域网协议

广域网通常是指覆盖范围大、传输速率低、以数据通信为主要目的的数据通信网。随着信息技术的迅速发展，很多国家的数据通信业务的增长率已大大提高，特别是国际互联网的普及促进了数据通信网技术的发展。

在地域分布很远、很分散，以至于无法用直接连接来接入局域网的场合，广域网（WAN）通过专用的或交换式的连接把计算机连接起来。这种广域连接可以是通过公众网建立的，也可以通过服务于某个专业部门的专用网建立起来。相对来说，广域网显得比较错综复杂，目前主要用于广域传输的协议比较多，例如 PPP（点对点协议）、DDN、ISDN（综合业务数字网）、FR（帧中继）和 ATM（异步传输模式）等。

1．点对点协议（PPP）

点对点协议主要用于“拨号上网”这种广域连接模式。它的优点是简单、具备用户验证能力、可以解决 IP 分配等。它主要通过拨号或专线方式建立点对点连接发送数据，使其成为各种主机、网桥和路由器之间简单连接的一种通用的解决方案。

家庭拨号上网就是通过 PPP 在用户端和运营商的接入服务器之间建立通信链路。目前，宽带接入正在取代拨号上网，在宽带接入技术日新月异的今天，PPP 也衍生出新的应用。典型的应用是在 ADSL（Asymmetrical Digital Subscriber Line，非对称数据用户线）接入方式当中，PPP 与其他的协议共同派生出了符合宽带接入要求的新的协议，例如 PPPoE 和 PPPoA。

利用以太网（Ethernet）资源在以太网上运行 PPP 来进行用户认证接入的方式称为 PPPoE。PPPoE 既保护了用户方的以太网资源，又完成了 ADSL 的接入要求，是目前 ADSL 接入方式中应用最广泛的技术标准。同样，在 ATM 网络上运行 PPP 来管理用户认证的方式称为 PPPoA。它与 PPPoE 的原理相同，作用相同。不同的是，它是在 ATM 网络上，而 PPPoE 是在以太网网络上运行，所以要分别适应 ATM 标准和以太网标准。

2．数字用户线（xDSL）

xDSL 是各种数字用户线的统称，根据各种宽带通信业务需要，目前还有 DSL 技术和产品，例如 ADSL（Asymmetric DSL，不对称数字用户线）、SDSL（Single Pair DSL，单对线数字用户环路）、IDSL（ISDN DSL，ISDN 用的数字用户线）、RADSL（Rate Adaptive DSL，速率自适应非对称型数字用户线）和 VDSL（Very High Bit Rate DSL，甚高速数字用户线）等。

ADSL 是研制最早、发展较快的一种。它是在一对铜双绞线上为用户提供上、下行非对称的传输速率（即带宽）。ADSL 接入服务能做到较高的性能价格比，ADSL 接入技术较其他接入技术具有其独特的技术优势：它的速率可达到上行 1 兆/下行 8 兆，速度非常快。另外，使用

ADSL 上网不需要占用电话线路，在电话和上网互不干扰的同时大大节省了普通上网方式的话费支出；独享带宽且安全可靠；安装快捷方便；价格实惠。它把线路按频段分成语音、上行和下行 3 个信道，故语音和数据可共用一对线。ADSL 特别适合于像 VOD 业务及 Internet 和多媒体业务的应用。ADSL 一般采用 CAP 和 DMT 两种线路编码调制技术，传输距离与线径、速率有关，一般在 3km 以上。因此，ADSL 是一种很有发展前途的数字接入技术。ADSL 技术作为一种宽带接入方式，可以为用户提供中国电信宽带网的所有应用业务。采用各种拨号方式上网的用户将逐步过渡到采用 ADSL 宽带接入方式，ADSL 在宽带接入中已经扮演着越来越重要的角色。

对于个人用户，在现有电话线上安装 ADSL，只需在用户端安装一台 ADSL Modem 和一个分离器，用户线路不用做任何改动，极其方便。数据线路为 PC→ADSL Modem→分离器→入户接线盒→电话线→DSL 接入复用器→ATM/IP 网络；语音线路为话机→分离器→入户接线盒→电话线→DSL 接入复用器→交换机。

对于企业用户，在现有电话线上安装 ADSL 和分离器连接 Hub 或 Switch。数据线路为 PC→以太网（Hub 或 Switch）→ADSL 路由器→分离器→入户接线盒→电话线→DSL 接入复用器→ATM/IP 网络；语音线路为话机→分离器→入户接线盒→电话线→DSL 接入复用器→交换机。

3．数字专线

数字数据网（Digital Data Network，DDN）是采用数字传输信道传输数据信号的通信网，可提供点对点、点对多点透明传输的数据专线出租电路，为用户传输数据、图像和声音等信息。数字数据网是以光纤为中继干线的网络，组成 DDN 的基本单位是结点，结点间通过光纤连接，构成网状的拓扑结构。

DDN 专线就是市内或长途的数据电路，电信部门将它们出租给用户做资料传输使用后，它们就变成了用户的专线，直接进入电信的 DDN 网络，因为这种电路是采用固定连接的方式，不需要经过交换机房，所以称之为固定 DDN 专线。DDN 专线不仅需要铺设专用线路（在 DDN 的客户端需要一个称为 DDN Modem 的 CSU/DSU 设备以及一个路由器）从用户端进入主干网络，而且需要付电信月租费、网络使用费和电路租用费等。其优势是网络传输速率高、时延小、质量好、网络透明度高、可支持任何规程、安全可靠。

4．帧中继

帧中继（Frame Relay，FR）是在用户网络接口之间提供用户信息流的双向传送，并保持顺序不变的一种承载业务。用户信息以帧为单位进行传输，并对用户信息流进行统计复用。帧中继是综合业务数字网标准化过程中产生的一种重要技术，它是在数字光纤传输线路逐渐代替原有的模拟线路、用户终端智能化的情况下由 X25 分组交换技术发展起来的一种传输技术。

帧中继是一种基于可变帧长的数据传输网络，在传输过程中，网络内部可以采用“帧交换”，即以帧为单位进行传送；也可采用“信元交换”，即以信元（53 字节长）为单位进行传送。

帧中继提供一种简单的面向连接的虚电路分组服务，包括交换虚电路连接和永久虚电路连接。帧中继的优点包括降低网络互连费用、简化网络功能、提高网络性能、采用国际标准、各厂商产品相互兼容等。

5. 异步传输模式

异步传输模式（Asynchronous Transfer Mode，ATM）是 B-ISDN 的关键核心技术，它是一种面向分组的快速分组交换模式，使用了异步时分复用技术，将信息流分割成固定长度的信元。使用统一的信息单位能比较容易地实现各种信息流混合在一起的多媒体通信，并能根据业务类型、速率的需求动态地分配有效容量。ATM 能够根据需要改变传送速率，对高速信息传递频次高，对低速信息传递频次低，按照统计复用的原理进行传输和交换，故 ATM 完全可以用单一的交换方式灵活、有效地支持频带分布范围极广的各种业务。

在 ATM 网络中，数据以定长的信元为单位进行传输，信元由信元头和信元体构成，每个信元 53 个字节，其中信元头 5 个字节，信元体 48 个字节。

ATM 的参考模型由 4 层构成，分别是用户层、ATM 适配层、ATM 层和物理层。图 10-11 给出了简化后的 ATM 的参考模型。

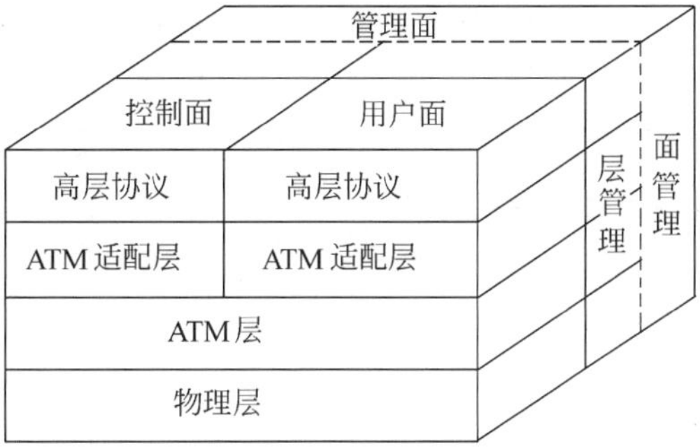

图 10-11　ATM 的参考模型

6. X.25 协议

X.25 在本地 DTE 和远程 DTE 之间提供一个全双工、同步的透明信道，并定义了 3 个相互独立的控制层：物理层、数据链路层和分组层，它们分别对应于 ISO/OSI 的物理层、链路层和网络层，如图 10-12 所示。

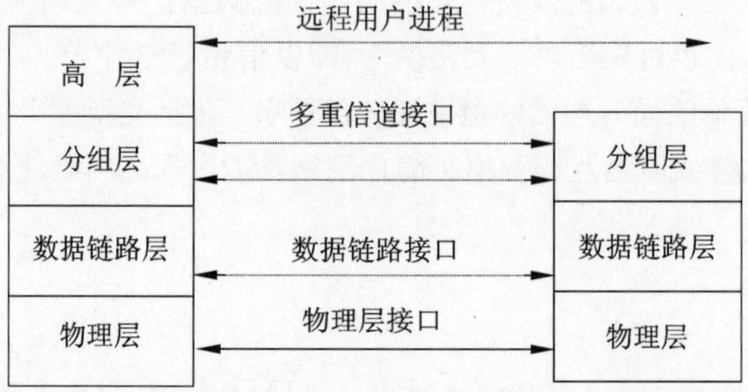

图 10-12 X.25 层次模型

X.25 是在公用数据网上以分组方式进行操作的 DTE（数据终端设备）和 DCE（数据通信设备）之间的接口。X.25 只是对公用分组交换网络的接口规范说明，并不涉及网络的内部实现，它是面向连接的，支持交换式虚电路和永久虚电路。

10.3.4 TCP/IP 协议族

TCP/IP 作为 Internet 的核心协议，通过近 20 多年的发展已日渐成熟，并被广泛应用于局域网和广域网中，目前已成为事实上的国际标准。作为一个最早的、也是迄今为止发展最为成熟的互连网络协议系统，TCP/IP 包含许多重要的基本特性，这些特性主要表现在 5 个方面：逻辑编址、路由选择、域名解析、错误检测和流量控制以及对应用程序的支持等。

（1）逻辑编址。每一块网卡在出厂时就由厂家分配了一个独一无二的永久性的物理地址。在 Internet 中，为每台连入因特网的计算机分配一个逻辑地址，这个逻辑地址被称为 IP 地址。一个 IP 地址可以包括一个网络 ID 号，用来标识网络；一个子网络 ID 号，用来标识网络上的一个子网；另外，还有一个主机 ID 号，用来标识子网络上的一台计算机。这样，通过这个分配给某台计算机的 IP 地址，就可以很快地找到相应的计算机。

（2）路由选择。在 TCP/IP 中包含了专门用于定义路由器如何选择网络路径的协议，即 IP 数据包的路由选择。

（3）域名解析。虽然 TCP/IP 采用的是 32 位的 IP 地址，但考虑到用户记忆方便，专门设计了一种方便的字母式地址结构，称为域名或 DNS（域名服务）名字。将域名映射为 IP 地址的操作称为域名解析。域名具有较稳定的特点，而 IP 地址较易发生变化。

（4）错误检测和流量控制。TCP/IP 具有分组交换确保数据信息在网络上可靠传递的特性，这些特性包括检测数据信息的传输错误（保证到达目的地的数据信息没有发生变化），确认已传递的数据信息已被成功地接收，监测网络系统中的信息流量，防止出现网络拥塞。

1．TCP/IP 分层模型

协议是对数据在计算机或设备之间传输时的表示方法进行定义和描述的标准。协议规定了进行传输、检测错误以及传送确认信息等内容。TCP/IP 是个协议族，它包含了多种协议。ISO/OSI 模型、TCP/IP 的分层模型及协议的对比如图 10-13 所示。

<table>
<tr><th>ISO/OSI 模型</th><th colspan="5">TCP/IP 协议</th><th>TCP/IP 模型</th></tr>
<tr><td>应用层</td><td rowspan="3">文件传输协议（FTP）</td><td rowspan="3">远程登录协议（Telnet）</td><td rowspan="3">电子邮件协议（SMTP）</td><td rowspan="3">网络文件服务协议（NFS）</td><td rowspan="3">网络管理协议（SNMP）</td><td rowspan="3">应用层</td></tr>
<tr><td>表示层</td></tr>
<tr><td>会话层</td></tr>
<tr><td>传输层</td><td colspan="5">TCP　UDP</td><td>传输层</td></tr>
<tr><td>网络层</td><td>IP</td><td>ICMP</td><td colspan="3">ARP　RARP</td><td>网际层</td></tr>
<tr><td>数据链路层</td><td rowspan="2">Ethernet IEEE 802.3</td><td rowspan="2">FDDI</td><td rowspan="2">Token-Ring/ IEEE 802.5</td><td rowspan="2">ARCnet</td><td rowspan="2">PPP/SLIP</td><td>网络接口层</td></tr>
<tr><td>物理层</td><td>硬件层</td></tr>
</table>

图 10-13 TCP/IP 模型与 OSI 模型的对比

从图 10-13 可知，TCP/IP 分层模型由 4 个层次构成，即应用层、传输层、网际层和网络接口层，对各层的功能简述如下。

（1）应用层。应用层处在分层模型的最高层，用户调用应用程序来访问 TCP/IP 互连网络，以享受网络上提供的各种服务。应用程序负责发送和接收数据。每个应用程序可以选择所需要的传输服务类型，并把数据按照传输层的要求组织好，再向下层传送，包括独立的报文序列和连续字节流两种类型。

（2）传输层。传输层的基本任务是提供应用程序之间的通信服务，这种通信又称端到端的通信。传输层既要系统地管理数据信息的流动，还要提供可靠的传输服务，以确保数据准确而有序地到达目的地。为了这个目的，传输层协议软件需要进行协商，让接收方回送确认信息及让发送方重发丢失的分组。在传输层与网际层之间传递的对象是传输层分组。

（3）网际层。网际层又称 IP 层，主要处理机器之间的通信问题。它接收传输层请求，传送某个具有目的地址信息的分组。该层主要完成以下功能。

① 把分组封装到 IP 数据报（IP Datagram）中，填入数据报的首部（也称为报头），使用

路由算法选择把数据报直接送到目标机或把数据报发送给路由器，然后再把数据报交给下面的网络接口层中对应的网络接口模块。

② 处理接收到的数据报，检验其正确性。使用路由算法来决定是在本地进行处理，还是继续向前发送。如果数据报的目标机处于本机所在的网络，该层软件就把数据报的报头剥去，再选择适当的传输层协议软件来处理这个分组。

③ 适时发出ICMP的差错和控制报文，并处理收到的ICMP报文。

（4）网络接口层。网络接口层又称数据链路层，处于TCP/IP协议层之下，负责接收IP数据报，并把数据报通过选定的网络发送出去。该层包含设备驱动程序，也可能是一个复杂的、使用自己的数据链路协议的子系统。

2．网络接口层协议

TCP/IP协议不包含具体的物理层和数据链路层，只定义了网络接口层作为物理层与网络层的接口规范。这个物理层可以是广域网，例如X.25公用数据网，也可以是局域网，例如Ethernet、Token-Ring和FDDI等。任何物理网络只要按照这个接口规范开发网络接口驱动程序，就能够与TCP/IP协议集成起来。网络接口层处在TCP/IP协议的最底层，主要负责管理为物理网络准备数据所需的全部服务程序和功能。

3．网际层协议——IP

网际层是整个TCP/IP协议族的重点。在网际层定义的协议除了IP外，还有ICMP、ARP和RARP等几个重要的协议。

IP所提供的服务通常被认为是无连接的（Connectionless）和不可靠的（Unreliable）。事实上，在网络性能良好的情况下，IP传送的数据能够完好无损地到达目的地。所谓无连接的传输，是指没有确定目标系统在已做好接收数据准备之前就发送数据。与此相对应的就是面向连接的（Connection Oriented）传输（如TCP），在该类传输中，源系统与目的系统在应用层数据传送之前需要进行三次握手。至于不可靠的服务，是指目的系统不对成功接收的分组进行确认，IP只是尽可能地使数据传输成功。但是只要需要，上层协议必须实现用于保证分组成功提供的附加服务。

由于IP只提供无连接、不可靠的服务，所以把差错检测和流量控制之类的服务授权给了其他的各层协议，这正是TCP/IP能够高效工作的一个重要保证。这样，可以根据传送数据的属性来确定所需的传送服务以及客户应该使用的协议。例如，传送大型文件的FTP会话需要面向连接的、可靠的服务（因为如果稍有损坏，就可能导致整个文件无法使用）。

IP 的主要功能包括将上层数据（如 TCP、UDP 数据）或同层的其他数据（如 ICMP 数据）封装到 IP 数据报中；将 IP 数据报传送到最终目的地；为了使数据能够在链路层上进行传输，对数据进行分段；确定数据报到达其他网络中的目的地的路径。

IP 协议软件的工作流程：当发送数据时，源计算机上的 IP 协议软件必须确定目的地是在同一个网络上，还是在另一个网络上。IP 通过执行这两项计算并对结果进行比较，才能确定数据到达的目的地。如果两项计算的结果相同，则数据的目的地确定为本地；否则，目的地应为远程的其他网络。如果目的地在本地，那么 IP 协议软件就启动直达通信；如果目的地是远程计算机，那么 IP 必须通过网关（或路由器）进行通信，在大多数情况下，这个网关应当是默认网关。当源 IP 完成了数据报的准备工作时，它就将数据报传递给网络访问层，网络访问层再将数据报传送给传输介质，最终完成数据帧发往目的计算机的过程。

当数据抵达目的计算机时，网络访问层首先接收该数据。网络访问层要检查数据帧有无错误，并将数据帧送往正确的物理地址。假如数据帧到达目的地时正确无误，网络访问层便从数据帧的其余部分中提取数据有效负载（Payload），然后将它一直传送到帧层次类型域指定的协议。在这种情况下，可以说数据有效负载已经传递给了 IP。

有关 IP 地址的具体情况参见 10.4.2 节的内容。

4. ARP 和 RARP

地址解析协议（Address Resolution Protocol，ARP）及反地址解析协议（RARP）是驻留在网际层中的另一个重要协议。ARP 的作用是将 IP 地址转换为物理地址，RARP 的作用是将物理地址转换为 IP 地址。网络中的任何设备，主机、路由器和交换机等均有唯一的物理地址，该地址通过网卡给出，每个网卡出厂后都有不同的编号，这意味着用户所购买的网卡有着唯一的物理地址。另一方面，为了屏蔽底层协议及物理地址上的差异，IP 协议又使用了 IP 地址，因此，在数据传输过程中，必须对 IP 地址与物理地址进行相互转换。

用 ARP 进行 IP 地址到物理地址转换的过程为：当计算机需要与任何其他的计算机进行通信时，首先需要查询 ARP 高速缓存，如果 ARP 高速缓存中这个 IP 地址存在，便使用与它对应的物理地址直接将数据报发送给所需的物理网卡；如果 ARP 高速缓存中没有该 IP 地址，那么 ARP 便在局域网上以广播方式发送一个 ARP 请求包。如果局域网上 IP 地址与某台计算机中的 IP 地址相一致，那么该计算机便生成一个 ARP 应答信息，信息中包含对应的物理地址。ARP 协议软件将 IP 地址与物理地址的组合添加到它的高速缓存中，这时即可开始数据通信。

RARP 负责物理地址到 IP 地址的转换，这主要用于无盘工作站。网络上的无盘工作站在网卡上有自己的物理地址，但无 IP 地址，因此必须有一个转换过程。为了完成这个转换过程，网络中有一个 RARP 服务器，网络管理员事先必须把网卡上的 IP 地址和相应的物理地址存储到 IP RARP 服务器的数据库中。

5．网际层协议——ICMP

Internet 控制信息协议（Internet Control Message Protocol，ICMP）是网际层的另一个比较重要的协议。由于 IP 是一种尽力传送的通信协议，即传送的数据报可能丢失、重复、延迟或乱序，因此 IP 需要一种避免差错并在发生差错时报告的机制。ICMP 就是一个专门用于发送差错报文的协议。ICMP 定义了 5 种差错报文（源抑制、超时、目的不可达、重定向和要求分段）和 4 种信息报文（回应请求、回应应答、地址屏蔽码请求和地址屏蔽码应答）。IP 在需要发送一个差错报文时要使用 ICMP，而 ICMP 也是利用 IP 来传送报文的。ICMP 是让 IP 更加稳固、有效的一种协议，它使得 IP 传送机制变得更加可靠。而且 ICMP 还可以用于测试因特网，以得到一些有用的网络维护和排错的信息。例如，著名的 ping 工具就是利用 ICMP 报文进行目标是否可达测试。

6．传输层协议——TCP

TCP（Transmission Control Protocol，传输控制协议）是整个 TCP/IP 协议族中最重要的协议之一。它在 IP 提供的不可靠数据服务的基础上为应用程序提供了一个可靠的、面向连接的、全双工的数据传输服务。

TCP 是如何实现可靠性的呢？最主要和最重要的是 TCP 采用了重发（Retransmission）技术。具体来说，在 TCP 传输过程中，发送方启动一个定时器，然后将数据包发出，当接收方收到了这个信息时就给发送方一个确认（Acknowledgement）信息。如果发送方在定时器到点之前没有收到这个确认信息，就重新发送这个数据包。

利用 TCP 在源主机和目的主机之间建立和关闭连接操作时，均需要通过三次握手来确认建立和关闭是否成功。三次握手方式如图 10-14 所示，它通过“序号/确认号”使得系统正常工作，从而使它们的序号达成同步。TCP 建立连接的三次握手过程如下。

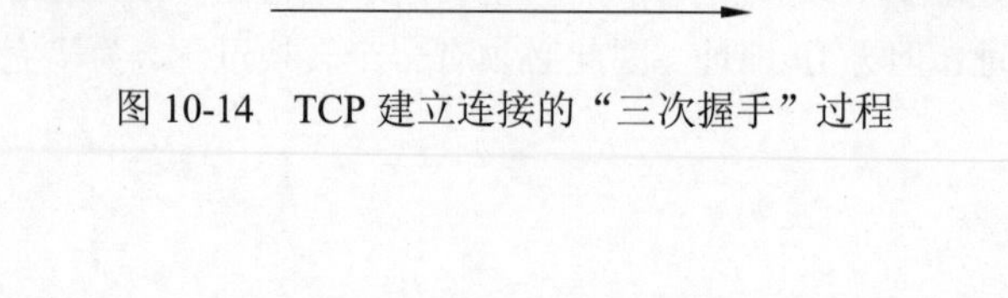

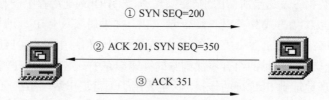

图 10-14 TCP 建立连接的“三次握手”过程

（1）源主机发送一个 SYN（同步）标志位为 1 的 TCP 数据包，表示想与目标主机进行通信，并发送一个同步序列号（如 SEQ=200）进行同步。

（2）目标主机同意进行通信，则响应一个确认（ACK 位置 1），并以下一个序列号为参考进行确认（如 201）。

（3）源主机以确认来响应目标主机的 TCP 包，这个确认中包括它想要接收的下一个序列号（该帧可以含有发送的数据）。至此连接建立完成。

同样，关闭连接也进行三次握手。

7．传输层协议——UDP

用户数据报协议（User Datagram Protocol，UDP）是一种不可靠的、无连接的协议，可以保证应用程序进程间的通信。与同样处在传输层的面向连接的 TCP 相比，UDP 是一种无连接的协议，它的错误检测功能要弱得多。可以这样说，TCP 有助于提供可靠性；而 UDP 有助于提高传输的高速率性。例如，必须支持交互式会话的应用程序（如 FTP 等）往往使用 TCP；而自己进行错误检测或不需要错误检测的应用程序（如 DNS、SNMP 等）往往使用 UDP。

UDP 协议软件的主要作用是将 UDP 消息展示给应用层，它并不负责重新发送丢失的或出错的数据消息，不对接收到的无序 IP 数据报重新排序，不消除重复的 IP 数据报，不对已收到的数据报进行确认，也不负责建立或终止连接。这些问题是由使用 UDP 进行通信的应用程序负责处理的。

TCP 虽然提供了一个可靠的数据传输服务，但它是以牺牲通信量来实现的。也就是说，为了完成同样一个任务，TCP 需要更多的时间和通信量。这在网络不可靠的时候通过牺牲一些时间换来达到网络的可靠性是可行的，但在网络十分可靠的情况下，则可以采用 UDP，通信量的浪费就会很小。

8．应用层协议

随着计算机网络的广泛应用，人们也已经有了许多基本的、相同的应用需求。为了让不同平台的计算机能够通过计算机网络获得一些基本的、相同的服务，也就应运而生了一系列应用级的标准，实现这些应用标准的专用协议被称为应用级协议，相对于 OSI 参考模型来说，它们处于较高的层次，所以也称为高层协议。应用层的协议有 NFS、Telnet、SMTP、DNS、SNMP 和 FTP 等，详细情况将在 Internet 服务中介绍。

10.4　Internet 及应用

Internet 是世界上规模最大、覆盖面最广且最具影响力的计算机互连网络，它是将分布在世界各地的计算机采用开放系统协议连接在一起，用来进行数据传输、信息交换和资源共享。在现阶段，Internet 作为未来信息高速公路的雏形，无论在科学研究、教育、金融，还是在商业、军事等部门，其影响都越来越大。

10.4.1 Internet 概述

从用户的角度来看，整个 Internet 在逻辑上是统一的、独立的，在物理上则由不同的网络互连而成。从技术角度看，Internet 本身不是某一种具体的物理网络技术，它是能够互相传递信息的众多网络的一个统称，或者说它是一个网间网，只要人们进入了这个互联网，就是在使用 Internet。正是由于 Internet 的这种特性，使得广大 Internet 用户不必关心网络的连接，而只关心网络提供的丰富资源。

连入 Internet 的计算机网络种类繁多、形式各异，且分布在世界各地，因此，需要通过路由器（IP 网关）并借助各种通信线路或公共通信网络把它们连接起来。由于实现了与公用电话网的互连，个人用户入网十分方便，只要有电话和 Modem 即可，这也是 Internet 迅速普及的原因之一。Internet 由美国的 ARPANET 网络发展而来，因此，它沿用了 ARPANET 使用的 TCP/IP 协议，由于该协议非常有效且使用方便，许多操作系统都支持它，无论是服务器还是个人计算机都可安装使用。

对于全球性最大的互联网络，总的来说无确定的负责人，它是由各自独立管理的网络互联构成的，而这些网络各自拥有自己的管理体系和政策法规。因此，没有集中的负责掌管整个 Internet 的机构。尽管如此，某些政府部门在制定 Internet 有关政策时实际上起着主导作用。Internet 目前的最高国际组织是 Internet 学会（Internet Society），该学会是一个志愿者组织，也是一个非盈利性的专业化组织，其主要目标是促进 Internet 的改革与发展。该学会下分 Internet 体系结构研究会（IAB）和其他几个研究会，IAB 下又有工程组（IETF）、许可证管理局（ICRS）、技术研究组（IRTF）和编号管理局（IANA）等。IAB 的主要任务是为支持 Internet 的科研与开发提供服务。

在 Internet 中分布着一些覆盖范围很广的大网络，这种网络称为“Internet 主干网”，它们一般属于国家级的广域网。例如，我国的 CHINANET 和 CERNET 等就是中国的 Internet 主干网。主干网一般只延伸到一些大城市或重要地方，在那里设立主干网结点。每一个主干网结点可以通过路由器将广域网与局域网连接起来，一个结点还可以通过另外的路由器与其他局域网再互连，由此形成一种网状结构。

10.4.2 Internet 地址

无论是在网上检索信息还是发送电子邮件，都必须知道对方的 Internet 地址，它能唯一确定 Internet 上的每一台计算机、每个用户的位置。也就是说，Internet 上的每一台计算机、每个用户都有唯一的地址来标识它是谁和在何处，以方便于几千万个用户、几百万台计算机和成千上万的组织。Internet 地址格式主要有两种书写形式：域名格式和 IP 地址格式。

1．域名

域名（Domain Name）通常是用户所用的主机的名字或地址。域名格式由若干部分组成，每个部分又称子域名，它们之间用“.”分开，每个部分最少由两个字母或数字组成。域名通常按分层结构来构造，每个子域名都有其特定的含义。通常情况下，一个完整、通用的层次型主机域名由以下 4 个部分组成：

计算机主机名．本地名．组名．最高层域名

从右到左，子域名分别表示不同的国家或地区的名称（只有美国可以省略表示国家的顶级域名）、组织类型、组织名称、分组织名称和计算机名称等。域名地址的最后一部分子域名称为高层域名（或顶级域名），它大致上可以分成两类：一类是组织性顶级域名；另一类是地理性顶级域名。

例如：www.dzkjdx.edu.cn　cn 是地理性顶级域名，表示“中国”。

www.263.net　net 是组织性顶级域名，表示“网络技术组织机构”。

如果一个主机所在的网络级别较高，它可能拥有的域名仅包含 3 个部分：本地名．组名．最高层域名。现在，Internet 地址管理机构（Internet PCA Registration Authority，IPRA）和（Internet Assigned Number Authority，IANA）负责 Internet 最高层域名的登记和管理。

2．IP 地址

Internet 地址是按名字来描述的，这种地址表示方式易于理解和记忆。实际上，Internet 中的主机地址是用 IP 地址来唯一标识的。这是因为 Internet 中所使用的网络协议是 TCP/IP 协议，故每个主机必须用 IP 地址来标识。

每个 IP 地址都由 4 个小于 256 的数字组成，数字之间用“.”分开。Internet 的 IP 地址共有 32 位，4 个字节。它有两种表示格式：二进制格式和十进制格式。二进制格式是计算机所认识的格式，十进制格式是由二进制格式“翻译”过去的，主要是为了便于使用和掌握。例如，十进制 IP 地址 129.102.4.11 与二进制的 10000001 01100110 00000100 00001011 相同，显然表示成带点的十进制格式方便得多。

域名和 IP 地址是一一对应的，域名易于记忆、便于使用，因此得到比较普遍的使用。当用户和 Internet 上的某台计算机交换信息时，只需要使用域名，网络会自动地将其转换成 IP 地址，找到该台计算机。

Internet 中的地址可分为 5 类：A 类、B 类、C 类、D 类和 E 类。各类的地址分配方案如图

10-15 所示。在 IP 地址中，全 0 代表的是网络，全 1 代表的是广播。

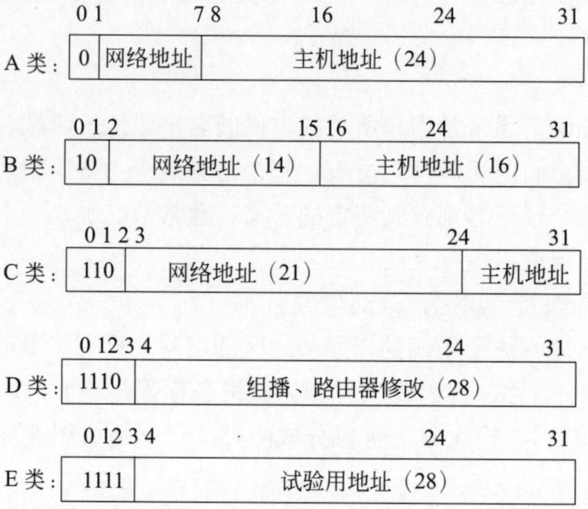

图 10-15　各类地址分配方案

A 类网络地址占有 1 个字节（8 位），定义最高位为 0 来标识此类地址，余下 7 位为真正的网络地址，支持 1～126 个网络。后面的 3 个字节（24 位）为主机地址，共提供 $2^{24}-2$ 个端点的寻址。A 类网络地址第一个字节的十进制值为 000～127。

B 类网络地址占有两个字节，使用最高两位为 10 来标识此类地址，其余 14 位为真正的网络地址，主机地址占后面的两个字节（16 位），所以 B 类全部的地址有（$2^{14}-2$）×（$2^{16}-2$）= 16 382×65 534 个。B 类网络地址第一个字节的十进制值为 128～191。

C 类网络地址占有 3 个字节，它是最通用的 Internet 地址。使用最高三位为 110 来标识此类地址，其余 21 位为真正的网络地址，因此 C 类地址支持 $2^{21}-2$ 个网络。主机地址占最后 1 个字节，每个网络可多达 $2^{8}-2$ 个主机。C 类网络地址第一个字节的十进制值为 192～223。

D 类地址是相当新的。它的识别头是 1110，用于组播，例如用于路由器修改。D 类网络地址第一个字节的十进制值为 224～239。

E 类地址为实验保留，其识别头是 1111。E 类网络地址第一个字节的十进制值为 240～255。

网络软件和路由器使用子网掩码（Subnet Mask）来识别报文是仅存放在网络内部还是被路由转发到其他地方。在一个字段内，1 的出现表明一个字段包含所有或部分网络地址，0 表明主机地址位置。例如，最常用的 C 类地址使用前 3 个字节来识别网络，最后一个字节（8 位）识别主机。因此，子网掩码是 255.255.255.0。

子网地址掩码是相对特别的 IP 地址而言的，如果脱离了 IP 地址就毫无意义。它的出现一般是跟着一个特定的 IP 地址，用来为计算这个 IP 地址中的网络号部分和主机号部分提供依据。换句话说，就是在写一个 IP 地址后，用于指明哪些是网络号部分，哪些是主机号部分。子网掩码的格式与 IP 地址相同，所有对应网络号的部分用 1 填上，所有对应主机号的部分用 0 填上。

A 类、B 类、C 类 IP 地址类默认的子网掩码如表 10-2 所示。

表 10-2 带点十进制符号表示的默认子网掩码

地 址 类	子网掩码位	子 网 掩 码
A 类	11111111 00000000 00000000 00000000	255.0.0.0
B 类	11111111 11111111 00000000 00000000	255.255.0.0
C 类	11111111 11111111 11111111 00000000	255.255.255.0

如果需要将网络进行子网划分，此时子网掩码可能不同于以上默认的子网掩码。例如，138.96.58.0 是一个 8 位子网化的 B 类网络 ID。基于 B 类的主机 ID 的 8 位被用来表示子网化的网络，对于网络 138.96.39.0，其子网掩码应为 255.255.255.0。

例如，一个 B 类地址 172.16.3.4，为了直观地说明前 16 位是网络号，后 16 位是主机号，可以附上子网掩码 255.255.0.0(11111111 11111111 00000000 00000000)。

假定某单位申请的 B 类地址为 179.143.×××.×××。如果希望把它划分为 14（至少占二进制的 4 位）个虚拟的网络，则需要占 4 位主机位，子网使用掩码 255.255.240.0～255.255.255.0 来建立子网。每个 LAN 可有 2^{12}–2 个主机，且各子网可具有相同的主机地址。

假设一个组织有几个相对大的子网，每个子网包括了 25 台左右的计算机；而又有一些相对较小的子网，每个子网大概只有几台计算机。在这种情况下，可以将一个 C 类地址分成 6 个子网（每个子网可以包含 30 台计算机），这样解决了很大的问题。但是出现了一个新的情况，那就是大的子网基本上完全利用了 IP 地址范围，小的子网却造成了许多 IP 地址的浪费。为了解决这个新的难题，避免任何的 IP 浪费，出现了允许应用不同大小的子网掩码来对 IP 地址空间进行子网划分的解决方案。这种新的方案称为可变长子网掩码（VLSM）。

VLSM 用一个十分直观的方法来表示，那就是在 IP 地址后面加上“/网络号及子网络号编址位数”。例如，193.168.125.0/27 就表示前 27 位表示网络号。

例如，给定 135.41.0.0/16 的基于 B 类的网络 ID，所需的配置是为将来使用保留一半的地址，其余的生成 15 个子网，达到 2000 台主机。

由于要为将来使用保留一半的地址，完成了 135.41.0.0 的基于 B 类的网络 ID 的 1 位子网化，生成两个子网 135.41.0.0/17 和 135.41.128.0/17，子网 135.41.128.0/17 被选作为将来使用所保留的地址部分，135.41.0.0/17 被继续生成子网。

为达到划分 2000 台主机的 15 个子网的要求，需要将 135.41.128.0/17 的子网化的网络 ID

的4位子网化。这就产生了16个子网（135.41.128.0/21、135.41.136.0/21、…、135.41.240.0/21、135.41.248.0/21），允许每个子网有2046台主机。最初的15个子网化的网络ID（135.41.128.0/21～135.41.240.0/21）被选定为网络ID，从而实现了要求。

现在的IP协议的版本号为4，所以也称之为IPv4，为了方便网络管理员阅读和理解，使用4个十进制数中间加小数点“.”来表示。但随着因特网的膨胀，IPv4不论从地址空间上，还是协议的可用性上都无法满足因特网的新要求。这样出现了一个新的IP协议——IPv6，它使用8个十六进制数中间加“：”来表示。IPv6将原来的32位地址扩展成为128位地址，彻底解决了地址缺乏的问题。

3. NAT技术

因特网面临IP地址短缺的问题。解决这个问题有所谓长期的或短期的两种解决方案。长期的解决方案就是使用具有更大地址空间的IPv6协议，网络地址翻译（Network Address Translators，NAT）是许多短期的解决方案中的一种。

NAT 技术最初提出的建议是在子网内部使用局部地址，而在子网外部使用少量的全局地址，通过路由器进行内部和外部地址的转换。NAT的实现主要有两种形式。

第一种应用是动态地址翻译（Dynamic Address Translation）。为此，首先引入存根域的概念，所谓存根域（Stub Domain），就是内部网络的抽象，这样的网络只处理源和目标都在子网内部的通信。任何时候存根域内只有一部分主机要与外界通信，甚至还有许多主机可能从不与外界通信，所以整个存根域只需共享少量的全局IP地址。存根域有一个边界路由器，由它来处理域内与外部的通信。假定

- m：需要翻译的内部地址数。
- n：可用的全局地址数（NAT 地址）。

当$m:n$翻译满足条件（$m\geqslant 1$且$m\geqslant n$）时，可以把一个大的地址空间映像到一个小的地址空间。所有NAT地址放在一个缓冲区中，并在存根域的边界路由器中建立一个局部地址和全局地址的动态映像表，如图10-16所示。这个图显示的是把所有B类网络138.201中的IP地址翻译成C类网络178.201.112中的IP地址。这种NAT地址重用有以下特点。

（1）只要缓冲区中存在尚未使用的C类地址，任何从内向外的连接请求都可以得到响应，并且在边界路由器的动态NAT表中为之建立一个映像表项。

（2）如果内部主机的映像存在，就可以利用它建立连接。

（3）从外部访问内部主机是有条件的，即动态NAT表中必须存在该主机的映像。

动态地址翻译的好处是节约了全局适用的IP地址，而且不需要改变子网内部的任何配置，只需在边界路由器中设置一个动态地址变换表就可以工作了。

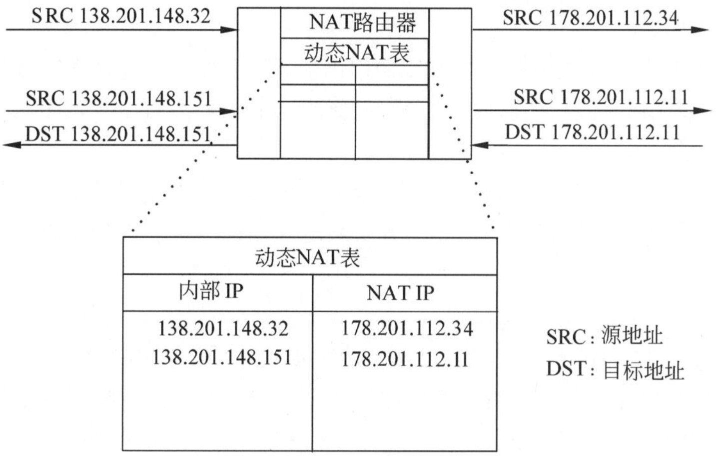

图 10-16　动态网络地址翻译

另外一种特殊的 NAT 应用是 *m*∶1 翻译，这种技术也称为伪装（Masquerading），因为用一个路由器的 IP 地址就可以把子网中所有主机的 IP 地址都隐藏起来。如果子网中有多个主机要同时通信，那么还要对端口号进行翻译，所以这种技术常被称为网络地址和端口翻译（Network Address Port Translation，NAPT）。在很多 NAPT 实现中，专门保留一部分端口号给伪装使用，称为伪装端口号。图 10-17 中的 NAT 路由器中有一个伪装表，通过这个表对端口号进行翻译，从而隐藏了内部网络 138.201 中的所有主机。可以看出，这种方法有以下特点。

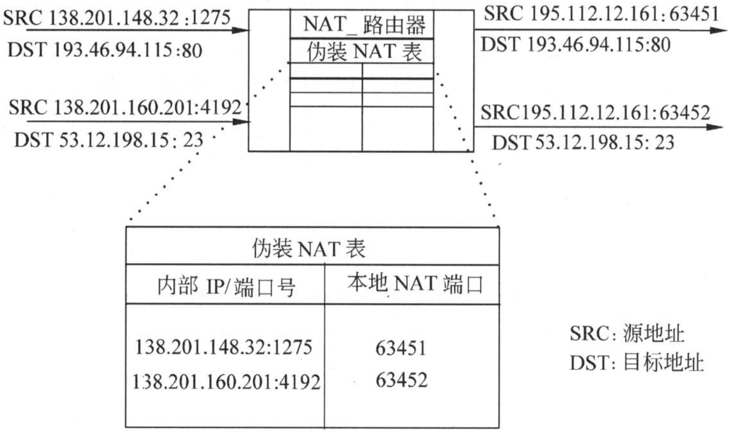

图 10-17　地址伪装

（1）出口分组的源地址被路由器的外部 IP 地址所代替，出口分组的源端口号被一个未使用的伪装端口号所代替。

（2）如果进来的分组的目标地址是本地路由器的 IP 地址，而目标端口号是路由器的伪装端口号，则 NAT 路由器就检查该分组是否为当前的一个伪装会话，并试图通过它的伪装表对 IP 地址和端口号进行翻译。

伪装技术可以作为一种安全手段使用，借以限制外部对内部主机的访问。另外，还可以用这种技术实现虚拟主机和虚拟路由，以便达到负载均衡和提高可靠性的目的。

4. IPv6 简介

IPv4（IP version 4）标准是 20 世纪 70 年代末期制定完成的。20 世纪 90 年代初期，WWW 的应用导致因特网爆炸性发展，随着因特网应用类型日趋复杂，终端形式特别是移动终端的多样化，全球独立 IP 地址的提供已经开始面临沉重的压力。IPv4 将不能满足因特网长期发展的需要，必须立即开始下一代 IP 网络协议的研究。由此，IETF 于 1992 年成立了 IPNG（IP Next Generation）工作组；1994 年夏，IPNG 工作组提出了下一代 IP 网络协议（IP version 6，IPv6）的推荐版本；1995 年夏，IPNG 工作组完成了 IPv6 的协议文本；1995 年到 1999 年完成了 IETF 要求的协议审定和测试；1999 年成立了 IPv6 论坛，开始正式分配 IPv6 地址，IPv6 的协议文本成为标准草案。

IPv6 具有长达 128 位的地址空间，可以彻底解决 IPv4 地址不足的问题。由于 IPv4 地址是 32 位二进制，所能表示的 IP 地址个数为 2^{32}=4 294 967 296≈40 亿个，因而在因特网上约有 40 亿个 IP 地址。由 32 位的 IPv4 升级至 128 位的 IPv6，因特网中的 IP 地址从理论上讲会有 $2^{128}=3.4\times10^{38}$ 个，如果整个地球表面（包括陆地和水面）都覆盖着计算机，那么 IPv6 允许每平方米有 7×10^{23} 个 IP 地址，如果地址分配的速率是每秒分配 100 万个，则需要 10^{19} 年的时间才能将所有地址分配完毕，可见，在想象得到的将来，IPv6 的地址空间是不可能用完的。除此之外，IPv6 还采用分级地址模式、高效 IP 包首部、服务质量、主机地址自动配置、认证和加密等许多技术。

1）IPv6 数据包的格式

IPv6 数据包有一个 40 个字节的基本首部（base header），其后允许有 0 个或多个扩展首部（Extension Header），再后面是数据。图 10-18 所示的是 IPv6 基本首部的格式。每个 IPv6 数据包都是从基本首部开始。IPv6 基本首部的很多字段可以和 IPv4 首部中的字段直接对应。

- 版本号：该字段占 4 位，说明了 IP 协议的版本。对于 IPv6 而言，该字段值是 0110，也就是十进制数的 6。
- 通信类型：该字段占 8 位，其中优先级字段占 4 位，使源站能够指明数据包的流类型。首先，IPv6 把流分成两大类，即可进行拥塞控制的和不可进行拥塞控制的。每一类又分为 8 个优先级。优先级的值越大，表明该分组越重要。对于可进行拥塞控制的业务，其优先级为 0～7。当发生拥塞时，这类数据包的传输速率可以放慢。对于不可进行拥塞控制的业务，其优先级为 8～15。这些都是实时性业务，如音频或视频业务的传输。这种业务的数据包发送速率是恒定的，即使去掉了一些，也不进行重发。

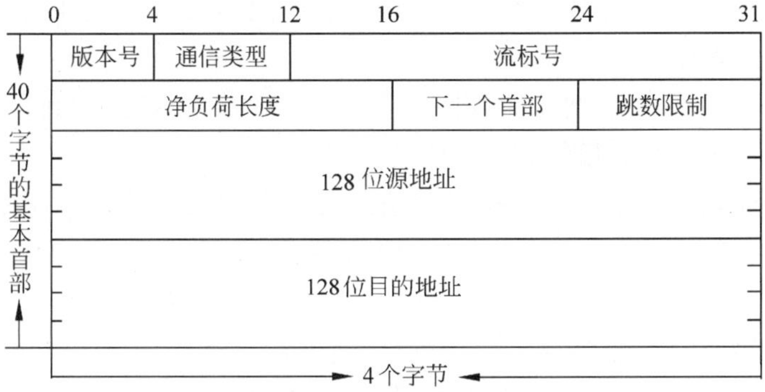

图 10-18　IPv6 基本首部的格式

- 流标号：该字段占 20 位。所谓流，就是因特网上从一个特定源站到一个特定目的站（单播或多播）的一系列数据包。所有属于同一个流的数据包都具有同样的流标号。源站在建立流时是在 $2^{24}-1$ 个流标号中随机选择一个流标号。流标号 0 保留作为指出没有采用流标号。源站随机地选择流标号并不会在计算机之间产生冲突，因为路由器在将一个特定的流与一个数据包相关联时使用的是数据包的源地址和流标号的组合。

从一个源站发出的具有相同非 0 流标号的所有数据包都必须具有相同的源地址和目的地址，以及相同的逐跳选项首部（若此首部存在）和路由选择首部（若此首部存在）。这样做的好处是当路由器处理数据包时只要查一下流标号即可，而不必查看数据包首部中的其他内容。任何一个流标号都不具有特定的意义，源站应将它希望各路由器对其数据包进行的特殊处理写明在数据包的扩展首部中。

- 净负荷长度（Payload Length）：该字段占 16 位，指明除首部自身的长度外，IPv6 数据包所载的字节数。可见，一个 IPv6 数据包可容纳 64 千字节长的数据。由于 IPv6 的首部长度是固定的，因此没有必要像 IPv4 那样指明数据包的总长度（首部与数据部分之和）。
- 下一个首部（Next Header）：该字段占 8 位，标识紧接着 IPv6 首部的扩展首部的类型。这个字段指明在基本首部后面紧接着的一个首部的类型。
- 跳数限制（Hop Limit）：该字段占 8 位，用来防止数据包在网络中无限期地存在。源站在每个数据包发出时即设定某个跳数限制。每一个路由器在转发数据包时，要先将跳数限制字段中的值减 1。当跳数限制的值为 0 时，要将此数据包丢弃。这相当于 IPv4 首部中的生存期字段，但比 IPv4 中的计算时间间隔要简单一些。

- 源站 IP 地址：该字段占 128 位，是数据包的发送站的 IP 地址。
- 目的站 IP 地址：该字段占 128 位，是数据包的接收站的 IP 地址。

2）IPv6 的地址表示

一般来讲，一个 IPv6 数据包的目的地址可以是以下 3 种基本类型地址之一。

- 单播（Unicast）：传统的点对点通信。
- 多播（Multicast）：一点对多点的通信，数据包交付到一组计算机中的每一个。IPv6 没有采用广播的术语，而是将广播看作多播的一个特例。
- 任播（Anycast）：这是 IPv6 增加的一种类型。任播的目的站是一组计算机，但数据包在交付时只交付给其中的一个，通常是距离最近的一个。

为了使地址的表示简洁一些，IPv6 使用冒号十六进制记法（Colon Hexadecimal Notation，Colon Hex），它把每 16 位用相应的十六进制表示，各组之间用冒号分隔。例如：

686E：8C64：FFFF：FFFF：0：1180：96A：FFFF

冒号十六进制记法允许 0 压缩（Zero Compression），即一连串连续的 0 可以用一对冒号所取代，例如：

FF05：0：0：0：0：0：0：B3　可以改成：　FF05：：B3

为了保证 0 压缩有一个清晰的解释，建议中规定，在任一地址中只能使用一次 0 压缩。该技术对已建议的分配策略特别有用，因为会有许多地址包含连续的 0 串。

另外，冒号十六进制记法可结合有点分十进制记法的后缀，这种结合在 IPv4 向 IPv6 的转换阶段特别有用。例如，下面的串是一个合法的冒号十六进制记法：

0：0：0：0：0：0：128.10.1.1

请注意，在这种记法中，虽然为冒号所分隔的每个值是一个 16 位的量，但每个点分十进制部分的值指明一个字节的值。再使用 0 压缩即可得出：

：：128.10.1.1

10.4.3 Internet 服务

作为全世界最大的国际性计算机网络的 Internet，为全球的科研界、教育界和娱乐界等方面提供了极其丰富的信息资源和最先进的信息交流手段。在 Internet 上，时刻传送着大量的各种各样的信息，从电影、实况转播到最尖端的科学研究等无所不包，当然信息最多的还是科技信息，如计算机软件、科技论文、图书馆/出版社目录、最新科技动态、电子杂志、产品推销和网络新闻等。这些内容均可由 Internet 服务来为用户提供。

在使用传输控制协议或用户数据报协议时，Internet IP 可支持 65 535 种服务，这些服务是通过各个端口到名字实现的逻辑连接。端口分两类：一类是已知端口或称公认端口，端口号为 0～1023，这些端口由 Internet 赋值地址和端口号的组织（IANA）赋值；另一类是需在 IANA 注册登记的端口号，为 1024～65 535。

前面介绍了 Internet 网络接口层、网际层协议和传输层协议，本节主要介绍 Internet 的高层协议，如域名服务、远程登录服务、电子邮件服务、WWW 服务和文件传输服务等。

1．域名服务

Internet 中的域名地址和 IP 地址是等价的，它们之间是通过域名服务来完成映射变换的。实际上，DNS 是一种分布式地址信息数据库系统，服务器中包含整个数据库的某部分信息，并供客户查询。DNS 允许局部控制整个数据库的某些部分，但数据库的每一部分都可通过全网查询得到。

域名系统采用的是客户端/服务器模式，整个系统由解析器和域名服务器组成。解析器是客户方，它负责查询域名服务器、解释从服务器返回来的应答、将信息返回给请求方等工作。域名服务器是服务器方，它通常保存着一部分域名空间的全部信息，这部分域名空间称为区（Zone）。一个域名服务器可以管理一个或多个区。域名服务器可以分为主服务器、Caching Only 服务器和转发服务器（Forwarding Server）。

域名系统是一个分布式系统，其管理和控制也是分布式的。一个用户 A 在查找另一用户 B 时，域名系统的工作过程如下。

（1）解析器向本地域名服务器发出请求查阅用户 B 的域名。

（2）本地域名服务器向最高层域名服务器发出查询地址的请求。

（3）最高层域名服务器返回给本地域名服务器一个 IP 地址。

（4）本地域名服务器向组域名服务器发出查询地址的请求。

（5）组域名服务器返回给本地域名服务器一个 IP 地址。

（6）本地服务器向刚返回的域名服务器发出查询域名地址请求。

（7）IP 地址返回给本地域名服务器。

（8）本地域名服务器将该地址返回给解析器。

因此，本地域名服务器为了得到一个IP地址常常需要查询多个域名服务器。于是，在查询地址的同时，本地域名服务器也就得到了许多其他域名服务器的信息，像它们的 IP 地址、所负责的区域等。本地域名服务器将这些信息连同最终查询到的主机IP地址全部存放在它的Cache中，以便将来参考。当下次解析器再查询与这些域名相关的信息时，就可以直接引用，这样大大减少了查询时间。

因此，在访问主机的时候只需要知道域名，通过DNS服务器将域名变换为IP地址。DNS所用的是UDP端口，端口号为53。

2．远程登录服务

远程登录服务是在Telnet协议的支持下，将用户计算机与远程主机连接起来，在远程计算机上运行程序，将相应的屏幕显示传送到本地机器，并将本地的输入送给远程计算机。由于这种服务基于Telnet协议且使用Telnet命令进行远程登录，故称为Telnet远程登录。

Telnet是基于客户端/服务器模式的服务系统，它由客户端软件、服务器软件以及Telnet通信协议三部分组成。远程计算机又称为Telnet主机或服务器，本地计算机作为Telnet客户端来使用，它起到远程主机的一台虚拟终端（仿真终端）的作用，通过它用户可以与主机上的其他用户一样共同使用该主机提供的服务和资源。

当用户使用Telnet登录远程主机时，该用户必须在这个远程主机上拥有合法的账号和相应的密码，否则远程主机将会拒绝登录。在运行Telnet客户程序后，首先应该建立与远程主机的TCP连接，从技术上讲，就是在一个特定的TCP端口（端口号一般为23）上打开一个套接字，如果远程主机上的服务器软件一直在这个众所周知的端口上侦听连接请求，则这个连接便会建立起来，此时用户的计算机就成为该远程主机的一个终端，便可以进行联机操作了，即以终端方式为用户提供人机界面。然后将用户输入的信息通过Telnet协议便可以传送给远程主机，主机在众所周知的TCP端口上侦听到用户的请求并处理后，将处理的结果通过Telnet协议返回给客户程序。最后客户端接收到远程主机发送来的信息，并经过适当的转换显示在用户计算机的屏幕上。

3．电子邮件服务

电子邮件（E-mail）就是利用计算机进行信息交换的电子媒体信件。它是随着计算机网络而出现的，并依靠网络的通信手段实现普通邮件信息的传输。它是最广泛的一种服务。

电子邮件是一种通过计算机网络与其他用户进行联系的快速、简便、高效、价廉的现代化通信手段。如果要使用E-mail，首先必须拥有一个电子邮箱，它是由E-mail服务提供者为其用户建立在E-mail服务器磁盘上的专用于存放电子邮件的存储区域，并由E-mail服务器进行管理。用户将使用E-mail客户软件在自己的电子邮箱里收发电子邮件。电子邮件地址的一般格式为用户名@主机名，例如fqzhang@china.com。

E-mail系统基于客户端/服务器模式，整个系统由E-mail客户端软件、E-mail服务器和通信协议三部分组成。E-mail 客户端软件也称用户代理（User Agent），它是用户用来收发和管理电子邮件的工具；E-mail 服务器主要充当“邮局”的角色，它除了为用户提供电子邮箱外，还承担着信件的投递业务，当用户发送一个电子邮件后，E-mail 服务器通过网络若干中间结点的“存储－转发”式的传递，最终把信件投递到目的地（收信人的电子邮箱）；E-mail 服务器主要采用 SMTP（简单邮件传输协议），本协议描述了电子邮件的信息格式及其传递处理方法，保证被传送的电子邮件能够正确的寻址和可靠的传输，它是面向文本的网络协议，其缺点是不能用来传送非 ASCII 码文本和非文字性附件，在日益发展的多媒体环境中以及人们关注的邮件私密性方面更显出它的局限性。后来的一些协议，包括多用途 Internet 邮件扩充协议（MIME）及增强私密邮件保护协议（PEM），弥补了 SMTP 的缺点。SMTP 用在大型多用户、多任务的操作系统环境中，将它用在 PC 上收信是十分困难的，所以在 TCP/IP 网络上的大多数邮件管理程序使用 SMTP 来发信，且采用 POP（Post Office Protocol，常用的是 POP3）来保管用户未能及时取走的邮件。

POP 协议有两个版本：POP2 和 POP3。目前使用的 POP3 既能与 STMP 共同使用，也可以单独使用，以传送和接收电子邮件。POP 协议是一种简单的纯文本协议，每次传输以整个 E-mail 为单位，不能提供部分传输。

用户要传送 E-mail，首先需在联网的计算机上使用邮件软件编好邮件正文，填好邮件收信人的 E-mail 地址、发信人电子邮件地址（或自动填上）、邮件的主题等内容，然后使用 E-mail 的发送命令发出。此时，E-mail 发送端与接收端的计算机在工作时并不直接进行通信，而是在发信端计算机送出邮件后，先到达自己所注册的邮件服务器主机，再在网络传输过程中经过多个计算机和路由器的中转到达目的地的邮件服务器主机，送进收信人的电子邮箱，最后邮件的接收者上网并启动电子邮件管理程序，它就会自动检查邮件服务器中的电子邮箱，若发现新邮件，便会下载到自己的计算机上，完成接收邮件的任务。

简单邮件传送协议和用于接收邮件的 POP3 均是利用 TCP 端口。SMTP 所用的端口号是 25，POP3 所用的端口号是 110。

4．WWW（World Wide Web，万维网）服务

万维网是一种交互式图形界面的 Internet 服务，具有强大的信息连接功能，是目前 Internet 中最受欢迎的、增长速度最快的一种多媒体信息服务系统。

万维网是基于客户端/服务器模式的信息发送技术和超文本技术的综合，WWW 服务器把信息组织为分布的超文本，这些信息结点可以是文本、子目录或信息指针。WWW 浏览程序为用户提供基于超文本传输协议（Hyper Text Transfer Protocol，HTTP）的用户界面，WWW 服务器的数据文件由超文本标记语言（Hyper Text Markup Language，HTML）描述，HTML 利用统一资源定位器（URL）的指标是超媒体链接，并在文本内指向其他网络资源。

超文本传输协议是一个 Internet 上的应用层协议，是 Web 服务器和 Web 浏览器之间进行通信的语言。所有的 Web 服务器和 Web 浏览器必须遵循这一协议，才能发送或接收超文本文件。HTTP 是客户端/服务器体系结构，提供信息资源的Web 结点（即 Web 服务器），可称为 HTTP 服务器，Web 浏览器则是 HTTP 服务器的客户。WWW 上的信息检索服务系统就是遵循 HTTP 运行的。在 HTTP 的帮助下，用户可以只关心要检索的信息，而无须考虑这些信息存储在什么地方。

在 Internet 上，万维网整个系统由 Web 服务器、Web 浏览器（Browser）和 HTTP 通信协议三部分组成。Web 服务器提供信息资源；Web 浏览器将信息显示出来；HTTP 是为分布式超媒体信息系统设计的一种网络协议，主要用于域名服务器和分布式对象管理，它能够传送任意类型的数据对象，以满足 Web 服务器与客户端之间多媒体通信的需要，从而成为 Internet 中发布多媒体信息的主要协议。

统一资源定位器是在 WWW 中标识某一特定信息资源所在位置的字符串，是一个具有指针作用的地址标准。在 WWW 上查询信息，必不可少的一项操作是在浏览器中输入查询目标的地址，这个地址就是 URL，也称 Web 地址，俗称“网址”，一个 URL 指定一个远程服务器域名和一个 Web 页。换而言之，每个 Web 页都有唯一的 URL。URL 也可指向 FTP、WAIS 和 gopher 服务器代表的信息。通常，用户只需要了解和使用主页的 URL，通过主页再访问其他页。当用户通过 URL 向 WWW 提出访问某种信息资源时，WWW 的客户服务器程序自动查找资源所在的服务器地址，一旦找到，立即将资源调出供用户浏览。

使用 WWW 的浏览程序（例如 Internet Explore、Netscape 和 Mosaic 等），网页的超文本链接将引导用户找到所需要的信息资源。

如果已经是 Internet 的用户，只要在自己的计算机上运行一个客户程序（WWW 浏览器），并给出需访问的 URL 地址，就可以尽情浏览这些来自远方或近邻的各种信息。WWW 工作过程为：首先通过局域网或通过电话拨号连入 Internet，并在本地计算机上运行 WWW 浏览器程序，然后根据想要获得的信息来源在浏览器的指定位置输入 WWW 地址，并通过浏览器向 Internet 发出请求信息，此时网络中的 IP 路由器和服务器将按照地址把信息传递到所要求的 WWW 服务器中，而 WWW 服务器不断在一个众所周知的 TCP 端口（端口号为 80）上侦听用户的连接请求，当服务器接收到请求后，找到所要求的 WWW 页面，最后服务器将找到的页面通过 Internet 传送回用户的计算机，浏览器接收传来的超文本文件，转换并显示在计算机屏幕上。

一个 URL（Web 地址）包括以下几部分：协议、主机域名、端口号（任选）、目录路径（任选）和一个文件名（任选）。其格式为：

scheme://host.Domain[: port]Upath/filename]

其中，scheme 指定服务连接的方式（协议），通常有下列几种。

- file：本地计算机上的文件。
- ftp：FTP 服务器上的文件。
- gopher：Gopher 服务器上的文件。
- http：WWW 服务器上的超文本文件。
- New：一个 USenet 的新闻组。
- telnet：一个 Telnet 站点。
- wais：一个 WAIS 服务器。
- mailto：发送邮件给某人。

在地址的冒号之后通常是两个反斜线，表示后面是指定信息资源的位置，其后是一个可选的端口号，地址的最后部分是路径或文件名。如果端口号默认，表示使用与某种服务方式对应的标准端口号。根据查询要求不同，给出的 URL 中的目录路径这一项可有可无。如果在查询中要求包括文件路径，那么在 URL 中就要具体指出要访问的文件名称。

下面是一些 URL 的例子：

http://www.cctv.com/	中国中央电视台网址
http://www.xjtu.edu.cn/	西安交通大学网址
ftp://ftp.xjtu.edu.cn/	西安交通大学文件服务器
gopher://gopher.xjtu.edu.cn	西安交通大学 Gopher 服务器

5. 文件传输服务

文件传输协议用来在计算机之间传输文件。由于 Internet 是一座装满了各种计算机文件的宝库，其中有免费和共享的软件、各种图片、声音、图像和动画文件，还有书籍和参考资料等，如果希望将它们下载到你的计算机上，最主要的一个方法是通过文件传输协议来实现，因此它是 Internet 中广为使用的一种服务。

通常，一个用户需要在 FTP 服务器中进行注册，即建立用户账号，在拥有合法的登录用户名和密码后，才有可能进行有效的 FTP 连接和登录。对于 Internet 中成千上万个 FTP 服务器来说，这就给提供 FTP 服务的管理员带来很大的麻烦，即需要为每一个使用 FTP 的用户提供一个账号，这样做显然是不现实的。实际上，Internet 的 FTP 服务是一种匿名（anonymous）FTP 服务，它设置了一个特殊的用户名——anonymous，供公众使用，任何用户都可以使用这个用户名与提供这种匿名 FTP 服务的主机建立连接，并共享这个主机对公众开放的资源。

匿名 FTP 的用户名是 anonymous，密码通常是 guest 或者是使用者的 E-mail 地址。当用户登录到匿名 FTP 服务器后，其工作方式与常规 FTP 相同。通常，出于安全的目的，大多数匿名 FTP 服务器只允许下载（Download）文件，而不允许上传（Upload）文件。也就是说，用户只能从匿名 FTP 服务器复制所需的文件，而不能将文件复制到匿名 FTP 服务器上。此外，匿名 FTP 服务器中的文件还加入一些保护性措施，确保这些文件不能被修改和删除，同时也可以防止计算机病毒的侵入。

FTP 是基于客户端/服务器模式的服务系统，它由客户端软件、服务器软件和 FTP 通信协议 3 个部分组成。FTP 客户端软件运行在用户计算机上，在用户装入 FTP 客户端软件后，便可以通过使用 FTP 内部命令与远程 FTP 服务器采用 FTP 通信协议建立连接或文件传送；FTP 服务器软件运行在远程主机上，并设置一个名叫 anonymous 的公共用户账号，向公众开放。

FTP 在客户端与服务器的内部建立两条 TCP 连接：一条是控制连接，主要用于传输命令和参数（端口号为 21）；另一条是数据连接，主要用于传送文件（端口号为 20）。FTP 服务器不断地在 21 号端口上侦听用户的连接请求，当用户使用用户名 anonymous 和密码 guest 或者用户 E-mail 地址进行登录时，用户即发出连接请求，这样控制连接便建立起来。此时，用户名和密码将通过控制连接发送给服务器；服务器接收到这个请求后，便进行用户识别，然后向客户回送确认或拒绝的应答信息；用户看到登录成功的信息后，便可以发出文件传输的命令；服务器从控制连接上接收到文件名和传输命令（如 get）后，便在 20 号端口发起数据连接，并在这个连接上将文件名所指明的文件传输给客户。只要用户不使用 close 或者其他命令关闭连接，便可以继续传输其他文件。

10.5 信息安全基础知识

信息成为一种重要的战略资源，信息的获取、处理和安全保障能力成为一个国家综合国力的重要组成部分，信息安全事关国家安全、事关社会稳定。信息安全理论与技术的内容十分广泛，包括密码学与信息加密、可信计算、网络安全和信息隐藏等多个方面。

1. 信息安全存储安全

信息安全包括 5 个基本要素：机密性、完整性、可用性、可控性与可审查性。

- 机密性：确保信息不暴露给未授权的实体或进程。
- 完整性：只有得到允许的人才能修改数据，并且能够判别出数据是否已被篡改。
- 可用性：得到授权的实体在需要时可访问数据，即攻击者不能占用所有的资源而阻碍授权者的工作。
- 可控性：可以控制授权范围内的信息流向及行为方式。
- 可审查性：对出现的信息安全问题提供调查的依据和手段。

信息的存储安全包括信息使用的安全（如用户的标识与验证、用户存取权限限制、安全问题跟踪等)、系统安全监控、计算机病毒防治、数据的加密和防止非法的攻击等。

1）用户的标识与验证

用户的标识与验证主要是限制访问系统的人员。它是访问控制的基础，是对用户身份的合法性验证。方法有如下两种：

一是基于人的物理特征的识别，包括签名识别法、指纹识别法和语音识别法；

二是基于用户所拥有特殊安全物品的识别，包括智能 IC 卡识别法、磁条卡识别法。

2）用户存取权限限制

用户存取权限限制主要是限制进入系统的用户所能做的操作。存取控制是对所有的直接存取活动通过授权进行控制以保证计算机系统安全保密机制，是对处理状态下的信息进行保护。一般有两种方法：隔离控制法和限制权限法。

（1）隔离控制法。隔离控制法是在电子数据处理成分的周围建立屏障，以便在该环境中实施存取规则。隔离控制技术的主要实现方式包括物理隔离方式、时间隔离方式、逻辑隔离方式和密码技术隔离方式等。其中，物理隔离方式的各过程使用不同的物理目标，是一种有效的方式。传统的多网环境一般通过运行两台计算机实现物理隔离。现在我国已经生产出了拥有自主知识产权的涉密计算机，它采用双硬盘物理隔离技术，通过运行一台计算机，即可在物理隔离的状态下切换信息网和公共信息网，实现一机双网或一机多网的功能。还有另外一种方式就是加装隔离卡，一块隔离卡带一块硬盘、一块网卡，连同本机自带的硬盘网卡，使用不同的网络环境。当然，物理隔离方式对于系统的要求比较高，必须采用两套互不相关的设备，其人力、物力、财力的投入都是比较大的。但它也是很有效的方式，因为两者就如两条平行线，永不交叉，自然也就安全了。

（2）限制权限法。限制权限法是有效地限制进入系统的用户所进行的操作。即对用户进行分类管理，安全密级、授权不同的用户分在不同类别；对目录、文件的访问控制进行严格的权限控制，防止越权操作；放置在临时目录或通信缓冲区的文件要加密，用完尽快移走或删除。

3）系统安全监控

系统必须建立一套安全监控系统，全面监控系统的活动，并随时检查系统的使用情况，一旦有非法入侵者进入系统，能及时发现并采取相应措施，确定和堵塞安全及保密的漏洞。应当建立完善的审计系统和日志管理系统，利用日志和审计功能对系统进行安全监控。管理员还应该经常做以下方面。

（1）监控当前正在进行的进程，正在登录的用户情况。

（2）检查文件的所有者、授权、修改日期情况和文件的特定访问控制属性。

（3）检查系统命令安全配置文件、口令文件、核心启动运行文件、任何可执行文件的修改情况。

（4）检查用户登录的历史记录和超级用户登录的记录。如发现异常，及时处理。

4）计算机病毒防治

计算机网络服务器必须加装网络病毒自动检测系统，以保护网络系统的安全，防范计算机病毒的侵袭，并且必须定期更新网络病毒检测系统。

由于计算机病毒具有隐蔽性、传染性、潜伏性、触发性和破坏性等特点，所以需要建立计算机病毒防治管理制度。

（1）经常从软件供应商网站下载、安装安全补丁程序和升级杀毒软件。

（2）定期检查敏感文件。对系统的一些敏感文件定期进行检查，以保证及时发现已感染的病毒和黑客程序。

（3）使用高强度的口令。尽量选择难以猜测的口令，对不同的账号选用不同的口令。

（4）经常备份重要数据，要做到每天坚持备份。

（5）选择、安装经过公安部认证的防病毒软件，定期对整个硬盘进行病毒检测、清除工作。

（6）可以在计算机和因特网之间安装使用防火墙，提高系统的安全性。

（7）当计算机不使用时，不要接入因特网，一定要断掉连接。

（8）重要的计算机系统和网络一定要严格与因特网物理隔离。

（9）不要打开陌生人发来的电子邮件，无论它们有多么诱人的标题或者附件，同时要小心处理来自于熟人的邮件附件。

（10）正确配置系统和使用病毒防治产品。正确配置系统，充分利用系统提供的安全机制，提高系统防范病毒的能力，减少病毒侵害事件。了解所选用防病毒产品的技术特点，正确配置以保护自身系统的安全。

2．计算机信息系统安全保护等级

1999年2月9日，为更好地与国际接轨，经国家质量技术监督局批准，正式成立了“中国国家信息安全测评认证中心（China National Information Security Testing Evaluation Certification Center，CNISTEC）”。1994年，国务院发布了《中华人民共和国计算机信息系统安全保护条例》，该条例是计算机信息系统安全保护的法律基础。其中第九条规定“计算机信息系统实行安全等级保护。安全等级的划分和安全等级的保护的具体办法，由公安部会同有关部门制定。”公安部在《条例》发布实施后组织制订了《计算机信息系统安全保护等级划分准则》（GB 17859—1999），并于1999年9月13日由国家质量技术监督局审查通过并正式批准发布，已于2001年1月1日起执行。该准则的发布为我国计算机信息系统安全法规和配套标准制定的执法部门的监督检查提供了依据，为安全产品的研制提供了技术支持，为安全系统的建设和管理提供了技术指导，是我国计算机信息系统安全保护等级工作的基础。本标准规定了计算机系统安全保护能力的5个等级。

（1）第一级：用户自主保护级（对应TCSEC的C1级）。本级的计算机信息系统可信计算基（Trusted Computing Base）通过隔离用户与数据，使用户具备自主安全保护的能力。它具有多种形式的控制能力，对用户实施访问控制，即为用户提供可行的手段，保护用户和用户组信息，避免其他用户对数据的非法读写与破坏。

（2）第二级：系统审计保护级（对应 TCSEC 的 C2 级）。与用户自主保护级相比，本级的计算机信息系统可信计算机实施了粒度更细的自主访问控制，它通过登录规程、审计安全性相关事件和隔离资源，使用户对自己的行为负责。

（3）第三级：安全标记保护级（对应 TCSEC 的 B1 级）。本级的计算机信息系统可信计算基具有系统审计保护级所有功能。此外，还提供有关安全策略模型、数据标记以及主体对客体强制访问控制的非形式化描述；具有准确地标记输出信息的能力；消除通过测试发现的任何错误。

（4）第四级：结构化保护级（对应 TCSEC 的 B2 级）。本级的计算机信息系统可信计算基建立于一个明确定义的形式化安全策略模型之上，它要求将第三级系统中的自主和强制访问控制扩展到所有主体与客体。此外，还要考虑隐蔽通道。本级的计算机信息系统可信计算基必须结构化为关键保护元素和非关键保护元素。计算机信息系统可信计算基的接口也必须明确定义，使其设计与实现能经受更充分的测试和更完整的复审。它加强了鉴别机制；支持系统管理员和操作员的职能；提供可信设施管理；增强了配置管理控制。系统具有相当的抗渗透能力。

（5）第五级：访问验证保护级（对应 TCSEC 的 B3 级）。本级的计算机信息系统可信计算基满足访问监控器需求。访问监控器仲裁主体对客体的全部访问。访问监控器本身是抗篡改的；必须足够小，能够分析和测试。为了满足访问监控器需求，计算机信息系统可信计算基在其构造时，排除那些对实施安全策略来说并非必要的代码；在设计和实现时，从系统工程角度将其复杂性降低到最小程度。支持安全管理员职能；扩充审计机制，当发生与安全相关的事件时发出信号；提供系统恢复机制。系统具有很高的抗渗透能力。

3．数据加密原理

数据加密是防止未经授权的用户访问敏感信息的手段，这就是人们通常理解的安全措施，也是其他安全方法的基础。研究数据加密的科学叫作密码学（Cryptography），它又分为设计密码体制的密码编码学和破译密码的密码分析学。密码学有着悠久而光辉的历史，古代的军事家已经用密码传递军事情报了，而现代计算机的应用和计算机科学的发展又为这一古老的科学注入了新的活力。现代密码学是经典密码学的进一步发展和完善。由于加密和解密此消彼长的斗争永远不会停止，这门科学还在迅速发展之中。

一般的保密通信模型如图 10-19 所示。在发送端，把明文 P 用加密算法 E 和密钥 K 加密，变换成密文 C，即

$$C=E(K, P)$$

在接收端利用解密算法 D 和密钥 K 对 C 解密得到明文 P，即

$$P = D(K, C)$$

这里加/解密函数 E 和 D 是公开的，而密钥 K（加解密函数的参数）是秘密的。在传送过程中偷听者得到的是无法理解的密文，而他又得不到密钥，这就达到了对第三者保密的目的。

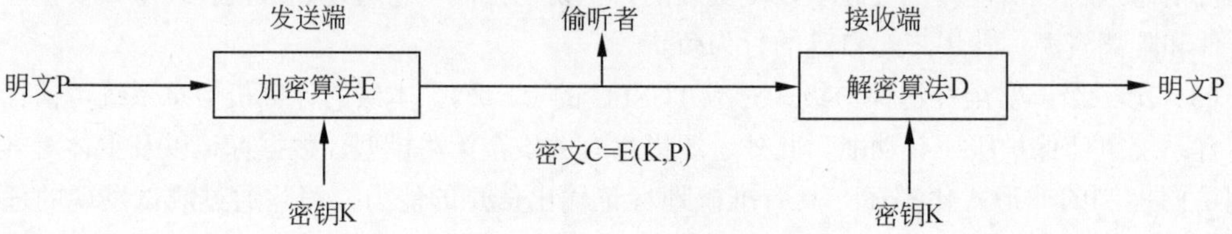

图 10-19 0020 保密通信模型

如果不论偷听者获取了多少密文，但是密文中没有足够的信息，使得可以确定出对应的明文，则这种密码体制叫作是无条件安全的，或称为是理论上不可破解的。在无任何限制的条件下，几乎目前所有的密码体制都不是理论上不可破解的。能否破解给定的密码，取决于使用的计算资源。所以密码专家们研究的核心问题就是要设计出在给定计算费用的条件下，计算上（而不是理论上）安全的密码体制。下面分析几种曾经使用过的和目前正在使用的加密方法。

10.6 网络安全概述

由于网络传播信息快捷，隐蔽性强，在网络上难以识别用户的真实身份，网络犯罪、黑客攻击、有害信息传播等方面的问题日趋严重，网络安全已成为网络发展中的一个重要课题。网络安全的产生和发展，标志着传统的通信保密时代过渡到了信息安全时代。

1. 网络安全威胁

一般认为，目前网络存在的威胁主要表现在以下 5 个方面。

（1）非授权访问：没有预先经过同意，就使用网络或计算机资源则被看作非授权访问，如有意避开系统访问控制机制，对网络设备及资源进行非正常使用，或擅自扩大权限，越权访问信息。它主要有以下几种形式：假冒、身份攻击、非法用户进入网络系统进行违法操作、合法用户以未授权方式进行操作等。

（2）信息泄露或丢失：指敏感数据在有意或无意中被泄露出去或丢失，它通常包括信息在

传输中丢失或泄露、信息在存储介质中丢失或泄露以及通过建立隐蔽隧道等窃取敏感信息等。如黑客利用电磁泄漏或搭线窃听等方式可截获机密信息，或通过对信息流向、流量、通信频度和长度等参数的分析，推测出有用信息，如用户口令、账号等重要信息。

（3）破坏数据完整性：以非法手段窃得对数据的使用权，删除、修改、插入或重发某些重要信息，以取得有益于攻击者的响应；恶意添加，修改数据，以干扰用户的正常使用。

（4）拒绝服务攻击：它不断对网络服务系统进行干扰，改变其正常的作业流程，执行无关程序使系统响应减慢甚至瘫痪，影响正常用户的使用，甚至使合法用户被排斥而不能进入计算机网络系统或不能得到相应的服务。

（5）利用网络传播病毒：通过网络传播计算机病毒，其破坏性大大高于单机系统，而且用户很难防范。

2．网络安全控制技术

为了保护网络信息的安全可靠，除了运用法律和管理手段外，还需依靠技术方法来实现。网络安全控制技术目前有防火墙技术、加密技术、用户识别技术、访问控制技术、网络反病毒技术、网络安全漏洞扫描技术、入侵检测技术等。

（1）防火墙技术。防火墙技术是近年来维护网络安全最重要的手段。根据网络信息保密程度，实施不同的安全策略和多级保护模式。加强防火墙的使用，可以经济、有效地保证网络安全。目前已有不同功能的多种防火墙。但防火墙也不是万能的，需要配合其他安全措施来协同防范。

（2）加密技术。加密技术是网络信息安全主动的、开放型的防范手段，对于敏感数据应采用加密处理，并且在数据传输时采用加密传输，目前加密技术主要有两大类：一类是基于对称密钥的加密算法，也称私钥算法；另一类是基于非对称密钥的加密算法，也称公钥算法。加密手段一般分软件加密和硬件加密两种。软件加密成本低而且实用灵活，更换也方便，硬件加密效率高，本身安全性高。密钥管理包括密钥产生、分发、更换等，是数据保密的重要一环。

（3）用户识别技术。用户识别和验证也是一种基本的安全技术。其核心是识别访问者是否属于系统的合法用户，目的是防止非法用户进入系统。目前一般采用基于对称密钥加密或公开密钥加密的方法，采用高强度的密码技术来进行身份认证。比较著名的有 Kerberos、PGP 等方法。

（4）访问控制技术。访问控制是控制不同用户对信息资源的访问权限。根据安全策略，对信息资源进行集中管理，对资源的控制粒度有粗粒度和细粒度两种，可控制到文件、Web 的

HTML 页面、图形、CCT、Java 应用。

（5）网络反病毒技术。计算机病毒从 1981 年首次被发现以来，在近 20 年的发展过程中，在数目和危害性上都在飞速发展。因此，计算机病毒问题越来越受到计算机用户和计算机反病毒专家的重视，并且开发出了许多防病毒的产品。

（6）网络安全漏洞扫描技术。漏洞检测和安全风险评估技术，可预知主体受攻击的可能性和具体地指证将要发生的行为和产生的后果。该技术的应用可以帮助分析资源被攻击的可能指数，了解支撑系统本身的脆弱性，评估所有存在的安全风险。网络漏洞扫描技术，主要包括网络模拟攻击、漏洞检测、报告服务进程、提取对象信息以及评测风险、提供安全建议和改进措施等功能，帮助用户控制可能发生的安全事件，最大可能地消除安全隐患。

（7）入侵检测技术。入侵行为主要是指对系统资源的非授权使用。它可以造成系统数据的丢失和破坏，可以造成系统拒绝合法用户的服务等危害。入侵者可以是一个手工发出命令的人，也可以是一个基于入侵脚本或程序的自动发布命令的计算机。入侵者分为两类：外部入侵者和允许访问系统资源但又有所限制的内部入侵者。内部入侵者又可分成：假扮成其他有权访问敏感数据用户的入侵者和能够关闭系统审计控制的入侵者。入侵检测是一种增强系统安全的有效技术。其目的就是检测出系统中违背系统安全性规则或者威胁到系统安全的活动。检测时，通过对系统中用户行为或系统行为的可疑程度进行评估，并根据评估结果来鉴别系统中行为的正常性，从而帮助系统管理员进行安全管理或对系统所受到的攻击采取相应的对策。

3. 防火墙技术

防火墙（Firewall）是建立在内外网络边界上的过滤封锁机制，它认为内部网络是安全和可信赖的，而外部网络是不安全和不可信赖的。防火墙的作用是防止不希望的、未经授权地进出被保护的内部网络，通过边界控制强化内部网络的安全策略。防火墙作为网络安全体系的基础和核心控制设施，贯穿于受控网络通信主干线，对通过受控干线的任何通信行为进行安全处理，如控制、审计、报警和反应等，同时也承担着繁重的通信任务。由于其自身处于网络系统中的敏感位置，自身还要面对各种安全威胁，因此，选用一个安全、稳定和可靠的防火墙产品，其重要性不言而喻。

防火墙技术经历了包过滤、应用代理网关和状态检测技术三个发展阶段。

1）包过滤防火墙

包过滤防火墙一般有一个包检查块（通常称为包过滤器），数据包过滤可以根据数据包头中的各项信息来控制站点与站点、站点与网络、网络与网络之间的相互访问，但无法控制传输数据的内容，因为内容是应用层数据，而包过滤器处在网络层和数据链路层（即 TCP 和 IP 层）之间。通过检查模块，防火墙能够拦截和检查所有出站和进站的数据，它首先打开包，取出包头，根据包头的信息确定该包是否符合包过滤规则，并进行记录。对于不符合规则的包，应进行报警并丢弃该包。

过滤型的防火墙通常直接转发报文，它对用户完全透明，速度较快。其优点是防火墙对每条传入和传出网络的包实行低水平控制；每个 IP 包的字段都被检查，例如源地址、目的地址、协议和端口等；防火墙可以识别和丢弃带欺骗性源 IP 地址的包；包过滤防火墙是两个网络之间访问的唯一来源；包过滤通常被包含在路由器数据包中，所以不需要额外的系统来处理这个特征。缺点是不能防范黑客攻击，因为网管不可能区分出可信网络与不可信网络的界限；不支持应用层协议，因为它不识别数据包中的应用层协议，访问控制粒度太粗糙；不能处理新的安全威胁。

2）应用代理网关防火墙

应用代理网关防火墙彻底隔断内网与外网的直接通信，内网用户对外网的访问变成防火墙对外网的访问，然后再由防火墙转发给内网用户。所有通信都必须经应用层代理软件转发，访问者任何时候都不能与服务器建立直接的 TCP 连接，应用层的协议会话过程必须符合代理的安全策略要求。

应用代理网关的优点是可以检查应用层、传输层和网络层的协议特征，对数据包的检测能力比较强。缺点是难以配置；处理速度非常慢。

3）状态检测技术防火墙

状态检测技术防火墙结合了代理防火墙的安全性和包过滤防火墙的高速度等优点，在不损失安全性的基础上，提高了代理防火墙的性能。

状态检测防火墙摒弃了包过滤防火墙仅考查数据包的 IP 地址等几个参数而不关心数据包连接状态变化的缺点，在防火墙的核心部分建立状态连接表，并将进出网络的数据当成一个个的会话，利用状态表跟踪每一个会话状态。状态监测对每一个包的检查不仅根据规则表，更考虑了数据包是否符合会话所处的状态，因此提供了完整的对传输层的控制能力，同时也改进了流量处理速度。因为它采用了一系列优化技术，使防火墙性能大幅度提升，能应用在各类网络环境中，尤其是在一些规则复杂的大型网络上。

一个防火墙系统通常是由过滤路由器和代理服务器组成。过滤路由器是一个多端口的 IP 路由器，它能够拦截和检查所有出站和进站的数据。代理服务器防火墙使用一个客户程序与特定的中间结点（防火墙）连接，然后中间结点与期望的服务器进行实际连接。这样，内部与外部网络之间不存在直接连接，因此，即使防火墙发生了问题，外部网络也无法获得与被保护的网络的连接。典型防火墙的体系结构分为包过滤路由器、双宿主主机、屏蔽主机网关和被屏蔽子网等类型。

4. 入侵检测与防御

入侵检测系统（Intrusion Detection System，IDS）作为防火墙之后的第二道安全屏障，通过从计算机系统或网络中的若干关键点收集网络的安全日志、用户的行为、网络数据包和审计记录等信息并对其进行分析，从中检查是否有违反安全策略的行为和遭到入侵攻击的迹象，入侵检测系统根据检测结果，自动做出响应。IDS 的主要功能包括对用户和系统行为的监测与分析、系统安全漏洞的检查和扫描、重要文件的完整性评估、已知攻击行为的识别、异常行为模式的统计分析、操作系统的审计跟踪，以及违反安全策略的用户行为的检测等。入侵检测通过实时地监控入侵事件，在造成系统损坏或数据丢失之前阻止入侵者进一步的行动，使系统能尽可能的保持正常工作。与此同时，IDS 还需要收集有关入侵的技术资料，用于改进和增强系统抵抗入侵的能力。

入侵检测系统有效的弥补了防火墙系统对网络上的入侵行为无法识别和检测的不足，入侵检测系统的部署，使得在网络上的入侵行为得到了较好的检测和识别，并能够进行及时的报警。然而，随着网络技术的不断发展，网络攻击类型和方式也在进行着巨大的变化，入侵检测系统也逐渐的暴露出如漏报、误报率高、灵活性差和入侵响应能力较弱等不足之处。

入侵防御系统是在入侵检测系统的基础上发展起来的，入侵防御系统不仅能够检测到网络中的攻击行为，同时主动的对攻击行为能够发出响应，对攻击进行防御。两者相较，主要存在以下几种区别。

（1）在网络中的部署位置的不同。

IPS 一般是作为一种网络设备串接在网络中的，而 IDS 一般是采用旁路挂接的方式，连接在网络中。

（2）入侵响应能力的不同。

IDS 设备对于网络中的入侵行为，往往是采用将入侵行为记入日志，并向网络管理员发出警报的方式来处理的，对于入侵行为并无主动的采取对应措施，响应方式单一；而入侵防御系统检测到入侵行为后，能够对攻击行为进行主动的防御，例如丢弃攻击连接的数据包以阻断攻击会话，主动发送 ICMP 不可到达数据包、记录日志和动态的生成防御规则等多种方式对攻击行为进行防御。

第 11 章 标准化和软件知识产权基础知识

11.1 标准化基础知识

标准（Standard）是对重复性事物和概念所做的统一规定。规范（Specification）、规程（Code）都是标准的一种形式。标准化（Standardization）是在经济、技术、科学及管理等社会实践中，以改进产品、过程和服务的适用性，防止贸易壁垒，促进技术合作，促进最大社会效益为目的，对重复性事物和概念通过制定、发布和实施标准达到统一，获最佳秩序和社会效益的过程。

11.1.1 基本概念

标准是标准化活动的产物，其目的和作用都是通过制定和贯彻具体的标准来体现的。标准化不是一个孤立的事物，而是一个活动过程。标准化活动过程一般包括标准产生（调查、研究、形成草案、批准发布）子过程、标准实施（宣传、普及、监督、咨询）子过程和标准更新（复审、废止或修订）子过程等。

1. 标准的分类

可以从不同的角度和属性将标准进行分类。

1）根据适用范围分类

根据标准制定的机构和标准适用的范围，可分为国际标准、国家标准、行业标准、企业（机构）标准及项目（课题）标准。

（1）国际标准（International Standard）。国际标准是指国际标准化组织（ISO）、国际电工委员会（IEC）所制定的标准，以及 ISO 出版的《国际标准题内关键词索引（KWIC Index）》中收录的其他国际组织制定的标准。国际标准在世界范围内统一使用，各国可以自愿采用，不强制使用。

（2）国家标准（National Standard）。国家标准是由政府或国家级的机构制定或批准的、适用于全国范围的标准，是一个国家标准体系的主体和基础，国内各级标准必须服从且不得与之相抵触。常见的国家标准如下。

① 中华人民共和国国家标准（GB）。GB是我国最高标准化机构中华人民共和国国家技术监督局所公布实施的标准，简称为“国标”。

② 美国国家标准（ANSI）。ANSI 是美国国家标准协会（American National Standards Institute，ANSI）制定的标准。

③ 英国国家标准（British Standard，BS）。BS是英国标准学会（BSI）制定的标准。

④ 日本工业标准（Japanese Industrial Standard，JIS）。JIS是日本工业标准调查会（JISC）制定的标准。

（3）区域标准（Regional Standard）。区域标准（也称地区标准）泛指世界上按地理、经济或政治划分的某一区域标准化团体所通过的标准。它是为了某一区域的利益建立的标准。通常，地区标准主要是指太平洋地区标准会议（PASC）、欧洲标准化委员会（CEN）、亚洲标准咨询委员会（ASAC）、非洲地区标准化组织（ARSO）等地区组织所制定和使用的标准。

（4）行业标准（Specialized Standard）。行业标准是由行业机构、学术团体或国防机构制定，并适用于某个业务领域的标准，有以下一些标准。

① 美国电气和电子工程师学会标准（IEEE）。IEEE通过的标准常常要报请ANSI审批，使其具有国家标准的性质。因此，IEEE 公布的标准常冠有 ANSI 字头。例如，ANSI/IEEE Str 828-1983（软件配置管理计划标准）。

② 中华人民共和国国家军用标准（GJB）。GJB 是由我国国防科学技术工业委员会批准，适用于国防部门和军队使用的标准。例如，1988年发布实施的GJB473-88（军用软件开发规范）。我国各主管部、委（局）批准发布，在其范围内统一使用的标准。

③ 美国国防部标准（Department Of Defense-Standards，DOD-STD）。DOD-STD适用于美国国防部门。美国军用标准MIL-S（Military-Standards）适用于美军内部。

（5）企业标准（Company Standard）。企业标准是由企业或公司批准、发布的标准，某些产品标准由其上级主管机构批准、发布。

例如，美国IBM公司通用产品部（General Products Division）1984年制定的“程序设计开发指南”，仅供该公司内部使用。

（6）项目规范（Project Specification）。由某一科研生产项目组织制定，且为该项任务专用的软件工程规范。例如，计算机集成制造系统（CIMS）的软件工程规范。

根据《中华人民共和国标准化法》的规定，我国标准分为国家标准、行业标准、地方标准和企业标准4类。这4类标准主要是适用的范围不同，不是标准技术水平高低的分级。

（1）国家标准。由国务院标准化行政主管部门制定的需要全国范围内统一的技术要求。

（2）行业标准。没有国家标准而又需在全国某个行业范围内统一的技术标准，由国务院有关行政主管部门制定并报国务院标准化行政主管部门备案的标准。

（3）地方标准。没有国家标准和行业标准而又需在省、自治区、直辖市范围内统一的工业产品的安全、卫生要求，由省、自治区、直辖市标准化行政主管部门制定并报国务院标准化行政主管部门和国务院有关行业行政主管部门备案的标准。

（4）企业标准。企业生产的产品没有国家标准、行业标准和地方标准，由企业自行组织制定、作为组织生产依据的相应标准，或者在企业内制定适用的，比国家标准、行业标准或地方标准更严格的企业（内控）标准，并按省、自治区、直辖市人民政府的规定备案的标准（不含内控标准）。

2）根据标准的性质分类

根据标准的性质可分为技术标准、管理标准和工作标准。

（1）技术标准（Technique Standard）。技术标准是针对重复性的技术事项而制定的标准，是从事生产、建设及商品流通时需要共同遵守的一种技术依据。

（2）管理标准（Administrative Standard）。管理标准是管理机构为行使其管理职能而制定的具有特定管理功能的标准，主要用于规定人们在生产活动和社会实践中的组织结构、职责权限、过程方法、程序文件、资源分配以及方针、目标、措施、影响管理的因素等事宜，它是合理组织国民经济，正确处理各种生产关系，正确实现合理分配，提高生产效率和效益的依据。在实际工作中通常按照标准所起的作用不同，将管理标准分为技术管理标准、生产组织标准、经济管理标准、行政管理标准、业务管理标准和工作标准等。

（3）工作标准（Work Standard）。为协调整个工作过程，提高工作质量和效率，针对具体岗位的工作制定的标准。对工作的内容、方法、程序和质量要求所制定的标准，称为工作标准。工作标准的内容包括各岗位的职责和任务、每项任务的数量、质量要求及完成期限，完成各项任务的程序和方法，与相关岗位的协调、信息传递方式，工作人员的考核与奖罚方法等。对生产和业务处理的先后顺序、内容和要达到的要求所作的规定称为工作程序标准。以管理工作为对象所制定的标准，称为管理工作标准。管理工作标准的内容主要包括工作范围、内容和要求；与相关工作的关系；工作条件；工作人员的职权与必备条件；工作人员的考核、评价及奖惩办法等。

3）根据标准化的对象和作用分类

根据标准的对象和作用，标准可分为基础标准、产品标准、方法标准、安全标准、卫生标准、环境保护标准和服务标准等。

4）根据法律的约束性分类

根据标准的法律约束性，可分为强制性标准和推荐性标准。

（1）强制性标准。根据《标准化法》的规定，企业和有关部门对涉及其经营、生产、服务、管理有关的强制性标准都必须严格执行，任何单位和个人不得擅自更改或降低标准。对违反强制性标准而造成不良后果以至重大事故者，由法律、行政法规规定的行政主管部门依法根据情节轻重给予行政处罚，直至由司法机关追究刑事责任。

强制性标准是国家技术法规的重要组成，它符合世界贸易组织贸易技术壁垒协定关于“技术法规”定义，即“强制执行的规定产品特性或相应加工方法的包括可适用的行政管理规定在内的文件。技术法规也可包括或专门规定用于产品、加工或生产方法的术语、符号、包装标志或标签要求”，为使我国强制性标准与 WTO/TBT 规定衔接，其范围限制在国家安全、防止欺诈行为、保护人身健康与安全、保护动物植物的生命和健康以及保护环境等方面。

（2）推荐性标准。在生产、交换、使用等方面，通过经济手段或市场调节而自愿采用的一类标准称为推荐性标准。这类标准不具有强制性，任何单位均有权决定是否采用，违反这类标准，不构成经济或法律方面的责任。应当指出的是，推荐性标准一经接受并采用，或由各方商定后同意纳入经济合同中，就成为各方必须共同遵守的技术依据，具有法律上的约束性。

2. 标准的代号和编号

1）国际标准 ISO 的代号和编号

国际标准 ISO 的代号和编号的格式为 ISO+标准号+[杠+分标准号]+冒号+发布年号（方括号中的内容可有可无），例如，ISO 8402：1987 和 ISO 9000-1：1994 是 ISO 标准的代号和编号。

2）国家标准的代号和编号

我国国家标准的代号由大写汉语拼音字母构成，强制性国家标准代号为 GB，推荐性国家标准的代号为 GB/T。

国家标准的编号由国家标准的代号、标准发布顺序号和标准发布年代号（4 位数）组成。

（1）强制性国家标准：GB ×××××—××××。

（2）推荐性国家标准：GB/T ×××××—××××。

3）行业标准的代号和编号

（1）行业标准代号。行业标准代号由汉语拼音大写字母组成，由国务院各有关行政主管部门提出其所管理的行业标准范围的申请报告，国务院标准化行政主管部门审查确定并正式公布该行业标准代号。已正式公布的行业代号有 QJ（航天）、SJ（电子）、JB（机械）和 JR（金融系统）等。

（2）行业标准的编号。行业标准的编号由行业标准代号、标准发布顺序及标准发布年代号（4 位数）组成，表示方法如下。

- 强制性行业标准编号：×× ××××—××××。
- 推荐性行业标准编号：××/T ××××—××××。

4）地方标准的代号和编号

（1）地方标准的代号。由大写汉语拼音 DB 加上省、自治区、直辖市行政区划代码的前两位数字（如北京市 11、天津市 12、上海市 31 等），再加上斜线 T 组成推荐性地方标准；不加斜线 T 为强制性地方标准，表示方法如下。

- 强制性地方标准：DB××。
- 推荐性地方标准：DB××/T。

（2）地方标准的编号。地方标准的编号由地方标准代号、地方标准发布顺序号和标准发布年代号（4 位数）3 个部分组成，表示方法如下。

- 强制性地方标准：DB××　×××—××××。
- 推荐性地方标准：DB××/T　×××—××××。

5）企业标准的代号和编号

（1）企业标准的代号。企业标准的代号由汉语大写拼音字母 Q 加斜线再加企业代号组成，企业代号可用大写拼音字母、阿拉伯数字或两者兼用组成。企业代号按中央所属企业和地方企业分别由国务院有关行政主管部门或省、自治区、直辖市政府标准化行政主管部门会同同级有关行政主管部门加以规定。例如，Q/×××。企业标准一经制定颁布，即对整个企业具有约束性，是企业法规性文件，没有强制性企业标准和推荐性企业标准之分。

（2）企业标准的编号。企业标准的编号由企业标准代号、标准发布顺序号和标准发布年代号（4 位数）组成，表示方法：Q/×××　××××—××××。

3. 国际标准和国外先进标准

国际标准和国外先进标准集中了一些先进工业国家的技术经验，世界各国都积极采用国际标准或先进的标准。

1）国际标准

国际标准是指国际标准化组织、国际电工委员会所制定的标准，以及 ISO 出版的《国际标准题内关键词索引(KWIC Index)》中收录的其他国际组织制定的标准。1983 年 3 月出版的 KWIC 索引（第 1 版）中共收录了 24 个国际组织制定的 7600 个标准，其中 ISO 标准占 68%，IEC 标准占 18.5%，其他 22 个国际组织的标准共 968 个，占 13.5%。1989 年出版的 KWIC 索引（第 2 版）共收录了 ISO 与 IEC 制定的 800 个标准，以及其他 27 个国际组织的 1200 多条标准。ISO 推荐列入 KWIC 索引的有 27 个国际组织，一些未列入《KWIC Index》的国际组织所制定的某些标准也被国际公认。这 27 个国际组织制定的标准化文献主要有国际标准、国际建议、国际公约、国际公约的技术附录和国际代码，也有经各国政府认可的强制性要求。对国际贸易业务服务和信息交流具有重要影响。

2）国外先进标准

国外先进标准是指国际上有权威的区域性标准；世界上经济发达国家的国家标准和通行的团体标准；包括知名企业标准在内的其他国际上公认的先进标准，主要有以下几种标准。

（1）国际上有权威的区域性标准。如欧洲标准化委员会（CEN）、欧洲电工标准化委员会

(CENELEC)、欧洲广播联盟（EBU)、亚洲大洋洲开放系统互联研讨会（AOW)、亚洲电子数据交换理事会（ASEB）等制定的标准。

（2）世界经济技术发达国家的国家标准。如美国国家标准、德国国家标准（DIN)、英国国家标准、日本国工业标准、瑞典国家标准（SIS)、法国国家标准（NF)、瑞士国家标准（SNV)、意大利国家标准（UNI）和俄罗斯国家标准（TOCTP）等。

（3）国际公认的行业性团体标准。如美国材料与实验协会标准（ASTM)、美国石油学会标准（API)、美国军用标准（MIL)、美国电气制造商协会标准（NEMA)、美国电影电视工程师协会标准（SMPTE)、美国机械工程师协会标准（ASME）和英国石油学会（IP）等。

（4）国际公认的先进企业标准。如美国 IBM 公司、美国 HP 公司、芬兰诺基亚公司和瑞士钟表公司等企业标准等。

3）采用国际标准和国外先进标准的原则

（1）根据我国国民经济发展的需要，确定一定时期采用国际标准和国外先进标准的方向、任务。当国民经济处于建立社会主义经济体系初期，采用国际标准和国外先进标准就是要从战略上、从国家长远利益上考虑突出国际标准中的重大基础标准、通用方法标准的采用问题。当国民经济发展到一定阶段，如产品质量要赶超世界先进水平时，国际标准和国外先进标准中的先进产品标准和质量标准就成为采用的重要对象。

（2）很多国际标准是国际上取得多年实际经验后被公认的，一般来说不必都去进行实践验证。为加快采用国际标准和国外先进标准的速度，一般都简化制定手续，基本上采取“先拿来用，然后实践验证，再补充修改”的模式。

（3）促进产品质量水平的提高是当前采用国际标准和国外先进标准的一项重要原则。产品质量问题首先有标准问题，只有采用了先进的国际标准或先进的国外标准，才能提高我国的标准水平。只有提高了标准水平，才能有力地促进产品质量的提高。如果要赶超世界先进水平，就要采用国际标准和国外先进标准。

（4）要紧密结合我国实际情况、自然资源和自然条件，需符合国家的有关法令、法规和政策，做到技术先进、经济合理、安全可靠、方便使用、促进生产力发展。

（5）对于国际标准中的基础标准、方法标准、原材料标准和通用零部件标准，需要先行采用。通过的基础标准、方法标准以及有关安全、卫生和环境保护等方面的标准，一般应与国际标准协调一致。

（6）在技术引进和设备进口中采用国际标准，应符合《技术引进和设备进口标准化审查管理办法（试行)》中的规定。例如，原则上不引进和进口英制设备，等等。

（7）当国际标准不能满足要求或尚无国际标准时，应参照上述原则积极采用国外先进标准。

4）采用程度

采用国际标准或国外先进标准的程度，分为等同采用、等效采用和非等效采用。

（1）等同采用。指国家标准等同于国际标准，仅有或没有编辑性修改。编辑性修改是指不改变标准技术的内容的修改。如纠正排版或印刷错误；标点符号的改变；增加不改变技术内容的说明、提示等。因此，可以认为等同采用就是指国家标准与国际标准相同，不做或稍做编辑性修改，编写方法完全相对应。

（2）等效采用。指国家标准等效于国际标准，技术内容上只有很小差异。编辑上不完全相同，编写方法不完全相对应。如奥地利标准 ONORMS 5022 内河船舶噪声测量标准中，包括一份试验报告的推荐格式，而相应的国际标准 ISO 2922 中没有此内容。

（3）非等效采用。指国家标准不等效于国际标准，在技术上有重大技术差异。即国家标准中有国际标准不能接受的条款，或者在国际标准中有国家标准不能接受的条款。在技术上有重大差异的情况下，虽然国家标准制定时是以国际标准为基础，并在很大程度上与国际标准相适应，但不能使用“等效”这个术语。通常包括以下 3 种情况。

① 国家标准包含的内容比国际标准少。国家标准较国际要求低或选国际标准中部分内容。国家标准与国际标准之间没有互相接受条款的“逆定理”情况。

② 国家标准包含的内容比国际标准多。国家标准增加了内容或类型，且具有较高要求等，也没有“逆定理”情况。

③ 国家标准与国际标准有重叠。部分内容是完全相同或技术上相同，但在其他内容上却互不包括对方的内容。

采用国际标准或国外先进标准，按国家标准 GB161 的规定编写。采用程度符号用缩写字母表示，等同采用 idt 或 IDT 表示，等效采用 eqv 或 EQV 表示，非等效采用 neq 或 NEQ 表示。

① 等同采用：GB ××××—××××（idt ISO ××××—××××）。

② 等效采用：GB ××××—××××（eqv ISO ××××—××××）。

③ 非等效采用：GB ××××—××××（neq ISO××××—××××）。

11.1.2　信息技术标准化

信息技术标准化是围绕信息技术开发、信息产品的研制和信息系统建设、运行与管理而开展的一系列标准化工作。其中主要包括信息技术术语、信息表示、汉字信息处理技术、媒体、软件工程、数据库、网络通信、电子数据交换、电子卡、管理信息系统和计算机辅助技术等方面的标准化。

1. 信息编码标准化

编码是一种信息表现形式和信息交换的技术手段。对信息进行编码实际上是对文字、音频、图形和图像等信息进行处理，使之量化，从而便于利用各种通信设备进行信息传递和利用计算机进行信息处理。作为一种信息交换的技术手段，必须保证信息交换的一致性。为了统一编码系统，人们借助了标准化这个工具，制定了各种标准代码，如国际上比较通用的ASCII码（美国信息交换标准代码）。

2. 汉字编码标准化

汉字编码是对每一个汉字按一定的规律用若干个字母、数字、符号表示出来。汉字编码的方法很多，主要有数字编码，如电报码、四角号码；拼音编码，即用汉字的拼音字母对汉字进行编码；字形编码，即用汉字的偏旁部首和笔划结构与各个英文字母相对应，再用英文字母的组合代表相应的汉字。对于每一种汉字编码，计算机内部都有一种相应的二进制内部码，不同的汉字编码在使用上不能替换。

我国在汉字编码标准化方面取得的突出成就就是信息交换用汉字编码字符集国家标准的制定。该字符集共有6集。其中，GB 2312—80信息交换用汉字编码字符集是基本集，收入常用基本汉字和字符7445个。GB 7589—87和GB 7590—87分别是第二辅助集和第四辅助集，各收入现代规范汉字7426个。GB/T 12345—90是辅助集，它与第三辅助集和第五辅助集分别是与基本集、第二辅助集和第四辅助集相对应的繁体字的汉字字符集。除汉字编码标准化外，汉字信息处理标准化的内容还包括汉字键盘输入的标准化；汉字文字识别输入和语音识别输入的标准化；汉字输出字体和质量的标准化；汉字属性和汉语词语的标准化等。

3. 软件工程标准化

软件工程的目的是改善软件开发的组织，降低开发成本，缩短开发时间，提高工作效率，提高软件质量。它在内容上包括软件开发的软件概念形成、需求分析、计划组织、系统分析与设计、结构程序设计、软件调试、软件测试和验收、安装和检验、软件运行和维护，以及软件运行的终止。同时还有许多技术管理工作，如过程管理、产品管理、资源管理，以及确认与验证工作，如评审与审计、产品分析等。软件工程最显著的特点就是把个别的、自发的、分散的、手工的软件开发变成一种社会化的软件生产方式。软件生产的社会化必然要求软件工程实行标准化。

软件工程标准化的主要内容包括过程标准（如方法、技术和度量等）、产品标准（如需求、设计、部件、描述、计划和报告等）、专业标准（如道德准则、认证等）、记法标准（如术语、表示法和语言等）、开发规范（准则、方法和规程等）、文件规范（文件范围、文件编制、文件内容要求、编写提示）、维护规范（软件维护、组织与实施等）以及质量规范（软件质量保证、软件配置管理、软件测试和软件验收等）等。

我国1983年5月成立“计算机与信息处理标准化技术委员会”，下设13个分技术委员会，其中程序设计语言分技术委员会和软件工程技术委员会与软件相关。我国推行软件工程标准化工作的总原则是向国际标准靠拢，对于能够在我国适用的标准全部按等同采用的方法，以促进国际交流。现已得到国家批准的软件工程国家标准如下。

1）基础标准

（1）信息处理—程序构造及其表示法的约定 GB/T 13502—92。

（2）信息处理系统—计算机系统配置图符号及其约定 GB/T 14085—93。

（3）软件工程术语标准 GB/T 11457—89。

（4）软件工程标准分类法 GB/T 15538—95。

2）开发标准

（1）软件开发规范 GB 8566—88。

（2）计算机软件单元测试 GB/T 15532—95。

（3）软件维护指南 GB/T 14079—93。

3）文档标准

（1）计算机软件产品开发文件编制指南 GB 8567—88。

（2）计算机软件需求说明编制指南 GB/T 9385—88。

（3）计算机软件测试文件编制指南 GB/T 9386—88。

4）管理标准

（1）计算机软件配置管理计划规范 GB/T 12505—90。

（2）计算机软件质量保证计划规范 GB/T 12504—90。

（3）计算机软件可靠性和可维护性管理 GB/T 14394—93。

（4）信息技术、软件产品评价、质量特性及其使用指南 GB/T 16260—96。

11.1.3 标准化组织

ISO 和 IEC 是世界上两个最大、最具有权威的国际标准化组织。目前，由 ISO 确认并公布的国际标准化组织还有国际计量局（BIPM）、联合国教科文组织（UNESCO）、世界卫生组织（WHO）、世界知识产权组织（WIPO）、国际信息与文献联合会（FID）、国际法制计量组织（OIML）等 27 个国际组织。

（1）国际标准化组织（International Organization for Standardization，ISO）。国际标准化组织是世界上最大的非政府性的，由各国标准化团体（ISO 成员团体）组成的世界性联合专门机构。它成立于 1947 年 2 月，其宗旨是世界范围内促进标准化工作的发展，以利于国际资源的交流和合理配置，扩大各国在知识、科学、技术和经济领域的合作。其主要活动是制定国际标准，协调世界范围内的标准化工作，组织各成员国和技术委员会进行交流，以及与其他国际性组织进行合作，共同研究有关标准问题，出版 ISO 国际标准。制定国际标准的工作通常由 ISO 的技术委员会完成，各成员团体若对某技术委员会确立的项目感兴趣，均有权参加该委员会的工作。与 ISO 保持联系的各国际组织（官方的或非方的）也可参加有关工作。此外，ISO 还负责协调世界范围内的标准化工作，组织各成员国和技术委员会进行情报交流，并和其他国际性组织保持联系和合作，共同研究感兴趣的有关标准化问题。在电工技术标准化方面，ISO 与 IEC 保持密切合作关系。ISO 的工作语言是英文、法文、俄文，会址设在日内瓦。

ISO 的成员团体分正式成员和通信成员。正式成员是指由各国最有代表性的标准化机构代表其国家或地区参加，并且只允许每个国家有一个组织参加。通信成员是尚未建立全国性标准化机构的国家，一般不参与 ISO 的技术工作，但可参与了解工作进展，当条件成熟时，可以通过一定程序成为正式成员。1947 年，ISO 成立时只有 25 个成员团体，但经过 50 年的发展，现有团体（国家标准化机构）135 个，其中成员团体（正式成员）90 个、通信成员 35 个、注册成员 9 个。

成员全体大会是 ISO 的最高权力机构。理事会是 ISO 常务机构，由正、副主席，司库和 18 个理事国代表组成，每年召开一次会议，理事会成员任期三年，每年改选 1/3 的成员。理事会下设若干专门委员会，其中之一是技术委员会（TC），技术委员会完成 ISO 的技术工作，ISO 按专业性质设立技术委员会，各技术委员会根据工作需要可设立若干分委员会（SC），TC 和 SC 下面可设立若干工作组（WG）。TC 和 SC 的成员分为积极参加成员（P 成员）和观察员（O 成员）两种。P 成员可参与 TC、SC 的技术工作，而 O 成员则只能了解工作进度和得到技术组织的信息资料，不参加技术工作。每个 TC 或 SC 均从 P 成员中任命一个成员主持秘书处并领导该委员会或分委员会。ISO 现有技术组织 2871 个，其中技术委员会 191 个、分技术委员会 572 个、工作组 2063 个，临时专题小组 45 个。

（2）国际电工委员会（International Electrotechnical Commission，IEC）。国际电工委员会成立于 1906 年，是世界上最早的非政府性国际电工标准化机构，是联合国经社理事会（ECOSOC）的甲级咨询组织。自 1947 年 ISO 成立后，IEC 曾作为一个电工部并入 ISO，但在技术上和财务上仍保持独立。1976 年，双方又达成新协议，IEC 从 ISO 中分离出来，两组织各自独立，自愿合作，互为补充，共同建立国际标准化体系，IEC 负责有关电气工程及电子领域国际标准化工作，其他领域则由 ISO 负责。

IEC 的工作领域包括电工领域各个方面，如电力、电子、电信和原子能方面的电工技术等。理事会是 IEC 的最高权利机构，会址设在日内瓦。IEC 理事会下设执行委员会和合格评定局，执行委员会负责管理技术委员会和技术咨询委员会；合格评定局管理各认证委员会，在组织上自成体系。它是世界范围的自愿认证机构，其宗旨是促进国家或国际间的自由贸易。按照严格的认证程序，以国际标准为依据对电工产品生产厂的技术力量和管理水平实行全面的审核和评审；对要求认证的生产的元器件，按标准要求进行测试检验。对符合质量要求的产品授以合格证书，以确保产品质量达到和保持标准要求的质量水平。

（3）区域标准化组织。区域是指世界上按地理、经济或民族利益划分的区域。参加组织的机构有的是政府性的，有的是非政府性的，是为发展同一地区或毗邻国家间的经济及贸易，维护该地区国家的利益，协调本地区各国标准和技术规范而建立的标准化机构。其主要职能是制定、发布和协调该地区的标准。

① 欧洲标准化委员会（CEN）。CEN 成立于 1961 年，是由欧洲经济共同体（EEC）、欧洲自由联盟（EFTA）所属国家的标准化机构所组成，主要任务是协调各成员国的标准，制定必要的欧洲标准（EN），实行区域认证制度。

② 欧洲电工标准化委员会（CEN EL EC）。CEN EL EC 成立于 1972 年，是由欧洲电工标准协调委员会（CEN EL）和欧洲电工协调委员会共同市场小组（CEN EL COM）合并组成的，主要是协调各成员国电器和电子领域的标准，以及电子元器件质量认证，制定部分欧洲标准。

③ 亚洲标准咨询委员会（ASAC）。ASAC 成立于 1967 年，由联合国亚洲与太平洋经社委员会协商建立，主要是在 ISO、IEC 标准的基础上，协调各成员国标准化活动，制定区域性标准。

④ 国际电信联盟（International Telecommunication Union，ITU）。ITU 于 1865 年 5 月在巴黎成立，1947 年成为联合国的专门机构，是世界各国政府的电信主管部门之间协调电信事务的一个国际组织，研究制定有关电信业务的规章制度，通过决议提出推荐标准，收集有关情报。ITU 的目的和任务是维持和发展国际合作，以改进和合理利用电信，促进技术设施的发展及有效应用，以提高电信业务的效率。

（4）行业标准化组织。行业标准化组织是指制定和公布适应于某个业务领域标准的专业标准化团体，以及在其业务领域开展标准化工作的行业机构、学术团体或国防机构。

① 美国电气电子工程师学会（Institute of Electrical and Electronics Engineers，IEEE）。IEEE 是由美国电气工程师学会（AIEE）和美国无线电工程师学会（IRE）于 1963 年合并而成，是美国规模最大的专业学会。IEEE 主要制定的标准内容有电气与电子设备、试验方法、元器件、符号、定义以及测试方法等。近年来，该学会专门成立了软件标准分技术委员会（SESS），积极开展了软件标准化活动，取得了显著成果，受到了软件界的关注。IEEE 通过的标准常常要报请 ANSI 审批，使其具有国家标准的性质。因此，IEEE 公布的标准常冠有 ANSI 字头。例如，ANSI/IEEE Str 828-1983 软件配置管理计划标准。

② 美国国防部批准、颁布适用于美国军队内部使用的标准，代号为 DOD（采用公制计量

单位的以 DOD 表示）和 MIL。

③ 我国国防科学技术工业委员会批准、颁布适合于国防部门和军队使用的标准，代号为 GJB。例如，1988 年发布实施的 GJB473-88 军用软件开发规范。

（5）国家标准化组织。国家标准化组织是指在国家范围内建立的标准化机构，以及政府确认（或承认）的标准化团体，或者接受政府标准化管理机构指导并具有权威性的民间标准化团体。这些组织主要如下。

① 美国国家标准学会（American National Standards Institute，ANSI）。ANSI 是非赢利性质的民间标准化团体，但它实际上已成为美国国家标准化中心，美国各界标准化活动都围绕它开展。通过它使政府有关系统和民间系统相互配合，起到了政府和民间标准化系统之间的桥梁作用。ANSI 协调并指导美国全国的标准化活动，给标准制定、研究和使用单位以帮助，提供国内外标准化情报。ANSI 本身很少制定标准，主要是将其他专业标准化机构的标准经协商后冠以 ANSI 代号，成为美国国家标准。

② 英国标准学会（British Standards Institution，BSI）。BSI 是世界上最早的全国性标准化机构，它是政府认可的、独立的、非盈利性民间标准化团体，主要任务是为增产节约而努力协调生产者和用户之间的关系，促进生产，达到标准化；制定和修订英国标准，并促进其贯彻执行；以学会名义，对各种标志进行登记，并颁发许可证；必要时采取各种行动，保护学会利益；对外代表英国参加国际或区域标准化活动。

③ 德国标准化学会（Deutsches Institution fur Normung，DIN）。DIN 始建于 1917 年，当时称为德国工业标准委员会（NADI），1926 年改为德国标准委员会（DNA），1975 年又改名为联邦德国标准化学会。DIN 是一个经注册的公益性民间标准化团体，前联邦政府承认它为联邦德国和西柏林的标准化机构。

④ 法国标准化协会（Association Francaise de Normalisation，AFNOR）。AFNOR 成立于 1926 年，它是一个公益性的民间团体，也是一个被政府承认，为国家服务的组织。1941 年 5 月 24 日颁布的一项法令确认 AFNOR 接受法国政府的标准化管理机构“标准化专署”指导，按政府指导开展工作，并定期向标准化专员汇报工作。AFNOR 负责标准的制定、修订工作，宣传、出版、发行标准，实施产品质量认证。

11.1.4 ISO 9000 标准简介

ISO 9000 标准是一系列标准的统称。ISO 9000 系列标准由 ISO/TC176 制定。TC176 是 ISO 的第 176 个技术委员会（质量管理和质量保证技术委员会），专门负责制定质量管理和质量保证技术的标准。经过 TC176 多年的协调以及有关国家质量管理专家近 10 年的不懈努力，总结了美国、英国和加拿大等工业发达国家的质量保证技术实践的经验，于 1986 年 6 月 15 日正式发布了 ISO 8402《质量－术语》标准，又于 1987 年 3 月正式公布了 ISO 9000～ISO 9004 的 5 项标准，这 5 项标准与 ISO 8402：1986 一起统称为 ISO 9000：1987 系列标准。2000 年 12 月 15 日，ISO 9000：2000 系列标准正式发布实施。

ISO 9000 系列标准的质量管理模式为企业管理注入新的活力和生机，给质量管理体系提供评价基础，为企业进行世界贸易带来质量可信度。从 ISO 9000 系列标准的演变过程可见，ISO 9001：1987 系列标准从自我保证的角度出发，更多关注的是企业内部的质量管理和质量保证；ISO 9001：1994 系列标准则通过 20 个质量管理体系要素，把用户要求、法规要求及质量保证的要求纳入标准的范围中；ISO 9001：2000 系列标准在标准构思和标准目的等方面体现了具有时代气息的变化，过程方法的概念，顾客需求的考虑，以及将持续改进的思想贯穿于整个标准，把组织的质量管理体系满足顾客要求的能力和程度体现在标准的要求之中。

1. ISO 9000：2000 系列标准文件结构

ISO 9000：2000 族标准现有 14 项标准，由 4 个核心标准、一个支持标准、6 个技术报告、3 个小册子构成，如表 11-1 所示。

表 11-1　ISO 9000：2000 系列标准文件结构

核心标准	ISO 9000：2000《质量管理体系　基础和术语》
	ISO 9001：2000《质量管理体系　要求》
	ISO 9004：2000《质量管理体系　业绩改进指南》
	ISO 19011：2000《质量和环境管理审核指南》
支持标准	ISO 10012《测量设备的质量保证要求》
技术报告	ISO 10006《项目管理指南》
	ISO 10007《技术状态管理指南》
	ISO 10013《质量管理体系文件指南》
	ISO 10014《质量经济性指南》
	ISO 10015《教育和培训指南》
	ISO 10017《统计技术在 ISO 9001 中的应用指南》
小册子	质量管理原理
	选择和使用指南
	小型企业的应用指南

2. ISO 9000：2000 核心标准简介

（1）ISO 9000：2000《质量管理体系　基础和术语》。该标准描述了质量管理体系的基础，并规定了质量管理体系的术语和基本原理。术语标准是讨论问题的前提，统一术语是为了明确概念，建立共同的语言。

该标准在总结了质量管理经验的基础上，明确了一个组织在实施质量管理中必须遵循的8项质量管理原则，也是ISO 9000：2000族标准制定的指导思想和理论基础。该标准提出的10个部分，87个术语，在语言上强调采用非技术性语言，使所有潜在用户易于理解。为便于使用，在标准附录中，推荐了以“概念图”方式来描述相关术语的关系。

（2）ISO 9001：2000《质量管理体系 要求》。该标准提供了质量管理体系的要求，供组织证实其提供满足顾客和适用法规要求产品的能力时使用。组织通过有效地实施体系，包括过程的持续改进和预防不合格，使顾客满意。该标准是用于第三方认证的唯一质量管理体系要求标准，通常用于企业建立质量管理体系以及申请认证。它主要通过对申请认证组织的质量管理体系提出各项要求来规范组织的质量管理体系，主要分为5大模块的要求，即质量管理体系、管理职责、资源管理、产品实现、测量分析和改进，构成一种过程方法模式的结构，符合PDCA循环规则，且通过持续改进的环节使质量管理体系的水平达到螺旋式上升的效应，其中每个模块中又有许多分条款。

（3）ISO 9004：2000《质量管理体系 业绩改进指南》。该标准给出了改进质量管理体系业绩的指南，描述了质量管理体系应包括持续改进的过程，强调通过改进过程，提高组织的业绩，使组织的顾客和其他相关方满意。

该标准和ISO 9001：2000协调一致并可一起使用的质量管理体系标准，两个标准采用相同的原则，但应注意其适用范围不同，而且ISO 9004标准不拟作为ISO 9001标准的实施指南。通常情况下，当组织的管理者希望超越ISO 9001标准的最低要求，追求增长的业绩改进时，一般以ISO 9004标准作为指南。

（4）ISO 19011：2001《质量和环境管理体系审核指南》。该标准提供了质量管理体系和环境管理体系审核的基本原则、审核方案的管理、环境和质量管理体系的实施以及对环境和质量管理体系评审员资格要求提供了指南。

该标准是ISO/TC 176与ISO/TC 207（环境管理技术委员会）联合制订的，按照“不同管理体系，可以共同管理和审核”的原则，在术语和内容方面兼容了质量管理体系和环境管理体系两方面特点。

3. ISO 9000：2000系列标准确认的8项原则

ISO 9000族质量管理体系在ISO 9000：2000和ISO 9004：2000标准中提及的8项质量管理原则是以顾客为中心、领导作用、全员参与、过程方法、管理的系统方法、持续改进、基于事实的决策方法、互利的供方关系。

11.1.5 ISO/IEC 15504 过程评估标准简介

ISO/IEC15504 由 ISO/IEC JTC1/SC7/WG10 与其项目组软件过程改进和能力确定（Software Process Improve- ment and Capability determination，SPICE）和国际项目管理机构共同完成，并收集整理了来自 20 多个国家的工业、政府以及大学专家的意见和建议，同时得到世界各地软件工程师的帮助，包括与美国 SEI、加拿大贝尔合作。

ISO/IEC 15504 提供了一个软件过程评估的框架，它可以被任何软件企业用于软件的设计、管理、监督、控制以及提高获得、供应、开发、操作、升级和支持的能力。ISO/IEC 15504 提供了一种有组织的、结构化的软件过程评估方法，以便实施软件过程的评估。在 ISO/IEC 15504 中定义的过程评估办法旨在为描述工程评估结果的通用方法提供一个基本原则，同时也对建立在不同但兼容的模型和方法上的评估进行比较。

在 ISO/IEC 15504 文件中涉及了过程评估的各个方面，其文档主要包括以下几个部分。

1. 概念和绪论指南

该部分给出了关于软件过程改进和过程评估概念及其在过程能力确定方面的总体信息。它描述了 ISO/IEC 15504 文档的各部分是如何组织在一起的，并为选择和使用各部分提供指南。此外，本部分还解释了 ISO/IEC 15504 中所包含的要求对执行评估的适用性；支持工具的建立与选择以及在附加过程的建立和发展方面所起的作用。

2. 过程和过程能力参考模型

该部分从内容上说是在比较高的层次上详细定义了一个用于过程评估的二维参考模型。此模型中描述了过程和过程能力。通过将过程中的特点与不同的能力等级相比较，可以用此模型中定义的一系列过程和框架对过程能力加以评估。

3. 实施评估

为了确保等级评定的一致性和可重复性（即标准化），ISO/IEC 15504 为软件过程评估提供了一个框架并为进行评审提出了最低要求。这些要求有助于确保评估输出内在的一致性，并为评级和验证与要求的一致性提供了依据。该部分以及与该部分有关的内容详细定义了实施评估时的需要，这样得到的评估结果才有可重复性、可信性以及可持续性。

4. 评估实施指南

通过这部分内容，可以指导使用者如何进行软件过程评估。这个具有普通意义的指导可适用于所有企业，同时也适用于采用不同的方法、技术以及支持工具的过程评估。它包括如何选择并使用兼容的评估，如何选择用于支持评估的方法，如何选择适合于评估的工具与手段。该部分内容对过程评估作了概述，并且以指南形式对用于评估的兼容模型、文件化的评估过程和工具的使用和选择等方面的需求作了解释。

5. 评估模型和标志指南

这部分内容为支持过程评估提出了一个评估模型的范例，此评估模型与第二部分所描述的参考模型相兼容，具体表述了任何兼容评估模型都期望具有的核心特征。该指南是以此评估模型中所包含的指示标志的形式给出的，这些指示标志可在过程改进程序中加以使用，还有助于评价和选择评估模型、方法或工具。采用这种方式并结合可靠的方法，有可能对过程能力做出一致的且可重复的评估。

6. 评估师能力指南

这部分提供了关于评估师进行软件过程评估的资格和准备的指南。它详细说明了一些可用于验证评估师胜任能力和相应的教育、培训和经验，还包括可能用于验证胜任能力和证实受教育程度、培训情况和经验的一些机制。

7. 过程改进应用指南

该部分提供了关于使用软件过程评估作为首要方法去理解一个企业软件过程的当前状态，以及使用评估结果去形成并优化改进方案方面的指南。一个企业可以根据它的具体情况和需要从参考模型中选择所有的或一部分软件过程用于评估或改进。

8. 确定供方能力应用指南

该部分内容为过程能力确定目的而进行的过程评审提供应用指南。它讲述了为对过程能力加以判断，应如何定义输入和如何运用评估结果。该部分中关于过程能力的判断方法不仅适合于任何希望确定其自身软件过程的过程能力的企业，也同样适应于对供应商的能力进行判断。

9. 词汇

本部分定义了ISO/IEC TR 15504整个技术报告中使用的术语。术语首先按字母排列顺序以便于参考，然后再按逻辑类进行分类以便于理解（将相互相关的术语安排在一类）。

11.2 知识产权基础知识

知识产权（也称为智慧财产权）是现代社会发展中不可缺少的一种法律制度。知识产权是指人们基于自己的智力活动创造的成果和经营管理活动中的经验、知识而依法享有的权利。我国《民法通则》规定，知识产权是指民事权利主体（公民、法人）基于创造性的智力成果。

11.2.1　基本概念

根据有关国际公约规定（世界知识产权组织公约第二条），知识产权的保护对象包括下列各项有关权利。

（1）文学、艺术和科学作品。

（2）表演艺术家的表演以及唱片和广播节目。

（3）人类一切活动领域的发明。

（4）科学发现。

（5）工业品外观设计。

（6）商标、服务标记以及商业名称和标志。

（7）制止不正当竞争。

（8）在工业、科学、文学艺术领域内由于智力创造活动而产生的一切其他权利。

在世界贸易组织协议的知识产权协议中，第一部分第一条所规定的知识产权范围，还包括“未披露过的信息专有权”，这主要是指工商业经营者所拥有的经营秘密和技术秘密等商业秘密。知识产权保护制度是随着科学技术的进步而不断发展和完善的。随着科学技术的迅速发展，知识产权保护对象的范围不断扩大，不断涌现新型的智力成果，如计算机软件、生物工程技术、遗传基因技术和植物新品种等，这些都是当今世界各国所公认的知识产权的保护对象。知识产权可分为工业产权和著作权两类。

（1）工业产权。根据保护工业产权巴黎公约第一条的规定，工业产权包括专利、实用新型、工业品外观设计、商标、服务标记、厂商名称、产地标记或原产地名称、制止不正当竞争等项内容。此外，商业秘密、微生物技术和遗传基因技术等也属于工业产权保护的对象。近年来，在一些国家可以通过申请专利对计算机软件进行专利保护。对于工业产权保护的对象，可以分为“创造性成果权利”和“识别性标记权利”。发明、实用新型和工业品外观设计等属于创造性成果权利，它们都表现出比较明显的智力创造性。其中，发明和实用新型是利用自然规律做出的解决特定问题的新的技术方案，工业品外观设计是确定工业品外表的美学创作，完成人需要付出创造性劳动。商标、服务标记、厂商名称、产地标记或原产地名称以及我国反不正当竞争法第五条中规定的知名商品所特有的名称、包装、装潢等为识别性标记权利。

（2）著作权。著作权（也称为版权）是指作者对其创作的作品享有的人身权和财产权。人身权包括发表权、署名权、修改权和保护作品完整权等；财产权包括作品的使用权和获得报酬权，即以复制、表演、播放、展览、发行、摄制电影、电视、录像或者改编、翻译、注释、编辑等方式使用作品的权利，以及许可他人以上述方式使用作品并由此获得报酬的权利。关于著作权保护的对象，按照《保护文学艺术作品伯尔尼公约》第二条规定，包括文学、科学和艺术领域内的一切作品，不论其表现形式或方式如何，诸如书籍、小册子和其他著作；讲课、演讲和其他同类性质作品；戏剧或音乐作品；舞蹈艺术作品和哑剧作品；配词或未配词的乐曲；电影作品以及与使用电影摄影艺术类似的方法表现的作品；图画、油画、建筑、雕塑、雕刻和版画；摄影作品以及使用与摄影艺术类似的方法表现的作品；与地理、地形建筑或科学技术有关的示意图、地图、设计图、草图和立体作品等。

有些智力成果可以同时成为这两类知识产权保护的客体，例如，计算机软件和实用艺术品受著作权保护的同时，权利人还可以通过申请发明专利和外观设计专利获得专利权，成为工业产权保护的对象。在美国和欧洲的一些国家，如果计算机软件自身包含技术构成，软件又能实现某方面的技术效果，如工业自动化控制等，则不应排除专利保护。按照世界知识产权组织公约，科学发现也被列为知识产权。我国民法通则第九十七条规定了科学发现权的法律地位，但很难将其归属工业产权或著作权。可见，新产生的一些知识产权不一定就归为这两个类别。

1. 知识产权的特点

（1）无形性。知识产权是一种无形财产权。知识产权的客体指的是智力创作性成果（也称为知识产品），是一种没有形体的精神财富。它是一种可以脱离其所有者而存在的无形信息，可以同时为多个主体所使用，在一定条件下不会因多个主体的使用而使该项知识财产自身遭受损耗或者灭失。

（2）双重性。某些知识产权具有财产权和人身权双重性，例如著作权，其财产权属性主要体现在所有人享有的独占权以及许可他人使用而获得报酬的权利，所有人可以通过独自实施获得收益，也可以通过有偿许可他人实施获得收益，还可以像有形财产那样进行买卖或抵押；其人身权属性主要是指署名权等。有的知识产权具有单一的属性，例如，发现权只具有名誉权属性，而没有财产权属性；商业秘密只具有财产权属性，而没有人身权属性；专利权、商标权主要体现为财产权。

（3）确认性。无形的智力创作性成果不像有形财产那样直观可见，因此，智力创作性成果的财产权需要依法审查确认，以得到法律保护。例如，我国的发明人所完成的发明，其实用新型或者外观设计，已经具有价值和使用价值，但是，其完成人尚不能自动获得专利权，完成人必须依照专利法的有关规定，向国家专利局提出专利申请，专利局依照法定程序进行审查，申请符合专利法规定条件的，由专利局做出授予专利权的决定，颁发专利证书，只有当专利局发布授权公告后，其完成人才享有该项知识产权。又如，商标权的获得，大多数国家（包括中国）都实行注册制，只有向国家商标局提出注册申请，经审查核准注册后，才能获得商标权。文学艺术作品以及计算机软件的著作权虽然是自作品完成其权利即自动产生，但有些国家也要实行登记或标注版权标记后才能得到保护。

（4）独占性。由于智力成果具有可以同时被多个主体所使用的特点，因此，法律授予知识产权一种专有权，具有独占性。未经权利人许可，任何单位或个人不得使用，否则就构成侵权，应承担相应的法律责任。法律对各种知识产权都规定了一定的限制，但这些限制不影响其独占性特征。少数知识产权不具有独占性特征，例如技术秘密的所有人不能禁止第三人使用其独立开发完成的或者合法取得的相同技术秘密，可以说，商业秘密不具备完全的财产权属性。

（5）地域性。知识产权具有严格的地域性特点，即各国主管机关依照本国法律授予的知识产权，只能在其本国领域内受法律保护，例如中国专利局授予的专利权或中国商标局核准的商标专用权，只能在中国领域内受保护，其他国家则不给予保护，外国人在我国领域外使用中国专利局授权的发明专利，不侵犯我国专利权。所以，我国公民、法人完成的发明创造要想在外国受保护，必须在外国申请专利。著作权虽然自动产生，但它受地域限制，我国法律对外国人的作品并不都给予保护，只保护共同参加国际条约国家的公民作品。同样，公约的其他成员国也按照公约规定，对我国公民和法人的作品给予保护。还有按照两国的双边协定，相互给予对方国民的作品保护。

（6）时间性。知识产权具有法定的保护期限，一旦保护期限届满，权利将自行终止，成为社会公众可以自由使用的知识。至于期限的长短，依各国的法律确定。例如，我国发明专利的保护期为 20 年，实用新型专利权和外观设计专利权的期限为 10 年，均自专利申请日起计算。我国公民的作品发表权的保护期为作者终生及其死亡后 50 年。我国商标权的保护期限自核准注册之日起 10 年内有效，但可以根据其所有人的需要无限地延长权利期限，在期限届满前 6 个月内申请续展注册，每次续展注册的有效期为 10 年，续展注册的次数不限。如果商标权人逾期不办理续展注册，其商标权也将终止。商业秘密受法律保护的期限是不确定的，该秘密一旦被公众所知悉，即成为公众可以自由使用的知识。

2. 中国知识产权法规

目前，我国已形成了比较完备的知识产权保护的法律体系，保护知识产权的法律主要有中华人民共和国著作权法、中华人民共和国专利法、中华人民共和国继承法、中华人民共和国公司法、中华人民共和国合同法、中华人民共和国商标法、中华人民共和国产品质量法、中华人民共和国反不正当竞争法、中华人民共和国刑法、中华人民共和国计算机信息系统安全保护条例、中华人民共和国计算机软件保护条例和中华人民共和国著作权法实施条例等。

11.2.2 计算机软件著作权

1. 计算机软件著作权的主体与客体

1）计算机软件著作权的主体

计算机软件著作权的主体是指享有著作权的人。根据著作权法和《计算机软件保护条例》的规定，计算机软件著作权的主体包括公民、法人和其他组织。著作权法和《计算机软件保护条例》未规定对主体的行为能力限制，同时对外国人、无国籍人的主体资格，奉行“有条件”的国民待遇原则。

（1）公民。公民（即指自然人）通过以下途径取得软件著作权主体资格。

① 公民自行独立开发软件（软件开发者）。

② 订立委托合同，委托他人开发软件，并约定软件著作权归自己享有。

③ 通过转让途径取得软件著作财产权主体资格（软件权利的受让者）。

④ 公民之间或与其他主体之间，对计算机软件进行合作开发而产生的公民群体或者公民与其他主体成为计算机软件作品的著作权人。

⑤ 根据《继承法》的规定，通过继承取得软件著作财产权主体资格。

（2）法人。法人是具有民事权利能力和民事行为能力，依法独立享有民事权利和承担义务的组织。计算机软件的开发往往需要较大投资和较多的人员，法人则具有资金来源丰富和科技人才众多的优势，因而法人是计算机软件著作权的重要主体。法人取得计算机软件著作权主体资格一般通过以下途径。

① 由法人组织并提供创作物质条件所实施的开发，并由法人承担社会责任。

② 通过接受委托、转让等各种有效合同关系而取得著作权主体资格。

③ 因计算机软件著作权主体（法人）发生变更而依法成为著作权主体。

（3）其他组织。其他组织是指除去法人以外的能够取得计算机软件著作权的其他民事主体，包括非法人单位、合作伙伴等。

2）计算机软件著作权的客体

计算机软件著作权的客体是指著作权法保护的计算机软件著作权的范围（受保护的对象）。根据《著作权法》第三条和《计算机软件保护条例》第二条的规定，著作权法保护的计算机软件是指计算机程序及其有关文档。著作权法对计算机软件的保护是指计算机软件的著作权人或者其受让者依法享有著作权的各项权利。

（1）计算机程序。《根据计算机软件保护条例》第三条第一款的规定，计算机程序是指为了得到某种结果而可以由计算机等具有信息处理能力的装置执行的代码化指令序列，或者可被自动转换成代码化指令序列的符号化语句序列。计算机程序包括源程序和目标程序，同一程序的源程序文本和目标程序文本视为同一软件作品。

（2）计算机软件的文档。根据《计算机软件保护条例》第三条第二款的规定，计算机程序的文档是指用自然语言或者形式化语言所编写的文字资料和图表，用来描述程序的内容、组成、设计、功能规格、开发情况、测试结果及使用方法等。文档一般以程序设计说明书、流程图和用户手册等表现。

2. 计算机软件受著作权法保护的条件

《计算机软件保护条例》规定，依法受到保护的计算机软件作品必须符合下列条件。

（1）独立创作。受保护的软件必须由开发者独立开发创作，任何复制或抄袭他人开发的软件都不能获得著作权。当然，软件的独创性不同于专利的创造性。程序的功能设计往往被认为是程序的思想概念，根据著作权法不保护思想概念的原则，任何人都可以设计具有类似功能的另一件软件作品。但是，如果用了他人软件作品的逻辑步骤的组合方式，则对他人软件构成侵权。

（2）可被感知。受著作权法保护的作品应当是作者创作思想在固定载体上的一种实际表达。如果作者的创作思想未表达出来不可以被感知，就不能得到著作权法的保护。因此，《计算机软件保护条例》规定，受保护的软件必须固定在某种有形物体上，例如固定在存储器、磁盘和磁带等设备上，也可以是其他的有形物，如纸张等。

（3）逻辑合理。逻辑判断功能是计算机系统的基本功能。因此，受著作权法保护的计算机软件作品必须具备合理的逻辑思想，并以正确的逻辑步骤表现出来，才能达到软件的设计功能。

根据《计算机软件保护条例》第六条的规定，除计算机软件的程序和文档外，著作权法不保护计算机软件开发所用的思想、概念、发现、原理、算法、处理过程和运算方法。也就是说，利用已有的上述内容开发软件，并不构成侵权。因为开发软件时所采用的思想、概念等均属计算机软件基本理论的范围，是设计开发软件不可或缺的理论依据，属于社会公有领域，不能被个人专有。

3. 计算机软件著作权的权利

1）计算机软件的著作人身权

《中华人民共和国著作权法》规定，软件作品享有两类权利，一类是软件著作权的人身权（精神权利）；另一类是软件著作权的财产权（经济权利）。《计算机软件保护条例》规定，软件著作权人享有发表权和开发者身份权，这两项权利与软件著作权人的人身权是不可分离的。

（1）发表权。发表权是指决定软件作品是否公之于众的权利，即指软件作品完成后，以复制、展示、发行或者翻译等方式使软件作品在一定数量不特定人的范围内公开。发表权具体内容包括软件作品发表的时间、发表的形式以及发表的地点等。

（2）开发者身份权（也称为署名权）。开发者身份权是指作者为表明身份在软件作品中署自己名字的权利。署名可有多种形式，既可以署作者的姓名，也可以署作者的笔名，或者作者自愿不署名。对于一部作品来说，通过署名即可对作者的身份给予确认。我国著作权法规定，如无相反证明，在作品上署名的公民、法人或非法人单位为作者。因此，作品的署名对确认著作权的主体具有重要意义。开发者的身份权不随软件开发者的消亡而丧失，且无时间限制。

2）计算机软件的著作财产权

著作权中的财产权是指能够给著作权人带来经济利益的权利。财产权通常是指由软件著作权人控制和支配，并能够为权利人带来一定经济效益的权利。《计算机软件保护条例》规定，软件著作权人享有下述软件财产权。

（1）使用权。即在不损害社会公共利益的前提下，以复制、修改、发行、翻译和注释等方式合作软件的权利。

（2）复制权。即将软件作品制作一份或多份的行为。复制权就是版权所有人决定实施或不实施上述复制行为或者禁止他人复制其受保护作品的权利。

（3）修改权。即对软件进行增补、删节，或者改变指令、语句顺序等以提高、完善原软件作品的做法。修改权即指作者享有的修改或者授权他人修改软件作品的权利。

（4）发行权。发行是指为满足公众的合理需求，通过出售、出租等方式向公众提供一定数量的作品复制件。发行权即以出售或赠与方式向公众提供软件的原件或者复制件的权利。

（5）翻译权。翻译是指以不同于原软件作品的一种程序语言转换该作品原使用的程序语言，而重现软件作品内容的创作。简单地说，也就是指将原软件从一种程序语言转换成另一种程序语言的权利。

（6）注释权。软件作品的注释是指对软件作品中的程序语句进行解释，以便更好地理解软件作品。注释权是指著作权人对自己的作品享有进行注释的权利。

（7）信息网络传播权。以有线或者无线信息网络方式向公众提供软件作品，使公众可在其个人选定的时间和地点获得软件作品的权利。

（8）出租权。即有偿许可他人临时使用计算机软件的复制件的权利，但是软件不是出租的主要标的的除外。

（9）使用许可权和获得报酬权。即许可他人以上述方式使用软件作品的权利（许可他人行使软件著作权中的财产权）和依照约定或者有关法律规定获得报酬的权利。

（10）转让权。即向他人转让软件的使用权和使用许可权的权利。软件著作权人可以全部或者部分转让软件著作权中的财产权。

3）软件合法持有人的权利

根据《计算机软件保护条例》的规定，软件的合法复制品所有人享有下述权利。

（1）根据使用的需要把软件装入计算机等能存储信息的装置内。

（2）根据需要进行必要的复制。

（3）为了防止复制品损坏而制作备份复制品。这些复制品不得通过任何方式提供给他人使用，并在所有人丧失该合法复制品所有权时，负责将备份复制品销毁。

（4）为了把该软件用于实际的计算机应用环境或者改进其功能性能而进行必要的修改。但是，除合同约定外，未经该软件著作权人许可，不得向任何第三方提供修改后的软件。

4. 计算机软件著作权的行使

1）软件经济权利的许可使用

软件经济权利的许可使用是指软件著作权人或权利合法受让者，通过合同方式许可他人使用其软件，并获得报酬的一种软件贸易形式。许可使用的方式可分为以下几种。

（1）独占许可使用。权利人通过书面合同授权，被授权方可以根据合同规定的方式、条件和时间确定独占性，权利人不得将软件使用权授予第三方，权利人自己不能使用该软件。

（2）独家许可使用。权利人通过书面合同授权，被授权方可以根据合同规定的方式、条件和时间确定独占性，权利人不得将软件使用权授予第三方，权利人自己可以使用该软件。

（3）普通许可使用。权利人通过书面合同授权，被授权方可以根据合同规定的方式、条件和时间确定独占性，权利人可以将软件使用权授予第三方，权利人自己可以使用该软件。

（4）法定许可使用和强制许可使用。在法律特定的条款下，不经软件著作权人许可，使用其软件。

2）软件经济权利的转让使用

软件经济权利的转让使用是指软件著作权人将其享有的软件著作权中的经济权利全部转移给他人。软件经济权利的转让将改变软件权利的归属，原始著作权人的主体地位随着转让活动的发生而丧失，软件著作权受让者成为新的著作权主体。《计算机软件保护条例》规定，软件著作权转让必须签订书面合同。同时，软件转让活动不能改变软件的保护期。转让方式包括出买、赠与、抵押和赔偿等，可以定期转让或者永久转让。

5. 计算机软件著作权的保护期

根据《著作权法》和《计算机软件保护条例》的规定，计算机软件著作权的权利自软件开发完成之日起产生，保护期为 50 年。保护期满，除开发者身份权以外，其他权利终止。一旦计算机软件著作权超出保护期，软件就进入公有领域。计算机软件著作权人的单位终止和计算机软件著作权人的公民死亡均无合法继承人时，除开发者身份权以外，该软件的其他权利进入公有领域。软件进入公有领域后成为社会公共财富，公众可无偿使用。

6. 计算机软件著作权的归属

我国著作权法对著作权的归属采取了“创作主义”原则，明确规定著作权属于作者，除非另有规定。《计算机软件保护条例》第九条规定“软件著作权属于软件开发者，本条例另有规定的情况除外。”这是我国计算机软件著作权归属的基本原则。

计算机软件开发者是计算机软件著作权的原始主体，也是享有权利最完整的主体。软件作品是开发者从事智力创作活动所取得的智力成果，是脑力劳动的结晶。其开发创作行为使开发者直接取得该计算机软件的著作权。因此，《计算机软件保护条例》第九条明确规定“软件著作权属于软件开发者”，即以软件开发的事实来确定著作权的归属，谁完成了计算机软件的开发工作，软件的著作权就归谁享有。

1）职务开发软件著作权的归属

职务软件作品是指公民在单位任职期间为执行本单位工作任务所开发的计算机软件作品。《计算机软件保护条例》第十三条做出了明确的规定，即公民在单位任职期间所开发的软件，如果是执行本职工作的结果，即针对本职工作中明确指定的开发目标所开发的，或者是从事本职工作活动所预见的结果或自然的结果；则该软件的著作权属于该单位。根据《计算机软件保护条例》规定，可以得出这样的结论：当公民作为某单位的雇员时，如其开发的软件属于执行本职工作的结果，该软件著作权应当归单位享有。若开发的软件不是执行本职工作的结果，其著作权就不属单位享有。如果该雇员主要使用了单位的设备，按照《计算机软件保护条例》第十三条第三款的规定，不能属于该雇员个人享有。

对于公民在非职务期间创作的计算机程序，其著作权属于某项软件作品的开发单位，还是从事直接创作开发软件作品的个人，可按照《计算机软件保护条例》第十三条规定的三条标准确定。

（1）所开发的软件作品不是执行其本职工作的结果。任何受雇于一个单位的人员，都会被安排在一定的工作岗位和分派相应的工作任务，完成分派的工作任务就是他的本职工作。本职工作的直接成果也就是其工作任务的不断完成。当然，具体工作成果又会产生许多效益、产生范围更广的结果。但是，该条标准指的是雇员本职工作最直接的成果。若雇员开发创作的软件不是执行本职工作的结果，则构成非职务计算机软件著作权的条件之一。

（2）开发的软件作品与开发者在单位中从事的工作内容无直接联系。如果该雇员在单位担任软件开发工作，引起争议的软件作品不能与其本职工作中明确指定的开发目标有关，软件作品的内容也不能与其本职工作所开发的软件的功能、逻辑思维和重要数据有关。雇员所开发的软件作品与其本职工作没有直接的关系，则构成非职务计算机软件著作权的第二个条件。

（3）开发的软件作品未使用单位的物质技术条件。开发创作软件作品所使用的物质技术条件，即开发软件作品所必须的设备、数据、资金和其他软件开发环境，不属于雇员所在的单位所有。没有使用受雇单位的任何物质技术条件构成非职务软件著作权的第三个条件。

雇员进行本职工作以外的软件开发创作，必须同时符合上述 3 个条件，才能算是非职务软件作品，雇员个人才享有软件著作权。常有软件开发符合前两个条件，但使用了单位的技术情报资料、计算机设备等物质技术条件的情况。处理此种情况较好的方法是对该软件著作权的归属应当由单位和雇员双方协商确定，如对于公民在非职务期间利用单位物质条件创作的与单位业务范围无关的计算机程序，其著作权属于创作程序的作者，但作者许可第三人使用软件时，应当支付单位合理的物质条件使用费，如计算机机时费等。若通过协商不能解决，按上述三条标准做出界定。

2）合作开发软件著作权的归属

合作开发软件是指两个或两个以上公民、法人或其他组织订立协议，共同参加某项计算机软件的开发并分享软件著作权的形式。《计算机软件保护条例》第十条规定："由两个以上的自然人、法人或者其他组织合作开发的软件，其著作权的归属由合作开发者签订书面合同约定。无书面合同或者合同未作明确约定，合作开发的软件可以分割使用的，开发者对各自开发的部分可以单独享有著作权；但是，行使著作权时，不得扩展到合作开发的软件整体的著作权。合作开发的软件不能分割使用的，其著作权由合作开发者共同享有，通过协商一致行使；如不能协商一致，又无正当理由，任何一方不得阻止他方行使除转让权以外的其他权利，但是所得收益应合理分配给所有合作开发者。"根据此规定，对合作开发软件著作权的归属应掌握以下 4 点。

（1）由两个以上的单位、公民共同开发完成的软件属于合作开发的软件。对于合作开发的软件，其著作权的归属一般是由各合作开发者共同享有；但如果有软件著作权的协议，则按照协议确定软件著作权的归属。

（2）由于合作开发软件著作权是由两个以上单位或者个人共同享有，因而为了避免在软件著作权的行使中产生纠纷，规定"合作开发的软件，其著作权的归属由合作开发者签订书面合同约定。"

（3）对于合作开发的软件著作权按以下规定执行："无书面合同或者合同未作明确约定，合作开发的软件可以分割使用的，开发者对各自开发的部分可以单独享有著作权；但是，行使著作权时，不得扩展到合作开发的软件整体的著作权。合作开发的软件不能分割使用的，其著作权由合作开发者共同享有，通过协商一致行使；如不能协商一致，又无正当理由，任何一方不得阻止他方行使除转让权以外的其他权利，但是所得收益应合理分配给所有合作开发者。"

（4）合作开发者对于软件著作权中的转让权不得单独行使。因为转让权的行使将涉及软件著作权权利主体的改变，所以软件的合作开发者在行使转让权时，必须与各合作开发者协商，在征得同意的情况下方能行使该项专有权利。

3）委托开发的软件著作权归属

委托开发的软件作品属于著作权法规定的委托软件作品。委托开发软件作品著作权关系的建立，一般由委托方与受委托方订立合同而成立。委托开发软件作品关系中，委托方的责任主要是提供资金、设备等物质条件，并不直接参与开发软件作品的创作开发活动。受托方的主要责任是根据委托合同规定的目标开发出符合条件的软件。关于委托开发软件著作权的归属，《计算机软件保护条例》第十一条规定："接受他人委托开发的软件，其著作权的归属由委托者与受委托者签订书面合同约定；无书面合同或者合同未作明确约定的，其著作权由受托人享有。"根据该条的规定，委托开发的软件著作权的归属按以下标准确定。

（1）委托开发软件作品需根据委托方的要求，由委托方与受托方以合同确定的权利和义务的关系而进行开发的软件。因此，软件作品著作权归属应当作为合同的重要条款予以明确约定。对于当事人已经在合同中约定软件著作权归属关系的，如事后发生纠纷，软件著作权的归属仍应当根据委托开发软件的合同来确定。

（2）若在委托开发软件活动中，委托者与受委托者没有签订书面协议，或者在协议中未对软件著作权归属作出明确的约定，则软件著作权属于受委托者，即属于实际完成软件的开发者。

4）接受任务开发的软件著作权归属

根据社会经济发展的需要，对于一些涉及国家基础项目或者重点设施的计算机软件，往往采取由政府有关部门或上级单位下达任务方式，完成软件的开发工作。《计算机软件保护条例》第十二条作出了明确的规定："由国家机关下达任务开发的软件，著作权的归属与行使由项目任务书或者合同规定；项目任务书或者合同中未作明确规定，软件著作权由接受任务的法人或者其他组织享有。"

5）计算机软件著作权主体变更后软件著作权的归属

计算机软件著作权的主体，因一定的法律事实而发生变更，如作为软件著作权人的公民的死亡，单位的变更，软件著作权的转让以及人民法院对软件著作权的归属作出裁判等。软件著作权主体的变更必然引起软件著作权归属的变化。

对此，《计算机软件保护条例》也作了一些规定。因计算机软件主体变更引起的权属变化有以下几种。

（1）公民继承的软件权利归属。《计算机软件保护条例》第十五条规定："在软件著作权的保护期内，软件著作权的继承者可根据《中华人民共和国继承法》的有关规定，继承本条例第八条项规定的除署名权以外的其他权利。"按照该条的规定，软件著作权的合法继承人依法享有继承被继承人享有的软件著作权的使用权、使用许可权和获得报酬权等权利。继承权的取得、继承顺序等均按照继承法的规定进行。

（2）单位变更后软件权利归属。《计算机软件保护条例》第十五条规定："软件著作权属于法人或其他组织的，法人或其他组织变更、终止后，其著作权在本条例规定的保护期内由承受其权利义务的法人或其他组织享有。"按照该条的规定，作为软件著作权人的单位发生变更

（如单位的合并、破产等），而其享有的软件著作权仍处在法定的保护期限内，可以由合法的权利承受单位享有原始著作权人所享有的各项权利。依法承受软件著作权的单位，成为该软件的后续著作权人，可在法定的条件下行使所承受的各项专有权利。一般认为，“各项权利”包括署名权等著作人身权在内的全部权利。

（3）权利转让后软件著作权归属。《计算机软件保护条例》第二十条规定：“转让软件著作权的，当事人应当订立书面合同。”计算机软件著作财产权按照该条的规定发生转让后，必然引起著作权主体的变化，产生新的软件著作权归属关系。软件权利的转让应当根据我国有关法规以签订、执行书面合同的方式进行。软件权利的受让者可依法行使其享有的权利。

（4）司法判决、裁定引起的软件著作权归属问题。计算机软件著作权是公民、法人和其他组织享有的一项重要的民事权利。因而在民事权利行使、流转的过程中，难免发生涉及计算机软件著作权作为标的物的民事、经济关系，也难免发生争议和纠纷。争议和纠纷发生后由人民法院的民事判决、裁定而产生软件著作权主体的变更，引起软件著作权归属问题。因司法裁判引起软件著作权的归属问题主要有 4 类：一类是由人民法院对著作权归属纠纷中权利的最终归属作出司法裁判，从而变更了计算机软件著作权原有归属；第二类是计算机软件的著作权人为民事法律关系中的债务人（债务形成的原因可能多种多样，如合同关系或者损害赔偿关系等），人民法院将其软件著作财产权判归债权人享有抵债；第三类是人民法院作出民事判决判令软件著作权人履行民事给付义务，在判决生效后执行程序中，其无其他财产可供执行，将软件著作财产权执行给对方折抵债务；第四类是根据破产法的规定，软件著作权人被破产还债，软件著作财产权作为法律规定的破产财产构成的“其他财产权利”，作为破产财产由人民法院判决分配。

（5）保护期限届满权利丧失。软件著作权的法定保护期限可以确定计算机软件的主体能否依法变更。如果软件著作权已过保护期，该软件进入公有领域，便丧失了专有权，也就没有必要改变权利主体了。根据软件保护条例的规定，计算机软件著作权主体变更必须在该软件著作权的保护期限内进行，转让活动的发生不改变该软件著作权的保护期。这也就是说，转让活动也不能延长该软件著作权的保护期限。

7. 计算机软件著作权侵权的鉴别

侵犯计算机软件著作权的违法行为的鉴别，主要依靠保护知识产权的相关法律来判断。违反著作权、计算机软件保护条例等法律禁止的行为，便是侵犯计算机著作权的违法行为，这是鉴别违法行为的本质原则。对于法律规定不禁止，也不违反相关法律基本原则的行为，不认为是违法行为。在法律无明文具体条款规定的情况下，违背著作权法和计算机软件保护条例等法律的基本原则，以及社会主义公共生活准则和社会善良风俗的行为，也应该视为违法行为。在一般情况下，损害他人著作财产权或人身权的行为，都是违法行为。

1）计算机软件著作权侵权行为

根据《计算机软件保护条例》第二十三条的规定，凡是行为人主观上具有故意或者过失对著作权法和计算机软件保护条例保护的计算机软件人身权和财产权实施侵害行为的，都构成计算机软件的侵权行为。该条规定的侵犯计算机软件著作权的情况，是认定软件著作权侵权行为的法律依据。计算机软件侵权行为主要有以下几种。

（1）未经软件著作权人的同意而发表或者登记其软件作品。软件著作人享有对软件作品公开发表权，未经允许著作权人以外的任何其他人都无权擅自发表特定的软件作品。如果实施这种行为，就构成侵犯著作权人的发表权。

（2）将他人开发的软件当作自己的作品发表或者登记。此种行为主要侵犯了软件著作权的开发者身份权和署名权。侵权行为人欺世盗名，剽窃软件开发者的劳动成果，将他人开发的软件作品假冒为自己的作品而署名发表。只要行为人实施了这种行为，不管其发表该作品是否经过软件著作人的同意，都构成侵权。

（3）未经合作者的同意将与他人合作开发的软件当作自己独立完成的作品发表或者登记。此种侵权行为发生在软件作品的合作开发者之间。作为合作开发的软件，软件作品的开发者身份为全体开发者，软件作品的发表权也应由全体开发者共同行使。如果未经其他开发者同意，又将合作开发的软件当作自己的独创作品发表，即构成本条规定的侵权行为。

（4）在他人开发的软件上署名或者更改他人开发的软件上的署名。这种行为是指在他人开发的软件作品上添加自己的署名，或者替代软件开发者署名，以及将软件作品上开发者的署名进行更改的行为。这种行为侵犯了软件著作人的开发者身份权及署名权。此种行为与第（2）条规定行为的区别主要是对已发表的软件作品实施的行为。

（5）未经软件著作权人或者其合法受让者的许可，修改、翻译其软件作品。此种行为是侵犯了著作权人或其合法受让者的使用权中的修改权、翻译权。对不同版本计算机软件，新版本往往是旧版本的提高和改善。这种提高和改善实质上是对原软件作品的修改、演绎。此种行为应征得软件作品原版本著作权人的同意，否则构成侵权。如果征得软件作品著作人的同意，修改和改善新增加的部分，创作者应享有著作权。

（6）未经软件著作权人或其合法受让者的许可，复制或部分复制其软件作品。此种行为侵犯了著作权人或其合法受让者的使用权中的复制权。计算机软件的复制权是计算机软件最重要的著作财产权，也是通常计算机软件侵权行为的对象。这是由于软件载体价格相对低廉，复制软件简单易行，效率极高，而销售非法复制的软件即可获得高额利润。因此，复制是常见的侵权行为，是防止和打击的主要对象。当软件著作权经当事人的约定合法转让给转让者以后，软件开发者未经允许不得复制该软件，否则也构成本条规定的侵权行为。

（7）未经软件著作权人及其合法受让者同意，向公众发行、出租其软件的复制品。此种行为侵犯了著作权人或其合法受让者的发行权与出租权。

（8）未经软件著作权人或其合法受让者同意，向任何第三方办理软件权利许可或转让事宜，这种行为侵犯了软件著作权人或其合法受让者的使用许可权和转让权。

（9）未经软件著作权人及其合法受让者同意，通过信息网络传播著作权人的软件。这种行为侵犯了软件著作权人或其合法受让者的信息网络传播权。

（10）侵犯计算机软件著作权存在着共同侵权行为。两人以上共同实施《计算机软件保护条例》第二十三条和第二十四条规定的侵权行为，构成共同侵权行为。对行为人并没有实施《计算机软件保护条例》第二十三条和第二十四条规定的行为，但实施了向侵权行为人进行侵权活动提供设备、场所或解密软件，或者为侵权复制品提供仓储、运输条件等行为，构成共同侵权应当在行为人之间具有共同故意或过失行为。其构成的要件有两个，一是行为人的过错是共同的，而不论行为人的行为在整个侵权行为过程中所起的作用如何；二是行为人主观上要有故意或过失的过错。如果这两个要件具备，各个行为人实施的侵权行为虽然各不相同，也同样构成共同侵权。两个要件如果缺乏一个，不构成共同的侵权，或者是不构成任何侵权。

2）不构成计算机软件侵权的合理使用行为

我国《计算机软件保护条例》第八条第四项和第十六条规定，获得使用权或使用许可权（视合同条款）后，可以对软件进行复制而无须通知著作权人，也不构成侵权。对于合法持有软件复制品的单位、公民在不经著作权人同意的情况下，也享有复制与修改权。合法持有软件复制品的单位、公民，在不经软件著作权人同意的情况下，可以根据自己使用的需要将软件装入计算机，为了存档也可以制作复制品，为了把软件用于实际的计算机环境或者改进其功能时也可以进行必要的修改，但是复制品和修改后的文本不能以任何方式提供给他人。超过以上权利，即视为侵权行为。区分合理使用与非合理使用的判别标准一般有以下几个。

（1）软件作品是否合法取得。这是合理使用的基础。

（2）使用目的是非商业营业性。如果使用的目的是为商业性营利，就不属合理使用的范围。

（3）合理使用一般为少量的使用。所谓少量的界限，根据其使用的目的以行业惯例和人们一般常识所综合确定。超过通常被认为的少量界限，即可被认为不属合理使用。

我国《计算机软件保护条例》第十七条规定：“为了学习和研究软件内含的设计思想和原理，通过安装、显示、传输或者存储软件的方式使用软件的，可以不经软件著作权人许可，不向其支付报酬。”

3）计算机著作权软件侵权的识别

计算机软件明显区别于其他著作权法保护的客体，它具有以下特点。

（1）技术性。计算机软件的技术性是指其创作开发的高技术性。具有一定规模的软件的创作开发，一般开发难度大、周期长、投资高，需要良好组织，严密管理且各方面人员配合协作，借助现代化高技术和高科技工具生产创作。

（2）依赖性。计算机程序的依赖性是指人们对其的感知依赖于计算机的特性。著作权保护的其他作品一般都可以依赖人的感觉器官所直接感知。但计算机程序则不能被人们所直接感知，它的内容只能依赖计算机等专用设备才能被充分表现出来，才能被人们所感知。

（3）多样性。计算机程序的多样性是指计算机程序表达的多样性。计算机程序的表达比著作权法保护的其他对象特殊，其既能以源代码表达，还可以以目标代码和伪码等表达，表达形式多样。计算机程序表达的存储媒体也多种多样，同一种程序分别可以被存储在纸张、磁盘、磁带、光盘和集成电路上等。计算机程序的载体大多数精巧灵便。此外，计算机程序的内容与表达难以严格区别界定。

（4）运行性。计算机程序的运行性是指计算机程序功能的运行性。计算机程序不同于一般的文字作品，它主要的功能在于使用。也就是说，计算机程序的功能只能通过对程序的使用、运行才能充分体现出来。计算机程序采用数字化形式存储、转换，复制品与原作品一般无明显区别。

根据计算机软件的特点，对计算机软件侵权行为的识别可以通过将发生争议的某一计算机程序与比照物（权利明确的正版计算机程序）进行对比和鉴别，从两个软件的相似性或是否完全相同来判断，做出侵权认定。软件作品常常表现为计算机程序的不唯一性，两个运行结果相同的计算机程序，或者两个计算机软件的源代码程序不相似或不完全相似，前者不一定构成侵权，而后者不一定不构成侵权。

8. 软件著作权侵权的法律责任

当侵权人侵害他人的著作权、财产权或著作人身权，造成权利人财产上的或非财产的损失，侵权人不履行赔偿义务，法律即强制侵权人承担赔偿损失的民事责任。

1）民事责任

侵犯计算机著作权以及有关权益的民事责任是指公民、法人或其他组织因侵犯著作权发生的后果依法应承担的法律责任。我国《计算机软件保护条例》第二十三条规定了侵犯计算机著作权的民事责任，即侵犯著作权或者与著作权有关的权利的，侵权人应当按照权利人的实际损失给予赔偿；实际损失难以计算的，可以按照侵权人的违法所得给予赔偿。赔偿数额还应当包括权利人为制止侵权行为所支付的合理开支。权利人的实际损失或者侵权人的违法所得不能确定的，由人民法院根据侵权行为的情节，判决给予五十万元以下的赔偿。有下列侵权行为的，应当根据情况承担停止侵害、消除影响、公开赔礼道歉或赔偿损失等民事责任。

（1）未经软件著作权人许可发表或者登记其软件的。

（2）将他人软件当作自己的软件发表或者登记的。

（3）未经合作者许可，将与他人合作开发的软件当作自己单独完成的作品发表或者登记的。

（4）在他人软件上署名或者涂改他人软件上的署名的。

（5）未经软件著作权人许可，修改、翻译其软件的。

（6）其他侵犯软件著作权的行为。

2）行政责任

我国《计算机软件保护条例》第二十四条规定了相应的行政责任，即对侵犯软件著作权行为，著作权行政管理部门应当责令停止违法行为，没收非法所得，没收、销毁侵权复制品，并可处以每件一百元或者货值金额二至五倍的罚款。有下列侵权行为的，应当根据情况承担停止侵害、消除影响、公开赔礼道歉或赔偿损失等行政责任。

（1）复制或者部分复制著作权人软件的。

（2）向公众发行、出租、通过信息网络传播著作权人软件的。

（3）故意避开或者破坏著作权人为保护其软件而采取的技术措施的。

（4）故意删除或者改变软件权利管理电子信息的。

（5）许可他人行使或者转让著作权人的软件著作权的。

3）刑事责任

侵权行为触犯刑律的，侵权者应当承担刑事责任。我国《刑法》第二百一十七条、第二百一十八条和第二百二十条规定，构成侵犯著作权罪、销售侵权复制品罪的，由司法机关追究刑事责任。

11.2.3　计算机软件的商业秘密权

关于商业秘密的法律保护，各国采取不同的法律，有的制定单行法，有的规定在反不正当竞争法中，有的适用一般侵权行为法。我国反不正当竞争法规定了商业秘密的保护问题。

1. 商业秘密

1）商业秘密的定义

《反不正当竞争》中商业秘密定义为“指不为公众所知悉的、能为权利人带来经济利益、具有实用性并经权利人采取保密措施的技术信息和经营信息”。经营秘密和技术秘密是商业秘密的基本内容。经营秘密，即未公开的经营信息，是指与生产经营销售活动有关的经营方法、管理方法、产销策略、货源情报、客户名单、标底和标书内容等专有知识。技术秘密，即未公开的技术信息，是指与产品生产和制造有关的技术诀窍、生产方案、工艺流程、设计图纸、化学配方和技术情报等专有知识。

2）商业秘密的构成条件

商业秘密的构成条件是：商业秘密必须具有未公开性，即不为公众所知悉；商业秘密必须具有实用性，即能为权利人带来经济效益；商业秘密必须具有保密性，即采取了保密措施。

3）商业秘密权

商业秘密是一种无形的信息财产。与有形财产相区别，商业秘密不占据空间，不易被权利人所控制，不发生有形损耗，其权利是一种无形财产权。商业秘密的权利人与有形财产所有权人一样，依法享有占有、使用和收益的权利，即有权对商业秘密进行控制与管理，防止他人采取不正当手段获取与使用；有权依法使用自己的商业秘密，而不受他人干涉；有权通过自己使用或者许可他人使用以至转让所有权，从而取得相应的经济利益；有权处理自己的商业秘密，包括放弃占有、无偿公开、赠与或转让等。

4）商业秘密的丧失

一项商业秘密受到法律保护的依据是必须具备上述构成商业秘密的3个条件，当缺少上述3个条件之一时就会造成商业秘密丧失保护。

2. 计算机软件与商业秘密

《反不正当竞争》保护计算机软件，是以计算机软件中是否包含着“商业秘密”为必要条件的。而计算机软件是人类知识、智慧、经验和创造性劳动的成果，本身就具有商业秘密的特征，即包含着技术秘密和经营秘密。即使是软件尚未开发完成，在软件开发中所形成的知识内容也可构成商业秘密。

1）计算机软件商业秘密的侵权

侵犯商业秘密，是指行为人（负有约定的保密义务的合同当事人；实施侵权行为的第三人；侵犯本单位商业秘密的行为人）未经权利人（商业秘密的合法控制人）的许可，以非法手段（包括直接从权利人那里窃取商业秘密并加以公开或使用；通过第三人窃取权利人的商业秘密并加以公开或使用）获取计算机软件商业秘密并加以公开或使用的行为。根据我国《反不正当竞争法》第十条的规定，侵犯计算机软件商业秘密的具体表现形式主要如下。

（1）以盗窃、利诱、胁迫或其他不正当手段获取权利人的计算机软件商业秘密。盗窃商业秘密，包括单位内部人员盗窃、外部人员盗窃、内外勾结盗窃等手段；以利诱手段获取商业秘密，通常指行为人向掌握商业秘密的人员提供财物或其他优惠条件，诱使其向行为人提供商业秘密；以胁迫手段获取商业秘密，是指行为人采取威胁、强迫手段，使他人在受强制的情况下提供商业秘密；以其他不正当手段获取商业秘密。

（2）披露、使用或允许他人使用以不正当手段获取的计算机软件商业秘密。披露是指将权利人的商业秘密向第三人透露或向不特定的其他人公开，使其失去秘密价值；使用或允许他人使用是指非法使用他人商业秘密的具体情形。以非法手段获取商业秘密的行为人，如果将该秘密再行披露或使用，即构成双重的侵权；倘若第三人从侵权人那里获悉了商业秘密而将秘密披露或使用，同样构成侵权。

（3）违反约定或违反权利人有关保守商业秘密的要求，披露、使用或允许他人使用其所掌握的计算机软件商业秘密。合法掌握计算机软件商业秘密的人，可能是与权利人有合同关系的对方当事人，也可能是权利人的单位工作人员或其他知情人，他们违反合同约定或单位规定的保密义务，将其所掌握的商业秘密擅自公开，或自己使用，或许可他人使用，即构成侵犯商业秘密。

（4）第三人在明知或应知前述违法行为的情况下，仍然从侵权人那里获取、使用或披露他人的计算机软件商业秘密。这是一种间接的侵权行为。

2）计算机软件商业秘密侵权的法律责任

根据我国《反不正当竞争法》和《刑法》的规定，计算机软件商业秘密的侵权者将承担行政责任、民事责任以及刑事责任。

（1）侵权者的行政责任。我国《反不正当竞争法》第二十五条规定了相应的行政责任，即对侵犯商业秘密的行为，监督检查部门应当责令停止违法行为，而后可以根据侵权的情节依法处以 1 万元以上 20 万元以下的罚款。

（2）侵权者的民事责任。计算机软件商业秘密的侵权者的侵权行为对权利人的经营造成经济上的损失时，侵权者应当承担经济损害赔偿的民事责任。我国《反不正当竞争法》第二十条规定了侵犯商业秘密的民事责任，即经营者违反该法规定，给被侵害的经营者造成损害的，应当承担损害赔偿责任。被侵害的经营者的合法权益受到损害的，可以向人民法院提起诉讼。

（3）侵权者的刑事责任。侵权者以盗窃、利诱、胁迫或其他不正当手段获取权利人的计算机软件商业秘密；披露、使用或允许他人使用以不正当手段获取的计算机软件商业秘密；违反约定或违反权利人有关保守商业秘密的要求，披露、使用或允许他人使用其所掌握的计算机软件商业秘密，其侵权行为对权利人造成重大损害的，侵权者应当承担刑事责任。我国《刑法》第二百一十九条规定了侵犯商业秘密罪，即实施侵犯商业秘密行为，给商业秘密的权利人造成重大损失的，处 3 年以下有期徒刑或者拘役，并处或者单处罚金；造成特别严重后果的，处 3 年以上 7 年以下有期徒刑，并处罚金。

11.2.4　专利权概述

1. 专利权的保护对象与特征

发明创造是产生专利权的基础。发明创造是指发明、实用新型和外观设计，是我国专利法主要保护的对象。我国《专利法实施细则》第二条第一款规定：“专利法所称的发明，是指对产品、方法或者其改进所提出的技术方案”。实用新型（也称小发明）则因国而异，我国《专利法实施细则》第二条第二款规定：“实用新型是指对产品的形状、构造或者其组合所提出的新的技术方案”。外观设计是指对产品的形状、图案、色彩或者它们的结合所做出的富有美感的并适于工业应用的新设计。

专利的发明创造是无形的智力创造性成果，不像有形财产那样直观可见，必须经专利主管机关依照法定程序审查确定，在未经审批以前，任何一项发明创造都不得成为专利。

下列各项属于专利法不适用的对象，因此不授予专利权。

（1）违反国家法律、社会公德或者妨害公共利益的发明创造。

（2）科学发现，即人们通过自己的智力劳动对客观世界已经存在的但未揭示出来的规律、性质和现象等的认识。

（3）智力活动的规则和方法，即人们进行推理、分析、判断、运算、处理、记忆等思维活动的规则和方法。

（4）病的诊断和治疗方法。即以活的人或者动物为实施对象，并以防病治病为目的，是医护人员的经验体现，而且因被诊断和治疗的对象不同而有区别，不能在工业上应用，不具有实用性。

（5）动物和植物品种，但是动物植物品种的生产方法，可以依照专利法规定授予专利权。

（6）用原子核变换方法获得的物质，即用核裂变或核聚变方法获得的单质或化合物。

2. 授予专利权的条件

授予专利权的条件是指一项发明创造获得专利权应当具备的实质性条件。一项发明或者实用新型获得专利权的实质条件为新颖性、创造性和实用性。

（1）新颖性。新颖性是指在申请日以前没有同样的发明或实用新型在国内外出版物公开发表过，在国内公开使用过或以其他方式为公众所知，也没有同样的发明或实用新型由他人向专利局提出过申请并且记载在申请日以后公布的专利申请文件中。在某些特殊情况下，尽管申请专利的发明或者实用新型在申请日或者优先权日前公开，但在一定的期限内提出专利申请的，仍然具有新颖性。我国专利法规定，申请专利的发明创造在申请日以前6个月内，有下列情况之一的，不丧失新颖性。

① 在中国政府主办或者承认的国际展览会上首次展出的。

② 在规定的学术会议或者技术会议上首次发表的。

③ 他人未经申请人同意而泄露其内容的。

（2）创造性。创造性是指同申请日以前已有的技术相比，该发明有突出的实质性特点和显著的进步，该实用新型有实质性特点和进步。例如，申请专利的发明解决了人们渴望解决但一直没有解决的技术难题；申请专利的发明克服了技术偏见；申请专利的发明取得了意想不到的技术效果；申请专利的发明在商业上获得成功。一项发明专利是否具有创造性，前提是该项发明具备新颖性。

（3）实用性。实用性是指该发明或者实用新型能够制造或者使用，并且能够产生积极的效果，即不造成环境污染、能源或者资源的严重浪费，损害人体健康。如果申请专利的发明或者实用新型缺乏技术手段；申请专利的技术方案违背自然规律；利用独一无二自然条件所完成的技术方案，则不具有实用性。

我国专利法规定，外观设计获得专利权的实质条件为新颖性和美观性。新颖性是指申请专利的外观设计与其申请日以前已经在国内外出版物上公开发表的外观设计不相同或者不相近似；与其申请日前已在国内公开使用过的外观设计不相同或者不相近似。美观性是指外观设计被使用在产品上时能使人产生一种美感，增加产品对消费者的吸引力。

3. 专利的申请

1）专利申请权

公民、法人或者其他组织依据法律规定或者合同约定享有的就发明创造向专利局提出专利申请的权利（专利申请权）。一项发明创造产生的专利申请权归谁所有，主要有由法律直接规定的情况和依合同约定的情况。专利申请权可以转让，不论专利申请权在哪一个时间段转让，原专利申请人便因此丧失专利申请权，由受让人获得相应的专利申请权。专利申请权可以被继承或赠与。专利申请人死亡后，其依法享有的专利申请权可以作为遗产，由其合法继承人继承。

2）专利申请人

专利申请人是指对某项发明创造依法律规定或者合同约定享有专利申请权的公民、法人或者其他组织。专利申请人包括职务发明创造的单位；非职务发明创造的专利申请人为完成发明创造的发明人或者设计人；共同发明创造的专利申请人是共同发明人或者设计人，或者其所属单位；委托发明创造的专利申请人为合同约定的人；受让人。

3）专利申请的原则

专利申请人及其代理人在办理各种手续时都应当采用书面形式。一份专利申请文件只能就一项发明创造提出专利申请，即“一份申请一项发明”原则。两个或者两个以上的人分别就同样的发明创造申请专利的，专利权授给最先申请人。

4）专利申请文件

发明或者实用新型申请文件包括请求书、说明书、说明书摘要和权利要求书。外观设计专利申请文件包括请求书、图片或照片。

5）专利申请日

专利申请日（也称关键日）是专利局或者专利局指定的专利申请受理代办处收到完整专利申请文件的日期。如果申请文件是邮寄的，以寄出的邮戳日为申请日。

6）专利申请的审批

专利局收到发明专利申请后，一个必要程序是初步审查，经初步审查认为符合本法要求的，自申请日起满 18 个月，即行公布（公布申请），专利局可根据申请人的请求，早日公布其申请。自申请日起三年内，专利局可以根据申请人随时提出的请求，对其申请进行实质审查。实质审查是专利局对申请专利的发明的新颖性、创造性和实用性等依法进行审查的法定程序。

我国专利法规定："实用新型和外观设计专利申请经初步审查没有发现驳回理由的，专利局应当做出授予实用新型专利权或者外观设计专利权的决定，发给相应的专利证书，并予以登记和公布"。由此规定可知，对实用新型和外观设计专利申请只进行初步审查，不进行实质审查。

7）申请权的丧失与恢复

专利法及其实施细则有许多条款规定，如果申请人在法定期间或者专利局所指定的期限内未办理相应的手续或者没有提交有关文件，其申请就被视为撤回或者丧失提出某项请求的权利，或者导致有关权利终止后果。因耽误期限而丧失权利之后，可以在自障碍消除后两个月内，最迟自法定期限或者指定期限届满后两年内或者自收到专利局通知之日起两个月内，请求恢复其权利。

4. 专利权行使

1）专利权的归属

根据《中华人民共和国专利法》的规定，执行本单位的任务或者主要是利用本单位的物质条件所完成的职务发明创造，申请专利的权利属于该单位。申请被批准后，专利权归该单位持有（单位为专利权人）。执行本单位的任务所完成的职务发明创造是指：

（1）在本职工作中做出的发明创造。

（2）履行本单位交付的本职工作之外的任务所做出的发明创造。

（3）工作变动（退职、退休或者调离）后短期内做出的，与其在原单位承担的本职工作或者原单位分配的任务有关的发明创造。

本单位的物质技术条件包括本单位的资金、设备、零部件、原材料或者不对外公开的技术资料等。

非职务发明创造，申请专利的权利属于发明人或者设计人；在中国境内的外资企业和中外合资经营企业的工作人员完成的职务发明创造，申请专利的权利属于该企业，申请被批准后，专利权归申请的企业或者个人所有；两个以上单位协作或者一个单位接受其他单位委托的研究、设计任务所完成的发明创造，除另有协议的以外，申请专利的权利属于完成或者共同完成的单位，申请被批准后，专利权归申请的单位所有或者持有。

2）专利权人的权利

专利权是一种具有财产权属性的独占权以及由其衍生出来和相应处理权。专利权人的权利包括独占实施权、转让权、实施许可权、放弃权和标记权等。专利权人有缴纳专利年费（也称专利维持费）和实际实施已获专利的发明创造两项基本义务。

专利权人通过专利实施许可合同将其依法取得的对某项发明创造的实施权转移给非专利

权人行使。任何单位或者个人实施他人专利的，除《中华人民共和国专利法》第十四条规定的以外，都必须与专利权人订立书面实施许可合同，向专利权人支付专利使用费。被许可人无权允许合同规定以外的任何单位或者个人实施该专利。专利实施许可的种类包括独占许可、独家许可、普通许可和部分许可。

5. 专利权的限制

根据《中华人民共和国专利法》的规定，发明专利权的保护期限为自申请日起 20 年；实用新型专利权和外观设计专利权的保护期限为自申请日起 10 年。发明创造专利权的法律效力所及的范围如下。

（1）发明或者实用新型专利权的保护范围以其权利要求的内容为准，说明书及附图可以用于解释权利要求。

（2）外观设计专利权的保护范围以表示在图片或者照片中的该外观设计专利产品为准。

公告授予专利权后，任何单位或个人认为该专利权的授予不符合专利法规定条件的，可以向专利复查委员会提出宣告该专利权无效的请求。专利复审委员会对这种请求进行审查，做出宣告专利权无效或维持专利权的决定。我国专利法规定，提出无效宣告请求的时间（启动无效宣告程序的时间）始于"自专利局公告授予专利权之日起"。

专利权因某种法律事实的发生而导致其效力消灭的情形称为专利权终止。导致专利权终止的法律事实如下。

（1）保护期限届满。

（2）在专利权保护期限届满前，专利权人以书面形式向专利局声明放弃专利权。

（3）在专利权的保护期限内，专利权人没有按照法律的规定交年费。专利权终止日应为上一年度期满日。

专利法允许第三人在某些特殊情况下，可以不经专利权人许可而实施其专利，且其实施行为并不构成侵权的一种法律制度。专利权限制的种类包括强制许可、不视为侵犯专利权的行为和国家计划许可。

6. 专利侵权行为

专利侵权行为是指在专利权的有效期限内，任何单位或者个人在未经专利权人许可，也没有其他法定事由的情况下，擅自以营利为目的实施专利的行为。专利侵权行为主要包括以下方面。

（1）为生产经营目的制造、使用、销售其专利产品，或者使用其专利方法以及使用、销售依照该专利方法直接获得的产品。

（2）为生产经营目的制造、销售其外观设计专利产品。

（3）进口依照其专利方法直接获得的产品。

（4）产品的包装上标明专利标记和专利号。

（5）用非专利产品冒充专利产品的或者用非专利方法冒充专利方法等。

对未经专利权人许可，实施其专利的侵权行为，专利权人或者利害关系人可以请求专利管理机关处理。在专利侵权纠纷发生后，专利权人或者利害关系人既可以请求专利管理机关处理，又可以请求人民法院审理。侵犯专利权的诉讼时效为两年，自专利权人或者利害关系人知道或者应当知道侵权行为之日起计算。如果诉讼时效期限届满，专利权人或者利害关系人不能再请求人民法院保护，同时也不能再向专利管理机关请求保护。

11.2.5 企业知识产权的保护

高新技术企业大多是以知识创新开发产品，当知识产品进入市场后，则完全依赖于对其知识产权的保护。知识产权是一种无形的产权，是企业的重要财富，应当把保护软件知识产权作为现代企业制度的一项基本内容。

1. 知识产权的保护和利用

目前，计算机技术和软件技术的知识产权法律保护已形成以《著作权法》保护为主，《著作权法》(包括《计算机软件保护条例》)、《专利法》、《商标法》、《反不正当竞争法》和《合同法》实施交叉和重叠保护为辅的趋势。例如，源程序及设计文档作为软件的表现形式用《著作权法》保护，同时作为技术秘密又受《反不正当竞争法》的保护。由于软件具有技术含量高的特点，使得对软件法律保护成为一种综合性的保护，对于企业来说，仅依靠某项法律或法规不能解决软件的所有知识产权问题。应在保护企业计算机软件成果知识产权方面实施综合性的保护，例如，在新技术的开发中重视技术秘密的管理，也应重视专利权的取得，而在命名新产品名称时，也应重视商标权的取得，以保护企业的知识产权。企业软件保护成果知识产权的一般途径如下。

（1）明确软件知识产权归属。明确知识产权是归企业还是制作、设计、开发人员所有，避免企业内部产生权属纠纷。

（2）及时对软件技术秘密采取保密措施。对企业的软件产品或成果中的技术秘密，应当及时采取保密措施，以便把握市场优势。一旦发生企业“技术秘密”被泄露的情况，则便于认定为技术秘密，依法追究泄密行为人的法律责任，保护企业的权益。

（3）依靠专利保护新技术和新产品。我国采用的是先申请原则，如果有相同技术内容的专利申请，只有最先提出专利申请的企业或者个人才能获得专利权。企业的软件技术或者产品构成专利法律要件的，应当尽早办理申请专利权登记事宜，不能因企业自身的延误，造成企业软件成果新颖性的丧失，从而失去申请专利的时机。

（4）软件产品进入市场之前的商标权和商业秘密保护。企业的软件产品已经冠以商品专用标识或者服务标识，要尽快完成商标或者服务标识的登记注册，保护软件产品的商标专用权。

（5）软件产品进入市场之前进行申请软件著作权登记。申请软件著作权登记以起到公示的作用。软件著作权登记只要求软件的独创性，并不以软件的技术水平作为著作权是否有效的条件，不能等到软件达到某种技术水平后再进行登记，若其他企业或者个人抢先登记，则不利于企业权益的保护。

2. 建立经济约束机制，规范调整各种关系

软件企业需要按照经济合同规范各种经济活动，明确权利与义务的关系。建立企业内部以及企业与外部的各种经济约束机制。从目前存在的比较突出的问题来看，软件企业应建立以下各项合同规范。

（1）劳动关系合同。软件企业与企业职工、外聘人员之间应建立合法的劳动关系，以及应该就企业的商业秘密（技术秘密和经营秘密）的保密事宜进行约定，建立劳动利益关系合同以及保守企业商业秘密的协议。一些目前不宜马上实行劳动合同的单位，也通过建立或者健全本单位的有关规章制度的方式进行过渡，以鼓励企业员工的创造性劳动，明确企业开发过程中产生的软件技术成果归属关系，以预防企业技术人员流动时造成的技术流失和技术泄密等问题。

（2）软件开发合同。软件企业与外单位合作开发、委托外单位开发软件时，应建立软件权利归属关系等事宜的协议，可按照有关规定签订软件开发合同，约定软件开发各方面尚未开发的软件享有的权利与义务的关系，以及软件技术成果开发完成后的权利归属关系和经济利益关系等。如果软件开发方在合作中发现了合同的缺陷，应及早对合同进行补充和完善。

（3）软件许可使用（或者转让）合同。软件企业在经营本企业的软件产品时，应当建立“许可证”（或是转让合同）制度，用软件许可合同（授权书）或者转让合同的方式来明确规定软件使用权的许可（转让）方式、条件、范围和时间等事宜，避免因合同条款的约定不清楚、不明确而导致当事人之间发生扯皮等不愉快的事情，或者因合同条款无法界定而引发的软件侵权纠纷。

第 12 章　软件系统分析与设计

软件设计师考试结合了当前软件设计开发中的主流技术和工程应用背景，强调了主流设计技术的应用问题，读者除应掌握基本的概念和理论基础知识外，还需要正确地针对实践应用中的问题提出合理的解决方案，将一系列的设计方法与原则应用在实际系统的分析、设计和开发环节中。编者委员会总结近几年的软件设计师考试所涉及的应用性内容，将其主要技术领域归纳为以下几点。

（1）结构化分析与设计。

（2）数据库分析与设计。

（3）面向对象分析与设计。

（4）算法设计与 C 程序实现。

（5）面向对象的程序设计与实现。

12.1　结构化分析与设计

结构化分析将数据和处理（加工）作为分析对象，数据的分析结果表示了现实世界中实体的属性及其之间的相互关系，而处理的分析结果则展现了系统对数据的加工和转换。面向数据流建模是目前仍然被广泛使用的方法之一，而 DFD 则是面向数据流建模中的重要工具，DFD 将系统建模成输入—处理—输出的模型，即流入软件的数据对象，经由处理的转换，最后以结果数据对象的形式流出软件。DFD 使用分层的方式表示，第一个数据流模型有时被称为第 0 层 DFD 或者环境数据流图。从整体上表现系统，随后的数据流图将改进第 0 层图，并增加细节信息。

除 DFD 外，在进行建模时，还可结合数据字典和加工处理说明对 DFD 进行补充。数据字典以一种准确且无二义的方式定义所有被加工引用的数据流和数据存储，通常包括数据流条目、数据存储条目和数据项条目。数据流条目描述 DFD 中数据流的组成，数据存储条目描述 DFD 中数据存储文件的组成，而数据项条目则描述数据流或数据存储中所使用的数据项。加工处理的说明则可采用结构化自然语言、判定表和判定树等多种形式进行详细描述，其目的在于说明加工做什么。

掌握上述的工具后，即可对问题进行结构化的分析，其实施步骤如下。

（1）确定系统边界，画出系统环境图。

（2）自顶向下画出各层数据流图。

（3）定义数据字典。

（4）定义加工说明。

（5）将图、字典以及加工组成分析模型。

在实际使用 DFD 进行数据流建模时，需要注意以下原则。

（1）加工和数据流的正确使用。如一个加工必须既有输入又有输出；数据流只能和加工相关，即从加工流向加工、数据源流向加工或加工流向数据源。

（2）每个数据流和数据存储都要在数据字典中有定义，数据字典包括各层数据流图中数据元素的定义。

（3）数据流图中最底层的加工必须有加工说明。

（4）父图和子图必须平衡。即父图中某加工的输入/输出（数据流）和分解这个加工的子图的输入/输出数据流必须完全一致。这种一致性不一定要求数据流的名称和个数一一对应，但它们在数据字典中的定义必须一致，数据流或数据项既不能多也不能少。

（5）加工处理说明和数据流图中加工涉及的元素保持一致。例如，在加工处理说明中，输入数据流必须说明其如何使用，输出数据流说明如何产生或选取，数据存储说明如何选取、使用或修改。

（6）一幅图中的图元个数控制在 7±2 以内。

DFD、数据字典和加工说明可以充分地描述系统的分析模型，其后需要对分析模型进行变换从而得到系统的总体设计模型。系统总体设计模型可以采用层次图、HIPO 图和结构图来表达，但不论是哪一种图形工具，都反映了模块间的调用关系。

在分析模型的基础上进行设计时，主要是针对 DFD 进行变换从而得到模块的调用关系图，因此，需要掌握数据流的变换设计与事务设计。面向数据流的设计方法把数据流图映射成软件结构，数据流图的类型决定了映射的方法，数据流图可分为变换型数据流图和事务型数据流图。变换型数据流图具有明显的输入、变换（或称主加工）和输出；而事务型数据流图则是数据沿输入通路到达一个处理时，这个处理根据输入数据的类型在若干动作序列中选择一个来执行。变换设计的核心在于确定输入流和输出流的边界，从而孤立出变换中心；事务设计的核心在于将事务类型判断处理变换成调度模块以选择后续的输出分支模块。

经过总体设计阶段的工作，已经确定了软件的模块结构和接口描述，但每个模块仍被看作黑盒子。后续的详细设计目标是确定怎样具体地实现所要求的系统，经过详细设计，可以得出对目标系统的精确描述，从而在编码阶段可以将这个描述直接翻译成用某种程序设计语言书写的程序。因此，详细设计的结果基本上决定了最终的程序代码的质量。详细设计可以采用程序流程图、N-S 图、PAD 图和 PDL 语言等工具来表达。下面通过一个案例来说明如何应用结构化分析、总体设计与详细设计技术。

12.1.1 需求说明

图书管理系统的主要功能包括图书购入、借阅、归还以及注销。管理人员可以查询读者、图书的借阅情况，还可对当前图书借阅情况进行统计，给出统计数据。简单的图书管理系统针对图书进行 4 个方面的管理：购入新书、读者借书、读者还书以及图书注销。

购入新书需要为该书编制图书卡片，包括分类目录号、流水号（保证每本书都有唯一的流水号，同类图书也是如此）、书名、作者、内容摘要、价格和购书日期等信息，并将这些信息写入图书目录文件中。

读者借书时需填写借书单，包括读者号、欲借图书分类目录号，系统首先检查该读者号是否有效，若无效，则拒绝借书；否则进一步检查该读者所借图书是否超过最大限制数。若已达到最大限制数，则拒绝借书；若未达到最大限制数，读者可以借出该书，登记图书分类目录号、读者号和借阅日期等，写回到借书文件中。

读者还书时，根据图书分类目录号，从借书文件中读出和该图书相关的借阅记录，标明还书日期，再写回借书文件中。如果图书逾期未还，则处以相应罚款。

在某些情况下，需要对图书馆的图书进行清理工作，对一些过时或无继续保留价值的图书要注销，这时从图书文件里删除相关记录。

查询要求分为查询读者信息、图书信息和借阅统计信息 3 种。

12.1.2 结构化分析

结构化分析的最终结果需要得到系统的数据流图、数据字典和加工说明。根据需求说明，首先界定系统的边界。因为购入新书、读者借书、读者还书和图书注销将来都是由图书管理员来操作系统，因此图书管理员将是系统的外部实体之一。当读者借书超期时，系统会给读者一个罚款单信息，所以，这里可以将系统时钟和读者也作为系统的外部实体之一。当然，如果认为罚款单是由系统管理员转交给读者，则可以认为图书管理系统只和管理员与系统时钟进行交互，这里采用第二种观点。查询要求同样都是由系统管理员来操作，由此可以得出系统不完整的第 0 层 DFD 数据流图如图 12-1 所示。

图 12-1 不完整的第 0 层 DFD 图

在 0 层 DFD 图上分析外部实体与系统间的数据流，因为管理员的两大工作任务是分析管理任务和查询任务，因此管理员会向系统输入管理请求信息与查询请求信息，根据输入的管理请求，系统将会对一些存储文件进行修改；对查询请求，系统则会给出读者、图书与借阅的统计信息。系统时钟主要为图书管理系统提供系统时间。为图 12-1 补充数据流所得完整的 0 层 DFD 数据流图如图 12-2 所示。

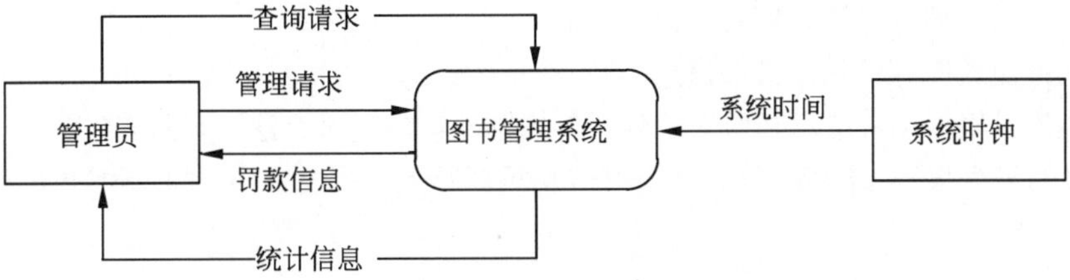

图 12-2　第 0 层 DFD 图

随后对 0 层 DFD 数据流图中的图书管理系统进行进一步细化，根据需求得知，系统主要分为管理任务和查询任务，因此可以将其细化为两个大的处理，如图 12-3 所示。

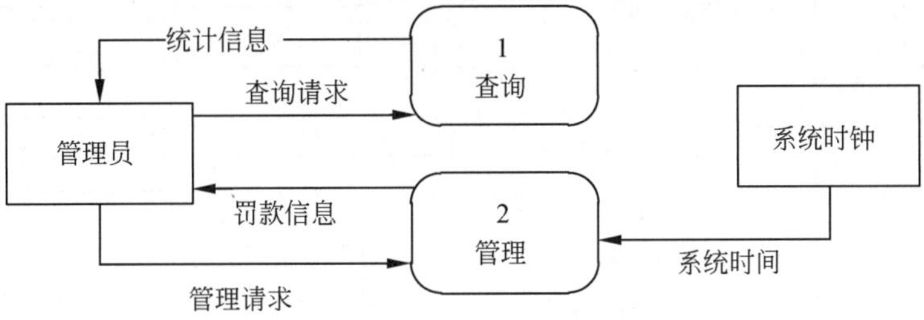

图 12-3　第 1 层 DFD 图

同样，对处理 2 进行进一步细化，管理处理分为购书、借书、还书和清理 4 项任务，因此可以将处理 2 分解为 4 个处理，另外需要一个单独的处理根据管理请求的类型进行请求分派。细化后的数据流图如图 12-4 所示。

同样的方法，可以对处理 1 也进行细化。细化完成后，对得到的数据流图进行转化，从而形成系统的总体设计。但在转换之前，应该对数据流图中的数据流采用数据字典进行详细的说明，例如：

管理请求 = 清理请求 | 购书请求 | 借书请求 | 还书请求

清理请求 = 图书分类目录号

⋮

对于底层处理，以处理 2.3 为例进行说明。

加工编号：2.3

加工名称：借书

输入流：借书请求，读者信息，借书信息

输出流：更新库存信息，借书信息

处理逻辑：根据读者信息和借书信息，首先判断读者是否合法，判断读者是否已经超出借阅图书数目的最大限制，若都合法，将借书信息重新写入借书文件中，同时更新图书目录文件。

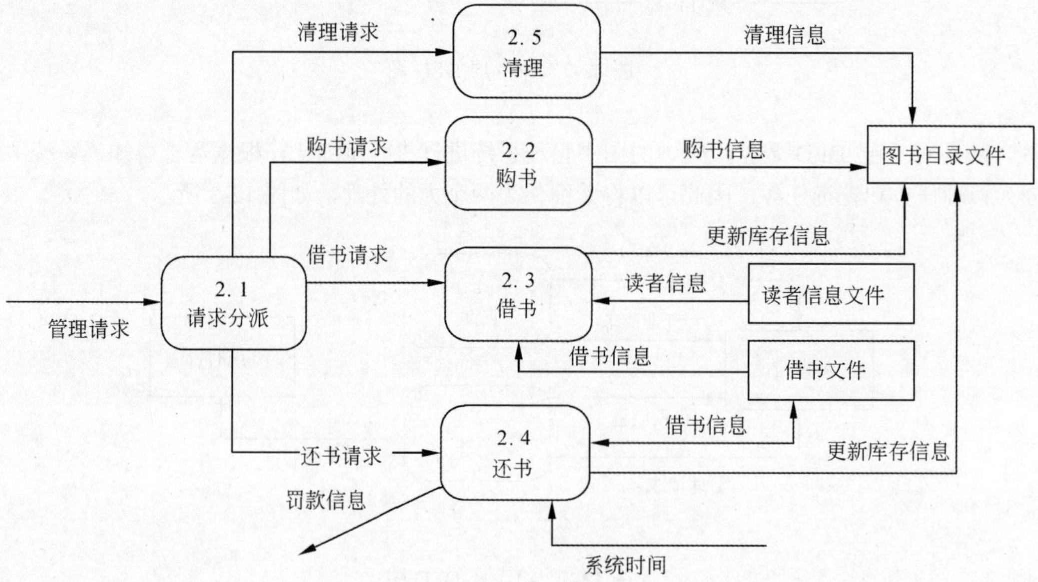

图 12-4　处理 2 的第 2 层 DFD 图

12.1.3　总体设计

由于数据流呈现了事务型的特性，因此可采用事务型的变换方式对数据流图进行变换，得到的系统的总体结构如图 12-5 所示。

总体设计给出了数据流图中的各个处理转换为模块后模块与模块之间的调用关系，后续需要根据总体设计给出模块的详细设计。

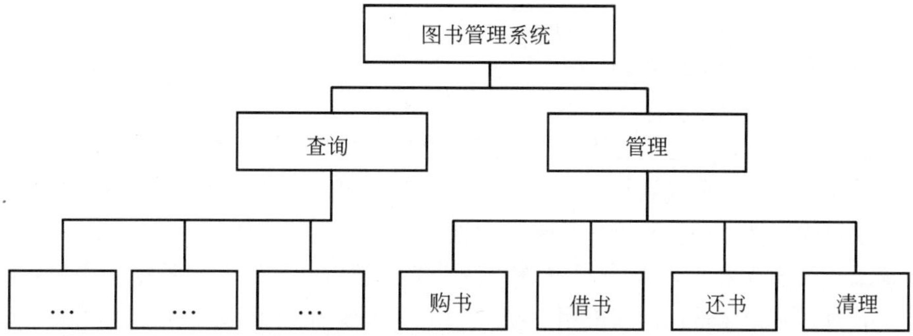

图 12-5　系统总体结构图

12.1.4　详细设计

以借书为例，采用程序流程图的形式描述借书模块的详细设计。分析借书的输入是读者信息和借书信息，需要读者信息的读者借书证号，借书信息给出了读者已经借阅了多少本书，如果读者借阅的书籍数目尚未超出系统的限制，则允许继续借书，并把新的借书信息写入借书文件；否则，拒绝借书。该模块的详细流程图如图 12-6 所示。

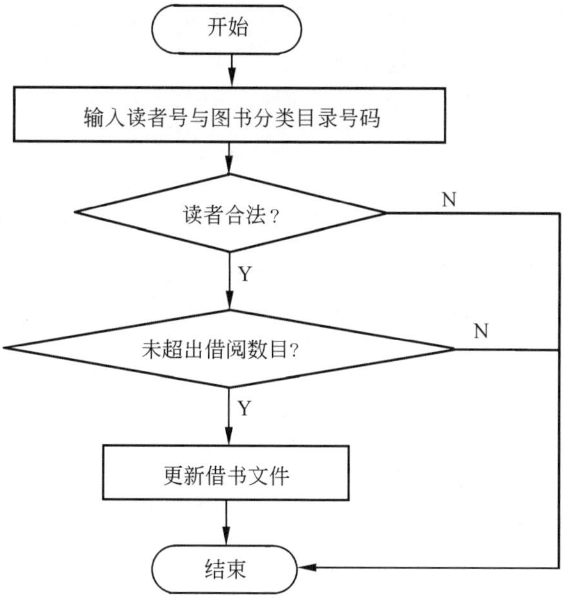

图 12-6　借书模块流程图

完成对每一个模块的详细设计，即可将详细设计转换为程序代码，从而实现整个管理系统。

12.2 数据库分析与设计

数据库设计属于系统设计的范畴。通常把使用数据库的系统统称为数据库应用系统，把对数据库应用系统的设计简称为数据库设计。数据库设计的任务是针对一个给定的应用环境，在给定的（或选择的）硬件环境和操作系统及数据库管理系统等软件环境下，创建一个性能良好的数据库模式，建立数据库及其应用系统，使之能有效地存储和管理数据，满足各类用户的需求。合理的数据库结构是数据库应用系统性能良好的基础和保证，但数据库的设计和开发却是一项庞大而复杂的工程。从事数据库设计的人员，不仅要具备数据库知识和数据库设计技术，还要有程序开发的实际经验，掌握软件工程的原理和方法。数据库设计人员必须深入应用环境，了解用户具体的专业业务。在数据库设计的前期和后期，与应用单位人员密切联系，共同开发，可大大提高数据库设计的成功率。

12.2.1 数据库设计的策略与步骤

1. 数据库设计的策略

数据库设计的一般策略有两种：自顶向下（Top Down）和自底向上（Bottom Up）。自顶向下是从一般到特殊的开发策略。它是从一个企业的高层管理着手，分析企业的目标、对象和策略，构造抽象的高层数据模型。然后逐步构造越来越详细的描述和模型（子系统的模型）。模型不断地扩展细化，直到能识别特定的数据库及其应用为止。

自底向上的开发采用与抽象相反的顺序进行。它从各种基本业务和数据处理着手，即从一个企业的各个基层业务子系统的业务处理开始，进行分析和设计。然后将各子系统进行综合和集中，进行上一层系统的分析和设计，将不同的数据进行综合。最后得到整个信息系统的分析和设计。这两种方法各有优缺点。在实际的数据库设计开发过程中，常常把这两种方法综合起来使用。

2. 数据库设计的步骤

多年来，人们提出了多种数据库设计方法、多种设计准则和规范。1978年10月召开的新奥尔良（New Orleans）会议提出的关于数据库设计的步骤（简称新奥尔良法）是目前得到公认的，较完整、较权威的数据库设计方法，它把数据库设计分为以下4个主要阶段。

（1）用户需求分析。数据库设计人员采用一定的辅助工具对应用对象的功能、性能和限制等要求所进行的科学分析。

（2）概念设计。概念结构设计是对信息分析和定义，如视图模型化、视图分析和汇总。该阶段对应用对象精确地进行抽象和概括，以形成独立于计算机系统的企业信息模型。描述概念模型较理想的是采用 E-R 方法。

（3）逻辑设计。将抽象的概念模型转化为与选用的 DBMS 产品所支持的数据模型相符合的逻辑模型，它是物理设计的基础，包括模式初始设计、子模式设计、应用程序设计、模式评价以及模式求精。

（4）物理设计。逻辑模型在计算机中的具体实现方案。

当各阶段发现不能满足用户需求时，均需返回到前面适当的阶段，进行必要的修正。如此经过不断地迭代和求精，直到各种性能均能满足用户的需求为止。

12.2.2　需求分析

需求分析是在项目确定之后，用户和设计人员对数据库应用系统所要涉及的内容（数据）和功能（行为）的整理和描述，是以用户的角度来认识系统。这一过程是后续开发的基础，以后的逻辑设计和物理设计以及应用程序的设计都会以此为依据。

1. 需求分析的任务、目标及方法

需求分析阶段的任务：综合各个用户的应用需求，对现实世界要处理的对象（组织、部门和企业等）进行详细调查，在了解现行系统的情况，确定新系统功能的过程中，收集支持系统目标的基础数据及处理方法。

参与需求分析的主要人员是分析人员和用户。这是由于数据库应用系统是面向企业和部门的具体业务，分析人员一般并不了解，而同样用户也不会具有系统分析的能力，这就需要双方进行有效的沟通，使得设计人员对用户的各项业务了解和熟悉，进行分析和加工，将用户眼中的业务转换成为设计人员所需要的信息组织。

分析和表达用户需求的方法主要包括自顶向下和自底向上两类方法。自顶向下的结构化分析（Structured Analysis，SA）方法从最上层的系统组织机构入手，采用逐层分解的方式分析系统，并把每一层用数据流图和数据字典描述。需求分析的重点是调查组织机构情况、调查各部门的业务活动情况、协助用户明确对新系统的各种要求、确定新系统的边界，以此获得用户对系统的如下要求。

（1）信息要求。用户需要在系统中保存哪些信息，由这些保存的信息要得到什么样的信息，这些信息以及信息间应当满足的完整性要求。

（2）处理要求。用户在系统中要实现什么样的操作功能，对保存信息的处理过程和方式，各种操作处理的频度、响应时间要求、处理方式等以及处理过程中的安全性要求和完整性要求。

（3）系统要求。系统要求包括安全性要求、使用方式要求和可扩充性要求。其中，安全性要求是指系统有几种用户使用，每一种用户的使用权限如何；使用方式要求是指用户的使用环境是什么，平均有多少用户同时使用，最高峰时有多少用户同时使用，有无查询相应的时间要

求等；可扩充性要求是指对未来功能、性能和应用访问的可扩充性的要求。

需求分析阶段的工作以及形成的相关文档（作为概念结构设计阶段的依据）如图 12-7 所示。

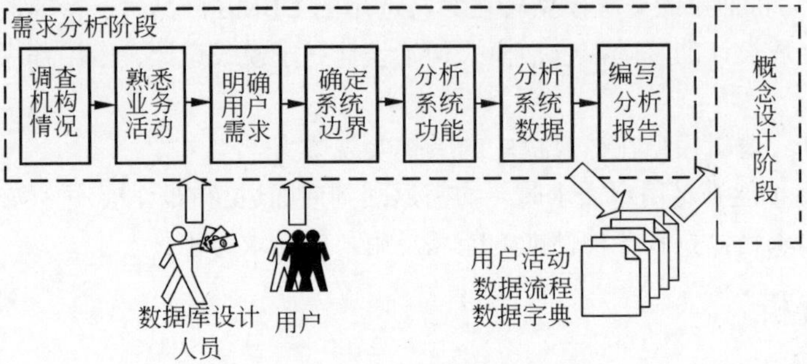

图 12-7 需求分析阶段的工作

2. 需求分析阶段的文档

需求调查所得到的数据可能是零碎的、局部的，分析师和设计人员必须进一步分析和表达用户的需求，建立需求说明文档、数据字典和数据流程图。将需求调查文档化，文档既要被用户所理解，又要方便数据库的概念结构设计。

数据流分析是对事务处理所需的原始数据的收集及经处理后所得数据及其流向，一般用数据流图（DFD）来表示。DFD 不仅指出了数据的流向，而且指出了需要进行的事务处理（但并不涉及如何处理，这是应用程序的设计范畴）。除了使用数据流图、数据字典以外，需求分析还可使用判定表、判定树等工具。下面介绍数据流图和数据字典，其他工具的使用可参见软件工程等方面的参考书。

数据字典是各类数据描述的集合，它是关于数据库中数据的描述，即元数据，而不是数据本身。如用户将向数据库中输入什么信息，从数据库中要得到什么信息，各类信息的内容和结构，信息之间的联系等。数据字典包括数据项、数据结构、数据流、数据存储和加工 5 个部分（至少应该包含每个字段的数据类型和在每个表内的主键、外键）。

数据项描述={数据项名，数据项含义说明，别名，数据类型，长度，
　　　　取值范围，取值含义，与其他数据项的逻辑关系}

数据结构描述={数据结构名，含义说明，组成：{数据项或数据结构}}

数据流描述={数据流名，说明，数据流来源，数据流去向，
　　　　组成：{数据结构}，平均流量，高峰期流量}

数据存储描述={数据存储名，说明，编号，流入的数据流，流出的数据流，
　　　　组成：{数据结构}，数据量，存取方式}

加工描述={加工名，说明，输入：{数据流}，输出：{数据流}，

处理：{简要说明}}

需求分析阶段的成果是系统需求说明书，主要包括数据流图、数据字典、各种说明性表格、统计输出表和系统功能结构图等。系统需求说明书是以后设计、开发、测试和验收等过程的重要依据。关于需求分析的详细过程请参见第 5.3 节。

12.2.3　概念结构设计

数据库概念结构设计阶段是在需求分析的基础上，依照需求分析中的信息要求对用户信息加以分类、聚集和概括，建立信息模型，并依照选定的数据库管理系统软件转换成为数据的逻辑结构，再依照软/硬件环境，最终实现数据的合理存储，这一过程也称为数据建模。

数据库概念结构设计的目标是产生反映系统信息需求的数据库概念结构，即概念模式。概念结构是独立于支持数据库的 DBMS 和使用的硬件环境的。此时，设计人员从用户的角度看待数据以及数据处理的要求和约束，产生一个反映用户观点的概念模式，然后再把概念模式转换为逻辑模式。

1. 概念结构设计策略与方法

概念结构设计是设计人员以用户的观点对用户信息的抽象和描述，从认识论的角度来讲，它是从现实世界到信息世界的第一次抽象，并不考虑具体的数据库管理系统。

现实世界的事物纷繁复杂，即使是对某一具体的应用，由于存在大量不同的信息和对信息的各种处理，也必须加以分类整理，理清各类信息之间的关系，描述信息处理的流程，这一过程就是概念结构设计。

概念结构设计的策略通常有以下 4 种：自顶向下、自底向上、逐步扩张和混合策略。在实际应用中这些策略并没有严格的限定，可以根据具体业务的特点选择，如对于组织机构管理，因其固有的层次结构，可采用自顶向下的策略；对于已实现计算机管理的业务，通常可以以此为核心，采取逐步扩张的策略。

概念结构设计最著名、最常用的方法是 P.P.S Chen 于 1976 年提出的实体-联系（Entity-Relationship Approach，E-R）方法。它采用 E-R 模型将现实世界的信息结构统一由实体、属性以及实体之间的联系来描述。

使用 E-R 方法，无论是哪种策略，都要对现实事物加以抽象，以 E-R 图的形式描述出来。

2. 用 E-R 方法建立概念模型

E-R 图的设计要依照上述的抽象机制，对需求分析阶段所得到的数据进行分类、聚集和概括，确定实体、属性和联系。概念结构的具体工作步骤包括选择局部应用、逐一设计分 E-R 图和 E-R 图合并，如图 12-8 所示。

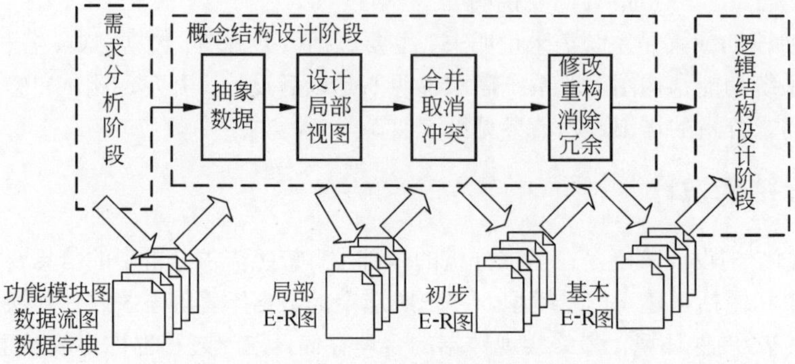

图 12-8　概念结构设计的工作步骤

（1）选择局部应用。需求分析阶段会得到大量的数据，这些数据分散杂乱，许多数据会应用于不同的处理，数据与数据之间关联关系也较为复杂，要最终确定实体、属性和联系，就必须根据数据流图这一线索理清数据。

数据流图是对业务处理过程从高层到底层的一级抽象，高层抽象流图一般反映系统的概貌，对数据的引用较为笼统，而底层又可能过于细致，不能体现数据的关联关系，因此要选择适当层次的数据流图，让这一层的每一部分对应一个局部应用，实现某一项功能。从这一层入手，就能很好地设计分 E-R 图。

（2）逐一设计分 E-R 图。划分好各个局部应用之后，就要对每一个局部应用逐一设计分 E-R 图，又称为局部 E-R 图。对于每一局部应用，其所用到的数据都应该收集在数据字典中，依照该局部应用的数据流图，从数据字典中提取出数据，使用抽象机制确定局部应用中的实体、实体的属性、实体标识符及实体间的联系及其类型。

事实上，在形成数据字典的过程中，数据结构、数据流和数据存储都是根据现实事物来确定的，因此都已经基本上对应了实体及其属性，以此为基础，加以适当调整，增加联系及其类型，就可以设计分 E-R 图。

现实生活中，许多事物作为实体还是属性没有明确的界定，这需要根据具体情况而定，一般遵循以下两条准则。

① 属性不可再分，即属性不再具有需要描述的性质，不能有属性的属性。

② 属性不能与其他实体发生联系，联系是实体与实体间的联系。

（3）E-R 图合并。根据局部应用设计好各局部 E-R 图之后，就可以对各分 E-R 图进行合并。合并的目的在于在合并过程中解决分 E-R 图中相互间存在的冲突，消除分 E-R 图之间存在的信息冗余，使之成为能够被全系统所有用户共同理解和接受的统一的、精炼的全局概念模型。合并的方法是将具有相同实体的两个或多个 E-R 图合而为一，在合成后的 E-R 图中把相同实体用一个实体表示，合成后的实体的属性是所有分 E-R 图中该实体的属性的并集，并以此实体为中心，并入其他所有分 E-R 图。再把合成后的 E-R 图以分 E-R 图看待，合并剩余的分 E-R 图，直到所有的 E-R 图全部合并，就构成一张全局 E-R 图。

分 E-R 图之间的冲突主要有以下三类。

① 属性冲突。同一属性可能会存在于不同的分 E-R 图，由于设计人员不同或是出发点不同，对属性的类型、取值范围和数据单位等可能会不一致，这些属性对应的数据将来只能以一种形式在计算机中存储，这就需要在设计阶段进行统一。

② 命名冲突。相同意义的属性在不同的分 E-R 图上有着不同的命名，或是名称相同的属性在不同的分 E-R 图中代表着不同的意义，这些也要进行统一。

③ 结构冲突。同一实体在不同的分 E-R 图中有不同的属性，同一对象在某一分 E-R 图中被抽象为实体，而在另一分 E-R 图中又被抽象为属性，需要统一。

分 E-R 图的合并过程中要对其进行优化，具体可以从以下三个方面实现。

① 实体类型的合并。两个具有 1∶1 联系或 1∶n 联系的实体可以予以合并，使实体个数减少，有利于减少将来数据库操作过程中的连接开销。

② 冗余属性的消除。一般在各分 E-R 图中的属性是不存在冗余的，但合并后就可能出现冗余。因为合并后的 E-R 图中的实体继承了合并前该实体在分 E-R 图中的全部属性，属性间就可能存在冗余，即某一属性可以由其他属性确定。

③ 冗余联系的消除。在分 E-R 图合并的过程中可能会出现实体联系的环状结构，即某一实体 A 与另一实体 B 间有直接联系，同时 A 又通过其他实体与实体 B 发生间接联系。通常，直接联系可以通过间接联系所表达，可消除直接联系。

12.2.4　逻辑结构设计

逻辑结构设计即是在概念结构设计的基础上进行数据模型设计，可以是层次模型、网状模型和关系模型，本节介绍如何在全局 E-R 图基础上进行关系模型的逻辑结构设计。逻辑结构设计阶段的主要工作步骤包括确定数据模型、将 E-R 图转换成为指定的数据模型、确定完整性约束和确定用户视图，如图 12-9 所示。

1. E-R 图关系模式的转换

E-R 方法所得到的全局概念模型是对信息世界的描述，并不适用于计算机处理，为适合关系数据库系统的处理，必须将 E-R 图转换成关系模式。E-R 图是由实体、属性和联系三要素构成，而关系模型中只有唯一的结构——关系模式，通常采用以下方法加以转换。

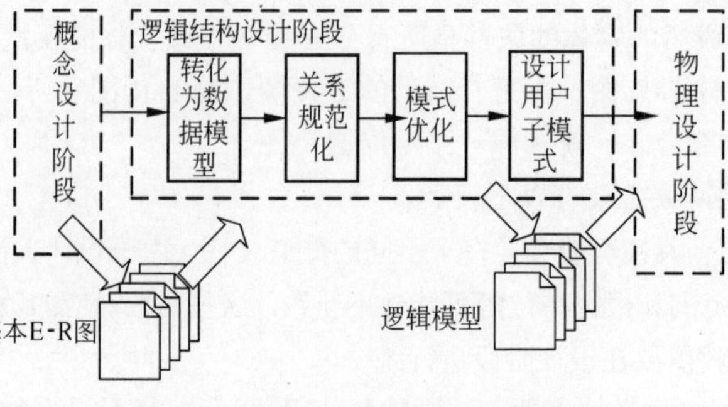

图 12-9 逻辑结构设计的工作步骤

1）实体向关系模式的转换

将 E-R 图中的实体逐一转换成为一个关系模式，实体名对应关系模式的名称，实体的属性转换成关系模式的属性，实体标识符就是关系的码（键）。

2）联系向关系模式的转换

E-R 图中的联系有 3 种：一对一联系（1∶1）、一对多联系（1∶n）和多对多联系（m∶n），针对这 3 种不同的联系，转换方法如下。

（1）一对一联系的转换。一对多联系有两种方式向关系模式进行转换。一种方式是将联系转换成一个独立的关系模式，关系模式的名称取联系的名称，关系模式的属性包括该联系所关联的两个实体的码及联系的属性，关系的码取自任一方实体的码；另一种方式是将联系归并到关联的两个实体的任一方，给待归并的一方实体属性集中增加另一方实体的码和该联系的属性即可，归并后的实体码保持不变。

（2）一对多联系的转换。一对多联系有两种方式向关系模式进行转换。一种方式是将联系转换成一个独立的关系模式，关系模式的名称取联系的名称，关系模式的属性取该联系所关联的两个实体的码及联系的属性，关系的码是多方实体的码；另一种方式是将联系归并到关联的两个实体的多方，给待归并的多方实体属性集中增加一方实体的码和该联系的属性即可，归并后的多方实体码保持不变。

（3）多对多联系的转换。多对多联系只能转换成一个独立的关系模式，关系模式的名称取联系的名称，关系模式的属性取该联系所关联的两个多方实体的码及联系的属性，关系的码是多方实体的码构成的属性组。

2. 关系模式的规范化

由 E-R 图转换所得的初始关系模式并不一定能完全符合要求，还可能会有数据冗余、更新异常存在，这就需要经过进一步的规范化处理，具体步骤如下。

（1）根据语义确定各关系模式的数据依赖。在设计的前一阶段，只是从关系及其属性来描述关系模式，并没有考虑到关系模式中的数据依赖。关系模式包含着语义，要根据关系模式所描述的自然语义写出关系数据依赖。

（2）根据数据依赖确定关系模式的范式。由关系的码及数据依赖，根据规范化理论，就可以确定关系模式所属的范式，判定关系模式是否符合要求，即是否达到了 3NF 或 4NF。

（3）如果关系模式不符合要求，要根据关系模式的分解算法对其进行分解，达到 3NF、BCNF 或 4NF。

（4）关系模式的评价及修正。根据规范化理论对关系模式分解之后，就可以在理论上消除冗余和更新异常。但根据处理要求，可能还需要增加部分冗余以满足处理要求，这就需要做部分关系模式的处理，分解、合并或增加冗余属性，提高存储效率和处理效率。

3．确定完整性约束

根据规范化理论确定了关系模式之后，还要对关系模式加以约束，包括数据项的约束、表级约束及表间约束，可以参照 SQL 标准来确定不同的约束，如检查约束、主码约束和参照完整性约束，以保证数据的正确性。

4．用户视图的确定

确定了整个系统的关系模式之后，还要根据数据流图及用户信息建立视图模式，提高数据的安全性和独立性。

（1）根据数据流图确定处理使用的视图。数据流图是某项业务的处理，使用了部分数据，这些数据可能要跨越不同的关系模式，建立该业务的视图，可以降低应用程序的复杂性，并提高数据的独立性。

（2）根据用户类别确定不同用户使用的视图。不同的用户可以处理的数据可能只是整个系统的部分数据，而确定关系模式时并没有考虑这一因素，如学校的学生管理，不同的院系只能访问和处理自己的学生信息，这就需要建立针对不同院系的视图达到这一要求，这样可以在一定程度上提高数据的安全性。

12.2.5　数据库的物理设计

数据库系统实现是离不开具体的计算机的，在实现数据库逻辑结构设计之后，就要确定数据库在计算机中的具体存储。数据库在物理设备上的存储结构与存取方法称为数据库的物理结构，它依赖于给定的计算机系统。为一个给定的逻辑数据模型设计一个最适合应用要求的物理结构的过程，就是数据库的物理设计。

在数据库的物理结构中，数据的基本单位是记录，记录是以文件的形式存储的，一条存储记录就对应着关系模式中的一条逻辑记录。在文件中还要存储记录的结构，如各字段长度、记录长度等，增加必要的指针及存储特征的描述。

数据库的物理设计是离不开具体的 DBMS 的，不同 DBMS 对物理文件存取方式的支持不同，设计人员必须充分了解所用 DBMS 的内部特征，根据系统的处理要求和数据的特点来确定物理结构。数据库的物理设计工作过程如图 12-10 所示。

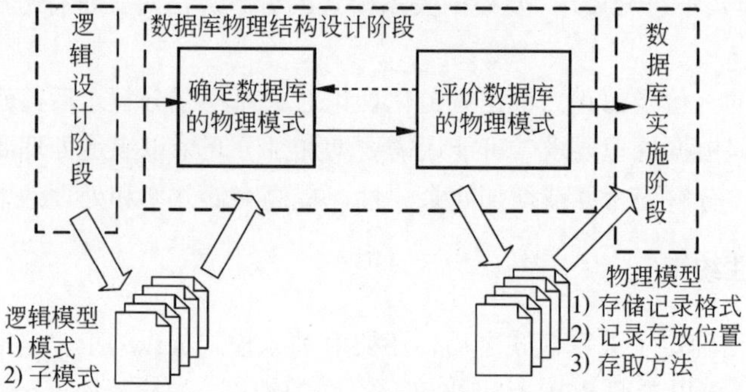

图 12-10　数据库的物理设计工作过程

一般来说，物理设计包括确定数据分布、存储结构和访问方式的工作。

1. 确定数据分布

从企业计算机应用环境出发，需要确定数据是集中管理还是分布式管理。目前，企业内部网及因特网的应用越来越广泛，大多采用分布式管理。对于数据如何分布需要从以下几个方面考虑。

（1）根据不同应用分布数据。企业的不同部门一般会使用不同数据，将与部门应用相关的数据存储在相应的场地，使得不同的场地上处理不同的业务，对于应用多个场地的业务，可以通过网络进行数据处理。

（2）根据处理要求确定数据的分布。对于不同的处理要求，也会有不同的使用频度和响应时间，对于使用频度高、响应时间短的数据，应存储在高速设备上。

（3）对数据的分布存储必然会导致数据的逻辑结构的变化，要对关系模式做新的调整，回到数据库逻辑设计阶段做必要的修改。

2. 确定数据的存储结构

存储结构具体指数据文件中记录之间的物理结构。在文件中，数据是以记录为单位存储的，可以是顺序存储、哈希存储、堆存储和 B^+树存储等，要根据数据的处理要求和变更频度选定合理的物理结构。

为提高数据的访问速度，通常会采用索引技术。在物理设计阶段，要根据数据处理和修改要求，确定数据库文件的索引字段和索引类型。

3．确定数据的访问方式

数据的访问方式是由其存储结构所决定的，采用什么样的存储结构，就使用什么样的访问方式。数据库物理结构主要由存储记录格式、记录在物理设备上的安排及访问路径（存取方法）等构成。

1）存储记录结构设计

存储记录结构包括记录的组成、数据项的类型、长度和数据项间的联系，以及逻辑记录到存储记录的映射。在设计记录的存储结构时，并不改变数据库的逻辑结构，但可以在物理上对记录进行分割。数据库中数据项的被访问频率是很不均匀的，基本上符合公认的“80/20 规则”，即“从数据库中检索的 80%的数据由其中的 20%的数据项组成”。

当多个用户同时访问常用数据项时，会因访盘冲突而等待。如果将这些数据分布在不同的磁盘组上，当用户同时访问时，系统就可并行地执行 I/O，减少访盘冲突，提高数据库的性能。所以对于常用关系，最好将其水平分割成多个裂片，分布到多个磁盘组上，以均衡各个磁盘组的负荷，发挥多磁盘组并行操作的优势。

2）存储记录布局

存储记录的布局，就是确定数据的存放位置。存储记录作为一个整体，如何分布在物理区域上，是数据库物理结构设计的重要一环。聚簇功能可以大大提高按聚簇码进行查询的效率。聚簇功能不仅可用于单个关系，也适用于多个关系。设有职工表和部门表，其中部门号是这两个表的公共属性。如果查询涉及这两个表的连接操作，可以把部门号相同的职工元组和部门元组在物理上聚簇在一起，既可显著提高连接操作的速度，又可节省存储空间。建立聚簇索引的原则如下。

（1）聚簇码的值相对稳定，没有或很少需要进行修改。

（2）表主要用于查询，并且通过聚簇码进行访问或连接是该表的主要应用。

（3）对应每个聚簇码值的平均元组数既不太多，也不太少。

任何事物都有两面性，聚簇对于某些特定的应用可以明显地提高性能，但对于与聚簇码无关的查询却毫无益处。相反地，当表中数据有插入、删除、修改时，关系中的有些元组就要被搬动后重新存储，建立聚簇的维护代价很大。

3）存取方法的设计

存取方法是为存储在物理设备（通常是外存储器）上的数据提供存储和检索的能力。存取方法包括存储结构和检索机制两部分。存储结构限定了可能访问的路径和存储记录；检索机制定义每个应用的访问路径。

存取方法是快速存取数据库中数据的技术。数据库系统是多用户共享系统，对同一个关系建立多条存取路径才能满足多用户的多种应用要求。为关系建立多种存取路径是数据库物理设计的另一个任务，在数据库中建立存取路径最普遍的方法是建立索引。确定索引的一般顺序如下。

（1）首先可确定关系的存储结构，即记录的存放是无序的，还是按某属性（或属性组）聚簇存放。由于在前面已讨论过，这里不再重复。

（2）确定不宜建立索引的属性或表。对于太小的表、经常更新的属性或表、属性值很少的表、过长的属性、一些特殊数据类型的属性（大文本、多媒体数据）和不出现或很少出现在查询条件中的属性不宜建立索引。

（3）确定宜建立索引的属性。例如关系的主码或外部码、以查询为主或只读的表、范围查询、聚集函数（Min、Max、Avg、Sum、Count）或需要排序输出的属性可以考虑建立索引。

索引一般还需在数据库运行测试后，再加以调整。在 RDBMS 中，索引是改善存取路径的重要手段。使用索引的最大优点是可以减少检索的 CPU 服务时间和 I/O 服务时间，改善检索效率。但是，不能对进行频繁存储操作的关系建立过多的索引，因为过多的索引也会影响存储操作的性能。

12.2.6 数据库的实施与维护

在数据库正式投入运行之前，还需要完成很多工作。例如，在模式和子模式中加入数据库安全性、完整性的描述，完成应用程序和加载程序的设计，数据库系统的试运行，并在试运行中对系统进行评价。如果评价结果不能满足要求，还需要对数据库进行修正设计，直到满意为止。数据库正式投入使用，也并不意味着数据库设计生命周期的结束，而是数据库维护阶段的开始。数据库实施阶段的工作过程如图 12-11 所示。

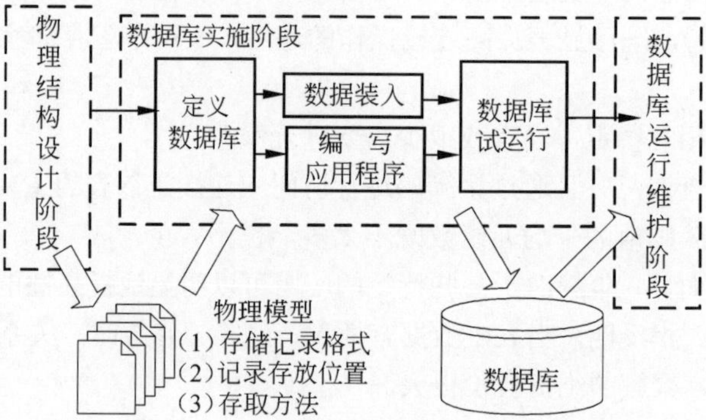

图 12-11 数据库实施阶段的工作过程

1．数据库的实施

根据逻辑和物理设计的结果在计算机上建立起实际的数据库结构并装入数据进行试运行

和评价的过程叫作数据库的实施（或实现）。

1）建立实际的数据库结构

用 DBMS 提供的数据定义语言（DDL）编写描述逻辑设计和物理设计结果的程序（一般称为数据库脚本程序），经计算机编译处理和执行后，就生成了实际的数据库结构。所用 DBMS 的产品不同，描述数据库结构的方式也不同。有的 DBMS 提供数据定义语言，有的提供数据库结构的图形化定义方式，有的两种方法都提供。在定义数据库结构时，应包含以下内容。

（1）数据库模式与子模式，以及数据库空间等的描述。例如，在 Oracle 系统中，数据库逻辑结果的描述包括表空间（Tablespace）、段（Segment）、范围（Extent）和数据块（Data block）。DBA 或设计人员通过对数据库空间的管理和分配，可控制数据库中数据的磁盘分配，将确定的空间份额分配给数据库用户，控制数据的可用性，将数据存储在多个设备上，以提高数据库性能等。

（2）数据库完整性描述。所谓数据的完整性，是指数据的有效性、正确性和一致性。在数据库设计时，如果没有一定的措施确保数据库中数据的完整性，就无法从数据库中获得可信的数据。数据的完整性设计，应该贯穿在数据库设计的全过程中。例如，在数据需求分析阶段，收集数据信息时，应该向有关用户调查该数据的有效值范围。在模式与子模式中，可以用 DBMS 提供的 DDL 语句描述数据的完整性。

（3）数据库安全性描述。数据安全性设计同数据完整性设计一样，也应在数据库设计的各个阶段加以考虑。在进行需求分析时，分析人员除了收集数据及数据间联系的信息之外，还必须收集关于数据的安全性说明。在设计数据库逻辑结构时，对于保密级别高的数据，可以单独进行设计。子模式是实现安全性要求的一个重要手段，可以为不同的应用设计不同的子模式。在数据操纵上，系统可以对用户的数据操纵进行两方面的控制：一是给合法用户授权，目前主要有身份验证和口令识别；二是给合法用户不同的存取权限。

（4）数据库物理存储参数描述。物理存储参数因 DBMS 的不同而不同。一般可设置的参数包括块大小、页面大小（字节数或块数）、数据库的页面数、缓冲区个数、缓冲区大小和用户数等。详细内容请参考 DBMS 的用户手册。

2）数据的加载

数据库应用程序的设计应该与数据库设计同时进行。一般地，应用程序的设计应该包括数据库加载程序的设计。在数据加载前，必须对数据进行整理。由于用户缺乏计算机应用背景的知识，常常不了解数据的准确性对数据库系统正常运行的重要性，因而未对提供的数据作严格的检查。所以，在数据加载前要建立严格的数据登录、输入和校验规范，设计完善的数据校验与校正程序，排除不合格数据。

数据加载分为手工输入和使用数据转换工具两种。现有的 DBMS 都提供了 DBMS 之间数据转换的工具。如果用户原来就使用数据库系统，可以利用新系统的数据转换工具。先将原系统中的表转换成新系统中相同结构的临时表，然后对临时表中的数据进行处理后插入到相应表中。另外，由于还需要对数据库系统进行联合调试，所以大部分的数据加载工作应在数据库的试运行和评价工作中分批进行。

3）数据库的试运行和评价

当加载了部分必须的数据和应用程序后，就可以开始对数据库系统进行联合调试，称为数据库的试运行。一般将数据库的试运行和评价结合起来，目的是测试应用程序的功能；测试数据库的运行效率是否达到设计目标，是否为用户所容忍。测试的目的是为了发现问题，而不是为了说明能达到哪些功能。因此，测试中一定要有非设计人员的参与。

2. 数据库的维护

只有数据库顺利地进行了实施，才可将系统交付使用。数据库一旦投入运行，就标志着数据库维护工作的开始。数据库维护工作的内容主要包括对数据库的监测和性能改善、故障恢复、数据库的重组和重构。在数据库运行阶段，对数据库的维护主要由DBA完成。

（1）对数据库性能的监测和改善。性能可以用处理一个事务的I/O量、CPU时间和系统响应时间来度量。由于数据库应用环境、物理存储的变化，特别是用户数和数据量的不断增加，数据库系统的运行性能会发生变化。某些数据库结构（如数据页和索引）经过一段时间的使用以后，可能会被破坏。所以，DBA必须利用系统提供的性能监控和分析工具，经常对数据库的运行、存储空间及响应时间进行分析，结合用户的反映确定改进措施。目前的DBMS都提供一些系统监控或分析工具。例如，在SQL Server中使用SQL Server Profiler组件、Transaction-SQL工具和Query Analyzer组件等都可进行系统监测和分析。

（2）数据库的备份及故障恢复。数据库是企业的一种资源，所以在数据库设计阶段，DBA应根据应用要求制定不同的备份方案，保证一旦发生故障能很快将数据库恢复到某种一致性状态，尽量减少损失。数据库的备份及故障恢复方案，一般基于DBMS提供的恢复手段。

（3）数据库重组和重构。数据库运行一段时间后，由于记录的增、删、改，数据库中物理存储碎片记录链过多，影响了数据库的存取效率。这时，需要对数据库进行重组和部分重组。数据库的重组是指在不改变数据库逻辑和物理结构的情况下去除数据库存储文件中的废弃空间以及碎片空间中的指针链，使数据库记录在物理上紧连。数据库的重构是指当数据库的逻辑结构不能满足当前数据处理的要求时对数据库的模式和内模式修改。

注意：由于数据库重构的困难和复杂性，数据库的重构一般都在迫不得已的情况下才进行。例如，应用需求发生了变化，需要增加新的应用或实体，取消某些应用或实体。又如，表的增删、表中数据项的增/删、数据项类型的变化等。重构数据库后，还需要修改相应的应用程序，并且重构也只能对部分数据库结构进行。一旦应用需求变化太大，需要对全部数据库结构进行重组，说明该数据库系统的生命周期已经结束，需要设计新的数据库应用系统。

12.2.7　案例分析

某单位图书馆需要建立一个图书管理系统，在图书管理过程中，由于要处理多种不同的业务流程，各个部门之间有相互联系。

1. 图书管理需求分析

通过对图书管理日常工作的详细调查，该图书馆对某书目的信息如表 12-1 所示，与该书目对应的图书信息如表 12-2 所示。

表 12-1　书目信息

书　名	作　者	出　版　商	ISBN 号	出版年月	册数	经办人
数据结构	严蔚敏　吴伟民	清华大学出版社	ISBN7-302-02368-9	1997.4	4	01

表 12-2　图书信息

图书 ID	ISBN 号	存 放 位 置	状　　态	经　办　人
C832.1	ISBN7-302-02368-9	图书流通室	已借出	01
C832.2	ISBN7-302-02368-9	图书阅览室	不外借	01
C832.3	ISBN7-302-02368-9	图书流通室	未借出	01
C832.4	ISBN7-302-02368-9	图书流通室	已预约	01

1）初步的需求分析结果

（1）资料室有图书管理员若干名，他们负责已购入图书的编目和借还工作，每名图书管理员的信息包括工号和姓名。

（2）读者可在阅览室读书，也可通过图书流通室借还图书，读者信息包括姓名、年龄、工作单位、借书证号、电话和 E-mail，系统为不同读者生成不同的借书证号。

（3）每本书在系统中对应唯一的一条图书在版编目数据（CIP，以下简称书目），书目的基本信息包括 ISBN 号、书名、作者、出版商、出版年月以及本资料室拥有该书的册数（以下简称册数），不同书目的 ISBN 号不相同。

（4）资料室对于同一书目的图书可拥有多册（本），图书信息包括图书 ID、ISBN 号、存放位置和当前状态，每一本书在系统中被赋予唯一的图书 ID。

（5）一名读者最多只能借阅 10 本图书，且每本图书最多只能借两个月，读者借书时需由图书管理员登记读者 ID、所借图书 ID、借阅时间和应还时间，读者还书时图书管理员在对应的借书信息中记录归还时间。

（6）当某书目的可借出图书的数量为0时，读者可以对其进行预约登记，即记录读者ID、需要借阅的图书的ISBN号和预约时间。

2）业务流程

图书管理信息系统在应用中的业务流程图如图12-12所示。

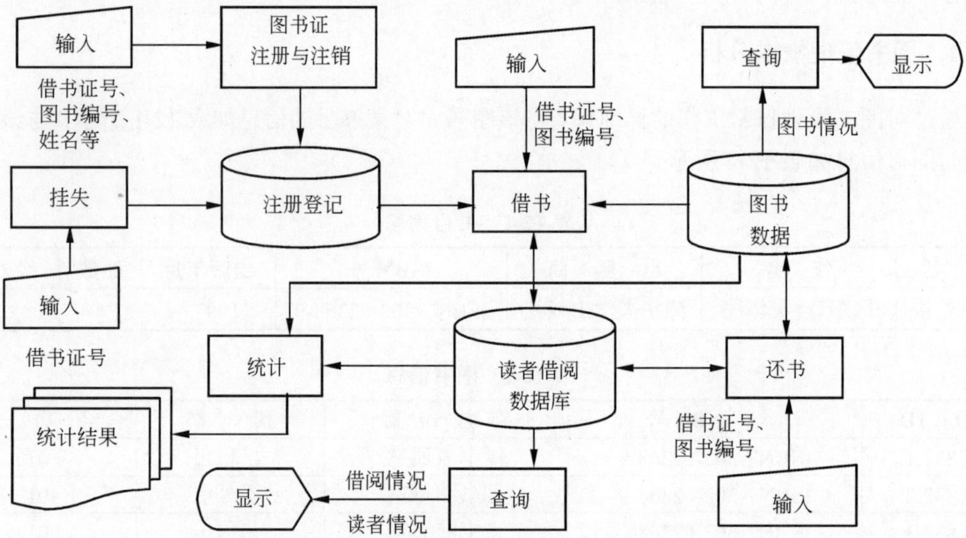

图12-12　图书管理业务流程图

系统的主要业务处理如下。

（1）入库管理。图书购进入库时，管理员查询本资料室的书目信息，若该书的书目尚未建立，则由管理员编写该书的书目信息并输入系统，然后编写并输入图书信息；否则，修改该书目的册数，然后编写并输入图书信息。对于进入流通室的书，其初始状态为“未借出”，而送入阅览室的书的状态始终为“不外借”。

（2）图书证注册和注销。登记所有办理的新图书证和注销图书证，需要注明办理及注销日期及管理员号。

（3）挂失管理。挂失管理包括挂失登记和解除挂失，挂失登记指登记挂失的借书证，使得该图书证不能借书，注明挂失日期及管理员号；解除挂失指解除已经挂失的借书证，使得该借书证可以开始借书，注明解除挂失日期及管理员号。

（4）借书管理。读者借书时，若有，则由管理员为该读者办理借书手续，并记录该读者的借书信息，同时将借出图书的状态修改为“已借出”。

（5）预约管理。若图书流通室没有读者要借的书，则可为该读者建立预约登记，需要记录读者 ID、书的 ISBN 号、预约时间和预约期限（最长为 10 天）。一旦其他读者归还这种书，就自动通知该预约读者。系统将自动清除超出预约期限的预约记录并修改相关信息。

（6）还书管理。读者还书时，则记录相应借还信息中的“归还时间”，对于超期归还者，系统自动计算罚金（具体的计算过程此处省略）。系统同时自动查询预约登记表，若存在其他读者预约该书的记录，则将该图书的状态修改为“已预约”，并将该图书 ID 写入相应的预约记录中（系统在清除超出预约期限的记录时解除该图书的“已预约”状态）；否则，将该图书的状态修改为“未借出”。

（7）通知处理。对于已到期且未归还的图书，系统通过 E-mail 自动通知读者。若读者预约的书已到，系统则自动通过 E-mail 通知该读者来办理借书手续。

2．图书管理概念结构设计

根据需求分析的结果设计的实体-联系图（不完整）如图 12-13 所示，请指出读者与图书、书目与读者、书目与图书之间的联系类型，并补充图 12-13 中实体间缺少的联系。

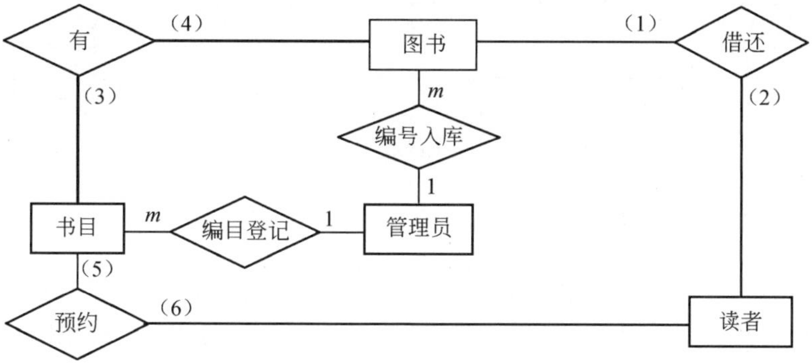

图 12-13　图书管理系统的实体-联系图

1）联系类型

读者与图书、书目与图书、书目与读者之间的联系类型分析如下。

（1）读者与图书之间的联系类型。读者与图书之间形成了借还关系，需求分析的结果已经说明“一名读者最多只能借阅 10 本图书”，显然一本图书可被多名读者借阅，而每名读者应该能够借阅多本图书，因此读者与图书之间的借还联系为多对多（$n:m$），即空（1）和空（2）应分别填写 n 和 m。

（2）书目与图书之间的联系类型。图书馆对于同一书目的图书可拥有多册（本），每一本书在系统中被赋予唯一的图书 ID，所以书目与图书之间的联系类型为一对多（$1:n$），即空（3）

和空（4）应分别填写1和n。

（3）书目与读者之间的联系类型。当某书目的可借出图书的数量为0时，读者可以对其进行预约登记，由于一名读者可借阅多种图书，因此书目与读者之间的预约联系类型为多对多（n：m），即空（5）和空（6）应分别填写n和m。

2）图书馆管理E-R模型

根据需求分析的结果，图书馆管理应该包括图书证注册、注销和挂失管理，因此在图12-13中，管理员和读者实体间缺少的联系有注册、注销和挂失借书证管理联系。补充缺少的联系的E-R模型如图12-14所示。

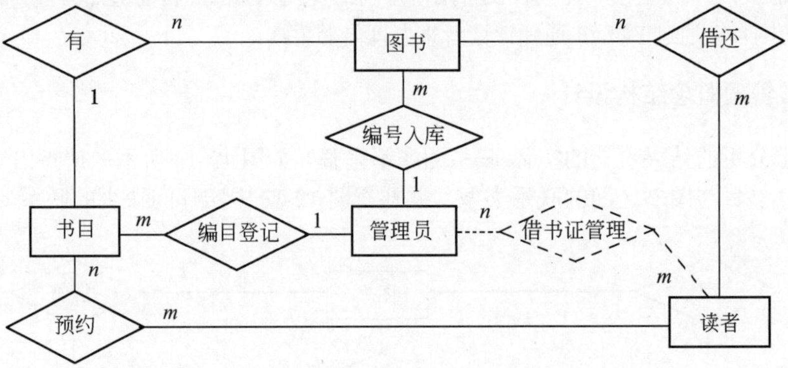

图12-14　补充缺少的联系的图书管理系统的实体-联系图

3．图书管理逻辑结构设计

根据概念设计得到的E-R图转换成图书管理系统的主要关系模式如下，请补充“借还记录”和“预约登记”关系中的空缺。注：时间格式为“年.月.日 时:分:秒”，请指出读者、书目关系模式的主键，以及图书、借还记录和预约登记关系模式的主键和外键。

管理员（工号，姓名，权限）
读者（姓名，年龄，工作单位，借书证号，电话，E-mail）
书目（ISBN号，书名，作者，出版商，出版年月，册数，工号）
图书（图书ID，ISBN号，存放位置，状态，工号）
借还记录（______(a)______，借出时间，应还时间，归还时间）
预约登记（______(b)______，预约时间，预约期限，图书ID）
借书证管理（借书证号，使用状态，开始时间，结束时间，工号）

1）问题分析

由于读者借书时需由图书管理员登记借书证号、所借图书ID、借出时间和应还时间，还书时图书管理员在对应的借书信息中记录归还时间，因此借还记录关系中的空（a）处应填入“借书证号，图书 ID”。

读者对某书目进行预约登记时，需记录借书证号、需要借阅的图书的 ISBN 号和预约时间等，目前的预约登记关系中已经有预约时间、预约期限、图书 ID 信息，显然还需要记录是哪位读者预约了书，以及书的 ISBN 号，因此，预约登记关系模式中的空（b）处应填入“借书证号，ISBN 号”。

2）主键与外键分析

主键也称为主码，是关系中的一个或一组属性，其值能唯一标识一个元组。根据图书管理的需求分析如下。

（1）管理员关系。主键显然是“工号”。

（2）读者关系。“系统为不同读者生成不同的借书证号”，因此读者关系的主键显然是“借书证号”。

（3）书目关系。不同书目的 ISBN 号不相同，书目关系的主键为书的“ISBN 号”，外键是管理员关系的“工号”。

（4）图书关系。同一书目的多册（本）图书具有相同的 ISBN 号，因此所有的图书依据“图书 ID”相互区分，图书关系的主键是“图书 ID”，外键是书目关系的“ISBN 号”和管理员关系的“工号”。

（5）借还记录关系。用于记录读者的借书和还书信息，为了区分读者在同一日期对同一本书多次借还，借还记录的主键为“借书证号，图书 ID，借出时间”。借还记录是由联系借还对应的关系，它记录与图书和读者的联系。因此，借还记录具有外键借书证号和图书 ID，分别与读者和图书相关联。

（6）预约登记关系。主键为“借书证号，ISBN 号，预约时间”，外键为读者关系的“借书证号”、书目关系的“ISBN 号”和图书关系的“图书 ID”。

（7）借书证管理关系。主键为“借书证号，开始时间”，外键是管理员关系的“工号”。

在实现数据库逻辑结构设计之后，就要确定数据库在计算机中的具体存储。由于数据库在物理设备上的存储结构与存取方法依赖于给定的计算机系统和应用环境，故案例中不再介绍。

12.3　面向对象分析与设计

面向对象开发方法将问题和问题的解决方案组织为离散对象的集合，数据结构和行为都包含在对象的表示中。面向对象的特性包括表示、抽象、分类、封装、继承、多态和持久性。面向对象开发方法包括面向对象分析、面向对象设计和面向对象实现。面向对象分析强调在问题领域内发现和描述对象或概念。例如，在图书馆信息系统里包含了书、图书馆和顾客这样一些概念。面向对象设计是采用协作的对象、对象的属性和方法说明软件解决方案的一种方式，强调的是定义软件对象和这些软件对象如何协作来满足需求，是面向对象分析的延续。例如，图书馆系统中，软件对象“书”可以有“标题”属性和“获取书”方法。在面向对象编程过程中会实现设计对象，如 Java 中的 Book 类。

面向对象方法中分析和设计有时会存在一部分重叠，不是完全独立的活动。在迭代开发中，不严格区分分析、设计和实现，而是每次迭代不同程度地进行精化。

面向对象分析和设计目前采用最多的是使用 UML。它是面向对象的标准建模语言，通过统一的语义和符号表示，使各种方法的建模过程和表示统一起来，已成为面向对象建模的工业标准。UML 通过事务、关系和图对现实世界进行建模。

12.3.1 面向对象分析与设计的步骤

面向对象分析包括 3 个活动：建模系统功能，发现并组织业务对象，组织对象并记录其关系。面向对象设计的目的是说明系统的对象和消息，包括精化用例模型以反映实现环境，建模支持用例情景的对象交互、行为和状态，修改对象模型以反映实现环境。

面向对象分析包含以下关键步骤。

（1）建模系统功能。需求分析可以包括对相关领域过程的描述，首先对系统需求进行建模，产生用例图。用例建模促进并鼓励了用户参与，为后期测试、跟踪和维护等方面提供支持，是项目成功的一个关键因素。建模需求用例模型的目的是提取和分析足够的需求信息，准备一个模型，该模型表示用户需要什么。产生用例的步骤如下。

① 确定参与者。

② 确定需求用例。

③ 构造用例模型。

④ 记录需求用例描述。

然后建模用例活动，即建模系统的过程和步骤，描述业务过程或用例的活动的顺序流程和并行活动。UML 活动图用于构建系统的活动。建模用例执行过程中对象如何通过消息相互交互，将系统作为一个整体或者几个子系统进行考虑。

（2）定义领域模型。面向对象分析是从按对象分类的角度来创建对象领域的描述。领域的分解包括定义概念、属性和重要的关联。其结果可以被表示成领域模型，用一组显示领域概念或对象的图形来表示领域模型。

① 在用例建模中发现和确定业务对象。

② 组织对象并记录对象之间的主要概念关系。类图以图形化的用例描述对象及其关联关系。在该图中还包括多重性、关联关系、泛化/特化关系以及聚合关系。

（3）定义交互、行为和状态。面向对象设计定义软件对象及其协作。首先确定并分类用例设计类，然后确定类属性、行为和责任。交互概览图描述业务过程中的控制流概览，软件过程中的详细逻辑概览，以及将多个图进行连接。序列图和通信图可描述场景中涉及的所有对象类之间的交互。序列图通过描述按照时间顺序对象之间的消息交互建模了用例（或用例的一部分）的逻辑。这些消息按照时间顺序自顶向下排列，展示出软件对象之间的消息流动以及因此而引起的方法调用，描述对象之间的协作。通信图强调收发消息的对象的结构组织。还需基于对象的状态变化确定和建模具有复杂行为的对象，建模状态图。

（4）定义设计类图。除了在交互图中表示对象协作的动态视图外，还可以使用设计类图来创建类定义的静态视图，并说明类的属性和方法。

下面通过一个案例来说明如何应用面向对象分析和设计技术。

12.3.2　需求说明

某在线会议审稿系统（Online Reviewing System，ORS）主要处理会议前期的投稿和审稿事务。会议有名称、涵盖的主题（包括名称和描述）、提交期限、审稿期限、通知日期、状态和会议召开日期等信息。创建一个新的会议后审稿系统启动，在审稿结束时关闭审稿过程。

用户在初始使用系统时，必须在系统中注册成为作者或审稿人，需要提供名称、单位、电子邮件、登录名、密码、登录的状态。

作者登录后提交稿件和浏览稿件审阅结果。提交稿件必须在规定提交时间范围内，其过程为先输入标题和摘要、选择稿件所属主题类型、选择稿件所在位置（存储位置）。上述几步若未完成，则重复；若完成，则上传稿件至数据存储中，系统发送接收到稿件的通知。稿件的信息包括稿件 ID、标题、摘要、URL、状态和录用标准。状态随着整个审稿过程的进行而进行更新。

审稿人登录后可设置兴趣领域、审阅稿件给出评价意见以及罗列录用和（或）拒绝的稿件。审阅意见从原创性、技术质量、相关性和总体评价多个方面进行输入。稿件要限制不能被作者本人审阅。

会议委员会主席是一个特殊审稿人，可以浏览提交的稿件、到了稿件提交的最终日期后给审稿人分配稿件、罗列录用和（或）拒绝的稿件以及关闭审稿过程。如果审稿完成，浏览提交的稿件时可以列出录用和（或）拒绝的稿件。分配稿件时需要满足一篇稿件陆续被分配给 3 个审稿人审阅，当审阅完成时，如果 3 位审稿人的总评价满足设定的录用标准（审稿人评价值大于等于某个阈值），则稿件被录用，否则退稿，并发送电子邮件通知作者被录用或退稿。如果稿件被录用，则准备可打印版并打印。关闭审稿过程包括罗列录用和（或）拒绝的稿件。

12.3.3　建模用例

用例图描述系统与外部系统和用户的交互。换句话说，它们以图形化的方式描述了谁将使用系统，以及用户期望以什么方式与系统交互。用例描述也用于以文本化的方式描述每个交互步骤的顺序。用例是一个行为上相关的步骤序列（一个场景），既可以是自动的也可以是手工的，其目的是完成一个业务任务。用例从外部用户的观点并以他们可以理解的方式和词汇描述系统功能。参与者代表了需要同系统交互以交换信息的任何事物。发起或者触发用例的外部用户称为参与者，如人、组织、其他信息系统、外部设备甚至是时间。用例之间还可能存在扩展关系、包含关系、依赖关系和继承关系，需要进行识别和建模。

初步的需求分析得出表 12-3 所示的参与者和表 12-4 所示用例。

表 12-3 参与者列表

名 称	说 明	名 称	说 明
User	用户	Author	作者
Reviewer	审稿人	PCChair	委员会主席

表 12-4 用例名称列表

名 称	说 明	名 称	说 明
login	登录系统	register	注册
submit paper	提交稿件	browse review results	浏览稿件审阅结果
close reviewing process	关闭审稿过程	assign paper to reviewer	分配稿件给审稿人
set preferences	设定兴趣领域	enter review	审阅稿件给出意见
list accepted/rejected papers	罗列录用和（或）拒绝的稿件	browse submitted papers	浏览提交的稿件

从需求说明中可知：

（1）用户需注册成为合法的作者和审稿人，因此，如果一个用户要登录时，可先注册，再登录。

（2）作者必须登录之后才能提交稿件。

（3）审稿完成后，浏览提交的稿件时可以列出录用和（或）拒绝的稿件。

（4）关闭审稿过程包括罗列录用和（或）拒绝的稿件，可识别出扩展关系和包含关系。

根据上述分析，建模出用例图如图 12-15 所示的审稿系统用例图。

用例建模技术用于描述系统使用的模型，其建模过程是以用户为中心的建模过程，先识别问题中的参与者，再根据参与者确定每个参与者的用例、定义用例之间的关系、确定模型的过程。用例模型作为后续面向对象分析和设计的基础。

注意：要小心选用用例之间的关系，一般来说，这些关系都会增加用例和关系的个数，从而增加用例模型的复杂度。

12.3.4 建模活动

在用例建模完成后，对每个用例进行细化，建模活动图。活动图描述一个业务过程或者一个用例的活动的顺序，也可以用于系统的建模逻辑。在此以用例提交稿件（Submit Paper）为例，建模其活动。

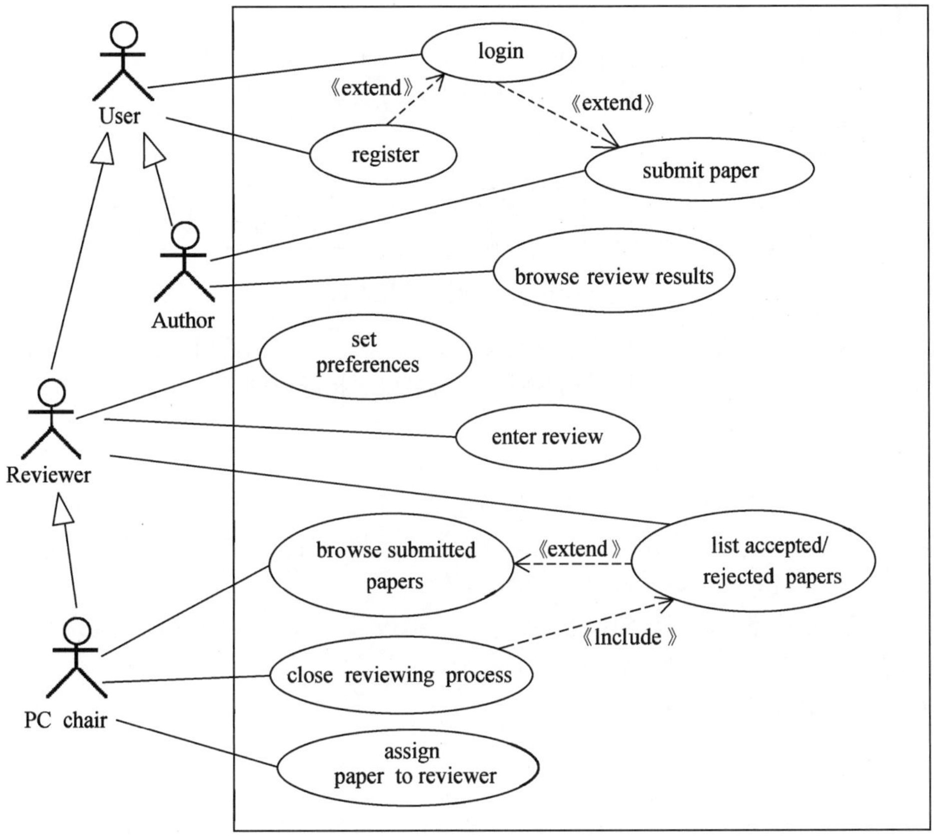

图 12-15 审稿系统用例图

根据需求描述，提交稿件过程识别出表 12-5 所示的活动。

表 12-5 提交稿件活动名称列表

名 称	说 明	名 称	说 明
select paper location	选择稿件位置	upload paper	上传稿件
select subject group	选择主题类型	send notification	发送通知
enter title and abstract	输入标题和摘要		

从建模用例图时可知，参与者、作者和用户之间存在继承关系，提交稿件和登录之间存在扩展关系，提交稿件必须是在登录之后进行，所以，在提交稿件的过程中首先判断用户是否登录，如果登录则继续；如果没有登录，则执行登录活动。根据活动说明，建模出图 12-16 所示的活动图，其中<<datastore>>用于说明稿件存储对象。

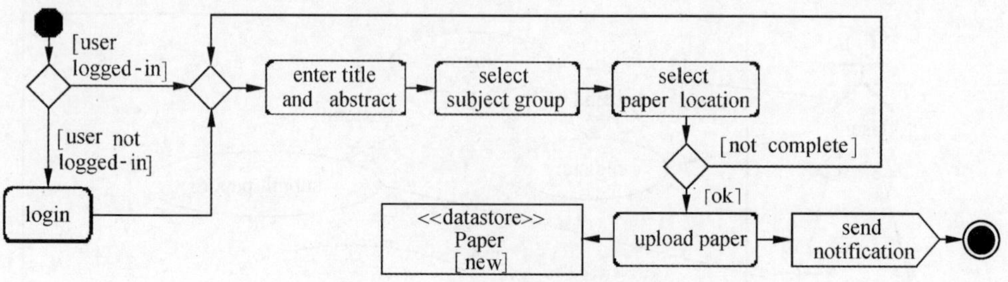

图 12-16 提交稿件过程活动图

活动图并不同于流程图，它提供了描述并行活动的机制，特别适用于建模操作正在执行时的活动以及那些活动的结果。建模活动图时应该遵循以下指导原则。

（1）根据分析决定是否采用泳道。

（2）从一个作为起点的初始结点开始。

（3）为用例的每个主要步骤（或者一个角色发起的每个主要步骤）添加一个动作。

（4）从一个动作到另一个动作、决策点或者终点添加一条流。除分支、合并、分岔和汇合外，每个动作应该只有一个输入流和一个输出流。

（5）在流分解成不同的路线的地方添加分支，确保用一个合并将各个流重新合并。

（6）在并行执行活动的地方添加分叉和汇合。

（7）用一个活动终止符号结束。

12.3.5 设计类图

类图用于描述系统的对象结构，显示了构成系统的对象类及其之间的关系。根据需求描述识别出对象类型有会议、用户、会议主题、稿件和审阅意见。

（1）会议。会议有名称、涵盖的主题（包括名称和描述）、提交期限、审稿期限、通知日期、状态和会议召开日期等信息。创建一个新的会议后审稿系统启动，在审稿结束时关闭审稿过程。所得到会议的属性有名称、提交期限、审稿期限、通知日期、状态和会议召开日期；行为有创建会议和关闭审稿过程。

（2）用户。需要提供名称、单位、电子邮件、登录名、密码、登录的状态。因此，得到用户的属性有名称、单位、电子邮件、登录名、密码、登录的状态；行为有登录和注册。

（3）会议主题。会议涵盖的主题包括名称和描述，所以属性为名称和描述。

（4）稿件。上传稿件的过程中需要输入标题和摘要、类型、URL、状态以及审阅结果，并在系统内有唯一标识，所以稿件的属性有稿件 ID、标题、摘要、URL 和审阅结果；行为有上传、分配和更新状态。

（5）审阅意见。审稿人对稿件进行审阅时，从原创性、技术质量、相关性和总体评价多个方面输入审阅意见。所以，审阅意见的属性有原创性、技术质量、相关性和总体评价；行为有输入审阅意见。

类及其属性名称如表 12-6 所示。

表 12-6　类及其属性和行为名称表

类		属性		行为	
名称	说明	名称	说明	名称	说明
Conference	会议	name	会议名称	newConference	创建会议
		submissionDate	提交期限	closeReviewing	关闭审稿过程
		reviewDate	审稿期限		
		notificationDate	通知日期		
		status	状态		
		conferenceDate	召开日期		
User	用户	name	名称	login	登录
		organization	单位	register	注册
		email	电子邮件		
		login	登录名		
		passwd	密码		
		loggedIn	登录的状态		
Subject	会议主题	name	名称		
		description	描述		
Review	审阅意见	originality	原创性	enterReview	输入审阅意见
		technicalQuality	技术质量		
		relevance	相关性		
		overallRating	总体评价		
Paper	稿件	paperID	稿件 ID	upload	上传
		title	标题	assign	分配
		abstract	摘要	updateStatus	更新状态
		url	URL		
		status	状态		
		result	审阅结果		

对于类型之间，确定其对象/类关系、多重度以及角色名称，例如会议和稿件之间的关系是聚合关系，一个会议有很多稿件，用户分为普通用户 user、author 和 reviewer 三种角色，并对其中的约束条件加以说明，某一稿件的审阅人不可以是本稿件的作者：reviewer.intersection (authors)→isEmpty，得到图 12-17 所示的审稿系统的类图。

如果一个概念满足以下几点就应该抽象为一个类。

（1）几个有趣的事物，它们可以作为一个整体被描述为这个概念。

（2）具有不与任何其他的类共享的属性。

（3）这个概念的声明能将这个类及其所从属的某个较大的类相区别。

（4）这个概念的边界是不精确的。

（5）“兄弟”（如辅助类，这些辅助类的联合是该类的自然泛化）数目是少的。

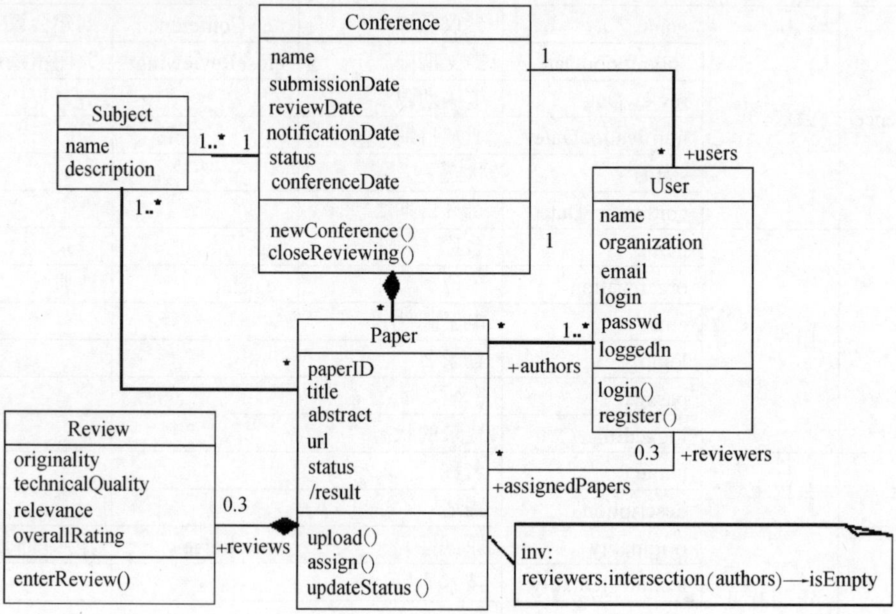

图12-17 审稿系统的类图

12.3.6 建模对象状态

对象状态表示对象在其生命期中某一点所处的条件，通过修改对象属性的一个或多个值的事件触发对象状态变化。状态图用于建模在生命周期中事件如何改变对象可以经历的各种状态，以及引起对象从一个状态向另一个状态转换的事件。

基于需求描述中的信息，稿件上传成功之后，成为已上传状态。上传稿件的最后期限到了之后，就进入分配中，当分配给审稿人的数量达到规定的3个之后，进入审阅中，审阅结束后，评估结果如果大于等于设定的阈值，则变为录用状态，然后发送E-mail之后，变为已通知，当提交完准备好印制的电子版时，进入打印中，出版之后，状态结束；如果评估结果小于设定的阈值，变为拒绝状态，发送给作者E-mail通知状态结束。根据分析，确定表12-7所示状态名称以及行为或事件涉及术语对照表，建模得到图12-18所示的一份稿件的状态图。

表 12-7　状态以及行为或事件名称表

状态		行为或事件	
名称	说明	术语	说明
submitted	已上传	date=deadline	日期到最后期限
under assignment	分配中	#reviewers	审阅人数
under review	审阅中	evaluated	审稿结果
accepted	录用	threshold	阈值
rejected	拒绝	camera-ready submitted	提交了印制的电子版
notified	已通知	published	已印制
inPrint	打印中	send E-mail	发送 E-mail

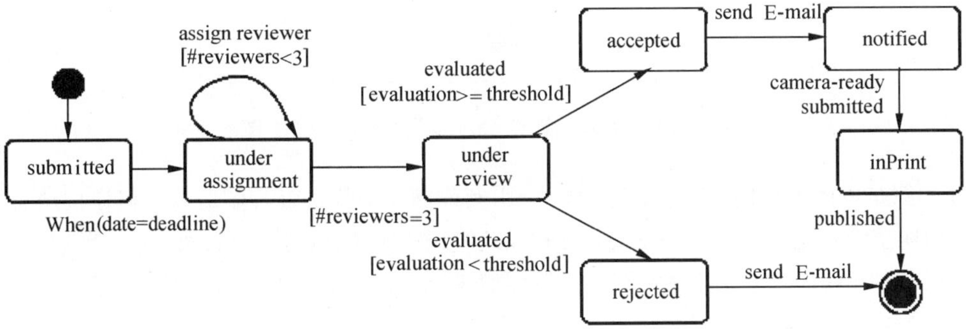

图 12-18　一份稿件的状态图

在建模状态图时应该注意遵循以下指导原则。

（1）状态名称要简单但具有描述性。

（2）避免“黑洞”状态，即只有变换进来而没有任何转换发出的状态，这种状态要么由于该状态是一个最终状态，要么就是已经错过了一个或多个转换。

（3）避免“奇迹”状态，即只有转换发出而没有任何转换进来的状态，这种状态要么是一个起点，要么就是已经错过了一个或多个转换。

（4）对复合状态，需要对子状态集进行建模。

（5）为复杂的实体创建分层的状态图。

12.3.7　建模交互

交互概览图是活动图的变体，描述业务过程中的控制流概览，软件过程中的详细逻辑概览，以及将多个图进行连接，抽象掉了消息和生命线。审稿系统中显示一篇已分配的稿件（Displaying as assigned paper），首先需获取（Retrieve list of assigned papers），然后再显示，然后再显示（Display selected paper），如图12-19所示。

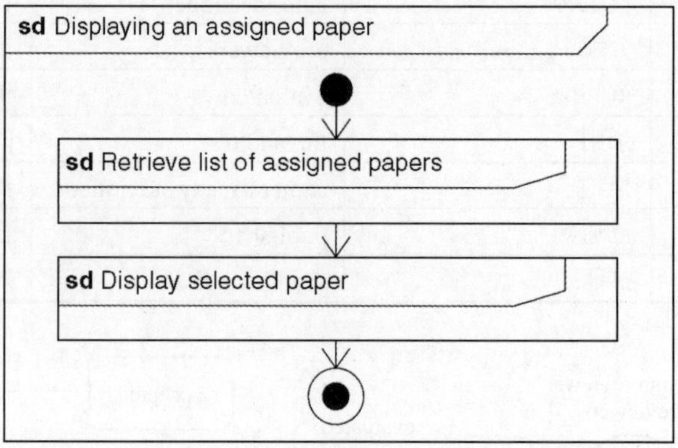

图12-19　显示一篇已分配的稿件交互概览图

序列图是以图形化的方式描述了在一个用例或操作的执行过程中对象如何通过消息互相交互，说明了消息在对象之间被发送和接收以及发送的顺序。根据分析设计的迭代演化需求，最初可以绘制系统序列图。系统序列图是一幅描述角色和系统在用例场景下交互的图形，有助于确定进入和退出系统的高层信息。

审稿人获取已分配给自己的稿件的执行序列，浏览会议主页，看到主页后，从导航条浏览已分配给自己的稿件，可循环进行选择，创建已分配稿件并显示给审稿人。涉及到的对象名称和执行操作如表12-8所示，得出图12-20所示的审稿人获取分配给自己的稿件列表序列图。

表12-8　对象和执行操作名称列表

对象		操作	
名称	说明	名称	说明
Reviewer	审阅人	navigate	导航
ConferenceHomepage	会议主页	show	显示
NavigationBar	导航栏	browse	浏览
AssignedPapers	分配的稿件	select	选择
Paper	稿件	create	创建
ListOfAssignedPapers	分配的稿件列表		

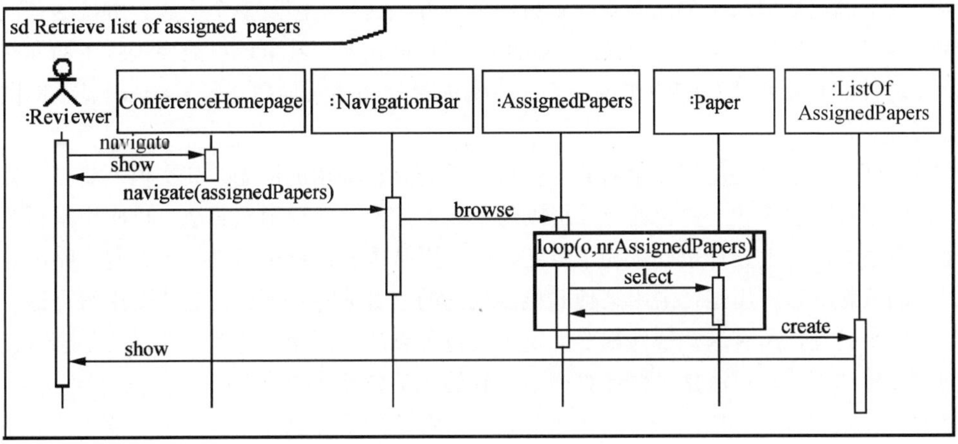

图 12-20　审稿人获取分配的稿件列表

建模序列图应该遵循以下指导原则。

（1）确定序列图的范围，描述这个用例场景或一个步骤。

（2）如果范围包括参与者和接口，则绘制参与者和接口类。

（3）沿左手边列出用例步骤。

（4）对控制器类及必须在序列中协作的每个实体类，基于它拥有的属性或已经分配给它的行为绘制框。

（5）为持久类和系统类绘制框。

（6）绘制所需消息，并把每条消息指到将实现响应消息的责任的类上。

（7）添加活动条指示每个对象实例的生命期。

（8）为清晰起见，添加所需的返回消息。

（9）如果需要，为循环、可选步骤和替代步骤等添加框架。

12.4　算法分析与设计

算法的概念在计算机科学领域几乎无处不在，在各种计算机软件系统的实现中，算法设计往往处于核心地位。例如，操作系统是现代计算机系统中不可缺少的系统软件，其中的各个任务都是一个单独的问题，每个问题由一个子程序根据特定的算法来实现。

尽管对有些应用来说，在应用这一层面上没有什么特别明显的算法方面的要求，例如，一些简单的 Web 应用。但是大多数问题对算法还是有一定要求的，例如，假设有一种基于 Web

的服务，用于确定如何从一个地方旅行到另一个地方，这可能涉及多个问题。解决这些问题依赖于快速的计算机硬件、图形用户界面（GUI）、广域网技术，甚至还可能要依赖于面向对象技术。除此之外，它还需要某些操作设计算法，例如寻找路由（最短路径算法）、显示地图和插入地址等。

此外，即使那些在应用层面上对算法性内容没有什么要求的应用，其实也是相当依赖于算法的，该应用是否要依赖于快速的计算机硬件？硬件的设计就要用到算法。该应用是否要用到图形用户界面？GUI的设计也要依赖于算法。该应用是否要依赖于网络技术？网络路由对算法也有很大的依赖。该应用是否采用某种非机器代码的语言编写？那么，它就要由编译器、解释器或汇编器来处理，所有这些软件都要大量用到各种算法。因此，每个软件系统都会直接或者间接地涉及算法理论，算法是当代计算机中用到的大部分技术的核心。

随着计算机性能的不断增长，有人可能认为，算法的研究已经不是那么重要了。但是想一想，计算机可以做得很快，但还不能无限快。存储器可以做得很便宜，但不会是免费的。因此，计算时间是一种有限的资源，存储空间也是一种有限的资源，在开发软件系统时，这些有限的资源应该得到有效的利用。而且，正是由于计算机性能的不断增长，可以利用计算机来解决更复杂的问题或者规模更大的问题。因此，算法的研究是必要的，它是推动计算机技术发展的关键。

另外，算法只有经过某种程序设计语言实现，才能在计算机上运行，才能真正地解决问题，因此，本节的内容包括两个部分：C程序设计语言与实现和算法设计与实现。

12.4.1 C程序设计语言与实现

C语言是面向过程程序设计中的典型语言，它提供了丰富的数据类型、运算符号和灵活的控制语句，熟悉C语言提供的数据类型、运算符号和语句是进行C程序设计的最基本要求。合理使用数据类型和控制结构对软件的可维护性、可扩展性有重要作用。由于篇幅限制，本节不介绍C语言的基本语法，只介绍C语言中的一个核心概念，即指针。

指针是C语言的精华部分，它极大地丰富了C语言的功能。通过利用指针，可以描述复杂的数据结构，在编程时能很好地利用内存资源，使其发挥最大的效率。运用指针编程是C语言最主要的风格之一。

1. 指针类型

1）变量和指针

在程序中定义或说明的变量，编译系统为其分配相应的内存单元，也就是说，每个变量都有具体的地址。简单而言，程序语言中的变量就是内存单元的抽象。变量具有类型、值、地址、作用域和生存期等属性。

变量的本质是程序中用来存放数据的一段存储空间。一般情况下，变量所对应的存储空间在内存区域，C 语言中程序员可以通过关键字 register 声明变量的存储单元是 CPU 中的寄存器。

变量的数据类型不同，它所占的内存单元数也不相同。在访问变量时，首先应找到其在内存的地址。如果在程序中将变量的地址保存在另一个变量中，则形成指针变量，通过指针对所指向变量的访问是一种对变量的“间接访问”。

例如，下面定义两个变量：整型变量 *a* 和指针变量 ptr，在存取变量 *a* 中的数据时，可通过变量 *a* 或指向变量 *a* 的指针来进行，分别称为直接访问和间接访问。

```
int a;              /*a 是整型变量，其值为整数*/
int *ptr;           /*ptr 是指针变量，其值为一个整型变量的地址*/
```

（1）直接访问变量 *a* 中的数据。

```
a = 5;              /*将字面量 5 赋值给变量 a*/
a + 10;             /*读取变量 a 的值并与字面量 10 相加*/
```

（2）间接访问变量 *a* 中的数据。

```
ptr = &a;           /*将变量 a 的地址赋值给指针变量 ptr，称 ptr 指向变量 a*/
*ptr = 5;           /*指针变量 ptr 指向的对象用*ptr 表示*/
                    /*等价于 a = 5:，通过指针变量 ptr 访问变量 a*/
```

经上述定义和处理后，变量 *a* 和指针变量 ptr 之间的关系如图 12-21 所示。

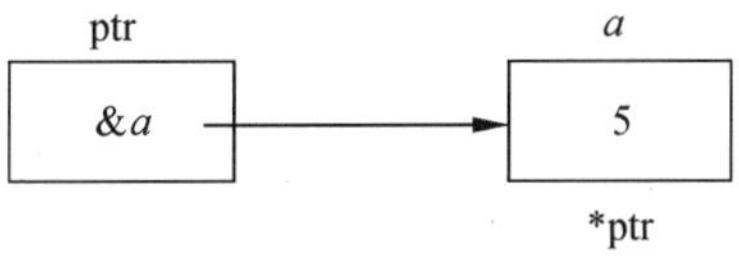

图 12-21　指针变量 ptr 与指针变量指向的对象*ptr(a)

若指针变量指向的对象仍然是一个指针变量，则称为多级指针。

例如，对于下面的变量定义，mulptr 是指向指针变量 ptr 的变量，这些变量间的关系如图 12-22 所示。

```
int a, *ptr = &a, **mulptr = &ptr;
```

根据应用的需要，可以采用三级或多级指针。当然，采用多级指针在带来灵活性的同时降低了对数据的访问效率。

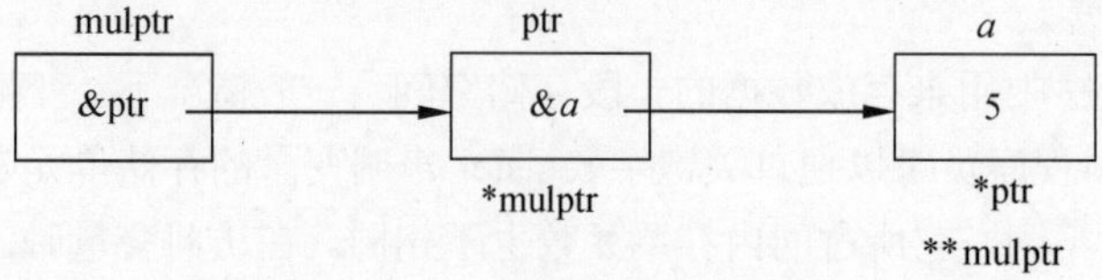

图 12-22　二级指针变量 mulptr

2）通过指针访问数组中的元素

C 程序中常利用指针对数组和字符串进行处理。一个数组由连续的一块内存单元组成，数组名就是这块连续内存单元的首地址（起始地址）。一个数组是由各个数组元素（通过下标区分）组成的，每个数组元素按其类型不同占有若干个连续的内存单元。

通过指针访问数组元素是指针变量的一种常见的应用方式。

（1）指针变量与一维数组。指针变量指向一维数组元素的情形较为简单。C 语言中定义一个指向数组元素的指针变量的方法如下。例如，定义一个整型数组 st 和指向数组元素的指针 ptr。

```
int st[10];          /*定义 st 为包含 10 个整型数据的数组*/
int *ptr = &st[0];   /*定义 ptr 为指向整型变量 st[0]的指针，等价于 int *ptr = st*/
```

若 ptr 指向数组的第一个元素（即下标为 0 的元素），则*(*p*+*i*)指向数组的第 *i*+1 个元素（即下标为 *i* 的元素）。

例如，设数组 *a* 的空间足够大，函数 InsertElem(int a[], int n, int newElem)的功能是将 newElem 中的数值插入到元素已经按照非递减方式排序的数组 *a* 中，并保持数组 *a* 中数据的排序特性。其中，对数组元素的访问采用指针方式。

```
void InsertElem(int a[], int n, int newElem)
{
 int *p, *end;
 end = a;
 for(p = &a[n-1]; p >= end &&*p>newElem ; --p)
        *(p+1)=*p;
 *(p+1) = newElem;
}
```

（2）指针变量与二维数组。指针变量指向二维数组元素的情形比较复杂，下面举例简单说明。

设有定义 int a[3][4]，其元素布局如图 12-23 所示。

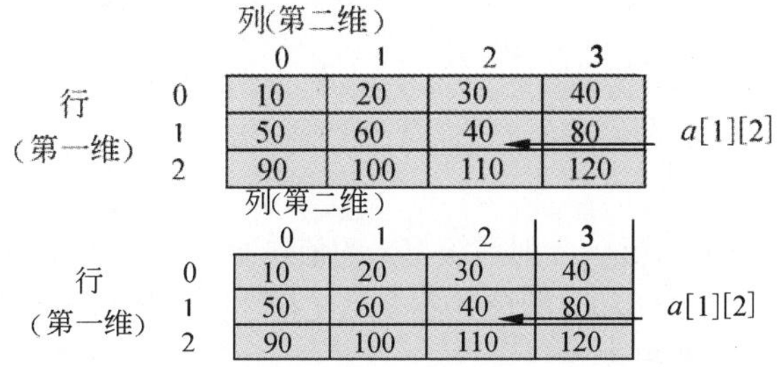

图 12-23 二维 6570 组 *a*[3][4]元素布局

数组 *a*[3][4]可看作是由 3 个一维数组（*a*[0]、*a*[1]、*a*[2]）构成的一维数组，每个一维数组的元素是 4 个。*a* 是二维数组名，它代表整个二维数组的首地址。

a[0]是第 0 个一维数组的数组名和首地址。*(*a*+0)、**a* 和 *a*[0]是等效的，它们都表示一维数组 *a*[0]的 0 号元素的首地址。&*a*[0][0]表示 *a* 的第 0 行第 0 列元素的首地址。因此，*a*、*a*[0]、*(*a*+0)、**a* 和&*a*[0][0]所表示的内容相同。

同理，*a*[1]是第 1 个一维数组的数组名和首地址。将二维数组 *a*[3][4]看作元素是一维数组的一维数组时，*a* 是数组首地址，*a*+1 则是 1 号元素的地址，也就是 *a*[1]的地址，因此，*a*+1、*a*[1]、*(*a*+1)和&*a*[1][0]的含义相同，它们都表示数组 *a* 第 1 行中第 0 个元素的地址。

所以，对于二维数组 *a*[*M*][*N*]，*a*+*i*、*a*[*i*]、*(*a*+i)和&*a*[*i*][0]是等同的。

把二维数组 *a*[3][4]分解为一维数组 *a*[0]、*a*[1]、*a*[2]之后，设 *p* 为指向二维数组的指针变量。可定义为：

```
int (*p)[4];    /*p 是一个指针变量，它指向包含 4 个元素的一维数组*/
```

因此，可令 *p*=*a*（等价于 *p*=&*a*[0]）或 *p*=&*a*[1]或 *p*=&*a*[2]。若令 *p*=&*a*[0]，则*(*(*p*+1)+2)就表示数组元素 *a*[1][2]，二维数组其他元素通过指针 *p* 的表示方式依此类推。

3）指针与函数

C 程序中将指针与函数结合使用的常见方式有函数参数为指针、函数返回值为指针以及通过函数指针变量调用函数（函数指针变量）。

（1）函数参数为指针。函数的参数不仅可以是整型、实型、字符型等基本数据类型，还可以是指针类型。参数使用指针类型的作用是将一个变量的地址传送到另一个函数中。

C 语言中实参向形参传递值，反之则不行。

例如，定义函数 swap_1(a,b)的功能是交换 *a* 和 *b* 的值，代码如下：

```
void swap_1(int a, int b)      /*交换 a 和 b 的值*/
{
    int temp;
    temp = a;    a = b;    b = temp;
}
```

如果发生函数调用 swap_1(x,y)，则系统将 x 的值传给 a、y 的值传给 b，在函数 swap_1 中实现了 a 和 b 的值交换，但是 x 和 y 的值并不发生交换。为实现将函数中对形参的修改结果返回给调用函数之处，可使用指针参数。

对于上例，定义函数 swap_2 如下：

```
void swap_2(int *a, int *b)     /*交换 a 和 b 所指向的变量的值*/
{
    int temp;
    temp =*a;    *a = *b;    *b = temp;
}
```

当形式参数为指针类型时，传递给形参的应该是地址信息，因此调用 swap_2 的形式为 swap_2(&x, &y)。这样通过“间接访问”，实现了在被调用函数中修改实参所对应的变量。

通过指针参数也可以实现将被调用函数中的多个处理结果传回给调用函数的地方。

当函数的参数为数组时，实参和形参既可以用指针形式，也可以用数组形式，实参向形参传递的是数组空间的首地址。

（2）函数返回值为指针。函数类型是指函数返回值的类型。在C语言中允许一个函数的返回值是一个指针（即地址），这种返回指针值的函数称为指针型函数。

需要注意的是，不能返回局部数据的指针。

例如，下面的函数 get_str 虽然返回了局部数组 str 的首地址，但调用 get_str 的其他函数并不能通过此地址访问字符串"testing local pointer"。

```
char* get_str(void) {
    char str[] = {"testing local pointer"};
    return str;
}
int main(){
 char *p;
 int i;
```

```
    p = get_str();
    for(i=0; *(p+i); i++)
        putchar(*(p+i));
    return 0;
}
```

将上述函数 get_str 中的 char str[] = {"testing local pointer"};改为 char *str ={"testing local pointer"}即可，或者从内存的堆区申请字符串的空间，然后返回首地址。

```
char* get_str(void) {
    char *str;
    str = (char *)malloc(100);          /*数值 100 可根据需要改为其他值*/
    if (!str)
    return NULL;
    strcpy(str, "testing local pointer");
    eturn str;
 }
```

函数返回值为指针时，也可以实现将被调用函数中的多个处理结果传回给调用函数的地方。

（3）指针变量。程序中的一个函数总是占用一段连续的内存区，而函数名就是该函数所占内存区的首地址。可以把函数的首地址（或称入口地址）赋给一个指针变量，使指针变量指向该函数，然后通过指针变量就可以找到并调用这个函数。指向函数的指针变量称为“函数指针变量”。

函数指针变量定义的一般形式为：

```
类型说明符  (*指针变量名)();
```

其中，“类型说明符”表示被指函数的返回值的类型；“(*指针变量名)”表示“*”后面的变量是指针变量；最后的一对空括号表示指针变量所指向的对象是一个函数。

例如，下面定义了一个函数指针变量 funptr。

```
int (*funptr)();       /*指针变量 funptr 指向的对象是一个返回值为整数的函数*/
```

下面的程序中先定义了一个函数 max(a,b)，其功能是比较用 *a* 和 *b* 表示的两个整数并返回它们中的较大者，然后通过函数指针变量调用 max。

```
#include <stdio.h>
int max(int a,int b){
 if (a>b) return a;
 else return b;
}
int main(){
    int max(int a,int b);   /*声明 max 是具有两个整型参数、返回值为整数的函数*/
    int(*funptr)();
    int x,y,z;

    funptr = max;          /*令 funptr 指向函数 max*/
   printf("input two numbers:\n");
   scanf("%d%d",&x,&y);
   z = (*funptr)(x,y);   /*等价于 z = max(x,y)*/
   printf("maxmum=%d",z);
   return 0;
}
```

既然函数指针变量是一个变量，当然也可以作为某个函数的参数来使用。例如，下面的程序中设计了一个 testFunCall 函数，该函数根据其函数指针参数值的不同分别调用函数 fun1 和函数 fun2（注：fun1 和 fun2 的定义形式应相同）。

```
int fun1(int x);
int fun2(int x);
typedef int (*FunType)(int);                /*定义一个函数指针类型 FunType*/
void testFunCall(FunType fp,int x);
int main(){
 testFunCall(fun1,10);                      /*通过 testFunCall 调用函数 fun1*/
 testFunCall(fun2,20);                      /*通过 testFunCall 调用函数 fun2*/
 return 0;
}
void testFunCall (FunType fp,int x){
    int t;
    t = fp(x);                              /*通过函数指针 fp 调用 fp 指向的函数*/
    printf("result: %d\n", t);
}
```

```
int fun1(int x) {
    int t;
    t = x*x;
    printf("函数 fun1 的参数为: %d\t 返回值为: %d\n"x,t);
    return t;
}
int fun2(int x) {
    int t;
    t = (int)sqrt(x);
    printf("函数 fun2 的参数为: %d\t 返回值为: %d\n"x,t);
    return t;
}
```

2．指针与数据结构

“程序=数据结构+算法”常用来说明程序、数据结构（数据的存储结构）与算法之间的关系，指针在数据结构的设计和实现中有重要的作用。随着软件开发环境的不断完善和程序语言的抽象程度不断提高，数据结构的内部设计细节被封装和屏蔽起来，在很多应用软件的开发中没有必要也不再涉及底层细节，但是在系统级程序设计或嵌入式应用的软件设计中，指针及相关机制的应用仍然是十分必要的。

1）单链表的实现和应用

在数据结构的设计中，指针是常用的工具。对于无法预先确定数据规模的应用，可采用动态存储的方法解决数据的存储问题，也就是链表结构。链表中的每个结点之间可以是地址不连续的（结点内是连续的），结点之间的联系用指针实现，实际上是在结点结构中定义一个成员项来存放下一结点的首地址，称为指针域。

C 语言标准库中提供的用于申请动态存储空间的函数是 malloc()、calloc()和 realloc()，函数 free()用于释放由上述函数申请的内存空间。

栈是一种常用的数据结构，下面设计并实现一个链表结构的栈，如图 12-24 所示（为了简化，栈中的元素类型设为 int 型）。

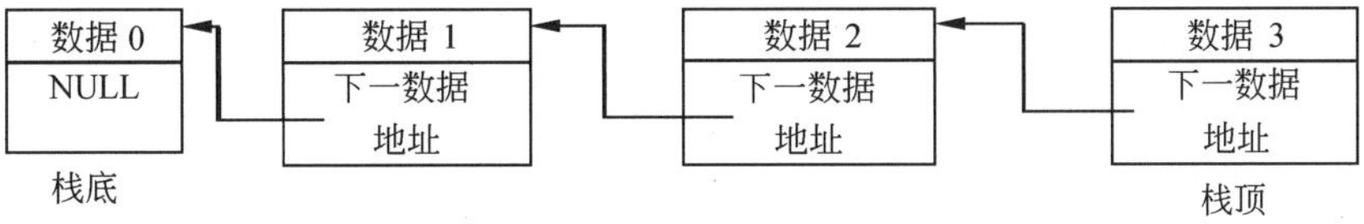

图 12-24　栈的链式存储结构示意图

```
typedef struct Node {
      int data;                                  /*栈中的数据元素*/
      struct Node* next;                         /*上次入栈的数据元素结点的地址*/
}Node;
typedef struct Stack {                           /*栈的类型定义*/
 Node * pTop;                                    /*栈顶指针*/
}Stack;
Stack* NewStack(){
 return (Stack*)calloc(1,sizeof(Stack));
}
int IsEmpty(Stack* S)                            /*判断栈是否为空栈，为空时返回 1，否则返回 0*/
{
 if(S == NULL ||S->pTop == NULL) return 1;
 return 0;
}
int Top(Stack* S)                                /*获取栈顶数据*/
{
if( IsEmpty(S) )
    return INT_MIN;                              /*若栈为空，则返回机器可表示的最小整数*/
    return S->pTop->data;
}
void Push(Stack* S, int theData)                 /*将数据元素 theData 压栈*/
{
 Node* newNodePtr;
 newNodePtr = (Node *)malloc(sizeof(Node));
 newNodePtr->data = theData;
 newNodePtr->next = S->pTop;
 S->pTop = newNodePtr;
}
void Pop(Stack* S)                               /*非空栈的栈顶元素出栈*/
{
 Node* lastTop;
 if( IsEmpty(S) ) return;
 lastTop = S->pTop;
 S->pTop = S->pTop->next;
 free(lastTop);
}
#define MD(a)   a<<2
```

```
int main(){
 int i;
 Stack* myStack;
 myStack = NewStack();
 Push(myStack, MD(1));
 Push(myStack, MD(2));
 Pop(myStack);
 Push(myStack, MD(3)+1);
 while( !IsEmpty(myStack) ) {
        printf("%d ", Top(myStack));
        Pop(myStack);
 }
 return 0;
}
```

2）二叉链表和多叉链表的设计和应用

（1）二叉树的存储结构设计。二叉树是一种重要的数据结构，采用二叉链表存储时，其结点的类型常定义为：

```
typedef struct Tnode{
       ElemType data;                    /*结点的数据，ElemType 是其类型的抽象表示*/
       struct Tnode *Lchild,*Rchild;     /*指向结点左、右孩子的指针*/
}*Bitree;
```

对于某些特殊的二叉树，如哈夫曼树（或称为最优二叉树），由于该类型二叉树中的内部结点是由初始的 *m* 个叶子结点根据一定的规则构成的，因此其结点总数总是 2*m*–1，所以采用静态的三叉链表来表示，其类型定义如下：

```
#define LEAFNUM    20     /*叶子结点数目，在应用中可预先确定*/
struct node{
   char ch;               /*当前结点表示的字符，对于非叶子结点，此域不用*/
   int weight;            /*当前结点的权值*/
   int parent;            /*当前结点的父结点的下标，为 0 时表示无父结点*/
   int lchild, rchild;
   /*当前结点的左、右孩子结点的下标，为 0 时表示无对应的孩子结点*/
}Ht[2* LEAFNUM];
```

以具有 4 个叶子结点（分别用 a、b、c、d 表示，权值为 2、7、4、5）为例，采用哈夫曼算法构造的最优二叉树及其存储结构如图 12-25 所示。

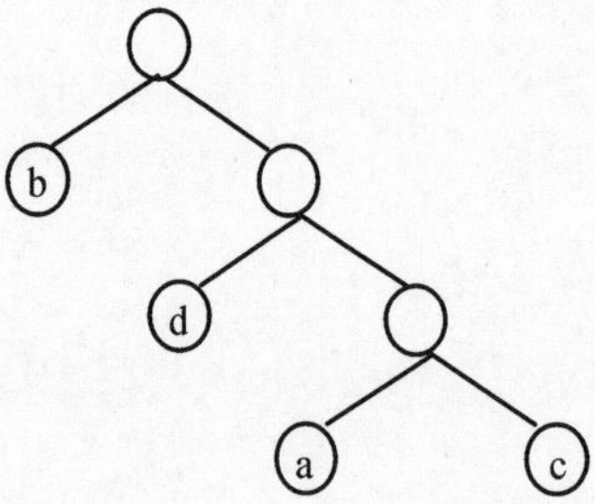

（a）最优二叉树

数组下标	ch	weight	parent	lchild	rchild
1	a	2	5	0	0
2	b	7	7	0	0
3	c	4	5	0	0
4	d	5	6	0	0
5		6	6	1	3
6		11	7	4	5
7		18	0	2	6

（b）存储结构数组 Ht

图 12-25　最优二叉树及其表示

（2）其他树结构的存储结构设计。一般的树结构常采用孩子—兄弟表示法表示，即采用二叉链表作为树的存储结构，链表中结点的两个链域分别指向该结点的第一个孩子结点和下一个兄弟结点。结点类型定义如下：

```
typedef struct Node {
        ElemType data;
        struct Node *firstchild,*nextbrother;
}Node,*TreeNode;
```

例如，图 12-26（a）所示树的孩子—兄弟表示如图 12-26（b）所示。

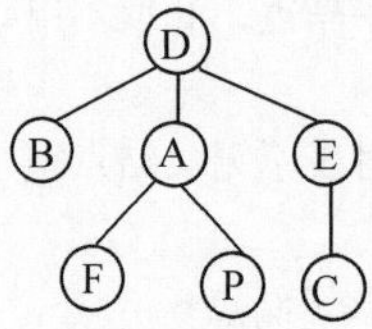

（a）树

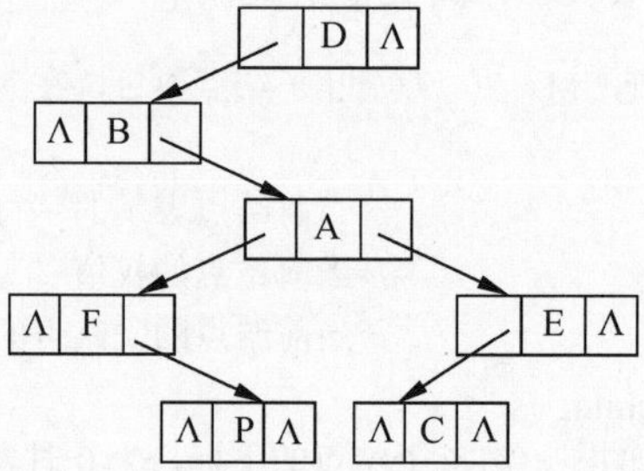

（b）树的孩子—兄弟表示

图 12-26　树及其孩子－兄弟表示示意图

显然，在物理上，表示一般二叉树的二叉链表与树的孩子一兄弟表示法的结构是相同的，其差别在于对指针所指对象的解释，也就是在逻辑上进行区分。

B 树是适用于外部查找的平衡查找树，一个 4 阶的 B 树如图 12-27 所示。

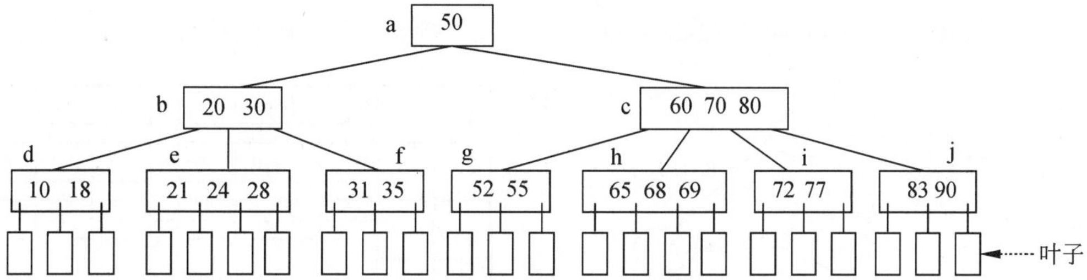

图 12-27　4 阶 B 树示例

其存储结构的类型定义如下。

```
#define    M    4                       /*B 树的阶*/
typedef struct BTreeNode{
    int numkeys;                        /*结点中关键字的数目*/
    struct BTreeNode *parent ;          /*指向父结点的指针，树根的父结点指针为空*/
    struct BTreeNode    *A[M];          /*指向子树结点的指针数组*/
    ElemKeyType    K[M];                /*存储关键字的数组，K[0]闲置不用*/
}BTreeNode;
```

3）其他链表的设计和应用

图也可以采用链表存储结构，称为邻接表，其数据类型定义如下：

```
typedef struct Gnode{                   /*邻接表的表结点类型*/
    int adjvex;                         /*邻接顶点编号*/
    int weight;                         /*弧上的权值*/
    struct Gnode *nextarc;              /*指示下一个弧的结点*/
}Gnode;
typedef struct Adjlist{                 /*邻接表的头结点类型*/
    char vdata;                         /*顶点的数据信息*/
    struct Gnode *Firstadj;             /*指向邻接表的第一个表结点*/
}AdjList;
typedef struct LinkedWDigraph{          /*图的类型*/
```

```
    int n, e;                       /*图中顶点数和边数*/
    struct AdjList *head;           /*指向图中第一个顶点邻接表的头结点的指针*/
}LinkedWDigraph;
```

例如，某有向图（网）如图 12-28（a）所示，其邻接表存储结构如图 12-28（b）所示。

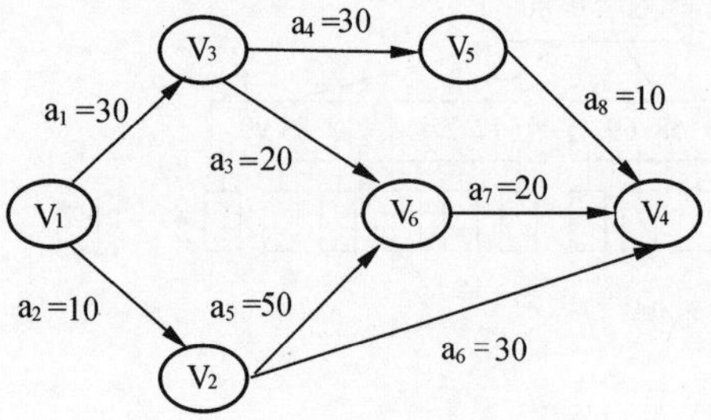

（a）有向图

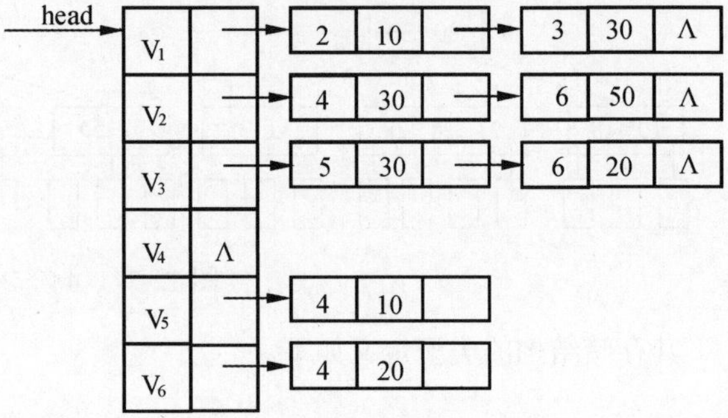

（b）邻接表存储结构

图 12-28　图的邻接表存储结构设计

在散列技术中，可用拉链法将冲突的元素存储起来，实际上就是链表结构的一个应用。例如，可以设计散列桶结构的类型如下：

```
#define  NULLKEY  -1            /*散列桶的空闲单元标识*/
#define  Pnum     7             /*散列文件中基桶的数目*/
#define  ITEMS    3             /*基桶和溢出桶的容量*/
typedef struct BucketNode{      /*基桶和溢出桶的类型定义*/
    int KeyData[ITEMS];
    struct BucketNode *Link;
}BUCKET;
BUCKET Bucket[Pnum];            /*基桶空间定义*/
```

设散列函数为 Hash(Key)=Key mod 7，关键字序列“15，14，21，87，96，293，35，24，149，19，63，16，103，77，5，153，145，356，51，68，705，453”的存储结构如图 12-29 所示。

从上述内容可知，利用指针实现的链表结构有灵活多变的形式，可根据应用的需要为数据存储设计不同的结构。显然，数据的存储方式不同，体现相同算法思路的处理过程可能会有较大的差异。因此，算法的实现过程与数据结构的设计是密切相关的，在有些情况下，算法的实际效率会因为数据存储结构的不同而不同。

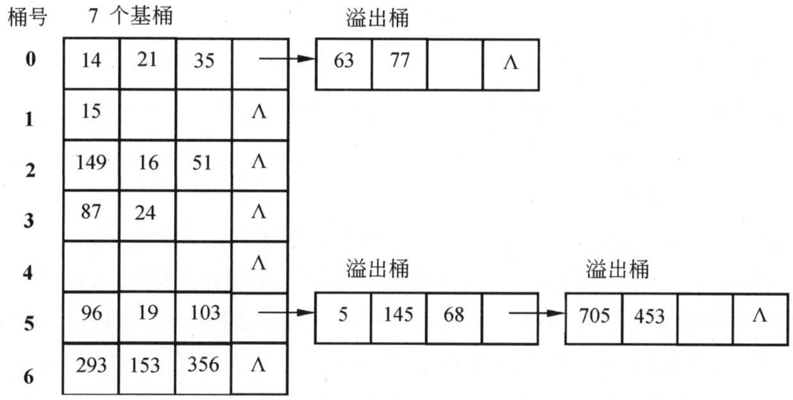

图 12-29　散列桶结构示例

12.4.2　算法设计与实现

正如第 8 章提到的，算法理论的研究主要包括算法设计技术和算法分析技术，这两者是不可分割的一个整体。算法设计要提出针对问题的高质量的算法，算法分析的对象是被提出的算法，并研究算法所耗费的计算资源与问题规模之间的函数关系，而每一个被设计出的算法只有经过算法分析才能评价其质量的优劣。

因此，用什么方法来设计算法，如何判定一个算法的优劣，所设计的算法需要占用多少时间资源和空间资源，在实现一个软件系统时都是必须予以解决的重要问题。

1. 算法设计过程

在设计算法时，有几个问题是要考虑到的：如何设计算法？如何表示算法？如何证明问题解决的正确性？如何评估算法的效率？如何进行算法的最优化？根据这些问题，可以归纳出算法设计的主要步骤：理解问题；确定相关因素，包括问题的输入与输出、用何种数据结构、用什么样的算法设计策略等；设计算法；证明所设计的算法的正确性；分析所设计的算法的效率；实现所设计的算法。

1）理解问题

在面对一个算法任务时，算法设计者往往不能准确地理解要求他做的是什么。对算法希望实现什么只有一个大致的想法就匆忙地落笔写算法，其后果往往是写出的算法漏洞百出。在设计算法时需要做的第一件事就是完全理解要解决的问题，仔细阅读问题的描述，手工处理一些小例子。

对于设计算法来说，这是一项重要的技能。准确地理解算法的输入是什么？要求算法做的是什么？即明确算法的入口和出口，这是设计算法的切入点。

2）确定相关因素

（1）预测所有可能的输入。

算法的输入确定了该算法所解问题的一个实例。一般而言，对于问题 P，总有其相应的实例集 I，因此算法 A 若是问题 P 的算法，则意味着把 P 的任一实例 input∈I 作为算法 A 的输入，都能得到问题 P 的正确输出。

预测算法所有可能的输入，包括合法的输入和非法的输入。事实上，无法保证一个算法（或程序）永远不会遇到一个错误的输入，一个对大部分输入都运行正确而只有一个输入不行的算法，就像一颗等待爆炸的炸弹。这绝不是危言耸听，有大量这种引起灾难性后果的案例。例如，许多年以前，整个 AT&T 的长途电话网崩溃，造成了几十亿美元的直接经济损失。原因只是一段程序的设计者认为他的代码能一直传送正确的参数值，可是有一天，一个不应该有的值作为参数传递了，导致了整个北美电话系统的崩溃。

如果养成习惯——首先考虑问题和它的数据，然后列举出算法必须处理的所有特殊情况，那么可以更快速地成功构造算法。

（2）在精确解和近似解间做选择。

计算机科学的研究目标是用计算机来求解人类所面临的各种问题。但是，有些问题无法求得精确解，例如求平方根、解非线性方程和求定积分等。有些问题由于其固有的复杂性，求精确解需要花费太长的时间，其中最著名的要算旅行商问题（TSP 问题），此时，只能求出近似解。

有时需要根据问题以及问题所受的资源限制，在精确解和近似解间做选择。

（3）确定适当的数据结构。

在结构化程序设计时代，著名的计算机学者沃思（Wirth）提出了“算法+数据结构=程序”的观点，断言了算法和数据结构是构成计算机程序的重要基础。在面向对象的程序设计时代，数据结构对于算法设计和分析仍然是至关重要的。

确定数据结构通常包括对问题实例的数据进行组织和重构，以及为完成算法所设计的辅助数据结构。在很多情况下，数据结构的设计直接影响基于该结构之上设计的算法的时间性能。

（4）确定算法设计技术。

第 9 章介绍的算法设计技术（或称为算法设计策略）是设计算法的一般性方法，可用于解决不同计算领域的多种问题。这些算法设计技术包括分治法、动态规划法、贪心算法、回溯法、分支界限法、概率算法和近似算法等，已经被证明是对算法设计非常有用的通用技术，它们构成了一组强有力的工具，在为新问题设计算法时，可以运用这些技术设计出新的算法。算法设计技术作为问题求解的一般性策略，在解决计算机领域以外的问题时，也能发挥相当大的作用。

3）设计算法

根据 1）和 2）的结果，就可以设计算法。在构思和设计了一个算法之后，必须清楚、准确地将所设计的求解步骤记录下来，即描述算法。描述算法的常用方法有自然语言、流程图、程序设计语言和伪代码等，其中，伪代码是比较合适的描述算法的方法。

4）证明算法的正确性

可以用循环不变式来证明算法的正确性，以插入排序为例介绍循环不变式，以下是插入排序的 C 代码。

```
#include<stdio.h>
void Insertion_Sort(int A[],int length){
    int index;
    for(index = 1 ; index < length ; index++){
        int temp = A[index];
        if(A[index] < A[index - 1]){
        /*因为 A[0..index-1]有序，若 A[index]<A[index-1],
        则该元素应插入 index 之前的某个位置*/
            int insert;
            for(insert = index-1 ; insert >= 0 && A[insert] > temp ; insert--){
            /*从 index-1 向前遍历，遇到小于 temp 的元素时停止*/
                A[insert + 1] = A[insert];
            }
            A[insert + 1] = temp;
        }
    }
}
```

对于要分析的算法，定义循环不变式，如对插入排序，定义其外层循环的循环不变式为：在每一轮迭代的开始，子数组 $A[1..j-1]$中包含了最初位于 $A[1..j-1]$，但目前已经排好序的各个元素，然后证明循环不变式的 3 个性质。

（1）初始化。

在循环的第一轮迭代开始之前它是正确的。对于插入排序，第一轮迭代之前，j=2，子数组为 $A[1..j-1]$，即 $A[1]$，也就是最初在 $A[1]$中的那个元素，显然这个子数组是已排好序的，因此循环不变式成立。

（2）保持。

如果在循环的每一次迭代之前它是正确的，那么在下一次迭代之前，它也应该保持正确。对于插入排序（上述伪代码包含两重循环，应该定义两个循环不变式，并证明它们的正确性。但为了简便，暂时不陷入过于形式化的细节，仅考虑外层循环），要将 $A[j-1]$、$A[j-2]$和 $A[j-3]$等元素向右移一个位置，直到找到 $A[j]$的适当位置为止，这时将 $A[j]$的值插入。很显然，循环不变式是成立的。

（3）终止。

当循环结束时，循环不变式给了我们一个有用的性质，它有助于表明算法是正确的。对于插入排序，当 j 大于 n 时，外层 for 循环结束。在循环不变式中，将 j 替换为 $n+1$，就有子数组 $A[1..n]$包含了原先在 $A[1..n]$中的元素，但现在已经排好序了，这意味着算法是正确的。

除了循环不变式外，经验和研究表明，发现算法（或程序）中逻辑错误的重要方法就是系统地跟踪算法。跟踪必须要用“心和手”来进行，跟踪者要像计算机一样，用一组输入值来执行该算法，并且这组输入值要最大可能地暴露算法中的错误。即使有几十年经验的高级软件工程师，也经常利用此方法查找算法中的逻辑错误。

5）分析算法的效率

设计出的算法只有经过分析，才能评价其优劣，才能判断其是否能满足问题求解的需求或者在多个算法之间进行选择。算法分析主要分析两种效率：时间效率和空间效率。时间效率显示了算法运行得有多快，空间效率则显示了算法需要多少额外的存储空间，相比而言，一般更关注算法的时间效率。事实上，计算机的所有应用问题，包括计算机自身的发展，都是围绕着“时间—速度”这样一个中心进行的。一般来说，一个好的算法首先应该是比同类算法的时间效率高。

6）根据算法编写代码

现代计算机技术还不能将伪代码形式的算法直接“输入”进计算机中，而需要把算法转变为特定程序设计语言编写的程序，算法中的一条指令可能对应实际程序中的多条指令。在把算法转变为程序的过程中，虽然现代编译器提供了代码优化功能，但仍需要一些标准的技巧，例如，在循环体之外计算循环中的不变式、合并公共子表达式、用开销低的操作代替开销高的操作等。一般来说，这样的优化对算法速度的影响是一个常数因子，可能会使程序提高 10%～50%的速度。

算法设计的一般过程如图 12-30 所示。需要强调的是，一个好算法是反复努力和重复修正的结果。那么，什么时候应该停止这种改进呢？设计算法是一种工程行为，需要在资源有限的情况下，在互斥的目标之间进行权衡。设计者的时间显然也是一种资源，在实际应用中，常常是项目进度表迫使我们停止改进算法。

2．算法问题类型

就像生物学家把自然界的所有生物作为自己的研究对象，计算机科学把问题作为自己的研究对象，研究如何用计算机来解决人类所面临的各种问题。在计算领域的无数问题中，或者由于问题本身具有一些重要特征，或者由于问题具有实用上的重要性，有一些领域的问题是算法研究人员特别关注的。经验证明，无论对于学习算法还是应用算法，对这些问题的研究都是极其重要的。下面列出几类重要的问题。

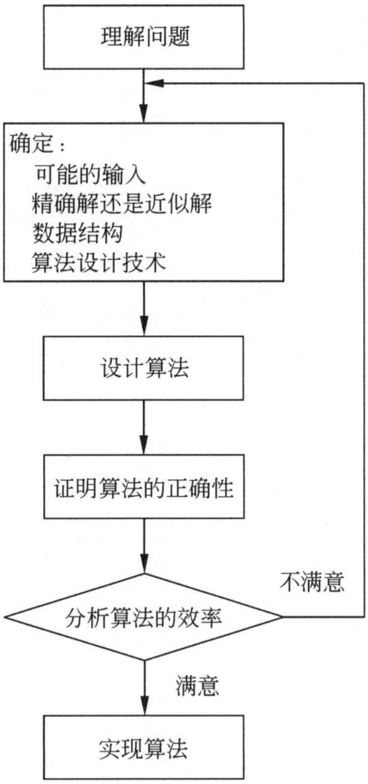

图 12-30　算法设计过程

1）查找问题

查找是在一个数据集合中查找满足给定条件的记录。对于查找问题来说，没有一种算法对于任何情况都是合适的。有的算法查找速度比其他算法快，但却需要较多的存储空间（例如 Hash 查找）；有的算法查找速度非常快，但仅适用于有序数组（例如折半查找），等等。此外，如果在查找的过程中数据集合可能频繁地发生变化，除了考虑查找操作外，还需要考虑在数据集合中执行插入和删除等操作。这种情况下，就必须仔细地设计数据结构和算法，以便在各种操作的需求之间达到一个平衡。而且，组织用于高效查找的特大型数据集合对于实际应用具有非常重要的意义。

2）排序问题

简单地说，排序就是将一个记录的无序序列调整成为一个有序序列的过程。在对记录进行排序时，需要选定一个信息作为排序的依据，例如，可以按学生平均成绩对学生记录进行排序，这个特别选定的信息（平均成绩）称为关键码。

排序的一个主要目的是为了进行快速查找，这就是为什么字典、电话簿和班级名册都是排好序的。当然，在很多领域的重要算法中，排序也被作为一个辅助步骤，例如，搜索引擎将搜索到的结果按相关程度排序后显示给用户。

迄今为止，已经发现的排序算法不下几十种，没有一种排序算法在任何情况下都是最好的解决方案，有些排序算法比较简单，但速度相对较慢；有些排序算法速度较快，但却很复杂；有些排序算法适合随机排列的输入；有些排序算法更适合基本有序的初始排列；有些排序算法仅适合存储在内存中的序列；有些排序算法可以用来对存储在磁盘上的大型文件排序等。

3）图问题

算法中最古老也是最令人感兴趣的领域是图问题，很多纷乱复杂的现实问题抽象出的模型都是图结构，如社会网络、Web、工作流、XML数据、电路、图像、化合物和生物网络等。作为一种通用的、复杂的数据结构，基于图的相关算法也具有十分重要的作用。

有些图问题在计算上是非常困难的，这意味着，在能够接受的时间内，即使用最快的计算机，也只能解决这种问题的一个很小规模的实例，例如TSP问题、最大团问题（即最大独立集问题）、图着色问题、哈密尔顿回路问题、顶点覆盖问题和最长路径问题等。图问题中还有一个奇怪的现象：许多形式上非常类似的问题，解决它们的难度却相差很大，例如，最短路径问题和欧拉回路问题存在多项式时间算法，而最长路径问题和哈密尔顿回路问题至今没有找到一个多项式时间算法。

4）组合问题

组合问题一般都是最优化问题，因此也称为组合优化问题，即寻找一个组合对象，例如一个排列、一个组合或一个子集，这个对象能够满足特定的约束条件并使得某个目标函数取得极值：价值最大或者成本最小。典型的组合优化问题包括0-1背包问题、TSP问题和整数线性规划等。

无论从理论的观点还是实践的观点，组合问题都是计算领域中最难的问题，其原因如下。

（1）随着问题规模的增大，组合对象的数量增长极快，即使是中等规模的实例，其组合对象的数量也会达到不可思议的数量级，产生组合爆炸。

（2）还没有一种已知算法能在可接受的时间内精确地求解绝大多数问题。

5）几何问题

几何问题处理类似于点、线、面和体等几何对象。几何问题与其他问题的不同之处在于，哪怕是最简单、最初等的几何问题也难以用数字去处理。尽管人类对几何问题的研究从古代起便没有中断过，但是具体到借助计算机来解决几何问题的研究，还只是停留在一个初始阶段。随着计算机图形图像处理、机器人和断层X摄像技术等方面应用的深入，人们对几何算法产生了强烈的兴趣。经典的几何问题包括最近点对问题和凸包问题，前者指的是在给定平面上的 n 个点中，求距离最近的两个点；后者指的是要找出一个能把给定集合中的所有点都包含在里面的最小凸多边形。

3．典型实例

下面给出一些典型的问题，并用常用的算法设计技术来设计算法，求解问题。

1）循环赛日程安排问题

设有 $n(2^k)$位选手参加网球循环赛，循环赛共进行 n–1 天，每位选手要与其他 n–1 位选手赛一场，且每位选手每天赛一场，不轮空。试按此要求为比赛安排日程。

该问题可以用分治法来求解。设 n 位选手被顺序编号为 1，2，…，n。比赛的日程表是一个 n 行 n–1 列的表，第 i 行 j 列的内容是第 i 号选手第 j 天的比赛对手。用分治法设计日程表，就是从其中一半选手（2^{k-1}位）的比赛日程导出全体（2^k 位）选手的比赛日程。从众所周知的只有两位选手的比赛日程出发，反复这个过程，直到为 n 位选手安排好比赛日程为止。

为了从 2^{k-1} 位选手的比赛日程表中导出 2^k 位选手的比赛日程表，假定只有 8 位选手（如图 12-31 所示），若 1～4 号选手之间的比赛日程填在日程表的左上角（4 行 4 列），5～8 号选手之间的比赛日程填在日程表的左下角（4 行 4 列），而左下角的内容可以由左上角对应项加上数 4 得到。至此，剩下的右上角（4 行 4 列）是为编号小的 1～4 号选手与编号大的 5～8 号选手之间的比赛安排日程。例如在第 4 天，让 1～4 号选手分别与 5～8 号选手比赛，以后各天，依次由前一天的日程安排，让 5～8 号选手循环轮转即可。最后，参照右上角得到右下角的比赛日程，如图 12-31 所示。由以上分析，不难得到为 2^k 选手安排比赛的算法思路。

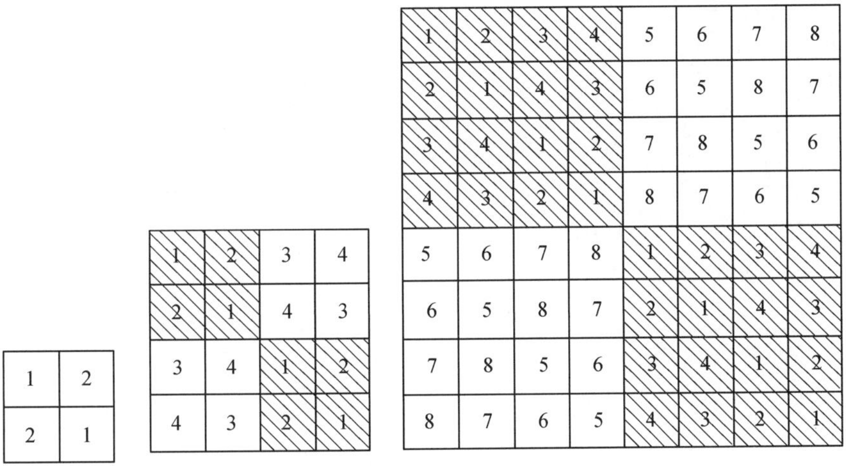

（a）k=1　（b）k=2　（c）k=3

图 12-31　循环赛日程安排

循环赛日程安排算法的关键在于寻找这四部分元素之间的对应关系，其 C 代码如下：

```
int ** GameTable(int k){
    /*为矩阵 A 分配空间，且不使用下标包含 0 的元素，即下标从 1 开始计算。
    矩阵 A 的第一列为选手的编号*/
    int** A = (int **) malloc( sizeof(int *)*( (int)pow(2,k) + 1));
    int i,j,t;
    for (i = 1 ; i <= (int)pow(2,k) ; i++){
        A[i] = (int *) malloc( sizeof(int)*( (int)pow(2,k) + 1));
    }
    int n = 2;
    A[1][1] = 1;
    A[1][2] = 2;
    A[2][1] = 2;
    A[2][2] = 1;
    for(t = 1 ; t < k ; t++){
    /*以分治法填充日程表*/
        int temp = n;
        n *= 2;
        /*扩展左下角*/
        for(i = temp + 1 ; i <= n ; i++)
            for(j = 1 ; j <= temp ; j++)
                A[i][j] = A[i - temp][j] + temp;
        /*扩展右上角*/
        for(i = 1 ; i <= temp ; i++)
            for(j = temp + 1 ; j <= n ; j++)
                A[i][j] = A[i][j - temp] + temp;
        /*扩展右下角*/
        for(i = temp+1 ; i <=n ; i++)
            for(j = temp + 1 ; j <= n ; j++)
                A[i][j] = A[i - temp][j - temp];
    }
    return A;
```

```
    }
}
```

其中，$\boldsymbol{A}$ 为数组，$n=2^k$ 表示参加比赛的人数。

2）矩阵链乘问题

给定 n 个矩阵$\{\boldsymbol{A}_1, \boldsymbol{A}_2, \cdots, \boldsymbol{A}_n\}$，其中，$\boldsymbol{A}_i$ 与 $\boldsymbol{A}_{i+1}$ 是可乘的，i=1、2、…、n–1，考虑这 n 个矩阵的乘积。由于矩阵乘法满足结合律，故计算矩阵的连乘积可以有许多不同的计算次序。这种计算次序可以用加括号的方式确定。若一个矩阵链乘的计算次序完全确定，这时就说该链乘已完全加括号。完全加括号的矩阵链乘可递归地定义为：

① 单个矩阵是完全加括号的。

② 矩阵链乘的乘积 $\boldsymbol{A}$ 是完全加括号的，则 $\boldsymbol{A}$ 可表示为两个完全加括号的矩阵链乘的乘积，$\boldsymbol{B}$ 和 $\boldsymbol{C}$ 的乘积并加括号，即 $\boldsymbol{A}=(\boldsymbol{BC})$。

例如，矩阵链乘 $\boldsymbol{A}_1\boldsymbol{A}_2\boldsymbol{A}_3\boldsymbol{A}_4$ 可以有以下 5 种完全加括号的方式：$(\boldsymbol{A}_1(\boldsymbol{A}_2(\boldsymbol{A}_3\boldsymbol{A}_4)))$、$(\boldsymbol{A}_1((\boldsymbol{A}_2\boldsymbol{A}_3)\boldsymbol{A}_4))$、$((\boldsymbol{A}_1\boldsymbol{A}_2)(\boldsymbol{A}_3\boldsymbol{A}_4))$和$(((\boldsymbol{A}_1\boldsymbol{A}_2)\boldsymbol{A}_3)\boldsymbol{A}_4)$。每一种加括号的方式确定了一个计算的次序。不同的计算次序与矩阵链乘的计算量有密切关系。

为了说明该问题，回忆两个矩阵相乘的相关概念。矩阵 $\boldsymbol{A}$ 和矩阵 $\boldsymbol{B}$ 可乘的条件是矩阵 $\boldsymbol{A}$ 的列数等于矩阵 $\boldsymbol{B}$ 的行数，若 $\boldsymbol{A}$ 是一个 $p\times q$ 矩阵，$\boldsymbol{B}$ 是一个 $q\times r$ 矩阵，则其乘积 $\boldsymbol{C}=\boldsymbol{AB}$ 是一个 $p\times r$ 矩阵，且标准的两个矩阵相乘所需要的计算量为 pqr 次乘法操作。

考虑 3 个矩阵$\{\boldsymbol{A}_1, \boldsymbol{A}_2, \boldsymbol{A}_3\}$链乘的例子。设这 3 个矩阵的维数分别为$10\times100$、$100\times5$ 和 5×50。若按第一种加括号方式$((\boldsymbol{A}_1\boldsymbol{A}_2)\boldsymbol{A}_3)$计算，则所需要的乘法次数为 $10\times100\times5+10\times5\times50=7500$。若按第二种加括号方式$(\boldsymbol{A}_1(\boldsymbol{A}_2\boldsymbol{A}_3))$计算，则所需要的乘法次数为 $10\times5\times50+10\times100\times50=75\,000$。第二种加括号方式乘法次数是第一种的 10 倍。由此可以看出，不同的加括号方式确定的不同的计算次序对矩阵链乘的运算量影响是巨大的。

矩阵链乘问题定义如下：给定 n 个矩阵$\{\boldsymbol{A}_1, \boldsymbol{A}_2, \cdots, \boldsymbol{A}_n\}$，矩阵 A_i 的维数为 $p_{i-1}\times p_i$，i=1、2、…、n，如何给矩阵链乘 $\boldsymbol{A}_1\times\boldsymbol{A}_2\times\cdots\times\boldsymbol{A}_n$ 完全加上括号，使得矩阵链乘中乘法次数最少。

矩阵链乘是非常难的问题，若用穷尽搜索法，能够证明需要指数时间来求解。现在考虑用动态规划法来求解矩阵链乘问题，具体步骤如下。

（1）刻画矩阵链乘问题的结构。

为简便起见，用 $\boldsymbol{A}_{i..j}$ 表示矩阵乘积 $\boldsymbol{A}_i\boldsymbol{A}_{i+1}\cdots\boldsymbol{A}_j$ 的结果，其中 $i\leqslant j$。若问题是非平凡的，即 $i<j$，那么乘积 $\boldsymbol{A}_i\boldsymbol{A}_{i+1}\cdots\boldsymbol{A}_j$ 一定在 $\boldsymbol{A}_k$ 与 $\boldsymbol{A}_{k+1}$ 之间被分裂，$i\leqslant k<j$。问题 $\boldsymbol{A}_i\boldsymbol{A}_{i+1}\cdots\boldsymbol{A}_j$ 完全加括号的开销等于计算矩阵 $\boldsymbol{A}_{i..k}$ 与计算 $\boldsymbol{A}_{k+1..j}$ 的开销，再加上它们的结果相乘的开销。

问题的最优子结构可刻画如下：假定问题 $\boldsymbol{A}_i\boldsymbol{A}_{i+1}\cdots\boldsymbol{A}_j$ 被完全加括号的最优方式是在 $\boldsymbol{A}_k$ 与 $\boldsymbol{A}_{k+1}$ 之间被分裂，那么分裂之后，最优解 $\boldsymbol{A}_i\boldsymbol{A}_{i+1}\cdots\boldsymbol{A}_j$ 中的子链 $\boldsymbol{A}_i\boldsymbol{A}_{i+1}\cdots\boldsymbol{A}_k$ 一定是问题 $\boldsymbol{A}_i\boldsymbol{A}_{i+1}\cdots\boldsymbol{A}_k$ 的最

优加括号方式。同样，最优解 $A_{k+1}A_{k+2}\cdots A_j$ 中的子链一定是问题 $A_{k+1}A_{k+2}\cdots A_j$ 的最优加括号方式。

（2）递归定义最优解的值。

根据问题的最优解递归地定义问题最优解的开销。设 $m[i, j]$表示计算 $A_{i..j}$ 所需的最小乘法次数，得到下列递归式。对于原问题，计算 $A_{1..n}$ 的最小开销则为 $m[1, n]$。

$$m[i,j]=\begin{cases}0 & ,i=j \\ \min\limits_{i\leqslant k<j}\{m[i,k]+m[k+1,j]+p_{i-1}p_kp_j\} & ,i<j\end{cases}$$

（3）计算最优解的值。

根据上述递归式，以自底向上的方式计算最优开销。假设输入为 $p=<p_0, p_1, \cdots, p_n>$，用表 $m[1..n,1..n]$存储 $m[i, j]$，用辅助表 $s[1..n,1..n]$存储哪一个 k 使得计算 $m[i, j]$时达到最优。最终需要利用 s 构造问题的一个最优解。算法的 C 代码如下：

```
int** Matrix_Chain_Order(int* p,int Length){
    int Multip_times=Length-1;
    /*为 m、s 分配空间*/
    int** m = (int **)malloc(sizeof(int *)*(Length));
    int** s = (int **)malloc(sizeof(int *)*(Length));
    int i;
    for (i = 0; i < Length; i++){
        m[i] = (int *)malloc(sizeof(int)*(Length));
        s[i] = (int *)malloc(sizeof(int)*(Length));
    }
    /*初始化 m*/
    for(i = 1;i <= Multip_times;i++)
        m[i][i] = 0;
    int l;
    /*自底至上计算 m、s*/
    for(l = 2;l <= Multip_times;l++){ /*l 为子问题长度，即有 l 个矩阵相乘*/
        for(i = 1;i <= (Multip_times - l + 1);i++){
            int j = i + l - 1;
                m[i][j] = INT_MAX;
            int k;
            for(k = i;k < j;k++){   /*计算 m[i,j]的最小代价*/
                int q = m[i][k] + m[k + 1][j] + p[i - 1] * p[k] * p[j];
                if(q < m[i][j]){ /*当前代价小于之前的最小代价*/
                    m[i][j] = q;
```

```
                        s[i][j] = k;
                    }
                }
            }
        }
        return s;
    }
```

由上述伪代码很容易得到算法的时间复杂度为 $O(n^3)$。举个例子说明上述过程，假设 n=6，p=<p_0, p_1, …, p_6>=<30,35,15,5,10,20,25>。则根据上述伪代码，图 12-32 给出了 $m[i, j]$的计算次序以及 $m[i, j]$和 $s[i, j]$的值。

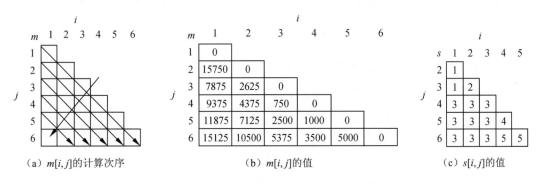

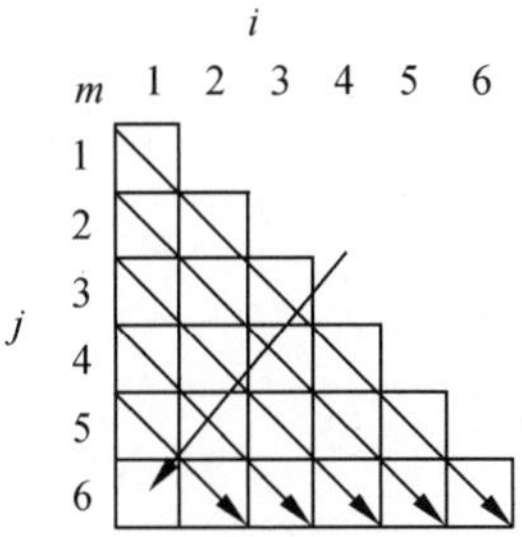

（a）$m[i, j]$的计算次序

m (j \ i)	1	2	3	4	5	6
1	0					
2	15750	0				
3	7875	2625	0			
4	9375	4375	750	0		
5	11875	7125	2500	1000	0	
6	15125	10500	5375	3500	5000	0

（b）$m[i, j]$的值

s (j \ i)	1	2	3	4	5
2	1				
3	1	2			
4	3	3	3		
5	3	3	3	4	
6	3	3	3	5	5

（c）$s[i, j]$的值

图 12-32　矩阵链乘的动态规划算法示例

（4）构造最优解。

上一步给出了计算矩阵乘积的最少乘法次数（最优解的值），但没有给出具体的乘法次序（最优解）。可以由辅助表 s 的信息构造最优解，C 代码如下。

```
void Print_Optimal_Parens(int **s,int i,int j){ /*表项 s[i,j]记录了对乘积 AiAi+1…Aj 在 Ak 和 Ak+1 之间
进行分裂，以取得最优加全部括号时的 k 值*/
        if(i == j)
            printf("A%d",i);
        else{
            printf("(");
            Print_Optimal_Parens(s,i,s[i][j]);          /*在当前分裂左侧继续分裂*/
            Print_Optimal_Parens(s,s[i][j] + 1,j);      /*在当前分裂右侧继续分裂*/
            printf(")");
        }
    }
```

上述例子调用 OutputOptimalParens(s,1,6)后得到输出结果$((A_1(A_2A_3))((A_4A_5)A_6))$。

3）多机调度问题

假设有 n 个独立的作业{1, 2, ⋯, n}，由 m 台相同的机器{$M_1, M_2, \cdots, M_m$}进行加工处理，作业 i 所需的处理时间为 t_i，每个作业均可在任意一台机器上加工处理，但不可间断或拆分，即一旦一个作业在某台机器上加工处理，便不会再转移到其他的机器上。多机调度问题要求给出一种作业调度方案，使所给的 n 个作业在尽可能短的时间内由 m 台机器加工处理完成。

多机调度问题是 NP 难问题，到目前还没有有效的算法。对于这类问题，用贪心算法求解有时可以得到较好的近似解。贪心法求解多机调度问题时的贪心策略是最长处理时间优先。当 $m \geqslant n$ 时，只要将机器 i 上的$[0, t_i]$时间区间分配给作业 i 即可；当 $m<n$ 时，首先将 n 个作业按其所需的处理时间从大到小排序，然后依此顺序将作业分配给空闲的机器。例如，假设有 7 个作业{1,2,3,4,5,6,7}，由 3 台机器{M_1, M_2, M_3}加工处理，各个作业所需要的时间分别为{2,14,4,16,6,5,3}。首先将这 7 个作业按其处理时间从大到小排序，则作业{4,2,5,6,3,7,1}的处理时间为{16,14,6,5,4,3,2}。图 12-33 给出了按最长处理时间作业有限的原则时，这 7 个作业的调度情况及其所需要的总加工处理时间。

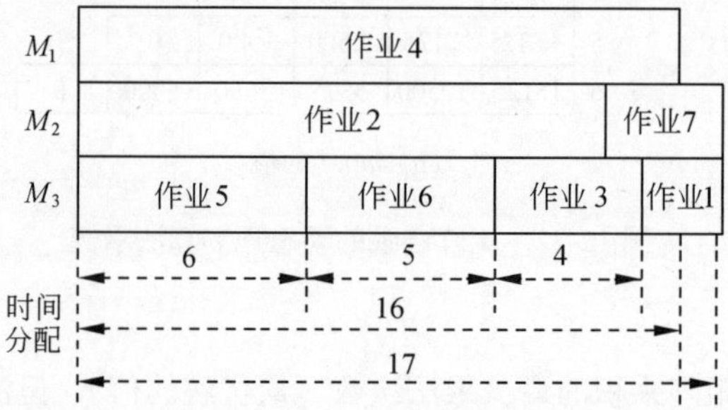

图 12-33　3 台机器的调度问题示例

假设对 n 个作业按其加工处理时间从大到小进行了排序，排序的时间复杂度为 $O(n\lg n)$。下面给出用贪心法解决多机调度问题的 C 代码。

```
typedef struct{
    int ID;
    int time;
}Task;
int IndexOfMin(int *Array, int Number){
    int i;
```

```
    int index = 0;
    int min = Array[0];
    for(i = 1; i < Number ; i++){
        if(Array[i] < min){
            index = i;
            min = Array[i];
        }
    }
    return index;
}
int* MultiMachineSchedule(Task *Tasks,int Task_number,int Machine_number){
    /*Finish_times 数组为每台机器完成作业的累积时间*/
   /* Task_lists 数组为每台机器完成作业的列表，如第一台机器依次完成作业 1、2、3，则其数组元
     素为 123 */
    int* Finish_times = (int *) malloc( sizeof(int) * (Machine_number));
    int* Task_lists = (int *) malloc( sizeof(int) * (Machine_number));
    int i;
    for(i = 0 ; i < Machine_number ; i++){
    /*初始化数组*/
        Finish_times[i] = 0;
        Task_lists[i] = 0;
    }
    for(i = 0 ; i < Machine_number ; i++){
        /*先让 Machine_number 台机器处理排名前 Machine_number 的作业*/
        Task_lists[i] = Task_lists[i] * 10 + Tasks[i].ID;
        Finish_times[i] += Tasks[i].time;
    }
    for( ; i < Task_number ; i++){
        /*选择最早完成作业的机器处理未完成作业中所需时间最长的作业*/
        int index=IndexOfMin( Finish_times, Machine_number ); //选出最先完成任务的机器
        Task_lists[index] = Task_lists[index] * 10 + Tasks[i].ID;
        Finish_times[index] += Tasks[i].time;
    }
    return Task_lists;
}
```

12.5 面向对象的程序设计与实现

12.5.1 设计与实现方法

面向对象程序设计主要是根据问题的详细描述，设计出能够被迅速转换为面向对象程序实现的代码，相比本章的第 12.3 节，其设计与实现更为底层，更接近代码。但是，对面向对象设计结果的衡量没有统一的标准，因此很难衡量针对一个问题所设计的解决方案是否最优，这也正是软件工程领域内分析与设计的难点，在更多的情况下，分析与设计的结果是一种经验的总结。

尽管不存在一致的对分析与设计结果的衡量标准，但许多面向对象和软件工程领域内的“大师”都根据自己长期的实践经验总结出了面向对象分析与设计的原则，而这些原则可成为我们在对实际问题进行分析与设计时的指导准则。

一般而言，当面临一个具体的问题时，可分为两大阶段：首先根据问题进行设计，其次根据设计进行实现。由于面向对象的实现和面向对象设计之间不存在较大的差异，所不同的是设计更多采用的是 UML 的标准表示，而实现则是采用面向对象语言表达，因此解决问题的重点应放在面向对象的设计上。

目前，被公认的好的面向对象设计是由前人所总结的设计模式。因此，熟练并正确地掌握面向对象设计技术，必须很好地体会并理解常用的 23 种设计模式。在对 23 种设计模式加以运用时，必须做到以下几点。

（1）能够根据设计模式的名称画出其对应的类图。

（2）理解类图中每一个类的作用与功能。

（3）能够将现实问题中所描述的各种职责映射到类图中具体的类。

（4）能够使用一种面向对象语言实现设计。

下面通过具体的应用来说明这个过程。

12.5.2 设计模式的应用

1．问题说明

已知某类库开发商提供了一套类库，类库中定义了 Application 类和 Document 类，它们之间的关系如图 12-34 所示。其中，Application 类表示应用程序自身，而 Document 类表示应用程序打开的文档。Application 类负责打开一个已有的以外部形式存储的文档，如一个文件，一旦从该文件中读出信息后，它就由一个 Document 对象表示。

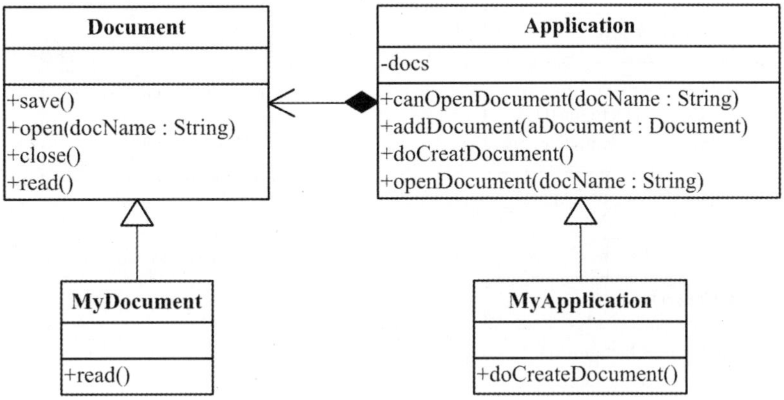

图 12-34　Application 与 Document 关系图

当开发一个具体的应用程序时，开发者需要分别创建自己的 Application 和 Document 子类，例如图 12-34 中的类 MyApplication 和类 MyDocument，并分别实现 Application 和 Document 类中的某些方法。

已知 Application 类中的 openDocument 方法采用了模板方法（Template Method）设计模式，该方法定义了打开文档的每一个主要步骤，如下所述。

（1）首先检查文档是否能够被打开，若不能打开，则给出出错信息并返回。

（2）创建文档对象。

（3）通过文档对象打开文档。

（4）通过文档对象读取文档信息。

（5）将文档对象加入到 Application 的文档对象集合中。

2．根据设计模式的名称画出其对应的类图

问题描述中已经给出了该设计采用的设计模式为模板方法，因此，首先给出模板方法的类图，如图 12-35 所示。

3．理解类图中每一个类的作用与功能

在模板方法类图中，AbstractClass 类定义了基本的操作 PrimitiveOperation1()和 Primitive-Operation2()，并在 TemplateMethod()方法中调用了这两个操作，但这两个操作都并未实现，而是留待子类去实现，从而达到模板方法的目的：定义一个操作中的算法的骨架，而将一些步骤

延迟到子类中，使得子类可以不改变一个算法的结构即可重定义该算法的某些特定步骤。

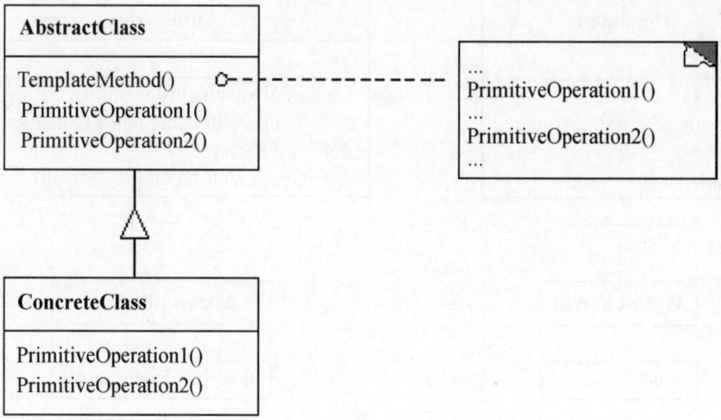

图 12-35 模板方法类图

4．能够将现实问题中所描述的各种职责映射到类图中具体的类

在提出的具体问题中，已经告知了 Application 类中的 openDocument 方法采用了模板方法，而 openDocument 方法的步骤都已经给出，因此，很容易将 Application 类对应为模板方法类图中的 AbstractClass 类，openDocument 方法映射为模板方法类图中的 TemplateMethod 方法，而主要步骤对应 PrimitiveOperation1()等基本操作。由此可推出，在各种主要的步骤中，应该存在某些步骤是由 Application 的子类实现的。

5．能够使用一种面向对象语言实现设计

一旦分析清楚实际问题的设计结果和原始的设计模式类图中类的对应关系，便可采用一种面向对象语言实现。下面分别采用 C++和 Java 语言实现给出的设计。

【C++代码】

```
#include <iostream>
#include <vector>
using namespace std;

class Document{
public:
    void save(){ /*存储文档数据，此处代码省略*/}
    void open(string docName){ /*打开文档，此处代码省略*/ }
```

```
    void close(){ /*关闭文档，此处代码省略*/ }
    virtual void read(string docName) = 0;
};

class Appplication{
private:
    vector <Document*>    docs;        /*文档对象集合*/
public:
    bool canOpenDocument(string docName){
        /*判断是否可以打开指定文档，返回真值表示可以打开，返回假值表示不可以打开，
        此处代码省略*/
    }
    void addDocument(Document * aDocument){
        /*将文档对象添加到文档对象集合中*/
        docs.push_back(aDocument);
    }
    virtual Document * doCreateDocument() = 0;        /*创建一个文档对象*/
    void openDocument(string docName){                 /*打开文档*/
        if (!canOpenDocument(docName)){
            cout << "文档无法打开 ！ " << endl;
            return;
        }
        Document *    adoc = doCreateDocument();
        adoc->open(docName);
        adoc->read(docName);
        addDocument（adoc）;
    }
};
```

【Java 代码】

```
abstract class Document{
    public void save(){ /*存储文档数据，此处代码省略*/ }
    public void open(String docName){ /*打开文档，此处代码省略*/ }
    public void close(){ /*关闭文档，此处代码省略*/ }
    public abstract void read(String docName);
};


abstract class Appplication{
```

```
    private     Vector < Document >   docs; /*文档对象集合*/

    public      boolean canOpenDocument(String docName){
                /*判断是否可以打开指定文档，返回真值表示可以打开，
                返回假值表示不可以打开，此处代码省略*/
    }
    public void addDocument(Document aDocument){
                /*将文档对象添加到文档对象集合中*/
                docs.add(aDocument);
    }
    public abstract Document doCreateDocument(); /*创建一个文档对象*/
    public void openDocument(String docName){ /*打开文档*/
                if (!canOpenDocument（docName)){
                      System.out.println( "文档无法打开 ！" );
                      return;
                }
                Document   adoc = doCreateDocument();
                adoc.open(docName);
                adoc.read(docName);
                addDocument(adoc);
    }
}
```